Mathematische Zeichen und Symbole

$+$	plus (Addition)
$-$	minus (Subtraktion)
$\cdot$	mal (Multiplikation)
$:$	geteilt durch (Division)
a/b	a geteilt durch b
$\sum$	Summenzeichen
$\prod$	Produktzeichen
$\vee$	oder (logisches)
$\wedge$	und (logisches)
$\neg$	Negation (Junktor)
$\Rightarrow$	folgt $A \Rightarrow B$: aus A folgt B
$\Leftrightarrow$	gleichwertig $A \Leftrightarrow B$: aus A folgt B und umgekehrt
$=$	gleich
$\neq$	ungleich
$\equiv$	kongruent
$<$	kleiner (als)
$\leq$	kleiner (oder) gleich
$>$	größer (als)
$\geq$	größer (oder) gleich
$\mid$	teilt (ist Teiler von)
$\parallel$	parallel
$\perp$	senkrecht auf
$\in$	Element von
$\notin$	nicht Element von
$\subset$	Teilmenge von
$\cup$	Vereinigung
$\cap$	Durchschnitt
Δ	Laplace - Operator
∇	Nabla - Operator
$\overline{A}$	Komplement von A
$A \setminus B$	Differenzmenge
$\emptyset$	leere Menge
Ω	Grundmenge
$\bar{z}$	zu z konjugiert komplex
$\lvert a \rvert$	Betrag von a
$\lVert \mathbf{v} \rVert$	Norm von **v**
$\lvert A \rvert$	Determinante von A
$\det(A)$	Determinante von A
$\mathbb{N}$	natürliche Zahlen
$\mathbb{N}_0$	natürliche Zahlen und 0
$\mathbb{Z}$	ganze Zahlen
$\mathbb{Q}$	rationale Zahlen
$\mathbb{R}$	reelle Zahlen
∞	unendlich
$\rightarrow$	konvergiert gegen
$\uparrow$	monoton wachsend
$\downarrow$	monoton fallend
$\lim$	Limes, Grenzwert
$\sim$	asymptotisch äquivalent
$\approx$	näherungsweise gleich
$\vec{a}$	Vektor a im V^n
$\vec{a} \cdot \vec{b}$	skalares Produkt
$\mathbf{v}$	Vektor (abstrakt)
$\mathbf{u} \cdot \mathbf{v}$	skalares Produkt
$n!$	n Fakultät

$\binom{n}{k}$	Binomialkoeffizient
$\vec{a} \times \vec{b}$	vektorielles (Kreuz)Produkt
$A \times B$	direktes Produkt der Mengen A und B
$[a;b]$	abgeschlossenes Intervall $\{x \mid a \leq x \leq b\}$
$(a;b)$	offenes Intervall $\{x \mid a < x < b\}$
$(a;b]$	links offenes, rechts abgeschlossenes Intervall $\{x \mid a < x \leq b\}$
$[a;b)$	links abgeschlossenes, rechts offenes Intervall $\{x \mid a \leq x < b\}$
df	(totales) Differential
$y', \frac{dy}{dx}$	erste Ableitung
$y^{(n)}, \frac{d^n y}{dx^n}$	n- te Ableitung
$\int_a^b f(x)\,dx$	bestimmtes Integral
$\int f(x)\,dx$	unbestimmtes Integral
$f_x, \frac{\partial}{\partial x} f$	partielle Ableitung
sin	Sinus
cos	Kosinus
tan	Tangens
cot	Kotangens
arc...	Arcus(funktion)
ar...	Area(funktion)
exp	Exponentialfunktion
Γ	Gammafunktion
grad	Gradient
div	Divergenz
rot	Rotation
rad	Radiant (Einheit des Bogenmaßes)
AB	Strecke von A bis P
$\overline{AB}$, $\lvert AB \rvert$	Länge der Strecke AB
$\overrightarrow{AB}$	gerichtete Strecke (Vektor) von A bis B

A

a s. Ar.

Abakus:

Der *Abakus* ist ein Rechenbrett, auf dem durch Verschieben von Rechensteinen in den verschiedenen Kolumnen gerechnet wird. Er wurde vom 10. bis zum 13. Jahrhundert benutzt, bis er durch das algorithmische Rechnen ersetzt wurde.

Abbildung:

1. Allgemeine Abbildung:

f heißt *Abbildung* oder *Funktion* der Menge X *in* die Menge Y, wenn jedem $x \in X$ durch die Abbildungsvorschrift f genau ein Element $y = f(x) \in Y$ zugeordnet wird:

$$x \xrightarrow{\quad f \quad} y = f(x) \in Y \quad \text{oder} \quad f\colon X \longrightarrow Y.$$

Eine Abbildung muß also immer eindeutig sein. Das Element x heißt *Urbild* (*Argument* oder *Abszisse*) und $y = f(x)$ das *Bild* von x (*Funktionswert* oder *Ordinate*). X ist der *Definitionsbereich* oder die *Urbildmenge* und Y der *Wertebereich* oder die *Bildmenge* der Abbildung f. Mit dem Funktionswert $y = f(x)$ erhält man für jedes $x \in X$ ein geordnetes Zahlenpaar (x, y) aus dem direkten Produkt $X \times Y$ (s. direktes Produkt, 1.). Damit kann eine Abbildung als Teilmenge des direkten Produkts aufgefaßt werden, also $f = \{(x, f(x)) \mid x \in D\} \subset X \times Y$. f heißt Abbildung von X *auf* die Menge Y oder *surjektiv*, wenn jedes Element $y \in Y$ Bild eines Elementes $x \in X$ ist. Die Abbildung f heißt *eineindeutig* oder *injektiv*, wenn zwei verschiedene Elemente x_1, $x_2 \in X$ auch verschiedene Bilder besitzen, falls also gilt

$$x_1 \neq x_2 \quad \Rightarrow \quad f(x_1) \neq f(x_2).$$

Gleichwertig damit ist die Bedingung

$$f(x_1) = f(x_2) \quad \Rightarrow \quad x_1 = x_2.$$

Eine eineindeutige Abbildung f von X auf Y nennt man *bijektiv.*

Es sei f eine Abbildung der Menge X in die Menge Y und g eine Abbildung von Y in die Menge Z. Dann heißt die durch

$$z = h(x) = g(f(x)) = (g \circ f)(x)$$

definierte Abbildung $h = g \circ f$ (sprich: g nach f) von X in Z die *zusammengesetzte* (*verkettete*) Abbildung g nach f.

Es sei f eine bijektive Abbildung. Dann nennt man die durch

$$x = f^{-1}(y) \iff y = f(x)$$

definierte Abbildung von Y auf X die *Umkehrabbildung* oder die *Inverse* von f

$$x \xrightarrow{\text{Abbildung } f} y = f(x)$$

$$x = f^{-1}(y) \xleftarrow[\text{Umkehrabbildung } f^{-1}]{} y.$$

Es seien $f: X \to Y$ und $g: Y \to Z$ bijektive Abbildungen. Dann gelten folgende Eigenschaften:

f^{-1} und g^{-1} existieren und sind bijektiv;

$(g \circ f)^{-1}$ existiert, und es gilt $(g \circ f)^{-1} = f^{-1} \circ g^{-1}$;

ferner gilt $f(f^{-1}(y)) \equiv y$; $f^{-1}(f(x)) \equiv x$ für alle $x \in X$, $y \in Y$;

$(f^{-1})^{-1} = f$.

2. Abbildung ebener Bereiche:

2.1. Definition einer Bereichsabbildung:

Die beiden Funktionen

$$x = \varphi(u, v); \quad y = \psi(u, v)$$

sollen den gleichen Definitionsbereich $D \subset \mathbb{R}^2$ besitzen. Dann wird jedes Paar $(u, v) \in D$ durch das Funktionenpaar (φ, ψ) auf (x, y) abgebildet, also

$$(u, v) \xrightarrow{(\varphi, \psi)} (x, y) = (\varphi(u, v), \psi(u, v)).$$

(x, y) ist das Bild, (u, v) das Urbild. Eine Parameterdarstellung einer ebenen Fläche ist eine Bereichsabbildung des $\mathbb{R}^2$ in sich (s. Fläche, 1.).

2.2. Funktionalmatrix und Funktionaldeterminante:

Die Funktionen $\varphi(u, v)$ und $\psi(u, v)$ sollen stetige partielle Ableitungen nach u und v besitzen (s. Funktion von reellen Variablen, 2.4.). Dann heißt die Abbildung *stetig differenzierbar*. Die Matrix

$$\begin{pmatrix} x_u(u, v) & y_u(u, v) \\ x_v(u, v) & y_v(u, v) \end{pmatrix} = \begin{pmatrix} \dfrac{\partial\varphi(u, v)}{\partial u} & \dfrac{\partial\psi(u, v)}{\partial u} \\ \dfrac{\partial\varphi(u, v)}{\partial v} & \dfrac{\partial\psi(u, v)}{\partial v} \end{pmatrix}$$

nennt man die *Funktionalmatrix* und die Determinante

$$D = \frac{\partial(x,y)}{\partial(u,v)} = \begin{vmatrix} x_u(u,v) & y_u(u,v) \\ x_v(u,v) & y_v(u,v) \end{vmatrix} = \begin{vmatrix} \dfrac{\partial\varphi(u,v)}{\partial u} & \dfrac{\partial\psi(u,v)}{\partial u} \\ \dfrac{\partial\varphi(u,v)}{\partial v} & \dfrac{\partial\psi(u,v)}{\partial v} \end{vmatrix}$$

$$= \varphi_u(u,v)\cdot\psi_v(u,v) - \psi_u(u,v)\cdot\varphi_v(u,v)$$

die *Funktionaldeterminante* oder *Jacobische Determinante* der Funktionen φ und ψ bezüglich u und v (s. Determinante, 6.).

2.3. Umkehrabbildung:

An der Stelle (u_0, v_0) seien die partiellen Ableitungen der Funktionen $\varphi(u,v)$ und $\psi(u,v)$ stetig. Ferner gelte

$$\left.\frac{\partial(x,y)}{\partial(u,v)}\right|_{(u,v)=(u_0,v_0)} = \begin{vmatrix} \varphi_u(u_0,v_0) & \psi_u(u_0,v_0) \\ \varphi_v(u_0,v_0) & \psi_v(u_0,v_0) \end{vmatrix} \neq 0.$$

Dann ist $x = \varphi(u,v)$; $y = \psi(u,v)$ in einer Umgebung von (u_0, v_0) eindeutig nach u und v auflösbar mit der Umkehrabbildung

$$u = u(x,y) = g_1(x,y); \quad v = v(x,y) = g_2(x,y).$$

Die Funktionalmatrix der Umkehrabbildung ist die Inverse der Funktionalmatrix der Ausgangsabbildung, also

$$\begin{pmatrix} \dfrac{\partial u(x,y)}{\partial x} & \dfrac{\partial v(x,y)}{\partial x} \\ \dfrac{\partial u(x,y)}{\partial y} & \dfrac{\partial v(x,y)}{\partial y} \end{pmatrix} = \begin{pmatrix} \dfrac{\partial x(u,v)}{\partial u} & \dfrac{\partial y(u,v)}{\partial u} \\ \dfrac{\partial x(u,v)}{\partial v} & \dfrac{\partial y(u,v)}{\partial v} \end{pmatrix}^{-1} \quad \text{(Inverse)}$$

$$= \frac{1}{\dfrac{\partial(x,y)}{\partial(u,v)}} \cdot \begin{pmatrix} \dfrac{\partial y(u,v)}{\partial v} & -\dfrac{\partial y(u,v)}{\partial u} \\ -\dfrac{\partial x(u,v)}{\partial v} & \dfrac{\partial x(u,v)}{\partial u} \end{pmatrix}.$$

2.4. Zusammengesetzte Abbildung:

Die beiden Abbildungen

$$x = \varphi(u,v),\ y = \psi(u,v) \quad \text{und} \quad \xi = f(x,y),\ \eta = g(x,y)$$

sollen stetige partielle Ableitungen besitzen. Dann wird durch

$$\xi = f(x,y) = f(\varphi(u,v), \psi(u,v)); \quad \eta = g(x,y) = g(\varphi(u,v), \psi(u,v))$$

die zusammengesetzte Abbildung von (u,v) auf (ξ, η) definiert. Sie ist ebenfalls differenzierbar und besitzt die Funktionalmatrix

$$\begin{pmatrix} \dfrac{\partial\xi}{\partial u} & \dfrac{\partial\eta}{\partial u} \\ \dfrac{\partial\xi}{\partial v} & \dfrac{\partial\eta}{\partial v} \end{pmatrix} = \begin{pmatrix} \dfrac{\partial f}{\partial u} & \dfrac{\partial g}{\partial u} \\ \dfrac{\partial f}{\partial v} & \dfrac{\partial g}{\partial v} \end{pmatrix} = \begin{pmatrix} \dfrac{\partial x}{\partial u} & \dfrac{\partial y}{\partial u} \\ \dfrac{\partial x}{\partial v} & \dfrac{\partial y}{\partial v} \end{pmatrix} \cdot \begin{pmatrix} \dfrac{\partial f}{\partial x} & \dfrac{\partial g}{\partial x} \\ \dfrac{\partial f}{\partial y} & \dfrac{\partial g}{\partial y} \end{pmatrix}.$$

Für die Funktionaldeterminante gilt die Produktdarstellung

$$\frac{\partial(f,g)}{\partial(u,v)} = \frac{\partial(f,g)}{\partial(x,y)} \cdot \frac{\partial(x,y)}{\partial(u,v)} .$$

3. Abbildung des $\mathbb{R}^n$ in sich:
Die Funktionen

$$x_i = \varphi_i(u_1, u_2, \dots, u_n) \quad \text{für} \quad i = 1, 2, \dots, n \qquad (*)$$

sollen den gemeinsamen Definitionsbereich $D \subset \mathbb{R}^n$ besitzen. Dann wird durch diese n Funktionen jedes Element $(u_1, u_2, \dots, u_n) \in D$ abgebildet auf das Element $(x_1, x_2, \dots, x_n) \in \mathbb{R}^n$. Es handelt sich also um eine Bereichsabbildung von $D \subset \mathbb{R}^n$ in den $\mathbb{R}^n$. Falls die Funktionen φ_i stetige partielle Ableitungen nach allen Variablen besitzen, heißt die Abbildung *stetig differenzierbar.* Die Matrix

$$\begin{pmatrix} \frac{\partial x_1}{\partial u_1} & \frac{\partial x_2}{\partial u_1} & \cdots & \frac{\partial x_n}{\partial u_1} \\ \frac{\partial x_1}{\partial u_2} & \frac{\partial x_2}{\partial u_2} & \cdots & \frac{\partial x_n}{\partial u_2} \\ \vdots & \vdots & \vdots & \vdots \\ \frac{\partial x_1}{\partial u_n} & \frac{\partial x_2}{\partial u_n} & \cdots & \frac{\partial x_n}{\partial u_n} \end{pmatrix} = \begin{pmatrix} \frac{\partial \varphi_1}{\partial u_1} & \frac{\partial \varphi_2}{\partial u_1} & \cdots & \frac{\partial \varphi_n}{\partial u_1} \\ \frac{\partial \varphi_1}{\partial u_2} & \frac{\partial \varphi_2}{\partial u_2} & \cdots & \frac{\partial \varphi_n}{\partial u_2} \\ \vdots & \vdots & \vdots & \vdots \\ \frac{\partial \varphi_1}{\partial u_n} & \frac{\partial \varphi_2}{\partial u_n} & \cdots & \frac{\partial \varphi_n}{\partial u_n} \end{pmatrix}$$

heißt die *Funktionalmatrix* und die Determinante

$$\frac{\partial(x_1, x_2, \dots, x_n)}{\partial(u_1, u_2, \dots, u_n)} = \begin{vmatrix} \frac{\partial \varphi_1}{\partial u_1} & \frac{\partial \varphi_2}{\partial u_1} & \cdots & \frac{\partial \varphi_n}{\partial u_1} \\ \frac{\partial \varphi_1}{\partial u_2} & \frac{\partial \varphi_2}{\partial u_2} & \cdots & \frac{\partial \varphi_n}{\partial u_2} \\ \vdots & \vdots & \vdots & \vdots \\ \frac{\partial \varphi_1}{\partial u_n} & \frac{\partial \varphi_2}{\partial u_n} & \cdots & \frac{\partial \varphi_n}{\partial u_n} \end{vmatrix}$$

die *Funktionaldeterminante* (*Jacobische Determinante*) der Funktionen φ_i bezüglich u_k (s. Determinante). Sind an einer Stelle in D alle partiellen Ableitungen der Funktionen φ_i stetig, und ist dort die Funktionaldeterminante von Null verschieden, so ist in einer Umgebung dieser Stelle das obige Gleichungssystem (∗) eindeutig nach $u_k = g_k(x_1, \dots, x_n)$ für $k = 1, \dots, n$ auflösbar. Dadurch erhält man die Umkehrabbildung. Falls die Ausgangsabbildung differenzierbar ist, so ist auch die Umkehrabbildung differenzierbar. Ihre Funktionalmatrix ist die Inverse der Funktionalmatrix der Ausgangsabbildung, also

$$\begin{pmatrix} \frac{\partial u_1}{\partial x_1} & \frac{\partial u_2}{\partial x_1} & \cdots & \frac{\partial u_n}{\partial x_1} \\ \frac{\partial u_1}{\partial x_2} & \frac{\partial u_2}{\partial x_2} & \cdots & \frac{\partial u_n}{\partial x_2} \\ \vdots & \vdots & \vdots & \vdots \\ \frac{\partial u_1}{\partial x_n} & \frac{\partial u_2}{\partial x_n} & \cdots & \frac{\partial u_n}{\partial x_n} \end{pmatrix} = \begin{pmatrix} \frac{\partial x_1}{\partial u_1} & \frac{\partial x_2}{\partial u_1} & \cdots & \frac{\partial x_n}{\partial u_1} \\ \frac{\partial x_1}{\partial u_2} & \frac{\partial x_2}{\partial u_2} & \cdots & \frac{\partial x_n}{\partial u_2} \\ \vdots & \vdots & \vdots & \vdots \\ \frac{\partial x_1}{\partial u_n} & \frac{\partial x_2}{\partial u_n} & \cdots & \frac{\partial x_n}{\partial u_n} \end{pmatrix}^{-1} \quad \text{(Inverse).}$$

Für die Funktionalmatrix und Funktionaldeterminante einer zusammengesetzten Abbildung gilt die analoge Produktdarstellung wie bei Abbildungen ebener Bereiche (s. 2.4.). Parameterdarstellungen von räumlichen Flächen (s. Fläche, 2.1.) oder Parameterdarstellungen von Mengenkörpern im $\mathbb{R}^3$ (s. Körper, 3.) sind spezielle Bereichsabbildungen des $\mathbb{R}^3$ in sich. Durch Kugel- oder Zylinderkoordinaten (s. Kugelkoordinaten, s. Zylinderkoordinaten) werden Abbildungen dreidimensionaler Bereiche dargestellt.

Abbildung, affine s. affine Abbildung.

Abbildung, isometrische s. Isometrie.

Abbildung, lineare s. lineare Abbildung.

Abbildungsmatrix s. lineare Abbildung, 2.

Abbildung, topologische s. Homöomorphismus.

Abel, Niels Henrik (1802 – 1829) wirkte in Christiana. Von ihm stammen bahnbrechende Arbeiten zur Algebra und Funktionentheorie. Nach ihm benannt ist der Abelsche Grenzwertsatz (s. Potenzreihe, 1.) sowie das Abelsche Konvergenzkriterium (s. Abelsches Konvergenzkriterium).

abelsche (kommutative) Gruppe:

Eine Gruppe G (s. Gruppe) heißt *abelsch* oder *kommutativ*, wenn die in ihr definierte Verknüpfung $\circ$ kommutativ ist, wenn also für alle $a, b \in G$ gilt $a \circ b = b \circ a$.

Abelscher Grenzwertsatz s. Potenzreihe, 1.

Abelsches Konvergenzkriterium:

Die unendliche Reihe $\sum_{n=1}^{\infty} a_n$ sei konvergent (s. Reihe, 2.). Ferner sei $(b_n)_{n \in \mathbb{N}}$ eine monoton wachsende und beschränkte Zahlenfolge (s. Zahlenfolge, 2.). Dann ist die Reihe der Produkte $\sum_{n=1}^{\infty} a_n \cdot b_n$ konvergent.

abgeleitete Funktion:

Die Funktion f(x) sei in $D \subset \mathbb{R}$ differenzierbar. Dann heißt die Funktion $f'(x)$ der Ableitungen *abgeleitete Funktion* oder *Ableitungsfunktion* (s. Funktion von reellen Variablen, 1.4.).

abgeleitete Punktmenge s. Ableitung einer Punktmenge.

abgeschlossen:

1. Abgeschlossen bezüglich einer Verknüpfung:
In der Menge M sei eine *zweistellige Verknüpfung* $\circ$ erklärt (s. Verknüpfung, 2.). Dann heißt die Teilmenge $A \subset M$ abgeschlossen gegenüber dieser Verknüpfung, wenn mit $a, b \in A$ stets $a \circ b \in A$ ist.

2. Abgeschlossene Hülle:
Die Menge aller Berührungspunkte einer Menge B eines topologischen Raumes T heißt *abgeschlossene Hülle* von B (s. Berührungspunkt).

3. Abgeschlossene Menge eines topologischen Raumes:
Eine Teilmenge A eines topologischen Raumes T (s. topologischer Raum) heißt *abgeschlossen*, wenn ihr Komplement eine offene Menge ist (s. offene Menge). A ist genau dann abgeschlossen, wenn A mit ihrer abgeschlossenen Hülle (s. 2.) übereinstimmt. Die abgeschlossenen Mengen eines topologischen Raumes T erfüllen die Axiome:

(A1) Der ganze Raum T und die leere Menge $\emptyset$ sind abgeschlossen.

(A2) Die Vereinigung endlich vieler und der Durchschnitt beliebig vieler abgeschlossener Mengen sind wieder abgeschlossen.

Ein Teilmengensystem einer Menge T, das die Axiome (A1) und (A2) erfüllt, bestimmt auf T eine topologische Struktur (s. topologischer Raum).

4. Abgeschlossene Punktmenge im $\mathbb{R}^n$:
Eine Punktmenge im $\mathbb{R}^n$ ist *abgeschlossen*, wenn sie alle ihre Häufungspunkte enthält (s. n-dimensionaler reeller Punktraum $\mathbb{R}^n$, s. Häufungspunkt, 1., s. Abschließung, s. 3.).

5. Abgeschlossenes (vollständiges) Orthonormalsystem s. vollständiges Orthonormalsystem.

6. Abgeschlossene komplexe Zahlenebene s. Gaußsche Zahlenebene.

abhängige Variable (Ordinate):

Bei einer Abbildung $z = f(x)$ oder einer Funktion $z = f(x_1, x_2, \dots x_n)$ von n Variablen heißt z die *abhängige Variable* oder *Ordinate* (s. Funktion von reellen Variablen).

abhängig, funktional:
Gegeben sind n Funktionen $y_i = f_i(x_1, x_2, \ldots, x_n)$ der gleichen n Variablen $x_1, x_2, \ldots, x_n$, die einen gemeinsamen Definitionsbereich $D \subset \mathbb{R}^n$ besitzen (s. Funktion von reellen Variablen, 3.). Die Funktionen f_i sollen in D stetige partielle Ableitungen erster Ordnung besitzen. Falls in $M \subset D$ die Funktionaldeterminante

$$\frac{\partial(y_1, y_2, \ldots, y_n)}{\partial(x_1, x_2, \ldots, x_n)} = \begin{vmatrix} \frac{\partial f_1}{\partial x_1} & \frac{\partial f_2}{\partial x_1} & \cdots & \frac{\partial f_n}{\partial x_1} \\ \frac{\partial f_1}{\partial x_2} & \frac{\partial f_2}{\partial x_2} & \cdots & \frac{\partial f_n}{\partial x_2} \\ \vdots & \vdots & \vdots & \vdots \\ \frac{\partial f_1}{\partial x_n} & \frac{\partial f_2}{\partial x_n} & \cdots & \frac{\partial f_n}{\partial x_n} \end{vmatrix}$$

identisch verschwindet, nennt man die n Funktionen f_i in M *funktional abhängig*. Ist die Funktionaldeterminante in $M \subset D$ nicht Null, so heißen die Funktionen in M *funktional unabhängig*. Falls die Anzahl k der Funktionen $y_i = f_i(x_1, x_2, \ldots, x_n)$ für $i = 1, 2, \ldots, k$ kleiner als die Anzahl n der Variablen ist $(k < n)$, sind die Funktionen f_i *funktional unabhängig*, wenn die Funktionalmatrix

$$\begin{pmatrix} \frac{\partial f_1}{\partial x_1} & \frac{\partial f_2}{\partial x_1} & \cdots & \frac{\partial f_k}{\partial x_1} \\ \frac{\partial f_1}{\partial x_2} & \frac{\partial f_2}{\partial x_2} & \cdots & \frac{\partial f_k}{\partial x_2} \\ \vdots & \vdots & \vdots & \vdots \\ \frac{\partial f_1}{\partial x_n} & \frac{\partial f_2}{\partial x_n} & \cdots & \frac{\partial f_k}{\partial x_n} \end{pmatrix}$$

den Rang k besitzt (s. Matrix, 3.), andernfalls sind sie *funktional abhängig*.

Abhängigkeit, funktionale s. abhängig, funktional.

Abhängigkeit, lineare s. linear unabhängig.

Ableitung einer Funktion einer komplexen Variablen s. komplexe Funktion, 3.

Ableitung einer Funktion einer reellen Variablen:
Im Falle der Existenz heißt der Grenzwert

$$\lim_{\Delta x \to 0} \frac{f(x + \Delta x) - f(x)}{\Delta x} = f'(x) = \frac{df(x)}{dx} = \frac{dy}{dx}$$

die *Ableitung* (erster Ordnung) von f (s. Funktion von reellen Variablen, 1.4.). Im Falle der Existenz nennt man

$$f_l'(x) = \lim_{\Delta x \to 0-} \frac{f(x+\Delta x) - f(x)}{\Delta x} = \lim_{\substack{\Delta x \to 0 \\ \Delta x < 0}} \frac{f(x+\Delta x) - f(x)}{\Delta x}$$

die *linksseitige Ableitung* und

$$f_r'(x) = \lim_{\Delta x \to 0+} \frac{f(x+\Delta x) - f(x)}{\Delta x} = \lim_{\substack{\Delta x \to 0 \\ \Delta x > 0}} \frac{f(x+\Delta x) - f(x)}{\Delta x}$$

die *rechtsseitige* Ableitung von f an der Stelle x. Diese beiden Ableitungen heißen *einseitige Ableitungen.* Im Falle der Existenz der links- bzw. rechtsseitigen Ableitung heißt f an der Stelle x *links-* bzw. *rechtsseitig differenzierbar.* Die Funktion ist genau dann an der Stelle x differenzierbar, wenn sie dort links- und rechtsseitig differenzierbar ist, und die beiden einseitigen Ableitungen übereinstimmen mit

$$f_l'(x) = f_r'(x) = f'(x).$$

Falls die Funktion $y = f(x)$ in Form einer Parameterdarstellung

$$x = x(t) = \varphi(t); \quad y = y(t) = \psi(t) \quad \text{mit dem Parameter } t$$

gegeben ist (s. Kurve, 1.), erhält man mit

$$\dot{\varphi}(t) = \frac{d\varphi(t)}{dt}; \; \dot{\psi}(t) = \frac{d\psi(t)}{dt} \quad \text{(gewöhnliche Ableitungen nach t)}$$

im Falle der Existenz die Ableitungen der expliziten Funktion $y = f(x)$ an der Stelle $(x(t), y(t))$ mit Hilfe der Kettenregel in der Form

$$f'(x) = \frac{dy}{dx} = \frac{\frac{dy}{dt}}{\frac{dx}{dt}} = \frac{\dot{\psi}(t)}{\dot{\varphi}(t)};$$

$$f''(x) = \frac{dy'}{dt} \cdot \frac{1}{\frac{dx}{dt}} = \frac{\frac{dx}{dt} \cdot \frac{d^2y}{dt^2} - \frac{dy}{dt} \cdot \frac{d^2x}{dt^2}}{\left(\frac{dx}{dt}\right)^3} = \frac{\dot{\varphi}(t)\ddot{\psi}(t) - \dot{\psi}(t)\ddot{\varphi}(t)}{[\dot{\varphi}(t)]^3}.$$

Dabei bedeutet ′ die Ableitung nach x und ˙ die Ableitung nach dem Parameter t.

Ableitungen, spezielle:

Funktion f(x)	Ableitung f′(x)	Definitionsbereich
C (Konstante)	0	$x \in \mathbb{R}$
x^n; $n \in \mathbb{N}$	$n \cdot x^{n-1}$	$x \in \mathbb{R}$
x^α, $\alpha \in \mathbb{R}$	$\alpha \cdot x^{\alpha - 1}$	$x > 0$
$\sqrt{x} = x^{\frac{1}{2}}$	$\frac{1}{2\sqrt{x}}$	$x > 0$

Funktion f(x)	Ableitung f′(x)	Definitionsbereich
$\sqrt[n]{x} = x^{\frac{1}{n}}$	$\frac{1}{n} \cdot x^{\frac{1}{n}-1} = \frac{1}{n \cdot \sqrt[n]{x^{n-1}}}$	$x > 0$
e^x	e^x	$x \in \mathbb{R}$
$a^x = e^{x \cdot \ln a}$; $a > 0$	$a^x \cdot \ln a$	$x \in \mathbb{R}$
$\ln x$	$\frac{1}{x}$	$x > 0$
$\ln \lvert x \rvert$	$\frac{1}{x}$	$x \neq 0$
$\log_a x = \frac{\ln x}{\ln a}$; $a > 0, a \neq 1$	$\frac{1}{\ln a} \cdot \frac{1}{x}$	$x > 0$
$\sin x$	$\cos x$	$x \in \mathbb{R}$
$\sin ax$	$a \cdot \cos ax$	$x \in \mathbb{R}$
$\cos x$	$-\sin x$	$x \in \mathbb{R}$
$\cos ax$	$-a \cdot \sin ax$	$x \in \mathbb{R}$
$\tan x$	$\frac{1}{\cos^2 x} = 1 + \tan^2 x$	$x \neq \frac{\pi}{2} + k\pi$, $k \in \mathbb{Z}$
$\cot x$	$-\frac{1}{\sin^2 x} = -1 - \cot^2 x$	$x \neq k\pi$, $k \in \mathbb{Z}$
$\sinh x$	$\cosh x$	$x \in \mathbb{R}$
$\cosh x$	$\sinh x$	$x \in \mathbb{R}$
$\tanh x$	$\frac{1}{\cosh^2 x} = 1 - \tanh^2 x$	$x \in \mathbb{R}$
$\coth x$	$-\frac{1}{\sinh^2 x} = 1 - \coth^2 x$	$x \in \mathbb{R}$
$\arcsin x$	$\frac{1}{\sqrt{1-x^2}}$	$-1 < x < 1$
$\arccos x$	$-\frac{1}{\sqrt{1-x^2}}$	$-1 < x < 1$
$\arctan x$	$\frac{1}{1+x^2}$	$x \in \mathbb{R}$
$\text{arccot}\, x$	$-\frac{1}{1+x^2}$	$x \in \mathbb{R}$
$\text{arsinh}\, x$	$\frac{1}{\sqrt{1+x^2}}$	$-1 < x < 1$
$\text{arcosh}\, x$	$\frac{1}{\sqrt{x^2-1}}$	$\lvert x \rvert > 1$
$\text{artanh}\, x$	$\frac{1}{1-x^2}$	$\lvert x \rvert < 1$
$\text{arcoth}\, x$	$\frac{1}{1-x^2}$	$\lvert x \rvert > 1$

Ableitungsregeln:

$$\big(c\cdot f(x)\big)' = c\cdot f'(x) \quad \text{für jede Konstante } c\in\mathbb{R};$$

$$\big(f(x)\pm g(x)\big)' = f'(x)\pm g'(x) \qquad \text{(Summenregel)};$$

$$\big(f(x)\cdot g(x)\big)' = f'(x)\cdot g(x) + f(x)\cdot g'(x) \qquad \text{(Produktregel)};$$

$$\left(\frac{f(x)}{g(x)}\right)' = \frac{g(x)\cdot f'(x) - f(x)\cdot g'(x)}{g^2(x)} \quad \text{für } g(x)\neq 0 \quad \text{(Quotientenregel)};$$

$$\left(\frac{1}{g(x)}\right)' = -\frac{g'(x)}{g^2(x)} \quad \text{für } g(x)\neq 0;$$

$$g(u(x))' = \frac{d}{dx}\,g(u(x)) = \underbrace{\frac{dg(u)}{du}}_{\text{äußere}}\cdot\underbrace{\frac{du(x)}{dx}}_{\text{innere Ableitung}}\Bigg|_{u=u(x)}$$

(Kettenregel für zusammengesetzte Funktionen);

$$(f^{-1}(x))' = \frac{d}{dx}\,f^{-1}(x) = \frac{dy}{dx} = \frac{1}{\frac{dx}{dy}} = \frac{1}{f'(y))}\Bigg|_{y=f(x)} = \frac{1}{f'(f(x))}$$

(Ableitung einer Umkehrfunktion);

$$f(x) = u(x)^{v(x)} = e^{\ln f(x)} = e^{v(x)\cdot\ln u(x)};$$

$$y' = f'(x) = u(x)^{v(x)}\cdot\left[v'(x)\cdot\ln u(x) + v(x)\cdot\frac{u'(x)}{u(x)}\right]$$

(Differentiation durch Logarithmieren).

Ableitungen höherer Ordnung:
Falls eine Funktion mehrfach differenzierbar ist, erhält man im Falle der Existenz Ableitungen höherer Ordnung. Die Ableitung n-ter Ordnung berechnet man nach der Rekursionsformel

$$f^{(n)}(x) = \frac{d^n}{dx^n}\,f(x) = \frac{d}{dx}\,f^{(n-1)}(x) \qquad \text{für } n=1,2,\ldots$$

mit $f^{(0)}(x)\equiv f(x)$ (s. Funktion von reellen Variablen, 1.6.).

Ableitung einer Punktmenge:
Die Menge M' aller Häufungspunkte einer Punktmenge M heißt die *Ableitung* von M (s. Häufungspunkt, 1.).

Ableitung einer Umkehrfunktion s. Umkehrfunktion.

Ableitung, partielle s. Funktion von reellen Variablen, 2.4., 3.4.

Abrunden s. Runden.

Abschließung:

Falls man zu einer Punktmenge M die Menge M′ ihrer Häufungspunkte, also ihre Ableitung hinzunimmt, erhält man ihre *Abschließung* $M \cup M'$ (s. Häufungspunkt, 1., s. Ableitung einer Punktmenge).

Abschnitt einer geordneten Menge s. Anfang einer geordneten Menge.

Abschreibung:

Unter *Abschreibung* versteht man die zeitliche Anpassung des Restwertes eines Gegenstandes.

1. Lineare Abschreibung:

Ein Gegenstand mit dem Kaufpreis K soll in N gleichen Jahresraten voll abgeschrieben werden. Der jährliche Abschreibungsbetrag ist $\frac{K}{N}$. Dann lautet der Bilanzwert (Restwert) am Ende des n-ten Jahres

$$B_n = K - n \cdot \frac{K}{N} = K \cdot (1 - \frac{n}{N}) \quad \text{für } n = 1, 2, \ldots, N \quad \text{mit} \quad B_N = 0.$$

$B_1, B_2, \ldots, B_N$ bildet den Anfang einer arithmetischen Zahlenfolge (s. arithmetische Zahlenfolge) mit

$$a = B_1 = K \cdot (1 - \frac{1}{N}); \; d = -\frac{K}{N}; \; B_N = 0.$$

2. Geometrisch-degressive Abschreibung

Am Ende eines jeden Jahres soll p % vom Restwert aus dem Vorjahr abgeschrieben werden. Dann lautet der Bilanzwert B_n am Ende des n-ten Jahres

$$B_n = K \cdot \left(1 - \frac{p}{100}\right)^n \quad \text{für} \quad n = 1, 2, \ldots .$$

Die Bilanzwerte bilden eine geometrische Folge (s. geometrische Folge).
Für $p < 100$ gilt $B_n > 0$ für alle $n \in \mathbb{N}$.
Auflösung der Formeln s. Zinseszinsrechnung, 1.

absolute Konvergenz s. absolut konvergent.

absoluter Betrag s. Betrag.

absoluter Fehler s. Fehler, 1.

absolutes Extremum s. Extremum.

absolutes Glied:

Im Polynom $P_n(x) = a_n x^n + a_{n-1} x^{n-1} + \ldots + a_1 x + a_0$ heißt a_0 das absolute Glied (s. Polynom, 1.).

absolute Variation s. Variation einer reellen Funktion.

absolut integrierbar:

Im Falle der Existenz des uneigentlichen Integrals $\int_{-\infty}^{+\infty} |f(x)|\,dx < \infty$ heißt die Funktion f über $\mathbb{R}$ *absolut integrierbar* (s. Integralrechnung, 1.8.1.).

absolut konvergent:

1. Absolut konvergente Potenzreihe:

Eine Potenzreihe $\sum_{n=0}^{\infty} a_n \cdot (x - x_0)^n$ heißt *absolut konvergent*, wenn die Summe der Beträge konvergiert, also für

$$\sum_{k=0}^{\infty} |a_n| \cdot |x - x_0|^n < \infty$$

(s. Potenzreihe, 1.).

2. Absolut konvergente unendliche Reihe:

Eine unendliche Reihe $\sum_{n=1}^{\infty} a_n$ heißt *absolut konvergent*, wenn $\sum_{n=1}^{\infty} |a_n| < \infty$ ist, falls also die Reihe der Beträge konvergiert. Eine absolut konvergente Reihe ist auch konvergent und besitzt bei jeder beliebigen Summationsreihenfolge stets den gleichen Summenwert (s. Reihe, 2.).

3. Absolut konvergentes uneigentliches Integral s. Integralrechnung, 1.8.1.

4. Absolut konvergentes unendliches Produkt:

Das unendliche Produkt $\prod_{k=1}^{\infty} (1 + a_k)$ heißt *absolut konvergent*, falls das Produkt

$$\prod_{k=1}^{\infty} (1 + |a_k|) \quad \text{konvergiert}$$

(s. Produkt, 4.3.).

Abstand (Entfernung):

Unter dem Abstand zweier geometrischer Elemente (Punkte, Gerade, Ebene) versteht man die kürzeste Entfernung, also das Minimum der Abstände aller Punktepaare aus diesen Gebilden. Abstände zwischen geometrischen Elementen werden auf Lotgeraden gemessen (s. Lotgerade).

1. Abstand eines Punktes von einer Ebene im $\mathbb{R}^3$:

Setzt man die Koordinaten eines beliebigen Punktes $P(x_1, y_1, z_1)$ in die Hessesche Normalform der Ebenengleichung ein, so ist

$$d = |n_1 x_1 + n_2 y_1 + n_3 z_1 - p|$$

der Abstand des Punktes P von der Ebene (s. Ebene, 2.3.).

2. Abstand eines Punktes P von einer Geraden g im $\mathbb{R}^2$:

Setzt man die Koordinaten x_1 und y_1 eines beliebigen Punktes $P(x_1, y_1)$ in die Hessesche Normalform der Geradengleichung ein, so ist

$$d = |n_1 x_1 + n_2 y_1 - p|$$

der Abstand des Punktes P von der Geraden g (s. Gerade, 1.3.).

3. Abstand eines Punktes Q von einer Geraden g im $\mathbb{R}^3$:
Es sei $P(p_1, p_2, p_3)$ ein beliebiger Punkt auf g und $\vec{b}^T = (b_1, b_2, b_3)$ ein Richtungsvektor der Geraden (s. Gerade, 2.1.). $Q(q_1, q_2, q_3)$ sei ein vorgegebener Punkt. $\hat{Q}$ sei der Fußpunkt des Lotes von Q auf g. Dann ist die Länge der Strecke $d = \overline{Q\hat{Q}}$ der Abstand des Punktes Q von g. Dabei steht die Strecke $Q\hat{Q}$ senkrecht auf g. Mit dem Kreuzprodukt (s. Vektor im V^n, 2.8.) und dem Betrag von $\vec{b}$ erhält man den Abstand in der Form

$$d = \frac{|\vec{b} \times \overrightarrow{PQ}|}{|\vec{b}|}.$$

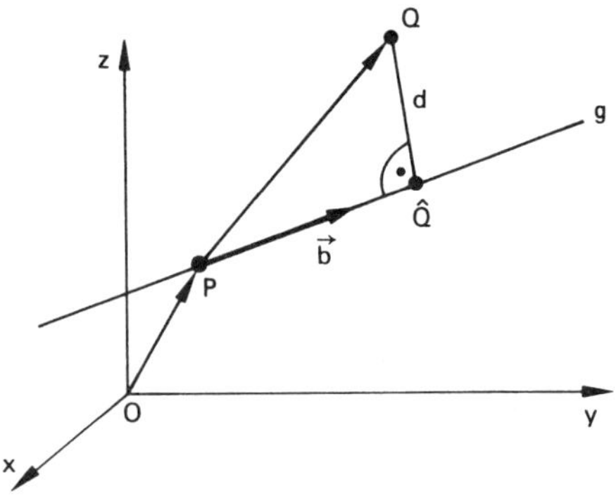

Der Ortsvektor zum Lotfußpunkt $\hat{Q}$ lautet

$$\overrightarrow{O\hat{Q}} = \overrightarrow{OP} + \lambda_0 \cdot \vec{b}$$

mit $\lambda_0 = \dfrac{\vec{b} \cdot \overrightarrow{PQ}}{|\vec{b}|^2}$.

4. Abstand zweier Mengen im $\mathbb{R}^n$:
Es seien $M \subset \mathbb{R}^n$ und $N \subset \mathbb{R}^n$ zwei beliebige nichtleere Mengen. Dann heißt

$$\inf_{P \in M;\, Q \in N} d(P, Q)$$

der *Abstand* (die *Entfernung*) von M und N.

5. Abstand zweier Punkte eines metrischen Raumes:
In einem metrischen Raum M sei $d(x, y)$ die Metrik (s. metrischer Raum). Dann heißt $d(x, y)$ der *Abstand* der beiden Punkte $x, y \in M$.

6. Abstand zweier Punkte im $\mathbb{R}^n$:
Im n-dimensionalen Zahlenraum $\mathbb{R}^n$ ist der Abstand $d(P, Q)$ der beiden Punkte $P(x_1, x_2, \ldots, x_n)$ und $Q(y_1, y_2, \ldots, y_n)$ gleich dem Betrag des Verbindungsvektors PQ, also

$$d(P, Q) = |PQ| = \overline{PQ} = |\overrightarrow{PQ}| = \sqrt{\sum_{i=1}^{n} (y_i - x_i)^2}$$

(s. Betrag, 3., s. Vektor im V^n, 3.).

7. Abstand zweier windschiefer Geraden:
Zwei Geraden g und g' seien windschief, also nicht parallel und ohne gemeinsamen Schnittpunkt. Sie sollen die Parameterdarstellungen

$$g: \overrightarrow{OX} = \vec{a} + \lambda \cdot \vec{b}, \lambda \in \mathbb{R}; \quad g': \overrightarrow{OX}' = \vec{a}' + \mu \cdot \vec{b}', \mu \in \mathbb{R}$$

besitzen (s. Gerade, 2.1.).

Die kürzeste Verbindungsstrecke QQ' steht auf g und g' senkrecht. Mit zwei Punkten $P(p_1, p_2, p_3)$ auf g sowie $P'(p_1', p_2', p_3')$ auf g' erhält man den Abstand der beiden Geraden

$$d = \overline{QQ'} = \frac{|(\overrightarrow{PP'}, \vec{b}, \vec{b}')|}{|\vec{b} \times \vec{b}'|}.$$

Dabei steht im Zähler der Betrag des Spatprodukts (s. Spatprodukt). Im Nenner ist der Betrag des Kreuzprodukts (s. Vektor im V^n, 2.8.).

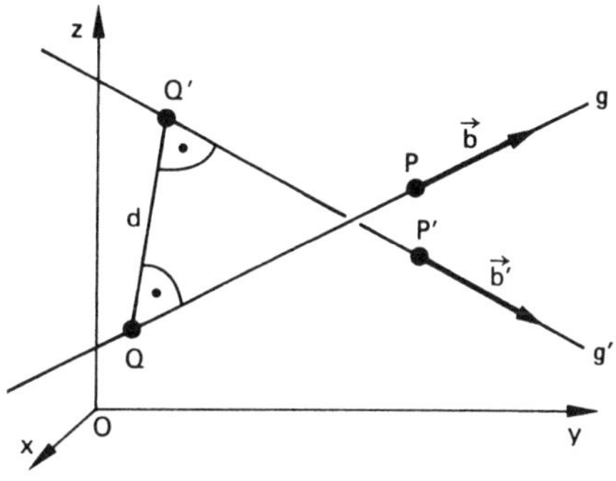

absteigende Differenzen s. Differenzenschema, s. Differenzenoperator,1.

abstrakt s. formales System.

Abszisse:

In einem kartesischen Koordinatensystem (x, y) im $\mathbb{R}^2$ heißt x die *Abszisse* und y die *Ordinate* (s. Koordinatensystem, 1.1.2.).

Abszissenachse:

Die Achse, auf der in einem kartesischen Koordinatensystem im $\mathbb{R}^2$ die Abszisse (s. Abszisse) abgetragen wird, heißt *Abszissenachse* (s. Koordinatensystem, 1.1.2.).

abwickelbare Fläche:

Falls eine räumliche Fläche, in geeigneter Weise aufgeschnitten, isometrisch, also nur durch Verbiegung und ohne Stauchung, auf ein ebenes Flächenstück abgebildet werden kann, heißt die Fläche *abwickelbar* (s. Fläche, 2., s. Isometrie). Diesen Vorgang nennt man *Abwicklung*. Ein Kegelmantel, der längs einer Mantellinie aufgeschnitten wird, läßt sich auf einen ebenen Kreisausschnitt abwickeln (s. Regelfläche).

Abwicklung einer Fläche s. abwickelbare Fläche.

abzählbar additiv s. sigma-additiv.

abzählbar unendlich:

Eine Menge M heißt *abzählbar unendlich*, wenn sie sich eineindeutig auf die Menge $\mathbb{N}$ der natürlichen Zahlen abbilden läßt (s. natürliche Zahlen). Die Menge der rationalen Zahlen ist abzählbar unendlich, nicht jedoch die Menge der reellen Zahlen (s. Diagonalverfahren, 1., 2.).

Abzinsung s. Barwert.

Abzinsungsfaktor s. Diskontierungsfaktor, s. Barwert.

Achse s. symmetrisch, 2.1.

Achsenabschnittsgleichung (Achsenabschnitt):

1. Achsenabschnittsgleichung einer Geraden:
Die spezielle Geradengleichung (s. Gerade, 1.2.)

$$\frac{x}{a}+\frac{y}{b}=1 \quad \text{mit } a, b \neq 0$$

heißt *Achsenabschnittsgleichung.* Die Gerade schneidet die kartesischen Koordinatenachsen an den Stellen $x = a$ und $y = b$. Man nennt a und b *Achsenabschnitte.*

2. Achsenabschnittsgleichung einer Ebene:
Die spezielle Ebenengleichung (s. Ebene, 2.2.)

$$\frac{x}{a}+\frac{y}{b}+\frac{z}{c}=1 \quad \text{mit } a, b, c \neq 0$$

heißt *Achsenabschnittsgleichung.* Die Ebene schneidet die kartesischen Koordinatenachsen an den Stellen $x = a$, $y = b$ und $z = c$. Die Zahlenwerte a, b und c heißen *Achsenabschnitte.*

Achsenschnitt:

Jeder ebene Schnitt eines Rotationskörpers senkrecht durch die Symmetrie-Achse, also jeder Schnitt mit einer zur Achse senkrechten Ebene, heißt *Achsenschnitt* (s. Rotationsfläche und Rotationskörper).

achsensymmetrisch s. symmetrisch, 2.1.

Achtersystem s. Zahlensystem, 2.

Achtflach s. Oktaeder, s. Polyeder, 2.

addieren:

Die Durchführung einer Addition (s. Addition) nennt man *addieren.*

Addition:

1. Addition reeller Zahlen:
Durch die Addition $+$ wird zwei reellen Zahlen a und b eine reelle Zahl $c = a + b$ zugeordnet. $a + b$ heißt die *Summe* der beiden *Summanden* a und b. Die Summe $m + n$ zweier natürlicher Zahlen $n, m \in \mathbb{N}$ ist wieder eine natürliche Zahl. In der Menge der natürlichen Zahlen $\mathbb{N}$ kann die Addition rekursiv definiert werden durch $n + 1 = n'$; $(m + n)' = m + n'$. Dabei ist n' der eindeutig bestimmte Nachfolger von n. Durch Nacheinanderausführen erhält man die Summe von endlich vielen Summanden. Dabei gilt

$$a + b = b + a \qquad \text{(Kommutativgesetz)};$$

$$(a + b) + c = a + (b + c) \qquad \text{(Assoziativgesetz)}.$$

Es existiert genau ein *neutrales Element* 0, das *Nullelement*, mit

$$a + 0 = a \quad \text{für alle a.}$$

Zu jedem Element a gibt es ein *inverses Element* $-a$ mit

$$a + (-a) = a - a = 0\,.$$

Die Summe von unendlich vielen Summanden definiert man als Grenzwert von endlichen Summen (s. Reihe). Die Addition läßt sich fortsetzen auf die ganzen Zahlen $\mathbb{Z}$, die rationalen Zahlen $\mathbb{Q}$ und die reellen Zahlen $\mathbb{R}$.

Addition von Brüchen (s. Brüche):

$$\frac{a_1}{b} + \frac{a_2}{b} = \frac{a_1 + a_2}{b} \quad \text{für } b \neq 0 \quad \text{(Addition gleichnamiger Brüche)};$$

$$\frac{a_1}{b_1} + \frac{a_2}{b_2} = \frac{a_1 \cdot b_2}{b_1 \cdot b_2} + \frac{a_2 \cdot b_1}{b_1 \cdot b_2} = \frac{a_1 \cdot b_2 + a_2 \cdot b_1}{b_1 \cdot b_2} \quad \text{für } b_1, b_2 \neq 0\,.$$

Addition von Positionszahlen:
Die Zahlen a, b und $c = a + b$ seien in einem Positionssystem mit der Grundzahl g dargestellt (s. Zahlensystem, 2.):

$$\begin{aligned} a = {} & a_m \cdot g^m + a_{m-1} \cdot g^{m-1} + a_{m-2} \cdot g^{m-2} + \ldots + a_1 \cdot g^1 + a_0 \cdot g^0 \\ & + a_{-1} \cdot g^{-1} + a_{-2} \cdot g^{-2} + a_{-3} \cdot g^{-3} + \ldots\,; \end{aligned}$$

$$\begin{aligned} b = {} & b_n \cdot g^n + b_{n-1} \cdot g^{n-1} + b_{n-2} \cdot g^{n-2} + \ldots + b_1 \cdot g^1 + b_0 \cdot g^0 \\ & + b_{-1} \cdot g^{-1} + b_{-2} \cdot g^{-2} + b_{-3} \cdot g^{-3} + \ldots\,; \end{aligned}$$

$$\begin{aligned} c = {} & b_r \cdot g^r + b_{r-1} \cdot g^{r-1} + b_{r-2} \cdot g^{r-2} + \ldots + b_1 \cdot g^1 + b_0 \cdot g^0 \\ & + b_{-1} \cdot g^{-1} + b_{-2} \cdot g^{-2} + b_{-3} \cdot g^{-3} + \ldots\,. \end{aligned}$$

Im Falle $m \neq n$ ist $r = \max(n, m)$. Für $m = n$ kann $r = m$ oder $r = m + 1$ sein. In a und b sollen nach dem Komma jeweils nur endlich viele Ziffern stehen. Dann werden bei der Addition die Ziffernfolgen so untereinandergeschrieben, daß Ziffern zur gleichen Potenz (und damit das Komma) direkt untereinander stehen. Fehlende Ziffern am Anfang und Ende werden dabei als Nullen gewertet. Bei der Addition beginnt man mit der letzten Stelle. Falls eine Summe $a_i + b_i$ unter Berücksichtigung eines bereits vorhandenen Übertrages kleiner als g ist, setzt man $c_i = a_i + b_i$. Ist die Summe jedoch größer oder gleich g, so wird sie um g erniedrigt. Gleichzeitig muß dann c_{i+1} um Eins erhöht werden (Übertrag). Für $g = 10$ spricht man vom *Zehnerübertrag*. Bei k Summanden kann der Übertrag bis zu k Einheiten betragen. Beispiele s. Dezimalzahl, s. Dualzahl.

2. Addition komplexer Zahlen:
Für zwei komplexe Zahlen $z_1 = a_1 + i\,b_1$; $z_2 = a_2 + i\,b_2$ ist die Addition erklärt durch $z_1 + z_2 = (a_1 + a_2) + i\,(b_1 + b_2)$ (s. komplexe Zahlen, 1.).

3. Addition von Matrizen (Vektoren im V^n):
Die Summe zweier $m \times n$ - Matrizen (vom gleichen Typ)

$$A = (a_{ij})\,; \quad B = (b_{ij})\,; \quad i = 1, 2, \dots, m\,; \quad j = 1, 2, \dots, n$$

ist definiert durch

$$A + B = C = (c_{ij} = a_{ij} + b_{ij}\,;\ i = 1, 2, \dots, m\,;\ j = 1, 2, \dots, n)\,.$$

Für $n = 1$ erhält man die Addition zweier Spaltenvektoren, $m = 1$ ergibt die Addition zweier Zeilenvektoren und $m = n = 1$ die Addition zweier reeller Zahlen (s. 1.).

4. Addition von Elementen eines Vektorraums s. Vektorraum, 1.

5. Addition von Kardinalzahlen:
Die beiden Kardinalzahlen $|A|$ und $|B|$ seien gegeben durch die beiden elementfremden Mengen A und B, also mit $A \cap B = \emptyset$ (s. Menge, 2., s. Kardinalzahl). Dann ist die Summe der Kardinalzahlen definiert durch

$$|A \cup B| = |A| + |B|\,.$$

6. Addition von Mengen:
Die Vereinigung $A \cup B$ zweier disjunkter Mengen (mit $A \cap B = \emptyset$) wird oft auch als Summe der beiden Mengen geschrieben durch

$$A + B = A \cup B, \text{ falls } A \cap B = \emptyset.$$

Manchmal wird auf die Voraussetzung der Disjunktheit der beiden Mengen auch verzichtet. Dann schreibt man beliebige Vereinigungen auch als Summen (s. Menge, 2.).

Additionsmethode s. lineare Gleichungen, 4.2.3.

Additionssystem s. Zahlensystem, 1.

Additionstheoreme der trigonometrischen Funktionen:

Für die trigonometrischen Funktionen gelten für beliebige Argumente x und $y \in \mathbb{R}$ (im Bogenmaß) die Additionstheoreme:

$$\sin(x+y) = \sin x \cdot \cos y + \cos x \cdot \sin y\,;$$

$$\cos(x+y) = \cos x \cdot \cos y - \sin x \cdot \sin y\,;$$

$$\tan(x+y) = \frac{\tan x + \tan y}{1 - \tan x \cdot \tan y}\,; \qquad \cot(x+y) = \frac{\cot x \cdot \cot y - 1}{\cot x + \cot y}$$

(s. trigonometrische Funktionen, 3.).

additive Abbildung (Funktion):

Eine Abbildung (Funktion) f heißt *additiv*, wenn für beliebige $x, y \in D$ mit $x + y \in D$ (Definitionsbereich) gilt

$$f(x+y) = f(x) + f(y).$$

additive Mengenfunktion:

Eine auf einem Mengensystem $\mathfrak{M}$ definierte Mengenfunktion φ heißt *additiv*, wenn für alle disjunkten Mengen A, $B \in \mathfrak{M}$ gilt

$$\varphi(A \cup B) = \varphi(A) + \varphi(B) \quad \text{für } A \cap B = \emptyset \text{ (A, B disjunkt).}$$

Die Mengenfunktion φ heißt σ-additiv (*sigma-additiv*), falls für beliebige paarweise disjunkte Mengen aus $\mathfrak{M}$ gilt

$$\varphi(\bigcup_{i=1}^{\infty} A_i) = \sum_{i=1}^{\infty} \varphi(A_i) \quad \text{für } A_i \cap A_j = \emptyset \text{ für } i \neq j$$

(s. Menge, 2., s. Mengenfunktion, s. Inhalt).

adjungiert:

1. Adjungierte Eigenvektoren:
Zwei Elemente **u** und **v** eines Euklidischen oder unitären Vektorraums V (s. Vektorraum, 3., 4.) heißen *adjungierte Eigenvektoren* des linearen stetigen Operators T (s. linearer Operator), wenn es eine komplexe (reelle) Zahl λ gibt mit

$$T\mathbf{u} = \lambda \mathbf{v} \quad \text{und} \quad T^* \mathbf{v} = \overline{\lambda} \mathbf{u}.$$

Dabei ist T^* der zu T adjungierte Operator (s. 5.) und $\overline{\lambda}$ die zu λ konjugiert komplexe Zahl.

2. Adjungierte Matrix:
Es seien A_{ij}, $1 \leq i, j \leq n$ die adjungierten Unterdeterminanten (s. Determinante, 3.) der n-reihigen quadratischen Matrix A. Dann heißt die (transponierte) Matrix

$$A^* = \begin{pmatrix} A_{11} & A_{21} & \cdots & A_{n1} \\ A_{12} & A_{22} & \cdots & A_{n2} \\ \vdots & \vdots & \vdots & \vdots \\ A_{1n} & A_{2n} & \cdots & A_{nn} \end{pmatrix}$$

die *adjungierte Matrix* von A.

3. Adjungierte Unterdeterminante (Adjunkte) s. Determinante, 3.

4. Adjungierter linearer Differentialoperator:
Gegeben ist der lineare Differentialoperator n-ter Ordnung

$$L[y] = \sum_{j=0}^{n} a_j(x) y^{(j)}(x) \quad (y^{(j)}(x) = j\text{-te Ableitung}).$$

Dabei sind $a_j(x)$ in $[a; b]$ stetige Funktionen mit $a_n(x) \neq 0$ in $[a; b]$.

Dann heißt

$$L^*[y] = \sum_{j=0}^{n} (-1)^j [a_j(x)y(x)]^{(j)} = \sum_{j=0}^{n} (-1)^j \frac{d^j}{dx^j} [a_j(x)y(x)]$$

der zu L[y] *adjungierte Differentialoperator* (s. gewöhnliche Differentialgleichung, 5.5.1.). Falls für alle n-mal stetig differenzierbaren Funktionen y(x) gilt $L[y] = L^*[y]$, nennt man den Differentialoperator L[y] *selbstadjungiert.*

5. Adjungierter (transponierter) linearer Operator:
In einem Euklidischen oder unitären Vektorraum V sei $<\mathbf{u}, \mathbf{v}>$ das Skalarprodukt (s. Vektorraum, 3., 4.). Der lineare Operator (lineare Abbildung, 1.) T sei auf ganz V definiert. Dann gibt es einen ebenfalls linearen Operator T^* auf V mit

$$<T\mathbf{u}, \mathbf{v}> = <\mathbf{u}, T^*\mathbf{v}> \quad \text{für alle } \mathbf{u}, \mathbf{v} \in V.$$

T^* heißt der zu T *adjungierte Operator* oder der *transponierte Operator* von T. Im Falle $T^* = T$ nennt man den Operator T *selbstadjungiert.*

Adjunkte s. Determinante, 3.

affine Abbildung (Affinität, affine Transformation):

1. Allgemeine affine Abbildung:
Eine Abbildung T eines affinen Raumes R_n in einen affinen Raum $\hat{R}_m$ (s. affiner Raum) heißt *affin* oder *Affinität*, wenn die Geradlinigkeit, Parallelität und die Doppelverhältnisse (s. Doppelverhältnis, 2.) erhalten bleiben. Längen von Strecken, Winkelgrößen, Flächeninhalte und Orientierungen können sich bei einer allgemeinen affinen Abbildung ändern. Jeder affinen Abbildung vom R_n in den $\hat{R}_m$ entspricht eine lineare Abbildung L des zugehörigen Vektorraums V_n in den $\hat{V}_m$ (s. lineare Abbildung) mit

$$L(\lambda\mathbf{v}) = \lambda \cdot L(\mathbf{v})\,;\; L(\mathbf{u}+\mathbf{v}) = L(\mathbf{u}) + L(\mathbf{v}) \text{ für alle } \mathbf{u}, \mathbf{v} \in V_n \text{ und } \lambda \in \mathbb{R}.$$

Mit dem zugeordneten Vektor $\mathbf{v} = \overrightarrow{PQ}$ erhält man $\hat{\mathbf{v}} = L(\mathbf{v}) = \overrightarrow{T(P)\,T(Q)}$.

Es seien $\{O; \mathbf{u}_1, \mathbf{u}_2, \ldots, \mathbf{u}_n\}$ bzw. $\{\hat{O}; \hat{\mathbf{u}}_1, \hat{\mathbf{u}}_2, \ldots, \hat{\mathbf{u}}_m\}$ Parallelkoordinatensysteme in V_n bzw. $\hat{V}_m$ (s. Koordinatensystem, 3.). O ist der Ursprung in R_n und $\hat{O}$ der in $\hat{R}_m$. Die entsprechenden Vektoren bilden eine Basis in den zugeordneten Vektorräumen. Bezüglich der Koordinaten in den beiden Systemen lauten die Linearkombinationen

$$\overrightarrow{\hat{O}\,T(O)} = \sum_{i=1}^{m} c_i \hat{\mathbf{u}}_i\,; \quad L(\mathbf{u}_k) = \sum_{i=1}^{m} a_{ik} \hat{\mathbf{u}}_i \qquad \text{für } k = 1, 2, \ldots, n.$$

$X \in R_n$ sei ein beliebiger Punkt mit den Koordinaten $x_1, x_2, \ldots, x_n$ im Koordinatensystem $\{O; \mathbf{u}_1, \mathbf{u}_2, \ldots, \mathbf{u}_n\}$. Dann besitzt der Bildpunkt T(O) im Koordinatensystem $\{\hat{O}; \hat{\mathbf{u}}_1, \hat{\mathbf{u}}_2, \ldots, \hat{\mathbf{u}}_m\}$ die Koordinaten

$$\hat{x}_i = \sum_{k=1}^{n} a_{ik} x_k + c_i \qquad \text{für } i = 1, 2, \ldots, m$$

(s. lineare Abbildung, 2.1.). Der Vektor $\mathbf{v} = \sum_{k=1}^{n} v_k \mathbf{u_k}$ besitze bezüglich der Basis $\{\mathbf{u_1}, \mathbf{u_2}, \ldots, \mathbf{u_n}\}$ die Komponenten v_k für $k = 1, 2, \ldots, n$. Dann hat der Bildvektor $\hat{\mathbf{v}} = L(\mathbf{v})$ bezüglich der Basis $\{\hat{\mathbf{u}}_1, \hat{\mathbf{u}}_2, \ldots, \hat{\mathbf{u}}_m\}$ die Koordinaten

$$\hat{v}_i = \sum_{k=1}^{n} a_{ik} \mathbf{v_k} \qquad \text{für } i = 1, 2, \ldots, m$$

mit $\hat{\mathbf{v}} = L(\mathbf{v}) = \sum_{i=1}^{m} \hat{v}_i \hat{\mathbf{u}}_i$. Die Vektoren $\mathbf{v}$ und $\hat{\mathbf{v}} = L(\mathbf{v})$ können mit den Komponentenvektoren identifiziert werden. Dann lauten die Abbildungsgleichungen in Matrizenschreibweise

$$\begin{pmatrix} \hat{x}_1 \\ \hat{x}_2 \\ \vdots \\ \hat{x}_m \end{pmatrix} = \begin{pmatrix} a_{11} & a_{12} & \cdots & a_{1n} \\ a_{21} & a_{22} & \cdots & a_{2n} \\ \vdots & \vdots & \ddots & \vdots \\ a_{m1} & a_{m2} & \cdots & a_{mn} \end{pmatrix} \begin{pmatrix} x_1 \\ x_2 \\ \vdots \\ x_n \end{pmatrix} + \begin{pmatrix} c_1 \\ c_2 \\ \vdots \\ c_n \end{pmatrix}; \text{ also } \vec{\hat{x}} = A\vec{x} + \vec{c}.$$

$$\begin{pmatrix} \hat{v}_1 \\ \hat{v}_2 \\ \vdots \\ \hat{v}_m \end{pmatrix} = \begin{pmatrix} a_{11} & a_{12} & \cdots & a_{1n} \\ a_{21} & a_{22} & \cdots & a_{2n} \\ \vdots & \vdots & \ddots & \vdots \\ a_{m1} & a_{m2} & \cdots & a_{mn} \end{pmatrix} \begin{pmatrix} v_1 \\ v_2 \\ \vdots \\ v_n \end{pmatrix}; \quad \hat{\mathbf{v}} = A\mathbf{v}.$$

Dabei heißt $\vec{c}$ der *Translationsvektor* und A die *Abbildungsmatrix*. Nur für $m = n$ mit $\mathrm{Rg}(A) = n$ ist die Abbildung umkehrbar eindeutig.

Eigenschaften einer affinen Abbildung:
a) Eine Affinität bildet eine Gerade (Ebene) auf eine Gerade (Ebene) ab.
b) Das Doppelverhältnis dreier Punkte (s. Doppelverhältnis, 2.) bleibt bei einer affinen Abbildung invariant.
c) Durch eine Affinität werden parallele Geraden auf parallele Geraden abgebildet.

2. Spezielle affine Transformationen des R_n in sich:
In diesem Abschnitt sollen umkehrbar eindeutige affine Abbildungen des R_n in sich betrachtet werden, also mit $\hat{R}_m = R_n$ und $\hat{V}_m = V_n$. Dann ist die Abbildungsmatrix A quadratisch und nichtsingulär.

2.1. Ähnliche (äquiforme) Abbildungen bei Euklidischen Vektorräumen:
Eine affine Abbildung heißt *ähnlich* oder *äquiform*, wenn die Längenverhältnisse und Winkelbeträge bei der Abbildung fest bleiben. Da jede dieser beiden Eigenschaften aus der anderen folgt, genügt die Forderung:
Es gibt eine Zahl $\lambda > 0$, so daß für alle Punkte P und Q gilt

$$|T(P)\,T(Q)| = \lambda \cdot |PQ|.$$

Alle Strecken werden also bei einer solchen Abbildung im gleichen Verhältnis gedehnt oder gestaucht. Für die zugehörigen Vektoren gilt

$$\mathbf{v} = \overrightarrow{PQ}; \quad \hat{\mathbf{v}} = \overrightarrow{T(P)\,T(Q)} = T(\mathbf{v}) = A\mathbf{v}.$$

Mit dem inneren Produkt erhält man die Abstandsquadrate als Produkt der entsprechenden Zeilenvektoren $\mathbf{v}^T$ mit den Spaltenvektoren $\mathbf{v}$, also

$$\lambda^2 \cdot \mathbf{v}^T \mathbf{v} = (A\mathbf{v})^T A\mathbf{v} = \mathbf{v}^T A^T A \mathbf{v}; \qquad \mathbf{v}^T (A^T A - \lambda^2 E)\mathbf{v} = 0.$$

Dabei ist A^T die transponierte Matrix und E die Einheitsmatrix. Da diese Identität für alle Vektoren $\mathbf{v}$ gelten muß, folgt hieraus

$$A^T A = \lambda^2 E; \quad \frac{1}{\lambda} A^T \cdot \frac{1}{\lambda} A = E.$$

Hieraus folgt $\det(A) = \pm\lambda$. Mit $B = \frac{1}{\lambda} A$ erhält man $B^T B = E$. Die affine Abbildung ist also genau dann ähnlich, wenn für die Abbildungsmatrix A gilt $A = \lambda B$, wobei B eine orthogonale Matrix und $\lambda > 0$ ist (s. 2.2.).
Eine *Dehnung* oder *Streckung* bzw. *Stauchung* ist eine Ähnlichkeitsabbildung, bei der genau ein Punkt fest bleibt (Fixpunkt), und alle an diesem Punkt beginnenden Strecken auf das λ-fache verlängert bzw. verkürzt werden.

2.2. Bewegungen:
Eine affine Transformation heißt eine *Bewegung*, wenn sie die Entfernung $|PQ|$ beliebiger Punkte invariant läßt, also für

$$|T(P)\,T(Q)| = |PQ| \quad \text{für alle } P, Q \in R_n.$$

Aus 2.1. erhält man mit $\lambda = 1$ unmittelbar

$$A^T A = E; \quad A^T = A^{-1}.$$

Wegen $\det(A^T) = \det(A)$, $\det(E) = 1$ folgt hieraus $\det(A) = \pm 1$. Bewegungen werden also durch *orthogonale* Matrizen dargestellt. Ihre Spaltenvektoren bilden ein Orthonormalsystem. Im Falle $\det(A) > 0$ bilden die Spaltenvektoren in dieser Reihenfolge ein Rechtssystem, für $\det(A) = -1$ ein Linkssystem. Im ersten Fall bleibt die Orientierung erhalten, im zweiten Fall erhält man die entgegengesetzte Orientierung. Wegen

$$\mathbf{u}^T \mathbf{v} = \mathbf{u}^T E \mathbf{v} = \mathbf{u}^T A^T A \mathbf{v} = (A\mathbf{u})^T (A\mathbf{v}) = \hat{\mathbf{u}}^T \hat{\mathbf{v}}$$

bleibt bei einer Bewegung auch das innere Produkt und damit alle Winkelgrößen invariant. Ferner bleiben alle Inhalte erhalten.

2.3. Translationen (Verschiebungen):
Bewegungen, bei der die Abbildungsmatrix $A = E$ die Einheitsmatrix ist, heißen *Translationen* oder *Parallelverschiebungen* mit

$$\vec{\hat{x}} = \vec{x} + \vec{c}, \quad \text{also} \quad \hat{x}_i = x_i + c_i \quad \text{für } i = 1, 2, \ldots, n.$$

Jeder Punkt des Raumes R_n wird um den Translationsvektor $\vec{c}$ verschoben. Vektoren bleiben bei dieser Abbildung ungeändert.

2.4. Orientierungserhaltende affine Abbildung:
Eine affine Abbildung ist genau dann *orientierungserhaltend*, wenn die Abbildungsmatrix A eine positive Determinante besitzt, also für $\det(A) > 0$ (s. Determinante).

2.5. Inhaltserhaltende affine Abbildung:
Eine affine Abbildung ist genau dann *inhaltserhaltend*, wenn gilt

$$\det(A) = \pm 1 .$$

affiner Raum:

Ein *affiner Raum* R_n besteht aus einer Menge von *Punkten* und einer Menge von *Vektoren* mit folgenden Eigenschaften:

(A1) Die Menge der Vektoren bildet einen Vektorraum V_n der Dimension n (s. Vektorraum, 1.).

(A2) Jedem geordneten Paar P, Q von Punkten in dieser Reihenfolge wird genau ein Vektor $\mathbf{v} = \overrightarrow{PQ}$ zugeordnet. Zu jedem Punkt P und jedem Vektor $\mathbf{v}$ gibt es einen Punkt Q mit $\mathbf{v} = \overrightarrow{PQ}$. Dabei gilt

$$\overrightarrow{PQ} = \overrightarrow{PR} + \overrightarrow{RQ} \quad \text{für alle Punkte } P, Q, R \in R_n .$$

Die *Dimension* n des affinen Raumes R_n ist gleich der Dimension des zugehörigen Vektorraums V_n, also gleich der maximalen Anzahl linear unabhängiger Vektoren aus V_n. Für $n = 2$ heißt R_2 eine *affine Ebene*, $n = 3$ ergibt den *dreidimensionalen affinen Raum* R_3. Im R_n kann ein Parallelkoordinatensystem eingeführt werden durch die Vorgabe eines Punktes O und einer Basis von V_n, also n linear unabhängige Vektoren $\vec{u}_1, \vec{u}_2, \ldots, \vec{u}_n$ (s. Koordinatensystem, 1.1., 2.1., 3.). Durch die eindeutige Darstellung

$$\overrightarrow{OX} = \sum_{i=1}^{n} x_i \vec{u}_i$$

werden jedem Punkt $X \in R_n$ die *Koordinaten* $x_1, x_2, \ldots, x_n$ zugeordnet. Falls in V_n ein Skalarprodukt gegeben ist, wird R_n zu einem *affinen metrischen* Raum mit dem Abstand $|PQ| = \langle \mathbf{v}, \mathbf{v} \rangle = \sqrt{\overrightarrow{PQ} \cdot \overrightarrow{PQ}}$. Winkelgrößen φ zwischen zwei Strecken PQ und PR mit $\mathbf{u} = \overrightarrow{PQ}$ und $\mathbf{v} = \overrightarrow{PR}$ werden durch $\cos\varphi = \dfrac{\langle \mathbf{u}, \mathbf{v} \rangle}{\sqrt{\langle \mathbf{u}, \mathbf{u} \rangle \cdot \langle \mathbf{v}, \mathbf{v} \rangle}}$ eingeführt.

affines Bild eines Kreises s. Ellipse, 2.3.

ägyptisches Zahlensystem s. Zahlensystem, 1.1.

ähnlich:

1. Ähnliche Abbildung s. affine Abbildung, 2.1.

2. Ähnliche Dreiecke:
Zwei Dreiecke sind *ähnlich*, wenn in beiden Dreiecken jeweils zwei Winkel paarweise übereinstimmen (s. Dreieck, 1.3.).

3. Ähnliche Figuren:
Gegeben sind zwei ebene oder räumliche aus Punkten und Strecken gebildete Figuren. Die Punkte der beiden Figuren sollen umkehrbar eindeutig

einander so zugeordnet werden können, daß jedem Winkel der einen Figur ein gleich großer Winkel der anderen Figur entspricht. Dann sind die beiden Figuren *ähnlich*. Gleichwertig damit ist die Eigenschaft, daß entsprechende Strecken beider Figuren proportional sind (s. Strahlensätze).

4. Ähnliche Matrizen:
Zwei gleichartige quadratische Matrizen A und B heißen *ähnlich*, wenn es eine nichtsinguläre Matrix T gibt mit

$$B = T^{-1} A T \quad \text{(s. lineare Abbildung, 2.6.).}$$

5. Ähnliche Mengen:
Zwei geordnete Mengen M und N (s. geordnete Menge) heißen *ähnlich*, wenn es eine eineindeutige Abbildung von M auf N gibt, bei der die Ordnungsrelation erhalten bleibt (s. Ordinalzahl).

Ähnlichkeitsdifferentialgleichung:

Falls in der gewöhnlichen Differentialgleichung $y' = f(x, y)$ die Funktion $f(x, y)$ homogen vom Grad 0 ist (s. homogen, 1.), also für

$$f(\lambda x, \lambda y) = \lambda^0 \cdot f(x, y) = f(x, y) \text{ für } (x, y) \text{ und } (\lambda x, \lambda y) \in D \text{ mit } \lambda \in \mathbb{R},$$

nennt man sie eine *Ähnlichkeitsdifferentialgleichung*. Durch die Substitution $\frac{y}{x} = z$ geht diese Differentialgleichung $y' = f(x, y)$ über in

$$z' = \frac{h(z) - z}{x},$$

welche durch Trennung der Variablen gelöst werden kann (s. gewöhnliche Differentialgleichung, 2.1.2., 2.1.1.).

Ähnlichkeitssatz s. Laplace - Transformation.

Ähnlichkeitstransformation s. affine Abbildung, 2.1.

d'Alembert, Jean le Rond (1717 – 1783) war Sekretär der Académie des sciences. Er stellte das d'Alembertsche Prinzip der Mechanik auf. Dabei beschäftigte er sich mit Differentialgleichungen. Nach ihm benannt ist die d'Alembertsche Differentialgleichung (s. d'Alembertsche Differentialgleichung) sowie die d'Alembertsche Reduktionsmethode (s. Reduktionsmethode von d'Alembert).

d'Alembertsche Differentialgleichung:

Die gewöhnliche Differentialgleichung 1. Ordnung

$$y(x) = x \cdot h(y'(x)) + f(y'(x))$$

heißt *d'Alembertsche Differentialgleichung*. Dabei seien $h(t)$ und $f(t)$ stetig differenzierbare Funktionen. $h(t) \equiv t$ ergibt als Spezialfall die Clairautsche Differentialgleichung (s. Clairautsche Differentialgleichung). Mit der Substitution $y' = t$ geht die d'Alembertsche Differentialgleichung über in die

lineare Differentialgleichung

$$\frac{dx}{dt}=\frac{x\cdot h'(t)+f'(t)}{t-h(t)}\ .$$

Die allgemeine Lösung $x=\varphi(t,C)$ dieser Differentialgleichung ergibt die Parameterdarstellung der Lösungsschar der d'Alembertschen Differentialgleichung

$$x=\varphi(t,C)\,;\ y=\varphi(t,C)\cdot h(t)+f(t),\ t\in\mathbb{R}\ \text{(Parameter)},\ C\ \text{Konstante}$$

(s. gewöhnliche Differentialgleichung, 2.2.3., s. Kurvenschar, 1.).

d'Alembertsche Reduktionsmethode s. gewöhnliche Differentialgleichung, 3., s. System von gewöhnlichen Differentialgleichungen, 2.3.

Algebra:

Ursprünglich war die *Algebra* der Teil der Mathematik, in dem die Auflösung algebraischer Gleichungen (s. algebraisch, 3.) untersucht wurde. Es handelt sich um eine der ältesten mathematischen Disziplinen. Inzwischen versteht man unter dem Begriff Algebra die Theorie der algebraischen Strukturen. Dabei handelt es sich um Mengen, in denen Verknüpfungen mit bestimmten Eigenschaften möglich sind.

algebraisch:

1. Algebraische Fläche:
Die Gesamtheit aller Punkte $P(x,y,z)$ des $\mathbb{R}^3$, deren kartesischen Koordinaten einer algebraischen Gleichung (s. 3.) genügen, heißt *algebraische Fläche.* Ein Beispiel ist die Oberfläche einer Kugel mit dem Radius r und dem Mittelpunkt (x_0,y_0,z_0), die durch die algebraische Gleichung

$$F(x,y,z)=(x-x_0)^2+(y-y_0)^2+(z-z_0)^2-r^2=0$$

gegeben ist (s. Flächen zweiter Ordnung). Eine Fläche, die nicht algebraisch ist, heißt *transzendent.*

2. Algebraische Funktion:
Eine Funktion $y=f(x)$ heißt *algebraisch*, wenn sie eine Gleichung der Form

$$\sum_{k=0}^{n} p_k(x)\cdot y^k=0 \quad \text{mit } n\geq 1$$

erfüllt. Dabei sind $p_k(x)$ Polynome beliebigen Grades. Eine Funktion die nicht algebraisch ist, nennt man *transzendent.*

3. Algebraische Gleichung:
Eine Gleichung, in der mit den Gleichungsvariablen nur algebraische Operationen (s. 5.) durchgeführt werden, nennt man *algebraisch.* Beispiel:

$$x^2-\pi\cdot x=e+\sqrt{5x+4}\ .$$

Dabei können die auftretenden Zahlen (Koeffizienten) und auch die Lösungen transzendent sein. Gleichungen, die nicht algebraisch sind, heißen *transzendent.* Beispiele für transzendente Gleichungen sind Exponential- oder logarithmische Gleichungen. Die Gleichung $\sin^2 x - \sin x - 1 = 0$ ist eine transzendente Gleichung in x, jedoch algebraisch in der Variablen $\sin x$. Jede algebraische Gleichung einer reellen Variablen x läßt sich in der allgemeinen Form

$$c_0 + c_1 x + c_2 x^2 + \ldots + c_n x^n = 0$$

schreiben mit komplexen Koeffizienten $c_k \in \mathbb{C}$ mit $c_n \neq 0$, $n \geq 1$. Dabei heißt die natürliche Zahl n der *Grad* der algebraischen Gleichung.

4. Algebraische Kurve:
Eine Kurve $\mathfrak{C}$ sei durch die Parameterdarstellung $x = x(t), y = y(t), z = z(t)$ für $t_1 \leq t \leq t_2$ gegeben (s. Kurve, 2.). Falls alle drei Parameterfunktionen $x(t)$, $y(t)$ und $z(t)$ algebraisch sind (s. 2.), heißt die Kurve *algebraisch.* Eine ebene Kurve im $\mathbb{R}^2$ ist genau dann algebraisch, wenn die kartesischen Koordinaten ihrer Punkte $P(x, y)$ eine algebraische Gleichung

$$\sum_{i,j=0}^{n} a_{ij} x^i y^j = 0 \quad \text{mit} \quad a_{ij} \in \mathbb{R},\ n \geq 1$$

erfüllen (s. Kurve, 1.).

5. Algebraische Operationen:
s. Verknüpfung, 1. Algebraische Operationen von $\mathbb{R} \times \mathbb{R} \to \mathbb{R}$ sind neben den arithmetischen Operationen der Addition $+$, Subtraktion $-$, Multiplikation $\cdot$ und Division $:$ das Potenzieren und Radizieren (Wurzelziehen), wobei der Potenz- und Wurzelexponent positiv ganz und die Radikanden nichtnegativ sind (s. Potenz, 1., s. Wurzel, 1.).

6. Algebraische Struktur:
Eine Menge M, für deren Elemente mindestens eine Verknüpfung (s. Verknüpfung) erklärt ist, heißt Menge mit einer *algebraischen Struktur* bzw. *algebraische Struktur.*

7. Algebraische Zahl:
Eine reelle oder komplexe Zahl ξ heißt *algebraisch,* wenn sie Nullstelle (Wurzel) eines Polynoms

$$a_0 + a_1 x + a_2 x^2 + \ldots + a_n x^n = 0, \quad n \geq 1$$

mit ganzzahligen Koeffizienten $a_k \in \mathbb{Z}$, $a_n \neq 0$ ist. Der Grad des niedrigsten Polynoms, das ξ erfüllt, heißt der *Grad* von ξ. Im Falle $a_n = 1$ nennt man ξ eine *ganze algebraische Zahl.* Alle rationalen Zahlen (Brüche) $\xi = \frac{p}{q}$ $(q \neq 0)$ sind wegen $q\xi - p = 0$ algebraisch vom Grad 1. Die n-te Wurzel aus einer Primzahl p, also $\sqrt[n]{p}$ ist wegen $\xi^n = p$ eine algebraische Zahl vom Grad n. Eine Zahl, die nicht algebraisch ist, heißt *transzendent.*

8. Algebraischer Zahlkörper s. Zahlkörper.

Algorithmus (Kalkül):
Ein *Algorithmus* (*Kalkül*) ist ein schematisches Verfahren, bei dem durch präzise vorgegebene Rechen- und Entscheidungsvorschriften ein Problem solange schrittweise umgeformt wird, bis es gelöst ist oder erkennbar wird, daß es keine Lösung besitzt.

allgemeine Lösung einer gewöhnlichen Differentialgleichung:
Die *allgemeine Lösung* (*Integral*) einer gewöhnlichen Differentialgleichung n-ter Ordnung

$$F(x, y(x), y'(x), y''(x), \ldots, y^{(n)}(x)) = 0$$

hängt von n Konstanten $C_1, C_2, \ldots, C_n \in \mathbb{R}$ ab, also

$$y = y(x, C_1, C_2, \ldots, C_n),$$

wobei die Konstanten $C_1, C_2, \ldots, C_n$ im allgemeinen beliebig gewählt werden können (s. gewöhnliche Differentialgleichung, 1.).

allgemeine Lösung eines linearen Gleichungssystems s. lineares Gleichungssystem, 3., 4.

Allquantor s. Allzeichen.

Allzeichen (Allquantor):
Falls die Aussage A(x) für alle $x \in M$ richtig ist, schreibt man

$$\bigwedge_{x \in M} A(x) \quad \text{bzw} \quad \forall_{x \in M} A(x) \qquad \text{(sprich: "für alle } x \in M \text{ gilt } A(x)\text{")}.$$

$\bigwedge$ bzw. $\forall$ heißt *Allzeichen* oder *Allquantor.*

alphabetische Anordnung s. lexikographische Anordnung.

alternierende Reihe:
Eine unendliche Reihe vom Typ $\pm \sum_{n=1}^{\infty} (-1)^n b_n$ mit $b_n \geq 0$ für alle n heißt *alternierend* (s. Reihe, 5.).

alternierende Zahlenfolge:
Die Zahlenfolge $a_n = (-1)^n b_n$ bei der alle b_n entweder nichtnegativ oder nichtpositiv sind, heißt *alternierend.* Es findet also laufend ein Vorzeichenwechsel statt (s. Zahlenfolge).

Amoroso-Robinson-Beziehung:
Es sei p der Preis je Mengeneinheit, der von der Nachfragemenge x abhängt, also $p = p(x)$. Die Elastizität der Preisfunktion sei $\varepsilon_p(x)$ (s. Elastizität einer Funktion). Von der Funktion $p = p(x)$ existiere die Umkehrfunktion $x = x(p)$ mit der Elastizität $\varepsilon_x(p)$. Dann lautet der von x abhängige

Umsatz $U(x) = p(x) \cdot x$. Differentiation nach x ergibt die von x abhängige Grenzumsatzfunktion

$$U'(x) = p(x) + p'(x) \cdot x = p(x) \cdot \left[1 + \frac{p'(x)}{p(x)} \cdot x \right]$$

$$= p(x) \cdot \left[1 + \varepsilon_p(x) \right] = p(x) \cdot \left[1 + \frac{1}{\varepsilon_x(p)} \right].$$

Diese Identität heißt *Amoroso - Robinson - Beziehung.*

Amortisation:

Unter *Amortisation* versteht man ein Verfahren zur Tilgung einer Schuld durch gleichbleibende Annuitäten (s. Annuitätendarlehen). Falls N die Laufzeit bis zur vollständigen Tilgung ist, sagt man, die Schuld sei in N Jahren *amortisiert.*

Amplitude:

In der allgemeinen Sinusfunktion $f(x) = a \cdot \sin(bx + c)$ mit $a > 0$, $b \neq 0$ heißt a die *Amplitude* (s. Sinusfunktion).

Analogiegerät s. Rechenanlage.

Analogrechner s. Rechenanlage.

Analysis:

Unter dem Begriff *Analysis* versteht man üblicherweise die Teile der Mathematik, in denen die Infinitesimalrechnung benutzt wird (s. Infinitesimalrechnung). Die wichtigsten Gebiete sind (s. dort): Differentialrechnung, Integralrechnung, Differentialgleichungen, Differenzengleichungen, Integralgleichungen sowie Funktionalanalysis.

analytisch:

1. Analytische Fortsetzung:

Es seien G_1 und G_2 zwei Gebiete der komplexen Zahlenebene mit nichtleerem Durchschnitt $G_1 \cap G_2 \neq \emptyset$. Die Funktion $f_1(z)$ sei in G_1 und $f_2(z)$ in G_2 holomorph (s. holomorph). In $G_1 \cap G_2$ gelte $f_1(z) = f_2(z)$. Dann gibt es in $G_1 \cup G_2$ genau eine holomorphe Funktion $f(z)$, die in G_1 mit $f_1(z)$ und in G_2 mit $f_2(z)$ übereinstimmt. f_2 heißt die *analytische Fortsetzung* von f_1 nach G_2 (s. Fortsetzung).

2. Analytische Funktion s. holomorph.

3. Analytische Geometrie:

Unter dem Begriff *analytische Geometrie* versteht man den Teil der Geometrie, in dem algebraische Methoden zur Lösung geometrischer Probleme benutzt werden.

4. Analytisches Kurvenstück:
Ein durch $x = \varphi(t), y = \psi(t), z = \chi(t)$, $t_1 \leq t \leq t_2$ dargestelltes Kurvenstück $\mathfrak{C}$ (s. Kurve, 1., 2.) heißt *analytisch*, wenn für alle $t_0 \in [t_1; t_2]$ die Parameterfunktionen in einer Umgebung von t_0 in Potenzreihen

$$\varphi(t) = \sum_{k=0}^{\infty} a_k \cdot (t - t_0)^k;\ \psi(t) = \sum_{k=0}^{\infty} b_k \cdot (t - t_0)^k;\ \chi(t) = \sum_{k=0}^{\infty} c_k \cdot (t - t_0)^k$$

entwickelbar sind (s. Potenzreihe, 1.).

Änderungsrate (Wachstumsrate):
Die Funktion $f(x)$ sei differenzierbar mit $f(x) \neq 0$. Dann heißt

$$r_f(x) = \frac{f'(x)}{f(x)} = \frac{d \ln |f(x)|}{dx}$$

Änderungs- oder *Wachstumsrate.* Für kleine $|\Delta x|$ gilt für die relative Funktionsänderung die Näherung

$$\frac{\Delta y}{y} = \frac{\Delta f(x)}{f(x)} = \frac{f(x + \Delta x) - f(x)}{\Delta x} \cdot \frac{\Delta x}{f(x)} \approx r_f(x) \cdot \Delta x.$$

Änderungsrate, partielle s. partielle Änderungsrate.

Anfang einer geordneten Menge:
Es sei M eine geordnete Menge mit der Ordnungsrelation $\preceq$ (s. geordnete Menge). Die Menge $A \subset M$ heißt *Anfang* von M, wenn aus

$$a \in A \text{ und } x \preceq a \quad \text{folgt} \quad x \in A.$$

Der spezielle Anfang $A_m = \{x \in M \mid x \preceq m\}$ heißt der durch m bestimmte *Abschnitt* der Menge M.

Falls $A = \{c\}$ ein Anfang ist, nennt man c *erstes Element* von M.

Anfangsbedingung s. Anfangswertproblem.

Anfangswertproblem:
Falls für die gewöhnliche Differentialgleichung n-ter Ordnung

$$F(x, y(x), y'(x), y''(x), \ldots, y^{(n)}(x)) = 0$$

eine Lösung $y = \varphi(x)$ gesucht ist, welche die *Anfangsbedingungen*

$$\varphi(x_0) = c_0,\ \varphi'(x_0) = c_1,\ \varphi''(x_0) = c_2,\ \ldots, \varphi^{(n-1)}(x_0) = c_{n-1}$$

mit vorgegebenen Konstanten $c_0, c_1, \ldots, c_{n-1}$ erfüllt, spricht man von einem *Anfangswertproblem* (s. gewöhnliche Differentialgleichung, 1.).

Angebotsfunktion:
A(p) sei die vom Preis p (je Mengeneinheit) abhängige von den Herstellern angebotene Menge einer Ware. Dann heißt A(p) *Angebotsfunktion.*

angeordnet s. Anordnung.

Ankathete s. Dreieck, 2.2.

Annuität s. Annuitätendarlehen.

Annuitätendarlehen:
Zur Tilgung einer Schuldsumme S mit dem jährlichen Zinssatz p % werde am Ende eines jeden Jahres der gleiche Betrag, die sogenannte *Annuität* A, gezahlt. In der Annuität A sind alle Zins- und Tilgungsleistungen enthalten. Die Restschuld R_n nach n Jahren lautet mit $q = 1 + \frac{p}{100}$

$$R_n = S \cdot q^n - A \cdot \frac{q^n - 1}{q - 1} \quad \text{für} \quad n = 1, 2, \ldots$$

(s. Zinseszinsrechnung, 1., 2.). Ist N eine vorgegebene Tilgungsdauer mit $R_N = 0$ und $R_{N-1} \neq 0$, so lautet die nachschüssige Annuität

$$A = S \cdot q^N \cdot \frac{q - 1}{q^N - 1}.$$

Bei vorgegebener Tilgungsdauer N erhält man mit dieser Annuität die Restschuld nach n Jahren in der Form

$$R_n^{(N)} = S \cdot \frac{q^N - q^n}{q^N - 1} \quad \text{für} \quad n = 1, 2, \ldots, N \quad \text{mit} \quad R_N^{(N)} = 0.$$

Anordnungsrelation s. Ordnungsrelation.

Anstieg s. Steigung.

antikommutativ:
Eine Verknüpfung $\circ$ in einer Gruppe (s. Gruppe) heißt *antikommutativ*, wenn für alle a, $b \in G$ gilt $b \circ a = -a \circ b$. Ein Beispiel für eine antikommutative Verknüpfung ist das Vektorprodukt (s. Vektor im V^n, 2.8.).

antisymmetrisch (identitiv):
Eine binäre Relation R in einer Menge M heißt *antisymmetrisch* oder *identitiv*, falls aus $a R b$ und $b R a$ folgt $a = b$ (s. Relation, 2.).

Appolonius von Perge (ca 262 – 190 v.u.Z.) gab als altgriechischer Mathematiker in seinem achtbändigen Werk *conika* eine zusammenfassende Darstellung der antiken Lehre der Kegelschnitte heraus. Nach ihm benannt ist der Satz des Appolonius (s. Ellipse, 5.).

Appolonius, Satz des s. Ellipse, 5.

Approximation:
Unter *Appromination* vesteht man allgemein die Bestimmung einer Funktion $\hat{g}$ aus einer vorgegebenen Funktionenklasse G, die von einer nicht zu G gehörenden Funktion f in einem bestimmten Sinne möglichst wenig ab-

weicht. Als Abweichungsmaß benutzt man oft eine Halbnorm (s. Halbnorm) oder eine Norm (s. Norm). Dann ist für ein vorgegebenes $f \in V$ ein $\hat{g} \in G$ zu bestimmen mit

$$\|f - \hat{g}\| = \inf_{g \in G} \|f - g\|.$$

$\|f - \hat{g}\|$ heißt die *Minimalabweichung* oder der *Defekt* von f bezüglich G.

Beispiele:

$$\|f - g\| = \min_{a \le x \le b} |f(x) - g(x)|; \quad \|f - g\| = \sqrt{\int_a^b (f(x) - g(x))^2 \, dx}$$

(s. quadratisch integrierbar).

Approximationspolynome:

Oft ist es sinnvoll, eine Funktion $f(x)$ durch ein Polynom n-ten Grades zu approximieren. Daß dies bei stetigen reellwertigen Funktionen immer möglich ist, zeigt der Satz von Weierstraß: Die Funktion $f(x)$ sei im abgeschlossenen Intervall $[a;b]$ stetig. Dann gibt es zu jedem $\varepsilon > 0$ ein Polynom $P(x)$ mit

$$\max_{a \le x \le b} |f(x) - P(x)| < \varepsilon.$$

Dabei hängt der Grad n des Polynoms P von der gewählten Approximationsgenauigkeit ε und der Funktion f ab. Es existiert also immer eine Folge von Polynomen $P_n(x)$, $n = 1, 2, \ldots$ mit

$$\lim_{n \to \infty} P_n(x) = f(x) \quad \text{für jedes } x \in [a;b].$$

Dabei konvergiert die Funktionenfolge $P_n(x)$, $n = 1, 2, \ldots$ in $[a;b]$ gleichmäßig (s. Funktionenfolge).

1. Taylor-Polynom:

Eine Funktion $f(x)$, die $(n+1)$-mal stetig differenzierbar ist, kann durch ein Taylor-Polynom n-ten Grades $T_n(x)$ approximiert werden (s. Taylor-Entwicklung, 1.1.). Durch die Restgliedabschätzung wird die Approximationsgenauigkeit bestimmt. Falls die Funktion $f(x)$ beliebig oft differenzierbar ist, konvergiert die Folge T_n der Taylor-Polynome in einem bestimmten Bereich, der auch nur aus der Entwicklungsstelle x_0 bestehen kann, gegen $f(x)$ (s. Taylor-Entwicklung, 1.3.).

2. Interpolationspolynom:

Mit der Schrittweite $h \to 0$ können auch Interpolationspolynome verwendet werden (s. Interpolation).

3. Approximation mit Hilfe von Bernsteinschen Polynomen:

Die Approximation wird durchgeführt mit Hilfe der Bernsteinschen Polynome (s. Bernsteinsche Polynome)

$$B_k^n(x) = \binom{n}{k} x^k (1-x)^{n-k} \quad \text{für } k = 0, 1, 2, \ldots, n; \; n = 1, 2, \ldots .$$

3.1. Approximation im Intervall (0 ; 1):
Die Funktion f(x) sei in [0 ; 1] stetig. Dann konvergiert die Polynomfolge

$$b_n(x) = \sum_{k=0}^{n} f\left(\tfrac{k}{n}\right)\binom{n}{k} x^k (1-x)^{n-k} = \sum_{k=0}^{n} f\left(\tfrac{k}{n}\right) B_k^n(x), \quad n = 1, 2, \ldots$$

im offenen Intervall (0 ; 1) gleichmäßig gegen die Funktion f(x) (s. Funktionenfolge).

3.2. Approximation in einem beliebigen Intervall (a ; b):
f(x) sei in [a ; b] stetig. Durch die Abbildung

$$u = \frac{x-a}{b-a} \; ; \quad x = a + (b-a)u$$

wird das Intervall (a ; b) auf das Intervall (0 ; 1) abgebildet. Man setzt

$$f(x) = f\big(a + (b-a)u\big) = g(u);$$

$$b_n(u) = \sum_{k=0}^{n} g\left(\tfrac{k}{n}\right)\binom{n}{k} u^k (1-u)^{n-k} = \sum_{k=0}^{n} g\left(\tfrac{k}{n}\right) B_k^n(u).$$

Dann konvergiert die Funktionenfolge

$$\varphi_n(x) = b_n\left(\tfrac{x-a}{b-a}\right) = \sum_{k=0}^{n} f\left(a + (b-a)\tfrac{k}{n}\right)\binom{n}{k}\left(\frac{x-a}{b-a}\right)^k \left(1 - \frac{x-a}{b-a}\right)^{n-k}$$

für n = 1, 2, ... in (a ; b) gleichmäßig gegen die Funktion f(x). Für große $|b-a|$ erfolgt die Konvergenz im allgemeinen allerdings sehr langsam.

4. Kleinste-Quadrate-Approximation:
Gegeben seien n Punkte $P_i(x_i, y_i) \in \mathbb{R}^2$ für i = 1, 2, ..., n. Diesen Punkten soll nach der Kleinste-Quadrate-Methode ein Polynom

$$P_p(x) = b_0 + b_1 x + b_2 x^2 + \ldots + b_p x^p$$

vom Grad $p \leq n-1$ so angepaßt werden, daß die Summe der vertikalen Abstandsquadrate aller n Punkte von diesem Polynom minimal wird, also

$$Q^2(b_0, b_1, \ldots, b_p) = \sum_{i=0}^{n} \left[y_i - b_0 - b_1 x_i - b_2 x_i^2 - \ldots - b_p x_i^p \right]^2 \to \min.$$

Partielle Differentiation

$$\frac{\partial Q^2(b_0, b_1, \ldots, b_p)}{\partial b_k} = 0 \quad \text{für } k = 0, 1, \ldots, p$$

ergibt das lineare Gleichungssystem für die p + 1 unbekannten Koeffizienten $b_0, b_1, \ldots, b_p$ (s. Kleinste-Quadrate-Methode):

$$\begin{array}{l}
b_0 n + b_1 \sum_{i=1}^{n} x_i + b_2 \sum_{i=1}^{n} x_i^2 + \ldots + b_p \sum_{i=1}^{n} x_i^p = \sum_{i=1}^{n} y_i \\
b_0 \sum_{i=1}^{n} x_i + b_1 \sum_{i=1}^{n} x_i^2 + b_2 \sum_{i=1}^{n} x_i^3 + \ldots + b_p \sum_{i=1}^{n} x_i^{p+1} = \sum_{i=1}^{n} x_i y_i \\
b_0 \sum_{i=1}^{n} x_i^2 + b_1 \sum_{i=1}^{n} x_i^3 + b_2 \sum_{i=1}^{n} x_i^4 + \ldots + b_p \sum_{i=1}^{n} x_i^{p+2} = \sum_{i=1}^{n} x_i^2 y_i \\
\cdots\cdots\cdots\cdots\cdots\cdots\cdots\cdots\cdots\cdots\cdots\cdots \\
b_0 \sum_{i=1}^{n} x_i^p + b_1 \sum_{i=1}^{n} x_i^{p+1} + b_2 \sum_{i=1}^{n} x_i^{p+2} + \ldots + b_p \sum_{i=1}^{n} x_i^{2p} = \sum_{i=1}^{n} x_i^p y_i .
\end{array}$$

5. Approximation im quadratischen Mittel:
Die Funktion f(x) sei in [a;b] quadratisch integrierbar, d.h. $\int_a^b f^2(x)\,dx$ existiere.

5.1. Allgemeiner Polynomansatz:
Die Koeffizienten des Minimalpolynoms vom Grad n

$$P_n(x) = \alpha_0 + \alpha_1 x + \alpha_2 x^2 + \ldots + \alpha_n x^n$$

werden bestimmt aus

$$Q^2(\alpha_0, \alpha_1, \ldots, \alpha_n) = \int_a^b \left[f(x) - \alpha_0 - \alpha_1 x - \ldots - \alpha_n x^n\right]^2 dx \to \min.$$

Durch partielle Differentiation

$$\frac{\partial Q^2(\alpha_0, \alpha_1, \ldots, \alpha_n)}{\partial \alpha_k} = 0 \quad \text{für } k = 0, 1, \ldots, n$$

erhält man für die p+1 unbekannten Koeffizienten $\alpha_0, \alpha_1, \ldots, \alpha_n$ das lineare Gleichungssystem

$$\sum_{k=0}^{n} \alpha_k \cdot \int_a^b x^{k+i}\,dx = \int_a^b f(x)\, x^i\,dx \qquad \text{für } i = 0, 1, \ldots, n,$$

also

$$\sum_{k=0}^{n} \alpha_k \cdot \frac{b^{k+i+1} - a^{k+i+1}}{k+i+1} = \int_a^b f(x)\, x^i\,dx \qquad \text{für } i = 0, 1, \ldots, n.$$

Mit der Lösung ist

$$\int_a^b \left[f(x) - \alpha_0 - \alpha_1 x - \ldots - \alpha_n x^n\right]^2 dx$$

der mittlere quadratische Fehler oder das Fehlerintegral.

5.2. Entwicklung nach einem Orthogonalsystem (Orthonormalsystem):
Die Polynome $Q_0(x), Q_1(x), \ldots, Q_k(x), \ldots$ mit $\text{Grad}(Q_k) = k$ sollen im Intervall [a;b] ein *Orthogonalsystem* bilden mit

$$\int_a^b Q_i(x)\, Q_j(x)\,dx = 0 \text{ für } i \neq j \text{ und } \int_a^b Q_k^2(x)\,dx > 0 \text{ für } k = 0, 1, \ldots, n$$

(s. Orthogonal- und Orthonormalsystem). Dann ist das Minimierungsproblem zu lösen mit dem Ansatz

$$P_n(x) = \sum_{k=0}^{\infty} c_k Q_k(x);$$

$$Q^2(c_0, c_1, \ldots, c_n) = \int_a^b \left[f(x) - \sum_{i=0}^{\infty} c_i Q_i(x)\right]^2 dx \to \min.$$

Partielle Ableitung nach allen c_k ergibt das lineare Gleichungssystem

$$\int_a^b \left[f(x) - \sum_{k=0}^{\infty} c_i Q_i(x)\right] Q_k(x)\,dx = 0 \qquad \text{für } k = 0, 1, 2, \ldots;$$

$$\int_a^b f(x)\,Q_k(x)\,dx = c_k \cdot \int_a^b Q_k^2(x)\,dx + \sum_{\substack{i=0\\ i\neq k}}^{\infty} c_k \cdot \underbrace{\int_a^b Q_i(x)\,Q_k(x)\,dx}_{=0}$$

mit der Lösung $c_k = \dfrac{\int_a^b f(x)\,Q_k(x)\,dx}{\int_a^b Q_k^2(x)\,dx}$ für $k = 0, 1, 2, \ldots$.

Falls die Polynome $Q_k(x)$ ein Orthonormalsystem bilden mit

$$\int_a^b Q_k^2(x)\,dx = 1 \quad \text{für } k = 0, 1, 2, \ldots ,$$

vereinfacht sich die Rechnung zu

$$c_k = \int_a^b f(x)\,Q_k(x)\,dx \quad \text{für } k = 0, 1, 2, \ldots .$$

Wenn die quadratisch integrierbare Funktion $f(x)$ an der Stelle x_0 stetig ist, gilt

$$f(x) = \lim_{n\to\infty} \sum_{k=0}^{n} c_k\,Q_k(x) = \sum_{k=0}^{\infty} c_k\,Q_k(x) .$$

Falls endlich viele orthogonale Funktionen $Q_1(x), Q_2(x), \ldots, Q_n(x)$ eine Basis bilden, brechen die Summen bei $k = n$ ab.

5.2.1. Entwicklung nach Legendre-Polynomen:

5.2.1.1. Approximation in $[-1; +1]$:

Die Legendreschen Polynome $L_k(x)$, $k = 0, 1, \ldots$ (s. Legendresche Differentialgleichung und Legendresche Polynome) bilden im Intervall $[-1; +1]$ ein Orthogonalsystem mit

$$\int_{-1}^{1} L_i(x)\,L_j(x)\,dx = \begin{cases} 0 & \text{für } i \neq j; \\ \dfrac{2}{2i+1} & \text{für } i = j. \end{cases}$$

In $[-1; +1]$ erhält man das Approximationspolynom vom Grad n in der Form

$$P_n(x) = \sum_{k=0}^{n} c_k\,L_k(x)$$

$$\text{mit} \quad c_k = \frac{2k+1}{2} \cdot \int_{-1}^{1} f(x)\,L_k(x)\,dx \quad \text{für } k = 0, 1, \ldots .$$

5.2.1.2. Approximation in $[a; b]$ mit $a < b$:

Durch die Transformation

$$u = \frac{2x-a-b}{b-a} \;; \quad x = \tfrac{1}{2}\big(a + b + u\,(b-a)\big)$$

wird das Intervall $[a; b]$ auf das Intervall $[-1; +1]$ transformiert.
Damit bilden die Polynome

$$L_k\Big(\frac{2x-a-b}{b-a}\Big) \quad \text{für } k = 0, 1, 2, \ldots$$

in $[a; b]$ ein Orthogonalsystem mit

$$\int_a^b L_k^2\left(\frac{2x-a-b}{b-a}\right)dx = \frac{b-a}{2}\int_{-1}^{1} L_k^2(u)\,du = \frac{b-a}{2k+1}\;;\; k=0,1,2,\dots\,.$$

Dann lautet in $[a;b]$ das Approximationspolynom vom Grad n

$$P_n(x) = \sum_{k=0}^{n} c_k I_k\left(\frac{2x-a-b}{b-a}\right) \qquad \text{für } a \le x \le b$$

mit

$$c_k = \frac{2k+1}{b-a}\int_a^b f(x)\,L_k\left(\frac{2x-a-b}{b-a}\right)dx$$

$$= \frac{2k+1}{2}\int_{-1}^{1} f\left(\frac{1}{2}(a+b+u\cdot(b-a))\right)L_k(u)\,dx \qquad \text{für } k=0,1,\dots,n.$$

6. Approximation im gewichteten quadratischen Mittel:
Es sei $w(x) \ge 0$ eine in $[a;b]$ integrierbare *Gewichtsfunktion* mit existierendem Integral

$$\int_a^b f^2(x)\,w(x)\,dx < \infty \qquad \text{(s. Gewichtsfunktion).}$$

6.1. Allgemeiner Polynomansatz:
Gesucht sind die Koeffizienten eines Minimalpolynoms vom Grad n

$$P_n(x) = \alpha_0 + \alpha_1 x + \alpha_2 x^2 + \dots + \alpha_n x^n\;,\; n \text{ fest}$$

mit

$$\int_a^b \left[f(x) - \alpha_0 - \alpha_1 x - \dots - \alpha_n x^n\right]^2 w(x)\,dx \to \min.$$

6.2. Entwicklung nach einem verallgemeinerten Orthogonalsystem:
Die Polynome $Q_0(x), Q_1(x), \dots, Q_k(x), \dots$ mit $\mathrm{Grad}(Q_k) = k$ seien ein *verallgemeinertes Orthonormalsystem* in $[a;b]$ bezüglich der Gewichtsfunktion $w(x)$ mit

$$\int_a^b w(x)\,Q_i(x)\,Q_j(x)\,dx = 0 \text{ für } i \neq j\,;$$

$$\int_a^b w(x)\,Q_k^2(x)\,dx > 0 \text{ für } k = 0,1,2,\dots$$

(s. Orthogonal- und Orthonormalsystem, 4.). Dann gilt

$$\int_a^b \left[f(x) - \sum_{i=0}^{n} \alpha_i Q_i(x)\right]^2 w(x)\,dx \to \min.$$

für

$$\alpha_k = \frac{\int_a^b w(x)\,f(x)\,Q_k(x)\,dx}{\int_a^b w(x)\,Q_k^2(x)\,dx} \qquad \text{für } k = 0,1,2,\dots\,.$$

6.3. Entwicklung nach Tschebyschew - Polynomen erster Art:
6.3.1. Approximation in $[-1; +1]$:
Die Tschebyschewschen Polynome erster Art $T_n(x)$, $n = 0, 1, \dots$ (s. Tschebyschewsche Differentialgleichung und Tschebyschewsche Polynome) bilden bezüglich der Gewichtsfunktion

$$w(x) = \frac{1}{\sqrt{1-x^2}}$$

in $[-1; +1]$ ein Orthogonalsystem mit

$$\int_{-1}^{1} \frac{T_i(x)\,T_j(x)}{\sqrt{1-x^2}}\,dx = \begin{cases} 0 & \text{für } i \neq j; \\ \frac{\pi}{2} & \text{für } i = j \neq 0; \\ \pi & \text{für } i = j = 0. \end{cases}$$

$$\int_{-1}^{1} \Big[f(x) - \sum_{i=0}^{n} \alpha_i Q_i(x)\Big]^2 \frac{1}{\sqrt{1-x^2}}\,dx \rightarrow \min.$$

ergibt die Koeffizienten

$$\alpha_0 = \frac{1}{\pi}\cdot \int_{-1}^{1} \frac{f(x)}{\sqrt{1-x^2}}\,dx\ ; \quad \alpha_k = \frac{2}{\pi}\cdot \int_{-1}^{1} \frac{f(x)\,T_k(x)}{\sqrt{1-x^2}}\,dx \quad \text{für } k = 1, 2, \dots$$

(s. Orthogonal- und Orthonormalsystem, 4.).

6.3.2. Approximation in $[a; b]$ mit $a < b$:
Ein beliebiges Intervall $[a; b]$ wird durch die Transformation

$$u = \frac{2x-a-b}{b-a} \quad \Leftrightarrow \quad x = \tfrac{1}{2}\big(a + b + u(b-a)\big)$$

auf das Intervall $[-1; +1]$ transformiert.

Dann bilden die Funktionen

$$T_k\Big(\frac{2x-a-b}{b-a}\Big), \quad k = 0, 1, 2, \dots$$

in $[a; b]$ ein verallgemeinertes *Orthogonalsystem* bezüglich der Gewichtsfunktion

$$w(x) = \sqrt{1 - \Big(\frac{2x-a-b}{b-a}\Big)^2}$$

mit

$$\int_a^b \frac{T_k^2\Big(\frac{2x-a-b}{b-a}\Big)}{\sqrt{1-\Big(\frac{2x-a-b}{b-a}\Big)^2}}\,dx = \frac{b-a}{2}\cdot \int_{-1}^{+1} \frac{T_k^2(u)}{\sqrt{1-u^2}}\,du$$

$$= \begin{cases} \frac{b-a}{2}\cdot \pi & \text{für } k = 0; \\ \frac{b-a}{4}\cdot \pi & \text{für } k > 0. \end{cases}$$

Damit lautet in [a ; b] das Approximationspolynom vom Grad n

$$P_n(x) = \sum_{k=0}^{n} \alpha_k T_k\left(\frac{2x-a-b}{b-a}\right)$$

mit

$$\alpha_0 = \frac{2}{(b-a)\pi} \int_a^b \frac{f(x)}{\sqrt{1-\left(\frac{2x-a-b}{b-a}\right)^2}} dx = \frac{1}{\pi} \int_{-1}^{+1} \frac{f\left(\frac{1}{2}(a+b+u(b-a))\right)}{\sqrt{1-u^2}} du ;$$

$$\alpha_k = \frac{4}{(b-a)\pi} \int_a^b \frac{f(x)\, T_k\left(\frac{2x-a-b}{b-a}\right)}{\sqrt{1-\left(\frac{2x-a-b}{b-a}\right)^2}} dx$$

$$= \frac{2}{\pi} \int_{-1}^{1} \frac{f\left(\frac{1}{2}(a+b+u(b-a))\right) T_k(u)}{\sqrt{1-u^2}} du \quad \text{für } k = 1, 2, \ldots, n .$$

7. Trigonometrische Approximation s. Fourier-Reihe und Fourier-Entwicklung, 2.

Approximationstheorie:

Die *Approximationstheorie* beschäftigt sich mit der Annäherung von Funktionen gewisser Funktionsklassen durch algebraische oder trigonometrische Polynome, (s. Approximationspolynome, 1. – 4., s. Fourier-Reihen und Fourier-Entwicklung), durch Funktionen von (verallgemeinerten) Orthonormalsystemen (s. Orthogonal- und Orthonormalsystem, s. Approximationspolynom, 5., 6.) oder durch Teilsummen von Interpolationsreihen (s. Interpolation). Die Approximation kann punktweise oder in einer Metrik gewisser Funktionenräume geschehen (s. Funktionenraum).

Äquator:

Der *Äquator* auf der Erdorberfläche ist der Großkreis, der als Schnittkreis der Kugeloberfläche mit der durch den (Erd-) Kugelmittelpunkt gehenden horizontalen Ebene entsteht (s. sphärische Trigonometrie, 1., 5.1.).

Äquatorialsystem:

Das *Äquatorialsystem* ist ein Koordinatensystem für die Himmelskugel (s. astronomisches Koordinatensystem). Die Ebene des Erdäquators schneidet die Himmelskugel im *Himmelsäquator*, die Gerade der Erdachse durchstößt sie in ihrem Nord- und Südpol. Der Großkreis (s. Großkreis) durch den Nord- und Südpol, der auf der Äquatorebene senkrecht steht, ist der *Meridian* (s. Meridian, 1.). Ein vom Mittelpunkt der Himmelskugel zu einem Stern weisender Strahl schließt mit seiner Projektion in die Äquatorebene einen Winkel ein, die sogenannte *Deklination* des Sterns. Der Winkel, den der durch den Stern und die beiden Pole gehende Großkreis mit dem Meridian einschließt, heißt der *Stundenwinkel*.

äquiforme Abbildung s. affine Abbildung, 2.1.

äquivalent:

1. Äquivalente Aussagen:
Zwei Aussagen A und B heißen *äquivalent*, im Zeichen $A \Leftrightarrow B$, wenn beide Aussagen entweder gleichzeitig richtig oder gleichzeitig falsch sind.

2. Äquivalente Elemente s. Äquivalenzrelation.

3. Äquivalente (Un-)Gleichungssysteme:
Zwei (Un-)Gleichungssysteme nennt man *äquivalent* (*gleichwertig*) über der Variablenmenge D, wenn sie dort die gleiche Lösungsmenge L besitzen.

4. Äquivalente Matrizen:
Die beiden quadratischen n-reihigen Matrizen A und B heißen *äquivalent*, wenn es zwei reguläre Matrizen T und S gibt mit

$$B = TAS\ ;\ A = T^{-1}BS^{-1}$$

(s. lineare Abbildung, 2.5.). Zwei äquivalente Matrizen sind ranggleich. Aus der kanonischen Form einer Matrix (s. Matrix, 3.) folgt umgekehrt, daß zwei ranggleiche quadratische Matrizen stets äquivalent sind. Die Äquivalenz von Matrizen ist eine Äquivalenzrelation.

5. Äquivalente (gleichmächtige) Mengen:
Zwei Mengen A und B heißen *äquivalent* (*gleichmächtig*), im Zeichen $A \sim B$, wenn es eine eineindeutige Zuordnung (Abbildung) zwischen den Elementen von A und B gibt. $\sim$ ist eine Äquivalenzrelation. Jeder Menge A kann eine äquivalente Kardinalzahl $|A|$ zugeordnet werden (s. Kardinalzahl).

6. Äquivalente (gleichwertige) Umformung:
Eine Umformung einer Gleichung bzw. Ungleichung heißt *äquivalent* (*gleichwertig*) über der Variablenmenge D, wenn die umgeformte (Un-) Gleichung dort die gleiche Lösungsmenge besitzt. Bei *nichtäquivalenten* Umformungen können zusätzliche Lösungen entstehen oder Lösungen verloren gehen.

Äquivalenzklasse:

In der Menge M sei R eine Äquivalenzrelation (s. Äquivalenzrelation). Dann heißt für festes b die Menge

$$M|b = \{x \mid x \in M \text{ mit } xRb\}$$

die von b erzeugte *Äquivalenzklasse* oder die *Restklasse* von b *modulo* R. Die Menge aller Restklassen modulo R heißt *Quotienten-* oder *Faktormenge* bzw. der *Quotient* von M nach R und wird mit $M|R$ bezeichnet. $M|R$ ist eine durch R bestimmte Zerlegung von M, also ein System von disjunkten Teilmengen von M, deren Vereinigung M ist.

Äquivalenzrelation:

Eine in einer Menge M definierte zweistellige Relation R (s. Relation) heißt *Äquivalenzrelation*, wenn sie reflexiv, symmetrisch und transitiv ist, wenn also für alle x, y, z $\in$ M gilt:

$$x R x;\quad \text{aus } x R y \text{ folgt } y R x;\quad \text{aus } x R y \text{ und } y R z \text{ folgt } x R z.$$

Im Falle x R y nennt man die Elemente x und y *äquivalent*.
Beispiel: Die Menge der nichtnegativen ganzen Zahlen, die bei der Division durch 7 denselben Rest liefern, sind äquivalent.

Ar:

Die Flächeneinheit *Ar*, im Zeichen 1 a, sind 100 Quadratmeter, also $1\text{a} = 100\,\text{m}^2$ (s. Flächeninhalt, 1.1.).

Arbeit einer Kraft:

Längs der stückweise glatten räumlichen Kurve $\mathfrak{C}$ (s. Kurve, 2., s. glatt, 1.) wirke die vektorielle Kraft

$$\vec{K}(x,y,z) = \begin{pmatrix} P(x,y,z) \\ Q(x,y,z) \\ R(x,y,z) \end{pmatrix}.$$

Ein Massenpunkt der Masse m = 1 werde unter dem Einfluß dieser Kraft längs der Kurve $\mathfrak{C}$ bewegt. Dann wird dadurch die Arbeit

$$A = \int_{\mathfrak{C}} [P(x,y,z)\,dx + Q(x,y,z)\,dy + R(x,y,z)\,dz]$$

geleistet (s. Kurvenintegral, 2.2.4.).

arccos x s. Arcuskosinus.

arccot x s. Arcuskotangens.

Archimedes von Syrakus (287? – 212 v. u. Z.) entstammte einer vornehmen Syrakuser Familie, studierte relativ spät in Alexandria bei den Nachfolgern Euklids und kehrte anschließend wieder nach Syrakus zurück. Mit Hilfe von unendlichen geometrischen Reihen gelang ihm die Parabelquadratur sowie die Schwerpunktbestimmung von Dreieck, Pyramide, Parabel und Rotationsparaboloid. Für den Kreis bestimmte er ein ein- und umbeschriebenes $6 \cdot 2^4$ - Eck und erhielt dadurch für die Kreiszahl π die Näherung $3\frac{10}{71} < \pi < 3\frac{10}{70}$. Die nach ihm benannte Archimedische Spirale (s. Spirale, 1.) erzeugte er mechanisch. Bei der Spiralenquadratur benutzte er die Summe $\sum k^2$. Ferner bestimmte er das Volumen des schräg abgeschnittenen Zylinders und des gekreuzten Zylindergewölbes. Durch die Entdeckung des Archimedischen Prinzips des Auftriebs war er der Begründer der Hydrostatik. Bekannt ist sein Ausspruch $\varepsilon\upsilon\rho\eta\kappa\alpha$ (ich hab's gefunden), als er mit Hilfe des Auftriebs einem Goldschmied Betrügereien nachwies.

Archimedisch angeordneter Ring:

Ein durch $>$ angeordneter Ring R (s. Ring) heißt *Archimedisch angeordnet*, wenn es zu zwei Elementen $a > 0$, $b > 0$ aus R immer eine natürliche Zahl n gibt mit $n \cdot a > b$ (s. Archimedisches Axiom).

Archimedische Bewertung s. Bewertung.

Archimedische Geometrie:

Unter der *Archimedischen Geometrie* versteht man die Geometrie, in der das Archimedische Axiom gilt (s. Archimedisches Axiom).

Archimedisches Axiom:

Es seien A, B, C drei verschiedene Punkte auf einer Geraden g, wobei B zwischen A und C liegt. Dann gibt es eine natürliche Zahl n, so daß man durch n-maliges Aneinanderfügen der Strecke AB von A aus in Richtung C den Punkt C erreicht bzw. überschreitet, also mit

$$n \cdot \overline{AB} \geq \overline{AC}.$$

Archimedische Spirale s. Spirale, 1.

arcosh x s. Areakosinus.

arcoth x s. Areakotangens.

arcsin x s. Arcussinus.

arctan x s. Arcustangens.

Arcusfunktionen (zyklometrische Funktionen):

Arcus- bzw. *zyklometrische Funktionen* sind die Umkehrfunktionen der trigonometrischen Funktionen (s. Arcussinus, s. Arcuskosinus, s. Arcustangens, s. Arcuskotangens). Dabei gelten die Beziehungen:

$$\arcsin x + \arccos x = \frac{\pi}{2}; \quad \arctan x + \operatorname{arccot} x = \frac{\pi}{2}.$$

Arcuskosinus (Umkehrfunktion der Kosinusfunktion):

Für jedes x mit $-1 \leq x \leq 1$ besitzt die Gleichung $\cos y = x$ unendlich viele Lösungen. Die Lösung ist eindeutig bei der Einschränkung $0 \leq y \leq \pi$. Dann erhält man den *Hauptwert*

$$y = \arccos x \quad \Leftrightarrow \quad x = \cos y$$

mit $0 \leq y \leq 1$; $-1 \leq x \leq 1$.

Für alle x mit $-1 \leq x \leq 1$ gilt

$$\arccos x + \arcsin x = \frac{\pi}{2}.$$

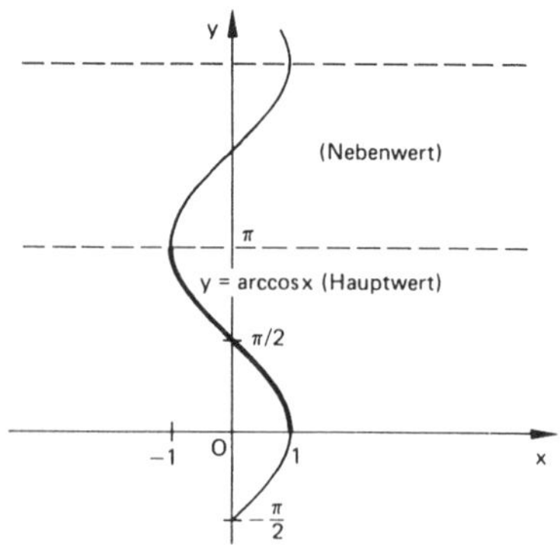

Definitionsbereich: $D = [-1; 1]$; Wertebereich: $W = [0; \pi]$.

$f(x) = \arccos x$ ist streng monoton fallend und punktsymmetrisch zum Punkt $P(0, \frac{\pi}{2})$ mit

$$\arccos(-x) = \pi - \arccos x.$$

Ableitung: $(\arccos x)' = -\frac{1}{\sqrt{1-x^2}}$ für $0 < x < 1$;

Integral: $\int \arccos x \, dx = x \cdot \arccos x - \sqrt{1-x^2} + C$;

Taylor-Entwicklung:

$$\arccos x = \frac{\pi}{2} - x - \frac{1}{2} \cdot \frac{x^3}{3} - \frac{1 \cdot 3}{2 \cdot 4} \cdot \frac{x^5}{5} - \ldots - \frac{1 \cdot 3 \cdot 5 \cdot \ldots \cdot (2n-3)}{2 \cdot 4 \cdot 6 \cdot \ldots \cdot (2n-2)} \cdot \frac{x^{2n-1}}{2n-1} - $$
$$- n \cdot \frac{1 \cdot 3 \cdot \ldots \cdot (2n-1)}{2 \cdot 4 \cdot \ldots \cdot 2n} \cdot \frac{x^{2n+1}}{2n+1} \cdot \frac{\vartheta}{(1-x^2)^{3/2}}; \quad 0 < \vartheta < 1;$$

$$\arccos x = \frac{\pi}{2} - x - \frac{1}{2} \cdot \frac{x^3}{3} - \frac{1 \cdot 3}{2 \cdot 4} \cdot \frac{x^5}{5} - \frac{1 \cdot 3 \cdot 5}{2 \cdot 4 \cdot 6} \cdot \frac{x^7}{7} - \frac{1 \cdot 3 \cdot 5 \cdot 7}{2 \cdot 4 \cdot 6 \cdot 8} \cdot \frac{x^9}{9} - \ldots$$

für $|x| < 1$.

Arcuskotangens (Umkehrfunktion der Kotangensfunktion):

Für jedes $x \in \mathbb{R}$ besitzt die Gleichung $\cot y = x$ unendlich viele Lösungen. Mit der Einschränkung $0 < y < \pi$ ist die Lösung eindeutig. Dann erhält man den Hauptwert des Arcuskotangens:

$$y = \operatorname{arccot} x \iff x = \cot y \quad \text{mit} \quad 0 < y < \pi.$$

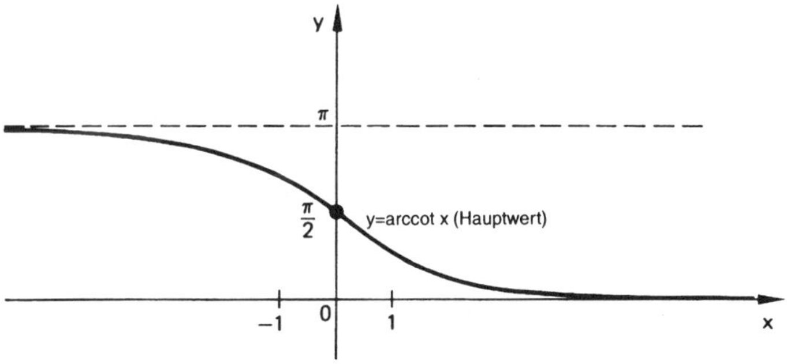

Definitionsbereich: $D = \mathbb{R}$; Wertebereich: $W = (0; \pi)$.

Die Funktion $f(x) = \operatorname{arccot} x$ ist streng monoton fallend und punktsymmetrisch zum Punkt $P(0, \frac{\pi}{2})$ mit

$$\operatorname{arccot}(-x) = \pi - \operatorname{arccot} x.$$

Asymptoten: $\lim\limits_{x \to -\infty} \arctan x = \pi$; $\lim\limits_{x \to +\infty} \arctan x = 0$.

Zusammenhang mit dem Arcustangens:

$$\arctan x + \operatorname{arccot} x = \frac{\pi}{2}.$$

Ableitung: $(\operatorname{arccot} x)' = -\frac{1}{1+x^2}$ für jedes $x \in \mathbb{R}$;

Integral: $\int \operatorname{arccot} x \, dx = x \cdot \operatorname{arccot} x + \frac{1}{2}\ln(1+x^2) + C$;

Taylor-Entwicklung:

$$\operatorname{arccot} x = \frac{\pi}{2} - x + \frac{x^3}{3} - \frac{x^5}{5} + - \ldots + (-1)^{n-1} \cdot \frac{x^{2n-1}}{2n-1}$$

$$+ (-1)^{n+1} \cdot \frac{x^{2n+1}}{2n+1} \cdot \frac{1}{1+\vartheta x^2}\ ; \quad 0 < \vartheta < 1;$$

$$\operatorname{arccot} x = \frac{\pi}{2} - x + \frac{x^3}{3} - \frac{x^5}{5} + \frac{x^7}{7} - + \ldots = \sum_{k=0}^{\infty} \frac{(-1)^{k+1} x^{2k+1}}{2k+1}\ ; |x| \leq 1.$$

Arcussinus (Umkehrfunktion der Sinusfunktion):

Für jedes x mit $-1 \leq x \leq 1$ besitzt die Gleichung $\sin y = x$ unendlich viele Lösungen. Die Lösung ist eindeutig bei der Einschränkung

$$-\frac{\pi}{2} \leq y \leq \frac{\pi}{2}.$$

Dann erhält man den Hauptwert

$$y = \arcsin x \quad \leftrightarrow \quad x = \sin y$$

mit $-\frac{\pi}{2} \leq y \leq \frac{\pi}{2}$; $-1 \leq x \leq 1$.

Definitionsbereich: $D = [-1; 1]$;

Wertebereich: $W = \left[-\frac{\pi}{2}; \frac{\pi}{2}\right]$.

Die Funktion $f(x) = \arcsin x$ ist ungerade mit $\arcsin(-x) = -\arcsin x$ und streng monoton wachsend.

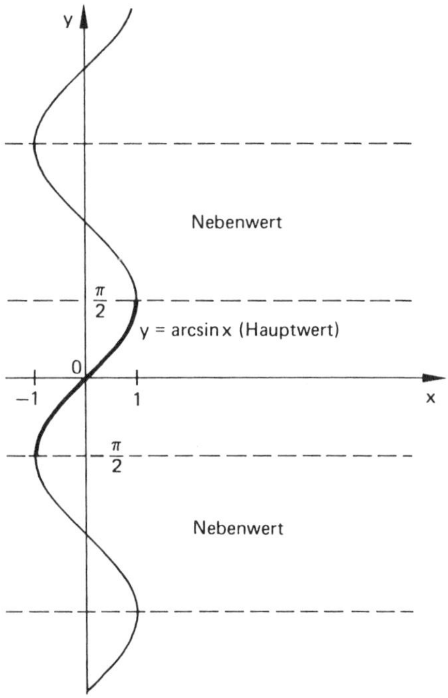

Ableitung:

$(\arcsin x)' = \frac{1}{\sqrt{1-x^2}}$ für $|x| < 1$;

Integral:

$\int \arcsin x \, dx = x \cdot \arcsin x + \sqrt{1-x^2} + C$ für $|x| < 1$;

Taylor-Entwicklung:

$$\arcsin x = x + \frac{1}{2} \cdot \frac{x^3}{3} + \frac{1 \cdot 3}{2 \cdot 4} \cdot \frac{x^5}{5} + \ldots + \frac{1 \cdot 3 \cdot 5 \cdot \ldots \cdot (2n-3)}{2 \cdot 4 \cdot 6 \cdot \ldots \cdot (2n-2)} \cdot \frac{x^{2n-1}}{2n-1} +$$

$$+ n \cdot \frac{1 \cdot 3 \cdot \ldots \cdot (2n-1)}{2 \cdot 4 \cdot \ldots \cdot 2n} \cdot \frac{x^{2n+1}}{2n+1} \cdot \frac{\vartheta}{(1-x^2)^{3/2}}\ ; \quad 0 < \vartheta < 1;$$

$$\arcsin x = x + \frac{1}{2} \cdot \frac{x^3}{3} + \frac{1 \cdot 3}{2 \cdot 4} \cdot \frac{x^5}{5} + \frac{1 \cdot 3 \cdot 5}{2 \cdot 4 \cdot 6} \cdot \frac{x^7}{7} + \frac{1 \cdot 3 \cdot 5 \cdot 7}{2 \cdot 4 \cdot 6 \cdot 8} \cdot \frac{x^9}{9} + \ldots; |x| < 1.$$

Arcustangens (Umkehrfunktion der Tangensfunktion):

Für jedes $x \in \mathbb{R}$ besitzt die Gleichung $\tan y = x$ unendlich viele Lösungen. Die Lösung ist eindeutig bei der Einschränkung $-\frac{\pi}{2} < y < \frac{\pi}{2}$.
Dann erhält man den Hauptwert des Arcustangens

$$y = \arctan x \quad \Leftrightarrow \quad x = \tan y \quad \text{mit} \quad -\frac{\pi}{2} < y < \frac{\pi}{2}.$$

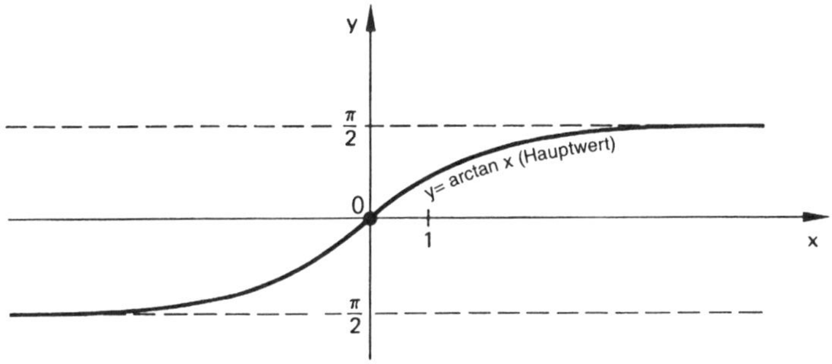

Definitionsbereich: $D = \mathbb{R}$; Wertebereich: $W = \left(-\frac{\pi}{2};\ \frac{\pi}{2}\right)$.

Die Funktion $f(x) = \arctan x$ ist ungerade mit $\arctan(-x) = -\arctan x$ und streng monoton wachsend.

Asymptoten: $\lim\limits_{x \to -\infty} \arctan x = -\frac{\pi}{2}$; $\lim\limits_{x \to +\infty} \arctan x = \frac{\pi}{2}$.

Ableitung: $(\arctan x)' = \dfrac{1}{1+x^2}$ für jedes $x \in \mathbb{R}$;

Integral: $\int \arctan x \, dx = x \cdot \arctan x - \frac{1}{2} \ln(1+x^2) + C$;

Taylor-Entwicklung:

$$\arctan x = x - \frac{x^3}{3} + \frac{x^5}{5} - + \ldots + (-1)^{n-1} \cdot \frac{x^{2n-1}}{2n-1} + $$
$$+ (-1)^n \cdot \frac{x^{2n+1}}{2n+1} \cdot \frac{1}{1+\vartheta x^2}\ ; \quad 0 < \vartheta < 1;$$

$$\arctan x = \sum_{k=0}^{\infty} (-1)^k \cdot \frac{x^{2k+1}}{2k+1} \qquad \text{für } |x| \le 1.$$

Leibniz-Reihe für die Zahl π: $\tan \frac{\pi}{4} = 1$ ergibt

$$\frac{\pi}{4} = \arctan 1 = 1 - \frac{1}{3} + \frac{1}{5} - \frac{1}{7} + \ldots + \frac{(-1)^{n-1}}{2n-1} + \frac{(-1)^n}{2n+1} \cdot \frac{1}{1+\vartheta}$$
$$0 < \vartheta < 1;$$

$$\frac{\pi}{4} = 1 - \frac{1}{3} + \frac{1}{5} - \frac{1}{7} + \frac{1}{9} - \frac{1}{11} + - \ldots = \sum_{k=0}^{\infty} \frac{(-1)^k}{2k+1};$$

diese Reihe ist nur bedingt, also nicht absolut konvergent. Durch Umordnen erhält man andere Werte für die Reihe (s. Reihe, 2.).

Areafunktionen:

Die *Areafunktionen* Areakosinus, Areakotangens, Areasinus und Areatangens sind die Umkehrfunktionen der Hyperbelfunktionen (s. Hyperbelfunktionen).

Eigenschaften:

$$\operatorname{arsinh} x = \begin{cases} +\operatorname{arcosh}\sqrt{x^2+1} & \text{für } x \geq 0; \\ -\operatorname{arcosh}\sqrt{x^2+1} & \text{für } x < 0 \end{cases} = \operatorname{artanh}\frac{x}{\sqrt{x^2+1}}$$

$$\text{für } -\infty < x < \infty;$$

$$\operatorname{arcosh} x = \operatorname{arsinh}\sqrt{x^2-1} \qquad \text{für } x \geq 1;$$

$$\operatorname{arcoth} x = \operatorname{artanh}\tfrac{1}{x} \qquad \text{für } -1 < x < 1;$$

$$\operatorname{arsinh} x \pm \operatorname{arsinh} y = \operatorname{arsinh}\left(x \cdot \sqrt{y^2+1} \pm y \cdot \sqrt{x^2+1}\right);$$

$$\operatorname{arcosh} x \pm \operatorname{arcosh} y = \operatorname{arcosh}\left(x \cdot y \pm \sqrt{x^2-1} \cdot \sqrt{y^2-1}\right);$$

$$\operatorname{artanh} x \pm \operatorname{artanh} y = \operatorname{artanh}\frac{x \pm y}{1 \pm x \cdot y};$$

$$\operatorname{arcoth} x \pm \operatorname{arcoth} y = \operatorname{arcoth}\frac{1 \pm x \cdot y}{x \pm y}.$$

Areakosinus (area cosinus hyperbolicus):

Der Wertebereich der Funktion $y = \cosh x$ ist $[1; \infty)$ (s. Hyperbelfunktionen). Bei der Einschränkung $y \geq 0$ lautet die Umkehrfunktion

$y = \operatorname{arcosh} x \Leftrightarrow x = \cosh y$ für $y \geq 0$

(*area cosinus hyperbolicus*).

Definitionsbereich: $D = [1; +\infty)$;

Wertebereich: $W = [0; +\infty)$.

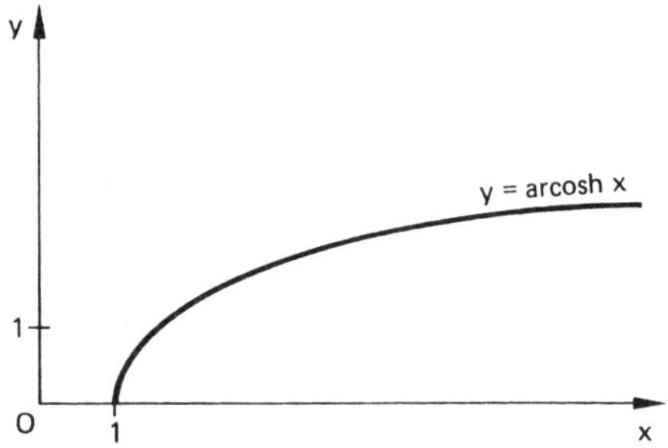

$f(x) = \operatorname{arcosh} x$ ist streng monoton wachsend mit $\operatorname{arcos} 1 = 0$.

Aus $x = \cosh y = \dfrac{e^y + e^{-y}}{2}$ folgt

$$y = \operatorname{arcosh} x = \ln\left(x + \sqrt{x^2-1}\right) \quad \text{für } x \geq 1.$$

Ableitung: $\quad (\operatorname{arcosh} x)' = \dfrac{1}{\sqrt{x^2-1}}$ für $x > 1$;

Integral: $\quad \int \operatorname{arcosh} x \, dx = x \cdot \operatorname{arcosh} x - \sqrt{x^2-1} + C$ für $x > 1$;

Taylor-Reihe:

$$\operatorname{arcosh} x = \ln(2x) - \frac{1}{2}\cdot\frac{1}{2x^2} - \frac{1\cdot 3}{2\cdot 4}\cdot\frac{1}{4x^4} - \frac{1\cdot 3\cdot 5}{2\cdot 4\cdot 6}\cdot\frac{1}{6x^6} - \ldots \quad \text{für } x > 1.$$

Areakotangens (area cotangens hyperbolicus):

Die Funktion $y = \coth x$ ist streng monoton fallend mit dem Wertebereich $W = \{y \mid |y| > 1\}$ (s. Hyperbelfunktionen). Daher existiert im Bereich $|x| > 1$ die Umkehrfunktion *Areakotangens* (*area cotangens hyperbolicus*)

$$y = \operatorname{arcoth} x \quad \Leftrightarrow \quad x = \coth y.$$

Definitionsbereich: $D = \{x \mid |x| > 1\} = (-\infty; -1) \cup (1; +\infty)$;

Wertebereich: $W = \mathbb{R} \setminus \{0\}$.

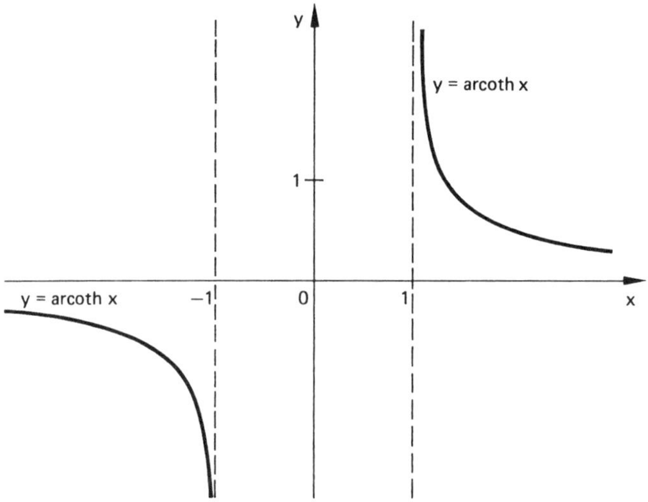

arcoth x ist in beiden Ästen streng monoton fallend und ungerade mit

$$\operatorname{arcoth}(-x) = -\operatorname{arcoth} x.$$

Asymptoten:

$$\lim_{x \to -\infty} f(x) = \lim_{x \to +\infty} f(x) = 0;$$

$$\lim_{x \to -1-0} f(x) = -\infty; \quad \lim_{x \to 1+0} f(x) = +\infty.$$

Durch $x_1 = -1$ und $x_2 = +1$ gehen vertikale Asymptoten.

Ferner ist die x-Achse Asymptote.

Auflösung von $x = \dfrac{e^y + e^{-y}}{e^y - e^{-y}}$ nach y ergibt

$$y = \operatorname{arcoth} x = \frac{1}{2} \cdot \ln \frac{x+1}{x-1} \quad \text{für } |x| > 1.$$

Ableitung: $(\operatorname{arcoth} x)' = \dfrac{1}{1 - x^2}$ für $|x| > 1$;

Integral: $\int \operatorname{arcoth} x \, dx = x \cdot \operatorname{arcoth} x + \frac{1}{2} \ln(1 - x^2) + C$ für $|x| > 1$;

Taylor-Reihe:

$$\operatorname{arcoth} x = \frac{1}{x} + \frac{1}{3x^3} + \frac{1}{5x^5} + \frac{1}{7x^7} + \ldots = \sum_{k=0}^{\infty} \frac{1}{(2k+1)\,x^{2k+1}} \quad \text{für } |x| > 1.$$

Areasinus (area sinus hyperbolicus):

Der sinus hyperbolicus $y = \sinh x$ (s. Hyperbelfunktionen) ist streng monoton wachsend mit dem Wertebereich $W = \mathbb{R}$. Damit existiert die Umkehrfunktion

$$y = \operatorname{arsinh} x \ (\textit{area sinus hyperbolicus}) \quad \Leftrightarrow \quad x = \sinh y.$$

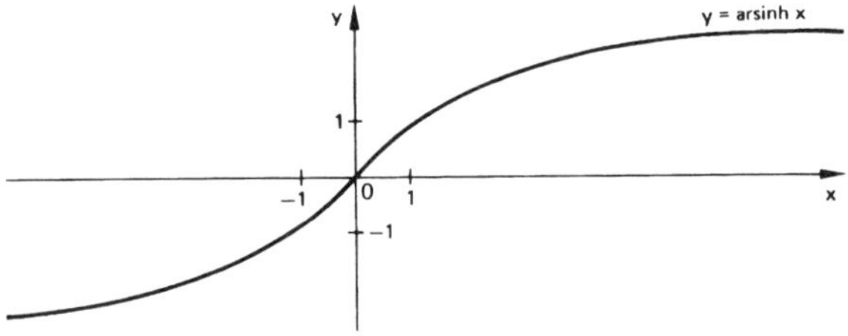

Definitionsbereich: $D = \mathbb{R}$; Wertebereich: $W = \mathbb{R}$.

$f(x) = \operatorname{arsinh} x$ ist streng monoton wachsend und ungerade mit

$$\operatorname{arsinh}(-x) = -\operatorname{arsinh} x.$$

Aus $x = \sinh y = \frac{e^y - e^{-y}}{2}$ erhält man durch Auflösung nach y

$$y = \operatorname{arsinh} x = \ln\left(x + \sqrt{x^2+1}\right), \ x \in \mathbb{R}.$$

Ableitung: $(\operatorname{arsinh} x)' = \frac{1}{\sqrt{x^2+1}}$, $x \in \mathbb{R}$;

Integral: $\int \operatorname{arsinh} x \, dx = x \cdot \operatorname{arsinh} x - \sqrt{x^2+1} + C$, $x \in \mathbb{R}$;

Taylor-Reihe:

$$\operatorname{arsinh} x = x - \frac{1}{2} \cdot \frac{x^3}{3} + \frac{1 \cdot 3}{2 \cdot 4} \cdot \frac{x^5}{5} - \frac{1 \cdot 3 \cdot 5}{2 \cdot 4 \cdot 6} \cdot \frac{x^7}{7} + - \ldots \quad \text{für } |x| < 1.$$

Areatangens (area tangens hyperbolicus):

Die Funktion $y = \tanh x$ (s. Hyperbelfunktionen) ist streng monoton wachsend mit dem Wertebereich $W = (-1; +1)$. Daher existiert für $-1 < x < 1$ die Umkehrfunktion *area tangens hyperbolicus*

$$y = \operatorname{artanh} x \quad \Leftrightarrow \quad x = \tanh y.$$

Definitionsbereich: $D = (-1; +1)$;
Wertebereich: $W = \mathbb{R}$.

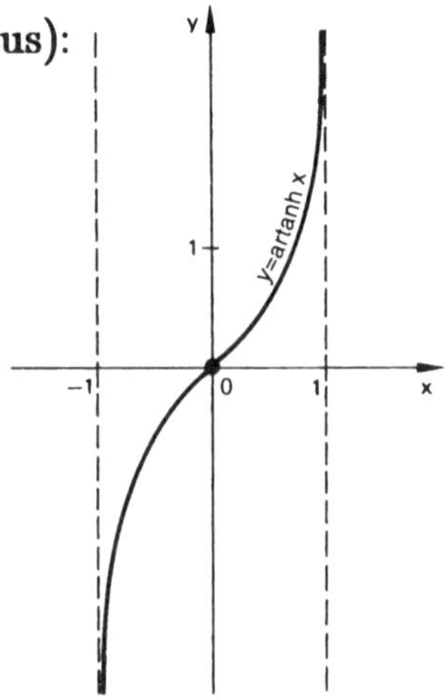

$f(x) = \operatorname{artanh} x$ ist streng monoton wachsend und ungerade mit

$$\operatorname{artanh}(-x) = -\operatorname{artanh} x.$$

Asymptoten:

$$\lim_{x \to -1+0} f(x) = -\infty; \quad \lim_{x \to 1-0} f(x) = +\infty.$$

Auflösung von $x = \frac{e^y - e^{-y}}{e^y + e^{-y}}$ nach y ergibt

$$y = \operatorname{artanh} x = \frac{1}{2} \cdot \ln \frac{1+x}{1-x} \quad \text{für } |x| < 1.$$

Ableitung: $(\operatorname{artanh} x)' = \frac{1}{1-x^2}$ für $|x| < 1$;

Integral: $\int \operatorname{artanh} x \, dx = x \cdot \operatorname{artanh} x + \frac{1}{2} \cdot \ln(1-x^2) + C$ für $|x| < 1$;

Taylor-Reihe:

$$\operatorname{arctanh} x = x + \frac{x^3}{3} + \frac{x^5}{5} + \frac{x^7}{7} + \ldots = \sum_{k=0}^{\infty} \frac{x^{2k+1}}{2k+1} \quad \text{für } |x| < 1.$$

Argument s. Abbildung, s. Abszisse, s. komplexe Zahlen, 1.

Aristoteles von Stagira (384 – 322 v. u. Z.) hat vermutlich als erster die Irrationalität von $\sqrt{2}$ festgestellt. Er hielt die exakte Quadratur und Rektifizierung des Kreises für unmöglich, da seiner Meinung nach Geradliniges mit Krummlinigem grundsätzlich nicht verglichen werden kann. Diese Meinung wurde von den Arabern übernommen, und verhinderte somit im Mittelalter die ernsthafte Beschäftigung mit Fragen der Infinitesimalrechnung.

Arithmetik:
Nach ἀριθμόσ (griech.: Zahl) versteht man unter dem Begriff *Arithmetik* das Teilgebiet der Mathematik, welches die verschiedenen Zahlenarten und ihre Rechengesetze behandelt (s. reelle Zahlen). Bis ins 17. Jahrhundert war die Arithmetik die reine "Rechenkunst". Diese *niedrige Arithmetik* beschäftigt sich mit den vier Grundrechenarten sowie der Potenzrechnung und deren Umkehrungen, dem Wurzelziehen und Logarithmieren. Zur *höheren Arithmetik* gehören die Theorie der unendlichen Folgen und Reihen sowie die Zahlentheorie.

arithmetische Reihe (endliche):
Gegeben ist die arithmetische Zahlenfolge (s. arithmetische Zahlenfolge)

$$a_1 = a, \; a_2 = a + d, \; a_3 = a + 2d, \ldots, a_k = a + (k-1)d, \ldots .$$

Dann heißt die Zahlenfolge der Summen der ersten n Folgenglieder

$$s_n = \sum_{k=1}^{n} a_k = \sum_{k=1}^{n} [a + (k-1)d] \quad \text{für } n = 1, 2, \ldots$$

arithmetische Reihe. Dabei gilt

$$s_n = \sum_{k=1}^{n} a_k = \tfrac{n}{2}\cdot[2a+(n-1)\cdot d] = \tfrac{n}{2}\cdot(a_1+a_n).$$

arithmetisches Mittel:

Das *arithmetische Mittel* $\bar{a}$ der n reellen Zahlen $a_1, a_2, \ldots, a_n$ ist definiert durch

$$\bar{a} = \frac{1}{n}\sum_{i=1}^{n} a_i .$$

Wegen $\sum_{i=1}^{n} a_i = n\cdot\bar{a}$ spielt das arithmetische Mittel in der Statistik eine wichtige Rolle (s. Mittelwerte).

arithmetische Zahlenfolge (Folge):

Die Zahlenfolge $(a_n)_{n\in\mathbb{N}}$ heißt *arithmetisch*, falls für jedes $n\in\mathbb{N}$ gilt

$$a_n = a + (n-1)d \quad \text{für} \quad n = 1, 2, \ldots ,$$

wobei a und d vorgegebene reelle Zahlen sind (s. Zahlenfolge). Es gilt

$$a_{n+1} - a_n = d \quad \text{(konstante Differenz);}$$

$$a_{n+1} = \frac{a_n + a_{n+2}}{2} \quad \text{(arithmetisches Mittel)} \quad \text{für} \quad n = 1, 2, \ldots .$$

Eine arithmetische Zahlenfolge ist durch das Anfangsglied $a_1 = a$ und die konstante Differenz d eindeutig bestimmt.

arithmetische Zahlenfolge und - Reihe höherer Ordnung:

Eine Zahlenfolge $(a_k)_{k=1,2,\ldots}$ heißt *arithmetische Zahlenfolge m - ter Ordnung*, wenn ihre m - te Differenzenfolge konstant, die $(m-1)$ - te aber nicht konstant ist (s. Differenzenschema). Es gilt also

$$\Delta_1^m = \Delta_2^m = \Delta_3^m = \Delta_4^m = \ldots, \text{ d. h. } \Delta_k^m \equiv c \quad \text{für alle } k;$$

$$\Delta_k^{m-1} \quad \text{für} \quad k = 1, 2, \ldots \text{ nicht alle identisch.}$$

Da alle Differenzen der Ordnung $m+1$ verschwinden, gilt $\Delta_k^{m+1} \equiv 0$ für $k = 1, 2, \ldots$. Im Falle $m = 1$ handelt es sich um eine gewöhnliche arithmetische Folge mit $\Delta_k^1 \equiv d$ für $k = 1, 2, \ldots$.

Beispiel $(m = 2)$: $\Delta_k^2 \equiv c$ ergibt

$$\Delta_k^2 = \Delta_{k+1}^1 - \Delta_k^1, \text{ also } \Delta_{k+1}^1 = \Delta_k^1 + c;$$

$$a_{k+2} - a_{k+1} = a_{k+1} - a_k + c; \quad a_{k+2} - 2a_{k+1} + a_k = -c.$$

Dies ist eine lineare Differenzengleichung der Ordnung 2 mit konstanten Koeffizienten (s. Differenzengleichung, 2.). Das charakteristische Polynom lautet

$$P_2(\lambda) = \lambda^2 - 2\lambda + 1 = (\lambda - 1)^2 = 0.$$

Da die Konstante $\lambda = 1$ doppelte Nullstelle des charakteristischen Polynoms ist, lautet die allgemeine Lösung der homogenen Gleichung

$$y_k^{\text{hom.}} = C_1 + C_2 k .$$

Weil jede Konstante $y_k = C_1$ und $y_k = k$ Lösungen der homogenen Gleichung sind, erhält man eine spezielle partikuläre Lösung der inhomogenen Gleichung mit dem Ansatz

$$y_k^{\text{part.}} = b \cdot k^2 \quad \text{aus}$$

$$b(k+2)^2 - 2b(k+1)^2 + bk^2 = -c$$

$$b(k^2 + 4k + 4 - 2k^2 - 4k - 2 + k^2) = 2b = -c; \quad b = -\frac{c}{2}.$$

Damit lautet die allgemeine Lösung der inhomogenen Gleichung

$$y_k^{\text{inhom.}} = C_1 + C_2 k - \frac{c}{2} k^2 \quad \text{für } k = 1, 2, \dots .$$

Allgemein genügen die Glieder a_k einer arithmetischen Folge m-ter Ordnung der linearen Differenzengleichung m-ter Ordnung

$$\sum_{j=0}^{m} (-1)^{m-j} \binom{m}{j} a_{k+j} = -c$$

mit dem charakteristischen Polynom

$$P_m(\lambda) = \sum_{j=0}^{m} (-1)^{m-j} \binom{m}{j} \lambda^j = (\lambda - 1)^m$$

(s. Differenzengleichung, 2.). Die allgemeine Lösung ist ein Polynom m-ten Grades

$$a_k = Q_m(k) = C_m k^m + C_{m-1} k^{m-1} + \dots + C_1 k + C_0 = \sum_{i=0}^{m} C_i k^i$$

$$\text{für } k = 1, 2, \dots \qquad \text{mit } C_m \neq 0.$$

Durch die Vorgabe von a_1 und der ersten m Differenzen $\Delta_1^1, \Delta_1^2, \dots, \Delta_1^m$ sind alle Folgenglieder a_n eindeutig bestimmt durch

$$a_n = a_1 + \binom{n-1}{1} \Delta_1^1 + \binom{n-1}{2} \Delta_1^2 + \dots + \binom{n-1}{m} \Delta_1^m .$$

Für die Summe der ersten n Glieder erhält man

$$s_n = \sum_{i=1}^{n} a_i = \binom{n}{1} a_1 + \binom{n}{2} \Delta_1^1 + \binom{n}{3} \Delta_1^2 + \dots + \binom{n}{m+1} \Delta_1^m .$$

Dabei ist die Eigenschaft $\binom{n}{k} = 0$ für $k > n$ zu beachten.

Berechnung mit Hilfe der Z-Transformation: Die oben angegebenen geschlossenen Ausdrücke erhält man mit Hilfe der Z-Transformation (s. Z-Transformation). Die Formeln werden dort hergeleitet.

Spezialfälle:
Für $C_m = 1$ und $C_i = 0$ für $i = 1, 2, \ldots, m-1$ erhält man die Folge

$$1^m, 2^m, 3^m, 4^m, 5^m, \ldots, n^m, (n+1)^m, \ldots \quad (\text{m fest}).$$

Sie ist eine arithmetische Folge m-ter Ordnung. Mit der oben angegebenen Formel für die Summe läßt sich die Summe $\sum_{k=1}^{n} k^m$ für jede natürliche Zahl m bestimmen.

arsinh x s. Areasinus.

artanh x s. Areatangens.

assoziatives Gesetz (Assoziativgesetz):

In einer nichtleeren Menge M sei eine Verknüpfung $\circ$ erklärt, die jedem geordneten Paar $a, b \in M$ ein eindeutig bestimmtes Element $d = a \circ b \in M$ zuordnet. Dann heißt die Verknüpfung *assoziativ*, wenn für alle Elemente $a, b, c \in M$ das *Assoziativgesetz* gilt

$$(a \circ b) \circ c = a \circ (b \circ c).$$

Die Addition + sowie die Multiplikation $\cdot$ von reellen bzw. komplexen Zahlen sind assoziativ mit

$$(a+b)+c = a+(b+c); \quad (a \cdot b) \cdot c = a \cdot (b \cdot c).$$

Vereinigungs- und Durchschnittsbildung $\cup$, $\cap$ bei Mengen (s. Menge, 2.) sind ebenfalls assoziativ mit

$$(A \cup B) \cup C = A \cup (B \cup C); \quad (A \cap B) \cap C = A \cap (B \cap C).$$

Ast einer Hyperbel s. Hyperbel, 2.1.

Astroide s. zyklische Kurven, 3.

Astronomie:

Die *Astronomie* beschäftigt sich mit den Erscheinungen an der Himmelskugel (s. astronomisches Koordinatensystem).

astronomisches Dreieck s. sphärische Trigonometrie, 3.

astronomisches Koordinatensystem (Horizontalsystem):

Zur Beschreibung der Bewegungsbahnen der Gestirne am Himmel stellt man sich vor, die Gestirne seien vom Ort des Beobachters aus auf eine sehr große Kugel, die sogenannte *Himmelskugel*, projiziert. Der Beobachter steht im Mittelpunkt dieser Kugel. Ihr Radius sei so groß, daß im Vergleich dazu der Erdradius vernachlässigt werden kann. Der senkrecht über dem Beobachter liegende Punkt der Himmelskugel heißt der *Zenit* Z, sein diametraler Gegenpunkt *Nadir*. Die Tangentialebene an die Erdkugel im

Ort des Beobachters schneidet die Himmelskugel in einem Kreis, dem *Horizont.* Der vom Beobachter nach Süden weisende Strahl schneidet den Horizont im *Südpunkt* S, der diametrale Gegenpunkt ist der *Nordpunkt* N. Der durch den Zenit Z und Südpunkt S gehende Großkreis heißt *Meridian* des Beobachtungsortes. Der Winkel h, den der vom Beobachter zum Stern weisende Strahl mit seiner Projektion in die Horizontebene einschließt, heißt *Höhe* des Sterns, der Winkel zwischen dem zum Südpunkt weisenden Strahl und dieser Projektion ist der *Azimut* ω des Sterns. Durch die Koordinaten h und ω ist der Ort eines Sterns auf der Himmelskugel festgelegt.

asymmetrische Relation:

Eine binäre Relation R in M (s. Relation, 2.) heißt *asymmetrisch*, wenn für alle $a, b \in M$ mit $a \neq b$ sowohl $a R b$ als auch $b R a$ nicht gleichzeitig gelten können.

Asymptote einer ebenen Kurve:

Eine Gerade der Ebene, die sich im unendlichen einem Stück einer ebenen Kurve beliebig nähert, heißt *Asymptote* der Kurve.

1. Gerade als Asymptote:

Die Gerade $y = mx + b$ ist *Asymptote* der Funktion f(x), wenn gilt

$$\lim_{x\to\infty} [f(x) - mx - b] = 0 \qquad \text{oder} \qquad \lim_{x\to -\infty} [f(x) - mx - b] = 0.$$

Für $m = 0$ erhält man die *horizontale Asymptote* $y \equiv b$ (Parallele zur x-Achse). Dies ist genau dann der Fall, wenn gilt

$$\lim_{x\to\infty} f(x) = b \qquad \text{oder} \qquad \lim_{x\to -\infty} f(x) = b.$$

Eine rationale Funktion mit gleichem Zähler- und Nennergrad

$$Q(x) = \frac{a_0 + a_1 x + a_2 x^2 + \ldots + a_n x^n}{b_0 + b_1 x + b_2 x^2 + \ldots + b_n x^n} \qquad \text{mit } b_n \neq 0$$

besitzt wegen

$$\lim_{x\to \pm\infty} \frac{a_0 + a_1 x + a_2 x^2 + \ldots + a_n x^n}{b_0 + b_1 x + b_2 x^2 + \ldots + b_n x^n} = \frac{a_n}{b_n}$$

die horizontale Asymptote $y \equiv \frac{a_n}{b_n}$. Wenn in $Q(x) = \frac{Z_n(x)}{N_m(x)}$ der Zählergrad n kleiner als der Nennergrad ist, ist die x-Achse ($y \equiv 0$) Asymptote. Falls in $Q(x) = \frac{Z_{n+1}(x)}{N_n(x)}$ der Nennergrad um Eins größer als der Zählergrad ist, so gibt es eine Gerade $y = mx + b$ als Asymptote. Die Gleichung der Geraden erhält man mit Hilfe der Polynomdivision mit Rest (s. Polynomdivision).

2. Vertikale Asymptote (Polstelle):
Die Funktion f besitzt die *vertikale Asymptote* $x = a$ (Parallele zur y-Achse), wenn mindestens eine der folgenden Divergenzbedingungen erfüllt ist:

$$\lim_{x \to a-0} f(x) = \pm\infty; \quad \lim_{x \to a+0} f(x) = \pm\infty$$

(s. Funktion von reellen Variablen, 1.2., s. Pol, 1.).

asymptotisch äquivalent:
Zwei Funktionen $f(x)$ und $g(x)$ heißen für $x \to x_0$ mit $-\infty \leq x_0 \leq \infty$ *asymptotisch äquivalent bezüglich der Subtraktion*, wenn gilt

$$\lim_{x \to x_0} |f(x) - g(x)| = 0.$$

Sie heißen *asymptotisch äquivalent bezüglich der Division*, wenn gilt

$$\lim_{x \to x_0} \frac{f(x)}{g(x)} = c \neq 0.$$

Dafür schreibt man auch $f(x) \sim g(x)$ für $x \to x_0$.

asymptotische Darstellung
s. Größenordnung von Funktionen.

asymptotische Entwicklung (asymptotische Reihe):
Eine unendliche Reihe der Form

$$a_0 + \frac{a_1}{x} + \frac{a_2}{x^2} + \ldots = \sum_{k=0}^{\infty} \frac{a_k}{x^k},$$

die nicht konvergieren muß, heißt *asymptotische Entwicklung* (*asymptotische Reihe*) der für beliebig große x definierten Funktion $f(x)$, wenn für jedes $n = 0, 1, 2, \ldots$ gilt

$$\lim_{x \to \infty} \left[x^n \left(f(x) - \sum_{k=0}^{\infty} \frac{a_k}{x^k} \right) \right] = 0.$$

Man schreibt dafür auch

$$f(x) \sim a_0 + \frac{a_1}{x} + \frac{a_2}{x^2} + \ldots \quad \text{(sprich: f ist asymptotisch gleich).}$$

asymptotischer Punkt
s. Spirale, 4.

asymptotisch gleich:

1. Asymptotisch gleiche Funktionen:
Es sei $-\infty \leq x_0 \leq +\infty$. Die beiden Funktionen $f(x)$ und $g(x)$ heißen für $x \to x_0$ *asymptotisch gleich* bezüglich der Division, wenn gilt

$$\lim_{x \to x_0} \frac{f(x)}{g(x)} = 1$$

(s. Größenordnung von Funktionen, s. asymptotisch äquivalent). Dafür schreibt man auch $f(x) \cong g(x)$ für $x \to x_0$.

2. Asymptotisch gleiche Zahlenfolgen:
Zwei Zahlenfolgen $(a_n)_{n=1,2,\ldots}$ und $(b_n)_{n=1,2,\ldots}$ heißen *asymptotisch gleich*, im Zeichen $a_n \cong b_n$, wenn gilt $\lim\limits_{n\to\infty} \frac{a_n}{b_n} = 1$
(s. Zahlenfolge, s. asymptotisch proportionale Zahlenfolgen).

asymptotisch proportionale Zahlenfolgen:
Zwei Zahlenfolgen $(a_n)_{n=1,2,\ldots}$ und $(b_n)_{n=1,2,\ldots}$ heißen *asymptotisch proportional*, im Zeichen $a_n \sim b_n$, wenn gilt

$$\lim_{n\to\infty} \frac{a_n}{b_n} = c \quad \text{mit einer Konstanten } c \neq 0.$$

Aufriß(ebene) s. Zweitafelprojektion, s. Dreitafelprojektion.

Aufrunden s. Runden.

aufsteigende Differenzen s. Differenzenoperator, 2.

Aufzinsungsfaktor:
Ein Kapital K werde jährlich mit p % verzinst. Dann wächst es innerhalb eines Jahres an auf $K \cdot (1 + \frac{p}{100}) = K \cdot q$. Dabei heißt $q = 1 + \frac{p}{100}$ der *Aufzinsungsfaktor* (s. Zinsrechnung, s. Zinseszinsrechnung).

Ausdruck s. Formel.

Ausgabe s. Output.

ausgeartet s. entartet.

Ausgleichsfunktion s. Ausgleichsrechnung.

Ausgleichsgerade (Regressionsgerade):
Falls die Ausgleichsfunktion eine Gerade $y = a + bx$ ist, heißt diese Gerade *Ausgleichsgerade* (s. Ausgleichsrechnung). Aus n Meßwerten (x_i, y_i) für $i = 1, 2, \ldots, n$ werden Achsenabschnitt a und Steigung b nach der Kleinste-Quadrate-Methode geschätzt durch

$$Q^2(a, b) = \sum_{i=1}^{n} (a + bx_i - y_i)^2 \to \min.$$

(s. Approximationspolynom, 4. mit $p = 1$). Setzt man die partiellen Ableitungen nach a und b gleich Null, so erhält man ein lineares Gleichungssystem für a und b mit der Lösung

$$b = \frac{\sum\limits_{i=1}^{n} (x_i - \bar{x})(y_i - \bar{y})}{\sum\limits_{i=1}^{n} (x_i - \bar{x})^2}; \quad a = \bar{y} - b\bar{x}.$$

Dabei sind $\overline{x} = \frac{1}{n}\sum_{i=1}^{n} x_i$; $\overline{y} = \frac{1}{n}\sum_{i=1}^{n} y_i$ die Mittelwerte (s. Mittelwert). Mit dem obigen Wert b besitzt die Regressionsgerade die Koordinatengleichung

$$y - \overline{y} = b \cdot (x - \overline{x}).$$

Ausgleichspolynom:

Falls eine Ausgleichsfunktion ein Polynom ist, heißt dieses Polynom *Ausgleichspolynom* (s. Ausgleichsrechnung, s. Approximationspolynome, 4.).

Ausgleichsrechnung:

In der *Ausgleichsrechnung* werden unbekannte Parameter einer sogenannten *Ausgleichsfunktion* (*Regressionsfunktion*) aus mit zufälligen Fehlern versehenen Meßergebnissen geschätzt. Im allgemeinen geschieht dies nach der von Gauß stammenden Methode der kleinsten Quadrate (s. Kleinste-Quadrate-Methode).

Aussage:

In der mathematischen Logik ist eine *Aussage* ein Satz oder eine Behauptung, die entweder wahr (richtig) oder falsch sein kann. Falls in der Aussage Variablen enthalten sind, kann die Aussage für manche Variablenwerte richtig, für manche falsch sein. Meistens wird einer wahren Aussage das Symbol w oder 1, einer falschen Aussage f oder 0 zugeordnet. Die Aussage "13 ist eine Primzahl" ist richtig, die Aussage $15 = 8 + 9$ jedoch falsch (s. wahr, s. Wahrheitswert, s. Wahrheitsfunktion, s. Aussagenlogik).

Aussageform:

Eine *Aussageform* ist eine Formel (s. Formel), die mindestens eine freie Variable enthält. Setzt man für die freie Variable Elemente der Grundmenge ein, so kann die Aussage wahr oder falsch sein.

Aussagenlogik (mathematische Logik):

In der *Aussagenlogik* oder *mathematischen Logik* werden Eigenschaften von Aussagen untersucht, die mit Hilfe von Aussagenverknüpfungen aus anderen Aussagen gewonnen werden (s. Aussage).

Außenwinkel eines Vielecks s. Vieleck, 2.

äußere Ableitung:

In der Kettenregel (s. Kettenregel)

$$g(u(x))' = \frac{d}{dx} g(u(x)) = \frac{dg(u)}{du} \cdot \frac{du(x)}{dx}\bigg|_{u = u(x)}$$

heißt $\frac{dg(u)}{du}$ die *äußere Ableitung* (s. Funktion von reellen Variablen, 1.4.).

äußere Funktion:
In der mittelbaren (zusammengesetzten) Funktion g(u(x)) (s. zusammengesetzte Funktion) heißt g(u) die *äußere* und u(x) die *innere* Funktion (s. Kettenregel, s. äußere Ableitung).

äußerer Punkt s. topologischer Raum.

äußeres Maß s. Lebesguesches Maß, 1.

äußeres Produkt s. Vektor im V^n, 2.8.

Auszahlung(sfunktion) s. Spiel, 1.

Auszahlungsmatrix s. Spiel, 2.1.

Automorphismus:
Ein Homomorphismus (Isomorphismus) einer algebraischen Struktur auf sich heißt *Automorphismus* (s. Homomorphismus).

axiales Trägheitsmoment s. Trägkeitsmoment.

axialsymmetrisch s. symmetrisch, 2.1.

Axiom (Axiomatik):
In der Mathematik gibt es Größen, die auf direktem Wege kaum anschaulich definiert werden können.
Ein Beispiel dafür sind die Begriffe Punkt und Gerade in der Ebene. In einem solchen Fall benutzt man zur Definition typische Eigenschaften oder Postulate, die man auch *Axiome* nennt. Axiome sind also Aussagen über Beziehungen zwischen den Elementen. Punkt und Gerade im $\mathbb{R}^2$ können z. B. durch die beiden Axiome definiert werden:
A1: Durch zwei verschiedene Punkte geht genau eine Gerade.
A2: Zwei verschiedene nichtparallele Geraden schneiden sich in genau einem Punkt.

Ein weiteres Beispiel ist die axiomatische Definition der natürlichen Zahlen von Peano (s. reelle Zahlen, 1.).

Die Axiome müssen untereinander widerspruchsfrei sein. In der Praxis ist man bemüht, mit möglichst wenigen Axiomen auszukommen. Axiome, die aus anderen Axiomen als Sätze folgen, sind überflüssig und können weggelassen werden. Mit den Axiomen wird dann eine Theorie aufgebaut, mit der aus den Axiomen weitere Eigenschaften als sogenannte Sätze hergeleitet werden können.

axiomatische Definition:
Falls in einer mathematischen Theorie Größen nur durch Axiome definiert werden, spricht man von einer *axiomatischen Definition* (s. Axiom).

Axonometrie:

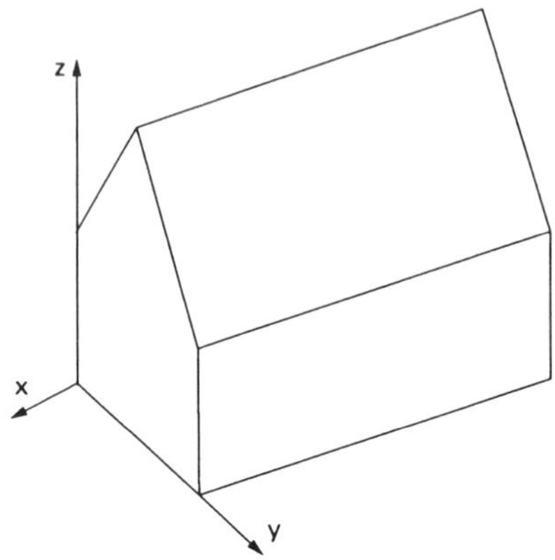

Unter *Axonometrie* versteht man die Parallelprojektion von Punkten in bezug auf ein fest vorgegebenes kartesisches Koordinatensystem auf eine Bildtafel (s. Projektion, 2.). Auf den Achsen werden die Koordinaten x, y, z eines Punktes P eingetragen. Mit Hilfe von Parallelen zu den Achsen erhält man das Bild des Punktes P. Dadurch entsteht in der Bildebene ein *axonometrisches* Bild. Nach dem Satz von Pohlke können drei beliebige von einem Punkt aus gehende Strecken einer Ebene, die miteinander beliebige Winkel bilden, und deren Endpunkte nicht auf einer Geraden liegen, aufgefaßt werden als Bilder dreier aufeinander senkrecht stehender, gleichlanger Strecken. Falls die Bilder der Einheiten auf zwei Achsen gleich groß sind, heißt die Axonometrie *dimetrisch*, wenn sie auf allen drei Achsen gleich sind, nennt man die Axonometrie *isometrisch*. Spezielle Axonometrien sind (s. dort): *Kavalierperspektive* (dimetrisch), *Militärperspektive* (isometrisch).

axonometrisches Bild s. Axonometrie.

Azimut s. astronomisches Koordinatensystem.

B

Babbage, Charles (1792 – 1871) wirkte in Cambridge. Er ist der Erfinder der ersten mechanischen Rechenmaschine.

Baire, René (1874 – 1932) wirkte in Montpellier, Dijon und Paris. Er ist einer der Begründer der modernen Funktionentheorie. Nach ihm ist der Bairesche Raum benannt (s. Bairescher Raum).

Bairescher Raum:

Ein topologischer Raum T heißt ein *Bairescher Raum*, wenn er das folgende Axiom erfüllt: Der Durchschnitt abzählbar vieler offener in T dichter Teilmengen von T ist dicht in T (s. topologischer Raum, s. dicht).

Banach, Stefan (1892 – 1945) wirkte in Lwów. Von ihm stammen bedeutende Beiträge zur Funktionalanalysis. Nach ihm benannt ist der Banachraum (s. Banachraum) sowie der Banachsche Fixpunktsatz bei kontrahierenden Abbildungen (s. Fixpunktsätze, 1.).

Banachraum:

Ein *Banachraum* ist ein vollständiger linearer normierter Raum (s. Vektorraum, 5.). Bezüglich der Metrik $d(\mathbf{u},\mathbf{v}) = \|\mathbf{u}-\mathbf{v}\|$ (Norm) muß also jede Cauchy-Folge konvergieren (s. Cauchy-Folge). Jeder Hilbertraum (s. Hilbertraum) ist auch ein Banachraum, aber nicht umgekehrt.

Banachscher Fixpunktsatz s. Fixpunktsätze, 1.

Barwert:

Ein nach n Jahren anfallender Betrag K_n besitzt bei einem Jahreszinssatz p den auf den jetzigen Zeitpunkt *diskontierten* (*abgezinsten*) *Barwert*

$$B_0 = \frac{K_n}{q^n} = K_n \cdot v^n \quad \text{für } n = 1, 2, \ldots$$

mit dem *Diskontierungsfaktor* (*Abzinsungsfaktor*) $v = \frac{1}{q}$; $q = 1 + \frac{p}{100}$.

Die Berechnung erfolgt nach folgendem Prinzip: Zum jetzigen Zeitpunkt angelegt, ergibt der Barwert B_0 nach n Jahren den Endwert

$$K_n = B_0 \cdot q^n$$

(s. Zinseszinsrechnung, 1.). Falls n Jahre lang jeweils einmalig der gleiche Betrag E zum Zinssatz p angelegt wird, lautet der Barwert

a) bei vorschüssigen Einzahlungen:

$$B_0 = \sum_{k=0}^{n-1} \frac{E}{q^k} = E \cdot \frac{1 - \frac{1}{q^n}}{1 - \frac{1}{q}} = E \cdot q \cdot \frac{1 - \frac{1}{q^n}}{q - 1};$$

b) bei nachschüssigen Einzahlungen:

$$\hat{B}_0 = \sum_{k=1}^{n} \frac{E}{q^k} = \frac{E}{q} \cdot \frac{1 - \frac{1}{q^n}}{1 - \frac{1}{q}} = E \cdot \frac{1 - \frac{1}{q^n}}{q - 1}.$$

Diese Formel erhält man auch durch Abzinsung des jeweiligen Endwertes $K_n = E \cdot q \cdot \frac{q^n - 1}{q - 1}$ bzw. $\hat{K}_n = E \cdot \frac{q^n - 1}{q - 1}$ (s. Zinseszinsrechnung, 3.).

Barwert eines Ertragsstroms s. Ertragsstrom.

Basis:

1. Basis einer Potenz:

In der Potenz a^x heißt a die *Basis* (s. Potenz).

2. Basis eines gleichschenkligen Dreiecks s. Dreieck, 3.

3. Basis eines Logarithmus:
Beim Logarithmus $y = \log_a x \Leftrightarrow a^y = x$ nennt man a die *Basis* (s. Logarithmus).

4. Basis des Vektorraums V^n:
Die Menge der Vektoren $\{\vec{b}_1, \vec{b}_2, \ldots, \vec{b}_n\}$ heißt eine *Basis* im n-dimensionalen Vektorraum V^n, falls die n Vektoren linear unabhängig sind. Dann ist jeder Vektor $\vec{a} \in V^n$ eindeutig darstellbar als Linearkombination

$$\vec{a} = \alpha_1 \vec{b}_1 + \alpha_2 \vec{b}_2 + \ldots + \alpha_n \vec{b}_n \quad \text{mit } \alpha_i \in \mathbb{R}.$$

Dabei sind α_i die *Komponenten* des Vektors $\vec{a}$ bezüglich dieser Basis (s. Vektor im V^n, 3.).

5. Basis eines allgemeinen Vektorraums V:
Eine Menge $B \subset V$ von Vektoren heißt *Basis* des Vektorraums V, wenn jedes Element $\mathbf{v} \in V$ als Linearkombination von Vektoren aus B dargestellt werden kann, aber diese Eigenschaft für keine echte Teilmenge von B gilt. Falls B genau n Elemente enthält, heißt n die *Dimension* von V. Wenn B abzählbar unendlich ist, nennt man die Dimension von V ebenfalls abzählbar unendlich (s. Vektorraum, 1.).

6. Basis eines Zahlensystems:
In einem polyadischen Zahlensystem mit der Darstellung

$$\begin{aligned} a = z_n \cdot g^n + z_{n-1} \cdot g^{n-1} + z_{n-2} \cdot g^{n-2} + \ldots + z_1 \cdot g^1 + z_0 \cdot g^0 \\ + z_{-1} \cdot g^{-1} + z_{-2} \cdot g^{-2} + z_{-3} \cdot g^{-3} + \ldots \end{aligned}$$

heißt g die *Basis* oder *Grundzahl* (s. Zahlensystem, 2.).

Basisaustausch s. lineare Optimierung, 3.3.

Basislösung s. lineare Optimierung, 2.1.8.

Basisvariable s. lineare Optimierung, 2.1.8.

bedingte Konvergenz s. bedingt konvergent.

bedingt konvergent:

1. Bedingt konvergente unendliche Reihe:

Die Reihe $\sum_{n=1}^{\infty} a_n$ heißt *bedingt konvergent*, wenn sie in dieser Summationsreihenfolge konvergiert, durch Umordnung der Summationsreihenfolge jedoch Reihen entstehen, die einen anderen Summenwert besitzen oder gar nicht konvergieren. Eine nur bedingt konvergente Reihe kann nicht absolut konvergent sein (s. Reihe, 2.). Beispiel einer Umordnung einer nur bedingt konvergenten Reihe s. Reihe, 5.

2. Bedingt konvergentes uneigentliches Integral s. Integralrechnung, 1.8.1.

Befehl:
Bei der Programmierung von Rechnern versteht man unter einem *Befehl* die kleinste Einheit eines in einer maschinenorientierten Programmiersprache formulierten Programms (s. Programm, s. Programmiersprache).

befreundete (verwandte) Zahlen:
Zwei natürliche Zahlen m und n heißen *befreundete (verwandte) Zahlen*, wenn gilt

$$\sum_{\substack{d \mid m \\ d \neq m}} d = n \,; \quad \sum_{\substack{d \mid n \\ d \neq n}} d = m \,.$$

Dabei wird über alle (positiven) Teiler von m bzw. n summiert (s. Teilbarkeit). Ist $\sigma(k)$ die Summe der positiven Teiler von $k \in \mathbb{N}$, so sind zwei natürliche Zahlen m und n genau dann befreundet, wenn gilt

$$\sigma(m) = \sigma(n) = m + n.$$

Beispiel: m = 220 und n = 284 sind befreundete Zahlen.

begleitendes Dreibein:
An einer festen Stelle einer räumlichen differenzierbaren Kurve $\mathfrak{C}$ sei $\vec{t}$ der Tangentenvektor, $\vec{n}$ der Hauptnormalenvektor und $\vec{b}$ der Binormalenvektor, welche ein Orthonormalsystem bilden (s. Kurve, 2.2., 2.6., 2.7.). Dann nennt man dieses Tripel von Vektoren das *begleitende Dreibein* der Kurve.

Belegungsfunktion s. Gewichtsfunktion.

benachbarte Elemente s. Nachbar.

berechenbar:
Eine zahlentheoretische Funktion einer oder mehrerer Veränderlicher heißt *berechenbar*, wenn es ein Verfahren (*Berechnungsverfahren*) gibt, mit dessen Hilfe für beliebige Argumente die Funktionswerte in endlich vielen Schritten explizit berechnet werden können.

Bereich:
In einem topologischen Raum T (s. topologischer Raum) heißt eine zusammenhängende abgeschlossene Punktmenge ein *Bereich* (s. abgeschlossen, 3., s. zusammenhängend). Eine zusammenhängende offene Punktmenge nennt man *Gebiet* (s. Gebiet).

Bereichsabbildung s. Abbildung, 2., 3.

Bereich, zulässiger s. lineare Optimierung, 1., 2.1.6.

Bernoulli, Daniel (1700 – 1782) war Sohn von Johann Bernoulli. 1725 ging er nach Petersburg und wirkte seit 1733 in Basel. Er beschäftigte sich

mit der Riccatischen Differentialgleichung (s. gewöhnliche Differentialgleichung, 2.1.5.). Von ihm stammt das Bernoullische Gesetz der großen Zahlen aus der Wahrscheinlichkeitsrechnung. Ferner ist er der Begründer der Hydromechanik und der kinetischen Theorie des Gasdrucks.

Bernoulli, Jakob (1654 – 1705) war der älteste Sohn des Basler Ratsherrn Niklaus Bernoulli (1623 – 1709). Er studierte Theologie und heimlich nach antiken Schriftstellern Mathematik. Zunächst war er in Frankreich, in den Niederlanden und in England tätig, wo er auf die neuen Methoden der Infinitesimalrechnung zur Bestimmung von Grenzwerten durch die Iteration hinwies. Seit 1683 wirkte er in Basel. Dort hielt er zunächst Vorlesungen über Experimentalphysik. Von ihm stammen die ersten Vorarbeiten zur Wahrscheinlichkeitsrechnung. Nach ihm sind die Bernoullische Ungleichung (s. Bernoullische Ungleichung) und die Bernoullische Differentialgleichung (s. gewöhnliche Differentialgleichung, 2.1.4.) benannt.

Bernoulli, Johann (1667 – 1748) war der jüngste Bruder von Jakob Bernoulli. Er studierte Medizin und als Schüler seines Bruders Jakob Mathematik. Zunächst wirkte er in Genf, Paris und Groningen. Dabei führte er lebhafte Korrespondenz mit Leibniz. 1706 ging er als Nachfolger seines Bruders Jakob nach Basel. Dort beschäftigte er sich mit Differentialgleichungen und benutzte die Infinitesimalrechnung zur Lösung physikalischer Probleme.

Bernoulli, Niklaus (1687 – 1759) war Neffe und Schüler von Jakob und Johann Bernoulli. Seit 1716 lehrte er Mathematik in Padua. In Basel erhielt er 1722 eine Professur für Logik und 1731 eine für Jura. Er beschäftigte sich speziell mit Anwendungsmöglichkeiten der Wahrscheinlichkeitsrechnung auf Rechtsfragen. 1713 war er Mitherausgeber von Jakob Bernoullis *Ars conjectandi.*

Bernoullische Differentialgleichung:
Die lineare Differentialgleichung 1. Ordnung

$$y'(x) + p(x)\, y(x) + r(x)\, y^{\alpha}(x) = 0\,; \quad \alpha \in \mathbb{R}, \quad \alpha \neq 1, \alpha \neq 0$$

heißt *Bernoullische Differentialgleichung.*
Durch die Substitution $z = y^{1-\alpha} \Leftrightarrow y = z^{\frac{1}{1-\alpha}}$ geht sie über in die lineare Differentialgleichung für die Funktion $z(x)$

$$z'(x) + (1-\alpha)\, p(x)\, z(x) + (1-\alpha)\, r(x) = 0$$

(s. gewöhnliche Differentialgleichung, 2.1.4.).

Bernoullische Polynome:
Die *Bernoullischen Polynome* sind definiert durch

$$B_n(x) = \sum_{k=0}^{n} \binom{n}{k} B_k x^{n-k} \qquad \text{für } n = 0, 1, 2, \ldots \, .$$

Die Koeffizienten B_k heißen *Bernoullische Zahlen* (s. Bernoullische Zahlen). Die Bernoullischen Polynome erhält man rekursiv aus

$$B_0(x) \equiv 1; \quad \sum_{k=0}^{n-1} \binom{n}{k} B_k(x) = n\,x^{n-1} \qquad \text{für } n = 2, 3, \ldots \, .$$

Hieraus erhält man z. B.

$$B_1(x) = x - \frac{1}{2}; \quad B_2(x) = x^2 - x - \frac{1}{6}.$$

Die Bernoullischen Polynome lösen die Differenzengleichungen

$$B_n(x+1) - B_n(x) = n \cdot x^{n-1} \qquad \text{für } n = 1, 2, \ldots$$

(s. Differenzengleichung).

Bernoullische Ungleichung:

Für jede reelle Zahl $x \geq -1$, $x \neq 0$ und jede natürliche Zahl $n \geq 2$ gilt die nach Jakob Bernoulli benannte *Bernoullische Ungleichung*

$$(1 + x)^n > 1 + n \cdot x.$$

Bernoullische Zahlen:

Die bei den Bernoullischen Polynomen (s. Bernoullische Polynome) auftretenden *Bernoullischen Zahlen* B_k für $k = 0, 1, 2, \ldots$ können rekursiv berechnet werden aus

$$B_0 = 1; \quad \sum_{k=0}^{n-1} \binom{n}{k} B_k = 0 \qquad \text{für } n = 2, 3, \ldots \, .$$

Bernstein, Serge N. (1880 – 1968) war ein sowjetischer Mathematiker. Nach ihm benannt sind die Bernsteinschen Polynome (s. Bernsteinsche Polynome).

Bernsteinsche Polynome:

Die Polynome

$$B_k^n(x) = \binom{n}{k} x^k (1-x)^{n-k} \qquad \text{für } k = 0, 1, 2, \ldots, n; \quad n = 1, 2, \ldots$$

heißen *Bernsteinsche Polynome.* Dabei ist $x = 0$ eine k-fache und $x = 1$ eine $(n-k)$-fache Nullstelle von $B_k^n(x)$. Bei festem n gilt für jedes x

$$1 \equiv [1 + (1-x)]^n = \sum_{k=0}^{n} \binom{n}{k} x^k (1-x)^{n-k} = \sum_{k=0}^{n} B_k^n(x)$$

(s. Approximationspolynome, 3.).

Berührungspunkt:

Ein Punkt x eines topologischen Raumes T (s. topologischer Raum) heißt *Berührungspunkt* der Teilmenge $B \subset M$, wenn jede Umgebung von x (s. Umgebung) wenigstens einen Punkt von B enthält. Die Menge aller Berührungspunkte von B heißt die (abgeschlossene) *Hülle* von B.

beschränkt:

1. Beschränkte Funktion:

Eine Funktion $f(x_1, x_2, \dots, x_n)$ von n Variablen heißt beschränkt im Bereich $M \subset D_f \subset \mathbb{R}^n$, wenn es eine Konstante $c \in \mathbb{R}$ gibt mit

$$|f(x_1, x_2, \dots, x_n)| \leq c \quad \text{für alle } (x_1, x_2, \dots, x_n) \in M$$

(s. Funktion von reellen Variablen, 1., 2., 3.).

2. Beschränkte Menge eines metrischen Raumes:

Eine Teilmenge $B \subset M$ eines metrischen Raumes M (s. metrischer Raum) heißt *beschränkt*, falls es eine Konstante $c \in \mathbb{R}$ gibt, so daß alle Punkte x aus M von einem festen Punkt $x_0 \in M$ höchstens den Abstand (Metrik) c besitzen, falls also gilt

$$d(x, x_0) \leq c \quad \text{für alle } x \in B.$$

3. Beschränkte Menge im $\mathbb{R}^n$:

Im $\mathbb{R}^n$ kann in 2. für x_0 der Koordinatenursprung O gewählt werden. Dann ist eine Menge $B \in \mathbb{R}^n$ genau dann beschränkt, wenn es eine Konstante c gibt, so daß für alle Punkte $P(x_1, x_2, \dots, x_n) \in B$ gilt

$$|\overrightarrow{OP}| = \sum_{i=1}^{n} x_i^2 \leq c$$

(s. Vektor im V^n, 3.). Für $n = 1$ erhält man die Bedingung $|x| \leq c$.

4. Beschränkte unendliche Bilinearform (beschränkte unendliche Matrix):

Einer unendlichen komplexen (reellen) Matrix

$$A = \begin{pmatrix} a_{11} & a_{12} & a_{13} & \cdots \\ a_{21} & a_{22} & a_{23} & \cdots \\ a_{31} & a_{32} & a_{33} & \cdots \\ \vdots & \vdots & \vdots & \vdots \end{pmatrix}$$

wird im Falle der Konvergenz durch

$$A(\vec{x}, \vec{y}) = \lim_{\substack{m \to \infty \\ n \to \infty}} \sum_{i=1}^{m} \sum_{k=1}^{n} a_{ik} x_i y_k = \sum_{i,k=1}^{\infty} a_{ik} x_i y_k = \vec{x}^T A \vec{y}$$

eine *unendliche Bilinearform* zugeordnet. Dabei sind

$$\vec{x}^T = (x_1, x_2, x_3, \dots) \quad \text{und} \quad \vec{y}^T = (y_1, y_2, y_3, \dots)$$

Vektoren mit abzählbar unendlich vielen komplexen (reellen) Koordinaten, für die gilt

$$|\vec{x}|^2 = \sum_{i=1}^{\infty} |x_i|^2 < \infty; \quad |\vec{y}|^2 = \sum_{k=1}^{\infty} |y_k|^2 < \infty .$$

Die unendliche Matrix A bzw. die zugehörige Bilinearform heißt *beschränkt*, wenn es nur eine von A abhängige Zahl M gibt mit

$$\left| \sum_{i=1}^{m} \sum_{k=1}^{n} a_{ik} x_i y_k \right| \leq M \cdot \sqrt{\sum_{i=1}^{m} |x_i|^2} \cdot \sqrt{\sum_{k=1}^{n} |y_k|^2}$$

für alle m, n $\in \mathbb{N}$. Die kleinste aller möglichen Zahlen M heißt *obere Grenze* oder *Norm* M_A von A.
Notwendig für die Beschränktheit einer unendlichen Matrix A sind:

$$\sum_{i=1}^{\infty} |a_{ik}|^2 \leq K \quad \text{und} \quad \sum_{k=1}^{\infty} |a_{ik}|^2 \leq K \qquad \text{für alle i und k} .$$

Die Ungleichungen

$$\sum_{i=1}^{\infty} |a_{ik}| \leq K_1 \quad \text{und} \quad \sum_{k=1}^{\infty} |a_{ik}| \leq K_2 \qquad \text{für alle i und k}$$

sind nur hinreichend.

5. Beschränkte Variation s. Variation einer reellen Funktion.

6. Beschränkte Zahlenfolge:
Eine Zahlenfolge $(a_n)_{n=1,2,\ldots}$ heißt *beschränkt*, wenn es eine Konstante $c \in \mathbb{R}$ gibt mit

$$|a_n| \leq c \qquad \text{für alle } n = 1, 2, \ldots$$

(s. Zahlenfolge, 2.). Im Falle $c_1 \leq a_n$ (c_1 konstant) für alle n heißt die Zahlenfolge nach *unten*, für $a_n \leq c_2$ für alle n (c_2 konstant) nennt man sie nach *oben* beschränkt.

beschränkt nach oben bzw. unten:

Eine Teilmenge A einer halbgeordneten Menge M (s. halbgeordnete Menge) heißt nach *oben* bzw. nach *unten beschränkt*, wenn es ein $s \in M$ gibt mit

$$a \preceq s \quad \text{bzw.} \quad s \preceq a$$

für alle $a \in A$. Dann heißt s *obere* bzw. *untere Schranke* für A (s. Schranke, obere, untere).

Bessel, Friedrich Wilhelm (1784 – 1846) wirkte in Lilienthal und Königsberg. Seine Forschungsschwerpunkte waren die Astronomie und Geodäsie. Von ihm stammen die Besselschen Funktionen als Lösungen der Besselschen Differentialgleichung (s. Besselsche Differentialgleichung und Besselsche Funktionen). Ferner sind nach ihm die Besselsche Gleichung, Ungleichung und Identität benannt (s. Besselsche Gleichung, Identität und Ungleichung).

Besselsche Differentialgleichung und Besselsche Funktionen:

Die lineare Differentialgleichung 2. Ordnung

$$x^2 y''(x) + x y'(x) + (x^2 - a^2) y(x) = 0 \quad \text{mit} \quad a \geq 0$$

heißt *Besselsche Differentialgleichung* der Ordnung a (s. gewöhnliche Differentialgleichung, 3.3.5). $x = 0$ ist eine singuläre Stelle. Mit dem Potenzreihenansatz

$$y(x) = \sum_{k=0}^{\infty} c_k x^k \quad \text{mit } c_k \in \mathbb{R}$$

erhält man durch Einsetzen in die Differentialgleichung und Koeffizientenvergleich

$k = 0$: $\quad 0 \cdot c_0 = 0 \quad \Rightarrow \quad c_0$ beliebig;

$k = 1$: $\quad (2a+1) c_1 = 0 \quad \Rightarrow \quad c_1 = 0$;

$k > 1$: $\quad k(2a+k) c_k + c_{k-2} = 0 \quad$ für $k = 2, 3, 4, \ldots$.

Wegen $c_1 = 0$ folgt hieraus $c_3 = c_5 = \ldots = c_{2k+1} = 0$ (ungerade Indizes). Für gerade Indizes erhält man aus der Rekursionsgleichung

$$c_{2k} = \frac{-c_{2(k-1)}}{4k(a+k)} = \frac{(-1)^k c_0}{4^k k! \cdot (a+1) \cdot (a+2) \cdot \ldots \cdot (a+k)} \quad \text{für } k = 1, 2, \ldots .$$

Damit erhält man als erste Lösung

$$y_1(x) = c_0 x^a \sum_{k=0}^{\infty} \frac{(-1)^k}{k! \cdot (a+1) \cdot (a+2) \cdot \ldots \cdot (a+k)} \cdot \left(\frac{x}{2}\right)^{2k} \quad \text{mit } c_0 \neq 0.$$

Diese Reihe konvergiert in ganz $\mathbb{R}$. Aus $\Gamma(x+1) = x \cdot \Gamma(x)$ (s. Gamma-Funktion) folgt

$$\Gamma(a+1) \cdot (a+1) \cdot (a+2) \cdot \ldots \cdot (a+k) = \Gamma(k+a+1) .$$

Damit erhält man die Darstellung

$$y_1(x) = 2^a \Gamma(a+1) c_0 \left(\frac{x}{2}\right)^a \sum_{k=0}^{\infty} \frac{(-1)^k}{k! \, \Gamma(k+1+a)} \left(\frac{x}{2}\right)^{2k} .$$

Mit $c_0 = \dfrac{1}{2^a \Gamma(a+1)}$ geht diese Lösung über in

$$J_a(x) = \left(\frac{x}{2}\right)^a \sum_{k=0}^{\infty} \frac{(-1)^k}{k! \cdot \Gamma(k+1+a)} \cdot \left(\frac{x}{2}\right)^{2k} .$$

Diese Lösung heißt *Besselsche Funktion* (*Zylinderfunktion*) *erster Art der Ordnung* a.

Zweite Lösung:

1. Fall: a sei nicht ganzzahlig: Dann ist

$$J_{-a}(x) = \left(\frac{x}{2}\right)^{-a} \cdot \sum_{k=0}^{\infty} \frac{(-1)^k}{k! \, \Gamma(k+1-a)} \left(\frac{x}{2}\right)^{2k}$$

eine zweite, von $J_a(x)$ unabhängige Lösung. Daß $J_{-a}(x)$ Lösung ist, folgt aus der Tatsache, daß sich die Differentialgleichung nicht ändert, wenn a

durch $-a$ ersetzt wird, und daß die Gammafunktion $\Gamma(k+1-a)$ für alle ganzen Zahlen $k \geq 0$ existiert. Dann lautet die allgemeine Lösung

$$y(x) = c_1 \cdot J_a(x) + c_2 \cdot J_{-a}(x) \quad \text{mit} \quad c_1, c_2 \in \mathbb{R}.$$

Spezialfall $a = \frac{1}{2}$: Hier erhält man das Fundamentalsystem

$$J_{\frac{1}{2}}(x) = \sqrt{\frac{2}{\pi x}} \cdot \sin x; \quad J_{-\frac{1}{2}}(x) = \sqrt{\frac{2}{\pi x}} \cdot \cos x.$$

2. Fall: $a = n$ sei ganzzahlig: Für ganzzahlige n gilt

$$J_{-n}(x) = (-1)^n J_n(x).$$

Damit sind $J_n(x)$ und $J_{-n}(x)$ linear abhängig. Mit dem Ansatz

$$y(x) = J_n(x) \cdot z(x)$$

erhält man aus der Differentialgleichung unter Berücksichtigung, daß die Funktion $J_n(x)$ Lösung ist, für $z(x)$ die Differentialgleichung

$$z''(x) + \left(\frac{1}{x} + 2\frac{J_n'(x)}{J_n(x)}\right) \cdot z'(x) = 0; \quad \frac{z''(x)}{z'(x)} = -\left(\frac{1}{x} + 2\frac{J_n'(x)}{J_n(x)}\right);$$

$$\ln z'(x) = -[\ln x + 2 \ln J_n(x)] = -\ln\left(x \cdot J_n^2(x)\right) = \ln \frac{1}{x \cdot J_n^2(x)};$$

$$z'(x) = \frac{1}{x \cdot J_n^2(x)}.$$

Die zweite (unabhängige) Lösung der Besselschen Differentialgleichung lautet damit

$$J_n^*(x) = J_n(x) \cdot \int \frac{1}{x \cdot J_n^2(x)} \, dx.$$

$J_n(x)$ und $J_n^*(x)$ bilden ein Fundamentalsystem.

Für ganzzahliges n erhält man allgemein als zweite, von $J_n(x)$ unabhängige Lösung die *Besselsche Funktion zweiter Art der Ordnung n*

$$Y_n(x) = \lim_{p \to n} \frac{J_p(x) \cdot \cos(p\pi) - J_{-p}(x)}{\sin(p\pi)}.$$

Dann lautet die allgemeine Lösung

$$y(x) = c_1 \cdot J_n(x) + c_2 \cdot Y_n(x) \quad \text{mit } c_1, c_2 \in \mathbb{R}.$$

Formeln für die Besselschen Funktionen erster Art:

$$J_{-n}(x) = (-1)^n J_n(x) \qquad \text{für } n = 0, 1, 2, \ldots;$$

$$x \cdot J_{n+1}(x) = 2n \cdot J_n(x) - x \cdot J_{n-1}(x) \qquad \text{für } n = 1, 2, \ldots;$$

$$\frac{d}{dx}[x^n \cdot J_n(x)] = x^n \cdot J_{n-1}(x);$$

$$\frac{d}{dx}[x^{-n} \cdot J_n(x)] = -x^{-n} \cdot J_{n+1}(x);$$

$$J_n(x) = \frac{2\left(\frac{x}{2}\right)^n}{\sqrt{\pi}\,\Gamma(n+\frac{1}{2})} \int_0^1 (1-t^2)^{n-\frac{1}{2}} \cos(x\,t)\,dt\,;$$

$$J_{2n}(x) = \frac{1}{\pi} \int_0^{\pi} \cos(x \sin t) \cos(2n\,t)\,dt\,;$$

$$J_{2n+1}(x) = \frac{1}{\pi} \int_0^{\pi} \sin(x \sin t) \sin((2n+1)\,t)\,dt\,;$$

$$\sum_{n=1}^{\infty} J_n^2(x) \equiv 1.$$

Erzeugende Funktion: Allgemein gilt für $t \neq 0$

$$e^{\frac{1}{2}x(t-\frac{1}{t})} = \sum_{n=-\infty}^{+\infty} J_n(x)\,t^n = J_0(x) + \sum_{n=1}^{\infty} [t^n + (-t)^{-n}]\,J_n(x).$$

Besselsche Gleichung, Identität und Ungleichung:

Es sei $\{\mathbf{u_k}\}_{k=1,2,\ldots}$ ein abzählbar unendliches *Orthonormalsystem* des Euklidischen Vektorraums V mit dem Skalarprodukt $<\mathbf{u},\mathbf{v}>$ und der Norm $\|\mathbf{v}\| = \sqrt{<\mathbf{v},\mathbf{v}>}$ (s. Vektorraum, 3., 4., s. Orthogonal- und Orthonormalsystem). Dann gilt für jedes $\mathbf{v} \in V$ und jede natürliche Zahl n die *Besselsche Ungleichung*

$$\sum_{k=1}^{n} |<\mathbf{v},\mathbf{u_k}>|^2 \leq \|\mathbf{v}\|^2\,.$$

Ferner gilt die *Besselsche Identität*

$$\sum_{k=1}^{\infty} |<\mathbf{v},\mathbf{u_k}>|^2 + \left\| \mathbf{v} - \sum_{k=1}^{\infty} <\mathbf{v},\mathbf{u_k}> \cdot \mathbf{u_k} \right\|^2 = \|\mathbf{v}\|^2.$$

Falls der Euklidische Vektorraum vollständig ist (s. vollständiger metrischer Raum) und $\{\mathbf{u_k}\}_{k=1,2,\ldots}$ ein vollständiges Orthonormalsystem ist (s. vollständiges Orthonormalsystem), gilt die *Besselsche Gleichung*

$$\|\mathbf{v}\|^2 = \sum_{k=1}^{\infty} |<\mathbf{v},\mathbf{u_k}>|^2\,.$$

Für die **Fourier-Koeffizienten** einer Funktion f(x) lautet die Besselsche Ungleichung

$$\frac{a_0^2}{2} + \sum_{k=1}^{n} (a_k^2 + b_k^2) \leq \frac{1}{\pi} \int_{-\pi}^{\pi} f^2(x)\,dx$$

(s. Fourier-Reihen und Fourier-Entwicklung, 2.).

bestimmt divergent:

1. Bestimmt divergente Reihe:

Die Folge (s_n) der Partialsummen $s_n = \sum_{k=1}^{n} a_k$ sei bestimmt divergent mit $\lim_{n\to\infty} s_n = \pm\infty$. Dann heißt die Reihe *bestimmt divergent* (s. Reihe, 3.).

2. Bestimmt divergente Zahlenfolge:
Falls zu jeder reellen Zahl $K > 0$ ein Index n_0 existiert mit $a_n > K$ bzw. $a_n < -K$ für alle $n \geq n_0$, heißt die Folge $(a_n)_{n \in \mathbb{N}}$ bestimmt divergent gegen $+\infty$ bzw. gegen $-\infty$. Dafür schreibt man

$$\lim_{n\to\infty} a_n = +\infty \quad \text{bzw.} \quad \lim_{n\to\infty} a_n = -\infty$$

(s. Zahlenfolge, 4.).

3. Bestimmt divergentes uneigentliches Integral s. Integralrechnung, 1.8.

4. Bestimmt divergentes unendliches Produkt s. Produkt, 4.

bestimmtes Integral:

Ein Integral $\int_a^b f(x)\,dx$ mit festen Grenzen a und b heißt ein *bestimmtes Integral* (s. Integralrechnung, 1.2.).

Betafunktion:

Das von den beiden Parametern x und y abhängige uneigentliche Integral

$$B(x,y) = \int_0^1 t^{x-1}(1-t)^{y-1}dt \qquad \text{(erstes Eulersches Integral)}$$

ist für $x > 0$, $y > 0$ konvergent und für $x \leq 0$ oder $y \leq 0$ divergent (s. Integralrechnung, 1.8.2.). Die für $x > 0$, $y > 0$ definierte Funktion $B(x,y)$ heißt *Betafunktion* oder *Eulersches Integral erster Gattung*.

Eigenschaften: Für alle x, y > 0 gilt:

$$B(x,y) = \int_0^\infty \frac{t^{x-1}}{(1+t)^{x+y}}dt = 2\int_0^{\frac{\pi}{2}} \sin^{2x-1} t \cos^{2y-1} t\,dt;$$

$$B(x,y) = \frac{\Gamma(x)\cdot\Gamma(y)}{\Gamma(x+y)} = B(y,x),$$

dabei ist Γ die Gammafunktion (s. Gammafunktion);

$$B(x+1,y) = \frac{x}{x+y}\cdot B(x,y)\,; \quad B(x,y+1) = \frac{y}{x+y}\cdot B(x,y);$$

$$B(x,n) = \frac{(n-1)!}{x\cdot(x+1)\cdot\ldots\cdot(x+n-1)};$$

für $0 < x < 1$ gilt ferner $B(x,1-x) = \dfrac{\pi}{\sin \pi x}$.

Betrag:

1. Betrag einer reellen Zahl:
Unter dem Betrag $|a|$ einer reellen Zahl a versteht man den Abstand dieser Zahl vom Nullpunkt 0. Für jede reelle Zahl $a \in \mathbb{R}$ gilt

$$|a| = \begin{cases} a, & \text{falls } a \geq 0, \\ -a, & \text{falls } a < 0. \end{cases}$$

Für den Betrag beliebiger reeller Zahlen a und b gilt allgemein:

$$|a| \geq 0; \quad |a| = 0 \quad \Leftrightarrow \quad a = 0;$$

$$|-a| = |a|; \quad |a \cdot b| = |a| \cdot |b|;$$

$$-|a| \leq a \leq |a|; \quad |a| \leq |b| \quad \Leftrightarrow \quad a^2 \leq b^2;$$

$$|a + b| \leq |a| + |b|$$ (Dreiecksungleichung);

$$|a_1 + a_2 + \ldots + a_n| \leq |a_1| + |a_2| + \ldots + |a_n|$$

(allgemeine Dreiecksungleichung).

$|a - b|$ ist der *Abstand* der beiden Zahlen a und b auf dem Zahlenstrahl.

2. Betrag einer komplexen Zahl:
Die komplexe Zahl $z = a + i\,b$ besitzt den Betrag

$$|z| = \sqrt{a^2 + b^2} = \sqrt{z \cdot \bar{z}}\,.$$

In der komplexen Zahlenebene ist der Betrag $|z|$ der Abstand der komplexen Zahl z vom Koordinatenursprung O (s. komplexe Zahlen, 1.).

3. Betrag (Länge, Norm) eines Vektors im V^n:
Der *Betrag* eines n-dimensionalen Vektors $\vec{a}^T = (a_1, a_2, \ldots, a_n)$ ist erklärt durch

$$|\vec{a}| = \sqrt{a_1^2 + a_2^2 + \ldots + a_n^2} = \sqrt{\sum_{i=1}^{n} a_i^2}\,.$$

Eigenschaften des Betrages:

$$|\vec{a}| \geq 0; \quad |\vec{a}| = 0 \quad \Leftrightarrow \quad \vec{a} = \vec{0} \text{ (Nullvektor)};$$

$$|\lambda \cdot \vec{a}| = |\lambda| \cdot |\vec{a}| \quad \text{für } \lambda \in \mathbb{R};$$

$$|\vec{a} + \vec{b}| \leq |\vec{a}| + |\vec{b}|$$ (Dreiecksungleichung).

Die Dreiecksungleichung bedeutet

$$\sqrt{\sum_{i=1}^{n} (a_i + b_i)^2} \leq \sqrt{\sum_{i=1}^{n} a_i^2} + \sqrt{\sum_{i=1}^{n} b_i^2}\,.$$

Allgemein gilt mit dem inneren Produkt die Schwarzsche Ungleichung

$$|\vec{a} \cdot \vec{b}| \leq |\vec{a}| \cdot |\vec{b}|$$

(s. Schwarzsche Ungleichung, 1.). Hieraus folgt unmittelbar

$$\left|\sum_{i=1}^{n} a_i b_i\right| \leq \sum_{i=1}^{n} |a_i| \cdot |b_i| \leq \sqrt{\sum_{i=1}^{n} a_i^2} \cdot \sqrt{\sum_{i=1}^{n} b_i^2}$$

(s. Vektor im V^n, 1.2.4., 2.3., 3.).

4. Betrag (Norm) eines abstrakten Elementes eines normierten Vektorraums:
Falls in einem Vektorraum eine Norm erklärt ist, heißt $\|\mathbf{v}\|$ der *Betrag* des Elements $\mathbf{v}$. Bei Euklidischen Vektorräumen erhält man aus dem Skalarprodukt die Norm als $\|\mathbf{v}\| = \sqrt{<\mathbf{v},\mathbf{v}>}$ (s. Vektorraum, 4., 5.).

Bewegung s. affine Abbildung, 2.2.

Beweis:

Den Nachweis der Richtigkeit eines Satzes oder einer Formel aus den Axiomen mit Hilfe logischer Schlüsse bzw. bekannter Rechenregeln nennt man *Beweis*. Übliche Beweismethoden sind:

1. Direkter Beweis:
Hier werden so lange direkte Umformungen mit Hilfe der Axiome und bereits bewiesener Eigenschaften vorgenommen, bis man die Behauptung erhält.

2. Indirekter Beweis (Widerspruchsbeweis):
Der Nachweis der Richtigkeit einer Aussage B (Behauptung) mit Hilfe der *indirekten Beweismethode* erfolgt nach folgendem Prinzip: Zunächst wird angenommen, B sei nicht richtig. Dann wird mit Hilfe zulässiger Rechenoperationen oder logischer Schlüsse ein Widerspruch zu der Tatsache hergeleitet, daß B falsch ist. B kann dann nicht falsch, sondern muß richtig sein.

Beispiel: Es soll gezeigt werden, daß $\sqrt{2}$ irrational ist (s. reelle Zahlen, 4.).
Annahme: $\sqrt{2}$ sei rational, also $\sqrt{2} \in \mathbb{Q}$. Dann gibt es zwei natürliche Zahlen p und q mit $\sqrt{2} = \frac{p}{q}$. Dabei seien p und q so gewählt, daß kein Kürzen mehr möglich ist. p und q seien also teilerfremd. Durch Quadrieren erhält man

$$2 = \frac{p^2}{q^2} \qquad \text{und hieraus} \qquad p^2 = 2q^2.$$

Damit ist die Zahl p^2 gerade. Dann ist aber auch p gerade, denn das Quadrat einer ungeraden Zahl wäre wieder ungerade. Somit gibt es eine natürliche Zahl r mit $p = 2r$. Hieraus folgt $p^2 = 4r^2 = 2q^2$ (s. oben). Division durch 2 ergibt $q^2 = 2r^2$. Dann ist aber auch q^2 und damit q gerade. Beide Zahlen p und q besitzen dann den Teiler 2. Wäre $\sqrt{2}$ rational, dann wären p und q gleichzeitig teilerfremd und nicht teilerfremd. Dadurch erhält man einen Widerspruch. Die Annahme muß also falsch, das Gegenteil somit richtig sein, d.h. $\sqrt{2}$ ist irrational.
Weiteres Beispiel für einen Widerspruchsbeweis s. Diagonalverfahren, 2.

3. Beweis durch Vollständige Induktion s. vollständige Induktion.

Bewertung:

Eine Abbildung φ eines algebraischen Körpers K (s. Körper, 1.) in die Menge der reellen Zahlen $\mathbb{R}$ heißt *Bewertung von* K, wenn gilt:

(B1) $\varphi(a) \geq 0$ für alle $a \in K$; $\varphi(a) = 0$ nur für $a = 0$.

(B2) $\varphi(a \cdot b) = \varphi(a) \cdot \varphi(b)$ für alle $a, b \in K$ (multiplikative Abbildung).

(B3) Es gibt eine reelle Zahl $c \geq 1$ mit

$$\varphi(a+b) \leq c \cdot \max\{\varphi(a), \varphi(b)\} \quad \text{für alle } a, b \in K.$$

$\varphi(a) \equiv 1$ für alle $a \neq 0$ ist die *identische Bewertung*. In endlichen Körpern ist nur die identische Bewertung möglich. φ heißt *nichtarchimedische Bewertung*, wenn in (B3) $c = 1$ gesetzt werden kann, andernfalls nennt man φ eine *Archimedische Bewertung*. Zwei Bewertungen φ_1 und φ_2 von K heißen *äquivalent*, wenn es eine reelle Zahl $\beta > 0$ gibt mit

$$\varphi_1(a) = (\varphi_2(a))^{\beta} \quad \text{für alle } a \in K.$$

bijektiv (Bijektion):

Eine eineindeutige Abbildung der Menge X auf die Menge Y, also eine injektive und surjektive Abbildung heißt *bijektiv* (*Bijektion*). Dann existiert die eindeutig bestimmte Umkehrabbildung f^{-1} von Y auf X, die ebenfalls bijektiv ist (s. Abbildung, 1.).

Bilanzwert s. Abschreibung.

Bild (Ordinate):

Bei der Abbildung (Funktion) $z = f(x)$ bzw. $z = f(x_1, x_2, \ldots, x_n)$ heißt z *Bild* oder *Ordinate* (s. Abbildung, s. Funktion von reellen Variablen).

Bildachse s. Zweitafelprojektion.

Bildebene s. Projektion.

Bildmenge:

Durch die Funktion f werde die Menge D auf die Menge W abgebildet. Dann heißt W *Bildmenge*.

bilineare Abbildung s. Bilinearform.

Bilinearform (bilineare Abbildung):

Es sei V ein Vektorraum über dem Körper der reellen Zahlen (s. Vektorraum, 1.). φ sei eine Abbildung von $V \times V$ in $\mathbb{R}$. Dann heißt φ eine *Bilinearform*, falls φ in jedem Argument linear ist. Für alle Elemente $\mathbf{u}$, $\mathbf{v}$, $\mathbf{u}_1, \mathbf{u}_2, \mathbf{v}_1, \mathbf{v}_2 \in V$ und alle $\lambda \in \mathbb{R}$ gilt also

(B1) $\varphi(\mathbf{u}_1 + \mathbf{u}_2, \mathbf{v}) = \varphi(\mathbf{u}_1, \mathbf{v}) + \varphi(\mathbf{u}_2, \mathbf{v})$;

(B2) $\varphi(\mathbf{u}, \mathbf{v}_1 + \mathbf{v}_2) = \varphi(\mathbf{u}, \mathbf{v}_1) + \varphi(\mathbf{u}, \mathbf{v}_2)$;

(B3) $\varphi(\lambda \cdot \mathbf{u}, \mathbf{v}) = \varphi(\mathbf{u}, \lambda \cdot \mathbf{v}) = \lambda \cdot \varphi(\mathbf{u}, \mathbf{v})$.

V sei ein n-dimensionaler Vektorraum und $\{\mathbf{b}_1, \mathbf{b}_2, \ldots, \mathbf{b}_n\}$ eine Basis. Mit $\varphi(\mathbf{b}_i, \mathbf{b}_k) = a_{ik}$ erhält man aus den Linearkombinationen

$$\mathbf{u} = \sum_{i=1}^{n} x_i \mathbf{b}_i ; \quad \mathbf{v} = \sum_{k=1}^{n} y_k \mathbf{b}_k$$

die Darstellung

$$\varphi(\mathbf{u}, \mathbf{v}) = \sum_{i=1}^{n} \sum_{k=1}^{n} x_i a_{ik} y_k = \vec{x}^T A \vec{y}$$

mit

$$\vec{x} = \begin{pmatrix} x_1 \\ x_2 \\ \vdots \\ x_n \end{pmatrix}; \quad \vec{y} = \begin{pmatrix} y_1 \\ y_2 \\ \vdots \\ y_n \end{pmatrix}; \quad A = \begin{pmatrix} a_{11} & a_{12} & \cdots & a_{1n} \\ a_{21} & a_{22} & \cdots & a_{2n} \\ \vdots & \vdots & & \vdots \\ a_{n1} & a_{n2} & \cdots & a_{nn} \end{pmatrix}.$$

Jede Bilinearform φ auf dem n-dimensionalen Vektorraum V wird bezüglich einer festen Basis durch eine quadratische Matrix A dargestellt und umgekehrt. Jedes reelle Skalarprodukt in V ist eine Bilinearform auf V (s. Vektorraum, 3.).

Die Bilinearform φ heißt *symmetrisch*, wenn für alle $\mathbf{u}, \mathbf{v} \in V$ gilt

$$\varphi(\mathbf{u}, \mathbf{v}) = \varphi(\mathbf{v}, \mathbf{u}).$$

Auf einem endlichdimensionalen Vektorraum ist die Bilinearform φ genau dann symmetrisch, wenn die Matrix A symmetrisch ist.

Vgl. quadratische Form.

Bilinearform, beschränkte unendliche s. beschränkt, 4.

Billiarde:

Die Zehnerpotenz 10^{15} heißt *Billiarde* (s. Zehnerpotenzen).

Billion:

Die Zehnerpotenz 10^{12} heißt *Billion* (s. Zehnerpotenzen).

binäre Relation s. Relation, 1., 2.

binärer (dualer) Logarithmus:

Der Logarithmus zur Basis $a = 2$ heißt *binärer (dualer) Logarithmus* oder *logarithmus dualis.* Er wird bezeichnet mit

$$y = \operatorname{ld} x = \log_2 x \quad \Leftrightarrow \quad x = 2^y \qquad \text{(s. Logarithmus).}$$

binäre Verknüpfung s. Verknüpfung, 2.

Binärkode s. Kodierung.

Binärsystem s. dyadisches Zahlensystem, 2.

Binomialkoeffizient:

1. Binomialkoeffizient bei nichtnegativen ganzen Zahlen:

Für beliebige natürliche Zahlen n und $k \leq n$ ist der *Binomialkoeffizient* $\binom{n}{k}$ (sprich: "n über k") erklärt durch

$$\binom{n}{k} = \frac{n!}{k! \cdot (n-k)!} = \frac{n \cdot (n-1) \cdot (n-2) \cdot \ldots \cdot (n-k+1)}{1 \cdot 2 \cdot 3 \cdot \ldots \cdot k}$$

mit $k! = 1 \cdot 2 \cdot \ldots \cdot k$ (s. Fakultät).

Ferner setzt man $\binom{0}{0} = \binom{n}{0} = 0! = 1$ für jede natürliche Zahl n.

Eigenschaften: Für jedes $n = 0, 1, \ldots$ gilt

$$\binom{n}{k+1} = \frac{n-k}{k+1} \cdot \binom{n}{k} \quad \text{für } 0 \leq k+1 \leq n \qquad \text{(Rekursionsformel)};$$

$$\binom{n}{k} = \binom{n}{n-k}; \quad \binom{n}{k} + \binom{n}{k+1} = \binom{n+1}{k+1} \quad \text{für } 0 \leq k+1 \leq n;$$

$$\binom{n}{0} + \binom{n}{1} + \binom{n}{2} + \ldots + \binom{n}{n} = \sum_{k=0}^{n} \binom{n}{k} = (1+1)^n = 2^n$$

(s. binomischer Lehrsatz mit $a = b = 1$);

$$\sum_{k=0}^{n} (-1)^k \cdot \binom{n}{k} = (1-1)^n = 0$$

(s. binomischer Lehrsatz mit $a = 1$ und $b = -1$);

$$\binom{n}{0}^2 + \binom{n}{1}^2 + \binom{n}{2}^2 + \ldots + \binom{n}{n}^2 = \binom{2n}{n}.$$

Für $n = 0, 1, 2, \ldots$ und $k = 0, 1, \ldots, n$ können die Binomialkoeffizienten im *Pascalschen (harmonischen) Dreieck* sehr einfach berechnet werden

Für $n = 0, 1, 2, \ldots$ erhält man aus

$$\binom{n}{0} = 1; \quad \binom{n+1}{k+1} = \binom{n}{k} + \binom{n}{k+1} \text{ für } 0 \leq k+1 \leq n$$

$$\begin{array}{lccccccccccl}
n=0 & & & & & 1 & & & & & \text{Zeilensumme} & 2^0 \\
n=1 & & & & 1 & + & 1 & & & & & 2^1 \\
n=2 & & & 1 & + & 2 & + & 1 & & & & 2^2 \\
n=3 & & 1 & + & 3 & + & 3 & + & 1 & & & 2^3 \\
n=4 & 1 & & 4 & & 6 & & 4 & & 1 & & 2^4 \\
 & \| & & \| & & \| & & \| & & \| & & \\
 & \binom{4}{0} & & \binom{4}{1} & & \binom{4}{2} & & \binom{4}{3} & & \binom{4}{4} & &
\end{array}$$

....

Diese Binomialkoeffizienten werden beim binomischen Satz (s. binomischer Lehrsatz) benutzt.

Anwendung in der Kombinatorik:
Aus n verschiedenen Dingen lassen sich $k \leq n$ Stück ohne Berücksichtigung der Reihenfolge und ohne Wiederholung auf $\binom{n}{k}$ verschiedene Arten auswählen (s. Kombination, 1.).

2. Binomialkoeffizienten bei reellen Zahlen:
Für eine beliebige reelle Zahl $a \in \mathbb{R}$ und jede natürliche Zahl $k \in \mathbb{N}$ ist der *Binomialkoeffizient* definiert durch

$$\binom{a}{k} = \frac{a \cdot (a-1) \cdot (a-2) \cdot \ldots \cdot (a-k+1)}{1 \cdot 2 \cdot 3 \cdot \ldots \cdot k} \quad \text{und} \quad \binom{a}{0} = 1.$$

Beispiel: $\binom{\sqrt{2}}{2} = \frac{\sqrt{2}\,(\sqrt{2}-1)}{1 \cdot 2} = 1 - \frac{\sqrt{2}}{2}.$

Für $a = n \in \mathbb{N}$ und $k > n$ folgt hieraus $\binom{n}{k} = 0 \quad$ für $k > n$.

Eigenschaften: Für beliebige reelle Zahlen a, b und jede natürliche Zahl k gilt

$$\binom{a}{k+1} = \frac{a-k}{k+1} \cdot \binom{a}{k}; \quad \binom{a}{k} + \binom{a}{k+1} = \binom{a+1}{k+1};$$

$$\binom{a}{0} + \binom{a+1}{1} + \binom{a+2}{2} + \ldots + \binom{a+k}{k} = \binom{a+k+1}{k};$$

$$\binom{a}{0}\binom{b}{k} + \binom{a}{1}\binom{b}{k-1} + \ldots + \binom{a}{k}\binom{b}{0} = \binom{a+b}{k}.$$

Diese Binomialkoeffizienten kommen bei binomischen Reihen vor (s. Binomialreihe).

Binomialreihe (binomische Reihe):

Die Reihe

$$\sum_{k=0}^{\infty} \binom{\alpha}{k} \cdot x^k = 1 + \binom{\alpha}{1} \cdot x + \binom{\alpha}{2} \cdot x^2 + \binom{\alpha}{3} \cdot x^3 + \ldots + \binom{\alpha}{k} \cdot x^k + \ldots$$

mit beliebigem $\alpha \in \mathbb{R}$, variablem x und den Binomialkoeffizienten $\binom{\alpha}{k}$ heißt *Binomialreihe* (s. Binomialkoeffizient, s. Reihe). Sie konvergiert absolut für alle x mit $|x| < 1$. Bei einer natürlichen Zahl $\alpha = n$ bricht die Reihe wegen $\binom{n}{k} = 0$ für $k > n$ ab mit

$$\sum_{k=0}^{\infty} \binom{n}{k} x^k = \sum_{k=0}^{n} \binom{n}{k} x^k = (1+x)^n \qquad \text{(s. binomischer Lehrsatz).}$$

binomische Formeln:
Für beliebige reelle Zahlen a, b $\in \mathbb{R}$ gilt:

$$(a+b)^2 = a^2 + 2ab + b^2 \quad \text{(1. binomische Formel)};$$

$$(a-b)^2 = a^2 - 2ab + b^2 \quad \text{(2. binomische Formel)};$$

$$(a+b)\cdot(a-b) = a^2 - b^2 \quad \text{(3. binomische Formel)}.$$

binomische Reihe s. Binomialreihe.

binomischer Lehrsatz:
Für beliebige reelle Zahlen a, b $\in \mathbb{R}$ und jede natürliche Zahl n $\in \mathbb{N}$ gilt

$$(a+b)^n = \sum_{i=0}^{n} \binom{n}{i} a^{n-i} b^i = \sum_{k=0}^{n} \binom{n}{k} a^k b^{n-k}.$$

Binormalenvektor s. Kurve, 2.7.

Biometrie:
Unter *Biometrie* versteht man die Anwendung mathematischer und statistischer Verfahren auf Untersuchungen von Populationen.

Biorthonormalsystem:
Ein endliches oder abzählbar unendliches System von Vektoren eines Euklidischen oder unitären Vektorraums V (s. Vektorraum, 3., 4.)

$$\{\mathbf{u}_1, \mathbf{u}_2, \mathbf{u}_3, \ldots; \mathbf{v}_1, \mathbf{v}_2, \mathbf{v}_3, \ldots\}$$

heißt *Biorthonormalsystem*, wenn gilt

$$<\mathbf{u}_m, \mathbf{v}_n> = \begin{cases} 1 & \text{für } m = n; \\ 0 & \text{für } n \neq m. \end{cases}$$

biquadratische Gleichung s. Gleichung, 4.4.1.2.

Bisektionsverfahren s. Nullstellenbestimmung, 1.

bit:
Ein *bit* (binary digit) ist die Bezeichnung für eine Informationseinheit bei einer Ja-Nein-Entscheidung (s. Information).

Bogen:
Ein Stück einer Kurve $\mathfrak{C}$ (s. Kurve) nennt man *Bogen* (s. Bogenlänge, s. Kreis).

Bogenelement:
Bei der Berechnung der Bogenlänge einer stückweise glatten Kurve durch $s = \int_{\mathfrak{C}} ds$ (s. Bogenlänge) heißt ds das *Bogenelement* (s. Bogenlänge).

1. Bogenelement einer ebenen Kurve:
Nach dem Satz des Pythagoras gilt

$$ds^2 = dx^2 + dy^2 ; \quad \text{also} \quad ds = \sqrt{dx^2 + dy^2} .$$

Bei expliziter Darstellung $y = f(x)$ lautet das Bogenelement

$$ds = \sqrt{dx^2 + dy^2} = \sqrt{1 + \frac{dy^2}{dx^2}} \cdot dx = \sqrt{1 + [f'(x)]^2}\, dx .$$

Bei impliziter Darstellung $F(x, y) = 0$ gilt

$$ds = \sqrt{1 + \frac{F_x^2(x, y)}{F_y^2(x, y)}}\, dx .$$

Bei der Parameterdarstellung $x = x(t) = \varphi(t)$; $y = y(t) = \psi(t)$ erhält man

$$ds = \sqrt{\dot{x}^2(t) + \dot{y}^2(t)}\, dt = \sqrt{\varphi'^2(t) + \psi'^2(t)}\, dt \quad \text{(Ableitungen nach t)}$$

(s. Kurve, 1.1., s. Bogenlänge, 1.).

2. Bogenelement einer Raumkurve:
Bei der Parameterdarstellung

$$x = x(t) = \varphi(t) ; \; y = y(t) = \psi(t) ; \; z = z(t) = \chi(t) \quad \text{erhält man}$$

$$ds = \sqrt{\dot{x}^2(t) + \dot{y}^2(t) + \dot{y}^2(t)}\, dt = \sqrt{\varphi'^2(t) + \psi'^2(t) + \chi'^2(t)}\, dt$$

(Ableitungen nach t).

Bei der expliziten Darstellung $x = x$; $y = \psi(x)$; $z = \chi(x)$
lautet das Bogenelement

$$ds = \sqrt{1 + \psi'^2(x) + \chi'^2(x)}\, dx \quad \text{(Ableitung nach x).}$$

Hierbei ist x der Parameter (s. Kurve, 2., s. Bogenlänge, 2.).

Bogengrad s. sphärische Trigonometrie, 5.1.

Bogenlänge:

1. Bogenlänge einer ebenen Kurve:
Die Länge s eines stückweise glatten, ebenen Kurvenstücks $\mathfrak{C}$ zwischen den Punkten P_1 und P_2 (s. Kurve, 1.) lautet bei:

expliziter Darstellung: $y = y(x) = f(x)$; $x_1 \le x \le x_2$

$$s = \int_{x_1}^{x_2} \sqrt{1 + \left(\frac{dy}{dx}\right)^2}\, dx = \int_{x_1}^{x_2} \sqrt{1 + [y'(x)]^2}\, dx = \int_{x_1}^{x_2} \sqrt{1 + f'^2(x)}\, dx ;$$

bei Parameterdarstellung: $x = x(t) = \varphi(t)$; $y = y(t) = \psi(t)$; $t_1 \le t \le t_2$

$$s = \int_{t_1}^{t_2} \sqrt{\dot{x}^2(t) + \dot{y}^2(t)}\, dt = \int_{t_1}^{t_2} \sqrt{\left(\frac{d\varphi}{dt}\right)^2 + \left(\frac{d\psi}{dt}\right)^2}\, dt;$$

bei Polarkoordinaten: $\rho = \rho(\varphi) = g(\varphi)$

$$s = \int_{\varphi_1}^{\varphi_2} \sqrt{\rho^2(\varphi) + \left(\frac{d\rho(\varphi)}{d\varphi}\right)^2}\, d\varphi$$

(s. Kurvenintegral, 1.1.).

2. Bogenlänge einer Raumkurve:
Das Kurvenstück $\mathfrak{C}$ sei gegeben durch die Parameterdarstellung $x = x(t)$; $y = y(t)$; $z = z(t)$ für $t_1 \leq t \leq t_2$ (s. Kurve, 2.). Dann lautet im Falle der Existenz die Bogenlänge

$$s = \int_{t_1}^{t_2} \sqrt{\dot{x}^2(t) + \dot{y}^2(t) + \dot{z}^2(t)}\, dt$$

mit $\dot{x}(t) = \frac{dx(t)}{dt}$; $\dot{y}(t) = \frac{dy(t)}{dt}$; $\dot{z}(t) = \frac{dz(t)}{dt}$.

Bei der expliziten Darstellung $x = x$; $y = y(x) = \psi(x)$; $z = z(x) = \chi(x)$ lautet mit dem Parameter x die Bogenlänge

$$s = \int_{x_1}^{x_2} \sqrt{1 + \psi'^2(x) + \chi'^2(x)}\, dx \qquad (' = \text{Ableitung nach } x)$$

(s. Kurvenintegral, 2.1.).

Bogenmaß:

Im *Bogenmaß* wird dem vollen Winkel das Bogenmaß 2π, also der Umfang des Einheitskreises zugeordnet. Die Umrechnung zwischen Bogenmaß x (in Längeneinheiten) und Gradmaß φ (in Grad) erfolgt nach der Formel

$$x = \frac{\pi}{180} \cdot \varphi$$

(s. Winkel(messung), 1.2., s. trigonometrische Funktionen, 1.).

Bolzano, Bernhard (1781 – 1848) wirkte in Prag. Seine Forschungsschwerpunkte waren Grundlagen der Analysis, speziell Zahlenfolgen. Nach ihm benannt sind der Bolzanosche Zwischenwertsatz (s. Bolzanoscher Zwischenwertsatz) und der Satz von Bolzano-Weierstraß über die Existenz von Häufungspunkten (s. Bolzano-Weierstraß, Satz von).

Bolzanoscher Zwischenwertsatz:

Die Funktion f(x) sei im abgeschlossenen Intervall $[a;b]$ stetig. Ferner gelte $f(a) \cdot f(b) < 0$. f(a) und f(b) haben also verschiedene Vorzeichen. Dann besitzt f im Innern des Intervalls $[a;b]$ mindestens eine Nullstelle.

Bolzano-Weierstraß, Satz von:
Jede beschränkte Zahlenfolge besitzt mindestens einen endlichen Häufungspunkt. Jede beliebige Zahlenfolge besitzt unter Einbeziehung von $\pm\infty$ mindestens einen Häufungspunkt (s. Häufungspunkt, 2.).

Boole, Georges (1815 – 1869) wirkte in Cork. Er ist vermutlich der Begründer der mathematischen Logik. Nach ihm benannt sind der Boolesche Mengenkörper (s. Boolescher Mengenkörper), der Boolesche Verband (s. Boolescher Verband) sowie der Boolesche Ring (s. Boolescher Ring).

Boolesche Algebra s. Mengenring.

Boolescher Mengenkörper (σ-Ring, Boolescher σ-Ring, σ-Algebra, σ-Ring):
Eine Menge $\mathfrak{B}$ von Teilmengen einer Menge M heißt *Boolescher Mengenring*, wenn sie folgende Eigenschaft besitzt:
(B1) Die Menge M und die leere Menge $\emptyset$ sind in $\mathfrak{B}$ enthalten.
(B2) Mit endlich oder abzählbar unendlich vielen Mengen gehört auch deren Vereinigung zu $\mathfrak{B}$.
(B3) Mit zwei Mengen A und B gehört auch die Differenzmenge A\B zu $\mathfrak{B}$ (s. Menge, 2.).

Boolescher Ring:
Ein Ring R mit dem Einselement e (s. Ring) heißt ein *Boolescher Ring*, wenn alle Elemente aus R idempotent sind, wenn also gilt $a^2 = a \cdot a = a$ für alle $a \in \mathbb{R}$.

Boolescher Verband:
Ein distributiver und komplementärer Verband heißt *Boolescher Verband* (s. Verband, s. distributiver Verband, s. komplementärer Verband).

Borel, Émile (1871 – 1956) wirkte in Paris. Von ihm stammen grundlegende Beiträge zur Funktionentheorie, Wahrscheinlichkeitsrechnung, Spieltheorie, Mengenlehre und Maßtheorie. Nach ihm und Heine ist der Heine-Borelsche Überdeckungssatz benannt (s. Überdeckungssatz von Heine-Borel).

Borelkörper s. Borelscher Mengenkörper.

Breite, geographische:
Die *geographische Breite* φ eines Punktes auf der Kugel (Erdoberfläche) ist die im Winkelmaß gemessene Entfernung des Ortes vom Äquator mit $-90^\circ \le \varphi \le 90^\circ$ (s. sphärische Trigonometrie, 5.1., s. Kugelkoordinaten).

Breitenkoordinaten s. Kugelkoordinaten.

Breitenkreis:

Der *Breitenkreis* durch einen Punkt auf der Kugel (Erdoberfläche) ist ein Kleinkreis, dessen geographische Breite konstant ist, also ein Schnittkreis der Kugel mit einer horizontalen Ebene (s. sphärische Trigonometrie, 5.1.).

Brennpunkt s. Kegelschnitt, 3., 4., s. Ellipse, 1., s. Hyperbel, 1., s. Parabel, 1., s. Dandelinsche Kugeln.

Brennstrahl s. Hyperbel, 1.

Brennweite s. Ellipse, 1., s. Hyperebel, 1.

Briggs, Henry (1561 – 1630) wirkte als Professor für Geometrie in Oxford. Er beschäftigte sich mit Logarithmen, schlug die dekadischen Logarithmen vor, die auch nach ihm benannt sind. Dabei entwickelte er Verfahren zu deren praktischen Berechnung.

Briggsscher Logarithmus s. dekadischer Logarithmus.

Brüche:

Eine Einheit werde in n gleiche Teile zerlegt (s. Streckenteilung). Wählt man m solcher Teile, so erhält man den *Bruch* $\frac{m}{n}$. Negative Brüche erhält man durch $-\frac{m}{n}$. Jeder Quotient $\frac{a}{b} \in \mathbb{Q}$ mit ganzzahligen $a, b \in \mathbb{Z}$ und $b \neq 0$ heißt ein *Bruch*. b nennt man den *Nenner* und a den *Zähler*. Im Falle $|a| < |b|$ heißt der Bruch *echt*, sonst *unecht*. Falls man Zähler a und Nenner b durch einen gemeinsamen Teiler von a und b dividiert, ändert sich der Wert des Bruches nicht. Man spricht dann vom Kürzen. Beim Erweitern von Brüchen werden Zähler und Nenner mit der gleichen ganzen Zahl $c \neq 0$ multipliziert. Auch dadurch ändert sich der Wert des Bruches nicht.

Gleichheit zweier Brüche: $\frac{a_1}{b_1} = \frac{a_2}{b_2} \Leftrightarrow a_1 b_2 = a_2 b_1$;

Addition gleichnamiger Brüche: $\frac{a_1}{b} + \frac{a_2}{b} = \frac{a_1 + a_2}{b}$ für $b \neq 0$;

Addition beliebiger Brüche:

$$\frac{a_1}{b_1} + \frac{a_2}{b_2} = \frac{a_1 b_2}{b_1 b_2} + \frac{a_2 b_1}{b_1 b_2} = \frac{a_1 b_2 + a_2 b_1}{b_1 b_2} \qquad \text{für } b_1, b_2 \neq 0;$$

Multiplikation beliebiger Brüche: $\frac{a_1}{b_1} \cdot \frac{a_2}{b_2} = \frac{a_1 a_2}{b_1 b_2}$ für $b_1, b_2 \neq 0$;

Division beliebiger Brüche: $\frac{a_1}{b_1} : \frac{a_2}{b_2} = \frac{a_1}{b_1} \cdot \frac{b_2}{a_2} = \frac{a_1 b_2}{b_1 a_2}$ für $b_1, b_2, a_2 \neq 0$.

Die Division eines Bruches durch $\frac{a_2}{b_2} \neq 0$ erhält man durch Multiplikation mit dem *Kehrwert* $\frac{b_2}{a_2}$.

Bei *gemeinen* oder *gewöhnlichen* Brüchen kann jede von 0 verschiedene ganze Zahl a Nenner sein. Bei einem (endlichen) *Dezimalbruch* ist der Nenner immer eine Zehnerpotenz. Falls der Nenner eines Bruches nur die Teiler 2 und 5 besitzt, kann der Bruch nach Erweiterung als endlicher *Dezimalbruch* dargestellt werden. Bei der Darstellung im Zehnersystem wird nach der Einerstelle ein Komma gesetzt (s. Zahlensystem, 2.).

Beispiel: $\frac{7}{80} = \frac{7}{2^4 \cdot 5} = \frac{7 \cdot 5^3}{2^4 \cdot 5^4} = \frac{875}{10^4} = \frac{875}{10\,000} = 0{,}0875\,.$

Allgemein heißt jede Reihe der Form $a = \sum_{n=1}^{\infty} \frac{a_n}{10^n}$, in der die Zähler a_n ganzzahlig sind mit $0 \le a_n \le 9$, ein *Dezimalbruch.* Man schreibt dafür

$$a = 0\,, a_1\, a_2 \ldots a_n \ldots \quad \text{(s. Zahlensystem, 2., s. Dezimalzahl)}\,.$$

Falls von einem Index n_0 an alle a_n gleich Null sind, erhält man einen endlichen Dezimalbruch mit n_0 Stellen, andernfalls einen unendlichen Dezimalbruch.
Wenn sich in einem unendlichen Dezimalbruch gleiche Ziffernblöcke periodisch wiederholen, heißt der Dezimalbruch *periodisch.* Die Periodizität wird dadurch gekennzeichnet, daß jede Periode nur einmal hingeschrieben wird. Beispiel: $c = 0{,}14\overline{573} = 0{,}14\,573\,573\,573\,573\ldots$; Periodenblock $\overline{573}$.

Mit Hilfe der geometrischen Reihe kann jeder periodische Dezimalbruch als gemeiner Bruch dargestellt werden. Für die obige Zahl c erhält man

$$\begin{aligned} c &= 0{,}14 + 0{,}00573 \cdot \left[1 + \frac{1}{1000} + \left(\frac{1}{1000}\right)^2 + \left(\frac{1}{1000}\right)^3 + \ldots \right] \\ &= \frac{14}{100} + \frac{573}{100\,000} \cdot \frac{1}{1 - \frac{1}{1000}} = \frac{14}{100} + \frac{573}{100\,000} \cdot \frac{1000}{999} \\ &= \frac{14}{100} + \frac{573}{100} \cdot \frac{1}{999} = \frac{14}{100} + \frac{191}{100} \cdot \frac{1}{333} = \frac{14 \cdot 333 + 191}{33300} = \frac{4\,853}{33300}\,. \end{aligned}$$

Allgemein kann jeder gemeine Bruch (rationale Zahl) als endlicher oder als periodischer unendlicher Dezimalbruch dargestellt werden (s. reelle Zahlen, 3.). Ein nichtperiodischer unendlicher Dezimalbruch stellt eine irrationale Zahl dar (s. reelle Zahlen, 4.). Jeder endliche Dezimalbruch kann aber auch durch einen unendlichen Dezimalbruch dargestellt werden. Dazu die Beispiele: $1 = 0{,}\overline{9}$; $1{,}2468 = 1{,}2467\overline{9}$.

Bündel s. Zahlensystem, 1.

Bunjakowski, Viktor Jakowlewitsch (1804 – 1889) studierte in Coburg, Lausanne und Paris. Anschließend arbeitete er in Petersburg über Zahlentheorie, Wahrscheinlichkeitsrechnung und Statistik. Die Schwarzsche Ungleichung wird auch nach ihm benannt (s. Schwarzsche Ungleichung).

Bunjakowskische Ungleichung s. Schwarzsche Ungleichung.

Büschel:
Gegeben sind zwei geometrische Gebilde U und V, z. B. Ebenen, Geraden, Kreise, Kegelschnitte, Punkte. Dann heißt die Menge der Linearkombinationen

$$\lambda \cdot U + \mu \cdot V \quad \text{mit} \quad \lambda, \mu \in \mathbb{R}$$

ein durch U und V erzeugtes *Büschel.*

C

Cantor, Georg (1845 – 1918) wirkte in Halle. Von ihm stammen bedeutende Arbeiten zur Analysis, Mengenlehre, Topologie und Zahlentheorie. Durch Cantor erfolgte erstmals die axiomatische Definition der Mengen (s. Menge, 1.).

Cantor, Moritz (1829 – 1920) wirkte in Heidelberg. Er war einer der führenden Historiker für das Gebiet der Mathematik. In seinem dreibändigen Werk wird die Geschichte der Mathematik vom Altertum bis zum Ende des 18. Jahrhundert behandelt.

Cantorsche Menge:
Die Menge aller Trialbrüche (s. Zahlensystem, 2.) $\sum_{k=1}^{\infty} \frac{a_k}{3^k}$ mit $a_k \in \{0;2\}$ heißt *Cantorsche Menge.* Sie ist perfekt (s. perfekte Menge).

Cantorsche Reihe:
Eine Reihe der Form $z + \sum_{k=2}^{\infty} \frac{c_k}{k!}$ mit einer ganzen Zahl z und nichtnegativen ganzen Zahlen $c_k < k$ heißt *Cantorsche Reihe.* Jede reelle Zahl kann durch eine Cantorsche Reihe dargestellt werden.

Cardanische Formeln s. kubische Gleichung, 2.

Cardano, Geronimo (1501 – 1576) wirkte in verschiedenen italienischen Städten als Mathematiker, Arzt und Naturphilosoph. Er beschäftigte sich mit der Auflösung von algebraischen Gleichungen 3. und 4. Grades. Nach ihm ist die Cardanische Formel für die Lösungen einer kubischen Gleichung benannt (s. kubische Gleichung).

Cassini, Giovanni Domenico (1625 – 1712) wirkte als Astronom in Bologna und Paris. Von ihm stammen die Cassinischen Kurven (s. Cassinische Kurve).

Cassinische Kurve:

Eine *Cassinische Kurve* ist der geometrische Ort aller Punkte einer Ebene, für die das Produkt der Abstände d_1, d_2 von zwei festen Punkten F_1, F_2 der Ebene mit $\overline{F_1F_2} = 2e$ den konstanten Wert $d_1 d_2 = a^2 \neq 0$ besitzt. Für $a = e$ erhält man als Spezialfall die *Lemniskate* (s. Lemniskate). Es gelten die Darstellungen: Gleichung in kartesischen Koordinaten:

$$(x^2 + y^2)^2 - 2e^2(x^2 - y^2) = a^4 - e^4 \quad \text{mit} \quad a, e > 0.$$

Gleichung in Polarkoordinaten:

$$\rho^2(\varphi) = e^2 \cos 2\varphi \pm \sqrt{e^4 \cos^2 2\varphi + a^4 - e^4}\,.$$

1. $a \geq \sqrt{2}\,e$: Die Kurve ist einer Ellipse ähnlich.

Hauptscheitel: $P(\pm\sqrt{a^2 + e^2}, 0)$; Nebenscheitel: $P(0, \pm\sqrt{a^2 - e^2})$.

2. $s < a < \sqrt{2}\,e$: Zusammenhängendes Oval mit Einbuchtungen.

Haupt- und Nebenscheitel wie in 1.

Extremwerte: $P\left(\pm\frac{1}{2e}\sqrt{4e^4 - a^4}, \pm\frac{a^2}{2e}\right)$.

3. $a < e$: Die Kurve besteht aus zwei getrennten Ovalen mit den Scheiteln

$$P(\pm\sqrt{a^2 + e^2}, 0); \quad P(\pm\sqrt{e^2 - a^2}, 0).$$

4. $a = e$: Hier erhält man als Spezialfall eine Lemniskate (s. Lemniskate).

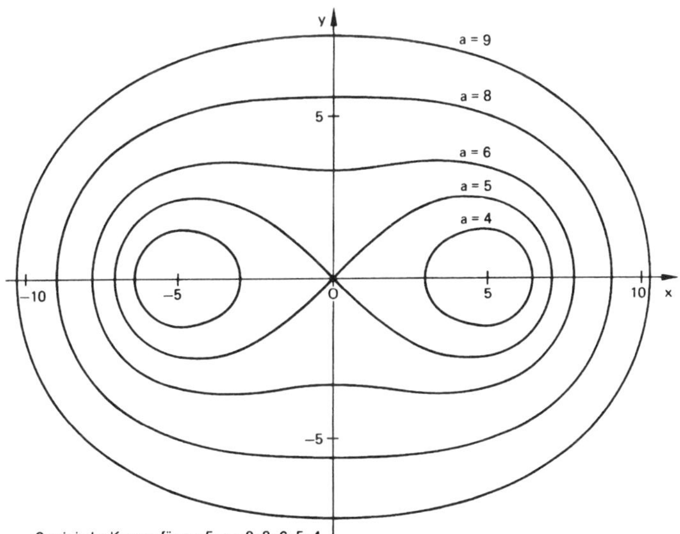

Cassinische Kurven für e = 5; a = 9; 8; 6; 5; 4

Cauchy, Augustin Louis (1789 – 1857) wirkte hauptsächlich in Paris. Von ihm stammen der Begriff der Cauchy - Folge (s. Cauchy - Folge), das Cauchysche Konvergenzkriterium (s. Cauchysches Konvergenzkriterium) sowie eine Restglieddarstellung in der Taylorschen Formel (s. Taylor - Entwicklung, 1.2.). Auch die Schwarzsche Ungleichung wird manchmal nach ihm benannt (s. Schwarzsche Ungleichung).

Cauchy - Folge (Fundamentalfolge):

1. Cauchy - Folge von reellen Zahlen:
Eine Zahlenfolge $(a_n)_{n \in \mathbb{N}}$ mit $a_n \in \mathbb{R}$ heißt *Cauchy - Folge* oder *Fundamentalfolge*), wenn zu jedem $\varepsilon > 0$ ein Index N existiert, so daß für alle m, $n \geq N$ gilt

$$|a_n - a_m| < \varepsilon$$

(s. Zahlenfolge, 3.). Eine Zahlenfolge ist genau dann konvergent, wenn sie eine Cauchy - Folge ist (s. Cauchysches Konvergenzkriterium, 1.).

2. Cauchy - Folge von Punkten eines metrischen Raumes:
Eine Punktfolge $x_n, n = 1, 2, \ldots$ eines metrischen Raumes heißt *Cauchy - Folge* oder *Fundamentalfolge*, wenn zu jedem $\varepsilon > 0$ ein Index N existiert, so daß mit der Metrik d gilt

$$d(x_n, x_m) < \varepsilon \quad \text{für alle } n, m \geq N$$

(s. metrischer Raum).

Cauchy - Reihe s. Doppelreihe.

Cauchy - Riemannsche Differentialgleichungen:
Für den Real- und Imaginärteil einer holomorphen Funktion

$$f(z) = f(x + i y) = u(x, y) + i v(x, y)$$

gelten die *Cauchy - Riemannschen* partiellen Differentialgleichungen

$$u_x(x, y) = v_y(x, y); \quad u_y(x, y) = -v_x(x, y).$$

Dann lautet die Ableitung

$$f'(z) = u_x(x, y) + i v_x(x, y) = v_y(x, y) - i u_y(x, y)$$

(s. holomorph, s. komplexe Funktion, 3.).

Cauchysche Integralformel s. komplexe Funktion, 9.

Cauchysche Produktreihe s. Doppelreihe.

Cauchyscher Hauptwert eines uneigentlichen Integrals:
Im Falle der Existenz heißt der Grenzwert

$$\lim_{a \to +\infty} \int_{-a}^{+a} f(x)\,dx$$

der *Cauchysche Hauptwert* des uneigentlichen Integrals $\int_{-\infty}^{+\infty} f(x)\,dx$.

Die Funktion f(x) sei auf $\mathbb{R}$ stetig und dort ungerade mit $f(-x) = -f(x)$. Daraus folgt für jedes $a > 0$

$$\int_{-a}^{0} f(x)\,dx = -\int_{0}^{+a} f(x)\,dx.$$

Damit gilt $\int_{-a}^{+a} f(x)\,dx = \int_{-a}^{0} f(x)\,dx + \int_{0}^{+a} f(x)\,dx = 0$. Daher existiert der Cauchysche Hauptwert mit $\lim\limits_{a \to +\infty} \int_{-a}^{+a} f(x)\,dx = 0$, auch wenn das uneigentliche Integral $\int_{-\infty}^{+\infty} f(x)\,dx$ nicht existiert. Entsprechend heißt im Falle der Existenz

$$\lim_{\substack{\delta \to 0 \\ \delta > 0}} \left[\int_{a}^{x_0 - \delta} f(x)\,dx + \int_{x_0 + \delta}^{b} f(x)\,dx \right]$$

der *Cauchysche Hauptwert* des uneigentlichen Integrals $\int_a^b f(x)\,dx$ (s. Integralrechnung, 1.8.).

Cauchyscher Integralsatz (Hauptsatz der Funktionentheorie):

Die komplexwertige Funktion f(z) sei in einem einfach zusammenhängenden Gebiet G holomorph (s. holomorph). Die Kurve $\mathbb{C}$ sei stückweise glatt (s. glatt, 1.) und liege in G. Dann ist das Kurvenintegral $\int_{\mathbb{C}} f(z)\,dz$ nur vom Anfangs- und Endpunkt z_1 und z_2, nicht jedoch vom Verlauf der Kurve $\mathbb{C}$ abhängig. Mit einer beliebigen Stammfunktion F(z) von f(z) gilt dann

$$\int_{\mathbb{C}} f(z)\,dz = F(z_2) - F(z_1).$$

Daher verschwindet das Kurvenintegral über jede geschlossene Kurve (s. komplexes Kurvenintegral).

Cauchysches Konvergenzkriterium:

1. Cauchysches Konvergenzkriterium für Zahlenfolgen:

Eine reelle bzw. komplexe Zahlenfolge $(a_n)_{n \in \mathbb{N}}$ konvergiert genau dann, wenn zu jedem $\varepsilon > 0$ ein $n_0 \in \mathbb{N}$ existiert, so daß für alle $n_1, n_2 \geq n_0$ gilt:

$$|a_{n_1} - a_{n_2}| < \varepsilon,$$

wenn also die Folge eine Cauchy-Folge ist (s. Cauchy-Folge, 1., s. Zahlenfolge, 3.).

2. Cauchysches Konvergenzkriterium für Reihen:

Die Reihe $\sum_{n=1}^{\infty} a_n$ ist genau dann konvergent, wenn zu jedem $\varepsilon > 0$ ein $n_0 \in \mathbb{N}$ existiert, so daß für alle $m > 0$ gilt:

$$|a_{n_0+1} + a_{n_0+2} + \ldots + a_{n_0+m}| < \varepsilon \qquad \text{(s. Reihe, 2.).}$$

Cauchysches Restglied s. Taylor-Entwicklung, 1.2.

Cauchy-Schwarz-Bunjakowskische Ungleichung s. Schwarzsche Ungleichung.

Cavalieri, Francesco Bonaventura (1598 – 1647) war zuerst Mitglied des Jesuitenordens. Später übte Galilei einen so großen Einfluß auf ihn aus, daß er sich als dessen Schüler mit der Mathematik beschäftigte. Seit 1629 war er Professor für Mathematik in Bologna. Nach ihm ist das Cavalierische Prinzip benannt.

Cavalierisches Prinzip:

Für zwei zwischen zwei parallelen Ebenen liegende Körper gelte die Eigenschaft, daß jede zu diesen Ebenen parallele Ebene beide Körper in flächengleichen Schnittfiguren schneidet. Dann besitzen beide Körper den gleichen Rauminhalt.

Die erste Begrenzungsebene seien die x-y-Ebene ($z = a$), die andere dazu parallel ($z = b$). Für $a \leq z \leq b$ sei $q(z)$ der Inhalt der Schnittflächen mit der Ebene der Höhe z. Dabei sei die Funktion $q(z)$ in $[a; b]$ integrierbar. Dann erhält man das Volumen des Körpers als

$$V = \int_a^b q(z)\,dz.$$

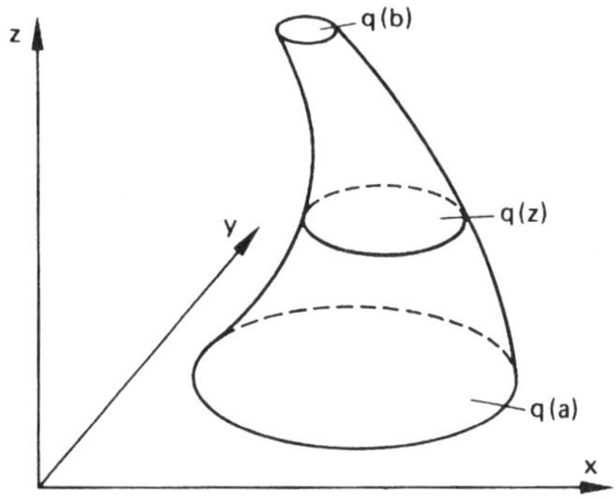

Cayley, Arthur (1821 – 1895) wirkte in Cambridge. Von ihm stammen fundamentale Arbeiten zur Algebra und Geometrie sowie bedeutende Grundlagen zur algebraischen Geometrie (s. Eigenwertproblem, 3.2.).

Cayley-Hamilton, Satz von s. Eigenwertproblem, 3.2.

charakteristische Funktion s. Indikatorfunktion.

charakteristische Gleichung:

Es sei $P_n(\lambda)$ ein charakteristisches Polynom (s. charakteristisches Polynom). Dann heißt die Gleichung $P_n(\lambda) = 0$ *charakteristische Gleichung.*

charakteristischer Wert s. Eigenwertproblem, 1.

charakteristisches Polynom:

1. Charakteristisches Polynom einer quadratischen Matrix:
Das *charakteristische Polynom* $P_n(\lambda)$ einer quadratischen n-reihigen Matrix A ist die Determinante von $A - \lambda E$ (E = Einheitsmatrix)

$$P_n(\lambda) = \begin{vmatrix} a_{11}-\lambda & a_{12} & a_{13} & \cdots & a_{1n} \\ a_{21} & a_{22}-\lambda & a_{23} & \cdots & a_{2n} \\ a_{31} & a_{32} & a_{33}-\lambda & \cdots & a_{3n} \\ \vdots & \vdots & \vdots & \cdots & \vdots \\ a_{n1} & a_{n2} & a_{n3} & \cdots & a_{nn}-\lambda \end{vmatrix} .$$

Jede Lösung λ von $P_n(\lambda) = 0$ ist Eigenwert von A. Mit einem zugehörigen Eigenvektor $\vec{x}$ gilt dann $A\vec{x} = \lambda\vec{x}$ (s. Eigenwertproblem, 3.2.).

2. Charakteristisches Polynom einer linearen Differentialgleichung mit konstanten Koeffizienten:
Die lineare Differentialgleichung n-ten Grades mit konstanten Koeffizienten

$$y^{(n)}(x) + a_{n-1}y^{(n-1)}(x) + \ldots + a_1 y'(x) + a_0 y(x) = q(x), \quad a_i \in \mathbb{R}$$

besitzt das *charakteristische Polynom*

$$P_n(\lambda) = \lambda^n + a_{n-1}\lambda^{n-1} + \ldots + a_1\lambda + a_0 .$$

Für jede Nullstelle λ von $P_n(\lambda) = 0$ ist $y = e^{\lambda x}$ Lösung der homogenen Gleichung mit $q(x) \equiv 0$ (s. gewöhnliche Differentialgleichung, 4.2.).

3. Charakteristisches Polynom einer linearen Differenzengleichung:
Die homogene lineare Differenzengleichung

$$y_{k+n} + a_{n-1}y_{k+n-1} + \ldots + a_1 y_{k+1} + a_0 y_k = 0$$

mit vorgegebenen Konstanten $a_i \in \mathbb{R}$ für $i = 0, 1, \ldots, n-1$ besitzt das *charakteristische Polynom*

$$P_n(\lambda) = \lambda^n + a_{n-1}\lambda^{n-1} + \ldots + a_1\lambda + a_0$$

(s. Differenzengleichung, 2.1.).

chordale Ableitung (Kugelableitung):

Es sei f(z) eine meromorphe Funktion (s. meromorph). Die unabhängige und abhängige Variable wird auf die Riemannsche Zahlenkugel (s. Riemannsche Zahlenkugel) bezogen. Dann heißt der Grenzwert

$$\lim_{\Delta z \to 0} \frac{\chi(f(z+\Delta z), f(z))}{\chi(z+\Delta z, z)} = |f'(z)| \cdot \frac{1+|z^2|}{1+|f(z)|^2}$$

die *chordale Ableitung* oder *Kugelableitung* von f (s. chordaler Abstand).

chordaler Abstand (Kugelabstand):
Der *chordale Abstand* oder *Kugelabstand* $\chi(z_1, z_2)$ zweier Punkte z_1, z_2 der komplexen Zahlenebene (s. komplexe Zahlen) ist der Euklidische (gewöhnliche) Abstand ihrer Bilder auf der Riemannschen Zahlenkugel (s. Riemannsche Zahlenkugel).

chordal konvergent (chordale Konvergenz):
Die Folge $(z_n)_{n=1,2,\dots}$ von komplexen Zahlen (s. komplexe Zahlen) heißt *chordal konvergent* gegen die komplexe Zahl z, wenn die Folge bezüglich der durch den chordalen Abstand χ definierten Metrik (s. chordaler Abstand) gegen z_0 konvergiert, wenn also zu jedem $\varepsilon > 0$ ein n_0 existiert mit

$$\chi(z_n, z) < \varepsilon \quad \text{für alle } n > n_0, \quad \text{also für} \quad \lim_{n\to\infty} \chi(z_n, z) = 0.$$

chordal stetig (chordale Stetigkeit):
Eine komplexe Funktion f(z) (s. komplexe Funktion) heißt an der Stelle z_0 *chordal stetig*, wenn sie bezüglich der durch den chordalen Abstand χ definierten Metrik (s. chordaler Abstand) an der Stelle z_0 stetig ist, wenn also zu jedem $\varepsilon > 0$ ein $\delta > 0$ existiert, so daß für alle z mit $\chi(z, z_0) < \delta$ gilt $\chi(f(z), f(z_0)) < \varepsilon$.

Clairaut, Alexis Claude (1713 – 1765) wirkte in Paris. Er beschäftigte sich mit Raumkurven. 1734 entdeckte er, daß die singuläre Lösung der Clairautschen Differentialgleichung die Einhüllende der regulären Lösung ist (s. Clairautsche Differentialgleichung).

Clairautsche Differentialgleichung:
Die gewöhnliche Differentialgleichung 1. Ordnung

$$y(x) = x\,y'(x) + f(y'(x))$$

mit einer vorgegebenen stetig differenzierbaren Funktion f heißt *Clairautsche Differentialgleichung*. Sie besitzt als reguläre Lösung die Geradenschar

$$y = Cx + f(C) \quad \text{mit} \quad C \in \mathbb{R},$$

und als singuläre Lösung (Diskriminantenkurve) die Einhüllende dieser Kurvenschar mit der Parameterdarstellung

$$x = -f'(t); \quad y = -t f'(t) + f(t), \quad t \in \mathbb{R} \text{ (Parameter)}$$

(s. gewöhnliche Differentialgleichung, 2.2.2., s. Einhüllende).

cm s. Zentimeter.

Cobb-Douglas-Funktion:
Eine Funktion der Form

$$f(x_1, x_2, \dots, x_n) = c \cdot \prod_{i=1}^{n} x_i^{\alpha_i} \quad \text{mit} \quad c > 0 \text{ und } \alpha_i \in \mathbb{R}$$

heißt *Cobb-Douglas-Funktion.* Sie ist homogen vom Grad $\alpha = \sum_{i=1}^{n} \alpha_i$ (s. homogen, 3.).

Code s. Kodierung.

Cornussche Spirale s. Spirale, 4.

cos s. Kosinus.

cosinus hyperbolicus s. hyperbolische Funktionen.

Cosinussatz s. Kosinussatz.

cot s. Kotangens.

cotangens hyperbolicus s. hyperbolische Funktionen.

Cotes Roger (1682 – 1716) studierte in Cambridge. 1706 erhielt er eine Professur für Astronomie und Physik. Zusammen mit Isaac Newton entwickelte er die sogenannten Newton-Cotesschen Formeln für die numerische Integration (s. Integralrechnung, 1.10.).

Cotessche Formeln s. Integralrechnung, 1.10.2.2., 1.10.2.2.5.

Cramer, Gabriel (1704 – 1752) wurde in der Schweiz geboren. Als Schüler von Johann Bernoulli brachte er 1742 dessen Werke heraus. Berühmt wurde er 1750 mit seinem Lehrbuch über algebraische Kurven. Ferner beschäftigte er sich mit symmetrischen Funktionen und dem Problem der Auflösbarkeit von linearen Gleichungssystemen. Nach ihm ist die Cramersche Regel benannt (s. lineares Gleichungssystem, 7.).

Cramersche Regel s. lineares Gleichungssystem, 7.

D

dam s. Dekameter.

Dämpfungssatz s. Laplace-Transformation.

Dandelin, Pierre (1794 – 1847) wirkte als Professor für Bergwesen und Physik in Lüttich und Namur. Seine Forschungsschwerpunkte waren die Theorie der Kegelschnitte (s. Dandelinsche Kugeln) und Quadriken (s. Quadrik).

Dandelinsche Kugeln:
Ein gerader Kreiskegel (s. Kegel, 2.2.2.) werde durch eine nicht durch die Spitze gehende Ebene geschnitten. Die beiden Kugeln, welche die Schnittebene und den Kegel berühren, heißen *Dandelinsche Kugeln*. Die Kugeln berühren die Schnittebene in den Brennpunkten des so entstehenden Kegelschnittes (s. Kegelschnitt). Falls der Kegelschnitt eine Parabel ist, gibt es nur einen Berührungspunkt.

Dantzig, George (1914 –) wurde in Portland (Oregon) geboren, studierte Mathematik an der Universität von Maryland und promovierte 1946 in Berkeley. Während seiner anschließenden Tätigkeit in der militärischen Forschung entwickelte er die *Simplexmethode* als Algorithmus zur Lösung der linearen Optimierung (s. lineare Optimierung, 3.). 1960 wurde er als Professor nach Berkeley berufen.

darstellende Geometrie:
In der *darstellenden Geometrie* werden mit Hilfe der Zentralprojektion oder Parallelprojektion von räumlichen Gegenständen ebene Bilder konstruiert (s. Axonometrie, s. Dreitafelprojektion, s. Eintafelprojektion, s. Projektion, s. Zweitafelprojektion).

Deckfläche s. Zylinder, 2.

Dedekind, Richard (1831 – 1916) wirkte in Braunschweig und Göttingen. Von ihm stammen fundamentale Arbeiten über Zahlentheorie und zur Theorie der reellen Zahlen, die er mit Hilfe der nach ihm benannten Dedekindschen Schnitte widerspruchsfrei definierte.

Dedekindscher Schnitt im System der reellen Zahlen:
Ein *Dedekindscher Schnitt* ist eine Einteilung der Menge aller reellen Zahlen in zwei nichtleere Klassen A und B, so daß jede Zahl aus A kleiner ist als jede Zahl aus B. Die Klasse B soll keine kleinste Zahl enthalten. Zu jedem $\varepsilon > 0$ soll es Elemente $a \in A$ und $b \in B$ geben mit $b - a < \varepsilon$. Dann bestimmt der Dedekindsche Schnitt genau eine reelle Zahl r mit $a \leq r \leq b$ für alle $a \in A$ und $b \in B$.

Defekt s. lineare Abbildung, 1., s. Approximation.

definiter und semidefiniter Operator:
Ein in einem Hilbertraum H definierter hermitescher Operator T, also mit $< T\mathbf{u}, \mathbf{v} > \; = \; < \mathbf{u}, T\mathbf{v} >$ für alle $\mathbf{u}, \mathbf{v} \in H$ (s. Hermitescher Operator, s. Hilbertraum) mit dem Definitionsbereich D_T heißt *positiv* bzw. *negativ* definit, wenn für alle $\mathbf{v} \in D_T$ gilt

$$< T\mathbf{v}, \mathbf{v} > \; \geq 0 \quad \text{bzw.} \quad < T\mathbf{v}, \mathbf{v} > \; \leq 0,$$

wobei das Gleichheitszeichen nur für $\mathbf{v} = \mathbf{0}$ gilt.
T heißt *positiv* bzw. *negativ semidefinit*, wenn für alle $\mathbf{v} \in D_T$ gilt

$$< T\mathbf{v}, \mathbf{v} > \geq 0 \quad \text{bzw.} \quad < T\mathbf{v}, \mathbf{v} > \leq 0,$$

wobei das Gleichheitszeichen außer für $\mathbf{v} = \mathbf{0}$ für mindestens ein $\mathbf{v} \neq \mathbf{0}$ gilt. Ein Operator, der weder definit noch semidefinit ist, heißt *indefinit.*

definite und semidefinite symmetrische Matrix (quadratische Form):

Die n-reihige symmetrische reelle Matrix A bzw. die quadratische Form

$Q(x_1, x_2, \ldots, x_n) = \vec{x}^T A \vec{x}$ (s. quadratische Form) heißt

positiv definit,	wenn $\vec{x}^T A \vec{x} > 0$ ist für alle $\vec{x} \neq \vec{0}$;
positiv semidefinit,	wenn für alle $\vec{x}$ gilt $\vec{x}^T A \vec{x} \geq 0$,
	aber für mindestens ein $\vec{x} \neq \vec{0}$ gilt $\vec{x}^T A \vec{x} = 0$;
negativ definit,	wenn $\vec{x}^T A \vec{x} < 0$ für alle $\vec{x} \neq \vec{0}$ ist;
negativ semidefinit,	wenn für alle $\vec{x}$ gilt $\vec{x}^T A \vec{x} \leq 0$,
	aber für mindestens ein $\vec{x} \neq \vec{0}$ gilt $\vec{x}^T A \vec{x} = 0$;
indefinit,	in allen übrigen Fällen.

Nach dieser Definition ist eine semidefinite Matrix nicht definit. Bei echt definiten symmetrischen Matrizen verschwindet die zugehörige quadratische Form nur an der Stelle $\vec{x} = \vec{0}$. Bei einer semidefiniten symmetrischen Matrix gibt es mindestens eine Stelle $\vec{x} \neq \vec{0}$, an der die quadratische Form $\vec{x}^T A \vec{x}$ verschwindet.

Mit $\vec{x}^T = \vec{e}_i^T = (0, \ldots, 0, 1, 0, \ldots, 0)$ (i-ter Einheitsvektor) erhält man
↑ i-te Stelle

$\vec{e}_i^T A \vec{e}_i = a_{ii}$ (Diagonalelement) und damit die

notwendigen Bedingungen:

a) Bei einer positiv bzw. negativ definiten symmetrischen Matrix gilt

$$a_{ii} > 0 \quad \text{bzw.} \quad a_{ii} < 0 \quad \text{für } i = 1, 2, \ldots, n.$$

b) Bei einer positiv bzw. negativ semidefiniten symmetrischen Matrix ist

$$a_{ii} \geq 0 \quad \text{bzw.} \quad a_{ii} \leq 0 \quad \text{für } i = 1, 2, \ldots, n.$$

Definitheit einer Diagonalmatrix:

Es sei

$$D = \begin{pmatrix} d_1 & 0 & \cdots & 0 \\ 0 & d_2 & \cdots & 0 \\ \vdots & \vdots & \vdots & \vdots \\ 0 & 0 & \cdots & d_n \end{pmatrix} \quad \text{mit } d_{ij} = \begin{cases} d_i \in \mathbb{R} & \text{für } i = j; \\ 0 & \text{für } i \neq j \end{cases}$$

eine Diagonalmatrix. Dann lautet die quadratische Form

$$Q(x_1, x_2, \ldots, x_n) = \vec{x}^T D \vec{x} = \sum_{i=1}^{n} d_i x_i^2 .$$

Dann gilt:

D ist positiv definit $\Leftrightarrow$ $d_i > 0$ für $i = 1, 2, \ldots, n$;

D ist positiv semidefinit $\Leftrightarrow$ $d_i \geq 0$ für $i = 1, 2, \ldots, n$ und mindestens ein $d_i = 0$;

D ist negativ definit $\Leftrightarrow$ $d_i < 0$ für $i = 1, 2, \ldots, n$;

D ist negativ semidefinit $\Leftrightarrow$ $d_i \leq 0$ für $i = 1, 2, \ldots, n$ und mindestens ein $d_i = 0$;

D ist indefinit $\Leftrightarrow$ es gibt mindestens ein positives und ein negatives Diagonalelement.

Über die Hauptachsentransformation quadratischer Formen (s. quadratische Form, 2.) erhält man folgende Aussage:

Die Matrix A sei symmetrisch und Λ die Diagonalmatrix der (reellen) Eigenwerte von A. Dann gelten folgende Äquivalenzen:

A positiv definit $\Leftrightarrow$ Λ positiv definit $\Leftrightarrow$ $\lambda_i > 0$ für $i = 1, \ldots, n$;

A positiv semidefinit $\Leftrightarrow$ Λ positiv semidefinit $\Leftrightarrow$ $\lambda_i \geq 0$ für $i = 1, \ldots, n$ und mindestens ein Eigenwert $= 0$;

A negativ definit $\Leftrightarrow$ Λ negativ definit $\Leftrightarrow$ $\lambda_i < 0$ für $i = 1, \ldots, n$;

A negativ semidefinit $\Leftrightarrow$ Λ negativ semidefinit $\Leftrightarrow$ $\lambda_i \leq 0$ für $i = 1, \ldots, n$ und mindestens ein Eigenwert $= 0$;

A indefinit $\Leftrightarrow$ Λ indefinit $\Leftrightarrow$ es gibt mindestens einen positiven und einen negativen Eigenwert.

Mit Hilfe der Hauptunterdeterminanten

$$\det(H_k) = \det \begin{pmatrix} a_{11} & \cdots & a_{1k} \\ \vdots & \cdots & \vdots \\ a_{k1} & \cdots & a_{kk} \end{pmatrix} \quad \text{für } k = 1, 2, \ldots, n$$

(s. Determinante, 8.) ergeben sich notwendige und hinreichende, also äquivalente Bedingungen für die Definitheit. Für die Semidefinitheit erhält man jedoch nur notwendige Bedingungen.

Es sei A eine symmetrische $n \times n$ - Matrix. Dann gilt

A positiv definit $\Leftrightarrow$ $\det(H_k) > 0$ für $k = 1, 2, \ldots, n$;

A negativ definit $\Leftrightarrow$ $(-1)^k \det(H_k) > 0$ für $k = 1, 2, \ldots, n$;

A positiv semidefinit $\Rightarrow$ $\det(H_k) \geq 0$ für $k = 1, 2, \ldots, n$ und mindestens eine Hauptdeterminante $= 0$;

A negativ semidefinit $\Rightarrow$ $(-1)^k \det(H_k) \geq 0$ für $k = 1, 2, \ldots, n$ und mindestens eine Hauptdeterminante $= 0$.

Falls keine der Bedingungen

$$\det(H_k) \geq 0 \text{ für } k = 1, \ldots, n \quad \text{oder} \quad (-1)^k \det(H_k) \geq 0 \text{ für } k = 1, \ldots, n$$

erfüllt ist, ist A indefinit.

Anwendung s. Extremum, 3., s. Extremum unter Nebenbedingungen, 2.2.

Definition:

Durch eine *Definition* wird in der Mathematik eine abkürzende Bezeichnung für eine komplizierte und unhandliche Beschreibung eines mathematischen Sachverhalts eingeführt.

Definitionsbereich:

Bei einer Abbildung oder Funktion f heißt die Menge aller Elemente, für die f erklärt ist, der *Definitionsbereich* von f (s. Abbildung, s. Funktion).

degressive Abschreibung s. Abschreibung, 2.

Dehnung s. affine Abbildung, 2.1.

Deka:

Bei den Längenmaßzahlen bedeutet *Deka* , im Zeichen *da*, 10 (s. Längeneinheit und Längenmaßzahl, s. Dekameter).

dekadischer (Briggsscher oder gewöhnlicher) Logarithmus:

Der Logarithmus zur Basis $a = 10$ heißt *dekadischer* (*Briggsscher* oder *gewöhnlicher*) Logarithmus. Er wird bezeichnet mit

$$y = \lg x = \log_{10} x \quad \Leftrightarrow \quad x = 10^y \qquad \text{(s. Logarithmus).}$$

Dabei gilt

$$\lg 10^n = n;\ \lg 10^{-n} = \lg \frac{1}{10^n} = -n \text{ für jede natürliche Zahl } n;\ \lg 10^0 = 0.$$

Es genügt die Angabe der Logarithmen der Zahlen (*Numeri*) p zwischen 1 und 10. Dann gilt

$$1 < p < 10 \quad \Rightarrow \quad 0 < \lg p < 1.$$

Die Logarithmen der übrigen Zahlen erhält man hieraus mit

$$\lg(10^n \cdot p) = n + \lg p;\quad \lg(10^{-n} \cdot p) = -n + \lg p \quad \text{mit } 1 < p < 10.$$

lg p nennt man die *Mantisse* und $\pm n$ *die Kennziffer* des Logarithmus.

Beispiel: lg 1,7845 = 0,2515... ; lg 17,845 = 0,2515... + 1 ;

lg 178,45 = 0,2515... + 2 ; lg 0,017845 = 0,2515... − 2 .

Alle diese Zahlen besitzen die gleiche Mantisse 0,2515....

Werke von Prof. Dr. Karl Bosch im Oldenbourg Verlag:

Bosch, Mathematik für Wirtschaftswissenschaftler, 12. Auflage
Bosch, Mathematik-Lexikon
Bosch, Übungs- und Arbeitsbuch – Mathematik für Ökonomen, 6. Auflage
Bosch, Brückenkurs Mathematik, 8. Auflage
Bosch, Finanzmathematik, 5. Auflage
Bosch, Mathematik-Taschenbuch, 5. Auflage
Bosch · Jensen, Großes Lehrbuch Mathematik für Ökonomen
Bosch · Jensen, Klausurtraining, Mathematik für Ökonomen, 2. Auflage

Bosch, Großes Lehrbuch der Statistik
Bosch, Grundzüge der Statistik – Einführung mit Übungen, 2. Auflage
Bosch, Statistik für Nichtstatistiker, 3. Auflage
Bosch, Klausurtraining Statistik, 2. Auflage
Bosch, Statistik-Lexikon, 2. Auflage
Bosch, Statistik-Taschenbuch, 3. Auflage

Vorwort

Das vorliegende Buch soll vor allem dem Anwender als Nachschlagewerk sowie als Formelsammlung dienen. Die für den Anwender wohl wichtigsten Begriffe und Stichwörter sind in alphabetischer Reihenfolge aufgeführt, wobei die Umlaute ä, ö und ü bei den einfachen Vokalen a, o und u zu finden sind. Zahlreiche Querverweise sind mit s. ... bezeichnet. Manche Stichwörter werden unter Verwendung von Querverweisen wiederholt aufgeführt. Bei Doppelbegriffen sind meistens beide Reihenfolgen zu finden.
Einige Gebiete werden zusammenhängend behandelt wie z. B. Funktion von reellen Variablen, komplexe Funktion, lineares Gleichungssystem, gewöhnliche Differentialgleichung, lineare Optimierung (Programmierung). Dadurch kann das Buch auch als ergänzendes Lehrbuch oder als Formelsammlung benutzt werden.
Das Buch erhebt keinen Anspruch auf Vollständigkeit. Spezielle Begriffe der Mathematik, die der Anwender (fast) nie benötigt, sind nicht aufgeführt. Die Mathematiker und Physiker mögen mir das verzeihen.
Bei der Erstellung des Buches erhielt ich in Diskussionen mit den Mitarbeiterinnen und Mitarbeitern des Instituts für Angewandte Mathematik und Statistik der Universität Hohenheim manche wertvolle Hinweise und Verbesserungsvorschläge. Dafür möchte ich mich recht herzlich bedanken.
Allen Personen, die während ihres Studiums oder im Berufsleben das Buch benutzen, wünsche ich recht viel Erfolg. Für Hinweise auf Fehler sowie für Verbesserungsvorschläge bin ich jeder Leserin und jedem Leser dankbar.

Karl Bosch

Die Deutsche Bibliothek - CIP-Einheitsaufnahme

Bosch, Karl:
Mathematik-Lexikon : Nachschlagewerk und Formelsammlung für Anwender / von Karl Bosch. – München ; Wien : Oldenbourg, 2000
ISBN 3-486-24243-1

Rosenheimer Straße 145, D-81671 München
Telefon: (089) 45051-0, Internet: http://www.oldenbourg.de

Gedruckt auf säure- und chlorfreiem Papier
Druck: R. Oldenbourg Graphische Betriebe Druckerei GmbH

ISBN 3-486-24243-1

Mathematik-Lexikon

Nachschlagewerk und Formelsammlung für Anwender

Von
Universitätsprofessor
Dr. Karl Bosch

R. Oldenbourg Verlag München Wien

dekadisches System s. Dezimalzahl.

Dekameter:
Ein *Dekameter*, im Zeichen 1 *dam*, sind 10 Meter, es gilt also 1 dam = 10 m (s. Längeneinheit und Längenmaßzahl).

Deklination eines Sterns s. Äquatorialsystem.

Dekodierung s. Information.

Delisches Problem (Würfelverdoppelung):
Das *Delische Problem der Würfelverdoppelung* verlangt die Konstruktion der Seite x eines Würfels, dessen Rauminhalt x^3 doppelt so groß ist wie der Rauminhalt a^3 eines vorgegebenen Würfels mit der Kantenlänge a. Als sich die Delier wegen einer ausgebrochenen Pest an das Orakel zu Delphi wandten, erhielten sie von diesem der Sage nach den Auftrag, den würfelförmigen Altar Apollons ohne Änderung seiner würfelförmigen Gestalt zu verdoppeln. Aus $x^3 = 2\,a^3$ folgt

$$x = \sqrt[3]{2} \cdot a.$$

Da nach der *Galoisschen Theorie* (s. Galoissche Theorie) die Konstruktion der Strecke $\sqrt[3]{2}$ aus einer Strecke der Länge 1 nicht möglich ist, ist die Lösung dieses Problems allein mit Zirkel und Lineal nicht möglich (s. Konstruierbarkeit mit Zirkel und Lineal).

Deltafunktion (Deltadistribution):
Die *Deltafunktion* $\delta(x)$ ist im strengen mathematischen Sinne gar keine Funktion, sondern eine Distribution (s. Distribution). Die Deltadistribution ist ein auf der Menge der beliebig oft differenzierbaren reellen Funktionen φ durch

$$\delta(\varphi) = < \delta, \varphi > = \int_{-\infty}^{+\infty} \delta(x)\,\varphi(x)\,dx = \varphi(0)$$

definiertes Funktional. Dabei gilt

$$\int_{-\infty}^{t} \delta(\tau)\,d = h(t) = \begin{cases} 0 & \text{für } t < 0; \\ 1 & \text{für } t \geq 0. \end{cases}$$

Differentiation ergibt

$$\delta(t) = \lim_{\Delta t \to 0} \frac{h(t + \Delta t) - h(t)}{\Delta t} = \begin{cases} \infty & \text{für } t = 0; \\ 0 & \text{für } t \neq 0. \end{cases}$$

Deltakörper (δ-Körper):
Ein Mengenkörper $\mathfrak{K}$ (s. Mengenring), der zugleich ein δ-System ist (s. Deltasystem), heißt *δ-Körper*. Ein δ-Körper enthält also mit abzählbar vielen Mengen auch deren Durchschnitt.

Deltasystem (δ - System):
Ein Mengensystem $\mathfrak{M}$ heißt *Deltasystem* (δ - *System*), wenn $\mathfrak{M}$ mit abzählbar unendlich vielen Mengen auch deren Durchschnitt enthält.

de Morgansche Regeln s. Menge, 2.

Derivierte:
Anstelle der Ableitung wird manchmal der Begriff *Derivierte* benutzt (s. Ableitung).

Desargues, Girard (1591 – 1662) war in Lyon Baumeister und Kriegsingenieur. Seit 1628 hielt er in Paris Vorlesungen über Geometrie. Nach ihm benannt ist der Desarguessche Satz (s. Desarguesscher Satz).

Desarguesscher Satz:
Falls drei Geraden, welche durch die entsprechenden Ecken zweier Dreiecke gehen, sich in einem Punkt S schneiden, so liegen die Schnittpunkte entsprechender Seiten auf einer Geraden s, der sogenannten *Desargueschen Geraden.*

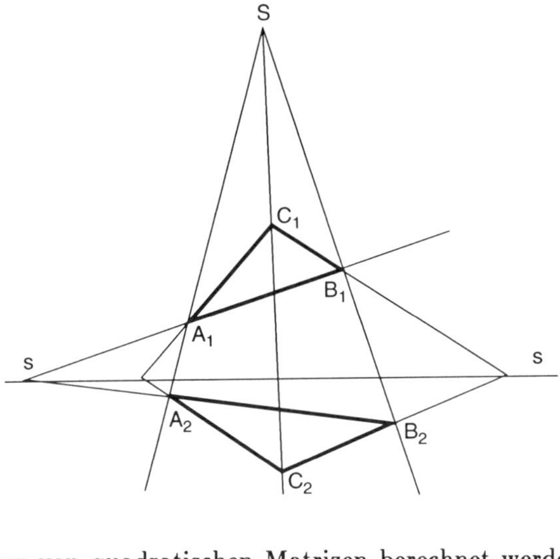

Determinante:
Determinanten können nur von quadratischen Matrizen berechnet werden. Sie spielen bei linearen Abbildungen und bei Eigenwertproblemen eine wichtige Rolle. Zur Lösung spezieller linearer Gleichungssysteme und zur Berechnung der inversen Matrix können ebenfalls Determinanten benutzt werden.

1. Darstellung einer Determinante:
Es sei A eine quadratische n - reihige Matrix (s. Matrix, 1.). Dann ist die *Determinante* von A als reelle Zahl definiert durch

$$|A| = \det(A) = \det\begin{pmatrix} a_{11} & a_{12} & \cdots & a_{1n} \\ a_{21} & a_{22} & \cdots & a_{2n} \\ \vdots & \vdots & \vdots & \vdots \\ a_{n1} & a_{n2} & \cdots & a_{nn} \end{pmatrix} = \begin{vmatrix} a_{11} & a_{12} & \cdots & a_{1n} \\ a_{21} & a_{22} & \cdots & a_{2n} \\ \vdots & \vdots & \vdots & \vdots \\ a_{n1} & a_{n2} & \cdots & a_{nn} \end{vmatrix}$$

$$= \sum_{\pi} (-1)^{j(\pi)} a_{1j_1} \cdot a_{2j_2} \cdot \ldots \cdot a_{nj_n}.$$

Dabei wird über sämtliche Permutationen $j_1, j_2, \ldots, j_n$ der Zahlen $1, \ldots, n$ summiert. Das Vorzeichen $(-1)^{j(\pi)}$ ist die Anzahl der Vertauschungen jeweils zweier Elemente, die man benötigt, um aus der natürlichen Anordnung $1, 2, \ldots, n$ die Permutation $j_1, j_2, \ldots, j_n$ zu erhalten, also die Anzahl der Inversionen der Permutation (s. Inversion, 1.). Die Berechnung nach dieser Formel ist für größere n sehr mühsam. Daher wird die praktische Berechnung einer Determinante mit Hilfe von Umformungen in der Matrix A vorgenommen. Für $n = 1$ stellt die 1×1-Matrix (a_{11}) die Zahl a_{11} dar. Ihre Determinante ist gleich dieser Zahl, also

$$\det(a_{11}) = a_{11}.$$

2. Eigenschaften von Determinanten:

1. $\det(A) = \det(A^T)$, A^T = transponierte Matrix.
2. Vertauscht man in der Matrix A jeweils zwei Zeilen bzw. zwei Spalten miteinander, so ändert die Determinante nur ihr Vorzeichen bei gleichem Betrag.
3. Multipliziert man eine Zeile oder Spalte der Matrix A mit einer Konstanten λ, so ist die Determinante der resultierenden Matrix das λ-fache der Determinante von A. Die Determinante muß also ebenfalls mit λ multipliziert werden.
4. Addiert man zu einer Zeile (Spalte) der Matrix A eine Linearkombination der übrigen Zeilen (Spalten), so ändert sich die Determinante nicht.
5. Zwei Determinanten, die sich nur in einer einzigen Zeile (Spalte) unterscheiden, können addiert werden, indem nur diese beiden Zeilen (Spalten) addiert werden. Die übrigen übereinstimmenden Zeilen (Spalten) bleiben unverändert.
6. Eine Determinante hat genau dann den Wert Null, wenn der Rang der Matrix A kleiner als n ist, also für $\mathrm{Rg}(A) < n$ (s. Matrix, 3.). Dann sind die Zeilen- bzw. Spaltenvektoren von A linear abhängig. Dies ist z. B. der Fall, wenn eine Zeile bzw. Spalte aus lauter Nullen besteht oder eine Zeile (Spalte) einer Linearkombination der übrigen ist.
7. Für zwei $n \times n$-Matrizen A und B gilt
$$\det(A \cdot B) = \det(A) \cdot \det(B).$$
8. Ist A eine reguläre Matrix, dann gilt für die Inverse A^{-1} (s. Matrix, 4.)
$$\det(A^{-1}) = \frac{1}{\det(A)}.$$
9. Für eine Diagonalmatrix D (s. Diagonalmatrix) gilt
$$\det(D) = \prod_{i=1}^{n} d_{ii} \quad \text{(Produkt der Glieder der Hauptdiagonalen).}$$

3. Adjunkte und Laplacesche Entwicklungssätze:

In der Matrix A werden die i-te Zeile und j-te Spalte gestrichen. Dann heißt die vorzeichenbehaftete Unterdeterminante der $(n-1) \times (n-1)$-Restmatrix

$$A_{ij} = (-1)^{i+j} \cdot \begin{vmatrix} a_{11} & a_{12} & \cdots & a_{1j} & \cdots & a_{1n} \\ a_{21} & a_{22} & \cdots & a_{2j} & \cdots & a_{2n} \\ \cdots & \cdots & \cdots & \cdots & \cdots & \cdots \\ a_{i1} & a_{i2} & \cdots & a_{ij} & \cdots & a_{in} \\ \cdots & \cdots & \cdots & \cdots & \cdots & \cdots \\ a_{n1} & a_{n2} & \cdots & a_{nj} & \cdots & a_{nn} \end{vmatrix} \begin{matrix} \\ \\ \\ \leftarrow \text{streichen} \\ \\ \\ \end{matrix}$$

$$\uparrow \text{ streichen}$$

die zum Element a_{ij} gehörende *Adjunkte* oder *adjungierte Unterdeterminante*. Es gelten folgende Eigenschaften (*Laplacesche Entwicklungssätze*):

1. $\det(A) = \sum_{j=1}^{n} a_{ij} A_{ij}$ für jedes i (Entwicklung nach der i-ten Zeile);
2. $\det(A) = \sum_{i=1}^{n} a_{ij} A_{ij}$ für jedes j (Entwicklung nach der j-ten Spalte);
3. $\sum_{i=1}^{n} a_{ij} A_{ik} = 0$ für alle $j \neq k$.

4. Determinante einer Dreiecksmatrix:

Es seien

$$D_1 = \begin{pmatrix} a_{11} & a_{12} & a_{13} & a_{14} & \cdots & a_{1n} \\ 0 & a_{22} & a_{23} & a_{24} & \cdots & a_{2n} \\ 0 & 0 & a_{33} & a_{34} & \cdots & a_{3n} \\ 0 & 0 & 0 & a_{44} & \cdots & a_{4n} \\ \cdots & \cdots & \cdots & \cdots & \cdots & \cdots \\ 0 & 0 & 0 & \cdots & 0 & a_{nn} \end{pmatrix}; \quad D_2 = \begin{pmatrix} a_{11} & 0 & 0 & 0 & \cdots & 0 \\ a_{21} & a_{22} & 0 & 0 & \cdots & 0 \\ a_{31} & a_{32} & a_{33} & 0 & \cdots & 0 \\ a_{41} & a_{42} & a_{43} & a_{44} & \cdots & 0 \\ \cdots & \cdots & \cdots & \cdots & \cdots & \cdots \\ a_{n1} & a_{n2} & a_{n3} & a_{n4} & \cdots & a_{nn} \end{pmatrix}$$

eine obere bzw. untere Dreiecksmatrix. Entwickelt man D_1 der Reihe nach jeweils nach der ersten Spalte und D_2 jeweils nach der ersten Zeile, so erhält man unmittelbar

$$\det(D_1) = \det(D_2) = a_{11} \cdot a_{22} \cdot a_{33} \cdot \ldots \cdot a_{nn}$$

(Produkt der Elemente der Hauptdiagonalen).

5. Berechnung einer Determinante mit Hilfe des Gaußschen Algorithmus:

Die n × n-Matrix A werde mit Hilfe des Gaußschen Algorithmus (s. lineares Gleichungssystem, 5.) ohne Benutzung von Zeilenmultiplikationen in die Dreiecksform übergeführt

$$\left(\begin{array}{cccccc|cccc} \hat{a}_{11} & \hat{a}_{12} & \hat{a}_{13} & \hat{a}_{14} & \cdots & \hat{a}_{1r} & \hat{a}_{1,r+1} & \hat{a}_{1,r+2} & \cdots & \hat{a}_{1,n} \\ 0 & \hat{a}_{22} & \hat{a}_{23} & \hat{a}_{24} & \cdots & \hat{a}_{2r} & \hat{a}_{2,r+1} & \hat{a}_{2,r+2} & \cdots & \hat{a}_{2,n} \\ \cdots & \cdots & \cdots & \cdots & \cdots & \cdots & \cdots & \cdots & \cdots & \cdots \\ 0 & 0 & 0 & 0 & \cdots & \hat{a}_{rr} & \hat{a}_{r,r+1} & \hat{a}_{r,r+2} & \cdots & \hat{a}_{r,n} \\ \hline 0 & 0 & 0 & 0 & \cdots & 0 & 0 & 0 & \cdots & 0 \\ \vdots & \vdots & \vdots & \vdots & \cdots & \vdots & \vdots & 0 & \cdots & \vdots \\ \underbrace{0 \quad 0 \quad 0 \quad 0 \quad \cdots \quad 0}_{r \text{ Spalten}} & & & & & & \underbrace{0 \quad 0 \quad \cdots \quad 0}_{(n-r) \text{ Spalten}} & & & \end{array}\right) = \hat{A}.$$

Dabei sei v die Anzahl der durchgeführten Zeilen- und Spaltenvertauschungen. Dann gilt

a) $\det(A) = \det(\hat{A}) = 0$ für $r < n$;

b) $\det(A) = \det(\hat{A}) = (-1)^v \cdot \hat{a}_{11} \cdot \hat{a}_{22} \cdot \ldots \cdot \hat{a}_{nn}$ für $r = n$.

6. Zweireihige Determinante:
Entwicklung nach einer Zeile oder Spalte ergibt aus 3.

$$\det(A) = |A| = \begin{vmatrix} a_{11} & a_{12} \\ a_{21} & a_{22} \end{vmatrix} = a_{11}a_{22} - a_{21}a_{12}$$

(Produkt der Glieder der Hauptdiagonalen minus dem Produkt der Glieder der Nebendiagonalen).

7. Dreireihige Determinante:
Determinanten von dreireihigen Matrizen können nach dem Entwicklungssatz berechnet werden oder nach der **Regel von Sarrus:**

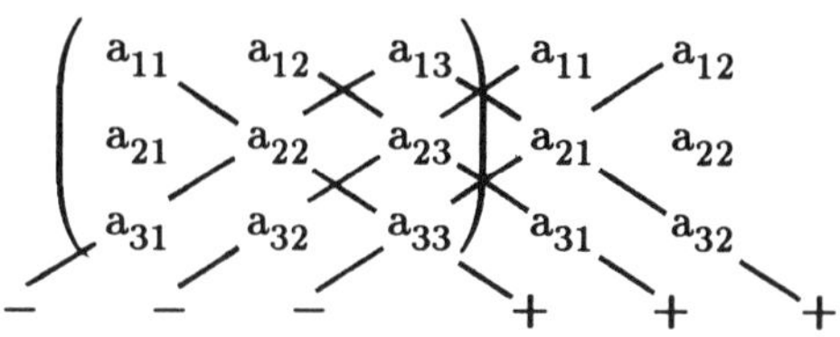

An die Matrix A werden die beiden ersten Spalten angefügt. Zunächst werden die drei Produkte aus denjenigen Zahlen addiert, die parallel zur Hauptdiagonalen stehen (Pfeil von links oben nach rechts unten). Davon werden die drei Produkte der Zahlen parallel zur Nebendiagonalen subtrahiert (Pfeil von rechts oben nach links unten), also

$$\det(A) = a_{11}a_{22}a_{33} + a_{12}a_{23}a_{31} + a_{13}a_{21}a_{32}$$
$$- a_{13}a_{22}a_{31} - a_{11}a_{23}a_{32} - a_{12}a_{21}a_{33}.$$

8. Hauptunterdeterminante:
Es sei A eine symmetrische $n \times n$-Matrix. Dann heißt für $k = 1, 2, \ldots, n$

$$\det(H_k) = \det \begin{pmatrix} a_{11} & \cdots & a_{1k} \\ \vdots & \cdots & \vdots \\ a_{k1} & \cdots & a_{kk} \end{pmatrix}$$

die k-te *Hauptunterdeterminante* von A.

9. Unendliche Determinante:
Falls die Folge der Hauptunterdeterminanten

$$D_n = \begin{vmatrix} a_{11} & a_{12} & \cdots & a_{1n} \\ a_{21} & a_{22} & \cdots & a_{2n} \\ \vdots & \vdots & \vdots & \vdots \\ a_{n1} & a_{n2} & \cdots & a_{nn} \end{vmatrix} \quad \text{für } n = 1, 2, \ldots$$

einer unendlichen Matrix $A = (a_{ij}\,;\, i,j = 1,2,\ldots)$ konvergiert mit

$$\lim_{n\to\infty} D_n = D,$$

nennt man D die Determinante von *unendlicher Ordnung* oder *unendliche Determinante* und schreibt dafür

$$D = \begin{vmatrix} a_{11} & a_{12} & a_{13} & \cdots \\ a_{21} & a_{22} & a_{23} & \cdots \\ a_{31} & a_{32} & a_{33} & \cdots \\ \vdots & \vdots & \vdots & \vdots \end{vmatrix}.$$

Spezielle unendliche Determinanten sind die sogenannten *Normaldeterminanten*

$$\begin{vmatrix} 1+c_{11} & c_{12} & c_{13} & \cdots \\ c_{21} & 1+c_{22} & c_{23} & \cdots \\ c_{31} & c_{32} & 1+c_{33} & \cdots \\ \vdots & \vdots & \vdots & \vdots \end{vmatrix} \quad \text{mit} \quad \sum_{i,j} |c_{ij}| < \infty.$$

10. Abschätzung einer Determinante s. Hadamardscher Determinantensatz.

Dezi:

Bei den Längenmaßzahlen bedeutet *Dezi*, im Zeichen *d*, der zehnte Teil (s. Längeneinheit und Längenmaßzahl, s. Dezimeter).

Dezimalbruch s. Brüche, s. Dezimalzahl.

Dezimale s. Dezimalzahl.

Dezimalzahl:

Für das numerische Rechnen mit Zahlen wird meistens das Dezimalsystem (Zehnersystem oder dekadisches System), also ein Positionssystem mit der Basis g = 10 benutzt (s. Zahlensystem, 2). So bedeutet z. B.

$$3460{,}54 = 3\cdot\mathbf{10^3} + 4\cdot\mathbf{10^2} + 6\cdot\mathbf{10^1} + 0\cdot\mathbf{10^0} + 5\cdot\mathbf{10^{-1}} + 4\cdot\mathbf{10^{-2}}.$$

Mit den ganzen Ziffern $z_\nu \in \{0,1,2,\ldots,9\}$ steht die *Dezimalzahl*

$$\pm\, z_n z_{n-1} \cdots z_1 z_0 , z_{-1} z_{-2} z_{-3} z_{-4} \cdots \qquad \text{mit } z_n \neq 0$$

abkürzend für die Summe

$$z = \pm\,[z_n\cdot\mathbf{10^n} + z_{n-1}\cdot\mathbf{10^{n-1}} + z_{n-2}\cdot\mathbf{10^{n-2}} + \ldots + z_1\cdot\mathbf{10^1} + z_0\cdot\mathbf{10^0}$$
$$+ z_{-1}\cdot\mathbf{10^{-1}} + z_{-2}\cdot\mathbf{10^{-2}} + z_{-3}\cdot\mathbf{10^{-3}} + \ldots\,]$$
$$= \pm\left[\sum_{k=0}^{n} z_k\cdot 10^k + \sum_{k=1}^{\infty} z_{-k}\cdot 10^{-k}\right].$$

Dabei gilt $10^0 = 1$; $10^{-k} = \frac{1}{10^k}$ für $k = 1,2,\ldots$.

Die Stellen nach dem Komma heißen *Dezimalen* oder *Dezimalstellen.* Die natürliche Zahl n mit $z_n \neq 0$ gibt die Stellenzahl vor dem Komma an. Jede Dezimalstelle zur Zehnerpotenz 10^k ist gleich dem zehnten Teil der vorangehenden Dezimalstelle zur Potenz 10^{k+1}. Falls nach dem Komma von einer Stelle an alle z_{-k} verschwinden, spricht man von einer *endlichen* Dezimalzahl, sonst von einer *unendlichen* Dezimalzahl. Wenn sich nach dem Komma von einer Stelle an Ziffernblöcke periodisch wiederholen, heißt die Dezimalzahl *periodisch.* Endliche und periodische unendliche Dezimalzahlen sind rationale Zahlen (gemeine Brüche) (s. reelle Zahlen, 3., s. Zahlensystem, 2.).

Das Rechnen mit Dezimalzahlen:
Die praktische Durchführung der Operationen der Addition, Subtraktion, Multiplikation und Division (s. dort) soll an Beispielen gezeigt werden. Wegen $a - b = -(b - a)$ kann man unter Berücksichtigung des Vorzeichens immer erreichen, daß eine kleinere von einer größeren Zahl subtrahiert wird.

Addition (mit Zehnerübertrag) (s. Addition, 1.):

```
   2384                              981,573
 +  598                         +     67,8659
 +92678                         +   4567,2
 +   79                         +    921
    132   Zehnerübertrag            2211,1    Zehnerübertrag
 ------                         -----------
  95739                             6537,6389
```

Multiplikation (s. Multiplikation):

```
 25461,25·36,217
 ---------------
        17822875
         2546125
        5092250
      15276750
      7638375
 ---------------
    922130,09125
```

Subtraktion (s. Subtraktion):

```
   623432051,2140
 -  49127742,0526
   11   11 1  1 1   Zehnerübertrag
 ----------------
   574304309,1614
```

Division (s. Division, 2.):

```
1457 : 1250 = 1,1656
1250
 2070
 1250
  8200
  7500
   7000
   6250
    7500
    7500
       0
```

```
654 : 495 = 1,32121... = 1,3(21 periodisch)
495
1590
1485
 1050  ─┐
  990   │
   600  │  gleicher Rest
   495  │
  1050 ─┘
```

Bei der ersten Division bricht das Verfahren ab. Es entsteht ein endlicher Dezimalbruch. Bei der zweiten Division stimmt der vierte Rest 105 mit dem zweiten Rest überein. Damit entsteht eine Periode der Länge 2. In diesem periodischen Dezimalbruch wiederholen sich die Blöcke 21 beliebig oft.

Zur Division von 780,9438 : 27,3 = 7809,438 : 273 wird zunächst der Dividend und Divisor mit 10 multipliziert (s. Division, 2.). Dann erhält man

$$
\begin{array}{lll}
 & 7809{,}438 : 273 = 28{,}606 & \\
- & \underline{546} & \\
 & 2349 & \\
- & \underline{2184} & \\
 & \;\;1654 & \text{Komma setzen!} \\
- & \;\;\underline{1638} & \\
 & \;\;\;\;1638 & \text{Null einfügen!} \\
- & \;\;\;\;\underline{1638} & \\
 & \;\;\;\;\;\;\;\;0 &
\end{array}
$$

Dezimeter:

Ein *Dezimeter*, im Zeichen 1 *dm*, ist der zehnte Teil eines Meters, also 1 dm = 0,1 m (s. Längeneinheit und Längenmaßzahl).

Diagonale einer Matrix s. Hauptdiagonale, s. Nebendiagonale.

Diagonale (Diagonalmenge) eines Mengenprodukts:

Gegeben ist das direkte Produkt A × A der Menge A mit sich selbst (s. direktes Produkt, 1.). Dann heißt die Teilmenge

$$\{(a, a) \mid a \in A\}$$

die *Diagonale* (*Diagonalmenge*) von A × A.

Diagonale eines Vielecks:

Jede Verbindungsstrecke zweier nicht benachbarter Ecken eines einfachen, ebenen Vielecks heißt *Diagonale* des Vielecks (s. Vieleck, 2.).

Diagonalmatrix:

Die n-reihige quadratische Matrix

$$D = \begin{pmatrix} d_1 & 0 & \cdots & 0 \\ 0 & d_2 & \cdots & 0 \\ \vdots & \vdots & & \vdots \\ 0 & 0 & \cdots & d_n \end{pmatrix} \quad \text{mit} \quad d_{ij} = \begin{cases} d_i & \text{für } i = j; \\ 0 & \text{für } i \neq j \end{cases}$$

heißt n-reihige *Diagonalmatrix* (s. Matrix, 1.)

Diagonalsumme s. Doppelreihe (Doppelsumme).

Diagonalverfahren:

Eine Doppelfolge a_{ij} $(i = 1, 2, \ldots;\ j = 1, 2, \ldots)$ (s. Doppelfolge) werde folgendermaßen umgeordnet:

$$a_{11};\ a_{21}, a_{12};\ a_{13}, a_{22}, a_{31};\ a_{14}, a_{23}, a_{32}, a_{41};\ \ldots;\ \text{also}$$

$$a_{k1}, a_{k-1,2}, \ldots, a_{2,k-1}, a_{k1};\ \ldots \quad \text{für}\ \ k = 1, 2, \ldots\ .$$

$$\begin{array}{cccccccccccc}
a_{11} & & a_{12} & & a_{13} & & a_{14} & & a_{15} & & \cdots\cdots\cdots \\
 & \nearrow & & \nearrow & & \nearrow & & \nearrow & & & \\
a_{21} & & a_{22} & & a_{23} & & a_{24} & & a_{25} & & \cdots\cdots\cdots \\
 & \nearrow & & \nearrow & & \nearrow & & \nearrow & & & \\
a_{31} & & a_{32} & & a_{33} & & a_{34} & & a_{35} & & \cdots\cdots\cdots \\
 & \nearrow & & \nearrow & & \nearrow & & \nearrow & & & \\
a_{41} & & a_{42} & & a_{43} & & a_{44} & & a_{45} & & \cdots\cdots\cdots \\
 & \nearrow & & \nearrow & & \nearrow & & \nearrow & & & \\
a_{51} & & a_{52} & & a_{53} & & a_{54} & & a_{55} & & \cdots\cdots\cdots \\
\vdots & & \vdots & & \vdots & & \vdots & & \vdots & & \vdots
\end{array}$$

Für $k = 1, 2, \ldots$ werden bei dieser Anordnung der Reihe nach alle Elemente aufgeführt, deren Indizes die Summe $i + j = k + 1$ für $k = 1, 2, \ldots$ besitzen, also diagonalenweise. So erhält man alle Elemente der Doppelfolge. Damit ist nach C. Cantor bewiesen, daß die Elemente der Doppelfolge abzählbar unendlich sind. Hieraus folgt, daß eine abzählbar unendliche Vereinigung von Mengen, die jeweils abzählbar unendlich sind, wieder abzählbar unendlich ist (s. abzählbar unendlich).

1. Nachweis der Abzählbarkeit der rationalen Zahlen:
Mit $a_{ij} = \frac{i}{j}$ für $i, j = 1, 2, \ldots$ erhält man in der Doppelfolge alle positiven rationalen Zahlen, wobei manche Zahlen mehrfach aufgeführt sind. Mit Hilfe des Diagonalverfahrens folgt dadurch der Beweis dafür, daß die Menge der positiven rationalen Zahlen und damit auch die Menge der negativen rationalen Zahlen abzählbar ist. Dann ist auch die Menge der rationalen Zahlen abzählbar unendlich.

2. Beweis der Überabzählbarkeit der Menge der reellen Zahlen:
Zunächst wird angenommen, die Menge der reellen Zahlen zwischen Null und Eins sei abzählbar unendlich. Dann können diese Zahlen dargestellt werden als Folge $(a_i)_{i=1,2,\ldots}$ von Dezimalzahlen (s. Dezimalzahl)

$$\begin{array}{l}
a_1 = 0, z_{11}\, z_{12}\, z_{13}\, z_{14}\, z_{15}\, z_{16} \cdots z_{1j} \cdots \\
a_2 = 0, z_{21}\, z_{22}\, z_{23}\, z_{24}\, z_{25}\, z_{26} \cdots z_{2j} \cdots \\
a_3 = 0, z_{31}\, z_{32}\, z_{33}\, z_{34}\, z_{35}\, z_{36} \cdots z_{3j} \cdots \\
\cdots\cdots\cdots\cdots\cdots\cdots\cdots\cdots\cdots \\
a_i = 0, z_{i1}\, z_{i2}\, z_{i3}\, z_{i4}\, z_{i5}\, z_{i6} \cdots z_{ij} \cdots \\
\cdots\cdots\cdots\cdots\cdots\cdots\cdots\cdots\cdots
\end{array}$$

mit $z_{ij} \in \{0, 1, 2, \ldots, 9\}$. Diese Folge muß dann sämtliche reellen Zahlen aus $[0; 1]$ enthalten. Falls es gelingt, eine reelle Zahl anzugeben, die hier nicht enthalten ist, ist mit Hilfe des Widerspruchbeweises (s. Beweis, 2.)

die Überabzählbarkeit der Menge der reellen Zahlen nachgewiesen. In der Dezimaldarstellung

$$a = 0,z_1 z_2 z_3 z_4 z_5 z_6 \ldots z_j \ldots$$

werden die Ziffern z_j so gewählt, daß sie von 0, 9 und z_{jj} verschieden sind für $j = 1, 2, \ldots$. Dann ist die Dezimalzahl a von allen Dezimalzahlen der oben angegebenen Folge verschieden. Damit gäbe es eine nichtnegative reelle Zahl, die in der obigen Abzählung nicht enthalten ist. Wegen dieses Widerspruchs ist die Annahme der Abzählbarkeit der reellen Zahlen aus $[0;1]$ falsch. Dann kann auch die Menge aller reellen Zahlen nicht abzählbar unendlich sein.

Diagramm:

Unter einem *Diagramm* versteht man eine zeichnerische Darstellung eines funktionalen Zusammenhangs.

diametrale Punkte:

Die beiden Endpunkte eines Durchmessers eines Kreises oder einer Kugel heißen *diametral* (s. Kreis, s. Kugel).

dicht:

Eine Menge D eines topologischen Raumes T heißt *dicht* in der Menge A, wenn jeder Punkt aus A *Berührungspunkt* der Menge D ist (s. topologischer Raum, s. Berührungspunkt). D heißt *überall dicht*, wenn D dicht in T ist, wenn also die abgeschlossene Hülle von D gleich T ist (s. abgeschlossen, 2.). D heißt *nirgends dicht*, wenn die abgeschlossene Hülle von D keinen inneren Punkt enthält (s. innerer Punkt).

Dichte s. Masse und Massendichte.

dicht in sich s. in sich dicht.

Differential s. totales Differential.

Differentialausdruck:

Die Differentialgleichung $F(x, y(x), y'(x), y''(x), \ldots, y^{(n)}(x)) = 0$ nennt man auch *Differentialausdruck* (s. gewöhnliche Differentialgleichung, 1.).

Differentialform ersten Grades (Pfaffsche Differentialform):

Die lineare Differentialform

$$\sum_{i=1}^{n} f_i(x_1, x_2, \ldots, x_n)\, dx_i$$

heißt *Differentialform ersten Grades* oder *Pfaffsche (lineare) Differentialform* (s. Pfaffsches Problem). Ein totales (vollständiges) Differential ist z. B. eine lineare Differentialform (s. totales Differential).

Differentialgeometrie:
In der *Differentialgeometrie* werden Eigenschaften geometrischer Gebilde, z. B. von Kurven und Flächen, mit Hilfe der Methoden der Analysis, insbesondere mit Hilfe der Differential- und Integralrechnung untersucht (s. Kurve, s. Fläche).

Differentialgleichung:
s. gewöhnliche Differentialgleichung; s. partielle Differentialgleichung; s. System von gewöhnlichen Differentialgleichungen.

Differentialgleichungssystem s. System von gewöhnlichen Differentialgleichungen.

Differentialoperator:
Ein *Differentialoperator* D ist ein Operator, der jeder Funktion f eines Funktionenraumes eindeutig eine Funktion Df zuordnet, die bei Funktionen einer Variablen von f und seinen gewöhnlichen Ableitungen (gewöhnlicher Differentialoperator), bei Funktionen mehrerer Variabler von f und seinen partiellen Ableitungen (partieller Differentialoperator) abhängt.

Differentialoperator, linearer:
Ein *linearer Differentialoperator* L ist definiert durch

$$L[f] = f^{(n)}(x) + a_{n-1}(x) f^{(n-1)}(x) + \ldots + a_1(x) f'(x) + a_0(x) f(x)$$

mit vorgegebenen $a_i(x)$ (s. gewöhnliche Differentialgleichung, 5.1.).

Differentialquotient:
Falls der Grenzwert

$$\lim_{\Delta x \to 0} \frac{f(x+\Delta x) - f(x)}{\Delta x} = f'(x) = \frac{df(x)}{dx}$$

existiert, heißt er *Differentialquotient* (*Ableitung*) von f an der Stelle x (s. Ableitung, s. Funktion von reellen Variablen, 1.4.).

Differentialquotient, partieller s. Funktion von reellen Variablen, 2.4., 3.4.

Differentialrechnung:
Unter dem Begriff *Differentialrechnung* versteht man die Differentiation reeller Funktionen (s. Funktion von reellen Variablen).

Differential- und Integralrechnung (Infinitesimalrechnung):
Unter diesem Begriff versteht man die Theorie der Differentiation und Integration reeller Funktionen (s. Funktion von reellen Variablen, s. Integralrechnung).

Differentiation:

Unter dem Begriff *Differentiation* versteht man die Bestimmung von Ableitungen bzw. partiellen Ableitungen (s. Funktion von reellen Variablen).

Differentiation, logarithmische:

Die Funktion

$$y = f(x) = u(x)^{v(x)} = e^{\ln f(x)} = e^{v(x) \ln u(x)}$$

besitzt die Ableitung

$$\begin{aligned} y' = f'(x) &= e^{v(x) \ln u(x)} [v(x) \ln u(x)]' \\ &= u(x)^{v(x)} \left[v'(x) \ln u(x) + v(x) \frac{u'(x)}{u(x)} \right]. \end{aligned}$$

Man erhält sie durch Logarithmieren

$$\ln y = v(x) \ln u(x); \quad \frac{y'}{y} = [v(x) \ln u(x)]'.$$

Die Berechnung dieser Ableitung nennt man *logarithmische Differentiation* oder *Differentiation durch Logarithmieren.*

Differentiation, numerische:

1. Approximation durch einseitige Differenzen:

Falls die Funktion $f(x)$ an der Stelle x_0 differenzierbar ist, gilt für kleine h

$$f'(x_0) \approx \frac{f(x_0 + h) - f(x_0)}{h}, \; h \neq 0 \text{ fest} \qquad \text{(1. Differenzenquotient)}$$

(s. Funktion von reellen Variablen, 1.4.). Aus der Taylorschen Formel (s. Taylor-Entwicklung, 1.2.) erhält man mit

$$f(x_0 + h) = f(x_0) + h f'(x_0) + \frac{h^2}{2!} f''(x_0 + \vartheta h) \text{ mit } 0 < \vartheta < h$$

die Darstellung

$$f'(x_0) - \frac{f(x_0 + h) - f(x_0)}{h} = \frac{h}{2!} f''(x_0 + \vartheta h) = O(h)$$

(s. Größenordnung von Funktionen, 2.). Der Approximationsfehler ist damit von der Größenordnung h und konvergiert mit h gegen Null. Nochmalige Anwendung ergibt

$$\begin{aligned} f''(x_0) &\approx \frac{\dfrac{f(x_0 + 2h) - f(x_0 + h)}{h} - \dfrac{f(x_0 + h) - f(x_0)}{h}}{h} \\ &= \frac{f(x_0 + 2h) - 2 f(x_0 + h) + f(x_0)}{h^2} \qquad \text{(2. Differenzenquotient);} \end{aligned}$$

$$f(x_0 + 2h) = f(x_0) + 2h f'(x_0) + 2h^2 f''(x_0) + \frac{8h^3}{3!} f'''(x_0 + \vartheta 2h)$$

für ein ϑ mit $0 < \vartheta < 2h$;

$$f''(x_0) - \frac{f(x_0+2h) - 2f(x_0+h) + f(x_0)}{h^2} = O(h).$$

Nochmalige Anwendung liefert

$$f'''(x_0) \approx \frac{f(x_0+3h) - 3f(x_0+2h) + 3f(x_0+h) + f(x_0)}{h^3}$$

(3. Differenzenquotient)

mit der Fehlerordnung h. Mit

$$f^{(n)}(x_0) \approx \frac{f^{(n-1)}(x_0+h) - f^{(n-1)}(x_0)}{h} \quad \text{für } n = 1, 2, \ldots$$

erhält man allgemein die Darstellung

$$f^{(n)}(x_0) \approx \frac{1}{h^n} \sum_{k=0}^{n} (-1)^k \binom{n}{k} f(x_0 + kh) \quad \text{für } n = 1, 2, \ldots .$$

Falls man durch die Stellen $x_i = x_0 + ih$ für $i = 0, 1, \ldots, n$ ein Interpolationspolynom $I_n(x)$ legt, z. B. nach Lagrange (s. Interpolation, 2.), lautet die n-te Ableitung dieses Polynoms an der Stelle x_0

$$\frac{d}{dx} I_n^{(n)}(x)\Big|_{x=x_0} = \frac{1}{h^n} \sum_{k=0}^{n} (-1)^k \binom{n}{k} f(x_0 + kh) \quad \text{für } n = 1, 2, \ldots .$$

Damit gilt

$$f^{(n)}(x_0) \approx I_n^{(n)}(x_0) \quad \text{für } n = 1, 2, \ldots .$$

Für $n = 1$ erhält man ein Interpolationspolynom $I_1(x)$, als eine Gerade mit der Steigung

$$m = \frac{f(x_0+h) - f(x_0)}{h}.$$

2. Approximation durch zweiseitige Differenzen:

$$f'(x_0) \approx \frac{f(x_0+h) - f(x_0-h)}{2h} \quad h \neq 0 \text{ fest}$$

heißt *erster zentraler Differenzenquotient.* Mit den Taylorschen Reihen

$$f(x_0+h) = f(x_0) + hf'(x_0) + \frac{h^2}{2!}f''(x_0) + \frac{h^3}{3!}f'''(x_0) + \ldots;$$

$$f(x_0-h) = f(x_0) - hf'(x_0) + \frac{h^2}{2!}f''(x_0) - \frac{h^3}{3!}f'''(x_0) + \ldots$$

erhält man

$$f'(x_0) = \frac{f(x_0+h) - f(x_0-h)}{2h} + O(h^2).$$

Der Approximationsfehler ist von der Größenordnung h^2. Er konvergiert für $h \to 0$ wesentlich schneller gegen 0 als in 1. Wiederholte Anwendung dieser Regel ergibt

$$f''(x_0) \approx \frac{f(x_0+2h) - 2f(x_0+h) + f(x_0-2h)}{4h^2}$$

(2. zentraler Differenzenquotient);

$$f'''(x_0) \approx \frac{f(x_0+3h) - 3f(x_0+h) + 3f(x_0-h) - f(x_0-3h)}{8h^3}$$

(3. zentraler Differenzenquotient);

$$f^{(n)}(x) \approx \frac{1}{(2h)^n} \sum_{k=0}^{n} (-1)^k \binom{n}{k} f(x_0 + (n-2k)h) \quad \text{für } n = 1, 2, \ldots$$

(n-ter zentraler Differenzenquotient).

Der Approximationsfehler besitzt jeweils die Größenordnung h^2. Falls man durch die äquidistanten Stützstellen $x_0 - nh$, $x_0 - (n-1)h, \ldots, x_0$, $x_0 + h, \ldots, x_0 + nh$ ein Interpolationspolynom $I_{2n}(x)$ vom Grade 2n legt (s. Interpolation, 2.), lautet die n-te Ableitung dieses Polynoms an der Stelle x_0

$$\frac{d}{dx} I_{2n}^{(n)}(x)\Big|_{x=x_0} = \frac{1}{(2h)^n} \sum_{k=0}^{n} (-1)^k \binom{n}{k} f(x_0 + (n-2k)h)$$

für $n = 1, 2, \ldots$.

Damit gilt

$$f^{(n)}(x_0) \approx I_{2n}^{(n)}(x_0) \quad \text{für } n = 1, 2, \ldots .$$

Für $n = 1$ erhält man ein Interpolationspolynom $I_2(x)$.

3. Approximation durch allgemeine Interpolationspolynome:
Allgemein kann eine Funktion durch ein Interpolationspolynom vom Grad n approximiert werden. Als Näherung für die Ableitungen der Funktion benutzt man dann die Ableitungen des Interpolationspolynoms an der entsprechenden Stelle. Je größer bei äquidistanten Stützstellen der Grad des Polynoms ist, umso besser wird die Approximation, vor allem im mittleren Bereich der Stützstellen. Durch Erhöhung des Grades des Interpolationspolynoms wird die Approximation im allgemeinen verbessert.

Differentiationsregeln s. Ableitung einer Funktion einer reellen Variablen.

Differenz:

1. Differenz zweier Elemente:
In einer Menge M sei die Addition erklärt. Die Lösung x von $a + x = b$ bezeichnet man mit $x = b - a$ (b minus a). Man nennt sie die *Differenz* von b und a (s. Subtraktion).

2. Differenz zweier Mengen s. Differenzmenge.

3. Differenz zweier reeller Funktionen:
Gegeben sind zwei Funktionen f und g von n Variablen mit den Funktionswerten $f(x_1, x_2, \ldots, x_n)$, $g(x_1, x_2, \ldots, x_n)$ und den Definitionsbereichen D_f bzw. D_g. Dann wird durch $h(x_1, \ldots, x_n) = f(x_1, \ldots, x_n) - g(x_1, \ldots, x_n)$ die Differenz $h = f - g$ definiert. Diese Funktion h besitzt den Definitionsbereich $D_h = D_f \cap D_g$.

4. Differenz zweier komplexer Funktionen:
Gegeben sind zwei komplexe Funktionen $f(z)$ und $g(z)$ (s. komplexe Funktion). Dann ist die Differenz $h = f - g$ erklärt durch $h(z) = f(z) - g(z)$.

Differenzen, dividierte s. Interpolation, 4.

Differenzengleichung:

1. Grundbegriffe:
Eine Gleichung der Form

$$F(k, y_k, y_{k+1}, y_{k+2}, \dots, y_{k+n}) = 0 \quad \text{für } k = 1, 2, \dots$$

mit einer vorgegebenen Funktion F von $n + 2$ Variablen, welche die unabhängige Variable k und $n + 1$ aufeinander folgende Werte y_k, y_{k+1}, y_{k+2}, $\dots$, y_{k+n} miteinander verknüpft, heißt *Differenzengleichung n-ter Ordnung*. Eine Folge $(y_k)_{k=1,2,\dots}$, welche diese Gleichung identisch auf $\mathbb{N}$ erfüllt, heißt *Lösung* der Differenzengleichung. Eine Differenzengleichung heißt *homogen, wenn die Nullfolge* $y_k \equiv 0$ für alle k Lösung ist, andernfalls heißt sie *inhomogen.*

Beispiel: $y_{k+1} - (k+1)\,y_k = 0$ ist eine homogene Differenzengleichung der Ordnung 2. Durch wiederholtes Einsetzen erhält man

$$y_2 = 2y_1\,;\; y_3 = 3y_2 = 3 \cdot 2 \cdot y_1\,; \dots ;\; y_k = k \cdot (k-1) \cdot \ldots \cdot 2 \cdot y_1 = k! \cdot y_1 .$$

Gibt man für y_1 einen beliebigen Wert vor, so ist die Folge eindeutig festgelegt. Die allgemeine Lösung lautet $y_k = C \cdot k!$ mit einer beliebigen Konstanten $C = y_1$.

Eine Lösungsfolge der Differenzengleichung n-ter Ordnung

$$y_k = y_k(C_1, C_2, \dots, C_n),$$

die noch n frei wählbare Konstanten $C_1, C_2, \dots, C_n$ enthält, heißt *allgemeine Lösung* der Differenzengleichung.

2. Lineare Differenzengleichung mit konstanten Koeffizienten:
Eine Differenzengleichung der Form

$$y_{k+n} + a_{n-1}\,y_{k+n-1} + \dots + a_1\,y_{k+1} + a_0\,y_k = b_k \quad \text{für } k = 1, 2, \dots$$

mit vorgegebenen Konstanten $a_0, a_1, \dots, a_{n-1}$ und einer vorgegebenen Folge $(b_k)_{k=1,2,\dots}$ heißt *lineare Differenzengleichung n-ter Ordnung mit konstanten Koeffizienten.* Im Falle $b_k \equiv 0$ für alle k heißt die Differenzengleichung *homogen.* Sie besitzt die triviale Lösung $y_k \equiv 0$. Falls nicht alle b_k gleich Null sind, nennt man die Gleichung *inhomogen.* Die allgemeine Lösung der inhomogenen linearen Differenzengleichung setzt sich additiv zusammen aus der allgemeinen Lösung $y_k^{\text{hom.}}$ der homogenen Differenzengleichung und einer partikulären Lösung $y_k^{\text{part.}}$ der inhomogenen Differenzengleichung, also

$$y_k^{\text{allg.}} = y_k^{\text{hom.}} + y_k^{\text{part.}} \quad \text{für } k = 1, 2, \dots \,.$$

2.1. Homogene lineare Differenzengleichung:
$b_k \equiv 0$ für alle k ergibt die *homogene lineare Differenzengleichung*

$$y_{k+n} + a_{n-1} y_{k+n-1} + \dots + a_1 y_{k+1} + a_0 y_k = 0\,.$$

Mit dem Potenzansatz

$$y_k = \lambda^k,\ \lambda \in \mathbb{C} \quad \text{für } k = 1, 2, \dots$$

geht die homogene Differenzengleichung über in

$$\lambda^k (\lambda^n + a_{n-1} \lambda^{n-1} + \dots + a_1 \lambda + a_0) = 0.$$

$\lambda = 0$ ergibt die triviale Lösung $y_k \equiv 0$, die nicht interessiert. Zur Bestimmung der nichttrivialen Lösungen müssen wie bei der linearen Differentialgleichung (s. gewöhnliche Differentialgleichung, 4.1) die Nullstellen des *charakteristischen Polynoms*

$$P_n(\lambda) = \lambda^n + a_{n-1} \lambda^{n-1} + \dots + a_1 \lambda + a_0 = 0$$

bestimmt werden. Es seien $\lambda_1, \lambda_2, \dots, \lambda_r$ die reellen Nullstellen mit den jeweiligen Vielfachheiten $n_1, n_2, \dots, n_r$ (s. Polynom, 1.). Die konjugiert komplexen Nullstellen

$$z_m = a_m + i\, b_m \quad \text{und} \quad \bar{z}_m = a_m - i\, b_m$$

für $m = 1, 2, \dots, l$ mit den Vielfachheiten $s_1, s_2, \dots, s_l$ werden in Polarkoordinaten dargestellt (s. komplexe Zahlen, 2.)

$$a_m = r_m \cos \varphi_m\,; \quad b_m = r_m \sin \varphi_m$$

mit dem Betrag

$$r_m = |z_m| = |\bar{z}_m| = \sqrt{a_m^2 + b_m^2}\,.$$

Damit gilt

$$z_m = r_m (\cos \varphi_m + i \sin \varphi_m)\,; \quad \bar{z}_m = r_m (\cos \varphi_m - i \sin \varphi_m)\,.$$

Für die Potenzen benutzt man die Formel von Moivre

$$z_m^k = r_m^k (\cos k\varphi_m + i \sin k\varphi_m)\,; \quad \bar{z}_m^k = r_m^k (\cos k\varphi_m - i \sin k\varphi_m)$$

(s. komplexe Zahlen, 2.). Dann lautet die allgemeine Lösung der homogenen Differenzengleichung

$$y_k^{\text{hom.}} = \sum_{i=1}^{r} \sum_{j=1}^{n_i} c_{ij}\, k^{j-1} \lambda_i^k + \sum_{m=1}^{l} \sum_{j=1}^{s_m} k^{j-1} r_m^k [d_{mj} \cos(k \varphi_m) + g_{mj} \sin(k \varphi_m)]$$

mit beliebigen reellen Konstanten $c_{ij}, d_{mj}, g_{mj} \in \mathbb{R}$.

2.2. Inhomogene Differenzengleichung:
In Abhängigkeit von der rechten Seite b_k ist wie bei linearen Differentialgleichungen mit konstanten Koeffizienten oft ein spezieller Ansatz für eine partikuläre Lösung möglich. Dabei können die möglichen Ansätze direkt von dort übernommen werden (s. gewöhnliche Differentialgleichung, 4.2.2.). Die partikuläre Lösung muß dann zur allgemeinen Lösung der homogenen Gleichung addiert werden.

Beispiel: Die Differenzengleichung

$$y_{k+5} - 5y_{k+4} + 8y_{k+3} - 2y_{k+2} - 8y_{k+1} + 8y_k = k$$

besitzt das charakteristische Polynom

$$P_5(\lambda) = \lambda^5 - 5\lambda^4 + 8\lambda^3 - 2\lambda^2 - 8\lambda + 8 = (\lambda+1)(\lambda-2)^2(\lambda^2 - 2\lambda + 2).$$

Reelle Nullstellen: $\lambda_1 = -1$ mit der Vielfachheit $n_1 = 1$,
$\lambda_2 = 2$ mit der Vielfachheit $n_2 = 2$.

Die komplexen Nullstellen lauten:

$$z = 1 + i; \quad \bar{z} = 1 - i \quad \text{mit der Vielfachheit } s_1 = 1.$$

Hieraus erhält man die Polarkoordinaten

$$r_1 = |z| = \sqrt{2}; \quad \varphi_1 = \frac{\pi}{4}.$$

Damit lautet die allgemeine Lösung der homogenen Differenzengleichung

$$y_k^{\text{hom.}} = C_1(-1)^k + C_2 2^k + C_3 k 2^k + (\sqrt{2})^k [C_4 \cos(k\tfrac{\pi}{4}) + C_5 \sin(k\tfrac{\pi}{4})] \quad \text{für } k = 1, 2, \ldots$$

mit $C_1, C_2, C_3, C_4, C_5 \in \mathbb{R}$. Eine partikuläre Lösung erhält man mit dem Ansatz

$$y_k^{\text{part.}} = a + bk.$$

Nach Einsetzen in die inhomogene Differenzengleichung erhält man durch Koeffizientenvergleich $a = \frac{3}{4}$ und $b = \frac{1}{2}$, also

$$y_k^{\text{part.}} = \frac{3}{4} + \frac{k}{2}.$$

Damit lautet die allgemeine Lösung

$$y_k^{\text{allg.}} = C_1(-1)^k + C_2 2^k + C_3 k 2^k + (\sqrt{2})^k [C_4 \cos k\tfrac{\pi}{4} + C_5 \sin k\tfrac{\pi}{4}] + \frac{3}{4} + \frac{k}{2} \quad \text{für } k = 1, 2, \ldots.$$

2.3. Lösung mit Hilfe der Z-Transformation:
Die inhomogene lineare Differenzengleichung mit konstanten Koeffizienten kann auch mit Hilfe der Z-Transformation gelöst werden (s. Z-Transformation). Dort ist auch ein Beispiel durchgerechnet. Falls die Z-Transformation allein auf die homogene Differenzengleichung angewandt wird, erhält man die allgemeine Lösung mit Hilfe der Partialbruchentwicklung der

Z-Transformierten. Bei komplexen Wurzeln sind dann sowohl der Real- als auch der Imaginärteil Lösungen. Damit können die in 2.2. angegebenen Ergebnisse bewiesen werden.

3. Anwendungen:

3.1. Bestimmung von Summenformeln:

Berechnet werden soll die Summe

$$S_k = \sum_{\nu=1}^{k} g(\nu) \quad \text{für } k = 1, 2, \ldots,$$

wobei die Funktion g auf der Menge $\mathbb{N}$ der natürlichen Zahlen definiert ist. Die Summenfolge S_k genügt der linearen Differenzengleichung

$$S_{k+1} - S_k = g(k+1).$$

Das charakteristische Polynom lautet $\lambda - 1 = 0$ mit der Lösung $\lambda_1 = 1$. Damit ist die allgemeine Lösung der homogenen Gleichung konstant, also

$$S_k^{\text{hom.}} = C \quad \text{mit } C \in \mathbb{R}.$$

Für eine spezielle Lösung muß eine bestimmte Folge $g(\nu)$ für $\nu \in \mathbb{N}$ festgelegt werden.

Beispiel: Gesucht ist eine geschlossene Form für die Summe

$$1^3 + 2^3 + 3^3 + \ldots + k^3 = \sum_{\nu=1}^{k} \nu^3 \quad \text{für jede natürliche Zahl } k.$$

Damit ist die Lösung der linearen Differenzengleichung (s. o.)

$$S_{k+1} - S_k = (k+1)^3 = k^3 + 3k^2 + 3k + 1$$

gesucht. Die homogene Gleichung besitzt die Lösung $S_k \equiv C$ (konstant). Als Ansatz für eine partikuläre Lösung muß ein Polynom vom Grad 4 gewählt werden (s. gewöhnliche Differentialgleichung, 4.2.2.). Weil aber jede Konstante C Lösung der homogenen Gleichung ist, genügt der Ansatz

$$S_k^{\text{part.}} = b_1 k + b_2 k^2 + b_3 k^3 + b_4 k^4.$$

Mit diesem Ansatz erhält man aus der inhomogenen Gleichung durch Zusammenfassung

$$\begin{aligned} &S_{k+1}^{\text{part.}} - S_k^{\text{part.}} \\ &= 4b_4 k^3 + (3b_3 + 6b_4) k^2 + (2b_2 + 3b_3 + 4b_4) k + (b_1 + b_2 + b_3 + b_4) \\ &= k^3 + 3k^2 + 3k + 1 \text{ (rechte Seite der inhomogenen Gleichung).} \end{aligned}$$

Koeffizientenvergleich ergibt:

$$4b_4 = 1 \Rightarrow b_4 = \tfrac{1}{4}; \quad 3b_3 + 6b_4 = 3 \Rightarrow b_3 = \tfrac{1}{2};$$

$$2b_2 + 3b_3 + 4b_4 = 3 \Rightarrow b_2 = \tfrac{1}{4}; \quad b_1 + b_2 + b_3 + b_4 = 1 \Rightarrow b_1 = 0.$$

Damit lautet die allgemeine Lösung der inhomogenen Differenzengleichung

$$S_k^{\text{allg.}} = \frac{1}{4}k^2 + \frac{1}{2}k^3 + \frac{1}{4}k^2 + C = \frac{k^2(1+k)^2}{4} + C.$$

Für die spezielle Lösung mit $S_1 = 1$ erhält man $C = 0$. Damit gilt für jede natürliche Zahl k

$$1^3 + 2^3 + 3^3 + \ldots + k^3 = \sum_{\nu=1}^{k} \nu^3 = \frac{k^2(1+k)^2}{4}.$$

Hinweis zur Bestimmung einer geschlossenen Formel für

$$1^r + 2^r + 3^r + \ldots + k^r = \sum_{\nu=1}^{k} \nu^r \quad \text{für konstantes } r \in \mathbb{N}.$$

Analog zu obigem Beispiel erhält man die inhomogene Differenzengleichung

$$S_{k+1} - S_k = (k+1)^r.$$

Die homogene Differenzengleichung besitzt die Lösung $S_k \equiv C$. Eine partikuläre Lösung erhält man mit dem speziellen Ansatz

$$S_k^{\text{part.}} = b_1 k + b_2 k^2 + b_3 k^3 + \ldots + b_{r+1} k^{r+1} = \sum_{\nu=1}^{r+1} b_\nu k^\nu.$$

Einsetzen in die inhomogene Gleichung mit anschließendem Koeffizientenvergleich liefert die Konstanten $b_1, b_2, \ldots, b_{r+1}$.

$$S_1^{\text{spez.}} = b_1 + b_2 + b_3 + \ldots + b_{r+1} + C = 1$$

ergibt schließlich die Konstante $C = 0$, da allgemein gilt

$$b_1 + b_2 + b_3 + \ldots + b_{r+1} = 1.$$

3.2. Allgemeine Fibonacci-Zahlenfolgen (s. Fibonacci-Zahlen):
Gesucht sind alle Lösungen der homogenen Differenzengleichung

$$y_{k+2} - y_{k+1} - y_k = 0 \quad \text{für } k = 1, 2, \ldots .$$

Durch die Vorgabe von y_1 und y_2 sind alle nachfolgenden Werte y_k für $k = 2, 3, \ldots$ eindeutig bestimmt und könnten theoretisch rekursiv berechnet werden. Mit Hilfe der Theorie der linearen Differenzengleichungen ist es jedoch möglich, einen geschlossenen Ausdruck für y_k als Funktion von k anzugeben. Das charakteristische Polynom

$$P_2(\lambda) = \lambda^2 - \lambda - 1 = 0$$

besitzt die beiden Nullstellen $\lambda_{1,2} = \frac{1 \pm \sqrt{5}}{2}$. Damit lautet die allgemeine Lösung

$$y_k = C_1\left(\frac{1+\sqrt{5}}{2}\right)^k + C_2\left(\frac{1-\sqrt{5}}{2}\right)^k \quad \text{mit } C_1, C_2 \in \mathbb{R}.$$

Durch Vorgabe von y_1 und y_2 erhält man das lineare Gleichungssystem

$$y_1 = C_1\frac{1+\sqrt{5}}{2} + C_2\frac{1-\sqrt{5}}{2}; \quad y_2 = C_1\frac{3+\sqrt{5}}{2} + C_2\frac{3-\sqrt{5}}{2}$$

mit der Lösung

$$C_1 = \frac{y_1}{2}\left(\frac{3}{\sqrt{5}} - 1\right) + \frac{y_2}{2}\left(1 - \frac{1}{\sqrt{5}}\right);\ C_2 = \frac{y_2}{2}\left(1 + \frac{1}{\sqrt{5}}\right) - \frac{y_1}{2}\left(1 + \frac{3}{\sqrt{5}}\right).$$

Für $y_1 = y_2 = 1$ erhält man

$C_1 = \frac{1}{\sqrt{5}}$; $C_2 = -\frac{1}{\sqrt{5}}$, also die üblichen Fibonacci-Zahlen

$$y_k = \frac{1}{\sqrt{5}}\left(\frac{1+\sqrt{5}}{2}\right)^k - \frac{1}{\sqrt{5}}\left(\frac{1-\sqrt{5}}{2}\right)^k \qquad \text{für } k = 1, 2, \dots \ .$$

Hieraus erhält man z. B.

$$y_{25} = 75\,025; \quad y_{50} = 12\,586\,269\,025.$$

Für alle beliebigen Folgen, bei denen y_1 und y_2 nicht beide gleichzeitig verschwinden, erhält man für die Wachstumsrate

$$r_k = \frac{y_{k+1}}{y_k}, \ k = 1, 2, \dots$$

den Grenzwert $\lim\limits_{k\to\infty} r_k = \frac{1}{2}(1 + \sqrt{5})$.

3.3. Bestimmung der Glieder arithmetischer Folgen der Ordnung m
s. arithmetische Zahlenfolge und - Reihe höherer Ordnung.

Differenzenoperator:

In der Theorie der Differenzengleichungen (s. Differenzengleichung) und zur Lösung von Interpolationsproblemen (s. Interpolation) benutzt man folgende Operatoren:

1. Differenzenoperatoren Δ für absteigende Differenzen:

$$\Delta u(k) = \Delta^1 u(k) = u(k+1) - u(k);$$

$$\Delta^2 u(k) = \Delta(\Delta^1 u(k)) = \Delta^1 u(k+1) - \Delta^1 u(k);$$

....

$$\Delta^{m+1} u(k) = \Delta(\Delta^m u(k)) = \Delta^m u(k+1) - \Delta^m u(k)$$

für $m = 1, 2, \dots$.

2. Differenzenoperatoren ∇ für aufsteigende Differenzen:

$$\nabla u(k) = \nabla^1 u(k) = u(k) - u(k-1);$$

$$\nabla^2 u(k) = \nabla(\nabla u(k)) = \nabla u(k) - \nabla u(k-1);$$

....

$$\nabla^{m+1} u(k) = \nabla(\nabla^m u(k)) = \nabla^m u(k) - \nabla^m u(k-1)$$

für $m = 1, 2, \dots$.

Differenzenquotient:

Die Funktion f sei in einer Umgebung von x definiert. Dann heißt der Quotient (s. Differentialquotient, s. Ableitung)

$$\frac{f(x+\Delta x)-f(x)}{\Delta x} \quad \text{mit} \quad \Delta x \neq 0 \ \textit{Differenzenquotient} .$$

Differenzenschema:

Von einer allgemeinen Zahlenfolge $(a_n)_{n=1,2,\ldots}$ werden nacheinander die aufsteigenden Differenzen gebildet (s. Differenzenoperator, 1.)

$$\Delta_1^1 = a_2 - a_1 \,;\ \Delta_2^1 = a_3 - a_2 \ ;\ \Delta_3^1 = a_4 - a_3 \,;\ldots;\Delta_k^1 = a_{k+1} - a_k\,;\ldots .$$

Von diesen Differenzen bildet man wieder die aufsteigenden Differenzen

$$\Delta_1^2 = \Delta_2^1 - \Delta_1^1 ;\ \ \Delta_2^2 = \Delta_3^1 - \Delta_2^1 \ ;\ \ldots;\ \Delta_k^2 = \Delta_{k+1}^1 - \Delta_k^1 \ ;\ \ldots \ \text{usw.}$$

Durch

$$\Delta_k^m = \Delta_{k+1}^{m-1} - \Delta_k^{m-1} \qquad \text{für} \ \ k = 1,2,\ldots; \ \ m = 1,2,\ldots$$

mit $\Delta_k^0 = a_k$ für alle k entsteht das *Differenzenschema*

$$\begin{array}{cccccccccccc}
a_1 \\
 & \Delta_1^1 \\
a_2 & & \Delta_1^2 \\
 & \Delta_2^1 & & \Delta_1^3 \\
a_3 & & \Delta_2^2 & & \Delta_1^4 \\
 & \Delta_3^1 & & \Delta_2^3 & & \Delta_1^5 \\
a_4 & & \Delta_3^2 & & \Delta_2^4 & & \Delta_1^6 \\
 & \Delta_4^1 & & \Delta_3^3 & & \Delta_2^5 & & \Delta_1^7 \\
a_5 & & \Delta_4^2 & & \Delta_3^4 & & \Delta_2^6 & & \Delta_1^8 \\
 & \Delta_5^1 & & \Delta_4^3 & & \Delta_3^5 & & \Delta_2^7 & & \Delta_1^9 \\
a_6 & & \Delta_5^2 & & \Delta_4^4 & & \Delta_3^6 & & \Delta_2^8 & & \Delta_1^{10} \\
 & \Delta_6^1 & & \Delta_5^3 & & \Delta_4^5 & & \Delta_3^7 & & \Delta_2^9 & & \Delta_1^{11} \\
a_7 & & \Delta_6^2 & & \Delta_5^4 & & \Delta_4^6 & & \Delta_3^8 & & \Delta_2^{10} \\
 & \Delta_7^1 & & \Delta_6^3 & & \Delta_5^5 & & \Delta_4^7 & & \Delta_3^9 & & \Delta_2^{11} \\
a_8 & & \Delta_7^2 & & \Delta_6^4 & & \Delta_5^6 & & \Delta_4^8 & & \Delta_3^{10}
\end{array}$$

....

Solche Schemata werden bei der Interpolation benutzt.

Anwendungen:
Durch die Vorgabe aller Differenzen $\Delta_k^m = y_k$ für $k = 1,2,\ldots$ der vorgegebenen Ordnung m ist die Ausgangsfolge a_k für $k = 1,2,\ldots$ eindeutig bestimmt. Sie kann mit Hilfe der Z-Transformation berechnet werden (s. Z-Transformation). $\Delta_k^{m+1} \equiv 0$ ergibt eine arithmetische Folge der Ordnung m (s. arithmetische Zahlenfolge und -Reihe höherer Ordnung). Eine geschlossene Formel für die Glieder der Ausgangsfolge kann mit Hilfe der Z-Transformation angegeben werden (s. Z-Transformation).

differenzierbar (Differenzierbarkeit):

1. Differenzierbare Bereichsabbildung s. Abbildung, 2.2., 3.

2. Differenzierbare (glatte) Fläche s. Abbildung, 2.2., 3., s. Fläche, 2.

3. Differenzierbare Funktion einer reellen Variablen:
Die Funktion $f(x)$ heißt an der Stelle x_0 *differenzierbar*, wenn an der Stelle x_0 die Ableitung $f'(x_0)$ existiert (s. Funktion von reellen Variablen, 1.4.). Falls f an jeder Stelle des Definitionsbereichs differenzierbar ist, heißt f *differenzierbar.*

4. Differenzierbare (glatte) Kurve s. Kurve, 1.1., 2.2.

5. Partiell differenzierbare Funktion von mehreren reellen Variablen:
Die Funktion $f(x_1, x_2, \ldots, x_n)$ heißt an der Stelle $(x_1^{(0)}, x_2^{(0)}, \ldots, x_n^{(0)})$ partiell differenzierbar, falls an dieser Stelle alle n partiellen Ableitungen existieren (s. Funktion von reellen Variablen, 2.4., 3.4.).

6. (Total oder vollständig) differenzierbare Funktion von mehreren Variablen:
Die Funktion $f(x_1, x_2, \ldots, x_n)$ heißt an der Stelle $(x_1^{(0)}, x_2^{(0)}, \ldots, x_n^{(0)})$ *differenzierbar* (*total* oder *vollständig differenzierbar*), wenn an dieser Stelle alle n partiellen Ableitungen existieren und für alle $(x_1, x_2, \ldots, x_n)$ aus einer Umgebung U dieser Stelle gilt:

$$f(x_1, x_2, \ldots, x_n) - f(x_1^{(0)}, x_2^{(0)}, \ldots, x_n^{(0)})$$

$$= \sum_{i=1}^{n} f_{x_i}(x_1^{(0)}, \ldots, x_n^{(0)}) \cdot (x_i - x_n^{(0)}) + R(x_1, \ldots, x_n) \cdot \sqrt{\sum_{i=1}^{n} \left(x_i - x_i^{(0)} \right)^2}$$

$$\text{mit} \quad \lim_{\substack{x_i \to x_i^{(0)} \\ i=1,\ldots,n}} R(x_1, x_2, \ldots, x_n) = 0$$

(s. Funktion von reellen Variablen, 2.5., 3.5.). Falls in einer Umgebung von $(x_1^{(0)}, \ldots, x_n^{(0)})$ alle n partiellen Ableitungen $f_{x_i}(x_1, x_2, \ldots, x_n)$ für $i = 1, 2, \ldots, n$ existieren und an dieser Stelle stetig sind, ist f dort differenzierbar. Eine Funktion, die an jeder Stelle ihres Definitionsbereichs differenzierbar ist, heißt *differenzierbar.*

7. Differenzierbare Funktion einer komplexen Variablen:
Die komplexe Funktion $f(z)$ heißt *differenzierbar*, falls für

$$\Delta z = \Delta x + i\,\Delta y \to 0 \quad \Leftrightarrow \quad \Delta x \to 0 \text{ und } \Delta y \to 0 \quad \text{der Grenzwert}$$

$$\lim_{\Delta z \to 0} \frac{f(z + \Delta z) - f(z)}{\Delta z} = f'(z) = \frac{d}{dz} f(z)$$

existiert (s. komplexe Funktion, 3.).

Differenzierbarkeit s. differenzierbar.

Differenzmenge:

Die *Differenzmenge* $A \setminus B$ von A und B besteht aus denjenigen Elementen, die zu A, aber nicht zu B gehören, also

$$A \setminus B = A \cap \overline{B} = \{ x \mid x \in A \text{ und } x \notin B \} \quad \text{(s. Menge, 2.).}$$

digital:
Unter einer *digitalen Darstellung* versteht man eine Darstellung durch Ziffern (s. Rechenanlage).

Digitalrechner s. Rechenanlage.

Dimension eines Vektorraums:
Ein Vektorraum V besitzt die Dimension n, wenn es in V eine Basis von n Vektoren (= maximale Anzahl linear unabhängiger Vektoren) gibt (s. Vektorraum, 1.). Zwei Vektorräume sind genau dann isomorph (s. isomorph), wenn sie die gleiche Dimension besitzen. Die Dimension von V ist *abzählbar unendlich* mit der Basismenge $\{\mathbf{v}_1, \mathbf{v}_2, \ldots, \mathbf{v}_n, \ldots\}$, wenn jeweils endlich viele dieser Vektoren linear unabhängig sind, und jedes Element aus V eindeutig als Linearkombination dieser Vektoren darstellbar ist mit

$$\mathbf{v} = \sum_{i=1}^{\infty} \alpha_i \mathbf{v}_i \quad \text{mit } \alpha_i \in \mathbb{R} \text{ bzw. } \alpha_i \in \mathbb{C}.$$

dimetrische Axonometrie (Dimetrie):
Eine Axonometrie (Parallelprojektion), bei der die Bilder der Einheiten auf zwei Achsen gleich groß sind, heißt *dimetrisch* oder *Dimetrie* (s. Axonometrie).

Diophantische Gleichung (Ungleichung):
Eine algebraische Gleichung

$$f(x_1, x_2, \ldots, x_n) = 0 \text{ bzw. Ungleichung } f(x_1, x_2, \ldots, x_n) \leq \text{bzw.} \geq 0,$$

für die nur ganzzahlige Lösungen gesucht sind, heißt nach Diophantos *Diophantische Gleichung.* Entsprechend sind Systeme von Diophantischen Gleichungen oder Ungleichungen mit ganzzahligen Lösungen definiert. Spezielle Diophantische Gleichungen s. Pythagoräisches Zahlentripel, s. Pellsche Gleichung.

Diophantos von Alexandria (um 250 v. u. Z.) behandelte mathematische Aufgaben rein arithmetisch. Für Unbekannte führte er Abkürzungen ein. Manchmal rechnete er zwar auch mit negativen Ausdrücken, doch wurden in der Regel von ihm nur positive Lösungen akzeptiert. Nach ihm sind die Diophantischen Gleichungen und Ungleichungen benannt (s. Diophantische Gleichung).

Dirac, Paul Adrien Maurice (1902 – 1984) studierte in Bristol, Cambridge sowie an verschiedenen ausländischen Universitäten. 1932 wurde er zum Professor für Mathematik berufen. Dirac gilt als einer der Begründer der Quantenmechanik. 1933 erhielt er den Nobelpreis. Nach ihm benannt ist die Deltafunktion (s. Deltafunktion).

Diracsche Deltafunktion s. Deltafunktion.

Diracsches Maß:
Das in einem Punkt $p \in \Omega$ konzentrierte Maß mit $\mu_p(A) = \begin{cases} 1 & \text{für } p \in A \\ 0 & \text{für } p \notin A \end{cases}$ heißt *Diracsches Maß* μ (s. Maß).

direkter Beweis s. Beweis, 1.

direktes (kartesisches) Produkt (Mengenprodukt):

1. Direktes (kartesisches) Produkt zweier Mengen:
Die Menge aller geordneten Paare (a, b) mit $a \in A$ und $b \in B$ (s. geordnetes Paar) heißt das *direkte* oder das *kartesische Produkt* oder *Mengenprodukt* der Mengen A und B. Man bezeichnet es mit

$$A \times B = \{(a, b) \mid a \in A \text{ und } b \in B\}.$$

Für die Anzahl der Elemente (s. Menge, 1.) gilt $|A \times B| = |A| \cdot |B|$.

2. Direktes (kartesisches) Produkt von n Mengen:
Die Menge aller n-Tupel $(a_1, a_2, \ldots, a_n)$ mit $a_i \in A_i$ für $i = 1, 2, \ldots, n$ (s. n-Tupel) nennt man das *direkte* oder *kartesische Produkt* oder *Mengenprodukt* der n Mengen $A_1, A_2, \ldots, A_n$. Man bezeichnet es mit

$$A_1 \times A_2 \times \ldots \times A_n = \{(a_1, a_2, \ldots, a_n) \mid a_i \in A_i \text{ für } i = 1, 2, \ldots, n\}.$$

Für die Anzahl der Elemente (s. Menge, 1.) gilt

$$|A_1 \times A_2 \times \ldots \times A_n| = |A_1| \cdot |A_2| \cdot \ldots \cdot |A_n|.$$

Falls sämtliche Mengen A_i gleich einer Menge A sind, setzt man

$$\underbrace{A \times A \times \ldots \times A}_{n \text{ Stück}} = A^n.$$

Dann nennt man das direkte Produkt A^n die *n-te Potenz* von A.

Dirichlet, Lejeune-, Peter Gustav (1805 – 1859) wirkte in Breslau, Berlin und Göttingen. Von ihm stammen bedeutende Arbeiten zur Zahlentheorie, Analysis sowie zur Theorie der unendlichen Reihen. Nach ihm benannt sind die Dirichletsche Bedingung, nach der die Fourier-Reihe einer Funktion f an allen Stetigkeitsstellen gegen f konvergiert (s. Dirichletsche Bedingung), die Dirichletsche Funktion (s. Dirichletsche Funktion), die Dirichletsche Reihe (s. Dirichletsche Reihe), die Dirichletsche Umkehrformel bei Fourier-Transformationen (s. Fourier-Transformation, 7.), das Dirichletsche Integral (s. Dirichletsches Integral) sowie das Dirichletsche Konvergenzkriterium bei Reihen (s. Dirichletsches Konvergenzkriterium).

Dirichletsche Bedingung für eine Fourier-Transformierte:
Die Funktion $f(x)$ besitze die Periode 2π und erfülle die Dirichletsche Bedingung:

a) Das Intervall $(-\pi;\pi)$ lasse sich in endlich viele Teilintervalle zerlegen, in denen f stetig und monoton ist.
b) An jeder Unstetigkeitsstelle x von f existiere der links- und rechtsseitige Grenzwert $f(x-)$ und $f(x+)$ (s. Funktion von reellen Variablen, 1.3.).

Dann konvergiert die von f(x) erzeugte Fourier-Reihe an jeder Stetigkeitsstelle x von f gegen f(x) und an jeder Unstetigkeitsstelle x gegen das arithmetische Mittel

$$\frac{f(x-0)+f(x+0)}{2}$$ (s. Fourier-Reihe und Fourier-Entwicklung, 4.).

Dirichletsche Funktion:

Die *Dirichletsche Funktion* ist auf $\mathbb{R}$ definiert durch

$$f(x)=\begin{cases} 0 & \text{für rationales } x; \\ 1 & \text{für irrationales } x. \end{cases}$$

Jede Stelle $x \in \mathbb{R}$ ist eine Unstetigkeitsstelle von f. Diese Funktion ist im Riemannschen Sinne in $[a;b]$ nicht integrierbar, sie ist jedoch im Lebesgueschen Sinne integrierbar (s. Integralrechnung, 1.1., s. Lebesguesches Integral).

Dirichletsche Reihe:

Unter einer *Dirichletschen Reihe* versteht man eine Funktionenreihe der Form

$$\sum_{n=1}^{\infty} c_n e^{-\lambda_n s}$$

mit der komplexen Variablen $s=\sigma+it$, σ, t reell. c_n sind beliebige komplexe Koeffizienten und (λ_n), $n=1,2,\ldots$ eine monoton gegen ∞ wachsende reelle Zahlenfolge. Für $\lambda_n=n$ handelt es sich um eine Potenzreihe in $e^{-s}=z$. Falls die Dirichletsche Reihe für ein $s_0=\sigma_0+it_0$ konvergiert, konvergiert sie auch in der Halbebene $\sigma>\sigma_0$ und stellt dort eine holomorphe Funktion dar (s. holomorph).

Dirichletsches Integral:

Es sei $G \subset \mathbb{R}^2$ ein beliebiges Gebiet und $f(x,y)$ eine in G partiell differenzierbare Funktion. Dann heißt das Integral

$$\iint_G \left(f_x^2(x,y)+f_y^2(x,y)\right)dx\,dy$$

das *Dirichletsche Integral* von $f(x,y)$ über G.

Dirichletsches Kriterium:

Die Folge $s_n=a_1+a_2+\ldots+a_n$, $n=1,2,\ldots$ sei beschränkt und $(b_n)_{n\in\mathbb{N}}$ eine monoton fallende Nullfolge. Dann ist die unendliche Reihe $\sum_{n=1}^{\infty} a_n b_n$ konvergent.

Dirichletsche Umkehrformel s. Fourier - Transformation, 7.

disjunkt (elementfremd):
Zwei Mengen A und B heißen *disjunkt* oder *elementfremd*, wenn gilt

$$A \cap B = \emptyset \qquad (\emptyset = \text{leere Menge, s. Menge, 1.}).$$

Die n Mengen $A_1, A_2, \ldots, A_n$ heißen *paarweise disjunkt*, wenn alle Paare A_j, A_k mit $j \neq k$ disjunkt sind, also mit $A_j \cap A_k = \emptyset$ für alle $j \neq k$.

Disjunktion s. oder (logisches).

Diskontierung s. Barwert.

Diskontierungsfaktor (Abzinsungsfaktor):
Bei einem Jahreszinssatz p heißt

$$v = \frac{1}{q} \quad \text{mit} \quad q = 1 + \frac{p}{100}$$

Diskontierungs- oder *Abzinsungsfaktor.* Mit ihm erhält man den Barwert B_0 eines nach n Jahren fälligen Betrages K_n als $B_0 = K_n v^n$ (s. Barwert).

diskreter topologischer Raum:
Ein topologischer Raum T (s. topologischer Raum) heißt ein *diskreter Raum*, wenn alle Teilmengen von T offen sind (s. offene Menge, 1.) und jede den Punkt x enthaltende Menge Umgebung von x ist (s. Umgebung). Die topologische Struktur auf T heißt *diskrete Topologie* (s. topologische Struktur).

diskrete Topologie s. diskreter topologischer Raum.

Diskretisierungsfehler s. gewöhnliche Differentialgleichung, 7.1.1., 7.1.2.

Diskriminante einer quadratischen (Un-)Gleichung:
In der quadratischen Gleichung bzw. Ungleichung

$$ax^2 + bx + c = 0 \quad \text{bzw.} \quad \leq 0 \quad \text{bzw.} \quad \geq 0 \quad \text{mit} \quad a, b, c \in \mathbb{R},\ a \neq 0$$

heißt $D = b^2 - 4ac$ die *Diskriminante.* Das Vorzeichen von D entscheidet über die Lösungsmöglichkeiten (s. quadratische Gleichung, s. quadratische Ungleichung).

Diskriminantenkurve:
Die Menge der Punkte $P(x, y)$, deren kartesischen Koordinaten x, y die Gleichungen

$$F(x, y, y') = 0 \quad \text{und} \quad \frac{dF(x, y, y')}{dy'} = 0$$

erfüllen, heißt *Diskriminantenkurve* der gewöhnlichen Differentialgleichung $F(x,y,y')=0$ (s. gewöhnliche Differentialgleichung, 2.4.). Auf ihr liegen die singulären Lösungen der Differentialgleichung. Falls alle Kurven einer Schar reguläre Lösungen sind, erhält man als Diskriminantenkurve die Einhüllende dieser Kurvenschar (s. Einhüllende).

Distribution (verallgemeinerte Funktion):

Nach Laurent Schwarz ist eine *Distribution* T auf einem Gebiet $G \subset \mathbb{R}$ als Verallgemeinerung einer reellen Funktion ein lineares Funktional auf der Menge der beliebig oft differenzierbaren Funktionen φ mit kompaktem Träger in G (s. kompakte Menge, s. Träger). Für $T(\varphi)$ benutzt man oft die Schreibweise $<T,\varphi>$. Für zwei Distributionen T und S sowie für jede beliebige reelle Zahl λ setzt man

$$<T+S,\varphi> \;=\; <T,\varphi> + <S,\varphi>;$$

$$<\lambda\cdot T,\varphi> \;=\lambda\cdot <T,\varphi>.$$

Damit bilden die Distributionen einen linearen Raum (s. Vektorraum, 1.). Durch

$$<T',\varphi> \;=\; -<T,\varphi'>$$

wird die *Ableitung* einer Distribution erklärt. Mit

$$<T^{(n)},\varphi> \;=\; -<T^{(n-1)},\varphi'> \quad \text{für } n=1,2,\ldots$$

erhält man rekursiv die n-te Ableitung in der Form

$$<T^{(n)},\varphi> \;=(-1)^n <T,\varphi^{(n)}>.$$

Daher ist jede Distribution beliebig oft differenzierbar. Jede auf G stetige Funktion f kann durch

$$<f,\varphi> \;=\; \int_G f(x)\,\varphi(x)\,dx$$

als Distribution dargestellt werden, die im Sinne der Distribution beliebig oft differenzierbar ist.

distributiver Verband:

Ein Verband (s. Verband) heißt *distributiv*, wenn außer den Axiomen (V1) bis (V3) noch die distributiven Gesetze gelten:

$$a\sqcap(b\sqcup c)=(a\sqcap b)\sqcup(a\sqcap c);\quad a\sqcup(b\sqcap c)=(a\sqcup b)\sqcap(a\sqcap c).$$

distributives Gesetz (Distributivgesetz):

In einer nichtleeren Menge G seien zwei Verknüpfungen $\sqcup$ und $\sqcap$ erklärt. Dann ist das erste *Distributivgesetz* erfüllt, falls für alle $a,b,c\in G$ gilt

$$a\sqcap(b\sqcup c)=(a\sqcap b)\sqcup(a\sqcap c).$$

Das zweite *Distributivgesetz* ist erfüllt, wenn für alle $a,b,c\in G$ gilt

$$a \sqcup (b \sqcap c) = (a \sqcup b) \sqcap (a \sqcup c).$$

Bei den Verknüpfungen der Addition + und der Multiplikation · reeller bzw. komplexer Zahlen (s. reelle Zahlen, 6., s. komplexe Zahlen, 1.) und bezüglich der Vereinigungs- und Durchschnittsbildung $\cup$, $\cap$ bei Mengen (s. Menge, 2.) ist nur jeweils ein Distributivgesetz erfüllt, nämlich

$$a \cdot (b + c) = a \cdot b + a \cdot c\ ; \quad A \cap (B \cup C) = (A \cap B) \cup (A \cap C).$$

divergent (Divergenz):

1. Divergente Doppelfolge s. Doppelfolge.

2. Divergente Doppelsumme s. Doppelsumme.

3. Divergente Potenzreihe s. Potenzreihe.

4. Divergente Reihe:
Falls der Grenzwert $\lim\limits_{n\to\infty} \sum\limits_{k=1}^{n} a_k$ nicht existiert, heißt die Reihe $\sum\limits_{k=1}^{\infty} a_k$ *divergent.* Im Falle $\lim\limits_{n\to\infty} \sum\limits_{k=1}^{n} a_k = \sum\limits_{k=1}^{\infty} a_k = +\infty$ bzw. $-\infty$ nennt man die Reihe *bestimmt divergent* gegen $+\infty$ bzw. $-\infty$ (s. Reihe, 3.).

5. Divergente Zahlenfolge:
Falls eine Zahlenfolge $(a_n)_{n=1,2,\ldots}$ keinen Grenzwert besitzt, heißt die Zahlenfolge *divergent.* Im Falle

$$\lim_{n\to\infty} a_n = \pm\infty$$

nennt man die Folge *bestimmt divergent* gegen $+\infty$ bzw. $-\infty$ (s. Zahlenfolge, 4.).

6. Divergentes uneigentliches Integral:
Falls die Grenzwerte

$$\lim_{b\to\infty} \int_a^b f(x)\,dx, \quad \lim_{a\to-\infty} \int_a^b f(x)\,dx\ ; \quad \lim_{\delta\to 0+} \int_a^{b-\delta} f(x)\,dx, \quad \lim_{\delta\to 0+} \int_{a+\delta}^{b} f(x)\,dx$$

nicht existieren, heißen die uneigentlichen Integrale *divergent.* Wenn die "Grenzwerte" + oder $-\infty$ sind, nennt man die unbestimmten Integrale *bestimmt divergent* (s. Integralrechnung, 1.8.).

7. Divergentes unendliches Produkt s. Produkt, 4.2.

Divergenz s. divergent.

Divergenz eines Vektorfeldes:

Die *Divergenz* oder *lokale Quelldichte* eines Vektorfeldes $\vec{v}(x, y, z) \in \mathbb{R}^3$ ist definiert durch

$$\operatorname{div} \vec{v} = \lim_{V\to 0} \frac{1}{V} \oiint_{\mathfrak{F}} \vec{v} \cdot \vec{n}\, dO$$

(s. Oberflächenintegral, 3.1.). Die Divergenz ist ein Skalar.
Eigenschaften:

$\operatorname{div} \vec{c} = 0$ für jeden konstanten Vektor $\vec{c}$;

$\operatorname{div}(c \cdot \vec{v}) = c \cdot \operatorname{div} \vec{v}$ für jede Konstante $c \in \mathbb{R}$;

$\operatorname{div}(\vec{v}_1 + \vec{v}_2) = \operatorname{div} \vec{v}_1 + \operatorname{div} \vec{v}_2$ (Additivität);

$\operatorname{div}(U(x,y,z) \cdot \vec{v}) = U(x,y,z) \cdot \operatorname{div} \vec{v} + \vec{v} \cdot \operatorname{grad} U(x,y,z)$

für jede Skalarfunktion $U(x,y,z)$ (s. Gradient);

$\operatorname{div}(\vec{v}_1 \times \vec{v}_2) = \vec{v}_2 \cdot \operatorname{rot} \vec{v}_1 - \vec{v}_1 \cdot \operatorname{rot} \vec{v}_2$;

dabei ist $\times$ das Kreuzprodukt (s. Vektor im V^n, 2.8.) und rot die Rotation (s. Rotation). Ferner gilt

$$\operatorname{div}(\operatorname{rot} \vec{v}) = 0.$$

Darstellungen der Divergenz in verschiedenen Koordinatensystemen:

In kartesischen Koordinaten: $\vec{v}(x,y,z) = \begin{pmatrix} v_1(x,y,z) \\ v_2(x,y,z) \\ v_3(x,y,z) \end{pmatrix}$ gilt:

$$\operatorname{div} \vec{v} = \frac{\partial v_1(x,y,z)}{\partial x} + \frac{\partial v_2(x,y,z)}{\partial y} + \frac{\partial v_3(x,y,z)}{\partial z}$$

(s. Nabla-Operator).

In Zylinderkoordinaten (s. Vektorfeld, 2.):

$$\vec{v}(\rho,\varphi,z) = v_\rho(\rho,\varphi,z) \cdot \vec{e}_\rho + v_\varphi(\rho,\varphi,z) \cdot \vec{e}_\varphi + v_z(\rho,\varphi,z) \cdot \vec{e}_z\,;$$

$$\operatorname{div} \vec{v} = \frac{1}{\rho} \cdot \frac{\partial(\rho \cdot v_\rho(\rho,\varphi,z))}{\partial \rho} + \frac{1}{\rho} \cdot \frac{\partial v_\varphi(\rho,\varphi,z)}{\partial \varphi} + \frac{\partial v_z(\rho,\varphi,z)}{\partial z}.$$

In Kugelkoordinaten (s. Vektorfeld, 3.):

$$\vec{v}(\varphi,\vartheta,\rho) = v_\varphi(\varphi,\vartheta,\rho) \cdot \vec{e}_\varphi + v_\vartheta(\varphi,\vartheta,\rho) \cdot \vec{e}_\vartheta + v_\rho(\varphi,\vartheta,\rho) \cdot \vec{e}_\rho\,;$$

$$\operatorname{div} \vec{v} = \frac{1}{\rho^2} \cdot \frac{\partial(\rho^2 \cdot v_\rho)}{\partial \rho} + \frac{1}{\rho \sin\vartheta} \cdot \frac{\partial v_\varphi}{\partial \varphi} + \frac{1}{\rho \sin\vartheta} \cdot \frac{\partial(v_\vartheta \cdot \sin\vartheta)}{\partial \vartheta}.$$

Divergenzkriterien:

Divergenzkriterien sind Sätze, mit deren Hilfe entschieden werden kann, daß eine Funktion oder Reihe nicht konvergiert. Die bekanntesten sind das Minoranten- und Majorantenkriterium bei Reihen (s. Reihe, 4.).

Dividend s. Division.

dividierte Differenzen, Schema der ... s. Interpolation, 4.

Division:

Allgemein ist die *Division* die Umkehrung der Multiplikation (s. Multiplikation).

1. Division in einem Körper:

In einem Körper K (s. Körper) existiert zu zwei Elementen a, $b \in K$ mit $a \neq 0$ genau ein Element $x \in K$ mit $a \cdot x = b$. Die Bestimmung von x heißt Division. Sie ist die Umkehrung der Multiplikation. $x = a^{-1} \cdot b = \frac{b}{a}$ heißt der *Quotient* von b und a. Man nennt a *Dividend* und b *Divisor.*

2. Division reeller Zahlen:

Zu jedem $a, b \in \mathbb{R}$ mit $b \neq 0$ besitzt Gleichung $b \cdot x = a$ genau eine Lösung

$$x = \frac{a}{b} = b^{-1} \cdot a.$$

Die Bestimmung von x heißt *Division.* Sie ist die Umkehrung der Multiplikation. Man nennt $\frac{b}{a}$ den *Quotienten* des *Dividenden* a und des *Divisors* b (s. reelle Zahlen, 6., s. Quotient, 1.).

Division von Positionszahlen:

Bei der Division zweier endlichstelliger Positionszahlen zur Basis g (s. Zahlensystem, 2.) kann man sich unter Berücksichtigung des Vorzeichens auf die Division zweier positiver Zahlen beschränken. Falls im Divisor b nach dem Komma Stellen auftreten, kann das Komma vorher durch "Erweiterung" beseitigt werden. Dann muß im Dividenden a, evtl. durch Hinzunahme weiterer Nullen, das Komma um die Stellenzahl des Divisors nach rechts verschoben werden. Die Division beginnt von links. Im ersten Schritt werden von dem Dividenden so viele Ziffern benötigt, bis man ein Vielfaches des Divisors b erhält. Falls bereits k Stellen nach dem Komma notwendig sind, beginnt der Quotient mit 0,0...0. Dabei sind nach dem Komma $k-1$ Nullen einzufügen. Der entsprechende Faktor ist die erste weitere Ziffer des Quotienten. Dieses Vielfache wird von den entsprechenden Ziffern subtrahiert. Danach wird der Rest jeweils um die nächste Ziffer von a ergänzt. Diesen Schritt nennt man "Herunterziehen" der nächsten Ziffer. Falls diese neu gebildete Zahl kleiner als b ist, wird die nächste Ziffer des Quotienten gleich Null gesetzt und die nachfolgende Ziffer von a heruntergezogen. Wenn erstmals eine Ziffer nach dem Komma von a heruntergezogen wird, muß im Quotienten das Komma gesetzt.

Beispiele s. Dezimalzahl, s. Dualzahl.

Im Bereich $\mathbb{N}$ der natürlichen und $\mathbb{Z}$ der ganzen Zahlen ist die Division nicht immer durchführbar. Sie ist jedoch uneingeschränkt durchführbar in den Bereichen $\mathbb{Q}$ der rationalen Zahlen und $\mathbb{R}$ der reellen Zahlen (s. reelle Zahlen), wobei eine Division durch 0 nicht erklärt ist.

Division beliebiger Brüche: $\frac{a_1}{b_1} : \frac{a_2}{b_2} = \frac{a_1}{b_1} \cdot \frac{b_2}{a_2} = \frac{a_1 b_2}{b_1 a_2}$ für $b_1, b_2, a_2 \neq 0$.

3. Division von Polynomen s. Polynomdivision.

4. Division komplexer Zahlen:
Zu jedem $z_1 = a_1 + i\,b_1$, $z_2 = a_2 + i\,b_2 \neq 0$ besitzt die Gleichung $z_2 \cdot z = z_1$ durch Reellmachen des Nenners die Lösung (Erweiterung mit $\overline{z}_2$)

$$z = \frac{a_1 + i\,b_1}{a_2 + i\,b_2} = \frac{(a_1 + i\,b_1)(a_2 - i\,b_2)}{(a_2 + i\,b_2)(a_2 - i\,b_2)} = \frac{(a_1 a_2 + b_1 b_2) + i\,(b_1 a_2 - a_1 b_2)}{a_2^2 + b_2^2}$$

(s. komplexe Zahlen, 1., s. Quotient, 2.).

Division mit Rest:

Für beliebige natürliche Zahlen $m, n \in \mathbb{N}$ gibt es eine eindeutige Darstellung

$$m = p \cdot n + r.$$

Dabei sind p und r nichtnegative ganze Zahlen mit $0 \leq r < n$. Diese Gleichung stellt die *Division mit Rest* dar. r heißt der *Rest.*

Beispiel: $37 = 5 \cdot 7 + 2$; der Rest ist 2. Damit gilt $\frac{37}{5} = 7 + \frac{2}{5}$.

Divisionssatz s. Z-Transformation.

Divisor s. Division.

dm s. Dezimeter.

Dodekaeder (Zwölfflach):

Ein *Dodekaeder* (*Zwölfflach*) ist ein Polyeder, das von 12 Fünfecken begrenzt wird, und bei dem in jedem Eckpunkt genau drei Kanten zusammenstoßen. Manchmal wird nur das regelmäßige Zwölfflach als Dodekaeder bezeichnet (s. Polyeder, 1., 2.).

Doppelfolge:

Jedem geordneten Paar (i, j) natürlicher Zahlen wird eine reelle (oder komplexe) Zahl a_{ij} zugeordnet. Dann bilden diese Zahlen eine *Doppelfolge.* Die Zahlen a_{ij} heißen *Glieder* der Doppelfolge. Sie kann im folgenden Schema angeordnet werden:

$$\begin{matrix} a_{11} & a_{12} & a_{13} & \cdots & a_{1j} & \cdots\cdots \\ a_{21} & a_{22} & a_{23} & \cdots & a_{2j} & \cdots\cdots \\ \cdots & \cdots & \cdots & \cdots & \cdots & \cdots \\ a_{i1} & a_{i2} & a_{i3} & \cdots & a_{ij} & \cdots\cdots \\ \cdots & \cdots & \cdots & \cdots & \cdots & \cdots \end{matrix} = (a_{ij})$$

Sowohl die Zeilen als auch die Spalten bilden jeweils Zahlenfolgen. Die Doppelfolge (b_{ij}) heißt *Umordnung* der Doppelfolge (a_{ij}), wenn jedes Glied der einen Folge genau einmal in der anderen Folge vorkommt. *Teilfolge* einer Doppelfolge heißt jede einfache Folge (b_k), deren k-tes Glied b_k mit genau einem Glied $a_{n_k m_k}$ der Doppelfolge übereinstimmt.

Konvergenz einer Doppelfolge:
Die Doppelfolge (a_{nm}) *konvergiert* gegen die Zahl a, wenn zu jedem $\varepsilon > 0$ ein $n_0 = n_0(\varepsilon)$ existiert mit

$$|a_{nm} - a| < \varepsilon \quad \text{für alle } n,\, m > n_0 .$$

Dafür schreibt man $\lim\limits_{n,m \to \infty} a_{nm} = a$.

Cauchysches Konvergenzkriterium:
Eine Doppelfolge ist genau dann konvergent, wenn zu jedem $\varepsilon > 0$ eine Zahl $n_0 = n_0(\varepsilon)$ existiert, so daß gilt

$$|a_{n_1 m_1} - a_{n_2 m_2}| < \varepsilon$$

für alle Indexpaare (n_1, m_1), (n_2, m_2) mit $n_1, n_2, m_1, m_2 > n_0$.
Jede Doppelfolge, die nicht konvergiert, heißt *divergent.*

Doppelintegral s. Integralrechnung, 2.2.

Doppelpunkt einer Kurve:
Ein *Doppelpunkt* einer ebenen Kurve ist ein Punkt, der gleichzeitig zwei verschiedenen Zweigen einer Kurve angehört (s. Zweig einer Kurve, s. mehrfacher Punkt). Beispiele s. Cassinische Kurve, s. kartesisches Blatt, s. Konchoide, s. Lemniskade, s. Strophoide.

Doppelreihe (s. Doppelsumme):
Gegeben ist die Doppelfolge

$$(a_{ij}) \quad \text{für } i = 1, 2, \ldots; \quad j = 1, 2, \ldots$$

(s. Doppelfolge) mit der Darstellung

$$\begin{array}{llllll} a_{11} & a_{12} & a_{13} & \cdots & a_{1j} & \cdots\cdots \\ a_{21} & a_{22} & a_{23} & \cdots & a_{2j} & \cdots\cdots \\ \cdots & \cdots & \cdots & \cdots & \cdots & \cdots\cdots \\ a_{i1} & a_{i2} & a_{i3} & \cdots & a_{ij} & \cdots\cdots \\ \cdots & \cdots & \cdots & \cdots & \cdots & \cdots\cdots \end{array}$$

Für die Summation aller Elemente gibt es verschiedene Reihenfolgen.

Summation aller Zeilensummen $\sum\limits_{j=1}^{\infty} a_{ij}$ für $i = 1, 2, \ldots$ ergibt

$$\sum_{i=1}^{\infty} \left(\sum_{j=1}^{\infty} a_{ij} \right) = \sum_{i=1}^{\infty} \sum_{j=1}^{\infty} a_{ij} .$$

Summation aller Spaltensummen $\sum\limits_{i=1}^{\infty} a_{ij}$ für $j = 1, 2, \ldots$ liefert

$$\sum_{j=1}^{\infty} \left(\sum_{i=1}^{\infty} a_{ij} \right) = \sum_{j=1}^{\infty} \sum_{i=1}^{\infty} a_{ij} .$$

Dadurch entstehen unendliche Summen von Reihen, also unendliche Reihen von Reihen, sogenannte *Doppelreihen.*

Addition der Diagonalsummen:
Zunächst werden die Elemente jeder Diagonalen addiert (s. Diagonalverfahren):

$$c_2 = a_{11}\,; \quad c_3 = a_{21} + a_{12}\,; \quad c_4 = a_{31} + a_{22} + a_{13}\,;$$

$$\text{allgemein: } c_k = \sum_{i+j=k} a_{ij} \quad \text{für } k = 2, 3, 4, \ldots\,.$$

Danach werden die Diagonalsummen aufaddiert, also

$$\sum_{k=2}^{\infty} c_k = \sum_{k=2}^{\infty} \sum_{i+j=k} a_{ij}\,.$$

Diese Reihe heißt *Cauchy - Reihe.*

Anordnung nach Quadraten:

a_{11}	a_{12}	a_{13}	a_{14}	a_{15}	....
a_{21}	a_{22}	a_{23}	a_{24}	a_{25}	....
a_{31}	a_{32}	a_{33}	a_{34}	a_{35}	....
a_{41}	a_{42}	a_{43}	a_{44}	a_{45}	....
a_{51}	a_{52}	a_{53}	a_{54}	a_{55}	....
......	......	......	......	......	

$$q_1 = a_{11}\,; \quad q_2 = a_{21} + a_{22} + a_{12}\,; \quad q_3 = a_{31} + a_{32} + a_{33} + a_{23} + a_{13}\,;$$

$$q_n = \sum_{j=1}^{n} a_{nj} + \sum_{i=1}^{n-1} a_{in} \quad \text{für } n = 1, 2, \ldots \text{ ergibt die Reihe } \sum_{n=1}^{\infty} q_n\,.$$

Bei verschiedenen Summationsreihenfolgen können Reihen entstehen, die nicht konvergieren oder zu verschiedenen Summenwerten führen.

Konvergenzkriterium:
Eine Doppelreihe ist genau dann konvergent, wenn zu jedem $\varepsilon > 0$ eine Zahl $n_0 = n_0(\varepsilon)$ existiert, so daß für alle $n, m > n_0$ und alle $k, l > 0$ gilt

$$\left| \sum_{i=n+1}^{n+k} \sum_{j=m+1}^{m+l} a_{ij} \right| < \varepsilon\,.$$

Im Falle $\sum_{i=n+1}^{n+k} \sum_{j=m+1}^{m+l} |a_{ij}| < \varepsilon$ ist die Doppelreihe absolut konvergent.

(Großer) Umordnungssatz:
Es existiere eine Konstante (obere Grenze) K, so daß die Summe der Beträge $|a_{ij}|$ von jeweils endlich vielen, beliebig ausgewählten Gliedern immer $\leq K$ ist. Dann ist jede Reihe $\sum_{n=1}^{\infty} b_n$, in der sämtliche Elemente a_{ij} der Matrix vorkommen, absolut konvergent, und der Wert der Reihe ist von der Summationsreihenfolge unabhängig.

Die Doppelreihe heißt in diesem Fall *absolut konvergent* mit

$$\sum_{n=1}^{\infty} |b_n| \leq \sum_{i,j} |a_{ij}| \leq K.$$

Multiplikation von Reihen:
Falls in zwei Reihen

$$\sum_{i=1}^{\infty} a_i , \quad \sum_{j=1}^{\infty} b_j$$

jedes Glied der einen Reihe mit jedem Glied der anderen Reihe multipliziert wird, erhält man die Matrix

$$\begin{pmatrix} a_1 b_1 & a_1 b_2 & a_1 b_3 & a_1 b_4 & \cdots \\ a_2 b_1 & a_2 b_2 & a_2 b_3 & a_2 b_4 & \cdots \\ a_3 b_1 & a_3 b_2 & a_3 b_3 & a_3 b_4 & \cdots \\ \vdots & \vdots & \vdots & \vdots & \vdots \end{pmatrix}.$$

Cauchysche Produktreihe
Die Reihe der Summen der Produkte aus den Diagonalen

$$\sum_{k=2}^{\infty} c_k = \sum_{k=2}^{\infty} \sum_{i+j=k} a_i b_j$$

heißt *Cauchysche Produktreihe.* Falls beide Reihen absolut konvergieren, ist auch die Produktreihe absolut konvergent mit

$$\sum_{k=2}^{\infty} |c_k| \leq \sum_{k=2}^{\infty} \sum_{i+j=k} |a_i b_j| \leq \sum_{i=1}^{\infty} |a_i| \cdot \sum_{j=1}^{\infty} |b_j|.$$

Doppelsumme:

Gegeben ist eine $m \times n$ Matrix A, also eine Matrix mit m Zeilen und n Spalten mit den Elementen a_{ij} für $i = 1, 2, \ldots, m$ und $j = 1, 2, \ldots, n$

$$A = \begin{pmatrix} a_{11} & a_{12} & \cdots & a_{1n} \\ a_{21} & a_{22} & \cdots & a_{2n} \\ \vdots & \vdots & \vdots & \vdots \\ a_{m1} & a_{m2} & \cdots & a_{mn} \end{pmatrix}.$$

Dann bezeichnet man die Summe aller $m \cdot n$ doppelt indizierten Elemente a_{ij} mit

$$S = \sum_{i,j} a_{ij}$$

als *Doppelsumme.* Summiert wird über alle möglichen Paare (i, j).

$S = \sum_{i=1}^{m} \left(\sum_{j=1}^{n} a_{ij} \right)$ bedeutet zeilenweise Addition;

$S = \sum_{j=1}^{n} \left(\sum_{i=1}^{m} a_{ij} \right)$ ergibt spaltenweise Addition.

Unendliche Doppelsumme s. Doppelreihe.

doppeltlogarithmisches Papier s. logarithmisches Papier.

Doppelverhältnis:

1. Doppelverhältnis komplexer Zahlen:
Es seien z_1, z_2, z_3, z_4 verschiedene komplexe Zahlen. Dann heißt

$$D(z_1, z_2, z_3, z_4) = \frac{z_1 - z_3}{z_1 - z_4} : \frac{z_2 - z_3}{z_2 - z_4}$$

das *Doppelverhältnis* der vier Zahlen (Punkte). Es ist invariant gegenüber linearen Transformationen (s. konforme Abbildung). Es ist genau dann reell, wenn die vier Punkte (Zahlen) in der komplexen Zahlenebene auf einem Kreis oder auf einer Geraden liegen.

2. Doppelverhältnis von vier Punkten auf einer Geraden:
Es seien P_1, P_2, P_3, P_4 vier auf einer Geraden g im $\mathbb{R}^3$ liegende verschiedene Punkte. Dann heißt das mit den Abständen gebildete Verhältnis

$$D(P_1, P_2, P_3, P_4) = \frac{\overline{P_1P_3}}{\overline{P_1P_4}} : \frac{\overline{P_2P_3}}{\overline{P_2P_4}}$$

das *Doppelverhältnis* der vier Punkte (s. affine Abbildung).

Drehfläche und Drehkörper s. Rotationsfläche und Rotationskörper.

Drehsinn s. Koordinatensystem.

Drehung s. Koordinatentransformation, 1.3., 2.3., 3.3.

Drehwinkel s. Koordinatentransformation, 1.3., 2.3., 3.3.

Dreieck:

Ein *Dreieck* ist ein einfacher geschlossener Streckenzug ABC, wobei die drei Punkte nicht auf einer Geraden liegen dürfen. Häufig wird auch die von dem Streckenzug berandete Dreiecksfläche als Dreieck bezeichnet. Die Menge der Punkte der Dreiecksfläche bildet eine konvexe Menge mit den *Eckpunkten* A, B, C (s. Vieleck, 3.).

1. Allgemeines Dreieck:

1.1. Grundbegriffe:

Drei nicht auf einer Geraden liegende Punkte A, B, C im Raum bilden die Eckpunkte eines Dreiecks ABC. Ein solches räumliches Dreieck kann dargestellt werden durch die drei Vektoren

$$\vec{a} = \overrightarrow{BC}; \quad \vec{b} = \overrightarrow{CA}; \quad \vec{c} = \overrightarrow{AB}.$$

Jeweils zwei dieser Vektoren sind linear unabhängig mit

$$\vec{a} + \vec{b} + \vec{c} = \vec{0} \text{ (Nullvektor)}$$

(s. Vektor im V^n, 1., 2.).

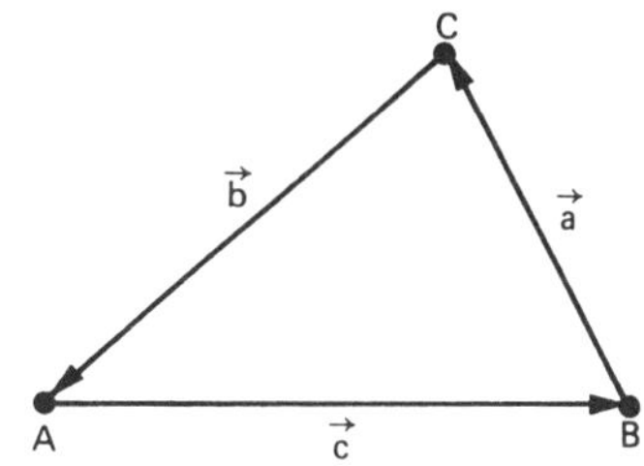

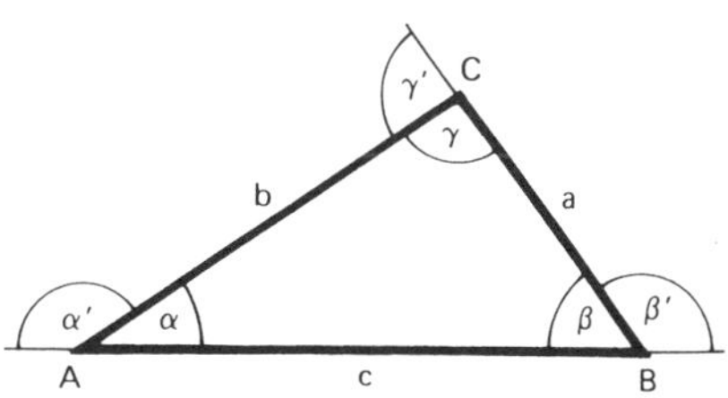

Die Verbindungsstrecken zweier Eckpunkte sind die *Seiten* des Dreiecks, ihre Längen sind die Beträge der Vektoren. Die Seitenlängen werden nach den gegenüberliegenden Ecken bezeichnet mit

$$a = |BC| = |\vec{a}|; \quad b = |CA| = |\vec{b}|; \quad c = |AB| = |\vec{c}|.$$

Die Größen der Winkel werden nach den Scheiteln bezeichnet mit α, β, γ. Dabei gilt $\alpha + \beta + \gamma = 180^\circ$. Für die Größen der *Außenwinkel* α', β', γ' gilt

$$\alpha' = \beta + \gamma; \quad \beta' = \alpha + \gamma; \quad \gamma' = \alpha + \beta; \quad \alpha' + \beta' + \gamma' = 360^\circ.$$

Ein Dreieck heißt
spitzwinklig, falls alle drei Winkel kleiner als 90° sind;
stumpfwinklig, falls ein Winkel größer als 90° ist;
rechtwinklig, falls ein Winkel 90° beträgt (s. 2. mit $\gamma = 90^\circ$).

Seitenhalbierende und Schwerpunkt:
Jede Verbindungsstrecke eines Eckpunktes mit dem Mittelpunkt der gegenüberliegenden Seite heißt *Seitenhalbierende*. Die drei Seitenhalbierenden schneiden sich in einem Punkt S, dem Schwerpunkt der homogenen Dreiecksfläche. Dieser teilt die Seitenhalbierenden von den Eckpunkten aus im Verhältnis 2 : 1.

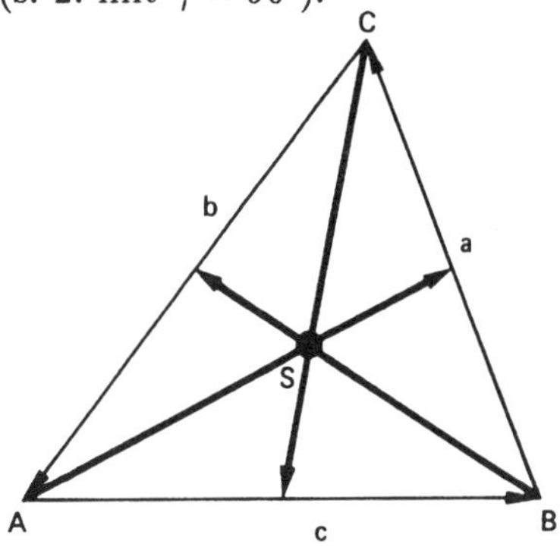

Winkelhalbierende und Inkreis:
Die drei *Winkelhalbierenden* (s. Winkelhalbierende) schneiden sich in einem Punkt M, dem Mittelpunkt des Inkreises, welcher die drei Seiten des Dreiecks (von innen) berührt (s. Inkreis, 1.).
Der Inkreis besitzt den Radius

$$\rho = \sqrt{\frac{(s-a)(s-b)(s-c)}{s}}$$
$$\text{mit } s = \frac{a+b+c}{2}.$$

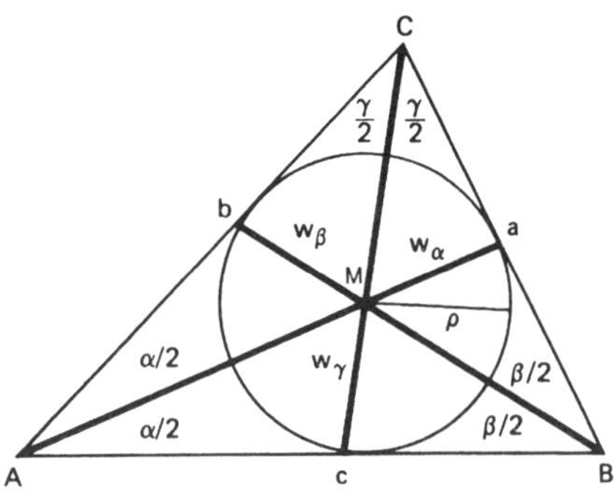

Höhen eines Dreiecks:
Die Lote von den Ecken eines Dreiecks auf die gegenüberliegenden Seiten heißen *Höhen* eines Dreiecks (s. nachfolgende Zeichnung). Sie schneiden sich in einem Punkt H, dem *Höhenschnittpunkt*. Bei einem spitzwinkligen Dreieck (alle Winkel kleiner als 90°) liegt H innerhalb des Dreiecks, bei einem stumpfwinkligen Dreieck (ein Winkel größer als 90°) außerhalb, bei einem rechtwinkligen Dreieck fällt H mit dem zum rechten Winkel gehörenden Eckpunkt zusammen.

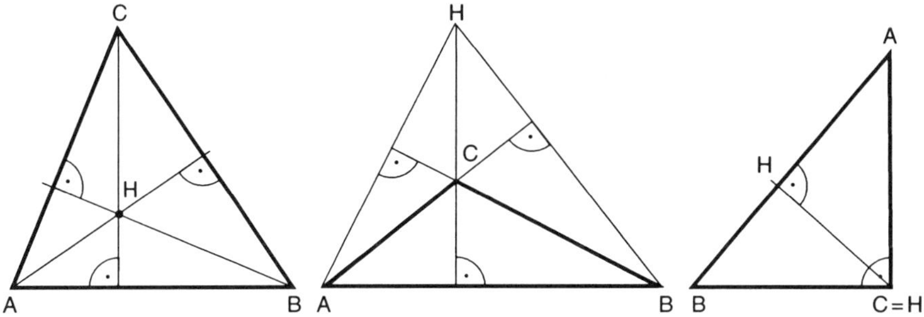

Mittellote eines Dreiecks:
Die in den Mitten der drei Seiten eines Dreicks errichteten Lote, die in der Dreiecksebene liegen, heißen *Mittellote* des Dreiecks. Die drei Mittellote eines Dreiecks schneiden sich in einem Punkt M, dem Mittelpunkt des Umkreises (s. Umkreis, 1.).

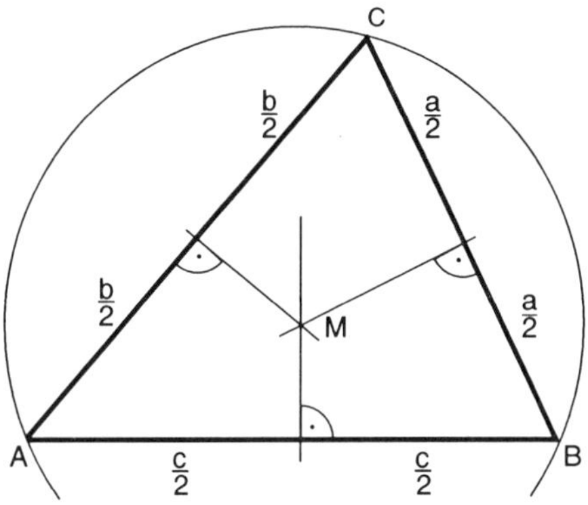

1.2. Flächeninhalt eines Dreiecks:
Falls eine Höhe h eines Dreiecks bekannt ist, kann der Flächeninhalt F_Δ berechnet werden nach der Formel

$$F_\Delta = \frac{1}{2}\text{Grundseite} \cdot \text{Höhe},$$

$$= \frac{1}{2} a\, b \sin\gamma = \frac{1}{2} b\, c \sin\alpha = \frac{1}{2} a\, c \sin\beta .$$

Der Flächeninhalt kann auch mit Hilfe des Kreuzprodukts bestimmt werden (s. Vektor im V^n, 2.8.). Weil der Flächeninhalt des Dreiecks gleich der Hälfte des von den Vektoren $\vec{a}$ und $\vec{b}$ gebildeten Paralleologramms ist, gilt

$$F_\Delta = \frac{1}{2} \cdot |\vec{a} \times \vec{b}| = \frac{1}{2} \cdot |\vec{a}| \cdot |\vec{b}| \cdot |\sin\varphi| \quad (\varphi = \text{Winkel zwischen } \vec{a} \text{ und } \vec{b})$$

mit

$$\vec{a} \times \vec{b} = \begin{pmatrix} a_1 \\ a_2 \\ a_3 \end{pmatrix} \times \begin{pmatrix} b_1 \\ b_2 \\ b_3 \end{pmatrix} = \begin{vmatrix} \vec{e}_1 & a_1 & b_1 \\ \vec{e}_2 & a_2 & b_2 \\ \vec{e}_3 & a_3 & b_3 \end{vmatrix} = \begin{pmatrix} a_2 b_3 - a_3 b_2 \\ a_3 b_1 - a_1 b_3 \\ a_1 b_2 - a_2 b_1 \end{pmatrix},$$

$$F_\Delta = \frac{1}{2}\sqrt{(a_2 b_3 - a_3 b_2)^2 + (a_3 b_1 - a_1 b_3)^2 + (a_1 b_2 - a_2 b_1)^2} .$$

Für den Flächeninhalt gilt die **Heronische Inhaltsformel**

$$F = \sqrt{s(s-a)(s-b)(s-c)} = \rho s \quad \text{mit} \quad s = \frac{1}{2}(a+b+c) .$$

Dabei ist $\rho = \sqrt{\frac{(s-a)(s-b)(s-c)}{s}}$ der Radius des Inkreises (s. Inkreis, 1.). Diese Formel wird zwar nach Heron von Alexandrien benannt, sie stammt jedoch vermutlich von Archimedes.
Falls das Dreieck in der x-y-Ebene liegt mit den Eckpunkten $A(x_1, y_1)$, $B(x_2, y_2)$, $C(x_3, y_3)$, kann der Flächeninhalt mit Hilfe der Determinante

$$\pm F_\Delta = \frac{1}{2} \cdot \begin{vmatrix} 1 & x_1 & y_1 \\ 1 & x_2 & y_2 \\ 1 & x_3 & y_3 \end{vmatrix}$$

dargestellt werden (s. Determinante). Die Determinante ist genau dann positiv, wenn man von A über B nach C im positiven Drehsinn (gegen die Uhrzeigerlaufrichtung) gelangt (s. Koordinatensystem, 1.1.2.).

1.3. Ähnliche Dreiecke:
Zwei Dreiecke sind *ähnlich*, wenn in beiden Dreiecken jeweils zwei Winkel gleich groß sind. Durch eventuelle Spiegelung kann immer erreicht werden, daß zwei ähnliche Dreiecke gleich orientiert sind mit

$$\alpha = \alpha'; \quad \beta = \beta'; \quad \gamma = \gamma'.$$

Durch Parallelverschiebung und Drehung kann man nach einer eventuellen Spiegelung immer erreichen, daß zwei Seiten zusammenfallen und die gegenüberliegenden Seiten parallel sind. In ähnlichen Dreiecken verhalten sich enstprechende Seiten gleich:

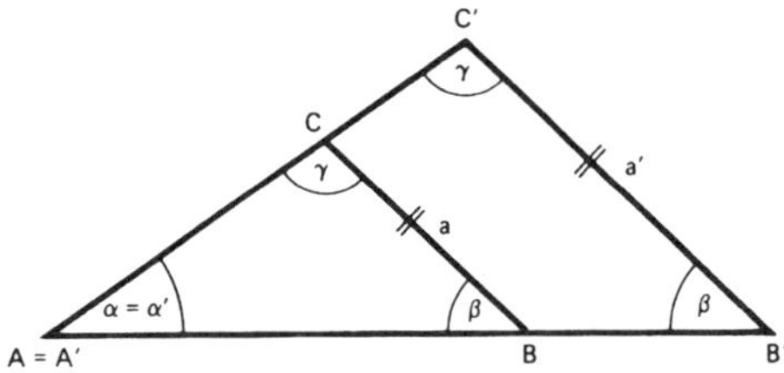

$$a' : a = b' : b = c' : c = k \text{ (k = Ähnlichkeitsfaktor) (s. Strahlensätze).}$$

1.4. Sinussatz:
Durch jede Höhe wird ein allgemeines Dreieck in zwei rechtwinklige Dreiecke zerlegt. Aus

$$h_a = c \sin\beta = b \sin\gamma;$$

$$h_b = c \sin\alpha = a \sin\gamma;$$

$$h_c = b \sin\alpha = a \sin\beta$$

erhält man den *Sinussatz*

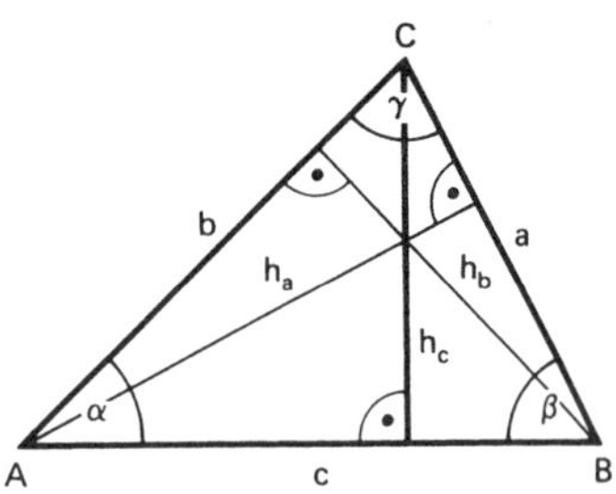

$$\frac{\sin\alpha}{a} = \frac{\sin\beta}{b} = \frac{\sin\gamma}{c}, \quad \text{also} \quad \sin\alpha : \sin\beta : \sin\gamma = a : b : c.$$

In einem beliebigen Dreieck verhalten sich die Längen der Seiten wie die Sinuswerte der gegenüberliegenden Winkel.

1.5. Kosinussatz:
Mit den in der nachfolgenden Skizze angegebenen Größen erhält man

$$a^2 = (b\sin\alpha)^2 + (c - b\cos\alpha)^2$$
$$= b^2\sin^2\alpha + c^2 - 2bc\cos\alpha + b^2\cos^2\alpha$$
$$= b^2 + c^2 - 2bc\cos\alpha .$$

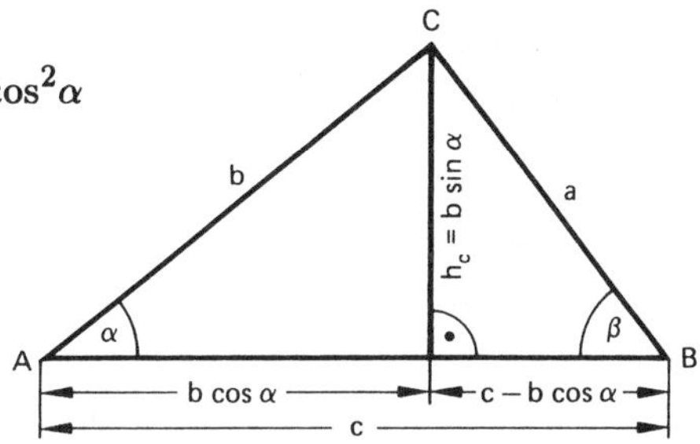

Zyklische Vertauschung ergibt

$$a^2 = b^2 + c^2 - 2bc\cos\alpha ;$$
$$b^2 = a^2 + c^2 - 2ac\cos\beta ;$$
$$c^2 = a^2 + b^2 - 2ab\cos\gamma .$$

Der *Kosinussatz* besagt, daß in einem beliebigen Dreieck das Quadrat einer Seitenlänge gleich der Summe der Quadrate der beiden anderen Seitenlängen minus dem doppelten Produkt der Längen dieser gegenüberliegenden Seiten mit dem Kosinus des von diesen Seiten eingeschlossenen Winkels ist.

1.6. Tangenssatz:
Für die Seitenlängen a, b, c und die Winkelgrößen α, β, γ eines allgemeinen Dreiecks gilt

$$\tan\frac{\alpha-\beta}{2} = \frac{a-b}{a+b}\cdot\tan\frac{\alpha+\beta}{2}; \quad \tan\frac{\beta-\gamma}{2} = \frac{b-c}{b+c}\cdot\tan\frac{\beta+\gamma}{2};$$

$$\tan\frac{\gamma-\alpha}{2} = \frac{c-a}{c+a}\cdot\tan\frac{\gamma+\alpha}{2}.$$

1.7. Halbwinkelsatz:

Mit $s = \frac{a+b+c}{2}$ gilt in einem allgemeinen Dreieck

$$\tan\frac{\alpha}{2} = \sqrt{\frac{(s-b)(s-c)}{s(s-a)}}; \quad \tan\frac{\beta}{2} = \sqrt{\frac{(s-c)(s-a)}{s(s-b)}}; \quad \tan\frac{\gamma}{2} = \sqrt{\frac{(s-a)(s-b)}{s(s-c)}}.$$

1.8. Mollweidesche Formeln:
In einem allgemeinen Dreieck gilt

$$\frac{a+b}{c} = \frac{\cos\frac{\alpha-\beta}{2}}{\sin\frac{\gamma}{2}}; \quad \frac{a-b}{c} = \frac{\sin\frac{\alpha-\beta}{2}}{\cos\frac{\gamma}{2}}; \quad \frac{b+c}{a} = \frac{\cos\frac{\beta-\gamma}{2}}{\sin\frac{\alpha}{2}}; \quad \frac{b-c}{a} = \frac{\sin\frac{\beta-\gamma}{2}}{\cos\frac{\alpha}{2}};$$

$$\frac{a+c}{b} = \frac{\cos\frac{\alpha-\gamma}{2}}{\sin\frac{\beta}{2}}; \quad \frac{a-c}{b} = \frac{\sin\frac{\alpha-\gamma}{2}}{\cos\frac{\beta}{2}}.$$

2. Rechtwinkliges Dreieck:
Ein Dreieck mit einem rechten Winkel (90°) heißt *rechtwinklig*.

2.1. Bezeichnungen:

$\gamma = 90°$; $\alpha + \beta = 90°$.

Die Seite AB der Länge c, die dem rechten Winkel gegenüberliegt, heißt *Hypothenuse*. Die Seiten BC und AC durch B und C sowie durch A und C mit den Längen a und b nennt man *Katheten*.

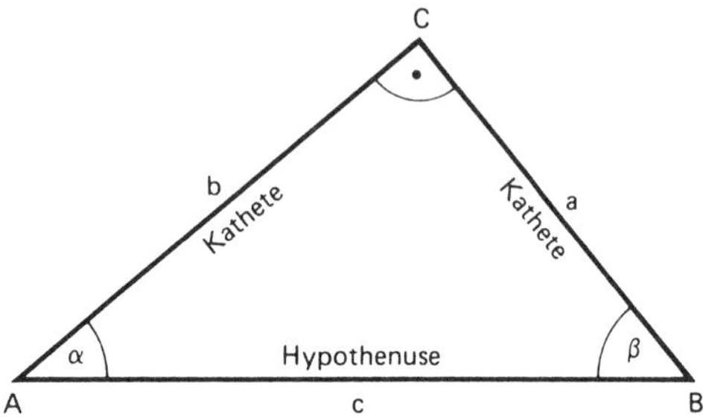

2.2. Trigonometrische Funktionen im rechtwinkligen Dreieck:
Für Winkel α mit $0° < \alpha < 90°$ gilt (s. trigonometrische Funktionen, 2.):

Sinus: $\sin\alpha = \frac{a}{c} = \frac{\text{Gegenkathete}}{\text{Hypothenuse}}$; Kosinus: $\cos\alpha = \frac{b}{c} = \frac{\text{Ankathete}}{\text{Hypothenuse}}$;

Tangens: $\tan\alpha = \frac{a}{b} = \frac{\text{Gegenkathete}}{\text{Ankathete}} = \frac{\sin\alpha}{\cos\alpha}$;

Kotangens: $\cot\alpha = \frac{b}{a} = \frac{\text{Ankathete}}{\text{Gegenkathete}} = \frac{\cos\alpha}{\sin\alpha}$.

Analog gilt

$$\sin\beta = \frac{b}{c};\quad \cos\beta = \frac{a}{c};\quad \tan\beta = \frac{b}{a};\quad \cot\beta = \frac{a}{b}.$$

2.3. Thaleskreis:
Ein beliebiger Punkt P auf dem Umkreis über der Hypothenuse AB werde mit den beiden Endpunkten A und B verbunden. Dann entsteht ein rechter Winkel. Damit ist der geometrische Ort aller rechten Winkel, deren Schenkel durch die Punkte A und B gehen, ein Kreis um den Mittelpunkt M der Strecke AB mit dem Radius $r = \frac{1}{2} \cdot \overline{AB}$. Der Kreis heißt *Thaleskreis*.

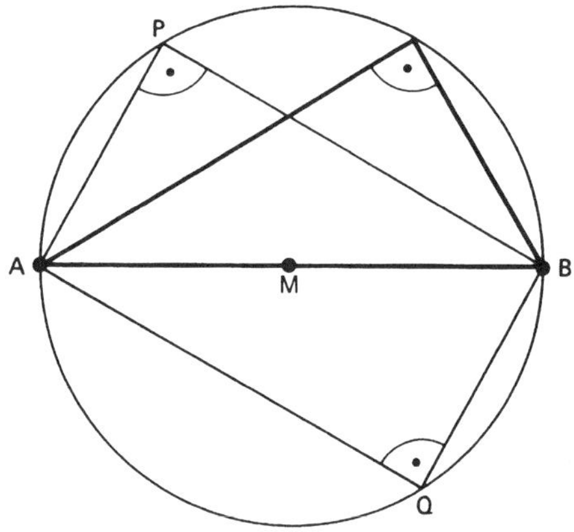

2.4. Höhensatz:
Die Höhe durch den Punkt C mit der Länge h zerlegt das rechtwinklige Dreieck in ähnliche, rechtwinklige Dreiecke AHC und CHB. Aus

$h : p = q : h$

erhält man den *Höhensatz*

$h^2 = pq$.

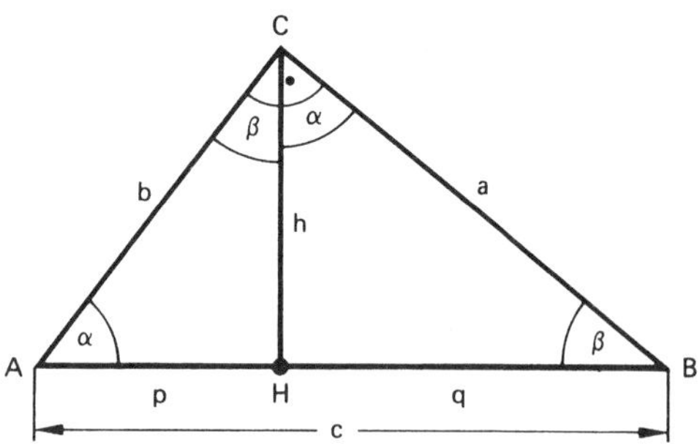

Im rechtwinkligen Dreieck ist das Quadrat der Höhe über der Hypothenuse gleich dem Produkt der durch die Höhe gebildeten Hypothenusenabschnitte.

2.5. Kathetensatz:
Die Dreiecke AHC, CHB und ACB sind ähnlich (s. obige Zeichnung). Damit gilt

$$b : p = c : b; \quad a : q = c : a; \quad b^2 = pc; \quad a^2 = qc.$$

Im rechtwinkligen Dreieck ist das Quadrat der Länge einer Kathete gleich dem Produkt der Länge der Hypothenuse und der Länge der Projektion dieser Kathete auf die Hypothenuse.

2.6. Pythagoreischer Lehrsatz (Satz des Pythagoras):
Aus dem Kathetensatz folgt durch Addition wegen $p + q = c$

$$a^2 + b^2 = qc + pc = (p + q)c = c^2.$$

Im rechtwinkligen Dreieck ist die Summe der Quadrate der Längen der Katheten gleich dem Quadrat der Länge der Hypothenuse.

3. Gleichschenkliges Dreieck:
Falls in einem Dreieck zwei Winkel und damit zwei Seiten gleich groß sind, heißt das Dreieck *gleichschenklig.* Die beiden gleichlangen Seiten nennt man *Schenkel* des Dreiecks. Die dritte Seite heißt *Basis* des Dreiecks. Es soll nur das gleichschenklige Dreieck mit der Basislänge c untersucht werden, also mit

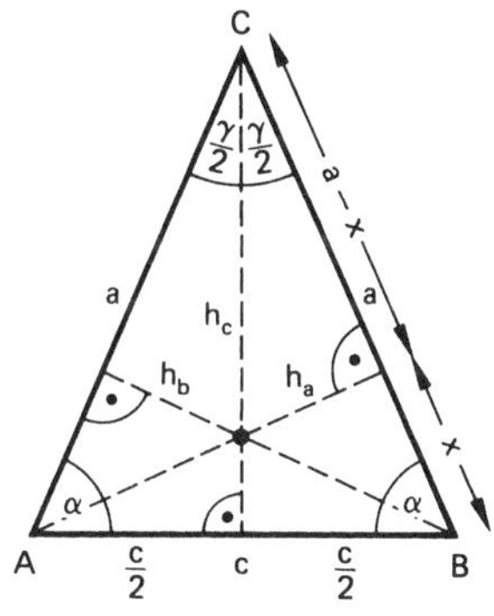

$$\alpha = \beta; \quad \gamma = 180^\circ - 2\alpha; \quad a = b.$$

Höhen:

$$h_c = \sqrt{a^2 - \frac{c^2}{4}}; \; h_a = h_b = \frac{c}{a} \cdot \sqrt{a^2 - \frac{c^2}{4}}.$$

Flächeninhalt: $F = \frac{1}{2} c\, h_c = \frac{c \cdot \sqrt{4a^2 - c^2}}{4}$;

Umfang: $U = 2a + c$;

Inkreisradius: $\rho = \frac{c\,(2a - c)}{4h_c} = \frac{c}{2} \cdot \sqrt{\frac{2a - c}{2a + c}}$;

Umkreisradius: $r = \frac{a^2}{2h_c} = \frac{a^2}{\sqrt{4a^2 - c^2}}$.

4. Gleichseitiges Dreieck:
Falls alle drei Winkel und damit alle drei Seitenlängen gleich groß sind, heißt das Dreieck *gleichseitig.* Es ist ein regelmäßiges Vieleck (s. Vieleck, 4.) mit

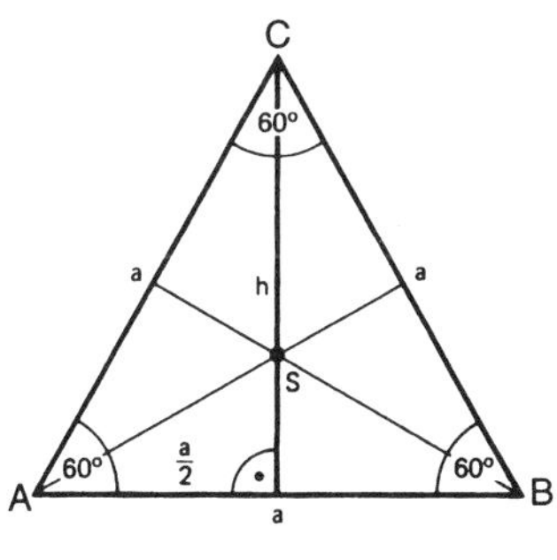

$$\alpha = \beta = \gamma = 60^\circ; \quad a = b = c;$$

Höhen: $h = \frac{a}{2} \cdot \sqrt{3}$; Flächeninhalt: $F = \frac{a\,h}{2} = \frac{a^2}{4} \cdot \sqrt{3}$;

Inkreisradius: $\rho = \frac{a}{6} \cdot \sqrt{3}$; Umkreisradius: $r = \frac{a}{3} \cdot \sqrt{3} = 2\rho$;

der Schwerpunkt S besitzt von jeder Seite den Abstand $\frac{a}{6} \cdot \sqrt{3}$.

Die Winkelhalbierenden, Höhen und Mittellote fallen beim gleichseitigen Dreieck zusammen.

Dreiecksmatrix:

Die quadratischen Matrizen

$$D_1 = \begin{pmatrix} a_{11} & a_{12} & a_{13} & a_{14} & \cdots & a_{1n} \\ 0 & a_{22} & a_{23} & a_{24} & \cdots & a_{2n} \\ 0 & 0 & a_{33} & a_{34} & \cdots & a_{3n} \\ 0 & 0 & 0 & a_{44} & \cdots & a_{4n} \\ \cdots & \cdots & \cdots & \cdots & \cdots & \cdots \\ 0 & 0 & 0 & \cdots & 0 & a_{nn} \end{pmatrix}; \quad D_2 = \begin{pmatrix} a_{11} & 0 & 0 & 0 & \cdots & 0 \\ a_{21} & a_{22} & 0 & 0 & \cdots & 0 \\ a_{31} & a_{32} & a_{33} & 0 & \cdots & 0 \\ a_{41} & a_{42} & a_{43} & a_{44} & \cdots & 0 \\ \cdots & \cdots & \cdots & \cdots & \cdots & \cdots \\ a_{n1} & a_{n2} & a_{n3} & a_{n4} & \cdots & a_{nn} \end{pmatrix}$$

heißen *obere* bzw. *untere Dreiecksmatrix* (s. Matrix, 1.).

Dreiecksungleichung:

1. Dreiecksungleichung einer Metrik:
Für jede Metrik d (s. metrischer Raum) gilt die Dreiecksungleichung

$$d(x,y) \leq d(x,z) + d(z,y) \quad \text{für alle} \quad x,y,z \in M.$$

2. Dreiecksungleichung einer Norm:
Für jede auf einem Vektorraum V definierte Norm (s. Norm, s. Vektorraum, 5.) gilt die Dreiecksungleichung

$$\|\mathbf{u} + \mathbf{v}\| \leq \|\mathbf{u}\| + \|\mathbf{v}\|$$

für alle Elemente $\mathbf{u}$, $\mathbf{v} \in V$ (s. Schwarzsche Ungleichung, 5.).

3. Dreiecksungleichung eines Betrages:
Für den Betrag von reellen bzw. komplexen Zahlen gilt allgemein

$$|a + b| \leq |a| + |b| \quad \text{für beliebige } a, b \in \mathbb{R}$$

(s. Betrag, 1., 2.).

4. Dreiecksungleichung eines Betrages von Vektoren:
Für den Betrag von Vektoren im V^n gilt allgemein

$$|\vec{a} + \vec{b}| \leq |\vec{a}| + |\vec{b}|$$

(s. Vektor im V^n, 3., s. Betrag, 3., s. Schwarzsche Ungleichung, 5.).

Dreifachintegral s. Integralrechnung, 3.2.

dreireihige Determinante s. Determinante, 7.

Dreisatz:
Falls in einer Proportion (s. Proportion) drei Größen bekannt und die vierte gesucht ist, nennt man sie einen *Dreisatz.*

Beispiel: $a:b = c:x$. Aus $\frac{a}{b} = \frac{c}{x}$ erhält man die Lösung $x = c \cdot \frac{b}{a}$.

Dreitafelprojektion:
Die senkrechten Parallelprojektionen auf drei aufeinander senkrecht stehende Bildtafeln heißt *Dreitafelprojektion* (s. Projektion, 2.). Es handelt sich also um eine Erweiterung der Zweitafelprojektion (s. Zweitafelprojektion). Die *Grundrißebene* (*Grundrißtafel*) $\prod_1$ wird horizontal gewählt, die *Aufrißebene* (*Aufrißtafel*) $\prod_2$ vertikal. Senkrecht zur Grundriß- und Aufrißebene steht die *Kreuzrißebene* (*Kreuzrißtafel*) $\prod_3$. Die Kreuzrißtafel wird zuerst in die Aufrißebene und anschließend mit dieser in die Grundrißebene geklappt.

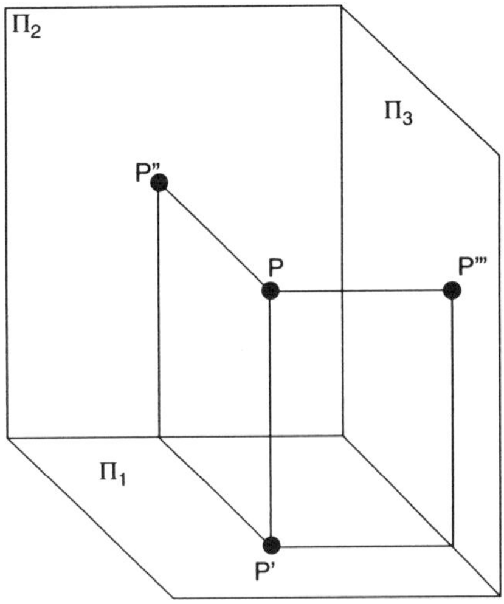

Dreiteilung eines Winkels (Trisektionsproblem):
Durch die *Trisektion* soll ein Winkel beliebiger Größe α allein mit Zirkel und Lineal in drei gleiche Teile zerlegt werden. Es soll also $\cos\frac{\alpha}{3}$ aus $\cos\alpha$ konstruiert werden. Da die Lösung der Gleichung

$$(\cos\frac{\alpha}{3})^3 - 3\cos\frac{\alpha}{3} - 2\cos\alpha = 0$$

algebraisch nicht allgemein durch Quadratwurzelausdrücke darstellbar ist, ist die Dreiteilung eines Winkels im allgemeinen nur mit Zirkel und Lineal nicht durchführbar. Die Menge der dreiteilbaren Winkel ist abzählbar (s. abzählbar unendlich), während die Menge der nicht dreiteilbaren Winkel die Mächtigkeit (s. Äquivalenz) des Kontinuums (s. Kontinuum) hat (s. Konstruierbarkeit mit Zirkel und Lineal).

Dualbruch s. Dualzahl, s. Zahlensystem, 2.

duale Elemente s. projektive Geometrie.

duale lineare Optimierung s. lineare Optimierung, 4.

dualer (binärer) Logarithmus (logarithmus dualis):

Der Logarithmus zur Basis $a = 2$ heißt *dualer* oder *binärer Logarithmus* bzw. *logarithmus dualis.* Man bezeichnet ihn mit

$$y = \operatorname{ld} x = \log_2 x \quad \Leftrightarrow \quad x = 2^y \qquad \text{(s. Logarithmus).}$$

dualer Vektorraum:

Es sei V ein n-dimensionaler Vektorraum über dem Körper $\mathbb{R}$ der reellen Zahlen (s. Vektorraum, 1.). Die Menge $\tilde{V}$ der reellwertigen linearen Funktionale $\mathbf{v} \to l(\mathbf{v})$ ist ein n-dimensionaler Vektorraum mit

$$\lambda \cdot l(\mathbf{v}) = l(\lambda \cdot \mathbf{v}) \quad \text{für alle } \mathbf{v} \in V \text{ und } \lambda \in \mathbb{R};$$

$$(l + m)(\mathbf{v}) = l(\mathbf{v}) + m(\mathbf{v}) \quad \text{für alle } l,\ m \in \tilde{V} \text{ und } \mathbf{v} \in V.$$

$\tilde{V}$ heißt der zu V *duale Vektorraum.*

duales Programm s. lineare Optimierung, 4.

duale Verknüpfungen s. Verband.

Dualgruppe s. Verband.

Dualitätsprinzip s. projektive Geometrie, 1.

Dualitätssatz s. lineare Optimierung, 4.

Dualsystem s. Zahlensystem, 2., s. Dualzahl.

Dualzahl:

In der Zahlendarstellung (s. Zahlensystem, 2.) werde die Basis $g = 2$ und die Ziffern O $(=0)$ und L $(=1)$ benutzt. Dann erhält man eine Darstellung einer reellen Zahl als *Dualzahl*

$$d = \pm\, d_n d_{n-1} \ldots d_1 d_0, d_{-1} d_{-2} d_{-3} d_{-4} \ldots$$

$$= \pm \left[\sum_{k=0}^{n} d_k \cdot 2^k + \sum_{k=1}^{\infty} d_{-k} \cdot 2^{-k} \right] \quad \text{mit} \quad d_\nu \in \{O, L\} = \{0, 1\}.$$

dezimal	dual	dezimal	dual	dezimal	dual
0	O	6	LLO	12	LLOO
1	L	7	LLL	13	LLOL
2	LO	8	LOOO	14	LLLO
3	LL	9	LOOL	15	LLLL
4	LOO	10	LOLO	16	LOOOO
5	LOL	11	LOLL	17	LOOOL

Die Darstellung der reellen Zahlen durch Dualzahlen wird vor allem bei Rechenautomaten benutzt. Es gelten die speziellen Operationen

$$O + O = O; \quad O + L = L + O = L; \quad L + L = LO;$$

$$O \cdot O = O \cdot L = L \cdot O = O; \quad L \cdot L = L.$$

Beispiele: **Addition** (s. Addition, 2.) **Subtraktion** (s. Subtraktion)

Dualsystem	Zehnersystem
LOLLOOL	89
+ LOLOLO	42
LOOOOOLL	131

Dualsystem	Zehnersystem
LOLOLOL	85
− LOOLLO	38
LOLLLL	47

Multiplikation (s. Multiplikation, 1.)

LLLOL · LLOL	29 · 13
LLLOL	29
LLLOL	87
OOOOO	377
LLLOL	
LOLLLLOOL	

Division (s. Division, 2.)

LLOLLO : LOOLO = LL 54 : 18 = 3.

LOOLO

LOOLO

LOOLO

O

Umwandlung einer Dezimalzahl in eine Dualzahl:
Die Dezimalzahl $0{,}b_1 b_2 b_3 \ldots$ mit $b_i \in \{0, 1, 2, \ldots, 9\}$ soll als Dualzahl $0{,}d_1 d_2 d_3 \ldots$ mit $d_i \in \{0, 1\} = \{\mathrm{O}, \mathrm{L}\}$ dargestellt werden. Aus

$$\frac{b_1}{10} + \frac{b_2}{10^2} + \frac{b_3}{10^3} + \ldots = \frac{d_1}{2} + \frac{d_2}{2^2} + \frac{d_3}{2^3} + \ldots$$

erhält man nach Multiplikation mit 2 aus

$$\frac{2b_1}{10} + \frac{2b_2}{10^2} + \frac{2b_3}{10^3} + \ldots = d_1 + \frac{d_2}{2} + \frac{d_3}{2^2} + \ldots$$

zunächst d_1. Der Rest wird wieder mit 2 multipliziert, was d_2 ergibt usw.

Beispiel: $0{,}625 = \frac{1}{2} + 0{,}125 = \frac{1}{2} + \frac{0}{2^2} + \frac{1}{2^3}$. Damit gilt $0{,}625 \mathrel{\hat{=}} \mathrm{O{,}LOL}$.

Umwandlung eines Dualbruches in einen Dezimalbruch:
Da bei Dualbrüchen in den Nennern nur Zweierpotenzen auftreten, geschieht die Umwandlung eines Dualbruches in einen Dezimalbruch mit Hilfe der Erweiterung mit den entsprechenden Fünferpotenzen.

Beispiel:

$$\mathrm{O{,}LLOLL} \mathrel{\hat{=}} \frac{1}{2} + \frac{1}{4} + \frac{0}{8} + \frac{1}{16} + \frac{1}{32}$$

$$= \frac{16 + 8 + 2 + 1}{32} = \frac{27}{2^5} = \frac{27 \cdot 5^5}{2^5 \cdot 5^5} = \frac{84375}{10^5} = 0{,}84375.$$

Duodezimalzahl (Zwölfersystem) s. Zahlensystem, 2.

Durchmesser:

1. Durchmesser einer beschränkten Punktmenge:
Die obere Grenze der Abstände zweier Punkte einer beschränkten Punktmenge heißt *Durchmesser* der Punktmenge.

2. Durchmesser einer Fläche 2. Ordnung:
Durch den Mittelpunkt eines Ellipsoids bzw. Hyperboloids werde eine beliebige Gerade gelegt. Dann heißt das von der Fläche begrenzte Geradenstück *Durchmesser* der Fläche. Bei einer Kugel ist die Länge des Durchmessers gleich dem doppelten Radius, also $d = 2r$.

3. Durchmesser eines Kegelschnittes:
Durch den Mittelpunkt einer Ellipse (eines Kreises) bzw. einer Hyperbel werde eine beliebige Gerade gelegt. Dann heißt das von der Kurve begrenzte Geradenstück *Durchmesser* des Kegelschnittes. Bei einem Kreis ist die Länge d eines Durchmessers gleich dem doppelten Radius, also $d = 2r$ (s. Kreis, 1.).

Durchschnitt (Schnittmenge):
$A \cap B = \{x \mid x \in A \text{ und } x \in B\}$ heißt *Durchschnitt* oder *Schnittmenge* von A und B (s. Menge, 2.).

Dürer, Albrecht (1471 – 1528) benutzte als Maler zur Bildkonstruktion wichtige Eigenschaften der Geometrie, z. B. die Perspektive.

dyadisches Zahlensystem s. Zahlensystem, 2., s. Dualzahl.

dynamische Optimierung s. Optimierung, dynamische.

E

e (Eulersche Zahl):
Die *Eulersche Zahl* e ist erklärt durch den Grenzwert

$$e = \lim_{n \to \infty} \left(1 + \frac{1}{n}\right)^n .$$

Die Zahl e ist transzendent (s. transzendent, 3.) und somit irrational (s. reelle Zahlen, 4.). Daher kann die Dezimalbruchentwicklung für e weder abbrechen noch in ihr eine Periode auftreten. Es gilt $e = 2{,}7182818284\ldots$.

Die Zahlenfolge $a_n = \left(1+\frac{1}{n}\right)^n, n = 1, 2, 3, \ldots$ ist streng monoton wachsend und beschränkt mit $a_n < 3$ für alle n. Daher ist sie konvergent. Die Eulersche Zahl e spielt eine wichtige Rolle bei der stetigen Verzinsung und beim stetigen Wachstum (s. Exponentialfunktion, s. natürlicher Logarithmus, s. Zinseszinsrechnung, 5.). Für die Zahl e gilt die Reihenentwicklung

$$e = 1 + \frac{1}{1!} + \frac{1}{2!} + \frac{1}{3!} + \frac{1}{4!} + \ldots = \sum_{k=0}^{\infty} \frac{1}{k!} .$$

Diese Reihe konvergiert wesentlich schneller als die Folge $\left(1+\frac{1}{n}\right)^n$.

Ebene:

1. Ebene als Element der Euklidischen Geometrie:

In der Euklidischen Geometrie kann eine Ebene nur axiomatisch (also implizit) definiert werden (s. Geometrie, 1., 2.). In Euklidischen Räumen (s. Euklidischer Raum) ist eine Ebene ein Teilraum der Dimension 2. Sie kann aufgespannt werden durch eine Gerade (s. Gerade, 1., 2.) und einen nicht auf der Geraden liegenden Punkt oder durch drei Punkte, die nicht auf einer Geraden liegen. Eine Ebene entsteht auch dadurch, daß sich eine Gerade g um einen auf ihr liegenden Punkt P dreht, und dabei entlang einer nicht durch P gehenden Geraden h gleitet.

2. Ebenendarstellungen im $\mathbb{R}^3$:

2.1. Parameterdarstellung:

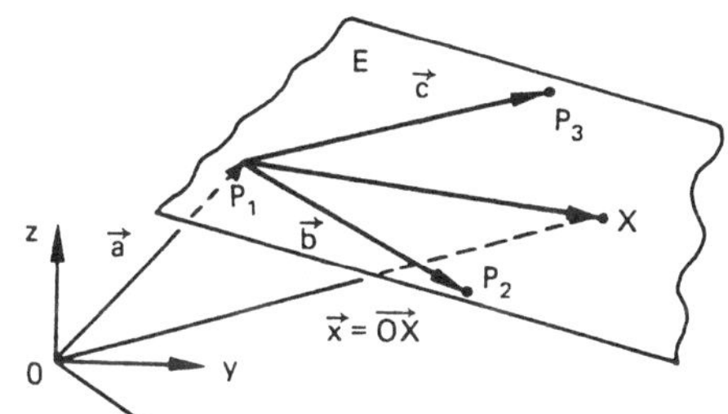

Die drei Punkte P_1, P_2 und P_3 sollen auf keiner Geraden liegen. $\vec{a} = \overrightarrow{OP_1}$ ist ein Ortsvektor zur Ebene E. Die Vektoren $\vec{b} = \overrightarrow{P_1P_2}$ und $\vec{c} = \overrightarrow{P_1P_3}$ seien nichtparallele Vektoren in der Ebene E. X(x, y, z) sei ein beliebiger Punkt auf der Ebene E. Dann erhält man mit den beiden Parametern λ und $\mu \in \mathbb{R}$ die Parameterdarstellung der Ebene

$$\overrightarrow{OX} = \begin{pmatrix} x \\ y \\ z \end{pmatrix} = \overrightarrow{OP_1} + \lambda \cdot \overrightarrow{P_1P_2} + \mu \cdot \overrightarrow{P_1P_3} = \vec{a} + \lambda \cdot \vec{b} + \mu \cdot \vec{c}\ ;\ \lambda, \mu \in \mathbb{R}.$$

Jedem Paar (λ, μ) von Parameterwerten entspricht ein Ortsvektor zu einem Punkt X der Ebene E. Ordnet man jedem Punkt P auf der Ebene das zugehörige Parameterpaar $(\lambda, \mu) \in \mathbb{R}^2$ zu, so entsteht eine allgemeine Koordinatenebene, deren Achsen und Maßstabseinheiten durch die Vektoren $\vec{a}$ und $\vec{b}$ bestimmt sind (s. Koordinatensystem, 2.1.1.).

2.2. Koordinatengleichung und Achsenabschnittsgleichung:

Elimination der Parameter λ und μ aus den drei Komponentengleichungen der Parameterdarstellung 2.1. ergibt eine *Koordinatengleichung*

$$ax+by+cz+d=0 \quad \text{mit } a,b,c,d \in \mathbb{R}.$$

Von den Koeffizienten a, b und c dürfen dabei nicht alle drei gleichzeitig verschwinden. Aus einer Koordinatengleichung der Ebene erhält man eine Parameterdarstellung, indem von den drei Variablen x, y und z eine gleich λ und eine zweite gleich μ gesetzt wird. λ und μ sind dabei beliebig.
Die spezielle Koordinatengleichung

$$\frac{x}{a}+\frac{y}{b}+\frac{z}{c}=1 \quad \text{mit } a,\, b,\, c \neq 0$$

nennt man *Achsenabschnittsgleichung.* Die Ebene schneidet die kartesischen Koordinatenachsen an den Stellen $x=a$, $y=b$ und $z=c$. Die Zahlenwerte a, b und c heißen *Achsenabschnitte.*

2.3. Hessesche Normalform:
Es sei $\vec{n}^T=(n_1,n_2,n_3)$ ein vom Koordinatenursprung O wegweisender Normaleneinheitsvektor auf der Ebene E mit

$$|\vec{n}|^2=n_1^2+n_2^2+n_3^2=1.$$

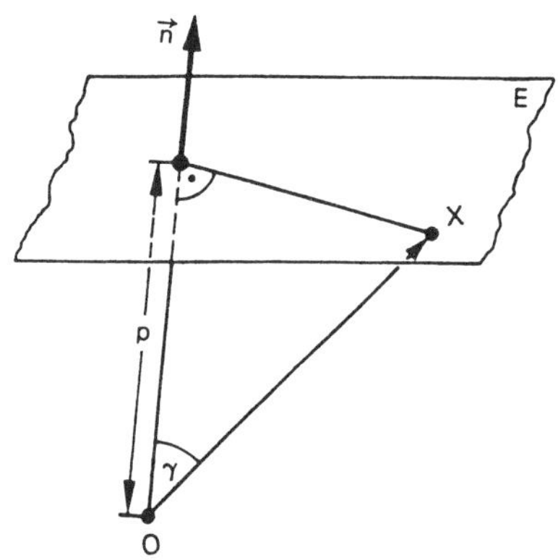

Für einen beliebigen Ortsvektor $\overrightarrow{OX}$ zu einem Punkt X in E gilt dann mit dem Skalarprodukt

$$\vec{n}\cdot\overrightarrow{OX}=|\vec{n}|\cdot|\overrightarrow{OX}|\cdot\cos\gamma=p\,.$$

In dem rechtwinkligen Dreieck gilt

$$|\overrightarrow{OX}|\cdot\cos\gamma=p\,.$$

Damit erhält man $\begin{pmatrix}n_1\\n_2\\n_3\end{pmatrix}\cdot\begin{pmatrix}x\\y\\z\end{pmatrix}-p=0,$

also die nach O. Hesse benannte *Hessesche Normalform* der Ebene

$$n_1x+n_2y+n_3z-p=0 \quad \text{mit} \quad n_1^2+n_2^2+n_3^2=1\,.$$

p ist der Abstand des Koordinatenursprungs O von der Ebene E.

Abstand eines Punktes von der Ebene:
Setzt man die Koordinaten eines beliebigen Punktes $Q(x_1,y_1,z_1)$ in die Hessesche Normalform der Ebenengleichung ein, dann ist

$$d=n_1x_1+n_2y_1+n_3z_1-p$$

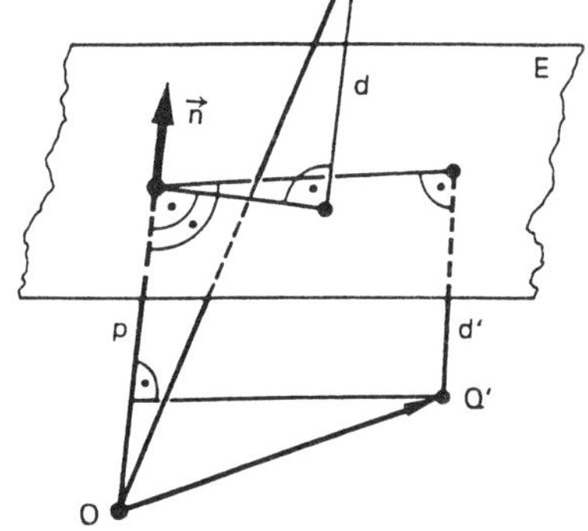

der positive Abstand des Punktes Q von der Ebene E, falls Q und der Koordinatenursprung O auf verschiedenen Seiten der Ebene liegen. Sind O und Q auf der gleichen Seite der Ebene, so ist d der negative Abstand des Punktes Q von der Ebene. Aus der Koordinatengleichung $ax + by + cz + d = 0$ erhält man die Hessesche Normalform

$$\pm\left[\frac{ax}{\sqrt{a^2+b^2+c^2}}+\frac{by}{\sqrt{a^2+b^2+c^2}}+\frac{cz}{\sqrt{a^2+b^2+c^2}}+\frac{d}{\sqrt{a^2+b^2+c^2}}\right]=0.$$

Dabei gilt für $d \leq 0$ das Pluszeichen und für $d > 0$ das Minuszeichen.

2.4. Darstellung einer Ebene durch eine Determinante:
Die drei Punkte $P_i(x_i, y_i, z_i)$ für $i = 1, 2, 3$ sollen nicht auf einer Geraden liegen. Sie spannen damit eine Ebene E auf. Der Punkt $X(x, y, z)$ liegt genau dann in E, wenn die drei Verbindungsvektoren

$$\overrightarrow{P_1X},\ \overrightarrow{P_1P_2},\ \overrightarrow{P_1P_3}$$

komplanar sind, wenn also ihr Spatprodukt (s. Spatprodukt) verschwindet, also für

$$\begin{vmatrix} x-x_1 & x_2-x_1 & x_3-x_1 \\ y-y_1 & y_2-y_1 & y_3-y_1 \\ z-z_1 & z_2-z_1 & z_3-z_1 \end{vmatrix} = \begin{vmatrix} 1 & 1 & 1 & 1 \\ x & x_1 & x_2 & x_3 \\ y & y_1 & y_2 & y_3 \\ z & z_1 & z_2 & z_3 \end{vmatrix} = 0$$

(s. Determinante). Die Entwicklung nach der ersten Spalte ergibt eine Koordinatengleichung für E.

3. Ebene im $\mathbb{R}^n$ s. Hyperebene.

Ebenenbündel:
Die Menge aller Ebenen, die genau einen Punkt gemeinsam haben, nennt man *Ebenenbündel.*

Ebenenbüschel:
Die Menge aller Ebenen, die durch eine gemeinsame Gerade g gehen, heißt *Ebenenbüschel.*

ebenes Vieleck:
Ein Vieleck, dessen Eckpunkte in einer Ebene liegen, heißt *eben* (s. Vieleck).

ebene Trigonometrie s. Trigonometrie, s. Dreieck.

echte konvexe Linearkombination s. konvex, 4.

echt gebrochenrational s. rationale Zahl, s. rationale Funktion, 3.

echte Teilmenge:
A heißt *echte Teilmenge* von B, wenn jedes Element von A in B enthalten ist, aber mindestens ein Element in B existiert, das nicht in A enthalten ist, also für $A \subset B$ und $A \neq B$ (s. Menge, 2.).

Ecke (Eckpunkt):

Ein Punkt $\vec{x} = (x_1, x_2, \ldots, x_n)$ einer konvexen Punktmenge $M \subset \mathbb{R}^n$ (s. konvex, 5.) heißt *Ecke* oder *Eckpunkt* von M, wenn er sich nicht als strenge konvexe Linearkombination zweier Punkte $\vec{y}$ und $\vec{z}$ aus M darstellen läßt, d. h. wenn es keine Darstellung $\vec{x} = \lambda\vec{y} + (1-\lambda)\vec{z}$ gibt mit $0 < \lambda < 1$, $\vec{y}$, $\vec{z} \in M$, $\vec{y} \neq \vec{z}$. Beispiele s. Polygon, s. Dreieck, s. Vieleck, 3., s. Viereck, s. Polyeder, 1., s. lineare Optimierung, 1., 2.1.9.

Eckenwinkel s. Vieleck, 2.

Efeublattkurve s. Zissoide.

e-Funktion s. Exponentialfunktion, 2.

eiförmige Kurve s. Eikurve.

Eigenelement s. Eigenwertproblem, 1.

Eigenfunktion s. Eigenwertproblem, 5.

Eigenlösung s. Eigenwertproblem, 1.

Eigenraum s. Eigenwertproblem, 1., 3.3.

Eigenschatten s. Schattenkonstruktion.

Eigenvektor s. Eigenwertproblem, 1.

Eigenvektoren, adjungierte s. adjungiert, 1.

Eigenwert s. Eigenwertproblem, 1.

Eigenwertproblem:

1. Eigenwertproblem bei einem linearen Operator (lineare Abbildung):

Es sei T ein linearer Operator eines Vektorraums V, also eine lineare Abbildung von V in sich (s. Vektorraum, 1., s. lineare Abbildung, 1.). Gesucht sind alle reellen bzw. komplexen Zahlen $\lambda \in \mathbb{R}$ bzw. $\lambda \in \mathbb{C}$, zu denen es in V nichttriviale Lösungen $\mathbf{v} \neq \mathbf{0}$ der Operatorgleichung

$$\mathrm{T}\mathbf{v} - \lambda\mathbf{v} = \mathbf{0} \quad \Leftrightarrow \quad \mathrm{T}\mathbf{v} = \lambda\mathbf{v}$$

gibt. Solche Werte heißen *Eigenwerte* oder *charakteristische Werte* von T. Die zugehörigen Lösungen nennt man *Eigenlösungen*, *Eigenelemente*, *Eigenvektoren* oder *Eigenfunktionen*. Die linear unabhängigen Vektoren zum Eigenwert λ bilden einen Untervektorraum, den zu λ gehörenden *Eigenraum* von T (s. Vektorraum, 2.).

2. Verallgemeinertes Eigenwertproblem bei linearen Operatoren:

Es seien T_1 und T_2 zwei lineare Operatoren, die den Vektorraum V in sich selbst abbilden. Dann besteht das verallgemeinerte Eigenwertproblem in der Lösung der Operatorgleichung

$$T_1 \mathbf{v} - \lambda T_2 \mathbf{v} = \mathbf{0}.$$

Reelle oder komplexe Lösungen λ, zu denen es nichttriviale Elemente $\mathbf{v} \neq \mathbf{0}$ gibt, heißen verallgemeinerte Eigenwerte, die Elemente $\mathbf{v} \neq \mathbf{0}$ verallgemeinerte Eigenlösungen.

3. Eigenwertproblem bei Matrizen:

3.1. Das allgemeine Eigenwertproblem:

Ein linearer Operator, der einen n-dimensionalen Vektorraum in sich selbst abbildet, kann durch eine n-reihige Matrix A beschrieben werden (s. lineare Abbildung, 2.). Der Operator T wird mit der Matrix

$$A = \begin{pmatrix} a_{11} & a_{12} & \cdots & a_{1n} \\ a_{21} & a_{22} & \cdots & a_{2n} \\ \vdots & \vdots & \vdots & \vdots \\ a_{n1} & a_{n2} & \cdots & a_{nn} \end{pmatrix}$$

identifiziert. A kann reell oder komplex sein, je nachdem, ob der Vektorraum reell oder komplex ist. Jeder Vektor $\vec{x} \neq \vec{0}$ mit reellen oder komplexen Komponenten, zu dem es eine reelle oder komplexe Zahl λ gibt mit

$$A \cdot \begin{pmatrix} x_1 \\ x_2 \\ \vdots \\ x_n \end{pmatrix} = \lambda \cdot \begin{pmatrix} x_1 \\ x_2 \\ \vdots \\ x_n \end{pmatrix}, \quad \text{also} \quad A\vec{x} = \lambda \vec{x},$$

ist *Eigenvektor* der Matrix A zum *Eigenwert* λ. Diese Vektorgleichung ist äquivalent zum homogenen linearen Gleichungssystem

$$(A - \lambda E)\vec{x} = \vec{0} \quad (E = \text{Einheitsmatrix})$$

(s. lineares Gleichungssystem, 3., s. verallgemeinerte Inverse, 3.2.).

3.2. Charakteristisches Polynom:

Das Gleichungssystem $(A - \lambda E)\vec{x} = \vec{0}$ besitzt genau dann nichttriviale Lösungen, wenn der Rang der Matrix $A - \lambda E$ kleiner als n ist. Dies ist genau dann der Fall, wenn die Determinante von $A - \lambda E$ verschwindet (s. Determinante, s. lineares Gleichungssystem, 3.). Damit muß für einen Eigenwert λ die *charakteristische Gleichung*

$$\det(A - \lambda E) = \begin{vmatrix} a_{11} - \lambda & a_{12} & a_{13} & \cdots & a_{1n} \\ a_{21} & a_{22} - \lambda & a_{23} & \cdots & a_{2n} \\ a_{31} & a_{32} & a_{33} - \lambda & \cdots & a_{3n} \\ \vdots & \vdots & \vdots & \cdots & \vdots \\ a_{n1} & a_{n2} & a_{n3} & \cdots & a_{nn} - \lambda \end{vmatrix} = 0$$

erfüllt sein. Die Determinante von $A - \lambda E$ ist ein Polynom n-ten Grades $P_n(\lambda)$. Man nennt es das *charakteristische Polynom* von A. Die Eigenwerte der Matrix A sind die Nullstellen des charakteristischen Polynoms, also die Lösungen von

$$P_n(\lambda) = \det(A - \lambda E) = 0.$$

Ein Polynom n-ten Grades besitzt genau n reelle oder komplexe Nullstellen, wobei mehrfache entsprechend ihrer Vielfachheit gezählt werden.

Eigenschaften:

1. Das charakteristische Polynom besitzt die Darstellung

   $$\det(A - \lambda E) = P_n(\lambda) = (-\lambda)^n + c_{n-1}(-\lambda)^{n-1} + \ldots + c_1 \lambda + c_0$$

   mit $c_{n-1} = \sum_{i=1}^{n} a_{ii}$ (= Spur von A) und $c_0 = \det(A)$.

2. Satz von Cayley-Hamilton:
   Jede quadratische Matrix A erfüllt ihre eigene charakteristische Gleichung, es gilt also

   $$P_n(A) = (-A)^n + c_{n-1}(-A)^{n-1} + \ldots + c_1 A + c_0 E = O$$

   (E = Einheitsmatrix; O = Nullmatrix).

3. Sind $\lambda_1, \lambda_2, \ldots, \lambda_n$ die Eigenwerte der Matrix A, so folgt aus dem Satz von Vieta (s. Vietasche Wurzelsätze)

   $$\sum_{k=1}^{n} \lambda_k = \mathrm{Sp}(A) = \sum_{i=1}^{n} a_{ii} \text{ (Spur)}; \quad \prod_{k=1}^{n} \lambda_k = \det(A) \text{ (Determinante)}.$$

4. Es seien A und B zwei quadratische Matrizen, welche die gleiche lineare Abbildung von V^n in sich selbst in zwei verschiedenen kartesischen Koordinatensystemen darstellt. Dann sind die beiden Matrizen ähnlich (s. lineare Abbildung, 2.6.) mit

   $$B = TAS \quad \text{(T und S nichtsingulär)}.$$

   Die beiden Matrizen A und B besitzen dasselbe charakteristische Polynom, also

   $$\det(A - \lambda E) = \det(B - \lambda E)$$

   und damit die gleichen Eigenwerte.

3.3. Eigenschaften von Eigenwerten und Eigenvektoren:

1. Im Falle $\mathrm{Rg}(A - \lambda_i E) = r < n$ besitzt die Gleichung $(A - \lambda_i E)\vec{x} = \vec{0}$ genau $n - r$ linear unabhängige Lösungen. Diese linear unabhängigen Vektoren zum Eigenwert λ_i bilden einen Untervektorraum der Dimension $n - r$, den zu λ_i gehörenden *Eigenraum* von A (s. Vektorraum, 2.).

2. Eigenvektoren zu verschiedenen Eigenwerten sind stets linear unabhängig.

3. Die Matrix A besitze den Eigenwert λ. Dann hat die Matrix

   $$B = \sum_{i=0}^{m} b_i A^i \quad \text{mit } b_i \in \mathbb{R} \quad (A^0 = \text{Einheitsmatrix E})$$

   den Eigenwert $\mu = \sum_{i=0}^{m} b_i \lambda^i$.

Folgerung: A besitze den Eigenwert λ. Dann besitzt die m-te Potenz $B = A^m$ den Eigenwert λ^m.

3.4. Eigenwerte und Eigenvektoren einer symmetrischen reellen Matrix:
Es sei A eine symmetrische reelle quadratische Matrix mit $A = A^T$ (transponierte Matrix). Dann gilt:

1. Sämtliche Eigenwerte von A sind reell. Allerdings können Eigenwerte übereinstimmen.

2. Eigenvektoren zu verschiedenen Eigenwerten sind orthogonal.

Orthonormalbasis:
Falls alle n Eigenwerte $\lambda_1, \lambda_2, \ldots, \lambda_n$ der symmetrischen Matrix A verschieden sind, bilden die zugehörigen Eigenwerte $\vec{x}_i$ ein Orthogonalsystem im V^n. Dann sind die normierten Vektoren $\frac{\vec{x}_i}{|\vec{x}_i|}$ ebenfalls Eigenvektoren zu λ_i. Sie bilden eine Orthonormalbasis (s. Orthogonal- und Orthonormalsystem). Zu einem r-fachen Eigenwert λ_i einer symmetrischen Matrix gibt es r linear unabhängige Eigenvektoren. Mit Hilfe des Schmidtschen Orthogonalisierungsverfahrens (s. Orthogonalisierungsverfahren von E. Schmidt, s. Vektor im V^n, 3.) können daraus orthonormale Eigenvektoren zum Eigenwert λ_i bestimmt werden. Daher gibt es zu jeder symmetrischen reellen Matrix A ein Orthonormalsystem von n Eigenvektoren $\vec{x}_1, \vec{x}_2, \ldots, \vec{x}_n$ mit dem Skalarprodukt

$$\vec{x}_j \cdot \vec{x}_k = \begin{cases} 1 & \text{für } j = k; \\ 0 & \text{für } j \neq k. \end{cases}$$

3.5. Hauptachsentransformation symmetrischer Matrizen:
Es seien $\lambda_1, \lambda_2, \ldots, \lambda_n$ die (reellen) Eigenwerte der symmetrischen reellen $n \times n$-Matrix A, wobei Eigenwerte gleich sein können. Nach 3.4. seien

$$\vec{x}_1 = \begin{pmatrix} x_{11} \\ x_{21} \\ \vdots \\ x_{n1} \end{pmatrix}; \quad \vec{x}_2 = \begin{pmatrix} x_{12} \\ x_{22} \\ \vdots \\ x_{n2} \end{pmatrix}; \quad \vec{x}_i = \begin{pmatrix} x_{1i} \\ x_{2i} \\ \vdots \\ x_{ni} \end{pmatrix}; \ldots; \quad \vec{x}_n = \begin{pmatrix} x_{1n} \\ x_{2n} \\ \vdots \\ x_{nn} \end{pmatrix}$$

zugehörige orthonormale Eigenvektoren mit

$$A\vec{x}_i = \lambda_i \vec{x}_i \quad \text{für} \quad i = 1, 2, \ldots, n.$$

Dabei sind die Komponenten dieser Vektoren bezüglich einer festen Basis gewählt, z. B. bezüglich der kanonischen Basis $\vec{e}_1, \vec{e}_2, \ldots, \vec{e}_n$. Beim Übergang von der Ausgangsbasis zum Orthonormalsystem der Eigenvektoren lautet die Transformationsmatrix

$$X = \begin{pmatrix} x_{11} & x_{12} & \cdots & x_{1n} \\ x_{21} & x_{22} & \cdots & x_{2n} \\ \vdots & \vdots & \vdots & \vdots \\ x_{n1} & x_{n2} & \cdots & x_{nn} \end{pmatrix} \quad \text{(Matrix der Eigenvektoren)}$$

(s. lineare Abbildung, 2.4.3.). Wegen der Orthonormalität der Spaltenvektoren von X gilt mit der transponierten Matrix X^T

$$X^T \cdot X = E \quad \text{(Einheitsmatrix)}.$$

Damit ist die Transformationsmatrix X orthogonal mit $X^{-1} = X^T$.
Aus $A\vec{x}_i = \lambda_i \vec{x}_i$ folgt

$$A \cdot X = X \cdot \begin{pmatrix} \lambda_1 & 0 & \cdots & 0 \\ 0 & \lambda_2 & \cdots & 0 \\ \vdots & \vdots & \vdots & \vdots \\ 0 & 0 & \cdots & \lambda_n \end{pmatrix} = X \cdot \Lambda \quad \text{mit } \Lambda = \begin{pmatrix} \lambda_1 & 0 & \cdots & 0 \\ 0 & \lambda_2 & \cdots & 0 \\ \vdots & \vdots & \vdots & \vdots \\ 0 & 0 & \cdots & \lambda_n \end{pmatrix}.$$

Hieraus erhält man

$$X^T A X = X^{-1} A X = X^{-1} X \Lambda = \Lambda.$$

Die Matrix A und die Matrix Λ der Eigenwerte sind also ähnlich. Die durch $\vec{y} = A\vec{x}$ beschriebene lineare Abbildung (Koordinatentransformation) geht mit der Transformation

$$\vec{x}^* = X^{-1}\vec{x} \quad \Leftrightarrow \quad \vec{x} = X\vec{x}^*$$

über in

$$\vec{y}^* = X^{-1}\vec{y} = X^{-1}A\vec{x} = X^{-1}AX\vec{x}^* = \Lambda\vec{x}^*.$$

Jede symmetrische reelle Matrix A wird also durch die Hauptachsentransformation mit der Matrix X^{-1} in eine Diagonalmatrix Λ übergeführt, wobei in der Diagonalen die Eigenwerte der Matrix A stehen.

Praktische Berechnung der Eigenwerte s. quadratische Form, 4.

Praktische Berechnung der m-ten Potenz A^m einer symmetrischen Matrix: Es seien $\lambda_1, \lambda_2, \ldots, \lambda_n$ die Eigenwerte und $\vec{x}_1, \vec{x}_2, \ldots, \vec{x}_n$ die zugehörigen Eigenvektoren der symmetrischen Matrix A. Dann besitzt für jedes $m \in \mathbb{N}$ die m-te Potenz A^m die Eigenwerte

$$\lambda_1^m, \lambda_2^m, \ldots, \lambda_n^m \quad \text{mit den zugehörigen Eigenvektoren } \vec{x}_1, \vec{x}_2, \ldots, \vec{x}_n.$$

Damit erhält man

$$A^m = X\Lambda^m X^T = X\Lambda^m X^{-1}.$$

4. Eigenwertproblem bei linearen Differentialoperatoren s. gewöhnliche Differentialgleichung, 6.

5. Eigenwertproblem bei linearen Integralgleichungen:
Jeder Wert λ, für den die Integralgleichung

$$y(s) = \lambda \cdot \int_a^b K(s,t)\, y(t)\, dt$$

eine nichttriviale Lösung $y(s) \not\equiv 0$ in $[a;b]$ besitzt, heißt *Eigenwert* und y(s) *Eigenfunktion* (*Eigenlösung*) der Integralgleichung (s. Integralgleichung).

Eikörper:
Unter einem *Eikörper* vesteht man einen konvexen Körper (s. konvex, 6.).

Eikurve (Oval, eiförmige ebene Kurve):
Ein beliebiger Punkt Q eines Kreises werde orthogonal auf einen festen Durchmesser OS des Kreises projiziert. Der Projektionspunkt R werde orthogonal auf die Sehne OQ projiziert mit dem Lotfußpunkt P. Dadurch erhält man den Punkt P als Bild von Q. Falls Q den Kreis durchläuft, so durchläuft P eine *Eikurve* (*Oval* oder *eiförmige Kurve*). Mit dem Winkel α und dem Durchmesser $a = |OS|$ gilt:

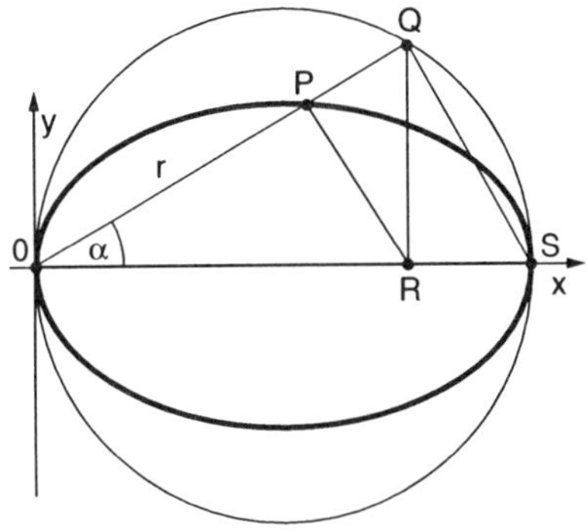

$$r = a\cos^3\alpha\,;\ r = |OP| = |OR|\cdot\cos\alpha\,;$$

$$|OR| = |OQ|\cdot\cos\alpha\,; |OQ| = a\cos\alpha\,.$$

In kartesischen Koordinaten erhält man

$$x^2 + y^2 = r^2;\quad (x^2 + y^2)^2 = a\,x^3\,.$$

Einbettung:
Eine Gruppe G heißt *isomorph eingebettet* in eine Gruppe $\tilde{G}$, wenn es einen Isomorphismus von G auf eine Untergruppe von $\tilde{G}$ gibt.

eindeutig:
Eine Abbildung f von X in Y heißt *eindeutig*, wenn jedes $x \in X$ genau ein Bild $y = f(x) \in Y$ besitzt (s. Abbildung, 1.). Bei Abbildungen und Funktionen wird allgemein die Eindeutigkeit gefordert.

Eindeutigkeitssatz s. Potenzreihe, 1., s. gewöhnliche Differentialgleichung, 1.

eineindeutig:
Eine Abbildung f heißt *eineindeutig*, wenn die folgenden gleichwertigen Bedingungen erfüllt sind:

$$\text{aus } x_1 \neq x_2 \text{ folgt } f(x_1) \neq f(x_2)\,;\quad \text{aus } f(x_1) = f(x_2) \text{ folgt } x_1 = x_2$$

(s. Abbildung).

einfache Nullstelle s. Nullstelle, 1., s. Polynom, 1.

einfach zusammenhängend:
Ein Gebiet G (s. Gebiet) heißt *einfach zusammenhängend*, wenn jeweils zwei Punkte aus G durch einen ganz in G verlaufenden, sich nicht durchdringenden Streckenzug verbunden werden können (s. n-fach zusammenhängend).

Eingabe s. Input.

Einheit s. Einselement, s. Gruppe.

Einheitsgruppe:
Eine Gruppe (s. Gruppe), die nur aus der Einheit e besteht, heißt *Einheitsgruppe.*

Einheitskreis:
Ein Kreis in der reellen oder komplexen Zahlenebene mit dem Koordinatenursprung O als Mittelpunkt und dem Radius $r = 1$ heißt *Einheitskreis.*

Einheitsmatrix:
Die n-reihige quadratische Matrix

$$E = \begin{pmatrix} 1 & 0 & \cdots & 0 \\ 0 & 1 & \cdots & 0 \\ \vdots & \vdots & \vdots & \vdots \\ 0 & 0 & \cdots & 0 \\ 0 & 0 & \ldots & 1 \end{pmatrix} \quad \text{mit} \quad e_{ij} = \begin{cases} 1 & \text{für } i = j; \\ 0 & \text{für } i \neq j \end{cases}$$

heißt n-reihige *Einheitsmatrix* (s. Matrix, 1.). Falls folgende Multiplikationen durchführbar sind, gilt $A \cdot E = A$ und $E \cdot B = B$.

Einheitsoperator (Identität):
Ein Operator I (s. Operator), der jedes Element x in sich selbst überführt, also mit $Ix = x$ für alle $x \in D$, heißt *Einheitsoperator* oder *Identität.*

Einheitsquadrat s. Flächeninhalt.

Einheitsstrecke s. Koordinatensystem.

Einheitsvektor:
Ein Vektor mit dem Betrag (Länge, Norm) Eins heißt *Einheitsvektor* (s. Vektor im V^n, 1.2.4., 2.3.3., s. Vektorraum, 3., 4.).

Einheitswurzel:
Jede komplexe Lösung der Gleichung $w^n = 1$ heißt *n-te Einheitswurzel* (s. Wurzel, 3.).

Einhüllende (Enveloppe):

Unter einer *Einhüllenden* (*Enveloppe*) einer einparametrigen ebenen Kurvenschar versteht man eine Kurve, die alle Kurven der Schar berührt und in jedem ihrer Punkte von einer Scharkurve berührt wird (s. Kurvenschar).

1. Die Kurvenschar sei gegeben durch die implizite Funktion

$$F(x, y, c) = 0, \text{ wobei c der Scharparameter ist.}$$

Die Funktion F sei nach allen drei Variablen stetig differenzierbar. Falls eine Einhüllende existiert, erhält man sie durch Elimination des Parameters c aus

$$F(x, y, c) = 0; \quad \frac{\partial F(x, y, c)}{\partial c} = F_c(x, y, c) = 0$$

(s. implizite Funktion, 2., s. gewöhnliche Differentialgleichung, 2.4.).

2. Die Kurvenschar sei gegeben durch

$$x = x(t, c); \quad y = y(t, c)$$

mit dem Scharparameter c und dem Kurvenparameter t. Dabei seien die Funktionen $x(t, c)$ und $y(t, c)$ nach beiden Variablen stetig partiell differenzierbar. Im Falle der Existenz erhält man eine Darstellung für die Einhüllende durch Elimination des Parameters c aus

$$x = x(t, c); \quad y = y(t, c); \quad x_t(t, c)\, y_c(t, c) - x_c(t, c)\, y_t(t, c) = 0 .$$

einschaliges Hyperboloid s. Hyperboloid, 1.

Einschneideverfahren:

Im *Einschneideverfahren* wird aus dem Grund- und Aufriß eines Körpers eine Parallelprojektion des Körpers konstruiert. Dazu werden Grund- und Aufriß (s. Zweitafelprojektion) in einer Ebene geeignet dargestellt. Dann schneiden sich die entsprechenden Strahlen eines jeweiligen Parallelstrahlenbüschels von jedem Riß in den Punkten der Parallelprojektion.

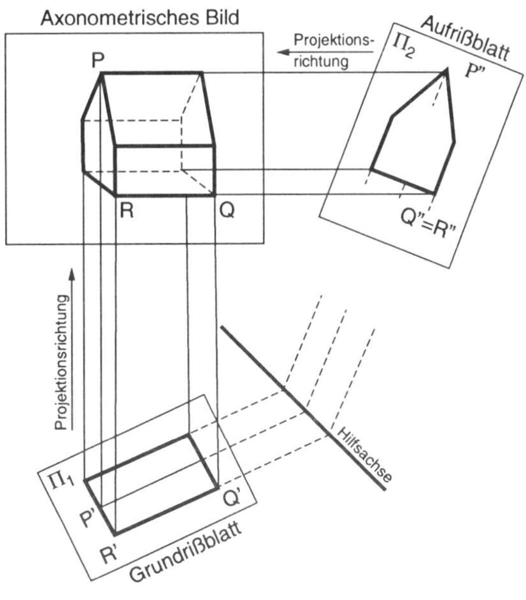

Einschränkung einer Abbildung:
Es sei f eine Abbildung der Menge D in die Menge W (s. Abbildung). Ferner sei $A \subset D$ eine beliebige Teilmenge des Definitionsbereichs D. Dann heißt die durch

$$f_A(x) = f(x) \quad \text{für } x \in A$$

definierte Abbildung f_A die *Einschränkung* der Abbildung f auf A.

Einschrittverfahren s. gewöhnliche Differentialgleichung, 7.1.

einseitig differenzierbar:
Eine Funktion f(x) heißt an der Stelle x_0 *einseitig differenzierbar*, falls sie dort links- oder rechtsseitig differenzierbar ist (s. Funktion von reellen Variablen, 1.4.).

einseitige Differenzen s. Differentiation, numerische, 1.

einseitig stetig:
Eine Funktion f(x) heißt an der Stelle x_0 *einseitig stetig*, falls sie dort links- oder rechtsseitig stetig ist (s. Funktion von reellen Variablen, 1.3.).

Einselement (neutrales Element) einer algebraischen Struktur:
In einer Menge G sei eine zweistellige Verknüpfung $a \circ b$ erklärt (s. Verknüpfung). Dann heißt e_r *rechtsseitiges* (*rechtes*) *Einselement* und e_l *linksseitiges* (*linkes*) *Einselement*, wenn für alle $a \in G$ gilt

$$e_l \circ a = a \qquad \text{bzw.} \qquad a \circ e_r = a.$$

Falls für alle $a \in G$ gilt $e \circ a = a \circ e = a$, heißt e *Einselement* (*Einheit* oder *neutrales Element*). Wenn die Verknüpfung in G additiv geschrieben wird, nennt man e *Nullelement*.

Einselement (größtes, letztes Element) einer halbgeordneten Menge:
In einer durch die Halbordnung $\preceq$ halbgeordneten Menge H heißt ein Element e *Einselement* von H, wenn für alle $h \in H$ gilt $h \preceq e$ (s. halbgeordnete Menge).

Einsetzungsmethode s. Eliminationsmethode, s. lineare Gleichungen, 4.2.1.

Eintafelprojektion:
Eine senkrechte Parallelprojektion auf eine einzige Bildtafel (*Riß*) $\prod$ heißt *Eintafelprojektion* (s. Projektion, 2.). Die Höhe eines Punktes über der Bildebene (Tafelebene) kann durch eine angeschriebene Zahl, eine *Kote* oder durch einen *Höhenmaßstab* angegeben werden. Dann spricht man von einer

kotierten Projektion. Bei kotierten Projektionen werden häufig Linien gleicher Höhe, sogenannte *Höhenlinien*, eingezeichnet. Alle Punkte auf einer Geraden g, die senkrecht auf $\prod$ steht, werden auf einen einzigen Punkt abgebildet. Alle Geraden in einer zu $\prod$ senkrechten Ebene E, die selbst nicht senkrecht auf $\prod$ sind, besitzen die gleiche Bildgerade (= Bild der Ebene E).

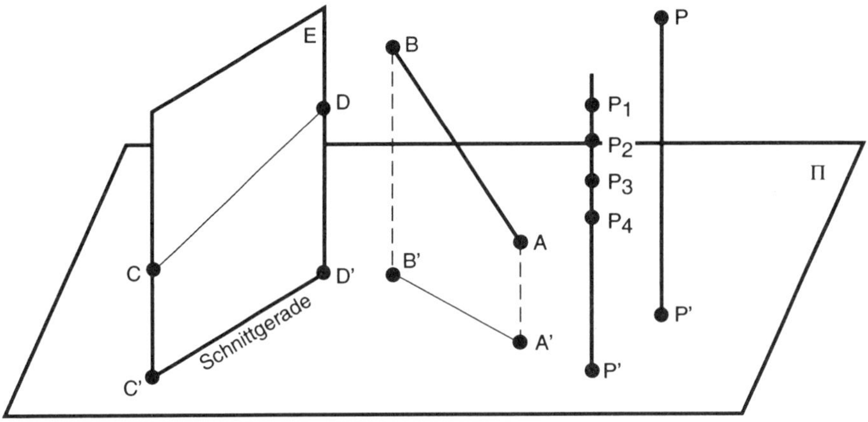

eintangentiger Knoten s. Knotenpunkt.

einwertige Funktion s. schlichte Funktion.

Elastizität einer Funktion:

Die Funktion f(x) sei differenzierbar mit $f(x) \neq 0$. Dann heißt

$$\varepsilon_f(x) = \frac{f'(x)}{f(x)} \cdot x$$

die *Elastizität* von f. Für kleine $|\Delta x|$ gilt die Näherung

$$\frac{\text{relative Änderung von } f(x)}{\text{relative Änderung von } x} = \frac{\Delta y}{y} : \frac{\Delta x}{x} = \frac{\Delta f(x)}{f(x)} : \frac{\Delta x}{x} \approx \varepsilon_f(x).$$

Im Grenzwert $\Delta x \to 0$ gilt dabei das Gleichheitszeichen. Für $x \neq 0$ und $f(x) \neq 0$ erhält man mit dem natürlichen Logarithmus die Darstellung

$$\varepsilon_f(x) = \frac{\frac{f'(x)}{f(x)}}{\frac{1}{x}} = \frac{d \ln |f(x)|}{d \ln |x|}.$$

Die Elastizität ist invariant gegenüber Maßstabsänderungen auf beiden Achsen. Daher ist die Elastizität vom Maßstab unabhängig.

Für die Elastizität gelten folgende Eigenschaften:

Konstante Funktion: $\varepsilon_c(x) \equiv 0$ für $f(x) \equiv c$ (konstant);

Produkt $f \cdot g$: $\varepsilon_{fg}(x) = \varepsilon_f(x) + \varepsilon_g(x)$;

Quotient $\frac{f}{g}$: $\varepsilon_{\frac{f}{g}}(x) = \varepsilon_f(x) - \varepsilon_g(x)$;

Quotient $\frac{1}{g}$: $\varepsilon_{\frac{1}{g}}(x) = -\varepsilon_g(x)$;

zusammengesetzte Funktion $f(g(x))$: $\varepsilon_{f(g(x))}(x) = \varepsilon_f(g(x)) \cdot \varepsilon_g(x)$;

inverse Funktion $y = f^{-1}(x) \Leftrightarrow x = f(y)$: $\varepsilon_{f^{-1}}(x) = \frac{1}{\varepsilon_f(y)} = \frac{1}{\varepsilon_f(f^{-1}(x))}$.

Falls die Elastizität $\varepsilon_f(x)$ gegeben ist, erhält man alle Funktionen $f(x)$, welche diese Elastizität besitzen, durch Integration der Funktionen

$$\varepsilon_f(x) = \frac{f'(x)}{f(x)} \cdot x\,; \qquad \int \frac{f'(x)}{f(x)}\,dx = \ln|f(x)| = \int \frac{\varepsilon_f(x)}{x}\,dx$$

(s. Integralrechnung, 1.9.2.).

Elastizität, partielle s. partielle Elastizität.

Element s. Menge, 1.

elementare Funktionen:

Üblicherweise bezeichnet man als *elementare Funktionen* folgende Funktionen (s. dort): rationale Funktionen, trigonometrische Funktionen, Potenzfunktionen, Exponentialfunktionen und deren Umkehrfunktionen sowie Funktionen, die man aus diesen Funktionen durch elementare Umformungen erhält.

elementfremd s. disjunkt.

Eliminationsmethode (Einsetzungsmethode):

Gegeben ist das Gleichungssystem

$$f_1(x_1, x_2, \ldots, x_n) = 0\,;\ f_2(x_1, x_2, \ldots, x_n) = 0\,; \ldots;\ f_r(x_1, x_2, \ldots, x_n) = 0$$

für die Unbekannten $x_1, x_2, \ldots, x_n$. Falls durch Auflösung von k Gleichungen k Unbekannte durch die restlichen $n-k$ Unbekannten ausgedrückt werden können, erhält man durch Einsetzen dieser Ausdrücke in die restlichen $r-k$ Gleichungen nur noch Gleichungen für $n-k$ Unbekannte. Diese Methode heißt *Eliminationsmethode* (s. Extremum unter Nebenbedingungen, 1.1., 2.1., s. lineare Gleichungen, 4.2.1., s. lineares Gleichungssystem). Diesen Vorgang nennt man *Elimination* oder *eliminieren* von Unbekannten.

eliminieren s. Eliminationsmethode.

Ellipse:

Die *Ellipse* ist als Kegelschnitt (s. Kegelschnitt) eine spezielle ebene Kurve zweiter Ordnung (s. Kurven zweiter Ordnung). Weshalb die Ellipse von den alten Griechen diesen Namen erhalten hat, wird bei den Kegelschnitten erläutert (s. Kegelschnitt, 3.).

1. Eigenschaften einer Ellipse:

Die Ellipse ist der geometrische Ort aller Punkte einer Ebene, für welche die Summe der Abstände von zwei festen Punkten F_1, F_2 der Ebene konstant ist.

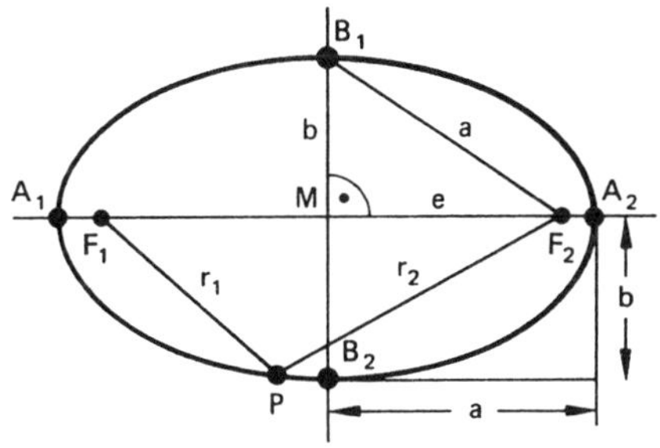

Bezeichnungen:

F_1, F_2 *Brennpunkte*;

PF_1, PF_2 *Brennstrahlen*;

A_1, A_2 *Hauptscheitel*; B_1, B_2 *Nebenscheitel*;

A_1A_2 *Hauptachse*; B_1B_2 *Nebenachse*; $2a = \overline{A_1A_2}$ Länge der Hauptachse;

$2b = \overline{B_1B_2}$ Länge der Nebenachse mit $b < a$;

a, b sind die Längen der *Halbachsen*; M heißt *Mittelpunkt*.

$e = \overline{MF_1} = \overline{MF_2}$ heißt die *Brennweite* oder *lineare Exzentrizität* (Abstand der Brennpunkte vom Mittelpunkt).

Eigenschaften:

$$\overline{PF_1} + \overline{PF_2} = r_1 + r_2 = 2a \quad \text{(konstant)};$$

$$e^2 + b^2 = a^2 \quad \text{(nach Voraussetzung ist } a > b\text{)};$$

$$\varepsilon = \frac{e}{a} < 1 \quad \text{heißt die } \textit{numerischeExzentrizität.}$$

Für $a = b$ entartet die Ellipse zu einem *Kreis*. Die beiden Brennpunkte F_1 und F_2 fallen dann mit dem Kreismittelpunkt M zusammen.

2. Ellipsenkonstruktionen:

2.1. Konstruktion mit Hilfe von Kreisen:

Um einen Brennpunkt wird ein Kreisbogen mit dem Radius $r < 2a$, um den anderen ein Kreisbogen mit dem Radius $2a - r$ geschlagen. Die Schnittpunkte dieser beiden Kreise ergeben Ellipsenpunkte.

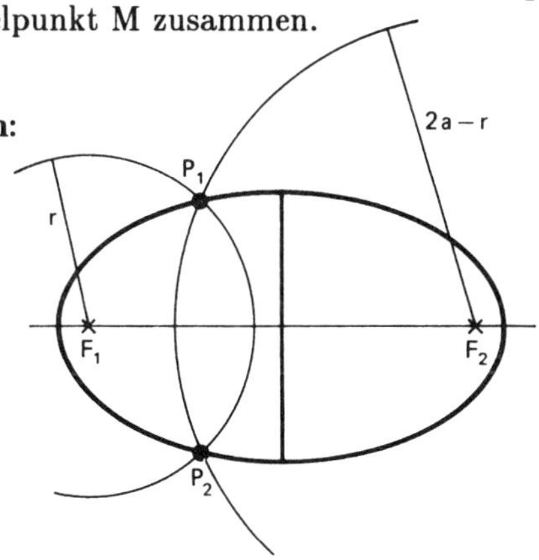

2.2. Fadenkonstruktion (Gärtnerkonstruktion):
Die Endpunkte eines Fadens der Länge 2a werden an zwei Punkten F_1 und F_2 (Brennpunkte) fest verankert und zwar so, daß der Faden nicht straff ist. Ein Stift, der den Faden spannt, bewegt sich dann auf einer Ellipse.

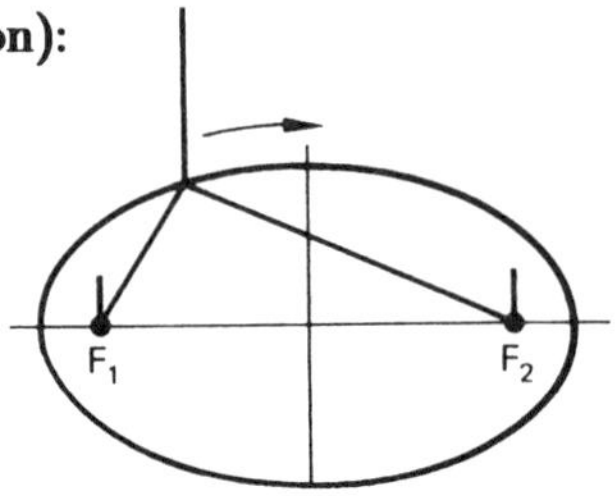

2.3. Ellipse als affines Bild des Kreises:
Um den Mittelpunkt M wird ein *Hauptkreis* mit dem Radius a und ein *Nebenkreis* mit dem Radius b (b < a) gezeichnet. Ein beliebiger Punkt P′ des Hauptkreises wird mit dem Mittelpunkt M verbunden. Dabei werde der Nebenkreis im Punkt D geschnitten. Das Lot von P′ auf die Hauptachse und die zur Hauptachse parallele Gerade durch D schneiden sich in einem Ellipsenpunkt P (s. 6.).

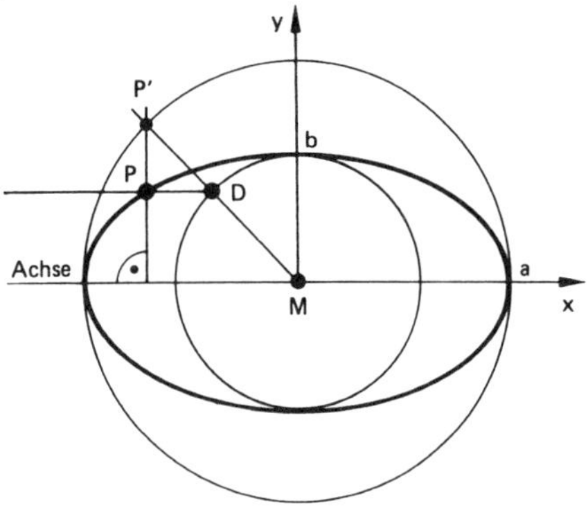

2.4. Papierstreifenkonstruktion:
Auf einem Papierstreifen sei ein Punkt markiert, der zu den beiden Enden des Streifens die Abstände a und b hat. Falls sich die Endpunkte dieses Streifens auf zwei senkrechten Achsen bewegen, beschreibt der Punkt P eine Ellipse mit den Achsen a und b.

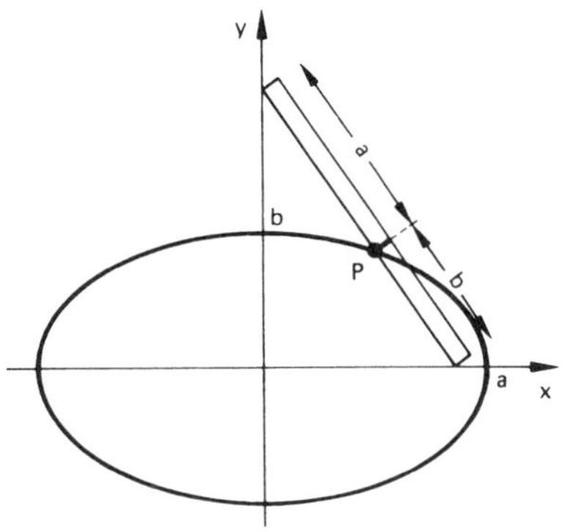

2.5. Bestimmung der Ellipse aus einem Leitkreis s. Leitkreis.

3. Ellipsengleichungen:

3.1. Koordinatengleichung:

Der Mittelpunkt der Ellipse sei der Koordinatenursprung O. Die Hauptachse der Ellipse liege auf der x-Achse, die Nebenachse auf der y-Achse. Dann lautet die Koordinatengleichung (Standardform)

$$\frac{x^2}{a^2} + \frac{y^2}{b^2} = 1\,.$$

Es handelt sich um eine nichtentartete Kurve zweiter Ordnung (s. Kurven zweiter Ordnung).

Parallelverschiebung:
Falls die Ellipse parallel zu den Koordinatenachsen verschoben wird, so daß $M(x_0, y_0)$ der Mittelpunkt ist, lautet die Koordinatengleichung

$$\frac{(x-x_0)^2}{a^2} + \frac{(y-y_0)^2}{b^2} = 1 .$$

3.2. Parameterdarstellung:
Für die achsenparallele Ellipse mit dem Mittelpunkt $M(x_0, y_0)$ lautet mit dem Bogenmaß t die Parameterdarstellung

$$x = x_0 + a\cos t\,;\quad y = y_0 + b\sin t \quad \text{mit}\quad 0 \le t \le 2\pi .$$

3.3. Polarkoordinaten:

3.3.1. $O = F_2$ (Pol); FA = Polachse:
Es sei $a > b$. Dann gilt

$$\rho = \rho(\varphi) = \frac{b^2}{a + \sqrt{a^2 - b^2}\cdot\cos\varphi} = \frac{p}{1 + \varepsilon\cos\varphi}\,;$$

mit $p = \frac{b^2}{a}$; $\varepsilon = \frac{\sqrt{a^2 - b^2}}{a} = \frac{e}{a} < 1$.

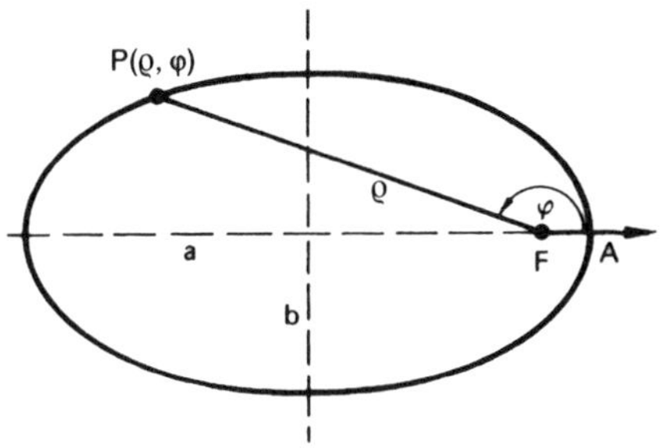

Falls man mit $O = F_2$ den anderen Brennpunkt als Pol wählt, erhält man mit den obigen Bezeichnungen die Darstellung

$$\rho(\varphi) = \frac{p}{1 - \varepsilon\cos\varphi} .$$

3.3.2. Pol = Mittelpunkt M ; MA = Polachse:
Es sei $a > b$. Dann gilt

$$\rho^2(\varphi) = \frac{b^2}{1 - \varepsilon^2\cos^2\varphi}$$

mit

$$\varepsilon = \frac{\sqrt{a^2 - b^2}}{a} < 1 .$$

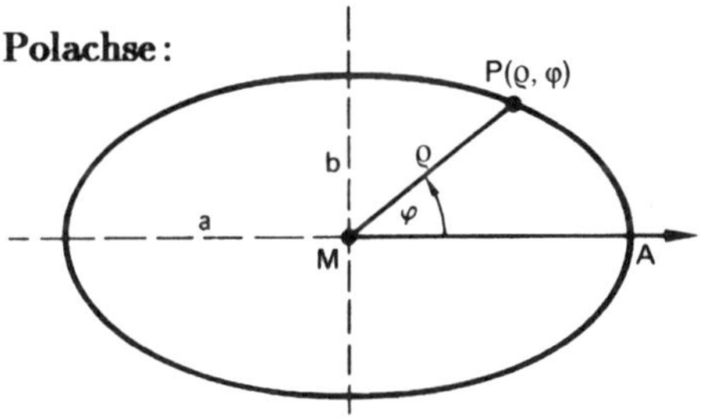

4. Leitlinien einer Ellipse:
Voraussetzung: $a > b$.
Die Leitlinien l_1 und l_2 der Ellipse sind zur kleinen Achse parallel und besitzen von ihr den Abstand

$$l = \frac{a^2}{e} = \frac{a^2}{\sqrt{a^2 - b^2}} .$$

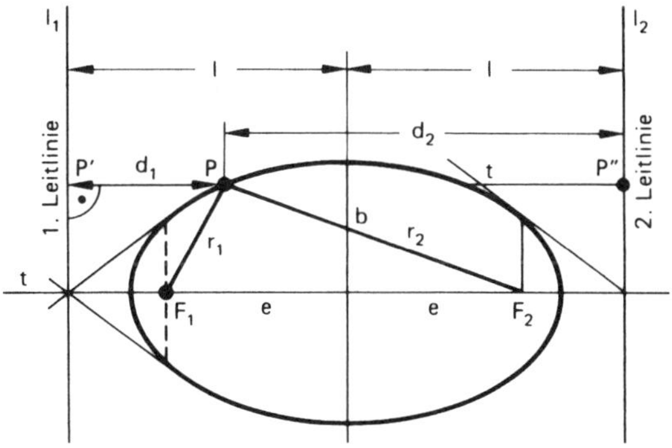

Konstruktion des Abstandes l vom Mittelpunkt:

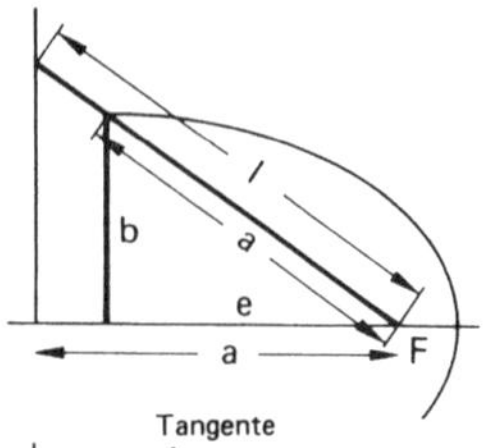

Die Konstuktion kann wegen

$$l : \mathrm{a} = \mathrm{a} : \mathrm{e}$$

mit Hilfe des Strahlensatzes erfolgen.

5. Konjugierte Durchmesser:
Zu einem Durchmesser d_1 einer Ellipse werden parallele Ellipsensehnen gezogen. Die Mittelpunkte dieser Sehnen liegen wieder auf einem Durchmesser d_2. Dieser heißt der zu d_1 *konjugierte Durchmesser.* In den beiden Endpunkten eines Durchmessers sind die Ellipsentangenten parallel zum konjugierten Durchmesser. Für die beiden Steigungen m_1 und m_2 zweier konjugierter Durchmesser mit $m_1, m_2 \neq 0$ gilt

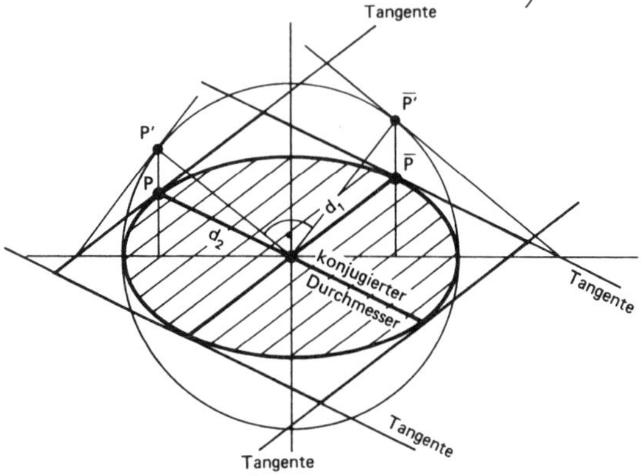

$$m_1 \cdot m_2 = -\frac{b^2}{a^2}.$$

Satz des Appolonius: Für zwei konjugierte Durchmesser d_1, d_2 gilt

$$\left(\frac{d_1}{2}\right)^2 + \left(\frac{d_2}{2}\right)^2 = a^2 + b^2.$$

6. Parallelprojektion eines Kreises:
Bei einer Parallelprojektion (s. Projektion, 2.) geht ein Quadrat in ein Parallelogramm und der Inkreis des Quadrates in eine Ellipse über. Aufeinander senkrecht stehende Kreisdurchmesser gehen in konjugierte Durchmesser der Ellipse über. Das durch deren Endpunkte gebildete Tangentenparallelogramm ist das Bild des dem Kreis umschriebenen Tangentenquadrats.

7. Hauptachsenkonstruktion aus konjugierten Durchmessern:
AB und CD seien konjugierte Durchmesser. Auf dem kürzeren konjugierten Durchmesser wird in M das Lot l errichtet. Auf diesem Lot l wird die Länge des kürzeren Halbmessers abgetragen. Der Endpunkt sei L mit $\overline{ML} = \overline{MC}$. L wird mit dem Endpunkt B des längeren Durchmessers verbunden. G sei der Mittel-

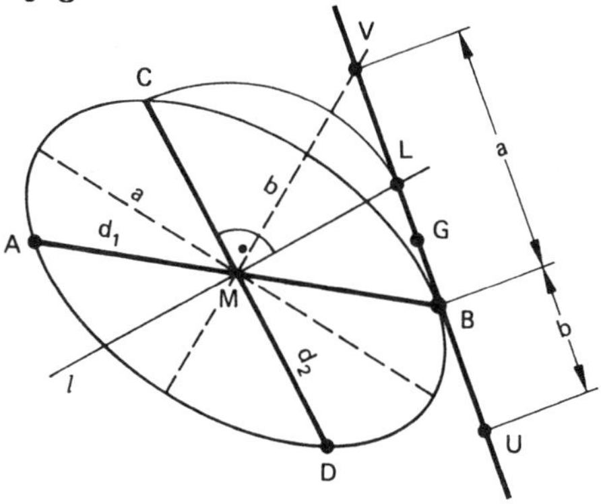

punkt der Strecke LB. Der Kreis um den Punkt G mit dem Radius $r = \overline{MG}$ schneidet die durch B und L gehende Gerade in den Punkten U und V. Die Länge der Hauptachse erhält man aus der Geraden durch M und U mit $a = \overline{BV}$. Die Länge der Nebenachse befindet sich auf der Geraden durch M und V mit $b = \overline{BU}$.

8. Flächeninhalt und Umfang:

Inhalt der Ellipsenfläche: $F = \pi a b$ (s. Integralrechnung, 2.4.2.).

Umfang der Ellipse:
Zur Berechnung des Ellipsenumfangs müssen sogenannte *elliptische Integrale zweiter Gattung* benutzt werden mit

$$U = 4a\int_0^{\frac{\pi}{2}}\sqrt{1-\varepsilon^2\sin^2\varphi}\,d\varphi \quad \text{mit} \quad \varepsilon = \frac{\sqrt{a^2-b^2}}{a}$$

(s. elliptisches Integral). Dieses Integral ist nicht geschlossen lösbar. Man erhält die Reihenentwicklung:

$$U = 2\pi a\left[1 - \left(\frac{1}{2}\right)^2\frac{\varepsilon^2}{1} - \left(\frac{1\cdot 3}{2\cdot 4}\right)^2\frac{\varepsilon^4}{3} - \left(\frac{1\cdot 3\cdot 5}{2\cdot 4\cdot 6}\right)^2\frac{\varepsilon^6}{5} - \left(\frac{1\cdot 3\cdot 5\cdot 7}{2\cdot 4\cdot 6\cdot 8}\right)^2\frac{\varepsilon^8}{7} - \ldots\right].$$

Beim Abbruch dieser Reihenentwicklung erhält man entsprechende Näherungswerte.

Ellipsenzirkel:

Ein Gerät, das mit Hilfe der Papierstreifenkonstruktion Ellipsen zeichnet, heißt *Ellipsenzirkel* (s. Ellipse, 2.4.).

Ellipsoid:

Ein *Ellipsoid* ist eine nichtentartete Fläche zweiter Ordnung (s. Flächen zweiter Ordnung, 1.). Nach einer eventuellen Drehung und Parallelverschiebung erhält man für die kartesischen Koordinaten die Normalform:

$$\frac{x^2}{a^2} + \frac{y^2}{b^2} + \frac{z^2}{c^2} = 1; \quad a, b, c > 0.$$

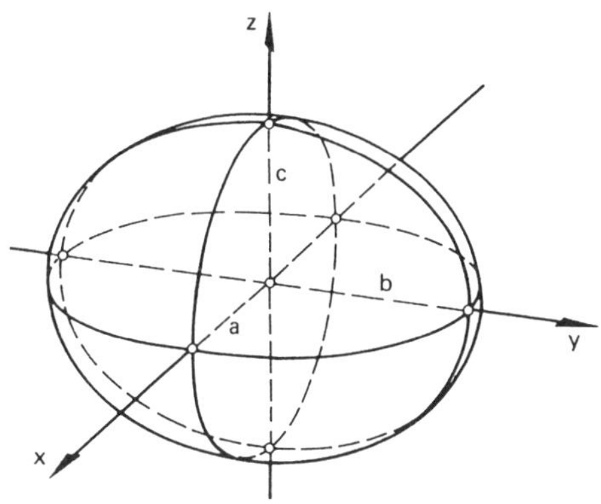

Mit dem Koordinatenursprung O als Pol lautet die Parameterdarstellung:

$$x = a\sin\vartheta\cos\varphi; \quad y = a\sin\vartheta\sin\varphi; \quad z = a\cos\vartheta;$$

$$0 \le \varphi \le 2\pi; \quad -\frac{\pi}{2} \le \vartheta \le \frac{\pi}{2}; \quad a, b, c > 0.$$

a, b und c sind die Längen der *Halbachsen*. Falls eine beliebige Ebene ein Ellipsoid schneidet, ist die Schnittfigur eine Ellipse (s. Ellipse). Für $a = b$ erhält man ein *Rotationsellipsoid* mit der z-Achse als Rotationsachse (s. Rotationsfläche und Rotationskörper). $a = b = c = r$ ergibt als Spezialfall eine *Kugel* (s. Kugel). Der von dem Ellipsoid eingeschlossene Körper besitzt das Volumen

$$V = \frac{4}{3}\pi\, a\, b\, c \qquad \text{(s. Integralrechnung, 3.4.1.).}$$

elliptische Funktion:

Eine komplexe doppelperiodische Funktion, deren Singularitäten in der endlichen z-Ebene Pole sind, und deren primitiven Perioden w_1, w_2 einen nichtreellen Quotienten besitzen, heißt *elliptisch*. Der Imaginärteil von w_1/w_2 darf also nicht verschwinden. Allgemein gilt

$$f(z + m\, w_1 + n\, w_2) = f(z) \quad \text{für } m, n = 0, \pm 1; \pm 2, \ldots .$$

In dem von den Punkten O, w_1 und w_2 aufgespannten Parallelogramm treten alle möglichen Funktionswerte und Polstellen auf.

elliptischer Kegel s. Kegel, 2.3.

elliptischer Punkt:

Ein Punkt einer Fläche $\mathfrak{F}$, in dem beide Hauptkrümmungen gleichzeitig positiv oder negativ sind, heißt *elliptischer Flächenpunkt* (s. Fläche, 2.5., s. Krümmung, 3.).

elliptischer Zylinder s. Flächen zweiter Ordnung, 3.2.

elliptisches Integral:

In dem Integral

$$\int r\left(x, \sqrt{a_4 x^4 + a_3 x^3 + a_2 x^2 + a_1 x + a_0}\right) dx$$

sei $r(x, y)$ eine rationale Funktion in den beiden Variablen. Dabei sei entweder $a_4 \neq 0$ oder $a_4 = 0$ und $a_3 \neq 0$. Diese Integrale lassen sich bis auf wenige Ausnahmen nicht durch elementare Funktionen ausdrücken. Solche Integrale nennt man *elliptische Integrale*. Der Name rührt daher, daß bei der Berechnung der Bogenlänge von Ellipsen (s. Ellipse, 8.) solche Integrale benötigt werden. Durch Umformung erhält man häufig sogenannte *elliptische Integrale erster* oder *zweiter Gattung*

$$\int \frac{du}{\sqrt{(1-u^2)(1-k^2u^2)}}\,; \qquad \int \frac{u^2\, du}{\sqrt{(1-u^2)(1-k^2u^2)}} \quad \text{mit } 0 < k^2 < 1$$

bzw.

$$\int \frac{dv}{\sqrt{1-k^2 \sin^2 v}} \; ; \quad \int \sqrt{1-k^2 \sin^2 v}\, dv \qquad \text{mit } 0 < k^2 < 1.$$

Diese Integrale können numerisch gelöst werden, z. B. durch Reihenentwicklung .

elliptisches Paraboloid s. Paraboloid, 1.

Ende (Rest, letztes Element) einer geordneten Menge:
Es sei M eine geordnete Menge (s. geordnete Menge) mit der Ordnungsrelation $\preceq$. Die Menge $E \subset M$ heißt ein *Ende* (*Rest*) von M, wenn aus $a \in E$ und $a \preceq x$ folgt $x \in E$. Das durch $R_m = \{x \in M \mid m \preceq x\}$ gegebene Ende heißt der durch m *bestimmte Rest* von M. Falls $E = \{c\}$ ein Ende ist, nennt man c *letztes Element.*

endlich:
Eine nichtleere Menge M heißt *endlich*, wenn es eine natürliche Zahl $n \in \mathbb{N}$ gibt, so daß M eineindeutig auf die Menge $\{1, 2, \ldots, n\}$ abgebildet werden kann. Damit können die Elemente der Menge M von 1 bis n durchnumeriert werden (s. unendliche Menge).

Endomorphismus:
Es sei A eine algebraische Struktur (s. algebraisch, 6.). Dann heißt ein Homomorphismus (s. Homomorphismus) von A in sich selbst ein *Endomorphismus.*

Endwert eines Kapitals:
Innerhalb von n Jahren werden Zahlungen zum Zinssatz p mit Zinseszins angelegt. Die gesamte Zahlungssumme bis zum Zeitpunkt n einschließlich der anfallenden Zinsen heißt *Endwert* des Kapitals (s. Zinseszinsrechnung).

entartete Fläche s. Flächen zweiter Ordnung, 3.2.

entartete Kurve s. Kurven zweiter Ordnung.

entartete Quadrik s. Quadrik.

entarteter Eckpunkt s. lineare Optimierung, 2.1.9.

Entfernung s. Abstand, s. metrischer Raum, s. sphärische Trigonometrie, 5.

entgegengesetzte Winkelpaare s. Winkelpaare.

entgegengesetzt gerichtete Vektoren:
Zwei nichtverschwindende n-dimensionale Vektoren $\vec{a}, \vec{b} \in V^n$ heißen *entgegengesetzt gerichtet*, wenn es eine Konstante $\lambda < 0$ gibt mit $\vec{a} = \lambda \cdot \vec{b}$ (s. Vektor im V^n, 3.).

entgegengesetzt orientiert s. Orientierung eines Vektorraumes.

Entropie s. Information.

Entwicklung in eine Potenzreihe:
Eine reelle Funktion f(x) heißt für $|x - x_0| < r$ in eine Potenzreihe um den *Entwicklungspunkt* x_0 entwickelbar, wenn für alle x mit $|x - x_0| < r$ gilt

$$f(x) = \sum_{n=0}^{\infty} a_n (x - x_0)^n \quad \text{mit} \quad a_n \in \mathbb{R}$$

(s. Potenzreihe, 1., s. Taylor-Entwicklung, 1.3.). Entwicklung einer komplexen Fuktion in eine Potenzreihe s. Potenzreihe, 2.

Entwicklungspunkt s. Entwicklung in eine Potenzreihe, 1., 2.

Entwicklungssatz für Determinanten s. Determinante, 3.

Enveloppe s. Einhüllende.

Epitrochoide s. zyklische Kurven, 2.

Epizykloide s. zyklische Kurven, 2.

Eratosthenes von Kyrene (276? – 194? v. u. Z.) war als Geograph mit Archimedes befreundet. Von ihm stammt die Siebmethode zur Primzahlbestimmung (s. Sieb des Eratosthenes).

Erdkugel s. sphärische Trigonometrie, 5.

Erdumfang ≈ 40 000 km (s. sphärische Trigonometrie, 5.1.).

Erdvermessung s. Geodäsie.

Erfüllungsmenge s. Lösungsmenge.

erstes Element s. Anfang einer geordneten Menge.

Ertragsstrom:
Im Zeitintervall $[0;t]$, $t > 0$ erwirtschafte ein Unternehmen einen Ertrag B(t). B(t) sei stetig differenzierbar. Dann heißt $b(t) = B'(t)$ der *Ertragsstrom* (Grenzertrag) mit

$$B(t + \Delta t) - B(t) \approx b(t)\Delta t \quad \text{für kleine } \Delta t.$$

Der in $[0;T]$ anfallende Ertrag werde stetig verzinst mit der Zinsrate $\gamma = \frac{p}{100}$. Dann lautet der Endwert des Ertragstromes nach der Zeit T

$$K(T) = e^{\gamma T} \cdot \int_0^T b(t) e^{-\gamma t} dt \qquad \text{mit} \quad \gamma = \frac{p}{100}.$$

Der auf den jetzigen Zeitpunkt $t = 0$ abgezinste Barwert des in $[0;T]$ anfallenden Ertragsstromes lautet

$$v(T) = e^{-\gamma T} \cdot K(T) = \int_0^T b(t) e^{-\gamma t} dt \quad \text{mit} \quad \gamma = \frac{p}{100}.$$

Erzeugende einer Fläche s. Regelfläche, s. Kegel, s. Zylinder.

Erzeugendensystem einer Gruppe (Erzeugung einer Gruppe):
Es sei G eine Gruppe (s. Gruppe) und $K \subset G$ eine beliebige Teilmenge von G. Der Durchschnitt aller Untergruppen von G (s. Untergruppe), die K enthalten, ist selbst eine Untergruppe $\{K\} \subset G$. Man nennt $\{K\}$ die von K *erzeugte Gruppe* und K ein *Erzeugendensystem* dieser Gruppe. Das Erzeugendensystem K heißt *minimal* oder *irreduzibel*, wenn es keine echte Untermenge von K gibt, die $\{K\}$ erzeugt, andernfalls heißt K *reduzibel*. Ein nur von einem Element $K = \{a\}$ erzeugte Gruppe heißt *zyklische Gruppe* (s. zyklische Gruppe).

Erzeugendensystem eines Unterverktorraums s. Vektorraum, 2.

Euklid, von Alexandria (365 ? – 300 v. u. Z. ?) verfaßte als Hauptwerk die *Elemente*, in der verschiedene Arbeiten über die Geometrie und Stereometrie nach einheitlichen Gesichtspunkten dargestellt wurden. Er beschäftigte sich mit der Längen- und Winkelbestimmung sowie mit der Berechnung von Flächeninhalten und Volumina (Pyramide) und der Optik. Ihm gelang ein Beweis des *Satzes von Pythagoras*, der auf dem Kathetensatz beruht (s. Kathetensatz). Seine Arbeiten wurden von den Arabern studiert, die später durch lateinische Übersetzungen ins Abendland gelangten.

Euklid - Eulerscher Satz s. vollkommene Zahlen.

Euklidische Geometrie:
Die in den "Elementen" von Euklid erstmals auf Postulaten und Axiomen begründete klassische Geometrie bezeichnet man als *Euklidische Geometrie* (s. Geometrie, 2.1.). Eine moderne axiomatische Begründung der Euklidischen Geometrie stammt von Hilbert (s. Geometrie, 2.2.).

Euklidischer Algorithmus s. größter gemeinsamer Teiler.

Euklidischer Lehrsatz s. Kathetensatz.

Euklidischer Raum, n-dimensionaler:
Der n-dimensionale Euklidische Raum $\mathbb{R}^n$ besteht aus allen n-Tupeln (Punkten) reeller Zahlen $(x_1, x_2, \ldots, x_n)$. Die Zahlen x_i heißen die kartesischen Koordinaten des Punktes. Durch den Abstand

$$d(P, Q) = |PQ| = \overline{PQ} = \sqrt{\sum_{i=1}^{n} (x_i - y_i)^2}$$

zweier Punkte $P = (x_1, x_2, \ldots, x_n)$ und $Q = (y_1, y_2, \ldots, y_n)$ wird $\mathbb{R}^n$ zu einem metrischen Raum. Mit Hilfe der Verbindungsvektoren

$$\overrightarrow{PQ}^T = (y_1 - x_1, y_2 - x_2, \ldots, y_n - x_n)$$

wird $\mathbb{R}^n$ zum n-dimensionalen Vektorraum V^n (s. Vektor im V^n, 3.). Über das Skalarprodukt können abstrakte Winkel eingeführt werden. Dadurch wird der $\mathbb{R}^n$ zu einem Euklidischen Vektorraum.

Euklidischer Vektorraum:

Ein *Euklidischer Vektorraum* ist ein Vektorraum, in dem ein Skalarprodukt definiert ist (s. Vektorraum, 3.).

Euler, Leonhard (1707 – 1783) studierte in Basel Philosophie, Theologie, Physik und Mathematik. Seit 1730 war er in Petersburg Professor für Physik, seit 1733 dort auch Professor für Mathematik. Von 1744 bis 1766 wirkte er in Berlin, danach ging er wieder nach Petersburg zurück. Nach ihm benannt sind das Eulersche Integral erster und zweiter Gattung (s. Betafunktion, s. Gammafunktion), der Euler-Cauchysche Polygonzug zur numerischen Lösung gewöhnlicher Differentialgleichungen (s. gewöhnliche Differentialgleichung, 5.1.1.), die Eulersche Homogenitätsrelation (s. Eulersche Homogenitätsrelation), die Eulersche Zahl e (s. Eulersche Zahl), die Eulersche Formel für komplexe Zahlen (s. komplexe Funktion, 7.) sowie die Eulersche Differentialgleichung (s. Eulersche Differentialgleichung).

Euler-Cauchyscher Polygonzug s. Differentialgleichung, 7.1.1., 7.1.2., 7.1.3.

Eulersche Differentialgleichung:

Die lineare Differentialgleichung n-ter Ordnung

$$a_n x^n y^{(n)}(x) + a_{n-1} x^{n-1} y^{(n-1)}(x) + \ldots + a_1 x y'(x) + a_0 y(x) = q(x)$$

mit Konstanten $a_k \in \mathbb{R}$ für $k = 0, 1, 2, \ldots, n$, $a_n \neq 0$ heißt *Eulersche Differentialgleichung* n-ter Ordnung. Auch die Differentialgleichung

$$\sum_{k=0}^{n} b_k (cx + d)^k y^{(k)}(x) = q(x) \quad \text{mit } c \neq 0, d, b_k \in \mathbb{R},\ b_n \neq 0$$

kann durch die Substitution $cx + d = u$ in eine Eulersche Differentialgleichung transformiert werden. Durch die Substitution $x = e^t$ geht die homogene Eulersche Differentialgleichung über in eine homogene Differentialgleichung für t mit konstanten Koeffizienten (s. gewöhnliche Differentialgleichung, 4.4.).

Eulersche Formel:

Mit dem Bogenmaß $x \in \mathbb{R}$ bzw. dem Winkelmaß φ (in Grad) gilt die nach Euler benannte Formel

$$e^{ix} = \cos x + i \sin x; \qquad e^{i\varphi} = \cos\varphi + i \sin\varphi$$

(s. komplexe Funktion, 7.). Hieraus folgt

$$\frac{e^{ix} + e^{-ix}}{2} = \cos x; \qquad \frac{e^{ix} - e^{-ix}}{2i} = \sin x.$$

Eulersche Funktion:

Die *Eulersche Funktion* $\varphi(n)$ ist für jede natürliche Zahl $n \in \mathbb{N}$ die Anzahl der zu n teilerfremden Zahlen kleiner als n, einschließlich der Zahl 1. (s. teilerfremd). Die Zahl 1 gilt also als teilerfremd zu jedem n. Für zwei teilerfremde Zahlen n_1 und n_2 gilt dabei $\varphi(n_1 \cdot n_2) = \varphi(n_1) \cdot \varphi(n_2)$.

Beispiele: $\varphi(1) = \varphi(2) = 1$; $\varphi(3) = \varphi(4) = 2$; $\varphi(5) = 4$; $\varphi(6) = 2$.

Für jede Primzahl p gilt $\varphi(p) = p - 1$.

Allgemein gilt die Summationsformel $\sum_{d \mid n} \varphi(d) = n$. Dabei wird über alle positiven Teiler d von n summiert. Ferner gilt die Produktformel

$$\varphi(n) = n \cdot \prod_{p \mid n} (1 - \tfrac{1}{p}).$$

Hier wird das Produkt über die verschiedenen Primteiler p von n gebildet.

Eulersche Gerade:

Bei einem allgemeinen Dreieck liegen der Schnittpunkt der Winkelhalbierenden, der Schnittpunkt der Seitenhalbierenden sowie der Höhenschnittpunkt auf einer Geraden, der sogenannten *Eulerschen Geraden* (s. Dreieck, 1.1.).

Eulersche Homogenitätsrelation:

Die Funktion $z = f(x_1, x_2, \ldots, x_n)$ sei homogen vom Grade r (s. homogen, 3.). Dann gilt für alle $(x_1, x_2, \ldots, x_n)$ aus dem Definitionsbereich von f die *Eulersche Homogenitätsrelation*

$$r \cdot f(x_1, x_2, \ldots, x_n) = \sum_{i=1}^{n} x_i \cdot f_{x_i}(x_1, x_2, \ldots, x_n).$$

Division durch $f(x_1, x_2, \ldots, x_n)$ ergibt die Eulersche Homogenitätsrelation für die partiellen Elastizitäten

$$\sum_{i=1}^{n} \varepsilon_{f, x_i}(x_1, x_2, \ldots, x_n) = r \qquad \text{(s. partielle Elastizität).}$$

Eulersche Konstante:

Die *Eulersche Konstante* C_E ist der Grenzwert

$$C_E = \lim_{n \to \infty} \left[\sum_{k=1}^{n} \frac{1}{k} - \ln n \right] = - \int_0^{\infty} e^{-t} \ln t \, dt$$

$$= - \int_0^{\infty} \left(e^{-t} - \frac{1}{1+t} \right) dt \approx 0{,}577\,215\,664\,901\ldots \,.$$

Eulersche Polynome:

Die *Eulerschen Polynome* $E_n(x)$ sind definiert durch

$$E_n(x) = \sum_{k=0}^{n} \binom{n}{k} \cdot E_k \cdot 2^{-k} \cdot (x - \tfrac{1}{2})^{n-k}.$$

Dabei sind $E_k = 2^k E_k(\frac{1}{2})$ die Eulerschen Zahlen (s. Eulersche Zahlen). Diese Polynome können rekursiv berechnet werden aus

$$\sum_{k=0}^{n} \binom{n}{k} \cdot E_k(x) + E_n(x) = 2x^n \quad \text{für} \quad n = 0, 1, 2, \ldots .$$

Hieraus erhält man z. B.

$$E_0(x) \equiv 1; E_1(x) = x - \frac{1}{2}; E_2(x) = x(x-1); E_3(x) = (x - \frac{1}{2})(x^2 - x - \frac{1}{2}).$$

Für die Eulerschen und Bernoullischen Polynome $B_n(x)$ (s. Bernoullische Polynome) gilt

$$E_{n-1}(x) = \frac{2}{n} \cdot \left[B_n(x) - 2^n \cdot B_n(\frac{x}{2})\right] = \frac{2^n}{n} \cdot \left[B_n(\frac{x+1}{2}) - B_n(\frac{x}{2})\right].$$

Eulerscher Multiplikator s. gewöhnliche Differentialgleichung, 2.1.7.

Eulerscher Polyedersatz s. Polyeder, 1.

Eulersches Dreieck s. sphärische Trigonometrie, 4.

Eulersches Integral erster und zweiter Gattung s. Betafunktion, s. Gammafunktion

Eulersches Produkt s. Zetafunktion.

Eulersche Zahl s. e.

Eulersche Zahlen:

Die Eulerschen Zahlen E_n sind definiert durch die Entwicklung

$$\frac{1}{\cosh t} = \frac{2e^t}{e^{2t} + 1} = \sum_{n=0}^{\infty} E_n \cdot \frac{t^n}{n!} \quad \text{(s. cosinus hyperbolicus).}$$

Dabei gilt $E_{2n+1} = 0$ für $n = 0, 1, 2, \ldots$; $\sum_{k=0}^{n} \binom{2n}{2k} \cdot E_{2k} = 0$ für $n > 0$;

$E_0 = 1$; $E_2 = -1$; $E_4 = 5$; $E_6 = -61$

(s. Eulersche Polynome).

ε-Umgebung:

1. ε-Umgebung in einem metrischen Raum:

Es sei M ein metrischer Raum mit der Metrik d (s. metrischer Raum). Für $\varepsilon > 0$ und $x_0 \in M$ heißt die Menge aller Punkte $x \in M$ mit $d(x, x_0) < \varepsilon$ eine *ε-Umgebung* von x_0.

2. ε-Umgebung im $\mathbb{R}^n$:

Im $\mathbb{R}^n$ ist die Menge aller Punkte $(x_1, x_2, \ldots, x_n) \in \mathbb{R}^n$ mit

$$\sqrt{\sum_{i=1}^{n} \left(x_i - x_i^{(0)}\right)^2} < \varepsilon$$

eine *ε-Umgebung* von $(x_1^{(0)}, x_2^{(0)}, \ldots, x_n^{(0)})$.

Evolute:
Der geometrische Ort aller Krümmungsmittelpunkte $M(\xi, \eta)$ einer ebenen Kurve $\mathfrak{C}$ heißt die *Evolute* von $\mathfrak{C}$ (s. Krümmung, 1.). Mit dem Krümmungsradius

$$\rho(x, y) = \frac{1}{\kappa} = \frac{[1+y'^2]^{\frac{3}{2}}}{y''}$$

im Kurvenpunkt $P(x, y)$ erhält man den Ortsvektor zum zugehörigen Punkt $M(\xi, \eta)$ auf der Evolute in der Form

$$\begin{pmatrix} \xi \\ \eta \end{pmatrix} = \overrightarrow{OM} = \begin{pmatrix} x \\ y \end{pmatrix} + \rho(x, y) \cdot \vec{n}.$$

Dabei ist $\vec{n}$ ein Normaleneinheitsvektor in Richtung des Mittelpunktes des Krümmungskreises (s. Krümmung, 1.).

Evolvente:
Die *Evolvente* $\hat{\mathfrak{C}}$ einer ebenen Kurve $\mathfrak{C}$ ist diejenige Kurve, welche $\mathfrak{C}$ zur Evolute hat (s. Evolute).

ewige Rente s. Rentenrechnung, 2.

exakte Differentialgleichung s. gewöhnliche Differentialgleichung, 2.1.6.

Existenzquantor s. Existenzzeichen.

Existenzsatz s. gewöhnliche Differentialgleichung, 1., 2.1., s. System von gewöhnlichen Differentialgleichungen, 1.

Existenz- und Eindeutigkeitssatz s. gewöhnliche Differentialgleichung, 1., 2.1., s. System von gewöhnlichen Differentialgleichungen, 1.

Existenzzeichen (Existenzquantor, Seinzeichen):
$A(x)$ sei eine Aussage, die für ein $x \in M$ richtig oder falsch ist. Dann bedeutet

$$\bigvee_x A(x) \quad \text{bzw} \quad \exists_x A(x)$$

"es gibt ein x, so daß $A(x)$ richtig ist". $\bigvee$ bzw. $\exists$ heißt *Existenz-* oder *Seinzeichen* bzw. *Existenzquantor.*

exp:
Für e^x benutzt man oft die Bezeichnung $\exp(x)$ (s. Exponentialfunktion).

explizite Funktion:
Die Darstellung einer Funktion durch $z = f(x)$ bzw. $z = f(x_1, x_2, \ldots, x_n)$, bei der die abhängige Variable z direkt als Funktion der unabhängigen Variablen angegeben wird, nennt man *explizite Funktion.* Falls die Funktion

$F(x_1, x_2, \ldots, x_n, z) = 0$ evtl. mehrdeutig nach z auflösbar ist, heißt diese Darstellung durch F eine *implizite* Funktionendarstellung (s. implizite Funktion, 2.).

explizite gewöhnliche Differentialgleichung:

Die gewöhnliche Differentialgleichung n-ter Ordnung

$$y^{(n)}(x) = f(x, y(x), y'(x), y''(x), \ldots, y^{(n-1)}(x))$$

heißt *explizite Differentialgleichung* (s. gewöhnliche Differentialgleichung, 1.)

Exponent:

In der Potenz a^x (s. Potenz, 1.) heißt x der *Exponent.*

Exponentialansatz:

Mit Hilfe des *Exponentialansatzes* $y = e^{\lambda x}$, $\lambda \in \mathbb{C}$ können lineare Differentialgleichungen mit konstanten Koeffizienten gelöst werden (s. gewöhnliche Differentialgleichung, 4.1.).

Exponentialfunktion:

1. Allgemeine Exponentialfunktion:

Für festes $a > 0$ heißt die auf ganz $\mathbb{R}$ definierte transzendente reelle Funktion $f(x) = a^x$ *Exponentialfunktion zur Basis* a (s. Potenz, 1., s. transzendent, 1.). Für $a > 0$ ist $f(x) = a^x$ eine stetige Funktion. Wegen $a^0 = 1$ schneiden alle Exponentialfunktionen die y-Achse an der Stelle 1. Es gilt

$a = 1$: $a^x = 1^x \equiv 1$ für alle x (Parallele zur x-Achse);

$a > 1$: a^x ist streng monoton wachsend mit $\lim\limits_{x \to -\infty} a^x = 0$; $\lim\limits_{x \to \infty} a^x = \infty$

$0 < a < 1$: a^x ist streng monoton fallend mit $\lim\limits_{x \to -\infty} a^x = \infty$; $\lim\limits_{x \to \infty} a^x = 0$.

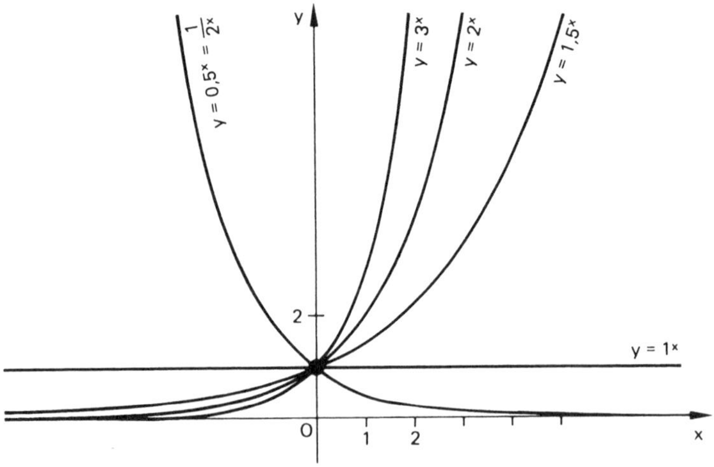

Die Funktion $y = a^{-x} = \frac{1}{a^x} = \left(\frac{1}{a}\right)^x$ geht aus $y = a^x$ durch Spiegelung an der y-Achse hervor. Die Umkehrfunktion von $y = a^x$ ist der Logarithmus $y = \log_a x$ zur Basis a (s. Logarithmus). Allgemein gilt (s. 2.)

$$a^x = e^{x \cdot \ln a}.$$

Ableitung: $(a^x)' = a^x \cdot \ln a$; Integral: $\int a^x dx = \frac{1}{\ln a} \cdot a^x + C$.

Die Taylorreihe

$$a^x = 1 + \frac{x \cdot \ln a}{1!} + \frac{(x \cdot \ln a)^2}{2!} + \frac{(x \cdot \ln a)^3}{3!} + \ldots = \sum_{k=0}^{\infty} \frac{(x \cdot \ln a)^k}{k!}$$

ist für alle $x \in \mathbb{R}$ konvergent.

2. Die Exponentialfunktion zur Basis e:

Für $a = e = \lim\limits_{n \to \infty} \left(1 + \frac{1}{n}\right)^n$ (s. Eulersche Zahl) erhält man die Funktion e^x, die bei der stetigen Verzinsung und beim stetigen Wachstum eine zentrale Rolle spielt. Diese Funktion nennt man üblicherweise *"die" Exponentialfunktion*, wobei die Basis nicht erwähnt wird. Dabei gilt für jedes $x \in \mathbb{R}$

$$\lim_{n \to \infty} \left(1 + \frac{x}{n}\right)^n = e^x .$$

Wegen

$$a^x = e^{\ln a^x} = e^{x \cdot \ln a} \text{ und } u(x)^{v(x)} = e^{v(x) \cdot \ln u(x)}$$

können alle Potenzfunktionen als Exponentialfunktionen mit der Basis e dargestellt werden.

Ableitung: $(e^x)' = e^x$; Integral: $\int e^x dx = e^x + C$.

Die Taylorreihe (*Exponentialreihe*)

$$e^x = 1 + \frac{x}{1!} + \frac{x^2}{2!} + \ldots + \frac{x^n}{n!} + \ldots = \sum_{k=0}^{\infty} \frac{x^k}{k!}$$

ist für jedes $x \in \mathbb{R}$ konvergent. Diese Reihe wird häufig als Definitionsgleichung für die Exponentialfunktion benutzt. Die Umkehrfunktion von $y = e^x$ ist der natürliche Logarithmus $y = \ln x$ (s. Logarithmus).

Exponentialgleichung:

Eine transzendente Gleichung (s. transzendent, 2.), in der mindestens eine Variable in einem Wurzel- oder Potenzexponenten vorkommt, heißt *Exponentialgleichung*. Beispiel: $e^x + x^2 + \sqrt{x} = 0$. Diese Gleichung ist nicht geschlossen lösbar. Sie läßt sich nur numerisch lösen (s. Nullstellenbestimmung).

Exponentialintegral (Integralexponentielle):

Mit der Eulerschen Konstanten C_E (s. Eulersche Konstante) heißt

$$Ei(x) = \int_{-\infty}^{x} \frac{e^t}{t} dt = C_E + \ln|x| + \sum_{n=1}^{\infty} \frac{x^n}{n \cdot n!} \text{ für } x \neq 0$$

Exponentialintegral oder *Integralexponentielle.* Für $x > 0$ ist dieses Integral der Cauchysche Hauptwert an der Stelle $t = 0$.

Exponentialreihe s. Exponentialfunktion, 2.

Extrapolation:

Die Werte von $f(x)$ seien an den Stellen $x_1 < x_2 < \ldots < x_n$ bekannt. Die Bestimmung von Näherungswerten der Funktion f außerhalb des Intervalls $[x_1; x_n]$ mit Hilfe einer Funktion $P(x)$ nennt man *Extrapolation.*

Extrema ist der Plural von Extremum (s. Extremum).

Extremum (plural: Extrema):

Unter einem *Extremum* (*Extremwert*) einer Funktion f versteht man ein Maximum oder ein Minimum. Falls es sich um ein Maximum oder Minimum im gesamten Definitionsbereich D handelt, spricht man von einem *absoluten* oder *globalen* Extremwert. Falls ein Wert nur extremaler Wert in einer (kleinen) Umgebung einer festen Stelle ist, handelt es sich um ein *relatives* oder *lokales* Extremum.

1. Extremum einer Funktion einer Variablen:

Absolutes (globales) Extremum:

Die Funktion $f(x)$ sei auf der Menge D erklärt. Sie besitzt an der Stelle $x_{max} \in D$ ein *absolutes (globales) Maximum* $f(x_{max})$ (auf D), wenn für alle $x \in D$ gilt $f(x) \leq f(x_{max})$. Dafür schreibt man

$$f(x_{max}) = \max_{x \in D} f(x).$$

Falls für alle $x \in D$ gilt $f(x) \geq f(x_{min})$, besitzt die Funktion an der Stelle $x_{min} \in D$ ein *absolutes (globales) Minimum* $f(x_{min})$ mit

$$f(x_{min}) = \min_{x \in D} f(x).$$

Relatives (lokales) Extremum:

Die Funktion f besitzt an der Stelle x_0 ein *relatives (lokales) Maximum* bzw. *Minimum,* falls für alle Werte x aus einer Umgebung U von x_0 gilt

$$f(x) \leq f(x_0) \quad \text{bzw.} \quad f(x) \geq f(x_0).$$

Satz von Weierstraß:

Jede in einem abgeschlossenen Intervall $[a;b]$ stetige Funktion f nimmt dort sowohl das absolute Minimum als auch das absolute Maximum an. Es gibt also mindestens zwei Stellen x_{min} und x_{max} aus $[a;b]$ mit

$$f(x_{min}) = \min_{a \leq x \leq b} f(x); \quad f(x_{max}) = \max_{a \leq x \leq b} f(x).$$

Dabei werden die absoluten Extremwerte entweder am Rand a oder b angenommen oder sie stimmen mit einem relativen Extremum überein.

Hinreichende Bedingung für ein relatives Extremum:
Die Funktion f sei an der Stelle x_0 stetig und besitze dort die linksseitige Ableitung $f_l'(x_0)$ und die rechtsseitige Ableitung $f_r'(x_0)$ (s. Funktion von reellen Variablen, 1.4.). Falls $f_l'(x_0) > 0$ und $f_r'(x_0) < 0$ ist, besitzt f an der Stelle x_0 ein relatives Maximum. Im Falle $f_l'(x_0) < 0$ und $f_r'(x_0) > 0$ hat f an der Stelle x_0 ein relatives Minimum.

Notwendige Bedingung für ein relatives Extremum:
Die Funktion f sei in einer Umgebung von x_E stetig differenzierbar. Notwendig dafür, daß f an der Stelle x_E ein relatives Extremum besitzt, ist $f'(x_E) = 0$ (horizontale Tangente). Diese Bedingung ist nicht hinreichend, da sie auch für Sattelpunkte gilt.

Hinreichende Bedingung für ein relatives Extremum:
Die Funktion f sei in einer Umgebung von x_E n-mal stetig differenzierbar mit

$$f'(x_E) = f''(x_E) = \ldots = f^{(n-1)}(x_E) = 0 \quad \text{und} \quad f^{(n)}(x_E) \neq 0.$$

Dabei sei n ungerade. Dann besitzt f an der Stelle x_E ein relatives Extremum. Im Falle $f^{(n)}(x_E) < 0$ handelt es sich um ein relatives Maximum, für $f^{(n)}(x_E) > 0$ um ein relatives Minimum.

2. Extremum einer Funktion von zwei Variablen:
Die Funktion $f(x,y)$ hat an der Stelle (x_0, y_0) ein *absolutes (globales) Maximum* (bzw. *Minimum*) auf D, falls gilt

$$f(x,y) \leq f(x_0,y_0) \quad \text{bzw.} \quad f(x,y) \geq f(x_0,y_0) \quad \text{für alle } (x,y) \in D.$$

Die Funktion $f(x,y)$ nimmt an der Stelle $(x_0,y_0) \in D$ ein *relatives (lokales) Maximum* bzw. *Minimum* an, falls es eine zum Definitionsbereich D gehörende Umgebung U von (x_0,y_0) gibt mit

$$f(x,y) \leq f(x_0,y_0) \quad \text{bzw.} \quad f(x,y) \geq f(x_0,y_0) \qquad \text{für alle } (x,y) \in U.$$

Unter einem *Extremum (Extremwert)* versteht man ein Minimum oder ein Maximum. Eine in einem beschränkten und abgeschlossenen Bereich $B \subset D \subset \mathbb{R}^2$ stetige Funktion $f(x,y)$ besitzt dort ein absolutes Maximum und ein absolutes Minimum.

Notwendige Bedingung für ein relatives Extremum:
Die Funktion $f(x,y)$ besitze in einer Umgebung U von (x_0,y_0) stetige partielle Ableitungen, d.h. f sei in U total differenzierbar (s. Funktion von reellen Variablen, 2.4., 2.5.). Notwendig dafür, daß an der Stelle (x_0,y_0) ein relatives Extremum vorliegt, ist die Bedingung

$$f_x(x_0,y_0) = 0 \quad \text{und} \quad f_y(x_0,y_0) = 0.$$

Die lokalen Extremwerte befinden sich also unter den Lösungen der beiden Gleichungen

$$f_x(x,y) = 0 \text{ und } f_y(x,y) = 0.$$

Jede Stelle (x_0, y_0) mit $f_x(x_0, y_0) = 0$ und $f_y(x_0, y_0) = 0$ heißt *stationäre Stelle* von f.

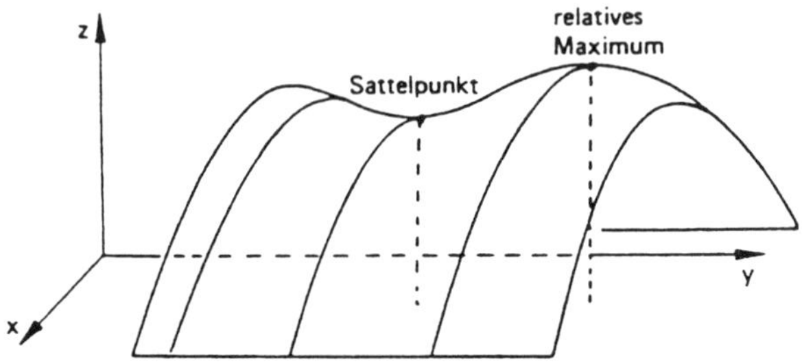

Hinreichende Bedingungen für ein relatives Extremum:
f(x, y) besitze in einer Umgebung U von (x_0, y_0) bzw. im ganzen Definitionsbereich D stetige partielle Ableitungen erster und zweiter Ordnung (s. Funktion von reellen Variablen, 2.4.). Dabei gelte

$$f_x(x_0, y_0) = 0; \quad f_y(x_0, y_0) = 0;$$

$$\Delta = f_{xx}(x_0, y_0) \cdot f_{yy}(x_0, y_0) - f_{xy}^2(x_0, y_0) > 0.$$

Dann besitzt f an der Stelle (x_0, y_0) ein relatives Extremum. Dabei gilt

$$f_{xx}(x_0, y_0) < 0 \quad (\Leftrightarrow f_{yy}(x_0, y_0) < 0) \quad \Rightarrow \quad \text{relatives Maximum;}$$

$$f_{xx}(x_0, y_0) > 0 \quad (\Leftrightarrow f_{yy}(x_0, y_0) > 0) \quad \Rightarrow \quad \text{relatives Minimum.}$$

Im Falle $\Delta < 0$ liegt ein *Sattelpunkt* vor (s. Sattelpunkt). Für $\Delta = 0$ ist ohne weitere Untersuchung keine Aussage möglich.
Weitere hinreichende Bedingungen für ein absolutes bzw. relatives Extremum bzw. einen Sattelpunkt erhält man aus 3. mit n = 2.

3. Extremum einer Funktion von n Variablen:
Die Funktion $f(x_1, x_2, \ldots, x_n)$ besitzt an der Stelle $(x_1^{(0)}, x_2^{(0)}, \ldots, x_n^{(0)}) \in D$ ein *relatives Maximum* bzw. *relatives Minimum*, falls es eine zum Definitionsbereich D gehörende Umgebung U von $(x_1^{(0)}, x_2^{(0)}, \ldots, x_n^{(0)})$ gibt mit

$$f(x_1, x_2, \ldots, x_n) \le f(x_1^{(0)}, x_2^{(0)}, \ldots, x_n^{(0)}) \qquad \text{bzw.}$$

$$f(x_1, x_2, \ldots, x_n) \ge f(x_1^{(0)}, x_2^{(0)}, \ldots, x_n^{(0)})$$

für alle $(x_1, x_2, \ldots, x_n) \in U$.
Gilt im ganzen Definitionsbereich, also für jedes $(x_1, x_2, \ldots, x_n) \in D$

$$f(x_1, x_2, \ldots, x_n) \le f(x_1^{(0)}, x_2^{(0)}, \ldots, x_n^{(0)}) \qquad \text{bzw.}$$

$$f(x_1, x_2, \ldots, x_n) \ge f(x_1^{(0)}, x_2^{(0)}, \ldots, x_n^{(0)}),$$

so hat f an der Stelle $(x_1^{(0)}, x_2^{(0)}, \ldots, x_n^{(0)}) \in D$ ein *absolutes (globales) Maximum* bzw. *Minimum*. Jede in einem beschränkten und abgeschlossenen Bereich $B \subset D \subset \mathbb{R}^n$ stetige Funktion $f(x_1, x_2, \ldots, x_n)$ besitzt dort ein absolutes Maximum und ein absolutes Minimum.

Notwendige Bedingung für ein relatives Extremum:
Die Funktion f besitze in einer Umgebung von $(x_1^{(0)}, x_2^{(0)}, \ldots, x_n^{(0)})$ stetige partielle Ableitungen nach allen n Variablen. Notwendig dafür, daß an dieser Stelle ein lokales Extremum vorliegt, ist dann

$$f_{x_i}(x_1^{(0)}, x_2^{(0)}, \ldots, x_n^{(0)}) = 0 \quad \text{für } i = 1, 2, \ldots, n.$$

Jede Stelle $(x_1^{(0)}, x_2^{(0)}, \ldots, x_n^{(0)})$ mit $f_{x_i}(x_1^{(0)}, x_2^{(0)}, \ldots, x_n^{(0)}) = 0$ für $i = 1, 2, \ldots, n$ heißt *stationäre Stelle* der Funktion $f(x_1, x_2, \ldots, x_n)$.

Zur Angabe von hinreichenden Bedingungen wird vorausgesetzt, daß die Funktion $f(x_1, x_2, \ldots, x_n)$ an der Stelle $(x_1, x_2, \ldots, x_n)$ stetige partielle Ableitungen erster und zweiter Ordnung besitzt. Dann heißt die Matrix

$$H(x_1, x_2, \ldots, x_n) = \begin{pmatrix} f_{x_1x_1} & f_{x_1x_2} & \cdots & f_{x_1x_n} \\ f_{x_2x_1} & f_{x_2x_2} & \cdots & f_{x_2x_n} \\ \vdots & \vdots & \vdots & \vdots \\ f_{x_nx_1} & f_{x_nx_2} & \cdots & f_{x_nx_n} \end{pmatrix}$$

Hessematrix. Die partiellen Ableitungen in der Hessematrix sind an der Stelle $(x_1, x_2, \ldots, x_n)$ zu bilden. Wegen

$$f_{x_ix_j}(x_1, x_2, \ldots, x_n) = f_{x_jx_i}(x_1, x_2, \ldots, x_n) \quad \text{für alle } i, j$$

ist die Hessematrix symmetrisch. Über mögliche Extrema entscheidet die Definitheit der Hessematrix (s. quadratische Form, s. definite und semidefinite quadratische Matrix).
Gilt für sämtliche Variablenwerte $(u_1, u_2, \ldots, u_n) \neq (0, 0, \ldots, 0)$

$$\sum_{i,j=1}^{n} f_{x_ix_j}(x_1, x_2, \ldots, x_n)\, u_i u_j > 0,$$

so ist die Hessematrix $H(x_1, x_2, \ldots, x_n)$ an der Stelle $(x_1, x_2, \ldots, x_n)$ positiv definit. Im Falle

$$\sum_{i,j=1}^{n} f_{x_ix_j}(x_1, x_2, \ldots, x_n)\, u_i u_j < 0$$

ist sie negativ definit.
Gilt für sämtliche Variablenwerte $(u_1, u_2, \ldots, u_n) \in \mathbb{R}^n$

$$\sum_{i,j=1}^{n} f_{x_ix_j}(x_1, x_2, \ldots, x_n)\, u_i u_j \geq 0 \quad \text{bzw.} \quad \leq 0,$$

und ist an mindestens einer Stelle $(u_1, u_2, \ldots, u_n) \neq (0, 0, \ldots, 0)$

$$\sum_{i,j=1}^{n} f_{x_ix_j}(x_1, x_2, \ldots, x_n)\, u_i u_j = 0,$$

so ist die Hessematrix an der Stelle $(x_1, x_2, \ldots, x_n)$ positiv bzw. negativ semidefinit.
Falls die Hessematrix weder definit noch semidefinit ist, ist sie indefinit.

Hinreichende Bedingung für ein Extremum bzw. einen Sattelpunkt:
Die Funktion f besitze in einer Umgebung von $(x_1^{(0)}, x_2^{(0)}, \ldots, x_n^{(0)})$ bzw. im ganzen Definitionsbereich D stetige partielle Ableitungen erster und zweiter Ordnung. Dabei sei

$$f_{x_i}(x_1^{(0)}, x_2^{(0)}, \ldots, x_n^{(0)}) = 0 \qquad \text{für } i = 1, 2, \ldots, n.$$

1. Falls die Hessematrix an der Stelle $(x_1^{(0)}, x_2^{(0)}, \ldots, x_n^{(0)})$ positiv definit ist, besitzt f an dieser Stelle ein relatives Minimum.

2. Ist die Hessematrix an der Stelle $(x_1^{(0)}, x_2^{(0)}, \ldots, x_n^{(0)})$ negativ definit, so besitzt f an dieser Stelle ein relatives Maximum.

3. Wenn die Hessematrix an der Stelle $(x_1^{(0)}, x_2^{(0)}, \ldots, x_n^{(0)})$ indefinit ist, dann besitzt f an dieser Stelle kein relatives Extremum. Es handelt sich dann um einen Sattelpunkt (s. Sattelpunkt).

4. Falls die Hessematrix an jeder Stelle $(x_1, x_2, \ldots, x_n) \in D$ positiv definit ist, besitzt f an der Stelle $(x_1^{(0)}, x_2^{(0)}, \ldots, x_n^{(0)})$ ein absolutes Minimum. Ist die Hessematrix an jeder Stelle $(x_1, x_2, \ldots, x_n) \in D$ negativ definit, so hat f an der Stelle $(x_1^{(0)}, x_2^{(0)}, \ldots, x_n^{(0)})$ ein absolutes Maximum.

Verfahren zur Bestimmung der Definitheit:
$H(x_1, x_2, \ldots, x_n)$ ist genau dann positiv definit, wenn alle n Hauptunterdeterminanten D_k positiv sind für $k = 1, 2, \ldots, n$, also für

$$D_1 = f_{x_1x_1} > 0;$$

$$D_2 = \begin{vmatrix} f_{x_1x_1} & f_{x_1x_2} \\ f_{x_2x_1} & f_{x_2x_2} \end{vmatrix} > 0; \quad D_3 = \begin{vmatrix} f_{x_1x_1} & f_{x_1x_2} & f_{x_1x_3} \\ f_{x_2x_1} & f_{x_2x_2} & f_{x_2x_3} \\ f_{x_3x_1} & f_{x_3x_2} & f_{x_3x_3} \end{vmatrix} > 0;$$

$$\ldots; \quad D_n = \begin{vmatrix} f_{x_1x_1} & f_{x_1x_2} & \cdots & f_{x_1x_n} \\ f_{x_2x_1} & f_{x_2x_2} & \cdots & f_{x_2x_n} \\ \vdots & \vdots & & \vdots \\ f_{x_nx_1} & f_{x_nx_2} & \cdots & f_{x_nx_n} \end{vmatrix} > 0.$$

Die Hessematrix ist genau dann negativ definit, wenn alle n Hauptunterdeterminanten von Null verschieden sind und alternierende Vorzeichen besitzen. Dabei ist D_1 negativ, also für

$$(-1)^k D_k > 0 \quad \text{für } k = 1, 2, \ldots, n.$$

Ist die Hessematrix positiv semidefinit, so folgt daraus die (nur notwendige) Bedingung a) $D_k \geq 0$ für $k = 1, 2, \ldots, n$.

Aus der negativen Semidefinitheit der Hessematrix folgt b) $(-1)^k D_k \geq 0$ für $k = 1, \ldots, n$.

Ist weder a) noch b) erfüllt, dann ist die Hessematrix indefinit.

Extremum unter Nebenbedingungen:

1. Extremum einer Funktion zweier Variabler unter einer Nebenbedingung:

Gesucht sind die relativen bzw. absoluten Extrema der Funktion $f(x, y)$ unter der Nebenbedingung

$$g(x, y) = 0.$$

Da die Nebenbedingung im allgemeinen eine Kurve in der x-y-Ebene darstellt, sind die Extremwerte unter denjenigen Punkten auf der durch die Funktion f beschriebenen Fläche gesucht, die senkrecht über dieser Kurve liegen.

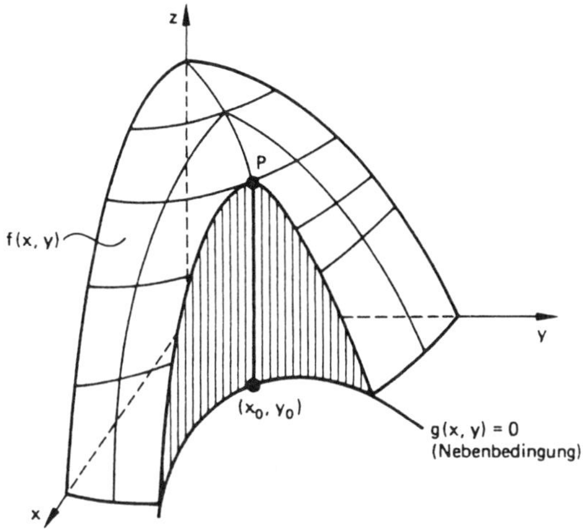

1.1. Lösung durch Elimination:

Falls die Nebenbedingung $g(x, y) = 0$ eindeutig nach x bzw. y auflösbar ist in der Form

$$y = \varphi(x) \quad \text{bzw.} \quad x = \psi(y)$$

erhält man durch Einsetzen in die Funktion $f(x, y)$

$$f(x, y) = f(x, \varphi(x)) = g(x) \quad \text{bzw.} \quad f(x, y) = f(\psi(y), y) = v(y),$$

also eine Funktion, die nur von einer einzigen Variablen x bzw. y abhängt. Damit ist das Problem zurückgeführt auf die Bestimmung der Extrema von Funktionen einer Variablen (s. Extremum, 1.).

1.2. Methode von Lagrange:

Diese Methode sollte dann benutzt werden, wenn die Nebenbedingung $g(x, y) = 0$ entweder gar nicht oder mehrdeutig nach y bzw. x auflösbar ist. Voraussetzung: Die Funktionen f und g besitzen stetige partielle Ableitungen erster Ordnung. Man bildet die *Lagrange-Funktion*

$$L(x, y, \lambda) = f(x, y) + \lambda g(x, y) \quad \text{mit variablem } \lambda \in \mathbb{R}.$$

Dabei heißt der Parameter λ *Lagrangescher Multiplikator.* Mit Hilfe der partiellen Ableitungen nach x, y und λ erhält man das Gleichungssystem für die drei Unbekannten x, y, λ

$$L_x(x, y, \lambda) = f_x(x, y) + \lambda g_x(x, y) = 0$$

$$L_y(x, y, \lambda) = f_y(x, y) + \lambda g_y(x, y) = 0$$

$$L_\lambda(x, y, \lambda) = g(x, y) = 0 \quad \text{(Nebenbedingung).}$$

Unter diesen Lösungen befinden sich dann die Extremwerte von $f(x, y)$ unter der Nebenbedingung $g(x, y) = 0$.
Hinreichende Bedingungen dafür, daß die Lösungen dieses Gleichungssystems Extrema sind, erhält man aus 2.2. mit $n = 2$.

2. Extremum einer Funktion von n Variablen unter Nebenbedingungen:
Gesucht sind die Extremwerte der Funktion $z = f(x_1, x_2, \ldots, x_n)$ unter den $m < n$ Nebenbedingungen

$$\begin{aligned} &g_1(x_1, x_2, \ldots, x_n) = 0 \\ &g_2(x_1, x_2, \ldots, x_n) = 0 \\ &\ldots\ldots\ldots\ldots\ldots\ldots \\ &g_m(x_1, x_2, \ldots, x_n) = 0. \end{aligned}$$

Falls die Menge $M = \{(x_1, \ldots, x_n) \in D \mid g_k(x_1, x_2, \ldots, x_n) = 0 \text{ für alle } k\}$ beschränkt und abgeschlossen ist, besitzt jede in D stetige Funktion f unter den m Nebenbedingungen $g_k(x_1, x_2, \ldots, x_n) = 0$ für $k = 1, 2, \ldots, m$ dort ein absolutes Minimum und ein absolutes Maximum.

2.1. Eliminationsmethode:
Das System der m Nebenbedingungsgleichungen sei nach m Variablen z. B. nach $x_{n-m+1}, \ldots, x_n$ explizit auflösbar in der Form

$$x_{n-m+1} = u_{n-m+1}(x_1, \ldots, x_{n-m}); \ldots ; x_n = u_n(x_1, \ldots, x_{n-m}).$$

Durch Einsetzen dieser Funktionen geht die zu optimierende Funktion über in

$$\begin{aligned} z &= f(x_1, x_2, \ldots, x_n) \\ &= f(x_1, \ldots, x_{n-m}, u_{n-m+1}(x_1, \ldots, x_{n-m}), \ldots, u_n(x_1, \ldots, x_{n-m})) \\ &= h(x_1, \ldots, x_{n-m}), \end{aligned}$$

also in eine Funktion von $n - m$ Variablen, von der dann die Extremwerte ohne Nebenbedingungen zu bestimmen sind (s. Extremum, 3.).

2.2. Methode von Lagrange
Die Funktionen $f(x_1, x_2, \ldots, x_n)$, $g_k(x_1, x_2, \ldots, x_n)$ seien nach allen Variablen stetig differenzierbar für $k = 1, 2, \ldots, m$. Die Matrix

$$B = \begin{pmatrix} \dfrac{\partial g_1(x_1, x_2, \ldots, x_n)}{\partial x_1} & \cdots & \dfrac{\partial g_1(x_1, x_2, \ldots, x_n)}{\partial x_n} \\ \vdots & \vdots & \vdots \\ \dfrac{\partial g_m(x_1, x_2, \ldots, x_n)}{\partial x_1} & \cdots & \dfrac{\partial g_m(x_1, x_2, \ldots, x_n)}{\partial x_n} \end{pmatrix}$$

besitze den vollen Rang m (s. Matrix, 3.).

Lagrange-Funktion: Die Funktion in $n + m$ Variablen

$$L(x_1, \ldots, x_n, \lambda_1, \ldots, \lambda_m) = f(x_1, \ldots, x_n) + \sum_{k=1}^{m} \lambda_k g_k(x_1, \ldots, x_n)$$

mit $\lambda_k \in \mathbb{R}$ heißt *Lagrange-Funktion*. Die Konstanten λ_k nennt man *Lagrangesche Multiplikatoren*.

Gelöst wird das Gleichungssystem der partiellen Ableitungen

$$L_{x_i}(x_1, x_2, \ldots, x_n, \lambda_1, \ldots, \lambda_m)$$

$$= f_{x_i}(x_1, x_2, \ldots, x_n) + \sum_{k=1}^{m} \lambda_k \frac{\partial}{\partial x_i} g_k(x_1, x_2, \ldots, x_n) = 0 \text{ für } i = 1, 2, \ldots, n;$$

$$L_{\lambda_k}(x_1, x_2, \ldots, x_n, \lambda_1, \ldots, \lambda_m) = g_k(x_1, x_2, \ldots, x_n) = 0 \text{ für } k = 1, 2, \ldots, m.$$

Dann sind die Extremwerte des Optimierungsproblems unter diesen Lösungen zu suchen.

Hinreichende Bedingungen für ein Extremum:
f und g_k sollen in einer Umgebung von $(x_1^{(0)}, x_2^{(0)}, \ldots, x_n^{(0)}) \in D$ stetige partielle Ableitungen erster und zweiter Ordnung besitzen. Das obige Gleichungssystem besitze die Lösung $(x_1^{(0)}, x_2^{(0)}, \ldots, x_n^{(0)}, \lambda_1^{(0)}, \ldots, \lambda_m^{(0)})$.
Bei gegebenen Werten $\lambda_1^*, \ldots, \lambda_m^*$ sei

$$\hat{H}(x_1^{(0)}, x_2^{(0)}, \ldots, x_n^{(0)}, \lambda_1^*, \ldots, \lambda_m^*) = \begin{pmatrix} L_{x_1x_1} & \cdots & L_{x_1x_n} \\ \vdots & \vdots & \vdots \\ L_{x_nx_1} & \cdots & L_{x_nx_n} \end{pmatrix}$$

die Hessematrix (s. Hessematrix). Dabei müssen die partiellen Ableitungen an der zu untersuchenden stationären Stelle gebildet werden mit

$$L_{x_ix_j} = L_{x_ix_j}(x_1^{(0)}, x_2^{(0)}, \ldots, x_n^{(0)}, \lambda_1^*, \lambda_2^*, \ldots, \lambda_m^*).$$

1. Falls $\hat{H}(x_1^{(0)}, x_2^{(0)}, \ldots, x_n^{(0)}, \lambda_1^*, \ldots, \lambda_m^*)$ positiv (negativ) definit ist, ist an der Stelle $(x_1^{(0)}, x_2^{(0)}, \ldots, x_n^{(0)})$ ein relatives Minimum (Maximum) von f unter den m Nebenbedingungen (s. definite und semidefinite Matrix).

2. Falls an jeder beliebigen Stelle $(x_1, x_2, \ldots, x_n) \in D$ die Hessematrix $\hat{H}(x_1, x_2, \ldots, x_n, \lambda_1^*, \ldots, \lambda_m^*)$ gebildet werden kann und positiv (negativ) definit ist, besitzt die Funktion f unter den m Nebenbedingungen an der Stelle $(x_1^{(0)}, x_2^{(0)}, \ldots, x_n^{(0)})$ ein absolutes Minimum (Maximum).

Extremwert s. Extremum.

exzentrisch:
Falls verschiedene Kreise einer Ebene nicht den gleichen Mittelpunkt besitzen, nennt man sie *exzentrisch*, bei gleichem Mittelpunkt heißen sie *konzentrisch*.

Exzentrizität, numerische s. Kegelschnitt, 3., 4., s. Ellipse, 1., s. Hyperbel, 1., s. Parabel, 4.

Exzeß, sphärischer s. sphärische Trigonometrie, 4.

F

Fadenkonstruktion s. Ellipse, 2.2., s. Hyperbel, 2.2., s. Parabel, 2.2.

fair s. Spiel, 2.3.

Faktor s. Produkt, s. Multiplikation, 1.

Faktorisierung s. Polynom, 1.

Faktormenge s. Äquivalenzklasse.

Faktorzerlegung:
Jede natürliche Zahl $m > 1$ kann eindeutig als Produkt

$$m = p_1^{n_1} \cdot p_2^{n_2} \cdot \ldots \cdot p_r^{n_r}$$

von Primzahlen $p_1, p_2, \ldots, p_r$ mit $p_1 < p_2 < \ldots < p_r$ und den Vielfachheiten $n_1, n_2, \ldots, n_r$ dargestellt werden (s. Primzahl).

Fakultät:
Die *Fakultät* einer nichtnegativen ganzen Zahl ist erklärt durch

$$0! = 1 \quad \text{und} \quad n! = 1 \cdot 2 \cdot \ldots \cdot n \quad \text{für } n \in \mathbb{N}.$$

Rekursionsformel:

$$(n+1)! = (n+1) \cdot n! \quad \text{für } n = 0, 1, 2, \ldots .$$

Mit der Gamma-Funktion (s. Gamma-Funktion) erhält man

$$n! = \Gamma(n+1).$$

Nach der Stirlingschen Formel gilt für große n die Näherung

$$n! \approx \sqrt{2\pi n} \cdot \left(\frac{n}{e}\right)^n \quad \text{(s. Stirlingsche Formel).}$$

Fakultätenfunktion s. Gammafunktion.

Fakultätenreihe:
Eine Reihe der Form

$$f(z) = \sum_{n=0}^{\infty} \frac{c_n \cdot n!}{z \cdot (z+1) \cdot (z+2) \cdot \ldots \cdot (z+n)}$$

mit komplexen Konstanten c_n für $n = 0, 1, \ldots$ heißt *Fakultätenreihe.* Der Konvergenzbereich ist eine Halbebene $R(z) > \lambda$ mit Ausnahme der darin enthaltenen Punkte $0, -1, -2, \ldots$. Dort stellt f eine holomorphe Funktion dar (s. holomorph).

fallend s. monoton fallend.

falsch s. wahr.

Faltung:

1. Faltung zweier integrierbarer Funktionen:
Die Funktionen f(x) und g(x) seien auf $\mathbb{R}$ integrierbar. Dann heißt im Falle der Existenz die durch

$$h(z) = (f * g)(z) = \int_{-\infty}^{+\infty} f(z-y)\, g(y)\, dy = \int_{-\infty}^{+\infty} f(x)\, g(z-x)\, dx$$

(s. Integralrechnung, 1.8.1.) definierte reelle Funktion $h = f * g$ die *Faltung* von f und g. Dabei gelten die Eigenschaften

$$f * g = g * f \qquad \text{(kommutatives Gesetz);}$$

$$(f_1 * f_2) * f_3 = f_1 * (f_2 * f_3) \qquad \text{(assoziatives Gesetz).}$$

2. Faltung zweier Zahlenfolgen:
Für zwei Zahlenfolgen $(a_n)_{n=0,1,2,\ldots}$ und $(b_n)_{n=0,1,2,\ldots}$ wird die *Faltung* $(c_n) = (a * b)_n$ erklärt durch

$$c_n = (a * b)_n = \sum_{k=0}^{n} a_k \cdot b_{n-k} = \sum_{j=0}^{n} a_{n-j} \cdot b_j \quad \text{für } n = 0, 1, 2, \ldots .$$

Auch hier gelten das kommutative und assoziative Gesetz.

Faltungssatz:

1. Faltungssatz bei Fourier-Transformationen:
Die beiden Funktionen f(x) und g(x) sollen die Fourier-Transformierten

$$\mathcal{F}_f(t) = \frac{1}{2\pi} \int_{-\infty}^{\infty} e^{itx} f(x)\, dx; \quad \mathcal{F}_g(t) = \frac{1}{2\pi} \int_{-\infty}^{\infty} e^{itx} g(x)\, dx$$

besitzen. Dann besitzt die Faltung $f * g$ die Fourier-Transformierte

$$\mathcal{F}_{f * g}(t) = \mathcal{F}_f(t) \cdot \mathcal{F}_g(t)$$

(s. Fourier-Transformation).

2. Faltungssatz bei Laplace-Transformationen:
Bei der Laplace-Transformation (s. Laplace-Transformation)

$$L(s) = L_f(s) = \mathcal{L}\{f(x)\}(s) = \int_0^{\infty} e^{-sx} f(x)\, dx$$

gilt

$$\mathcal{L}\{(f*g)(x)\}(s) = \mathcal{L}\{f(x)\}(s) \cdot \mathcal{L}\{g(x)\}(s).$$

Faßregel s. Integralrechnung, 1.10.2.2.2.

fast alle:
Fast alle bedeutet "alle mit Ausnahme von höchstens endlich vielen".

fast überall:
Man sagt: Eine für die Elemente einer Menge M gemachte Aussage gilt *fast überall* bezüglich eines Maßes μ (s. Maß), wenn die Menge $M_1 \subset M$, für welche die Aussage nicht richtig ist, das Maß Null besitzt, also für $\mu(M_1) = 0$.

Fehler:
Ein Meßwert einer Größe ist im allgemeinen nur ein Näherungswert für diese Größe. Wie gut ein gemessener und anschließend evtl. auch noch gerundeter Wert mit dem tatsächlichen Wert der Größe übereinstimmt, hängt von der Genauigkeit des Meßgerätes und der Ablesegenauigkeit ab.

1. Absoluter und relativer Fehler:
Ist a ein Näherungswert für den tatsächlichen Wert z, so heißt $a - z$ der *tatsächliche Fehler* und $|a - z|$ der *absolute Fehler*. Für $z \neq 0$ ist $\frac{a-z}{z}$ der *relative Fehler* und $\left|\frac{a-z}{z}\right|$ der *relative absolute Fehler*. Eine positive Zahl $\Delta a > 0$ mit

$$|a - z| \leq \Delta a, \quad \text{also mit} \quad a - \Delta a \leq z \leq a + \Delta a$$

heißt *Schranke* für den maximalen absoluten Fehler oder *maximaler absoluter Fehler* bzw. *Fehlerschranke*.

2. Näherungswerte für Fehlerschranken einer Funktion von n Variablen:
Es sei $z = f(x_1, x_2, \ldots, x_n)$ eine Funktion der Variablen $x_1, x_2, \ldots, x_n$. Jedes x_i werde durch a_i geschätzt mit einer bekannten Fehlerschranke Δa_i. Δf sei eine Fehlerschranke für $f(x_1, x_2, \ldots, x_n)$, also

$$|f(x_1, x_2, \ldots, x_n) - f(a_1, a_2, \ldots, a_n)| \leq \Delta f.$$

Falls die Funktion f stetige partielle Ableitungen nach allen n Variablen besitzt, erhält man über das totale Differential (s. totales Differential, 2.) für kleine Δa_i für die Fehlerschranke der Funktion f die Näherung

$$\Delta f \approx \sum_{i=1}^{n} |f_{x_i}(a_1, a_2, \ldots, a_n)| \cdot |\Delta a_i|.$$

Fehlerintegral s. mittlerer quadratischer Fehler, s. Approximationspolynome, 5.1.

Fehler, mittlerer quadratischer s. mittlerer quadratischer Fehler.

Fehlerschranke s. Fehler, 1.

feiner s. Filter, s. feinere Topologie.

feinere Topologie:
Auf einer Menge T seien zwei topologische Strukturen (s. Topologie) mit den Systemen $\mathfrak{T}_1$ und $\mathfrak{T}_2$ der offenen Mengen gegeben (s. offene Menge). Die durch $\mathfrak{T}_1$ definierte Topologie heißt *feiner* als die durch $\mathfrak{T}_2$ definierte, wenn gilt $\mathfrak{T}_2 \subset \mathfrak{T}_1$. Alle offenen Mengen in $\mathfrak{T}_2$ sind dann also auch in $\mathfrak{T}_1$ enthalten. Dann nennt man die durch $\mathfrak{T}_2$ erzeugte Topologie *gröber* als die durch $\mathfrak{T}_1$ erzeugte Topologie.

Feld von Linienelementen s. Richtungsfeld.

Feldlinie s. Vektorfeld.

Fermat, Pierre de (1601 – 1665) wirkte in Toulouse als Parlamentsrat in Strafsachen. Dabei beschäftigte er sich mit der Mathematik, insbesondere mit der Zahlentheorie. Bekannt wurde er durch die Fermatsche Vermutung (s. Fermatsche Vermutung) und den Fermatschen Satz (s. Fermatscher Satz). Nach ihm benannt sind ferner die Fermatschen Primzahlen (s. Fermatsche Primzahl).

Fermatsche Primzahl:
Eine Primzahl p der Gestalt $p = 2^{2^n} + 1$ mit $n \in \mathbb{N}_0 = \{0, 1, \ldots\}$ heißt *Fermatsche Primzahl* (s. Primzahl). Nicht alle Zahlen dieser Form sind Primzahlen. Die ersten Fermatschen Primzahlen lauten 3, 5, 17, 257, 65 537. Nach Gauß ist ein regelmäßiges p-Eck (s. Vieleck, 4.) mit einer Primzahl p genau dann mit Zirkel und Lineal konstruierbar (s. Konstruierbarkeit mit Zirkel und Lineal), wenn p eine Fermatsche Primzahl ist.

Fermatscher Satz (kleiner):
Für jede zu einer Primzahl p teilerfremde natürliche Zahl m ist $m^{p-1} - 1$ durch p teilbar. Das bedeutet $m^{p-1} \equiv 1$ (modulo p) (s. Kongruenz von Zahlen). Damit ist p auch Teiler von $m \cdot (m^{p-1} - 1) = m^p - m$. Von Euler stammt die Verallgemeinerung

$$m^{\varphi(m)} \equiv 1 \quad (\text{modulo } m)$$

für jede natürliche Zahl m. Dabei ist $\varphi(m)$ die Eulersche Funktion (s. Eulersche Funktion).

Fermatsche Vermutung:
Fermat vermutete, daß die Diophantische Gleichung (s. Diophantische Gleichung) $x^n + y^n = z^n$ für keinen ganzzahligen Exponenten $n > 2$ von Null verschiedene Lösungen x, y, z besitzt. Diese Vermutung wurde erstmals im Jahre 1993 von Andrew Wiles in Princeton (USA) bewiesen.

Fibonacci: Leonardo Fibonacci von Pisa (1180? – 1250?) war unter dem Namen *Fibonacci* (Filius Bonacci, d.h. Sohn des Bonacci) bekannt. Er brachte 1202 ein Rechenbuch heraus, in dem er die nach ihm benannten Fibonacci - Zahlen diskutierte (s. Fibonacci - Zahlen).

Fibonacci - Zahlen:
Die durch

$$y_{k+2} = y_{k+1} + y_k \quad \text{mit} \quad y_1 = y_2 = 1 \quad \text{für } k = 1, 2, \ldots$$

rekursiv definierte Zahlenfolge heißt *Fibonacci - Folge*, die Folgenglieder nennt man *Fibonacci - Zahlen.* Die ersten Fibonacci - Zahlen lauten

1, 1, 2, 3, 5, 8, 13, 21, 34, 55, 89, 144, ...

Mit Hilfe der Theorie der homogenen Differenzengleichungen kann für y_k die geschlossene Formel

$$y_k = \frac{1}{\sqrt{5}} \cdot \left(\frac{1+\sqrt{5}}{2}\right)^k - \frac{1}{\sqrt{5}} \cdot \left(\frac{1-\sqrt{5}}{2}\right)^k \quad \text{für } k = 1, 2, \ldots$$

angegeben werden (s. Differenzengleichung, 3.2.).

Filter:
Ein nichtleeres System $\mathfrak{F}$ von Teilmengen einer Menge M heißt *Filter* auf M, wenn gilt:
(F1) Die leere Menge $\emptyset$ gehört nicht zu $\mathfrak{F}$.
(F2) Jede Teilmenge von M, die eine Menge aus $\mathfrak{F}$ umfaßt, gehört zu $\mathfrak{F}$.
(F3) Der Durchschnitt endlich vieler Mengen aus $\mathfrak{F}$ gehört wieder zu $\mathfrak{F}$.

$\mathfrak{F}$ heißt *feiner* als $\mathfrak{F}'$, wenn gilt $\mathfrak{F}' \subset \mathfrak{F}$. Dann heißt $\mathfrak{F}'$ *gröber* als $\mathfrak{F}$. Falls $\mathfrak{F}$ auch noch die leere Menge enthält, heißt $\mathfrak{F}$ *uneigentlicher Filter.*

Filterbasis:
Ein nichtleeres System $\mathfrak{B}$ von Teilmengen von M heißt eine *Filterbasis*, wenn gilt:
(B1) Die leere Menge $\emptyset$ gehört nicht zu $\mathfrak{B}$.
(B2) Der Durchschnitt zweier Mengen aus $\mathfrak{B}$ umfaßt eine Menge aus $\mathfrak{B}$.

Derjenige Filter, der aus den Teilmengen von M besteht, die jeweils eine Menge aus der Filterbasis $\mathfrak{B}$ umfassen, heißt der von $\mathfrak{B}$ *erzeugte Filter.* Zwei Filterbasen nennt man *äquivalent*, wenn sie denselben Filter erzeugen.

finit:
Finit bedeutet endlich.

Fixelement (Fixpunkt):
Es sei f eine Abbildung (s. Abbildung) einer Menge M in sich selbst. Ein Element $s \in M$ mit $f(s) = s$ heißt *Fixelement* der Abbildung f. Bei Punktmengen nennt man ein Fixelement auch *Fixpunkt.*

Fixgerade (Fixebene):

Eine Gerade bzw. Ebene, die bei einer Abbildung in sich selbst übergeht, heißt *Fixgerade* bzw. *Fixebene* der Abbildung (s. Abbildung).

Fixpunkt s. Fixelement.

Fixpunktsatz:

1. Banachscher Fixpunktsatz bei kontrahierenden reellen Funktionen:
Es sei g (x) eine in [a ; b] kontrahierende reelle Funktion (s. kontrahierende Abbildung, 2.) mit

$$|g(x_1) - g(x_2)| < L \cdot |x_1 - x_2| \quad \text{für alle } x_1, x_2 \in [a;b]$$

mit einer Konstanten L mit $0 < L < 1$. Dann hat die Gleichung $x = g(x)$ in [a ; b] genau einen *Fixpunkt* s mit $g(s) = s$. Für jeden beliebigen Startwert $x_0 \in [a;b]$ konvergiert die Folge $x_n = g(x_{n-1})$ für $n = 1, 2, \ldots$ gegen die Lösung s. Dabei gelten für jedes n die Fehlerabschätzungen

$$|x_n - s| \leq \frac{L^n}{1-L} \cdot |x_1 - x_0|; \qquad |x_n - s| \leq \frac{L}{1-L} \cdot |x_n - x_{n-1}|.$$

Falls die Funktion g entsprechend oft differenzierbar ist, erhält man die Konvergenzordnung aus der Taylor-Entwicklung der Funktion g (x) um die Entwicklungsstelle $s = g(s)$

$$g(x) = \underbrace{g(s)}_{=s} + g'(s) \cdot (x-s) + \frac{g''(s)}{2!} \cdot (x-s)^2 + \frac{g'''(s)}{3!} \cdot (x-s)^3 + \ldots;$$

$g'(s) \neq 0 \quad \Rightarrow$ Konvergenzordnung 1;

$g'(s) = 0; \quad g''(s) \neq 0 \quad \Rightarrow$ Konvergenzordnung 2;

$g^{(k)}(s) = 0$ für $k = 1, \ldots, r-1$; $g^{(r)}(s) \neq 0 \quad \Rightarrow$ Konvergenzordnung r.

Konvergenzbeschleunigung:
Es sei $s = g(s)$ Fixpunkt von g (x). Dann ist s auch Fixpunkt der Funktion

$$\tilde{g}(x) = x - \mu(x) \cdot [x - g(x)], \quad \text{falls } \mu(x) \neq 0 \text{ in } [a;b] \text{ ist}$$

und umgekehrt. Differentiation ergibt mit $s = g(s)$

$$\tilde{g}'(s) = 1 - \mu'(s) \cdot [\underbrace{s - g(s)}_{=0}] - \mu(s) \cdot [1 - g'(s)];$$

$$\tilde{g}'(s) = 0 \quad \text{mit} \quad \mu(s) = \frac{1}{1 - g'(s)} \quad \text{für } g'(s) \neq 1.$$

Anwendung s. Nullstellenbestimmung, 5.

2. Banachscher Fixpunktsatz bei kontrahierenden Abbildungen:
Es sei T eine kontrahierende Abbildung des vollständigen metrischen Raumes M in sich, also mit $|T(x_1) - T(x_2)| < L \cdot d(x_1, x_2)$ für alle $x_1, x_2 \in M$ mit $0 < L < 1$ (s. kontrahierende Abbildung, 1., s. metrischer Raum).

Dann besitzt die Gleichung $x = T(x)$ in M genau einen *Fixpunkt* s mit $T(s) = s$. Für jeden beliebigen Startwert $x_0 \in M$ konvergiert die Folge

$$x_n = T(x_{n-1}), \quad \text{für } n = 1, 2, \ldots$$

gegen die Lösung s. Dabei gelten für jedes n die Fehlerabschätzungen

$$d(x_n, s) \leq \frac{L^n}{1-L} \cdot d(x_1, x_0); \quad d(x_n, s) \leq \frac{L}{1-L} \cdot d(x_n, x_{n-1}).$$

3. Fixpunktsatz von Schauder - Tychonow:
Jede eindeutige stetige Abbildung einer kompakten und konvexen Teilmenge eines lokalkonvexen Raumes in sich besitzt mindestens einen Fixpunkt (s. kompakte Menge, s. konvex, 5., s. lokalkonvexer Raum).

Fixvektor:

T sei eine lineare Abbildung des Vektorraums V in sich (s. lineare Abbildung, 1.). Im Falle $T(\mathbf{v}) = \mathbf{v}$, heißt der Vektor $\mathbf{v} \in V$ *Fixvektor.* Ein Fixvektor ist ein Eigenvektor zum Eigenwert $\lambda = 1$ (s. Eigenwertproblem, 1.)

Fläche:

1. Fläche in der Ebene $\mathbb{R}^2$:
Eine ebene Fläche $\mathcal{F}$ im $\mathbb{R}^2$ wird im allgemeinen durch verschiedene ebene Kurven berandet (s. Kurve, 1.1.). Falls z. B. durch

$$x = x(t); \quad y = y(t) \quad \text{für } t_1 \leq t \leq t_2$$

eine geschlossene Kurve $\mathfrak{C}$ dargestellt wird mit $x(t_1) = x(t_2)$; $y(t_1) = y(t_2)$ und diese Kurve sich selbst nicht durchdringt, umschließt sie eine ebene Fläche. Eine Fläche kann aber auch von zwei Funktionen (Kurven) $f_1(x)$ und $f_2(x)$ eingeschlossen werden.
Eine ebene Fläche kann auch durch eine Parameterdarstellung

$$x = \varphi(u, v); \quad y = \psi(u, v) \quad \text{mit} \quad (u, v) \in B$$

gegeben sein. Dies ist ein Spezialfall einer räumlichen Fläche (s. 2.1.) mit $z = \chi(u, v) \equiv 0$.

2. Räumliche Fläche:
2.1. Darstellung einer räumlichen Fläche:
Im dreidimensionalen Raum $\mathbb{R}^3$ gibt es für eine Fläche $\mathcal{F}$ eventuell folgende Darstellungsmöglichkeiten:

explizite Darstellung: $z = f(x, y)$
(s. Funktion von reellen Variablen, 2.);

implizite Darstellung: $F(x, y, z) = 0$ (s. implizite Funktion, 2.);

Parameterdarstellung:

$$x = \varphi(u, v); \quad y = \psi(u, v); \quad z = \chi(u, v) \quad \text{mit} \quad (u, v) \in B \subset \mathbb{R}^2.$$

Mit der Parameterdarstellung erhält man die *Vektordarstellung* der Fläche $\mathfrak{F}$ mit dem Parameterbereich B (Ortsvektoren zu den Flächenpunkten)

$$\vec{k}(u,v) = \begin{pmatrix} x(u,v) \\ y(u,v) \\ z(u,v) \end{pmatrix} = \begin{pmatrix} \varphi(u,v) \\ \psi(u,v) \\ \chi(u,v) \end{pmatrix}; \ (u,v) \in B \subset \mathbb{R}^2 .$$

Es handelt sich um eine Abbildung von $B \subset \mathbb{R}^2$ in den $\mathbb{R}^3$. Falls die beiden Gleichungen $x = \varphi(u,v)$; $y = \psi(u,v)$ lokal nach u und v aufgelöst werden können, erhält man durch Einsetzen in $z = \chi(u,v)$ eine explizite Darstellung. Aus der expliziten Darstellung bzw. der Auflösung der impliziten Funktion (s. implizite Funktion, 2.) erhält man mit den Parametern x und y die spezielle Parameterdarstellung

$$\vec{k}(x,y) = \begin{pmatrix} x \\ y \\ f(x,y) \end{pmatrix}; \ (x,y) \in D \subset \mathbb{R}^2 .$$

Hält man einen der beiden Parameter u oder v fest, so entsteht eine auf $\mathfrak{F}$ liegende räumliche Kurve $\mathfrak{C}$, also krummlinige Koordinaten (s. 2.3.):

$\vec{k}(u_0, v)$ (v variabel) ist die *krummlinige Koordinatenlinie* $u = u_0$;

$\vec{k}(u, v_0)$ (u variabel) ist die *krummlinige Koordinatenlinie* $v = v_0$.

2.2. Tangentialebene und Normalenvektor:
Es sei $P_0 = P(u_0, v_0)$ ein Punkt auf der Fläche $\mathfrak{F}$ mit den Parameterwerten $u = u_0$ und $v = v_0$ und dem Ortsvektor $\overrightarrow{OP_0} = \vec{k}(u_0, v_0)$. Falls alle drei Parameterfunktionen $\varphi(u,v)$, $\psi(u,v)$, $\chi(u,v)$ in einer Umgebung von (u_0, v_0) stetige partielle Ableitungen nach beiden Variablen u und v besitzen, stellen die Ableitungsvektoren

$$\vec{k}_u(u_0, v_0) = \begin{pmatrix} \varphi_u(u_0, v_0) \\ \psi_u(u_0, v_0) \\ \chi_u(u_0, v_0) \end{pmatrix};$$

$$\vec{k}_v(u_0, v_0) = \begin{pmatrix} \varphi_v(u_0, v_0) \\ \psi_v(u_0, v_0) \\ \chi_v(u_0, v_0) \end{pmatrix}$$

Tangentenvektoren an der Stelle P_0 an die beiden Koordinatenlinien dar, wenn sie vom Nullvektor $\vec{0}$ verschieden sind.

Für die explizite Darstellung $z = f(x,y)$ gilt

$$\vec{k}_x(x_0, y_0) = \begin{pmatrix} 1 \\ 0 \\ f_x(x_0, y_0) \end{pmatrix}; \ \vec{k}_y(x_0, y_0) = \begin{pmatrix} 0 \\ 1 \\ f_y(x_0, y_0) \end{pmatrix}.$$

Mit $f_x = -\frac{F_x}{F_z}$; $f_y = -\frac{F_y}{F_z}$ für $F_z \neq 0$ (s. implizite Funktion, 2.) erhält man bei der impliziten Darstellung $F(x, y, z) = 0$ die Tangentenvektoren

$$\vec{k}_x(x_0, y_0, z_0) = \begin{pmatrix} F_z(x_0, y_0, z_0) \\ 0 \\ -F_x(x_0, y_0, z_0) \end{pmatrix}; \quad \vec{k}_y(x_0, y_0, z_0) = \begin{pmatrix} 0 \\ F_z(x_0, y_0, z_0) \\ -F_y(x_0, y_0, z_0) \end{pmatrix}.$$

Reguläre und singuläre Flächenpunkte:

Die Fläche $\mathfrak{F}$ heißt im Punkt P *glatt*, falls die beiden Tangentenvektoren $\vec{k}_u$ und $\vec{k}_v$ dort stetig und linear unabhängig sind. In einem glatten Punkt spannen diese beiden Vektoren die Tangentialebene an die Fläche auf. Flächenpunkte, in denen die Fläche glatt ist, heißen *reguläre Punkte*, alle anderen Punkte nennt man *singulär*. Falls die Ableitungsvektoren $\vec{k}_u(u, v)$ und $\vec{k}_v(u, v)$ auf dem ganzen Definitionsbereich stetig und linear unabhängig sind, heißt die Fläche *stetig differenzierbar*.

Normalenvektor:

In einem regulären Punkt steht das Kreuzprodukt (s. Vektor, 2.8.)

$$\vec{k}_u \times \vec{k}_v = \begin{pmatrix} x_u \\ y_u \\ z_u \end{pmatrix} \times \begin{pmatrix} x_v \\ y_v \\ z_v \end{pmatrix} = \begin{pmatrix} y_u z_v - y_v z_u \\ z_u x_v - x_u z_v \\ x_u y_v - x_v y_u \end{pmatrix}$$

senkrecht auf der Fläche. Für den Betrag $|\vec{k}_u \times \vec{k}_v|$ gilt allgemein

$$\begin{aligned} |\vec{k}_u \times \vec{k}_v|^2 &= (\vec{k}_u \times \vec{k}_v) \cdot (\vec{k}_u \times \vec{k}_v) = (\vec{k}_u \cdot \vec{k}_u)(\vec{k}_u \cdot \vec{k}_v) - (\vec{k}_u \cdot \vec{k}_v)^2 \\ &= EG - F^2; \\ |\vec{k}_u \times \vec{k}_v| &= \sqrt{EG - F^2}. \end{aligned}$$

Dabei gilt nach 2.4.

$$E = x_u^2 + y_u^2 + z_u^2; \quad F = x_u x_v + y_u y_v + z_u z_v; \quad G = x_v^2 + y_v^2 + z_v^2.$$

In einem regulären Punkt lautet der Normaleneinheitsvektor (Länge 1)

$$\vec{n} = \frac{\vec{k}_u \times \vec{k}_v}{|\vec{k}_u \times \vec{k}_v|} = \frac{\vec{k}_u \times \vec{k}_v}{\sqrt{EG - F^2}}.$$

Bei der expliziten Darstellung $y = f(x, y)$ lautet der Normaleneinheitsvektor

$$\vec{n} = \frac{1}{\sqrt{1 + f_x^2 + f_y^2}} \cdot \begin{pmatrix} -f_x(x_0, y_0) \\ -f_y(x_0, y_0) \\ 1 \end{pmatrix}.$$

Bei der impliziten Darstellung $F(x, y, z) = 0$ erhält man

$$\vec{n} = \frac{1}{\sqrt{F_x^2 + F_y^2 + F_z^2}} \cdot \begin{pmatrix} F_x(x_0, y_0, z_0) \\ F_y(x_0, y_0, z_0) \\ F_z(x_0, y_0, z_0) \end{pmatrix} \quad \text{für } F_z(x_0, y_0, z_0) \neq 0.$$

2.3. Kurven auf einer Fläche:

Falls man in der Parameterdarstellung $\vec{k}(u, v)$ jeweils einen Parameter u oder v konstant hält, erhält man die Parameterdarstellung einer Raumkurve $\mathfrak{C}$, die ganz in der Fläche $\mathfrak{F}$ verläuft. Die Kurven $u = \text{const.}$ und $v = \text{const.}$ bilden jeweils eine Schar von Kurven auf der Fläche $\mathfrak{F}$. Daher können u und v auch als *krummlinige Koordinaten* auf der Fläche $\mathfrak{F}$ aufgefaßt werden. Falls die krummlinigen Koordinaten u und v Funktionen desselben Parameters t sind mit $(u(t), v(t)) \in B$ für $t \in [t_0; t_1]$, ist

$$\overrightarrow{OP(t)} = \vec{k}(u(t), v(t)) = \begin{pmatrix} x(u(t), v(t)) \\ y(u(t), v(t)) \\ z(u(t), v(t)) \end{pmatrix}, \ t_0 \le t \le t_1$$

eine Parameterdarstellung einer ganz in $\mathfrak{F}$ verlaufenden Raumkurve $\mathfrak{C}$ (s. Kurve, 2.). Die Tangentenvektoren an diese Flächenkurve erhält man nach der Kettenregel in der Form

$$\frac{d}{dt}\vec{k}(u(t), v(t)) = \begin{pmatrix} x_u \\ y_u \\ z_u \end{pmatrix} \cdot \frac{du(t)}{dt} + \begin{pmatrix} x_v \\ y_v \\ z_v \end{pmatrix} \cdot \frac{dv(t)}{dt} = \begin{pmatrix} x_u \\ y_u \\ z_u \end{pmatrix} \cdot \dot{u} + \begin{pmatrix} x_v \\ y_v \\ z_v \end{pmatrix} \cdot \dot{v}.$$

2.4. Die erste Grundform (Fundamentalform) einer Fläche:

Das Quadrat der Bogenableitung (nach t) der in 2.3. dargestellten Flächenkurve $\mathfrak{C}$ lautet

$$\dot{s}^2 = \left(\frac{ds}{dt}\right)^2 = \frac{d\vec{k}}{dt} \cdot \frac{d\vec{k}}{dt}$$

$$= \begin{pmatrix} x_u \\ y_u \\ z_u \end{pmatrix} \cdot \begin{pmatrix} x_u \\ y_u \\ z_u \end{pmatrix} \cdot \dot{u}^2 + 2 \begin{pmatrix} x_u \\ y_u \\ z_u \end{pmatrix} \cdot \begin{pmatrix} x_v \\ y_v \\ z_v \end{pmatrix} \cdot \dot{u} \cdot \dot{v} + \begin{pmatrix} x_v \\ y_v \\ z_v \end{pmatrix} \cdot \begin{pmatrix} x_v \\ y_v \\ z_v \end{pmatrix} \cdot \dot{v}^2.$$

Ausmultiplizieren der inneren Produkte ergibt die *erste Grundform* (*Fundamentalform*) der Fläche an der Stelle (u, v)

$$\dot{s}^2 = E\dot{u}^2 + 2F\dot{u}\dot{v} + G\dot{v} \quad \text{bzw.} \quad ds^2 = E\,du^2 + 2F\,du\,dv + G\,dv^2$$

mit

$$E = x_u^2 + y_u^2 + z_u^2; \quad F = x_u x_v + y_u y_v + z_u z_v; \quad G = x_v^2 + y_v^2 + z_v^2.$$

Diese quadratische Form ist bei nichtentarteten Flächen positiv definit. Für ihre Diskriminante gilt mit der Flächennormalen (s. 2.2.)

$$EG - F^2 = |\vec{k}_u \times \vec{k}_v|^2.$$

2.5. Die zweite Grundform (Fundamentalform) einer Fläche:

Von der Vektorfunktion $\vec{k}(u + du, v + dv)$ erhält man über die Taylor-Entwicklung der Komponenten an der Stelle (u, v) die Vektordarstellung

$$\vec{k}(u + du, v + dv) = \vec{k}(u, v) + \vec{k}_u(u, v)\,du + \vec{k}_v(u, v)\,dv$$

$$+ \frac{1}{2}\left[\vec{k}_{uu}(u, v)\,du^2 + 2\vec{k}_{uv}(u, v)\,du\,dv + \vec{k}_{vv}(u, v)\,dv^2\right] + \ldots .$$

Falls man die Reihe nach den Gliedern erster Ordnung abbricht, erhält man einen Punkt der *Tangentialebene*

$$\vec{k}(u,v) + \vec{k}_u(u,v)\,du + \vec{k}_v(u,v)\,dv.$$

Beim Abbruch nach den Gliedern zweiter Ordnung liegt der so dargestellte Punkt nicht mehr auf der Tangentialebene. Die Abweichung erhält man durch den Vektor

$$d\vec{k} = \frac{1}{2}\cdot\left[\vec{k}_{uu}\,du^2 + 2\,\vec{k}_{uv}\,du\,dv + \vec{k}_{vv}\,dv^2\right].$$

Die Länge seiner Projektion auf den Flächennormaleneinheitsvektor $\vec{n}$ (s. o.) an der Stelle $P(u,v)$ beträgt

$$d = \vec{n}\cdot d\vec{k} = \frac{1}{2}\,\vec{n}\cdot\vec{k}_{uu}\,du^2 + 2\,\vec{n}\cdot\vec{k}_{uv}\,du\,dv + \vec{n}\cdot\vec{k}_{vv}\,dv^2.$$

Die Stellen (du, dv), für welche diese Projektion einen konstanten Wert d annimmt, bilden einen Kegelschnitt, der für kleine d als Näherungskurve für die Schnittkurve der Fläche mit einer Ebene, die zur Tangentialebene parallel ist und von ihr den Abstand d besitzt, benutzt werden kann. Der Kegelschnitt heißt *Dupinsche Indikatrix.* Die quadratische Form

$$L\,du^2 + 2M\,du\,dv + N\,dv^2$$

mit den Koeffizienten

$$L = \vec{n}\cdot\vec{k}_{uu}\ ;\quad M = \vec{n}\cdot\vec{k}_{uv};\quad N = \vec{n}\cdot\vec{k}_{vv}\ ;\quad \vec{n} = \frac{\vec{k}_u\times\vec{k}_v}{|\vec{k}_u\times\vec{k}_v|}$$

nennt man die *zweite Grundform* (*Fundamentalform*) der Fläche an der Stelle (u, v). Mit dem Spatprodukt (s. Spatprodukt) erhält man

$$L = \frac{\left(\vec{k}_u, \vec{k}_v, \vec{k}_{uu}\right)}{|\vec{k}_u\times\vec{k}_v|};\quad M = \frac{\left(\vec{k}_u, \vec{k}_v, \vec{k}_{uv}\right)}{|\vec{k}_u\times\vec{k}_v|};\quad N = \frac{\left(\vec{k}_u, \vec{k}_v, \vec{k}_{vv}\right)}{|\vec{k}_u\times\vec{k}_v|}.$$

Mit $d = 0$ liefert die Gleichung $L\,du^2 + 2M\,du\,dv + N\,dv^2 = 0$ die Schnittpunkte der Fläche mit der Tangentialebene an der Stelle (u,v). Die zweite Grundform muß nicht positiv definit sein. Es gibt folgende drei Fälle:

$LN - M^2 > 0$: Der Schnitt der Fläche mit der Tangentialebene besteht nur aus einem einzigen reellen Punkt. Ein solcher Flächenpunkt heißt *elliptischer Punkt.* Die Indikatrix ist eine Ellipse.

$LN - M^2 < 0$: Der Schnitt der Fläche mit der Tangentialebene besteht nur aus zwei sich schneidenden Geraden. Die Indikatrix ist eine *Hyperbel*, der Flächenpunkt heißt *hyperbolischer Punkt* oder *Sattelpunkt.*

$LN - M^2 = 0$: Der Schnitt der Fläche mit der Tangentialebene sind zwei zusammenfallende Geraden. Die Indikatrix besteht aus zwei parallelen Geraden. Der Flächenpunkt ist ein *parabolischer* Punkt (vgl. Krümmung, 3.).

Flächendichte s. Masse und Massendichte, 2., 3.

Flächenelement:

Zur Berechnung von Flächeninhalten mit Hilfe von Integralen benötigt man das *Flächenelement* dF (s. Flächeninhalt).

1. Flächenelement bei Gebietsintegralen:

Bei Gebietsintegralen in kartesischen Koordinaten lautet das Flächenelement $dF = dx\,dy$. Bei der Abbildung $x = \varphi(u,v)$, $y = \psi\,(u,v)$ wird das Flächenelement mit Hilfe der Funktionaldeterminante (Jacobische Determinante)

$$\frac{\partial(x,y)}{\partial(u,v)} = \begin{vmatrix} \varphi_u(u,v) & \psi_u(u,v) \\ \varphi_v(u,v) & \psi_v(u,v) \end{vmatrix} = \varphi_u(u,v)\,\psi_v(u,v) - \varphi_v(u,v)\,\psi_u(u,v)$$

transformiert auf

$$dx\,dy = \left|\frac{\partial(x,y)}{\partial(u,v)}\right| du\,dv \qquad \text{(s. Integralrechnung, 2.3.).}$$

Flächenelement bei verallgemeinerten Polarkoordinaten:

Bei den verallgemeinerten Polarkoordinaten a, b, ρ, φ erhält man aus der Umrechnungsformel

$$x = a\,\rho\cos\varphi\,;\ y = b\,\rho\sin\varphi\,;\ a,b > 0\,(\text{konstant}),\ 0 \leq \varphi \leq 2\pi,\ 0 \leq \rho \leq 1$$

(s. Polarkoordinaten, verallgemeinerte) das Flächenelement

$$dx\,dy = a\,b\,\rho\,d\rho\,d\varphi\,.$$

Flächenelement bei Polarkoordinaten:

Bei den Polarkoordinaten φ und $\rho = \rho(\varphi)$, $0 \leq \varphi \leq 2\pi$ erhält man aus

$$x = \rho\cos\varphi\,;\quad y = \rho\sin\varphi\,;\quad 0 \leq \varphi \leq 2\pi$$

(s. Polarkoordinaten) das Flächenelement als

$$dx\,dy = \rho\,d\rho\,d\varphi\,.$$

2. Flächenelement bei räumlichen Flächen:

$$dO = |\vec{k}_u \times \vec{k}_v|\,du\,dv = \sqrt{EG - F^2}\,du\,dv$$

ist das Flächenelement (s. Oberflächenintegral, 1., s. 2.4.). Für $dO \neq 0$ heißt das Flächenelement *regulär.*

Flächenelement bei Kugelkoordinaten:

Bei Kugelkoordinaten ρ, φ, ϑ (s. Kugelkoordinaten) erhält man aus der Umrechnungsformel

$$x = \rho\sin\vartheta\cos\varphi\,;\ y = \rho\sin\vartheta\sin\varphi\,;\ z = \rho\cos\vartheta\,;\ 0 \leq \varphi \leq 2\pi\,;\ 0 \leq \vartheta \leq \pi$$

das Flächenelement $dO = \rho^2\sin\vartheta\,d\vartheta\,d\varphi\,.$

flächengleich s. Flächeninhalt, 1.

Flächeninhalt (s. Inhalt):

1. Inhalt eines ebenen Flächenstücks:

1.1. Definition des Flächeninhalts:

Der *Inhalt* $I(\mathcal{F})$ eines ebenen Flächenstücks $\mathcal{F}$ (s. Fläche, 1.) ist ein formales Produkt aus einer reellen Zahl f, der sogenannten *Maßzahl*, und einer festen *Flächeneinheit* e^2, also $I(\mathcal{F}) = f \cdot e^2$. Dabei gilt:

1. $f \geq 0$ (Nichtnegativität).
2. Kongruente Flächenstücke haben den gleichen Flächeninhalt.
3. Der Flächeninhalt der Flächeneinheit ist $1 \cdot e^2$ (Normierung).
4. Zwei Flächenstücke $\mathcal{F}_1$ und $\mathcal{F}_2$ mit den jeweiligen Flächeninhalten $I(\mathcal{F}_1) = f_1 \cdot e^2$ und $I(\mathcal{F}_2) = f_2 \cdot e^2$ sollen keine gemeinsamen inneren Punkte besitzen. Dann besitzt die Vereinigung $\mathcal{F}_1 \cup \mathcal{F}_2$ den Flächeninhalt

$$I(\mathcal{F}_1 \cup \mathcal{F}_2) = I(\mathcal{F}_1) + I(\mathcal{F}_2) = (f_1 + f_2) \cdot e^2 \qquad \text{(Additivität).}$$

Anstelle von $I(\mathcal{F})$ schreibt man auch häufig F. Flächenstücke, denen ein Flächeninhalt zugeordnet werden kann, heißen *quadrierbar*. Flächenstücke mit dem gleichen Inhalt nennt man *flächengleich*.

Flächeneinheiten (s. Längeneinheiten und Längenmaßzahl):
Als *Flächeneinheit* wählt man meistens ein über einer Einheitsstrecke (s. Strecke) errichtetes *Einheitsquadrat*. Spezielle Flächeneinheiten sind:

Einheitsstrecke	Flächeneinheit e^2	Umrechnung in m^2
Meter 1 m	*Quadratmeter* 1 m^2	1 m^2
Kilometer 1 km	*Quadratkilometer* 1 km^2	1 $km^2 = 10^6 m^2$
10 m	*Ar* 1 a	1 a $= 10^2 m^2$
100 m	*Hektar* 1 ha	1 ha $= 10^4 m^2$
Dezimeter 1 dm	*Quadratdezimeter* 1 dm^2	1 $dm^2 = 10^{-2} m^2$
Zentimeter 1 cm	*Quadratzentimeter* 1 cm^2	1 $cm^2 = 10^{-4} m^2$
Millimeter 1 mm	*Quadratmillimeter* 1 mm^2	1 $mm^2 = 10^{-6} m^2$

Ein Rechteck mit den in der vorgegebenen Längeneinheit gemessenen Seitenlängen x und y besitzt den Flächeninhalt $x \cdot y \cdot e^2$.

1.2. Flächeninhalt bei expliziter Funktion:

Die explizit vorgegebene Funktion $y = f(x)$ schließt im Bereich $[a; b]$ mit der x-Achse eine Fläche $\mathcal{F}$ ein mit dem Inhalt

$$F = \int_a^b |f(x)| \, dx \qquad \text{(s. Integralrechnung, 1.1.).}$$

1.3. Berechnung durch Doppelintegrale:

Es sei $B \subset \mathbb{R}^2$ ein Bereich mit glattem Rand. Dann erhält man den Flächeninhalt von B durch das Doppelintegral

$$F = I(B) = \iint_B dx \, dy \qquad \text{(s. Integralrechnung, 2.2.).}$$

1.4. Flächenberechnung durch Kurvenintegrale (s. Kurvenintegral, 1.1.):
Falls eine Fläche durch eine stückweise glatte Kurve $\mathfrak{C}$ berandet wird, kann der Flächeninhalt mit Hilfe spezieller Kurvenintegrale bestimmt werden. Das Kurvenstück besitze die Parameterdarstellung

$$x = \varphi(t)\,; \quad y = \psi(t) \quad \text{mit} \quad t_1 \le t \le t_2$$

(s. Kurve, 1.1.). Dabei soll sich die Kurve zwischen dem Anfangspunkt A und dem Endpunkt B nicht schneiden und auch nicht die beiden vertikalen Strecken $A\hat{A}$ und $B\hat{B}$. Dann lautet der Inhalt der von $\mathfrak{C}$, $A\hat{A}$, $\hat{A}\hat{B}$ und $\hat{B}B$ berandeten Fläche

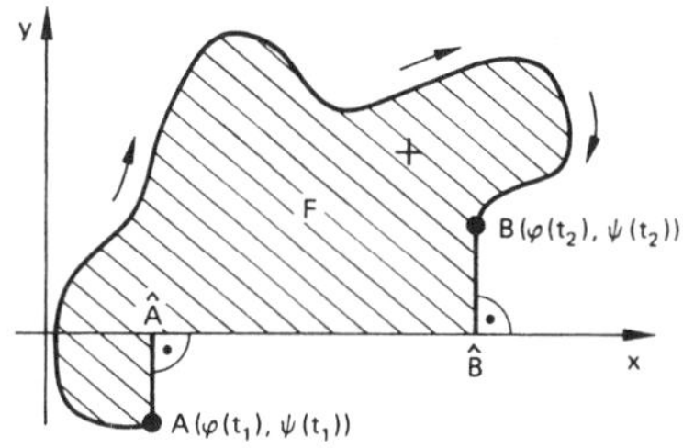

$$F = \pm \int_{t_1}^{t_2} \psi(t)\,\varphi'(t)\,dt = \pm \int_{t_1}^{t_2} \varphi(t)\,\psi'(t)\,dt\,.$$

Das Integral ist positiv, wenn beim Durchlaufen der Kurve $\mathfrak{C}$ mit wachsendem Parameter t die Fläche rechts von der Kurve liegt. Sonst ist das Integral negativ.

Flächeninhalt des von einer geschlossenen Kurve berandeten Gebiets:
Falls die Kurve $\mathfrak{C}$ geschlossen ist, also für $A = B$, und sich nicht schneidet, gilt

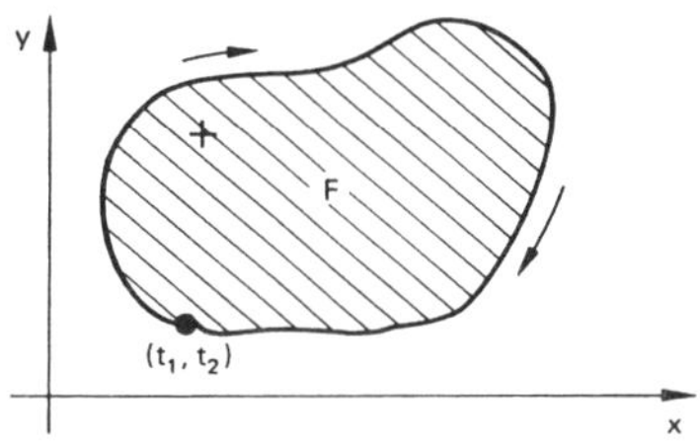

$$F = \pm \int_{t_1}^{t_2} \psi(t)\,\varphi'(t)\,dt$$

$$= \pm \int_{t_1}^{t_2} \varphi(t)\,\psi'(t)\,dt\,.$$

Das Gebiet G werde von der geschlossenen Kurve $\mathfrak{C}$ berandet. Dann erhält man den Flächeninhalt F in der Form

$$F = \int_{\mathfrak{C}} [x\,dy - y\,dx]\,,$$

falls beim Durchlaufen von $\mathfrak{C}$ das Gebiet G rechts von der Kurve liegt. Ist das Gebiet beim Durchlaufen links von $\mathfrak{C}$, so erhält man den negativen Flächeninhalt (s. Kurvenintegral, 1.2.4.).

Sektorformel:
Zwischen A und B schneide sich die Kurve nicht und auch nicht die Strecken OA und OB. Dann gilt

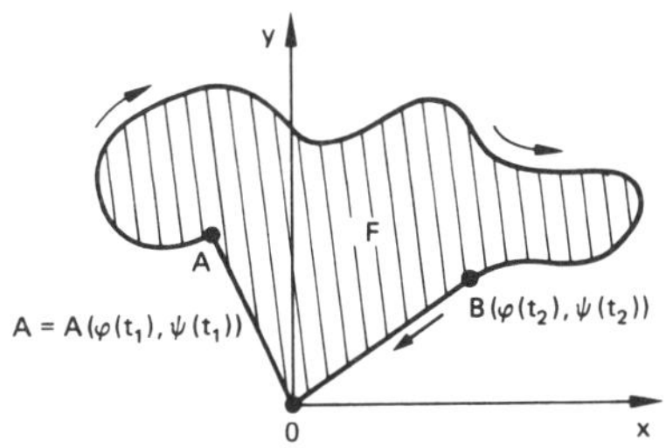

$$F = \pm \frac{1}{2} \int_{t_1}^{t_2} [\psi(t)\,\varphi'(t) - \varphi(t)\,\psi'(t)]\,dt$$

(Vorzeichen s. oben). Für $A = B$ erhält man den Inhalt eines von einer geschlossenen Kurve berandeten Gebietes.

Flächeninhalt bei Polarkoordianten:
Mit den Polarkoordinaten $\rho = \rho(\varphi)$ erhält man aus der Parameterdarstellung

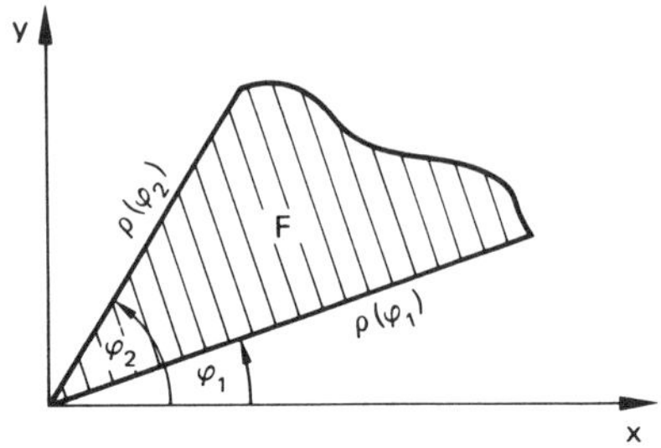

$$x = \rho(\varphi) \cdot \cos\varphi; \; y = \rho(\varphi) \cdot \sin\varphi$$

$$F = \frac{1}{2} \int_{\varphi_1}^{\varphi_2} \rho^2(\varphi)\, d\varphi .$$

Beispiel (Flächeninhalt eines Kreises):
Polarkoordinaten $\rho(\varphi) \equiv r$ (Kreisradius)

$$F = \frac{1}{2} \int_0^{2\pi} r^2\, d\varphi = \pi r^2 .$$

1.5. Flächeninhalte bei einer Parameterdarstellung:
Das Flächenstück besitze die Parameterdarstellung

$$x = \varphi(u, v); \quad y = \psi(u, v); \qquad (u, v) \in B,$$

wobei die Funktionen $\varphi(u, v)$ und $\psi(u, v)$ stetige partielle Ableitungen besitzen (s. Fläche, 1.). In B sei

$$D = \frac{\partial(x, y)}{\partial(u, v)} = \begin{vmatrix} \varphi_u(u, v) & \psi_u(u, v) \\ \varphi_v(u, v) & \psi_v(u, v) \end{vmatrix} = \varphi_u(u, v)\, \psi_v(u, v) - \psi_u(u, v)\, \varphi_v(u, v)$$

die Funktionaldeterminante. Dann erhält man den Flächeninhalt als

$$F = \iint_B \left| \frac{\partial(x, y)}{\partial(u, v)} \right| du\, dv$$

(s. Integralrechnung, 2.3.).

2. Inhalte räumlicher Flächen:
Den Inhalt $I(\mathfrak{F})$ eines räumlichen Flächenstücks $\mathfrak{F}$ (s. Fläche, 2.) erhält man aus dem Oberflächenintegral 1. Art (s. Oberflächenintegral, 1.) mit $g(x, y, z) \equiv 1$.

Bei der Parameterdarstellung

$$x = \varphi(u, v); \quad y = \psi(u, v); \quad z = \chi(u, v); \quad (u, v) \in B$$

lautet der Inhalt der Fläche (Oberfläche)

$$O(\mathfrak{F}) = \iint_B \sqrt{(y_u z_v - y_v z_u)^2 + (z_u x_v - x_u z_v)^2 + (x_u y_v - x_v y_u)^2}\, du\, dv.$$

Dabei muß $x = \varphi(u, v)$, $y = \psi(u, v)$, $z = \chi(u, v)$ gesetzt werden.

Für die explizite Flächendarstellung $z = f(x,y)$ für $(x,y) \in D$ erhält man

$$O(\mathcal{F}) = \iint_D \sqrt{1 + f_x^2(x,y) + f_y^2(x,y)}\, dx\, dy\,.$$

3. Inhalt von Rotationsflächen s. Rotationsfläche und Rotationskörper, 2., 3.

4. Flächeninhalt eines Dreiecks s. Dreieck, 1.2.

Flächenintegral s. Integralrechnung, 2.1.

Flächennetz s. Netz.

Flächennormale s. Fläche, 2.2.

flächentreue Abbildung:

Eine Abbildung einer stetig differenzierbaren Fläche (s. Fläche, 1., 2.) heißt *flächentreu*, wenn bei der Abbildung der Flächeninhalt eines jeden Flächenstücks erhalten bleibt.

Flächen zweiter Ordnung:

1. Allgemeine Fläche 2. Ordnung:

Unter einer *Fläche zweiter Ordnung* versteht man die Gesamtheit aller Punkte $P(x,y,z)$, deren kartesischen Koordinaten eine Gleichung zweiten Grades mit reellen Koeffizienten erfüllen:

$$a_{11}x^2 + a_{22}y^2 + a_{33}z^3 + 2a_{12}xy + 2a_{13}xz + 2a_{23}yz$$
$$+ 2a_{01}x + 2a_{02}y + 2a_{03}z + a_{00} = 0\,.$$

Mit der symmetrischen Matrix A und den Vektoren $\vec{x}$ und $\vec{a}$

$$A = \begin{pmatrix} a_{11} & a_{12} & a_{13} \\ a_{12} & a_{22} & a_{23} \\ a_{13} & a_{23} & a_{33} \end{pmatrix}; \quad \vec{x} = \begin{pmatrix} x \\ y \\ z \end{pmatrix}; \quad \vec{a} = \begin{pmatrix} a_{01} \\ a_{02} \\ a_{03} \end{pmatrix}$$

kann die Gleichung in Matrizenschreibweise geschrieben werden in der Form

$$\vec{x}^T A \vec{x} + 2\,\vec{a}^T \cdot \vec{x} + a_{00} = 0$$

(s. Vektor im V^n, 2., s. Matrix, 2.). Dabei ist $\vec{x}^T A \vec{x}$ eine *quadratische Form* (s. quadratische Form, 1.). Mit der symmetrischen Matrix $\tilde{A}$ und dem Vektor $\vec{\tilde{x}}$

$$\tilde{A} = \begin{pmatrix} a_{00} & a_{01} & a_{02} & a_{03} \\ a_{01} & a_{11} & a_{12} & a_{13} \\ a_{02} & a_{12} & a_{22} & a_{23} \\ a_{03} & a_{13} & a_{23} & a_{33} \end{pmatrix}; \quad \vec{\tilde{x}} = \begin{pmatrix} 1 \\ x \\ y \\ z \end{pmatrix}$$

läßt sich die Gleichung darstellen in der Form

$$\vec{\tilde{x}}^T \tilde{A} \vec{\tilde{x}} = 0$$

(s. Quadrik). Flächen mit der Determinante det(A) = 0 sind *entartet*, die übrigen *nichtentartet*. Zwei Flächen sind gleich, wenn sie durch eine Bewegung ineinander übergeführt werden können (s. affine Abbildung, 2.2.). Daher ist es sinnvoll, die obige Gleichung durch Hauptachsentransformationen und Translationen auf einfachere äquivalente Formen zu bringen.

2. Flächeninvariante Transformationen:

2.1. Hauptachsentransformation:

Durch Hauptachsentransformation kann immer erreicht werden, daß in dem neuen (gedrehten) Koordinatensystem die Faktoren der gemischten Produkte verschwinden (s. quadratische Form, 2., s. Eigenwertproblem, 3.5.). Wegen der Symmetrie der Matrix A sind die Eigenwerte $\lambda_1, \lambda_2, \lambda_3$ der Matrix A reell. Falls die drei Eigenwerte alle verschieden sind, sind die zugehörigen Eigenvektoren orthogonal und können normiert werden. Bei doppelten (dreifachen) Eigenwerten gibt es zwei (drei) orthonormale Eigenvektoren zum gleichen Eigenwert. Die gedrehten Achsen werden in Richtung der Eigenvektoren gelegt. Dann geht die allgemeine Gleichung 2. Grades über in die spezielle Gleichung

$$\lambda_1 \hat{x}^2 + \lambda_2 \hat{y}^2 + \lambda_3 \hat{z}^2 + 2\hat{a}_{01}\hat{x} + 2\hat{a}_{02}\hat{y} + 2\hat{a}_{03}\hat{z} + \hat{a}_{00} = 0.$$

2.2. Translationen:

Im Falle $\lambda_i \neq 0$ kann durch eine Translation das zugehörige lineare Glied beseitigt werden. So erhält man z. B. für $\lambda_1 \neq 0$

$$\lambda_1 \hat{x}^2 + 2\hat{a}_{01}\hat{x} = \lambda_1\left(\hat{x}^2 + \frac{2\hat{a}_{01}}{\lambda_1}\hat{x}\right) = \lambda_1\left(\hat{x} + \frac{\hat{a}_{01}}{\lambda_1}\right)^2 - \frac{\hat{a}_{01}^2}{\lambda_1}.$$

Durch $x^* = \hat{x} + \frac{\hat{a}_{01}}{\lambda_1}$ kann die Gleichung so transformiert werden, daß der Koeffizient von x^* verschwindet. Analoges gilt für $\lambda_2 \neq 0$ bzw. $\lambda_3 \neq 0$. Für $\lambda_i = 0$ ist eine solche Vereinfachung nicht möglich. $\lambda = 0$ ist nur dann Eigenwert, wenn die Matrix A singulär ist, also bei entarteten Flächen.

3. Diskussion der Flächen zweiter Ordnung:

Der Einfachheit halber sollen die Variablen in den transformierten Gleichungen wieder mit x, y und z bezeichnet werden.

3.1. Nichtentartete Flächen:

Im Falle det(A) ≠ 0 ist die Fläche nichtentartet. Dann sind alle drei Eigenwerte von Null verschieden. Die Variablen in der transformierten Gleichung sollen wieder mit x, y, z bezeichnet werden. Durch eventuelle Umbenennung der Variablen erhält man folgende Typen:

$\frac{x^2}{a^2} + \frac{y^2}{b^2} + \frac{z^2}{c^2} = 1$ **Ellipsoid** (**Kugel** für a = b = c) (s. Ellipsoid);

$\frac{x^2}{a^2} + \frac{y^2}{b^2} - \frac{z^2}{c^2} = 1$ **einschaliges Hyperboloid** (s. Hyperboloid, 1.);

$\frac{x^2}{a^2} - \frac{y^2}{b^2} - \frac{z^2}{c^2} = 1$ **zweischaliges Hyperboloid** (s. Hyperboloid, 2.);

$\frac{x^2}{a^2} + \frac{y^2}{b^2} + \frac{z^2}{c^2} = -1$ **nullteilige Fläche** ohne reelle Lösung;

$\frac{x^2}{a^2} + \frac{y^2}{b^2} + \frac{z^2}{c^2} = 0$ **Nullpunkt O als Kegelspitze;**

$\frac{x^2}{a^2} + \frac{y^2}{b^2} - \frac{z^2}{c^2} = 0$ **elliptischer Kegel** (s. Kegel, 2.3.);

$\frac{x^2}{a^2} + \frac{y^2}{b^2} = z$ **elliptisches Paraboloid** (s. Paraboloid, 1.);

$\frac{x^2}{a^2} - \frac{y^2}{b^2} = z$ **hyperbolisches Paraboloid** (s. Paraboloid, 2.).

3.2. Entartete Flächen:

$\frac{x^2}{a^2} + \frac{y^2}{b^2} = 1$ **elliptischer Zylinder** (s. Zylinder zweiter Ordnung);

$\frac{x^2}{a^2} - \frac{y^2}{b^2} = 1$ **hyperbolischer Zylinder** (s. Zylinder zweiter Ordnung);

$\frac{x^2}{a^2} + \frac{y^2}{b^2} = -1$ **nullteiliger Zylinder ohne reelle Lösung** (s. Zylinder zweiter Ordnung);

$x^2 = 2py, \; p \neq 0$ **parabolischer Zylinder** (s. Zylinder zweiter Ordnung);

$\frac{x^2}{a^2} + \frac{y^2}{b^2} = 0$ **z-Achse als Lösung;**

$\frac{x^2}{a^2} - \frac{y^2}{b^2} = 0$ **schneidende Ebenen** $bx \pm ay = 0$; z beliebig;

$\frac{x^2}{a^2} = 1$ **parallele Ebenen** $x = \pm a$; z beliebig;

$\frac{x^2}{a^2} = -1$ **keine reelle Lösung;**

$\frac{x^2}{a^2} = 0$ **Doppelebene** $x = 0$, y und z beliebig.

Fluchtpunkt (Fluchtgerade) s. Projektion, 1.

Fluß eines Vektorfeldes durch eine Fläche:
Das Flächenintegral

$$\iint_{\mathfrak{F}} \vec{v} \cdot \vec{n}\, dO$$

heißt *Fluß* des Vektorfeldes $\vec{v}$ durch die Fläche $\mathfrak{F}$. Dabei ist $\vec{n}$ ein von O wegweisender Flächennormaleneinheitsvektor (s. Oberflächenintegral, 2.).

Fokus
s. Brennpunkt.

Folge:
Eine *Folge* ist eine eindeutige Abbildung (s. Abbildung) einer Menge natürlicher Zahlen auf eine Menge M. Ist M eine Punktmenge, so nennt man die Folge *Punktfolge*. Falls M eine Zahlenmenge ist, heißt die Folge *Zahlenfolge*. Eine Zahlenfolge wird meistens nur mit *Folge* bezeichnet (s. Zahlenfolge).

Folge komplexer Zahlen
s. komplexe Zahlen, 3.

Folgenraum, Hilbertscher
s. $l^{(2)}$ (unter l).

Folge reeller Zahlen
s. Zahlenfolge.

folgt (logische Folgerung):
$A \Rightarrow B$ bedeutet: aus A *folgt* B. Mit A ist dann auch B richtig.
$A \Leftrightarrow B$ bedeutet: $A \Rightarrow B$ und $B \Rightarrow A$. Dann sind beide Aussagen *äquivalent*, also beide entweder gleichzeitig richtig oder gleichzeitig falsch.

Form (homogenes Polynom):
Ein homogenes Polynom in n Variablen vom Grad r (s. homogen, 11., s. Polynom, 3.) nennt man auch eine *Form*. Eine Form vom Grade $r = 1$ heißt *lineare Form* (s. lineare Form), für $r = 2$ eine *quadratische Form* (s. quadratische Form) und für $r = 3$ eine *kubische Form*.
So ist z. B. $f(x, y, z) = 5x^4 + 2x^2yz - xz^3 + xy^2z$ eine Form vierten Grades, da sämtliche Glieder den Grad 4 besitzen.

Form, kanonische
s. lineare Optimierung, 2.1.7.

formales System (Modell):
Als *formales System* bezeichnet man Axiome sowie die aus den Axiomen abgeleiteten Schlüsse einer formalisierten Theorie (s. formalisierte Theorie). Das System heißt *abstrakt*, wenn die Objekte des Systems allein durch Aussagen des Systems festgelegt sind. Falls die Objekte des Systems auch noch anders festgelegt sind, spricht man von einem Modell des formalen Systems.

formalisierte Theorie:

Falls in der klassischen Mathematik Sätze über ein bestimmtes Gebiet durch logische Schlüsse aus den Axiomen (s. Axiom) abgeleitet werden, spricht man von einer *formalisierten Theorie.*

Formel (Ausdruck):

Eine *Formel* oder ein *Ausdruck* ist eine zulässige Reihe von mathematischen und logischen Zeichen, die auf Zahlen, Variable und Unbekannte angewandt werden.

Formkoeffizient s. lineare Optimierung, 3.1.

Formmatrix s. quadratische Form, 1.

fortlaufende Proportion s. Proportion.

Fortsetzung einer Abbildung (Funktion, Transformation, eines Operators):

Es sei T eine Abbildung (Funktion, Transformation, Operator) mit dem Definitionsbereich D_T (s. Abbildung). V sei eine Abbildung mit dem Definitionsbereich D_V mit $D_T \subset D_V$. Wenn die Abbildung V in D_T mit T übereinstimmt, heißt V eine *Fortsetzung* von T auf D_V. Eine spezielle Fortsetzung ist eine analytische Fortsetzung (s. analytisch, 1.).

Fourier, Jean Baptiste Joseph (1768 – 1830) wirkte in Paris. In der Theorie der Wärmeleitung benutzte er erstmals die nach ihm benannten Fourier - Reihen (s. Fourier - Reihe und Fourier - Entwicklung). Ferner sind nach ihm die Fourier - Integrale (s. Fourier - Integral) und die Fourier - Transformation (s. Fourier -Transformation) benannt.

Fourier - Integral:

Funktionen, die in ganz $\mathbb{R}$ absolut integrierbar, aber nicht periodisch sind, können durch das Fourier - Integral in ganz $\mathbb{R}$ approximiert werden. Falls eine Funktion f(x) nicht periodisch ist, kann sie nicht in eine Fourier -Reihe entwickelt werden (s. Fourier - Reihe). Im Intervall $(-T;T)$ sei die Fourier - Reihe konvergent. Mit der Einschränkung auf dieses Intervall erhält man mit $a = -T$ und $b = T$ die Darstellung (s. Fourier - Reihe und Fourier - Entwicklung, 5.)

$$f(x) \sim \frac{a_0}{2} + \sum_{k=1}^{\infty}\left(a_k \cos\frac{k\pi x}{T} + b_k \sin\frac{k\pi x}{T}\right)$$

mit

$$a_k = \frac{1}{T}\int_{-T}^{T} f(x)\cos\frac{k\pi x}{T}\,dx \quad \text{für } k = 0,1,2,\ldots;$$

$$b_k = \frac{1}{T}\int_{-T}^{T} f(x)\sin\frac{k\pi x}{T}\,dx \quad \text{für } k = 1,2,3,\ldots.$$

Auf ganz $\mathbb{R}$ ist dies die Fourier-Reihe der Funktion g, die in $(-T;T)$ mit f übereinstimmt und mit der Periode 2T fortgesetzt wird. Falls die Funktion f(x) auf ganz $\mathbb{R}$ absolut integrierbar ist mit

$$\int_{-\infty}^{+\infty} |f(x)| < \infty$$

(s. Integralrechnung, 1.8.1.), konvergiert für $T \to \infty$ die obige Fourier-Entwicklung gegen das sogenannte *Fourier-Integral*

$$f(x) \sim \int_0^{\infty} [a(u)\cos xu + b(u)\sin xu]\,du$$

mit

$$a(u) = \frac{1}{\pi}\int_{-\infty}^{\infty} f(z)\cos zu\,dz\,; \quad b(u) = \frac{1}{\pi}\int_{-\infty}^{\infty} f(z)\sin zu\,dz\,.$$

Wenn in jedem endlichen Intervall die Dirichlet-Bedingung erfüllt ist (s. Fourier-Reihe und Fourier-Entwicklung, 4.), gilt

$$\int_0^{\infty} [a(u)\cos xu + b(u)\sin xu]\,du = \begin{cases} f(x)\,, & \text{falls f an der Stelle x stetig ist;} \\ \dfrac{f(x-0)+f(x+0)}{2} & \text{sonst.} \end{cases}$$

Fourier-Koeffizient s. Fourier-Reihe und Fourier-Entwicklung, 2., 4.

Fourier-Reihe und Fourier-Entwicklung:

Periodische integrierbare Funktionen können durch trigonometrische Polynome approximiert werden. Die trigonometrischen Polynome werden bei quadratisch integrierbaren Funktionen nach der Methode der kleinsten mittleren Abstandsquadrate bestimmt. Sie bilden ein Orthogonalsystem.

1. Trigonometrisches Polynom:

Für jede natürliche Zahl n heißt die endliche Summe

$$T_n(x) = A + \sum_{k=1}^{n} (\alpha_k \cos kx + \beta_k \sin kx) \quad \text{mit } \alpha_k, \beta_k \in \mathbb{R}$$

ein *trigonometrisches Polynom* vom Grad n. $T_n(x)$ besitzt die Periode 2π.

Mit Hilfe der Additionstheoreme für die Winkelfunktionen erhält man

$$\int_{-\pi}^{\pi} \cos kx \cdot \sin mx\,dx = 0 \quad \text{für } k, m \in \{0, 1, \ldots, n\}\,;$$

$$\int_{-\pi}^{\pi} \cos kx \cdot \cos mx\,dx = \int_{-\pi}^{\pi} \sin kx \cdot \sin mx\,dx = \begin{cases} 0 & \text{für } k \neq m\,; \\ \pi & \text{für } k = m > 1\,. \end{cases}$$

Die in $[-\pi; +\pi]$ qaudratisch integrierbaren Funktionen (s. quadratisch integrierbar) bilden einen Euklidischen Vektorraum (s. Vektorraum, 3.). Die trigonometrischen Polynome vom Grad n bilden einen Untervektorraum, in dem wegen der oben angegebenen Integraleigenschaften die Funktionen

$$\frac{1}{\sqrt{2\pi}};\ \frac{1}{\sqrt{\pi}}\cos kx;\ \frac{1}{\sqrt{\pi}}\sin kx \quad \text{für } k = 1, 2, \dots, n$$

ein vollständiges Orthonormalsystem bilden (s. Orthogonal- und Orthonormalsystem). Daher gilt die *Parsevalsche Gleichung*

$$\frac{1}{\pi}\int_{-\pi}^{\pi} T_n^2(x)\,dx = \frac{A^2}{2} + \sum_{k=1}^{n} (\alpha_k^2 + \beta_k^2).$$

2. Fourier-Approximation im quadratischen Mittel:
Die Funktion f(x) sei in $[-\pi;\pi]$ quadratisch integrierbar, d.h. $\int_{-\pi}^{\pi} f^2(x)\,dx$ existiere. In dem trigonometrischen Polynom (Fourier-Polynom)

$$T_n(x) = \frac{a_0}{2} + \sum_{k=1}^{n} (a_k \cos kx + b_k \sin kx) \quad (n \text{ fest})$$

werden die Konstanten a_k und b_k so bestimmt, daß das Integral

$$\int_{-\pi}^{\pi} \Big[f(x) - \frac{a_0}{2} - \sum_{k=1}^{n} (a_k \cos kx + b_k \sin kx)\Big]^2 dx$$

minimal ist. Dann erhält man durch partielle Differentiation nach allen $2n+1$ Parametern die Lösungen

$$a_k = \frac{1}{\pi}\int_{-\pi}^{\pi} f(x) \cos kx\,dx \qquad \text{für } k = 0, 1, 2, \dots, n;$$

$$b_k = \frac{1}{\pi}\int_{-\pi}^{\pi} f(x) \sin kx\,dx \qquad \text{für } k = 1, 2, \dots, n.$$

Die durch die Kleinste-Quadrate-Schätzung bestimmten Koeffizienten a_k für $k = 0, 1, \dots$ und b_k für $k = 1, 2, \dots$ heißen *Fourier-Koeffizienten.*

Besselsche Ungleichung:
Für die Fourier-Koeffizienten gilt die *Besselsche Ungleichung*

$$\frac{a_0^2}{2} + \sum_{k=1}^{n} (a_k^2 + b_k^2) \le \frac{1}{\pi}\int_{-\pi}^{\pi} f^2(x)\,dx \quad \text{für jedes } n \in \mathbb{N}.$$

Hieraus folgt: $\lim\limits_{n\to\infty} a_n = \lim\limits_{n\to\infty} b_n = 0$ (Nullfolgen).

3. Trigonometrische Reihen:
Da die Funktionen $\frac{1}{\sqrt{2\pi}};\ \frac{1}{\sqrt{\pi}}\cos kx;\ \frac{1}{\sqrt{\pi}}\sin kx$ für $k = 1, 2, \dots$ ein vollständiges Orthonormalsystem bilden, gilt für das trigonometrische Polynom aus 1. nach der Parsevalschen Gleichung (s. Parsevalsche Gleichung)

$$\lim_{n\to\infty} \frac{1}{\pi}\int_{-\pi}^{\pi} T_n^2(x)\,dx = \frac{A^2}{2} + \sum_{k=1}^{\infty} (\alpha_k^2 + \beta_k^2).$$

Im Falle $\sum_{k=1}^{\infty} (|\alpha_k| + |\beta_k|) < \infty$ konvergiert die *trigonometrische Reihe*

$$\lim_{n\to\infty} T_n(x) = A + \sum_{k=1}^{\infty} (\alpha_k \cos kx + \beta_k \sin kx)$$

auf ganz $\mathbb{R}$ gleichmäßig (s. Funktionenreihe) und stellt dort eine stetige Funktion mit der Periode 2π dar.

4. Fourier - Reihe einer Funktion mit der Periode 2π:
Die Funktion f(x) sei in $[-\pi;\pi]$ integrierbar und besitze die Periode 2π. Dann heißen

$$a_k = \frac{1}{\pi}\int_{-\pi}^{\pi} f(x)\cos kx\,dx, \qquad k = 0,1,2,\ldots$$

$$b_k = \frac{1}{\pi}\int_{-\pi}^{\pi} f(x)\sin kx\,dx, \qquad k = 1,2,\ldots$$

die *Fourier - Koeffizienten* der Funktion f in $[-\pi;\pi]$ und

$$f(x) \sim \frac{a_0}{2} + \sum_{k=1}^{\infty}(a_k\cos kx + b_k\sin kx)$$

die durch f erzeugte *Fourier - Reihe.* Diese Reihe muß nicht konvergent sein. Auch im Falle der Konvergenz können ihre Funktionswerte von f(x) verschieden sein. Wegen $|\sin x| \le 1$, $|\cos x| \le 1$ gilt nach der Dreiecksungleichung für alle $x \in \mathbb{R}$

$$\left|\frac{a_0}{2} + \sum_{k=1}^{\infty}(a_k\cos kx + b_k\sin kx)\right| \le \frac{|a_0|}{2} + \sum_{k=1}^{\infty}(|a_k| + |b_k|).$$

Falls die Funktion f(x) in $[-\pi;\pi]$ differenzierbar und $f'(x)$ dort integrierbar ist, erhält man durch partielle Integration für $k \ge 1$

$$a_k = \frac{1}{\pi}\int_{-\pi}^{\pi} f(x)\cos kx\,dx = \underbrace{\frac{1}{k\pi} f(x)\sin kx\Big|_{-\pi}^{\pi}}_{=0} - \frac{1}{k\pi}\int_{-\pi}^{\pi} f'(x)\sin kx\,dx;$$

$$b_k = \frac{1}{\pi}\int_{-\pi}^{\pi} f(x)\sin kx\,dx = \underbrace{-\frac{1}{k\pi} f(x)\cos kx\Big|_{-\pi}^{\pi}}_{=0} + \frac{1}{k\pi}\int_{-\pi}^{\pi} f'(x)\cos kx\,dx,$$

also

$$a_k = -\frac{1}{k\pi}\int_{-\pi}^{\pi} f'(x)\sin kx\,dx; \quad b_k = \frac{1}{k\pi}\int_{-\pi}^{\pi} f'(x)\cos kx\,dx.$$

Hieraus folgt

$$|a_k| \le \frac{c_1}{k}; \quad |b_k| \le \frac{c_1}{k} \quad \text{mit} \quad c_1 = \frac{1}{\pi}\int_{-\pi}^{\pi}|f'(x)|\,dx.$$

Wenn die Funktion f(x) in $[-\pi;\pi]$ zweimal differenzierbar und $f''(x)$ dort integrierbar ist, erhält man durch nochmalige partielle Integration

$$a_k = -\frac{1}{k^2\pi}\int_{-\pi}^{\pi} f''(x)\cos kx\,dx; \quad b_k = -\frac{1}{k^2\pi}\int_{-\pi}^{\pi} f''(x)\sin kx\,dx$$

mit

$$|a_k| \le \frac{c_2}{k^2}; \quad |b_k| \le \frac{c_2}{k^2} \quad \text{mit} \quad c_2 = \frac{1}{\pi}\int_{-\pi}^{\pi}|f''(x)|\,dx.$$

Wegen $\sum_{k=1}^{\infty}\frac{1}{k^2} < \infty$, folgt hieraus $\sum_{k=1}^{\infty}(|a_k| + |b_k|) < \infty$.

Dann konvergiert die Fourier - Reihe von f in ganz $\mathbb{R}$ gleichmäßig (s. Funktionenreihe). Falls die Funktion f(x) in $[-\pi;\pi]$ m - mal differenzierbar und die m - te Ableitung $f^{(m)}(x)$ dort integrierbar ist, gilt für alle $k \ge 1$

$$|a_k| \le \frac{c_m}{k^m}; \quad |b_k| \le \frac{c_m}{k^m} \quad \text{mit} \quad c_m = \frac{1}{\pi}\int_{-\pi}^{\pi}|f^{(m)}(x)|\,dx,\ m = 1,2,\ldots.$$

Die Folge der Partialsummen

$$S_n(x) = \frac{a_0}{2} + \sum_{k=1}^{n} (a_k \cos kx + b_k \sin kx)$$

kann höchstens dann gegen die Funktion f(x) konvergieren, wenn die Funktion f(x) die Perioden 2π besitzt.

Satz von Dirichlet:
Die Funktion f(x) besitze die Periode 2π und erfülle die *Dirichletsche Bedingung*:
a) Das Intervall $(-\pi;\ \pi)$ läßt sich in endlich viele Teilintervalle zerlegen, in denen f stetig und monoton ist.
b) An jeder Unstetigkeitsstelle x von f existiere der links- und rechtsseitige Grenzwert $f(x-)$ und $f(x+)$ (s. Funktion von reellen Variablen, 1.2.).
Dann konvergiert die von f(x) erzeugte Fourier-Reihe. Dabei gilt

$$\lim_{n\to\infty}\left[\frac{a_0}{2} + \sum_{k=1}^{n} (a_k \cos kx + b_k \sin kx)\right] = \begin{cases} f(x), & \text{falls f an der Stelle x stetig ist;} \\ \dfrac{f(x-0)+f(x+0)}{2} & \text{sonst.} \end{cases}$$

5. Fourier-Entwicklung im Intervall [a; b]:
Die Funktion f(x) sei im Intervall [a; b] definiert mit $f(a) = f(b)$. Falls die Funktion f(x) die Bedingung $f(a) = f(b)$ nicht erfüllt, müssen die Funktionswerte an den Grenzstellen abgeändert werden durch

$$\hat{f}(a) = \hat{f}(b) = \frac{1}{2}\left(\lim_{x\to a+} f(x) + \lim_{x\to b-} f(x)\right)$$

(s. Funktion von reellen Variablen, 1.2.). Dann kann die Funktion f mit der Periode $a-b$ auf ganz $\mathbb{R}$ fortgesetzt werden. Durch die Transformation

$$u = \frac{2\pi(x-a) - \pi(b-a)}{b-a}; \quad x = a + \frac{(u+\pi)(b-a)}{2\pi}$$

wird das Intervall [a; b] auf $[-\pi; \pi]$ abgebildet. Dann ist die Funktion

$$f(x) = f\left(a + \frac{(u+\pi)(b-a)}{2\pi}\right) = g(u)$$

in $-\pi \le u \le \pi$ erklärt, und besitzt die Periode 2π. Die Fourier-Reihe der Funktion g(u) lautet

$$g(u) \sim \frac{a_0}{2} + \sum_{k=1}^{\infty} (a_k \cos ku + b_k \sin ku)$$

mit den Fourier-Koeffizienten

$$a_k = \frac{1}{\pi}\int_{-\pi}^{\pi} g(u) \cos ku\, du = \frac{1}{\pi}\int_{-\pi}^{\pi} f\left(a + \frac{(u+\pi)(b-a)}{2\pi}\right)\cos ku\, du;\ k \ge 0;$$

$$b_k = \frac{1}{\pi}\int_{-\pi}^{\pi} g(u) \sin ku\, du = \frac{1}{\pi}\int_{-\pi}^{\pi} f\left(a + \frac{(u+\pi)(b-a)}{2\pi}\right)\sin ku\, du;\ k \ge 1.$$

Mit der Substitution $x = a + \frac{(u+\pi)(b-a)}{2\pi}$ gehen diese Integrale über in

$$a_k = \frac{2}{b-a}\int_a^b f(x)\cdot\cos\left(k\cdot\frac{2\pi(x-a)-\pi(b-a)}{b-a}\right)dx \quad \text{für } k = 0,1,2,\ldots;$$

$$b_k = \frac{2}{b-a}\int_{-\pi}^{\pi} f(x)\cdot\sin\left(k\cdot\frac{2\pi(x-a)-\pi(b-a)}{b-a}\right)dx \quad \text{für } k = 1,2,\ldots.$$

Falls die Funktion $f(x)$ in $[a;b]$ die im Satz von Dirichlet angegebene Bedingung erfüllt, lautet die Fourier-Reihe der mit der Periode $b-a$ fortgesetzten Funktion f

$$f(x) \sim \frac{a_0}{2} + \sum_{k=1}^{\infty}\left(a_k \cos k\frac{2\pi(x-a)-\pi(b-a)}{b-a} + b_k \sin k\frac{2\pi(x-a)-\pi(b-a)}{b-a}\right).$$

Fourier - Transformation (Fouriersche Integraltransformation):

Die *Fourier - Transformation* ist eine komplexwertige Integral - Transformation. Sie besitzt typische Eigenschaften, die bei der Lösung vieler Probleme benutzt werden können, z. B. bei der Theorie der Signalverarbeitung oder der Lösung von Integralgleichungen. Daher ist es oft sinnvoll, zunächst die Fourier-Transformierte einer gesuchten Funktion zu bestimmen und danach die Rücktransformation vorzunehmen. Die Funktion $f(x)$ sei in $\mathbb{R}$ absolut integrierbar mit

$$\int_{-\infty}^{\infty} |f(x)|\,dx < \infty$$

(s. Integralrechnung, 1.8.1.). Dann heißt die komplexe Funktion (s. komplexe Funktion)

$$\begin{aligned}\mathcal{F}_f(t) &= \frac{1}{2\pi}\int_{-\infty}^{\infty} e^{itx}\cdot f(x)\,dx \\ &= \frac{1}{2\pi}\int_{-\infty}^{\infty} \cos tx\cdot f(x)\,dx + i\cdot\frac{1}{2\pi}\int_{-\infty}^{\infty} \sin tx\cdot f(x)\,dx\end{aligned}$$

mit $t \in \mathbb{R}$ die *Fourier - Transformierte* von f. Diese Darstellung erhält man mit Hilfe der Eulerschen Darstellung $e^{itx} = \cos tx + i \sin tx$.

Wegen $|e^{itx}| = 1$ gilt

$$|\mathcal{F}_f(t)| \le \frac{1}{2\pi}\int_{-\infty}^{\infty} |e^{itx}|\cdot|f(x)|\,dx = \frac{1}{2\pi}\int_{-\infty}^{\infty} |f(x)|\,dx < \infty.$$

Eigenschaften:

Im Falle $\int_{-\infty}^{\infty} |f(x)|\,dx < \infty$ ist $\mathcal{F}_f(t)$ für $-\infty < t < \infty$ stetig mit

$$\lim_{t\to\pm\infty} \mathcal{F}_f(t) = 0.$$

Für die Ableitung der Fourier - Transformierten (nach t) gilt

$$\frac{d}{dt}\mathfrak{F}_f(t) = \mathfrak{F}_f'(t) = \frac{i}{2\pi}\int_{-\infty}^{\infty} x\cdot e^{itx}\cdot f(x)\,dx = i\cdot\mathfrak{F}_{x\cdot f}(t).$$

Die Ableitung existiert, falls $x\cdot f(x)$ absolut integrierbar ist. Falls für ein festes $n\in\mathbb{N}$ die Funktion $x^n\cdot f(x)$ absolut integrierbar ist, ist die Fourier-Transformierte $\mathfrak{F}_f(t)$ n-mal differenzierbar mit

$$\frac{d^k}{dt^k}\mathfrak{F}_f(t) = \mathfrak{F}_f^{(k)}(t) = \frac{1}{2\pi}\int_{-\infty}^{\infty} i^k\cdot x^k\cdot e^{itx}\cdot f(x)\,dx = i^k\cdot\mathfrak{F}_{x^k\cdot f}(t)$$
$$\text{für } k = 1, 2, \ldots, n.$$

Linearität der Fourier-Transformation:
Die Funktionen $f_1(x)$ und $f_2(x)$ sollen die Fourier-Transformierten $\mathfrak{F}_{f_1}(t)$ und $\mathfrak{F}_{f_2}(t)$ besitzen. Dann besitzt $h(x) = c_1 f_1(x) + c_2 f_2(x)$ die Fourier-Transformierte

$$\mathfrak{F}_{c_1 f_1 + c_2 f_2}(t) = c_1\,\mathfrak{F}_{f_1}(t) + c_2\,\mathfrak{F}_{f_2}(t),\quad c_1, c_2\in\mathbb{R} \qquad \text{(Linearität).}$$

Fourier-Transformierte der Ableitung $f'(x)$:
Durch partielle Integration erhält man wegen $\lim\limits_{x\to\pm\infty} f(x) = 0$

$$\mathfrak{F}_{f'}(t) = \frac{1}{2\pi}\int_{-\infty}^{\infty} e^{itx}\cdot f'(x)\,dx$$
$$= \frac{1}{2\pi}e^{itx}\cdot f(x)\Big|_{-\infty}^{\infty} - \frac{1}{2\pi}\cdot\frac{1}{it}\int_{-\infty}^{\infty} e^{itx}\cdot f(x)\,dx = -\frac{1}{it}\cdot\mathfrak{F}_f(t).$$

Allgemein erhält man im Falle der Existenz die Fourier-Transformierte der n-ten Ableitung $f^{(n)}(x)$ in der Form

$$\mathfrak{F}_{f^{(n)}}(t) = \frac{1}{(-it)^n}\cdot\mathfrak{F}_f(t) \qquad \text{für } n = 1, 2, \ldots .$$

Faltungssatz:
Die beiden Funktionen $f(x)$ und $g(x)$ sollen die Fourier-Transformierten

$$\mathfrak{F}_f(t) = \frac{1}{2\pi}\int_{-\infty}^{\infty} e^{itx}\cdot f(x)\,dx \quad \text{bzw.} \quad \mathfrak{F}_g(t) = \frac{1}{2\pi}\int_{-\infty}^{\infty} e^{itx}\cdot g(x)\,dx$$

besitzen. Dann hat die Faltung

$$(f * g)(x) = \int_{-\infty}^{\infty} f(y)\,g(x-y)\,dy$$

(s. Faltung, 1.) die Fourier-Transformierte

$$\mathfrak{F}_{f*g}(t) = \mathfrak{F}_f(t)\cdot\mathfrak{F}_g(t).$$

Parsevalsche Gleichung:
Für eine absolut integrierbare Funktion $f(x)$ und deren Fourier-Transformierte $\mathfrak{F}_f(t)$ gilt

$$\int_{-\infty}^{\infty} |f(x)|\,dx = \int_{-\infty}^{\infty} |\mathfrak{F}_f(t)|\,dt.$$

Umkehrformel von Dirichlet:
Die Funktion f(x) sei in $\mathbb{R}$ absolut integrierbar. Jedes endliche Intervall $[a;b]$ soll durch $a = x_0 < x_1 < \ldots < x_{m-1} < x_m = b$ so zerlegt werden können, daß f in jedem offenen Intervall $(x_j; x_{j+1})$ monoton und stetig ist. An den Grenzstellen sollen die links- und rechtsseitigen Grenzwerte $f(x_j+0)$ und $f(x_j-0)$ existieren (s. Funktion von reellen Variablen, 1.2.). Dann existiert die Fourier-Transformierte $\mathcal{F}_f(t)$ von f(x) und es gilt die Umkehrformel

$$\frac{f(x+0)+f(x-0)}{2} = \frac{1}{2\pi}\int_{-\infty}^{\infty} e^{-ixt} \cdot \mathcal{F}_f(t)\, dt.$$

An jeder Stetigkeitsstelle x von f steht auf der linken Seite der Funktionswert f(x).

freier Vektor:
Die Menge aller Vektoren, die aus dem Verbindungsvektor $\overrightarrow{PQ} \in \mathbb{R}^n$ durch Parallelverschiebung hervorgehen, heißt *freier Vektor* (s. Vektor im V^n, 3.).

Frenet, Jean Frédéric (1816 – 1900) wirkte in Lyon. Er arbeitete auf dem Gebiet der Differentialgeometrie, wo er die nach ihm benannten Frenetschen Formeln herleitete (s. Kurve, 2.9.).

Frenetsche Formeln s. Kurve, 2.9.

Froschperspektive s. Projektion, 1.

Frequenz s. Sinus.

Fubini, Guido (1879 – 1943) wirkte in Turin. Von ihm stammen grundlegende Arbeiten zu den Gebieten der Differentialgeometrie und der Funktionentheorie. Nach ihm benannt ist der Satz von Fubini über die Vertauschbarkeit der Integrationsreihenfolge bei Mehrfachintegralen (s. Fubinischer Satz).

Fubinischer Satz (Satz von Fubini):

1. Vertauschbarkeit der Integrationsreihenfolge bei Doppelintegralen:
Es sei $R = \{(x,y) \mid a \le x \le b; c \le y \le d\}$ ein Rechteck, in dem die Funktion f(x,y) Riemann-integrierbar ist. Für jedes feste $y \in [c;d]$ existiere das Integral $\int_a^b f(x,y)\,dx = g(y)$. Dann ist die Funktion g(y) in $[c;d]$ integrierbar, und es gilt

$$\iint_R f(x,y)\,dF = \int_c^d \left(\int_a^b f(x,y)\,dx \right) dy.$$

Falls auch für jedes $x \in [a;b]$ das Integral $\int_c^d f(x,y)\,dy$ existiert, gilt der

Satz über die Vertauschung der Integrationsreihenfolge

$$\int\limits_R\int f(x,y)\,dF = \int\limits_c^d \left(\int\limits_a^b f(x,y)\,dx \right) dy = \int\limits_a^b \left(\int\limits_c^d f(x,y)\,dy \right) dx$$

(s. Integralrechnung, 2.2.). Bei stetigen Funktionen sind die Voraussetzungen dieses Satzes sind erfüllt.

2. Vertauschbarkeit der Integrationsreihenfolge bei Mehrfachintegralen: Die Funktion $f(x_1, x_2, \ldots, x_n)$ sei in $Q = [a_1; b_1] \times \ldots \times [a_n; b_n]$ stetig. Dann gilt für das Integral von f über Q

$$\int\limits_Q \ldots \int f(x_1, x_2, \ldots, x_n)\,dV = \int\limits_{a_1}^{b_1} \int\limits_{a_2}^{b_2} \ldots \int\limits_{a_n}^{b_n} f(x_1, x_2, \ldots, x_n)\,dx_n \ldots dx_2\,dx_1.$$

Dabei darf die Integrationsreihenfolge beliebig vertauscht werden (s. Integralrechnung, 4.). Jede der n! (s. Fakultät) möglichen Integrationsreihenfolgen ergibt für das Integral den gleichen Wert.

Fundamentalfolge

s. Cauchy-Folge.

Fundamentalform

s. Fläche, 2.4., 2.5.

Fundamentalsatz der Algebra:

Jede algebraische Gleichung vom Grad n

$$x^n + a_{n-1}x^{n-1} + \ldots + a_1 x + a_0 = 0$$

mit reellen oder komplexen Koeffizienten a_i für $i = 0, 1, \ldots, n-1$, $n \geq 1$ besitzt in der Menge $\mathbb{C}$ der komplexen Zahlen wenigstens eine Lösung. Ist x_1 Lösung der algebraischen Gleichung, so ergibt die Division der algebraischen Gleichung durch $x - x_1$ (s. Polynomdivision) wieder eine algebraische Gleichung vom Grad $n-1$. Daher gilt allgemein die Produktdarstellung (kanonische Zerlegung)

$$x^n + a_{n-1}x^{n-1} + \ldots + a_1 x + a_0 = (x - x_1)\cdot(x - x_2)\cdot\ldots\cdot(x - x_n) = 0.$$

Dabei sind $x_1, x_2, \ldots, x_n$ die nicht notwendig verschiedenen Lösungen der algebraischen Gleichung. Falls der *Linearfaktor* $(x - x_k)$ genau n_k-mal auftritt, so besitzt die Lösung x_k die *Vielfachheit* n_k. Wenn alle Koeffizienten a_i reell sind, treten die komplexen Nullstellen paarweise konjugiert komplex auf. Mit $x = z$ ist dann auch $\bar{z}$ Nullstelle (s. Polynom, 1., 2.).

Fundamentalsatz (Hauptsatz) der Differential- und Integralrechnung:

Die Funktion f(x) sei in [a; b] stetig und integrierbar. F(x) sei eine beliebige Stammfunktion von f(x) mit $F'(x) = f(x)$. Dann gilt für das bestimmte Integral

$$\int\limits_a^b f(x)\,dx = F(x)\Big|_{x=a}^{x=b} = F(b) - F(a) \qquad \text{(s. Integralrechnung, 1.5.).}$$

Fundamentalsatz der Zahlentheorie:
Jede natürliche Zahl $n > 1$ kann eindeutig als Produkt von Primzahlen (s. Primzahl) dargestellt werden in der *kanonischen Zerlegung*

$$n = p_1^{k_1} \cdot p_2^{k_2} \cdot \ldots \cdot p_r^{k_r}$$

mit den Primzahlen $p_1 < p_2 < \ldots < p_r$ und den Vielfachheiten $k_i > 0$ für $i = 1, 2, \ldots, r$.

Fundamentalsystem s. gewöhnliche Differentialgleichung, 3.1., s. System von gewöhnlichen Differentialgleichungen, 2.1.

Fünfeck, regelmäßiges:
Ein *regelmäßiges Fünfeck* ist ein regelmäßiges, konvexes, ebenes n-Eck mit 5 Eckpunkten (s. Vieleck, 4.). Dabei gilt
Innenwinkel (Eckenwinkel):
$\alpha_5 = 108°$;

Basiswinkel: $\beta_5 = 54°$;

Mittelpunktswinkel: $\varphi_5 = 72°$;

Seitenlänge:

$$s_5 = \frac{r}{2} \cdot \sqrt{10 - 2 \cdot \sqrt{5}}\ ;$$

Flächeninhalt:

$$F_5 = \frac{5\,r^2}{8} \cdot \sqrt{10 + 2 \cdot \sqrt{5}}\ .$$

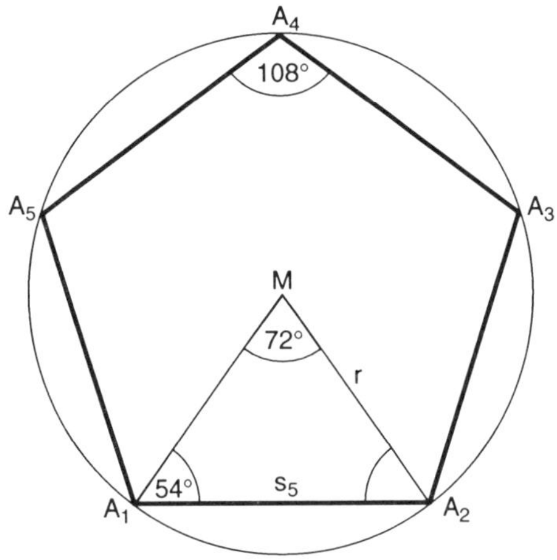

Dabei ist r der Radius des Umkreises. Das Fünfeck hat $5 \cdot (5 - 3) = 10$ Diagonalen, die aus Symmetriegründen alle die gleiche Länge besitzen.

Funktion s. Abbildung, s. Operator, s. Transformation.

Funktional:
Ein *Funktional* ist ein Operator (Abbildung), der eine Teilmenge eines abstrakten Raumes in den Raum $\mathbb{R}$ der reellen Zahlen (reelles Funktional) oder in den Raum $\mathbb{C}$ der komplexen Zahlen (komplexes Funktional) abbildet (s. lineares Funktional, s. Operator).

funktional abhängig s. abhängig, funktional.

Funktional, lineares s. linearer Operator.

Funktionalanalysis:
Unter *Funktionalanalysis* versteht man die Theorie der Funktionen, deren Definitions- und Wertebereich allgemeine Räume sind. Häufig handelt es

sich um lineare Räume, speziell: metrische Räume, Hilbert- oder Banachräume.

Funktionaldeterminante (Jacobische Determinante):

Die *Funktionaldeterminante* des Funktionensystems

$$y_i = f_i(x_1, x_2, \ldots, x_n) \quad \text{für} \quad i = 1, 2, \ldots, n$$

mit stetigen partiellen Ableitungen ist die Determinante

$$\frac{\partial(y_1, y_2, \ldots, y_n)}{\partial(x_1, x_2, \ldots, x_n)} = \begin{vmatrix} \frac{\partial f_1}{\partial x_1} & \frac{\partial f_2}{\partial x_1} & \cdots & \frac{\partial f_n}{\partial x_1} \\ \frac{\partial f_1}{\partial x_2} & \frac{\partial f_2}{\partial x_2} & \cdots & \frac{\partial f_n}{\partial x_2} \\ \vdots & \vdots & \vdots & \vdots \\ \frac{\partial f_1}{\partial x_n} & \frac{\partial f_2}{\partial x_n} & \cdots & \frac{\partial f_n}{\partial x_n} \end{vmatrix}$$

(s. Determinante, s. Abbildung, 2.2., 3., s. Integralrechnung, 2.3., 3.3). Dabei wird die Determinante von der sogenannten *Funktionalmatrix* gebildet.

Funktionalmatrix s. Funktionaldeterminante, s. Abbildung, 2.2., 3.

Funktion einer komplexen Variablen s. komplexe Funktion.

Funktion, lineare s. lineare Abbildung.

Funktionenfolge:

Für jedes $n \in \mathbb{N}$ sei $f_n(x)$ eine auf $D \subset \mathbb{R}$ definierte Funktion. Dann nennt man

$$f_1(x), f_2(x), f_3(x), \ldots, f_n(x), \ldots = (f_n(x))_{n \in \mathbb{N}} \quad \text{eine } \textit{Funktionenfolge.}$$

Jede Stelle $x_0 \in D$ ergibt eine gewöhnliche Zahlenfolge $(f_n(x_0))_{n \in \mathbb{N}}$ (s. Zahlenfolge). Die Funktionenfolge $f_n(x), n = 1, 2, \ldots$ heißt in $M \subset D$ *konvergent* gegen die Funktion $f(x)$, wenn für jedes $x_0 \in M$ gilt

$$\lim_{n \to \infty} f_n(x_0) = f(x_0).$$

$f_n(x)$ konvergiert in M genau dann gegen die Funktion $f(x)$, falls zu jedem $\varepsilon > 0$ und jedem $x \in M$ ein $n_0 = n_0(\varepsilon, x)$ existiert mit $|f_n(x) - f(x)| < \varepsilon$ für alle $n \geq n_0(\varepsilon, x)$. Dafür schreibt man auch

$$\lim_{n \to \infty} f_n(x) = f(x) \quad \text{für alle } x \in M.$$

Die Funktionenfolge $f_n(x), n = 1, 2, \ldots$ heißt in $M \subset D$ *gleichmäßig konvergent* gegen die Funktion $f(x)$, wenn zu jedem $\varepsilon > 0$ ein von x unabhängiger Index $n_0 = n_0(\varepsilon)$ existiert, so daß für jedes $x \in M$ gilt

$$|f_n(x) - f(x)| < \varepsilon \quad \text{für alle } n \geq n_0(\varepsilon).$$

Stetigkeit der Grenzfunktion:
Die Funktionenfolge $f_n(x)$, $n = 1, 2, \ldots$ konvergiere in einem Intervall $[a; b]$ gleichmäßig gegen die Funktion $f(x)$. Falls alle Funktionen $f_n(x)$ in diesem Intervall stetig sind, ist dort auch die Grenzfunktion $f(x)$ stetig. Falls die Konvergenz nicht gleichmäßig ist, kann die Grenzfunktion $f(x)$ unstetig sein, auch wenn alle $f_n(x)$ stetig sind. Dazu das

Beispiel: $f_n(x) = (1 - x^2)^n$ für $-1 \leq x \leq 1$, also für $x \in [-1; +1] = M$.

Die Funktionenfolge konvergiert in M mit

$$\lim_{n \to \infty} f_n(x) = f(x) = \begin{cases} 1 & \text{für } x = 0; \\ 0 & \text{für } 0 < |x| \leq 1. \end{cases}$$

Die Grenzfunktion ist nicht stetig. Für $x \neq 0$ erhält man

$$|f_n(x) - f(x)| = (1 - x^2)^n < \varepsilon \quad \text{für } n \cdot \ln(1 - x^2) > \ln \varepsilon, \text{ also für}$$

$$n > \frac{\ln \varepsilon}{\ln(1 - x^2)} = n_0(\varepsilon, x).$$

Wegen $\lim\limits_{x \to 0} n_0(\varepsilon, x) = +\infty$ ist die Funktionenfolge in $[-1; 1]$ nicht gleichmäßig konvergent.

Die Funktionenfolge $(f_n(x))_{n \in \mathbb{N}}$ heißt auf M *gleichmäßig beschränkt*, falls eine Konstante c existiert mit

$$|f_n(x)| \leq c \quad \text{für alle } n \in \mathbb{N} \text{ und alle } x \in M.$$

Differenzierbarkeit der Grenzfunktion:
Die Funktionen $f_n(x)$ seien im Intervall $[a; b]$ differenzierbar. Die Folge der Ableitungsfunktionen konvergiere gleichmäßig in $[a; b]$. Für mindestens ein $x_0 \in [a; b]$ sei die Zahlenfolge $f_n(x_0)$ konvergent. Dann konvergiert die Funktionenfolge $(f_n(x))$, $n = 1, 2, \ldots$ auf $[a; b]$ gleichmäßig gegen eine differenzierbare Funktion $f(x)$ und die Ableitungsfolge $(f'_n(x))$ konvergiert gleichmäßig gegen die Ableitung $f'(x)$, es gilt also

$$\frac{d}{dx} \lim_{n \to \infty} f_n(x) = \lim_{n \to \infty} \frac{df_n(x)}{dx} = f'(x)$$

(Vertauschbarkeit der Grenzwertbildung mit der Differentiation).

Integrierbarkeit der Grenzfunktion:
Die Funktionenfolge $(f_n(x))_{n \in \mathbb{N}}$ konvergiere in $[a; b]$ gleichmäßig gegen $f(x)$. Ferner seien alle Funktionen f_n in $[a; b]$ integrierbar. Dann ist dort auch die Grenzfunktion f integrierbar und es gilt

$$\lim_{n \to \infty} \int_a^b f_n(x)\,dx = \int_a^b \lim_{n \to \infty} f_n(x)\,dx = \int_a^b f(x)\,dx$$

(Vertauschbarkeit der Grenzwertbildung mit der Integration).

Funktionenraum:

Unter einem *Funktionenraum* versteht man einen Raum (Menge), dessen Elemente Funktionen sind.

Funktionenreihe:

Aus einer Funktionenfolge

$$f_1(x), f_2(x), f_3(x), \ldots = (f_n(x))_{n \in \mathbb{N}}$$

(s. Funktionenfolge) mit dem gleichen Definitionsbereich D wird die Folge der Partialsummen

$$S_n(x) = f_1(x) + f_2(x) + f_3(x) + \ldots + f_n(x) = \sum_{k=1}^{n} f_k(x)$$

für $n = 1, 2, \ldots$ gebildet. Falls für jedes $x \in M \subset D$ die Zahlenfolge $S_n(x)$ konvergiert, nennt man

$$\lim_{n \to \infty} \sum_{k=1}^{n} f_n(x) = \sum_{k=1}^{\infty} f_k(x) = S(x)$$

eine in M *konvergente Funktionenreihe* (s. Reihe, 2.) Wenn die Funktionenfolge $S_n(x)$ in M gleichmäßig konvergiert, heißt die Funktionenreihe in M *gleichmäßig konvergent.*

Cauchysches Konvergenzkriterium:

Die Funktionenreihe $\sum_{n=1}^{\infty} f_n(x)$ ist genau dann in M gleichmäßig konvergent, wenn zu jedem $\varepsilon > 0$ ein $n_0(\varepsilon)$ existiert, so daß für alle $n \geq n_0$ und alle $x \in M$ gilt

$$\underbrace{|f_{n+1}(x) + f_{n+2}(x) + f_{n+3}(x) + \ldots|}_{\text{Reihenrest}} = \left|\sum_{k=1}^{\infty} f_{n+k}(x)\right| < \varepsilon .$$

Absolute Konvergenz:

Die Funktionenreihe $\sum_{n=1}^{\infty} f_n(x)$ heißt in M *absolut konvergent*, falls für jedes $x \in M$ gilt

$$\sum_{n=1}^{\infty} |f_n(x)| < \infty .$$

Majorantenkriterium von Weierstraß:

Die Funktionen $f_n(x)$ seien für jedes $x \in [a; b]$ beschränkt durch $|f_n(x)| \leq a_n$ für $i = 1, 2, \ldots$. Die Reihe $\sum_{n=1}^{\infty} a_n < \infty$ sei konvergent. Dann ist die Funktionenreihe $\sum_{n=1}^{\infty} f_n(x)$ in $[a; b]$ absolut konvergent mit

$$\sum_{n=1}^{\infty} |f_n(x)| \leq \sum_{n=1}^{\infty} a_n .$$

Stetigkeit der Funktionenreihe:

Die Funktionenreihe $S(x) = \sum_{n=1}^{\infty} f_n(x)$ sei in $[a; b]$ gleichmäßig konvergent und alle Glieder $f_n(x)$ seien an der Stelle $x_0 \in [a;b]$ stetig. Dann ist auch $S(x)$ an der Stelle x_0 stetig, und es gilt

$$\lim_{x \to x_0} S(x) = \lim_{x \to x_0} \sum_{n=1}^{\infty} f_n(x) = \sum_{n=1}^{\infty} \lim_{x \to x_0} f_n(x) = \sum_{n=1}^{\infty} f_n(x_0) .$$

Gliedweise Differentiation:
Die Funktionen $f_n(x)$ seien für jedes $x \in [a;b]$ differenzierbar. Ferner sei die Funktionenreihe $\sum_{n=1}^{\infty} f_n(x)$ in $[a;b]$ konvergent und die Reihe der Ableitungen $\sum_{n=1}^{\infty} f_n'(x)$ in $[a;b]$ gleichmäßig konvergent. Dann ist $\sum_{n=1}^{\infty} f_n(x)$ in $[a;b]$ gleichmäßig konvergent und differenzierbar mit

$$S'(x) = \frac{d}{dx} \sum_{n=1}^{\infty} f_n(x) = \sum_{n=1}^{\infty} f_n'(x) .$$

Die Reihe darf also gliedweise differenziert werden.

Gliedweise Integration:
Die Funktionenreihe $S(x) = \sum_{n=1}^{\infty} f_n(x)$ sei in $[a;b]$ gleichmäßig konvergent und alle Summanden $f_n(x)$ in $[a;b]$ integrierbar. Dann ist $S(x)$ in $[a;b]$ integrierbar, und es gilt

$$\int_a^b S(x)\,dx = \int_a^b \sum_{n=1}^{\infty} f_n(x)\,dx = \sum_{n=1}^{\infty} \int_a^b f_n(x)\,dx$$

(gliedweise Integration).

Funktionentheorie:

Die *Funktionentheorie* ist die Analysis der Funktionen von einer oder mehreren komplexen Variablen (s. komplexe Funktion).

Funktion von reellen Variablen:

1. Funktion von einer reellen Variablen:

1.1. Grundbegriffe:

Eine (eindeutige) Abbildung (s. Abbildung) f einer Teilmenge $D \subset \mathbb{R}$ in die Menge der reellen Zahlen $\mathbb{R}$ heißt (reelle) *Funktion* einer Variablen. $D = D_f$ ist der *Definitionsbereich* und die Menge der Bildpunkte der *Wertebereich*:

$$W = f(D) = \{y \mid y = f(x),\ x \in D\}.$$

Symbolische Darstellung:

$$x \in D\colon\ x \longrightarrow y = f(x) \in W \qquad \text{oder} \qquad f\colon D \longrightarrow W.$$

x heißt die *unabhängige Variable* (*Argument* oder *Abszisse*), y ist die *abhängige Variable* (*Ordinate*). $f(x)$ ist der Wert der Funktion an der Stelle x. Für eine Funktion f schreibt man häufig auch $f(x)$ oder $f(u)$, insbesondere, wenn man die Bezeichnung der unabhängigen Veränderlichen oder die Tatsache, daß es sich um eine Funktion einer einzigen Variablen handelt, angeben will. f heißt Funktion einer *stetigen Variablen*, wenn der Definitionsbereich ein Intervall ist. Der größtmögliche Bereich von reellen Zahlen x, für die f(x) berechenbar ist, muß oft eingeschränkt werden, wenn z. B. x eine Produktionsmenge ist ($x \geq 0$), oder falls durch f ein physikalischer Sachverhalt dargestellt wird.

Darstellungen von Funktionen:

Explizite Darstellung: $y = f(x)$.
Falls die abhängige Variable $y = f(x)$ direkt als Funktion der unabhängigen Variablen x angegeben werden kann, spricht man von einer *expliziten Darstellung.*

Implizite Darstellung: $F(x, y) = 0$.
Wenn man durch Auflösung von $F(x, y) = 0$ nach y evtl. mehrere explizite Funktionen $y = f(x)$ erhält, ist die Funktion f(x) *implizit* durch die Gleichung $F(x, y) = 0$ (Niveaulinie) gegeben (s. implizite Funktion, 1., s. 2.).

Parameterdarstellung:

$$x = x(t) = \varphi(t); \quad y = y(t) = \psi(t) \quad \text{mit} \quad t_1 \leq t \leq t_2 .$$

Falls man durch Elimination des Parameters t eine oder mehrere Funktionen $y = f(x)$ erhält, nennt man die obige Darstellung eine *Parameterdarstellung* für die Funktion f (s. Parameterdarstellung).

Graphische Darstellung einer Funktion f:
In der Zahlenebene $\mathbb{R} \times \mathbb{R}$ werden alle Zahlenpaare $\big(x, y = f(x)\big)$ mit $x \in D$ graphisch dargestellt. Die Gesamtheit $\{(x, y = f(x)) \mid x \in D\}$ heißt das (*graphische*) *Bild* oder der *Graph* von f. Im allgemeinen stellt der Graph eine Kurve im $\mathbb{R}^2$ dar.

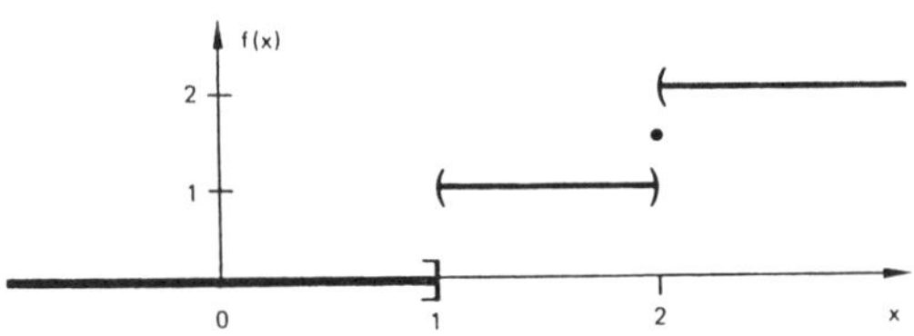

Graph einer Treppenfunktion

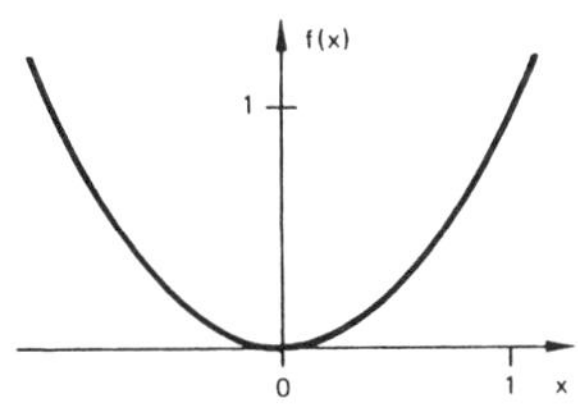

Graph der Parabel $f(x) = x^2$

Eine Funktion f: $D \to \mathbb{R}$ heißt in $A \subset D$
monoton wachsend oder *nichtfallend*,

falls $f(x_1) \leq f(x_2)$ für alle $x_1 < x_2$ mit $x_1, x_2 \in A$;

streng monoton wachsend, falls $f(x_1) < f(x_2)$ für alle $x_1 < x_2$ mit $x_1, x_2 \in A$;

monoton fallend oder *nichtwachsend*,

falls $f(x_1) \geq f(x_2)$ für alle $x_1 < x_2$ mit $x_1, x_2 \in A$;

streng monoton fallend, falls $f(x_1) > f(x_2)$ für alle $x_1 < x_2$ mit $x_1, x_2 \in A$;

nach unten beschränkt, falls $f(x) \geq c_u$ für alle $x \in A$; $c_u =$ Konstante;
nach oben beschränkt, falls $f(x) \leq c_o$ für alle $x \in A$; $c_o =$ Konstante;
beschränkt, falls $|f(x)| \leq c$ für alle $x \in A$; $c =$ Konstante.

Aus einzelnen Funktionen f und g mit den Definitionsbereichen D_f und D_g können durch Anwendung von Rechenoperationen neue Funktionen gebildet werden. Die wichtigsten sind:

Operation	Funktion	Funktionswerte	Definitionsbereich
Multiplikation mit einer Konstanten c	$h = c \cdot f$; $c \in \mathbb{R}$	$h(x) = c \cdot f(x)$	D_f
Summe	$h = f + g$	$h(x) = f(x) + g(x)$	$D_f \cap D_g$
Differenz	$h = f - g$	$h(x) = f(x) - g(x)$	$D_f \cap D_g$
Produkt	$h = f \cdot g$	$h(x) = f(x) \cdot g(x)$	$D_f \cap D_g$
Quotient	$h = \frac{f}{g}$	$h(x) = \frac{f(x)}{g(x)}$	$D_f \cap D_g \setminus \{x \mid g(x) = 0\}$
zusammengesetzte Funktion	$h = f \circ g$	$h(x) = f(g(x))$	$\{x \mid x \in D_g; g(x) \in D_f\}$

Umkehrfunktion (Inverse):
Falls die Funktion f in D streng monoton, also entweder streng monoton wachsend oder streng monoton fallend ist, existiert die *Umkehrfunktion* (*inverse Funktion*) $f^{-1}: W \longrightarrow D$. Sie ist definiert durch

$$y = f^{-1}(x) \Leftrightarrow x = f(y).$$

Man erhält $f^{-1}(x)$ aus $x = f(y)$ durch Auflösung nach y. Der Graph von $y = f^{-1}(x)$ entsteht durch Spiegelung des Graphen von $y = f(x)$ an der ersten Winkelhalbierenden $y = x$ (s. Umkehrfunktion).

1.2. Grenzwert einer Funktion:
Es sei $(x_n)_{n=1,2,\ldots}$ eine Punktfolge mit $x_n \in D$. $(f(x_n))_{n=1,2,\ldots}$ ist dann eine Zahlenfolge (s. Zahlenfolge). Man sagt: Die Funktion f besitzt an der Stelle x_0 den *Grenzwert* b, wenn folgende Bedingung erfüllt ist:

Für jede beliebige Folge $(x_n)_{n=1,2,\ldots}$ mit $x_n \in D$, $x_n \neq x_0$ für alle n und

$$\lim_{n\to\infty} x_n = x_0 \quad \text{gilt} \quad \lim_{n\to\infty} f(x_n) = b. \text{ Dafür schreibt man auch}$$

$$\lim_{x\to x_0} f(x) = b \qquad \text{oder} \qquad \lim_{h\to 0} f(x_0 + h) = b.$$

Dabei muß die Grenzstelle x_0 nicht unbedingt zum Definitionsbereich D gehören. Die Funktion f besitzt an der Stelle x_0 genau dann den Grenzwert b, wenn es zu jedem $\varepsilon > 0$ ein $\delta > 0$ gibt, so daß für alle $x \in D$ mit $|x - x_0| < \delta$ gilt $|f(x) - b| < \varepsilon$.

Eine Funktion f besitzt an der Stelle x_0 den *linksseitigen Grenzwert* $f(x_0-)$, wenn für jede beliebige Folge (x_n) mit $x_n \in D$ und $x_n < x_0$ für alle n sowie $\lim\limits_{n\to\infty} x_n = x_0$ gilt $\lim\limits_{n\to\infty} f(x_n) = f(x_0-)$. Dafür schreibt man auch

$$\lim_{x\to x_0-0} f(x) = \lim_{x\to x_0-} f(x) = \lim_{h\to 0-} f(x_0+h) = f(x_0-).$$

Die Funktion f besitzt an der Stelle x_0 den *rechtsseitigen Grenzwert* $f(x_0+)$, wenn folgende Bedingung erfüllt ist: Für jede beliebige Folge (x_n) mit $x_n \in D$ und $x_n > x_0$ für alle n sowie $\lim\limits_{n\to\infty} x_n = x_0$ gilt

$$\lim_{n\to\infty} f(x_n) = f(x_0+).$$

Dafür schreibt man $\lim\limits_{x\to x_0+0} f(x) = \lim\limits_{x\to x_0+} f(x) = \lim\limits_{h\to 0+} f(x_0+h) = f(x_0+)$.

Eine Funktion f besitzt an der Stelle x_0 genau dann den Grenzwert b, wenn sie an dieser Stelle einen linksseitigen Grenzwert $f(x_0-)$ und einen rechtsseitigen Grenzwert $f(x_0+)$ besitzt, und beide mit b übereinstimmen, wenn also gilt $f(x_0-) = f(x_0+) = b$.

Die Funktion f besitzt für $x \to \infty$ den *Grenzwert* c_r, wenn für jede Folge (x_n) mit $x_n \to \infty$ die Folge der Funktionswerte gegen den Grenzwert c_r konvergiert, d. h. $\lim\limits_{n\to\infty} f(x_n) = c_r$. Dafür schreibt man $\lim\limits_{x\to\infty} f(x) = c_r$.

Die Funktion f besitzt für $x \to -\infty$ den *Grenzwert* c_l, wenn für jede Folge (x_n) mit $x_n \to -\infty$ die Folge der Funktionswerte gegen den Grenzwert c_l konvergiert, d.h. $\lim\limits_{n\to\infty} f(x_n) = c_l$. Dafür schreibt man $\lim\limits_{x\to -\infty} f(x) = c_l$.

Falls die Stelle x_0 eine Lücke von f(x) ist, kann im Falle der Existenz der Grenzwert für $x \to x_0$ eventuell mit Hilfe der bei unbestimmten Ausdrücken benutzten Methode bestimmt werden (s. unbestimmter Ausdruck).

Unbestimmtheitsstelle:

x_0 heißt *Unbestimmtheitsstelle* von f, wenn $f(x_0)$ nicht existiert, aber der Grenzwert $\lim\limits_{x\to x_0} f(x) = b$ existiert. Durch $f(x_0) = b$ ist diese Unstetigkeitsstelle *hebbar*. Die fortgesetzte Funktion ist an der Stelle x_0 stetig.

Beispiel: Die an der Stelle $x_0 = 0$ nicht definierte Funktion $f(x) = \frac{\sin x}{x}$ besitzt den Grenzwert $\lim\limits_{x\to 0} \frac{\sin x}{x} = \lim\limits_{x\to 0} \frac{\cos x}{1} = 1$ (s. unbestimmter Ausdruck, 1.). Durch $f(0) = 1$ wird die Funktion f(x) auf ganz $\mathbb{R}$ stetig fortgesetzt.

Falls für jede Folge (x_n) mit $x_n \in D$ und $x_n < x_0$ bzw. $x_n > x_0$ die Folge der Funktionswerte $f(x_n)$ bestimmt divergent ist (s. Zahlenfolge, 4.), schreibt man dafür $\lim\limits_{x\to x_0-} f(x) = \pm\infty$; $\lim\limits_{x\to x_0+} f(x) = \pm\infty$ und nennt $\pm\infty$ einen *uneigentlichen Grenzwert* von f.

1.3. Stetige und gleichmäßig stetige Funktion:

Eine Funktion f heißt an der Stelle $x_0 \in D$ *stetig*, wenn sie an der Stelle x_0 einen Grenzwert besitzt (s. 1.2.) und dieser Grenzwert mit dem Funktionswert $f(x_0)$ übereinstimmt, also für

$$\lim_{x \to x_0} f(x) = f(x_0) \quad \text{bzw.} \quad \lim_{h \to 0} f(x_0 + h) = f(x_0).$$

An einer Stetigkeitsstelle ist also Funktionswert- und Grenzwertbildung vertauschbar. Eine Funktion f heißt *stetig*, wenn sie an jeder Stelle ihres Definitionsbereichs D stetig ist.

Die Funktion f heißt *an der Stelle* $x_0 \in D$ *linksseitig stetig*, wenn sie an der Stelle x_0 einen linksseitigen Grenzwert besitzt (s. 1.2.) und dieser Grenzwert mit dem Funktionswert $f(x_0)$ übereinstimmt, also für

$$\lim_{x \to x_0 -} f(x) = f(x_0) \quad \text{bzw.} \quad \lim_{h \to 0 -} f(x_0 + h) = f(x_0).$$

Die Funktion f nennt man *an der Stelle* $x_0 \in D$ *rechtsseitig stetig*, wenn sie an der Stelle x_0 einen rechtsseitigen Grenzwert besitzt (s. 1.2.) und dieser Grenzwert mit dem Funktionswert $f(x_0)$ übereinstimmt, also für

$$\lim_{x \to x_0 +} f(x) = f(x_0) \quad \text{bzw.} \quad \lim_{h \to 0 +} f(x_0 + h) = f(x_0).$$

Eine Funktion f ist an der Stelle x_0 genau dann stetig, wenn sie dort links- und rechtsseitig stetig ist mit $f(x_0 -) = f(x_0 +) = f(x_0)$.

Stetigkeitskriterium:

Eine Funktion f ist an der Stelle $x_0 \in D$ genau dann stetig, wenn es zu jedem beliebigen $\varepsilon > 0$ ein $\delta > 0$ gibt, so daß für alle $x \in D$ mit $|x - x_0| < \delta$ gilt $|f(x) - f(x_0)| < \varepsilon$. Alle Funktionswerte über dem Intervall $(x_0 - \delta; x_0 + \delta)$ müssen also in $(f(x_0) - \varepsilon; f(x_0) + \varepsilon)$ liegen. δ hängt im allgemeinen von ε und x_0 ab.

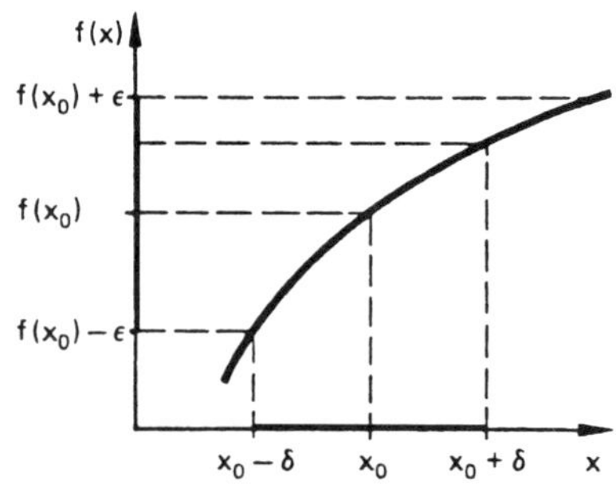

Eigenschaften stetiger Funktionen:

Die Funktionen f und g seien an der Stelle x_0 stetig. Dann sind auch folgende Funktionen an der Stelle x_0 stetig:

$$c \cdot f \text{ mit } c \in \mathbb{R}; \quad f + g; \quad f - g; \quad f \cdot g; \quad \frac{f}{g}, \text{ falls } g(x_0) \neq 0.$$

Ist f an der Stelle x_0 stetig und g in $y_0 = f(x_0) \in D_g$ stetig, so ist die zusammengesetzte Funktion $h(x) = (g \circ f)(x) = g(f(x))$ an der Stelle x_0 stetig. Falls die stetige Funktion f eine Umkehrfunktion f^{-1} besitzt, ist f^{-1} ebenfalls stetig.

Gleichmäßig stetige Funktion:

Eine Funktion $f(x)$ heißt in $A \subset D$ *gleichmäßig stetig*, wenn zu jedem $\varepsilon > 0$

ein $\delta(\varepsilon) > 0$ existiert, so daß für alle $x_1, x_2 \in A$ mit $|x_1 - x_2| < \delta$ gilt $|f(x_1) - f(x_2)| < \varepsilon$. Im Gegensatz zur gewöhnlichen Stetigkeit darf δ nur von ε und nicht von den speziellen Stellen x_1, $x_2 \in A$ abhängen.

Jede in einem abgeschlossenen Intervall $[a;b]$ stetige Funktion ist dort auch gleichmäßig stetig. Für nichtabgeschlossene Intervalle braucht diese Eigenschaft nicht zu gelten. Dazu das

Beispiel: Im halboffenen Intervall $(0;b]$ mit festem $b > 0$ ist die Funktion $f(x) = \frac{1}{x}$ stetig wegen

$$|f(x_1) - f(x_2)| = \frac{|x_1 - x_2|}{x_1 \cdot x_2} < \varepsilon \text{ für } |x_1 - x_2| < \varepsilon \cdot x_1 \cdot x_2 = \delta(\varepsilon, x_1, x_2).$$

Wegen $\lim\limits_{x_1 \to 0} \delta(\varepsilon, x_1, x_2) = 0$ gibt es kein $\delta > 0$, das von x_1 und x_2 unabhängig ist. Daher ist f in $(0;b]$ nicht gleichmäßig stetig.

1.4. Ableitung einer Funktion und (stetig) differenzierbare Funktion:

Die Funktion f heißt an der Stelle $x_0 \in D$ *rechtsseitig differenzierbar*, wenn der rechtsseitige Grenzwert

$$f_r'(x_0) = \lim_{\Delta x \to 0+} \frac{f(x_0 + \Delta x) - f(x_0)}{\Delta x} = \lim_{\substack{\Delta x \to 0 \\ \Delta x > 0}} \frac{f(x_0 + \Delta x) - f(x_0)}{\Delta x}$$

existiert. Dann nennt dann $f_r'(x_0)$ die *rechtsseitige Ableitung* von f an der Stelle x_0. Falls der linksseitige Grenzwert

$$f_l'(x_0) = \lim_{\Delta x \to 0-} \frac{f(x_0 + \Delta x) - f(x_0)}{\Delta x} = \lim_{\substack{\Delta x \to 0 \\ \Delta x < 0}} \frac{f(x_0 + \Delta x) - f(x_0)}{\Delta x}$$

existiert, heißt f an der Stelle x_0 *linksseitig differenzierbar*. Man nennt dann $f_l'(x_0)$ die *linksseitige Ableitung* von f an der Stelle x_0.

Im Falle der Existenz von

$$f'(x_0) = \lim_{\Delta x \to 0} \frac{f(x_0 + \Delta x) - f(x_0)}{\Delta x} = \left.\frac{df(x)}{dx}\right|_{x = x_0} = \left.\frac{dy}{dx}\right|_{x = x_0}$$

(Δx hat beliebiges Vorzeichen) heißt f an der Stelle x_0 *differenzierbar* und $f'(x_0)$ die *Ableitung* oder der *Differentialquotient* von f an der Stelle x_0 (f': sprich "f Strich"; $\frac{df(x)}{dx}$: sprich "df(x) nach dx").

f ist in x_0 genau dann differenzierbar, wenn f dort links- und rechtsseitig differenzierbar ist und die linksseitige Ableitung mit der rechtsseitigen übereinstimmt. Dieser gemeinsame Wert ist dann die Ableitung, also

$$f'(x_0) = f_l'(x_0) = f_r'(x_0).$$

Eine Funktion f heißt *differenzierbar*, wenn sie an jeder Stelle x_0 im Innern von D differenzierbar ist.

Geometrische Interpretation: Im Falle der Differenzierbarkeit ist

$$f_r'(x_0) = \tan \alpha$$

die Steigung der rechtsseitigen Halbtangente an der Stelle x_0 und

$$f_l'(x_0) = \tan \beta$$

die Steigung der linksseitigen Halbtangente. Falls die beiden einseitigen Ableitungen existieren und voneinander verschieden sind, hat f an der Stelle x_0 eine Knickstelle. Im Falle der Gleichheit bilden die beiden Halbtangenten die Tangente mit der Steigung $f'(x_0)$.

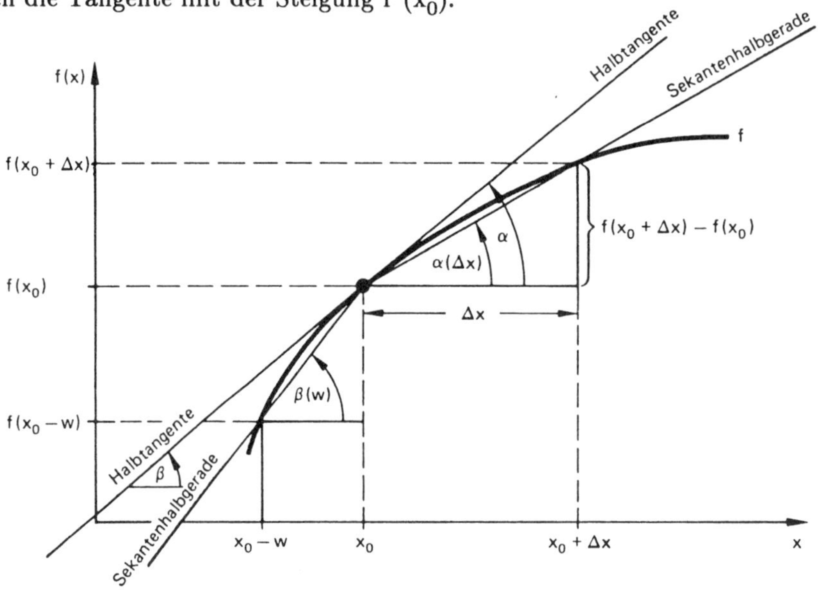

Der Quotient

$$\frac{f(x_0 + \Delta x) - f(x_0)}{\Delta x} \quad \text{mit} \quad \Delta x \neq 0$$

heißt *Differenzenquotient* der Funktion f an der Stelle x_0.

Tangentengleichung:
Falls f an der Stelle x_0 differenzierbar ist, lautet die Gleichung der Tangente an den Graphen von f an der Stelle x_0

$$T(x) = f(x_0) + f'(x_0) \cdot (x - x_0).$$

Ableitungsfunktion: Im Falle der Existenz heißt die durch

$$f'(x) = \lim_{\Delta x \to 0} \frac{f(x + \Delta x) - f(x)}{\Delta x} = \frac{df(x)}{dx}$$

definierte Funktion f′ die *Ableitungsfunktion.*

Die Funktion f heißt an der Stelle x_0 *stetig differenzierbar*, wenn in einer Umgebung von x_0 die Ableitungsfunktion $f'(x)$ existiert und f′ an der Stelle x_0 stetig ist. f(x) heißt in $E \subset D$ *stetig differenzierbar*, wenn f an jeder Stelle $x_0 \in E$ stetig differenzierbar ist.

Ableitungsregeln:
Die Funktionen f und g seien an der Stelle x differenzierbar. Dann sind an dieser Stelle auch folgende Funktionen differenzierbar:

$c \cdot f$ für jede Konstante c; $f+g$; $f-g$; $f \cdot g$; $\frac{f}{g}$ und $\frac{1}{g}$ (falls $g(x) \neq 0$).

Dabei gilt:

$$(c f(x))' = c \cdot f'(x) \quad \text{für jede Konstante } c \in \mathbb{R};$$

$$(f(x)+g(x))' = f'(x)+g'(x); \quad (f(x)-g(x))' = f'(x)-g'(x); \qquad \text{(Summenregel)};$$

$$(f(x)\cdot g(x))' = f'(x)\cdot g(x) + f(x)\cdot g'(x) \qquad \text{(Produktregel)};$$

$$\left(\frac{f(x)}{g(x)}\right)' = \frac{g(x)\cdot f'(x) - f(x)\cdot g'(x)}{g^2(x)} \quad \text{für } g(x) \neq 0 \quad \text{(Quotientenregel)};$$

$$\left(\frac{1}{g(x)}\right)' = -\frac{g'(x)}{g^2(x)} \quad \text{für } g(x) \neq 0.$$

Kettenregel für eine zusammengesetzte Funktion:
Die Funktion $u = u(x) = \varphi(x)$ sei an der Stelle x differenzierbar. Ferner sei die Funktion $y = g(u)$ an der Stelle $u = \varphi(x)$ differenzierbar. Dann ist die zusammengesetzte (verkettete) Funktion $g(u(x))$ an der Stelle x differenzierbar und es gilt die *Kettenregel*

$$f'(x) = g(u(x))' = \frac{d}{dx} g(u(x)) = \underbrace{\frac{dg(u)}{du}}_{\text{äußere}} \cdot \underbrace{\frac{du(x)}{dx}}_{\text{innere Ableitung}} \Bigg|_{u=u(x)}.$$

Ableitung einer Umkehrfunktion:
Die Funktion $x = f(y)$ sei im Definitionsbereich streng monoton und nach y differenzierbar. Dann ist die Umkehrfunktion $y = f^{-1}(x)$ differenzierbar und es gilt

$$f^{-1\prime}(x) = \frac{d}{dx} f^{-1}(x) = \frac{dy}{dx} = \frac{1}{\frac{dx}{dy}} = \frac{1}{f'(y))}\Bigg|_{y=f^{-1}(x)} = \frac{1}{f'(f^{-1}(x))}.$$

Logarithmische Differentiation:
Für jedes x aus dem Definitionsbereich D der allgemeinen Potenzfunktion $f(x) = u(x)^{v(x)}$ gilt

$$f(x) = u(x)^{v(x)} = e^{\ln\left(u(x)^{v(x)}\right)} = e^{v(x)\cdot \ln u(x)}.$$

Falls die Funktionen u und v differenzierbar sind, erhält man hieraus

$$\begin{aligned} f'(x) &= \left(e^{v(x)\cdot \ln u(x)}\right)' = e^{v(x)\cdot \ln u(x)} \cdot (v(x)\cdot \ln u(x))' \\ &= e^{v(x)\cdot \ln u(x)} \cdot \left[v'(x)\cdot \ln u(x) + v(x)\cdot \frac{u'(x)}{u(x)}\right] \\ &= u(x)^{v(x)} \cdot \left[v'(x)\cdot \ln u(x) + v(x)\cdot \frac{u'(x)}{u(x)}\right]. \end{aligned}$$

Damit gilt

$$\left(u(x)^{v(x)}\right)' = u(x)^{v(x)} \cdot \left[v'(x) \cdot \ln u(x) + v(x) \cdot \frac{u'(x)}{u(x)} \right].$$

Spezielle Ableitungen s. Ableitungen, spezielle.

1.5. Differential und Grenzfunktion:

Die Funktion f sei an der Stelle x differenzierbar mit der Ableitung $f'(x)$. Die Änderung Δx der unabhängigen Variablen wird auch mit dx bezeichnet, also $dx = \Delta x$. Dann lautet der Zuwachs der Funktion f beim Übergang von der Stelle x zur benachbarten Stelle $x + \Delta x = x + dx$

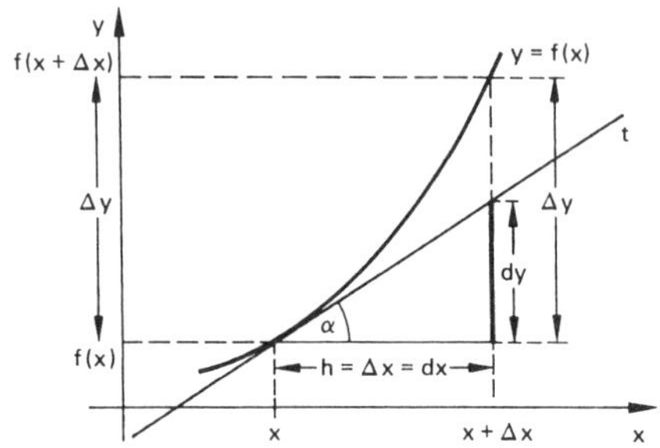

$$\Delta y = \Delta f = f(x + \Delta x) - f(x).$$

Damit gilt für kleine $|\Delta x|$

$$\frac{\Delta y}{\Delta x} = \frac{f(x + \Delta x) - f(x)}{\Delta x} \approx f'(x); \quad \Delta y \approx f'(x)\,\Delta x = f'(x)\,dx.$$

Der Zuwachs auf der Tangente

$$dy = df(x) = \tan\alpha\, dx = f'(x)\,dx$$

heißt das (zu dx gehörende) *Differential* der Funktion f(x). Wegen

$$\Delta y = \Delta f = f(x + \Delta x) - f(x) \approx f'(x)\,\Delta x = f'(x)\,dx$$

nennt man f' auch *Grenzfunktion* von f. Sie beschreibt die lokale Änderung von f.

1.6. Ableitung höherer Ordnung:

Falls die Ableitungsfunktion

$$f'(x) = \lim_{\Delta x \to 0} \frac{f(x + \Delta x) - f(x)}{\Delta x} = g(x)$$

nochmals differenzierbar ist, lautet ihre Ableitung

$$g'(x) = \lim_{\Delta x \to 0} \frac{g(x + \Delta x) - g(x)}{\Delta x} = \lim_{\Delta x \to 0} \frac{f'(x + \Delta x) - f'(x)}{\Delta x}.$$

Diese Ableitung heißt die *zweite Ableitung* von f. Sie wird mit

$$f''(x) = \frac{d^2 f(x)}{dx^2} = \frac{d}{dx} f'(x)$$

bezeichnet (lies: f zwei Strich bzw. d zwei f nach dx Quadrat).
So fortfahrend erhält man rekursiv die *n-te Ableitung*

$$f^{(n)}(x) = \frac{d^n f(x)}{dx^n} = \frac{d}{dx} f^{(n-1)}(x) \qquad \text{für } n = 1, 2, \ldots .$$

Dabei ist $f^{(0)}(x) = f(x)$ als "nullte" Ableitung die Funktion selbst.

2. Funktion von zwei reellen Variablen:

2.1. Grundbegriffe:

Es sei $D \subset \mathbb{R}^2$ eine Menge von Zahlenpaaren aus der zweidimensionalen Zahlenebene. Jedem Element $(x, y) \in D$ werde durch die Abbildung f eine reelle Zahl $z = f(x, y) \in \mathbb{R}$ zugeordnet. Dann heißt f (reelle) *Funktion* der beiden unabhängigen Variablen x und y. D ist der *Definitionsbereich* von f. Die Menge aller Bildpunkte $W = \{z \mid z = f(x, y) \text{ mit } (x, y) \in D\} \subset \mathbb{R}$ heißt der *Wertebereich* von f. $f(x, y)$ ist der Funktionswert von f an der Stelle (x, y). Um anzudeuten, daß es sich bei f um eine Funktion von zwei Variablen handelt, bezeichnet man die Funktion häufig auch mit $f(x, y)$.

Geometrische Darstellung:

$(x, y, z = f(x, y))$ seien die kartesischen Koordinaten eines Punktes P des dreidimensionalen Zahlenraums $\mathbb{R}^3$. Das Paar $(x, y) \in D$ kann als Punkt in der x-y-Ebene dargestellt werden. Der Funktionswert $z = f(x, y)$ ist die dritte Koordinate. $\{(x, y, z = f(x, y)) \mid (x, y)) \in D\}$ heißt das (*graphische*) *Bild* oder der *Graph* von f. Im allgemeinen stellt der Graph einer Funktion von zwei Variablen eine Fläche im $\mathbb{R}^3$ dar.

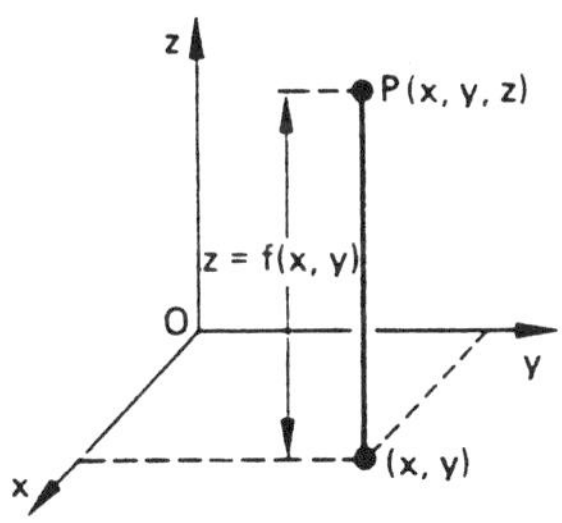

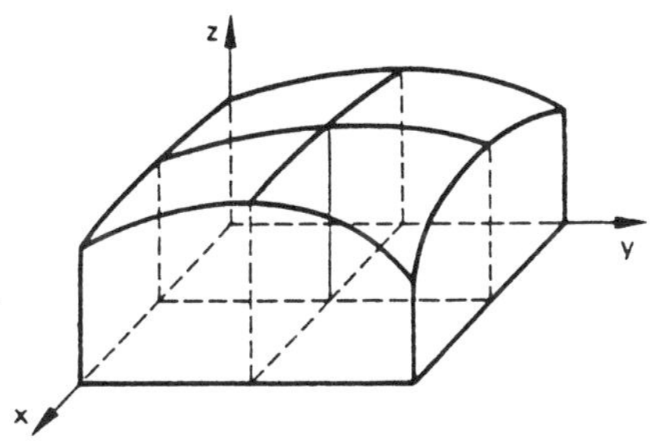

Die Menge aller (x, y) mit $z = f(x, y) = c$ (konstant) nennt man *Niveaulinie* oder *Höhenlinie*.

2.2. Grenzwert einer Funktion:

Es sei (x_n, y_n), $n = 1, 2, \ldots$ eine Punktfolge mit $(x_n, y_n) \in D$. Dann bildet

$$z_n = f(x_n, y_n) \quad \text{für } n = 1, 2, \ldots$$

eine Zahlenfolge. Man sagt, die Funktion f besitzt an der Stelle (x_0, y_0) den *Grenzwert* b, wenn folgende Bedingung erfüllt ist: Für jede beliebige Folge $(x_n, y_n)_{n=1,2,\ldots}$ mit $\lim\limits_{n\to\infty} x_n = x_0$ und $\lim\limits_{n\to\infty} y_n = y_0$ gilt

$$\lim_{n\to\infty} f(x_n, y_n) = b .$$

Die Punktfolge (x_n, y_n) kann dabei auf einem beliebigem Weg gegen die Stelle (x_0, y_0) konvergieren. Dabei muß (x_0, y_0) nicht unbedingt zum Definitionsbereich D gehören. Dafür schreibt man

$$\lim_{x \to x_0,\, y \to y_0} f(x, y) = b \quad \text{oder} \quad \lim_{\Delta x \to 0,\, \Delta y \to 0} f(x_0 + \Delta x, y_0 + \Delta y) = b\,.$$

In der x-y-Ebene besitzen die Punkte mit den Koordinaten (x_n, y_n) und (x_0, y_0) den Abstand

$$|(x_n, y_n) - (x_0, y_0)| = \sqrt{(x_n - x_0)^2 + (y_n - y_0)^2}\,.$$

Grenzwertkriterium:
Die Funktion f besitzt an der Stelle (x_0, y_0) genau dann den Grenzwert b, wenn es zu jedem $\varepsilon > 0$ ein $\delta > 0$ gibt, so daß für alle $(x, y) \in D$ mit

$$|(x, y) - (x_0, y_0)| = \sqrt{(x_n - x_0)^2 + (y_n - y_0)^2} < \delta \text{ gilt } |f(x_0, y_0) - b| < \varepsilon.$$

Beispiele: Die Funktion

$$f(x, y) = \frac{x^2 \cdot y}{x^2 + y^2}$$

ist an der Stelle $(x_0, y_0) = (0, 0)$ nicht definiert. Falls (x_n, y_n) auf einer beliebigen Geraden $y = m x$ mit der Steigung m gegen der Koordinatenursprung O konvergiert, erhält man aus $y_n = m x_n$, $\lim\limits_{n \to \infty} x_n = 0$

$$\lim_{n \to \infty} f(x_n, y_n) = \lim_{n \to \infty} \frac{x_n^2\, m\, x_n}{x_n^2 + m^2 x_n^2} = \lim_{n \to \infty} \frac{m}{1 + m^2} \cdot x_n = 0\,.$$

Den Grenzwert 0 erhält man auch für $x_n \equiv 0$ und $y_n \neq 0$, $y_n \to 0$ (Weg auf der y-Achse). Da auf sämtlichen Geraden durch O der Grenzwert gleich 0 ist, besitzt die Funktion an der Stelle $(0, 0)$ den Grenzwert $b = 0$.

Für die Funktion $f(x, y) = \dfrac{x \cdot y}{x^2 + y^2}$ für $(x, y) \neq (0, 0)$ erhält man dagegen an der Stelle $(0, 0)$ mit $x_n \to 0$ längs der Geraden $y = m x$ den Grenzwert

$$\lim_{n \to \infty} f(x_n, y_n) = \lim_{n \to \infty} \frac{x_n \cdot m \cdot x_n}{x_n^2 + m^2 \cdot x_n^2} = \lim_{n \to \infty} \frac{m}{1 + m^2} = \frac{m}{1 + m^2}\,.$$

Verschiedene Geraden würden zu verschieden Grenzwerten führen. Daher besitzt diese Funktion an der Stelle $(0, 0)$ keinen Grenzwert.

2.3. Stetige Funktion:
Die Funktion $f(x, y)$ heißt *an der Stelle* $(x_0, y_0) \in D$ *stetig*, wenn sie an der Stelle (x_0, y_0) einen Grenzwert besitzt (s. 2.2.), und dieser Grenzwert mit dem Funktionswert $f(x_0, y_0)$ übereinstimmt, also für

$$\lim_{x \to x_0,\, y \to y_0} f(x, y) = f(x_0, y_0) = f(\lim_{x \to x_0} x, \lim_{y \to y_0} y)\,.$$

An einer Stetigkeitsstelle ist also Funktionswert- und Grenzwertbildung vertauschbar.

Beispiel: Die auf ganz $\mathbb{R}^2$ definierte Funktion

$$f(x,y) = \begin{cases} \dfrac{x \cdot y}{x^2 + y^2} & \text{für } (x,y) \neq (0,0); \\ 0 & \text{für } (x,y) \neq (0,0) \end{cases}$$

ist an der Stelle $(x_0, y_0) = (0,0)$ nicht stetig, da sie an dieser Stelle zwar den Funktionswert 0, nach 2.2. aber keinen Grenzwert besitzt.

Stetigkeitskriterium:
Die Funktion f ist an der Stelle $(x_0, y_0) \in D$ genau dann stetig, wenn folgende Bedingung erfüllt ist: Zu jedem $\varepsilon > 0$ gibt es ein $\delta > 0$, so daß für alle $(x_n, y_n) \in D$ mit

$$|(x_n, y_n) - (x_0\ y_0)| = \sqrt{(x_n - x_0)^2 + (y_n - y_0)^2} < \delta$$

gilt

$$|f(x_n, y_n) - f(x_0\ y_0)| < \varepsilon.$$

2.4. Partielle Ableitung und partielle Differenzierbarkeit:

Wird in $f(x,y)$ die zweite Variable $y = y_0$ festgehalten, so erhält man in $z = f(x, y_0) = u(x)$ eine Funktion der einzigen Variablen x. Sie stellt eine Schnittkurve dar, die auf der durch f bestimmten Fläche und in einer vertikalen Ebene parallel zur x-Achse liegt. Es handelt sich also um eine Schnittkurve in x-Richtung. Entsprechend erhält man bei festgehaltenem $x = x_0$ die Funktion $z = f(x_0, y) = v(y)$, die Schnittkurve in y-Richtung. Die gewöhnlichen Ableitungen dieser beiden Funktionen (in einer Variablen) heißen *partielle Ableitungen.*

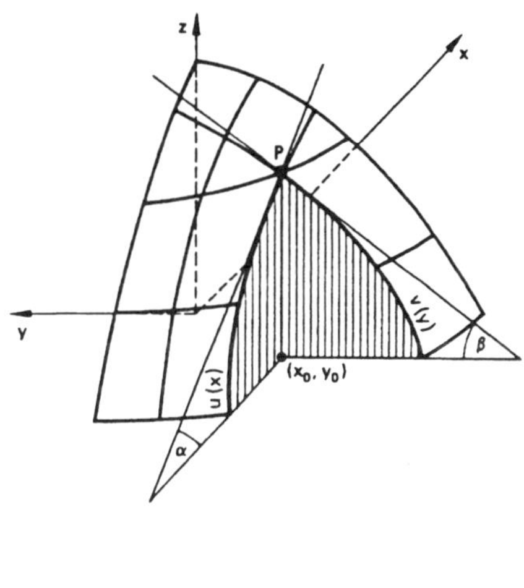

Im Falle der Existenz heißt

$$\left.\frac{\partial f(x,y)}{\partial x}\right|_{(x_0, y_0)} = f_x(x_0, y_0) = \lim_{\Delta x \to 0} \frac{f(x_0 + \Delta x, y_0) - f(x_0, y_0)}{\Delta x} = \tan \alpha$$

die *partielle Ableitung* von f nach x und

$$\left.\frac{\partial f(x,y)}{\partial y}\right|_{(x_0, y_0)} = f_y(x_0, y_0) = \lim_{\Delta y \to 0} \frac{f(x_0, y_0 + \Delta y) - f(x_0, y_0)}{\Delta y} = \tan \beta$$

die *partielle Ableitung* von f nach y an der Stelle (x_0, y_0). Bei der Bildung der partiellen Ableitung nach einer Variablen wird die andere Variable als

Konstante aufgefaßt. Damit können sämtliche Ableitungsregeln bei Funktionen einer Variablen aus 1.4. übernommen werden. Die Funktion $f(x,y)$ heißt an der Stelle (x_0, y_0) *partiell differenzierbar*, wenn an dieser Stelle die beiden partiellen Ableitungen $f_x(x_0, y_0)$ und $f_y(x_0, y_0)$ existieren.
$f_x(x,y)$ und $f_y(x,y)$ nennt man *partielle Ableitungsfunktionen.*

Beispiel: Für die Funktion

$$f(x,y) = \begin{cases} \dfrac{x \cdot y}{x^2+y^2} & \text{für } (x,y) \neq (0,0); \\ 0 & \text{für } (x,y) \neq (0,0) \end{cases}$$

gilt an der Stelle $(x_0, y_0) = (0,0)$

$$f_x(0,0) = \lim_{\Delta x \to 0} \frac{f(0+\Delta x, 0) - f(0,0)}{\Delta x} = \lim_{\Delta x \to 0} \frac{\dfrac{\Delta x \cdot 0}{\Delta x^2 + 0} - 0}{\Delta x} = \lim_{\Delta x \to 0} 0 = 0;$$

$$f_y(0,0) = \lim_{\Delta y \to 0} \frac{f(0, 0+\Delta y) - f(0,0)}{\Delta y} = \lim_{\Delta y \to 0} \frac{\dfrac{0 \cdot \Delta y}{0 + \Delta y^2} - 0}{\Delta y} = \lim_{\Delta y \to 0} 0 = 0.$$

Weil die beiden partiellen Ableitungen existieren, ist die Funktion f an der Stelle $(0,0)$ partiell differenzierbar, obwohl sie dort nach 2.3. gar nicht stetig ist. Im Gegensatz zu Funktionen einer einzigen Variablen benötigt man bei zwei Variablen zur partiellen Differenzierbarkeit nicht die Stetigkeit.

Partielle Ableitung höherer Ordnung:
Falls die partiellen Ableitungsfunktionen erster Ordnung

$$\frac{\partial f(x,y)}{\partial x} = f_x(x,y) \qquad \text{und} \qquad \frac{\partial f(x,y)}{\partial y} = f_y(x,y)$$

nochmals nach x und y partiell differenzierbar sind, erhält man *partielle Ableitungen zweiter Ordnung*:

$$f_{xx}(x,y) = \frac{\partial^2 f(x,y)}{\partial x^2} = \frac{\partial f_x(x,y)}{\partial x} = \lim_{\Delta x \to 0} \frac{f_x(x+\Delta x, y) - f_x(x,y)}{\Delta x};$$

$$f_{xy}(x,y) = \frac{\partial^2 f(x,y)}{\partial x \, \partial y} = \frac{\partial f_x(x,y)}{\partial y} = \lim_{\Delta y \to 0} \frac{f_x(x, y+\Delta y) - f_x(x,y)}{\Delta y};$$

$$f_{yx}(x,y) = \frac{\partial^2 f(x,y)}{\partial y \, \partial x} = \frac{\partial f_y(x,y)}{\partial x} = \lim_{\Delta x \to 0} \frac{f_y(x+\Delta x, y) - f_y(x,y)}{\Delta x};$$

$$f_{yy}(x,y) = \frac{\partial^2 f(x,y)}{\partial y^2} = \frac{\partial f_y(x,y)}{\partial y} = \lim_{\Delta y \to 0} \frac{f_y(x, y+\Delta y) - f_y(x,y)}{\Delta y}.$$

Durch weitere partielle Differentiation erhält man partielle Ableitungen höherer Ordnung. Falls die Funktion $f(x,y)$ k-mal nach x und $(n-k)$-mal nach y differenziert wird, erhält man eine *partielle Ableitung* n-*ter Ordnung*. Man bezeichnet sie mit $\dfrac{\partial^n f(x,y)}{\partial x^k \, \partial y^{n-k}}$.

Satz von Schwarz:
Die Funktion $f(x,y)$ besitze stetige partielle Ableitungen $f_x(x,y)$ und $f_y(x,y)$. Falls eine der gemischten Ableitungen $f_{xy}(x,y)$ und $f_{yx}(x,y)$ existiert und stetig ist, so existiert auch die andere und beide sind gleich, d. h.

$$f_{xy}(x,y) = f_{yx}(x,y) .$$

2.5. Differenzierbarkeit (totale oder vollständige Differenzierbarkeit):
Die Funktion $f(x,y)$ heißt an der Stelle (x_0, y_0) *differenzierbar* (*total* oder *vollständig differenzierbar*), wenn an der Stelle (x_0, y_0) beide partiellen Ableitungen existieren und für alle (x,y) aus einer Umgebung $U(x_0, y_0)$ dieser Stelle gilt

$$f(x,y) = f(x_0,y_0) + f_x(x_0,y_0)\cdot(x-x_0) + f_y(x_0,y_0)\cdot(y-y_0)$$
$$+ R(x,y)\cdot\underbrace{\sqrt{(x-x_0)^2+(y-y_0)^2}}_{=\,\text{Abstand}} \quad \text{mit} \quad \lim_{x\to x_0,\, y\to y_0} R(x,y) = 0.$$

Diese Bedingung bedeutet, daß die Funktion $f(x,y)$ in jeder Umgebung von (x_0, y_0) durch eine Ebene, die *Tangentialebene*, beliebig gut approximiert werden kann. Falls diese Bedingung erfüllt ist, muß die Funktion $f(x,y)$ an der Stelle (x_0, y_0) stetig sein. Voraussetzung für die totale Differenzierbarkeit ist also die Stetigkeit. Falls die Funktion $f(x, y)$ in einer Umgebung von (x_0, y_0) partiell differenzierbar ist und die partiellen Ableitungen $f_x(x,y)$ und $f_y(x,y)$ an der Stelle (x_0, y_0) stetig sind, ist f an der Stelle (x_0, y_0) (total) differenzierbar (s. totales Differential, 1.).

Tangentialebene:
Falls die Funktion $f(x,y)$ an der Stelle (x_0, y_0) (total) differenzierbar ist, besitzt die Fläche f an dieser Stelle eine Tangentialebene, also eine Ebene, welche die Fläche im Punkt $P(x_0, y_0, z_0 = f(x_0, y_0))$ berührt. Ihre Gleichung lautet

$$T(x,y) = f(x_0,y_0) + f_x(x_0,y_0)\cdot(x-x_0) + f_y(x_0,y_0)\cdot(y-y_0).$$

2.6. Richtungsableitung und Gradient:
Die Funktion $f(x,y)$ sei in einer Umgebung von (x_0, y_0) definiert. Die Gerade g liege in der x-y-Ebene, gehe durch den Punkt $P(x_0, y_0)$ und schließe mit der positiven x-Achse den Winkel γ ein. Dann ist $\vec{e}^{\,T} = (\cos\gamma, \sin\gamma)$ ein Richtungseinheitsvektor von g (s. Gerade, 1,1.). Aus der Parameterdarstellung der Geraden erhält man mit dem Parameter $\lambda = t$ für alle Punkte $P(\xi, \eta)$ auf dieser

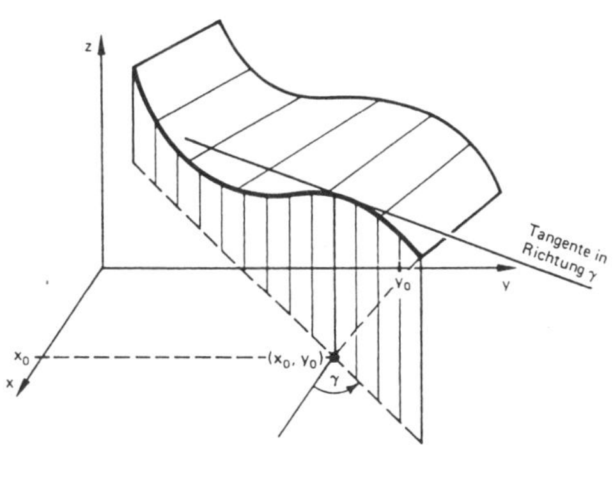

Geraden die Parameterdarstellung

$$\xi = x_0 + t\cos\gamma\,; \quad \eta = y_0 + t\sin\gamma\,, \quad t \in \mathbb{R} \text{ (variabler Parameter)}$$

(s. Kurve, 1.1.). Ein Vertikalschnitt längs dieser Geraden ergibt die ebene Schnittkurve auf der Fläche

$$g(t) = f(x_0 + t\cos\gamma\,,\, y_0 + t\sin\gamma)\,.$$

Im Falle der Existenz heißt die rechtsseitige Ableitung

$$g_r'(0) = \lim_{t\to 0+} \frac{f(x_0 + t\cos\gamma\,,\, y_0 + t\sin\gamma) - f(x_0\,,y_0)}{t}$$

die *Richtungsableitung* von f an der Stelle $(x_0\,, y_0)$ in Richtung des Winkels γ bzw. in Richtung des Einheitsvektors

$$\vec{e} = \begin{pmatrix}\cos\gamma\\ \sin\gamma\end{pmatrix} = \begin{pmatrix}e_1\\ e_2\end{pmatrix} \quad \text{mit } |\vec{e}|^2 = e_1^2 + e_2^2 = 1\,.$$

Man bezeichnet diese Richtungsableitung mit

$$\left.\frac{\partial f(x,y)}{\partial \vec{e}}\right|_{(x_0\,,y_0)} = \lim_{t\to +0} \frac{f(x_0 + t\,e_1\,,\; y_0 + t\,e_2) - f(x_0\,,y_0)}{t} \quad \text{für } e_1^2 + e_2^2 = 1.$$

Die Funktion f sei an der Stelle $(x_0\,, y_0)$ stetig differenzierbar (besitze dort also stetige partielle Ableitungen). Dann existiert die Richtungsableitung in Richtung eines jeden beliebigen Einheitsvektors $\vec{e}$ bzw. in Richtung eines jeden Winkels γ und es gilt

$$\begin{aligned}\left.\frac{\partial f(x_0\,,y_0)}{\partial \vec{e}}\right|_{(x_0\,,y_0)} &= f_x(x_0\,,y_0)\cdot e_1 + f_y(x_0\,,y_0)\cdot e_2\\ &= f_x(x_0\,,y_0)\cdot\cos\gamma + f_y(x_0\,,y_0)\cdot\sin\gamma\,.\end{aligned}$$

Bei stetigen partiellen Ableitungen heißt der Ableitungsvektor

$$\operatorname{grad} f(x,y) = \begin{pmatrix} f_x(x,y)\\ f_y(x,y)\end{pmatrix}$$

der *Gradient* der Funktion f an der Stelle (x,y). Damit erhält man die Richtungssableitung als Skalarprodukt (s. Vektor im V^n, 1.2.5.)

$$\left.\frac{\partial f(x,y)}{\partial \vec{e}}\right|_{(x_0\,,y_0)} = \begin{pmatrix} f_x(x,y)\\ f_y(x,y)\end{pmatrix}\cdot\begin{pmatrix}e_1\\ e_2\end{pmatrix} = \operatorname{grad} f(x_0\,,y_0)\cdot\begin{pmatrix}e_1\\ e_2\end{pmatrix}.$$

Der Gradient steht senkrecht auf den Niveaulinien $f(x,y) = c$ (konstant). In Richtung des Gradienten finden allgemein die stärksten Funktionswertänderungen von der Stelle (x,y) aus statt.

Die Ableitung von f in Richtung eines beliebigen, nicht normierten Vektors $\vec{b}^T = (b_1\,, b_2) \neq \vec{0}$ erhält man durch Normierung in der Form

$$\left.\frac{\partial f(x,y)}{\partial \vec{b}}\right|_{(x_0\,,y_0)} = f_x(x_0\,,y_0)\cdot\frac{b_1}{\sqrt{b_1^2 + b_2^2}} + f_y(x_0\,,y_0)\cdot\frac{b_2}{\sqrt{b_1^2 + b_2^2}}\,.$$

2.7. Weitere Anwendungen:

2.7.1. Verallgemeinerte Kettenregel s. Kettenregel, 2.

2.7.2. Ableitungen einer impliziten Funktion s. implizite Funktion, 1.

3. Funktion von mehreren reellen Variablen:

3.1. Grundbegriffe:

Jedem n-Tupel $(x_1, x_2, \ldots, x_n) \in D \subset \mathbb{R}^n$, also einer Teilmenge D des n-dimensionalen Zahlenraums, werde durch eine bestimmte Zuordnungsvorschrift f eine reelle Zahl $z = f(x_1, x_2, \ldots, x_n) \in \mathbb{R}$ zugeordnet. Dann heißt f (reelle) *Funktion* der n unabhängigen reellen Variablen $x_1, x_2, \ldots, x_n$. D ist der *Definitionsbereich* von f und die Menge W der Bildelemente der *Wertebereich.* Man nennt z die *abhängige Variable.*

3.2. Grenzwert einer Funktion:

Eine Folge von n-Tupeln $(x_1^{(m)}, x_2^{(m)}, \ldots, x_n^{(m)})$, $m = 1, 2, \ldots$ heißt *konvergent* gegen $(x_1^{(0)}, x_2^{(0)}, \ldots, x_n^{(0)})$, wenn gilt

$$\lim_{m \to \infty} x_i^{(m)} = x_i^{(0)} \text{ für } i = 1, 2, \ldots, n .$$

Dafür schreibt man

$$\lim_{m \to \infty} (x_1^{(m)}, x_2^{(m)}, \ldots, x_n^{(m)}) = (x_1^{(0)}, x_2^{(0)}, \ldots, x_n^{(0)}) .$$

Die Konvergenz wird also komponentenweise erklärt.

Die Funktion $f(x_1, x_2, \ldots, x_n)$ besitzt an der Stelle $(x_1^{(0)}, \ldots, x_n^{(0)}) \in D$ den *Grenzwert* b, wenn für jede Folge von n-Tupeln aus D mit

$$\lim_{m \to \infty} (x_1^{(m)}, x_2^{(m)}, \ldots, x_n^{(m)}) = (x_1^{(0)}, x_2^{(0)}, \ldots, x_n^{(0)})$$

gilt

$$\lim_{m \to \infty} f(x_1^{(m)}, x_2^{(m)}, \ldots, x_n^{(m)}) = b .$$

3.3. Stetige Funktion:

Die Funktion $f(x_1, x_2, \ldots, x_n)$ heißt an der Stelle $(x_1^{(0)}, x_2^{(0)}, \ldots, x_n^{(0)}) \in D$ *stetig,* wenn f an dieser Stelle einen Grenzwert besitzt (s. 3.2.) und dieser Grenzwert mit dem Funktionswert übereinstimmt, also für

$$\lim_{\substack{x_i \to x_i^{(0)} \\ i = 1, 2, \ldots, n}} f(x_1, x_2, \ldots, x_n) = f(x_1^{(0)}, x_2^{(0)}, \ldots, x_n^{(0)}) .$$

An einer Stetigkeitsstelle ist also Funktionswert- und Grenzwertbildung vertauschbar. Eine Funktion f heißt *stetig,* wenn sie an jeder Stelle ihres Definitionsbereichs D stetig ist.

In Analogie zum zweidimensionalen Fall wird der Abstand zweier Punkte mit den Koordinaten $(x_1, x_2, \ldots, x_n)$ und $(x_1^{(0)}, x_2^{(0)}, \ldots, x_n^{(0)})$ erklärt durch

$$|(x_1, x_2, \ldots, x_n) - (x_1^{(0)}, x_2^{(0)}, \ldots, x_n^{(0)})| = \sqrt{\sum_{i=1}^{n} \left(x_i - x_i^{(0)}\right)^2} .$$

Stetigkeitskriterium:
Die Funktion f ist an der Stelle $(x_1^{(0)}, x_2^{(0)}, \ldots, x_n^{(0)}) \in D$ genau dann stetig, wenn folgende Bedingung erfüllt ist: Zu jedem $\varepsilon > 0$ gibt es ein $\delta > 0$, so daß für alle $(x_1, x_2, \ldots, x_n) \in D$ mit

$$\sqrt{\sum_{i=1}^{n} \left(x_i - x_i^{(0)} \right)^2} < \delta \text{ gilt } \left| f(x_1, x_2, \ldots, x_n) - f(x_1^{(0)}, x_2^{(0)}, \ldots, x_n^{(0)}) \right| < \varepsilon.$$

3.4. Partielle Ableitung und partielle Differenzierbarkeit:

In Falle der Existenz heißt

$$\frac{\partial f(x_1, x_2, \ldots, x_n)}{\partial x_i} = f_{x_i}(x_1, x_2, \ldots, x_n)$$
$$= \lim_{\Delta x_i \to 0} \frac{f(x_1, x_2, \ldots, x_{i-1}, x_i + \Delta x_i, x_{i+1}, \ldots, x_n) - f(x_1, x_2, \ldots, x_n)}{\Delta x_i}$$

die *partielle Ableitung* von f nach x_i für $i = 1, 2, \ldots, n$. Dabei heißen die im Grenzwert angegebenen Quotienten *partielle Differentialquotienten.*

Die Funktion $f(x_1, x_2, \ldots, x_n)$ heißt an der Stelle $(x_1^{(0)}, x_2^{(0)}, \ldots, x_n^{(0)})$ *partiell differenzierbar*, wenn an dieser Stelle die partiellen Ableitungen nach allen n Variablen existieren. Falls die partiellen Ableitungen nochmals nach allen Variablen partiell differenzierbar sind, erhält man *partielle Ableitungen zweiter Ordnung*:

$$f_{x_i x_j}(x_1, x_2, \ldots, x_n) = \frac{\partial^2 f(x_1, x_2, \ldots, x_n)}{\partial x_i \, \partial x_j}$$
$$= \lim_{\Delta x_j \to 0} \frac{f_{x_i}(x_1, \ldots, x_{j-1}, x_j + \Delta x_j, x_{j+1}, \ldots, x_n) - f_{x_i}(x_1, \ldots, x_n)}{\Delta x_j}$$
$$\text{für } i = 1, 2, \ldots, n;\ j = 1, 2, \ldots, n.$$

Für $i = j$ erhält man die *zweite partielle Ableitung* nach der Variablen x_i. Man bezeichnet sie mit

$$f_{x_i x_i}(x_1, x_2, \ldots, x_n) = \frac{\partial^2 f(x_1, x_2, \ldots, x_n)}{\partial x_i^2}.$$

n-malige Differentiation ergibt im Falle der Existenz die partiellen Ableitungen n-ter Ordnung.

Satz von Schwarz:
Die Funktion $f(x_1, x_2, \ldots, x_n)$ besitze die stetigen partiellen Ableitungen $f_{x_i}(x_1, x_2, \ldots, x_n)$ und $f_{x_j}(x_1, x_2, \ldots, x_n)$ für $i \neq j$. Von den gemischten partiellen Ableitungen $f_{x_i x_j}(x_1, \ldots, x_n)$ und $f_{x_j x_i}(x_1, \ldots, x_n)$ existiere eine und sei stetig. Dann existiert auch die andere und beide sind gleich, d.h.

$$f_{x_i x_j}(x_1, x_2, \ldots, x_n) = f_{x_j x_i}(x_1, x_2, \ldots, x_n)$$
$$\text{für } i = 1, 2, \ldots, n;\ j = 1, 2, \ldots, n.$$

Mit $\dfrac{\partial^m f(x_1, x_2, \ldots, x_n)}{\partial x_1^{k_1} \partial x_2^{k_2} \ldots \partial x_n^{k_n}}$ für $k_1 + k_2 + \ldots + k_n = m$

werden die *partiellen Ableitungen m-ter Ordnung* für $m = 1, 2, \ldots$ bezeichnet. Dabei wird nach den einzelnen Variablen der Reihe nach $k_1, k_2, \ldots k_n$ mal differenziert. Falls diese Ableitungen stetig sind, erhält man für alle Ableitungsreihenfolgen den gleichen Wert. Im Falle $k_i = 0$ wird nach der Variablen x_i nicht differenziert.

3.5. Differenzierbarkeit (totale oder vollständige Differenzierbarkeit):
Die Funktion f heißt an der Stelle $(x_1^{(0)}, x_2^{(0)}, \ldots, x_n^{(0)})$ *differenzierbar* (*total* oder *vollständig differenzierbar*), wenn an dieser Stelle alle n partiellen Ableitungen existieren und für alle $(x_1, x_2, \ldots, x_n)$ aus einer Umgebung U dieser Stelle gilt:

$$f(x_1, x_2, \ldots, x_n) - f(x_1^{(0)}, x_2^{(0)}, \ldots, x_n^{(0)})$$

$$= \sum_{i=1}^{n} f_{x_i}(x_1^{(0)}, \ldots, x_n^{(0)}) \cdot (x_i - x_i^{(0)}) + R(x_1, \ldots, x_n) \cdot \sqrt{\sum_{i=1}^{n} \left(x_i - x_i^{(0)}\right)^2}$$

mit $\lim\limits_{\substack{x_i \to x_i^{(0)} \\ i=1,2,\ldots,n}} R(x_1, x_2, \ldots, x_n) = 0$.

Diese Bedingung bedeutet, daß die Differenz

$$f(x_1, x_2, \ldots, x_n) - f(x_1^{(0)}, x_2^{(0)}, \ldots, x_n^{(0)})$$

in einer kleinen Umgebung von $(x_1^{(0)}, x_2^{(0)}, \ldots, x_n^{(0)})$ durch eine *lineare* Funktion beliebig gut approximiert werden kann. Falls die Funktion f in einer Umgebung von $(x_1^{(0)}, x_2^{(0)}, \ldots, x_n^{(0)})$ partiell differenzierbar ist und alle partiellen Ableitungen an dieser Stelle stetig sind, ist f an dieser Stelle (total) differenzierbar (s. totales Differential, 2.).

3.6. Richtungsableitung und Gradient:
In einer Umgebung der Stelle $(x_1, x_2, \ldots, x_n)$ sei f definiert. Ferner sei $\vec{e}^T = (e_1, e_2, \ldots, e_n)$ ein beliebiger Einheitsvektor mit $\sum\limits_{i=1}^{n} e_i^2 = 1$. Im Falle der Existenz heißt die rechtsseitige Ableitung

$$\frac{\partial f(x_1, x_2, \ldots, x_n)}{\partial \vec{e}} = g_r'(0)$$
$$= \lim_{t \to 0+} \frac{f(x_1 + t e_1, x_2 + t e_2, \ldots, x_n + t e_n) - f(x_1, x_2, \ldots, x_n)}{t}$$

die *Richtungsableitung* von f in Richtung des Einheitsvektors $\vec{e}$. Die Funktion f besitze stetige partielle Ableitungen (es genügt bereits die totale Differenzierbarkeit). Dann existiert die Richtungsableitung in jede Richtung $\vec{e}$, und es gilt

$$\frac{\partial f(x, y)}{\partial \vec{e}} = \sum_{i=1}^{n} f_{x_i}(x_1, x_2, \ldots, x_n) \cdot e_i \quad \text{mit} \sum_{i=1}^{n} e_i^2 = 1.$$

Bei stetigen partiellen Ableitungen heißt der Ableitungsvektor

$$\operatorname{grad} f(x_1, x_2, \ldots, x_n) = \begin{pmatrix} f_{x_1}(x_1, x_2, \ldots, x_n) \\ f_{x_2}(x_1, x_2, \ldots, x_n) \\ \vdots \\ f_{x_n}(x_1, x_2, \ldots, x_n) \end{pmatrix}$$

der *Gradient* der Funktion f an der Stelle $(x_1, x_2, \ldots, x_n)$. Damit erhält man die Richtungsableitung als Skalarprodukt

$$\frac{\partial f(x_1, x_2, \ldots, x_n)}{\partial \vec{e}} = \operatorname{grad} f(x_1, x_2, \ldots, x_n) \cdot \vec{e}\,.$$

In Richtung des Gradienten finden allgemein die stärksten Funktionswertänderungen von der Stelle $(x_1, x_2, \ldots, x_n)$ aus statt.

3.7. Weitere Anwendungen:
3.7.1. Verallgemeinerte Kettenregel s. Kettenregel, 2.
3.7.2. Ableitung einer impliziten Funktion s. implizite Funktion, 2.
3.7.3. Differenzierbare Abbildung s. Abbildung, 2.2., 3.

Funktor s. Junktor.

Fußpunkt s. Lot.

G

Galois, Évariste (1811 – 1832) wirkte in Paris. Berühmt wurde er durch die nach ihm benannte Galoissche Theorie. Er hat sie in der Nacht vor einem Duell, das seinem jungen Leben ein jähes Ende setzte, niedergeschrieben.

Galoissche Theorie:
Die *Galoissche Theorie* ist eine nach Galois benannte algebraische Theorie, die sich mit gewisssen Körpererweiterungen und der Auflösbarkeit algebraischer Gleichungen beschäftigt. Die Theorie von Galois war damals so bahnbrechend, daß sie erst 50 Jahre nach dessen Tod einigermaßen verstanden wurde. Mit Hilfe der Galoisschen Theorie konnten erstmals Fragen der Konstruierbarkeit mit Zirkel und Lineal gelöst werden (s. Konstruierbarkeit mit Zirkel und Lineal). So kann damit bewiesen werden, daß die *Quadratur des Kreises*, also die Konstruktion einer Strecke der Maßzahl π aus der Einheitsstrecke 1 allein mit Zirkel und Lineal, nicht möglich ist, weil die Zahl π transzendent ist (s. Quadratur des Kreises). Ferner ist danach

die *Dreiteilung eines beliebigen Winkels* allein mit Zirkel und Lineal ebenfalls nicht möglich (s. Dreiteilung eines Winkels.). Allgemein kann gezeigt werden, daß ein regelmäßiges n-Eck (s. Vieleck, 4.) für jedes n der Form $n = 2^m \cdot p_1 \cdot p_2 \cdot \ldots \cdot p_k$, wobei $p_1, p_2, \ldots, p_k$ Fermatsche Primzahlen (s. Fermatsche Primzahl) und m eine beliebige nichtnegative ganze Zahl ist, mit Zirkel und Linal konstruierbar ist.

Gammafunktion (Eulersches Integral zweiter Gattung):

1. Gammafunktion für positive Argumente:
Das vom Parameter x abhängige uneigentliche Integral

$$\Gamma(x) = \int_0^\infty e^{-t} t^{x-1}\, dt$$

ist für $x > 0$ konvergent und für $x \le 0$ divergent. Die für $x > 0$ definierte Funktion $\Gamma(x)$ heißt *Gammafunktion* oder *Eulersches Integral zweiter Gattung* (s. Parameterintegral, s. Integralrechnung, 1.11.).
Eigenschaften für $x > 0$:

$$\Gamma(x) = \lim_{n\to\infty} \frac{(n-1)! \cdot n^x}{x \cdot (x+1) \cdot (x+2) \cdot \ldots \cdot (x+n-1)} = \frac{1}{x} \cdot \prod_{k=1}^{\infty} \frac{\left(1+\frac{1}{k}\right)^x}{1+\frac{x}{k}}$$

(Gaußsche Produktdarstellung);

$$\Gamma^{(n)}(x) = \int_0^\infty e^{-t} t^{x-1} (\ln t)^n\, dt \quad \text{für jedes } n \in \mathbb{N} \quad \text{(n-te Ableitung)};$$

$$\Gamma(x+1) = x \cdot \Gamma(x) \quad \text{(Funktionalgleichung)};$$

$$\Gamma(n) = (n-1)! \text{ für } n = 1, 2, \ldots \quad \text{(Fakultätenfunktion)};$$

$$\Gamma\left(\frac{1}{2}\right) = \underbrace{\int_0^\infty e^{-t} t^{-\frac{1}{2}}\, dt}_{\text{Substitution } t = u^2} = 2\int_0^\infty e^{-u^2}\, du = \sqrt{\pi};$$

$$\Gamma\left(n+\frac{1}{2}\right) = \frac{(2n)! \cdot \sqrt{\pi}}{n! \cdot 2^{2n}} \quad \text{für } n = 0, 1, 2, \ldots;$$

$$\Gamma(x+1) \approx \sqrt{2\pi x} \cdot x^x \cdot e^{-x} \quad \text{für große } x;$$

$$n! \approx \sqrt{2\pi n} \cdot n^n \cdot e^{-n} \quad \text{für große } n \quad \text{(Stirlingsche Formel)}.$$

Durch die Substitution $u = e^{-t}$ bzw. $u = \ln t$ geht das Integral über in

$$\Gamma(x) = \int_0^1 \left(\ln \frac{1}{u}\right)^{x-1} du = \int_{-\infty}^{\infty} e^{xu} e^{-e^u}\, du .$$

2. Gammafunktion für negative Argumente:
Der Grenzwert der Gaußschen Produktdarstellung aus 1.

$$\Gamma^*(x) = \lim_{n\to\infty} \frac{(n-1)! \cdot n^x}{x \cdot (x+1) \cdot (x+2) \cdot \ldots \cdot (x+n-1)} = \frac{1}{x} \cdot \prod_{k=1}^{\infty} \frac{\left(1+\frac{1}{k}\right)^x}{1+\frac{x}{k}}$$

existiert außer an den Stellen $x = 0, -1, -2, \ldots$ auch für negative Argumente $x < 0$. Dadurch kann die Gammafunktion auf $\mathbb{R}\setminus\{0, -1, -2, \ldots\}$ fortgesetzt werden, wobei die Berechnung am zweckmäßigsten durch wiederholte Anwendung der Formel

$$\Gamma(x) = \frac{\Gamma(x+1)}{x} \quad \text{für } x \notin \{0, -1, -2, -3, \ldots\}$$

erfolgt. Die dadurch fortgesetzte Funktion Γ besitzt an den Stellen $x = 0$, -1, $-2, \ldots$ *Pole erster Ordnung.*
Eigenschaften:

$$\Gamma(x)\cdot\Gamma(-x) = -\frac{\pi}{x\cdot\sin\pi x} \quad \text{für } x \in \mathbb{R}\setminus\mathbb{Z};$$

$$\Gamma(x)\cdot\Gamma(1-x) = \frac{\pi}{\sin\pi x} \quad \text{für } x \in \mathbb{R}\setminus\mathbb{Z};$$

$$\Gamma\left(\tfrac{1}{2}+x\right)\cdot\Gamma\left(\tfrac{1}{2}-x\right) = \frac{\pi}{\cos\pi x} \quad \text{für } x \neq \tfrac{k}{2},\ k = 1, 3, 5, \ldots\ ;$$

$$x = 1 \text{ ergibt } \Gamma\left(-\tfrac{1}{2}\right) = -2\cdot\sqrt{\pi}\,.$$

Ganghöhe s. Schraubenlinie.

ganze algebraische Zahl s. algebraisch, 7.

ganze (komplexe) Funktion:

Eine für alle Zahlen z der komplexen Zahlenebene holomorphe Funktion $w = f(z)$ heißt *ganze Funktion.* Sie kann durch eine überall konvergente Potenzreihe

$$w = f(z) = \sum_{k=0}^{\infty} c_k z^k \quad \text{mit } c_k \in \mathbb{C}$$

dargestellt werden (s. holomorph, s. komplexe Funktion, 4.). Falls die Potenzreihe nur endlich viele von Null verschiedene Glieder besitzt, heißt die Funktion *ganzrational*, sonst *ganztranszendent.*

ganze (ganzrationale) Zahlen:

Die Menge der *ganzen* (*ganzrationalen*) *Zahlen*

$$\mathbb{Z} = \{\ldots, -3, -2, -1, 0, 1, 2, \ldots\}$$

ist eine geordnete Menge mit den Eigenschaften:

a) $\mathbb{Z}$ besitzt weder ein erstes noch ein letztes Element.

b) Jedes Element $z \in \mathbb{Z}$ hat genau einen Nachfolger $z' = z + 1$ und genau einen Vorgänger $z'' = z - 1$ (s. reelle Zahlen, 2.).

In $\mathbb{Z}$ ist die Subtraktion als Umkehroperation der Addition uneingeschränkt durchführbar.

ganzrationale komplexe Funktion s. ganze komplexe Funktion.

ganzrationale reelle Funktion:

1. Ganzrationale Funktion in einer Variablen:
Eine reelle Funktion (Polynom vom Grade n)

$$f(x) = a_0 + a_1 x + a_2 x^2 + \ldots + a_n x^n = \sum_{k=0}^{n} a_k x^k$$

mit allgemeinen *Koeffizienten* $a_0, a_1, \ldots, a_n \in \mathbb{R}$ heißt *ganzrationale Funktion* (s. rationale Funktion, 2., s. Polynom, 1.).

2. Ganzrationale Funktion in mehreren Variablen:
Eine Funktion der Form (Polynom in mehreren Variablen)

$$f(x_1, x_2, \ldots, x_n) = \sum a_{k_1 k_2 \ldots k_n} x_1^{k_1} x_2^{k_2} \cdot \ldots \cdot x_n^{k_n}$$

mit Konstanten $a_{k_1 k_2 \ldots k_n} \in \mathbb{R}$ heißt *ganzrationale Funktion* (*Polynom*) der n Unbestimmten $x_1, x_2, \ldots, x_n$ (s. Polynom, 3.).

ganztranszendente komplexe Funktion s. ganze komplexe Funktion.

ganzzahliges Polynom:

Ein Polynom $P_n(x) = a_0 + a_1 x + a_2 x^2 + \ldots + a_n x^n$ mit ganzzahligen Koeffizienten $a_k \in \mathbb{Z}$ für alle k heißt *ganzzahliges Polynom* (s. Polynom, 1.).

Gärtnerkonstruktion s. Ellipse, 2.2.

Gauß, Carl Friedrich (1777 – 1855) wirkte in Göttingen. Er begründete die moderne Zahlentheorie, löste Probleme der Himmelsmechanik und beschäftigte sich mit der Theorie der unendlichen Reihen sowie der numerischen Methoden der angewandten Mathematik. Bahnbrechend waren seine Arbeiten zur Geodäsie und Physik. Nach ihm benannt sind der Gaußsche Algorithmus zur Lösung linearer Gleichungssysteme (s. lineares Gleichungssystem, 5.) und das Prinzip der kleinsten Quadrate, das zusammen mit der Gaußschen Glockenkurve in der Statistik eine zentrale Rolle spielt.

Gaußsche Differentialgleichung s. hypergeometrische Differentialgleichung.

Gaußsche Krümmung:

Das Produkt $K = K_1 \cdot K_2$ der beiden Hauptkrümmungen einer Fläche heißt *Gaußsche Krümmung* (s. Krümmung, 3.).

Gaußscher Algorithmus:

Mit diesem Algorithmus können lineare Gleichungssysteme (s. lineares Gleichungssystem, 5.) und inverse Matrizen berechnet werden (s. Matrix, 4.1.).

Gaußscher Integralsatz s. Oberflächenintegral, 4.1.

Gaußsche Zahl:

Eine komplexe Zahl $z = a + i\,b$ (s. komplexe Zahlen, 1.), derer Realteil a und Imaginärteil b rationale Zahlen sind (s. reelle Zahlen, 3.) heißt *Gaußsche Zahl.*

Gaußsche Zahlenebene:

Eine Ebene E mit einem kartesischen Koordinatensystem, auf dessen Abszissenachse (x - Achse) der Realteil x und auf der Ordinatenachse (y - Achse) der Imaginärteil y einer komplexen Zahl $z = x + i y$ mit $x, y \in \mathbb{R}$, $i =$ imaginäre Einheit ($i^2 = -1$) abgetragen wird, heißt *Gaußsche Zahlenebene.* Die komplexe Zahl $z = x + i y$ kann mit dem Punkt $(x, y) \in \mathbb{R}^2$ identifiziert werden (s. komplexe Zahlen, 1.). Die durch den unendlich fernen Punkt ∞ ergänzte Zahlenebene heißt *abgeschlossene* oder *vollständige* Zahlenebene (s. Riemannsche Zahlenkugel).

Gebiet:

Unter einem *Gebiet* versteht man eine offene, zusammenhängende Menge von Punkten eines topologischen Raumes T, z. B. des $\mathbb{R}^n$ (s. topologischer Raum, s. offen, s. zusammenhängend). Eine offene Menge G des n - dimensionalen Raumes $\mathbb{R}^n$ ist genau dann zusammenhängend, wenn zwei beliebige Punkte von G durch einen Polygonzug verbunden werden können, der nur aus Punkten von G besteht. Eine zusammenhängende, abgeschlossene Punktmenge heißt *Bereich* (s. Bereich).

Gebietsdifferentiation s. Integralrechnung, 2.1., 3.1.

Gebietsintegral s. Integralrechnung, 2.1.

gebrochenrationale Funktion s. rationale Funktion, 3.

gebrochenrationale Zahl s. rationale Zahl.

Gegenkathete s. Dreieck, 2.2.

gemeiner Bruch s. Brüche.

gemeinsamer Teiler:

Die natürliche Zahl m heißt *gemeinsamer Teiler* der natürlichen Zahlen $n_1, n_2, \ldots, n_r$, wenn m Teiler von jeder der Zahlen $n_1, n_2, \ldots, n_r$ ist (s. Teilbarkeit, s. größter gemeinsamer Teiler).

gemeinsames Element:

Jedes Element aus dem Durchschnitt $A \cap B$ der beiden Mengen A und B heißt *gemeinsames Element* von A und B (s. Menge, 2.).

gemeinsames Lot:

Falls eine Gerade l auf den beiden Geraden g_1 und g_2 senkrecht steht, heißt l *gemeinsames Lot* von g_1 und g_2. Manchmal nennt man auch nur den zwischen g_1 und g_2 liegenden Teil der Geraden l gemeinsames Lot (s. Abstand, 7.).

gemeinsames Vielfaches:
Die natürliche Zahl m heißt *gemeinsames Vielfaches* der natürlichen Zahlen $n_1, n_2, \ldots, n_r$, wenn m ein Vielfaches von jeder der Zahlen $n_1, \ldots, n_r$ ist (s. Vielfaches, s. kleinstes gemeinsames Vielfaches).

gemischte Erweiterung s. Spiel, 2.3.

gemischte Strategie s. Spiel, 2.3.

Genauigkeit s. Runden.

Geodäsie:
Die *Geodäsie* beschäftigt sich mit der Vermessung und Abbildung der Erdoberfläche und der Erforschung des Potentialfeldes der Erde (s. sphärische Trigonometrie, 5.).

geodätische Krümmung s. Krümmung, 3.

geodätische Linie:
Eine *geodätische Linie* ist eine auf einer Fläche $\mathcal{F}$ liegende Kurve, deren geodätische Krümmung identisch verschwindet (s. Krümmung, 3.), z. B. ein Großkreis auf einer Kugel (s. Großkreis). Falls unter allen Kurven auf der Fläche $\mathcal{F}$, die zwei Flächenpunkte P und Q verbinden, eine mit einer kürzesten Länge (s. Bogenlänge) existiert, so ist diese Kurve ein Stück einer geodätischen Linie.

geographische Breite:
Die *geographische Breite* φ eines Punktes P auf der Kugel (Erdoberfläche) ist der Winkel zwischen der Äquatorebene und der Strecke PM (Verbindungsstrecke mit dem Mittelpunkt). Dabei ist $-90^\circ \leq \varphi \leq 90^\circ$ (s. sphärische Trigonometrie, 5.1.).

geographische Koordinaten s. geographische Breite, s. geographische Länge, s. sphärische Trigonometrie, 5.1., s. Kugelkoordinaten.

geographische Länge:
Die *geographische Länge* λ eines Punktes P auf der Kugel (Erdoberfläche) ist der Winkel, den sein Meridian mit dem Nullmeridian bildet. Dabei gilt $-180^\circ \leq \lambda \leq 180^\circ$ (s. sphärische Trigonometrie, 5.1).

Geoid:
Als *Geoid* bezeichnet man die Gestalt des Erdkörpers ohne Berücksichti-

gung des Bodenreliefs. Es wird begrenzt von einer Fläche, die auf den Ozeanen mit der mittleren Wasseroberfläche zusammenfällt und überall senkrecht zur Lotrichtung steht.

Geometrie:

1. Allgemeine Grundbegriffe:
Hauptziel der klassischen Geometrie ist die Untersuchung von Strecken sowie ebenen und räumlichen Größen (Figuren) im $\mathbb{R}^2$ bzw. $\mathbb{R}^3$. Im Vordergrund stehen dabei die Konstruktion mit Zirkel und Lineal sowie die Herleitung bestimmter Eigenschaften (Sätze). Seit Hilbert werden die Elemente der Geometrie axiomatisch definiert. Dabei werden (abstrakt) drei Klassen von Dingen zugrunde gelegt: *Punkte*, *Geraden* und *Ebenen*, die gewissen Axiomen genügen, also bestimmte typische Eigenschaften erfüllen und im $\mathbb{R}^3$ anschaulich dargestellt werden können (s. 2.1., 2.2.). Eine solche axiomatische Definition, die widerspruchsfrei sein muß, ist nicht nur im Euklidischen $\mathbb{R}^3$, sondern auch in allgemeinen abstrakten Räumen möglich. Sie wird formal übertragen. Dadurch erhält man z. B. Euklidische Vektorräume oder unitäre komplexe Räume mit einem abstrakten Längen- und Winkelbegriff (s. Vektorraum, 3., 4.).

2. Axiomatischer Aufbau der Geometrie

2.1. Euklidische Geometrie:
In den "Elementen" von Euklid wurden erstmals fünf Postulate und Axiome für die Elemente Punkt, Gerade und Ebene gefordert. Dies war der Ursprung der klassischen Geometrie im $\mathbb{R}^2$ bzw. $\mathbb{R}^3$. Die meisten Axiome entstammen der Anschaulichkeit. Pasch und Hilbert zeigten jedoch, daß zur Exaktheit der Theorie weitere Axiome benötigt werden, die Euklid offensichtlich für selbstverständlich hielt. Dies ist vor allem für die Übertragung der Geometrie auf andere Gebiete der Mathematik, z. B. auf abstrakte Räume, notwendig. Beispiel: Durch zwei verschiedene Punkte geht genau eine Gerade, zwei verschiedene, nicht parallele Geraden der Ebene schneiden sich in genau einem Punkt, zwei verschiedene nicht parallele Ebenen schneiden sich in einer Geraden.

2.2. Axiomatische Methode von Hilbert:
Eine viel strengere Axiomatisierung als Euklid gab Hilbert im Jahre 1899 an. Durch die mögliche Übertragung dieser axiomatischen Geometrie auf andere Gebiete der Mathematik, vor allem auf spezielle Funktionenräume (abstrakte Vektorräume, Hilberträume), war er damit einer der Begründer der modernen Mathematik. Er benutzte fünf Axiomengruppen:

Axiomengruppe I:	Axiome der Verknüpfung;
Axiomengruppe II:	Axiome der Anordnung;
Axiomengruppe III:	Axiome der Kongruenz;
Axiomengruppe IV:	Axiome der Stetigkeit;
Axiomengruppe V:	Axiome der Parallelität.

Ersetzt man die Axiomengruppe V durch andere geeignete Axiome, so erhält man die nichteuklidische Geometrie (s. Hilbertsches Vollständigkeitsaxiom).

geometrisch-degressive Abschreibung s. Abschreibung, 2.

geometrische Figur:

Jede Punktmenge des $\mathbb{R}^2$ bzw. $\mathbb{R}^3$ heißt *geometrische Figur*. Sie heißt *linear*, wenn alle ihre Punkte auf einer Geraden liegen. Dann nennt man ihre Punkte *kollinear*. Eine geometrische Figur heißt *eben*, wenn alle ihre Punkte in der gleichen Ebene liegen. Ihre Punkte heißen *komplanar*.

geometrische (Zahlen-)Folge:

Die Zahlenfolge $(a_n)_{n \in \mathbb{N}}$ heißt *geometrische Folge*, wenn sie für jedes $n \in \mathbb{N}$ mit zwei Konstanten $a \neq 0$ und $q \neq 0$ folgende Darstellung besitzt

$$a_n = a \cdot q^{n-1} \quad \text{mit } q^0 = 1 \quad \text{für } n = 1, 2, \dots \,.$$

Eigenschaften:

$$\frac{a_{n+1}}{a_n} = q \quad \text{für } n = 1, 2, \dots ;$$

$$a_{n+1} = \sqrt{a_n a_{n+2}} \quad \text{(geometrisches Mittel) für } a, q > 0.$$

Allgemein gelten die Eigenschaften (s. Zahlenfolge):

Für $|q| < 1$ folgt mit der Bernoullischen Ungleichung aus $|q| = \frac{1}{1+x}$, $x > 0$; $|q^n| = \frac{1}{(1+x)^n} \leq \frac{1}{1+nx}$ der Grenzwert $\lim\limits_{n\to\infty} q^n = 0$.

Für $q = 1$ ist $\lim\limits_{n\to\infty} q^n = 1$.

Für $q > 1$ ist $(q^n)_{n \in \mathbb{N}}$ streng monoton wachsend und bestimmt divergent mit $\lim\limits_{n\to\infty} q^n = \infty$.

Für $q \leq -1$ ist $(q^n)_{n \in \mathbb{N}}$ unbestimmt divergent.

geometrische Reihe:

1. Endliche geometrische Reihe:

Die Summe

$$s_n = \sum_{k=1}^{n} a_k = \sum_{k=1}^{n} a q^{k-1} = a \sum_{i=0}^{n-1} q^i$$

der ersten n Glieder einer geometrischen Folge (s. geometrische Folge) nennt man bei festem n *endliche geometrische Reihe*. Für $q \neq 1$ gilt

$$1 + q + q^2 + \dots + q^{n-1} = \sum_{i=0}^{n-1} q^i = \frac{q^n - 1}{q - 1} \quad \text{für } n = 1, 2, \dots \,.$$

Damit erhält man

$$s_n = \sum_{k=1}^{n} a_k = a \sum_{k=1}^{n} q^{k-1} = a \cdot \frac{q^n - 1}{q - 1} = a \cdot \frac{1 - q^n}{1 - q} \quad \text{für } q \neq 1.$$

Für $q = 1$ ist $s_n = n \cdot a$.

2. Unendliche geometrische Reihe:
Das Konvergenzverhalten der geometrischen Reihe ist im Falle $a \neq 0$ von a unabhängig. Für $|q| < 1$ gilt

$$\lim_{n\to\infty} \sum_{i=0}^{n-1} q^i = \lim_{n\to\infty} \frac{1 - q^n}{1 - q} = \frac{1}{1 - q}.$$

Diesen Grenzwert bezeichnet man mit $\sum_{k=0}^{\infty} q^k$ und nennt ihn *unendliche geometrische Reihe* (s. Reihe, 2., 6.). Es gilt also

$$\sum_{k=0}^{\infty} q^k = \frac{1}{1-q} \quad \text{für jedes q mit } |q| < 1.$$

Beispiel: $1 + \frac{1}{2} + \frac{1}{4} + \frac{1}{8} + \ldots = \sum_{k=0}^{\infty} \left(\frac{1}{2}\right)^k = \frac{1}{1 - \frac{1}{2}} = 2.$

geometrischer Ort:
Unter einem *geometrischen Ort* versteht man im allgemeinen eine Teilmenge von Punkten des $\mathbb{R}^n$, die bestimmte geometrische Eigenschaften erfüllen.

geometrisches Mittel:
Gegeben sind n Zahlen $a_1, a_2, \ldots, a_n$ mit $a_i > 0$ für alle i. Dann heißt die n-te Wurzel (s. Wurzel, 1.)

$$\bar{a}_g = \sqrt[n]{a_1 a_2 \cdot \ldots \cdot a_n}$$

das *geometrische Mittel* der Zahlen $a_1, a_2, \ldots, a_n$ (s. Mittelwerte).

geometrische Zahlenfolge s. geometrische Folge.

geordnete Menge (Kette):
Eine geordnete Menge (Kette) A ist eine Menge, in der zwischen zwei beliebigen Elementen eine Ordnungsrelation $\preceq$ erklärt ist. Je zwei Elemente a, $b \in A$ sind also bezüglich der Ordnungsrelation $\preceq$ stets vergleichbar mit $a \preceq b$ oder $b \preceq a$ (s. Ordnungsrelation). Um den Unterschied zu einer halbgeordneten Menge hervorzuheben, nennt man eine geordnete Menge auch *total* oder *vollständig geordnet.*

geordnetes Paar:
A und B seien zwei nichtleere Mengen. Dann heißt (a, b) mit $a \in A$ und $b \in B$ ein *geordnetes Paar* (s. direktes Produkt, 1.). a heißt *erste* und b *zweite Koordinate.* Geordnete Paare hängen auch im Falle $A = B$ von der Reihenfolge der Koordinaten ab. Die Gleichheit zweier geordneter Paare wird koordinatenweise erklärt durch

$$(a_1, b_1) = (a_2, b_2) \quad \Leftrightarrow \quad a_1 = a_2 \ \text{ und } \ b_1 = b_2.$$

Gerade:

Die Gerade ist ein Grundelement der Geometrie. Durch zwei verschiedene Punkte P und Q im $\mathbb{R}^2$ bzw. $\mathbb{R}^3$ geht genau eine Gerade. Die kürzeste Verbindungslinie von P und Q liegt auf der durch P und Q gehenden Geraden.

1. Gerade im $\mathbb{R}^2$:

1.1. Parameterdarstellung:

Eine Gerade g ist durch zwei verschiedene auf $g \in \mathbb{R}^2$ liegende Punkte $P \neq Q$ bestimmt. $\overrightarrow{OP} = \vec{a}$ ist ein Ortsvektor zur Geraden, $\overrightarrow{PQ} = \vec{b}$ ein Richtungsvektor auf der Geraden. X(x, y) sei ein beliebiger (variabler) Punkt auf der Geraden mit den kartesischen Koordinaten x und y. Über den Ortsvektor zum Punkt X erhält man die *Parameterdarstellung* für die Gerade

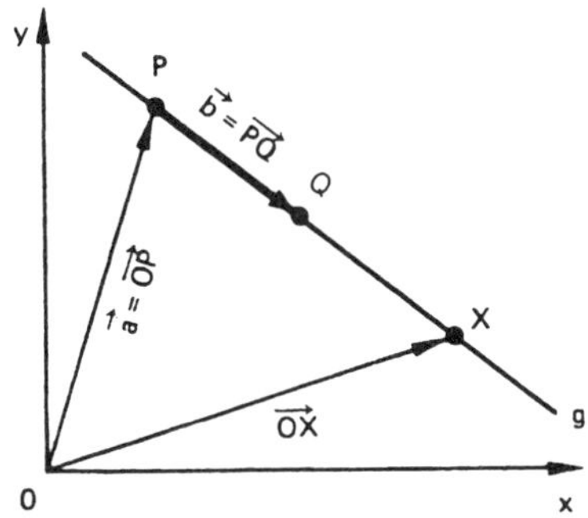

$$\overrightarrow{OX} = \vec{x} = \begin{pmatrix} x \\ y \end{pmatrix} = \overrightarrow{OP} + \lambda \cdot \overrightarrow{PQ} = \vec{a} + \lambda \cdot \vec{b};\ \lambda \in \mathbb{R}$$

(s. Vektor im V^n, 1.). Die Vektorgleichung ist gleichwertig mit den beiden Komponentengleichungen $x = a_1 + \lambda b_1$; $y = a_2 + \lambda b_2$ (s. 1.2.).

1.2. Koordinatengleichung:

Beispiel: Die Parameterdarstellung der Geraden $\begin{pmatrix} x \\ y \end{pmatrix} = \begin{pmatrix} 4 \\ 7 \end{pmatrix} + \lambda \cdot \begin{pmatrix} 3 \\ 4 \end{pmatrix}$

ist gleichwertig mit den beiden Komponentengleichungen

$$\left.\begin{aligned} x &= 4 + 3\lambda \mid \cdot 4 \\ y &= 7 + 4\lambda \mid \cdot (-3) \end{aligned}\right\} +$$

$$4x - 3y = 16 - 21 = -5\,.$$

Durch Elimination des Parameters λ (s. lineare Gleichungen, 4.2.3.) erhält man die (lineare) Koordinatengleichung

$$4x - 3y + 5 = 0.$$

Allgemein läßt sich jede Gerade im $\mathbb{R}^2$ darstellen durch eine *Koordinatengleichung*

$$ax + by + c = 0 \quad \text{mit } a, b, c \in \mathbb{R}, \text{ a und b nicht gleichzeitig gleich } 0.$$

Im Falle $b \neq 0$ kann diese Gleichung nach y aufgelöst werden mit

$$y = mx + d.$$

Dabei ist m die *Steigung* und d der *Achsenabschnitt* auf der y-Achse.

Beispiel: Aus der Koordinatengleichung $2x - 4y + 10 = 0$ erhält man mit $y = \lambda$ die Parameterdarstellung

$$\begin{pmatrix} x \\ y \end{pmatrix} = \begin{pmatrix} -5 \\ 0 \end{pmatrix} + \lambda \cdot \begin{pmatrix} 2 \\ 1 \end{pmatrix}.$$

Achsenabschnittsgleichung:
Falls die Gerade g die x-Achse an der Stelle $x = a \neq 0$ und die y-Achse an der Stelle $y = b \neq 0$ schneidet, besitzt g die *Achsenabschnittsgleichung*

$$\frac{x}{a} + \frac{y}{b} = 1 .$$

Zweipunktegleichung:
Die durch die beiden Punkte $P(x_0, y_0)$ und $Q(x_1, y_1)$ gehende Gerade besitzt die Koordinatengleichung

$$(y_1 - y_2)x + (x_2 - x_1)y + x_1 y_2 - x_2 y_1 = 0 .$$

Diese Gleichung kann auch in der Determinantenform

$$\begin{vmatrix} x & y & 1 \\ x_1 & y_1 & 1 \\ x_2 & y_2 & 1 \end{vmatrix} = 0 \text{ geschrieben werden.}$$

Durch Entwicklung nach der ersten Zeile (s. Determinante, 3.) erhält man die obige Koordiantengleichung, die auch *Zweipunktegleichung* heißt.

1.3. Hessesche Normalform:
Es sei $\vec{n}^T = (n_1, n_2)$ ein vom Koordinatenursprung O wegweisender Normaleneinheitsvektor, der auf der Geraden g senkrecht steht und die Länge Eins besitzt. Für einen beliebigen Ortsvektor $\overrightarrow{OX}$ zur Geraden erhält man mit Hilfe des Skalarprodukts

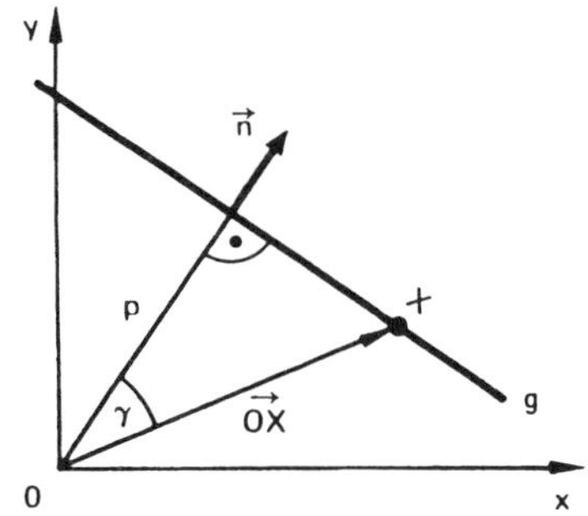

$$\vec{n} \cdot \overrightarrow{OX} = |\vec{n}| \cdot |\overrightarrow{OX}| \cdot \cos\gamma = |\overrightarrow{OX}| \cdot \cos\gamma .$$

In dem eingezeichneten rechtwinkligen Dreieck besitzt die Hypothenuse die Länge $|\overrightarrow{OX}|$. Die Ankathete zum Winkel γ besitzt die Länge p. Es gilt also $|\overrightarrow{OX}| \cdot \cos\gamma = p$. Mit dem Skalarprodukt erhält man die Gleichung

$$\vec{n} \cdot \overrightarrow{OX} - p = 0 ; \quad \binom{n_1}{n_2} \cdot \binom{x}{y} - p = 0, \text{ also die}$$

Hessesche Normalform der Geraden

$$n_1 x + n_2 y - p = 0.$$

Dabei ist $\vec{n}^T = (n_1, n_2)$ ein vom Koordinatenursprung O wegweisender Normaleneinheitsvektor auf der Geraden mit $n_1^2 + n_2^2 = 1$. p ist der (positive) Abstand des Koordinatenursprungs O von der Geraden g.

Abstand eines beliebigen Punktes von der Geraden:
Setzt man die Koordinaten x_1 und y_1 eines beliebigen Punktes $P(x_1, y_1)$ in die Hessesche Normalform ein, so ist

$$d = n_1 x_1 + n_2 y_1 - p$$

der positive Abstand des Punktes P von der Geraden g, falls P und O auf verschiedenen Seiten der Geraden g liegen. Befinden sich O und P auf der gleichen Seite von g, so ist d der negative Abstand des Punktes P von der Geraden. Allgemein ist damit $|n_1x_1 + n_2y_1 - p|$ der Abstand des Punktes $P(x_1, y_1)$ von der Geraden g.

Umformung einer Koordinatengleichung in die Hessesche Normalform:
Die Koordinatengleichung $ax + by + c = 0$ besitzt die
Hessesche Normalform

$$\frac{a}{\sqrt{a^2+b^2}}\cdot x + \frac{b}{\sqrt{a^2+b^2}}\cdot y + \frac{c}{\sqrt{a^2+b^2}} = 0 \quad \text{für } c \leq 0.$$

$$-\frac{a}{\sqrt{a^2+b^2}}\cdot x - \frac{b}{\sqrt{a^2+b^2}}\cdot y - \frac{c}{\sqrt{a^2+b^2}} = 0 \quad \text{für } c > 0.$$

2. Gerade im $\mathbb{R}^3$:
Durch zwei verschiedene Punkte P und Q im $\mathbb{R}^3$ ist eine Gerade g eindeutig bestimmt.

2.1. Parameterdarstellung:
Analog zur Parameterdarstellung der Geraden in der Ebene gibt es für die durch die beiden Punkte $P \neq Q$ festgelegte Gerade die *Parameterdarstellung*

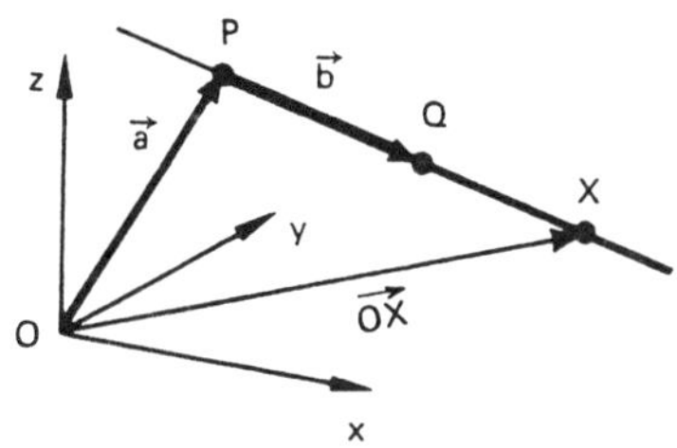

$$g:\ \vec{x} = \overrightarrow{OX} = \begin{pmatrix} x \\ y \\ z \end{pmatrix} = \overrightarrow{OP} + \lambda\cdot\overrightarrow{PQ}$$
$$= \vec{a} + \lambda\cdot\vec{b};\ \vec{b} \neq \vec{0};\ \lambda \in \mathbb{R}.$$

Diese Vektorgleichung ist gleichwertig mit den drei Komponentengleichungen $x = a_1 + \lambda b_1$, $y = a_2 + \lambda b_2$, $z = a_3 + \lambda b_3$.

2.2. Gerade als Schnitt zweier Ebenen:
Falls die durch

$$E_1:\ a_1x + b_1y + c_1z = d_1;\quad E_2:\ a_2x + b_2y + c_2z = d_2$$

bestimmten Ebenen E_1 und E_2 voneinander verschieden und nicht parallel sind, schneiden sie sich in einer Geraden. In den beiden Gleichungen wird eine Variable gleich λ gesetzt. Durch Auflösung nach den beiden anderen Variablen erhält man eine Parameterdarstellung für die Schnittgerade.

Abstand eines Punktes von einer Geraden s. Abstand, 3.
Abstand zweier windschiefer Geraden s. Abstand, 7.

gerade Funktion:

Eine Funktion f(x) heißt *gerade*, wenn mit jedem x auch $-x$ zum Definitionsbereich D gehört und gilt

$$f(-x) = f(x) \quad \text{für alle } x \in D.$$

Dann ist der Graph von f achsensymmetrisch zur y-Achse (s. Symmetrie, 2.1.). Die Potenzfunktion $f(x) = x^n$ ist für jeden geraden Exponenten n eine gerade Funktion (s. Potenzfunktion).

Geradenbüschel:
Eine Menge von Geraden, die sich alle in einem Punkt schneiden, heißt *Geradenbüschel.* Falls der Schnittpunkt der unendlich ferne Punkt ist, sind die Geraden des Büschels parallel (s. projektive Geometrie).

gerade Permutation s. Inversion, 1.

gerader Kreiskegel s. Kegel, 2.2.2.

gerader Zylinder s. Zylinder, 2.2.

gerades Prisma s. Prisma, 2.

gerade Zahl:
Eine ganze Zahl heißt *gerade*, wenn sie durch 2 teilbar ist (s. Teilbarkeit).

geradlinige Fläche s. Regelfläche.

geradliniges Koordinatensystem s. Koordinatensystem, 1.1., 2.1.

gerichtete Größe:
Ein Vektor heißt auch *gerichtete Größe* (s. Vektor im V^n).

gerichteter Winkel s. Winkel, 1.3.

geschlossene Kurve:
Falls bei einer Kurve Anfangs- und Endpunkt zusammenfallen, heißt die Kurve *geschlossen* (s. Kurve, 1.1., 2.1.).

gestreckter Winkel:
Ein Winkel (s. Winkel) mit dem Scheitelpunkt S, dessen Schenkel die beiden durch S bestimmten Strahlen einer Geraden sind, heißt ein *gestreckter Winkel.* Er besitzt das Gradmaß 180° (s. Winkel, 1.1.).

gewichtetes quadratisches Mittel s. Approximationspolynome, 6.

Gewichtsfunktion (Belegungsfunktion):
Es sei V die Menge der auf dem Intervall $[a;b]$ definierten reellen Funktionen, für die durch die Vorschrift

$$< f, g >_w = \int_a^b w(x) f(x) g(x)\, dx \quad \text{für } f, g \in V$$

ein inneres Produkt (Skalarprodukt) erklärt ist (s. Vektorraum, 3.). Dabei sei $w(x)$ eine in $(a;b)$ stetige, nichtnegative Funktion. Dann heißt die Funktion $w(x)$ *Gewichts*- oder *Belegungsfunktion.*
In unitären komplexen Vektorräumen (s. Vektorraum, 4.) erhält man das innere Produkt mit der zu $g(x)$ konjugiert komplexen Funktion $\overline{g(x)}$ als

$$< f,g >_w = \int_a^b w(x) f(x) \overline{g(x)} dx \qquad \text{für } f, g \in V$$

(s. Orthogonal- und Orthonormalsystem, 4.).

gewöhnliche Differentialgleichung:

1. Grundbegriffe:
Eine implizite Gleichung der Form

$$F\left(x, y(x), y'(x), y''(x), \ldots, y^{(n)}(x)\right) = 0$$

mit einer vorgegebenen Funktion F von $n+2$ Variablen, die von der unabhängigen Variablen x, der (gesuchten) Funktion $y(x)$ und deren Ableitungen bis zur Ordnung n abhängt, heißt *gewöhnliche Differentialgleichung* n-*ter Ordnung.* Sie wird auch nur *Differentialgleichung* genannt. Es handelt sich um eine *implizite* Darstellung (s. implizite Funktion, 2.). Falls die implizite Funktion nach der höchsten Ableitung $y^{(n)}(x)$ explizit aufgelöst werden kann, nennt man

$$y^{(n)}(x) = f\left(x, y(x), y'(x), y''(x), \ldots, y^{(n-1)}(x)\right)$$

explizite Differentialgleichung. Dabei ist $f(x, y_0, y_1, \ldots, y_{n-1})$ eine Funktion von $n+1$ Variablen.

Lösungen einer Differentialgleichung:
Eine Funktion $y = \varphi(x)$, welche die Differentialgleichung für alle x aus einem Intervall $[a;b]$ erfüllt, heißt *spezielle* oder *partikuläre Lösung* bzw. *partikuläres Integral* der Differentialgleichung.

Existenzsatz von Peano:
Die Funktion $f(x, y_0, y_1, \ldots, y_{n-1})$ sei in einem Gebiet $G \subset \mathbb{R}^{n+1}$ stetig. Dann besitzt die Differentialgleichung

$$y^{(n)}(x) = f\left(x, y(x), y'(x), y''(x), \ldots, y^{(n-1)}(x)\right)$$

an jeder Stelle $(x_0, y_0, y_1, \ldots, y_{n-1}) \in G$ mindestens eine Lösung. Es gibt also mindestens eine Lösung $y = \varphi(x)$ mit

$$\varphi(x_0) = y_0; \quad \varphi'(x_0) = y_1; \quad \varphi''(x_0) = y_2; \ldots; \quad \varphi^{(n-1)}(x_0) = y_{n-1},$$

falls die Stelle $(x_0, y_0, y_1, \ldots, y_{n-1})$ in G enthalten ist.

Eindeutigkeitssatz von Picard-Lindelöf:
Die Funktion $f(x, y_0, y_1, \ldots, y_{n-1})$ erfülle in einem Gebiet $G \subset \mathbb{R}^{n+1}$ die Lipschitz-Bedingung: Es gibt eine Lipschitz-Konstante L, mit der für

alle $(x, y_0, y_1, \ldots, y_{n-1})$, $(x, \hat{y}_0, \hat{y}_1, \ldots, \hat{y}_{n-1}) \in G$ gilt

$$\left| f(x, y_0, y_1, \ldots, y_{n-1}) - f(x, \hat{y}_0, \hat{y}_1, \ldots, \hat{y}_{n-1}) \right| \leq L \cdot \sqrt{\sum_{i=0}^{n-1} (y_i - \hat{y}_i)^2}.$$

Dann besitzt die explizite Differentialgleichung

$$y^{(n)}(x) = f\left(x, y(x), y'(x), y''(x), \ldots, y^{(n-1)}(x)\right)$$

an jeder Stelle $(x, y_0, y_1, \ldots, y_{n-1}) \in G$ genau eine Lösung $y = \varphi(x)$. Es gibt also genau eine Lösung $y = \varphi(x)$ mit

$$\varphi(x_0) = y_0;\ \varphi'(x_0) = y_1;\ \varphi''(x_0) = y_2;\ \ldots;\ \varphi^{(n-1)}(x_0) = y_{n-1},$$

falls $(x, y_0, y_1, \ldots, y_{n-1}) \in G$ ist.

Wenn in G alle partiellen Ableitungen

$$\frac{\partial f(x, y_0, y_1, \ldots, y_{n-1})}{\partial y_i} \quad \text{für } i = 0, 1, \ldots, n-1$$

existieren und dort beschränkt sind, ist die Lipschitz-Bedingung erfüllt.

Allgemeine Lösung (allgemeines Integral):
Die *allgemeine Lösung* oder das *allgemeine Integral* einer Differentialgleichung n-ter Ordnung hängt von n Konstanten $C_1, C_2, \ldots, C_n \in \mathbb{R}$ ab, also

$$y = y(x, C_1, C_2, \ldots, C_n),$$

wobei die Konstanten $C_1, C_2, \ldots, C_n$ im allgemeinen beliebig gewählt werden können.

Spezielle Lösung:
Eine Lösung einer Differentialgleichung heißt *speziell*, wenn sie durch spezielle Wahl der Konstanten aus der allgemeinen Lösung hervorgeht.

Anfangswertproblem:
Bei einem *Anfangswertproblem* wird die Bedingung gestellt, daß das Integral (die Lösung) $\varphi(x)$ der Differentialgleichung n-ter Ordnung an einer Stelle x_0 einen vorgegebenen Funktionswert und vorgegebene Ableitungen bis zur Ordnung $n-1$ besitzt, also

$$\varphi(x_0) = c_0;\ \varphi'(x_0) = c_1;\ \varphi''(x_0) = c_2;\ \ldots;\ \varphi^{(n-1)}(x_0) = c_{n-1}$$

mit vorgegebenen Konstanten $c_0, c_1, \ldots, c_{n-1}$. Durch die Vorgabe der n Zahlen können die n Konstanten aus der allgemeinen Lösung eindeutig bestimmt werden, falls die Lipschitz-Bedingung in G erfüllt ist und

$$(x_0, c_0, c_1, \ldots, c_{n-1}) \in G \text{ ist.}$$

Randwertproblem:
Beim *Randwertproblem* ist in einem ganzen Intervall $[a; b]$ eine Lösung $\varphi(x)$ gesucht, die zusammen mit den Ableitungen bis zur Ordnung $n-1$ an den beiden Randpunkten a und b gewisse Bedingungen erfüllt (s. 5.).

Homogene und inhomogene Differentialgleichung:
Eine Differentialgleichung heißt *homogen*, falls die Nullfunktion $y(x) \equiv 0$ Lösung ist. Andernfalls nennt man sie *inhomogen.*

Darstellung der expliziten Differentialgleichung als lineares Differentialgleichungssystem s. System von gewöhnlichen Differentialgleichungen, 4.

2. Gewöhnliche Differentialgleichung 1. Ordnung:
Für $n = 1$ erhält man die *Differentialgleichung* 1. *Ordnung*

$$F(x, y(x), y'(x)) = 0.$$

2.1. Nach y' auflösbare Differentialgleichung $y' = f(x, y)$:
Falls die implizite Gleichung $F(x, y, y') = 0$ nach y' auflösbar ist, erhält man die explizite Differentialgleichung

$$y' = f(x, y).$$

Jeder Stelle $(x, y) \in D_f$ wird ein *Tangentialelement*

$$(x, y(x), y'(x))$$

zugeordnet, also ein Träger (x, y), durch den eine Lösung mit der vorgegebenen Ableitung $y'(x)$ als Richtung der Tangente gehen kann. Die Gesamtheit dieser Richtungen heißt *Richtungsfeld.* Kurven, auf denen y' konstant ist, nennt man *Isoklinen.*

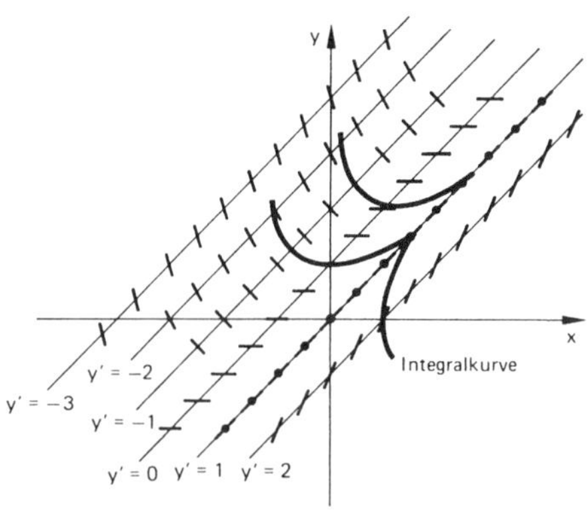

Richtungsfeld von $y' = 1 + x - y$

Existenzsatz von Peano:
Es sei $f(x, y)$ in einem Gebiet $G \subset \mathbb{R}^2$ stetig. Dann besitzt die Differentialgleichung $y' = f(x, y)$ durch jede Stelle $(x_0, y_0) \in G$ wenigstens eine Lösung. Es gibt also mindestens eine Lösung $y = \varphi(x)$ mit $\varphi(x_0) = y_0$.

Eindeutigkeitssatz von Picard - Lindelöf:
Im Rechteck $B = \{(x, y) \mid |x - x_0| \leq a; |y - y_0| \leq b\}$ sei $f(x, y)$ beschränkt durch $|f(x, y)| \leq M$ und erfülle dort die Lipschitz - Bedingung

$$|f(x, y_1) - f(x, y_2)| \leq L \cdot |y_1 - y_2| \quad \text{für alle } (x, y_1), (x, y_2) \in B.$$

Dabei sei die Lipschitz - Konstante L von $(x, y) \in B$ unabhängig. Dann besitzt die Differentialgleichung durch jede Stelle $(x_0, y_0) \in B$ genau eine Lösung $y = \varphi(x)$ mit $\varphi(x_0) = y_0$. Diese Lösung ist mindestens für alle x aus $(x_0 - \alpha; x_0 + \alpha)$ definiert mit $\alpha = \min(a, \frac{b}{M}, \frac{1}{L})$.
Es sei $\varphi_0(x)$ eine beliebige im Intervall $(x_0 - \alpha; x_0 + \alpha)$ stetige Funktion mit $\varphi_0(x_0) = y_0$ und $|\varphi_0(x_0) - y_0| < b$ für $|x - x_0| < \alpha$. Dann konvergiert die Funktionenfolge

$$\varphi_n(x) = y_0 + \int_{x_0}^{x} f(u, \varphi_{n-1}(u))\,du \quad \text{für } n = 1, 2, \ldots$$

in jedem abgeschlossenen Teilintervall von $(x_0-\alpha;x_0+\alpha)$ gleichmäßig gegen die Lösung $y=\varphi(x)$ mit $\varphi(x_0)=y_0$ (s. Funktionenfolge). Falls in B die partielle Ableitung $f_y(x,y)$ existiert und dort stetig ist, erhält man aus dem Mittelwertsatz der Differentialrechnung

$$f(x,y_1)-f(x,y_2)=f_y(x,\eta)\cdot(y_1-y_2),\ \eta \text{ zwischen } y_1 \text{ und } y_2.$$

Mit $L=\max_{(x,y)\in B}|f_y(x,y)|$ erhält man die Lipschitz-Bedingung

$$|f(x,y_1)-f(x,y_2)|\le L\cdot|y_1-y_2| \quad \text{in B.}$$

2.1.1. Trennung der Veränderlichen (Variablen):
Die Differentialgleichung

$$y'=\frac{dy}{dx}=u(x)\,v(y)$$

kann mit dem Ansatz

$$\frac{dy}{v(y)}=u(x)\,dx$$

gelöst werden. Falls es Stammfunktionen

$$G(y)=\int\frac{dy}{v(y)} \quad \text{und} \quad U(x)=\int u(x)\,dx$$

gibt, so folgt

$$G(y)=U(x)+C \quad \text{mit einer Integrationskonstanten } C\in\mathbb{R}.$$

Im Falle der Existenz der Umkehrfunktion G^{-1} erhält man durch Auflosung nach y die allgemeine Lösung

$$y(x)=G^{-1}(U(x)+C).$$

2.1.2. Ähnlichkeits- und homogene Differentialgleichung:
In $y'=f(x,y)$ sei $f(x,y)$ homogen vom Grad 0, also mit

$$f(\lambda x,\lambda y)=\lambda^0\cdot f(x,y)=f(x,y) \quad \text{für jedes } \lambda\in\mathbb{R}$$

(s. homogen, 3.). Dann nennt man die Differentialgleichung eine *Ähnlichkeitsdifferentialgleichung*. Falls es eine Darstellung $f(x,y)=\dfrac{P(x,y)}{Q(x,y)}$ gibt, wobei die Funktionen $P(x,y)$ und $Q(x,y)$ homogen vom gleichen Grad r sind, ist f homogen vom Grad 0. Die Funktion $f(x,y)$ hat dann für $x\neq 0$ die Form

$$f(x,y)=f\left(x\cdot 1,x\cdot\frac{y}{x}\right)=x^0\cdot f\left(1,\frac{y}{x}\right)=f\left(1,\frac{y}{x}\right)=h\left(\frac{y}{x}\right).$$

Die Differentialgleichung $y'=h\left(\frac{y}{x}\right)$ heißt *homogen*. Durch die Substitution $\frac{y}{x}=z$ geht sie über in

$$z'(x)=\frac{h(z)-z}{x},$$

die durch Trennung der Veränderlichen (s. 2.1.1.) gelöst werden kann.

2.1.3. Lineare Differentialgleichung 1. Ordnung:
Die *lineare Differentialgleichung* 1. *Ordnung* besitzt die Form

$$y'(x) + p(x)\,y(x) = q(x)$$

mit vorgegebenen Funktionen $p(x)$ und $q(x)$. Für $q(x) \equiv 0$ in $[a;b]$ handelt es sich um die homogene Differentialgleichung $y'(x) + p(x)\,y(x) = 0$. Durch Trennung der Variablen (s. 2.1.1.) erhält man ihre allgemeine Lösung

$$y_{hom} = C \cdot e^{-\int p(x)\,dx} = C \cdot e^{-P(x)}$$

mit einer beliebigen Stammfunktion $P(x)$ von $p(x)$ und beliebigem $C \in \mathbb{R}$. Die allgemeine Lösung der inhomogenen Gleichung erhält man durch Variation der Konstanten (s. 3.2.) als

$$y(x) = e^{-P(x)} \cdot [C + \int q(x)\,e^{P(x)}\,dx]$$

mit $C \in \mathbb{R}$, $P(x) =$ Stammfunktion von $p(x)$.

2.1.4. Bernoullische Differentialgleichung:
Die Differentialgleichung 1. Ordnung

$$y'(x) + p(x)\,y(x) + r(x)\,y^{\alpha}(x) = 0 \quad \text{mit } \alpha \in \mathbb{R};\ \alpha \neq 1;\ \alpha \neq 0$$

heißt *Bernoullische Differentialgleichung.*
Durch die Substitution $z = y^{1-\alpha} \;\Leftrightarrow\; y = z^{\frac{1}{1-\alpha}}$ geht sie über in

$$z'(x) + (1-\alpha)\,p(x)\,z(x) + (1-\alpha)\,r(x) = 0,$$

also in eine lineare Differentialgleichung 1. Ordnung (s. 2.1.3.).

2.1.5. Riccatische Differentialgleichung:
Die Differentialgleichung 1. Ordnung

$$y'(x) + p(x)\,y(x) + r(x)\,y^2(x) = 0$$

heißt *Riccatische Differentialgleichung.*
Es sei $y_1(x)$ eine partikuläre (bekannte) Lösung der Riccatischen Differentialgleichung. Mit dem Ansatz

$$y(x) = y_1(x) + \frac{1}{z(x)}$$

erhält man aus der Riccatischen Differentialgleichung für die Funktion $z(x)$ die lineare Differentialgleichung (s. 2.1.3.)

$$z'(x) - [p(x) + 2\,y_1(x)\,r(x)]\,z(x) - r(x) = 0.$$

2.1.6. Exakte (totale) Differentialgleichung:
Die Differentialgleichung $y' = f(x,y) = -\dfrac{P(x,y)}{Q(x,y)}$ wird umgeformt zu

$$P(x,y)\,dx + Q(x,y)\,dy = 0.$$

Sie heißt *exakt*, falls in einem Gebiet $G \subset \mathbb{R}^2$ gilt

$$P_y(x,y) = Q_x(x,y) \qquad \text{(Integrabilitätsbedingung).}$$

Dabei seien die partiellen Ableitungen $P_y(x,y)$, $Q_x(x,y)$ stetig. Dann existiert in G eine stetig differenzierbare Funktion $F(x,y)$ mit dem totalen Differential

$$dF(x,y) = P(x,y)\,dx + Q(x,y)\,dy .$$

Somit stellt $F(x,y) = C$ mit $C \in \mathbb{R}$ die allgemeine Lösung der exakten Differentialgleichung dar. Die Lösung durch (x_0, y_0) erhält man mit Hilfe des Kurvenintegrals

$$\begin{aligned} F(x,y) - F(x_0,y_0) &= \int_{x_0}^{x} P(u,y_0)\,du + \int_{y_0}^{y} Q(x,v)\,dv \\ &= \int_{y_0}^{y} Q(x_0,v)\,dv + \int_{x_0}^{x} P(u,y)\,du \end{aligned}$$

oder durch Integration über einen beliebigen Weg, der von (x_0, y_0) nach (x,y) verläuft. Diese Eigenschaft gilt wegen der Wegunabhängigkeit des Kurvenintegrals 2. Art, falls die Integrabilätsbedingung erfüllt ist (s. Kurvenintegral, 1.2.2.).

2.1.7. Integrierender Faktor:

Falls die Differentialgleichung $P(x,y)\,dx + Q(x,y)\,dy = 0$ nicht exakt ist, kann sie evtl. durch Multiplikation mit einem *integrierenden Faktor* (*Eulerschen Multiplikator*) $M(x,y) \neq 0$, also durch

$$M(x,y)\,P(x,y)\,dx + M(x,y)\,Q(x,y)\,dy = 0$$

exakt gemacht werden. Die Funktion $M(x,y)$ muß die Bedingung

$$\frac{\partial}{\partial y}[M(x,y)\,P(x,y)] = \frac{\partial}{\partial x}[M(x,y)\,Q(x,y)], \text{ also}$$

$$M_y(x,y)\,P(x,y) + M(x,y)\,P_y(x,y) = M_x(x,y)\,Q(x,y) + M(x,y)\,Q_x(x,y)$$

erfüllen. Spezielle integrierende Faktoren sind:

Bedingung	integrierender Faktor
$\dfrac{P_y(x,y) - Q_x(x,y)}{Q(x,y)} = \underbrace{f(x)}_{\text{nur Funktion von x}}$	$M(x) = e^{\int f(x)\,dx}$
$\dfrac{Q_x(x,y) - P_y(x,y)}{P(x,y)} = \underbrace{g(y)}_{\text{nur Funktion von y}}$	$M(y) = e^{\int g(y)\,dy}$
$P_y(x,y) - Q_x(x,y)$ $= Q(x,y)\underbrace{f(x)}_{\text{nur Fktn. von x}} - P(x,y)\underbrace{g(y)}_{\text{nur Fktn. von y}}$	$M(x,y) = u(x)\,v(y)$ $u(x) = e^{\int f(x)\,dx}; y(x) = e^{\int g(y)\,dy}$

Bedingung	integrierender Faktor
$\dfrac{P_y(x,y) - Q_x(x,y)}{y\,Q(x,y) - x\,P(x,y)} = \underbrace{f(x \cdot y)}_{\text{Fktn. von } x \cdot y}$	$z = x \cdot y\,;\quad M(z) = e^{\int f(z)\,dz}$
$\dfrac{[Q_x(x,y) - P_y(x,y)]\,x^2}{x\,P(x,y) + y\,Q(x,y)} = \underbrace{f(\frac{y}{x})}_{\text{Fktn. von } \frac{y}{x}}$	$z = \frac{y}{x}\,;\quad M(z) = e^{\int f(z)\,dz}$
$\dfrac{P_y(x,y) - Q_x(x,y)}{Q(x,y) - P(x,y)} = \underbrace{f(x+y)}_{\text{Fktn. von } x+y}$	$z = x + y\,;\quad M(z) = e^{\int f(z)\,dz}$

2.1.8. Singuläre Stelle:

Eine *singuläre Stelle* der expliziten Differentialgleichung

$$y' = \frac{u(x,y)}{v(x,y)} = f(x,y)$$

ist eine Stelle (x_0, y_0), an der eine der drei Bedingungen erfüllt ist:

a) $f(x,y)$ ist an der Stelle (x_0, y_0) nicht definiert, jedoch für alle (x,y) aus einer Umgebung von (x_0, y_0), z. B. bei Nullstellen des Nenners oder bei unbestimmten Ausdrücken (s. unbestimmter Ausdruck).

b) f ist an der Stelle (x_0, y_0) nicht stetig.

c) f erfüllt in einer Umgebung von (x_0, y_0) keine Lipschitz - Bedingung.

Durch eine singuläre Stelle können genau eine, keine oder mehrere Integralkurven gehen.

Beispiele:

1. $y' = \frac{y}{x}$. $f(0,0) = \text{"}\frac{0}{0}\text{"}$ ist ein unbestimmter Ausdruck. Die allgemeine Lösung lautet

$$y = Cx \quad \text{mit } C \in \mathbb{R}.$$

Durch die singuläre Stelle (0, 0) gehen unendlich viele Lösungen. Der Koordinatenursprung ist ein Knotenpunkt (s. Knotenpunkt).

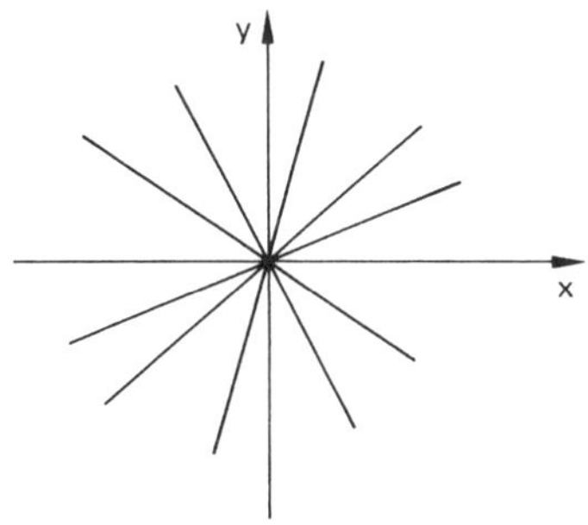

2. $y' = \frac{x}{y}$; $f(0,0) = \text{"}\frac{0}{0}\text{"}$ ist ein unbestimmter Ausdruck. Die allgemeine Lösung lautet

$$x^2 + y^2 = C \quad \text{mit } C > 0.$$

Durch die singuläre Stelle (0, 0) geht keine Lösung. Es handelt sich um einen Wirbelpunkt (s. Wirbelpunkt).

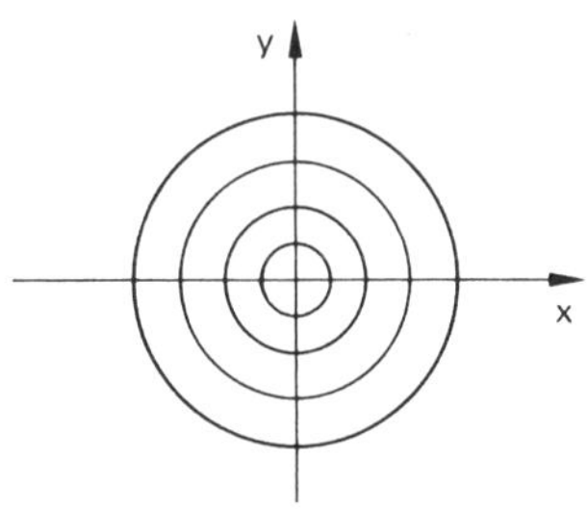

2.2. Nach y auflösbare Gleichung $y = g(x, y')$:
Die Differentialgleichung $F(x, y, y') = 0$ sei auflösbar nach y mit

$$y = g(x, y'),$$

wobei die Funktion g stetige partielle Ableitungen nach beiden Variablen besitzt. Durch die Substitution $y' = t$ erhält man $y = g(x, t)$. Differentiation dieser Gleichung nach x ergibt zusammen mit $y' = t$ mit Hilfe der Kettenregel

$$t = y' = g_x(x, t) + g_t(x, t) \cdot \frac{dt}{dx};$$

$$t' = \frac{dt}{dx} = \frac{t - g_x(x, t)}{g_t(x, t)} \quad \text{für} \quad g_t(x, t) \neq 0.$$

1. Fall: $t \equiv g_x(x, t) \;\Rightarrow\; t' = 0 \;\Rightarrow\; t = C$ (konstant).
Damit erhält man die Lösungsschar $y = g(x, C)$ mit $C \in \mathbb{R}$.

2. Fall: $t \neq g_x(x, t)$. In

$$\frac{dx}{dt} = \frac{g_t(x, t)}{t - g_x(x, t)}$$

entsteht eine explizite Differentialgleichung für die Funktion $x(t)$. Falls diese die allgemeine Lösung

$$x = x(t) = h(t, C), \; C \in \mathbb{R}$$

besitzt, erhält man die Lösungsschar in der Parameterdarstellung

$$x = h(t, C); \quad y = g(h(t, C)); \; t = \text{Parameter}, \; t \in \mathbb{R}; \quad C \in \mathbb{R}.$$

2.2.1. Die Differentialgleichung $y = g(y')$:
Die Funktion g sei stetig differenzierbar. $y' = t$ ergibt mit $y = g(t)$

$$t = y' = g'(t) \cdot \frac{dt}{dx}; \quad \frac{dx}{dt} = \frac{g'(x)}{t}; \quad x(t) = \int \frac{g'(t)}{t} dt.$$

Die Parameterdarstellung der Lösungsschar lautet

$$x(t) = \int \frac{g'(t)}{t} dt; \quad y = g(t); \; t \in \mathbb{R} \text{ (Parameter)}.$$

2.2.2. Clairautsche Differentialgleichung:

$$y = x y' + f(y')$$

heißt *Clairautsche Differentialgleichung*. Dabei sei f stetig differenzierbar. Die Substitution $y' = t$ ergibt $y = x \cdot t + f(t)$. Differentiation nach x liefert

$$t = t + [x + f'(t)] \cdot \frac{dt}{dx}; \qquad [x + f'(t)] \cdot \frac{dt}{dx} = 0.$$

1. Fall: $\frac{dt}{dx} = 0$ ergibt $y' = t = C$ (konstant) und damit die Lösungsschar

$$y = Cx + f(C) \text{ mit } C \in \mathbb{R} \quad \text{(Geradenschar)}.$$

2\. Fall: $x + f'(t) = 0$ ergibt die Parameterdarstellung

$$x = -f'(t); \quad y = -t \cdot f'(t) + f(t), \quad t \in \mathbb{R} \text{ (Parameter).}$$

Dies ist die Parameterdarstellung für die Einhüllenden der obigen Geradenschar.

Beispiel: Mit $f(t) = t^2$ erhält man

$$y = x \cdot y' + (y')^2 = x \cdot y' + f(y').$$

Die Lösungsschar lautet

$$y = Cx + C^2 \quad \text{mit } C \in \mathbb{R} \quad \text{(Geradenschar).}$$

Ferner erhält man die Lösung

$$x = -2t; \quad y = -t \cdot 2t + t^2 = -t^2 \quad \Rightarrow \quad y = -\frac{x^2}{4}.$$

Dies ist die Einhüllende der obigen Geradenschar (s. 2.4.).

2.2.3. D'Alembertsche Differentialgleichung:

$$y = x \cdot h(y') + f(y')$$

heißt *d'Alembertsche Differentialgleichung.* Dabei seien $h(t)$ und $f(t)$ stetig differenzierbar. $h(t) \equiv t$ ergibt als Spezialfall die Clairautsche Differentialgleichung aus 2.2.2.

Die Substitution $y' = t$ ergibt $y = x \cdot h(t) + f(t)$.

Durch Differentiation nach x erhält man

$$t = y' = h(t) + x \cdot h'(t) \cdot \frac{dt}{dx} + f'(t) \cdot \frac{dt}{dx};$$

$$[x \cdot h'(t) + f'(t)] \cdot \frac{dt}{dx} = t - h(t); \quad \frac{dx}{dt} = \frac{x \cdot h'(t) + f'(t)}{t - h(t)}.$$

Dies ist eine lineare inhomogene Differentialgleichung für $x(t)$ (s. 2.1.3.). Ihre allgemeine Lösung $x = \varphi(t, C)$ ergibt die Parameterdarstellung der Lösungsschar

$$x = \varphi(t, C); \quad y = \varphi(t, C) \cdot h(t) + f(t), \quad t \in \mathbb{R} \text{ (Parameter)}, \ C \in \mathbb{R}.$$

2.3. Nach x auflösbare Gleichung $x = g(y, y')$:

Die Differentialgleichung $F(x, y, y') = 0$ sei nach x auflösbar mit

$$x = g(y, y'),$$

wobei die Funktion g stetige partielle Ableitungen nach beiden Variablen besitze. Durch die Substitution $y' = t$ erhält man $x = g(y, t)$. Differentiation dieser Gleichung nach x ergibt zusammen mit $y' = t$ und der Kettenregel

$$1 = g_y(y, t) \cdot t + g_t(y, t) \cdot \frac{dt}{dx};$$

$$\frac{dt}{dx} = \frac{dt}{dy} \cdot \frac{dy}{dx} = \frac{dt}{dy} \cdot y' = \frac{dt}{dy} \cdot t = \frac{t}{\frac{dy}{dt}}; \quad \frac{dy}{dt} = \frac{t \cdot g_t(y, t)}{1 - t \cdot g_y(y, t)}.$$

Falls diese Differentialgleichung die allgemeine Lösung $y = h(t, C)$, $C \in \mathbb{R}$ besitzt, erhält man die Parameterdarstellung der Lösungsschar

$$y = h(t, C); \quad x = g(h(t, C), t); \quad t \in \mathbb{R} \text{ (Parameter)}; \ C \in \mathbb{R}.$$

2.4. Diskriminantenkurve und singuläre Lösung:
Die Menge der Punkte $P(x, y)$, deren kartesischen Koordinaten gleichzeitig die Gleichungen

$$F(x, y, y') = 0 \quad \text{und} \quad \frac{dF(x, y, y')}{dy'} = 0$$

erfüllen, heißt *Diskriminantenkurve* der impliziten Differentialgleichung $F(x, y, y') = 0$. Sie ist die Gesamtheit der Trägerpunkte der singulären Linienelemente. Da man sie aus

$$F(x, y, p) = 0; \quad F_p(x, y, p) = 0$$

erhält, nennt man sie auch p-Diskriminante.

3. Lineare Differentialgleichung n-ter Ordnung:
Eine Differentialgleichung der Form

$$\sum_{k=0}^{n} \hat{a}_k(x)\, y^{(k)}(x) = q(x) \qquad \text{mit} \quad y^{(0)}(x) = y(x),$$

$q(x)$ und $\hat{a}_k(x)$ stetig in $[a; b]$ mit $\hat{a}_n(x) \neq 0$ in $[a; b]$ heißt *lineare Differentialgleichung n-ter Ordnung*. Wegen $\hat{a}_n(x) \neq 0$ kann die Gleichung durch $\hat{a}_n(x)$ dividiert werden. Dadurch erhält man die Standardform

$$y^{(n)}(x) + a_{n-1}(x)\, y^{(n-1)}(x) + \ldots + a_1(x)\, y'(x) + a_0(x)\, y(x) = q(x)$$

mit vorgegebenen, in $[a; b]$ stetigen Funktionen $a_i(x)$ und $q(x)$.

3.1. Homogene lineare Differentialgleichung:
Die Differentialgleichung

$$y^{(n)}(x) + a_{n-1}(x)\, y^{(n-1)}(x) + \ldots + a_1(x)\, y'(x) + a_0(x)\, y(x) = 0$$

mit $q(x) \equiv 0$ ist *homogen*.

1. Die homogene Gleichung besitzt ein Fundamentalsystem (Hauptsystem) von n linear unabhängigen Lösungen $y_1(x), y_2(x), \ldots, y_n(x)$, d.h.
$$\sum_{k=1}^{n} c_k y_k(x) \equiv 0 \ \text{ für alle } x \in [a; b] \quad \Leftrightarrow \quad c_1 = c_2 = \ldots = c_n = 0.$$
2. Jede Lösung $y(x)$ der homogenen Differentialgleichung ist als Linearkombination der n Lösungen eines Fundamentalsystems darstellbar als
$$y(x) = \sum_{k=1}^{n} c_k y_k(x) \quad \text{mit} \quad c_k \in \mathbb{R} \quad \text{für} \quad k = 1, 2, \ldots, n.$$
3. n Lösungen $\varphi_1(x), \varphi_2(x), \ldots, \varphi_n(x)$ der homogenen Differentialgleichung sind genau dann linear abhängig, d.h. es gibt n Zahlen $\alpha_1, \alpha_2, \ldots, \alpha_n$, die nicht alle verschwinden mit

$$\sum_{k=1}^{n} \alpha_k \varphi_k(x) \equiv 0 \quad \text{für alle } x \in [a;b],$$

wenn die *Wronskische Determinante*

$$W(x) = \begin{vmatrix} \varphi_1(x) & \varphi_2(x) & \cdots & \varphi_n(x) \\ \varphi_1'(x) & \varphi_2'(x) & \cdots & \varphi_n'(x) \\ \vdots & \vdots & \vdots & \vdots \\ \varphi_1^{(n-1)}(x) & \varphi_2^{(n-1)}(x) & \cdots & \varphi_n^{(n-1)}(x) \end{vmatrix}$$

an einer Stelle $x_1 \in (a;b)$ verschwindet. Dann verschwindet $W(x)$ im ganzen Intervall $(a;b)$. Die Wronskische Determinante erfüllt die Differentialgleichung

$$W'(x) = \frac{dW(x)}{dx} = -a_{n-1}(x)\,W(x) \quad \text{mit der Lösung}$$

$$W(x) = W(x_1)\,e^{-\int_{x_1}^{x} a_{n-1}(u)\,du}.$$

Reduktionsmethode von d'Alembert:
Die homogene lineare Differentialgleichung besitze die Lösung $y_1(x)$ mit $y_1(x) \neq 0$ in $(a;b)$. Mit dem Ansatz

$$y(x) = y_1(x) \int z(x)\,dx \qquad (z(x) = \text{neue Funktion})$$

geht die homogene Differentialgleichung nach Division durch $y_1(x)$ über in eine homogene Differentialgleichung $(n-1)$-ter Ordnung für $z(x)$. Dabei wird berücksichtigt, daß $y_1(x)$ Lösung der Ausgangsgleichung ist.
$z_1(x), z_2(x), \ldots, z_{n-1}(x)$ sei ein Fundamentalsystem dieser reduzierten Differentialgleichung der Ordnung $n-1$. Dann ist

$$y_1(x); \quad y_1(x) \int z_1(x)\,dx; \quad \ldots; \quad y_1(x) \int z_{n-1}(x)\,dx$$

ein Fundamentalsystem der Ausgangsgleichung der Ordnung n.

3.2. Inhomogene lineare Differentialgleichung:
Die inhomogene lineare Differentialgleichung besitzt die Darstellung

$$y^{(n)}(x) + a_{n-1}(x)\,y^{(n-1)}(x) + \ldots + a_1(x)\,y'(x) + a_0(x)\,y(x) = q(x),$$

wobei $q(x)$ in $(a;b)$ nicht identisch verschwinden darf. Es seien $y_1(x)$ und $y_2(x)$ Lösungen der inhomogenen Gleichung. Dann ist die Differenz $y_1(x) - y_2(x)$ Lösung der homogenen Gleichung. Daher erhält man die allgemeine Lösung $y_{inhom.}(x)$ der inhomogenen Differentialgleichung durch Addition einer partikulären (speziellen) Lösung $y_{part.}(x)$ der inhomogenen Gleichung zur allgemeinen Lösung $y_{hom.}(x)$ der homogenen Differentialgleichung, also

$$y_{inhom.}(x) = y_{hom.}(x) + y_{part.}(x).$$

Variation der Konstanten:
Mit dieser Methode erhält man aus der allgemeinen Lösung der homogenen Differentialgleichung eine partikuläre Lösung der inhomogenen Gleichung. Die homogene Gleichung besitze die allgemeine Lösung

$$y(x) = \sum_{k=1}^{n} c_k y_k(x) \qquad \text{mit } c_k \in \mathbb{R}.$$

Ansatz für eine partikuläre Lösung:

$$
\begin{aligned}
y(x) &= \sum_{k=1}^{n} c_k(x) y_k(x) \quad \text{mit} \\
y'(x) &= \sum_{k=1}^{n} c_k(x) y_k'(x) + \underbrace{\sum_{k=1}^{n} c_k'(x) y_k(x)}_{=0 \text{ setzen}} \\
y''(x) &= \sum_{k=1}^{n} c_k(x) y_k''(x) + \underbrace{\sum_{k=1}^{n} c_k'(x) y_k'(x)}_{=0 \text{ setzen}} \\
&\cdots\cdots\cdots\cdots\cdots\cdots \\
y^{(n-1)}(x) &= \sum_{k=1}^{n} c_k(x) y_k^{(n-1)}(x) + \underbrace{\sum_{k=1}^{n} c_k'(x) y_k^{(n-2)}(x)}_{=0 \text{ setzen}} \\
y^{(n)}(x) &= \sum_{k=1}^{n} c_k(x) y_k^{(n)}(x) + \underbrace{\sum_{k=1}^{n} c_k'(x) y_k^{(n-1)}(x)}_{=q(x) \text{ setzen}}.
\end{aligned}
$$

Dadurch erhält man für die Ableitungsfunktionen das lineare Gleichungssystem

$$
\begin{aligned}
c_1'(x) y_1(x) + {} & c_2'(x) y_2(x) + \ldots + c_n'(x) y_n(x) &= 0 \\
c_1'(x) y_1'(x) + {} & c_2'(x) y_2'(x) + \ldots + c_n'(x) y_n'(x) &= 0 \\
c_1'(x) y_1''(x) + {} & c_2'(x) y_2''(x) + \ldots + c_n'(x) y_n''(x) &= 0 \\
&\cdots\cdots\cdots\cdots\cdots\cdots \\
c_1'(x) y_1^{(n-2)}(x) + {} & c_2'(x) y_2^{(n-2)}(x) + \ldots + c_n'(x) y_n^{(n-2)}(x) &= 0 \\
c_1'(x) y_1^{(n-1)}(x) + {} & c_2'(x) y_2^{(n-1)}(x) + \ldots + c_n'(x) y_n^{(n-1)}(x) &= q(x).
\end{aligned}
$$

Mit Hilfe der Cramerschen Regel (s. lineare Gleichungssystem, 7.) erhält man die Lösung in der Form

$$c_k'(x) = \frac{W_k(x)}{W(x)} \qquad \text{für } k = 1, 2, \ldots, n.$$

Dabei ist W(x) die Wronskische Determinante

$$W(x) = \begin{vmatrix} y_1(x) & y_2(x) & \cdots & y_n(x) \\ y_1'(x) & y_2'(x) & \cdots & y_n'(x) \\ \vdots & \vdots & \vdots & \vdots \\ y_1^{(n-1)}(x) & y_2^{(n-1)}(x) & \cdots & y_n^{(n-1)}(x) \end{vmatrix}$$

und $W_k(x)$ die Determinante, die entsteht, indem in der Wronskischen Determinante die k-te Spalte durch den Spaltenvektor $(0, \ldots 0, q(x))^T$ ersetzt wird. Damit erhält man die allgemeine partikuläre Lösung

$$y_{part.}(x) = \sum_{k=1}^{n} y_k(x) \cdot \int \frac{W_k(x)}{W(x)} dx .$$

3.3. Spezielle homogene lineare Differentialgleichungen 2. Ordnung:
Für die nachfolgenden Differentialgleichungen erhält man mit dem Potenzreihenansatz $\sum_{k=0}^{\infty} c_k x^k$ mit $c_k \in \mathbb{R}$ und anschließendem Koeffizientenvergleich eine oder gar beide Lösungen des Fundamentalsystems.

3.3.1. Legendresche Differentialgleichung:
Die Differentialgleichung

$$(x^2-1)\, y''(x) + 2x\, y'(x) - \lambda(\lambda+1)\, y(x) = 0 \quad \text{für } |x| \leq 1$$

heißt *Legendresche* Differentialgleichung. Für $\lambda = n = 0, 1, \ldots$ erhält man als eine Lösung das Legendresche Polynom n-ten Grades (s. Legendresche Differentialgleichung und Legendresche Polynome). Aus der dort angegebenen allgemeinen Formel erhält man mit $n = \lambda$ die allgemeine Lösung.

3.3.2. Tschebyschewsche Differentialgleichung:
Die Differentialgleichung

$$(1-x^2)\, y''(x) - x\, y'(x) + \lambda y(x) = 0 \quad \text{für } |x| \leq 1 \text{ mit } \lambda > 0$$

heißt *Tschebyschewsche Differentialgleichung.* $\lambda = n^2$ ergibt als erste Lösung das Tschebyschewsche Polynom vom Grade n (s. Tschebyschewsche Differentialgleichung und Tschebyschew-Polynome). Mit $n^2 = \lambda$ erhält man aus der dort angegebenen Formel die allgemeine Lösung.

3.3.3. Laguerresche Differentialgleichung:

$$x\, y''(x) + (1-x)\, y'(x) + n\, y(x) = 0 \quad \text{für } n = 0, 1, 2, \ldots$$

heißt *Laguerresche Differentialgleichung* (s. Laguerresche Differentialgleichung und Laguerresche Polynome).

3.3.4. Hermitesche Differentialgleichung:
Die Differentialgleichung

$$y''(x) - 2x\, y'(x) + \lambda y(x) = 0, \ \lambda \in \mathbb{R}$$

heißt *Hermitesche Differentialgleichung*. Für $\lambda = 2n$, $n = 0, 1, 2, \ldots$ erhält man als spezielle Lösungen die Hermiteschen Polynome (s. Hermitesche Differentialgleichung und Hermitesche Polynome). Die allgemeine Lösung erhält man aus der dort angegebenen Formel mit $\lambda = 2n$.

3.3.5. Besselsche Differentialgleichung:
Die Differentialgleichung

$$x^2 y''(x) + x y'(x) + (x^2 - a^2) y(x) = 0 \quad \text{mit} \quad a \geq 0$$

heißt *Besselsche Differentialgleichung* (s. Besselsche Differentialgleichung und Besselsche Funktionen).

4. Lineare Differentialgleichung mit konstanten Koeffizienten:
Setzt man in 3. alle Funktionen $a_i(x) \equiv a_i$ (konstant), so erhält man die lineare Differentialgleichung n-ter Ordnung

$$y^{(n)}(x) + a_{n-1} y^{(n-1)}(x) + \ldots + a_1 y'(x) + a_0 y(x) = q(x)$$

mit den konstanten Koeffizienten $a_0, a_1, \ldots, a_{n-1} \in \mathbb{R}$.

4.1. Homogene lineare Differentialgleichung:
Mit dem Exponentialansatz $y = e^{\lambda x}$, $\lambda \in \mathbb{R}$ geht die homogene Differentialgleichung ($q(x) \equiv 0$) über in die Gleichung

$$e^{\lambda x}(\lambda^n + a_{n-1} \lambda^{n-1} + \ldots + a_1 \lambda + a_0) = 0.$$

Diese Gleichung kann nur erfüllt sein, wenn der zweite Faktor verschwindet, also an einer Nullstelle des sogenannten *charakteristischen Polynoms*

$$P_n(\lambda) = \lambda^n + a_{n-1} \lambda^{n-1} + \ldots + a_1 \lambda + a_0 = 0.$$

Es seien $\lambda_1, \lambda_2, \ldots, \lambda_r$ die reellen Nullstellen von $P_n(\lambda)$ mit den jeweiligen Vielfachheiten $k_1, k_2, \ldots, k_r$.

$$z_m = a_m + i b_m \quad \text{und} \quad \bar{z}_m = a_m - i b_m$$

seien die konjugiert komplexen Paare komplexer Nullstellen mit den Vielfachheiten $s_1, s_2, \ldots, s_l$ für $m = 1, 2, \ldots, l$. Dabei ist

$$k_1 + k_2 + \ldots + k_r + 2(s_1 + s_2 + \ldots + s_l) = n$$

(s. Fundamentalsatz der Algebra). Mit der Eulerschen Formel erhält man

$$e^{(a_m \pm i b_m) x} = e^{a_m x} \cdot e^{\pm i b_m x} = e^{a_m x} \cdot (\cos b_m x \pm i \sin b_m x).$$

Sowohl der Realteil als auch der Imaginärteil davon sind Lösungen der homogenen Differentialgleichung, also die Funktionen

$$e^{a_m x} \cdot \cos b_m x \quad \text{und} \quad e^{a_m x} \cdot \sin b_m x,$$

wobei die beiden Funktionen wegen $b_m \neq 0$ linear unabhängig sind. Dann lautet mit beliebigen reellen Konstanten c_{ij}, d_{mj}, g_{mj} die allgemeine Lösung der homogenen Differentialgleichung

$$y_{\text{hom.}}(x) = \sum_{i=1}^{r} \sum_{j=1}^{k_i} c_{ij}\, x^{j-1} e^{\lambda_i x} + \sum_{m=1}^{l} \sum_{j=1}^{s_m} x^{j-1} e^{a_m x} [d_{mj} \cos b_m x + g_{mj} \sin b_m x].$$

4.2. Inhomogene lineare Differentialgleichung:

Zur allgemeinen Lösung der inhomogenen Differentialgleichung

$$y^{(n)}(x) + a_{n-1} y^{(n-1)}(x) + \ldots + a_1 y'(x) + a_0 y(x) = q(x),$$

bei der die rechte Seite $q(x)$ nicht identisch verschwindet, benötigt man nach 3.2. nur eine beliebige partikuläre Lösung $y_{\text{part.}}(x)$. Mit der allgemeinen Lösung $y_{\text{hom.}}(x)$ der homogenen Differentialgleichung erhält man die allgemeine Lösung $y_{\text{allg.}}(x)$ der inhomogenen Differentialgleichung als

$$y_{\text{allg.}}(x) = y_{\text{hom.}}(x) + y_{\text{part.}}(x).$$

4.2.1. Variation der Konstanten:

Mit der in 3.2. dargestellten Methode erhält man die allgemeine Lösung der inhomogenen Differentialgleichung.

4.2.2. Spezielle Ansätze für eine partikuläre Lösung:

In Abhängigkeit von der rechten Seite $q(x)$ ist oft ein spezieller Ansatz für eine partikuläre Lösung möglich. Dieses Verfahren nennt man auch *Störgliedansatz* oder *Ansatz vom Typ der rechten Seite*. Einige Ansätze sind in der nachfolgenden Tabelle zusammengestellt.

rechte Seite $q(x)$	charakt. Polynom	Ansatz für eine partikuläre Lösung
$p_k(x)$ Polyn. vom Grad k	0 nicht Nullstelle 0 r-fache Nullstelle	$R_k(x)$ = Polynom k-ten Grades $x^r R_k(x)$
$b\,e^{ax}$	a keine Nullstelle a sei r-fache Nullstelle	$c\,e^{ax}$; Lösung $y = \frac{b\,e^{ax}}{P_n(a)}$ $c\,x^r e^{ax}$; Lösung $y = \frac{b\,x^r e^{ax}}{P_n^{(r)}(a)}$ $P_n(a)$ = char. Pol. an der Stelle a
$p_k(x)\,e^{ax}$ $p_k(x)$ ist ein Pol. vom Grad k	a nicht Nullstelle a sei r-fache Nullstelle	$R_k(x)\,e^{ax}$ $x^r R_k(x)\,e^{ax}$ $R_k(k)$ = Polynom vom Grad k
$p_k(x)\,e^{ax}\sin bx$ oder $p_k(x)\,e^{ax}\cos bx$ p_k Polynom vom Grad k	a und a + i b keine Nullstellen a oder a + i b sei r-fache Nullstelle	$e^{ax}[R_k(x)\cos bx + Q_k(x)\sin bx]$ $x^r e^{ax}[R_k(x)\cos bx + Q_k(x)\sin bx]$ $R_k(x), Q_k(x)$ Polynome vom Grad k

Beispiel:
Die Differentialgleichung

$$y^{(6)}(x) + 7\,y^{(5)}(x) + 21\,y^{(4)}(x) + 33\,y^{(3)}(x) + 14\,y''(x) - 36\,y'(x) - 40\,y(x) = 5\,e^{x}$$

besitzt das charakteristische Polynom

$$\begin{aligned} P_6(\lambda) &= \lambda^6 + 7\lambda^5 + 21\lambda^4 + 33\lambda^3 + 14\lambda^2 - 36\lambda - 40 \\ &= (\lambda - 1)(\lambda + 2)^3 (\lambda^2 + 2\lambda + 5). \end{aligned}$$

Aus der Faktorzerlegung erhält man die reellen Nullstellen $\lambda_1 = 1$ und $\lambda_2 = -2$ mit den Vielfachheiten $k_1 = 1$ bzw. $k_2 = 3$ und das Paar konjugiert komplexer Nullstellen $z_1 = -1 + 2i$ und $\bar{z}_1 = -1 - 2i$ mit der Vielfachheit $s_1 = 1$. Damit lautet die allgemeine Lösung der homogenen Differentialgleichung

$$\begin{aligned} y_{hom.} &= C_1 e^{x} + C_2 e^{-2x} + C_3 x e^{-2x} + C_4 x^2 e^{-2x} \\ &\quad + e^{-x} [C_5 \cos 2x + C_6 \sin 2x]. \end{aligned}$$

Da $\lambda = 1$ (einfache) Nullstelle des charakteristischen Polynoms ist, erhält man aus der obigen Tabelle die partikuläre Lösung

$$y_{part.}(x) = \frac{5\,x\,e^{x}}{P_n'(1)} = \frac{5}{216}\,x\,e^{x}.$$

Allgemeine Lösung: $y_{allg.}(x) = y_{hom.}(x) + y_{part.}(x)$.

4.3. Lösung mit Hilfe der Laplace-Transformation:
Die inhomogene lineare Differentialgleichung mit konstanten Koeffizienten kann auch mit Hilfe der Laplace-Transformation gelöst werden (s. Laplace-Transformation). Dort ist auch ein Beispiel angegeben. Falls die Laplace-Transformation allein auf die homogene Differentialgleichung angewandt wird, erhält man die allgemeine Lösung aus der Partialbruchentwicklung der Laplace-Transformierten. Bei komplexen Wurzeln ist dann sowohl der Real- als auch der Imaginärteil Lösung. Damit können die in 4.1. angegebenen Ergebnisse allgemein bewiesen werden.

4.4. Eulersche Differentialgleichung n-ter Ordnung:
Die Differentialgleichung

$$a_n x^n y^{(n)}(x) + a_{n-1} x^{n-1} y^{(n-1)}(x) + \ldots + a_1 x y'(x) + a_0 y(x) = g(x)$$

mit Konstanten $a_k \in \mathbb{R}$ für $k = 0, 1, 2, \ldots, n$ mit $a_n \neq 0$ heißt *Eulersche Differentialgleichung* n-ter Ordnung. Auch die Differentialgleichung

$$\sum_{k=0}^{n} b_k (cx + d)^k y^{(k)}(x) = q(x) \quad \text{mit } c, d, b_k \in \mathbb{R},\ c \neq 0$$

kann durch die Substitution $cx + d = z$ übergeführt werden in die Eulersche Differentialgleichung

$$\sum_{k=0}^{n} b_k c^k y^{(k)}(z) = q\left(\frac{z-d}{c}\right)$$

mit der unabhängigen Veränderlichen z und $a_k = b_k c^k$ für $k = 0, 1, \ldots, n$.
In der homogenen Gleichung

$$a_n x^n y^{(n)}(x) + a_{n-1} x^{n-1} y^{(n-1)}(x) + \ldots + a_1 x y'(x) + a_0 y(x) = 0$$

ist $x = 0$ singuläre Stelle. Man kann sich auf $x > 0$ beschränken, da mit $y(x)$ auch $y(-x)$ Lösung der homogenen Differentialgleichung ist. Durch die Substitution

$$x = e^t; \quad t = \ln x; \quad dx = e^t dt; \quad \frac{dt}{dx} = \frac{1}{x}; \quad y(x) = y(e^t); \quad \dot{y} = \frac{dy}{dt};$$

$$y'(x) = \frac{dy}{dx} = \frac{dy}{dt} \cdot \frac{dt}{dx} = \dot{y} \cdot \frac{1}{x}, \text{ also } x \cdot y' = \dot{y}$$

geht die homogene Differentialgleichung über in eine homogene Differentialgleichung für t mit konstanten Koeffizienten. Diese transformierte Differentialgleichung besitzt die charakteristische Gleichung

$$a_0 + \sum_{k=1}^{n} [a_k \cdot \lambda \cdot (\lambda - 1) \cdot \ldots \cdot (\lambda - k + 1)] = 0.$$

Diese charakteristische Gleichung erhält man auch mit dem Ansatz

$$y(x) = x^\lambda \quad \text{mit } \lambda \in \mathbb{R}.$$

5. Lineare Randwertaufgabe (lineares Randwertproblem):

5.1. Allgemeine lineare Randwertaufgabe:

Die *allgemeine lineare Randwertaufgabe* besteht aus der Standardform der linearen Differentialgleichung n-ter Ordnung (s. 3.)

$$L[y] = y^{(n)}(x) + a_{n-1}(x) y^{(n-1)}(x) + \ldots + a_1(x) y'(x) + a_0(x) y(x) = q(x),$$

$a_k(x)$ stetig in $[a; b]$ für $k = 0, 1, \ldots, n-1$.
Ferner sind n *lineare Randbedingungen* vorgegeben

$$R_i[y] = \sum_{j=0}^{n-1} [\alpha_{ij} y^{(j)}(a) + \beta_{ij} y^{(j)}(b)] = \gamma_i \quad \text{für } i = 1, 2, \ldots, n.$$

Dabei sind α_{ij}, β_{ij}, γ_i vorgegebene reelle Zahlen. Im Falle $\gamma_1 = \gamma_2 = \ldots = \gamma_n = 0$ heißen die Randbedingungen *homogen*, sonst *inhomogen*.

5.2. Homogene- und halbhomogene lineare Randwertaufgabe:

5.2.1. Homogene (vollhomogene) Randwertaufgabe:

Das lineare Randwertproblem

$$L[y] = 0 \quad (q(x) \equiv 0) \qquad \text{(homogene Differentialgleichung);}$$

$$R_i[y] = 0 \quad \text{für } i = 1, 2, \ldots, n \qquad \text{(homogene Randbedingungen)}$$

heißt *homogen* oder *vollhomogen*.

5.2.2. Inhomogene Randwertaufgabe:

Das lineare Randwertproblem heißt *inhomogen*, wenn in

$$L[y] = q(x);$$

$$R_i[y] = \gamma_i \quad \text{für } i = 1, 2, \ldots, n$$

$q(x) \not\equiv 0$ in $[a;b]$ gilt oder mindestens ein $\gamma_i \neq 0$ ist, falls also das Randwertproblem nicht homogen ist.

5.2.3. Halbhomogene Randwertaufgabe:
Das lineare Randwertproblem

$$L[y] = q(x) \not\equiv 0 \text{ in } [a;b] \qquad \text{(inhomogene Differentialgleichung);}$$

$$R_i[y] = 0 \quad \text{für } i = 1, 2, \ldots, n \qquad \text{(homogene Randbedingungen)}$$

heißt *halbhomogen*.

5.3. Lösungsmöglichkeiten:
Es sei $y_1(x), y_2(x), \ldots, y_n(x)$ ein Fundamentalsystem für die Lösungen der homogenen Differentialgleichung, also von $L[y] = 0$ (s. 3.1.). $y_0(x)$ sei eine partikuläre Lösung der inhomogenen Gleichung $L[y] = q(x)$. Dann lautet die allgemeine Lösung der inhomogenen Differentialgleichung

$$y(x) = \sum_{k=1}^{n} c_k y_k(x) + y_0(x)$$

mit beliebigen Konstanten $c_k \in \mathbb{R}$ (s. 3.2.). Damit $y(x)$ die n vorgegebenen Randbedingungen erfüllt, muß gelten

$$R_i[y] = \sum_{k=1}^{n} c_k R_i[y_k] = \gamma_i - R_i[y_0] \quad \text{für } i = 1, 2, \ldots, n.$$

Dies ergibt für die gesuchten Koeffizienten $c_1, c_2, \ldots, c_n$ das lineare Gleichungssystem

$$\begin{array}{l} R_1[y_1]c_1 + R_1[y_2]c_2 + \ldots + R_1[y_n]c_n = \gamma_1 - R_1[y_0] \\ R_2[y_1]c_1 + R_2[y_2]c_2 + \ldots + R_2[y_n]c_n = \gamma_2 - R_2[y_0] \\ \cdots\cdots\cdots\cdots\cdots\cdots\cdots\cdots\cdots\cdots \\ R_n[y_1]c_1 + R_n[y_2]c_2 + \ldots + R_n[y_n]c_n = \gamma_n - R_n[y_0]. \end{array}$$

Bei der homogenen Differentialgleichung erhält man mit $y_0 \equiv 0$

$$R_1[y_0] = R_2[y_0] = \ldots = R_n[y_0] = 0.$$

Für die Lösbarkeit ist die Determinante

$$\Delta = \begin{vmatrix} R_1[y_1] & R_1[y_2] & \ldots & R_1[y_n] \\ R_2[y_1] & R_2[y_2] & \ldots & R_2[y_n] \\ \vdots & \vdots & \vdots & \vdots \\ R_n[y_1] & R_n[y_2] & \ldots & R_n[y_n] \end{vmatrix}$$

entscheidend. Aus der Theorie der linearen Gleichungssysteme (s. lineares Gleichungssystem) erhält man folgende Möglichkeiten:

1. Fall: $\Delta \neq 0$:
Das inhomogene Randwertproblem ist dann bei beliebigen rechten Seiten γ_i eindeutig lösbar. Das homogene Randwertproblem besitzt nur die triviale Lösung $y(x) \equiv 0$; es ist also nicht allgemein lösbar.

2. Fall: $\Delta = 0$:
Das homogene Randwertproblem ist hier mehrdeutig lösbar. Das inhomogene Randwertproblem ist nur für bestimmte Randwerte γ_i lösbar. Im Falle der Existenz von Lösungen gibt es unendlich viele.

Eigenschaften der Lösungen des Randwertproblems:
1. Mit $z_1, z_2, \ldots, z_m$ ist auch jede Linearkombination

$$z = \alpha_1 z_1 + \alpha_2 z_2 + \ldots + \alpha_m z_m \quad \text{mit } \alpha_i \in \mathbb{R}$$

   Lösung des inhomogenen Randwertproblems.
2. Sind z_1 und z_2 Lösungen des inhomogenen Randwertproblems, so ist $z_1 - z_2$ Lösung des homogenen Randwertproblems.

5.4. Greensche Funktion:

5.4.1. Greensche Funktion für das Randwertproblem $y^{(j)}(a) = 0$:

Das spezielle Randwertproblem

$$L[y] = q(x); \quad y^{(j)}(a) = 0 \quad \text{für } j = 0, 1, \ldots, n-1$$

ist ein spezielles Anfangswertproblem. Es sei $y_1, y_2, \ldots, y_n$ ein Fundamentalsystem der homogenen Differentialgleichung mit der Wronskischen Determinante

$$W(x) = \begin{vmatrix} y_1(x) & y_2(x) & \cdots & y_n(x) \\ y_1'(x) & y_2'(x) & \cdots & y_n'(x) \\ \vdots & \vdots & \vdots & \vdots \\ y_1^{(n-1)}(x) & y_2^{(n-1)}(x) & \cdots & y_n^{(n-1)}(x) \end{vmatrix}$$

(s. 3.1.). Die durch

$$g(x,u) = \frac{1}{W(u)} \cdot \begin{vmatrix} y_1(u) & y_2(u) & \cdots & y_n(u) \\ y_1'(u) & y_2'(u) & \cdots & y_n'(u) \\ \vdots & \vdots & \vdots & \vdots \\ y_1^{(n-2)}(u) & y_2^{(n-2)}(u) & \cdots & y_n^{(n-2)}(u) \\ y_1(x) & y_2(x) & \ldots & y_n(x) \end{vmatrix}$$

für $a \le u \le x \le b$ und $g(x,u) = 0$ für $a \le x < u \le b$ definierte Funktion $g(x,u)$ heißt *Greensche Funktion* für dieses spezielle Randwertproblem. Die Lösung für dieses Randwertproblem erhält man mit Hilfe der Variation der Konstanten (s. 3.2.) in der Form

$$y(x) = \int_a^x g(x,u)\, q(u)\, du = \int_a^b g(x,u)\, q(u)\, du\,.$$

Die Greensche Funktion wird nach George Green benannt. Ihre Darstellung hängt vom Fundamentalsystem ab.

5.4.2. Greensche Funktion für das halbhomogene Problem:
Das halbhomogene Problem lautet

$$L[y] = q(x) \not\equiv 0 \text{ in } [a;b];$$

$$R_i[y] = \sum_{j=0}^{n-1} [\alpha_{ij} y^{(j)}(a) + \beta_{ij} y^{(j)}(b)] = 0 \quad \text{für } i = 1, 2, \ldots, n.$$

Es sei $y_1(x), y_2(x), \ldots, y_n(x)$ ein Fundamentalsystem mit

$$\Delta = \begin{vmatrix} R_1[y_1] & R_1[y_2] & \ldots & R_1[y_n] \\ R_2[y_1] & R_2[y_2] & \ldots & R_2[y_n] \\ \vdots & \vdots & \vdots & \vdots \\ R_n[y_1] & R_n[y_2] & \ldots & R_n[y_n] \end{vmatrix} \neq 0.$$

Es sei $g(x,u)$ die Greensche Funktion aus 5.4.1. Dann heißt die Funktion

$$G(x,u) = g(x,u) + \frac{1}{\Delta} \cdot \begin{vmatrix} 0 & y_1(x) & y_2(x) & \ldots & y_n(x) \\ R_1[g(x,u)] & R_1[y_1] & R_1[y_2] & \ldots & R_1[y_n] \\ R_2[g(x,u)] & R_2[y_1] & R_2[y_2] & \ldots & R_2[y_n] \\ \vdots & \vdots & \vdots & \vdots & \vdots \\ R_n[g(x,u)] & R_n[y_1] & R_n[y_2] & \ldots & R_n[y_n] \end{vmatrix}$$

Greensche Funktion für das halbhomogene Problem. In $R_i[g(x,u)]$ sind die entsprechenden Ableitungen nach der Variablen x zu bilden. Dabei ist u ein Parameter aus dem zulässigen Bereich $[a;b]$.

Greensche Funktion für das halbhomogene Problem:
Jede im Quadrat $Q = \{(x,u) \mid a \leq x, u \leq b\}$ definierte Funktion $G(x,u)$ heißt *Greensche Funktion* für das halbhomogene Problem, wenn sie in Q folgende Bedingungen erfüllt:

1. $G(x,u)$ besitzt in ganz Q stetige partielle Ableitungen nach x bis zur Ordnung $n-2$, d. h.

   $$\frac{\partial^k G(x,u)}{\partial x^k} \text{ ist stetig für } k = 0, 1, \ldots, n-2.$$

2. Für jedes u mit $a < u < b$ gilt

   $$\frac{\partial^{n-1} G(u+0,u)}{\partial x^{n-1}} - \frac{\partial^{n-1} G(u-0,u)}{\partial x^{n-1}} = 1 \text{ (Sprung an der Diagonalen).}$$

3. In jedem Intervall $[a;u)$ und $(u;b]$ erfüllt $G(x,u)$ als Funktion von x die homogene Differentialgleichung $L[G(x,u)] = 0$ (u fest) und die homogenen Randbedingungen $R_i[G(x,u)] = 0$ (u fest).

Eine spezielle Greensche Funktion ist oben angegeben.

Bestimmung einer Greenschen Funktion:
Das halbhomogene Problem sei lösbar. Dabei sei $y_1, y_2, \ldots, y_n$ ein Fundamentalsystem von $L[y] = 0$. Man setzt

$$G(x,u) = \begin{cases} G_1(x,u) = \sum_{k=1}^{n} [c_k(x,u) + d_k(x,u)]\, y_k(x) & \text{für } a \le x \le u \le b; \\ G_2(x,u) = \sum_{k=1}^{n} [c_k(x,u) - d_k(x,u)]\, y_k(x) & \text{für } a \le u < x \le b. \end{cases}$$

Dann sind die Funktionen $G_1(x,u)$ und $G_2(x,u)$ n-mal stetig nach x differenzierbar und erfüllen die homogene Differentialgleichung

$$L[G_1(x,u)] = L[G_2(x,u)] = 0 \quad \text{für jedes } u \in [a;b].$$

Die Funktionen $c_k(x,u)$ und $d_k(x,u)$ werden so bestimmt, daß die Funktion $G(x,u)$ die obigen Bedingungen 2. und 3. erfüllt, also

a) $$\frac{\partial^j G(u+0,u)}{\partial x^j} - \frac{\partial^j G(u-0,u)}{\partial x^j} = \begin{cases} 0 & \text{für } j = 0,1,\ldots,n-2; \\ 1 & \text{für } j = n-1 \end{cases}$$

für jedes $u \in [a;b]$.

b) $$R_i[y] = \sum_{j=0}^{n-1} [\alpha_{ij} G_1^{(j)}(a,u) + \beta_{ij} G_2^{(j)}(b,u)] = 0 \quad \text{für } i = 1,2,\ldots,n.$$

Eine solche Funktion existiert immer. Mit einer beliebigen Greenschen Funktion $G(x,u)$ ist

$$y(x) = \int_a^b G(x,u)\, q(u)\, du$$

die Lösung des halbhomogenen Problems.

5.4.3. Lösung des allgemeinen linearen Randwertproblems:

$$L[y] = q(x);$$
$$R_i[y] = \sum_{j=0}^{n-1} [\alpha_{ij} y^{(j)}(a) + \beta_{ij} y^{(j)}(b)] = \gamma_i \quad \text{für } i = 1,2,\ldots,n.$$

a) $\hat{y}(x)$ sei Lösung des halbhomogenen Randwertproblems

$$L[\hat{y}] = q(x); \qquad R_i[\hat{y}] = 0 \quad \text{für } i = 1,2,\ldots,n \quad \text{(s. 5.4.2.).}$$

b) Für $k = 1,2,\ldots,n$ sei $z_k(x)$ Lösung des Randwertproblems

$$L[y] = 0 \quad \text{und} \quad R_i[y] = \begin{cases} 0 & \text{für } i \ne k; \\ 1 & \text{für } i = k; \end{cases} \qquad \text{für } i = 1,2,\ldots,n.$$

$$y(x) = \hat{y}(x) + \sum_{i=1}^{n} \gamma_i z_i(x)$$

ist dann Lösung des allgemeinen Randwertproblems.

5.5. Selbstadjungiertes Randwertproblem:

5.5.1. Adjungierter Differentialoperator:
Die allgemeine lineare Differentialgleichung n-ter Ordnung sei

$$L[y] = \sum_{j=0}^{n} a_j(x)\, y^{(j)}(x),$$

$a_j(x)$ stetig mit $a_n(x) \neq 0$ in $[a;b]$. Um die Standardform zu erhalten, muß noch durch $a_n(x)$ dividiert werden. Es seien u und v beliebige in $[a;b]$ n-mal stetig differenzierbare Funktionen. Dann erhält man ein Skalarprodukt (s. Vektorraum, 3.) in der Form

$$< u, L[v] > \; = \int_a^b u(x)\, L[v]\, dx = \int_a^b u(x) \sum_{j=0}^{n} a_j(x)\, v^{(j)}(x)\, dx.$$

Falls die Ableitungen $\dfrac{d^j a_j(x)}{dx^j} = a_j^{(j)}(x)$ für $j = 1, 2, \dots, n$ existieren und stetig sind, erhält man durch wiederholte partielle Integration

$$< u, L[v] > \; = \sum_{j=1}^{n} \sum_{k=0}^{j-1} (-1)^j [u(x)\, a_j(x)]^{(k)}\, v^{(j-1-k)}(x) \Big|_{x=a}^{x=b} + \int_a^b v(x) \sum_{j=0}^{n} (-1)^j [u(x)\, a_j(x)]^{(j)}\, dx.$$

In dieser Gleichung setzt man

$$M(u(x), v(x)) = \sum_{j=1}^{n} \sum_{k=0}^{j-1} (-1)^j [u(x)\, a_j(x)]^{(k)}\, v^{(j-1-k)}(x);$$

$$L^*[u] = \sum_{j=0}^{n} (-1)^j [a_j(x)\, u(x)]^{(j)} = \sum_{j=0}^{n} (-1)^j \frac{d^j}{dx^j} [a_j(x)\, u(x)].$$

Falls die Ableitungen $\dfrac{d^k a_k(x)}{dx^k} = a_k^{(k)}(x)$ für $k = 1, 2, \dots, n$ existieren und stetig sind, heißt

$$L^*[y] = \sum_{k=0}^{n} (-1)^k [a_k(x)\, y(x)]^{(k)} = \sum_{k=0}^{n} (-1)^k \frac{d^k}{dx^k} [a_k(x)\, y(x)]$$

der zu $L[y]$ *adjungierte Differentialoperator*. Im Falle der Existenz beider Operatoren gelten nach den obigen Darstellungen folgende Eigenschaften:

Lagrangesche Identität: Es gilt

$$u(x)\, L[v(x)] - v(x)\, L^*[u(x)] = \frac{d}{dx} P(u(x), v(x))$$

mit

$$P(u(x), v(x)) = \sum_{j=1}^{n} \sum_{k=0}^{j-1} (-1)^j [u(x)\, a_j(x)]^{(k)}\, v^{(j-1-k)}(x)$$

(Bilinearform).

Greensche Formel: Es gilt

$$< u, L[v] > - < L^*[u], v > \; = \int_a^b \{u(x)\, L[v(x)] - v(x)\, L^*[u(x)]\}\, dx$$

$$= M(u(x), v(x))\Big|_{x=a}^{x=b} = M(u(b), v(b)) - M(u(a), v(a)).$$

5.5.2. Selbstadjungierter Differentialoperator:

Der Differentialoperator $L[y]$ ist *selbstadjungiert*, falls für alle in $[a;b]$ n-mal stetig differenzierbaren Funktionen $y(x)$ die Differentialoperatoren $L[y]$ und $L^*[y]$ existieren und übereinstimmen, also für $L[y] = L^*[y]$.

Dies ist genau dann der Fall, wenn für zwei beliebige in $[a;b]$ n-mal stetig differenzierbare Funktionen u und v gilt

$$< u, L[v] > - < L^*[u], v > = M(u(x), v(x))\Big|_{x=a}^{x=b} = 0,$$

also für

$$< u, L[v] > = < L^*[u], v > .$$

Bei selbstadjungierten Differentialoperatoren muß n gerade sein.
Die Differentialoperatoren

$$L[y] = \frac{d^k}{dx^k}[g(x)y^{(k)}(x)] = [g(x)y^{(k)}(x)]^{(k)} \quad \text{für } k = 0, 1, 2, \ldots$$

sind selbstadjungiert. Ein Differentialoperator ist genau dann selbstadjungiert, wenn er sich darstellen läßt in der Form

$$L[y] = \sum_{k=0}^{n} [g_k(x)y^{(k)}(x)]^{(k)} \quad \text{(Summe der k-ten Ableitungen)}.$$

5.5.3. Selbstadjungiertes halbhomogenes Randwertproblem:
Das halbhomogene Randwertproblem

$$L[y] = \sum_{k=0}^{n} a_k(x)y^{(k)}(x) = q(x) \not\equiv 0;$$

$$R_i[y] = \sum_{j=0}^{n-1} [\alpha_{ij}y^{(j)}(a) + \beta_{ij}y^{(j)}(b)] = 0 \quad \text{für } i = 1, 2, \ldots, n$$

heißt *selbstadjungiert*, wenn gilt

a) $L[y] = L^*[y]$ (selbstadjungierter Differentialoperator).

b) Für jeweils zwei Lösungen u, v mit $R_i[u] = R_i[v] = 0$ für alle i gilt

$$< u, L[v] > - < L[u], v > = M(u(x), v(x))\Big|_{x=a}^{x=b} = 0.$$

Allgemein gilt:

1. Das selbstadjungierte halbhomogene Randwertproblem sei eindeutig lösbar. Dann ist die Greensche Funktion $G(x,t)$ symmetrisch, es gilt also

   $$G(x,t) = G(t,x) \qquad \text{für alle } x, t \in [a;b].$$

2. Das homogene selbstadjungierte Randwertproblem besitze m linear unabhängige Lösungen $y_1, y_2, \ldots, y_m$. Dann ist das inhomogene Problem genau dann lösbar, wenn gilt

   $$\int_a^b q(x)y_j(x)\,dx = 0 \quad \text{für } j = 1, 2, \ldots, m.$$

5.5.4. Differentialgleichungen 2. Ordnung (Sturm-Liouvillesche Differentialgleichung):
Die spezielle lineare Differentialgleichung 2. Ordnung

$$(p_1(x)y'(x))' + p_0(x)y(x) = 0 \quad \text{mit} \quad p_1(x) \neq 0 \quad \text{in } [a;b]$$

heißt *Sturm-Liouvillesche Differentialgleichung.* Weil beide Summanden

selbstadjungiert sind, ist die Differentialgleichung selbstadjungiert.
Jeder lineare Differentialoperator 2. Ordnung

$$L[y] = a_2(x)\,y''(x) + a_1(x)\,y'(x) + a_0(x)\,y(x)$$

mit $a_2(x) \neq 0$ in $[a;b]$ und stetigen Ableitungen $a_1'(x)$ und $a_2'(x)$ wird durch Multiplikation mit der Funktion

$$\frac{M(x)}{a_2(x)} = \frac{\exp\left(\int \frac{a_1(x)}{a_2(x)}\,dx\right)}{a_2(x)}$$

übergeführt in den selbstadjungierten Differentialoperator

$$\hat{L}[y] = \left(M(x)\,y'(x)\right)' + \frac{a_0(x)}{a_2(x)}\,y(x).$$

6. Eigenwertproblem bei linearen Differentialoperatoren:

6.1. Das allgemeine lineare Randwertproblem:
Falls in 5.3 die Determinante Δ von Null verschieden ist, besitzt die vollhomogene Randwertaufgabe nur die triviale Lösung $y(x) \equiv 0$. Wenn in der Differentialgleichung ein Parameter λ auftritt, so kann man nach denjenigen Werten des Parameters λ fragen, für welche die homogene Randwertaufgabe nichttriviale Lösungen besitzt. Es handelt sich also um ein Eigenwertproblem. Der Parameter λ soll linear auftreten entweder als Faktor für die unbekannte Funktion oder als Faktor bei einigen Differentialausdrükken. Durch Sammeln der Ausdrücke mit und ohne λ erhält man dann die nachfolgende Form. Gegeben sind zwei lineare Differentialoperatoren

$$L[y] = \sum_{k=0}^{n} a_k(x)\,y^{(k)}(x);$$

$$M[y] = \sum_{j=0}^{m} b_j(x)\,y^{(j)}(x) \quad \text{mit} \quad m \leq n,$$

$a_k(x)$, $b_j(x)$ stetig mit $a_n(x), b_m(x) \neq 0$ in $[a;b]$. Dann lautet das Eigenwertproblem

$$L[y] - \lambda \cdot M[y] = 0 \text{ (lineare von } \lambda \text{ abhängige Differentialgleichung);}$$

$$R_i[y] = \sum_{j=0}^{n-1} \left[\alpha_{ij}\,y^{(j)}(a) + \beta_{ij}\,y^{(j)}(b)\right] = 0 \text{ für } i = 1, 2, \ldots, n.$$

Falls L und M selbstadjungiert sind, ist das Eigenwertproblem *selbstadjungiert.* Jeder Wert λ, für den dieses Eigenwertproblem lösbar ist, heißt *Eigenwert*, jede zum Eigenwert λ gehörende Lösung $y(x, \lambda)$ *Eigenfunktion* zum Eigenwert λ. Die Funktionen $y_k(x, \lambda)$ eines Fundamentalsystems hängen vom Parameter λ ab. Es sei $y_k(x, \lambda)$ für $k = 1, 2, \ldots, n$ ein Fundamentalsystem. Dann lautet die allgemeine Lösung

$$y(x, \lambda) = \sum_{k=1}^{n} c_k(\lambda)\,y_k(x, \lambda).$$

Für die Integrationskonstanten $c_k(\lambda)$ erhält man nach 5.3. ein lineares Gleichungssystem. Die Bedingung für die Existenz nichttrivialer Lösungen lautet

$$\Delta(\lambda) = \begin{vmatrix} R_1[y_1] & R_1[y_2] & \dots & R_1[y_n] \\ R_2[y_1] & R_2[y_2] & \dots & R_2[y_n] \\ \vdots & \vdots & \vdots & \vdots \\ R_n[y_1] & R_n[y_2] & \dots & R_n[y_n] \end{vmatrix} = 0$$

(s. 5.3.). Hieraus erhält man eine Gleichung für die gesuchten Eigenwerte. Die linearen Differentialoperatoren L und M seien beide selbstadjungiert (s. 5.5.2.). Dann gelten folgende Aussagen:

1. Alle Eigenwerte sind reell.
2. Für zwei zu verschiedenen Eigenwerten gehörende Eigenfunktionen $y_i(x)$ und $y_k(x)$ gilt
$$\int_a^b y_i(x)\, N[y_k(x)]\, dx = \int_a^b y_k(x)\, N[y_i(x)]\, dx = 0 \text{ für } i \neq k\,.$$
Sie sind also im verallgemeinerten Sinn orthogonal.
3. Es gibt höchstens abzählbar unendlich viele Eigenwerte, die sich im Endlichen nicht häufen.

Im Falle der Existenz heißt die von λ abhängige Greensche Funktion $G(x,u)$ *Greensche Resolvente.*

6.2. Das Sturm-Liouvillesche Rand- und Eigenwertproblem:

Das (reguläre) Sturm-Liouvillesche Rand- und Eigenwertproblem lautet:

$$(p_1(x)\, y'(x))' + p_0(x)\, y(x) - \lambda\, p(x)\, y(x) = 0\,;$$

$$R_1[y] = \alpha_1 y(a) + \alpha_2 y'(a) = 0 \qquad \text{mit} \quad (\alpha_1, \alpha_2) \neq (0,0)\,;$$

$$R_2[y] = \beta_1 y(b) + \beta_2 y'(b) = 0 \qquad \text{mit} \quad (\beta_1, \beta_2) \neq (0,0)\,;$$

$p_1(x)$ sei stetig differenzierbar und positiv in $[a;b]$;

$p_0(x)$ sei stetig, $p(x)$ sei stetig und positiv in $[a;b]$.

Dann gilt (s. 6.1.):

1. Alle Eigenwerte sind reell.
2. Zu verschiedenen Eigenvektoren gehörende Eigenfunktionen $y_1(x)$ und $y_2(x)$ sind bezüglich der Gewichtsfunktion $p(x)$ orthogonal mit
$$< y_1, y_2 >_p = \int_a^b y_1(x)\, y_2(x)\, p(x)\, dx = 0.$$
3. Zu jedem Eigenwert existiert nur eine linear unabhängige Eigenfunktion.

7. Numerische Lösung von Differentialgleichungen:

Falls die Differentialgleichung 1. Ordnung $y' = f(x, y)$ nicht geschlossen gelöst werden kann, sollen für die Lösung $y(x)$ mit $y(x_0) = y_0$ numerisch berechnete Näherungslösungen angegeben werden. Dabei sei vorausgesetzt, daß die Funktion $f(x, y)$ in einem Bereich

$$B = \{(x, y) \mid |x - x_0| \leq a;\ |y - y_0| \leq b\} \subset \mathbb{R}^2$$

beschränkt ist und dort die *Lipschitz-Bedingung*

$$|f(x, y_1) - f(x, y_2)| \leq L \cdot |y_1 - y_2| \quad \text{für alle } (x, y_1), (x, y_2) \in B$$

erfüllt. Im Falle $f(x, y) \equiv f(x)$ erhält man als Spezialfall Methoden zur numerischen Integration (s. Integralrechnung, 1.10.). Hier ist die Lipschitz-Bedingung mit $L = 0$ erfüllt.

7.1 Einschrittverfahren:

7.1.1. Euler-Cauchyscher Polygonzug:

Als Näherung für die exakte Lösung $y(x)$ mit $y(x_0) = y_0$ wird ein Polygonzug mit konstanter Schrittweite h angegeben. Ausgehend von x_0 setzt man

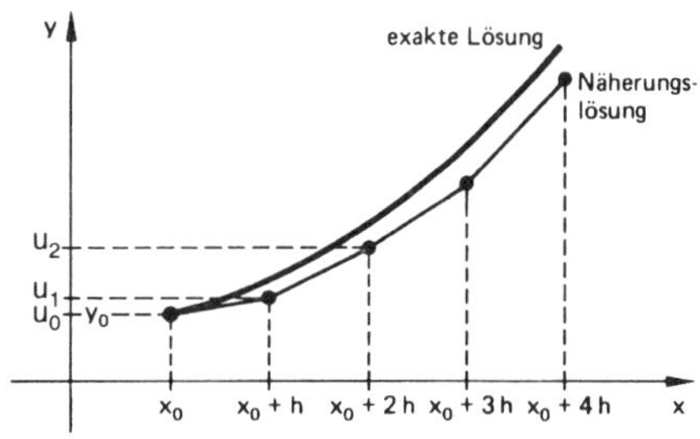

$$x_{n+1} = x_n + h;$$

$x_{n+1} = x_0 + nh$ für $n = 0, 1, \ldots$.

Von jedem Eckpunkt des Polygonzuges $(x_n, u_n) = (x_n, u(x_n))$ mit $u_0 = y_0$ geht der Polygonzug geradlinig weiter in Richtung des Richtungsfeldes bis zum nächsten Eckpunkt. Dadurch erhält man

$$u(x_{n+1}) = u_{n+1} = u_n + h y'(u_n) = u_n + h f(x_n, u_n)$$

$$\text{für } n = 1, 2, \ldots \quad \text{mit } u_0 = y_0 .$$

Neben den laufenden Rundungsfehlern gibt es noch zwei weitere Fehler.

(Lokaler) Quadraturfehler:

Dieser Fehler entsteht dadurch, daß in den einzelnen Teilintervallen die Lösungskurve durch ein Geradenstück angenähert wird. Nach der Taylorschen Formel (s. Taylor-Entwicklung, 1.2.) an der Stelle $h = 0$ für die Funktion $g(h) = u(x_n + h)$ gilt

$$u(x_{n+1}) = u(x_n + h) = u(x_n) + h y'(x_n) + \frac{1}{2} h^2 y''(\xi_n)$$

$$\text{mit } x_n < \xi_n < x_{n+1} .$$

Damit lautet der lokale Quadraturfehler im Intervall $[x_n; x_{n+1}]$

$$Q_n = \frac{1}{2} h^2 y''(\xi) \quad \text{für ein } \xi \text{ mit } x_n < \xi < x_{n+1} .$$

Aus der Differentialgleichung $y' = f(x,y)$ erhält man mit der Kettenregel

$$y''(x) = \frac{d}{dx} f(x,y) = f_x(x,y) + f_y(x,y) \cdot y'(x) = f_x(x,y) + f_y(x,y) \cdot f(x,y).$$

Damit gilt für $n = 1, 2, \ldots$

$$Q_n = \frac{1}{2} h^2 [f_x(\xi, y(\xi)) + f_y(\xi, y(\xi)) \cdot f(\xi, y(\xi))];$$

$$|Q_n| \leq \frac{1}{2} M h^2 \quad \text{mit } M = \sup_{(x,y) \in B} \left| f_x(x,y) + f_y(x,y) \cdot f(x,y) \right|.$$

(Lokaler) Steigungsfehler:
Da die Steigung an der Stelle (x_n, u_n) und nicht an der Stelle $(x_n, y(x_n))$ benutzt wird, tritt neben dem Quadraturfehler noch ein *Steigungsfehler* auf. Beim ersten Schritt gibt es keinen Steigungsfehler.

Lokaler Diskretisierungsfehler:
An der Stelle x_n lautet der Gesamtfehler

$$\Delta_n = |y(x_n) - u_n|.$$

Dabei gilt

$$\begin{aligned}
\Delta_{n+1} &= |y(x_{n+1}) - u(x_{n+1})| = |y(x_n + h) - u_n - h f(x_n, u_n)| \\
&= |y(x_n) + h y'(x_n) + \frac{h^2}{2} y''(\xi_n) - u_n - h f(x_n, u_n)| \\
&\leq \Delta_n + h |f(x_n, y(x_n)) - f(x_n, u_n)| + \frac{h^2}{2} |y''(\xi_n)| \\
&\leq \Delta_n + h L |y(x_n) - u_n| + \frac{1}{2} M h^2 \\
&\leq \Delta_n + h L \Delta_n + \frac{1}{2} M h^2 = (1 + L h) \Delta_n + \frac{1}{2} M h^2.
\end{aligned}$$

Mit $\Delta_1 \leq \frac{1}{2} M h^2$ erhält man allgemein

$$\Delta_n(h) \leq \frac{(1 + L h)^n - 1}{L h} \cdot \frac{M}{2} \cdot h^2.$$

Wegen

$$\lim_{h \to 0} \frac{(1 + L h)^n - 1}{L h} = \lim_{h \to 0} \frac{n L (1 + L h)^{n-1}}{L} = n$$

(s. unbestimmter Ausdruck, 1.), ist bei kleinem n der lokale Fehler von der Größenordung h^2 (s. Größenordnung von Funktionen, 2.).

Globaler Diskretisierungsfehler (Gesamtfehler):
Mit $h = h_n = \frac{x - x_0}{n}$ erhält man

$$\Delta_n(h_n) \leq \frac{\left(1 + \frac{L(x - x_0)}{n}\right)^n - 1}{L h_n} \cdot \frac{M}{2} \cdot h_n^2.$$

Wegen $1 + a \leq e^{a}$ für alle $a \in \mathbb{R}$ erhält man hieraus

$$\Delta_n(h_n) \leq e^{L \cdot (x - x_0)} \cdot \frac{M}{2L} \cdot |h_n| .$$

Wegen

$$\lim_{n \to \infty} \left(1 + \frac{L \cdot (x - x_0)}{n}\right)^n = e^{L \cdot (x - x_0)}$$

kann diese Abschätzung nicht mehr verbessert werden. Der globale Diskretisierungsfehler ist damit von der Größenordnung h.

7.1.2. Allgemeine Einschrittverfahren:
Mit $x_{n+1} = x_0 + n h$ für $n = 1, 2, \ldots$ setzt man allgemein

$$u_{n+1} = u_n + h\,\Phi(x_n, u_n, h) \quad \text{für } n = 1, 2, \ldots \text{ mit } \quad u_0 = y_0 .$$

Dabei ist $\Phi(x, y, h)$ eine vorgegebene *Verfahrensfunktion*. Falls

$$\lim_{h \to 0} \Phi(x, y, h) = f(x, y) \quad \text{für jedes } (x, y) \in G \text{ gilt,}$$

nennt man die Verfahrensfunktion *konsistent*. Mit $\Phi(x, y, h) = f(x, y)$ erhält man den Euler-Cauchyschen Polygonzug aus 7.1.1.

Lokaler Diskretisierungsfehler:
Es sei $y(x)$ die exakte Lösung von $y'(x) = f(x, y(x))$ mit $y(x_0) = x_0$. Für $h > 0$ ist

$$\Delta(x, y, h) = \frac{y(x + h) - y(x)}{h}$$

der Differenzenquotient zur Schrittweite h der exakten Lösung, während $\Phi(x, y, h)$ der Differenzenquotient der zur Schrittweite h durch Φ erhaltenen Näherungslösung ist. Die Differenz

$$r(x, y, h) = \Delta(x, y, h) - \Phi(x, y, h)$$

ist ein Maß für die Güte des Näherungsverfahrens. Sie heißt *lokaler Diskretisierungsfehler* des Verfahrens. Für konsistente Verfahrensfunktionen gilt

$$\lim_{h \to 0} r(x, y, h) = y'(x) - \lim_{h \to 0} \Phi(x, y, h) = f(x, y) - f(x, y) = 0.$$

Das Verfahren heißt *von der Ordnung* $p > 0$, wenn gilt

$$r(x, y, h) = \Delta(x, y, h) - \Phi(x, y, h) = O(h^p)$$

(s. Größenordnung von Funktionen, 2.). Dies bedeutet

$$|\Delta(x, y, h) - \Phi(x, y, h)| \leq c \cdot |h|^p \text{ mit einer Konstanten c.}$$

Zur Feststellung der Ordnung des Verfahrens kann für die Funktion $r(x, y, h)$ eine Taylor-Entwicklung um die Stelle $h_0 = 0$ durchgeführt werden. Dabei müssen die weiteren Ableitungen von y über $y' = f(x, y)$ mit Hilfe der Kettenregel berechnet werden, was manchmal sehr mühsam sein kann. Wegen

$$y(x+h) = y(x) + h\,y'(x) + \frac{h^2}{2}y''(x) + \ldots + \frac{h^n}{n!}y^{(n)}(x+\vartheta h)\,,\ 0<\vartheta<h$$

erhält man

$$\Delta(x,y,h) = y'(x) + \frac{h}{2}y''(x) + \ldots + \frac{h^{n-1}}{n!}y^{(n)}(x+\vartheta h)\,,\ 0<\vartheta<h\,.$$

Dabei gilt wegen $y' = f(x,y)$ nach der Kettenregel (s. 7.1.1.)

$$y''(x) = f_x(x,y) + f_x(x,y)\cdot f(x,y)\,;$$

$$y'''(x) = f_{xx}(x,y) + 2f_{xy}(x,y)\cdot f(x,y) + f_{yy}(x,y)\cdot f^2(x,y) + f_y(x,y)\cdot y'(x).$$

Davon muß die Taylor-Entwicklung der Funktion $\Phi(x,y,h)$

$$\Phi(x,y,h) = \sum_{k=0}^{n}\frac{h^k}{k!}\cdot\frac{\partial^k\Phi(x,y,h)}{\partial h^k}\bigg|_{h=0} + \frac{h^{n+1}}{(n+1)!}\cdot\frac{\partial^{n+1}\Phi(x,y,\vartheta h)}{\partial h^{n+1}}$$

subtrahiert werden. Wählt man für die Verfahrensfunktion $\Phi(x,y,h)$ Abschnitte der Taylor-Reihe von $\Delta(x,y,h)$, so erhält man Verfahren höherer Ordnung.

$$\Phi(x,y,h) = f(x,y) + \frac{h}{2}[f_x(x,y) + f_y(x,y)\cdot f(x,y)]$$

ergibt ein Verfahren zweiter Ordnung.

Beispiel (Eulerscher Polygonzug): Für $\Phi(x,y,h) = f(x,y)$ erhält man

$$r(x,y,h) = y'(x) + \frac{h}{2}y''(x+\vartheta h) - f(x,y) = \frac{h}{2}y''(x+\vartheta h) = O(h).$$

Mit dem Eulerschen Polygonzug erhält man also ein Verfahren der Ordnung 1.

Globaler Diskretisierungsfehler:
Mit der exakten Lösung $y(x)$ heißt der tatsächliche Fehler

$$e(x,h) = u(x,h) - y(x)$$

globaler Diskretisierungsfehler an der Stelle x. Oft wählt man

$$h = h_n = \frac{x-x_0}{n} \quad \text{für } n = 1,2,\ldots\ .$$

Das Einschrittverfahren heißt *konvergent*, falls für den Fehler gilt

$$\lim_{n\to\infty} e(x,h_n) = 0 \quad \text{für alle } x\in[a;b].$$

Abschätzung für den globalen Fehler:
Es sei $y(x)$ die tatsächliche Lösung von $y' = f(x,y)$ mit $y(x_0) = y_0$.
Die Verfahrensfunktion $\Phi(x,y,h)$ sei stetig in

$$B = \{(x,y,h)\,|\ a\le x\le b\,;\ |y-y(x)|\le\gamma\,;\ 0\le|h|\le h_0\} \quad \text{mit } \gamma,\ h_0>0.$$

Ferner gebe es zwei Konstanten R und N, so daß in B gilt

$$|\Phi(x,y_1,h) - \Phi(x,y_2,h)| \le R\cdot|y_1-y_2|\,;$$

$$|r(x,y,h)| = |\Delta(x,y,h) - \Phi(x,y,h)| \le N\cdot|h|^p \quad \text{mit } p>0\,.$$

Dann existiert ein $\hat{h}$ mit $0 < \hat{h} \leq h_0$, so daß für alle $h_n = \frac{x - x_0}{n}$, $n = 1, 2, \ldots$ mit $|h_n| \leq \hat{h}$ für den globalen Diskretisierungsfehler gilt

$$|e(x, h_n)| = |u(x, h_n) - y(x)| \leq |h_n|^p \cdot R \cdot \frac{e^{M \cdot |x - x_0|} - 1}{M}.$$

Das Einschrittverfahren ist in diesem Fall konvergent und der globale Diskretisierungsfehler besitzt die gleiche Ordnung p wie der lokale Diskretisierungsfehler.

7.1.3. Verfahren der Ordnung 2:
In dem allgemeinen Ansatz

$$\Phi(x, y, h) = a_1 f(x, y) + a_2 f\big(x + b_1 h, y + b_2 h f(x, y)\big)$$

können die Konstanten a_1, a_2, b_1 und b_2 so bestimmt werden, daß man Verfahren der Ordnung 2 erhält. Die Taylor-Entwicklung lautet

$$\Phi(x, y, h) = \Phi(x, y, 0) + h \cdot \left.\frac{\partial \Phi(x, y, h)}{\partial h}\right|_{h=0} + O(h^2)$$

$$= (a_1 + a_2) f(x, y) + a_2 h [b_1 f_x(x, y) + b_2 f_y(x, y) \cdot f(x, y)] + O(h^2).$$

Vergleich mit

$$\Delta(x, y, h) = y'(x) + \frac{h}{2} y''(x) + O(h^2)$$

ergibt

$$(a_1 + a_2) f(x, y) = y'(x) = f(x, y) \;\Rightarrow\; a_1 + a_2 = 1;$$

$$a_2 \cdot [b_1 \cdot f_x(x, y) + b_2 \cdot f_y(x, y) \cdot f(x, y)] = \frac{1}{2} y''(x)$$

$$= \frac{1}{2}[f_x(x, y) + f_x(x, y) \cdot f(x, y)] \quad \Rightarrow\; a_2 \cdot b_1 = \frac{1}{2}; \quad a_2 \cdot b_2 = \frac{1}{2}.$$

Das Gleichungssystem ist nicht eindeutig lösbar.

$a_1 = 0$; $a_2 = 1$; $b_1 = b_2 = \frac{1}{2}$ ergibt den

verbesserten Euler-Cauchyschen Polygonzug mit

$$\Phi(x, y, h) = f\left(x + \frac{h}{2}, y + \frac{h}{2} f(x, y)\right);$$

$$x_n = x_0 + n h; \quad u_{n+1} = u_n + h f\left(x_n + \frac{h}{2}, u_n + \frac{h}{2} f(x_n, u_n)\right)$$

für $n = 1, 2, \ldots$ mit $u_0 = y_0$.

$a_1 = a_2 = \frac{1}{2}$; $b_1 = b_2 = 1$ liefert das

Verfahren von Heun mit

$$\Phi(x, y, h) = \frac{1}{2}[f(x, y) + f(x + h, y + h f(x, y))];$$

$$x_n = x_0 + n h; \; u_{n+1} = u_n + \frac{h}{2}[f(x_n, u_n) + f(x_n + h, u_n + h f(x_n, u_n))]$$

für $n = 1, 2, \ldots$ mit $u_0 = y_0$.

7.1.4. Runge-Kutta-Verfahren:

Anstelle der Differentialgleichung wird die äquivalente Integralgleichung

$$y(x_{k+1}) = y(x_k) + \int_{x_k}^{x_{k+1}} f(x, y(x))\,dx$$

benutzt. Der Wert des Integrals wird durch eine allgemeine numerische Quadraturformel mit s Stützstellen $\xi_1, \xi_2, \ldots, \xi_s \in [x_k; x_{k+1}]$ approximiert mit

$$\int_{x_n}^{x_{n+1}} f(x, y(x))\,dx \approx u_{n+1} - u_n = \sum_{j=1}^{s} a_i f(\xi_i, u_i^*) = \sum_{i=1}^{s} a_i k_i .$$

Man setzt $u_{n+1} = u_n + \sum_{i=1}^{s} a_i k_i$;

$$k_i = h f\left(x_n + \alpha_i h,\ u_n + \sum_{j=1}^{s} \beta_{ij} k_j\right) \quad \text{für } i = 1, 2, \ldots, s.$$

Die auftretenden Konstanten a_i, α_i und β_{ij} werden unter speziellen Einschränkungen so bestimmt, daß die s-stufige Runge-Kutta-Methode eine möglichst hohe Ordnung besitzt. Falls nicht alle Koeffizienten β_{ij} mit $j \geq i$ verschwinden, heißt das Verfahren *implizit*, andernfalls *explizit*. Bei impliziten Verfahren müssen die Formeln allerdings iterativ gelöst werden.

Explizite Runge-Kutta-Verfahren:

Für $\beta_{ij} = 0$ für alle $j \geq i$ erhält man *explizite* Verfahren mit

$$u_{n+1} = u_n + \sum_{i=1}^{s} a_i k_i ;$$

$$k_i = h f\left(x_n + \alpha_i h,\ u_n + \sum_{j=1}^{i-1} \beta_{ij} k_j\right) \quad \text{für } i = 1, 2, \ldots, s.$$

Spezialfälle für explizite Runge-Kutta-Verfahren:

a) $s = 1;\ a_1 = 1;\ \alpha_1 = 0$ ergibt $u_{n+1} = u_n + h f(x_n, u_n)$,

also den Euler-Cauchyschen Polygonzug der Ordnung $p = 1$ aus 7.1.1.

b) $s = 2;\ a_1 = 0;\ a_2 = 1;\ \alpha_1;\ \alpha_2 = \frac{1}{2};\ \beta_{21} = \frac{1}{2}$ liefert

$$u_{n+1} = u_n + h f\left(x_n + \frac{h}{2}, u_n + \frac{h}{2} f(x_n, u_n)\right),$$

also den verbesserten Euler-Cauchyschen Polygonzug der Ordnung $p = 2$ aus 7.1.3.

c) $s = 2;\ a_1 = a_2 = \frac{1}{2};\ \alpha_1 = 0;\ \alpha_2 = 1;\ \beta_{11} = 1$ ergibt

$$u_{n+1} = u_n + \frac{h}{2}[f(x_n, u_n) + f(x_n + h, u_n + h f(x_n, u_n))],$$

also das Verfahren von Heun der Ordnung $p = 2$ aus 7.1.3.

d) $s = 3;\ a_1 = \frac{1}{4};\ a_2 = 0;\ a_3 = \frac{3}{4};\ \alpha_1 = 0;\ \alpha_2 = \frac{1}{3};\ \alpha_3 = \frac{2}{3};\ \beta_{21} = \frac{1}{3};$
$\beta_{31} = 0;\ \beta_{32} = \frac{2}{3}$ liefert

$$k_1 = h f(x_n, u_n);\quad k_2 = h f(x_n + \tfrac{h}{3}, u_n + \tfrac{1}{3} k_1);$$

$$k_3 = h\,f(x_n + \tfrac{2h}{3},\, u_n + \tfrac{2}{3}k_2)\,;\quad u_{n+1} = u_n + \tfrac{1}{2}k_1 + \tfrac{3}{4}\,k_3\,,$$

also ein verbessertes Verfahren von Heun der Ordnung $p = 3$.

e) $s = 3$; $a_1 = \frac{1}{6}$; $a_2 = \frac{2}{6}$; $a_3 = \frac{1}{6}$; $\alpha_1 = 0$; $\alpha_2 = \frac{1}{3}$; $\alpha_3 = 1$; $\beta_{21} = \frac{1}{2}$; $\beta_{31} = -1$; $\beta_{32} = 2$ ergibt

$$k_1 = h\,f(x_n,\, u_n)\,;\quad k_2 = h\,f(x_n + \tfrac{h}{3}, u_n + \tfrac{1}{2}k_1)\,;$$

$$k_3 = h\,f(x_n + h,\, u_n - k_1 + 2k_2)\,;\quad u_{n+1} = u_n + \tfrac{1}{6}\,k_1 + \tfrac{2}{6}k_2 + \tfrac{1}{6}k_3\,,$$

die sogenannte *Simpson - Regel* der Ordnung $p = 3$.

f) $s = 4$; $a_1 = \frac{1}{6}$; $a_2 = \frac{2}{6}$; $a_3 = \frac{2}{6}$; $a_4 = \frac{1}{6}$; $\alpha_1 = 0$; $\alpha_2 = \frac{1}{2}$; $\alpha_3 = \frac{1}{2}$; $\alpha_4 = 1$; $\beta_{21} = \frac{1}{2}$; $\beta_{31} = 0$; $\beta_{32} = \frac{1}{2}$; $\beta_{41} = \beta_{42} = 0$; $\beta_{43} = 1$ liefert

$$k_1 = h\,f(x_n, u_n)\,;\quad k_2 = h\,f(x_n + \tfrac{h}{2}\,, u_n + \tfrac{1}{2}\,k_1)\,;$$

$$k_3 = h\,f(x_n + \tfrac{h}{2}, u_n + \tfrac{1}{2}\,k_2)\,;\quad k_4 = h\,f(x_n + h\,, u_n + k_3)\,;$$

$$u_{n+1} = u_n + \tfrac{1}{6}k_1 + \tfrac{2}{6}k_2 + \tfrac{2}{6}k_3 + \tfrac{1}{6}k_4\,,$$

also eine klassische Runge-Kutta-Methode der Ordnung $p = 4$.

g) $s = 4$; $a_1 = \frac{1}{8}$; $a_2 = \frac{3}{8}$; $a_3 = \frac{3}{8}$; $a_4 = \frac{1}{8}$; $\alpha_1 = 0$; $\alpha_2 = \frac{1}{3}$; $\alpha_3 = \frac{2}{3}$; $\alpha_4 = 1$; $\beta_{21} = \frac{1}{3}$; $\beta_{31} = -\frac{1}{3}$; $\beta_{32} = 1$; $\beta_{41} = 1$; $\beta_{42} = -1$; $\beta_{43} = 1$ ergibt

$$k_1 = h\,f(x_n, u_n)\,;\quad k_2 = h\,f(x_n + \tfrac{h}{3},\, u_n + \tfrac{1}{3}k_1)\,;$$

$$k_3 = h\,f(x_n + \tfrac{2h}{3}, u_n - \tfrac{1}{3}k_1 + k_2)\,; k_4 = h\,f(x_n + h\,, u_n + k_1 - k_2 + k_3)\,;$$

$$u_{n+1} = u_n + \tfrac{1}{8}k_1 + \tfrac{3}{8}k_2 + \tfrac{3}{8}k_3 + \tfrac{1}{8}k_4\,,$$

die sogenannte $\frac{3}{8}$- *Regel* mit der Ordnung $p = 4$.

7.2. Mehrschrittverfahren

Ein allgemeines *r - Schrittverfahren* mit $r \geq 2$ ist gegeben durch

$$u_{n+r} + a_{r-1}\,u_{n+r-1} + \ldots + a_0\,u_n = h\,\Phi\,(x_n, u_{n+r}, u_{n+r-1}, \ldots, u_n, h).$$

Dabei sind $a_0, a_1, \ldots, a_{r-1}$ Konstanten. Zur Berechnung des Näherungswertes u_{n+r} benötigt man die vorangehenden r Näherungswerte u_{n+r-1}, $u_{n+r-2}, \ldots, u_n$. Dabei ergibt $r = 1$ als Spezialfall das allgemeine Einschrittverfahren aus 7.1.2. Um das Verfahren anwenden zu können, benötigt man neben $u_0 = y_0$ noch $r - 1$ Startwerte $u_1, u_2, \ldots, u_{r-1}$. Diese müssen mit Hilfe eines anderen Verfahrens, z. B. mit einem Einschrittverfahren, bestimmt werden. Im Falle

$$\Phi\,(x_n, u_{n+r}, u_{n+r-1}, \ldots, u_n, h) = b_r\,f(x_{n+r}, u_{n+r}) + \ldots + b_0\,f(x_n, u_n)$$

heißt das Mehrschrittverfahren *linear.* Für $b_r = 0$ nennt man das lineare Mehrschrittverfahren *explizit*, sonst *implizit.*

gewöhnlicher Bruch s. Brüche.

gewöhnlicher Logarithmus s. dekadischer Logarithmus.

gewöhnliche Zykloide s. zyklische Kurven, 1.

gewölbt, nach oben s. konkav.

gewölbt, nach unten s. konvex, 2.

g.g.T. s. größter gemeinsamer Teiler.

Gigameter:

Ein *Gigameter*, im Zeichen 1 Gm, sind 10^9 Meter, also 1 Gm = 10^9 m (s. Längeneinheit und Längenmaßzahl).

glatt, stückweise glatt:

1. Glattes bzw. stückweise glattes Kurvenstück:
Ein Kurvenstück $\mathfrak{C}$ sei gegeben durch die Parameterdarstellung

$$x = \varphi(t);\quad y = \psi(t);\quad z = \chi(t)\quad \text{für } t_1 \leq t \leq t_2 .$$

Für $\chi(t) \equiv 0$ handelt es sich um ein ebenes Kurvenstück, sonst um ein räumliches (s. Kurve, 1.1., 2.1.). Der durch den Parameterwert t_0 bestimmte Kurvenpunkt heißt *regulär*, wenn die Parameterfunktionen an der Stelle t_0 differenzierbar sind, und nicht alle Ableitungen gleichzeitig verschwinden (s. regulär, 6.). Das Kurvenstück $\mathfrak{C}$ heißt *glatt*, wenn es nur aus regulären Punkten besteht. Man nennt es *stückweise glatt*, wenn das Intervall $[t_1; t_2]$ in endlich viele Teilintervalle zerlegt werden kann, so daß im Innern eines jeden Teilintervalls das Kurvenstück glatt ist.

2. Glattes bzw. stückweise glattes Flächenstück:
Ein Flächenstück $\mathfrak{F}$ sei gegeben durch die Parameterdarstellung

$$x = \varphi(u, v);\quad y = \psi(u, v);\quad z = \chi(u, v);\ (u, v) \in B \subset \mathbb{R}^2$$

(s. Fläche, 2.1.). Das Flächenstück heißt an der durch (u_0, v_0) bestimmten Stelle *regulär*, wenn die drei Parameterfunktionen an dieser Stelle stetige partielle Ableitungen besitzen und die Matrix

$$\begin{pmatrix} \varphi_u(u, v) & \psi_u(u, v) & \chi_u(u, v) \\ \varphi_v(u, v) & \psi_v(u, v) & \chi_v(u, v) \end{pmatrix}$$

an dieser Stelle den Rang zwei besitzt (s. Fläche, 2.2., s. regulär, 5.). Das Flächenstück heißt *glatt*, wenn es an jeder Stelle regulär ist. Falls der Bereich B in endlich viele Teilbereiche zerlegt werden kann, so daß im Innern eines jeden Teilbereichs das Flächenstück glatt ist, heißt das Flächenstück *stückweise glatt*.

gleich (Gleichheit):
Zwei Elemente a und b heißen *gleich*, im Zeichen $a = b$, wenn zwischen a und b eine völlige Übereinstimmung herrscht. Die *Gleichheit* $=$ ist eine Äquivalenzrelation (s. Äquivalenzrelation, s. Gleichung).

gleichartige Matrizen:
Zwei Matrizen heißen *gleichartig*, wenn sie jeweils die gleiche Zeilenanzahl und jeweils die gleiche Spaltenanzahl besitzen.

gleichartig stetig s. gleichgradig stetig.

gleiche Matrizen s. Matrix, 1.

gleichgerichtete Vektoren:
Zwei nichtverschwindende n-dimensionale Vektoren $\vec{a}, \vec{b} \in V^n$ heißen *gleichgerichtet*, wenn es eine Konstante $\lambda > 0$ gibt mit $\vec{a} = \lambda \cdot \vec{b}$ (s. Vektor im V^n, 2., 3., 4.).

Gleichgewichtspreis s. Marktpreis.

Gleichgewichtspunkt s. Spiel, 2.2.

gleichgradig (gleichartig) stetig:
Eine Funktionenfolge $f_n(x), n = 1, 2, \ldots$ heißt an der Stelle x_0 *gleichgradig* (*gleichartig*) stetig, wenn es zu jedem $\varepsilon > 0$ ein $\delta(\varepsilon) > 0$ gibt, so daß für alle n und alle x mit $|x - x_0| < \delta(\varepsilon)$ gilt

$$|f_n(x) - f(x)| < \varepsilon \qquad \text{(s. Funktionenfolge).}$$

Gleichheit s. gleich.

gleichmächtig s. äquivalent, 5., s. Kardinalzahl.

gleichmäßig beschränkt:
Eine Funktionenfolge $f_n(x), n = 1, 2, \ldots$ (s. Funktionenfolge) heißt in $M \subset D$ *gleichmäßig beschränkt*, falls eine positive Zahl K existiert mit

$$|f_n(x)| < K \quad \text{für alle } n \in \mathbb{N} \text{ und alle } x \in M.$$

gleichmäßig chordal konvergent:
Die Folge $(f_n(z))_{n=1,2,\cdots}$ von komplexen Funktionen heißt in einem Gebiet der Riemannschen Zahlenebene *gleichmäßig chordal konvergent* gegen die Funktion $f(z)$, wenn es zu jedem $\varepsilon > 0$ ein $n_0(\varepsilon)$ gibt, so daß für alle $n > n_0(\varepsilon)$ und alle $z \in G$ für den chordalen Abstand gilt $\chi(f_n(z), f(z)) < \varepsilon$ (s. chordal konvergent).

gleichmäßig konvergent:

1. Gleichmäßig konvergente Funktionenfolge:
Eine Funktionenfolge $f_n(x), n = 1, 2, \ldots$ heißt in $M \subset D$ *gleichmäßig konvergent* gegen die Funktion $f(x)$, wenn zu jedem $\varepsilon > 0$ ein von x unabhängiger Index $n_0 = n_0(\varepsilon)$ existiert, so daß gilt (s. Funktionenfolge)

$$|f_n(x) - f(x)| < \varepsilon \quad \text{für alle } n \geq n_0(\varepsilon) \text{ und alle } x \in M.$$

2. Gleichmäßig konvergente Funktionenreihe s. Funktionenreihe.

gleichmäßig stetig s. Funktion von reellen Variablen, 1.3.

gleichnamig:

Zwei Brüche heißen *gleichnamig*, wenn ihre Nenner übereinstimmen (s. Brüche).

gleichorientiert s. Orientierung eines Vektorraumes.

gleichschenklig:

1. Gleichschenkliges Dreieck:
Ein Dreieck, bei dem zwei Seiten gleich lang sind (und damit zwei Winkel übereinstimmen), heißt *gleichschenklig* (s. Dreieck, 3.). Die gleichlangen Seiten des Dreiecks heißen *Schenkel*, die dritte Seite *Grundseite*, die der dritten Seite gegenüberliegende Ecke *Spitze* des gleichschenkligen Dreiecks.

2. Gleichschenkliges Trapez:
Ein Trapez heißt *gleichschenklig*, falls die beiden Schenkel (nichtparallele Seiten) gleich lang sind (s. Trapez).

gleichseitige Hyperbel s. Hyperbel, 5., 8.

gleichseitiges Dreieck:

Ein Dreieck, bei dem alle drei Seiten gleich lang (und damit alle drei Winkel gleich 60°) sind, heißt *gleichseitig* (s. Dreieck, 4.). Es handelt sich um ein regelmäßiges Vieleck (s. Vieleck, 4.)

Gleichsetzungsmethode s. lineare Gleichungen, 4.2.2.

Gleichung:

1. Allgemeine Gleichung:
Eine mathematische *Gleichung* ist ein aus Zeichen für mathematische Größen (z. B. arithmetische Operationen, Mengen, Zahlen, Funktionen, Variablen usw.) zusammengesetzter Ausdruck, in dem das Gleichheitszeichen auftritt (s. gleich).

2. Gleichung einer Variablen (Unbekannten, Unbestimmten):
Es sei $f(x)$ eine Funktion einer reellen Variablen (s. Funktion von reellen Variablen, 1.). Dann heißt $f(x) = 0$ eine *Gleichung* einer Unbekannten (Unbestimmten). Auf diesen Fall können auch Gleichungen der Art $u(x) = v(x)$ zurückgeführt werden durch $f(x) = u(x) - v(x) = 0$. Die Lösungen sind dann die *Nullstellen* der Funktion f (s. Nullstelle, s. algebraisch, 2.). Lösungsverfahren s. Nullstellenbestimmung.

3. Gleichung mehrerer Variabler (Unbekannter):
$f(x_1, x_2, \ldots, x_n) = 0$ ist eine Gleichung in n Variablen (s. Funktion von reellen Variablen, 2.1., 3.1.).

4. Algebraische Gleichung n-ten Grades:
Es sei $P_n(x)$ ein Polynom n-ten Grades (s. Polynom, 1.). Dann nennt man $P_n(x) = 0$ eine *algebraische Gleichung* n-*ten Grades*. Nach Division durch $a_n \neq 0$ geht jede algebraische Gleichung über in die Normalform

$$x^n + a_{n-1} x^{n-1} + a_{n-2} x^{n-2} + \ldots + a_1 x + a_0 = 0$$

mit $a_0, a_1, \ldots, a_{n-1} \in \mathbb{R}$. Sie besitzt n Wurzeln (Lösungen), die reell oder auch komplex sein können. Komplexe Lösungen treten dabei als konjugiert komplexe Paare auf. Mit $z_1 = a + i b$ ist auch $\bar{z}_1 = a - i b$ Lösung. Dann gilt die Zerlegung

$$(x - z_1) \cdot (x - \bar{z}_1) = (x - a - i b) \cdot (x - a + i b) = x^2 + p x + q = 0$$

mit $p = -2a$; $q = a^2 + b^2$. Die Koeffizienten p und q sind reell.
Mehrfache Wurzeln werden entsprechend ihrer Vielfachheit gezählt. Es seien $x_1, x_2, \ldots, x_r$ die verschiedenen Wurzeln mit den Vielfachheiten n_1, $n_2, \ldots, n_r$. Dann besitzt die algebraische Gleichung die Produktdarstellung (Nullstellenzerlegung)

$$(x - x_1)^{n_1} \cdot (x - x_2)^{n_2} \cdot \ldots \cdot (x - x_r)^{n_r} = 0 \quad \text{mit} \quad \sum_{k=1}^{r} n_k = n.$$

4.1. Algebraische Gleichung ersten Grades:
Die Gleichung $a x = b$ mit $a, b \in \mathbb{R}$ heißt *Gleichung ersten Grades* oder *lineare Gleichung* für x. Sie besitzt die Lösung

$$x = \frac{b}{a} \text{ für } a \neq 0; \quad x = \lambda \text{ (beliebig) für } a = b = 0;$$

für $a = 0$ und $b \neq 0$ gibt es keine Lösung.

4.2. Algebraische Gleichung zweiten Grades s. quadratische Gleichung.

4.3. Algebraische Gleichung dritten Grades s. kubische Gleichung.

4.4. Algebraische Gleichung vierten Grades:
Jede Gleichung vierten Grades kann nach Division dargestellt werden in der Standardform

$$x^4 + a x^3 + b x^2 + c x + d = 0 \quad \text{mit } a, b, c, d \in \mathbb{R}.$$

4.4.1. Elementar lösbare Spezialfälle:

4.4.1.1. d = 0:

Die Gleichung

$$x^4 + a x^3 + b x^2 + c x = x(x^3 + a x^2 + b x + c) = 0$$

besitzt die Lösung $x_1 = 0$. Die weiteren Lösungen erhält man durch Lösen der kubischen Gleichung $x^3 + a x^2 + b x + c = 0$ (s. kubische Gleichung).

4.4.1.2. Biquadratische Gleichung (a = c = 0):

Die spezielle Gleichung 4. Grades mit der Normalform $x^4 + p x^2 + q = 0$ mit p, $q \in \mathbb{R}$ heißt *biquadratische Gleichung.* Die Substitution $x^2 = y$ ergibt die quadratische Gleichung $y^2 + py + q = 0$ (s. quadratische Gleichung), aus deren Lösungen y_1 und y_2 man mit $x^2 = y_1$ und $x^2 = y_2$ die Lösungen der Ausgangsgleichung erhält. Die Lösungen können reell oder (konjugiert) komplex sein.

Beispiel: $x^4 - 25x^2 + 144 = 0$; $y^2 - 25y + 144 = 0$; $y_1 = 9$; $y_2 = 16$.
Daraus erhält man $x_1 = 3$; $x_2 = -3$; $x_3 = 4$; $x_4 = -4$.

4.4.1.3. Abspalten eines Linearfaktors:

Falls eine Lösung x_1 bekannt ist, erhält man mit Hilfe der Polynomdivision (s. Polynomdivision) die Gleichung

$$(x - x_1) \cdot (x^3 + \beta x^2 + \gamma x + \delta) = 0,$$

also die Gleichung $x^3 + \beta x^2 + \gamma x + \delta = 0$ (s. kubische Gleichung).

4.4.2. Die kubische Resolvente:

Mit der Substitution $x = y - \frac{a}{4}$ geht die Gleichung vierten Grades über in die reduzierte Gleichung:

$$y^4 + p y^2 + q y + r = 0$$

mit $p = b - \frac{3}{8}a^2$; $q = c - \frac{ab}{2} + \frac{a^3}{8}$; $r = -\frac{3a^4}{256} + \frac{a^2 b}{16} - \frac{ca}{4} + d$.

Zunächst löst man ihre *kubische Resolvente*

$$z^3 + 2 p z^2 + (p^2 - 4r) z - q^2 = 0$$

(s. kubische Gleichung). Mit den Wurzeln z_1, z_2, z_3 dieser Gleichung mit $z_1 \cdot z_2 \cdot z_3 = q^2 \geq 0$ müssen in

$$u = \pm\sqrt{z_1}\,; \quad v = \pm\sqrt{z_2}\,; \quad w = \pm\sqrt{z_3}$$

die Vorzeichen so gewählt werden, daß gilt $u \cdot v \cdot w = -q$.
Dann erhält man die Lösungen der reduzierten Gleichung

$$y_1 = \tfrac{1}{2}(u + v + w); \qquad y_2 = \tfrac{1}{2}(u - v - w);$$

$$y_3 = \tfrac{1}{2}(-u + v - w); \quad y_4 = \tfrac{1}{2}(-u - v + w).$$

Mit $x_i = y_i - \frac{a}{3}$ erhält man hieraus die Wurzeln der Ausgangsgleichung.

Gleichungssystem:

Gegeben sind m Funktionen $f_1, f_2, \ldots, f_m$ in n Variablen. Dann heißt

$$f_i(x_1, x_2, \ldots, x_n) = 0 \qquad \text{für } i = 1, 2, \ldots, m$$

ein *Gleichungsystem* für die n Unbekannten $x_1, x_2, \ldots, x_n$ (s. lineares Gleichungssystem).

gliedweise Addition s. Reihe, 2.

gliedweise Differentiation:

Die Reihe der Ableitungen $\sum_{n=1}^{\infty} f_n'(x)$ sei in [a ; b] gleichmäßig konvergent (s. gleichmäßig konvergent). Falls $\sum_{n=1}^{\infty} f_n(x)$ konvergiert, ist die Reihe differenzierbar, und es gilt

$$\frac{d}{dx} \sum_{n=1}^{\infty} f_n(x) = \sum_{n=1}^{\infty} f_n'(x) \qquad \text{(s. Funktionenreihe).}$$

gliedweise Integration:

Die Funktionenreihe $\sum_{n=1}^{\infty} f_n(x)$ sei in [a ; b] gleichmäßig konvergent (s. gleichmäßig konvergent) und alle Summanden $f_n(x)$ in [a ; b] integrierbar. Dann ist die Reihe integrierbar, und es gilt

$$\int_a^b \sum_{n=1}^{\infty} f_n(x) = \sum_{n=1}^{\infty} \int_a^b f_n(x)\,dx \qquad \text{(gliedweise Integration)}$$

(s. Funktionenreihe).

gliedweise Multiplikation s. Reihe, 2.

globales Extremum s. Extremum.

Gm s. Gigameter.

goldener Schnitt (stetige Teilung):

Eine Strecke AB heißt in C *stetig geteilt*, wenn für die Längen der Teilstrecken gilt

$$\overline{AB} : \overline{AC} = \overline{AC} : \overline{CB}\,.$$

Mit $\overline{AC} = a$ und $\overline{CB} = b$ gilt dann

$$a^2 = (a + b)\,b\,.$$

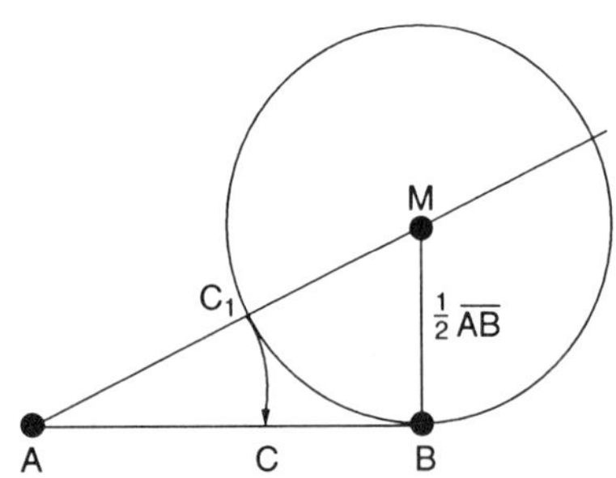

Diese Teilung heißt auch *Goldener Schnitt*, weil die griechischen Mathematiker ein Rechteck, dessen Seitenlängen in diesem Verhältnis stehen, für besonders ästhetisch hielten. Die in der Skizze angegebene Konstruktion erhält man aus dem Sekantentangentensatz (s. Sekantentangentensatz).

Goniometrie:

Unter *Goniometrie* versteht man den Teil der Trigonometrie, der nur die Beziehungen zwischen Funktionen von Winkeln untersucht (s. Trigonometrie).

grad s. Gradient.

Grad:

1. Grad einer algebraischen Gleichung s. algebraisch, 3.

2. Grad einer algebraischen Zahl s. algebraisch, 7.

3. Grad einer gewöhnlichen Differentialgleichung:
In der Differentialgleichung $F(x, y(x), y'(x), \ldots, y^{(n)}(x)) = 0$ heißt n der *Grad* (s. gewöhnliche Differentialgleichung, 1.).

4. Grad eines Polynoms einer Variablen:
Falls im Polynom

$$P_n(x) = a_n x^n + a_{n-1} x^{n-1} + \ldots + a_1 x + a_0 \quad \text{mit } a_k \in \mathbb{R}$$

der höchste Koeffizient a_n von Null verschieden ist, heißt n der *Grad* des Polynoms (s. Polynom, 1.).

5. Grad eines Polynoms in n Variablen s. Poynom, 3.

6. Grad als Winkelgröße s. Winkel, 1.1.

Gradient:

Die Funktion $f(x_1, x_2, \ldots, x_n)$ besitze stetige partielle Ableitungen. Dann heißt der Vektor der partiellen Ableitungen

$$\operatorname{grad} f(x_1, x_2, \ldots, x_n) = \begin{pmatrix} f_{x_1}(x_1, x_2, \ldots, x_n) \\ f_{x_2}(x_1, x_2, \ldots, x_n) \\ \vdots \\ f_{x_n}(x_1, x_2, \ldots, x_n) \end{pmatrix} = \nabla f(x_1, x_2, \ldots, x_n)$$

der *Gradient* der Funktion f. Für die Richtungsableitung in Richtung des Einheitsvektors $\vec{e}$ mit $|\vec{e}| = 1$ an der Stelle $(x_1, x_2, \ldots, x_n)$ gilt

$$\frac{\partial f(x_1, x_2, \ldots, x_n)}{\partial \vec{e}} = \operatorname{grad} f(x_1, x_2, \ldots, x_n) \cdot \vec{e}$$

(s. Funktion von reellen Variablen, 2.6., 3.6., s. Nabla-Operator, s. Vektorfeld). In Richtung des Gradienten finden allgemein die stärksten Funktionswertänderungen von der Stelle $(x_1, x_2, \ldots, x_n)$ aus statt. Für den Gradienten gelten folgende Eigenschaften:

$$\operatorname{grad} c = \vec{0}; \quad \operatorname{grad}(c \cdot f) = c \cdot \operatorname{grad} f \quad \text{für jede Konstante } c \in \mathbb{R};$$

$$\operatorname{grad}(f_1 + f_2) = \operatorname{grad} f_1 + \operatorname{grad} f_2 \qquad \text{(Additivität);}$$

$$\operatorname{grad}(f_1 \cdot f_2) = f_1 \cdot \operatorname{grad} f_2 + f_2 \cdot \operatorname{grad} f_1 ;$$

$$\operatorname{grad}(f^n) = n \cdot f^{n-1} \cdot \operatorname{grad} f \qquad (f^n = n\text{-te Potenz von } f);$$

$$\operatorname{grad} g(f) = \frac{\partial g}{\partial f} \cdot \operatorname{grad} f \qquad (g(f) = g \circ f = \text{zusammengesetzte Funktion});$$

$$\operatorname{grad}\left(\sum_{i=1}^{n} c_i x_i\right) = (c_1, c_2, \ldots, c_n)^T \quad \text{für } c_i \in \mathbb{R}.$$

Darstellung des Gradienten in Zylinderkoordinaten:

$$U = U(\rho, \varphi, z); \quad \operatorname{grad} U = \frac{\partial U}{\partial \rho} \cdot \vec{e}_\rho + \frac{1}{\rho} \cdot \frac{\partial U}{\partial \varphi} \cdot \vec{e}_\varphi + \frac{\partial U}{\partial z} \cdot \vec{e}_z .$$

Falls das Skalarfeld $U = U(\rho, \varphi, z)$ in Zylinderkoordinaten (s. Zylinderkoordinaten) gegeben ist, erhält man den Gradienten in kartesischen Koordinaten als

$$\operatorname{grad} U(\rho, \varphi, z) = \begin{pmatrix} \frac{\partial U}{\partial \rho} \cos\varphi - \frac{1}{\rho} \frac{\partial U}{\partial \varphi} \sin\varphi \\ \frac{\partial U}{\partial \rho} \sin\varphi + \frac{1}{\rho} \frac{\partial U}{\partial \varphi} \cos\varphi \\ \frac{\partial U}{\partial z} \end{pmatrix}.$$

Darstellung des Gradienten in Kugelkoordinaten:

Das Skalarfeld $U = U(\varphi, \vartheta, \rho)$ sei in Kugelkoordinaten (s. Kugelkoordinaten) gegeben. Dann gilt

$$\operatorname{grad} U(\varphi, \vartheta, \rho) = \frac{1}{\rho \cdot \sin\vartheta} \cdot \frac{\partial U}{\partial \rho} \cdot \vec{e}_\varphi + \frac{1}{\rho} \cdot \frac{\partial U}{\partial \vartheta} \cdot \vec{e}_\vartheta + \frac{\partial U}{\partial \rho} \cdot \vec{e}_\rho .$$

Der Gradient in kartesischen Koordinaten lautet dann

$$\operatorname{grad} U(\varphi, \vartheta, \rho) = \begin{pmatrix} \frac{\partial U}{\partial \rho} \sin\vartheta \cos\varphi + \frac{1}{\rho} \frac{\partial U}{\partial \vartheta} \cos\vartheta \cos\varphi - \frac{1}{\rho \sin\vartheta} \frac{\partial U}{\partial \varphi} \sin\varphi \\ \frac{\partial U}{\partial \rho} \sin\vartheta \sin\varphi + \frac{1}{\rho} \frac{\partial U}{\partial \vartheta} \cos\vartheta \sin\varphi + \frac{1}{\rho \sin\vartheta} \frac{\partial U}{\partial \varphi} \cos\varphi \\ \frac{\partial U}{\partial \rho} \cos\vartheta - \frac{1}{\rho} \frac{\partial U}{\partial \vartheta} \sin\vartheta \end{pmatrix}.$$

Gradientenfeld

s. Kurvenintegral, 1.2.3., 2.2.3.

Gradmaß eines Winkels

s. Winkel, 1.1.

Gramsche Determinante:

Es seien $\mathbf{v}_1, \mathbf{v}_2, \ldots, \mathbf{v}_n$ Vektoren eines Euklidischen Vektorraums mit dem inneren Produkt $< \mathbf{v}_i, \mathbf{v}_j >$ (s. Vektorraum, 3.). Dann heißt die Determinante (s. Determinante)

$$G(\mathbf{v}_1, \mathbf{v}_2, \ldots, \mathbf{v}_n) = \begin{vmatrix} <\mathbf{v}_1, \mathbf{v}_1> & <\mathbf{v}_1, \mathbf{v}_2> & \cdots & <\mathbf{v}_1, \mathbf{v}_n> \\ <\mathbf{v}_2, \mathbf{v}_1> & <\mathbf{v}_2, \mathbf{v}_2> & \cdots & <\mathbf{v}_2, \mathbf{v}_n> \\ \vdots & \vdots & \vdots & \vdots \\ <\mathbf{v}_n, \mathbf{v}_1> & <\mathbf{v}_n, \mathbf{v}_2> & \cdots & <\mathbf{v}_n, \mathbf{v}_n> \end{vmatrix}$$

die *Gramsche Determinante* der Vektoren $\mathbf{v}_1, \mathbf{v}_2, \ldots, \mathbf{v}_n$. Sie ist genau dann von Null verschieden, wenn die n Vektoren linear unabhängig sind (s. linear unabhängig, 5.).

Graph (Schaubild) einer reellen Funktion s. Funktion von reellen Variablen, 1.1., 2.1.

graphische Darstellung (graphisches Bild):
Jede Veranschaulichung durch Schaubilder von Gegenständen, die in bestimmten Einheiten gegeben sind, heißt *graphische Darstellung* oder *graphisches Bild.*

Green, George (1793 – 1841) wirkte in Cambridge. Von ihm stammen bedeutende Beiträge zur Potentialtheorie, zur Theorie der Schwingungen und Wellenbewegungen sowie zur Elastizitätstheorie. Nach ihm benannt ist die Greensche Funktion für lineare Randwertprobleme (s. gewöhnliche Differentialgleichung, 5.4.).

Greensche Formel s. gewöhnliche Differentialgleichung, 5.5.1.

Greensche Funktion s. gewöhnliche Differentialgleichung, 5.4.

Greensche Resolvente s. gewöhnliche Differentialgleichung, 6.1.

Gregory, James (1638 – 1675) beschäftigte sich als Schottischer Mathematiker mit der Infinitesimalgeometrie. Von ihm und Newton stammt die Reihenlehre, die er zur numerischen Integration und zur Interpolation benutzte (s. Interpolation, 4.).

Gregory - Newtonsche Interpolationsformeln s. Interpolation, 4.

Grenze, obere bzw. untere:

1. Obere bzw. untere Grenze einer halbgeordneten Menge:
Es sei $A \subset H$ eine Teilmenge einer durch $\preceq$ halbgeordneten Menge H (s. halbgeordnete Menge). Falls unter den oberen bzw. unteren Schranken von A (s. Schranke, 1.) eine kleinste bzw. größte existiert, nennt man sie *obere Grenze* oder *Supremum* bzw. *untere Grenze* oder *Infimum* von A. Die obere Grenze bezeichnet man mit $\sup A$, die untere mit $\inf A$.

2. Obere bzw. untere Grenze einer Funktion:
Die *obere* (*untere*) Grenze einer Funktion f auf $A \subset D$ bezeichnet man mit

$$\sup_{x \in A} f(x) = \sup\{y = f(x) \mid x \in A\} \quad \text{bzw.} \quad \inf_{x \in A} f(x) = \inf\{y = f(x) \mid x \in A\}.$$

Es handelt sich also um die obere (untere) Grenze der Menge der Bildelemente (s. 1.).

Falls das Supremum bzw. Infimum zur Menge $\{y = f(x) \mid x \in A\}$ gehört, nennt man es *Maximum* bzw. *Minimum* von f auf A. Man bezeichnet es dann mit

$$\sup_{x \in A} f(x) = \max_{x \in A} f(x) \quad \text{bzw.} \quad \inf_{x \in A} f(x) = \min_{x \in A} f(x) .$$

In jedem abgeschlossenen Intervall $[a;b] \subset D$ mit $a < b$ nimmt jede stetige Funktion das Minimum und das Maximum an. Dann gilt

$$\inf_{a \leq x \leq b} f(x) = \min_{a \leq x \leq b} f(x); \quad \sup_{a \leq x \leq b} f(x) = \max_{a \leq x \leq b} f(x).$$

Diese Eigenschaft muß für nicht abgeschlossene Intervalle nicht gelten.

3. Obere Grenze einer unendlichen Matrix (Bilinearform) s. beschränkt, 4.

4. Obere bzw. untere Grenze einer Menge $M \subset \mathbb{R}$:
Es sei $M \subset \mathbb{R}$ eine nichtleere Menge. Dann ist jede reelle Zahl b *obere Schranke* von M, wenn für alle $x \in M$ gilt $x \leq b$. Bei jeder nach oben beschränkten nichtleeren Mengen M gibt es stets eine kleinste obere Schranke. Diese kleinste obere Schranke heißt die *obere Grenze* oder das *Supremum* von M. Es wird mit sup M bezeichnet.
Jede reelle Zahl a mit $a \leq x$ für alle $x \in M$ ist *untere Schranke* von M. Jede nach unten beschränkte, nichtleere Menge M besitzt eine größte untere Schranke, die *untere Grenze* oder das *Infimum*, im Zeichen inf M.
Falls die Menge M nach oben (unten) nicht beschränkt ist, setzt man

$$\sup M = +\infty \quad \text{bzw.} \quad \inf M = -\infty .$$

5. Obere bzw. untere Grenze einer Zahlenfolge:
Eine nach oben beschränkte reelle Zahlenfolge $(a_n)_{n=1,2...}$ besitzt stets eine kleinste obere Schranke. Diese heißt *obere Grenze* oder *Supremum* der Folge. Man bezeichnet es mit $\sup_n a_n$.

Eine nach unten beschränkte Zahlenfolge $(a_n)_{n=1,2...}$ besitzt eine größte untere Schranke. Man nennt sie *untere Grenze* oder das *Infimum* der Folge und bezeichnet es mit $\inf_n a_n$.

Einer nach oben (unten) nicht beschränkten Zahlenfolge (a_n) wird die obere Grenze $\sup_n a_n = +\infty$ (untere Grenze $\inf_n a_n = -\infty$) zugeordnet.

Beispiele:

$$a_n = \frac{1}{n} \quad \text{für } n = 1,2,\ldots; \quad \inf_n a_n = 0; \quad \sup_n a_n = 1;$$

$$a_n = 2^n \quad \text{für } n = 1,2,\ldots; \quad \inf_n a_n = 2; \quad \sup_n a_n = +\infty .$$

Grenzertrag s. Ertragsstrom.

Grenzfunktion und Grenzkostenfunktion:

Die Ableitungsfunktion $F'(x) = f(x)$ heißt *Grenzfunktion* von F(x). Wegen

$$\Delta F(x) = F(x + \Delta x) - F(x) \approx F'(x)\,\Delta x = f(x) \cdot \Delta x \quad \text{für kleine } \Delta x$$

beschreibt die Grenzfunktion f(x) den lokalen Zuwachs von F(x). Falls K(x) die Kosten für die Produktionsmenge x sind, stellt für $\Delta x > 0$

$$K(x+\Delta x) - K(x)$$

die zusätzlich anfallenden Kosten bei der Produktionserhöhung von x auf $x + \Delta x$ dar. Dann heißt $k(x) = K'(x)$ *Grenzkostenfunktion* mit

$$\Delta K = K(x+\Delta x) - K(x) \approx k(x) \cdot \Delta x \qquad \text{für kleine } \Delta x$$

(s. Funktion von reellen Variablen, 1.5.). Aus $f(x) = F'(x)$ erhält man die zugehörige Funktion F(x) durch Integration

$$F(x) - F(a) = \int_a^x f(u)\,du$$

(s. Integralrechnung, 1.9.1.).

Grenzwert s. Funktion von reellen Variablen, 1.2., 3.2., s. Reihe, 2., s. Zahlenfolge, 3., 4., 5., s. Produkt, 4.2.

Grenzwertmethode s. Partialbruchzerlegung, 3.

gröber s. Filter, s. feinere Topologie.

Größenordnung von Funktionen (Ordnungssymbole):

Es sei $-\infty \leq x_0 \leq +\infty$.

1. Asymptotisch gleich:

Die beiden Funktionen f(x) und g(x) heißen für $x \to x_0$ *asymptotisch gleich*, im Zeichen

$$f(x) \triangleq g(x) \quad \text{für } x \to x_0, \quad \text{wenn gilt } \lim_{x \to x_0} \frac{f(x)}{g(x)} = 1.$$

Aus $\lim\limits_{x \to 0} \frac{\sin x}{x} = 1$ folgt z.B. $\sin x \triangleq x$ für $x \to 0$.

2. Ordnungssymbole von Landau:

Von E. Landau stammen folgende Symbole: Man schreibt

$$f(x) = O(g(x)) \quad \text{für } x \to x_0 \quad (\text{groß } O),$$

wenn es eine Umgebung $U(x_0)$ von x_0 und eine reelle Zahl K gibt mit

$$\left|\frac{f(x)}{g(x)}\right| \leq K \quad \text{für alle } x \in U(x_0) \text{ mit } x \neq x_0.$$

Aus der Existenz des Grenzwertes

$$\lim_{x \to x_0} \left|\frac{f(x)}{g(x)}\right| \quad \text{folgt} \quad f(x) = O(g(x)) \quad \text{für } x \to x_0.$$

Man schreibt

$$f(x) = o(g(x)) \quad \text{für } x \to x_0 \text{ (klein o), wenn gilt } \lim_{x \to x_0} \frac{f(x)}{g(x)} = 0.$$

Diese Begriffe können auch erklärt werden, falls die entsprechenden Bedingungen nur für einseitige Umgebungen erfüllt sind bzw. falls nur die einseitigen Grenzwerte für $x \to x_0 + 0$ bzw. für $x \to x_0 - 0$ existieren.

größer (größer gleich):

a und b seien reelle Zahlen (s. reelle Zahlen, 6.). a heißt *größer* als b, im Zeichen $a > b$, falls auf dem Zahlenstrahl a rechts von b liegt. Dies ist genau dann der Fall, wenn es eine positive Zahl r gibt mit $a = b + r$.
a heißt *größer gleich* b, im Zeichen $a \geq b$, wenn a entweder größer als b oder gleich b ist, wenn also die Gleichung $a = b + r$ eine nichtnegative Lösung $r \geq 0$ besitzt (s. Ungleichung).

großer Umordnungssatz s. Doppelreihe.

Großkreis:

Ein *Großkreis* auf einer Kugel (Erdoberfläche) ist ein Schnittkreis der Kugel mit einer durch ihren Mittelpunkt gehenden Ebene. Sein Radius ist gleich dem Kugelradius (s. sphärische Trigonometrie, 1.).

größte natürliche Zahl kleiner gleich:

Es sei $x \in \mathbb{R}$ mit $x > 1$. Die größte natürliche Zahl, die kleiner oder gleich x ist, bezeichnet man mit $[x]$. Beispiel: $[5{,}437] = 5$.

größter gemeinsamer Teiler:

Der *größte gemeinsame Teiler* g.g.T. (n , m) zweier natürlicher Zahlen ist die größte natürliche Zahl, durch die beide Zahlen teilbar sind (s. Teilbarkeit). Im Falle g.g.T.(n , m) = 1 nennt man m und n *teilerfremd* oder *prim*.

Euklidischer Algorithmus zur Bestimmung des größten gemeinsamen Teilers: Dieser Algorithmus soll an zwei Beispielen illustriert werden.
Gesucht ist der g.g.T. von 466 119 und 180 882

466119 :	180882 =	2	Rest	104355
180882 :	104355 =	1	Rest	76527
104355 :	76527 =	1	Rest	27828
76527 :	27828 =	2	Rest	20871
27828 :	20871 =	1	Rest	**6957**
20871 :	6957 =	3	Rest	0

Beim Divisor 6957 geht die Division erstmals ohne Rest auf. Damit ist 6957 der größte gemeinsame Teiler.

Gesucht ist der g.g.T. von 21363 und 19214

21363 :	19214 =	1	Rest	2149
19214 :	2149 =	8	Rest	2022
2149 :	2022 =	1	Rest	127

2022 :	127 =	15 Rest	117	
127 :	117 =	1 Rest	10	
117 :	10 =	11 Rest	7	
10 :	7 =	1 Rest	3	
7 :	3 =	2 Rest	1	$\Rightarrow$ **teilerfremd**
3 :	1 =	3 Rest	0	

Zunächst wird die größere Zahl durch die kleinere mit Rest dividiert und danach jeweils der alte Rest durch den neuen. Der letzte Divisor, bei dem die Division ohne Rest aufgeht, ist der größte gemeinsame Teiler (s. kleinstes gemeinsames Vilefaches).

größtes Element s. Maximum.

Grundbereich:

Falls zur Lösung eines Problems nur Zahlen aus einem bestimmten Zahlenbereich zugelassen werden, heißt dieser Bereich *Grundbereich.* Wenn z. B. von einer Gleichung nur ganzzahlige Lösungen gesucht sind, ist die Menge der ganzen Zahlen $\mathbb{Z}$ der Grundbereich.

Grundfläche s. Kegel, 2.1., s. Zylinder, 2.

Grundform einer Fläche s. Fläche, 2.4., 2.5.

Grundintegrale s. Integralrechnung, 1.4.

Grundlagen der Mathematik:

Als Grundlagen der Mathematik bezeichnet man die verschiedenen Methoden zur einheitlichen Grundlegung der Mathematik als Wissenschaft.

Grundmenge:

Die *Grundmenge* Ω enthält alle für ein bestimmtes Problem interessierenden Elemente (s. Menge, 1.).

Grundrechenarten:

Als *Grundrechenarten* bezeichnet man die Operationen der Addition, Subtraktion, Multiplikation und Division.

Grundriß s. Zweitafelprojektion, s. Dreitafelprojektion.

Grundzahl s. Zahlensystem, 2.

Gruppe:

Eine nichtleere Menge G heißt *Gruppe*, wenn in ihr eine Verknüpfung $\circ$ erklärt ist, die jedem geordneten Paar a, $b \in G$ ein eindeutig bestimmtes Element $c = a \circ b \in G$ zuordnet, wobei für beliebige Elemente $a, b, c \in G$ folgende Eigenschaften erfüllt sind:

(G1) $(a \circ b) \circ c = a \circ (b \circ c)$ (Assoziativgesetz).

(G2) Es gibt genau ein Element e, das *Einselement*, das die Gleichung $e \circ a = a \circ e = a$ für jedes $a \in G$ erfüllt.

(G3) Zu jedem Elelement $a \in G$ existiert ein Element a^{-1}, das *inverse Element* von a, das die Gleichung $a^{-1} \circ a = a \circ a^{-1} = e$ (neutrales Element) erfüllt.

Eine Gruppe ist also eine algebraische Struktur (s. algebraisch, 6.).
Das Element $a^n = a \circ a \circ a \circ \ldots \circ a$ (mit n Elementen) heißt *n-te Potenz* von a. Falls für alle $a, b \in G$ gilt $a \circ b = b \circ a$, heißt die Gruppe *kommutativ* oder *abelsch*. Eine Gruppe heißt *endlich*, wenn sie nur endlich viele Elemente besitzt, andernfalls nennt man sie *unendlich* (s. Untergruppe, s. Erzeugung einer Gruppe).

Guldin, Paul (1577 – 1643) war ursprünglich Goldschmied. 1597 trat er in den Jesuitenorden ein und studierte später in Rom Mathematik. Er wirkte in Rom, Wien und Graz. Nach ihm benannt sind die beiden Guldinschen Regeln (Schwerpunktsätze) für Rotationskörper (s. Rotationsfläche und Rotationskörper, 1., 2.).

Guldinsche Regeln s. Rotationsfläche und Rotationskörper, 1., 2.

gültige Ziffer s. Runden.

H

ha s. Hektar.

Hadamard, Jacques Salomon (1865 – 1963) wirkte bis 1940 in Paris. Während des 2. Weltkrieges ging er 1940 in die USA und kehrte 1947 nach Paris zurrück. Von ihm stammen bedeutende Beiträge zu fast allen Gebieten der klassischen Mathematik. Nach ihm benannt ist der Hadamardsche Determinantensatz (s. Hadamardscher Determinantensatz).

Hadamardscher Determinantensatz:
Es sei $D = \det(a_{ik}, 1 \le i, k \le n)$ die Determinante einer n-reihigen Matrix mit reellen Elementen (s. Determinante). Dann gilt nach Hadamard die Ungleichung

$$|D| \le \sqrt{\left(\sum_{i=1}^{n} a_{i1}^2\right)\cdot\left(\sum_{i=1}^{n} a_{i2}^2\right)\cdot\ldots\cdot\left(\sum_{i=1}^{n} a_{in}^2\right)} = \sqrt{\prod_{k=1}^{n}\left(\sum_{i=1}^{n} a_{ik}^2\right)}.$$

Halbachse s. Ellipse, 1., s. Ellipsoid, s. Hyperbel, 1.

Halbebene:
Die Menge aller Punkte einer Ebene, die nur auf einer Seite einer Geraden g dieser Ebene liegen, heißt *Halbebene.* g heißt die *Rand-* oder *Begrenzungsgerade.* Sie kann zur Halbebene gehören (abgeschlossen) oder nicht (offen). Im $\mathbb{R}^2$ ist eine abgeschlossene bzw. offene Halbebene bestimmt durch eine der Ungleichungen (s. lineare Ungleichung)

$$ax + by + c \leq 0 \quad \text{bzw.} \; < 0; \quad ax + by + c \geq 0 \quad \text{bzw.} \; > 0,$$

wobei von den reellen Koeffizienten a, b nicht beide gleichzeitig verschwinden dürfen.

halbgeordnete (teilweise, partiell geordnete) Menge (Verein):
Eine Menge H heißt *halbgeordnet* (*teilweise* oder *partiell geordnet*) bezüglich der Halbordnung $\preceq$ oder ein *Verein*, wenn es Elemente a, b $\in$ H mit $a \preceq b$ gibt, bezüglich derer $\preceq$ eine Ordnungsrelation ist (s. Ordnungsrelation). In H kann es Elemente c und d geben, für die weder $c \preceq d$ noch $d \preceq c$ erfüllt ist. Man sagt: In H gibt es eine *Halbordnung.* Manchmal wird die Ordnungsrelation auch mit $\prec$ bezeichnet.

Halbgerade (Strahl):
Die Menge aller Punkte einer Geraden g (s. Gerade), die bezüglich eines Geradenpunktes P auf der gleichen Seite von g liegen, heißt *Halbgerade* oder *Strahl.* Der Punkt P heißt der *Anfangspunkt* der Halbgeraden. Er kann zur Halbgeraden gehören oder nicht. Jeder Punkt einer Geraden bestimmt zwei Halbgeraden.

Halbgruppe:
Eine algebraische Struktur (s. algebraisch, 6.) mit einer assoziativen zweistelligen Verknüpfung (s. Verknüpfung, 2.) heißt *Halbgruppe.*

halbhomogene lineare Randwertaufgabe s. gewöhnliche Differentialgleichung, 5.2.3.

Halbieren s. Streckenteilung, s. Teilungsverhältnis, s. Mittellot, 1., s. Winkelhalbierende.

halblogarithmisches Papier s. logarithmisches Papier.

Halbmesser:
In einem Kreis mit dem Radius r heißt r auch *Halbmesser* (s. Kreis, 1.).

Halbnorm:
Auf einem Vektorraum V über dem Körper $K = \mathbb{R}$ bzw. $K = \mathbb{C}$ (s. Vektorraum) heißt $\|\;\|$ eine *Halbnorm*, falls folgende Eigenschaften gelten:

(H1) $\|\mathbf{v}\| \geq 0$ für jedes $\mathbf{v} \in V$ (Nichtnegativität);

(H2) $\|\lambda \cdot \mathbf{v}\| = |\lambda| \cdot \|\mathbf{v}\|$ für alle $\lambda \in K$ und $\mathbf{v} \in V$ (Homogenität);

(H3) $\|\mathbf{u} + \mathbf{v}\| \leq \|\mathbf{u}\| + \|\mathbf{v}\|$ für alle $\mathbf{u}, \mathbf{v} \in V$ (Dreiecksungleichung).

Eine Halbnorm unterscheidet sich von einer Norm (s. Norm eines Vektors) dadurch, daß aus $\|\mathbf{v}\| = 0$ nicht unbedingt $\mathbf{v} = \mathbf{0}$ (Nullelement) folgen muß. Zwei Elemente $\mathbf{u} \neq \mathbf{v}$ können den Pseudoabstand $\|\mathbf{u} - \mathbf{v}\| = 0$ haben.

Halbordnung s. halbgeordnete Menge.

Halbraum:

Die Menge aller Punkte im $\mathbb{R}^3$, die nur auf einer Seite einer Ebene E (s. Ebene) liegen, heißt *Halbraum*. Die Ebene E heißt *Rand-* oder *Begrenzungsebene*. Falls die Begrenzungsebene zum Halbraum gehört, ist er *abgeschlossen*, sonst offen. Ein abgeschlossener Halbraum wird bestimmt durch eine der Ungleichungen

$$ax + by + cz + d \leq 0 \; (<0) \quad \text{bzw.} \quad ax + by + cz + d \geq 0 \; (>0),$$

wobei die reellen Koeffizienten a, b, c nicht alle gleichzeitig verschwinden.

Halbtangente:

Eine Halbtangente durch den Punkt $(x_0, f(x_0))$ der Funktion f ist eine von diesem Punkt ausgehende Halbgerade, deren Steigung mit der entsprechenden einseitigen Ableitung übereinstimmt (s. Halbgerade, s. Funktion von reellen Variablen, 1.4.). Falls eine Funktion $y = f(x)$ an der Stelle x_0 rechtsseitig bzw. linksseitig differenzierbar ist mit der rechtsseitigen Ableitung $f_r'(x_0)$ bzw. der linksseitigen Ableitung $f_l'(x_0)$, lauten die Gleichungen der Halbtangenten

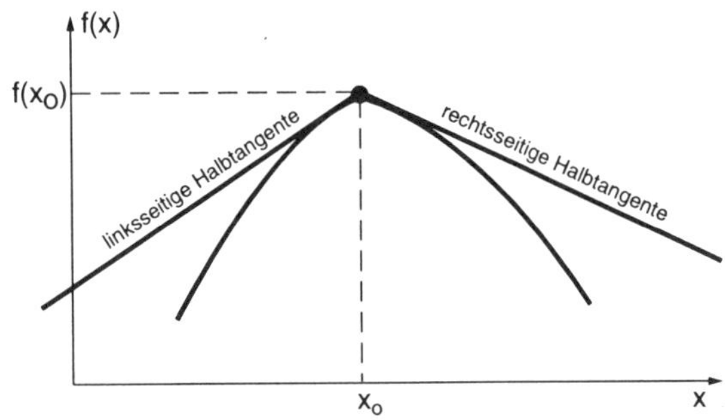

$$T_r(x) = f(x_0) + f_r'(x_0) \cdot (x - x_0) \quad \text{für } x \geq x_0 \quad \text{(rechtsseitig);}$$

$$T_l(x) = f(x_0) + f_l'(x_0) \cdot (x - x_0) \quad \text{für } x \leq x_0 \quad \text{(linksseitig).}$$

Wenn f an der Stelle x_0 differenzierbar ist mit $f_l'(x_0) = f_r'(x_0) = f'(x_0)$, bilden die beiden Halbtangenten die Tangente mit der Gleichung

$$T(x) = f(x_0) + f'(x_0) \cdot (x - x_0) \quad \text{für } x \in \mathbb{R}.$$

Im Falle $f_l'(x_0) \neq f_r'(x_0)$ besitzt der Graph von f an der Stelle x_0 eine Knickstelle (s. Knickstelle).

Halbwinkelsatz s. Dreieck, 1.7.

Hardware:

Als *Hardware* bezeichnet man die Gesamtheit der Geräte, mit der eine Rechenanlage ausgestattet ist (s. Software).

harmonisch:

1. Harmonische Analyse (Synthese):
Die Darstellung periodischer Funktionen durch Fourier-Reihen (s. Fourier-Reihe und Fourier-Entwicklung) nennt man auch *harmonische Analyse* oder *harmonische Synthese.*

2. Harmonische Funktion s. Potentialfunktion.

3. Harmonische Punkte:
Vier verschiedene Punkte P_1, P_2, P_3, P_4 auf einer Geraden g heißen *harmonisch*, wenn ihr Doppelverhältnis gleich -1 ist, also für

$$D(P_1, P_2, P_3, P_4) = \frac{\overline{P_1P_3}}{\overline{P_1P_4}} : \frac{\overline{P_2P_3}}{\overline{P_2P_4}} = -1$$ (s. Doppelverhältnis, 2.).

4. Harmonische Reihe:
Die Reihe

$$1 + \frac{1}{2} + \frac{1}{3} + \frac{1}{4} + \frac{1}{5} + \frac{1}{6} + \ldots = \sum_{n=1}^{\infty} \frac{1}{n}$$

heißt *harmonische Reihe.* Faßt man vom dritten Summanden an der Reihe nach jeweils zwei, vier, acht, also 2^k Summanden für $k = 1, 2, \ldots$ zusammen, so entstehen beliebig viele Summanden, die alle größer als $\frac{1}{2}$ sind

$$\sum_{n=1}^{\infty} \frac{1}{n} = 1 + \frac{1}{2} + \underbrace{\frac{1}{3} + \frac{1}{4}}_{\geq \frac{1}{2}} + \underbrace{\frac{1}{5} + \ldots + \frac{1}{8}}_{\geq \frac{1}{2}} + \underbrace{\frac{1}{9} + \ldots + \frac{1}{16}}_{\geq \frac{1}{2}} + \underbrace{\frac{1}{17} + \ldots + \frac{1}{32}}_{\geq \frac{1}{2}} + \ldots$$

Daher ist die harmonische Reihe bestimmt divergent (s. Reihe, 3.) mit

$$\sum_{n=1}^{\infty} \frac{1}{n} = \infty,$$

obwohl die Folgenglieder $a_n = \frac{1}{n}$ eine Nullfolge bilden. Allgemein nennt man auch eine Reihe der Form

$$\sum_{n=1}^{\infty} \frac{1}{n^\alpha}, \quad \alpha \text{ eine beliebige reelle Zahl}$$

eine *harmonische* Reihe. Für $\alpha > 1$ ist die Reihe konvergent, für $\alpha \leq 1$ divergent. Dabei gilt z. B.

$$\sum_{n=1}^{\infty} \frac{1}{n^2} = \frac{\pi^2}{6}; \quad \sum_{n=1}^{\infty} \frac{1}{n^4} = \frac{\pi^4}{90}.$$

5. Harmonisches (Pascalsches) Dreieck s. Binomialkoeffizient, 1.

6. Harmonisches Mittel:
Für n reelle Zahlen $a_i \neq 0$ für $i = 1, 2, \ldots, n$ heißt

$$\bar{a}_h = \frac{n}{\sum\limits_{i=1}^{n} \frac{1}{a_i}} = \frac{1}{\frac{1}{n}\sum\limits_{i=1}^{n} \frac{1}{a_i}}$$

das *harmonische Mittel.* Es ist der Kehrwert des arithmetischen Mittels der Kehrwerte von a_i (s. arithmetisches Mittel, s. Mittelwerte).

7. Harmonische Synthese s. 1.

Häufungspunkt:

1. Häufungspunkt einer Menge $M \subset \mathbb{R}^n$:
Der Punkt $a \in \mathbb{R}^n$ heißt *Häufungspunkt* von M, wenn in jeder Umgebung von a mindestens ein von a verschiedener Wert $x \in M$ liegt. Zu jedem $\varepsilon > 0$ gibt es also mindestens ein $x \in M$ mit $x \neq a$ und $|x - a| < \varepsilon$.

2. Häufungspunkt einer Zahlenfolge:
Die Stelle $a \in \mathbb{R}$ ist *Häufungspunkt* der Zahlenfolge $(a_n)_{n \in \mathbb{N}}$, wenn in jeder Umgebung von a unendlich viele Folgenglieder liegen, wenn es also zu jedem $\varepsilon > 0$ unendlich viele a_n gibt mit $|a_n - a| < \varepsilon$ (s. Zahlenfolge, 3.). Von einer nach oben (unten) nicht beschränkten Folge sagt man, daß sie den Häufungspunkt $+\infty$ $(-\infty)$ besitzt. Jede beschränkte Zahlenfolge besitzt mindestens einen endlichen Häufungspunkt. Jede beliebige Zahlenfolge besitzt unter Einbeziehung von $\pm\infty$ mindestens einen Häufungspunkt (Satz von Bolzano-Weierstraß).

3. Häufungspunkt eines topologischen Raumes:
Ein Punkt x eines topologischen Raumes T (s. topologischer Raum) ist *Häufungspunkt* einer Teilmenge $A \subset T$, wenn jede Umgebung des Punktes x (s. Umgebung) von x verschiedene Punkte aus A enthält (s. Berührungspunkt).

Hauptachse:
Die Durchmesser eines Kegelschnitts (s. Durchmesser, 3.) oder einer Quadrik (s. Quadrik), die auf ihren konjugierten Durchmessern oder Durchmesserebenen senkrecht stehen, heißen *Hauptachsen.* Ein Kegelschnitt hat im allgemeinen zwei, eine Quadrik drei Hauptachsen (s. Ellipse, 1., s. Hyperbel, 1., s. Ellipsoid).

Hauptachsenbestimmung s. Ellipse, 6.

Hauptachsentransformation:
Eine *Hauptachsentransformation* ist eine orthogonale Koordinatentransformation (s. lineare Abbildung), die ein kartesisches $x_1, x_2, \ldots, x_n$-Koordinatensystem des n-dimensionalen Raumes $\mathbb{R}^n$ in ein kartesisches Koordinatensystem $x'_1, x'_2, \ldots, x'_n$ so transformiert, daß die Gleichung

$$\sum_{i=1}^{n}\sum_{k=1}^{n} a_{ik} x_i x_k + 2\sum_{i=1}^{n} a_{0i} x_i + a_{00}$$

einer Quadrik (s. quadratische Form) im $x'_1, x'_2, \ldots, x'_n$-System in eine der Normalformen

$$\sum_{i=1}^{n} a_i x_i'^2 = 1; \qquad \sum_{i=1}^{n} a_i x_i'^2 = 0; \qquad \sum_{i \neq k_0} a_i x_i'^2 = 2x'_{k_0}$$

übergeführt wird (s. lineare Abbildung, 2.4.3., s. Flächen zweiter Ordnung, 2.1.).

Hauptachsentransformation symmetrischer Matrizen s. Eigenwertproblem, 3.5., s. Flächen zweiter Ordnung, 2.1., s. Kurven zweiter Ordnung.

Hauptachsentransformation von quadratischen Formen s. quadratische Form, 2.

Hauptdiagonale:

In einer quadratischen Matrix $(a_{ik}, 1 \leq i, k \leq n)$ heißt die durch die Zahlen $a_{11}, a_{22}, \ldots, a_{nn}$ des quadratischen Schemas von links oben nach rechts unten gehende Diagonale die *Hauptdiagonale*. Man sagt auch: Die Zahlen $a_{11}, a_{22}, \ldots, a_{nn}$ bilden die Hauptdiagonale (s. Matrix, 1.). Die andere Diagonale ist die *Nebendiagonale*.

Hauptideal (Hauptidealring):

Ein Ideal eines Ringes R (s. Ideal, s. Ring) heißt *Hauptideal*, wenn es von einem einzigen Ringelement a erzeugt wird. In einem kommutativen Ring besteht das von a erzeugte Hauptideal aus allen Elementen der Form

$$r \cdot a + n \cdot a \quad \text{mit } r \in R \quad \text{und} \quad \text{ganzzahligem } n.$$

Dabei ist $n \cdot a = a + a + \ldots + a$ die Summe von n Summanden. Ist R ein kommutativer Ring mit Einselement, so besteht das Hauptideal nur aus allen Vielfachen $r \cdot a$. Ein solcher Ring heißt *Hauptidealring*.

Hauptidealring s. Hauptideal.

Hauptkreis s. Ellipse, 2.3., s. Hyperbel, 9.

Hauptkrümmung s. Krümmung, 3.

Hauptnenner:

Zu endlich vielen, nicht kürzbaren Brüchen $\frac{a_1}{b_1}, \frac{a_2}{b_2}, \ldots, \frac{a_m}{b_m} \in \mathbf{Q}$ mit natürlichen Zahlen als Nenner und ganzzahligen Zählern gibt es eine eindeutig bestimmte kleinste natürliche Zahl n, den *Hauptnenner*, mit

$$\frac{a_1}{b_1} = \frac{\alpha_1}{n}; \ \frac{a_2}{b_2} = \frac{\alpha_2}{n}; \ldots; \frac{a_m}{b_m} = \frac{\alpha_m}{n}.$$

Dabei ist n das kleinste gemeinsame Vielfache von $b_1, b_2, \ldots, b_n$ (s. kleinstes gemeinsames Vielfaches). Damit erhält man eine Darstellung für die

Summe

$$\frac{a_1}{b_1} + \frac{a_2}{b_2} + \ldots + \frac{a_m}{b_m} = \frac{\alpha_1 + \alpha_2 + \ldots + \alpha_m}{n}.$$

Hauptnormale s. Kurve, 2.6.

Hauptsatz der Algebra s. Fundamentalsatz der Algebra.

Hauptsatz der Differential- und Integralrechnung:
Die Funktion f(x) sei in [a; b] stetig. F(x) sei eine beliebige Stammfunktion von f mit $F'(x) = f(x)$. Dann gilt für das bestimmte Integral

$$\int_a^b f(x)\,dx = F(x)\Big|_{x=a}^{x=b} = F(b) - F(a)$$

(s. Integralrechnung, 1.5.).

Hauptsatz der Funktionentheorie:
Die Funktion f(z) sei in G holomorph (s. holomorph) und besitze dort die Stammfunktion F(z) mit $F'(z) = f(z)$. Die Kurve $\mathfrak{C}$ liege in G und besitze den Anfangspunkt z_1 und den Endpunkt z_2. Dann gilt für das komplexe Kurvenintegral

$$\int_{\mathfrak{C}} f(z)\,dz = F(z_2) - F(z_1).$$

Das Kurvenintegral ist also nur vom Anfangs- und Endpunkt der Kurve $\mathfrak{C}$ und nicht vom genauen Verlauf der Kurve abhängig (s. Cauchyscher Integralsatz, s. komplexes Kurvenintegral).

Hauptscheitel s. Ellipse, 1.

Hauptsystem s. Fundamentalsystem.

Hauptteil einer Laurent-Reihe s. komplexe Funktion, 10.1.

Hauptunterdeterminante:
Es sei A eine symmetrische $n \times n$-Matrix. Dann heißt für $k = 1, 2, \ldots, n$ die Determinante

$$\det(H_k) = \det\begin{pmatrix} a_{11} & \cdots & a_{1k} \\ \vdots & \cdots & \vdots \\ a_{k1} & \cdots & a_{kk} \end{pmatrix}$$

die k-te *Hauptunterdeterminante* von A (s. Determinante, 8.).

Hauptwert, Cauchyscher s. Integralrechnung, 1.8.1., 1.8.2.

Hauptwert der Arcusfunktionen s. Arcuskosinus, s. Arcuskotangens, s. Arcussinus, s. Arcustangens.

Hauptwert einer komplexen Wurzel s. Wurzel, 2.

Hausdorff, Felix (1868 – 1942) wirkte in Bonn. Von ihm stammen fundamentale Arbeiten zur Mengenlehre, Topologie, Funktionentheorie, Zahlentheorie, zur Theorie der Differentialgleichungen und zur Theorie der Fourier-Reihen. Nach ihm benannt ist der Hausdorffsche Raum (s. Hausdorffscher Raum).

Hausdorffscher Raum (separierter Raum):
Ein topologischer Raum T (s. topologischer Raum) heißt *Hausdorffscher Raum* oder *separierter Raum*, wenn folgendes *Trennungsaxiom* erfüllt ist: Zu je zwei veschiedenen Punkten x, $y \in T$ gibt es disjunkte Umgebungen U(x) von x und U(y) von y. Gleichwertig damit ist: Der Durchschnitt aller abgeschlossenen Umgebungen von x enthält nur den Punkt x.

hebbare Singularität s. komplexe Funktion, 11.

hebbare Unbestimmtheitsstelle s. Funktion von reellen Variablen, 1.2.

hebbare Unstetigkeitsstelle s. Unstetigkeitsstelle, 1.

Heine, Eduard (1821 – 1881) wirkte in Halle. Von ihm stammen bedeutende Arbeiten zur Potentialtheorie, zur Funktionentheorie sowie zur Theorie der partiellen Differentialgleichungen. Nach ihm und Borel ist der Heine-Borelsche Überdeckungssatz benannt (s. Überdeckungssatz von Heine-Borel).

Heine-Borelscher Überdeckungssatz s. Überdeckungssatz von Heine-Borel.

Hektar:
Die Flächeneinheit 1 *Hektar*, im Zeichen 1 ha, sind 10 000 Quadratmeter, also $1 \text{ ha} = 10^4 \text{ m}^2$ (s. Flächeninhalt, 1.).

Hekto:
Hekto bedeutet Hundert (s. Längeneinheit und Längenmaßzahl, s. Hektometer).

Hektometer:
Ein *Hektometer*, im Zeichen 1 hm, sind 100 Meter, also 1 hm = 100 m (s. Längeneinheit und Längenmaßzahl).

Hermite, Charles (1822 – 1901) wirkte in Paris. Von ihm stammen bedeutende Beiträge zur Algebra und Analysis. Er bewies die Transzendenz der Eulerschen Zahl e. Nach ihm benannt sind die Hermiteschen Polynome als Lösungen der Hermiteschen Differentialgleichung (s. Hermitesche Differentialgleichung und Hermitesche Polynome).

Hermitesche Differentialgleichung und Hermitesche Polynome:

Die lineare Differentialgleichung 2. Ordnung

$$y''(x) - 2xy'(x) + 2ny(x) = 0 \quad \text{für } n = 0, 1, 2, \ldots$$

ist eine spezielle *Hermitesche Differentialgleichung* mit $\lambda = 2n$ (s. gewöhnliche Differentialgleichung, 3.3.4.). Mit dem Potenzreihenansatz

$$y(x) = \sum_{k=0}^{\infty} c_k x^k, \; c_k \in \mathbb{R}$$

erhält man durch Einsetzen in die Differentialgleichung die Rekursionsformel

$$c_{k+2} = \frac{2(k-n)}{(k+1)\cdot(k+2)} \cdot c_k \quad \text{für } k = 0, 1, 2, \ldots \; .$$

Damit können c_0 und c_1 beliebig vorgegeben werden. Die Koeffizienten c_k mit geradem Index k sind durch c_0, die mit ungeradem k durch c_1 eindeutig bestimmt. Aus dieser Rekursionsgleichung erhält man die allgemeine Lösung:

$$y(x) = c_0\left(1 - nx^2 - \sum_{k=2}^{\infty} \frac{[2(k-1)-n]\cdot[2(k-2)-n]\cdot\ldots\cdot[2-n]}{(2k)!} \cdot 2^k x^{2k}\right)$$

$$+ c_1\left(x + \sum_{k=1}^{\infty} \frac{[2k-1-n]\cdot[2(k-1)-1-n]\cdot\ldots\cdot[1-n]}{(2k+1)!} \cdot 2^{k+1} x^{2k+1}\right).$$

$$y_1(x) = 1 - nx^2 - \sum_{k=2}^{\infty} \frac{[2(k-1)-n]\cdot[2(k-2)-n]\cdot\ldots\cdot[2-n]}{(2k)!} \cdot 2^k x^{2k};$$

$$y_2(x) = x + \sum_{k=1}^{\infty} \frac{[2k-1-n]\cdot[2(k-1)-1-n]\cdot\ldots\cdot[1-n]}{(2k+1)!} \cdot 2^{k+1} x^{2k+1}$$

ist ein Fundamentalsystem. Mit $n = \frac{\lambda}{2}$ erhält man die Lösung der allgemeinen Hermiteschen Differentialgleichung. Wegen der Rekursionsformel bricht bei geradem n die erste Reihe, bei ungeradem n die zweite Reihe ab.

Hermitesches Polynom vom Grad n:

Das Polynom vom Grad n

$$H_n(x) = \sum_{k=0}^{\left[\frac{n}{2}\right]} \frac{(-1)^k n!}{k!\,(n-k)!} (2x)^{n-2k} = (-1)^n e^{x^2} \frac{d^n}{dx^n} e^{-x^2}$$

für $n = 0, 1, 2, \ldots$ heißt *Hermitesches Polynom.*

Dabei gilt mit dem obigen Fundamentalsystem $y_1(x)$, $y_2(x)$

$$H_n(x) = (-1)^{\frac{n}{2}} \cdot 2^{\frac{n}{2}} \cdot 3 \cdot 5 \cdot \ldots \cdot (n-1) \cdot y_1(x) \qquad \text{bei geradem } n;$$

$$H_n(x) = (-1)^{\frac{n-1}{2}} \cdot 2^{\frac{n+1}{2}} \cdot 3 \cdot 5 \cdot \ldots \cdot n \cdot y_2(x) \qquad \text{bei ungeradem } n.$$

Daher ist das Hermitesche Polynom vom Grad n eine Lösung der Hermiteschen Differentialgleichung. Eine zweite, davon unabhängige Lösung ist $y_2(x)$ bei geradem n und $y_1(x)$ bei ungeradem n.

Die Hermiteschen Polynome erfüllen die Rekursionsgleichung

$$H_{n+1}(x) = 2x\,H_n(x) - 2n\,H_{n-1}(x) \quad \text{für } n = 1, 2, \ldots$$

mit

$$H_0(x) \equiv 1\,;\; H_1(x) = 2x\,;\; H_2(x) = -2 + 4x^2\,;\; H_3(x) = -12x + 8x^3.$$

Wegen

$$\int_{-\infty}^{+\infty} e^{-\frac{x^2}{2}} H_n(x)\,H_m(x)\,dx = \begin{cases} 0 & \text{für } n \neq m\,; \\ 2^n \cdot n! \cdot \sqrt{\pi} & \text{für } n = m \end{cases}$$

bilden die Hermiteschen Polynome in $(-\infty; +\infty)$ ein Orthogonalsystem bezüglich der Gewichtsfunktion $e^{-\frac{x^2}{2}}$ (s. Orthogonal- und Orthonormalsystem, 4.). Die **Hermiteschen Funktionen**

$$Z_n = \frac{1}{\sqrt{2^n n! \sqrt{\pi}}} e^{-\frac{x^2}{2}} \cdot H_n(x), \quad n = 0, 1, 2, \ldots$$

bilden auf $(-\infty; +\infty)$ ein Orthonormalsystem (s. Orthogonal- und Orthonormalsystem, 3.) mit

$$\int_{-\infty}^{+\infty} Z_n(x)\,Z_m(x)\,dx = \begin{cases} 0 & \text{für } n \neq m\,; \\ 1 & \text{für } n = m\,. \end{cases}$$

Hermitesche Form:

Eine Summe der Form $\sum\limits_{j,k=1}^{n} c_{jk}\,\overline{z}_j\,z_k$ mit komplexen Koeffizienten c_{jk} und komplexen Variablen z_j ($\overline{z}$ = konjugiert komplexe Zahl) mit $c_{jk} = \overline{c_{kj}}$ für alle j, k heißt eine *Hermitesche Form*. Die zugehörige Matrix $C = (c_{jk})$ nennt man *Hermitesche Matrix* (s. Hermitesche Matrix). Eine hermitesche Form mit reellen Koeffizienten und reellen Variablen $z_j = x_j \in \mathbb{R}$ ist eine quadratische Form (s. quadratische Form, 1.).

Hermitesche Matrix:

Eine Matrix $C = (c_{jk})$ mit komplexwertigen Elementen $c_{jk} \in \mathbb{C}$ heißt *Hermitesch*, wenn gilt $c_{jk} = \overline{c_{kj}}$ für alle j, k (s. Hermitesche Form). Damit gilt mit der transponierten Matrix $C = \overline{C}^{\,T}$. Eine Matrix mit reellen Elementen ist genau dann Hermitesch, wenn sie symmetrisch ist.

Hermitescher Operator:

Ein selbstadjungierter linearer Operator, der einen Hilbertraum H in sich selbst abbildet, heißt *Hermitesch* (s. selbstadjungiert, 2., s. Hilbertraum).

Heron von Alexandria (um 50? u. Z.) lebte vermutlich in Alexandria. Unter diesem Namen gab es mehrere stark voneinander abweichende Aufgabensammlungen und Vorlesungsausarbeitungen. Dabei wurden unter anderem Dreiecke und Vierecke mit rationalen Seitenlängen untersucht, wobei die Näherung $\pi \approx \frac{22}{7}$ benutzt wurde.

Heronische Dreiecksformel:

Ein Dreieck mit den Seitenlängen a, b, c besitzt den Flächeninhalt

$$F = \sqrt{s(s-a)(s-b)(s-c)} \quad \text{mit} \quad s = \frac{1}{2}(a+b+c)$$

(s. Dreieck, 1.2.). Diese Formel nennt man zwar *Heronische Formel*, sie stammt aber vermutlich von *Archimedes*.

Heronisches Dreieck (rationales Dreieck):

Ein *Heronisches Dreieck* ist ein Dreieck mit rationalen Seitenlängen und rationalem Inhalt. Von Heron stammt das Beispiel: $a = 13$, $b = 14$, $c = 15$ mit dem Flächeninhalt $F = 84$.

Herzkurve s. zyklische Kurven, 2.

Hesse, Ludwig Otto (1811 – 1874) wirkte in Königsberg, Heidelberg und München. Nach ihm benannt ist die Hessesche Normalform (s. Gerade, 1.3., s. Ebene, 2.3.) sowie die Hessematrix (s. Hessematrix).

Hessematrix:

Die Funktion $f(x_1, x_2, \ldots, x_n)$ besitze stetige partielle Ableitungen zweiter Ordnung. Dann heißt die Matrix

$$H(x_1, x_2, \ldots, x_n) = \begin{pmatrix} f_{x_1x_1} & f_{x_1x_2} & \cdots & f_{x_1x_n} \\ f_{x_2x_1} & f_{x_2x_2} & \cdots & f_{x_2x_n} \\ \vdots & \vdots & \vdots & \vdots \\ f_{x_nx_1} & f_{x_nx_2} & \cdots & f_{x_nx_n} \end{pmatrix}$$

nach L. O. Hesse *Hessematrix*. Die partiellen Ableitungen in der Hessematrix sind an der Stelle $(x_1, x_2, \ldots, x_n)$ zu bilden. Wegen

$$f_{x_ix_j}(x_1, x_2, \ldots, x_n) = f_{x_jx_i}(x_1, x_2, \ldots, x_n) \quad \text{für alle } i, j$$

ist die Hessematrix symmetrisch (s. Extremum, 3., s. Extremum unter Nebenbedingungen, 2.2.).

Hessesche Normalform s. Gerade, 1.3., s. Ebene, 2.3.

Heun, Verfahren von s. gewöhnliche Differentialgleichung, 7.1.1.

Hexadezimalzahl s. Zahlensystem, 2.

Hexaeder (Sechsflach):

Ein *Hexaeder* oder *Sechsflach* ist ein von 6 Vierecken begrenztes Polyeder (s. Polyeder), bei dem in jedem Eckpunkt drei Kanten zusammenstoßen. Ein regelmäßiges Hexaeder ist ein Würfel (s. Würfel).

Hieroglyphe s. Zahlensystem, 1.1.

Hilbert, David (1862 – 1943) wirkte in Königsberg und Göttingen. Von ihm stammen grundlegende Arbeiten zu fast allen Gebieten der Mathematik. So führte er erstmals axiomatische Methoden in der Geometrie ein (s. Geometrie, 2.2.). In der Funktionalanalysis benutzte er die später nach ihm benannten Hilberträume (s. Hilbertraum).

Hilbertraum (Hilbertscher Raum):
Ein reeller oder komplexer Vektorraum mit einem Skalarprodukt $<\mathbf{u},\mathbf{v}>$, also ein Euklidischer bzw. unitärer Vektorraum, heißt ein *Hilbertraum*, wenn er bezüglich der Norm $\|\mathbf{u}\| = \sqrt{<\mathbf{u},\mathbf{u}>}$ vollständig ist, wenn also jede Cauchy - Folge (Fundamentalfolge) konvergent ist. Dabei konvergiert die Folge $\mathbf{v}_n$ bezüglich der Norm (Metrik) genau dann gegen $\mathbf{v}$, wenn gilt

$$\lim_{n\to\infty} \|\mathbf{v}_n - \mathbf{v}\| = 0$$

(s. Vektorraum, 1., 4., 5.). $\mathbf{v}_n$ ist eine Cauchy - Folge (s. Cauchy - Folge), wenn zu jedem $\varepsilon > 0$ eine natürliche Zahl $N(\varepsilon)$ existiert mit

$$\|\mathbf{v}_n - \mathbf{v}_m\| < \varepsilon \quad \text{für alle } n, m \geq N(\varepsilon).$$

Hilbertsche Axiome der Geometrie s. Geometrie, 2.2.

Hilbertscher Folgenraum s. $l^{(2)}$ (s. unter l).

Hilbertsches Vollständigkeitsaxiom:
Das *Hilbertsche Vollständigkeitsaxiom* besagt, daß beim Hilbertschen axiomatischen Aufbau der Geometrie zu den Elementen Punkte, Geraden und Ebenen keine weiteren Elemente mehr hinzugefügt werden können, ohne daß ein vom Hilbertschen Vollständigkeitsaxiom verschiedenes Axiom des Axiomensystems verletzt wäre.

Himmelskugel s. astronomisches Koordinatensystem.

hinreichend:
Die Bedingung A nennt man *hinreichend* für die Bedingung B, wenn aus der Richtigkeit von A auch die Richtigkeit von B folgt (s. notwendig).

hm s. Hektometer.

Hochpunkt:
Ein Maximum (s. Extremum) bezeichnet man auch als *Hochpunkt.*

höchstens abzählbar unendlich:
Eine Menge heißt *höchstens abzählbar unendlich*, wenn sie endlich oder abzählbar unendlich ist (s. endlich, s. abzählbar unendlich).

Hoene - Wronski, Joséf Maria s. Wronski.

Höhe s. Dreieck, 1.1., s. Pyramide, 1., s. astronomisches Koordinatensystem, s. Trapez, s. Vielflach.

Höhenlinie (Niveaulinie):
Die Menge aller Punkte $(x, y) \in \mathbb{R}^2$ mit $z = f(x, y) = c$ (konstant) heißt *Höhenlinie* oder *Niveaulinie* der durch f bestimmten Fläche (s. Funktion von reellen Variablen, 2.1.).

Höhensatz:
Im rechtwinkligen Dreieck ist das Quadrat der Höhe über der Hypothenuse gleich dem Produkt der durch die Höhe gebildeten Hypothenusenabschnitte (s. Dreieck, 2.4.).

höhere Ableitung:
Eine Ableitung höherer Ordnung wird auch *höhere Ableitung* genannt (s. Funktion von reellen Variablen, 1.6.).

höhere Rechenarten:
Im Gegensatz zu den Grundrechenarten der Addition, Subtraktion, Multiplikation und Division bezeichnet man das Potenzieren, Wurzelziehen (Radizieren) und Logarithmieren als *höhere* Rechenarten (s. Potenz, 1., s. Potenzfunktion, s. Logarithmus, s. Logarithmusfunktion, s. Wurzel, 1., s. Wurzelfunktion).

Hohlzylinder s. Zylinder, 2.3.5.

Hölder, Otto Ludwig (1859 – 1937) wirkte in Leipzig. Von ihm stammen grundlegende Arbeiten zur Algebra, Funktionentheorie, Theorie der Reihen sowie der Fourier-Reihen. Nach ihm benannt sind die Hölder-Bedingung (s. Hölder-Bedingung) und die Höldersche Ungleichung (s. Höldersche Ungleichung).

Hölder-Bedingung:
Die Funktion $y = f(x)$ sei im Intervall $[a; b]$ definiert. Dann erfüllt f an der Stelle $x_0 \in [a; b]$ eine *Hölder-Bedingung*, wenn es positive reelle Zahlen ε, A und λ mit $0 < \lambda \leq 1$ gibt, so daß für alle $|x - x_0| < \varepsilon$ gilt

$$|f(x) - f(x_0)| \leq A \cdot |x - x_0|^\lambda.$$

Höldersche Matrixnorm s. Matrixnorm, 3.

Höldersche Ungleichung:
1. Es seien p und q natürliche Zahlen mit $\frac{1}{p} + \frac{1}{q} = 1$. Dann gilt für beliebige reelle oder komplexe Zahlen a_k und b_k die *Höldersche Ungleichung*

$$\left|\sum_{k=1}^{n} a_k b_k\right| \leq \sum_{k=1}^{n} |a_k| \cdot |b_k| \leq \left(\sum_{k=1}^{n} |a_k^p|\right)^{\frac{1}{p}} \cdot \left(\sum_{k=1}^{n} |b_k^q|\right)^{\frac{1}{q}}.$$

Für $p = q = 2$ erhält man als Spezialfall die Schwarzsche Ungleichung (s. Schwarzsche Ungleichung, 1.).

2. Es seien p und q natürliche Zahlen mit $\frac{1}{p} + \frac{1}{q} = 1$. Falls $|f^p(x)|$ und $|g^q(x)|$ in $[a;b]$ integrierbar sind, gilt die *Höldersche Ungleichung*

$$\left|\int_a^b f(x)\,g(x)\,dx\right| \leq \int_a^b |f(x)|\cdot|g(x)|\,dx \leq \left(\int_a^b |f^p(x)|\,dx\right)^{\frac{1}{p}} \cdot \left(\int_a^b |g^q(x)|\,dx\right)^{\frac{1}{q}}$$

(s. Integralrechnung, 1.1.).

Hollerith, Hermann (1860 – 1929) wirkte als Ingenieur und Erfinder in Washington. Er verwendete als erster Lochkarten zur Aufzeichnung und Auswertung von Zahlendaten.

holomorph (analytisch, regulär):

Eine komplexwertige Funktion $w = f(z)$ mit komplexem Argument $z \in \mathbb{C}$ heißt in einem Gebiet G *holomorph* (*analytisch* oder *regulär*), wenn sie in jedem Punkt $z \in G$ differenzierbar ist. Sie heißt *holomorph* an der Stelle z_0, wenn sie in einer Umgebung von z_0 holomorph ist (s. komplexe Funktion, 3., 4.). Eine in einem Gebiet G holomorphe Funktion ist dort beliebig oft differenzierbar und um jeden beliebigen Punkt aus G in eine konvergente Potenzreihe entwickelbar (s. Potenzreihe, 2., s. Identitätssatz für holomorphe Funktionen).

homogen:

1. Homogene Differentialgleichung erster Ordnung:
Eine Differentialgleichung der Form $y' = f(\frac{y}{x})$ heißt *homogen.* Durch die Substitution $\frac{y}{x} = z$ geht diese homogene Differentialgleichung über in

$$z' = \frac{f(z) - z}{x},$$

die durch Trennung der Veränderlichen gelöst werden kann (s. gewöhnliche Differentialgleichung, 2.1.1., 2.1.2.) .

2. Homogene Differenzengleichung:
Eine Differenzengleichung $F(k, y_k, y_{k+1}, \ldots, y_{k+n}) = 0$ für $k = 1, 2, \ldots$ heißt *homogen*, wenn $y_k \equiv 0$ Lösung ist (s. Differenzengleichung, 1., 2.1.).

3. Homogene Funktion:
Die Funktion $f(x_1, x_2, \ldots, x_n)$ heißt *homogen vom Grad r*, wenn für alle $\lambda \in \mathbb{R}$ und $(x_1, x_2, \ldots, x_n) \in D$ mit $(\lambda x_1, \lambda x_2, \ldots, \lambda x_n) \in D$ gilt

$$f(\lambda x_1, \lambda x_2, \ldots, \lambda x_n) = \lambda^r \cdot f(x_1, x_2, \ldots, x_n).$$

Falls f homogen ist von Grad $r = 1$, nennt man f *linear homogen.*

Für die *Cobb - Douglas*- Funktion

$$f(x_1, x_2, \ldots, x_n) = c \cdot \prod_{i=1}^{n} x_i^{\alpha_i} \quad \text{mit} \quad \alpha_i, c \in \mathbb{R}, c \neq 0, x_i \geq 0$$

gilt

$$f(\lambda x_1, \lambda x_2, \ldots, \lambda x_n) = \lambda^\alpha \cdot c \cdot \prod_{i=1}^{n} x_i^{\alpha_i} = \lambda^\alpha \cdot f(x_1, x_2, \ldots, x_n)$$

mit $\alpha = \sum_{i=1}^{n} \alpha_i$. Daher ist die Funktion homogen vom Grad $r = \sum_{i=1}^{n} \alpha_i$.

Die Funktion $f(x) = x^2 y^\alpha + x y^2$ ist nur für $\alpha = 1$ homogen. Beide Summanden müssen den gleichen Gesamtgrad $r = 3$ besitzen.

Die Funktion $f(x, y) = \frac{x}{y}$ ist wegen $f(\lambda x, \lambda y) = \frac{x}{y} = \lambda^0 f(x, y)$ homogen vom Grad Null.

Eulersche Homogenitätsrelation:

Für eine homogene Funktion vom Grade r gilt die *Eulersche Homogenitätsrelation*

$$r \cdot f(x_1, x_2, \ldots, x_n) = \sum_{i=1}^{n} x_i \cdot f_{x_i}(x_1, x_2, \ldots, x_n)$$

für alle $(x_1, x_2, \ldots, x_n) \in D$. Division durch $f(x_1, x_2, \ldots, x_n)$ ergibt die

Eulersche Homogenitätsbeziehung:

Bei einer homogenen Funktion gilt für die Summe aller n partiellen Elastizitäten (s. partielle Elastizität) für alle $(x_1, x_2, \ldots, x_n) \in D$

$$\sum_{i=1}^{n} \varepsilon_{f, x_i}(x_1, x_2, \ldots, x_n) = r \quad \text{(Homogenitätsgrad)}.$$

Tangentialebenen bei homogenen Funktionen f(x, y):

Falls die Funktion $f(x, y)$ homogen vom Grad r ist, besitzt die Tangentialebene an jeder beliebigen Stelle $(x_0, y_0) \in D$ die Darstellung

$$T(x, y) = (1 - r) \cdot f(x_0, y_0) + f_x(x_0, y_0) \cdot x + f_y(x_0, y_0) \cdot y$$

(s. Tangentialebene). Bei linear homogenen Funktionen gehen wegen $r = 1$ sämtliche Tangentialebenen durch den Koordinatenursprung O.

4. Homogene gewöhnliche Differentialgleichung n - ter Ordnung:

Eine gewöhnliche Differentialgleichung

$$F(x, y(x), y'(x), y''(x), \ldots, y^{(n)}(x)) = 0$$

heißt *homogen*, falls die Nullfunktion $y(x) \equiv 0$ Lösung ist (s. gewöhnliche Differentialgleichung, 1.).

5. Homogene kartesische Koordinaten s. projektive Geometrie.

6. Homogene lineare Differentialgleichung:

Die lineare Differentialgleichung n - ter Ordnung

$$y^{(n)}(x) + a_{n-1}(x) y^{(n-1)}(x) + \ldots + a_1(x) y'(x) + a_0(x) y(x) = 0$$

heißt *homogene lineare Differentialgleichung* (s. gewöhnliche Differentialgleichung, 3.1., 4.1.).

7. Homogene (vollhomogene) lineare Randwertaufgabe s. gewöhnliche Differentialgleichung, 5.2.1.

8. Homogene Randbedingung s. gewöhnliche Differentialgleichung, 5.2.

9. Homogenes geometrisches Gebilde:
Ein geometrisches Gebilde (Körper, Fläche, Kurve) heißt *homogen*, falls dort die Massenbelegung konstant ist (s. Masse und Massendichte).

10. Homogenes lineares Gleichungssystem:
Das lineare Gleichungssystem $A\vec{x} = \vec{0}$ heißt *homogen* (s. lineares Gleichungssystem, 3.). Es besitzt die triviale Lösung $\vec{x} = \vec{0}$.

11. Homogenes Polynom (Form):
Ein Polynom in n Variablen (s. Polynom, 3.) ist genau dann homogen, wenn alle Glieder den gleichen Gesamtgrad besitzen. Ein homogenes Polynom nennt man auch eine *Form*. So ist z. B. eine quadratische Form (s. quadratisch, 1.) homogen vom Grad 2 (s. 3.).

12. Homogenes System linearer Differentialgleichungen:
Das System linearer Differentialgleichungen $\vec{y}\,'(x) = A(x) \cdot \vec{y}(x)$ heißt *homogenes System* (s. System von gewöhnlichen Differentialgleichungen, 2.1.)

homomorphe Abbildung s. Homomorphismus.

Homomorphismus:
Gegeben seien zwei algebraische Strukturen A und B (s. algebraisch, 6.). In A seien $\varphi_1, \ldots, \varphi_n$ die inneren zweistelligen Verknüpfungen, in B lauten die inneren zweistelligen Verknüpfungen $\psi_1, \ldots, \psi_n$ (s. Verknüpfung, 2.). Dabei seien die Verknüpfungen einander zugeordnet durch $\varphi_i \leftrightarrow \psi_i$ für $i = 1, 2, \ldots, n$. Eine Abbildung f (s. Abbildung) von A in (auf) B heißt ein *Homomorphismus* von A in (auf) B, wenn für alle $a_1, a_2 \in A$ gilt

$$f(\varphi_i(a_1, a_2)) = \psi_i(f(a_1), f(a_2)) \quad \text{für } i = 1, 2, \ldots, n.$$

Homöomorphismus (topologische Abbildung):
Eine eineindeutige Abbildung f (s. Abbildung) eines topologischen Raumes T auf einen topologischen Raum T′ (s. topologischer Raum) heißt *homöomorph* (*Homöomorphismus* oder *topologische Abbildung*), wenn f und die Umkehrabbildung f^{-1} stetig sind (s. Stetigkeit, topologische).

Horizont s. astronomisches Koordinatensystem.

Horner, William George (1786 – 1837) war in England Schullehrer.
1919 publizierte er das nach ihm benannte Horner-Schema (s. Horner-Schema), das jedoch bereits seit dem 11. Jahrhundert bekannt war.

Horner-Schema:

Mit Hilfe des Horner-Schemas können Werte von Polynomen an einer bestimmten Stelle x_0 bequem berechnet werden. Ferner kann damit die Polynomdivision durch $(x - x_0)$ durchgeführt werden (s. Polynomdivision). Division des Polynoms $P_n(x) = \sum\limits_{k=0}^{n} a_k x^k$ durch $(x - x_0)$ ergibt die Bedingung

$$(a_n x^n + a_{n-1} x^{n-1} + a_{n-2} x^{n-2} + \ldots + a_1 x + a_0) : (x - x_0)$$

$$= a_n x^{n-1} + b_{n-2} x^{n-2} + \ldots + b_1 x + b_0 + \frac{b_0'}{x - x_0}.$$

Daraus erhält man

$$P_n(x) = (a_n x^{n-1} + b_{n-2} x^{n-2} + \ldots + b_1 x + b_0) \cdot (x - x_0) + b_0'.$$

Hieraus folgt $P_n(x_0) = b_0'$.

Koeffizientenvergleich in der obigen Gleichung ergibt:

$$b_{n-2} = a_{n-1} + a_n x_0 ; \; b_{n-3} = a_{n-2} + b_{n-2} x_0 ; \; \ldots\ldots ;$$

$$b_0 = a_1 + b_1 x_0 ; \; \mathbf{b_0' = a_0 + b_0 x_0}.$$

Die Koeffinzienten des dividierten Polynoms lassen sich sehr einfach berechnen im sog. *Horner-Schema:*

a_n	a_{n-1}	a_{n-2}	a_{n-3}	......	a_1	a_0
	$+$	$+$	$+$	......	$+$	$+$
	$a_n \cdot x_0$	$b_{n-2} \cdot x_0$	$b_{n-3} \cdot x_0$	......	$b_1 \cdot x_0$	$b_0 \cdot x_0$
a_n ↗	b_{n-2} ↗	b_{n-3} ↗	b_{n-4} ↗	......	b_0 ↗	$\mathbf{b_0' = P_n(x_0)}$

Bei diesem Schema stehen in der ersten Zeile die Koeffizienten des Ausgangspolynoms. Danach werden die untereinander stehenden Werte addiert und die Summe jeweils mit x_0 multipliziert und jeweils rechts versetzt nach oben geschrieben. Addition liefert der Reihe nach die Koeffizienten $b_{n-2}, b_{n-3}, \ldots, b_1, b_0$ und den Funktionswert $b_0' = P_n(x_0)$. Im Falle $b_0' = 0$ ist x_0 Nullstelle des Polynoms. Dann geht die Division durch $(x - x_0)$ ohne Rest auf.

Beispiel:

Das Polynom $2x^4 - 3x^3 + 5x^2 + 4x + 5$ soll durch $(x - 2)$ dividiert werden. Mit $x_0 = 2$ erhält man das Horner-Schema

2	−3	5	4	5	
	↗ 4	↗ 2	↗ 14	↗ 36	
2	1	7	18	41	$= P_4(2)$

Hieraus erhält man

$$2x^4 - 3x^3 + 5x^2 + 4x + 5 = (2x^3 + x^2 + 7x + 18) \cdot (x - 2) + 41 ;$$

$$(2x^4 - 3x^3 + 5x^2 + 4x + 5) : (x - 2) = 2x^3 + x^2 + 7x + 18 + \frac{41}{x - 2}.$$

l'Hospital, Guillaume François Antoine de (1661 – 1704) beschäftigte sich überwiegend mit der Infinitesimalrechnung. Nach ihm benannt ist die Regel von l'Hospital für unbestimmte Ausdrücke (s. unbestimmter Ausdruck).

l'Hospitalsche Regel s. unbestimmter Ausdruck.

Hülle:

Die Menge aller Berührungspunkte einer Teilmenge $B \subset M$ eines metrischen Raumes M heißt die (abgeschlossene) *Hülle* von B (s. Berührungspunkt). Die abgeschlossene Hülle von B bezeichnet man meistens mit $\overline{B}$.

Hundert:

Die Zehnerpotenz $10^2 = 100$ heißt *Hundert* (s. Zehnerpotenzen).

Hyperbel:

Die Hyperbel ist ein Kegelschnitt und damit eine Kurve zweiter Ordnung (s. Kegelschnitt, s. Kurven zweiter Ordnung). Weshalb die Hyperbel von den alten Griechen diesen Namen erhalten hat s. Kegelschnitt, 3.

1. Eigenschaften einer Hyperbel:
Die Hyperbel ist der geometrische Ort aller Punkte einer Ebene, für die der Betrag der Differenz der Abstände r_1, r_2 mit $r_1 > r_2$ von zwei festen Punkten F_1, F_2 dieser Ebene, den *Brennpunkten*, konstant ist, also mit

$$\overline{PF_1} - \overline{PF_2} = r_1 - r_2 = 2a.$$

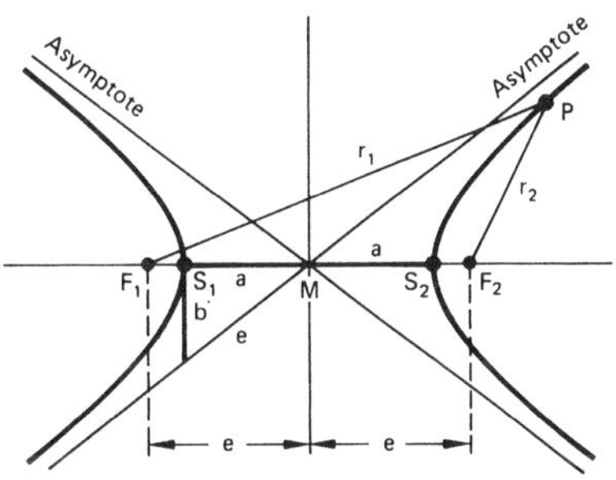

Bezeichnungen:
F_1, F_2 *Brennpunkte*; PF_1, PF_2 *Brennstrahlen*; M *Mittelpunkt*;

a, b Längen der *Halbachsen*; S_1, S_2 *Scheitel*; S_1S_2 *Hauptachse*;

$e = \overline{MF_1} = \overline{MF_2}$ heißt *Brennweite* (*lineare Exzentrizität*) mit $e^2 = a^2 + b^2$;

$\varepsilon = \frac{e}{a} = \frac{\sqrt{a^2 + b^2}}{a} > 1$ ist die *numerische Exzentrizität*.

2. Hyperbelkonstruktionen:
2.1. Konstruktion mit Kreisen:
Um einen Brennpunkt wird ein Kreisbogen mit dem Radius $r < 2a$, um den anderen Brennpunkt ein Kreisbogen mit dem Radius $2a + r$ bzw. $2a - r$ geschlagen. Die Schnittpunkte dieser beiden Kreisbögen ergeben

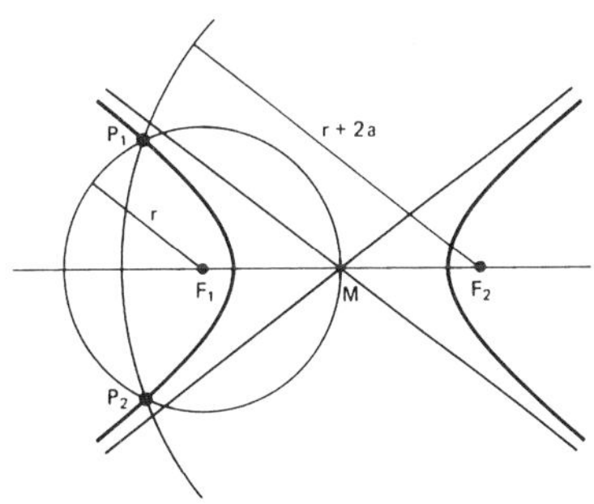

Hyperbelpunkte. Alle Punkte mit $r_1 - r_2 = 2a$ liefern einen *Ast* der Hyperbel, für den anderen Ast ist $r_1 - r_2 = -2a$.

2.2. Fadenkonstruktion (Gärtnerkonstruktion):
Gegeben sind die Brennpunkte F_1 und F_2 und a mit $2a < \overline{F_1F_2}$. In einem der beiden Brennpunkte wird ein Stab der Länge $l > 2a$ drehbar befestigt. Die Enden eines Fadens der Länge $l - 2a$ werden am freien Stabende und am anderen Brennpunkt befestigt. Falls der Faden mit einem Stift so gespannt wird, daß der Stift den Stab berührt, so beschreibt der Stift einen Hyperbelpunkt. Durch Drehen des Stabes um den Brennpunkt entsteht ein Teil eines Hyperbelzweiges.

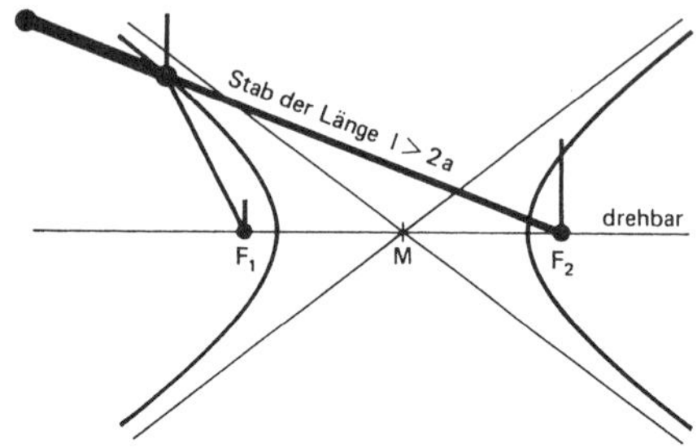

2.3. Konstruktion einer Hyperbel mit Hilfe eines Leitkreises s. Leitkreis.

3. Hyperbelgleichungen:
3.1. Koordinatengleichungen:
Die beiden Scheitelpunkte liegen auf der x-Achse symmetrisch zum Koordinatenursprung. Dann erhält man in kartesischen Koordinaten die Mittelpunktsgleichung:

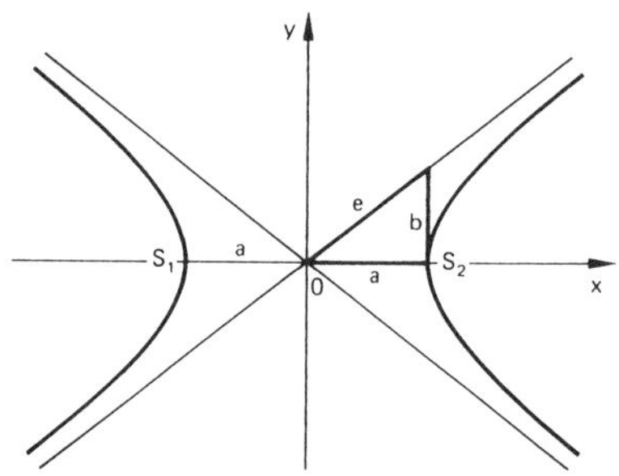

$$\frac{x^2}{a^2} - \frac{y^2}{b^2} = 1 .$$

Beide Koordinatenachsen sind Symmetrie-Achsen der Hyperbel. Bedingung: $|x| \geq a$. Die Hyperbel ist nach links und rechts geöffnet.

Parallelverschiebung: Falls die Hyperbel parallel zu den Koordinatenachsen verschoben wird, so daß $M(x_0, y_0)$ der Hyperbelmittelpunkt ist, lautet die Koordinatengleichung

$$\frac{(x - x_0)^2}{a^2} - \frac{(y - y_0)^2}{b^2} = 1; \quad M(x_0, y_0) = \text{Hyperbelmittelpunkt}.$$

3.2. Parameterdarstellung:
Für die achsenparallele Hyperbel mit dem Mittelpunkt $M(x_0, y_0)$ lautet die Parameterdarstellung

$$x = x_0 + a \cosh t ; \quad y = y_0 + b \sinh t ; \quad t \in \mathbb{R},\ a,\ b > 0$$

(s. Hyperbelfunktionen).

3.3. Darstellung in Polarkoordinaten:
Der Pol $O = F_1$ sei der Brennpunkt F_1. Im Dreieck F_1F_2P erhält man aus

dem Kosinussatz (s. Kosinussatz)

$$(2a+\rho)^2 = \rho^2 + (2e)^2 - 4e\,\rho\cos\varphi;$$

$$\rho = \rho(\varphi) = \frac{p}{1+\varepsilon\cos\varphi}$$

mit $p = \frac{b^2}{a}$; $\varepsilon = \frac{\sqrt{a^2+b^2}}{a} > 1$.

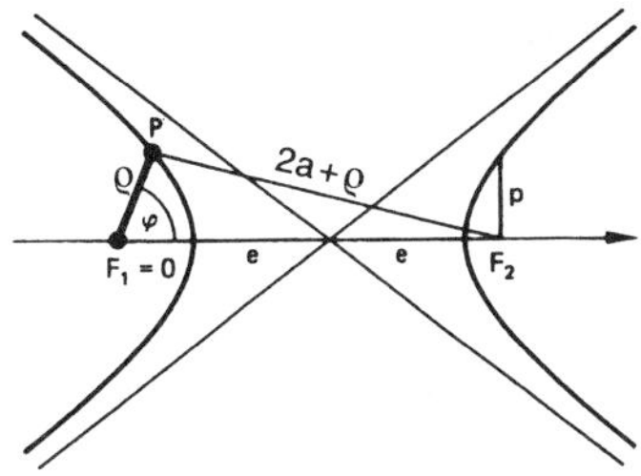

Falls man in der Polarkoordinatendarstellung $O = F_2$ den anderen Brennpunkt F_2 als Pol wählt, erhält man mit den obigen Bezeichnungen die Darstellung

$$\rho = \rho(\varphi) = \frac{p}{1-\varepsilon\cos\varphi}$$

mit $p = \frac{b^2}{a}$; $\varepsilon = \frac{\sqrt{a^2+b^2}}{a}$.

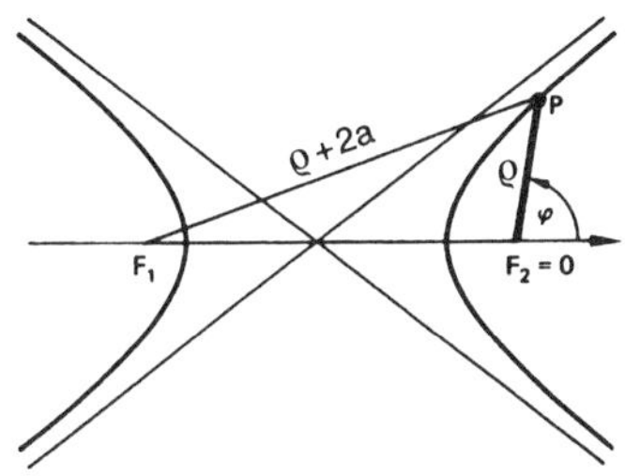

4. Asymptoten:
Die achsenparallele Hyperbel mit dem Mittelpunkt O hat die Gleichung

$$\frac{x^2}{a^2} - \frac{y^2}{b^2} = 1 \Leftrightarrow b^2x^2 - a^2y^2 = a^2b^2 \Leftrightarrow a^2y^2 = b^2(x^2-a^2).$$

Hieraus folgt

$$\frac{y^2}{x^2} = \frac{b^2}{a^2}\cdot\left(1-\frac{a^2}{x^2}\right);\ \frac{y}{x} = \pm\frac{b}{a}\cdot\sqrt{1-\frac{a^2}{x^2}};\ \lim_{|x|\to\infty}\frac{y}{x} = \pm\frac{b}{a}.$$

Damit erhält man die Asymptoten $y = \pm\frac{b}{a}x$. Bei achsenparallelen Hyperbeln mit dem Mittelpunkt $M(x_0, y_0)$ lauten die Asymptoten

$$y - y_0 = \pm\frac{b}{a}(x-x_0).$$

5. Gleichseitige Hyperbel:
Nur für $a = b$ stehen die beiden Asymptoten aufeinander senkrecht (s. 4.). Solche Hyperbeln heißen *gleichseitig*.

6. Nach oben und unten geöffnete Hyperbel:
Die Hyperbel mit der Gleichung

$$-\frac{x^2}{a^2} + \frac{y^2}{b^2} = 1$$

ist nach oben und unten geöffnet. Man erhält sie aus der Standardform

$$\frac{x^2}{a^2} - \frac{y^2}{b^2} = 1$$

durch Vertauschen von x und y sowie von a und b.
Asymptoten: $y = \pm\frac{b}{a}x$.

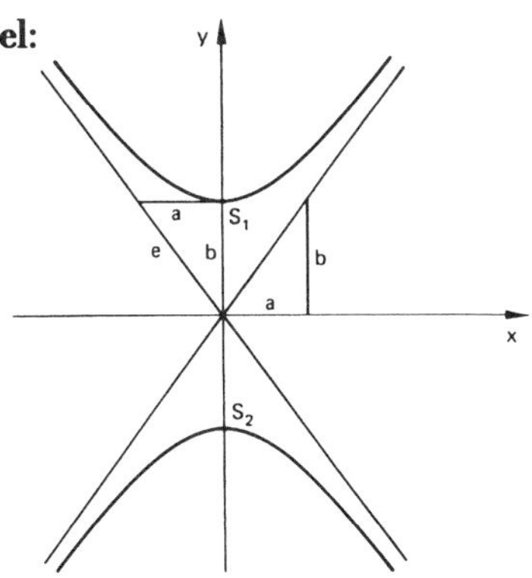

7. Asymptoten einer Hyperbel als Koordinatenachsen:
Bezüglich der Hyperbelgleichung

$$\frac{x^2}{a^2} - \frac{y^2}{b^2} = 1$$

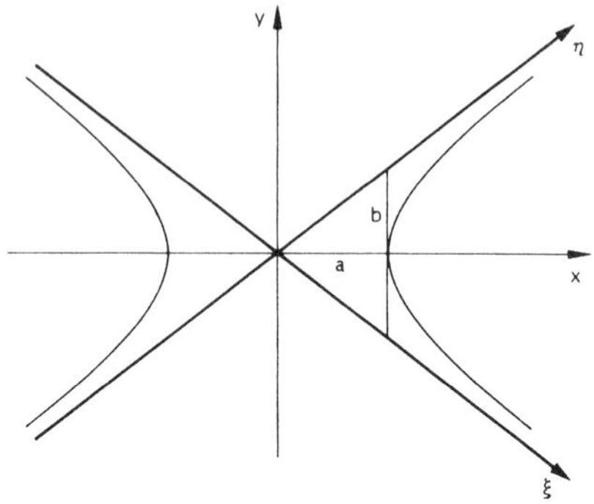

werden die beiden Asymptoten als neue Koordinatenachsen ξ und η gewählt. Für $a \neq b$ ist das ξ-η-System nicht mehr rechtwinklig. Für die Koordinateneinheitsvektoren

$$\vec{e}_\xi\,;\ \vec{e}_\eta\,;\ \vec{e}_x = \vec{e}_1\,;\ \vec{e}_y = \vec{e}_2$$

gilt die Komponentenzerlegung

$$\vec{e}_\xi = \frac{1}{\sqrt{a^2+b^2}}(a\,\vec{e}_x - b\,\vec{e}_y)\,; \quad \vec{e}_\eta = \frac{1}{\sqrt{a^2+b^2}}(a\,\vec{e}_x + b\,\vec{e}_y)\,.$$

Damit lautet die Abbildung

$$\begin{pmatrix} x \\ y \end{pmatrix} = \frac{1}{\sqrt{a^2+b^2}} \begin{pmatrix} a & a \\ -b & b \end{pmatrix} \begin{pmatrix} \xi \\ \eta \end{pmatrix},$$

also

$$x = \frac{a}{\sqrt{a^2+b^2}} \cdot \xi + \frac{a}{\sqrt{a^2+b^2}} \cdot \eta\,; \quad y = -\frac{b}{\sqrt{a^2+b^2}} \cdot \xi + \frac{b}{\sqrt{a^2+b^2}} \cdot \eta$$

(s. lineare Abbildung, 2.1.). Setzt man die Komponenten in die Koordinatengleichung für die Hyperbel ein, so erhält man im ξ-η-System die Gleichung der Hyperbel

$$\xi \cdot \eta = \frac{a^2+b^2}{4} = \frac{e^2}{4}.$$

8. Gleichseitige Hyperbel $x \cdot y = c\,,\, c \neq 0$:
Im kartesischen Koordinatensystem stellt die Gleichung $x \cdot y = c$, $c \neq 0$ eine gleichseitige Hyperbel dar, deren Asymptoten mit den Koordinatenachsen zusammenfallen. Für $c > 0$ ist die erste Winkelhalbierende die Hyperbelachse, für $c < 0$ ist die zweite Winkelhalbierende die Hyperbelachse. Für die Parameter der gleichseitigen Hyperbel gilt $a = b$ und

$$\frac{e^2}{4} = \frac{a^2}{2} = |c|\,; \quad a = \sqrt{2|c|}\,.$$

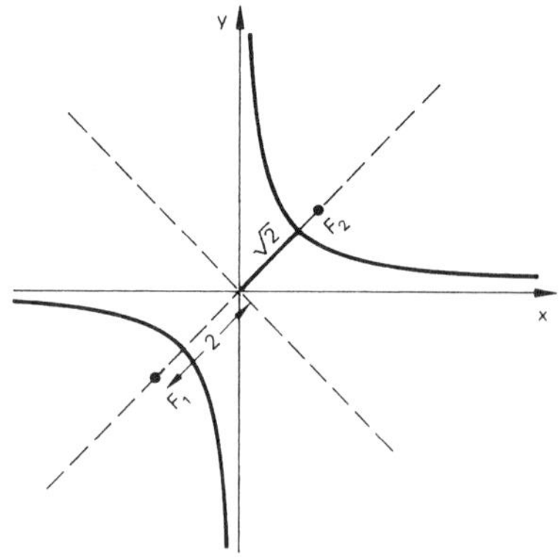

Hyperbel: $x \cdot y = 1$

9. Leitlinien einer Hyperbel:

Die Leitlinien l_1 und l_2 einer Hyperbel stehen senkrecht auf der Hyperbelachse und haben jeweils vom Mittelpunkt M den Abstand

$$l = \frac{a^2}{e} = \frac{a^2}{\sqrt{a^2+b^2}}.$$

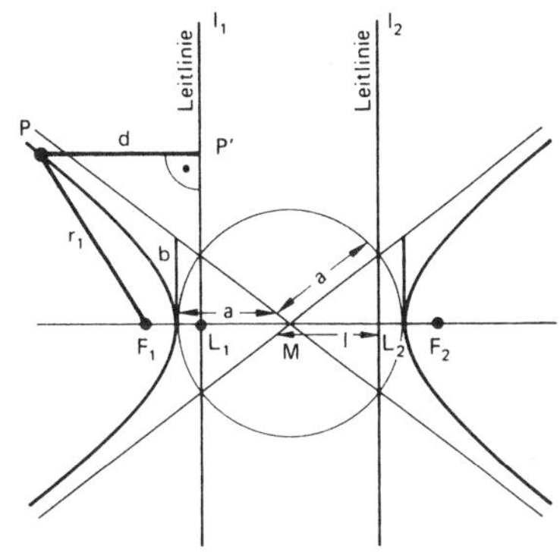

$l : a = a : e$ ergibt die Eigenschaft: Der Kreis um den Mittelpunkt M mit dem Radius a (Hauptkreis) schneidet die Asymptoten in vier Punkten, von denen jeweils zwei auf einer Leitlinie liegen. P′ sei der Fußpunkt des Lotes vom Hyperbelpunkt P auf die benachbarte Leitlinie. Dann gilt

$$\frac{r_1}{d} = \frac{\overline{PF_1}}{\overline{PP'}} = \frac{e}{a} = \frac{\sqrt{a^2+b^2}}{a} = \varepsilon > 1 \text{ } (\varepsilon = \text{numerische Exzentrizität}).$$

Die Hyperbel ist damit der geometrische Ort aller Punkte einer Ebene, für die das Verhältnis der Abstände von einem festen Punkt F_1, dem Brennpunkt, zu einer festen Geraden l_1, der Leitlinie, konstant gleich $\varepsilon > 1$ ist.

Hyperbelfunktionen (hyperbolische Funktionen):

Folgende vier Funktionen heißen *Hyperbelfunktionen* oder *hyperbolische* Funktionen:

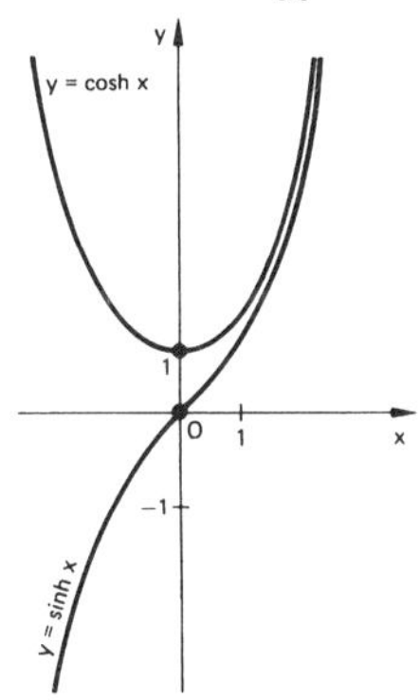

Sinus hyperbolicus (Hyperbelsinus):

$$y = \sinh x = \frac{e^x - e^{-x}}{2}.$$

Cosinus hyperbolicus (Hyperbelkosinus):

$$y = \cosh x = \frac{e^x + e^{-x}}{2}.$$

Diese Kurve heißt auch *Kettenlinie.*

Tangens hyperbolicus (Hyperbeltangens):

$$y = \tanh x = \frac{e^x - e^{-x}}{e^x + e^{-x}} = \frac{e^{2x} - 1}{e^{2x} + 1} = \frac{\sinh x}{\cosh x}.$$

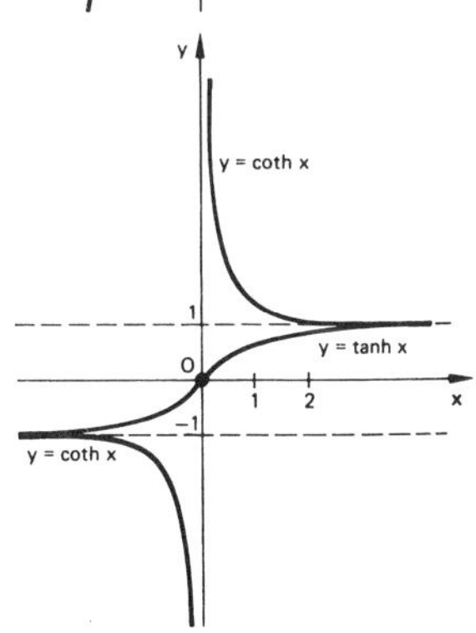

Cotangens hyperbolicus (Hyperbelkotangens):

$$y = \coth x = \frac{e^x + e^{-x}}{e^x - e^{-x}} = \frac{e^{2x} + 1}{e^{2x} - 1} = \frac{\cosh x}{\sinh x} \quad \text{für } x \neq 0.$$

Beziehungen zwischen den Hyperbelfunktionen:

$$\sinh(-x) = -\sinh x\,; \qquad \cosh(-x) = \cosh x\,;$$

$$\tanh(-x) = -\tanh x\,; \qquad \coth(-x) = -\coth x\,;$$

$$\sinh x + \cosh x = e^{x}\,; \quad \cosh x - \sinh x = e^{-x}\,; \quad \cosh^2 x - \sinh^2 x = 1\,.$$

Die Koordinaten $\xi = \cosh x$, $\eta = \sinh x$ liegen auf der gleichseitigen Hyperbel $\xi^2 - \eta^2 = 1$ (s. Hyperbel, 5.). Ferner gilt

$$\tanh x \cdot \coth x = 1\,; \quad \tanh^2 x = 1 - \frac{1}{\cosh^2 x}\,; \quad \coth^2 x = 1 - \frac{1}{\sinh^2 x}\,.$$

Additionstheoreme:

$$\sinh(x \pm y) = \sinh x \cosh y \pm \cosh x \sinh y\,;$$

$$\cosh(x \pm y) = \cosh x \cosh y \pm \sinh x \sinh y\,;$$

$$\tanh(x \pm y) = \frac{\tanh x \pm \tanh y}{1 \pm \tanh x \cdot \tanh y}\,; \quad \cot(x \pm y) = \frac{1 \pm \coth x \cdot \coth y}{\coth x \pm \coth y}\,.$$

Ableitungen:

$$(\sinh x)' = \frac{e^{x} + e^{-x}}{2} = \cosh x\,; \quad (\cosh x)' = \frac{e^{x} - e^{-x}}{2} = \sinh x\,;$$

$$(\tanh x)' = \frac{\cosh^2 x - \sinh^2 x}{\cosh^2 x} = \frac{1}{\cosh^2 x} = 1 - \tanh^2 x\,;$$

$$(\coth x)' = \frac{\sinh^2 x - \cosh^2 x}{\sinh^2 x} = -\frac{1}{\sinh^2 x} = 1 - \coth^2 x\,.$$

Integrale:

$$\int \sinh x\,dx = \cosh x + C\,; \qquad \int \cosh x\,dx = \sinh x + C\,;$$

$$\int \tanh x\,dx = \ln \cosh x + C\,; \qquad \int \coth x\,dx = \ln|\sinh x| + C\,.$$

Taylor-Reihen: Aus den Taylor-Reihen

$$e^{x} = 1 + \frac{x}{1!} + \frac{x^2}{2!} + \frac{x^3}{3!} + \ldots \quad \text{und} \quad e^{-x} = 1 - \frac{x}{1!} + \frac{x^2}{2!} - \frac{x^3}{3!} + \frac{x^4}{4!} - \frac{x^5}{5!} + - \ldots$$

(s. Exponentialfunktion, 2.) erhält man durch Summen- und Differenzenbildung bzw. durch Division der Summen und Differenzen:

$$\sinh x = x + \frac{x^3}{3!} + \frac{x^5}{5!} + \frac{x^7}{7!} + \ldots = \sum_{k=0}^{\infty} \frac{x^{2k+1}}{(2k+1)!} \qquad \text{für alle } x \in \mathbb{R}\,;$$

$$\cosh x = 1 + \frac{x^2}{2!} + \frac{x^4}{4!} + \frac{x^6}{6!} + \ldots = \sum_{k=0}^{\infty} \frac{x^{2k}}{(2k)!} \qquad \text{für alle } x \in \mathbb{R}\,;$$

$$\tanh x = x - \frac{1}{3}x^3 + \frac{2}{15}x^5 - \frac{17}{315}x^7 + \frac{62}{2835}x^9 - + \ldots \qquad \text{für } |x| < \frac{\pi}{2}\,;$$

$$\coth x = \frac{1}{x} + \frac{1}{3}x - \frac{1}{45}x^3 + \frac{2}{945}x^5 - \frac{1}{4725}x^7 + - \ldots \qquad \text{für } 0 < |x| < \pi\,.$$

Die Umkehrfunktionen der Hyperbelfunktionen heißen *Areafunktionen* (s. Areafunktionen).

Hyperbelkosinus s. Hyperbelfunktionen.

Hyperbelkotangens s. Hyperbelfunktionen.

Hyperbelsinus s. Hyperbelfunktionen.

Hyperbeltangens s. Hyperbelfunktionen.

hyperbolische Funktionen s. Hyperbelfunktionen.

hyperbolischer Integralkosinus s. Integralkosinus.

hyperbolischer Integralsinus s. Integralsinus.

hyperbolischer Punkt (Sattelpunkt):

Ein Punkt einer Fläche $\mathfrak{F}$ heißt *hyperbolischer Punkt* oder *Sattelpunkt*, wenn dort beide Hauptkrümmungen von Null verschieden sind und verschiedene Vorzeichen besitzen (s. Fläche, 2.5., s. Krümmung, 3.).

hyperbolischer Zylinder s. Zylinder zweiter Ordnung.

hyperbolisches Paraboloid s. Paraboloid, 2.

hyperbolische Spirale s. Spirale, 2.

Hyperboloid:

Hyperboloide sind spezielle Flächen zweiter Ordnung (s. Flächen zweiter Ordnung, 3.1.).

1. Einschaliges Hyperboloid:

Nach Drehung, Parallelverschiebung und eventueller Umbenennung der Achsen erhält man in kartesischen Koordinaten die Normalform:

$$\frac{x^2}{a^2} + \frac{y^2}{b^2} - \frac{z^2}{c^2} = 1 \quad \text{mit} \quad a, b, c > 0 .$$

Dabei ist die z-Achse die Achse.

Mit den trigonometrischen Funktionen und den Hyperbelfunktionen (s. Hyperbelfunktionen) erhält man die

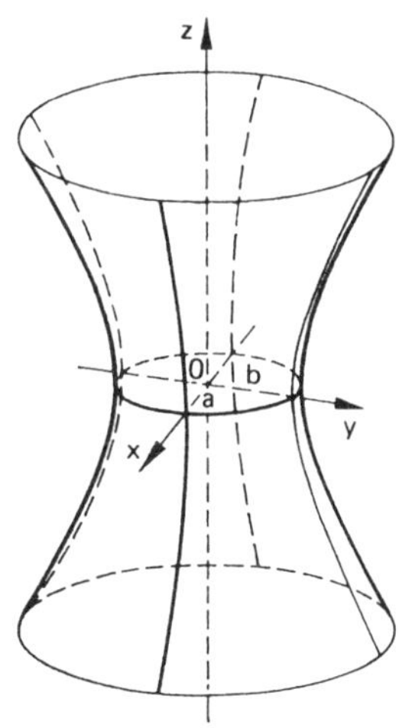

Parameterdarstellung:

$$x = a\cosh t \cdot \cos\varphi\,;\ y = b\cosh t \cdot \sin\varphi\,;$$
$$z = c\sinh t\,;$$
$$a, b, c > 0\,;\quad t \in \mathbb{R}\,;\quad 0 \leq \varphi \leq 2\pi\,.$$

Ein Schnitt parallel zur x-y-Ebene ($z = z_0$) ergibt eine Ellipse;
ein Schnitt parallel zur x-z-Ebene ($y = y_0$) liefert eine Hyperbel;
ein Schnitt parallel zur y-z-Ebene ($x = x_0$) ergibt eine Hyperbel.

Alle drei Koordinatenebenen sind Symmetrie-Ebenen. a und b sind die Längen der Hauptachsen der von der x-y-Ebene ausgeschnittenen Ellipse. Für $a = b$ erhält man ein Rotationshyperboloid mit der z-Achse als Achse (s. Rotationsfläche und Rotationskörper). Aus

$$\frac{x^2}{a^2} - \frac{z^2}{c^2} = 1 - \frac{y^2}{b^2}$$

erhält man mit der dritten binomischen Formel

$$\left(\frac{x}{a} + \frac{z}{c}\right)\cdot\left(\frac{x}{a} - \frac{z}{c}\right) = \left(1 + \frac{y}{b}\right)\cdot\left(1 - \frac{y}{b}\right).$$

Diese Gleichung ist gleichwertig mit

(1) $\frac{x}{a} + \frac{z}{c} = u\cdot\left(1 + \frac{y}{b}\right); \quad u\cdot\left(\frac{x}{a} - \frac{z}{c}\right) = 1 - \frac{y}{b}$

(2) $\frac{x}{a} + \frac{z}{c} = v\cdot\left(1 - \frac{y}{b}\right); \quad v\cdot\left(\frac{x}{a} - \frac{z}{c}\right) = 1 + \frac{y}{b}, \quad u, v \in \mathbb{R}$ beliebig.

Für beliebige Werte u und v stellen diese beiden Gleichungen jeweils zwei Ebenen im $\mathbb{R}^3$ dar. Die Koordinaten der Schnittgeraden von (1) und (2) erfüllen die Koordinatengleichung des Hyperboloids. Sie bilden die Erzeugenden des einschaligen Hyperboloids. Es ist somit eine durch Geraden erzeugte Regelfläche (s. Regelfläche).

2. Zweischaliges Hyperboloid:

Nach Drehung, Parallelverschiebung und eventueller Umbenennung der Achsen erhält man in kartesischen Koordinaten die Normalform:

$$\frac{x^2}{a^2} + \frac{y^2}{b^2} - \frac{z^2}{c^2} = -1 \text{ mit } a, b, c > 0.$$

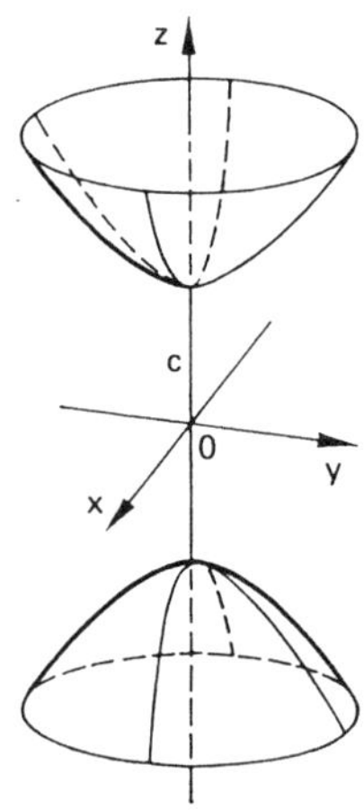

Dabei ist die z-Achse die Achse. Die Gleichung besitzt nur für $|z| \geq c$ Lösungen. $z \geq c$ ergibt die obere, $z \leq -c$ die untere Schale.

Mit den trigonometrischen und den Hyperbelfunktionen (s. Hyperbelfunktionen) erhält man die Parameterdarstellung:

$$x = a\sinh t \cdot \cos\varphi; \quad y = b\sinh t \cdot \sin\varphi;$$
$$z = \pm c\sinh t; \quad t \geq 0; \quad 0 \leq \varphi \leq 2\pi.$$

Alle drei Koordinatenebenen sind Symmetrie-Ebenen. $a = b$ ergibt ein zweischaliges Roatationshyperboloid mit der z-Achse als Achse (s. Rotationsfläche und Rotationskörper).

Ein Schnitt parallel zur x-y-Ebene ($z = z_0$, $|z_0| > c$) ergibt eine Ellipse;
ein Schnitt parallel zur x-z-Ebene ($y = y_0$) liefert eine Hyperbel;
ein Schnitt parallel zur y-z-Ebene ($x = x_0$) ergibt eine Hyperbel.

Hyperebene:

Im $\mathbb{R}^n$ ist eine *Hyperebene* definiert als die Menge aller Punkte, deren kartesischen Koordinaten die lineare Gleichung

$$a_1 x_1 + a_2 x_2 + \ldots + a_n x_n + c = 0$$

erfüllen. Dabei sind die a_k und c vorgegebene reelle Koeffizienten, wobei nicht alle a_k gleich Null sein dürfen.

Hyperfläche:

Die $(n-1)$-dimensionale Punktmenge $(x_1, x_2, \ldots, x_n) \in \mathbb{R}^n$, die einer Gleichung $P(x_1, x_2, \ldots, x_n) = 0$ genügt, wobei P ein Polynom in n Unbestimmten ist (s. Polynom, 3.), heißt *Hyperfläche.* Der Grad dieses Polynoms heißt die *Ordnung* der Hyperfläche. Für $n = 2$ ist eine Hyperfläche eine Kurve in der Ebene (s. Kurve, 1.), für $n = 3$ eine Fläche im Raum (s. Fläche, 2.). Eine Hyperfläche 2. Ordnung heißt *Quadrik* (s. Quadrik), eine dritter Ordnung *Kubik* und eine vierter Ordnung *Quartik.*

hypergeometrische Differentialgleichung:

Die lineare Differentialgleichung 2. Ordnung

$$x(x-1)y''(x) + [c-(a+b+1)x]y'(x) - aby(x) = 0$$

(a, b, c reelle Zahlen, $c \neq 0, -1, -2, -3, \ldots$) heißt *hypergeometrische* oder *Gaußsche Differentialgleichung.* Ihre Lösung ist die hypergeometrische Funktion (s. hypergeometrische Funktion).

hypergeometrische Funktion (Reihe):

Die durch

$$f(x) = \sum_{k=0}^{\infty} \frac{\binom{a+k-1}{k}\binom{b+k-1}{k}}{\binom{c+k-1}{k}} \cdot x^k \quad \text{für } |x| < 1$$

definierte Funktion heißt *hypergeometrische Funktion* (*Reihe*). Sie ist Lösung der hypergeometrischen Differentialgleichung (s. hypergeometrische Differentialgleichung).

Hyperkugel (Sphäre):

Die Menge aller Punkte $P(x_1, x_2, \ldots, x_n)$ des n-dimensionalen Zahlenraums $\mathbb{R}^n$ mit

$$\sum_{i=1}^{n} x_i^2 = r^2, \; r > 0$$

heißt *Hyperkugel* (*Sphäre*) mit dem *Radius* r und dem Koordinatenursprung O als *Mittelpunkt.* Für $n = 3$ ist es eine *Kugel* im $\mathbb{R}^3$ mit dem Radius r. $n = 2$ ergibt einen *Kreis* im $\mathbb{R}^2$, für $n = 1$ erhält man die Punkte $\pm r$ in $\mathbb{R}$, also die Randpunkte des Intervalls $[-r; +r]$.

Hypothenuse:

In einem rechtwinkligen Dreieck heißt die dem rechten Winkel gegenüberliegende Seite *Hypothenuse* (s. Dreieck, 2.1.).

Hypotrochoide s. zyklische Kurven, 3.

Hypozykloide s. zyklische Kurven, 3.

I

Ideal:

Eine nichtleere Teilmenge I eines Ringes R (s. Ring) heißt *Rechtsideal* bzw. *Linksideal*, wenn gilt

(I 1) mit $a, b \in I$ ist auch $a - b \in I$;

(I 2) für alle $a \in I$ und alle $r \in R$ ist $a \cdot r \in R$ bzw. $r \cdot a \in R$.

Falls I ein Rechts- und Linksideal ist, heißt I *zweiseitiges Ideal* oder *Ideal*. In kommutativen Ringen fallen die Begriffe Linksideal, Rechtsideal und zweiseitiges Ideal zusammen.

idempotent:

Ein Element a eines Ringes R (s. Ring) heißt idempotent, wenn gilt

$$a^2 = a \cdot a = a. \quad \text{Hieraus folgt } a^n = a \text{ für } n = 2, 3, \ldots .$$

Eine quadratische Matrix A ist idempotent, falls gilt $A^2 = A$. Daraus folgt $A^n = A$ für alle $n \geq 2$. Für eine idempotente, reguläre Matrix A folgt aus $A^2 = A$ durch Multiplikation mit der Inversen A^{-1} die Bedingung $A = E$ (Einheitsmatrix).

identische Abbildung s. Identität, 2.

identisch gleich:

Falls eine Funktion $f(x_1, x_2, \ldots, x_n)$ im gesamten Definitionsbereich D immer den Wert c annimmt, schreibt man $f(x_1, x_2, \ldots, x_n) \equiv c$. Man sagt dann: f ist identisch gleich c.

Identität:

1. Identität zwischen Elementen:
Die *Identität* ist eine zweistellige Relation (s. Relation, 2.), die nur für die Paare (a, a) mit gleichen Elementen besteht.

2. Identität einer Abbildung:
Die Abbildung $I : D \to D$, die jedes Element x aus D auf sich selbst abbildet, heißt *Identität* oder *identische Abbildung*, also $I(x) = x$ für jedes $x \in D$.

3. Identität einer Gleichung:
Eine Gleichung, die Variablen enthält, und für alle Variablen eines bestimmten Bereichs richtig (erfüllt) ist, heißt *Identität.*

Identitätssatz für holomorphe Funktionen:
Zwei komplexe Funktionen seien in einem Gebiet G holomorph (s. holomorph). Falls sie in einer Umgebung eines zu G gehörenden Punktes z_0 oder in unendlich vielen verschiedenen, sich in z_0 häufenden Punkten gleich sind, stimmen beide Funktionen in ganz G überein.

Identitätssatz für Potenzreihen s. Potenzreihe, 1.

identitiv (antisymmetrisch):
Eine binäre Relation R in einer Menge M heißt *identitiv* oder *antisymmetrisch*, falls aus $a R b$ und $b R a$ folgt $a = b$ (s. Relation, 2.).

Ikosaeder (Zwanzigflach):
Ein *Ikosaeder* oder *Zwanzigflach* ist ein Polyeder, das von 20 Dreiecken begrenzt wird, und bei dem in jedem Eckpunkt genau fünf Kanten zusammenlaufen. Meistens bezeichnet man nur das regelmäßige Zwanzigflach als Ikosaeder (s. Polyeder, 1., 2.).

imaginäre Einheit:
Die komplexe Zahl $z = i$ mit $i^2 = -1$ heißt *imaginäre Einheit* (s. komplexe Zahlen, 1.).

imaginäre Zahl:
Die komplexe Zahl $z = i b$ mit verschwindendem Real- und nichtverschwindendem Imaginärteil b heißt *imaginäre Zahl* (s. komplexe Zahlen, 1.).

Imaginärteil:
In der komplexen Zahl $z = a + i b$, $a, b \in \mathbb{R}$ heißt b der *Imaginärteil* (s. komplexe Zahlen, 1.). Dafür schreibt man auch $b = I(z) = \mathrm{Im}(z)$.

impliziert (Implikation):
Man sagt "A *impliziert* B", wenn aus aus der Richtigkeit von A auch die Richtigkeit von B folgt. Man spricht dann von einer *Implikation.*

implizite Differentialgleichung:

Die gewöhnliche Differentialgleichung

$$F(x, y(x), y'(x), y''(x), \ldots, y^{(n)}(x)) = 0$$

der Ordnung n heißt *implizite gewöhnliche Differentialgleichung* (s. gewöhnliche Differentialgleichung, 1.).

implizite Funktion:

Falls die Funktionsgleichung $F(x_1, x_2, \ldots, x_n) = 0$ (s. Funktion von reellen Variablen, 3.) evtl. mehrdeutig lokal nach einer Variablen aufgelöst werden kann, nennt man sie *implizite Darstellung* dieser Variablen als Funktion der übrigen Veränderlichen.

1. Implizite Funktion einer Variablen:

Es sei $z = F(x, y)$ eine Funktion in den beiden Variablen x und y. Falls die partielle Ableitung $F_y(x, y)$ in einer Umgebung von (x_0, y_0) stetig und von Null verschieden ist, so ist $F(x, y) = 0$ in einer Umgebung dieser Stelle (eventuell mehrdeutig) nach y auflösbar. Dadurch erhält man eine oder mehrere lokale Funktionen $y = f(x)$. Dann heißt $F(x, y) = 0$ *implizite Darstellung* der Funktion $y = f(x)$. Im Falle der Existenz der partiellen Ableitungen erhält man aus $F(x, y) = 0$ mit der verallgemeinerten Kettenregel

$$\frac{\partial F(x, y)}{\partial x} = F_x(x, y) + F_y(x, y)\, y'(x) = 0$$

für $F_y(x, f(x)) \neq 0$ die Ableitung

$$f'(x) = -\left.\frac{F_x(x, y)}{F_y(x, y)}\right|_{y = f(x)} = -\frac{F_x(x, f(x))}{F_y(x, f(x))},$$

Nochmalige partielle Differentiation der obigen Gleichung ergibt im Falle der Existenz die zweite Ableitung

$$f''(x) = -\left.\frac{F_{xx} \cdot F_y^2 - 2\,F_x \cdot F_y \cdot F_{xy} + F_{yy} \cdot F_x^2}{F_y^3}\right|_{y = f(x)}.$$

Bei den partiellen Ableitungen sind die Variablen x und y weggelassen worden.

2. Implizite Funktion von n Variablen:

Gegeben ist die Niveaulinie $F(x_1, x_2, \ldots, x_n, z) = 0$. Falls die partielle Ableitung $F_z(x_1, x_2, \ldots, x_n, z)$ in einer Umgebung von $(\hat{x}_1, \hat{x}_2, \ldots, \hat{x}_n, \hat{z})$ stetig und von Null verschieden ist, kann diese Funktion in einer Umgebung dieser Stelle (eventuell mehrdeutig) nach z aufgelöst werden durch

$$z = f(x_1, x_2, \ldots, x_n).$$

$F(x_1, x_2, \ldots, x_n, z) = 0$ heißt dann *implizite Darstellung* der Funktion f. Im Falle der Existenz der partiellen Ableitungen folgt hieraus mit der verallgemeinerten Kettenregel (s. Kettenregel, 2.)

$$0 = \frac{\partial}{\partial x_i} F(x_1, x_2, \ldots, x_n, z)$$
$$= F_{x_i}(x_1, x_2, \ldots, x_n, z) + F_z(x_1, x_2, \ldots, x_n, z) \cdot f_{x_i}(x_1, x_2, \ldots, x_n)$$
$$\text{für } i = 1, 2, \ldots, n.$$

Für $F_z(x_1, x_2, \ldots, x_n, z) \neq 0$ erhält man hieraus die partiellen Ableitungen der expliziten Funktion $f(x_1, x_2, \ldots, x_n)$ als

$$f_{x_i}(x_1, x_2, \ldots, x_n) = - \left. \frac{F_{x_i}(x_1, x_2, \ldots, x_n, z)}{F_z(x_1, x_2, \ldots, x_n, z)} \right|_{z = f(x_1, x_2, \ldots, x_n)}.$$

Nochmalige Differentiation der obigen Ableitung nach x_k ergibt

$$F_{x_i x_k} + F_{x_i z} \cdot f_{x_k} + F_{z x_k} \cdot f_{x_i} + F_z \cdot f_{x_i x_k} + F_{zz} \cdot f_{x_i} \cdot f_{x_k} = 0.$$

Zusammen mit der obigen Formel für f_{x_i} erhält man im Falle $F_z \neq 0$ hieraus die zweiten partiellen Ableitungen

$$f_{x_i x_k} = - \frac{F_z^2 \cdot F_{x_i x_k} + F_{zz} \cdot F_{x_i} \cdot F_{x_k} - F_{zx_k} \cdot F_{x_i} \cdot F_z - F_{zx_i} \cdot F_{x_k} \cdot F_z}{F_z^3}$$

für $i, k = 1, 2, \ldots, n$.

3. Implizite Funktionensysteme:
Gegeben seien die Niveaulinien von m Funktionen in $n + m$ Variablen

$$F_k(x_1, x_2, \ldots, x_n, z_1, z_2, \ldots, z_m) = 0 \quad \text{für } k = 1, 2, \ldots, m. \qquad (*)$$

In einer Umgebung von $(\hat{x}_1, \hat{x}_2, \ldots, \hat{x}_n, \hat{z}_1, \hat{z}_2, \ldots, \hat{z}_m)$ seien die Funktionen F_k nach den Variablen $z_1, z_2, \ldots, z_m$ stetig partiell differenzierbar. Dabei sei die Funktionaldeterminante (s. Funktionaldeterminante, 3.)

$$\frac{\partial(F_1, F_2, \ldots, F_m)}{\partial(z_1, z_2, \ldots, z_m)} = \begin{vmatrix} \frac{\partial F_1}{\partial z_1} & \frac{\partial F_2}{\partial z_1} & \cdots & \frac{\partial F_m}{\partial z_1} \\ \frac{\partial F_1}{\partial z_2} & \frac{\partial F_2}{\partial z_2} & \cdots & \frac{\partial F_m}{\partial z_2} \\ \vdots & \vdots & \vdots & \vdots \\ \frac{\partial F_1}{\partial z_m} & \frac{\partial F_2}{\partial z_m} & \cdots & \frac{\partial F_m}{\partial z_m} \end{vmatrix} \neq 0.$$

Dann ist das obige Gleichungssystem (*) in einer Umgebung dieser Stelle (eventuell mehrdeutig) nach den Variablen $z_1, z_2, \ldots, z_m$ auflösbar mit

$$z_j = f_j(x_1, x_2, \ldots, x_n) \qquad \text{für } j = 1, 2, \ldots, m.$$

Falls die Funktionen F_k auch nach den übrigen Variablen partiell differenzierbar sind, erhält man für jedes $i = 1, 2, \ldots, n$ mit Hilfe der verallgemeinerten Kettenregel aus $F_k = 0$ das Gleichungssystem

$$\begin{aligned}
&\frac{\partial F_1}{\partial x_i} + \sum_{j=1}^{m} \frac{\partial F_1}{\partial z_j} \cdot \frac{\partial f_j}{\partial x_i} &= 0\\
&\frac{\partial F_2}{\partial x_i} + \sum_{j=1}^{m} \frac{\partial F_2}{\partial z_j} \cdot \frac{\partial f_j}{\partial x_i} &= 0\\
&\cdots\cdots\cdots\cdots\cdots\cdots\cdots\cdots\cdots\\
&\frac{\partial F_m}{\partial x_i} + \sum_{j=1}^{m} \frac{\partial F_m}{\partial z_j} \cdot \frac{\partial f_j}{\partial x_i} &= 0\,.
\end{aligned}$$

Für jedes $j = 1, 2, \ldots, n$ ist die Determinante dieses Gleichungssystems die obige Funktionaldeterminante. Da diese nach Voraussetzung von Null verschieden ist, können hieraus sämtliche partiellen Ableitungen der Funktionen $f_j(x_1, x_2, \ldots, x_n)$ bestimmt werden (s. lineares Gleichungssystem).

indefinit s. definite und semidefinite symmetrische Matrix.

Index:

In der *indizierten Größe* A_t heißt t *Index* (plural: Indizes). Die Indizes sind meistens natürliche Zahlen, sie können aber auch aus einer beliebigen Menge gewählt werden.

Indikatorfunktion (charakteristische Funktion):

Es sei $A \subset B$ eine beliebige Teilmenge. Die *Indikatorfunktion* (*charakteristische Funktion*) χ_A der Teilmenge A ist definiert durch

$$\chi_A(x) = \begin{cases} 1 & \text{für } x \in A\,; \\ 0 & \text{für } x \in B \setminus A\,. \end{cases}$$

indirekter Beweis s. Beweis, 2.

Individuum (Urelement):

Ein Element einer Menge (s. Menge) heißt *Individuum* oder *Urelement*, wenn es nicht selbst eine Menge ist.

Induktion s. vollständige Induktion.

induktiver Beweis s. vollständige Induktion.

induzierte Topologie:

Es sei T ein topologischer Raum (s. topologischer Raum) und $\mathcal{O}$ die Menge der offenen Mengen. S sei ein nichtleerer Teilraum von T. Dann bilden die Durchschnitte $O \cap S$ mit $O \in \mathcal{O}$ die offenen Mengen einer topologischen Struktur in S. Sie heißt die von T auf S *induzierte* Topologie. Mit dieser Topologie versehen ist S als Teilraum von T selbst ein topologischer Raum (s. Teilraum).

inf s. Infimum.

Infimum:
Im Falle der Existenz heißt die größte untere Schranke einer halbgeordneten Menge A das *Infimum* von A. Man bezeichnet es inf A.

Infinitesimalrechnung:
Unter dem Begriff *Infinitesimalrechnung* versteht man sowohl die Differential- als auch die Integralrechnung (s. Differentialrechnung, s. Integralrechnung). Dabei werden die Ergebnisse mit Hilfe des Grenzwertbegriffes, also "infinitesimal" hergeleitet.

Information:
Unter dem Begriff *Information* versteht man den Gehalt einer Nachricht, um den die Kenntnisse des Empfängers durch den Erhalt dieser Nachricht erhöht werden. Der Begriff Information wurde in der Nachrichtentechnik zur möglichst fehlerfreien Übertragung einer Menge von Zeichen geschaffen. Das *Maß einer Information* wird auf Binärentscheidungen zurückgeführt. Die Einheit ist das *bit* (binary digit) als Bezeichnung für eine Informationseinheit bei einer Ja-Nein-Entscheidung. Falls ein Ereignis A und damit auch das Komplement $\overline{A}$ die Wahrscheinlichkeit 0,5 besitzt, entspricht der Elementarenscheidung für eines der beiden gleichwahrscheinlichen möglichen Ereignisse A und $\overline{A}$ das Informationsmaß 1 bit.
Bei einem Zufallsexperiment soll eines von n verschiedenen unvereinbaren Ereignissen $A_1, A_2, \ldots, A_n$ eintreten können mit den Wahrscheinlichkeiten

$$P(A_i) = p_i \geq 0 \text{ für alle i und } \sum_{i=1}^{n} p_i = 1.$$

Der Grad der Unbestimmtheit vor einer Versuchsdurchführung kann gemessen werden durch den *Informationsgehalt* (*Entropie*)

$$H(p_1, p_2, \ldots, p_n) = -\sum_{k=1}^{n} p_k \cdot \log_2 p_k = -\sum_{k=1}^{n} p_k \cdot \mathrm{ld}\, p_k$$

(*Shannonsche Formel*). Dabei ist $\log_2 p_k = \mathrm{ld}\, p_k$ der duale Logarithmus zur Basis 2. $H(p_1, p_2, \ldots, p_n)$ ist die in einem Versuchsergebnis enthaltene *mittlere Information*. Dabei ist $H(0, 0, \ldots, 0, 1, 0, \ldots, 0) = 1$. Hier fehlt jede Unbestimmtheit. Die Entropie ist am größten für $p_i = \frac{1}{n}$ für alle i, weil hier die größte Unbestimmtheit vorliegt. Für beliebige p_i gilt

$$H(p_1, p_2, \ldots, p_n) \leq \mathrm{ld}\, n = H(\tfrac{1}{n}, \tfrac{1}{n}, \ldots, \tfrac{1}{n}).$$

Bei einer Entscheidung für eines von n geichwahrscheinlichen Ereignissen erhält man den Informationsgehalt $\mathrm{ld}\, n = H(\frac{1}{n}, \frac{1}{n}, \ldots, \frac{1}{n})$.

Kodierung (Verschlüsselung):
Zur Übertragung bzw. Verarbeitung wird eine Information nach einer bestimmten Vorschrift in ein Signal umgewandelt. Dieser Vorgang heißt *Kodierung* oder *Verschlüsselung*. Dabei wird häufig der Binärcode mit dem Ziffeln O und L benutzt (s. Dualzahl). Nach der Übertragung muß für den Empfänger die kodierte Infomation wieder *dekodiert* werden.

Informationstheorie:

Die *Informationstheorie* umfaßt die mathematische Behandlung der Nachrichtenübermittlung. Die Grundlage ist der *Informationsgehalt* (*Entropie*), die im mathematischen Sinne als Maß für die "Information" benutzt wird (s. Information).

Inhalt (Inhaltsfunktion, Mengenfunktion):

Eine auf einem Mengenring $\mathfrak{R}$ (s. Mengenring) definierte Mengenfunktion $I:\mathfrak{R} \to [0;\infty)$ heißt *Inhalt* (*Inhaltsfunktion*), wenn sie folgende Axiome erfüllt:

(I 1) $I(M) \geq 0$ für jedes $M \in \mathfrak{R}$ (Nichtnegativität);

(I 2) $I(\emptyset) = 0$ für die leere Menge $\emptyset$;

(I 3) $I(A \cup B) = I(A) + I(B)$ für alle $A, B \in \mathfrak{R}$ mit $A \cap B = \emptyset$ (Additivität).

Ein Inhalt ist also eine *additive nichtnegative Mengenfunktion.*

Spezielle Inhalte sind:
a) Längen von Intervallen in $\mathbb{R}$ (s. Längeneinheit und Längenmaßzahl);
b) Inhalte von ebenen oder räumlichen Flächen (s. Flächeninhalt);
c) Volumen von Körpern im dreidimensionalen Raum (s. Rauminhalt, s. Volumenberechnung).

inhaltserhaltende affine Abbildung s. affine Abbildung, 2.5.

inhomogen:

Falls eine Größe nicht homogen ist, nennt man sie *inhomogen.*

1. Inhomogene Differenzengleichung:
Eine Differenzengleichung $F(k, y_k, y_{k+1}, \ldots, y_{k+n}) = 0$ für $k = 1, 2, \ldots$ ist *inhomogen*, wenn $y_k \equiv 0$ nicht Lösung ist (s. Differenzengleichung, 1., 2.).

2. Inhomogene gewöhnliche Differentialgleichung:
Eine gewöhnliche Differentialgleichung

$$F(x, y(x), y'(x), y''(x), \ldots, y^{(n)}(x)) = 0$$

der Ordnung n ist *inhomogen*, falls die Nullfunktion $y(x) \equiv 0$ nicht Lösung ist (s. gewöhnliche Differentialgleichung, 1., 3.2., 4.2.).

3. Inhomogene lineare Randwertaufgabe s. gewöhnliche Differentialgleichung, 5.2.2.

4. Inhomogenes lineares Gleichungssystem:
Das lineare Gleichungssystem $A\vec{x} = \vec{b}$ ist *inhomogen*, falls $\vec{b} \neq \vec{0}$ (Nullvektor) ist (s. lineares Gleichungssystem, 1., 4.). Dann kann $\vec{x} = \vec{0}$ nicht Lösung sein.

5. Inhomogenes System linearer Differentialgleichungen:

$$\vec{y}\,'(x) = A(x) \cdot \vec{y}(x) + \vec{r}(x) \quad \text{mit} \quad \vec{r}(x) \not\equiv \vec{0} \text{ (Nullvektor)}$$

heißt *inhomogenes System* linearer Differentialgleichungen (s. System von Differentialgleichungen).

injektiv (Injektion):

Eine Abbildung f von A in B heißt *injektiv*, wenn keine zwei verschiedene Elemente aus A das gleiche Bild in B besitzen können. Aus $f(x_1) = f(x_2)$ folgt $x_1 = x_2$ für alle $x_1, x_2 \in A$ (s. Abbildung). Eine injektive Abbildung nennt man eine *Injektion*.

Inklusion:

Die Teilmengenrelation $\subset$ heißt auch *Inklusion* (s. Menge, 1.).

inkongruent modulo m s. Kongruenz von ganzen Zahlen.

Inkreis eines Vielecks:

Falls es einen Kreis gibt, der alle Seiten eines ebenen Vielecks von innen berührt, heißt dieser Kreis *Inkreis* des Vielecks (s. Vieleck, 4.). Ein Vieleck kann höchstens dann einen Inkreis besitzen, wenn es konvex ist.

1. Inkreis eines Dreiecks:

Jedes Dreieck besitzt einen Inkreis. Sein Mittelpunkt ist der Schnittpunkt der drei Winkelhalbierenden (s. Dreieck, 1.). Der Inkreis besitzt den Radius

$$\rho = \sqrt{\frac{(s-a)(s-b)(s-c)}{s}}$$

mit den Seitenlängen a, b, c und $s = \dfrac{a+b+c}{2}$.

Aus der Heronischen Inhaltsformel (s. Dreieck, 1.2.) erhält man den Flächeninhalt des Dreiecks als

$$F = \sqrt{s(s-a)(s-b)(s-c)} = \rho s.$$

2. Inkreis eines Vierecks:

Ein Viereck besitzt nur dann einen Inkreis, wenn die Summe der Längen zweier gegenüberliegender Seiten gleich der Summe der Längen der beiden anderen Seiten ist. Dann handelt es sich um ein Tangentenviereck (s. Tangentenviereck).

3. Inkreis eines regelmäßigen n-Ecks:

Jedes regelmäßige n-Eck besitzt einen Inkreis mit dem Radius

$$\rho_n = \sqrt{r^2 - \frac{s_n^2}{4}} = r \cos\frac{\alpha_n}{2} = \frac{s_n}{2}\cot\frac{\alpha_n}{2}$$

(s. Vieleck, 4.). Dabei ist s_n die Seitenlänge, α_n der Innenwinkel (Eckenwinkel) und r der Radius des Umkreises.

Inkugel eines konvexen Körpers:
Unter allen Kugeln im $\mathbb{R}^3$, die in einem konvexen Körper K (s. konvex, 5.) enthalten sind, gibt es welche mit maximalem Radius r. Jede dieser Kugeln heißt *Inkugel*, ihr Radius r *Inkugelradius* von K. Ein konvexer Körper kann mehrere Inkugeln besitzen. Die Menge der Mittelpunkte der Inkugeln nennt man den *Kern* des konvexen Körpers. Bei regelmäßigen Polyedern ist die Inkugel eindeutig bestimmt (s. Polyeder, 2.).

Inkugelradius s. Inkugel eines konvexen Körpers.

Innenwinkel s. Vieleck, 2.

innere Ableitung:
In der Kettenregel (s. Kettenregel)

$$f'(x) = g(u(x))' = \frac{d}{dx} g(u(x)) = \frac{dg(u)}{du} \cdot \frac{du(x)}{dx}\bigg|_{u = u(x)}$$

heißt $u'(x) = \dfrac{du(x)}{dx}$ die *innere Ableitung* (s. Funktion von reellen Variablen, 1.4.).

innere (mittelbare) Funktion:
Bei der zusammengesetzten Funktion g(u(x)) heißt die Funktion u(x) *innere* oder *mittelbare Funktion* (s. zusammengesetzte Abbildung, s. innere Ableitung, s. Kettenregel).

innerer Punkt:
Ein Punkt x eines topologischen Raumes T (s. topologischer Raum) heißt *innerer Punkt* einer Teilmenge $A \subset T$, wenn A eine ganze Umgebung von x enthält. Die Menge der inneren Punkte von A heißt das *Innere* von A oder der (*offene*) *Kern* von A.

Inneres s. innerer Punkt.

inneres Maß s. Lebesguesches Maß, 2.

inneres Produkt s. Skalarprodukt von Vektoren.

innere Verknüpfung s. Verknüpfung, 1.

Input (Eingabe):
Bei der Übertragung von Informationen in einem Rechner nennt man die Eingabe der Daten auch *Input*. Die Eingabe erfolgt mit Hilfe von Eingabegeräten.

in sich dicht:
Eine Punktmenge A heißt *in sich dicht*, wenn jeder Punkt von A auch Häufungspunkt von A ist (s. Häufungspunkt).

integrabel s. integrierbar.

Integrale (unbestimmte Integrale):

In den nachfolgende Formeln ist C eine beliebige Konstante.

Funktion f(x)	Stammfunktion $\int f(x)\,dx$	Definitionsbereich
c (Konstante)	$c \cdot x + C$	$x \in \mathbb{R}$
$x^n,\ n \in \mathbb{N}$	$\frac{x^{n+1}}{n+1} + C$	$x \in \mathbb{R}$
$\frac{1}{x^n};\ n \neq 1$	$-\frac{1}{(n-1)\,x^{n-1}} + C$	$x \neq 0$
$\frac{1}{x}$	$\ln x + C$	$x > 0$
$\frac{1}{x}$	$\ln\lvert x\rvert + C$	$x \neq 0$
$x^\alpha,\ \alpha \in \mathbb{R},\ \alpha \neq -1$	$\frac{x^{\alpha+1}}{\alpha+1} + C$	$x > 0$
$\sqrt[n]{x} = x^{\frac{1}{n}},\ n \in \mathbb{N}$	$\frac{n}{n+1} \cdot x \cdot \sqrt[n]{x} + C$	$x > 0$
$\sqrt{x} = x^{\frac{1}{2}}$	$\frac{2}{3} \cdot x \cdot \sqrt{x} + C$	$x > 0$
e^x	$e^x + C$	$x \in \mathbb{R}$
$a^x;\ a > 0,\ a \neq 1$	$\frac{a^x}{\ln a} + C$	$x \in \mathbb{R}$
$\sin x$	$-\cos x + C$	$x \in \mathbb{R}$
$\cos x$	$\sin x + C$	$x \in \mathbb{R}$
$\tan x$	$-\ln\lvert\cos x\rvert + C$	$x \neq \frac{\pi}{2} + k\pi,\ k \in \mathbb{Z}$
$\cot x$	$\ln\lvert\sin x\rvert + C$	$x \neq k\pi,\ k \in \mathbb{Z}$
$\frac{1}{\sin^2 x}$	$-\cot x + C$	$x \neq k\pi,\ k \in \mathbb{Z}$
$\frac{1}{\cos^2 x}$	$\tan x + C$	$x \neq \frac{\pi}{2} + k\pi,\ k \in \mathbb{Z}$
$\sinh x$	$\cosh x + C$	$x \in \mathbb{R}$
$\cosh x$	$\sinh x + C$	$x \in \mathbb{R}$
$\tanh x$	$\ln\cosh x + C$	$x \in \mathbb{R}$
$\coth x$	$\ln\lvert\sinh x\rvert + C$	$x \neq 0$
$\frac{1}{\sinh^2 x}$	$-\coth x + C$	$x \neq 0$
$\frac{1}{\cosh^2 x}$	$\tanh x + C$	$x \in \mathbb{R}$
$\frac{1}{a^2+x^2},\ a > 0$	$\frac{1}{a} \cdot \arctan\frac{x}{a} + C$	$x \in \mathbb{R}$

Funktion f(x)	Stammfunktion $\int f(x)\,dx$	Definitionsbereich
$\frac{1}{\sqrt{a^2+x^2}}$, $a>0$	$\operatorname{arsinh}\frac{x}{a}+C$ $\ln(x+\sqrt{a^2+x^2})+C$	$x\in\mathbb{R}$
$\frac{1}{a^2-x^2}$, $a>0$	$\frac{1}{a}\cdot\operatorname{artanh}\frac{x}{a}+C$ $\frac{1}{2a}\cdot\ln\frac{a+x}{a-x}+C$	$\lvert x\rvert<a$
$\frac{1}{\sqrt{a^2-x^2}}$, $a>0$	$\arcsin\frac{x}{a}+C$	$\lvert x\rvert<a$
$\frac{1}{\sqrt{x^2-a^2}}$, $a>0$	$\operatorname{arcosh}\frac{x}{a}+C$ $\ln(x+\sqrt{x^2-a^2})+C$	$\lvert x\rvert>a$

Integral einer Differentialgleichung:

Jede Lösung einer Differentialgleichung heißt *Integral* der Differentialgleichung (s. gewöhnliche Differentialgleichung, 1.).

Integrale einer Funktion einer reellen Variablen:

Das am meisten benutzte Integral ist das **Riemannsche Integral** (s. Integralrechnung). Es kann erweitert werden zum **Stieltjes-Integral** (s. Stieltjes-Integral). Von Lebesgue stammt das **Lebesgue-Integral** (s. Lebesgue-Integral). Jede nach Riemann integrierbare Funktion ist auch im Lebesgueschen Sinne integrierbar. Es gibt jedoch Funktionen, die nach Lebesgue, nicht jedoch nach Riemann integrierbar sind. Ein Beispiel dafür ist die Dirichletsche Funktion (s. Dirichletsche Funktion).

Integralexponentielle s. Exponentialintegral.

Integralfunktion:

Im Falle der Existenz heißt bei festgehaltener unterer Grenze a und variabler oberer Grenze x das Integral

$$I_a(x) = \int_a^x f(u)\,du$$

Integralfunktion (s. Integralrechnung, 1.2.). Falls der Integrand f an der Stelle x stetig ist, ist dort $I_a(x)$ differenzierbar mit $I_a'(x) = f(x)$.

Integralgleichung, lineare:

$$a(x)\,y(x) + \int_a^b K(x,t)\,y(t)\,dt = b(x)\,; \quad a \le x \le b$$

heißt *lineare Integralgleichung*. Dabei sind $a(x)$, $b(x)$ und $K(x,t)$ vorgegebene Funktionen. Die Funktion $y(x)$ ist gesucht. $K(x,t)$ heißt der *Kern* der Integralgleichung. In der speziellen Integralgleichung

$$y(x) = b(x) + \int_a^x f\big(t, y(t)\big)dt$$

erhält man mit einer beliebigen Startfunktion $y_0(t)$ eine Funktionenfolge

$$y_{n+1}(x) = b(x) + \int_a^x f(t, y_n(t))dt \quad \text{für } n = 0, 1, 2, \ldots,$$

die unter bestimmten Bedingungen gegen eine Lösung der obigen Integralgleichung konvergiert.

Eigenwertproblem bei linearen Integralgleichungen s. Eigenwertproblem, 5.

Integral, komplexes s. komplexes Kurvenintegral.

Integralkosinus:

Die für x > 0 definierte ganze transzendente Funktion

$$\begin{aligned} \mathrm{Ci}(x) &= -\int_x^\infty \frac{\cos t}{t} dt = C_E + \ln x + \int_0^x \frac{\cos t - 1}{t} dt \\ &= C_E + \ln x - \frac{x^2}{2 \cdot 2!} + \frac{x^4}{4 \cdot 4!} - \frac{x^6}{6 \cdot 6!} + - \ldots \end{aligned}$$

heißt *Integralkosinus.* Dabei ist C_E die Eulersche Konstante (s. Eulersche Konstante). Die für x > 0 erklärte ganztranszendente Funktion

$$\begin{aligned} \mathrm{Cih}(x) &= -\int_x^\infty \frac{\cosh t}{t} dt = C_E + \ln x + \int_0^x \frac{\cosh t - 1}{t} dt \\ &= C_E + \ln x + \frac{x^2}{2 \cdot 2!} + \frac{x^4}{4 \cdot 4!} + \frac{x^6}{6 \cdot 6!} + \ldots \end{aligned}$$

heißt *hyperbolischer Integralkosinus* (C_E = Eulersche Konstante).

Integralkriterium:

Für die Glieder einer Reihe $\sum_{n=1}^\infty a_n$ gelte von einem festen Index n_0 an:

$$a_n = f(n) \geq 0 \quad \text{für alle } n \geq n_0,$$

wobei f eine für $x \geq n_0$ definierte, monoton fallende, nichtnegative, integrierbare Funktion ist. Dann ist die Reihe genau dann konvergent, wenn für ein $c \geq n_0$ das uneigentliche Integral

$$\int_c^\infty f(x)\,dx$$

existiert (s. Integralrechnung, 1.8.1., s. Reihe, 4.).

Integralkurve s. gewöhnliche Differentialgleichung, 1.

Integral, Lebesguesches s. Lebesgue - Integral.

Integrallogarithmus:

Die transzendente Funktion

$$\mathrm{Li}(x) = \int_0^x \frac{dt}{\ln t}$$

heißt *Integrallogarithmus.* Dieses uneigentliche Integral (s. Integralrechnung, 1.8.2.) ist für $0 < x < 1$ konvergent. Für $x > 1$ konvergiert es im Sinne des Cauchyschen Hauptwertes mit

$$\mathrm{Li}(x) = \lim_{\delta \to 0+} \left[\int_0^{1-\delta} \frac{dt}{\ln t} + \int_{1+\delta}^{x} \frac{dt}{\ln t} \right].$$

Integraloperator:

Ein durch

$$Tf(y) = \int_G K(x,y) f(x)\, dx$$

definierter Operator T heißt *Integraloperator.*

Integralrechnung (Riemannsches Integral):

Unter dem Begriff *Integralrechnung* (*Riemannsches Integral*) versteht man üblicherweise die Integration reeller Funktionen.

1. Integralrechnung bei Funktionen einer Variablen:

Grundlage für die Integralrechnung bei einer Funktion einer Variablen ist die Länge $b - a$ des abgeschlossenen Intervalls $[a; b] \subset \mathbb{R}$.

1.1. Das bestimmte Integral:

Zunächst soll eine Funktion f betrachtet werden, die im abgeschlossenen Intervall $[a; b]$ mit $a < b$ stetig und nichtnegativ ist, also mit $f(x) \geq 0$. Der Inhalt der Fläche, den die Funktion f über dem Intervall $[a; b]$ mit der x-Achse einschließt, sei F. Durch die Zerlegung Z:

$$a = x_0 < x_1 < x_2 < \ldots < x_{i-1} < x_i < \ldots < x_n = b$$

wird das gesamte Intervall $[a; b]$ in n Teilintervalle mit den Längen $\Delta x_i = x_i - x_{i-1}$ eingeteilt. In jedem Teilintervall $I_i = [x_{i-1}; x_i]$ existiert wegen der vorausgesetzten Stetigkeit von f das Minimum m_i und das Maximum M_i mit

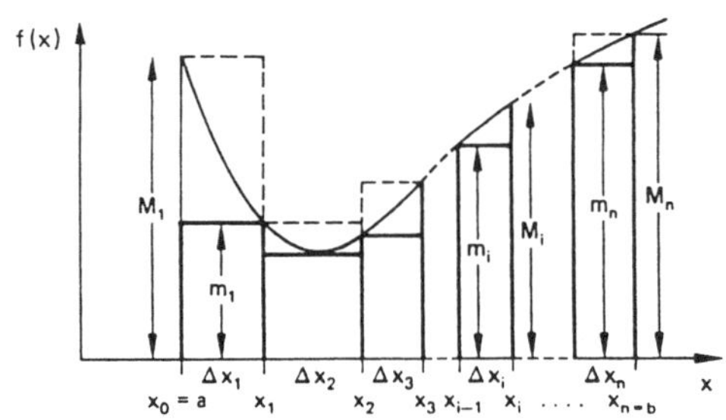

$$m_i = \min_{x \in I_i} f(x)\,; \quad M_i = \max_{x \in I_i} f(x) \quad \text{für } i = 1, 2, \ldots, n.$$

Damit stellt die

Untersumme: $$U_n = \sum_{i=1}^{n} m_i (x_i - x_{i-1}) = \sum_{i=1}^{n} m_i \Delta x_i$$

einen Flächeninhalt dar, der kleiner als F ist, während der durch die

Obersumme: $$O_n = \sum_{i=1}^{n} M_i (x_i - x_{i-1}) = \sum_{i=1}^{n} M_i \Delta x_i$$

berechnete Flächeninhalt größer als F ist. Für jede beliebige Intervalleinteilung gilt also $U_n \leq F \leq O_n$. Da die Funktion f nach Voraussetzung stetig ist, gibt es zu jedem beliebigen $\varepsilon > 0$ eine Einteilung mit

$$0 \leq M_i - m_i \leq \frac{\varepsilon}{b-a} \quad \text{für } i = 1, 2, \ldots, n.$$

Dabei wird die Anzahl der Intervalle n entsprechend groß. Für diese Intervallzerlegung gilt

$$0 \leq O_n - U_n \leq \frac{\varepsilon}{b-a} \cdot (b-a) = \varepsilon.$$

$\Delta(Z)$ sei Länge des größten Teilintervalls, also

$$\Delta(Z) = \max_{1 \leq i \leq n} (x_i - x_{i-1}).$$

Läßt man $\Delta(Z)$ gegen 0 gehen (daraus folgt $n \to \infty$), so folgt

$$\lim_{n\to\infty;\ \Delta(Z)\to 0} (O_n - U_n) = 0.$$

Aus $U_n \leq F \leq O_n$ folgt dann

$$\lim_{n\to\infty;\ \Delta(Z)\to 0} O_n = \lim_{n\to\infty;\ \Delta(Z)\to 0} U_n = F.$$

Aus jedem Intervall $I_i = [x_{i-1}; x_i]$ werde eine beliebige Zwischenstelle ξ_i mit $x_{i-1} \leq \xi_i \leq x_i$ ausgewählt. Wegen $m_i \leq f(\xi_i) \leq M_i$ gilt für die

Zwischensumme: $Z_n = \sum_{i=1}^{n} f(\xi_i)(x_i - x_{i-1}) = \sum_{i=1}^{n} f(\xi_i)\Delta x_i$

$$U_n \leq Z_n = \sum_{i=1}^{n} f(\xi_i)\Delta x_i \leq O_n; \quad \lim_{n\to\infty;\ \Delta(Z)\to 0} \sum_{i=1}^{n} f(\xi_i)\Delta x_i = F.$$

Allgemein sei f eine beliebige in $[a; b]$ beschränkte Funktion. Falls für beliebige Zerlegungsfolgen und Zwischenpunkte die Folge

$$Z_n = \sum_{i=1}^{n} f(\xi_i)(x_i - x_{i-1}) = \sum_{i=1}^{n} f(\xi_i)\Delta x_i, \quad n = 1, 2, \ldots$$

für $\Delta(Z) \to 0$ gegen den gleichen Grenzwert konvergiert, heißt der Grenzwert

$$\lim_{n\to\infty;\ \Delta(Z)\to 0} \sum_{i=1}^{n} f(\xi_i)\Delta x_i = \int_a^b f(x)\,dx$$

(lies: Integral von a bis b über f(x) dx) das *bestimmte Integral* von a bis b über f(x). Die Funktion f ist der *Integrand*, a ist die *untere* und b die *obere Integrationsgrenze*. Dann nennt man die Funktion f im Intervall $[a; b]$ *integrierbar*.

Folgende Klassen von Funktionen sind integrierbar:

a) Funktionen, die in $[a; b]$ stetig sind;
b) Funktionen, die in $[a; b]$ beschränkt sind und dort nur eine endliche Anzahl von Unstetigkeitsstellen besitzen;
c) Funktionen, die in $[a; b]$ beschränkt und monoton sind.

Geometrische Interpretation: Falls f in [a;b] nichtnegativ ist, ist das bestimmte Integral gleich dem Flächeninhalt, den der Graph von f über [a;b] mit der x-Achse einschließt. Bei einer beliebigen integrierbaren Funktion f ist das bestimmte Integral die Differenz der Inhalte der Flächen oberhalb und unterhalb der x-Achse.

Beispiel (Dirichletsche Funktion):

$$f(x) = \begin{cases} 0\ , & \text{falls x rational ist;} \\ 1\ , & \text{falls x irrational ist.} \end{cases}$$

Jedes nichtleere Intervall enthält unendlich viele rationale und unendlich viele irrationale Zahlen. Daher ist bei jeder beliebigen Zerlegung des Intervalls [a;b] die Untersumme U_n gleich Null und die Obersumme O_n gleich Eins. Somit ist die Funktion f (im Riemannschen Sinne) nicht integrierbar.

Die nachfolgend angegebenen Intergrale sollen existieren. Dann gilt:

$$\int_a^a f(x)\,dx = 0;$$

$$\int_b^a f(x)\,dx = -\int_a^b f(x)\,dx \qquad \text{(Umkehrung des Integrationsweges);}$$

$$\int_a^b c\,f(x)\,dx = c\cdot\int_a^b f(x)\,dx \quad \text{für jede Konstante } c\in\mathbb{R}$$

(Herausziehen einer Konstanten c);

$$\int_a^b f(x)\,dx + \int_b^c f(x)\,dx = \int_a^c f(x)\,dx \quad \text{für beliebige } a,b,c\in\mathbb{R}$$

(Zusammensetzung des Integrationsweges);

$$\int_a^b (c_1 f_1(x) + c_2 f_2(x))\,dx = c_1\cdot\int_a^b f_1(x)\,dx + c_2\cdot\int_a^b f_2(x)\,dx$$

für beliebige $c_1, c_2 \in \mathbb{R}$ (Linearität).

Aus $f(x) \le g(x)$ in [a;b] folgt

$$\int_a^b f(x)\,dx \le \int_a^b g(x)\,dx \qquad \text{(Monotonie).}$$

Falls f(x) und |f(x)| integrierbar sind, gilt

$$\left|\int_a^b f(x)\,dx\right| \le \int_a^b |f(x)|\,dx.$$

Falls die Funktionen f(x) und g(x) in [a;b] quadratisch integrierbar sind, also die Quadrate $f^2(x)$ und $g^2(x)$ integrierbar sind, ist dort das Produkt $f(x)\cdot g(x)$ integrierbar und die Summe $f(x)+g(x)$ quadratisch integrierbar (s. quadratisch integrierbar) mit

$$\left|\int_a^b f(x)\,g(x)\,dx\right| \le \int_a^b |f(x)|\cdot|g(x)|\,dx \le \sqrt{\int_a^b f^2(x)\,dx}\cdot\sqrt{\int_a^b g^2(x)\,dx}$$

(Schwarzsche Ungleichung);

$$\sqrt{\int_a^b [f(x)+g(x)]^2\,dx} \le \sqrt{\int_a^b f^2(x)\,dx} + \sqrt{\int_a^b g^2(x)\,dx}$$

(Minkowskische Ungleichung).

Mittelwertsatz:
Die Funktion f sei in $[a;b]$ stetig. Dabei sei m das Minimum und M das Maximum von f in $[a;b]$. Dann gilt

$$m\cdot(b-a) \le \int_a^b f(x)\,dx \le M\cdot(b-a), \text{ also } m \le \frac{1}{b-a}\cdot\int_a^b f(x)\,dx \le M.$$

Da jede in $[a;b]$ stetige Funktion f jeden Wert zwischen dem Minimum m und dem Maximum M annimmt, gibt es mindestens eine Zwischenstelle $\xi\in[a;b]$ mit $\frac{1}{b-a}\cdot\int_a^b f(x)\,dx = f(\xi)$, also mit

$$\int_a^b f(x)\,dx = f(\xi)\cdot(b-a)$$

(s. Mittelwerstatz, 2.1., 2.2.).

1.2. Integralfunktion:
Falls im bestimmten Integral die obere Grenze $b=x$ variabel gewählt wird, erhält man bei konstanter unterer Integrationsgrenze a und variabler oberer Grenze x im Falle der Existenz die *Integralfunktion*

$$I_a(x) = \int_a^x f(u)\,du.$$

Die Funktion f sei an der Stelle x stetig. Dann erhält man zusammen mit dem Mittelwertsatz (s. 1.1.)

$$\frac{I_a(x+\Delta x) - I_a(x)}{\Delta x} = \frac{1}{\Delta x}\cdot\left[\int_a^{x+\Delta x} f(u)\,du - \int_a^x f(u)\,du\right]$$

$$= \frac{1}{\Delta x}\cdot\int_x^{x+\Delta x} f(u)\,du = \frac{1}{\Delta x}\cdot f(\eta(x))\cdot\Delta x = f(\eta(x));\ x\le\eta(x)\le x+\Delta x.$$

Für $\Delta x\to 0$ erhält man hieraus die Ableitung

$$I_a'(x) = \frac{d}{dx}\left(\int_a^x f(u)\,du\right) = f(x).$$

Die Ableitung der Integralfunktion ist also bei stetigen Integranden gleich dem Integranden. Wegen dieser Eigenschaft stellt die Integration die "Umkehrung" der Differentiation dar.

1.3. Stammfunktion und unbestimmtes Integral:
Jede differenzierbare Funktion F mit $F'(x)=f(x)$ heißt *Stammfunktion* von f. Es seien F_1 und F_2 zwei Stammfunktionen zur gleichen Funktion f. Dann folgt aus $[F_1(x)-F_2(x)]' = F_1'(x)-F_2'(x) = 0$

$$F_2(x) = F_1(x) + C \text{ mit einer Konstanten C.}$$

Die Menge aller Stammfunktionen von f(x) nennt man das *unbestimmte Integral* von f(x). Es wird mit $\int f(x)\,dx$ bezeichnet. Mit einer beliebigen Stammfunktion F(x) von f(x) gilt

$$\int f(x)\,dx = F(x) + C.$$

Dabei ist C eine beliebige Konstante aus $\mathbb{R}$.

1.4. Grundintegrale:
Folgende Integrale heißen *Grundintegrale*:

$$\int c\,dx = cx + C \quad \text{für } c \in \mathbb{R};$$

$$\int x^n\,dx = \frac{x^{n+1}}{n+1} + C \quad \text{für } n \in \mathbb{N};$$

$$\int \frac{1}{x}\,dx = \ln|x| + C \quad \text{für } x \neq 0;$$

$$\int x^\alpha\,dx = \frac{x^{\alpha+1}}{\alpha+1} + C \quad \text{für } \alpha \in \mathbb{R},\ \alpha \neq -1;$$

$$\int e^x\,dx = e^x + C;$$

$$\int a^x\,dx = \frac{a^x}{\ln a} + C \quad \text{für } a > 0;$$

$$\int \sin x\,dx = -\cos x + C;$$

$$\int \cos x\,dx = \sin x + C.$$

1.5. Fundamentalsatz der Differential- und Integralrechnung:
Mit einer beliebigen Stammfunktion F von f gilt

$$\int_a^b f(x)\,dx = F(x)\Big|_{x=a}^{x=b} = F(b) - F(a).$$

1.6. Integrationsregeln:
1.6.1. Allgemeine Integrationsregeln:
Falls die nachfolgenden Integrale existieren, gilt

$$\int c\,f(x)\,dx = c \cdot \int f(x)\,dx \quad \text{für jede Konstante } c \in \mathbb{R};$$

ein konstanter Faktor c kann vor das Integral gezogen werden.

$$\int [f(x) \pm g(x)]\,dx = \int f(x)\,dx \pm \int g(x)\,dx \qquad \text{(Summenregel)};$$

$$\int \sum_{i=1}^{n} c_i f_i(x)\,dx = \sum_{i=1}^{n} c_i \cdot \int f_i(x)\,dx \quad \text{für beliebige } c_i \in \mathbb{R} \qquad \text{(Linearität)}.$$

1.6.2. Integration durch Substitution:
Die Funktion f(u) besitze die Stammfunktion F(u), ferner sei $u = g(x)$ eine stetig differenzierbare Funktion, wobei die zusammengesetzte Funktion f(g(x)) existiere. Dann gilt

$$\int f(g(x))\,g'(x)\,dx = \int f(u)\,du = F(g(x)) + C.$$

Bei der Integration durch Substitution wird entweder die Funktion g (x) durch die neue Variable u substituiert oder die Variable u durch g (x). Aus $u = g(x)$ folgt dann $du = g'(x)\,dx$.

Anwendungen:

$$\int f(ax+b)\,dx = \frac{1}{a}F(ax+b) + C \quad \text{für } a, b \in \mathbb{R} \text{ mit } a \neq 0,$$
F Stammfunktion von f;

$$\int g(x)^{\alpha} g'(x)\,dx = \frac{1}{\alpha+1}\cdot[g(x)]^{\alpha+1} + C \quad \text{für } \alpha \neq -1;$$

$$\int \frac{g'(x)}{g(x)}\,dx = \ln|g(x)| + C \quad \text{für } g(x) \neq 0 \quad (\alpha = -1).$$

Substitution bei bestimmten Integralen: Es gilt

$$\int_a^b f(g(x))\,g'(x)\,dx = \int_{g(a)}^{g(b)} f(u)\,du = F(u)\Big|_{u=g(a)}^{u=g(b)} = F(g(b)) - F(g(a))$$

(gleichzeitige Transformation der Grenzen).

1.6.3. Partielle Integration:
Aus der Produktregel für die Differentiation erhält man für stetig differenzierbare Funktionen unmittelbar die Regel für die *partielle Integration*

$$\int f(x)\,g'(x)\,dx = f(x)\,g(x) - \int f'(x)\,g(x)\,dx.$$

Beispiel: Mit $f(x) = x$; $f'(x) = 1$; $g'(x) = e^x$, $g(x) = e^x$ erhält man

$$\int x e^x\,dx = x e^x - \int e^x\,dx = (x-1)\,e^x + C.$$

1.7. Integration spezieller Funktionsklassen:
1.7.1. Integration rationaler Funktionen:
1.7.1.1. Integration ganzrationaler Funktionen (Polynome):
Die ganzrationale Funktion (Polynom n - ten Grades)

$$P_n(x) = a_0 + a_1 x + a_2 x^2 + \ldots + a_n x^n$$

besitzt das unbestimmte Integral

$$\int P_n(x)\,dx = a_0 x + \frac{a_1 x^2}{2} + \frac{a_2 x^3}{3} + \ldots + \frac{a_n x^{n+1}}{n+1} + C.$$

1.7.1.2. Integration unecht gebrochenrationaler Funktionen:
Bei der unecht gebrochen rationalen Funktion

$$r(x) = \frac{a_0 + a_1 x + a_2 x^2 + \ldots + a_n x^n}{b_0 + b_1 x + b_2 x^2 + \ldots + b_m x^m}$$

sei $n \geq m$, also der Zählergrad nicht kleiner als der Nennergrad (s. rationale Funktion, 3.). Mit Hilfe der Polynomdivision (s. Polynomdivision) läßt sich der ganzrationale Anteil abspalten mit

$$r(x) = P(x) + \frac{p(x)}{q(x)}.$$

Dabei kann P(x) als ganzrationale Funktion nach 1.7.1.1. integriert werden. Die echt gebrochenrationale Funktion $\frac{p(x)}{q(x)}$ wird nach 1.7.1.3. integriert.

1.7.1.3. Integration echt gebrochenrationaler Funktionen:
Eine echt gebrochenrationale Funktionen

$$r(x) = \frac{a_0 + a_1 x + a_2 x^2 + \ldots + a_n x^n}{b_0 + b_1 x + b_2 x^2 + \ldots + b_m x^m} \quad \text{mit} \quad n < m$$

wird in eine Summe von Partialbrüchen (s. Partialbruchzerlegung) der folgenden Arten zerlegt:

$$\frac{A}{(x-a)^k}; \quad \frac{Ax+B}{(x^2+px+q)^n}$$

mit $p^2 - 4q < 0$; A, B, C, a, p, q reell; k und n ganzzahlig mit $k, n \geq 1$. Dabei gehören die Partialbrüche der ersten Art zu den reellen Nullstellen des Nennerpolynoms, die der zweiten zu den Paaren konjugiert komplexer Nullstellen.

Integrale von $\frac{A}{(x-a)^n}$:

$$\int \frac{A}{(x-a)^n}\,dx = \begin{cases} A \cdot \ln|x-a| + C & \text{für } n = 1; \\ -\frac{A}{n-1} \cdot \frac{1}{(x-a)^{n-1}} + C & \text{für } n > 1. \end{cases}$$

Integrale von $\frac{Ax+B}{x^2+px+q}$ (n = 1):

Im Falle $A \neq 0$ wird zunächst die Ableitung des Nenners abgespalten mit

$$\begin{aligned} \frac{Ax+B}{x^2+px+q} &= \frac{A}{2} \cdot \frac{(2x+p) + 2\,\frac{B}{A} - p}{x^2+px+q} \\ &= \frac{A}{2} \cdot \frac{2x+p}{x^2+px+q} + \frac{B - A \cdot \frac{p}{2}}{x^2+px+q}. \end{aligned}$$

Damit erhält man auch für $A = 0$ die geschlossene Lösung

$$\int \frac{Ax+B}{x^2+px+q}\,dx = \frac{A}{2} \cdot \ln|x^2+px+q| + \frac{2B - A \cdot p}{\sqrt{4q-p^2}} \cdot \arctan\frac{2x+p}{\sqrt{4q-p^2}} + C$$

für $4q - p^2 > 0$.

Integrale von $\frac{Ax+B}{(x^2+px+q)^n}$ mit n > 1:

Für $n > 1$ erhält man

$$\int \frac{Ax+B}{(x^2+px+q)^n}\,dx = \frac{A}{2} \underbrace{\int \frac{2x+p}{(x^2+px+q)^n}\,dx}_{=I_1} + (B - \frac{A \cdot p}{2}) \underbrace{\int \frac{dx}{(x^2+px+q)^n}}_{=I_2}.$$

Dabei gilt $I_1 = -\dfrac{1}{(n-1)(x^2+px+q)^{n-1}}$.

I_2 wird rekursiv gelöst durch

$$\int \frac{dx}{(x^2+px+q)^n}$$

$$= \frac{1}{(n-1)(4q-p^2)}\left[\frac{2x+p}{(x^2+px+q)^{n-1}} + (4n-6)\int \frac{dx}{(x^2+px+q)^{n-1}}\right].$$

Diese Rekursionsfomel wird iterativ $(n-1)$-mal angewandt, bis man ein Integral der obigen Form mit $A = 0$ und $B = 1$ erhält.

Beispiel: Gesucht ist $\displaystyle\int \frac{7x^2-x+29}{(x-1)(x^2+x+5)}dx$.

Die Partialbruchzerlegung lautet (s. Partialbruchzerlegung, 2. Methode)

$$\frac{7x^2-x+29}{(x-1)(x^2+x+5)} = \frac{5}{x-1} + \frac{2x-4}{x^2+x+5}.$$

Aus a) und b) erhält man

$$\int \frac{7x^2-x+29}{(x-1)(x^2+x+5)}dx = 5\int \frac{dx}{x-1} + \int \frac{2x-4}{x^2+x+5}dx$$

$$= 5\cdot\ln|x-1| + \ln|x^2+x+5| - \frac{10}{\sqrt{19}}\arctan\frac{2x+1}{\sqrt{19}} + C.$$

1.7.2. Integration spezieller irrationaler Funktionen:

Im folgenden sei r eine rationale Funktion von einer oder mehreren Variablen, die als Argumente der Funktion r angegeben sind. Es werden Substitutionen angegeben, die das Integral in ein Integral einer rationalen Funktion überführen.

1.7.2.1 Integration von Funktionen $r(x, \sqrt[n]{ax+b})$, $n \geq 0$, $a, b \in \mathbb{R}$, $a \neq 0$:

Mit der Substitution

$$\sqrt[n]{ax+b} = u; \quad x = \frac{u^n-b}{a}; \quad dx = \frac{n}{a}u^{n-1}du$$

geht das Integral über in

$$\int r(x, \sqrt[n]{ax+b})\,dx = \frac{n}{a}\cdot \int \underbrace{r\left(\frac{u^n-b}{a}, u\right)u^{n-1}}_{\text{rationale Funktion in u}}\,du.$$

Der Integrand ist eine rationale Funktion in u, die nach 1.7.1. mit Hilfe der Partialbruchzerlegung integriert werden kann.

1.7.2.2 Integration von Funktionen $r(x, \sqrt{ax^2+bx+c})$, $a \neq 0$:

Für $a = 0$ liegt der Fall aus 1.7.2.1. mit $n = 1$ vor. Für $a \neq 0$ kann das Integral durch eine der drei nachfolgenden Substitutionan auf die Integration einer rationalen Funktion in u aus 1.7.1. zurückgeführt werden:

$a > 0$: $\sqrt{ax^2+bx+c} = x\sqrt{a} + u$. Quadrieren ergibt

$$x = \frac{u^2-c}{b-2\sqrt{a}\,u}; \quad dx = \frac{d}{du}\left(\frac{u^2-c}{b-2\sqrt{a}\,u}\right)du.$$

$c \geq 0$: $ax^2+bx+c = u^2x^2+\sqrt{c}\,ux + c$;

$$x = \frac{b-2\sqrt{c}\,u}{u^2-a}; \quad dx = \frac{d}{du}\left(\frac{b-2\sqrt{c}\,u}{u^2-a}\right)du.$$

$b^2-4ac > 0$: Das Polynom 2. Grades hat zwei verschiedene reelle Wurzeln mit $ax^2+bx+c = a(x-x_1)(x-x_2)$. Substitution:

$$\sqrt{ax^2+bx+c} = (x-x_1)\,u;$$

$$u = \frac{\sqrt{ax^2+bx+c}}{x-x_1} = \pm\sqrt{\frac{a(x-x_2)}{x-x_1}}.$$

In allen Fällen erhält man als Integranden eine rationale Funktion in u.

1.7.2.3 Integration von Funktionen $r\left(x, \sqrt[n]{\frac{ax+b}{cx+d}}\right)$ mit $ad-cb \neq 0$:

Der Fall $ad-cb=0$ läßt sich durch Division auf 1.7.2.1. zurückführen.

Substitution: $u = \sqrt[n]{\frac{ax+b}{cx+d}}$; $\frac{ax+b}{cx+d} = u^n$; $x = \frac{d\cdot u^n - b}{a - c\cdot u^n}$.

Einsetzen ergibt als Radikanden eine rationale Funktion in u.

1.7.2.4. Integration von Funktionen $r(\sin x, \cos x)$:

Substitution: $u = \tan\frac{x}{2}$ für $|x| < \pi$ ergibt

$$dx = \frac{2}{1+u^2}du; \quad \sin x = \frac{2u}{1+u^2}; \quad \cos x = \frac{1-u^2}{1+u^2}; \quad \tan x = \frac{2u}{1-u^2};$$

$\cot x = \frac{1-u^2}{2u}$. Dadurch erhält man eine rationale Funktion in u.

In speziellen Fällen führt eine der nachfolgenden Substitutionen wesentlich schneller zum Ziel:

$r(-u, v) = -r(u, v)$: Substitution: $u = \cos x$;

$r(u, -v) = -r(u, v)$: Substitution: $u = \sin x$;

$r(-u, -v) = r(u, v)$: Substitution: $u = \tan x$.

Spezielle Stammfunktionen:

$$\int \sin^{2n+1} x\,dx = \sum_{k=0}^{n} (-1)^{k+1}\binom{n}{k}\frac{\cos^{2k+1} x}{2k+1} + C;$$

$$\int \sin^{2n} x\,dx = \frac{(-1)^n}{2^{2n}}\left[\sum_{k=0}^{n-1}(-1)^k\binom{2n}{k}\frac{\sin 2(n-k)\,x}{n-k} + (-1)^n\binom{2n}{n}x\right] + C;$$

$$\int \cos^{2n+1} x\,dx = \sum_{k=0}^{n} (-1)^k \binom{n}{k} \frac{\sin^{2k+1} x}{2k+1} + C;$$

$$\int \cos^{2n} x\,dx = \frac{1}{2^{2n}} \left[\sum_{k=0}^{n-1} \binom{2n}{k} \frac{\sin 2(n-k)x}{n-k} + \binom{2n}{n} x \right] + C.$$

1.7.2.5 Integration von Funktionen $r(e^x)$ und $r(\sinh x, \cosh x)$:

$$\sinh x = \frac{e^x - \frac{1}{e^x}}{2}; \quad \cosh x = \frac{e^x - \frac{1}{e^x}}{2};$$

Substitution:

$$e^x = u; \quad x = \ln u; \quad dx = \tfrac{du}{u}; \quad \sinh x = \tfrac{1}{2}(u - \tfrac{1}{u}); \quad \cosh x = \tfrac{1}{2}(u + \tfrac{1}{u}).$$

Einsetzen führt auf eine rationale Funktion in u.

1.8. Uneigentliches Integral:

1.8.1. Uneigentliches Integral über unbeschränkte Intervalle:

Die Funktion f sei in $[a;+\infty)$ bzw. $(-\infty;b]$ bzw. auf ganz $\mathbb{R}$ definiert. Im Falle der Existenz heißen die Grenzwerte

$$\lim_{b\to\infty} \int_a^b f(x)\,dx = \int_a^\infty f(x)\,dx; \quad \lim_{a\to-\infty} \int_a^b f(x)\,dx = \int_{-\infty}^b f(x)\,dx;$$

$$\lim_{\substack{b\to\infty\\ a\to-\infty}} \int_a^b f(x)\,dx = \int_{-\infty}^\infty f(x)\,dx$$

konvergente uneigentliche Integrale von f über dem entsprechenden Intervall. Falls ein uneigentliches Integral nicht konvergiert, nennt man es *divergent.* Im Falle $\lim\limits_{b\to\infty} \int_a^b f(x)\,dx = \pm\infty$ heißt das divergente Integral *bestimmt divergent* gegen $+\infty$ bzw. $-\infty$, sonst *unbestimmt divergent.*

Falls die Funktion f nichtnegativ und in jedem Intervall $[a;b]$ integrierbar ist, nähert sich der Inhalt der Fläche zwischen der Funktion f und der x-Achse über dem Intervall $[a;b]$ mit wachsendem b immer mehr dem Grenzwert $\int_a^\infty f(x)\,dx$. Im Falle der Existenz von

$$\int_a^\infty |f(x)|\,dx < \infty; \quad \int_{-\infty}^b |f(x)|\,dx < \infty; \quad \int_{-\infty}^\infty |f(x)|\,dx < \infty$$

nennt man die uneigentlichen Integrale *absolut konvergent.* Falls ein uneigentliches Integral absolut konvergiert, ist es auch konvergent. Bei jeder beliebigen Zusammensetzung des Integrationsweges erhält man bei absolut konvergenten Integralen den gleichen endlichen Wert. Ein uneigentliches konvergentes Integral, das nicht absolut konvergiert, heißt *bedingt konvergent.*

Beispiele:

$$\int_0^\infty e^{-x}\,dx = \lim_{b\to\infty} \int_0^b e^{-x}\,dx = \lim_{b\to\infty} -e^{-x}\Big|_{x=0}^{x=b} = \lim_{b\to\infty} (1 - e^{-b}) = 1;$$

$$\int_{-\infty}^{+\infty} x e^{-x^2} dx = \lim_{\substack{a \to -\infty \\ b \to \infty}} \int_a^b x e^{-x^2} dx = \frac{1}{2} \lim_{\substack{a \to -\infty \\ b \to \infty}} \left(e^{-a^2} - e^{-b^2}\right) = 0.$$

Für $x > 0$ gilt allgemein

$$\int \frac{1}{x^\alpha} dx = \begin{cases} \frac{1}{1-\alpha} \cdot x^{1-\alpha} & \text{für } 0 < \alpha < 1; \\ \ln x & \text{für } \alpha = 1; \\ \frac{1}{1-\alpha} \cdot \frac{1}{x^{\alpha-1}} & \text{für } \alpha > 1. \end{cases}$$

Hieraus folgt für $a > 0$:

$$0 < \alpha \leq 1: \quad \int_a^\infty \frac{1}{x^\alpha} dx = \lim_{b \to +\infty} \int_a^b \frac{1}{x^\alpha} dx = +\infty \quad \text{(bestimmt divergent)};$$

$$\alpha > 1: \quad \int_a^\infty \frac{1}{x^\alpha} dx = \lim_{b \to +\infty} \int_a^b \frac{1}{x^\alpha} dx = \lim_{b \to +\infty} \frac{1}{1-\alpha} \cdot \frac{1}{x^{\alpha-1}} \Big|_a^b$$

$$= 0 - \frac{1}{1-\alpha} \cdot \frac{1}{a^{\alpha-1}} = \frac{1}{\alpha-1} \cdot \frac{1}{a^{\alpha-1}} \quad \text{(konvergent)}.$$

Der Cauchysche Hauptwert:

Im Falle der Existenz heißt der (symmetrische) Grenzwert

$$\lim_{a \to \infty} \int_{-a}^{+a} f(x)\, dx$$

der *Cauchysche Hauptwert* des uneigentlichen Integrals $\int_{-\infty}^{+\infty} f(x)\, dx$.

Beispiel: Für die Funktion $f(x) = x^3$ gilt

$$\int_0^\infty x^3 dx = +\infty; \quad \int_{-\infty}^0 x^3 dx = -\infty.$$

Daher existiert das uneigentliche Integral $\int_{-\infty}^{+\infty} f(x)\, dx$ nicht. Wegen

$$\lim_{a \to \infty} \int_{-a}^{+a} x^3 dx = \lim_{a \to \infty} \frac{x^4}{4} \Big|_{x=-a}^{x=a} = \lim_{a \to \infty} \left[\frac{a^4}{4} - \frac{a^4}{4}\right] = 0$$

existiert jedoch der Cauchysche Hauptwert. Falls eine Funktion f ungerade und auf jedem endlichen Intervall integrierbar ist, existiert der Cauchysche Hauptwert und ist gleich 0.

1.8.2. Uneigentliche Integrale von unbeschränkten Integranden:

f sei in $[a; x_0)$ bzw. $(x_0; b]$ definiert und für jedes $\delta > 0$ in $[a; x_0 - \delta]$ bzw. $[x_0 + \delta; b]$ integrierbar. Im Falle der Existenz heißen die Grenzwerte

$$\lim_{\delta \to 0+} \int_a^{x_0 - \delta} f(x)\, dx = \int_a^{x_0} f(x)\, dx; \quad \lim_{\delta \to 0+} \int_{x_0 + \delta}^b f(x)\, dx = \int_{x_0}^b f(x)\, dx$$

konvergente uneigentliche Integrale von f im Intervall $[a; x_0)$ bzw. $(x_0; b]$. Ein nicht konvergentes uneigentliches Integral heißt *divergent.*

Beispiel: Die Funktion $f(x) = \frac{1}{x^\alpha}$ mit $\alpha > 0$ ist im Intervall $(0; 1]$ nicht beschränkt mit $\lim_{x \to 0+} f(x) = \infty$. Für $\delta > 0$ erhält man

$$\int_{\delta}^{1} \frac{1}{x^{\alpha}}dx = \int_{\delta}^{1} x^{-\alpha}dx = \begin{cases} \frac{1}{1-\alpha}\cdot\left[x^{1-\alpha}\right]_{\delta}^{1} = \frac{1}{1-\alpha}\cdot(1-\delta^{1-\alpha}) & \text{für } \alpha \neq 1; \\ \left[\ln x\right]_{\delta}^{1} = -\ln\delta & \text{für } \alpha = 1. \end{cases}$$

Für $\alpha \geq 1$ gilt $\int_0^1 \frac{1}{x^{\alpha}}dx = \lim_{\delta\to 0+} \int_{\delta}^{1} \frac{1}{x^{\alpha}}dx = +\infty$ (bestimmt divergent).

$\alpha < 1$ ergibt $\int_0^1 \frac{1}{x^{\alpha}}dx = \lim_{\delta\to 0+} \int_{\delta}^{1} \frac{1}{x^{\alpha}}dx = \frac{1}{1-\alpha}$.

In diesem Fall besitzt die Fläche unterhalb der Kurve zwischen 0 und 1 den endlichen Inhalt $\frac{1}{1-\alpha}$.

Der Cauchysche Hauptwert:
Im Falle der Existenz heißt der symmetrische Grenzwert

$$\lim_{\delta\to 0+}\left[\int_a^{x_0-\delta} f(x)\,dx + \int_{x_0+\delta}^{b} f(x)\,dx\right]$$

der *Cauchysche Hauptwert* des uneigentlichen Integrals $\int_a^b f(x)\,dx$.

Beispiel: Für $a < 0$ und $b > 0$ gilt $\int_0^b \frac{1}{x^3}dx = \int_a^0 \frac{1}{x^3}dx = +\infty$. $\delta > 0$ ergibt

$$\lim_{\delta\to 0+}\left[\int_a^{-\delta} \frac{1}{x^3}dx + \int_{+\delta}^{b} \frac{1}{x^3}dx\right] = \lim_{\delta\to 0+}\left[-\frac{1}{2x^2}\Big|_a^{-\delta} - \frac{1}{2x^2}\Big|_{\delta}^{b}\right]$$

$$= \lim_{\delta\to 0+}\left[-\frac{1}{2\delta^2} + \frac{1}{2a^2} - \frac{1}{2b^2} + \frac{1}{2\delta^2}\right] = \frac{1}{2a^2} - \frac{1}{2b^2}.$$

Daher existiert der *Cauchysche Hauptwert* von $\int_a^b f(x)\,dx$ für $a < 0 < b$.

1.9. Weitere Anwendungen der Integralrechnung:

1.9.1. Bestimmung einer Funktion aus der vorgegebenen Grenzfunktion:
Ist $F(x)$ eine beliebige differenzierbare Funktion mit der Grenzfunktion $f(x) = F'(x)$, so gilt

$$F(x) - F(a) = \int_a^x f(t)\,dt.$$

Dabei ist $F(x)$ eine spezielle Stammfunktion von $f(x)$.

1.9.2. Bestimmung einer Funktion aus einer vorgegebenen Elastizität:
Falls die Elastizität $\varepsilon_f(x)$ gegeben ist (s. Elastizität), erhält man sämtliche Funktionen $f(x)$, welche diese Elastizität besitzen, durch Integration von

$$\varepsilon_f(x) = \frac{f'(x)}{f(x)}\cdot x; \quad \int \frac{f'(x)}{f(x)}dx = \int \frac{\varepsilon_f(x)}{x}dx; \quad \ln|f(x)| = \int \frac{\varepsilon_f(x)}{x}dx;$$

$$|f(x)| = e^{\int \frac{\varepsilon_f(x)}{x}dx}; \quad f(x) = \pm e^{\int \frac{\varepsilon_f(x)}{x}dx}.$$

Es sei $E(x)$ eine beliebige Stammfunktion von $\frac{\varepsilon_f(x)}{x}$. Dann erhält man sämtliche Funktionen, welche die Elastizität $\varepsilon_f(x)$ besitzen, in der Form

$$f(x) = \pm e^{E(x)+C} = \pm e^C \cdot e^{E(x)} = b \cdot e^{E(x)} \text{ mit } b = \pm e^C \neq 0.$$

Durch die Vorgabe des Funktionswertes $f(a)$ an einer Stelle a ist im allgemeinen die Konstante b bestimmt durch

$$f(a) = b \cdot e^{E(a)};\ b = \frac{f(a)}{e^{E(a)}};\ f(x) = \frac{f(a)}{e^{E(a)}} \cdot e^{E(x)} = f(a) \cdot e^{E(x)-E(a)}.$$

1.9.3. Gesamtumsatz bei stetiger Preissenkung:

Die Nachfragefunktion $N(p)$ gibt an, welche Menge einer Ware verkauft werden könnte, falls p als Preis je Mengeneinheit festgesetzt wird. Dabei sei p_u der Mindestpreis und p_o der Höchstpreis. Die Funktion $N(p)$ sei im Intervall $[p_u; p_o]$ monoton fallend und stetig. Für die Ware soll es nur einen einzigen Hersteller geben. Zunächst werde der Höchstpreis p_o festgesetzt. Nach

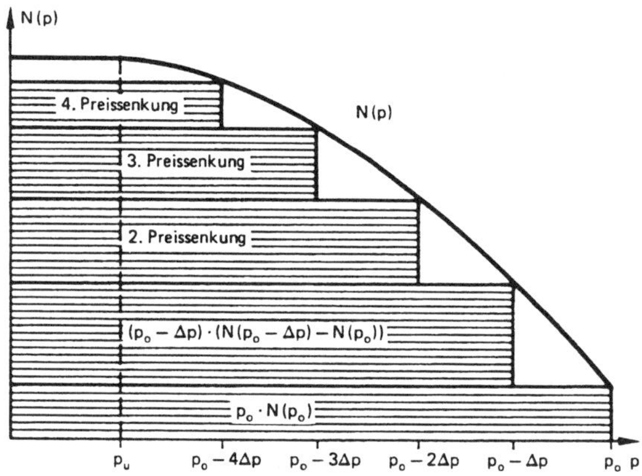

Befriedigung der Nachfragemenge $N(p_o)$ wird der Preis sukzessive um Δp gesenkt bis die untere Preisgrenze erreicht ist. Falls die Funktion $N(p)$ integrierbar ist, erhält man für $\Delta p \to 0$ den Gesamtumsatz bei stetiger Preissenkung von p_o bis p_u

$$U_{Grenz} = p_u \cdot N(p_u) + \int_{p_u}^{p_o} N(p)\,dp.$$

Findet die Preissenkung jeweils in kleinen Schritten statt, so ist der Gesamtumsatz U ungefähr gleich U_{Grenz}. Der Umsatz U_{Grenz} stellt bei monoton fallenden stetigen Nachfragefunktionen die obere Schranke für den Umsatz bei einer beliebigen Preispolitik dar.

1.9.4. Konsumentenrente und **Produzentenrente** s. Konsumentenrente, s. Produzentenrente.

1.9.5. Bar- und Endwert eines Ertragsstromes s. Ertragsstrom.

1.10. Numerische Integration (Quadratur):

Vgl. auch gewöhnliche Differentialgleichung, 7. mit $y' = f(x,y) \equiv f(x)$. Manchmal ist eine Funktion $f(x)$ nicht vollständig gegeben. Durch Messungen oder sonstige Erkenntnisse seien jedoch an $n+1$ Stellen $x_0, x_1, \ldots, x_n$ die Funktionswerte $f(x_0), f(x_1), \ldots, f(x_n)$ bekannt. In einem solchen Fall ist es nicht möglich, eine Stammfunktion anzugeben, mit deren Hilfe bestimmte Integrale berechnet werden können. Andererseits gibt es auch explizite Funktionen, für die keine Stammfunktion in geschlossener Form angegeben werden kann.

Beispiele: e^{-x^2}; $\frac{\sin x}{x}$; $\frac{\cos x}{x}$; $\frac{1}{\ln x}$ oder $\frac{e^x}{x}$.

Mit Hilfe numerischer Methoden werden Näherungswerte für bestimmte Integrale $\int_a^b f(x)\,dx$ angegeben.

1.10.1. Integration des Taylor-Polynoms:

Falls die Funktion f im Intervall $[a;b]$ $(n+1)$-mal stetig differenzierbar ist, benutzt man das Taylor-Polynom T_n (s. Taylor-Entwicklung, 1.) mit

$$f(x) = T_n(x) + R_n(x) = f(x_0) + \frac{f'(x_0)}{1!}\cdot(x-x_0) + \ldots + \frac{f^{(n)}(x_0)}{n!}\cdot(x-x_0)^n + R_n(x).$$

Als Näherungswert für das gesuchte Integral erhält man

$$\int_a^b f(x)\,dx \approx \int_a^b T_n(x)\,dx = \sum_{k=0}^{n} \frac{f^{(k)}(x_0)}{(k+1)!}\cdot\left[(b-x_0)^{k+1} - (a-x_0)^{k+1}\right].$$

Falls für das Restglied

$$R_n(x) = \frac{f^{(n+1)}(x_0 + \vartheta\cdot(x-x_0))}{(n+1)!}\cdot(x-x_0)^{n+1} \quad \text{mit } 0<\vartheta<1$$

die Abschätzung $\left|f^{(n+1)}(x_0+\vartheta\cdot(x-x_0))\right| \le M$ für alle $x\in[a;b]$ gilt, erhält man die Fehlerabschätzung

$$\left|\int_a^b R_n(x)\,dx\right| \le M\int_a^b \frac{|x-x_0|^{n+1}}{(n+1)!}\,dx.$$

Wenn mit einer Funktion $r(x)\ge 0$ gilt

$$\left|f^{(n+1)}(x_0+\vartheta\cdot(x-x_0))\right| \le r(x) \quad \text{für alle } x\in[a;b],$$

und die Funktion $r(x)\cdot\frac{|x-x_0|^{n+1}}{(n+1)!}$ in $[a;b]$ geschlossen integrierbar ist, kann die Fehlerabschätzung im allgemeinen verbessert werden durch

$$\left|\int_a^b R_n(x)\,dx\right| \le \int_a^b \frac{r(x)\cdot|x-x_0|^{n+1}}{(n+1)!}\,dx.$$

1.10.2. Approximation durch Interpolationspolynome (s. Interpolation):

Im Intervall $[u;v]\subset[a;b]$ werden $n+1$ Stützstellen $x_0<x_1<\ldots<x_n$ mit den Funktionswerten $y_i = f(x_i)$ gewählt für $i=0,1,2,\ldots,n$. Dann

wird in $[u;v]$ die Funktion f durch ein Interpolationspolynom $I_n(x)$ vom Grade $\leq n$ approximiert mit

$$f(x) = I_n(x) + \underbrace{R_n(x)}_{\text{Restglied}} \quad \text{für } u \leq x \leq v.$$

Damit erhält man

$$\int_u^v f(x)\,dx = \int_u^v I_n(x)\,dx + \underbrace{\int_u^v R_n(x)\,dx}_{\text{lokaler Fehler}}.$$

Durch Aneinanderfügen solcher Teilintegrale erhält man dann einen Näherungswert für das gesamte Integral.

1.10.2.1. Lagrange - Interpolation:
Mit der Interpolationsformel von Lagrange

$$I_n(x) = \sum_{k=0}^{n} f(x_k)\,L_k(x)$$

(s. Interpolation, 3.) erhält man

$$\int_u^v I_n(x)\,dx = \sum_{k=0}^{n} f(x_k) \cdot \int_u^v L_k(x)\,dx = \sum_{k=0}^{n} a_k f(x_k).$$

Lokaler Fehler:
Die Funktion f sei im Intervall $[u;v]$ $(n+1)$-mal stetig differenzierbar. Dann lautet der lokale Fehler

$$r_{lok.} = \int_u^v R_n(x)\,dx = \frac{f^{(n+1)}(\xi)}{(n+1)!} \cdot \int_u^v \prod_{k=0}^{n} (x - x_k)\,dx \quad \text{mit} \quad u < \xi < v.$$

1.10.2.2. Newton - Cotes - Formeln für äquidistante Stützstellen:
Mit der konstanten Schrittweite h werden von der Ausgangsstelle u aus die $n+1$ Stützstellen $x_k = u + kh$ mit den Funktionswerten $y_k = f(x_k)$ verwendet für $k = 0, 1, 2, \ldots, n$. Dann erhält man für die obigen Formeln

$$a_k = \int_u^{u+nh} L_k(x)\,dx = \frac{h \cdot (-1)^{n-k}}{k! \cdot (n-k)!} \cdot \int_0^n \prod_{\substack{j=0 \\ j \neq k}}^{n} (t-j)\,dt \text{ für } k = 0, 1, 2, \ldots, n;$$

$$\int_u^{u+nh} f(x)\,dx \approx \sum_{k=0}^{n} a_k f(x_k).$$

Falls f in $(u; u+nh)$ $(n+2)$-mal stetig differenzierbar ist, lautet der lokale Fehler:

$$r_{lok.} = \begin{cases} h^{n+2} f^{(n+2)}(\xi) \displaystyle\int_0^n \binom{t}{n+1} dt & \text{für ungerades } n; \\ h^{n+3} \dfrac{f^{(n+2)}(\xi)}{n+2} \displaystyle\int_0^n \left(t - \frac{n}{2}\right)\binom{t}{n+1} dt & \text{für gerades } n \end{cases}$$

mit $u < \xi < u + nh$.

1.10.2.2.1. Sehnen-Trapezformel (n = 1):

Das gesamte Integrationsintervall [a;b] werde in N gleichlange Teilintervalle mit der Schrittweite $h = \frac{b-a}{N}$ zerlegt. Dadurch entstehen die Zerlegungspunkte $x_k = a + kh$ für $k = 0, 1, \ldots, N$. In jedem einzelnen Teilintervall $[x_k; x_{k+1}]$ wird die Funktion f(x) durch die Sehne (= Interpolationspolynom vom Grad 1) approximiert. Dann gilt

$$\int_{x_k}^{x_{k+1}} I_1(x)\,dx = \frac{h}{2}[f(x_k) + f(x_{k+1})] \quad \text{für } k = 0, 1, 2, \ldots, N;$$

lokaler Fehler: $r_{lok.} = -\frac{h^3}{12} f''(\xi^*)$ mit $x_k < \xi^* < x_{k+1}$.

Summation von $k = 0, 1, 2, \ldots, N-1$ ergibt

$$\int_a^b f(x)\,dx \approx \frac{h}{2}[f(x_0) + 2f(x_1) + 2f(x_2) + \ldots + 2f(x_{N-1}) + f(x_N)]$$

mit $x_0 = a$; $h = \frac{b-a}{N}$ (N beliebig); $x_k = x_0 + kh$ für $k = 0, 1, 2, \ldots, N$;

globaler Fehler: $r_{glob.} = -\frac{b-a}{12} h^2 f''(\xi)$ mit $a < \xi < b$.

1.10.2.2.2. Simpsonsche Regel (Keplersche Faßregel) (n = 2):

Durch jeweils drei aufeinanderfolgende Stützstellen x_k, x_{k+1}, x_{k+2} mit konstantem Abstand h wird ein Interpolationspolynom höchstens vom Grade 2 gelegt. Damit erhält man die sogenannte

Keplersche Faßregel:

$$\int_{x_k}^{x_{k+2}} I_2(x)\,dx = \frac{h}{3}[f(x_k) + 4f(x_{k+1}) + f(x_{k+2})];$$

lokaler Fehler: $r_{lok.} = -\frac{h^5}{90} f^{(4)}(\xi^*)$ mit $x_k < \xi^* < x_{k+1}$.

Das gesamte Integrationsintervall muß in eine gerade Anzahl N von Teilintervallen der Länge $h = \frac{b-a}{N}$ zerlegt werden. Damit erhält man die

Simpsonsche Regel:

$$\int_a^b f(x)\,dx \approx \frac{h}{3}[(f(x_0) + 4f(x_1) + 2f(x_2) + 4f(x_3) + \ldots + 4f(x_{N-1}) + f(x_N)];$$

N gerade; $h = \frac{a-b}{N}$; $x_0 = a$; $x_k = x_0 + kh$ für $k = 1, 2, \ldots, N$;

globaler Fehler: $r_{glob.} = -\frac{b-a}{180} h^4 f^{(4)}(\xi)$ mit $a < \xi < b$.

1.10.2.2.3. Die $\frac{3}{8}$-Regel (n = 3):

Durch vier benachbarte Stützstellen x_k, x_{k+1}, x_{k+2}, x_{k+3} mit konstantem Abstand h wird ein Interpolationspolynom höchstens vom Grade 3 gelegt. Damit erhält man

$$\int_{x_k}^{x_{k+3}} I_3(x)\,dx = \frac{3h}{8}[f(x_k) + 3f(x_{k+1}) + 3f(x_{k+2}) + f(x_{k+3})].$$

Die Gesamtanzahl N der Teilintervalle muß durch 3 teilbar sein. Dann gilt

$$\int_a^b f(x)\,dx \approx \frac{3h}{8}[(f(x_0)+3f(x_1)+3f(x_2)+2f(x_3)+3f(x_4)+3f(x_5)$$
$$+2f(x_6)+3f(x_7)+3f(x_8)+2f(x_9)+\ldots+3f(x_{N-1})+f(x_N)];$$

N durch 3 teilbar; $h=\frac{a-b}{N}$; $x_0=a$; $x_k=x_0+kh$ für $k=1,2,\ldots,N$;

globaler Fehler: $r_{glob.} = -\frac{b-a}{18}h^4 f^{(4)}(\xi)$ mit $a<\xi<b$.

1.10.2.2.4. Die $\frac{4}{90}$ - Regel (n = 4):

Durch fünf benachbarte Stützstellen $x_k, x_{k+1}, x_{k+2}, x_{k+3}, x_{k+4}$ mit konstantem Abstand h wird ein Interpolationspolynom höchstens vom Grade 4 gelegt. Damit erhält man

$$\int_{x_k}^{x_{k+4}} I_4(x)\,dx = \frac{4h}{90}[7f(x_k)+32f(x_{k+1})+12f(x_{k+2})+32f(x_{k+3})+7f(x_{k+4})];$$

lokaler Fehler: $r_{lok.} = -\frac{8}{90}h^7 f^{(6)}(\xi^*)$ mit $x_k<\xi^*<x_{k+1}$.

Die gesamte Anzahl N der Teilintervalle muß durch durch 4 teilbar sein. Dann erhält man

$$\int_a^b f(x)\,dx \approx \frac{4h}{90}[(7f(x_0)+32f(x_1)+12f(x_2)+32f(x_3)+14f(x_4)$$
$$+32f(x_5)+12f(x_6)+32f(x_7)+14f(x_8)+32f(x_9)+12f(x_{10})$$
$$+\ldots+32f(x_{N-1})+7f(x_N)];$$

N durch 4 teilbar; $h=\frac{a-b}{N}$; $x_0=a$; $x_k=x_0+kh$ für $k=1,2,\ldots,N$;

globaler Fehler: $r_{glob.} = -\frac{2(b-a)}{945}h^6 f^{(4)}(\xi)$ mit $a<\xi<b$.

1.10.2.2.5. Tabelle für weitere Newton - Cotes - Formeln:

n = 5:

$$\int_{x_k}^{x_{k+5}} f(x)\,dx = \frac{5h}{288}[19f(x_k)+75f(x_{k+1})+50f(x_{k+2})+50f(x_{k+3})$$
$$+75f(x_{k+4})+19f(x_{k+5})] - \frac{275}{12\,096}h^7 f^{(7)}(\xi) \text{ mit } x_k<\xi<x_{k+5};$$

n = 6:

$$\int_{x_k}^{x_{k+6}} f(x)\,dx = \frac{h}{140}[41f(x_k)+216f(x_{k+1})+27f(x_{k+2})+272f(x_{k+3})$$
$$+27f(x_{k+4})+216f(x_{k+5})+41f(x_{k+6})] - \frac{9}{1\,400}h^9 f^{(8)}(\xi);\ x_k<\xi<x_{k+6};$$

n = 7:

$$\int_{x_k}^{x_{k+7}} f(x)\,dx = \frac{7h}{17\,280}[751f(x_k)+3\,577f(x_{k+1})+1\,323f(x_{k+2})$$
$$+2\,989f(x_{k+3})+2\,989f(x_{k+4})+1\,323f(x_{k+5})+3\,577f(x_{k+6})$$
$$+751f(x_{k+7})] - \frac{8\,183}{518\,400}h^9 f^{(8)}(\xi) \quad \text{mit } x_k<\xi<x_{k+7};$$

n = 8:

$$\int_{x_k}^{x_{k+8}} f(x)\,dx = \frac{4h}{14\,175}[989\,f(x_k) + 5\,888\,f(x_{k+1}) - 928\,f(x_{k+2})$$
$$+ 10\,496\,f(x_{k+3}) - 4\,540\,f(x_{k+4}) + 10\,496\,f(x_{k+5}) - 928\,f(x_{k+6})$$
$$+ 5\,888\,f(x_{k+7}) + 989\,f(x_{k+8})] - \frac{2\,368}{467\,775}h^{11} f^{(10)}(\xi);\; x_k < \xi < x_{k+7}.$$

1.11. Parameterabhängiges Integral:

Die Funktion $f(x, \alpha)$ hänge außer von der Integrationsvariablen x auch noch von einem Parameter $\alpha \in \mathbb{R}$ ab. Dann wird im Falle der Existenz durch

$$H(\alpha) = \int_a^b f(x, \alpha)\,dx$$

eine Funktion des Parameters α definiert.

$f(x, \alpha)$ sei in $G = \{(x, \alpha) \mid a \le x \le b;\; \alpha_1 < \alpha < \alpha_2\}$ besitze dort die stetige partielle Ableitung $\frac{\partial f(x, \alpha)}{\partial \alpha}$. Dann gilt:

1. Die Funktion $H(\alpha)$ ist im offenen Intervall (α_1, α_2) differenzierbar mit

$$H'(\alpha) = \frac{\partial H(\alpha)}{\partial \alpha} = \int_a^b \frac{\partial}{\partial \alpha} f(x, \alpha)\,dx.$$

Differentiation und Integration sind also vertauschbar.

2. Falls die Integrationsgrenzen von α abhängige differenzierbare Funktionen $u(\alpha)$ und $v(\alpha)$ sind, gilt

$$H(\alpha) = \int_{u(\alpha)}^{v(\alpha)} f(x, \alpha)\,dx;$$

$$H'(\alpha) = \int_{u(\alpha)}^{v(\alpha)} \frac{\partial}{\partial \alpha} f(x, \alpha)\,dx + f\big(v(\alpha), \alpha\big) \cdot v'(\alpha) - f\big(u(\alpha), \alpha\big) \cdot u'(\alpha).$$

Spezielle parameterabhängige Integrale:

$$\Gamma(x) = \int_0^\infty e^{-t} t^{x-1}\,dt \qquad \text{(Eulersches Integral zweiter Gattung)}$$

(s. Gammafunktion);

$$B(x, y) = \int_0^1 t^{x-1}(1-t)^{y-1}\,dt \qquad \text{(Eulersches Integral erster Gattung)}$$

(s. Betafunktion).

2. Integralrechnung bei Funktionen zweier Variabler:

2.1. Flächenintegral:

Das Rechteck $[a_1; b_1] \times [a_2; b_2]$ mit den Seitenlängen $b_1 - a_1$ und $b_2 - a_2$ besitzt den Flächeninhalt $F = (b_1 - a_1) \cdot (b_2 - a_2)$. Es sei $B \subset \mathbb{R}^2$ ein beschränkter Bereich mit stückweise glattem Rand (s. Bereich, s. glatt, 1.). Die Funktion $f(x, y)$ sei in B definiert und beschränkt. Durch Kurvenscharen wird der Bereich B zerlegt in n Teilbereiche $B_1, \ldots, B_n$. Der Teilbereich B_i besitze den (näherungsweisen) Flächeninhalt ΔF_i. Dieser kann z. B. durch eine Approximation mit Rechtecken bestimmt werden. Das Infimum von $f(x,y)$ in B_i sei m_i und das Supremum M_i mit

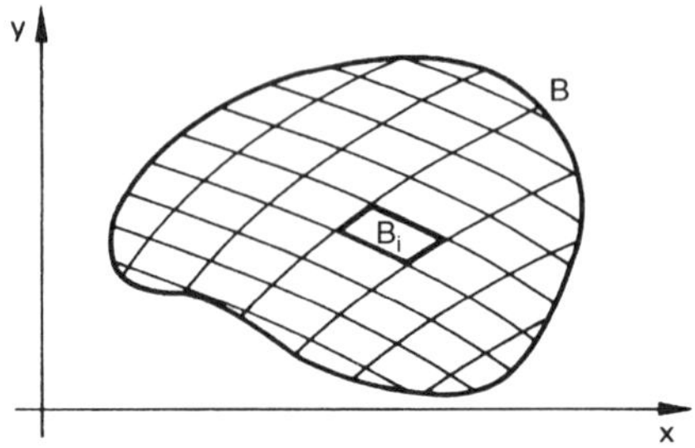

$$m_i = \inf_{(x,y)\in B_i} f(x,y); \quad M_i = \sup_{(x,y)\in B_i} f(x,y) \quad \text{für } i = 1, 2, \ldots, n.$$

Bei stetigen Funktionen ist das Infimum gleich dem Minimum und das Supremum das Maximum. $(\xi_i, \eta_i) \in B_i$ sei eine beliebige Zwischenstelle. Dann erhält man die

Untersumme: $U_n = \sum_{i=1}^{n} m_i \Delta F_i$; *Obersumme*: $O_n = \sum_{i=1}^{n} M_i \Delta F_i$;

Zwischensumme: $Z_n = \sum_{i=1}^{n} f(\xi_i, \eta_i) \Delta F_i$ mit $U_n \le Z_n \le O_n$.

$\Delta(Z_n)$ sei der maximale Durchmesser der n Teilbereiche. Bei jeder beliebigen Zerlegungsfolge mit $\Delta(Z_n) \to 0$ für $n \to \infty$ konvergiere die Folge der Zwischensummen, unabhängig von der Wahl der Zwischenpunkte, gegen den gleichen Grenzwert. Dann heißt dieser Grenzwert

$$\lim_{n\to\infty,\, \Delta(Z_n)\to 0} \sum_{i=1}^{n} f(\xi_i, \eta_i) \Delta F_i = \iint_B f(x,y)\, dF = \iint_B f(x,y)\, dx\, dy$$

das *Flächenintegral* (*Bereichsintegral*) von $f(x,y)$ über den Bereich B. Im Falle der Existenz dieses Integrals nennt man f in B *integrierbar.*

Jede in B stetige Funktion oder eine Funktion, die dort mit Ausnahme von endlich vielen glatten Kurven stetig ist, ist in B integrierbar.

Falls die nachfolgenden Integrale existieren, gilt mit dem Flächeninhalt $F(B)$

$$\iint_{B_1 \cup B_2} f(x,y)\, dF = \iint_{B_1} f(x,y)\, dF + \iint_{B_2} f(x,y)\, dF, \text{ falls } F(B_1 \cap B_2) = 0$$

(Zusammensetzung des Integrationsbereichs);

$$\iint_B [c_1 f_1(x,y) + c_2 f_2(x,y)]\, dF = c_1 \iint_B f_1(x,y)\, dF + c_2 \iint_B f_2(x,y)\, dF,$$

c_1, c_2 Konstanten (Linearität);

aus $f(x,y) \le g(x,y)$ in B folgt $\iint_B f(x,y)\, dF \le \iint_B g(x,y)\, dF$ (Monotonie).

Es gilt

$$\left| \iint_B f(x,y)\, dF \right| \le \iint_B |f(x,y)|\, dF.$$

Mittelwertsatz:

Die Funktion f(x, y) sei in B stetig. m sei das Minimum und M das Maximum von f in B. Dann gilt

$$m \cdot F(B) \le \iint_B f(x,y)\,dF \le M \cdot F(B), \text{ also } m \le \frac{1}{F(B)} \iint_B f(x,y) \le M.$$

Da eine stetige Funktion jeden Wert zwischen dem Minimum m und dem Maximum M annimmt, gibt es eine Zwischenstelle $(\xi, \eta) \in B$ mit

$$\frac{1}{F(B)} \iint_B f(x,y)\,dF = f(\xi,\eta), \text{ also } \iint_B f(x,y)\,dF = f(\xi,\eta) \cdot F(B).$$

Gebietsdifferentiation:

Es sei B_n, $n = 1, 2, \ldots$ eine Folge von Bereichen mit den Flächeninhalten $F(B_n)$ und den Durchmessern $d(B_n)$. Alle B_n sollen die Stelle (ξ, η) enthalten mit $\lim\limits_{n\to\infty} d(B_n) = 0$. Für jede stetige Funktion f existiert der Grenzwert

$$\lim_{n\to\infty} \frac{1}{F(B_n)} \iint_{B_n} f(x,y)\,dx\,dy = f(\xi,\eta).$$

Dadurch wird die *Gebietsdifferentiation* erklärt.

Flächenberechnung:

Mit $f(x,y) \equiv 1$ erhält man als Flächenintegral den Flächeninhalt von B

$$\iint_B dF = F(B).$$

2.2. Doppelintegrale (praktische Berechnung von Flächenintegralen):

Der Bereich B werde zwischen x = a und x = b durch die beiden Kurven

$$y = \varphi_1(x) \quad \text{und} \quad y = \varphi_2(x)$$

mit $\varphi_1(x) \le \varphi_2(x)$ begrenzt.

Dann gilt

$$\iint_B f(x,y)\,dF = \int_a^b \left(\int_{\varphi_1(x)}^{\varphi_2(x)} f(x,y)\,dy \right) dx.$$

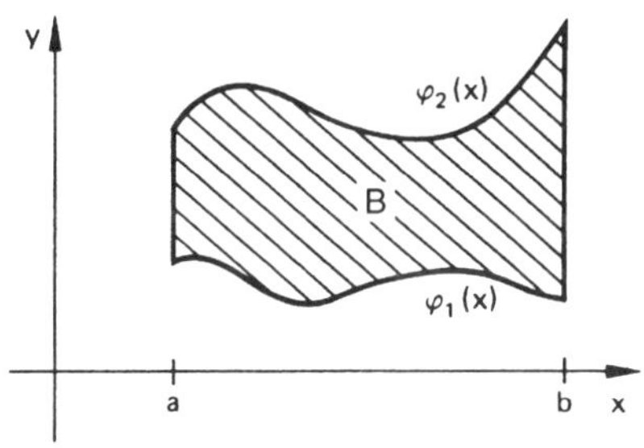

Zuerst muß bei festem x das innere Integral, danach das äußere Integral berechnet werden.

Der Bereich B werde zwischen y = c und y = d durch die Kurven

$$x = \psi_1(y) \quad \text{und} \quad x = \psi_2(y)$$

begrenzt. Dann erhält man im Falle der Existenz

$$\iint_B f(x,y)\,dF = \int_c^d \left(\int_{\psi_1(y)}^{\psi_2(y)} f(x,y)\,dx \right) dy.$$

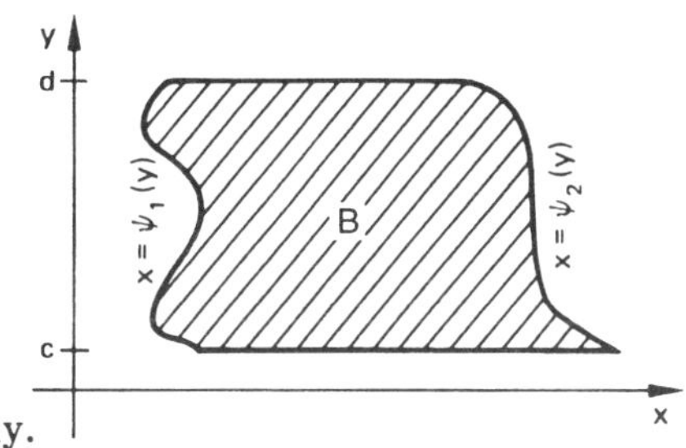

Zuerst muß das innere, danach das äußere Integral berechnet werden.

Satz von Fubini (Vertauschung der Integrationsreihenfolge):
Es sei $R = \{(x,y) \mid a \le x \le b;\ c \le y \le d\}$ ein Rechteck, in dem die Funktion $f(x,y)$ integrierbar ist. Für jedes feste $y \in [c;d]$ existiere das Integral $\int_a^b f(x,y)\,dx = g(y)$. Dann ist die Funktion $g(y)$ in $[c;d]$ integrierbar und es gilt

$$\iint_R f(x,y)\,dF = \int_c^d \left(\int_a^b f(x,y)\,dx \right) dy.$$

Falls auch für jedes $x \in [a;b]$ das Integral $\int_c^d f(x,y)\,dy$ existiert, gilt nach Fubini der Satz über die Vertauschung der Integrationsreihenfolge

$$\iint_R f(x,y)\,dF = \int_c^d \left(\int_a^b f(x,y)\,dx \right) dy = \int_a^b \left(\int_c^d f(x,y)\,dy \right) dx.$$

Wenn die Funktion $f(x,y)$ in R stetig ist, sind die Voraussetzungen des Satzes erfüllt.

2.3. Variablentransformationen bei Flächenintegralen:
Durch $x = \varphi(u,v)$, $y = \psi(u,v)$ werde der Bereich $B^* \subset \mathbb{R}^2$ mit stückweise glattem Rand (s. glatt, 1.) eineindeutig auf den Bereich $B \subset \mathbb{R}^2$ abgebildet. Die Funktionen $\varphi(u,v)$ und $\psi(u,v)$ seien im Innern von B^* stetig nach u und v partiell differenzierbar. Mit der Funktionaldeterminante

$$\frac{\partial(x,y)}{\partial(u,v)} = \frac{\partial(\varphi,\psi)}{\partial(u,v)} = \begin{vmatrix} \varphi_u(u,v) & \psi_u(u,v) \\ \varphi_v(u,v) & \psi_v(u,v) \end{vmatrix}$$

$$= \varphi_u(u,v)\cdot\psi_v(u,v) - \varphi_v(u,v)\cdot\psi_u(u,v)$$

geht das Doppelintegral über in

$$\iint_B f(x,y)\,dF = \iint_{B^*} f(\varphi(u,v),\ \psi(u,v))\cdot\left|\frac{\partial(\varphi,\psi)}{\partial(u,v)}\right| du\,dv.$$

2.3.1. Transformation auf Polarkoordinaten:
Mit den Polarkoordinaten φ und $\rho = \rho(\varphi)$ (s. Polarkoordinaten) erhält man aus

$$x = \rho\cos\varphi;\quad y = \rho\sin\varphi;\quad 0 \le \varphi \le 2\pi;\ \rho \ge 0$$

$$\frac{\partial(x,y)}{\partial(\rho,\varphi)} = \begin{vmatrix} \cos\varphi & \sin\varphi \\ -\rho\sin\varphi & \rho\cos\varphi \end{vmatrix} = \rho;\quad dx\,dy = \rho\,d\rho\,d\varphi;$$

$$\iint_B f(x,y)\,dF = \iint_{B^*} f(\rho\cos\varphi,\ \rho\sin\varphi)\rho\,d\rho\,d\varphi.$$

2.3.2. Transformation auf verallgemeinerte Polarkoordinaten:
Bei verallgemeinerten Polarkoordinaten erhält man aus

$$x = a\rho\cos\varphi;\quad y = b\rho\sin\varphi;\quad a,\ b > 0;\quad 0 \le \varphi \le 2\pi$$

(s. Polarkoodinaten, verallgemeinerte)

$$\frac{\partial(x,y)}{\partial(\rho,\varphi)} = \begin{vmatrix} a\cos\varphi & b\sin\varphi \\ -a\rho\sin\varphi & b\rho\cos\varphi \end{vmatrix} = ab\rho; \quad dx\,dy = ab\rho\,d\rho\,d\varphi;$$

$$\iint_B f(x,y)\,dF = \iint_{B^*} f(a\rho\cos\varphi,\ b\rho\sin\varphi)ab\rho\,d\rho\,d\varphi.$$

2.4. Anwendungen von Flächenintegralen:

2.4.1. Volumenberechnung:

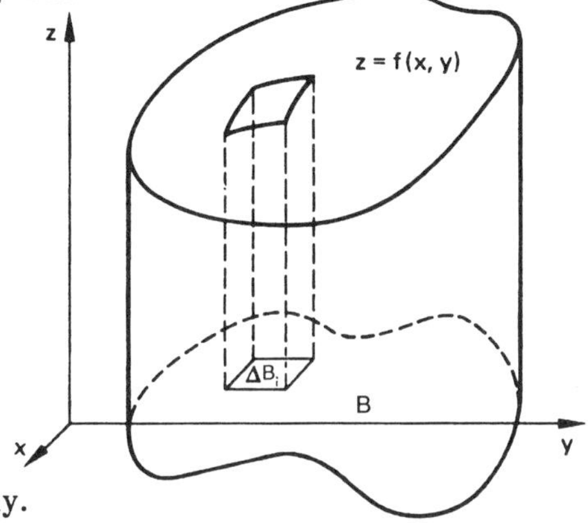

a) Für $f(x,y) \geq 0$ in B wird durch die Funktion $f(x,y)$ über dem Bereich $B \subset \mathbb{R}^2$ ein gerader zylindrischer Körper K erzeugt (s. Zylinder, 2.) mit der ebenen Grundfläche B und der durch f bestimmten Deckfläche. Dann ist das Flächenintegral über B gleich dem Volumen dieses Körpers, also

$$V = \iint_B f(x,y)\,dF = \iint_B f(x,y)\,dx\,dy.$$

Beispiel (Volumen einer Halbkugel mit dem Radius r):

Kugel: $x^2 + y^2 + z^2 = r^2$; obere Halbkugel: $z = f(x,y) = \sqrt{r^2 - x^2 - y^2}$;
B = Kreisfläche: $\rho^2 = x^2 + y^2 \leq r^2$. Mit Polarkoordinaten erhält man

$$V_{\text{Halbk.}} = \iint_B \sqrt{r^2 - x^2 - y^2}\,dx\,dy = \int_0^{2\pi}\int_0^r \sqrt{r^2 - \rho^2} \cdot \rho\,d\rho\,d\varphi$$

$$= \int_0^{2\pi} \left[-\frac{1}{3}(r^2 - \rho^2)^{\frac{3}{2}} \Bigg|_{\rho=0}^{\rho=r} \right] d\varphi = \int_0^{2\pi} \frac{1}{3} r^3 d\varphi = \frac{2}{3}\pi r^3.$$

Damit lautet das Volumen einer Kugel mit dem Radius r

$$V_{\text{Kugel}} = \frac{4}{3}\pi r^3.$$

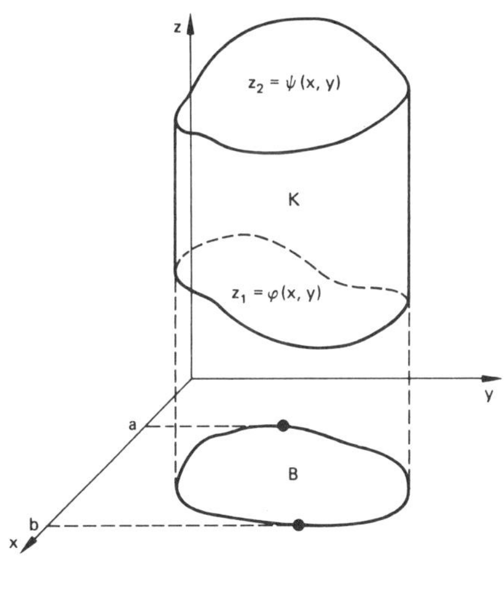

b) Über dem Bereich $B \subset \mathbb{R}^2$ werde das Volumen eines geraden zylindrischen Körpers K durch die durch $\varphi(x,y)$ und $\psi(x,y)$ dargestellten Flächen (s. Zylinder, 2.) begrenzt mit

$$\varphi(x,y) \leq \psi(x,y).$$

Dann beträgt das Volumen des Körpers

$$V = \iint_B [\psi(x,y) - \varphi(x,y)]\,dx\,dy.$$

2.4.2. Flächeninhalt eines ebenen Bereichs:

Mit $f(x,y) \equiv 1$ erhält man in 2.4.1. a) einen geraden Zylinder mit der konstanten Höhe $h = 1$. Dann ist die Maßzahl des Volumens dieses Zylinders gleich der Maßzahl der Fläche von B, also

$$F(B) = \iint_B dF = \iint_B dx\,dy\,.$$

Beispiel (Inhalt einer Ellipsenfläche):

Den Flächeninhalt der Ellipse $\frac{x^2}{a^2} + \frac{y^2}{b^2} = 1$ erhält man mit den verallgemeinerten Polarkoordinaten als

$$F = \iint_B dx\,dy = \int_0^{2\pi}\int_0^1 a\,b\,\rho\,d\rho\,d\varphi = a\,b\int_0^{2\pi} \frac{1}{2}d\varphi = \pi\,a\,b.$$

$a = b = r$ ergibt den Inhalt der Kreisfläche $F = \pi r^2$.

2.4.3. Inhalt eines räumlichen Flächenstücks (Oberfläche):

Über dem Bereich $B \subset \mathbb{R}^2$ sei durch die Funktion $z = f(x,y)$ ein Flächenstück $\mathcal{F}$ definiert. Im Innern von B besitze die Funktion $f(x,y)$ stetige partielle Ableitungen nach x und y. Das Oberflächenelement dO ist der Inhalt des Bereichs der über dem Flächenelement dF liegenden Tangentialebene an der Stelle (x,y). Damit erhält man den Inhalt der Oberfläche

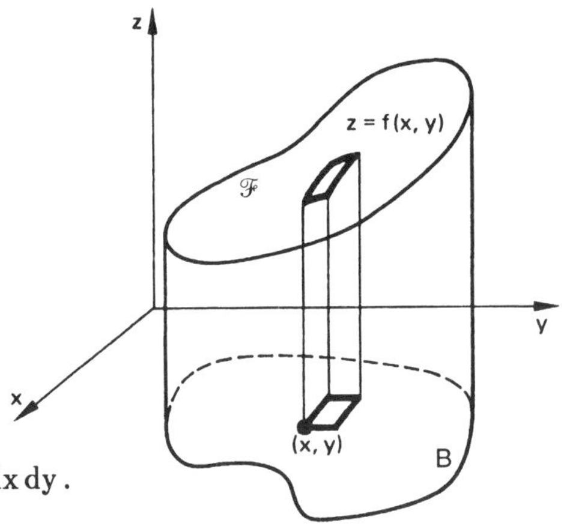

$$O = \iint_B \sqrt{1 + f_x^2(x,y) + f_y^2(x,y)}\,dx\,dy\,.$$

Beispiel (Oberfläche einer Halbkugel mit dem Radius r):

Kugel: $x^2 + y^2 + z^2 = r^2$; obere Halbkugel: $z = f(x,y) = \sqrt{r^2 - x^2 - y^2}$;
$B =$ Kreisfläche: $\rho^2 = x^2 + y^2 \leq r^2$.

$$f_x(x,y) = -\frac{x}{\sqrt{r^2 - x^2 - y^2}}; \quad f_y(x,y) = -\frac{y}{\sqrt{r^2 - x^2 - y^2}};$$

$$1 + f_x^2(x,y) + f_y^2(x,y) = \frac{r^2}{r^2 - x^2 - y^2};$$

$$O = \iint_B \frac{r}{\sqrt{r^2 - x^2 - y^2}}\,dx\,dy = r\cdot\int_0^{2\pi}\int_0^r \frac{r}{\sqrt{r^2 - \rho^2}}\,d\rho\,d\varphi$$

$$= r\cdot\int_0^{2\pi} -\sqrt{r^2 - \rho^2}\,\Big|_{\rho=0}^{\rho=r} d\varphi = r\cdot\int_0^{2\pi} r\,d\varphi = 2\pi r^2.$$

Damit beträgt die Oberfläche einer Kugel mit dem Radius r: $O = 4\pi r^2$.

Falls eine Fläche $\mathcal{F}$ durch die Parameterdarstellung

$$x = \varphi(u, v); \quad y = \psi(u, v); \quad z = \chi(u, v) \quad \text{für } (u, v) \in B$$

gegeben ist, lautet ihr Inhalt (s. Fläche, 2.2.)

$$O = \iint_B \sqrt{EG - F^2}\, du\, dv$$

mit

$$E = \varphi_u^2 + \psi_u^2 + \chi_u^2; \quad F = \varphi_u \varphi_v + \psi_u \psi_v + \chi_u \chi_v; \quad G = \varphi_v^2 + \psi_v^2 + \chi_v^2 .$$

2.4.4. Masse und Schwerpunkt eines ebenen Bereichs
s. Masse und Massendichte, 2., s. Schwerpunkt, 3.

2.4.5. Masse und Schwerpunkt eines räumlichen Flächenstückes
s. Masse und Massendichte, 3., s. Schwerpunkt, 4.

3. Integralrechnung bei Funktionen dreier Variabler:
3.1. Raumintegral:
Ein Quader $[a_1; b_1] \times [a_2; b_2] \times [a_3; b_3]$ mit den Kantenlängen $b_i - a_i > 0$ für $i = 1, 2, 3$ besitzt das Volumen $(b_1 - a_1) \cdot (b_2 - a_2) \cdot (b_3 - a_3)$. Es sei $K \subset \mathbb{R}^3$ ein beschränkter, von stückweise glatten Flächen (s. glatt, 2.) begrenzter Raumbereich (Körper). Die Funktion $f(x, y, z)$ sei auf K definiert und dort beschränkt. K wird in n Teilbereiche (Teilkörper) $K_1, K_2, \ldots, K_n$ zerlegt mit dem jeweiligen (näherungsweisen) Volumen ΔV_i. Es sei

$$m_i = \inf_{(x,y,z) \in K_i} f(x, y, z); \quad M_i = \sup_{(x,y,z) \in K_i} f(x, y, z);$$

$(\xi_i, \eta_i, \zeta_i) \in K_i$ sei eine beliebige Zwischenstelle für $i = 1, 2, \ldots, n$.

Damit erhält man:

Untersumme: $U_n = \sum_{i=1}^{n} m_i \Delta V_i$; *Obersumme*: $O_n = \sum_{i=1}^{n} M_i \Delta V_i$;

Zwischensumme: $Z_n = \sum_{i=1}^{n} f(\xi_i, \eta_i, \zeta_i) \Delta V_i$ mit $U_n \le Z_n \le O_n$.

Es sei $\Delta(Z_n)$ der maximale Durchmesser der n Teilbereiche. Bei jeder beliebigen Zerlegungsfolge mit $\Delta(Z_n) \to 0$ für $n \to \infty$ konvergiere die Folge der Zwischensummen, unabhängig von der Wahl der Zwischenpunkte, gegen den gleichen Grenzwert. Dann heißt der Grenzwert

$$\lim_{\substack{n \to \infty \\ \Delta(Z_n) \to 0}} \sum_{i=1}^{n} f(\xi_i, \eta_i, \zeta_i) \Delta V_i = \iiint_K f(x, y, z)\, dV = \iiint_K f(x, y, z)\, dx\, dy\, dz$$

das *Raumintegral* von $f(x, y, z)$ über V. Im Falle der Existenz dieses Integrals nennt man $f(x, y, z)$ in V *integrierbar*. Jede in V stetige Funktion oder eine beschränkte Funktion, die dort mit Ausnahme von endlich vielen glatten Flächen stetig ist, ist integrierbar. Alle Eigenschaften von Flächenintegralen aus 2.1. können formal auf Raumintegrale übertragen werden.

Mittelwertsatz:
Die Funktion $f(x,y,z)$ sei in V stetig und integrierbar. Dann gibt es mindestens eine Zwischenstelle $(\xi,\eta,\zeta) \in V$ mit

$$\iiint_K f(x,y,z)\,dV = f(\xi,\eta,\zeta)\cdot V(K).$$

Gebietsdifferentiation:
Es sei K_n eine Folge von Raumbereichen mit den Volumina $V(K_n)$ und den Durchmessern $d(K_n)$, welche alle die feste Stelle (ξ,η,ζ) enthalten für $n = 1,2,\ldots$ mit $\lim\limits_{n\to\infty} d(K_n) = 0$. Für jede stetige Funktion f existiert der Grenzwert

$$\lim_{n\to\infty} \frac{1}{V(K_n)} \iiint_{K_n} f(x,y,z)\,dV = f(\xi,\eta,\zeta).$$

Dadurch wird die *Gebietsdifferentiation* erklärt.

3.2. Dreifachintegrale (praktische Berechnung von Raumintegralen):
$B \subset \mathbb{R}^2$ sei ein Bereich, der für $a \leq x \leq b$ durch die beiden Funktionen $g_1(x)$ und $g_2(x)$ bestimmt wird. Über diesem Bereich wird ein Körper K bestimmt durch die beiden Funktionen $\varphi(x,y)$ und $\psi(x,y)$ mit

$$\varphi(x,y) \leq \psi(x,y).$$

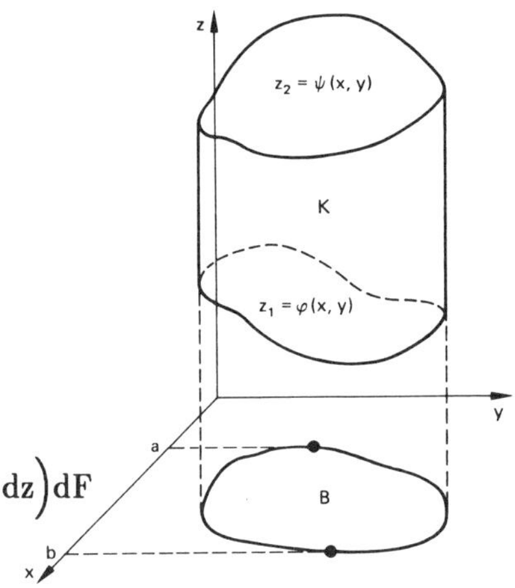

Dann kann das Raumintegral berechnet werden durch das Dreifachintegral

$$\iiint_K f(x,y,z)\,dV = \iint_B \left(\int_{\varphi(x,y)}^{\psi(x,y)} f(x,y,z)\,dz \right) dF$$

$$= \int_a^b \left\{ \int_{g_1(x)}^{g_2(x)} \left(\int_{\varphi(x,y)}^{\psi(x,y)} f(x,y,z)\,dz \right) dy \right\} dx.$$

Nach der ersten Integration über z erhält man ein Flächenintegral über B, das schließlich durch ein Doppelintegral dargestellt wird. Von Innen nach Außen wird zuerst über z, dann über y, schließlich über x integriert. Mit dieser Festlegung der Integrationsreihenfolge können die Klammern weggelassen werden. Durch eine andere Darstellung der Begrenzungsfunktionen erhält man eine andere Integrationsreihenfolge. Insgesamt gibt es $3! = 6$ verschiedene mögliche Integrationsreihenfolgen.

Satz von Fubini (Vertauschung der Integrationsreihenfolge):
Im Quader $Q = \{(x,y,z) \mid x_1 \leq x \leq x_2;\ y_1 \leq y \leq y_2;\ z_1 \leq z \leq z_2\}$ sei die Funktion $f(x,y,z)$ stetig. Dann gilt unter Weglassung der Klammern

$$\iiint\limits_Q f(x,y,z)\,dV = \int\limits_{x_1}^{x_2}\int\limits_{y_1}^{y_2}\int\limits_{z_1}^{z_2} f(x,y,z)\,dz\,dy\,dx$$

$$= \int\limits_{x_1}^{x_2}\int\limits_{z_1}^{z_2}\int\limits_{y_1}^{y_2} f(x,y,z)\,dy\,dz\,dx = \ldots = \int\limits_{z_1}^{z_2}\int\limits_{y_1}^{y_2}\int\limits_{x_1}^{x_2} f(x,y,z)\,dx\,dy\,dz\,.$$

Jede der sechs möglichen Integrationsreihenfolgen führt zum gleichen Integralwert.

3.3. Variablentransformationen bei Raumintegralen:

Durch die Funktionen $x = \varphi(u,v,w)$, $y = \psi(u,v,w)$, $z = \chi(u,v,w)$ werde $K^* \subset \mathbb{R}^3$ mit stückweise glattem Rand (s. glatt, 2.) eineindeutig auf $K \subset \mathbb{R}^3$ abgebildet. Dadurch ist eine Parameterdarstellung von K gegeben. Die Funktionen $\varphi(u,v,w)$, $\psi(u,v,w)$, $\chi(u,v,w)$ seien im Innern von K^* nach allen drei Variablen stetig partiell differenzierbar. Mit der Funktionaldeterminante

$$\frac{\partial(x,y,z)}{\partial(u,v,w)} = \frac{\partial(\varphi,\psi,\chi)}{\partial(u,v,w)} = \begin{vmatrix} \varphi_u(u,v,w) & \psi_u(u,v,w) & \chi_u(u,v,w) \\ \varphi_v(u,v,w) & \psi_v(u,v,w) & \chi_v(u,v,w) \\ \varphi_w(u,v,w) & \psi_w(x,y,z) & \chi_w(x,y,z) \end{vmatrix}$$

geht das Raumintegral über in

$$\iiint\limits_K f(x,y,z)\,dx\,dy\,dz$$

$$= \iiint\limits_{K^*} f\big(\varphi(u,v,w),\psi(u,v,w),\chi(u,v,w)\big)\cdot\left|\frac{\partial(\varphi,\psi,\chi)}{\partial(u,v,w)}\right| du\,dv\,dw\,.$$

3.3.1. Transformation auf verallgemeinerte Kugelkoordinaten:

Bei fest vorgegebenen Zahlen $a, b, c > 0$ erhält man für verallgemeinerte Kugelkoordinaten (s. Kugelkoordinaten, verallgemeinerte) aus

$$x = a\rho\sin\vartheta\cos\varphi;\quad y = b\rho\sin\vartheta\sin\varphi\ ;\ z = c\rho\cos\vartheta;$$
$$0 \le \varphi \le 2\pi;\quad 0 \le \vartheta \le \pi,\ 0 \le \rho \le 1$$

die Funktionaldeterminante

$$\frac{\partial(x,y,z)}{\partial(\rho,\vartheta,\varphi)} = \begin{vmatrix} a\sin\vartheta\cos\varphi & b\sin\vartheta\sin\varphi & c\cos\vartheta \\ a\rho\cos\vartheta\cos\varphi & b\rho\cos\vartheta\sin\varphi & -c\rho\sin\vartheta \\ -a\rho\sin\vartheta\sin\varphi & b\rho\sin\vartheta\cos\varphi & 0 \end{vmatrix} = a\,b\,c\,\rho^2\sin\vartheta$$

und das Volumenelement

$$dx\,dy\,dz = a\,b\,c\,\rho^2\sin\vartheta\,d\rho\,d\vartheta\,d\varphi\,.$$

3.3.2. Transformation auf Kugelkoordinaten:

Bei Kugelkoordinaten gilt

$$x = \rho\sin\vartheta\cos\varphi;\quad y = \rho\sin\vartheta\sin\varphi\ ;\ z = \rho\cos\vartheta\ ;$$

$$0 \le \varphi \le 2\pi;\quad 0 \le \vartheta \le \pi;\ \rho \ge 0$$

(s. Kugelkoordinaten). Mit $a = b = c = 1$ erhält man die Funktionaldeterminante aus 3.3.1. als

$$\frac{\partial(x, y, z)}{\partial(\rho, \vartheta, \varphi)} = \rho^2 \sin\vartheta \quad \text{mit dem Volumenelement}$$

$$dx\,dy\,dz = \rho^2 \sin\vartheta\, d\rho\, d\vartheta\, d\varphi\,.$$

3.3.3. Transformation auf Zylinderkoordinaten:
Bei Zylinderkoordinaten (s. Zylinderkoordinaten) erhält man aus

$$x = \rho\cos\varphi\,; \quad y = \rho\sin\varphi\,; \quad z = z$$

$$\frac{\partial(x, y, z)}{\partial(\rho, \varphi, z)} = \rho \quad \text{und das Volumenelement } dx\,dy\,dz = \rho\, d\rho\, d\varphi\, dz.$$

3.4. Anwendungen von Raumintegralen:
3.4.1. Volumenberechnung:
Mit $f(x, y, x) \equiv 1$ erhält man das Volumen des Körpers K als

$$V(K) = \iiint\limits_K dx\,dy\,dz.$$

Beispiel (Volumen eines Ellipsoids bzw. einer Kugel): Mit den verallgemeinerten Kugelkoordinaten aus 3.3.1. erhält man das Volumen des Ellipsoids

$$\frac{x^2}{a^2} + \frac{y^2}{b^2} + \frac{z^2}{c^2} = 1$$

$$V = a\,b\,c \int_0^1 \rho^2\, d\rho \int_0^\pi \sin\vartheta\, d\vartheta \int_0^{2\pi} d\varphi = \frac{4}{3}\pi\, a\,b\,c\,.$$

$a = b = c = r$ ergibt das Volumen einer Kugel mit dem Radius r

$$V = \frac{4}{3}\pi\, r^3$$

3.4.2. Masse und Schwerpunkt eines Körpers:
s. Masse und Massendichte, 1., s. Schwerpunkt, 2.

3.4.3. Trägheitsmoment eines Körpers s. Trägheitsmoment, 2.

4. Integralrechnung bei Funktionen mehrerer Variabler:
Die Übertragung des Integralbegriffs von drei auf mehrere Variablen geschieht über n-fache Integrale. Im $\mathbb{R}^n$ ist ein achsenparalleler Quader Q das direkte Produnkt von Intervallen, also

$$\begin{aligned} Q &= [a_1\,; b_1] \times [a_2\,; b_2] \times \ldots \times [a_n\,; b_n] \\ &= \{(x_1, x_2, \ldots, x_n) \mid a_k \le x_k \le b_k \text{ für } k = 1, 2, \ldots, n\}. \end{aligned}$$

Das Volumen (Inhalt) von Q wird definiert durch

$$V(Q) = (b_1 - a_1) \cdot (b_2 - a_2) \cdot \ldots \cdot (b_n - a_n).$$

Einem Quader mit den Kantenlängen $dx_i = b_i - a_i$ wird das *Volumenelement* (*Raumelement*) $dV = dx_1\, dx_2 \ldots dx_n$ zugeordnet.
Jedes Intervall $[a_i\,; b_i]$ werde in m_i Teilintervalle zerlegt für $i = 1, 2, \ldots, n$. Dadurch wird der Quader in $m = m_1 \cdot m_2 \cdot \ldots \cdot m_n$ Teilquader Q_k mit den Volumina $\Delta V_k = V(Q_k)$ zerlegt. Es sei $(\xi_{1k}, \xi_{2k}, \ldots, \xi_{nk})$ eine beliebige

Stelle aus Q_k für $k = 1, 2, \ldots, m$. Bei jeder beliebigen Zerlegungsfolge, bei der die maximalen Durchmesser $\Delta(Z_m)$ für $m \to \infty$ gegen 0 konvergieren, konvergiere die Folge der Zwischensummen, unabhängig von der Wahl der Zwischenpunkte, gegen den gleichen Grenzwert. Dann heißt dieser Grenzwert

$$\lim_{m\to\infty,\, \Delta(Z_m)\to 0} \sum_{k=1}^{m} f(\xi_{1k}, \ldots, \xi_{nk}) \Delta V_k = \int\limits_{Q}\!\!\ldots\!\!\int f(x_1, \ldots, x_n)\, dV$$

das *bestimmte Integral* von f über dem Quader Q. Falls f in Q stetig ist, gilt unter Weglassung der Klammern

$$\int\limits_{K}\!\!\ldots\!\!\int f(x_1, , \ldots, x_n)\, dV = \int_{a_1}^{b_1} \int_{a_2}^{b_2} \ldots \int_{a_n}^{b_n} f(x_1, x_2, \ldots, x_n)\, dx_n \ldots dx_2\, dx_1 .$$

Dabei handelt es sich um ein n-faches Integral (mehrfaches Integral). Auch hier gilt der Satz von Fubini, nach dem bei stetigen Funktionen die Integrationsreihenfolge beliebig vertauschbar ist.

Falls $B \subset \mathbb{R}^n$ ein beliebiger Bereich ist, so wird analog zu 3.1. im Falle der Existenz das bestimmte Integral über B

$$\int\limits_{B}\!\!\ldots\!\!\int f(x_1, x_2, \ldots, x_n)\, dx_n \ldots dx_2\, dx_1$$

als Grenzwerte von Ober- und Untersummen definiert. Obersummen werden über achsenparallele Quader gebildet, in deren Vereinigung B enthalten ist, bei den Untersummen liegt die Vereinigung der Quader in B.

Variablentransformationen:
Durch die Funktionen $x_i = \varphi_i(u_1, u_2, \ldots u_n)$ für $i = 1, 2, \ldots, n$ werde $B^* \subset \mathbb{R}^n$ mit stückweise glattem Rand eineindeutig auf $B \subset \mathbb{R}^n$ abgebildet. Die Funktionen $\varphi_i(u_1, u_2, \ldots u_n)$ seien im Innern von B^* nach allen Variablen stetig partiell differenzierbar. Mit der Funktionaldeterminante

$$\frac{\partial(\varphi_1, \varphi_2, \ldots, \varphi_n)}{\partial(u_1, u_2, \ldots, u_n)} = \begin{vmatrix} \frac{\partial\varphi_1}{\partial u_1} & \cdots & \frac{\partial\varphi_n}{\partial u_1} \\ \vdots & \cdots & \vdots \\ \frac{\partial\varphi_1}{\partial u_n} & \cdots & \frac{\partial\varphi_n}{\partial u_n} \end{vmatrix}$$

geht das Integral über in

$$\int\limits_{B}\!\!\ldots\!\!\int f(x_1, x_2, \ldots, x_n)\, dx_n \ldots dx_2\, dx_1$$
$$= \int\limits_{B^*}\!\!\ldots\!\!\int f(\varphi_1(u_1, \ldots, u_n), \ldots, \varphi_n(u_1, \ldots, u_n)) \cdot \left| \frac{\partial(\varphi_1, \ldots, \varphi_n)}{\partial(u_1, \ldots, u_n)} \right| du_n \ldots du_1 .$$

Integral, Riemannsches s. Integralrechnung.

Integralsätze s. Oberflächenintegral, 4.

Integralsinus:

Die ganztranszendente Funktion

$$\operatorname{Si}(x) = \int_0^x \frac{\sin t}{t}\,dt = \frac{\pi}{2} - \int_x^\infty \frac{\sin t}{t}\,dt = \sum_{k=0}^{\infty} \frac{(-1)^k}{2k+1} \cdot \frac{x^{2k+1}}{(2k+1)!}$$

heißt *Integralsinus.*

Die ganztranszendente Funktion

$$\operatorname{Sih}(x) = \int_0^x \frac{\sinh t}{t}\,dt = \sum_{k=0}^{\infty} \frac{x^{2k+1}}{(2k+1)(2k+1)!}$$

heißt *hyperbolischer Integralsinus.*

Integral, Stieltjessches s. Stieltjes-Integral.

Integraltransformation:

Durch eine *Integraltransformation* kann eventuell eine zu bestimmende Funktion in eine solche Funktion übergeführt werden, die wegen typischer Eigenschaften einfacher bestimmt werden kann. Beispiele s. Laplace-Transformation, s. Fourier-Transformation.

Integrand:

In den Integralen

$$\int f(x)\,dx \qquad \text{bzw.} \qquad \int\int \ldots \int f(x_1, x_2, \ldots, x_n)\,dx_n \ldots dx_2\,dx_1$$

heißt die Funktion f der *Integrand* (s. Integralrechnung).

Integration:

Unter Integration versteht man die Berechnung von Integralen (s. Integralrechnung).

Integration, numerische s. Integralrechnung, 1.10.

Integration, partielle s. partielle Integration.

Integration spezieller Funktionsklassen s. Integralrechnung, 1.7.

Integrationsgrenze:

Im bestimmten Integral $\int_a^b f(x)\,dx$ heißen a und b die *Integrationsgrenzen* (s. Integralrechnung, 1.1.). Im n-fachen Integral

$$\int_{a_1}^{b_1} \int_{a_2}^{b_2} \ldots \int_{a_n}^{b_n} f(x_1, x_2, \ldots, x_n)\,dx_n \ldots dx_2\,dx_1$$

sind die Konstanten a_k und b_k für $k = 1, 2, \ldots, n$ die *Integrationsgrenzen* (s. Integralrechnung, 2.2, 3.2, 4.).

Integrationsregeln:

Für das unbestimmte Integral gelten folgende Regeln:

$$\int c\, f(x)\, dx = c \int f(x)\, dx \quad \text{für jede Konstante } c \in \mathbb{R};$$

$$\int [f(x) \pm g(x)]\, dx = \int f(x)\, dx \pm \int g(x)\, dx \qquad \text{(Additivität);}$$

$$\int \sum_{i=1}^{n} c_i f_i(x)\, dx = \sum_{i=1}^{n} c_i \int f_i(x)\, dx \quad \text{für beliebige } c_i \in \mathbb{R} \qquad \text{(Linearität);}$$

$$\int f(g(x)) \cdot g'(x)\, dx = \int f(u)\, du \Big|_{u = g(x)} = F(g(x)) + C;$$

$$\int_a^b f(g(x)) \cdot g'(x)\, dx = \int_{g(a)}^{g(b)} f(u)\, du = F(u) \Big|_{u = g(a)}^{u = g(b)} = F(g(b)) - F(g(a))$$

(Substitutionsregeln);

$$\int f^{\alpha}(x) \cdot f'(x)\, dx = \frac{1}{\alpha + 1} \cdot f^{\alpha + 1}(x) + C \quad \text{für } \alpha \in \mathbb{R}, \alpha \neq 1;$$

$$\int \frac{f'(x)}{f(x)}\, dx = \ln |f(x)| + C \quad \text{für } f(x) \neq 0;$$

$$\int f(x) \cdot g'(x)\, dx = f(x) \cdot g(x) - \int f'(x) \cdot g(x)\, dx \qquad \text{(partielle Integration);}$$

$$\int_a^b f(x)\, dx = F(x) \Big|_{x = a}^{x = b} = F(b) - F(a) \quad (F = \text{Stammfunktion von } f)$$

(Hauptsatz der Differential- und Integralrechnung);

$$\int_a^b f(x)\, dx = -\int_b^a f(x)\, dx \qquad \text{(Vertauschung der Integrationsgrenzen);}$$

$$\int_a^a f(x)\, dx = 0;$$

$$\int_a^b f(x)\, dx + \int_b^c f(x)\, dx = \int_a^c f(x)\, dx$$

(Zusammensetzung des Integrationsweges).

Integrationssatz s. Laplace-Transformation.

integrierbar (summierbar):

Falls von einer Funktion f das bestimmte Integral existiert, heißt die Funktion im entsprechenden Bereich *integrierbar* oder *summierbar* (s. Integralrechnung).

integrierender Faktor s. gewöhnliche Differentialgleichung, 2.1.7.

Integritätsbereich:

Ein kommutativer nullteilerfreier Ring I (s. Ring, s. Nullteiler) heißt *Integritätsbereich*.

Interpolation:

Von einer Funktion $y = f(x)$ sollen nur an m Tafelstellen (*Stützstellen*) $x_1 < x_2 < \ldots < x_m$ des Arguments die (gerundeten) Funktionswerte $f(x_1)$, $f(x_2), \ldots, f(x_m)$ zur Verfügung stehen. Oft möchte man jedoch Näherungswerte für Funktionswerte $f(x)$ außerhalb dieser Stützstellen bestimmen. Dies geschieht im allgemeinen mit Hilfe der *Interpolation*. Dabei soll mit Hilfe der vorhandenen Tafelwerte ein Näherungswert für $f(x)$ bestimmt werden. Oft möchte man für eine numerische Integration (Quadratur) oder Differentiation eine Funktion durch ein Polynom approximieren und als Näherungswert das Integral oder die Ableitung dieses Polynoms benutzen (s. Integralrechnung, 1.10.2.).

Lineare Interpolation:

Bei der linearen Interpolation wird eine Funktion zwischen zwei Stützstellen $x_k < x_{k+1}$ durch ihre Sehne

$$S(x) = f(x_k) + \frac{f(x_{k+1}) - f(x_k)}{x_{k+1} - x_k} \cdot (x - x_k)$$

ersetzt mit $f(x) \approx S(x)$ für $x_k \leq x \leq x_{k+1}$.

Allgemeines Interpolationsproblem:

Gegeben seien $n+1$ *Stützstellen* $x_0 < x_1 < x_2 < \ldots < x_n$ und die zugehörigen Stützwerte $y_0, y_1, y_2, \ldots, y_n$. Gesucht ist ein Polynom $P_n(x)$ höchstens vom Grade n mit

$$P_n(x_i) = y_i \quad \text{für } i = 0, 1, 2, \ldots, n.$$

Ein solches Polynom existiert immer und ist eindeutig bestimmt. Der Grad kann allerdings auch kleiner als n sein.

1. Allgemeiner Polynomansatz:

$$P_n(x) = a_0 + a_1 x + a_2 x^2 + \ldots + a_n x^n = \sum_{i=0}^{n} a_i x^i.$$

$P_n(x_i) = y_i$ für $i = 0, 1, \ldots, n$ ergibt für die gesuchten Koeffizienten das Gleichungssystem

$$\begin{array}{l} a_0 + a_1 x_0 + a_2 x_0^2 + \ldots + a_n x_0^n = y_0 \\ a_0 + a_1 x_1 + a_2 x_1^2 + \ldots + a_n x_1^n = y_1 \\ \ldots\ldots\ldots\ldots\ldots\ldots\ldots\ldots\ldots \\ a_0 + a_1 x_n + a_2 x_n^2 + \ldots + a_n x_n^n = y_n . \end{array}$$

Die Determinante dieses Gleichunssystems ist die *Vandermondesche Determinante* (s. Vandermondesche Determinante)

$$D = \begin{vmatrix} 1 & x_0 & x_0^2 & \cdots & x_0^n \\ 1 & x_1 & x_1^2 & \cdots & x_1^n \\ \vdots & \vdots & \vdots & & \vdots \\ 1 & x_n & x_n^2 & \cdots & x_n^n \end{vmatrix} = \prod_{i>j} (x_i - x_j) \neq 0.$$

Damit ist das Gleichungsystem eindeutig lösbar.

2. Interpolationspolynome:
Die Stützwerte $y_i = f(x_i)$ für $i = 0, 1, 2, \dots, n$ seien die Funktionswerte der Funktion f an den Stützstellen. Ein Polynom $I_n(x)$ höchstens vom Grad n mit $I_n(x_i) = f(x_i)$ für $i = 0, 1, \dots, n$ heißt *Interpolationspolynom.* In

$$I_n(x) = f(x) + R_n(x)$$

ist $R_n(x)$ der tatsächliche *Fehler* oder das *Restglied* der Interpolation. Dieser Fehler wird bei der Approximation $f(x) \approx I_n(x)$ gemacht.

3. Lagrange-Interpolation:
Die Polynome

$$L_i(x) = \prod_{\substack{j=0 \\ j \neq i}}^{n} \frac{x - x_j}{x_i - x_j} \qquad \text{für } i = 0, 1, 2, \dots, n$$

heißen *Lagrange-Polynome.* Im Zähler der einzelnen Polynome fehlt vom Gesamtprodukt $(x - x_0) \cdot (x - x_1) \cdot \dots\dots \cdot (x - x_n)$ der Faktor $(x - x_i)$, im Nenner fehlt der verschwindende Faktor $(x_i - x_i)$. Allgemein gilt

$$L_0(x) + L_1(x) + L_2(x) + \dots + L_n(x) \equiv 1.$$

Wegen

$$L_i(x_i) = 1 \quad \text{und} \quad L_i(x_k) = 0 \text{ für } i \neq k$$

gilt für das Interpolationspolynom

$$I_n(x) = \sum_{i=0}^{n} y_i L_i(x); \qquad I_n(x_i) = y_i \quad \text{für } i = 0, 1, 2, \dots, n.$$

Restglieddarstellung:
In $(a; b)$ sei die Funktion $f(x)$ $(n+1)$-mal stetig differenzierbar. Die Stützstellen seien alle in $[a; b]$. Dann besitzt für jedes $x \in [a; b]$ das Restglied die Darstellung

$$R_n(x) = f(x) - \sum_{i=0}^{n} y_i L_i(x) = \frac{f^{(n+1)}(\eta)}{(n+1)!} \cdot \prod_{i=0}^{n} (x - x_i)$$

mit einer von x abhängigen Zwischenstelle $\eta = \eta(x) \in (a; b)$.

Formel für äquidistante Stützstellen:
Bei einer konstanten Schrittweite $h > 0$ mit $x_i = x_0 + i\,h$ für $i = 0, 1, \dots, n$ erhält man

$$x = x_0 + h\,t; \quad L_i(x) = L_i(x + h\,t) = \tilde{L}_i(t);$$

$$\tilde{L}_i(t) = \frac{t \cdot (t-1) \cdot \dots \cdot (t-i+1) \cdot (t-i-1) \cdot \dots \cdot (t-n)}{i! \cdot (-1)^{n-i} \cdot (n-i)!};$$

$$I_n(x) = I_n(x_0 + h\,t) = \tilde{I}_n(t);$$

$$\tilde{I}_n(t) = \sum_{i=0}^{n} y_i \tilde{L}_i(t) = \prod_{i=0}^{n} (t - i) \cdot \left[\sum_{k=0}^{n} \frac{(-1)^{n-k} y_k}{k! \cdot (n-k)! \cdot (t-k)} \right].$$

Für das Restglied gilt:

$$R_n(x) = R_n(x_0 + h\,t) = \tilde{R}_n(t);$$

$$\tilde{R}_n(t) = h^{n+1} \cdot \frac{f^{(n+1)}(\tilde{\eta})}{(n+1)!} \cdot \prod_{i=0}^{n} (t-i) \quad t \in [0; n]$$

mit $\tilde{\eta} = \tilde{\eta}(t) \in (x_0; x_0 + n\,h)$.

4. Newton - Interpolation:
Für beliebige Stützstellen benutzt man nach Newton den Ansatz

$$\begin{aligned} I_n(x) &= b_0 + b_1(x - x_0) + b_2(x - x_0)(x - x_1) \\ &\quad + b_3(x - x_0)(x - x_1)(x - x_2) + \ldots + b_n(x - x_0)(x - x_1) \cdot \ldots \cdot (x - x_{n-1}) \\ &= \sum_{i=0}^{n} b_i N_i(x) \end{aligned}$$

mit den Newton - Polynomen

$$N_0(x) \equiv 1; \quad N_1(x) = x - x_0; \quad N_i(x) = (x - x_0) \cdot (x - x_1) \cdot \ldots \cdot (x - x_{i-1})$$

für $i = 1, 2, \ldots, n$.

Aus der Bedingung $I_n(x_i) = y_i$ erhält man das Gleichungssystem

$$\begin{aligned} y_0 &= b_0 \\ y_1 &= b_0 + b_1(x_1 - x_0) \\ y_2 &= b_0 + b_1(x_2 - x_0) + b_2(x_2 - x_0)(x_2 - x_1) \\ &\ldots\ldots\ldots\ldots\ldots\ldots\ldots\ldots\ldots\ldots \\ y_n &= b_0 + b_1(x_n - x_0) + b_2(x_n - x_0)(x_n - x_1) + \\ &\quad + \ldots + b_n(x_n - x_0) \cdot (x_n - x_1) \cdot \ldots \cdot (x_n - x_{n-1}). \end{aligned}$$

Beginnend mit b_0 können hieraus die Koeffizienten b_i rekursiv berechnet werden. Falls das Interpolationspolynom nachträglich durch Hinzunahme weiterer Stützstellen "verlängert" wird, bleiben die bereits berechneten Werte b_i erhalten. Dies ist der Vorteil der Newton-Polynome. Es gilt

$$b_0 = y_0; \quad b_1 = \frac{y_1 - y_0}{x_1 - x_0}; \quad b_2 = \frac{\dfrac{y_2 - y_0}{x_2 - x_0} - \dfrac{y_1 - y_0}{x_1 - x_0}}{x_2 - x_1}; \ldots .$$

Die Koeffizienten $b_i = [x_i\, x_{i-1} \ldots x_0]$ sind *Steigungen höherer Ordnung* (dividierte Differenzen).

Als Startwerte setzt man $[x_i] = y_i$ für $i = 0, 1, 2, \ldots, n$. Es seien $k_1, \ldots, k_r$ aufeinanderfolgende Indexwerte aus $\{0, 1, 2, \ldots, n\}$. Dann gilt

$$[x_{k_r} x_{k_{r-1}} \ldots x_{k_2} x_{k_1}] = \frac{[x_{k_r} x_{k_{r-1}} \ldots x_{k_2}] - [x_{k_{r-1}} \ldots x_{k_2} x_{k_1}]}{x_{k_r} - x_{k_1}}.$$

Zur Bestimmung der benötigten Steigungen eignet sich das Schema der dividierten Differenzen

$$
\begin{array}{c|llllll}
x_0 & \mathbf{[x_0] = b_0} \\
 & & \mathbf{[x_1 x_0] = b_1} \\
x_1 & [x_1] & & \mathbf{[x_2 x_1 x_0] = b_2} \\
 & & [x_2 x_1] & & \mathbf{[x_3 x_2 x_1 x_0] = b_3} \\
x_2 & [x_2] & & [x_3 x_2 x_1] & & \mathbf{[x_4 x_3 x_2 x_1 x_0] = b_4} \\
 & & [x_3 x_2] & & [x_4 x_3 x_2 x_1] & & \mathbf{[x_5 x_4 x_3 x_2 x_1 x_0]} \\
x_3 & [x_3] & & [x_4 x_3 x_2] & & [x_5 x_4 x_3 x_2 x_1] \ldots\ldots \\
 & & [x_4 x_3] & & [x_5 x_4 x_3 x_2] \ldots\ldots \\
x_4 & [x_4] & & [x_5 x_4 x_3] \ldots\ldots \\
 & & [x_5 x_4] \ldots\ldots \\
x_5 & [x_5] \ldots\ldots \\
\vdots & \vdots & \ldots\ldots
\end{array}
$$

In der oberen Diagonalen stehen in der angegebenen Reihenfolge die gesuchten Koeffizienten $b_0, b_1, b_2, \ldots$. Dabei ist $[x_i] = y_i$ für alle i.

Restglieddarstellung: $f(x)$ sei $(n+1)$-mal stetig differenzierbar. Dann gilt

$$R_n(x) = f(x) - \sum_{i=0}^{n} b_i N_i(x) = (x - x_0) \cdot (x - x_1) \cdot \ldots \cdot (x - x_n) \cdot \frac{f^{(n+1)}(\eta)}{(n+1)!}$$

mit einer von x abhängigen Zwischenstelle $\eta = \eta(x) \in (a; b)$.

Interpolationsformeln von Gregory-Newton bei äquidistanten Stützstellen:
Bei äquidistanten Stützstellen $x_i = x_0 + ih$ für $i = 0, 1, 2, \ldots, n$ mit der konstanten Schrittweite h vereinfachen sich die dividierten Differenzen zu

$$[x_{i+1} x_i] = \frac{y_{i+1} - y_i}{x_{i+1} - x_i} = \frac{\Delta y_i}{h} \qquad \text{(1. Differenzen);}$$

$$[x_{i+2} x_{i+1} x_i] = \frac{[x_{i+2} x_{i+1}] - [x_{i+1} x_i]}{x_{i+2} - x_i} = \frac{\frac{\Delta y_{i+1}}{h} - \frac{\Delta y_i}{h}}{2h} = \frac{1}{2h^2} \Delta^2 y_i \qquad \text{(2. Differenzen);}$$

allgemein setzt man

$$[x_{i+k} x_{i+k-1} \ldots x_{i+1} x_i] = \frac{1}{k! \cdot h^k} \cdot \Delta^k y_i$$

mit $\Delta^k y_i = \Delta^{k-1} y_{i+1} - \Delta^{k-1} y_i$

für $k = 1, 2, \ldots, n$; $i = 0, 1, 2, \ldots, n-k$; $\Delta^0 y_i = y_i$.
Diese Größen werden mit Hilfe des folgenden Differenzenschemas gebildet:

$$
\begin{array}{c|cccccc}
x_0 & \mathbf{y_0} \\
 & & \mathbf{\Delta^1 y_0} \\
x_1 & y_1 & & \mathbf{\Delta^2 y_0} \\
 & & \Delta^1 y_1 & & \mathbf{\Delta^3 y_0} \\
x_2 & y_2 & & \Delta^2 y_1 & & \mathbf{\Delta^4 y_0} \\
 & & \Delta^1 y_2 & & \Delta^3 y_1 \ldots\ldots \\
x_3 & y_3 & & \Delta^2 y_2 \ldots\ldots \\
 & & \Delta^1 y_3 \ldots\ldots \\
x_4 & y_4 \ldots\ldots \\
\vdots & \vdots \ldots\ldots
\end{array}
$$

Damit lautet das Newtonsche Interpolationspolynom

$$I_n(x) = y_0 + \frac{x-x_0}{h}\Delta^1 y_0 + \frac{(x-x_0)(x-x_1)}{2h^2}\Delta^2 y_0 +$$

$$+ \frac{(x-x_0)(x-x_1)(x-x_2)}{3!\cdot h^3}\Delta^3 y_0 + \ldots + \frac{(x-x_0)(x-x_1)\ldots(x-x_{n-1})}{n!\cdot h^n}\Delta^n y_0 .$$

Mit der Substitution $x = x_0 + t\,h$; $t = \dfrac{x-x_0}{h}$

läßt sich das Newtonsche Interpolationspolynom darstellen in der Form

$$I_n(x_0 + t\,h) = y_0 + t\,\Delta y_0 + \binom{t}{2}\Delta^2 y_0 + \ldots + \binom{t}{n}\Delta^n y_0 = \sum_{k=0}^{n}\binom{t}{k}\Delta^k y_0 .$$

Restgliedabschätzung: $f(x)$ sei $(n+1)$-mal stetig differenzierbar. Dann gilt

$$R_n(x_0 + t\,h) = f(x_0 + t\,h) - I_n(x_0 + t\,h) = \binom{t}{n+1} h^{n+1} f^{(n+1)}(\eta)$$

mit einer von t abhängigen Stelle $\eta = \eta(t) \in (a\,;b)$.

5. Spline-Interpolation:

Falls man durch $n+1$ *Stützstellen* $x_0, x_1, x_2, \ldots, x_n$ mit vorgegebenen Stützwerten $y_0, y_1, y_2, \ldots, y_n$ ein Polynom höchstens n-ten Grades legt, werden die Werte des Polynoms vor allem an den Enden des Approximationsintervalls im allgemeinen stark oszillieren. Werden in einzelnen Teilintervallen verschiedene Polynome mit einem niedrigeren Grad benutzt, so erhält man zwar insgesamt eine stetige Approximationsfunktion, die aber an den Stützstellen im allgemeinen nicht mehr stetig differenzierbar ist. Die stetige Differenzierbarkeit an den Stützstellen erhält man mit der sogenannten *Spline-Interpolation*, welche glatte Interpolationsfunktionen liefert.

Zu den Stützstellen $a = x_0 < x_1 < x_2 < \ldots < x_n = b$ heißt die Funktion $S_k(x)$ eine *Spline-Funktion* vom Grad $k \geq 1$, wenn gilt:

a) $S_k(x_i) = y_i$ für $i = 0, 1, \ldots, n$.

b) $S_k(x)$ ist in $[a\,;b]$ $(k-1)$-mal stetig differenzierbar.

c) In jedem Teilintervall $[x_{i-1}\,;x_i]$ ist $S_k(x)$ ein Polynom höchstens vom Grad k.

Kubische Splines:

Für $k = 3$ ist eine *natürliche kubische Spline-Funktion* $S_3(x)$ durch folgende Eigenschaften festgelegt:

a) $S_3(x_i) = y_i$ für $i = 0, 1, \ldots, n$.

b) $S_3(x)$ ist in $[a\,;b]$ zweimal stetig differenzierbar.

c) In jedem Teilintervall $[x_{i-1}\,;x_i]$ ist $S_3(x)$ ein Polynom höchstens vom Grad 3.

d) $S''(a) = S''(b) = 0$.

Interpolationspolynom s. Interpolation, 2.

Intervall:

Ein *Intervall* ist eine zusammenhängende Punktmenge in $\mathbb{R}$.

1. Endliches (beschränktes) Intervall:

Ein *endliches* (*beschränktes*) *Intervall* besteht aus allen reellen Zahlen, die zwischen zwei Grenzen liegen. Dabei können die Randpunkte dazugenommen (*abgeschlossenes* Intervall) oder weggelassen werden (*offenes* Intervall).

Für $a < b$ erhält man

$[a;b] = \{x \mid a \leq x \leq b\}$	abgeschlossenes Intervall;
$(a;b) = \{x \mid a < x < b\}$	offenes Intervall;
$[a;b) = \{x \mid a \leq x < b\}$	halboffenes Intervall;
$(a;b] = \{x \mid a < x \leq b\}$	halboffenes Intervall.

2. Unendliches (unbeschränktes) Intervall:

Ein *unendliches* (*unbeschränktes*) *Intervall* ist in mindestens eine Richtung nicht beschränkt:

$(-\infty;b] = \{x \mid x \leq b\}$	nach oben beschränkt und abgeschlossen;
$(-\infty;b) = \{x \mid x < b\}$	nach oben beschränkt und offen;
$[a;+\infty) = \{x \mid x \geq a\}$	nach unten beschränkt und abgeschlossen;
$(a;+\infty) = \{x \mid x > a\}$	nach unten beschränkt und offen;
$(-\infty;+\infty) = \mathbb{R}$	nach beiden Seiten unbeschränkt.

Intervallhalbierungsmethode:

Die Intervallhalbierungsmethode stellt eine spezielle Intervallschachtelung dar, bei der die Intervalle schrittweise halbiert werden (s. Intervallschachtelung, s. Nullstellenbestimmung).

Intervallschachtelung:

Eine Folge von Intervallen $I_n = [a_n; b_n]$, $n = 1, 2, \ldots$ mit

$$a_n \leq a_{n+1} < b_{n+1} \leq b_n \quad \text{für alle } n \quad \text{und} \quad \lim_{n\to\infty} (b_n - a_n) = 0$$

heißt *Intervallschachtelung*. Die Folge $(a_n)_{n \in \mathbb{N}}$ ist monoton wachsend und $(b_n)_{n \in \mathbb{N}}$ monoton fallend. Beide Folgen konvergieren gegen denselben Grenzwert $\lim_{n\to\infty} a_n = \lim_{n\to\infty} b_n = c$.

Durch Intervallschachtelungen können beliebig gute rationale Näherungswerte für irrationale Zahlen gewonnen werden (s. reelle Zahlen, 4.). Typische Beispiele dafür sind die Dezimalbruchentwicklung und die Intervallhalbierungsmethode (s. Intervallhalbierungsmethode).

invariant:

Eine Größe, z. B. eine Funktion oder eine Zahl, heißt *invariant* gegenüber einer Transformation, wenn sie bei der Anwendung der Transformation unverändert bleibt.

Inverse (invers):

1. Inverse Abbildung (Funktion):

Falls eine Abbildung oder Funktion $x = f(y)$ nach $y = f^{-1}(x)$ auflösbar ist, nennt man f^{-1} die *Inverse* (*Umkehrabbildung* oder *Umkehrfunktion*) von f (s. Umkehrfunktion, s. Abbildung, 1.).

2. Inverse Matrix (Kehrmatrix):

Es sei A eine quadratische nichtsinguläre Matrix. Dann existiert die eindeutig bestimmte *Inverse* (*inverse Matrix* oder *Kehrmatrix*) A^{-1} mit

$$A^{-1}A = A A^{-1} = E \quad (E = \text{n-reihige Einheitsmatrix})$$

(s. Matrix, 4.). Berechnung der inversen Matrix s. Matrix, 4.

3. Inverse Relation:

Es sei R eine binäre Relation in einer Menge M (s. Relation, 2.). Dann heißt die durch

$$y R^{-1} x \Leftrightarrow x R y \qquad \text{für alle } x, y \in M$$

definierte Relation R^{-1} die zu R *inverse Relation.*

4. Inverses Element einer Gruppe:

Zu jedem Element a einer Gruppe G (s. Gruppe) existiert genau ein Element a^{-1} mit $a^{-1} \circ a = a \circ a^{-1} = e$ (neutrales Element). Dabei heißt a^{-1} das *inverse Element* von a. Bei einer reellen oder komplexen Zahl $a \neq 0$ setzt man auch $a^{-1} = \frac{1}{a}$.

Inverse, verallgemeinerte s. verallgemeinerte Inverse.

Inversion:

1. Inversion einer Permutation:

In der Permutation (s. Permutation)

$$P = \begin{pmatrix} 1 & 2 & \dots & n \\ \nu_1 & \nu_2 & \dots & \nu_n \end{pmatrix}$$

stehe ν_k vor ν_j, wobei $\nu_j < \nu_k$ ist. Dann liegt eine *Inversion* vor.

In der Permutation $P = \begin{pmatrix} 1 & 2 & 3 & 4 \\ 2 & 4 & 1 & 3 \end{pmatrix}$ gibt es 3 Inversionen, nämlich 2 vor 1, 4 vor 1 und 4 vor 3. Eine Permutation heißt *gerade*, wenn die Anzahl ihrer Inversionen gerade ist, sonst heißt sie *ungerade*.

2. Spiegelung am Kreis (Transformation durch reziproke Radien):
In der Ebene sei ein Kreis mit dem Radius R und dem Koordinatenursprung O als Mittelpunkt gegeben. Ein beliebiger Punkt P der Ebene werde mit dem Mittelpunkt O des Kreises verbunden. Auf der von O aus durch P gehenden Halbgeraden werde der Punkt P′ bestimmt mit $|OP| \cdot |OP'| = R^2$. Die Abbildung $P \to P'$ stellt eine Involution (s. Involution) dar, d. h. das Bild eines Bildpunktes ist dessen Urbild. Sie bildet das Innere des Kreises auf sein Äußeres ab und umgekehrt. Die Randpunkte des Kreises sind Fixpunkte. Dem Kreismittelpunkt O wird der unendlich ferne Punkt zugeordnet

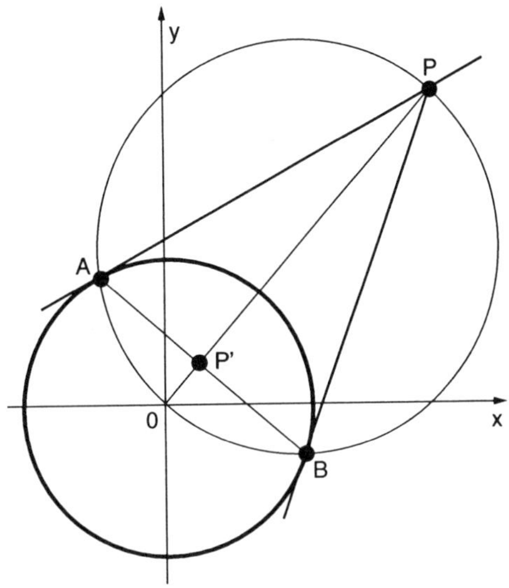

(s. Gaußsche Zahlenebene). Geometrisch läßt sich das Bild P′ konstruieren als Pol der Polaren p′ (Gerade durch AB), die im Punkt P′ auf OP senkrecht steht (s. Kreistangente und Kreispolare). P ist das Bild von P′. Daher stellt die Spiegelung am Kreis eine Involution dar (s. Involution).
Für die kartesischen Koordinaten der Punkte P(x, y) und P′(x′, y′) mit O als Ursprung gelten die Transformationsgleichungen

$$x' = \frac{x \cdot R^2}{x^2 + y^2}; \quad y' = \frac{y \cdot R^2}{x^2 + y^2}.$$

Die Inversion ist kreisverwandt. Bilder von Kreisen oder Geraden sind wieder Kreise oder Geraden, wobei das Bild einer Geraden auch ein Kreis sein kann und umgekehrt. Falls man eine Gerade als ausgearteten Kreis durch den unendlich fernen Punkt auffaßt, gehen Kreise in Kreise über.
Wenn der vorgegebene Kreis ein Einheitskreis ist ($R = 1$), erhält man $|OP'| = 1/|OP|$. Dann heißen die Punkte P und P′ *invers* in bezug auf den Mittelpunkt O. Die Abbildung $f\colon P \to P'$ nennt man *Inversion*. Die Inversion am Einheitskreis kann in der komplexen Zahlenebene durch die konforme Abbildung $f(z) = \frac{1}{\bar{z}}$ dargestellt werden (s. konforme Abbildung).

3. Spiegelung an einer Kugel (Transformation durch reziproke Radien):
Analog zu 2. wird im $\mathbb{R}^3$ die Spiegelung an einer Kugel mit dem Radius R durchgeführt.

invertierbar:
Eine Größe heißt *invertierbar*, wenn ihre Inverse existiert (s. Inverse).

Involution:

Eine Abbildung f, bei der das Bild eines Bildes dessen Urbild (Original) ist, heißt *Involution.* Für die zusammengesetzte Abbildung gilt $f \circ f = I$ (Identität). Ist $P' = f(P)$ das Bild von P, so ist $P = f(P')$ das Bild von P'. Die beiden Punkte P und P' nennt man *konjugierte Punkte* bezüglich der Involution f. Beispiele einer Involution sind Spiegelungen an einem Punkt, an einer Geraden oder an einer Ebene (s. Spiegelung) oder die Spiegelung an einem Kreis oder einer Kugel (s. Inversion, 2., 3.).

Inzidenz:

In der Geometrie heißt eine Relation zwischen Punkten und Geraden bzw. Punkten und Ebenen bzw. Geraden und Ebenen eine *Inzidenz,* wenn die Relation genau dann zutrifft, wenn der Punkt auf der Geraden bzw. auf der Ebene bzw. die Gerade auf der Ebene liegt.

irrational:

Falls eine Größe nicht rational ist, nennt man sie *irrational.*

1. Irrationale Funktion:

Eine Funktion, welche nicht rational ist, heißt *irrational* (s. rationale Funktion).

2. Irrationale Zahl:

Eine reelle Zahl, die nicht rational ist, heißt *irrational* (s. reelle Zahlen, 5.). Die Menge der irrationalen Zahlen ist nichtabzählbar unendlich (s. abzählbar unendlich, s. Diagonalverfahren, 2.). Beweis der Irrationalität von $\sqrt{2}$ s. Beweis, 2.

irreduzibel s. unzerlegbar, s. Polynom, 1.

irreduzibles Erzeugendensystem s. Erzeugendensystem einer Gruppe.

irreflexiv s. Relation, 2.

Isokline:

In der gewöhnlichen Differentialgleichung 1. Ordnung $y' = f(x, y)$ heißt die durch $f(x, y) = c$ (Konstante) dargestellte Kurve *Isokline.* Die durch $f(x, y) = c$ dargestellten Lösungen der Differentialgleichung besitzen die konstante Steigung $y' = c$ (s. gewöhnliche Differentialgleichung, 2.1.).

isolierter Punkt:

Ein Punkt x eines topologischen Raumes T (s. topologischer Raum) heißt *isolierter Punkt* einer Teilmenge $A \subset T$, wenn $x \in A$ ist, und wenn es eine Umgebung (s. Umgebung) von x gibt, in der außer x kein weiterer Punkt von A enthalten ist. Ein Punkt einer Kurve $\mathfrak{C}$ heißt *isoliert,* wenn es eine Umgebung dieses Punktes gibt, die keinen weiteren Kurvenpunkt enthält. Beispiel s. Konchoide, a).

isoliert singulär s. komplexe Funktion, 11.

Isometrie (isometrische oder längetreue Abbildung):
Eine eineindeutige Abbildung f eines metrischen Raumes (M_1, d_1) auf einen anderen metrischen Raum (M_2, d_2) heißt *Isometrie* (*isometrisch* oder *längentreu*), wenn der Abstand jeweils zweier Punkte bei dieser Abbildung erhalten bleibt. Mit den beiden Metriken d_1 und d_2 muß also für alle x, $y \in M_1$ gelten

$$d_2(f(x), f(y)) = d_1(x, y)$$

(s. affine Abbildung, 2.2.).

isometrisch:
Zwei metrische Räume heißen *isometrisch*, wenn es zwischen ihnen eine isometrische Abbildung gibt (s. Isometrie).

isometrische Axonometrie:
Eine Axonometrie (Parallelprojektion), bei der die Bilder der Einheiten auf allen drei Achsen gleich groß sind, heißt *isometrisch* (s. Axonometrie).

Isomorphismus (isomorphe Abbildung):
Ein Homomorphismus (s. Homomorphismus) einer algebraischen Struktur A auf eine algebraische Struktur A′ (s. algebraische Struktur) heißt *Isomorphismus* oder *isomorphe Abbildung*, wenn er eine umkehrbar eindeutige Abbildung darstellt. Dann nennt man A und A′ *isomorph.*

isotone Abbildung s. ordnungstreue Abbildung.

Iterationsverfahren (iteratives Verfahren):
Zur Lösung vieler Probleme benutzt man Verfahren der sukzessiven Approximation (schrittweisen Annäherung). Solche Verfahren nennt man *Iterationsverfahren.* Beispiele dafür sind Nullstellenbestimmungen (s. Nullstellenbestimmung, 2., s. Fixpunktsatz), die numerische Integration (s. Integralrechnung, 1.10.) und numerische Verfahren zur Lösung gewöhnlicher Differentialgleichungen (s. gewöhnliche Differentialgleichung, 7.) und zur Lösung von Integralgleichungen (s. Integralgleichung).

I(z), Im(z):
Es sei $z = x + iy$ mit $x, y \in \mathbb{R}$ eine komplexe Zahl. Mit $I(z) = \mathrm{Im}(z) = y$ bezeichnet man den *Imaginärteil* (s. komplexe Zahlen, 1.).

J

Jacobi, Carl Gustav Jakob (1804 – 1851) wirkte in Berlin und Königsberg. Von ihm stammen grundlegende Arbeiten zu fast allen Gebieten der Analysis, speziell zur Theorie der partiellen Differentialgleichungen. Nach ihm benannt ist die Jacobische Determinante (s. Funktionaldeterminante, s. Abbildung, 2.2., 3.).

Jacobische Determinante s. Funktionaldeterminante.

Jacobische Matrix:
Eine quadratische n-reihige Matrix mit den Elementen a_{ik}; $i, k = 1, \dots, n$ heißt *Jacobische Matrix*, falls gilt

$$a_{ik} = 0 \text{ für alle } i, k \text{ mit } |i - k| > 1.$$

Höchstens die Elemente der Hauptdiagonalen und der beiden benachbarten Diagonalen der Matrix A sind also von Null verschieden.

Jensensche Ungleichung:
Die Funktion $f(x)$ sei im Intervall $[a; b]$ konvex (s. konvex, 1.). Dann gilt für alle $x_1, x_2, \dots, x_n \in [a; b]$, $n = 1, 2, \dots$

$$\sum_{k=1}^{n} f(x_k) \geq n \cdot f\left(\frac{1}{n} \sum_{k=1}^{n} x_k\right).$$

Falls die Funktion $f(x)$ in $[a; b]$ konkav ist (s. konkav, 1.), gilt

$$\sum_{k=1}^{n} f(x_k) \leq n \cdot f\left(\frac{1}{n} \sum_{k=1}^{n} x_k\right).$$

Jordan, Camille (1838 – 1922) wirkte in Paris. Von ihm stammen fundamentale Arbeiten zur Gruppentheorie, Algebra sowie zur Topologie.

Jordan-Kurve:
Eine Punktmenge A eines topologischen Raumes T (s. topologischer Raum) heißt *Jordan-Kurve*, wenn sie zu einer Strecke homöomorph ist (s. Strecke, s. Homöomorphismus).

Jordanscher Kurvensatz:
Jede einfache geschlossene Kurve einer Ebene zerlegt die Ebene in zwei Teile.

Junktor (Funktor):
Die Aussageverknüpfungen $\neg$ (Negation), $\wedge$ (und), $\vee$ (oder) heißen *Junktoren* bzw. *Funktoren* (s. Negation, s. und, s. oder).

K

Kalkül s. Algorithmus.

Kalotte s. Kugelabschnitt.

Kanal:

Unter einem *Kanal* versteht man die technische Einrichtung, mit deren Hilfe bei digitalen Rechenanlagen die Dateneingabe und -ausgabe erfolgt (s. Rechenanlage).

kanonische Basis:

Im Vektorraum V^n heißt die Basis

$$\{\vec{e}_1^T = (1,0,0,\ldots,0);\ \vec{e}_2^T = (0,1,0,\ldots,0);\ \ldots;\ \vec{e}_n^T = (0,0,\ldots,0,1)\}$$

die *kanonische Basis* (s. Basis, 4.). Bezüglich dieser kanonischen Basis besitzt der Vektor $\vec{a}^T = (a_1, a_2, \ldots, a_n)$ die eindeutige Darstellung

$$\vec{a} = \sum_{i=1}^{n} a_i \vec{e}_i$$

mit den Koordinaten (Komponenten) a_i (s. Vektor im V^n, 3.).

kanonische Form der linearen Optimierung s. lineare Optimierung, 2.1.7.

kanonische Form einer Matrix:

Zu jeder von der Nullmatrix O verschiedenen $m \times n$-Matrix A mit dem Rang r gibt es zwei eindeutig bestimmte, $m \times m$- bzw. $n \times n$-reihige, nichtsinguläre Matrizen P und Q mit

$$PAQ = \begin{pmatrix} E_r & O \\ O & O \end{pmatrix} = C.$$

Dabei ist E_r die r-reihige Einheitsmatrix. O sind Nullmatrizen vom jeweils passenden Typ (s. Matrix, 3.). Damit ist die Matrix A äquivalent zur sogenannten *kanonischen Form* C (s. äquivalent, 4.). Hieraus folgt

$$A = P^{-1}\begin{pmatrix} E_r & O \\ O & O \end{pmatrix}Q^{-1} = P^{-1}CQ^{-1}.$$

Volle Rangfaktorisierung von A:

Aufteilung von P und Q in die Blockmatrizen

$$P = (K\ \ W) = (K_{m \times r}, W_{m \times (m-r)});\quad Q = \begin{pmatrix} L_{r \times n} \\ Z_{(n-r) \times n} \end{pmatrix} = \begin{pmatrix} L \\ Z \end{pmatrix}$$

ergibt die Produktdarstellung

$$A = K\,L = K_{m \times r}\, L_{r \times n}\,.$$

Dabei besitzen die $m \times r$- bzw. $r \times n$-Matrizen $K_{m \times r}$ und $L_{r \times n}$ den vollen Rang r. Diese Darstellung nennt man *volle Rangfaktorisierung* von A.

kanonische Zerlegung s. Fundamentalsatz der Zahlentheorie.

Kante:

In einem Körper, der von ebenen Seitenflächen begrenzt wird, heißt eine Strecke, die gleichzeitig auf zwei verschiedenen Begrenzungsebenen liegt, *Kante* (s. Polyeder, 1.).

Kapazität s. Speicherkapazität.

Kardinalzahl (Mächtigkeit):

Zwei Mengen A und B aus dem Mengensystem $\mathfrak{M}$ nennt man *gleichmächtig*, im Zeichen $A \sim B$, wenn es eine eineindeutige (bijektive) Abbildung von A auf B gibt. Man sagt auch: A und B haben die *gleiche Mächtigkeit*. Die *Gleichmächtigkeit* $\sim$ ist eine Äquivalenzrelation (s. Äquivalenzrelation, s. äquivalent, 5.). Die Äquivalenzklassen (s. Äquivalenzklasse) von $\mathfrak{M}$ heißen *Kardinalzahlen* von $\mathfrak{M}$. Der leeren Menge (Nullmenge) wird die Kardinalzahl 0 zugeordnet, einer Menge mit n Elementen die Kardinalzahl n. Damit ist bei einer endlichen Menge die Kardinalzahl gleich der Anzahl ihrer Elemente. Alle abzählbar unendlichen Mengen besitzen die gleiche Kardinalzahl wie die Menge $\mathbb{N}$ der natürlichen Zahlen. Die Kardinalzahl der Menge der reellen Zahlen heißt *Kardinalzahl des Kontinuums* (s. Ordinalzahl). Addition von Kardinalzahlen s. Addition, 5.

Kardioide s. zyklische Kurven, 2.

kartesische Koordinaten s. Koordinatensystem, 1.1.2., 2.1.2., 3.

kartesisches Blatt:

Eine ebene Kurve, deren kartesischen Koordinaten die Gleichung

$$x^3 + y^3 - 3\,a\,x\,y = 0$$

mit $a > 0$ erfüllen, heißt *kartesisches Blatt.*

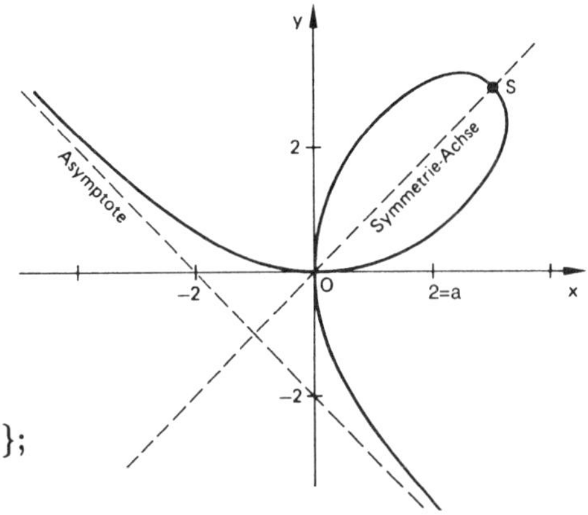

Parameterdarstellung:

$$x = \frac{3\,a\,t}{1+t^3};\; y = \frac{3\,a\,t^2}{1+t^3}\;;\; t \in \mathbb{R}\setminus\{-1\};$$

Polarkoordinaten: $\rho(\varphi) = \dfrac{3\,a \sin\varphi \cos\varphi}{\sin^3\varphi + \cos^3\varphi}$;

Symmetrie-Achse: $y = x$; Asymptote: $x + y + a = 0$;

Scheitel: $S(\frac{3a}{2}, \frac{3a}{2})$; O ist Doppelpunkt.

Der Flächeninhalt der Schleife sowie der Inhalt zwischen der Kurve und der Asymptoten beträgt jeweils

$$F = \frac{3a^2}{2}.$$

Der Krümmungradius im Koordinatenursprung O beträgt für beide Zweige $\rho_0 = \frac{3a}{2}$.

kartesisches Produkt s. direktes Produkt.

Kathete:

In einem rechtwinkligen Dreieck (s. Dreieck, 2.1.) heißen die den rechten Winkel einschließenden Seiten *Katheten.*

Kathetensatz (Satz des Euklid):

Im rechtwinkligen Dreieck ist das Quadrat der Länge einer Kathete gleich dem Produkt der Länge der Hypothenuse und der Länge der Projektion dieser Kathete auf die Hypothenuse (s. Dreieck, 2.5.).

Kavalierperspektive:

Die *Kavalierperspektive* ist keine Perspektive (s. Projektion, 1.), wie ihr Name vermuten läßt, sondern eine spezielle schiefe Axonometrie (s. Axomometrie). Die zur Bildtafel parallelen Figuren werden in wahrer Größe gezeichnet, wobei auch die Winkelgrößen erhalten bleiben. Strecken, die senkrecht zur Bildtafel stehen, werden um 45° nach unten geneigt auf die Hälfte verkürzt gezeichnet. Damit schließt das Bild der auf der Bildebene senkrecht stehenden Achse mit den orthogonalen Bildern der beiden zur Bildebene parallelen Achsen jeweils einen Winkel 45° bzw. 135° ein. Es handelt sich um eine *dimetrische* Axonometrie. In den nachfolgenden Bildern wird ein Würfel bei verschiedener Wahl der x-Achse dargestellt.

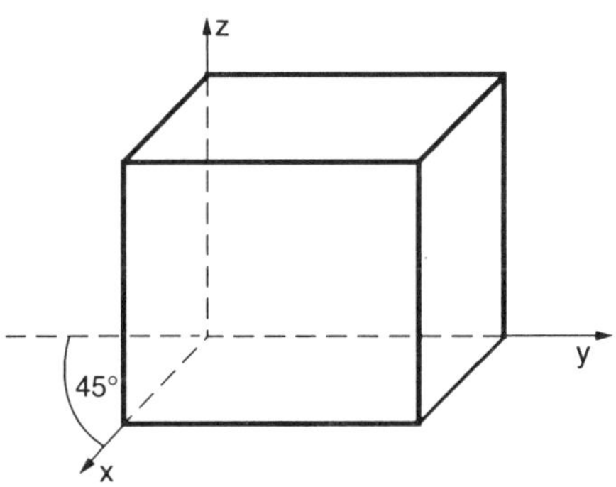

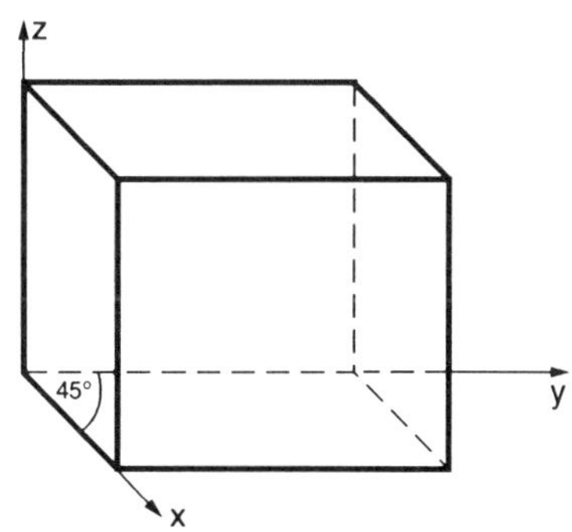

Kegel:

1. Kegelfläche:

Durch alle Punkte einer räumlichen Kurve (Leitkurve) $\mathfrak{C}$ und einen Punkt S werden Geraden gelegt. Falls $\mathfrak{C}$ eine ebene Kurve ist, darf S nicht in der $\mathfrak{C}$ enthaltenden Ebene liegen. Diese Geraden erzeugen eine *Kegelfläche.* Sie ist eine Regelfläche (s. Regelfläche). Die Geraden heißen *Erzeugende* und S die *Spitze* der Kegelfläche. Die Kegelfläche werde mit einer Ebene geschnitten, die zu keiner der erzeugenden Geraden parallel ist. Dann entsteht eine ebene Kurve, die ebenfalls als Leitkurve gewählt werden kann. Daher kann allgemein davon ausgegangen werden, daß die Leitkurve in einer Ebene liegt. Jede Kegelfläche ist in eine Ebene abwickelbar.

2.1. Kegel(körper):

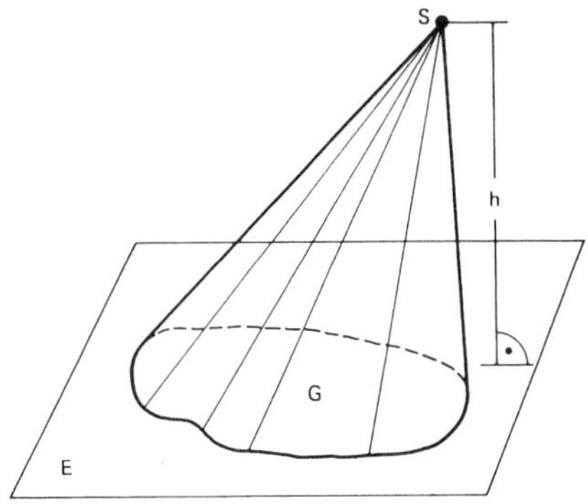

Ein *Kegelkörper* oder *Kegel* ist ein im Endlichen liegender Körper, der begrenzt wird von einer Ebene E und der zwischen der Ebene E und der Kegelspitze S liegenden Kegelfläche. Seine Oberfläche besteht aus einer ebenen *Grundfläche* und dem *Kegelmantel*, der ein Teil der Kegelfläche ist. Die auf dem Kegelmantel liegenden Abschnitte der Erzeugenden nennt man *Mantellinien.* Eine Mantellinie ist also eine Verbindungsstrecke von der Spitze S zu einem Punkt der Leitkurve in der Grundfläche E. Die Spitze S des Kegels besitze von der Grundfläche den Abstand h. Dann heißt h die *Höhe* des Kegels. Mit dem Inhalt G der Grundfläche lautet das

Volumen: $V = \frac{G\,h}{3}$ (s. Volumenberechnung, 4.2.).

2.2. Kreiskegel:

Falls die Leitkurve $\mathfrak{C}$ ein Kreis der Grundfläche ist, heißt der Kegel *Kreiskegel.* Die Schnitte der Kreiskegelfläche mit Ebenen sind *Kegelschnitte* (s. Kegelschnitt).

2.2.1. Schiefer Kreiskegel:

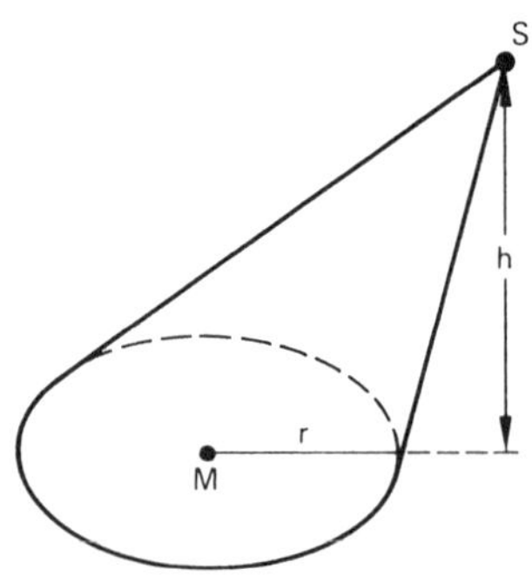

Falls die Spitze S nicht senkrecht über (unter) dem Kreismittelpunkt M liegt, heißt der Kegel *schief.* S besitze von der Kreisebene den Abstand h (Höhe). Dann lautet das

Volumen: $V = \frac{\pi\, r^2 h}{3}$.

2.2.2. Gerader Kreiskegel:

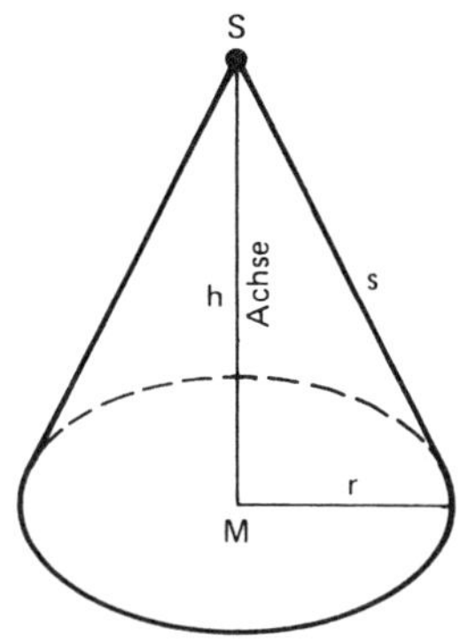

Ein Kreiskegel heißt *gerade*, wenn die Verbindungsstrecke MS vom Mittelpunkt M des Kreises zur Spitze S senkrecht auf der Kreisebene steht. Bei einem geraden Kreiskegel steht die Kegelachse MS senkrecht auf der Kreisfläche. Ein Kreiskegel ist ein Rotationskörper (s. Rotationsfläche und Rotationskörper), der durch Drehung einer Mantellinie um die Kegelachse entsteht.

Länge der Mantellinien: $s = \sqrt{r^2 + h^2}$;

Volumen: $V = \frac{1}{3}\pi r^2 h$;

Mantelflächeninhalt: $M = \pi r s$; Oberflächeninhalt: $O = \pi r (r + s)$.

Der Schwerpunkt liegt auf der Kegelachse mit dem Abstand $\frac{h}{4}$ von der Grundebene.

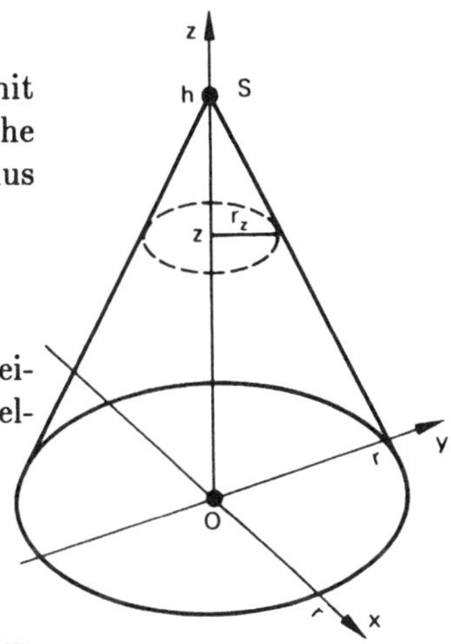

Koordinatengleichung des Kegelmantels:
Der Grundkreis liege in der x-y-Ebene mit O = M. Ein ebener Schnitt des Kegels in der Höhe z mit $0 \le z \le h$ ergibt einen Kreis mit dem Radius r_z. Nach dem Strahlensatz (s. Strahlensatz) gilt

$$\frac{r_z}{r} = \frac{h - z}{h}; \quad r_z = \frac{h - z}{h} \cdot r \quad \text{für } 0 \le z \le r.$$

Aus $x^2 + y^2 = r_z^2$ erhält man die Koordinatengleichung (in kartesischen Koordinaten) des Kegelmantels

$$x^2 + y^2 = \frac{r^2 \cdot (h - z)^2}{h^2} \quad \text{für } 0 \le z \le h.$$

Darstellung in Zylinderkoordinaten:
Mit den Zylinderkoordinaten (ρ, φ, z) (s. Zylinderkoordinaten) lautet die Gleichung für den Kegelmantel

$$\rho(\varphi, z) = \frac{h - z}{h} \cdot r \quad \text{für } 0 \le z \le h.$$

2.2.3. Gerader Kegelstumpf:

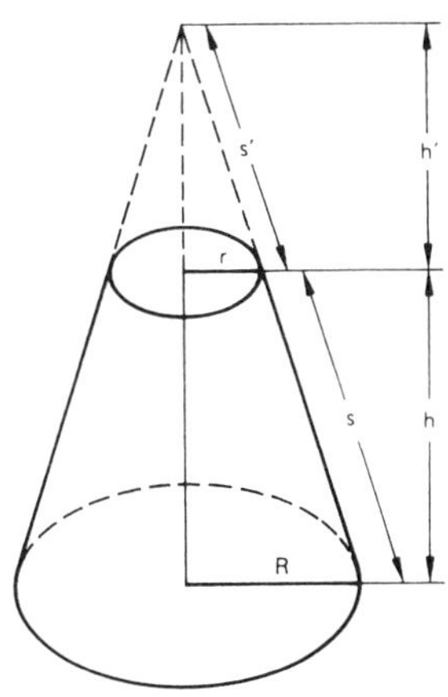

Falls durch eine zur Grundfläche parallele Ebene die Kegelspitze abgetrennt wird, entsteht ein *gerader Kegelstumpf*.

R = Radius des Grundkreises;
r = Radius des Deckkreises;

Länge der Mantellinie: $s = \sqrt{h^2 + (R - r)^2}$;

Volumen: $V = \frac{\pi h}{3}(R^2 + R r + r^2)$;

Mantelflächeninhalt: $M = \pi s (R + r)$;

Oberflächeninhalt: $O = \pi [R^2 + r^2 + s(R + r)]$.

Der Schwerpunkt liegt auf der Kegelachse mit dem Abstand vom Grundkreis

$$z_s = \frac{h}{4} \cdot \frac{R^2 + 2Rr + 3r^2}{R^2 + Rr + r^2}.$$

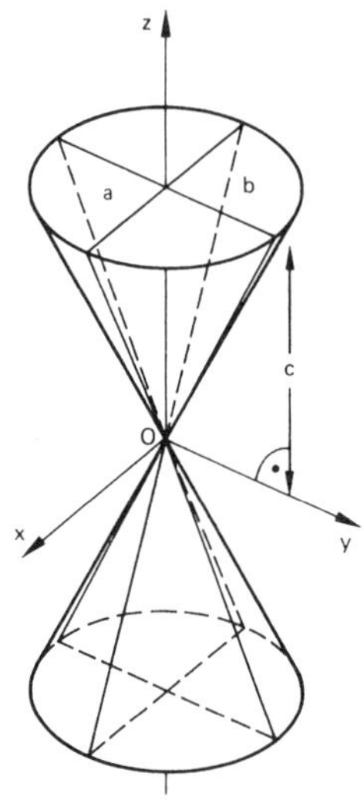

2.3. Elliptischer Kegel:

Eine *elliptischer Kegel* ist ein Kegel, dessen Leitkurve $\mathfrak{C}$ eine Ellipse ist, und dessen Achse (Strecke durch den Ellipsenmittelpunkt und Kegelspitze) senkrecht auf der die Ellipse enthaltenden Grundebene steht. Es handelt sich um eine nicht entartete Kegelfläche (s. Flächen zweiter Ordnung, 3.1.).

Koordinatendarstellung:

$$\frac{x^2}{a^2} + \frac{y^2}{b^2} - \frac{z^2}{c^2} = 0 \,; \quad z\text{-Achse} = \text{Achse}.$$

Parameterdarstellung:

$$x = a\,t\cos\varphi\,; \quad y = b\,t\sin\varphi\,; \quad z = c\,t\,;$$

$$t \in \mathbb{R}\,; \; 0 \le \varphi \le 2\pi\,; \; a, b, c > 0.$$

2.4. Pyramiden sind spezielle Kegel (s. Pyramide).

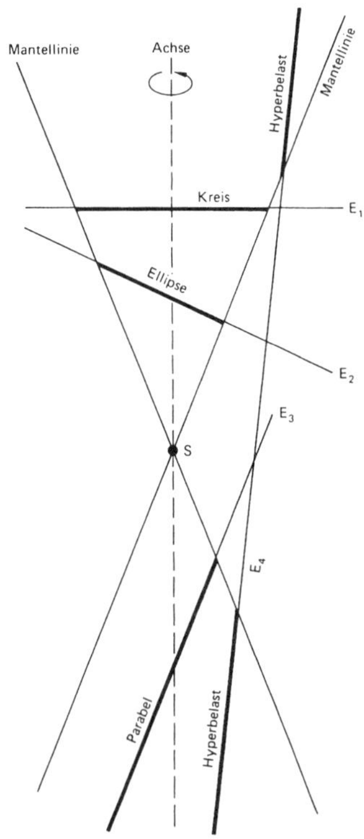

Kegelfläche zweiter Ordnung

s. Kegel, 2.3.

Kegelschnitt:

1. Geometrische Konstruktion von Kegelschnitten:

Ein gerader Kreiskegel (s. Kegel, 2.2.2.) werde mit einer Ebene E geschnitten. Als Schnittkurve entsteht ein sogenannter *Kegelschnitt*. In der nebenstehenden Skizze wird die Projektionsrichtung so gewählt, daß die Ebene E senkrecht auf der Bildebene steht. Ihr Bild ist dann eine Gerade (Entartung).

2. Arten von Kegelschnitten:

1. Fall: Die Schnittebene E gehe nicht durch die Spitze S.

a) $E = E_1$ sei horizontal. Dann ist der Kegelschnitt ein **Kreis** (s. Kreis).

b) $E = E_2$ schneide die Mantellinien auf der gleichen Seite von S. Dann ist der Kegelschnitt eine **Ellipse** (s. Ellipse).

c) $E = E_3$ sei parallel zu einer Mantellinie. Der Kegelschschnitt ist eine **Parabel** (s. Parabel).

d) $E = E_4$ schneide die Mantellinien auf verschiedenen Seiten von S. Der Kegelschnitt ist eine **Hyperbel** (s. Hyperbel).

Kreis und Ellipse sind beschränkt, nicht jedoch die Parabel und Hyperbel. Die Parabel besteht aus einem Ast, während die Hyperbel zwei getrennte Äste besitzt.

2. Fall: Die Schnittebene E gehe durch die Spitze S.
In diesem Fall besteht die Schnittmenge nur aus dem Punkt S oder einer bzw. zwei durch S gehende Geraden (Mantellinien).

3. Darstellung der Kegelschnitte mit Hilfe der numerischen Exzentrizität:
Jeder Kegelschnitt ist der geometrische Ort aller Punkte einer Ebene, für die das Verhältnis ε der Abstände von einem in der Ebene liegenden Punkt F, dem *Brennpunkt*, und einer in der Ebene liegenden Geraden l, der *Leitlinie*, konstant gleich ε ist. Die Konstante ε heißt die *numerische Exzentrizität* des Kegelschnitts. Ellipse und Hyperbel besitzen zwei Brennpunkte und zwei parallele Leitlinien, die Parabel nur einen Brennpunkt und eine Leitlinie. Der Brennpunkt F liege auf der x-Achse, die Leitlinie l stehe senkrecht auf der x-Achse und besitze vom Brennpunkt F den Abstand $d = \overline{DF}$. Dabei kann die Leitlinie l links oder rechts von F sein. Für den durch F und l bestimmten *Scheitelpunkt* S gilt dann

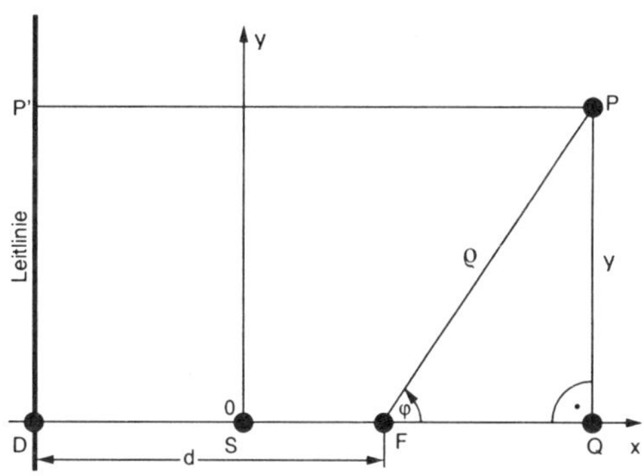

$$\frac{\overline{SF}}{\overline{SD}} = \varepsilon\,, \text{ also } \overline{SF} = \varepsilon\,\overline{SD}\,.$$

Die y-Achse wird so gelegt, daß sie durch den Scheitel S geht. P' sei die Projektion des Punktes P auf die Leitlinie l und Q die Projektion von P auf die x-Achse. Dann erhält man mit Polarkoordinaten die Größen

$$\varepsilon = \frac{\overline{PF}}{\overline{PP'}} = \frac{\rho}{d + \overline{FQ}} = \frac{\rho}{x + \overline{SD}}\,; \quad \varepsilon^2 = \frac{\rho^2}{(x + \overline{SD}\,)^2}\,; \quad \rho^2 = \varepsilon^2\,(x + \overline{SD}\,)^2\,.$$

Für die kartesischen Koordinaten erhält man aus dem rechtwinkligen Dreieck FQP und dieser Beziehung die Gleichungen

$$\rho^2 = y^2 + \overline{FQ}^2 = y^2 + (x - \overline{SF})^2 = y^2 + (x - \varepsilon\,\overline{SD})^2, \text{ also}$$

$$y^2 + (x - \varepsilon\,\overline{SD})^2 = \varepsilon^2 (x + \overline{SD})^2;$$

$$y^2 + x^2 - 2x\varepsilon\,\overline{SD} = \varepsilon^2 x^2 + 2x\varepsilon^2\,\overline{SD};$$

$$y^2 = 2x\varepsilon(\overline{SD} + \varepsilon\,\overline{SD}) + (\varepsilon^2 - 1)x^2;$$

$$y^2 = 2x\varepsilon(\underbrace{\overline{SD} + \overline{SF}}_{=d}) + (\varepsilon^2 - 1)x^2.$$

Damit erhält man für den Kegelschnitt die allgemeine Gleichung

$$y^2 = 2px + (\varepsilon^2 - 1)x^2$$

mit $p = \varepsilon d$ (d = Abstand des Brennpunktes von der Leitlinie l). Der zweite Summand auf der rechten Seite ist für $\varepsilon < 1$ negativ, für $\varepsilon = 1$ gleich Null und für $\varepsilon > 1$ positiv.

1. Fall: $0 < \varepsilon < 1$:
Der Kegelschnitt stellt eine **Ellipse mit zwei Ästen** dar. Die alten Griechen deuteten den Sachverhalt $\varepsilon^2 - 1 < 0$ als Mangel (ἡ ἔλλειψις). Daher rührt der Name Ellipse.

2. Fall: $\varepsilon = 1$:
Der Kegelschnitt ist eine **Parabel** mit einem Ast. Wegen $\varepsilon^2 - 1 = 0$ wurde diese Situation von den alten Griechen als Gleichheit (ἡ παραβοή) gedeutet. Daher der Name Parabel.

3. Fall: $\varepsilon > 1$:
Der Kegelschnitt ist eine **Hyperbel** mit zwei Ästen. Wegen $\varepsilon^2 - 1 > 0$ wurde diese Situation von den alten Griechen als Überschuß (ἡ υπερβολή) interpretiert. Daher der Name Hyperbel.

4. Polargleichungen (Darstellung von Kegelschnitten in Polarkoordinaten):
Als Pol O = F werde jeweils einer der Brennpunkte gewählt. Die Polarachse sei die positive x-Achse.

4.1. Die Leitlinie *l* liege links vom Brennpunkt F:
Aus dem rechtwinkligen Dreieck der obigen Zeichnung erhält man nach 3. unmittelbar

$$\varepsilon = \frac{\overline{PF}}{\overline{PP'}} = \frac{\rho}{d + \overline{FQ}} = \frac{\rho}{d + \rho\cos\varphi}; \quad (d + \rho\cos\varphi)\,\varepsilon = \rho.$$

Daraus ergibt sich die Polargleichung

$$\rho(\varphi) = \frac{\varepsilon d}{1 - \varepsilon\cos\varphi} = \frac{p}{1 - \varepsilon\cos\varphi}$$

mit $p = \varepsilon d$; ε = numerische Exzentrizität; d = Abstand des Brennpunktes F von der Leitlinie l, die links von F liegt. Auch diese Gleichung stellt für $0 < \varepsilon < 1$ eine Ellipse, für $\varepsilon = 1$ eine Parabel und für $\varepsilon > 1$ eine Hyperbel dar.

4.2. Die Leitlinie l liege rechts vom Brennpunkt F:
Hier erhält man analog zu 4.1.

$$\varepsilon = \frac{\overline{\mathrm{PF}}}{\overline{\mathrm{PP'}}} = \frac{\rho}{\mathrm{d} + \overline{\mathrm{FQ}}} = \frac{\rho}{\mathrm{d} + \rho\cos(180 - \varphi)}; \quad (\mathrm{d} - \rho\cos\varphi)\,\varepsilon = \rho.$$

Damit gilt allgemein die Polargleichung

$$\rho(\varphi) = \frac{\varepsilon\,\mathrm{d}}{1 + \varepsilon\cos\varphi} = \frac{\mathrm{p}}{1 + \varepsilon\cos\varphi} \quad \text{mit} \quad \mathrm{p} = \varepsilon\,\mathrm{d}.$$

5. Dandelinsche Kugeln s. Dandelinsche Kugeln.

6. Hauptachsentransformation von Kegelschnitten s. Kurven zweiter Ordnung.

Kegelspitze s. Kegel, 1., 2.1.

Kegelstumpf:

Ein Kegel werde von einer zur Grundfläche parallelen Ebene geschnitten. Dann heißt der zwischen der Schnittebene und der Grundebene liegende Teil des Kegelkörpers *Kegelstumpf* (s. Kegel, 2.1., 2.2.3.).

Kegel zweiter Ordnung:

Ein *Kegel zweiter Ordnung* ist eine nichtentartete, nichtzerfallende Fläche zweiter Ordnung, deren Gleichung in einem kartesischen Koordinatensystem nach einer geeigneten Hauptachsentransformation und eventueller Umbenennung von Variablen auf eine der Formen

$$\frac{x^2}{a^2} + \frac{y^2}{b^2} - \frac{z^2}{c^2} = 0$$ **elliptischer Kegel** (s. Kegel, 2.3.);

$$\frac{x^2}{a^2} + \frac{y^2}{b^2} + \frac{z^2}{c^2} = 0$$ **Nullpunkt O als Kegelspitze**

gebracht werden kann (s. Flächen zweiter Ordnung, 3.1., s. elliptischer Kegel).

Kehrmatrix (inverse Matrix):

A sei eine quadratische nichtsinguläre Matrix. Dann existiert die eindeutig bestimmte *Kehrmatrix* (*Inverse*) A^{-1} mit

$$A^{-1}A = A\,A^{-1} = E \quad (E = \text{n-reihige Einheitsmatrix})$$

(s. Matrix, 4.).

Kehrwert (reziproke Zahl):

Für jede reelle Zahl $a \neq 0$ heißt $a^{-1} = \frac{1}{a}$ der *Kehrwert* von a oder die zu a *reziproke Zahl*. Der Kehrwert des Bruches $\frac{a}{b}$ ist

$$\frac{1}{\frac{a}{b}} = \frac{b}{a} \quad \text{für } a, b \neq 0 \quad \text{(s. Brüche).}$$

Keil:

1. Allgemeiner Keil:

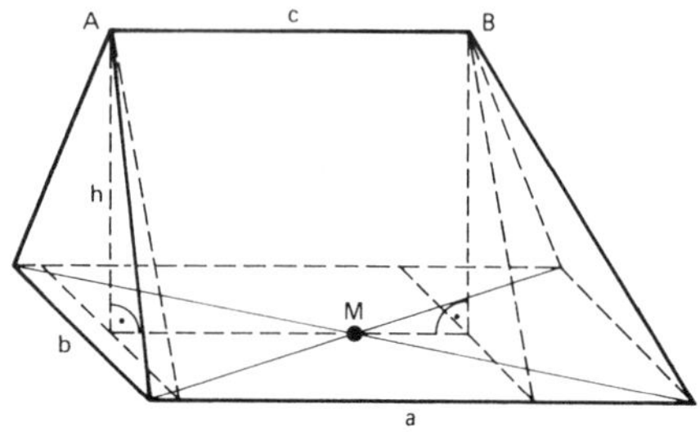

Ein Keil ist ein Polyeder (s. Polyeder), dessen Grundfläche ein Rechteck ist. Die vier Seitenflächen sind zwei gegenüberliegende Trapeze (s. Trapez) und zwei gegenüberliegende Dreiecke. Die Trapeze besitzen gegenüberliegende Rechteckseiten als Grundseiten und die Strecke AB als Deckseiten. Die Streckenendpunkte A und B sind die Spitzen der beiden Seitendreiecke. Im Falle $c = \overline{AB} = 0$ erhält man als spezialfall eine Pyramide (s. Pyramide). Mit den Bezeichnungen der obigen Abbildung erhält man dasVolumen

$$V = \frac{b\,h\,(2a + c)}{6}.$$

$a = c \neq 0$ ergibt als Spezialfall ein (schiefes) *Satteldach* mit $V = \frac{a\,b\,h}{2}$.

2. Symmetrischer Keil:

Ein Keil heißt *symmetrisch*, falls der Mittelpunkt der Verbindungsstrecke AB vertikal über dem Mittelpunkt M des Grundrechtecks liegt. Dann sind die beiden Trapeze und die beiden Dreiecke jeweils kongruent. Die beiden vertikalen, durch den Mittelpunkt M gehenden und zu den Rechteckseiten parallelen Ebenen sind Symmetrie-Ebenen des Keils.

Keilstumpf:

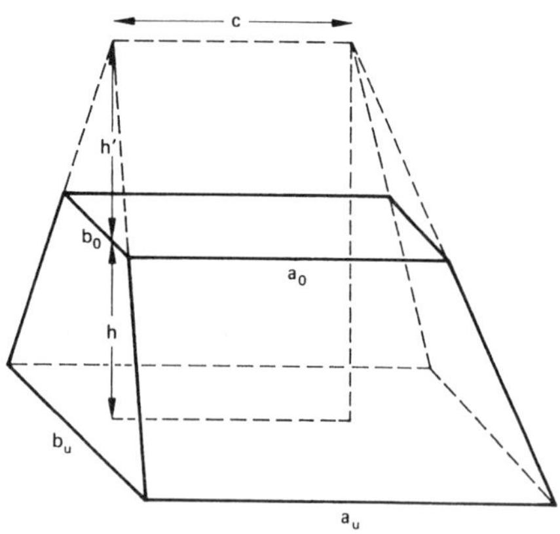

Ein beliebiger Keil (s. Keil) werde mit einer zum Grundrechteck parallelen Ebene geschnitten. Der so entstehende Körper zwischen der Schnitt- und der Grundebene heißt *Keilstumpf*. Es ist ein spezieller *Obelisk* (s. Obelisk). Grund- und Deckfläche sind parallele Rechtecke, die nur für $c = 0$ ähnlich sind (Pyramidenstumpf). Seitenflächen sind vier Trapeze (s. Trapez). Es sei h die *Höhe*, also der Abstand der Grund- von der Deckfläche. a_o, a_u und b_o, b_u seien die Längen entsprechender Seiten des Deck- und Grundrechtecks. Mit Hilfe der Strahlensätze (s. Strahlensätze) erhält man das Volumen des Körpers

$$V = \frac{h}{6}\left[a_u\,b_u + (a_u + a_o)(b_u + b_o) + a_o\,b_o\right].$$

Kennziffer s. dekadischer Logarithmus.

Kepler, Johannes (1571 – 1630) studierte in Tübingen zuerst Philosophie, danach Theologie. Er wirkte in Graz, Prag und Linz. Seine Forschungsschwerpunkte waren Astronomie und Optik. Von ihm stammen die Keplerschen Gesetze der elliptischen Planetenbewegung. Ferner ist nach ihm die Keplersche Faßregel benannt (s. Integralrechnung, 1.10.2., 2.2.).

Keplersche Faßregel s. Integralrechnung, 1.10.2.2.2.

Kern einer linearen Integralgleichung:
In der linearen Integralgleichung

$$a(x)\,y(x) + \int_a^b K(x,t)\,y(t)\,dt = b(x)$$

heißt $K(x,t)$ der *Kern* (s. Integralgleichung, lineare).

Kern einer linearen Abbildung s. lineare Abbildung, 1.

Kern einer Teilmenge eines topologischen Raumes s. innerer Punkt.

Kern eines Homomorphismus:
Die Gruppe G mit der Verknüpfung $\circ$ werde durch den Homomorphismus f auf die Gruppe $\hat{G}$ mit der Verknüpfung $\hat{\circ}$ abgebildet (s. Homomorphismus). Für die beiden Verknüpfungen $\circ$ und $\hat{\circ}$ gilt nach der Definition des Homomorphismus

$$f(a \circ b) = f(a) \,\hat{\circ}\, f(b) \quad \text{für} \quad \text{alle } a, b \in G.$$

Die Menge derjenigen Elemente aus G, die auf das Einselement $\hat{e} \in \hat{G}$ abgebildet werden, heißt der *Kern* des Homomorphismus. Der Kern ist ein Normalteiler von G (s. Normalteiler).

Kern eines konvexen Körpers s. Inkugel eines konvexen Körpers.

Kernspeicher:
Ein *Kernspeicher* eines Rechners ist ein aus Halbleitern bestehender Speicher, dessen Zugriffszeit sehr kurz ist (s. Rechenanlage).

Kette s. geordnete Menge.

Kettenbruch:
Ein *Kettenbruch* ist eine Folge ineinandergeschachtelter Brüche der Form

$$n_0 + \cfrac{z_1}{n_1 + \cfrac{z_2}{n_2 + \cfrac{z_3}{n_3 + \ldots\ldots}}}\,.$$

Dabei heißen die ganzen Zahlen $z_1, z_2, \ldots$ *Teilzähler* und die ganzen Zahlen $n_1, n_2, \ldots$ *Teilnenner*. Für den Kettenbruch schreibt man abkürzend

$$n_0 + \frac{z_1|}{|n_1} + \frac{z_2|}{|n_2} + \frac{z_3|}{|n_3} + \ldots .$$

Im Falle $z_k \equiv 1$ bezeichnet man ihn auch mit $[n_0, n_1, \ldots, n_k \ldots]$.
Dabei heißt $[n_0, n_1, \ldots, n_k]$ zugehöriger *k-gliedriger Kettenbruch* mit

$$[n_0] = n_0; \quad [n_0, n_1, n_2, \ldots, n_k] = n_0 + \frac{1}{[n_1, n_2, \ldots, n_k]}.$$

Ein Kettenbruch bricht entweder ab oder enthält formal unendlich viele Glieder. $\frac{z_k}{n_k}$ heißt k-ter *Teilbruch* des Kettenbruchs. Bei unendlichen Kettenbrüchen heißt der mit $\frac{z_k|}{|n_k}$ abbrechende Kettenbruch k-*ter Näherungsbruch*. Der Zähler Z_k und der Nenner N_k des k-ten Näherungsbruches sind ganze rationale Polynome der Elemente z_i und n_i für $i \leq k$. Dabei gilt die Rekursionsformel

$$Z_i = n_i Z_{i-1} + z_i Z_{i-2}; \quad N_i = n_i N_{i-1} + z_i N_{i-2}.$$

Ein unendlicher Kettenbruch heißt *konvergent*, wenn die Folge der Näherungsbrüche konvergiert.
Falls der Kettenbruch $n_0 + \frac{1}{|n_1} + \frac{1}{|n_2} + \ldots$ nur positive Teilnenner besitzt, ist die Divergenz der Reihe $\sum_{k=1}^{\infty} n_k = \infty$ notwendig und hinreichend für die Konvergenz des Kettenbruchs. Wenn z_k und n_k beliebige Zahlen sind mit $|n_k| \geq |z_k| + 1$ für alle k, so konvergiert der Kettenbruch und sein Betrag ist höchstens gleich 1.
Ein Kettenbruch heißt *regelmäßig*, wenn $z_k = 1$ ist für alle k, n_0 ganzrational ist und n_k positiv ganzrational sind für $k \geq 1$ (s. Kettenbruchentwicklung).

Kettenbruchentwicklung:

Bei einer gegebenen reellen Zahl $c \in \mathbb{R}$ führt der Ansatz

$$c = n_0 + \xi_1; \quad \frac{1}{\xi_1} = n_1 + \xi_2; \ldots; \frac{1}{\xi_k} = n_k + \xi_{k+1}; \ldots$$

mit $0 \leq \xi_k < 1$ für alle $k \geq 1$ zum regelmäßigen Kettenbruch (s. Kettenbruch) $c = [n_0, n_1, \ldots, n_k, \ldots]$.

Kettenlinie (Seilkurve):

Eine Kette werde in zwei Punkten frei aufgehängt. Dann heißt die durch die Kette gegebene Kurve *Kettenlinie* oder *Seilkurve*. In kartesischen Koordinaten wird sie beschrieben durch die Funktion

$$y = a \cosh \frac{x}{a} = \frac{a}{2}(e^{\frac{x}{a}} + e^{-\frac{x}{a}}) \text{ mit } a > 0 \quad \text{(s. Hyperbelfunktionen).}$$

Kettenregel:

1. Kettenregel bei einer Funktion einer einzigen Variablen:
Es sei g(u(x)) eine zusammengesetzte (verkettete) Funktion, wobei g(u) und u(x) differenzierbar sind. Dann gilt die *Kettenregel*

$$f'(x) = \frac{d}{dx} g(u(x)) = \underbrace{\left.\frac{dg(u)}{du}\right|_{u=u(x)}}_{\text{äußere Ableitung}} \cdot \underbrace{\frac{du(x)}{dx}}_{\text{innere Ableitung}}$$

(s. Funktion von reellen Variablen, 1.4.).

2. Verallgemeinerte Kettenregel bei einer Funktion von n Variablen:
Die Funktion $f(x_1, x_2, \ldots, x_n)$ sei total differenzierbar (s. differenzierbar, 6.). Ferner seien $x_i(t)$ differenzierbare Funktionen in t. Dann ist die zusammengesetzte (verkettete) Funktion

$$g(t) = f\big(x_1(t), x_2(t), \ldots, x_n(t)\big)$$

nach t differenzierbar und es gilt die *verallgemeinerte Kettenregel*

$$g'(t) = \frac{d}{dt} f(x_1(t), \ldots, x_n(t)) = \sum_{i=1}^{n} f_{x_i}(x_1(t), \ldots, x_n(t)) \cdot x_i'(t).$$

k.g.V. s. kleinstes gemeinsames Vielfaches.

Kilo:

Kilo bedeutet Tausend (s. Längeneinheit und Längenmaßzahl).

Kilometer:

Die Längeneinheit 1 *Kilometer*, im Zeichen 1 km, besteht aus 1 000 Metern, also $1\,\text{km} = 10^3\,\text{m}$ (s. Längeneinheit und Längenmaßzahl).

Klammern:

Mit *Klammern* (...), [...], {...}, <...> usw. wird die Reihenfolge festgelegt, in der mathematische Operationen durchgeführt werden müssen. Alle Terme, die zwischen zwei Klammern des gleichen Typs stehen, gehören zusammen. Falls innerhalb zweier Klammern die gleichen Klammertypen wiederholt benutzt werden, müssen diese Klammern von Innen nach Außen bzw. von Außen nach Innen aufgelöst werden. Dabei ist zu beachten daß in einem zusammenhängenden Block die Anzahl der öffnenden Klammern mit der Anzahl der schließenden Klammern übereinstimmen muß.

Beispiel:

$$-2 \cdot (5 + 2 \cdot (3 - (7 + 8) - 6) + 13) = -2 \cdot (5 + 2 \cdot (3 - 15 - 6) + 13)$$
$$= -2 \cdot (5 - 36 + 13) = -2 \cdot (-18) = 36.$$

Klammerregeln:

1. Klammerregeln beim Rechnen mit reellen Zahlen (Buchstaben):
Bei den Rechenoperationen $\cdot$ und : werden Klammern häufig weggelassen. Dabei hält man sich an folgende Regel: Punktrechnung geht vor Strichrechnung, d. h. $\cdot$ und : bindet enger als $+$ und $-$. Beispiel:

$$a - b \cdot c + d : e = a - (b \cdot c) + (d : e)\,;\; a : b \cdot c = \frac{a}{b} \cdot c = \frac{a \cdot c}{b}\,;\; a : (b \cdot c) = \frac{a}{b \cdot c}.$$

2. Klammerregeln bei Mengenoperationen:
Bei den Mengenoperationen greift die Komplementbildung $^{-}$ von der Durchschnittsbildung $\cap$, die Durchschnittsbildung $\cap$ vor der Vereinigungsbildung $\cup$.

$$\overline{A \cup B} \cap C \cup D \quad \text{steht für} \quad [(\overline{A \cup B}) \cap C] \cup D = (\overline{A} \cap \overline{B} \cap C) \cup D.$$

3. Klammerregeln bei logischen Operationen:
Bei der Verwendung der Zeichen der mathematischen Logik (s. bei den in den Klammern angegebenen Begriffen) hält man sich an folgende Verabredung:

$\neg$ (Negation) bindet enger als $\wedge$ (und, logisches), $\wedge$ bindet enger als $\vee$ (oder, logisches), $\vee$ bindet enger als $\Rightarrow$ (folgt, logisch) und $\Leftrightarrow$ (äquivalent).

So steht z. B. $\neg A \vee B \wedge C \Rightarrow D \vee E$ für $[(\neg A) \vee (B \wedge C)] \Rightarrow (D \vee E)$.

Klasse:

Manchmal wird der Ausdruck *Klasse* synonym für eine Menge gebraucht, insbesondere bei Mengen von Funktionen mit bestimmten Eigenschaften.

Klasseneinteilung (Klassen):

Eine Menge von Teilmengen von M heißt *Klasseneinteilung* oder *Zerlegung* von M in Klassen, wenn jedes Element von M zu genau einer der paarweise disjunkten Teilmengen (*Klassen*) gehört.

kleiner (kleiner gleich):

a und b seien reelle Zahlen (s. reelle Zahlen, 6.). a heißt *kleiner* als b, im Zeichen $a < b$, falls auf dem Zahlenstrahl a links von b liegt. Dies ist genau dann der Fall, wenn es eine positive Zahl $r > 0$ gibt mit $a + r = b$. Die "Kleiner-Relation" $<$ ist eine *Ordnungsrelation* (s. Ordnungsrelation).
a heißt *kleiner gleich* b, im Zeichen $a \leq b$, wenn a entweder kleiner als b oder gleich b ist, wenn also $a = b + r$ eine Lösung $r \geq 0$ besitzt (s. Ungleichung, 1.).

Kleinkreis (Nebenkreis):

Ein *Kleinkreis* oder *Nebenkreis* auf einer Kugel ist ein Schnittkreis der Kugel mit einer nicht durch ihren Mittelpunkt gehenden Ebene. Sein Radius ist kleiner als der Kugelradius (s. sphärische Trigonometrie, 1.).

Kleinste - Quadrate - Methode:

Eine Ausgleichsfunktion $y = f(x, \alpha_1, \alpha_2, \ldots, \alpha_p)$ der Variablen x sei durch p Parameter (Zahlen) $\alpha_1, \alpha_2, \ldots, \alpha_p$ eindeutig festgelegt. Bei gegebenem x_i weiche der Meßwert y_i vom Idealwert $f(x_i, \alpha_1, \alpha_2, \ldots, \alpha_p)$ durch einen zufälligen Meßfehler e_i ab. Dafür schreibt man

$$y_i = f(x_i, \alpha_1, \alpha_2, \ldots, \alpha_p) + e_i$$

mit dem unbekannten zufälligen Fehler (Residuum) e_i. Aus n Meßwerten (x_i, y_i) für $i = 1, 2, \ldots, n$ werden die Parameterwerte α_k so bestimmt, daß die Summe der vertikalen Abstandsquadrate minimal ist, also mit

$$Q^2(\alpha_1, \alpha_2, \ldots, \alpha_p) = \sum_{i=1}^{n} [y_i - f(x_i, \alpha_1, \alpha_2, \ldots, \alpha_p)]^2 \to \min.$$

Solche Probleme treten in der Statistik auf, z. B. bei der Regressionsrechnung. Dann nennt man die Ausgleichsfunktion auch Regressionsfunktion (s. Approximationspolynome, 4.). Falls die Funktion $f(x, \alpha_1, \alpha_2, \ldots, \alpha_p)$ stetige partielle Ableitungen nach den Variablen $\alpha_1, \alpha_2, \ldots, \alpha_p$ besitzt, erhält man die Lösung mit Hilfe der partiellen Ableitungen aus den Lösungen des Gleichungssystems

$$\sum_{i=1}^{n} [y_i - f(x_i, \alpha_1, \alpha_2, \ldots, \alpha_p)] \cdot \frac{\partial f(x_i, \alpha_1, \alpha_2, \ldots, \alpha_p)}{\partial \alpha_k} = 0 \qquad \text{für } k = 1, 2, \ldots, p$$

(s. Approximationspolynome, 4.).

kleinstes Element s. Minimum.

kleinstes gemeinsames Vielfaches:

Das *kleinste gemeinsame Vielfache* k.g.V.(n, m) zweier natürlicher Zahlen n und m ist die kleinste natürliche Zahl, die durch n und m teilbar ist (s. Teilbarkeit). Es ist die kleinste natürliche Zahl, die gleichzeitig Vielfaches von n und m ist. Aus den Zerlegungen von n und m in Primfaktoren erhält man das k.g.V. als Produkt der höchsten Potenzen der Primfaktoren, die in mindestens einer Zerlegung vorkommen.

Beispiel: $n = 9\,702 = 2 \cdot 3^2 \cdot 7^2 \cdot 11; \quad m = 5\,145 = 3 \cdot 5 \cdot 7^3;$

$$\text{k.g.V.}(9\,702, 5\,145) = 2 \cdot 3^2 \cdot 5 \cdot 7^3 \cdot 11 = 339\,570$$

$$\text{mit } 339\,570 = 35 \cdot 9\,702 = 66 \cdot 5\,145.$$

Mit dem größten gemeinsamen Teiler g.g.T. (s. größter gemeinsamer Teiler) gilt allgemein

$$\text{k.g.V.}(n, m) = \frac{n \cdot m}{\text{g.g.T.}(n, m)}.$$

Das kleinste gemeinsame Vielfache von r natürlichen Zahlen ist die kleinste natürliche Zahl, die Vielfaches von jeder dieser r Zahlen ist. Es kann aus den Primfaktorenzerlegungen der r Zahlen bestimmt werden.

Klothoide s. Spirale, 4.

km s. Kilometer.

Knickstelle:
Die Funktion f(x) sei an der Stelle x_0 stetig und besitze dort die linksseitige Ableitung $f_l'(x_0)$ und die rechtsseitige Ableitung $f_r'(x_0)$, die voneinander verschieden sind. Dann heißt die Stelle x_0 *Knickstelle* von f (s. Funktion von reellen Variablen, 1.4., s. Halbtangente).

Knotenpunkt:
Ein Punkt P einer Kurvenschar heißt *Knotenpunkt*, wenn P gleichzeitig zu unendlich vielen Scharkurven gehört (s. Kurvenschar). Falls alle Scharkurven in P die gleiche Tangente besitzen, heißt P *eintangentiger Knoten*. Wenn alle Scharkurven in P nur zwei verschiedene Tangenten haben, nennt man P *zweitangentig*. P heißt *Stern*, falls je zwei verschiedene Kurven durch P auch verschiedene Tangenten besitzen (s. mehrfacher Punkt).

Beispiel: $y = cx$, $c \in \mathbb{R}$. Der Koordinatenursprung O ist ein Knotenpunkt und zwar ein Stern (s. gewöhnliche Differentialgleichung, 2.1.8.).

Koalition s. Spieltheorie.

Kodierung (Verschlüsselung):
Unter *Kodierung* versteht man die Umwandlung einer Information in ein Signal (s. Information).

Koeffizient:
Eine Zahl, mit der in einem Term eine Variable multipliziert wird, heißt *Koeffizient* (s. algebraisch, 3., 7., s. Polynom, 1., s. Potenzreihe, 1., 2.).

Koeffizientenmatrix s. lineares Gleichungssystem, 1.

Koeffizientenvergleich:
Für eine aus einer Gleichung zu bestimmende Funktion y(x) werde ein Polynom- oder Potenzreihenansatz $y(x) = \sum_{k=0}^{\infty} c_k x^k$ gemacht. Dieses Polynom bzw. die Reihe werde in die Gleichung eingesetzt. Falls man dadurch verschiedene Polynome bzw. Potenzreihen erhält, deren Koeffizienten nur von den Werten c_k abhängen, können die Koeffizienten evtl. durch Koeffizientenvergleich bestimmt werden. Dabei sind zwei Polynome oder Potenzreihen gleich, wenn die Koeffizienten jeweils zur gleichen Potenz der Variablen übereinstimmen. Diese Methode kann benutzt werden bei der Partialbruchzerlegung (s. Partialbruchzerlegung), bei der Lösung einer gewöhnlichen Differentialgleichung (s. gewöhnliche Differentialgleichung) oder bei der Vektorrechnung zum Vergleich der Komponenten.

kollineare Punkte:

m Punkte $P_i \in \mathbb{R}^n$ für $i = 1, 2, \ldots, m$ heißen *kollinear*, wenn sie auf einer Geraden liegen. Dies ist genau dann der Fall, wenn die $m - 1$ Verbindungsvektoren $\overrightarrow{P_1 P_k}$ für $k = 2, 3, \ldots, m$ kollinear sind (s. kollineare Vektoren).

kollineare Vektoren:

m Vektoren $\vec{a}_i \in V^n$ für $i = 1, 2, \ldots m$ heißen *kollinear*, wenn der Rang dieser Vektoren gleich Eins ist. Dann sind alle m Vektoren parallel zu einem einzigen Vektor (s. Vektor im V^n, 3.).

Kollineation:

Unter einer *Kollineation* versteht man eine Abbildung einer Punktmenge, die kollineare Punkte wieder in kollineare Punkte überführt (s. kollineare Punkte). Beispiele dafür sind die affine Abbildung (s. affine Abbildung) und die projektive Abbildung (s. projektive Abbildung).

Kombination:

Jede Zusammenstellung von k Elementen aus einer Grundmenge von n Elementen ohne Berücksichtigung der Reihenfolge heißt *Kombination zur k-ten Klasse* von n Elementen.

1. Anzahl der Kombinationen ohne Wiederholung:

Falls jede Kombination das gleiche Element höchstens einmal enthalten darf, gibt es für $k \leq n$ insgesamt

$$\binom{n}{k} = \frac{n!}{k! \cdot (n-k)!} = \frac{n \cdot (n-1) \cdot \ldots \cdot (n-k+1)}{1 \cdot 2 \cdot \ldots \cdot k}$$

verschiedene Kombinationen zur k-ten Klasse von n Elementen ohne Wiederholung (s. Binomialkoeffizient, 1.).

2. Anzahl der Kombinationen mit Wiederholung:

Falls jedes Element in einer Kombination mehrfach vorkommen darf, gibt es

$$\binom{n+k-1}{k} = \frac{(n+k-1)!}{k! \cdot (n-1)!} = \frac{(n+k-1) \cdot (n+k-2) \cdot \ldots \cdot n}{1 \cdot 2 \cdot \ldots \cdot k}$$

verschiedene Kombinationen zur k-ten Klasse von n Elementen mit Wiederholung (s. Variation).

Kombinatorik:

In der *Kombinatorik* werden die verschiedenen Möglichkeiten für die Anordnung und Auswahl von Dingen (Elementen) untersucht (s. Kombination, s. Variation)

kommutativ (vertauschbar):

In einer algebraischen Struktur M sei die binäre Verknüpfung $\circ$ (s. Verknüpfung, 2.) definiert. Dann heißt die Verknüpfung *kommutativ* oder *vertauschbar*, wenn für alle a, $b \in M$ gilt $a \circ b = b \circ a$. Man sagt auch, bezüg-

lich der Verknüpfung $\circ$ gilt das *Kommutativgesetz.* Dann nennt man auch die algebraische Struktur bezüglich der Verknüpfung $\circ$ *kommutativ.*
Die Addition + sowie die Multiplikation $\cdot$ von reellen bzw. komplexen Zahlen (s. reelle Zahlen, 6. , s. komplexe Zahlen, 1.) sind kommutativ mit

$$a + b = b + a; \quad a \cdot b = b \cdot a.$$

Die Vereinigungs- und Durchschnittsbildung $\cup$, $\cap$ bei Mengen (s. Menge, 2.) sind ebenfalls kommutativ mit

$$A \cup B = B \cup A; \quad A \cap B = B \cap A.$$

kommutative Matrizen:

Die quadratischen n-reihigen Matrizen A und B heißen *kommutativ*, wenn für die Multiplikation das Kommutativgesetz gilt, falls also $A\,B = B\,A$ ist (s. Matrix, 2.3.). Die binomische Formel $(A + B)^2 = A^2 + 2\,A\,B + B^2$ gilt nur für kommutative Matrizen A und B.

Kommutativgesetz s. kommutativ.

kompakte Menge:

Die Teilmenge K eines metrischen Raumes M (s. metrischer Raum) heißt *kompakt*, wenn jede Folge aus K eine Teilfolge enthält, die gegen ein Element aus K konvergiert. Jede kompakte Menge ist beschränkt und abgeschlossen.

kompakter Raum:

Ein topologischer Raum T (s. topologischer Raum) heißt *kompakt*, wenn T ein Hausdorffscher Raum ist (s. Hausdorffscher Raum) und das Axiom von Borel-Lebesgue erfüllt ist: Jede offene Überdeckung von T enthält eine endliche Überdeckung von T (s. Überdeckung).

komplanar:

Punkte, Geraden oder beliebige geometrische Gebilde, die in der gleichen Ebene liegen, heißen *komplanar.*

1. Komplanare Punkte im $\mathbb{R}^3$:

Vier Punkte $P_i(x_i, y_i, z_i)$ im $\mathbb{R}^3$ für $i = 1, 2, 3, 4$ sind genau dann komplanar, wenn die drei Verbindungsvektoren $\overrightarrow{P_1P_i}$ für $i = 2, 3, 4$ komplanar sind (s. Vektor im V^n, 2., s. 2.). Dies ist genau dann der Fall, wenn für die kartesischen Koordinaten folgende Determinante verschwindet:

$$D = \begin{vmatrix} 1 & 1 & 1 & 1 \\ x_1 & x_2 & x_3 & x_4 \\ y_1 & y_2 & y_3 & y_4 \\ z_1 & z_2 & z_3 & z_4 \end{vmatrix} = 0 \quad \text{(s. Determinante, s. Ebene, 2.4.).}$$

2. Komplanare Vektoren:
Die m dreidimensionalen Vektoren $\vec{a}_i \in V^3$ für $i = 1, 2, \ldots, m$ heißen *komplanar*, wenn die am gleichen Punkt angehefteten Vektoren in einer Ebene E liegen. Dies ist genau dann der Fall, wenn jeder dieser Vektoren Linearkombination von zwei linear unabhängigen Vektoren $\vec{a}$ und $\vec{b}$ ist (s. Vektor im V^n, 2.6.). Drei Vektoren sind genau dann komplanar, wenn sie linear abhängig sind (s. linear unabhängig, 4.). Dies ist genau dann der Fall, wenn ihr Spatprodukt verschwindet (s. Spatprodukt).

Komplement:

1. Komplement (Komplementärmenge) einer Menge:
Es sei $A \subset M$ eine Teilmenge von M. Die Differenzmenge

$$M \setminus A = \{x \mid x \in M \text{ und } x \notin A\}$$

heißt das *Komplement* von A oder die *Komplementärmenge* von A bezüglich der Obermenge M. Bezüglich einer fest vorgegebenen Grundmenge Ω bezeichnet man das Komplement im allgemeinen mit $\overline{A}$ oder $CA = C_\Omega A$ (s. Menge, 2.).

2. Komplement eines Verbandselementes:
In einem Verband $(V, \sqcap, \sqcup)$ mit dem Nullelement 0 und dem Einselement e (s. Verband) heißt das Element $x \in V$ *Komplement* von $a \in V$, wenn gilt

$$a \sqcap x = 0 \quad \text{und} \quad a \sqcup x = e.$$

komplementärer Verband:

Ein Verband V (s. Verband) heißt *komplementär*, wenn er zu jedem Element mindestens ein Komplement dazu enthält (s. Komplement, 2.).

Komplementärmenge s. Komplement, 1.

Komplementwinkel:

Jeder Winkel, der einen Winkel zu einem rechten Winkel ergänzt, heißt *Komplementwinkel.* In einem rechtwinkligen Dreieck ist z. B. jeder spitze Winkel Komplementwinkel des anderen spitzen Winkels.

Komplex:

Jede Teilmenge K einer Gruppe G (s. Gruppe) heißt ein *Komplex* von G.

komplexe Ebene s. komplexe Zahlenebene.

komplexe (komplexwertige) Funktion:

1. Grundbegriffe:
Jeder komplexen Zahl $z = x + iy$ einer Menge $D \subset \mathbb{C}$ mit dem variablen Realteil $x \in \mathbb{R}$ und dem variablen Imaginärteil $y \in \mathbb{R}$ werde durch eine Ab-

bildungsvorschrift f die komplexe Zahl $w = f(z) = u + i v$, $u, v \in \mathbb{R}$ mit $f(z) \in W \subset \mathbb{C}$ zugeordnet (s. komplexe Zahlen). Dann heißt f(z) eine *komplexe Funktion.* z ist die *unabhängige* und w die *abhängige* Variable. D ist der *Definitionsbereich*, W der *Wertebereich* von f. Mit dem Real- und Imaginärteil ergibt sich folgender Sachverhalt: Jedem Zahlenpaar $(x, y) \in \mathbb{R}^2$ mit $x + i y \in D$ wird durch die Abbildung f ein Zahlenpaar $(u, v) \in \mathbb{R}^2$ mit $u + i v \in W$ zugeordnet. Der Realteil u und der Imaginärteil v sind damit reelle Funktionen der beiden unabhängigen reellen Variablen x und y, also

$$u = u(x, y) \quad \text{und} \quad v = v(x, y) \text{ (s. Funktion von reellen Variablen, 2.).}$$

Damit gilt

$$w = f(z) = f(x + i y) = u(x, y) + i v(x, y) = \mathrm{Re}(w) + i \, \mathrm{Im}(w).$$

Der Betrag einer komplexen Funktion ist

$$|w| = |f(z)| = |f(x + i y)| = \sqrt{u^2(x, y) + v^2(x, y)}\ .$$

Für $y \equiv 0$ ist die unabhängige Variable gleich der reellen Variablen x. Mit $u(x, 0) = u(x)$ und $v(x, 0) = v(x)$ erhält man dann die komplexwertige Funktion der reellen Variablen x

$$f(x) = u(x) + i v(x).$$

Ganzrationale Funktionen $w(z) = P_n(z) = c_0 + c_1 z + c_2 z^2 + \ldots + c_n z^n$ mit komplexen Koeffizienten $c_k \in \mathbb{C}$ sind wie im bei reellen Funktionen erklärt (s. Polynom, 2.).

Das Polynom $P_n(z)$ besitze die Nullstellen $z_1, z_2, \ldots, z_r$ mit den Vielfachheiten $k_1, k_2, \ldots, k_r$ mit $n = k_1 + k_2 + \ldots + k_r$. Dann gilt nach dem Fundamentalsatz der Algebra

$$P_n(z) = c_0 + c_1 z + \ldots + c_n z^n = c_n \cdot (z - z_1)^{k_1} \cdot (z - z_2)^{k_2} \cdot \ldots \cdot (z - z_r)^{k_r}$$

(s. Fundamentalsatz der Algebra). Division zweier ganzrationaler Funktionen ergibt die *gebrochenrationale Funktion*

$$w(z) = \frac{P_n(z)}{Q_m(z)}.$$

Für $Q_m(z_0) = 0$ und $P_n(z_0) \neq 0$ besitzt w an der Stelle z_0 einen Pol.

$w(z) = \dfrac{a z + b}{c z + d}$, $a, b, c, d \in \mathbb{C}$ mit $a d - b c \neq 0$ heißt *gebrochen linear.*

2. Grenzwert und Stetigkeit einer komplexen Funktion:

Die komplexe Funktion f(z) besitzt an der Stelle $z_0 = x_0 + i y_0$ den Grenzwert $a = \alpha + i \beta$, wenn gilt

$$\lim_{x \to x_0,\, y \to y_0} u(x, y) = \alpha; \qquad \lim_{x \to x_0,\, y \to y_0} v(x, y) = \beta$$

(s. Funktion von reellen Variablen, 2.2., 2.3.). Dafür schreibt man auch

$$\lim_{z \to z_0} f(z) = \alpha + i \beta = a.$$

Die Funktion f(z) ist an der Stelle $z_0 = x_0 + i\,y_0 \in D$ *stetig*, wenn sie an dieser Stelle einen Grenzwert besitzt, und dieser Grenzwert mit dem Funktionswert $f(z_0)$ übereinstimmt, falls also gilt

$$\lim_{z\to z_0} f(z) = \lim_{x\to x_0,\, y\to y_0} [u(x,y) + i\,v(x,y)] = u(x_0, y_0) + i\,v(x_0, y_0) = f(z_0).$$

f(z) ist an der Stelle $z_0 = x_0 + i\,x_0 \in D$ genau dann stetig, wenn die beiden Funktionen u(x, y) und v(x, y) an der Stelle (x_0, y_0) stetig sind.

3. Ableitung:
Die Funktion f(z) heißt *an der Stelle* $z_0 = x_0 + i\,y_0$ *differenzierbar*, falls für

$$\Delta z = \Delta x + i\,\Delta y \to 0 \quad \Leftrightarrow \quad \Delta x \to 0 \text{ und } \Delta y \to 0 \quad \text{der Grenzwert}$$

$$\lim_{\Delta z\to 0} \frac{f(z_0 + \Delta z) - f(z_0)}{\Delta z} = f'(z_0) = \frac{d}{dz} f(z)\Big|_{z = z_0}$$

existiert. Wenn f an jeder Stelle $z_0 \in D$ differenzierbar ist, heißt f in D *differenzierbar.*

$$f'(z) = \lim_{\Delta z\to 0} \frac{f(z + \Delta z) - f(z)}{\Delta z} = f'(z) = \frac{d}{dz} f(z)$$

heißt die *Ableitungsfunktion.*

Satz von Cauchy - Riemann:
Die komplexe Funktion $w = f(z) = f(x + i\,y) = u(x,y) + i\,v(x,y)$ ist an der Stelle $z_0 = x_0 + i\,y_0$ genau dann komplex differenzierbar, wenn die Funktionen u(x, y) und v(x, y) in einer Umgebung von (x_0, y_0) stetige partielle Ableitungen nach x und y besitzen, und dort die

Cauchy - Riemannschen partiellen Differentialgleichungen

$$u_x(x_0, y_0) = v_y(x_0, y_0); \quad u_y(x_0, y_0) = -v_x(x_0, y_0)$$

erfüllen. Dann gilt

$$f'(z_0) = f'(x_0 + i\,y_0) = u_x(x_0, y_0) + i\,v_x(x_0, y_0) = v_y(x_0, y_0) - i\,u_y(x_0, y_0).$$

Ableitungsregeln:
Wie bei reellen Funktionen gelten auch für die Ableitungen komplexer Funktionen die Summen- , Produkt – , Quotienten - , Kettenregel sowie die Ableitungsregel für die Umkehrfunktion (s. Ableitungsregeln).

Beispiel (Polynom):
Die ganzrationale Funktion

$$P_n(z) = c_0 + c_1 z + c_2 z^2 + \ldots + c_n z^n = \sum_{k=0}^{n} c_k z^k \quad \text{mit} \quad c_k \in \mathbb{C}$$

besitzt die Ableitung

$$P_n'(z) = \sum_{k=1}^{n} k\, c_k z^{k-1}.$$

4. Holomorphe (analytische, reguläre) Funktion:
Eine Funktion f(z) heißt an der Stelle z_0 einer offenen Menge D *holomorph* (*analytisch* oder *regulär*), wenn f(z) in einer Umgebung von z_0 komplex differenzierbar ist. f(x) heißt holomorph in $z = \infty$, wenn die Funktion $g(\zeta) = f(\frac{1}{\zeta})$ an der Stelle $\zeta = 0$ holomorph ist. f(z) nennt man in einem offenen Gebiet G holomorph, wenn f an jeder Stelle $z_0 \in G$ holomorph ist. Eine Funktion f(z) ist an der Stelle $z = z_0 \neq \infty$ genau dann holomorph, wenn sie sich in eine Potenzreihe um z_0

$$f(z) = \sum_{n=0}^{\infty} c_n (z - z_0), \quad c_n \in \mathbb{C}$$

entwickeln läßt, die für $|z - z_0| < r$ mit $r > 0$ (Kreis um z_0) absolut konvergiert. f(z) ist an der Stelle $z = \infty$ genau dann holomorph, wenn sie in eine Potenzreihe der Art $f(z) = \sum_{n=0}^{\infty} \frac{c_n}{z^n}$, $c_n \in \mathbb{C}$ entwickelt werden kann, die für $|z| > R$ konvergiert.

5. Funktionenreihe und Potenzreihe:
Reihen komplexer Funktionen $\sum_{n=1}^{\infty} f_n(z)$ und Potenzreihen $\sum_{n=0}^{\infty} c_n (z - z_0)^n$ mit $c_n \in \mathbb{C}$ werden formal wie Reihen reeller Funktionen erklärt. Über den Betrag können die Definition der absoluten Konvergenz sowie die Konvergenzkriterien unmittelbar übernommen werden, insbesondere das Quotienten- und Wurzelkriterium (s. Funktionenreihe, s. Potenzreihe).

6. Taylor - Reihe:
Die Funktion f(z) sei in $K = \{z \mid |z - z_0| < r\}$ holomorph (s. 4.). Dann konvergiert die Taylor - Reihe

$$f(z) = \sum_{n=0}^{\infty} \frac{f^{(n)}(z_0)}{n!} \cdot (z - z_0)^n$$

in jedem Kreisbereich $K_1 = \{z \mid |z - z_0| \leq r_1\}$ mit $r_1 < r$ absolut.

Beispiel (Exponentialfunktion): Die Reihe

$$e^z = 1 + \frac{z}{1!} + \frac{z^2}{2!} + \frac{z^3}{3!} + \ldots = \sum_{n=0}^{\infty} \frac{z^n}{n!}$$

ist in ganz $\mathbb{C}$ absolut konvergent.

7. Eulersche Formel:
Setzt man in der Exponentialreihe (s. 6.) als Argument $z = ix$ mit $x \in \mathbb{R}$ ein, so erhält man

$$e^{ix} = \sum_{k=0}^{\infty} \frac{(ix)^k}{k!} = 1 + \frac{ix}{1!} - \frac{x^2}{2!} - \frac{ix^3}{3!} + \frac{x^4}{4!} + \frac{ix^5}{5!} - \frac{x^6}{6!} - \frac{ix^7}{7!} + \frac{x^8}{8!} + \ldots .$$

Zusammenfassung des Real- und Imaginärteils ergibt die *Eulersche Formel*

$$e^{ix} = \cos x + i \sin x \quad \text{für } x \in \mathbb{R}$$

(s. Exponentialfunktion, s. Sinus, s. Kosinus). Damit gilt für das Argument φ die nach *Euler* benannte Formel

$$e^{i\varphi} = \cos\varphi + i\sin\varphi, \quad \text{also} \quad z = |z| \cdot e^{i\varphi} = |z| \cdot (\cos\varphi + i\sin\varphi).$$

Die Funktion

$$f(x) = e^{ix} = \cos x + i\sin x$$

ist eine komplexwertige Funktion der reellen Variablen x. Hieraus erhält man die Eigenschaften

$$\frac{e^{ix} - e^{-ix}}{2i} = \sin x; \quad \frac{e^{ix} + e^{-ix}}{2} = \cos x .$$

8. Moivresche Formel:
Aus der Eulerschen Formel (s. 7.)

$$z_1 = |z_1| \cdot e^{i\varphi_1} = |z_1| \cdot (\cos\varphi_1 + i\sin\varphi_1)$$
$$z_2 = |z_2| \cdot e^{i\varphi_2} = |z_2| \cdot (\cos\varphi_2 + i\sin\varphi_2)$$

erhält man mit Hilfe der "Potenzgesetze"

$$z_1 \cdot z_2 = |z_1| \cdot |z_2| \cdot e^{i(\varphi_1 + \varphi_2)} = |z_1| \cdot |z_2| \cdot [\cos(\varphi_1 + \varphi_2) + i\sin(\varphi_1 + \varphi_2)];$$
$$\frac{z_1}{z_2} = \frac{|z_1|}{|z_2|} \cdot e^{i(\varphi_1 - \varphi_2)} = \frac{|z_1|}{|z_2|} \cdot [\cos(\varphi_1 - \varphi_2) + i\sin(\varphi_1 - \varphi_2)] \text{ für } z_2 \neq 0.$$

Damit gilt für jede natürliche Zahl n die nach *Moivre* benannte Formel

$$z^n = |z|^n \cdot (\cos n\varphi + i\sin n\varphi); \quad z^{-n} = \frac{1}{|z|^n} \cdot (\cos n\varphi - i\sin n\varphi) \text{ für } z \neq 0.$$

9. Integralformel von Cauchy:
Die Funktion f(z) sei holomorph (s. 4.) in einem einfach zusammenhängenden Gebiet G, das von einer geschlossenen, stückweise glatten Kurve $\mathfrak{C}$, die mathematisch positiv orientiert ist, berandet wird (s. glatt, 1.). Dann erhält man mit dem Integral über die geschlossene Kurve für jede Stelle z im Innern von G

$$f(z) = \frac{1}{2\pi i} \oint_{\mathfrak{C}} \frac{f(\zeta)}{\zeta - z} d\zeta;$$

$$f^{(n)}(z) = \frac{n!}{2\pi i} \oint_{\mathfrak{C}} \frac{f(\zeta)}{(\zeta - z)^{n+1}} d\zeta \quad \text{für } n = 1, 2, \ldots$$

(s. komplexes Kurvenintegral). Dabei werden die Integrale in der entgegengesetzten Uhrzeigerlaufrichtung berechnet. Durch die Werte der Funktion f(z) auf der Kurve $\mathfrak{C}$ sind alle Funktionswerte sowie ihre Ableitungen im Innern der Kurve $\mathfrak{C}$ bestimmt. Falls die Funktion f(z) nur außerhalb der Kurve $\mathfrak{C}$ holomorph ist, muß die Integration im Uhrzeigerlaufsinn erfolgen mit

$$f^{(n)}(z) = \frac{n!}{2\pi i} \oint_{\mathfrak{C}} \frac{f(\zeta)}{(\zeta - z)^{n+1}} d\zeta .$$

In beiden Fällen befindet sich das Gebiet G, in dem die Funktion regulär ist, jeweils links vom Integrationsweg.

10. Laurent - Reihe:

10.1. Die Laurent - Reihe in der Umgebung einer Stelle $z_0 \neq \infty$:

Die Funktion f(z) sei in Kreisring $K(z_0) = \{z \mid r < |z - z_0| < R\}$ mit $0 < r < R \leq \infty$, $z_0 \neq \infty$ holomorph. Dann besitzt die Funktion f(z) für jedes $z \in K(z_0)$ die eindeutige, absolut konvergente *Laurent-Reihe*

$$\begin{aligned} f(z) &= c_0 + c_1(z - z_0) + c_2(z - z_0)^2 + \ldots + \frac{c_{-1}}{z - z_0} + \frac{c_{-2}}{(z - z_0)^2} + \ldots \\ &= \sum_{k=0}^{\infty} c_k (z - z_0)^k + \sum_{k=1}^{\infty} \frac{c_{-k}}{(z - z_0)^k} . \end{aligned}$$

Ist $\mathfrak{C}$ eine beliebige geschlossene, stückweise glatte Kurve (s. glatt, 1.) aus dem Innern von $K(z_0)$ mit mathematisch positiver Orientierung (entgegen dem Uhrzeigerlaufsinn), so gilt

$$c_k = \frac{1}{2\pi i} \oint_{\mathfrak{C}} \frac{f(\zeta)}{(\zeta - z_0)^{k+1}} d\zeta \quad \text{für } k = 0, 1, 2, \ldots \ ;$$

$$c_{-k} = \frac{1}{2\pi i} \oint_{\mathfrak{C}} f(\zeta)(\zeta - z_0)^{k-1} d\zeta \quad \text{für } k = 1, 2, 3, \ldots$$

(s. komplexes Kurvenintegral). Im Innern von $K(z_0)$ darf die Laurent - Reihe gliedweise differenziert und gliedweise integriert werden.

Der erste Teil der Potenzreihe $\sum_{k=0}^{\infty} c_k (z - z_0)^k$ heißt *regulärer Teil*, die zweite Summe $\sum_{k=1}^{\infty} \frac{c_{-k}}{(z - z_0)^k}$ ist der *Hauptteil* der Laurent - Reihe.

Beide Summen können auch zusammengefaßt werden zu

$$f(z) = \sum_{k=-\infty}^{\infty} c_k (z - z_0)^k \text{ mit } c_k = \frac{1}{2\pi i} \oint_{\mathfrak{C}} \frac{f(\zeta)}{(\zeta - z_0)^{k+1}} d\zeta; \ -\infty < k < \infty .$$

10.2. Die Laurent - Reihe in einer Umgebung von ∞:

Die Laurent - Reihe f(z) in einer Umgebung von $z = \infty$ lautet

$$f(z) = \sum_{k=-\infty}^{\infty} c_k z^k .$$

Sie besitzt formal die gleiche Darstellung wie die Laurent - Reihe um den Punkt $z_0 = 0$.

11. Reguläre und singuläre Punkte und Pole:

Falls die Funktion f(z) im Punkt z holomorph (regulär) ist, nennt man den Punkt z *regulär*. Jeder Punkt z, in dem f(z) nicht regulär ist, heißt *singulär*. Ein singulärer Punkt z heißt *isoliert singulär*, wenn es einen Kreis um z gibt, der außer z keinen weiteren singulären Punkt enthält.

Falls die Laurent - Reihe die Darstellung

$$f(z) = \sum_{k=0}^{\infty} c_k (z - z_0)^k$$

($c_{-k} = 0$ für $k = 1, 2, \dots$) hat, heißt der Punkt z_0 eine *hebbare singuläre* Stelle. Durch die Fortsetzung $f(z_0) = c_0$ wird $f(z)$ analytisch.
Besitzt die Laurent-Reihe für ein $m > 0$ die Darstellung

$$f(z) = \sum_{k=0}^{\infty} c_k (z - z_0)^k + \frac{c_{-1}}{z - z_0} + \frac{c_{-2}}{(z - z_0)^2} + \frac{c_{-m}}{(z - z_0)^m} \quad \text{mit } c_{-m} \neq 0,$$

also $c_{-k} = 0$ für alle $k > m$, so heißt die singuläre Stelle z_0 ein *Pol der Ordnung* m. Die Stelle z_0 heißt *wesentliche singuläre Stelle*, wenn die Laurent-Reihe unendlich viele Potenzen von $\frac{1}{z - z_0}$ besitzt.

12. Residuum:
Der Koeffizient c_{-1} in der Laurent-Reihe heißt das *Residuum* von $f(z)$ im Punkt z_0. Es wird bezeichnet mit

$$\operatorname{Res}_{z_0}[f(z)] = c_{-1} \quad \text{mit} \quad \operatorname{Res}_{z_0}(f(z)) = \frac{1}{2\pi i} \oint_{\mathfrak{C}} f(\zeta)\, d\zeta = c_{-1}.$$

Falls die Funktion $f(z)$ in $z_0 \neq 0$ einen Pol m-ter Ordnung besitzt (s. 11.), kann das Residuum nach der folgenden Formel berechnet werden:

$$\operatorname{Res}_{z_0}[f(z)] = c_{-1} = \frac{1}{(m-1)!} \cdot \lim_{z \to z_0} \frac{d^{m-1}}{dz^{m-1}} \Big((z - z_0)^m f(z) \Big).$$

Residuensatz:
Die Funktion $f(z)$ sei in G holomorph mit Ausnahme von endlich vielen singulären Punkten $z_1, z_2, \dots, z_n$. $\mathfrak{C}$ sei eine geschlossene, stückweise glatte Kurve aus $\mathbb{C}$, die alle n singulären Punkte umschließt. Dann gilt

$$\oint_{\mathfrak{C}} f(\zeta)\, d\zeta = 2\pi i \sum_{i=1}^{n} \operatorname{Res}_{z_i}[f(z)].$$

Berechnung bestimmter reeller Integrale mit Hilfe des Residuensatzes:
In der reellen Funktion $f(x) = \frac{Q(x)}{P(x)}$ seien $P(x)$ und $Q(x)$ reelle Poynome mit $\operatorname{Grad}(P(x)) \geq \operatorname{Grad}(Q(x)) + 2$. Das Nennerpolynom $P(x)$ besitze auf der reellen Achse keine Nullstellen. $z_1, z_2, \dots, z_n$ seien die komplexen Nullstellen von $P(z)$, die in der oberen Halbebene liegen. Dann folgt aus dem Residuensatz die Darstellung

$$\int_{-\infty}^{\infty} \frac{Q(x)}{P(x)} dx = 2\pi i \sum_{k=1}^{n} \operatorname{Res}_{z_k}\left(\frac{Q(z)}{P(z)}\right).$$

Beispiel: Die Funktion $f(z) = \frac{1}{1 + z^2}$ ist außerhalb der Stellen $z_0 = \pm i$ holomorph. Das Residuum an der Stelle $z_0 = i$ erhält man nach der oben angegebenen Formel mit $m = 1$ als

$$\operatorname{Res}_i[f(z)] = c_{-1} = \lim_{z \to i} \frac{z - i}{1 + z^2} = \lim_{z \to i} \frac{1}{2z} = \frac{1}{2i}.$$

Damit gilt $\int_{-\infty}^{\infty} \frac{1}{1 + x^2} dx = 2\pi i \cdot \frac{1}{2i} = \pi.$

13. Stammfunktion s. komplexes Kurvenintegral.

komplexe Matrix (komplexer Vektor):

Falls man in einer Matrix C komplexe Elemente $c_{kj} \in \mathbb{C}$ oder in einem Vektor $\vec{c}^T = (c_1, c_2, \ldots, c_n)$ komplexe Komponenten zuläßt (s. Matrix, s. Vektor im V^n), erhält man komplexe Matrizen und komplexe Vektoren. Sämtliche Begriffe und Rechenregeln für reelle Matrizen und Vektoren können unmittelbar übertragen werden. Die konjugiert komplexe Matrix erhält man, indem für alle Elemente die konjugiert komplexen Werte gebildet werden.

komplexer Vektorraum s. Vektorraum, 4.

komplexes Kurvenintegral (Integral):

Die stückweise glatte Kurve $\mathfrak{C}$ mit dem Anfangspunkt a und dem Endpunkt b liege im Definitionsbereich der komplexen Funktion f(z). Ferner seien $a = z_0, z_1, \ldots, z_n = b$ beliebige, aufeinanderfolgende Kurvenpunkte und ξ_k ein beliebiger Punkt auf dem zwischen z_{k-1} und z_k liegenden Kurvenstück für $k = 1, 2, \ldots, n$. Falls für $n \to \infty$ mit $\max\limits_{1 \leq k \leq n} |z_k - z_{k-1}| \to 0$ für jede beliebige Wahl der Zwischenpunkte die Summe

$$\lim_{n\to\infty} \sum_{k=1}^{n} f(\xi_k)(z_k - z_{k-1}) = \oint_{\mathfrak{C}} f(z)\,dz = (\mathfrak{C})\int_a^b f(z)\,dz$$

gegen den gleichen Grenzwert konvergiert, heißt dieser Grenzwert das *komplexe Kurvenintegral* der Funktion f(z) über die Kurve $\mathfrak{C}$. Mit der Funktionsdarstellung $f(z) = u(x,y) + i\,v(x,y)$ (s. komplexe Funktion, 1.) und der Parameterdarstellung der Kurve $z(t) = x(t) + i\,y(t)$, $t_1 \leq t \leq t_2$ erhält man

$$\begin{aligned}\oint_{\mathfrak{C}} f(z)\,dz &= (\mathfrak{C})\int_a^b f(z)\,dz = \int_{t_1}^{t_2} f(z(t))\cdot z'(t)\,dt \\ &= \int_{t_1}^{t_2} [u(x(t),y(t)) + i\,v(x(t),y(t))]\cdot[x'(t) + i\,y'(t)]\,dt \\ &= \int_{t_1}^{t_2} [u(x(t),y(t))\cdot x'(t) - v(x(t),y(t))\cdot y'(t)]\,dt \\ &\quad + i\int_{t_1}^{t_2} [v(x(t),y(t))\cdot x'(t) + u(x(t),y(t))\cdot y'(t)]\,dt\,.\end{aligned}$$

Mit der Substitution $x = x(t)$; $y = y(t)$ geht dieses Integral über in

$$(\mathfrak{C})\int_a^b f(z)\,dz = \int_{(x_1,y_1)}^{(x_2,y_2)} \left\{ [u(x,y)\,dx - v(x,y)]\,dy + i\,[v(x,y)\,dx + u(x,y)\,dy] \right\}.$$

Falls die Kurve $\mathfrak{C}$ in umgekehrter Integrationsreihenfolge, also von b nach a durchlaufen wird, gilt

$$(\mathfrak{C})\int_b^a f(z)\,dz = -(\mathfrak{C})\int_a^b f(z)\,dz \qquad \text{(Vorzeichenwechsel).}$$

Beispiel: Es sei $\mathfrak{C}$ eine Kreislinie mit dem Radius r um den Nullpunkt O, der mathematisch positiv (entgegen dem Uhrzeigerlaufsinn) orientiert ist. Dann gilt die Parameterdarstellung

$$z(t) = r(\cos t + i \sin t) \quad \text{für} \quad 0 \le t \le 2\pi; \quad z'(t) = r(-\sin t + i \cos t).$$

Für die Funktion $f(z) = \frac{1}{z}$ lautet das Kurvenintegral

$$\int_{\mathfrak{C}} \frac{1}{z}\, dz = \int_0^{2\pi} \frac{r(-\sin t + i \cos t)}{r(\cos t + i \sin t)}\, dt$$

$$= \int_0^{2\pi} \frac{(-\sin t + i \cos t)(\cos t - i \sin t)}{(\cos t + i \sin t)(\cos t - i \sin t)}\, dt = \int_0^{2\pi} i\, dt = 2\pi i.$$

Für $k = 0, 1, \ldots$ erhält man aus der Eulerschen Formel

$$z^k(t) = r^k(\cos kt + i \sin kt)$$

$$\int_{\mathfrak{C}} z^k\, dz = r^{k+1} \int_0^{2\pi} (\cos kt + i \sin kt)(-\sin t + i \cos t)\, dt = 0$$

(wegen der Orthogonalität der Funktionen 1; $\sin kt$; $\cos kt$ in $[0; 2\pi]$). Entsprechend ist

$$\int_{\mathfrak{C}} \frac{1}{z^k}\, dz = 0 \quad \text{für } k = 2, 3, \ldots .$$

Integralsatz von Cauchy:
Die Funktion f(z) sei in einem einfach zusammenhängenden Gebiet G (s. einfach zusammenhängend) holomorph (s. holomorph). Die Kurve $\mathfrak{C}$ sei stückweise glatt und liege in G. Dann ist das Kurvenintegral $(\mathfrak{C}) \int f(z)\, dz$ nur vom Anfangs- und Endpunkt z_1 und z_2, nicht jedoch vom tatsächlichen Kurvenverlauf abhängig. Über jede geschlossene Kurve in $\mathfrak{C}$, die im mathematisch positiven Sinn durchlaufen wird, verschwindet das Integral. Dafür schreibt man

$$\oint_{\mathfrak{C}} f(z)\, dz = 0.$$

Falls umgekehrt das Kurvenintegral über jede geschlossene Kurve aus G verschwindet, ist die Funktion f in G holomorph.

Hauptsatz der Differential- und Integralrechnung:
Die Funktion f(z) sei in G holomorph und besitze die Stammfunktion F(z) mit $F'(z) = f(z)$. Die Kurve $\mathfrak{C}$ liege in G und besitze den Anfangspunkt z_1 und den Endpunkt z_2. Dann gilt

$$(\mathfrak{C}) \int_{z_1}^{z_2} f(z)\, dz = F(z_2) - F(z_1).$$

komplexe Zahlen:

1. Grundbegriffe:

Die quadratische Gleichung $x^2 + 1 = 0$, also $x^2 = -1$ besitzt in der Menge $\mathbb{R}$ der reellen Zahlen keine Lösung, da das Quadrat jeder reellen Zahl nichtnegativ ist. Durch formales Wurzelziehen erhält man aus der Gleichung die Lösungen

$$x_1 = \sqrt{-1}\ ; \quad x_2 = -\sqrt{-1}\,.$$

Man setzt

$$i = \sqrt{-1}\ ; \quad -i = -\sqrt{-1} \quad \text{mit} \quad i^2 = -1.$$

Dabei ist i die *imaginäre Einheit.* Mit reellen Zahlen a und b heißt

$$z = a + i\,b \quad \text{mit} \quad i^2 = -1$$

eine *komplexe Zahl.* Dabei ist

$a = \mathrm{Re}(z)$ der *Realteil* von z und $b = \mathrm{Im}(z)$ der *Imaginärteil* von z.

Die Menge der komplexen Zahlen wird mit $\mathbb{C}$ bezeichnet. Mit $b = 0$ ist $z = a$ eine reelle Zahl. Damit gilt $\mathbb{R} \subset \mathbb{C}$. Falls der Realteil a verschwindet, nennt man $z = i\,b$ mit $b \neq 0$ eine *rein imaginäre Zahl.* Komplexe Zahlen können in der zweidimensionalen Zahlenebene $\mathbb{R}^2$ dargestellt werden. Jedem Punkt $(a, b) \in \mathbb{R}^2$ wird die komplexe Zahl $z = a + i\,b$ zugeordnet. Diese Ebene heißt *komplexe* oder *Gaußsche Zahlenebene.*

Es sei $z = a + i\,b$ eine komplexe Zahl. Dann heißt

$$\bar{z} = a - i\,b$$

die zu z *konjugiert komplexe* Zahl. Dabei geht $\bar{z}$ aus z durch Spiegelung an der reellen Achse hervor.

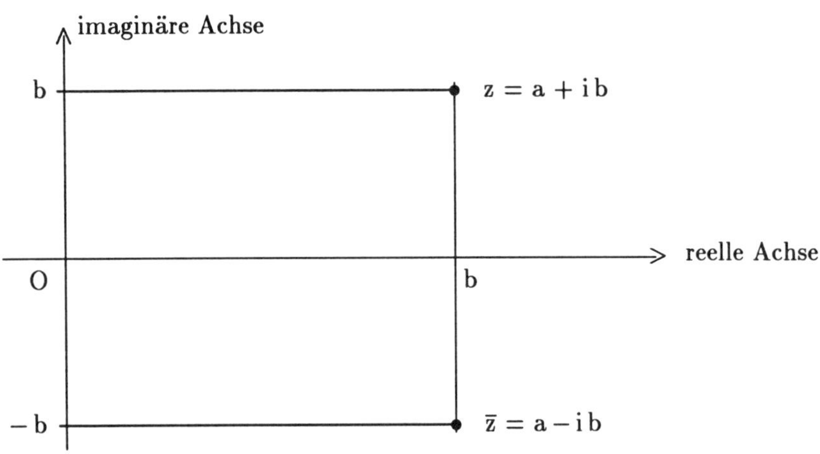

Der *Betrag*

$$|z| = \sqrt{a^2 + b^2} = \sqrt{z \cdot \bar{z}}$$

stellt den Abstand der Zahl z vom Koordinatenursprung O dar. Zum Rechnen mit komplexen Zahlen werden unmittelbar die Rechenregeln für reelle Zahlen übernommen, wobei $i^2 = -1$ gesetzt wird.
Es seien $z_1 = a_1 + i\,b_1$ und $z_2 = a_2 + i\,b_2$ zwei beliebige komplexe Zahlen. Dann erhält man:

Gleichheit: $z_1 = z_2 \Leftrightarrow a_1 = a_2$ und $b_1 = b_2$;

Addition: $z_1 + z_2 = (a_1 + a_2) + i\,(b_1 + b_2)$;

Subtraktion: $z_1 - z_2 = (a_1 - a_2) + i\,(b_1 - b_2)$;

Multiplikation: $z_1 \cdot z_2 = (a_1 + i\,b_1) \cdot (a_2 + i\,b_2)$

$$= a_1 a_2 + i\,a_1 b_2 + i\,b_1 a_2 + i^2 b_1 b_2 = a_1 a_2 - b_1 b_2 + i\,(a_1 b_2 + b_1 a_2);$$

Spezialfall: $z \cdot \bar{z} = (a + i\,b) \cdot (a - i\,b) = a^2 + b^2 = |z|^2$ (reell);

Division: $$\frac{z_1}{z_2} = \frac{a_1 + i\,b_1}{a_2 + i\,b_2} = \frac{(a_1 + i\,b_1) \cdot (a_2 - i\,b_2)}{(a_2 + i\,b_2) \cdot (a_2 - i\,b_2)}$$

$$= \frac{(a_1 a_2 + b_1 b_2) + i\,(b_1 a_2 - a_1 b_2)}{a_2^2 + b_2^2} \quad \text{für } z_2 \neq 0$$

(Rationalmachen des Nenners, Erweitern mit $\bar{z}_2$).

Die komplexen Zahlen können auch auf einer Kugel mit dem Durchmesser Eins dargestellt werden (s. Riemannsche Zahlenkugel).

2. Darstellung einer komplexen Zahl durch Polarkoordinaten:

$|z| = \sqrt{a^2 + b^2}$ sei der Betrag der komplexen Zahl $z = a + i\,b$. Das sogenannte *Argument* φ ist der Winkel zwischen der positiven reellen Achse und der vom Nullpunkt O zum Punkt z gerichteten Strecke. Mit den trigonometrischen Funktionen erhält man die Darstellungen

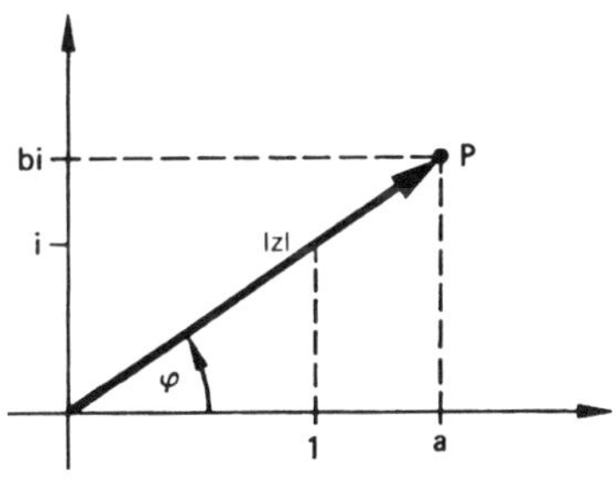

$$a = |z| \cdot \cos\varphi; \quad b = |z| \cdot \sin\varphi;$$

$$z = |z| \cdot (\cos\varphi + i \sin\varphi) \quad \text{(s. Moivresche Formel).}$$

3. Folgen und Reihen komplexer Zahlen:

Folgen $(c_n)_{n=1,2,\ldots}$ und Reihen $\sum_{n=1}^{\infty} c_n$ komplexer Zahlen mit

$$c_n = \alpha_n + i\,\beta_n, \; \alpha_n, \beta_n \in \mathbb{R} \quad \text{für } n = 1, 2, \ldots$$

werden formal wie bei reellen Zahlen erklärt. Die Folge $(c_n)_{n=1,2,\ldots}$ konvergiert gegen $c = \alpha + i\,\beta$, wenn die Differenz der Beträge $|c_n - c|$ eine Nullfolge ist, also

$$\lim_{n\to\infty} c_n = c \Leftrightarrow \lim_{n\to\infty} |c_n - c| = \lim_{n\to\infty} \sqrt{(\alpha_n - \alpha)^2 + (\beta_n - \beta)^2} = 0.$$

Zu jedem $\varepsilon > 0$ muß es also ein $n_0 = n_0(\varepsilon)$ geben mit

$$|c_n - c| = \sqrt{(\alpha_n - \alpha)^2 + (\beta_n - \beta)^2} < \varepsilon \quad \text{für alle } n \geq n_0 .$$

Dies ist nur möglich, wenn die reellen Folgen der Realteile und der Imaginärteile konvergieren mit

$$\lim_{n\to\infty} c_n = \lim_{n\to\infty} (\alpha_n + i\,\beta_n) = \alpha + i\,\beta \;\Leftrightarrow\; \lim_{n\to\infty} \alpha_n = \alpha \;\text{ und }\; \lim_{n\to\infty} \beta_n = \beta .$$

Die Reihe

$$\sum_{n=1}^{\infty} c_n = \sum_{n=1}^{\infty} \alpha_n + i \sum_{n=1}^{\infty} \beta_n$$

ist absolut konvergent, wenn die beiden Reihen der reellen Zahlen

$$\sum_{n=1}^{\infty} \alpha_n \quad \text{und} \quad \sum_{n=1}^{\infty} \beta_n \quad \text{absolut konvergieren.}$$

Beispiel: Mit $a = \alpha + i\,\beta$ konvergiert die geometrische Reihe

$$\sum_{n=0}^{\infty} a^n = \sum_{n=0}^{\infty} (\alpha + i\,\beta)^n = \frac{1}{1-a}$$

für $|a| = |\alpha + i\,\beta| = \sqrt{\alpha^2 + \beta^2} < 1$. Dabei besitzt der Grenzwert der Reihe die Darstellung

$$\frac{1}{1-a} = \frac{1}{1-\alpha-i\,\beta} = \frac{1-\alpha+i\,\beta}{(1-\alpha-i\,\beta)\cdot(1-\alpha+i\,\beta)}$$
$$= \frac{1-\alpha}{(1-\alpha)^2+\beta^2} + i\cdot\frac{\beta}{(1-\alpha)^2+\beta^2} .$$

komplexe (Gaußsche) Zahlenebene:

Die komplexen Zahlen $z = x + i\,y$ mit dem Realteil $x \in \mathbb{R}$ und dem Imaginärteil $y \in \mathbb{R}$ können den Punkten $P(x, y)$ einer Euklidischen Ebene mit den kartesischen Koordinaten (x, y) eineindeutig zugeordnet werden. Dann heißt diese Ebene *komplexe* oder *Gaußsche Zahlenebene* (s. komplexe Zahlen, 1.).

Komponenten (Koordinaten) eines Vektors:

In der Vektordarstellung $\vec{a}^T = (a_1, a_2, \ldots, a_n)$ heißen die reellen Zahlen a_i die *Komponenten* oder *Koordinaten* des Vektors $\vec{a}$ bezüglich der kanonischen Basis

$$\{\vec{e}_1^{\,T} = (1,0,0,\ldots,0);\ \vec{e}_2^{\,T} = (0,1,0,\ldots,0);\ \ldots;\ \vec{e}_n^{\,T} = (0,0,\ldots,0,1)\}$$

(s. Vektor im V^n, 3.).

Komposition (Zergliederung, Partition):

Es seien $A_1, A_2, \ldots, A_r$ nichtleere Mengen nichtnegativer reeller Zahlen. Die Darstellung einer natürlichen Zahl $n \in \mathbb{N}$ in der Form

$$n = a_1 + a_2 + \ldots + a_r$$

mit $a_k \in A_k$ für $k = 1, 2, \ldots, r$ heißt eine *Komposition* oder *Zergliederung* der natürlichen Zahl n. Die Anzahl der verschiedenen derartigen Darstellungen unter Berücksichtigung der Summationsreihenfolge heißt die *Kompositions-* oder *Zergliederungsanzahl* von n bzgl. $A_1, A_2, \ldots, A_r$. Ohne Berücksichtigung der Summationsreihenfolge spricht man von *Partitionen.*

Konchoide (Muschelkurve):

Die *Konchoide* (*Muschelkurve*) des Nikomedes besitzt als ebene Kurve in kartesischen Koordinaten die Gleichung

$$(x-a)^2 \cdot (x^2+y^2) - b^2 x^2 = 0 \quad \text{mit } a, b > 0.$$

Parameterdarstellung:

$$x = a + b\cos t\,; \qquad y = a\tan t + b\sin t\,;$$

$$-\frac{\pi}{2} < t < \frac{\pi}{2} \;\text{ rechter Zweig;} \quad \frac{\pi}{2} < t < \frac{3\pi}{2} \;\text{ linker Zweig.}$$

Darstellung in Polarkoordinaten (ρ, φ):

$$\rho(\varphi) = \frac{a}{\cos\varphi} \pm b\,; \quad + \text{ (rechter Zweig)}; \; - \text{ (linker Zweig)}.$$

Scheitelpunkte: $S(a \pm b, 0)$; Asymptote für beide Zweige: $x = a$.

$b < a \Rightarrow$ O ist isolierter Punkt;
$b > a \Rightarrow$ O ist Doppelpunkt mit den Tangenten $y = \pm\sqrt{\frac{b^2-a^2}{a}} \cdot x$;
$a = b \Rightarrow$ O ist eine Spitze (s. Knickstelle).

Geometrische Konstruktion:
An der Stelle $x = a$ wird auf der x-Achse ein Lot errichtet. Ein beliebiger Punkt Q auf diesem Lot wird mit dem Koordinatenursprung O verbunden. Dann gilt für die beiden auf der Kurve liegenden Punkte P und P′

$$\overline{P'Q} = \overline{QP} = b.$$

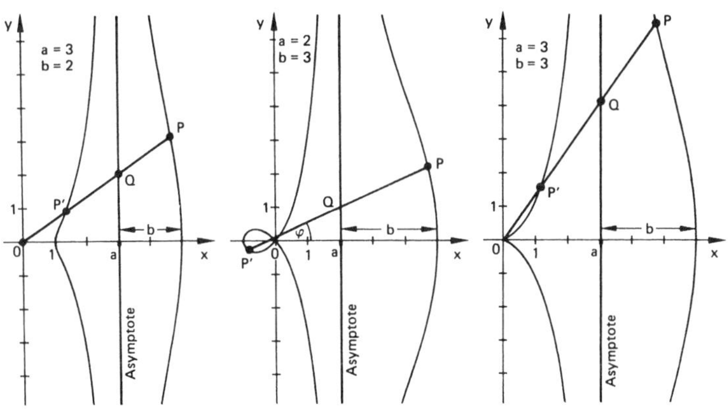

konfluente hypergeometrische Differentialgleichung s. Kummersche Reihe.

konfokal:
Falls mehrere in der gleichen Ebene dargestellte Kegelschnitte den gleichen Punkt als Brennpunkt bzw. die beiden gleichen Punkte als Brennpunkte besitzen, nennt man die Kegelschnitte *konfokal* (s. Kegelschnitt).

konforme (winkeltreue) Abbildung:
Eine Abbildung $w = f(z)$ eines Gebiets der komplexen z - Ebene auf ein Gebiet der komplexen w - Ebene heißt *konform*, falls die Schnittwinkel zweier Kurven (Winkel zwischen deren Tangenten) der Größe nach erhalten bleiben und immer den gleichen bzw. den entgegengesetzten Drehsinn haben. Die durch eine holomorphe Funktion $f(z)$ bestimmte Abbildung (s. holomorph) ist konform für alle regulären Punkte mit $f'(z) \neq 0$. Jedes hinreichend kleine Dreieck aus der Umgebung von z mit $f'(z) \neq 0$ wird in ein ähnliches Dreieck der w - Ebene abgebildet. Jede Seite wird dabei im Verhältnis $|f'(z)|:1$ gestaucht bzw. gestreckt und um den Winkel $\arg(f'(z))$ gedreht. Die stereographische Projektion der komplexen Zahlenebene auf die Riemannsche Zahlenkugel (s. stereographische Projektion) ist eine konforme Abbildung. Die eineindeutigen konformen Abbildungen der geschlossenen Zahlenebene auf sich sind genau die linearen Transformationen

$$f(z) = \frac{az+b}{cz+d} \quad \text{mit } a, b, c, d \in \mathbb{C},\ ad - bc \neq 0 .$$

Im Falle $ad - bc = 0$ ist $f(z)$ eine Konstante. Für $a \neq 0$ und $c \neq 0$ kann die Funktion dargestellt werden in der Form

$$f(z) = \frac{az+b}{cz+d} = \frac{a}{c} \cdot \frac{z+\frac{b}{a}}{z+\frac{d}{c}} = \frac{a}{c} \cdot \frac{(z+\frac{d}{c}) + (\frac{b}{a} - \frac{d}{c})}{z+\frac{d}{c}} = \frac{a}{c} + \frac{b - \frac{ad}{c}}{cz+d} .$$

Bei einer linearen Abbildung geht die Gesamtheit der Geraden und Kreise wieder in sich über. Dabei kann ein Kreis auch in eine Gerade übergehen und umgekehrt. Faßt man eine Gerade als Kreis durch den unendlich fernen Punkt auf, so gehen Kreise in Kreise über.

Beispiel:
Durch die konforme Abbildung $w = f(z) = \frac{1}{z}$ geht die komplexe Zahl

$$z = r e^{i\varphi}$$

über in

$$w = \frac{1}{r e^{-i\varphi}} = \frac{1}{r} e^{i\varphi} = \frac{z}{r^2} .$$

Damit findet also ein Spiegelung am Einheitskreis statt, die man auch *Transformation durch reziproke Radien* nennt (s. Inversion, 2.).

kongruent s. Kongruenzabbildung, s. Kongruenz von genzen Zahlen.

Kongruenzabbildung:

1. Kongruenzabbildung einer Ebene:
Eine *Kongruenzabbildung* einer Ebene E auf sich ist eine Abbildung, die Geraden in Geraden überführt, und bei der Längen von Strecken, Winkelgrößen und Inzidenzen (s. Inzidenz) erhalten bleiben. Dann nennt man das Orginal sowie dessen Bild *kongruent. Gleichsinnige* Kongruenzabbildungen sind z. B. Parallelverschiebungen sowie Drehungen. Spiegelungen an einer Geraden sind *ungleichsinnige* Kongruenzabbildungen.

2. Kongruenzabbildung eines n - dimensionalen Euklidischen Raumes:
Eine längentreue affine Abbildung eines n - dimensionalen Euklidischen Raumes auf sich (s. Euklidischer Raum) heißt *Kongruenzabbildung.* Dabei ist jede längentreue affine Abbildung auch winkeltreu. Sie kann dargestellt werden durch eine orthogonale Matrix (s. orthogonal, 1., s. affine Abbildung, 2.2.). Zwei Teilmengen A und B des Euklidischen Raumes nennt man *kongruent*, wenn es eine Kongruenzabbildung von A auf B gibt.

Kongruenzrelation:

In einer Menge M sei eine Addition $(+)$ und eine Multiplikation $(\cdot)$ definiert. Eine Äquivalenzrelation $\sim$ auf M (s. Äquivalenzrelation) heißt *Kongruenzrelation*, wenn gilt

$$x_1 \sim y_1 \text{ und } x_2 \sim y_2 \quad \Rightarrow \quad x_1 + x_2 \sim y_1 + y_2 \text{ und } x_1 \cdot x_2 \sim y_1 \cdot y_2 .$$

Kongruenz von ganzen Zahlen:

Es sei m eine natürliche Zahl. Zwei ganze Zahlen a und b heißen *kongruent modulo* m, im Zeichen

$$a \equiv b \pmod{m} \quad \text{(sprich: modulo m)},$$

wenn die Differenz $a - b$ durch m teilbar ist (s. Teilbarkeit). m heißt der *Modul* der Differenz. Die Kongruenz modulo m ist eine Äquivalenzrelation, d. h. es gilt $a \equiv a \pmod{m}$; aus $a \equiv b \pmod{m}$ folgt $b \equiv a \pmod{m}$; aus $a \equiv b \pmod{m}$ und $b \equiv c \pmod{m}$ folgt $a \equiv c \pmod{m}$.

Durch die Kongruenz werden die ganzen Zahlen in Restklassen modulo m eingeteilt. Zwei Zahlen a und b gehören zur gleichen Restklasse, wenn sie bei der Division durch m beide den gleichen Rest r besitzen. Mit den Resten $r = 0, 1, 2, \ldots, m-1$ gibt es m Restklassen modulo m. Die Restklasse mit dem Rest r besteht aus den ganzen Zahlen $a = z \cdot m + r$, wobei z alle ganzen Zahlen durchläuft.

Zwei ganze Zahlen heißen *inkongruent mod m*, wenn $a \equiv b \pmod{m}$ nicht besteht, wenn sie also bei der Division durch m verschiedene Reste besitzen. Dafür schreibt man $a \not\equiv b \pmod{m}$.

konjugierte Punkte s. Involution.

konjugierter Durchmesser:
Der geometrische Ort für die Mittelpunkte einer Schar paralleler Sehnen eines Kegelschnitts (s. Kegelschnitt) ist eine Gerade. Bei Ellipsen (s. Ellipse, 5., 6.) und Hyperbeln (s. Hyperbel) geht diese Gerade durch den Mittelpunkt der Kurve (s. Mittelpunkt, 3.). Dieser Durchmesser heißt *konjugiert* zum Durchmesser, der zur Sehnenschar gehört.

konjugiert komplex:
Es sei $z = a + ib$ eine komplexe Zahl (s. komplexe Zahlen, 1.). Dann heißt die komplexe Zahl $\bar{z} = a - ib$ die zu z *konjugiert komplexe Zahl.* Für den Betrag $|z|$ gilt dabei $z \cdot \bar{z} = a^2 + b^2 = |z|^2$.

konjugiert lineare Abbildung:
Es seien V und W lineare Räume über dem Körper $\mathbb{C}$ der komplexen Zahlen (s. Vektorraum, 4.). Eine Abbildung T von V in W heißt *konjugiert linear*, wenn für alle $\mathbf{u}, \mathbf{v} \in V$ und $\lambda \in \mathbb{C}$ gilt

$$T(\mathbf{u} + \mathbf{v}) = T(\mathbf{u}) + T(\mathbf{v});$$

$$T(\lambda \cdot \mathbf{u}) = \bar{\lambda} \cdot T(\mathbf{u}) \qquad (\bar{\lambda} \text{ ist die konjugiert komplexe Zahl von } \lambda).$$

Konjunktion s. und (logisches).

konkav:
Eine Funktion f heißt im Intervall $[a;b]$ (*von oben*) *konkav* oder *nach oben gewölbt* bzw. *von unten konvex*, wenn wenn für zwei beliebige Punkte $x_1, x_2 \in [a;b]$ mit $x_1 < x_2$ für alle λ mit $0 < \lambda < 1$ gilt

$$f(x_1 + \lambda(x_2 - x_1)) \geq f(x_1) + \lambda[f(x_1) - f(x_2)].$$

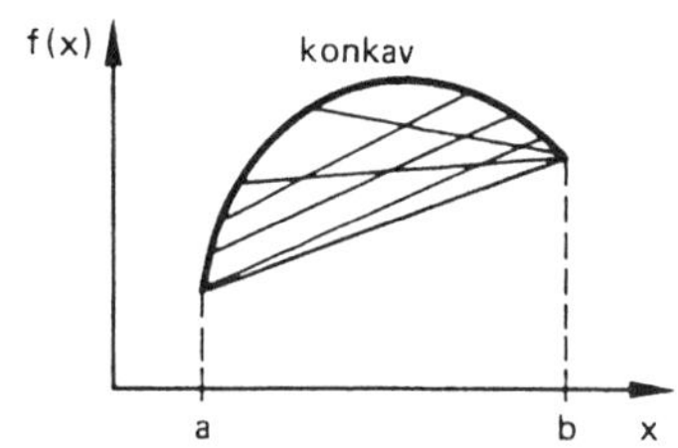

Im Falle

$$f(x_1 + \lambda(x_2 - x_1)) > f(x_1) + \lambda[f(x_1) - f(x_2)]$$

heißt f *streng konkav.* Meistens versteht man unter einer konkaven Funktion eine streng konkave. Bei einer streng konkaven Funktion verläuft die Sekante zwischen zwei Punkten $P(x_1, f(x_1))$, $P(x_2, f(x_2))$ der Kurve unterhalb der Kurve. In einem streng konkaven Bereich ist die Krümmung negativ. Bei differenzierbaren Funktionen verläuft in konkaven Bereich jede Tangente oberhalb der Kurve. f sei in $(a;b)$ zwei-

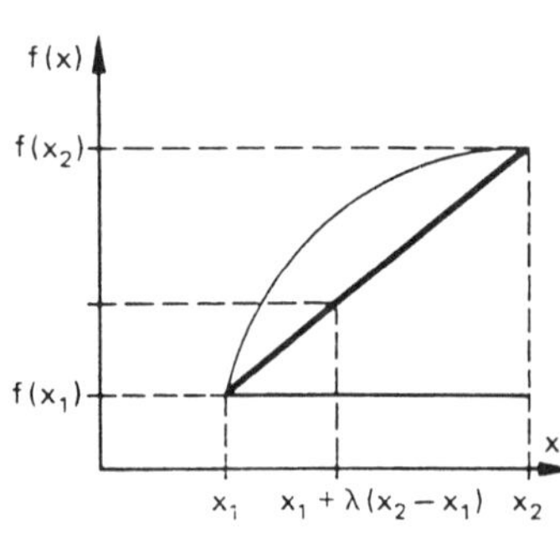

mal stetig differenzierbar mit $f''(x) \leq 0$. Dann ist f dort von oben konkav. Im Falle $f''(x) < 0$ ist f streng konkav. Dann besitzt f eine negative Krümmung (s. Krümmung, 1., s. Jensensche Ungleichung).

konnex:

Eine binäre Relation R in einer Menge M (s. Relation, 2.) heißt *konnex*, wenn für alle $a, b \in M$ genau einer der drei Fälle

$$a = b; \quad aRb; \quad bRa$$

richtig ist. Beispiel: $<$ für reelle Zahlen.
Die Relation R heißt *semikonnex*, wenn gilt:
a) aRa für alle $a \in M$; b) für alle $a, b \in M$ mit $a \neq b$ gilt entweder aRb oder bRa (nicht gleichzeitig beide). Beispiel $\leq$.

konsistente Verfahrensfunktion

s. gewöhnliche Differentialgleichung, 7.1.2.

konstant (Konstante):

1. Konstantes Element:
Ein Element, das während einer Untersuchung festgehalten wird, nennt man *konstant* oder eine *Konstante.*

2. Konstante Funktion:
Eine Funktion f, die an allen Stellen ihres Definitionsbereichs denselben Wert c annimmt, heißt *konstante Funktion.* Man schreibt dafür

$$f(x) \equiv c \quad \text{bzw.} \quad f(x_1, x_2, \ldots, x_n) \equiv c \quad \text{(sprich: identisch gleich c).}$$

Konstantsummenspiel

s. Spiel, 1.

Konstruierbarkeit mit Zirkel und Lineal:

Unter der *Konstrierbarkeit mit Zirkel und Lineal* versteht man die klassische Fragestellung der Geometrie, ob eine Strecke aus vorgegebenen Strecken allein mit Zirkel und Lineal in endlich vielen Schritten konstruiert werden kann. In der Ebene seien n Punkte $P_1, P_2, \ldots, P_n$ gegeben. Dann sind nur folgende Konstruktionsschritte erlaubt:

a) Mit Hilfe eines Lineals dürfen Geraden durch jeweils zwei dieser Punkte gezeichnet werden.
b) Mit dem Zirkel wird um einen dieser Punkte als Mittelpunkt ein Kreis gezeichnet, dessen Radius gleich dem Abstand zweier bereits gefundener Punkte ist.
c) Weitere Punkte werden als Schnittpunkte von Kreisen aus b) und Geraden aus a) bestimmt.

Die Operationen a), b) und c) dürfen dabei nur endlich oft nacheinander durchgeführt werden.

Mit Hilfe der *Galoisschen Theorie* (s. Galoissche Theorie) kann bewiesen werden, daß folgende drei bekannte klassische Probleme allgemein *nicht lösbar*, also mit Zirkel und Lineal nicht konstruierbar sind:

1. Das **Delische Problem der Würfelverdoppelung** verlangt die Konstruktion der Seite x einer Würfels, dessen Rauminhalt doppelt so groß ist wie der Rauminhalt eines vorgegebenen Würfels mit der Kantenlänge a. Das Problem ist nicht lösbar, weil die Strecke $\sqrt[3]{2}$ aus der Strecke der Länge 1 nicht mit Zirkel und Lineal konstruierbar ist (s. Delisches Problem).

2. Die **Quadratur des Kreises** verlangt die Konstruktion der Seitenlänge x eines Quadrates, dessen Flächeninhalt gleich dem eines Kreises vom Radius $r = 1$ ist, also mit $x^2 = \pi$ (s. Quadratur des Kreises). Dieses Problem ist nicht lösbar, weil die Zahl π transzendent ist (s. transzendent, 3.).

3. Die **Dreiteilung (Trisektion) eines Winkels** verlangt die Dreiteilung eines beliebigen Winkels α, also die Konstruktion von $\cos\frac{\alpha}{3}$ aus $\cos\alpha$. Die Lösung der Gleichung

$$\cos^3\frac{\alpha}{3} - 3\cos\frac{\alpha}{3} - 2\cos\alpha = 0$$

ist nur für spezielle Winkelgrößen φ durch Quadratwurzelausdrücke darstellbar. Daher ist dieses Problem allgemein mit Zirkel und Lineal nicht lösbar (s. Dreiteilung eines Winkels).

konstruktive Mathematik:

In der *konstruktiven Mathematik* werden nur konstruierbare mathematische Objekte untersucht. Beweise erfolgen nur durch Konstruktionsvorschriften. Es werden keine theoretischen Existenzaussagen benutzt, die im wesentlichen auf Axiomen beruhen. Zugelassen sind ausschließlich Sätze über berechenbare Zahlen und Funktionen (s. berechenbar).

Konsumentenrente:

$N(p)$ sei eine monoton fallende, stetige Nachfragefunktion, also die vom Preis p (je Mengeneinheit) abhängige nachgefragte Menge und $A(p)$ eine monoton wachsende, stetige Angebotsfunktion. Aus $A(p_M) = N(p_M)$ erhält man den Marktpreis p_M. Mit der oberen Preisgrenze p_o heißt

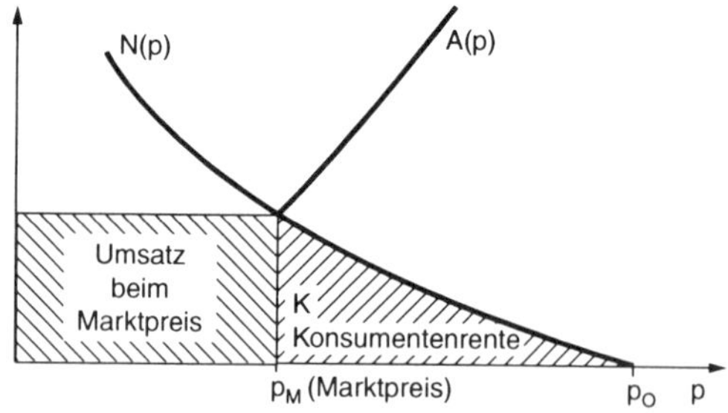

$$K = \int_{p_M}^{p_o} N(p)\,dp$$

die *Konsumentenrente*.

Sie kommt im Gesamtumsatz bei stetiger Preissenkung von p_o bis p_u

$$U_{Grenz} = p_u \cdot N(p_u) + \int_{p_u}^{p_o} N(p)\,dp$$

vor (s. Integralrechnung, 1.9.3.). Falls die Anbieter eines Monopols gleich den Marktpreis festsetzen und auf die stetige Preisreduktion von p_o bis p_M verzichten, sparen die Abnehmer die Konsumentenrente.

Kontinuum:

Die Kardinalzahl (Mächtigkeit) der Menge der reellen Zahlen heißt die Kardinalzahl des *Kontinuums* (s. Kardinalzahl).

kontragrediente Matrix:

Es sei A eine quadratische nichtsinguläre Matrix. Dann heißt die Inverse der Transponierten A^T, also die Matrix $(A^T)^{-1} = (A^{-1})^T$ die zu A *kontragrediente* Matrix. Man erhält sie bei Koordinatentransformationen in schiefwinkligen Parallelkoordinatensystemen (s. Koordinatentransformation, 1.1., 2.1, 3.).

kontrahierende Abbildung:

1. Kontrahierende Abbildung eines metrischen Raumes:

Eine Abbildung (Funktion) T(x) eines metrischen Raumes M (s. metrischer Raum) in sich heißt *kontrahierend*, wenn es eine positive Zahl (Lipschitz-Konstante) L mit $0 < L < 1$ gibt, so daß mit der Metrik $d(x,y)$ gilt

$$d(T(x), T(y)) \leq L \cdot d(x,y) \quad \text{für alle } x, y \in M \quad \text{(s. Fixpunktsatz, 1.).}$$

2. Kontrahierende reelle Funktion:

Die Funktion $g(x)$ ist im abgeschlossenen Intervall $[a;b]$ eine *kontrahierende* Funktion, wenn sie die *Lipschitz-Bedingung* erfüllt: Es gibt eine *Lipschitz-Konstante* L mit $0 < L < 1$, so daß gilt

$$|g(x_1) - g(x_2)| \leq L \cdot |x_1 - x_2| \quad \text{für alle } x_1, x_2 \in [a;b].$$

Falls die Funktion $g(x)$ differenzierbar ist mit $|g'(x)| \leq L < 1$ in $[a;b]$, so gilt nach dem Mittelwertsatz der Differentialrechnung (s. Mittelwertsatz, 1.1.1.)

$$g(x_1) - g(x_2) = g'(\xi) \cdot (x_1 - x_2) \qquad \xi = \text{Stelle zwischen } x_1 \text{ und } x_2;$$

$$|g(x_1) - g(x_2)| \leq L \cdot |x_1 - x_2|.$$

Damit ist eine Lipschitz-Bedingung erfüllt.

Kontraposition (Umkehrung):

Die *Kontraposition* der Implikation: "Aus A folgt B" ist die Implikation: "Aus nicht A folgt nicht B" (s. Implikation).

konvergent (Konvergenz):

1. Konvergente Doppelfolge s. Doppelfolge.

2. Konvergente Doppelsumme s. Doppelsumme.

3. Konvergente Funktion:
Falls eine Funktion an einer bestimmten Stelle einen Grenzwert besitzt, sagt man "die Funktion konvergiert gegen diesen Grenzwert" (s. Funktion von reellen Variablen, 1.2., 2.2., 3.2.).

4. Konvergente Funktionenfolge s. Funktionenfolge.

5. Konvergente n-Tupel:
Eine Folge von n-Tupeln $(x_1^{(m)}, x_2^{(m)}, \ldots, x_n^{(m)}) \in \mathbb{R}^n$, $m = 1, 2, \ldots$ heißt *konvergent* gegen $(x_1^{(0)}, x_2^{(0)}, \ldots, x_n^{(0)})$, wenn gilt

$$\lim_{m\to\infty} x_i^{(m)} = x_i^{(0)} \quad \text{für } i = 1, 2, \ldots, n. \qquad \text{Dafür schreibt man}$$

$$\lim_{m\to\infty} (x_1^{(m)}, x_2^{(m)}, \ldots, x_n^{(m)}) = (x_1^{(0)}, x_2^{(0)}, \ldots, x_n^{(0)}).$$

Die Konvergenz wird also komponentenweise erklärt.

6. Konvergente Potenzreihe s. Potenzreihe, 1.

7. Konvergente Reihe s. Reihe, 2.

8. Konvergentes uneigentliches Integral s. Integralrechnung, 1.8.

9. Konvergentes unendliches Produkt s. Produkt, 4.2.

10. Konvergente Zahlenfolge s. Zahlenfolge, 3.

Konvergenz im (quadratischen) Mittel:
Es sei $(f_n(x))_{n \in \mathbb{N}}$ eine Folge von in $[a;b]$ quadratisch integrierbaren Funktionen (s. quadratisch integrierbar). Ferner sei dort $f(x)$ quadratisch integrierbar. Im Falle

$$\lim_{n\to\infty} \| f_n - f \|^2 = \lim_{n\to\infty} \int_a^b |f_n(x) - f(x)|^2 \, dx = 0$$

heißt die Folge der Funktionen (f_n) *im (quadratischen) Mittel konvergent* gegen die Funktion f.

Konvergenzbereich s. Potenzreihe, 1.

Konvergenzbeschleunigung s. Fixpunktsatz, 1.

Konvergenzkreis einer komplexwertigen Potenzreihe:
Falls die Potenzreihe

$$\sum_{n=0}^{\infty} c_n (z - z_0)^n$$

mit komplexen Koeffizienten c_n und komplexer Variablen z für $|z - z_0| < r$ konvergiert und für $|z - z_0| > r$ divergiert, heißt der Kreis $\{z \in \mathbb{C}$ mit $|z - z_0| = r\}$ in der komplexen Zahlenebene der *Konvergenzkreis* (s. Potenzreihe, 2.). Im Innern des Konvergenzkreises konvergiert die Potenzreihe.

Konvergenzkriterium:

Ein *Konvergenzkriterium* ist ein Satz, mit dessen Hilfe über das Konvergenzverhalten von Funktionen oder Reihen entschieden werden kann. Die bekanntesten Konvergenzkriterien sind das Majorantenkriterium, das Quotientenkriterium und das Wurzelkriterium bei Reihen (s. Reihe, 4.).

Konvergenzordnung:

Eine Funktion g(h) mit $\lim_{h \to 0} g(h) = 0$ besitzt für $h \to 0$ die *Konvergenzordnung* $p > 0$, wenn in einer Umgebung von 0 gilt

$$|g(h)| \leq C \cdot |h|^p \text{ mit einer Konstanten } C$$

(s. Größenordnung von Funktionen).

Konvergenzradius einer reellen Potenzreihe:

Falls die Potenzreihe

$$\sum_{n=0}^{\infty} a_n (x - x_0)^n \quad \text{mit} \quad a_n \in \mathbb{R} \text{ und reellem } x$$

im Intervall $(x_0 - r; x_0 + r)$ absolut konvergiert und für $|x - x_0| > r$ divergiert, heißt r der *Konvergenzradius* der Reihe (s. Potenzreihe, 1.).

Konvertierung:

Eine Umwandlung einer Zahlendarstellung von einem Zahlensystem in ein anderes nennt man *Konvertierung* (s. Zahlensystem).

konvex:

1. Konvexe Fläche:

Eine Fläche $\mathcal{F} \in \mathbb{R}^3$ heißt *konvex*, wenn sie Berandung eines konvexen Körpers im $\mathbb{R}^3$ ist (s. 6.).

2. Konvexe Funktion:

Eine Funktion f heißt im Intervall $[a; b]$ (*von oben*) *konvex* oder *nach oben gewölbt* bzw. *von unten konkav*, wenn wenn für zwei beliebige Punkte x_1, $x_2 \in [a; b]$ mit $x_1 < x_2$ für alle λ mit $0 < \lambda < 1$ gilt

$$f(x_1 + \lambda(x_2 - x_1)) \leq f(x_1) + \lambda[f(x_1) - f(x_2)].$$

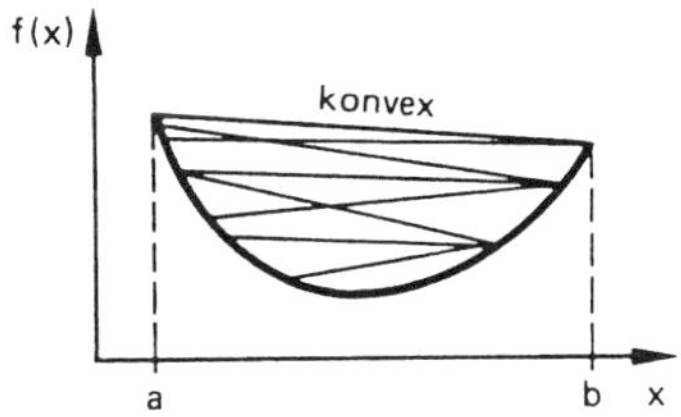

$$f(x_1 + \lambda(x_2 - x_1)) < f(x_1) + \lambda[f(x_1) - f(x_2)]$$

bedeutet *streng konvex*. Meistens versteht man unter einer konvexen

Funktion eine streng konvexe. Bei einer streng konvexen Funktion verläuft die Sekante zwischen zwei Punkten $P(x_1, f(x_1))$, $P(x_2, f(x_2))$ der Kurve oberhalb der Kurve. In einem streng konvexen Bereich ist die Krümmung positiv. Bei differenzierbaren Funktionen verläuft im konvexen Bereich jede Tangente unterhalb der Kurve.

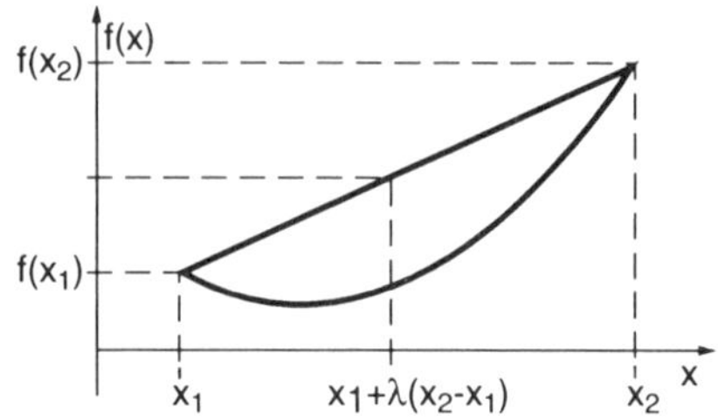

Falls f in (a; b) zweimal differenzierbar ist mit $f''(x) > 0$, so ist f dort konvex. Dann besitzt dort f eine positive Krümmung (s. Krümmung, 1.).

3. Konvexe Kurve:
Der Rand (s. Rand) einer beschränkten, konvexen Menge (s. 5.) im $\mathbb{R}^2$ heißt *konvexe* (ebene) *Kurve.*

4. Konvexe Linearkombination von m Vektoren:
Es seien $\vec{a}_1, \vec{a}_2, \ldots, \vec{a}_m$ Vektoren im V^n (s. Vektor im V^n, 3.). Dann heißt der Vektor

$$\vec{b} = \sum_{i=1}^{m} \lambda_i \vec{a}_i \quad \text{mit } \lambda_i \geq 0 \text{ für alle i und } \sum_{i=1}^{n} \lambda_i = 1$$

konvexe Linearkombination der Vektoren $\vec{a}_1, \vec{a}_2, \ldots, \vec{a}_m$ (s. Vektor im V^n, 1.6., 2.6., 3.). Im Falle $\lambda_i > 0$ für alle i heißt die Linearkombination *streng konvex.*

5. Konvexe Menge:
Eine Menge $M \subset \mathbb{R}^n$ heißt *konvex*, wenn mit zwei Punkten $P(x_1, x_2, \ldots, x_n)$ und $Q(y_1, y_2, \ldots, y_n)$ die gesamte Verbindungsstrecke PQ zu M gehört. Mit den Ortsvektoren $\overrightarrow{OP} = \vec{x}$ und $\overrightarrow{OQ} = \vec{y}$ gehört dann jede konvexe Linearkombination (s. 4.) zu M:

$$\vec{z} = \lambda_1 \vec{x} + \lambda_2 \vec{y} \quad \text{mit } \lambda_1, \lambda_2 \geq 0 \text{ und } \lambda_1 + \lambda_2 = 1\,.$$

6. Konvexer Körper (Eikörper):
Eine Punktmenge $K \subset \mathbb{R}^n$ heißt ein *konvexer Körper* oder *Eikörper*, wenn sie konvex, abgeschlossen und beschränkt ist (s. 5., s. abgeschlossen, 4., s. beschränkt, 3.).

7. Konvexes Polyeder:
Die konvexe Hülle (s. konvexe Hülle) von endlich vielen Punkten des $\mathbb{R}^3$ heißt ein *konvexes Polyeder* (s. Polyeder, 1.).

konzentrisch:
In der gleichen Ebene liegende Kreise heißen *konzentrisch*, wenn sie alle den gleichen Mittelpunkt besitzen.

Koordinate s. affiner Raum, s. geordnetes Paar, s. Koordinatensystem, s. n-Tupel, s. Vektor im V^n, 1.6., 2.6., 3., s. Vektorraum, 1.

Koordinatensystem:

Ein *Koordinatensystem* ist ein Bezugssystem, mit dessen Hilfe die Lage geometrischer Objekte beschrieben werden können.

1. Koordinatensystem in der Ebene $\mathbb{R}^2$:

1.1. Parallelkoordinatensystem (Geradliniges Koordinatensystem):

1.1.1. Schiefwinkliges Parallelkoordinatensystem:

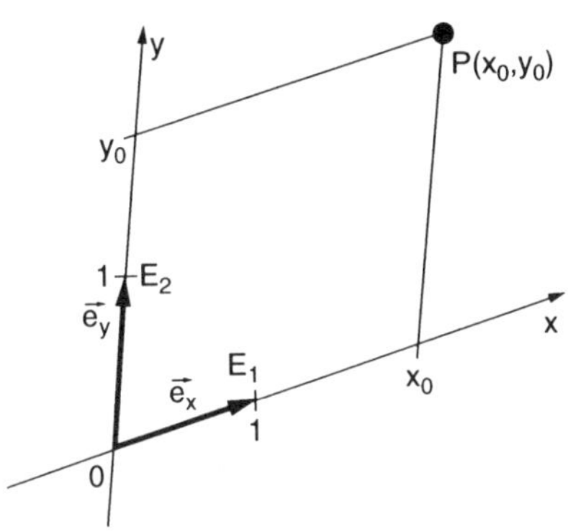

Ein *schiefwinkliges Parallelkoordinatensystem* in der Ebene $\mathbb{R}^2$ ist festgelegt durch den *Koordinatenursprung* O (Nullpunkt) und zwei sich in O schneidende, nicht identische Geraden. Eine davon nennt man die *x-Achse* oder *Abszissenachse*, die andere ist die *y-Achse* oder *Ordinatenachse*. Beide heißen *Koordinatenachsen*. Auf jeder Koordinatenachse wird ein von O verschiedener *Koordinateneinheitspunkt* E_1 bzw. E_2 festgelegt. Durch die Längen $|OE_i|$ der *Einheitsstrecken* wird auf jeder Achse ein *Maßstab* festgelegt. Oft wählt man auf beiden Achsen den gleichen Maßstab. Das dadurch festgelegte Koordinatensystem bezeichnet man mit $K = \{O;\, OE_1,\, OE_2\}$. Die durch O begrenzten Halbachsen, auf denen jeweils die Punkte E_i liegen, sind die *positiven*, die anderen die *negativen Achsen*.

Die Projektionen eines Punktes P *parallel* zu den Koordinatenachsen ergeben als Schnittpunkte mit der anderen Koordinatenachse die *Koordinaten* x_0 und y_0 des Punktes $P(x_0, y_0)$ im Parallelkoordinatensystem. Der Koordinatenursprung O besitzt die Koordinaten $x_0 = 0$ und $y_0 = 0$. Bei Punkten auf einer Koordinatenachse verschwindet die andere Koordinate. Durch die Koordinatenachsen wird die Ebene in vier *Quadranten* eingeteilt. Mit einem Parallelkoordinatensystem läßt sich die Ebene *orientieren*. Falls man die positive x-Achse um den kleineren Winkel in die positive y-Achse dreht, bezeichnet man den *Drehsinn* als *positiv*. Im *affinen Raum* (s. affiner Raum) ist jedem Punktepaar ein Vektor zugeordnet. Mit den durch

$$\vec{e}_x = \overrightarrow{OE_1}\,;\ \vec{e}_y = \overrightarrow{OE_2}\,;\quad \vec{x} = \overrightarrow{OP}$$

definierten *Basisvektoren* $\vec{e}_x$, $\vec{e}_y$ und dem *Ortsvektor* $\vec{x}$ erhält man mit den Koordinaten des Punktes P die Vektordarstellung

$$\vec{x} = \overrightarrow{OP} = x_0\,\vec{e}_1 + y_0\,\vec{e}_2\,.$$

1.1.2. Kartesisches Koordinatensystem:

Bei einem *kartesischen Koordinatensystem* stehen die Achsen aufeinander senkrecht. Ferner wird auf beiden Achsen der gleiche Maßstab gewählt. Die *Orientierung* ist so festgelegt, daß die positive x-Achse durch Drehung um 90° gegen die Uhrzeigerdrehrichtung (in mathematisch positivem Drehsinn) in die positive y-Achse übergeht. Die Einheitsvektoren in Achsenrichtung seien $\vec{e}_1$ und $\vec{e}_2$. Sie bilden ein Orthonormalsystem (s. Vektor im V^n, 2.) mit

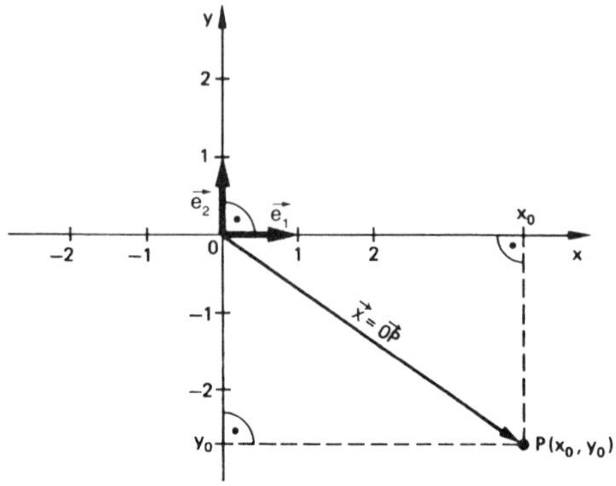

$$\vec{x} = \overrightarrow{OP} = x_0\,\vec{e}_1 + y_0\,\vec{e}_2 = \begin{pmatrix} x_0 \\ y_0 \end{pmatrix}.$$

Dabei sind x_0 und y_0 die *kartesischen Koordinaten* des Punktes $P(x_0, y_0)$.

Mit Hilfe des Skalarprodukts $\vec{a} \cdot \vec{b} = a_1b_1 + a_2b_2$ wird durch $|\vec{a}| = \sqrt{\vec{a} \cdot \vec{a}}$ ein *Maß für Strecken* und durch $\cos\varphi = \dfrac{\vec{a} \cdot \vec{b}}{|\vec{a}| \cdot |\vec{b}|}$ ein *Maß für Winkel* mit $0 \le \varphi < 2\pi$ eingeführt (s. Vektor im V^n, 1.2.5.).

1.2. Krummliniges Koordinatensystem:

Ein *krummliniges Koordinatensystem* besteht aus zwei einparametrigen Kurvenscharen (s. Kurvenschar), wobei durch jeden Punkt P der Ebene genau eine Kurve aus jeder Schar geht. Jeweils zwei Kurven (Koordinatenlinien) aus den beiden Scharen dürfen sich dabei nur in einem Punkt schneiden. Die beiden Parameterwerte der beiden Kurven, die sich im Punkt P schneiden, heißen *krummlinige Koordinaten.*

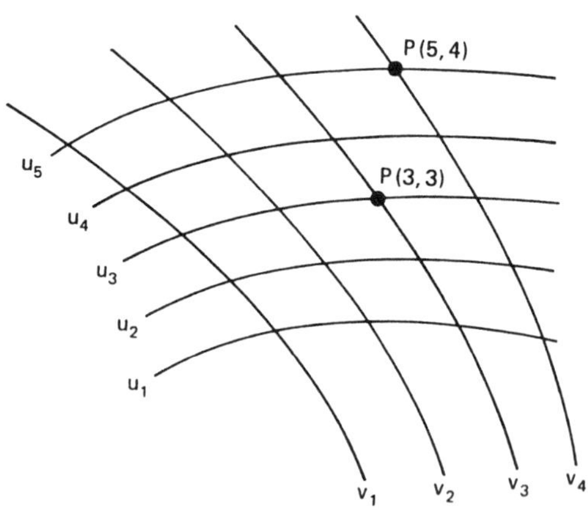

Ein Beispiel für krummlinige Koordinaten sind Polarkoordinaten (s. Polarkoordinaten). Dabei sind die Kurvenscharen Halbgeraden durch den Pol O und konzentrische Kreise mit dem Mittelpunkt O.

2. Koordinatensystem im dreidimenisonalen Raum $\mathbb{R}^3$:

2.1. Parallelkoordinatensystem (geradliniges Koordinatensystem):

2.1.1. Schiefwinkliges Parallelkoordinatensystem:

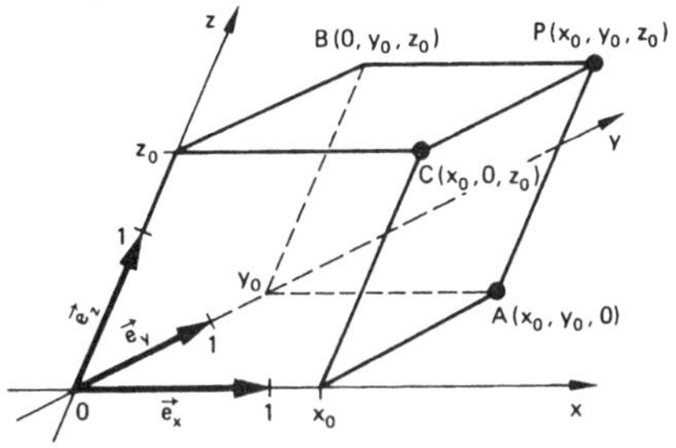

Ein geradliniges (schiefwinkliges) Parallelkoordinatensystem im dreidimensionalen Raum ist bestimmt durch drei beliebige Geraden, die nicht in einer Ebene liegen, und sich im Koordinatenursprung O schneiden. Auf jeder der drei Achsen wird von O aus eine positive und eine negative Richtung sowie ein Maßstab festgelegt. Je zwei dieser drei Achsen bilden ein schiefwinkliges Koordinatensystem in einer Ebene.

Die drei Koordinaten x_0, y_0, z_0 eines beliebigen Punktes $P(x_0, y_0, z_0)$ im $\mathbb{R}^3$ können mit Hilfe eines Parallelflachs (Spats) mit P als Eckpunkt bestimmt werden. Die Kanten sind parallel zu den drei Achsen. Die Punkte $A(x_0, y_0, 0)$, $B(0, y_0, z_0)$, $C(x_0, 0, z_0)$ sind die Projektionen des Punktes P parallel zu den Koordinatenachsen auf die x-y- bzw. y-z-bzw. x-z-Ebene. Mit den drei linear unabhängigen Basisvektoren (s. Vektor im V^n, 3.) $\vec{e}_x$, $\vec{e}_y$, $\vec{e}_z$, die auf den Achsen die Einheiten festlegen, gilt die Darstellung (Komponentenzerlegung)

$$\vec{x} = \overrightarrow{OP} = x_0\,\vec{e}_x + y_0\,\vec{e}_y + z_0\,\vec{e}_z\,.$$

Der zum Punkt P führende Ortsvektor $\vec{x} = \overrightarrow{OP}$ ist als Linearkombination der drei Richtungsvektoren darstellbar (s. Vektor im V^n, 2., s. affiner Raum).

2.1.2. Kartesisches Koordinatensystem:

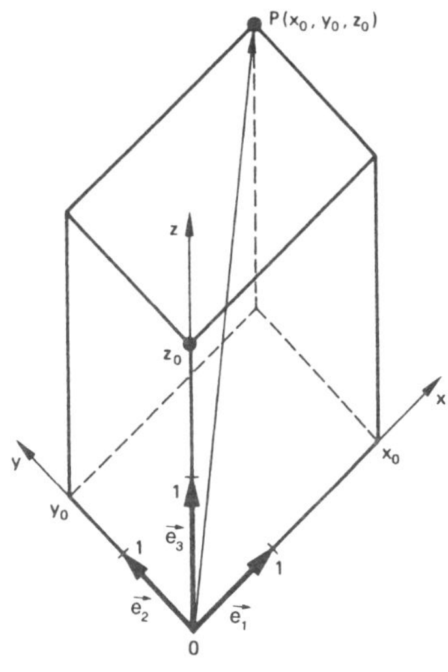

Bei einem kartesischen Koordinatensystem stehen die drei Koordinatenachsen aufeinander senkrecht. Ferner wird auf allen drei Achsen der gleiche Maßstaß gewählt. Die Achsen bilden ein *Rechtssystem*, wenn folgende Bedingung (Orientierung) erfüllt ist: Wird die positive x-Achse auf dem kürzesten Weg in die positive y-Achse gedreht, so zeigt die positive z-Achse in die Richtung, in die sich bei dieser Drehung eine Schraube mit Rechtsgewinde bewegen würde. Daumen, Zeigefinger und Mittelfinger der rechten Hand werden so abgewinkelt, daß sie aufeinander senkrecht stehen. Dann können die Finger in der Reihenfolge Mittelfinger, Daumen, Zeigefinger als positive

Richtungen eines kartesischen Koordinatensystems interpretiert werden. Dadurch wird eine Orientierung festgelegt. Andernfalls heißt das System ein *Linkssystem.* Die drei Richtungsvektoren $\vec{e}_1$, $\vec{e}_2$, $\vec{e}_3$ bilden ein Orthonormalsystem mit

$$\vec{x} = \overrightarrow{OP} = x_0\, \vec{e}_1 + y_0\, \vec{e}_2 + z_0\, \vec{e}_3 .$$

Dabei sind x_0, y_0 und z_0 die *kartesischen Koordinaten.*

2.2. Krummliniges Koordinatensystem:
Ein *krummliniges Koordinatensystem* besteht aus drei einparametrigen Flächenscharen (s. Fläche, 2.). Wählt man aus den drei Scharen jeweils eine Fläche aus, so schneiden sich diese in genau einem Punkt P. Durch jeden Punkt P des Raumes geht also genau eine Fläche jeder Schar. Die drei Parameterwerte dieser durch P gehenden Flächen heißen die *krummlinigen Koordinaten* des Punktes P. Beispiele sind: Kugelkoordinaten und Zylinderkoordinaten (s. Kugelkoordinaten, s. Zylinderkoordinaten).

3. Parallelkoordinatensystem im n-dimensionalen Raum $\mathbb{R}^n$:
Mit n linear unabhängigen Vektoren $\vec{u}_1$, $\vec{u}_2, \ldots, \vec{u}_n$ aus dem V^n und einem fest gewählten Koordinatenursprung O erhält man durch

$$\vec{x} = \overrightarrow{OP} = \sum_{i=1}^{n} x_i\, \vec{u}_i$$

die Koordinaten des Punktes $P(x_1, x_2, \ldots, x_n)$ (s. affiner Raum, s. Vektor im V^n, 3.). Damit erhält man das (schiefwinklige) *affine Parallelkoordinatensystem* $K = \{O; \vec{u}_1, \vec{u}_2, \ldots, \vec{u}_n\}$. Mit der kanonischen Basis

$$\vec{e}_1 = \begin{pmatrix} 1 \\ 0 \\ \vdots \\ 0 \end{pmatrix}; \; \vec{e}_2 = \begin{pmatrix} 0 \\ 1 \\ \vdots \\ 0 \end{pmatrix}; \; \ldots \; ; \vec{e}_n = \begin{pmatrix} 0 \\ 0 \\ \vdots \\ 1 \end{pmatrix}$$

gilt die Darstellung

$$\vec{x} = \overrightarrow{OX} = \sum_{i=1}^{n} x_i\, \vec{e}_i \qquad \text{mit dem inneren Produkt } \vec{x} \cdot \vec{e}_i = x_i .$$

In dieser Darstellung sind die Skalare x_i die *kartesischen Koordinaten* des Punktes X. Die Vektoren $\vec{e}_i$ der Länge Eins bilden die *Achsen des kartesischen Koordinatensystems,* die aufeinander senkrecht stehen, und legen deren Richtung sowie den gleichen Maßstab fest. Damit erhält man das kartesische Koordinatensystem $K = \{O; \vec{e}_1, \vec{e}_2, \ldots, \vec{e}_n\}$.

Koordinatentransformation:

Unter einer *Koordinatentransformation* vesteht man den Übergang von einem Koordinatensystem K zu einem anderen K'. Dabei sollen die *Transformationsgleichungen* bestimmt werden, nach denen die Koordinaten eines Punktes P bezüglich des Systems K' aus den Koordinaten bezüglich K berechnet werden und umgekehrt.

1. Koordinatentransformation in der Ebene:

1.1. Allgemeine Koordinatentransformation:

Gegeben seien zwei Parallelkoordinatensysteme

$$K=\{O;\, OE_1, OE_2\} \quad \text{mit} \quad \vec{u}_1 = \overrightarrow{OE_1};\ \vec{u}_2 = \overrightarrow{OE_2};$$

$$K'=\{O';\, O'E_1', O'E_2'\} \quad \text{mit} \quad \vec{u}_1' = \overrightarrow{O'E_1'};\ \vec{u}_2' = \overrightarrow{O'E_2'}$$

(s. Koordinatensystem, 1.1.1.).

Dann gibt es eindeutige Darstellungen (Komponentenzerlegungen)

$$\overrightarrow{OO'} = c_1\vec{u}_1 + c_2\vec{u}_2;$$

$$\vec{u}_1' = a_{11}\vec{u}_1 + a_{12}\vec{u}_2;\quad \vec{u}_2' = a_{21}\vec{u}_1 + a_{22}\vec{u}_2.$$

Es seien (x, y) die Koordinaten des Punktes P in K und (x', y') die Koordinaten desselben Punktes in K'. Dann gilt

$$\overrightarrow{OP} = x\vec{u}_1 + y\vec{u}_2;$$

$$\begin{aligned}\overrightarrow{O'P} &= x'\vec{u}_1' + y'\vec{u}_2' = x'(a_{11}\vec{u}_1 + a_{12}\vec{u}_2) + y'(a_{21}\vec{u}_1 + a_{22}\vec{u}_2)\\ &= (x'a_{11} + y'a_{21})\vec{u}_1 + (x'a_{12} + y'a_{22})\vec{u}_2.\end{aligned}$$

Aus $\overrightarrow{OP} = \overrightarrow{OO'} + \overrightarrow{O'P}$ erhält man durch Komponentenvergleich die linearen Transformationsgleichungen

$$x = a_{11}x' + a_{21}y' + c_1;\quad y = a_{12}x' + a_{22}y' + c_2.$$

In Matrizenschreibweise lauten sie

$$\begin{pmatrix} x\\ y\end{pmatrix} = \begin{pmatrix} a_{11} & a_{21}\\ a_{12} & a_{22}\end{pmatrix}\begin{pmatrix} x'\\ y'\end{pmatrix} + \begin{pmatrix} c_1\\ c_2\end{pmatrix}.$$

Mit

$$\vec{x} = \begin{pmatrix} x\\ y\end{pmatrix};\ \vec{x}' = \begin{pmatrix} x'\\ y'\end{pmatrix};\ \vec{c} = \begin{pmatrix} c_1\\ c_2\end{pmatrix};\ A = \begin{pmatrix} a_{11} & a_{12}\\ a_{21} & a_{22}\end{pmatrix}$$

erhält man mit der transponierten Matrix A^T die Darstellung

$$\vec{x} = A^T\vec{x}' + \vec{c}.$$

Der Vektor $\vec{c}$ stellt die Verschiebung von O nach O' dar. Im Falle $A = E$ (Einheitsmatrix) ist die Abbildung eine reine Parallelverschiebung. Da die Matrix A regulär ist, existiert die Inverse von A^T mit

$$(A^T)^{-1} = (A^{-1})^T.$$

Dabei ist $(A^{-1})^T$ die zu A kontragrediente Matrix (s. kontragrediente Matrix, s. Matrix, 4.). Damit lautet die Umkehrtransformation

$$\begin{pmatrix} x'\\ y'\end{pmatrix} = (A^{-1})^T\begin{pmatrix} x - c_1\\ y - c_2\end{pmatrix} = (A^{-1})^T\begin{pmatrix} x\\ y\end{pmatrix} - (A^{-1})^T\begin{pmatrix} c_1\\ c_2\end{pmatrix}.$$

1.2. Koordinatentransformation bei kartesischen Koordinaten:

Falls die Koordinatensysteme $K = \{O\,;\, \vec{e}_1, \vec{e}_2\}$ und $K' = \{O'\,;\, \vec{e}_1{}', \vec{e}_2{}'\}$ in 1.1. kartesisch sind, nennt man die Koordinatentransformation *orthogonal.* Wegen der Orthonormalität der jeweiligen Basisvektoren gilt für das Skalarprodukt:

$$\vec{e}_i \cdot \vec{e}_k = \vec{e}_i{}' \cdot \vec{e}_k{}' = \delta_{ik} = \begin{cases} 1 & \text{für } i = k\,; \\ 0 & \text{für } i \neq k. \end{cases}$$

Mit $\vec{e}_1{}' = a_{11}\vec{e}_1 + a_{12}\vec{e}_2\,;\; \vec{e}_2{}' = a_{21}\vec{e}_1 + a_{22}\vec{e}_2$ erhält man

$$\vec{e}_1{}' \cdot \vec{e}_1{}' = a_{11}^2 + a_{12}^2 = 1\,; \quad \vec{e}_2{}' \cdot \vec{e}_2{}' = a_{21}^2 + a_{22}^2 = 1\,;$$

$$\vec{e}_1{}' \cdot \vec{e}_2{}' = a_{11}\,a_{21} + a_{12}\,a_{22} = 0.$$

Die Zeilen- und Spaltenvektoren der Transformationsmatrix A bilden ein Orthonormalsystem, die Matrix A ist also orthogonal mit $A^T A = E$ und $A^{-1} = A^T\,;\; (A^{-1})^T = A$. Hieraus folgt $[\det(A)]^2 = 1\,;\; \det(A) = \pm 1$. Damit lauten die Transformationgleichungen

$$\begin{pmatrix} x \\ y \end{pmatrix} = A^T \begin{pmatrix} x' \\ y' \end{pmatrix} + \begin{pmatrix} c_1 \\ c_2 \end{pmatrix}; \quad \begin{pmatrix} x' \\ y' \end{pmatrix} = A \begin{pmatrix} x \\ y \end{pmatrix} - A \begin{pmatrix} c_1 \\ c_2 \end{pmatrix}.$$

Es seien $\vec{a}$ und $\vec{b}$ beliebige Vektoren. Diese gehen durch die Koordinatentransformation über in $\vec{a}\,' = A \cdot \vec{a}$ und $\vec{b}\,' = A \cdot \vec{b}$.
Für das innere Produkt der Bildvektoren gilt wegen $A^{-1} = A^T$

$$\vec{a}\,' \cdot \vec{b}\,' = (A \cdot \vec{a})^T \cdot (A \cdot \vec{b}) = \vec{a}^T \cdot A^T \cdot A \cdot \vec{b} = \vec{a}^T \cdot \vec{b} = \vec{a} \cdot \vec{b}\,.$$

Das innere Produkt ist damit gegenüber Koordinatentransformationen in kartesischen Koordinatensystemen (orthogonalen Transformationen) invariant. Daher ist eine orthogonale Transformation von kartesischen Koordinaten eine längen- und winkeltreue Abbildung. Spezielle orthogonale Koordinatentransformationen sind Parallelverschiebungen, Spiegelungen sowie Drehungen (s. 1.3.).

1.3. Drehung eines kartesischen Koordinatensystems:

Eine orthogonale Koordinatentransformation aus 1.2. mit $\det(A) = +1$ und $\vec{c} = \vec{0}$ stellt eine Drehung um den Koordinatenursprung O dar. Es sei φ der Winkel, um den das ebene System K' gegen das ebene System K im positiven Sinne gedreht wird. Dann erhält man die orthogonale Transformationsmatrix

$$A = \begin{pmatrix} \cos\varphi & \sin\varphi \\ -\sin\varphi & \cos\varphi \end{pmatrix}.$$

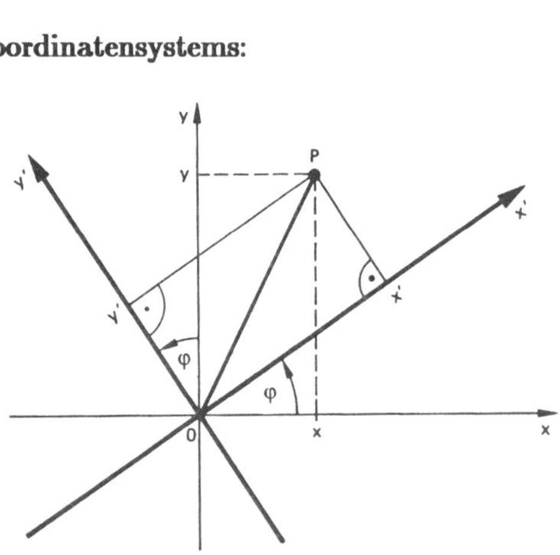

Für die Rücktransformation gilt $A^{-1} = \begin{pmatrix} \cos\varphi & -\sin\varphi \\ \sin\varphi & \cos\varphi \end{pmatrix} = A^T$.

Es gelten also die Transformationsgleichungen:

$$x' = x\cos\varphi + y\sin\varphi; \qquad x = x'\cos\varphi - y'\sin\varphi;$$

$$y' = -x\sin\varphi + y\cos\varphi; \qquad y = x'\sin\varphi + y'\cos\varphi.$$

2. Koordinatentransformation im $\mathbb{R}^3$:

2.1. Allgemeine Koordinatentransformation:

Gegeben seien zwei Parallelkoordinatensysteme

$$K = \{O;\, \vec{u}_1, \vec{u}_2, \vec{u}_3\} \quad \text{und} \quad K' = \{O';\, \vec{u}_1', \vec{u}_2', \vec{u}_3'\}$$

(s. Koordinatensysstem, 2.1.1.). Dann gibt es eindeutige Darstellungen (Komponentenzerlegungen)

$$\overrightarrow{OP} = x\vec{u}_1 + y\vec{u}_2 + z\vec{u}_3; \quad \overrightarrow{O'P'} = x'\vec{u}_1' + y'\vec{u}_2' + z'\vec{u}_3';$$

$$\overrightarrow{OO'} = c_1\vec{u}_1 + c_2\vec{u}_2 + c_3\vec{u}_3; \quad \vec{u}_1' = a_{11}\vec{u}_1 + a_{12}\vec{u}_2 + a_{13}\vec{u}_3;$$

$$\vec{u}_2' = a_{21}\vec{u}_1 + a_{22}\vec{u}_2 + a_{23}\vec{u}_3; \quad \vec{u}_3' = a_{31}\vec{u}_1 + a_{32}\vec{u}_2 + a_{33}\vec{u}_3.$$

Mit den Koordinaten (x, y, z) des Punktes P in K und (x', y', z') in K' erhält man die linearen Transformationsgleichungen

$$x = a_{11}x' + a_{21}y' + a_{31}z' + c_1$$

$$y = a_{12}x' + a_{22}y' + a_{32}z' + c_2$$

$$z = a_{13}x' + a_{23}y' + a_{33}z' + c_3.$$

Die Matrix $A = \begin{pmatrix} a_{11} & a_{12} & a_{13} \\ a_{21} & a_{22} & a_{23} \\ a_{31} & a_{32} & a_{33} \end{pmatrix}$ ist nichtsingulär mit $(A^T)^{-1} = (A^{-1})^T$.

Dabei ist $(A^{-1})^T$ die zu A kontragrediente Matrix (s. kontragrediente Matrix). Damit gilt die Matrizendarstellung

$$\begin{pmatrix} x \\ y \\ z \end{pmatrix} = A^T \begin{pmatrix} x' \\ y' \\ z' \end{pmatrix} + \begin{pmatrix} c_1 \\ c_2 \\ c_3 \end{pmatrix}; \quad \begin{pmatrix} x' \\ y' \\ z' \end{pmatrix} = (A^{-1})^T \begin{pmatrix} x \\ y \\ z \end{pmatrix} - (A^{-1})^T \begin{pmatrix} c_1 \\ c_2 \\ c_3 \end{pmatrix}.$$

$A = E$ (Einheitsmatrix) ergibt eine Parallelverschiebung.

2.2. Koordinatentransformation bei kartesischen Koordinaten:

Falls die Koordinatensysteme $K = \{O;\, \vec{e}_1, \vec{e}_2, \vec{e}_3\}$; $K' = \{O';\, \vec{e}_1', \vec{e}_2', \vec{e}_3'\}$ in 2.1. kartesisch sind, erhält man eine *orthogonale Koordinatentransformation.* Dann ist die Matrix A orthogonal mit

$$\det(A) = \pm 1 \quad \text{und} \quad A^{-1} = A^T, \quad \text{also} \quad (A^{-1})^T = A.$$

Bei der Transformation bleibt das innere Produkt erhalten. Damit ist die Transformation längen- und winkeltreu (Beweis wie in 1.2.).

2.3. Drehung eines räumlichen kartesischen Koordinatensystems:
Falls in 2.2. die Matrix A die Determinante $+1$ besitzt, und der Koordinatenursprung invariant bleibt $(O = O')$, handelt es sich um eine *Drehung.* Dann ist die Matrix A orthogonal mit $A^{-1} = A^T$. Jede Achse des gedrehten Systems schließt mit jeder Achse des Ausgangssystems einen Winkel ein:

gedrehte Achse	x	y	z
x'	α_{11}	α_{12}	α_{13}
y'	α_{21}	α_{22}	α_{23}
z'	α_{31}	α_{32}	α_{33}

Mit den Richtungskosinussen $a_{ij} = \cos\alpha_{ij}$ für $i, j = 1, 2, 3$ erhält man für die Koordinaten eines Punktes bezüglich beider Systeme die Transformationsgleichungen

$$\begin{pmatrix} x' \\ y' \\ z' \end{pmatrix} = \begin{pmatrix} a_{11} & a_{12} & a_{13} \\ a_{21} & a_{22} & a_{23} \\ a_{31} & a_{32} & a_{33} \end{pmatrix} \begin{pmatrix} x \\ y \\ z \end{pmatrix} = A \begin{pmatrix} x \\ y \\ z \end{pmatrix}; \quad \begin{pmatrix} x \\ y \\ z \end{pmatrix} = A^T \begin{pmatrix} x' \\ y' \\ z' \end{pmatrix}.$$

3. Koordinatentransformation im $\mathbb{R}^n$:
Im $\mathbb{R}^n$ seien zwei beliebige Parallelkoordinatensysteme

$$K = \{O; \vec{u}_1, \vec{u}_2, \ldots, \vec{u}_n\}, \quad K' = \{O'; \vec{u}_1', \vec{u}_2', \ldots, \vec{u}_n'\}$$

gegeben (s. Koordinatensystem, 3.). Mit dem Ansatz

$$\overrightarrow{OP} = \sum_{i=1}^{n} x_i \vec{u}_i; \quad \overrightarrow{O'P'} = \sum_{k=1}^{n} x_k' \vec{u}_k'$$

$$\overrightarrow{OO'} = \sum_{j=1}^{n} c_j \vec{u}_j; \quad \vec{u}_i{}' = \sum_{j=1}^{n} a_{ij} \vec{u}_j \quad \text{für } i = 1, 2, \ldots, n$$

erhält man wie in 2.1. mit der Koeffizientenmatrix die Transformationsgleichungen

$$\begin{pmatrix} x_1 \\ x_2 \\ \vdots \\ x_n \end{pmatrix} = A^T \begin{pmatrix} x_1' \\ x_2' \\ \vdots \\ x_n' \end{pmatrix} + \begin{pmatrix} c_1 \\ c_2 \\ \vdots \\ c_n \end{pmatrix}; \quad \begin{pmatrix} x_1' \\ x_2' \\ \vdots \\ x_n' \end{pmatrix} = (A^{-1})^T \begin{pmatrix} x_1 \\ x_2 \\ \vdots \\ x_n \end{pmatrix} - (A^{-1})^T \begin{pmatrix} c_1 \\ c_2 \\ \vdots \\ c_n \end{pmatrix}.$$

Dabei gilt $(A^T)^{-1} = (A^{-1})^T$. Bei einer Transformation von kartesischen Koordinaten (orthogonale Koordinatentransformation) können die Eigenschaften aus 1.2. und 2.2. unmittelbar übernommen werden. Für $A = E$ (Einheitsmatix) erhält man eine Parallelverschiebung.

4. Koordinatentransformation in einem allgemeinen Vektorraum s. lineare Abbildung, 2.4.3.

Koordinatenursprung:

Im *Koordinatenursprung* O schneiden sich alle Koordinatenachsen. Alle Koordinaten von O sind gleich Null (s. Koordinatensystem).

Körper:

1. Algebraischer Körper:
Ein kommutativer Ring K (s. Ring) mit mindestens zwei Elementen heißt *Körper*, wenn zu je zwei Elementen a, $b \in K$ mit $a \neq 0$ genau ein Element $x \in K$ existiert mit $a \cdot x = b$. Die von 0 verschiedenen Elemente bilden bezüglich der Multiplikation eine Gruppe. In jedem Körper existiert genau ein *Einselement* e (s. Einselement). Jedes Element $a \neq 0$ besitzt genau ein *inverses Element* a^{-1} mit $a^{-1} \cdot a = a \cdot a^{-1} = e$.

2. Körper im $\mathbb{R}^n$:
Eine abgeschlossene, beschränkte, einfach zusammenhängende Punktmenge $K \subset \mathbb{R}^n$ heißt *Körper* (s. beschränkt, 3., s. einfach zusammenhängend).

3. Darstellung eines Körpers im $\mathbb{R}^3$:
Im $\mathbb{R}^3$ kann ein *Körper* K (räumlicher Bereich) durch die Koordinaten x, y, z mit $(x, y, z) \in K$ beschrieben werden. Zur Darstellung eignet sich die Parameterdarstellung:

$$x = \varphi(u, v, w)\,;\; y = \psi(u, v, w)\,;\; z = \chi(u, v, w) \quad \text{mit} \quad (u, v, w) \in B \subset \mathbb{R}^3.$$

Zu jedem Körperpunkt erhält man den Ortsvektor

$$\overrightarrow{OP} = \vec{k}(u, v, w) = \begin{pmatrix} \varphi(u, v, w) \\ \psi(u, v, w) \\ \chi(u, v, w) \end{pmatrix}, \; (u, v, w) \in B.$$

4. Volumen eines Körpers s. Volumenberechnung.

5. Mengenkörper s. Mengenring.

Korrelation s. projektive Abbildung.

Kosinus (Kosinusfunktion):
Die trigonometrische Funktion $f(x) = \cos x$ (Kosinus x) als Funktion des Bogenmaßes $x \in \mathbb{R}$ (s. trigonometrische Funktionen, 1.) ist eine gerade, transzendente Funktion mit der Periode 2π. Sie besitzt die Amplitude 1.

Nullstellen: $\pm\frac{\pi}{2};\; \pm\frac{3\pi}{2};\; \pm\frac{5\pi}{2};\; \ldots;$

Ableitung: $(\cos x)' = -\sin x$; Integral: $\int \cos x \, dx = \sin x + C$.

Die Taylorreihe

$$\cos x = 1 - \frac{x^2}{2!} + \frac{x^4}{4!} - \frac{x^6}{6!} + \frac{x^8}{8!} - \ldots + \ldots = \sum_{n=0}^{\infty} (-1)^n \frac{x^{2n}}{(2n)!}$$

konvergiert für jedes $x \in \mathbb{R}$ absolut. Anwendungen: s. Fourier-Integral, s. Fourier-Reihe und Fourier-Entwicklung, s. Fourier-Transformation.

Kosinussatz:

In einem beliebigen Dreieck ist das Quadrat einer Seitenlänge gleich der Summe der Quadrate der beiden anderen Seitenlängen minus dem doppelten Produkt der Längen dieser gegenüberliegenden Seiten mit dem Kosinus des von diesen Seiten eingeschlossenen Winkels (s. Dreieck, 1.5.). Mit den üblichen Dreiecksbezeichnungen gilt damit

$$a^2 = b^2 + c^2 - 2bc\cos\alpha\,;\; b^2 = c^2 + a^2 - 2ac\cos\beta\,;\; c^2 = a^2 + b^2 - 2ab\cos\gamma .$$

Kostenfunktion:

Eine *Kostenfunktion* $K(x)$ stellt die Kosten in Abhängigkeit von der Produktionsmenge x dar. Die Kostenfunktion erhält man aus einer vorgegebenen Grenzkostenfunktion $k(x) = K'(x)$ durch Integration

$$K(x) - K(a) = \int_a^x k(t)\,dt$$

(s. Grenzfunktion und Grenzkostenfunktion). $K(x) - K(a)$ ist der Kostenzuwachs, falls die Produktionsmenge von a auf x erhöht wird. Es sind also die Kosten für die zusätzliche Produktionsmenge $x - a$.

Kotangensfunktion (Kotangens):

Die trigonometrische Funktion

$$\cot x = \frac{\cos x}{\sin x} \quad \text{(sprich: Kotangens x)}$$

als Funktion des Bogenmaßes $x \in \mathbb{R}$ (s. trigonometrische Funktionen, 1.) ist auf ganz $\mathbb{R}$ bis auf die Nullstellen des Nenners definiert. Damit lautet der Definitionsbereich $D = \{x \in \mathbb{R} \mid x \neq k\pi \text{ für jede ganze Zahl } k \in \mathbb{Z}\}$. Die Stellen $k\pi$ sind Polstellen mit vertikaler Asymptote. Die Funktion ist ungerade und besitzt die Periode π, also

$$\cot(-x) = -\cot x\,;\quad \cot(x + \pi) = \cot x \quad \text{für jedes } x \in D.$$

Nullstellen: $\pm\frac{\pi}{2};\ \pm\frac{3\pi}{2};\ \pm\frac{5\pi}{2};\ \ldots;$

Ableitung: $(\cot x)' = -\frac{1}{\sin^2 x} = -(1 + \cot^2 x)\,;$

Integral: $\int \cot x\,dx = \ln|\sin x| + C \quad \text{für } x \neq k\pi,\ k \in \mathbb{Z}.$

Taylorreihe: Die Taylorreihe für den Kotangens erhält man durch Quotientenbildung der Taylorreihen für $\cos x$ und $\sin x$ aus $\frac{\cos x}{\sin x}$ mit anschließendem Koeffizientenvergleich. Dabei ist $x = 0$ eine Polstelle.

$$\cot x = \frac{1}{x} - \frac{1}{3}x - \frac{1}{45}x^3 - \frac{2}{945}x^5 - \frac{1}{4725}x^7 - \ldots \quad \text{für } 0 < |x| < \pi .$$

Kote:

Falls bei einer senkrechten Parallelprojektion auf eine einzige Bildtafel die Höhe eines Punktes über der Bildebene (Tafelebene) durch eine angeschriebene Zahl gekennzeichnet wird, nennt man diese Zahl eine *Kote* (s. Eintafelprojektion).

kotierte Projektion s. Eintafelprojektion, s. Kote.

Kreis:

1. Grundlagen:

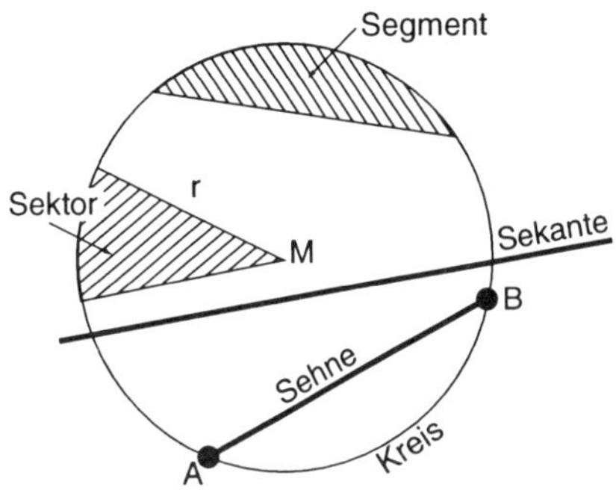

Ein *Kreis* (*Kreislinie* oder *Kreisperipherie*) ist der geometrische Ort aller Punkte einer Ebene, die von einem festen Punkt M, dem *Mittelpunkt*, einen konstanten Abstand r haben. Die Länge r heißt der *Radius* oder *Halbmesser*, d = 2r *Durchmesser* des Kreises. Das durch den Kreis eingeschlossene konvexe Flächenstück nennt man *Kreisfläche*. Manchmal wird auch die gesamte Kreisfläche als Kreis bezeichnet. Zur Unterscheidung bezeichnet man die Kreislinie auch mit *Peripherie*. Eine Gerade, die einen Kreis in zwei Punkten A und B schneidet, heißt *Sekante*, das Geradenstück AB zwischen A und B nennt man *Sehne*. Eine Sekante zerlegt die Kreislinie in zwei *Kreisbögen*, die Kreisfläche in zwei *Kreissegmente* oder *Kreisabschnitte*. Ein Winkel ε mit dem Kreismittelpunkt M als Scheitel heißt *Zentri-* oder *Mittelpunktswinkel*. Radien durch zwei Punkte einer Kreislinie bestimmen zwei Mittelpunktswinkel, die sich zu 360° ergänzen. Sie zerlegen die Kreisfläche in zwei *Kreissektoren* oder *Kreisausschnitte*. Ein Winkel γ, dessen Scheitel auf der Kreislinie liegt, und dessen Schenkel durch die Endpunkte A und B einer Sehne gehen, nennt man *Peripherie-* oder *Umfangwinkel*.

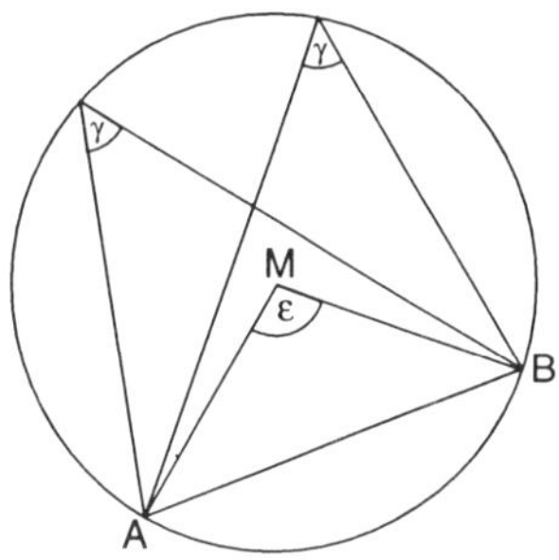

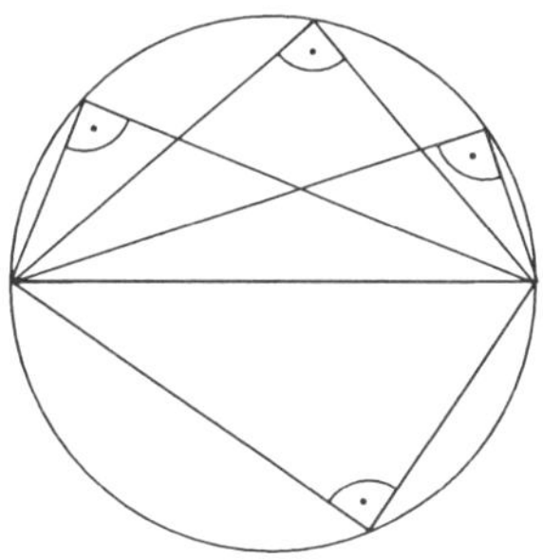

2. Eigenschaften (s. obige Zeichnung):

1. Sämtliche Peripheriewinkel γ über der gleichen Sehne sind gleich groß.
2. Über dem gleichen Kreisbogen ist der Peripheriewinkel (Umfangwinkel) γ halb so groß wie der Zentriwinkel ε.
3. Jeder Peripheriewinkel über einem Durchmesser ist ein rechter Winkel (s. Thaleskreis).

3. Parallelprojektion (affines Bild) eines Kreises s. Ellipse, 5.

4. Längen- und Flächenberechnungen:

4.1. Voller Kreis:

Inhalt: $F = \pi r^2$ (s. Integralrechnung, 2.4.2.); Umfang: $U = 2\pi r$.

4.2. Kreisausschnitt (Kreissektor):

Verbindet man die Endpunkte einer Sehne mit dem Kreismittelpunkt M, so erhält man einen *Kreisausschnitt* oder *Kreissektor*.

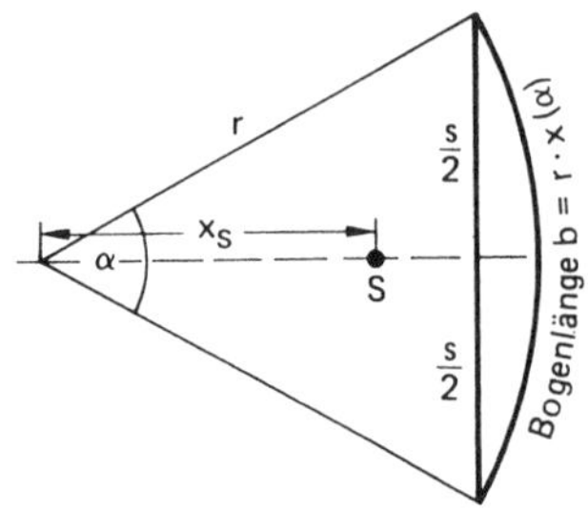

α = Zentriwinkel; r = Radius.

Bogenlänge: $b(\alpha) = r \cdot \frac{\alpha\pi}{180} = r \cdot \underbrace{x(\alpha)}_{\text{Bogenmaß}}$;

Flächeninhalt des Kreissektors:

$$F_\alpha = \frac{\alpha}{360}\pi r^2 = \frac{b(\alpha)\cdot r}{2} = \frac{r^2 \cdot x(\alpha)}{2} \quad (\alpha \text{ in Grad}; \; x(\alpha) \text{ im Bogenmaß}).$$

Der Schwerpunkt S liegt auf der Symmetrie-Achse im Abstand $x_S = \frac{2rs}{3b}$ vom Kreismittelpunkt M.

4.3. Kreisabschnitt (Kreissegment):

Die zwischen einer Sehne und dem Kreis liegende Fläche heißt *Kreisabschnitt* oder *Kreissegment.*

Sehnenlänge: $s = 2\sqrt{2rh - h^2} = 2r\sin\frac{\alpha}{2}$;

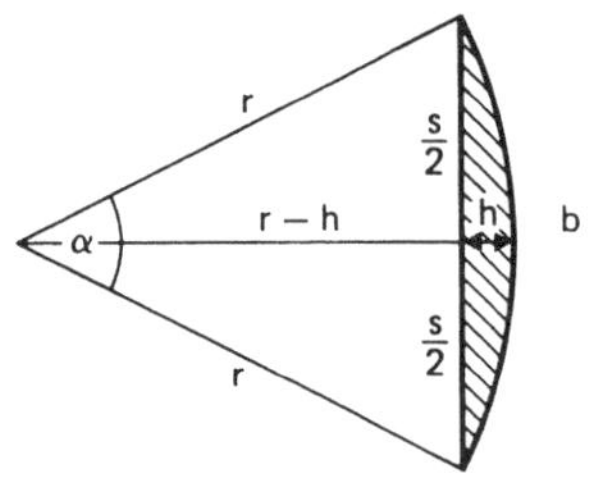

Höhe des Segments:

$$h = r - \sqrt{r^2 - \frac{s^2}{2}} = r\left(1 - \cos\frac{\alpha}{2}\right)$$

$$= \frac{s}{2}\tan\frac{\alpha}{4} = 2r\sin^2\frac{\alpha}{4};$$

Bogenlänge: $b(\alpha) = r \cdot \frac{\alpha\pi}{180}$ (α in Grad); Flächeninhalt: $F = \frac{1}{2}[br - s(r-h)]$.

Der Schwerpunkt S liegt auf der Symmetrie-Achse im Abstand $\frac{s^3}{12F}$ vom Kreismittelpunkt M; F = Inhalt der Segmentfläche.

5. Kreisgleichungen:

5.1. Koordinatengleichungen:

$P(x, y)$ sei ein beliebiger Punkt auf dem Kreis und $\overrightarrow{MP}^T = (x - x_0, x - y_0)$ der Verbindungsvektor vom Mittelpunkt M aus. Mit dem Betrag (s. Vektor im V^n, 1.2.4.) gilt $\overline{MP} = |\overrightarrow{MP}| = r$.

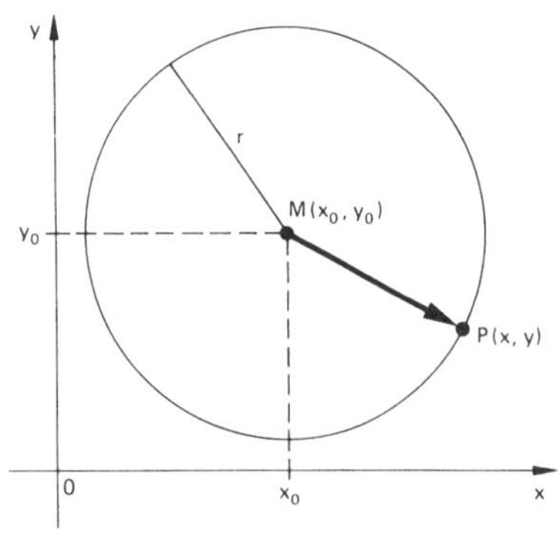

Das Skalarprodukt $\overrightarrow{MP} \cdot \overrightarrow{MP} = r^2$ ergibt die Koordinatengleichung

$$(x - x_0)^2 + (y - y_0)^2 = r^2.$$

5.2. Darstellung in Polarkoordinaten:
Aus dem Kosinussatz (s. Kosinussatz) erhält man die Kreisgleichung in den Polarkoordianten ρ und φ (s. Polarkoordinaten)

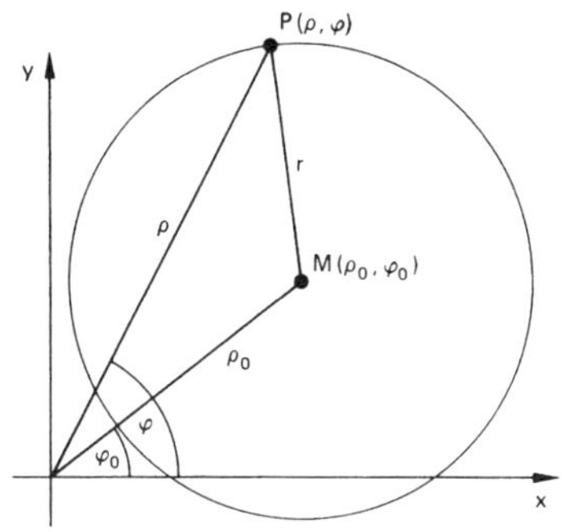

$$\rho^2 + \rho_0^2 - 2\rho\,\rho_0 \cos(\varphi - \varphi_0) = r^2$$

mit $\rho_0 = \overline{OM}$.
Falls der Kreismittelpunkt M im Koordinatenursprung O liegt, erhält man mit $\rho_0 = 0$ die Gleichung

$$\rho = r.$$

5.3. Parameterdarstellung:
Mit dem Bogenmaß t lautet die Parameterdarstellung

$$x = x(t) = x_0 + r\cos t\,;$$

$$y = y(t) = y_0 + r\sin t$$

für $0 \leq t \leq 2\pi$.

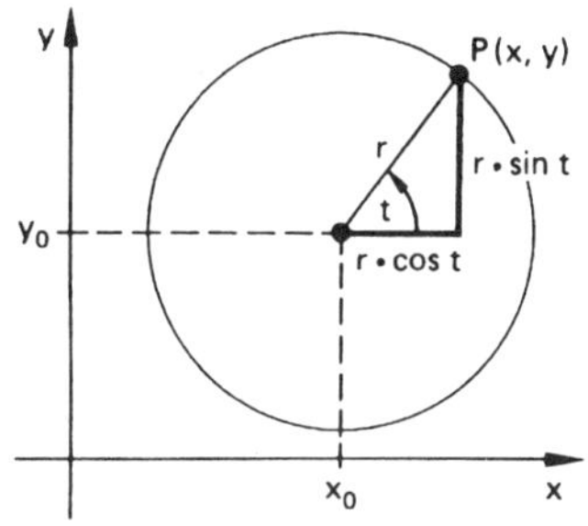

Kreisabschnitt s. Kreis, 4.3.

Kreisausschnitt s. Kreis, 4.2.

Kreisbogen s. Kreis, 1.

Kreisfunktion (Winkelfunktion):
Die trigonometrischen Funktionen (s. trigonometrische Funktionen) nennt man auch *Kreisfunktionen* oder *Winkelfunktionen.*

Kreiskegel s. Kegel, 2.2.

Kreispolare s. Kreistangente und Kreispolare.

Kreisring s. Torus.

Kreissegment s. Kreis, 4.3.

Kreissektor s. Kreis, 4.2.

Kreistangente und Kreispolare:
1. Kreistangente von einem Punkt außerhalb eines Kreises:
Von einem Punkt $P_0(\xi, \eta)$ außerhalb eines Kreises gibt es zwei Tangenten an den Kreis. In den Berührungspunkten P_1 und P_2 stehen sie senkrecht auf den Radien P_1M, P_2M. Somit erhält man die Berührungspunkte als Schnittpunkte des Kreises mit dem Thaleskreis (s. Thaleskreis) über der Strecke P_0M. Die Gerade durch P_1 und P_2 heißt *Polare* (s. Inversion, 2.).

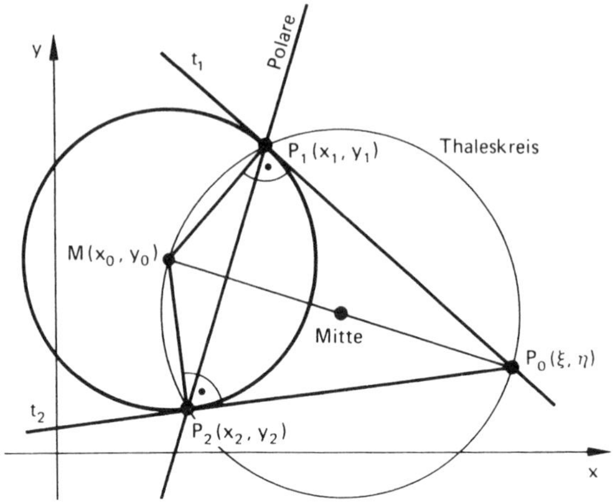

2. Gemeinsame Tangenten an zwei Kreise:

Zwei Kreise mit den Radien $r_1 \leq r_2$ besitzen nur dann gemeinsame Tangenten, wenn kein Kreis im Innern des anderen liegt. Dies sei vorausgesetzt.

2.1. Äußere Tangenten:

1. Fall $r_1 = r_2$: Dann sind beide Tangenten parallel zur Verbindungsstrecke M_1M_2 der beiden Kreismittelpunkte. Die Berührungspunkte sind die Schnittpunkte der zu M_1M_2 Senkrechten durch M_1 und M_2 mit den Kreisen.

2. Fall $r_1 < r_2$: Um M_2 wird ein Kreis mit dem Radius $\rho = r_2 - r_1$ geschlagen. Von M_1 aus werden mit Hilfe des Thaleskreises über M_1M_2 die Tangenten an diesen Kreis nach 1. konstruiert. Zu diesen beiden Tangenten sind die äußeren Kreistangenten parallel.

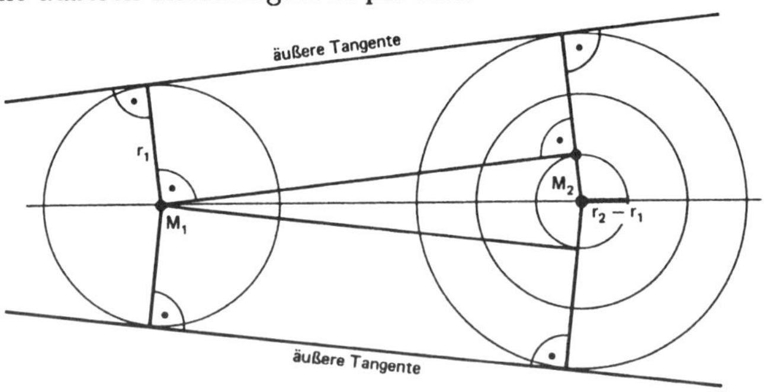

2.2. Innere Tangenten:

Falls sich die beiden Kreise berühren, ist die Tangente im Berührungspunkt gemeinsame Tangente.

Jeder der beiden Kreise liege außerhalb des anderen. Dann wird um M_2 ein Kreis mit dem Radius $r_1 + r_2$ geschlagen. Von M_1 aus werden nach 1. mit dem Thaleskreis über M_1M_2 die Tangenten an diesen Kreis konstruiert. Zu diesen beiden Tangenten sind die gemeinsamen inneren Kreistangenten parallel mit dem Abstand r_1 (s. nachfolgende Zeichnung).

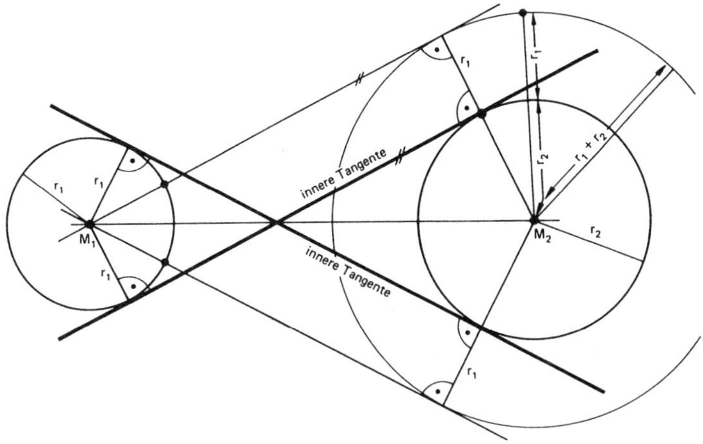

Kreisteilungsgleichung s. Wurzel, 3.

Kreisviereck s. Sehnenviereck.

Kreiszylinder s. Zylinder, 2.3.

Kreuzprodukt s. Vektor im V^n, 2.8.

Kreuzriß s. Dreitafelprojektion.

Kronecker, Leopold (1823 – 1891) wirkte in Berlin. Von ihm stammen grundlegende Arbeiten aus den Gebieten der Algebra und der Zahlentheorie. Nach ihm benannt sind das Kroneckerprodukt (s. Kroneckerprodukt) und das Kroneckersymbol (s. Kroneckersymbol).

Kroneckerprodukt zweier Matrizen:
Gegeben sind zwei quadratische Matrizen

$$A = (a_{ij},\ 1 \le i,j \le n) \quad \text{und} \quad B = (a_{kl},\ 1 \le k, l \le m).$$

Dann heißt die quadratische, n · m - reihige Matrix

$$A \otimes B = \begin{pmatrix} a_{11} \cdot B & a_{12} \cdot B & \dots & a_{1n} \cdot B \\ a_{21} \cdot B & a_{22} \cdot B & \dots & a_{2n} \cdot B \\ \vdots & \vdots & \vdots & \vdots \\ a_{n1} \cdot B & a_{n2} \cdot B & \dots & a_{nn} \cdot B \end{pmatrix} = \begin{pmatrix} b_{11} \cdot A & b_{12} \cdot A & \dots & b_{1m} \cdot A \\ b_{21} \cdot A & b_{22} \cdot A & \dots & b_{2m} \cdot A \\ \vdots & \vdots & \vdots & \vdots \\ b_{m1} \cdot A & b_{m2} \cdot A & \dots & b_{mm} \cdot A \end{pmatrix}$$

das *Kroneckerprodukt* der Matrizen A und B. Dabei gilt $A \otimes B = B \otimes A$.

Kroneckersymbol:
Die durch

$$\delta_{ij} = \begin{cases} 1 & \text{für } i = j; \\ 0 & \text{für } i \neq j \end{cases}$$

für alle Paare (i, j) nichtnegativer, ganzer Zahlen definierte Funktion heißt *Kroneckersymbol.*

krummlinige Koordinaten s. Koordinatensystem, 1.2., 2.2., s. Fläche, 2.1., 2.3.

Krümmung:

Die Krümmung einer Kurve oder Fläche in einem Punkt P ist eine skalare Größe, welche die Abweichung der Kurve (Fläche) in der Umgebung von P von der Tangente (Tangentialebene) charakterisiert.

1. Krümmung einer ebenen Kurve (s. Kurve, 1.):
Die Funktion $y = f(x)$ sei zweimal stetig differenzierbar. $P(x, f(x))$ und $P_1(x_1, f(x_1))$ seien zwei benachbarte Kurvenpunkte. Die beiden Normalen an diesen Stellen bilden den Winkel $\Delta\alpha = \alpha_1 - \alpha$ mit

$$\tan\alpha_1 = f'(x_1); \quad \tan\alpha = f'(x).$$

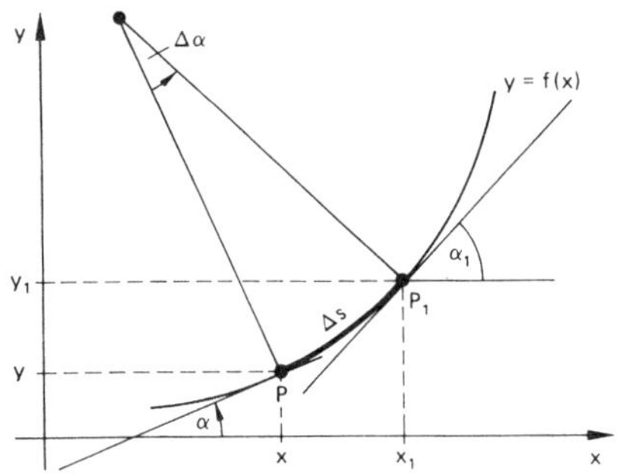

Δs sei die Länge des Kurvenbogens zwischen P und P_1. Im Falle der Existenz heißt

$$\lim_{x_1 \to x} \frac{\Delta\alpha}{\Delta s} = \frac{d\alpha}{ds} = \kappa$$

die *Krümmung* der Kurve im Punkt $P(x, f(x))$. Bei einer Geraden ist $\kappa = 0$. Die Krümmung ist bei einer "Linkskurve" positiv, bei einer "Rechtskurve" negativ.

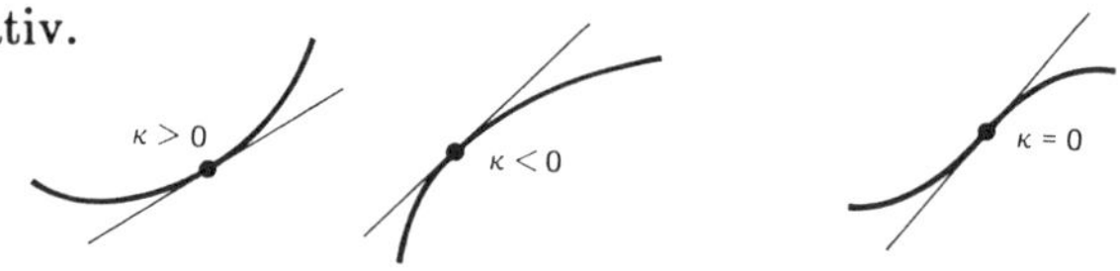

Mit Hilfe der Kettenregel erhält man

$$\frac{d\alpha}{ds} = \frac{d\alpha}{dx} \cdot \frac{dx}{ds} = \frac{d\alpha}{dx} \cdot \frac{1}{\frac{ds}{dx}}.$$

Aus $\tan\alpha = y' \Leftrightarrow \alpha = \arctan y'$ folgt

$$\frac{d\alpha}{dx} = \frac{y''}{1 + y'^2}; \quad ds^2 = dx^2 + dy^2 \text{ ergibt } \frac{ds}{dx} = \sqrt{1 + y'^2}.$$

Damit lautet die vorzeichenbehaftete *Krümmung*

$$\kappa = \frac{y''}{(1 + y'^2)^{\frac{3}{2}}} = \frac{f''(x)}{\sqrt{[1 + f'^2(x)]^3}}.$$

Falls $f''(x)$ an der Stelle x stetig ist, gilt für $P_1 \approx P$ die Näherung

$$\text{Bogenlänge } (P_1, P) = \widehat{P_1P} = |\Delta s| \approx \frac{1}{|\kappa|} \cdot \Delta\alpha.$$

Ein Punkt, in dem die Krümmung extremal ist, heißt *Scheitelpunkt* oder *Scheitel* der Kurve.

Krümmung in Abhängigkeit der Kurvendarstellung:

Gleichungsform der Kurve	Krümmung κ
explizite Darstellung: $y = f(x)$ $'$ Ableitung nach x	$\kappa = \frac{y''}{(1+y'^2)^{\frac{3}{2}}} = \frac{f''(x)}{\sqrt{[1+f'^2(x)]^3}}$
Parameterdarstellung: $x = x(t) = \varphi(t)$ $y = y(t) = \psi(t)$ $\cdot$ = Ableitung nach t	$\kappa = \frac{\dot{x}\ddot{y} - \ddot{x}\dot{y}}{\sqrt{(\dot{x}^2+\dot{y}^2)^3}}$
Polarkoordinaten: $\rho = \rho(\varphi)$; $\dot{\rho} = \frac{d\rho(\varphi)}{d\varphi}$ $x = \rho(\varphi)\cdot\cos\varphi$ $y = \rho(\varphi)\cdot\sin\varphi$	$\kappa = \frac{\rho^2 + 2\dot{\rho}^2 - \rho\ddot{\rho}}{\sqrt{(\rho^2+\dot{\rho}^2)^3}}$
implizite Darstellung: $F(x,y) = 0$ $F_x, F_y, F_{xy}, F_{xx}, F_{yy}$ partielle Ableitungen	$\kappa = -\frac{F_x^2 F_{yy} - 2F_x F_y F_{xy} + F_y^2 F_{xx}}{\sqrt{(F_x^2+F_y^2)^3}}$

Krümmungskreis (Schmiegkreis):

Der *Krümmungskreis* (*Schmiegkreis*) in einem Punkt P an die ebene Kurve $\mathfrak{C}$ ist derjenige Kreis, der die Kurve an der Stelle P berührt, und dessen Krümmung gleich der Krümmung der Kurve an der Stelle P ist. Der vorzeichenbehaftete Krümmungsradius lautet

$$\rho = \frac{1}{\kappa} = \frac{(1+y'^2)^{\frac{3}{2}}}{y''}.$$

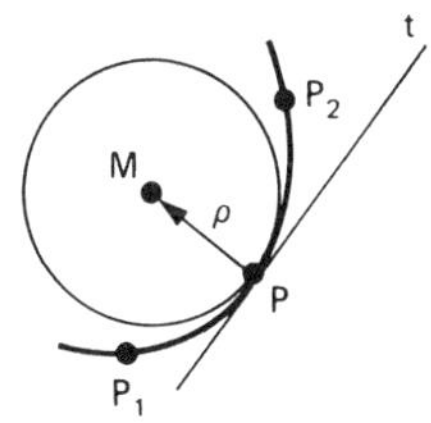

Bei "Linkskurven" ist ρ positiv, bei "Rechtskurven" negativ. Der Mittelpunkt $M(\xi, \eta)$ des Krümmungskreises liegt auf der Normalen durch $P(x, y)$ und besitzt von P den Abstand $|\rho|$. Da $(1, y')^T$ ein Vektor in Richtung der Kurventangente ist, erhält man in

$$\vec{n} = \frac{1}{\sqrt{1+y'^2}}\cdot\begin{pmatrix}-y'\\1\end{pmatrix}$$

einen Normaleneinheitsvektor. Damit lautet der Ortsvektor zum Krümmungsmittelpunkt $M(\xi, \eta)$

$$\vec{OM} = \begin{pmatrix}\xi\\\eta\end{pmatrix} = \vec{OP} + \rho\cdot\vec{n} = \begin{pmatrix}x\\y\end{pmatrix} + \frac{\rho}{\sqrt{1+y'^2}}\cdot\begin{pmatrix}-y'\\1\end{pmatrix}$$

mit

$$\xi = x - \frac{1+y'^2}{y''} \cdot y'; \quad \eta = y + \frac{1+y'^2}{y''}.$$

2. Krümmung einer Raumkurve:

Die Raumkurve $\mathfrak{C}$ besitze die Parameterdarstellung $\overrightarrow{OP} = \vec{k}(s) = \begin{pmatrix} x(s) \\ y(s) \\ z(s) \end{pmatrix}$ mit dem Parameter s der Bogenlänge (s. Kurve, 2.3.).

Dann lautet der *Krümmungsvektor* der Kurve $\mathfrak{C}$ an der durch s bestimmten Stelle P

$$\vec{\kappa}(s) = \frac{d^2 \vec{k}(s)}{ds^2} \quad \text{(komponentenweise Ableitung).}$$

Die *Krümmung* selbst ist der Betrag des Krümmungsvektors, also

$$\kappa(s) = |\vec{\kappa}(s)| = \left| \frac{d^2 \vec{k}(s)}{ds^2} \right|.$$

In Abhängigkeit von einem beliebigen Parameter t lautet die Krümmung an dem durch t festgelegten Kurvenpunkt mit dem Kreuzprodukt

$$\kappa(t) = \frac{|\vec{k}_t(t) \times \vec{k}_{tt}(t)|}{|\vec{k}_t(t)|^3}$$

$$= \sqrt{\frac{(\dot{x}^2 + \dot{y}^2 + \dot{z}^2) \cdot (\ddot{x}^2 + \ddot{y}^2 + \ddot{z}^2) - (\dot{x}\ddot{x} + \dot{y}\ddot{y} + \dot{z}\ddot{z})^2}{(\dot{x}^2 + \dot{y}^2 + \dot{z}^2)^3}}.$$

Dabei sind die Ableitungen nach dem Parameter t zu bilden (s. Kurve, 2.6.). Mit $z \equiv 0$ erhält man hieraus die Formeln aus 1.

Krümmungskreis (Schmiegkreis):

Trägt man von einem Kurvenpunkt P aus den Wert $\rho = \frac{1}{\kappa}$ in Richtung des Hauptnormalenvektors $\vec{n}$ ab, so erhält man den Krümmungskreismittelpunkt M der Kurve $\mathfrak{C}$. Der Kreis um M mit dem Radius ρ, der in der zu P gehörenden Schmiegebene liegt, heißt *Krümmungskreis* oder *Schmiegkreis* der Kurve $\mathfrak{C}$ an der Stelle P. Er berührt die Kurve an der Stelle P.

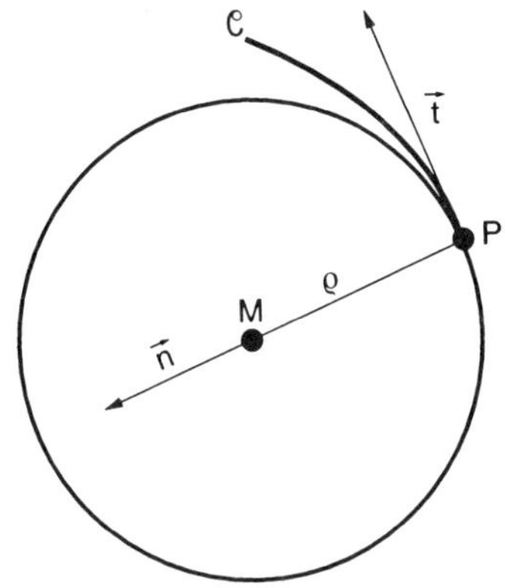

3. Krümmungen einer Fläche:

Die Krümmung einer Fläche $\mathfrak{F}$ (s. Fläche, 2.) im Punkt P(u, v) wird bestimmt durch die Krümmungen aller durch diesen Punkt P verlaufenden räumlichen Flächenkurven $\mathfrak{C}$ (s. Fläche, 2.3.). Es sei $\mathfrak{C}$ eine auf der Fläche $\mathfrak{F}$ liegende Kurve (s. Fläche). Mit dem Parameter s der Bogenlänge der Kurve $\mathfrak{C}$ sei $\vec{\kappa}(s)$ der Krümmungsvektor der Kurve in dem durch s festgelegten Kurvenpunkt P (s. 2.). Es sei $\vec{n}(s)$ der Normaleneinheitsvektor an der Stelle P auf die Fläche. Der Krümmungsvektor der Kurve $\mathfrak{C}$ wird zerlegt in Richtung des Flächennormaleneinheitsvektors $\vec{n}(s)$ und einem dazu orthogonalen Einheitsvektor $\vec{e}(s)$ aus der Tangentialebene mit

$$\vec{\kappa}(s) = \kappa_n \cdot \vec{n}(s) + \kappa_g \cdot \vec{e}(s).$$

Dabei ist die Komponente κ_n die Krümmung der Kurve $\mathfrak{C}$ in Richtung der Flächennormalen, κ_g die Krümmung von $\mathfrak{C}$ in der Tangentialebene von $\mathfrak{F}$. κ_n heißt die *Normalkrümmung* und κ_g die *geodätische Krümmung* von $\mathfrak{C}$ an der Stelle P. Dabei gilt für die Kurvenkrümmung κ

$$\kappa^2 = \kappa_n^2 + \kappa_g^2.$$

In einem Flächenpunkt P heißen die Extremwerte der Normalkrümmungen aller durch diesen Punkt verlaufenden Flächenkurven die *Hauptkrümmungen*. Diese sollen nun hergeleitet werden. Eine durch den Punkt P verlaufende Flächenkurve $\mathfrak{C}$ besitze die Parameterdarstellung $\vec{k}(u(t), v(t))$ (s. Fläche, 2.3.). Mit der Bogenlänge s als Parameter erhält man als Tangentenvektor an diese Raumkurve $\mathfrak{C}$ die Ableitung $\vec{t}(s) = d\vec{k}/ds$ mit Hilfe der ersten Fundamentalform der Fläche (s. Fläche, 2.4.)

$$\left(\frac{ds}{dt}\right)^2 = E \cdot \left(\frac{du}{dt}\right)^2 + 2F \cdot \frac{du}{dt} \cdot \frac{dv}{dt} + G \cdot \left(\frac{dv}{dt}\right)^2.$$

Der Normaleneinheitsvektor auf der Fläche in P ist $\vec{n} = \dfrac{\vec{k}_u \times \vec{k}_v}{|\vec{k}_u \times \vec{k}_v|}$ (s. Fläche, 2.2.).

Da die Kurve $\mathfrak{C}$ in der Fläche liegt, gilt für das innere Produkt $\vec{t} \cdot \vec{n} = 0$. Den Hauptnormaleneinheitsvektor der Kurve $\mathfrak{C}$ bezeichnen wir mit $\vec{e}$. Dann gilt nach der Frenetschen Formel (s. Kurve, 2.9.) für die Krümmung κ der Raumkurve $\mathfrak{C}$

$$\frac{d\vec{t}(s)}{ds} = \kappa(s)\, \vec{e}(s).$$

Differentiation von $\vec{t}(s) \cdot \vec{n}(s) = 0$ nach der Bogenlänge s auf der Kurve ergibt hiermit

$$\frac{d\vec{t}}{ds} \cdot \vec{n} + \vec{t} \cdot \frac{d\vec{n}}{ds} = 0; \quad \kappa(s) \cdot \vec{e} \cdot \vec{n} = -\, \vec{t} \cdot \frac{d\vec{n}}{ds} = -\frac{d\vec{k}}{ds} \cdot \frac{d\vec{n}}{ds}.$$

Nach der Kettenregel gilt

$$\frac{d\vec{k}}{ds} = \frac{d\vec{k}}{dt} \cdot \frac{dt}{ds} = \left(\frac{d\vec{k}}{du} \cdot \frac{du}{dt} + \frac{d\vec{k}}{dv} \cdot \frac{dv}{dt}\right) \cdot \frac{dt}{ds} = (\vec{k}_u \cdot \dot{u} + \vec{k}_v \cdot \dot{v}) \cdot \frac{1}{\frac{ds}{dt}};$$

$$\frac{d\vec{n}}{ds} = \frac{d\vec{n}}{dt} \cdot \frac{dt}{ds} = \left(\frac{d\vec{n}}{du} \cdot \frac{du}{dt} + \frac{d\vec{n}}{dv} \cdot \frac{dv}{dt}\right) \cdot \frac{dt}{ds} = (\vec{n}_u \cdot \dot{u} + \vec{n}_v \cdot \dot{v}) \cdot \frac{1}{\frac{ds}{dt}}.$$

$$\frac{d\vec{k}}{ds} \cdot \frac{d\vec{n}}{ds} = \left[(\vec{k}_u \cdot \vec{n}_u)\, \dot{u}^2 + (\vec{k}_u \cdot \vec{n}_v + \vec{k}_v \cdot \vec{n}_u)\, \dot{u}\dot{v} + \vec{k}_v \cdot \vec{n}_v)\, \dot{v}^2\right] \cdot \frac{1}{\left(\frac{ds}{dt}\right)^2}.$$

Wegen $\vec{n} = \dfrac{\vec{k}_u \times \vec{k}_v}{|\vec{k}_u \times \vec{k}_v|}$ ist $\vec{n} \perp \vec{k}_u$ und $\vec{k}_v$ mit $\vec{n} \cdot \vec{k}_u = 0$; $\vec{n} \cdot \vec{k}_v = 0$.

Partielle Differentiation dieser Identitäten ergibt

$$\vec{n}_u \cdot \vec{k}_u + \vec{n} \cdot \vec{k}_{uu} = 0\,; \qquad \vec{n}_v \cdot \vec{k}_u + \vec{n} \cdot \vec{k}_{uv} = 0\,;$$

$$\vec{n}_u \cdot \vec{k}_v + \vec{n} \cdot \vec{k}_{uv} = 0\,; \qquad \vec{n}_v \cdot \vec{k}_v + \vec{n} \cdot \vec{k}_{vv} = 0\,.$$

Hieraus folgt mit der zweiten Grundform der Fläche (s. Fläche, 2.5.)

$$\vec{n}_u \cdot \vec{k}_u = -\,\vec{n} \cdot \vec{k}_{uu} = -L\,; \quad \vec{n}_u \cdot \vec{k}_v = \vec{n}_v \cdot \vec{k}_u = -\,\vec{n} \cdot \vec{k}_{uv} = -M\,;$$

$$\vec{n}_v \cdot \vec{k}_v = -\,\vec{n} \cdot \vec{k}_{vv} = -N.$$

Zusammen mit der obigen Formel für $\left(\frac{ds}{dt}\right)^2$ erhält man

$$\kappa(s) \cdot \vec{e} \cdot \vec{n} = -\,\vec{t} \cdot \frac{d\vec{n}}{ds} = -\frac{d\vec{k}}{ds} \cdot \frac{d\vec{n}}{ds} = \frac{L\dot{u}^2 + 2M\dot{u}\dot{v} + N\dot{v}^2}{E\dot{u}^2 + 2F\dot{u}\dot{v} + G\dot{v}^2}$$

$$= \frac{L\,du^2 + 2M\,du\,dv + N\,dv^2}{E\,du^2 + 2F\,du\,dv + G\,dv^2}\,.$$

Dies ist aber der Quotient der ersten und zweiten Grundform der Fläche (s. Fläche, 2.4., 2.5.). Er hängt nur vom Quotienten du/dv, also von der Richtung der Kurve $\mathfrak{C}$ ab. Betrachtet werden nun sämtliche Schnittkurven der Fläche mit allen Ebenen, die durch dieselbe Tangente gehen. κ sei die Krümmung einer solchen Schnittkurve und θ der Winkel, den die Ebene mit der Flächennormalen $\vec{n}$ einschließt. Dann gilt $\kappa \cdot \vec{e} \cdot \vec{n} = \kappa \cdot \cos\theta = K$. Dabei ist K die Krümmung derjenigen Kurve, die als Schnittkurve mit derjenigen Ebene entsteht, in der die Flächennormale $\vec{n}$ liegt. Die Krümmung derjenigen Kurve, die als Schnittkurve der Fläche mit einer Ebene durch die Flächennormale und durch die Tangente mit der Richtung (du, dv) entsteht, ist damit gegeben durch

$$K = \frac{L\,du^2 + 2M\,du\,dv + N\,dv^2}{E\,du^2 + 2F\,du\,dv + G\,dv^2}.$$

Die Krümmung hängt nur vom Verhältnis $\frac{du}{dv}$ ab. Mit $\frac{du}{dv} = \lambda$ erhält man

$$K = \frac{L\lambda^2 + 2M\lambda + N}{E\lambda^2 + 2F\lambda + G}\,.$$

Bei einem Extremwert der Krümmung muß die obige Gleichung zwei zusammenfallende Lösungen in λ haben. Die äquivalente quadratische Gleichung

$$K(E\lambda^2 + 2F\lambda + G) - (L\lambda^2 + 2M\lambda + N) = 0, \text{ also}$$

$$(KE - L)\lambda^2 + 2(KF - M)\lambda + KG - N = 0$$

hat nur dann eine reelle Doppelwurzel, wenn gilt

$$(KF - M)^2 - (KE - L) \cdot (KG - N) = 0\,.$$

Die Doppelwurzel lautet dann $\lambda_{1,2} = -\frac{KF - M}{KE - L}$. Damit erhält man aus der obigen Gleichung die quadratische Gleichung für die Krümmung K

$$(E\,G-F^2)\,K + (2\,F\,M - G\,L - E\,N)\,K + (L\,N - M^2) = 0\,.$$

Die beiden Wurzeln K_1 und K_1 dieser Gleichung nennt man *Hauptkrümmungen.* Nach den Vietaschen Wurzelsätzen gilt dabei

$$K_1 \cdot K_2 = \frac{L\,N - M^2}{E\,G - F^2} = K; \quad K_1 + K_2 = \frac{E\,N - 2\,F\,M + G\,L}{E\,G - F^2} = 2H.$$

Das Produkt $K = K_1 \cdot K_2$ der beiden Hauptkrümmungen nennt man *Gaußsche Krümmung,* H ist die *mittlere Krümmung* der Fläche an der Stelle $P(u\,,v)$. In einem *elliptischen Punkt* P_e ist $K > 0$, in einem *hyperbolischen Punkt* (*Sattelpunkt*) P_h ist $K < 0$ und in einem *parabolischen Punkt* P_p verschwindet die Gaußsche Krümmung, also $K = 0$.
Ein Punkt, in dem beide Hauptkrümmungen gleich sind und nicht verschwinden, heißt *Nabelpunkt.*

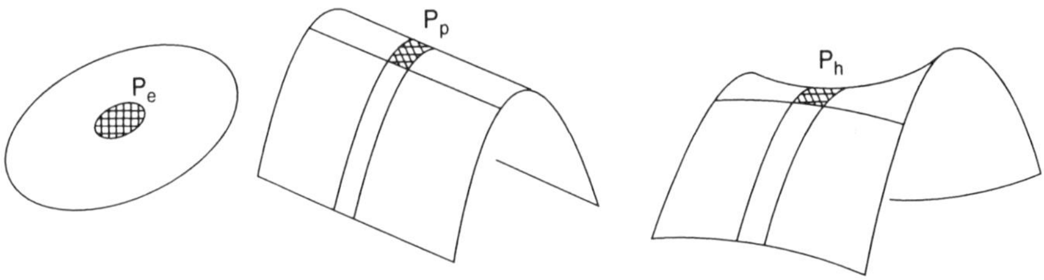

Die Richtungen, die zu den Hauptkrümmungen gehören, nennt man die *Hauptkrümmungsrichtungen* in dem entsprechenden Punkt. Die zugehörigen λ-Werte erfüllen die beiden Gleichungen

$$(L - E\,K)\,\lambda + (M - F\,K) = 0\,; \quad (M - F\,K)\,\lambda + (N - G\,K) = 0\,.$$

Elimination von K ergibt für λ die quadratische Gleichung

$$(E\,M - L\,F)\,\lambda^2 + (E\,N - G\,L)\,\lambda + (F\,N - M\,G) = 0\,.$$

Damit erfüllen die Hauptkrümmungsrichtungen $(du\,,dv)$ mit $\lambda = \frac{du}{dv}$ die Gleichung

$$(E\,M - L\,F)\,du^2 + (E\,N - G\,L)\,du\,dv + (F\,N - M\,G)\,dv^2 = 0\,.$$

Die beiden Hauptkrümmungsrichtungen sind zueinander orthogonal.

Krümmungskreis s. Krümmung, 1., 2.

Kubatur:
Die Berechnung des Volumens krummflächig begrenzter Körper nennt man auch *Kubatur* (s. Volumenberechnung).

Kubik s. Hyperfläche, s. Kubikwurzel, s. Kubikzahl, s. Rauminhalt.

Kubikwurzel:

Die für jede reelle Zahl $a \in \mathbb{R}$ durch $a = b^3$ definierte reelle Zahl b heißt *Kubikwurzel*. Man bezeichnet sie mit $b = \sqrt[3]{a}$. Die Kubikwurzel aus einer negativen Zahl ist negativ (s. Wurzel, 1.).

Beispiele: $\sqrt[5]{243} = 3$; $\sqrt[3]{-8} = -\sqrt[3]{8} = -2$.

Kubikzahl:

Die dritte Potenz $k^3 = k \cdot k \cdot k$ einer nichtnegativen ganzen Zahl heißt *Kubikzahl* (s. Potenz, 1., 2.).

kubische Form s. Form.

kubische Gleichung (algebraische Gleichung 3. Grades):

Jede kubische Gleichung in einer Variablen kann nach Multiplikation mit einer Konstanten dargestellt werden in der Standardform

$$x^3 + r x^2 + s x + t = 0 \quad \text{mit } r, s, t \in \mathbb{R}.$$

Sie besitzt mindestens eine reelle Lösung.

1. Elementar lösbare Fälle:

1.1. $x^3 + t = 0$ ($r = s = 0$):
Diese Gleichung besitzt nur eine reelle Lösung

$$x_1 = \begin{cases} \sqrt[3]{-t} & \text{für } t < 0; \\ -\sqrt[3]{t} & \text{für } t \geq 0. \end{cases}$$

Für $t = 0$ ist $x_1 = 0$ dreifache Lösung. Im Falle $t \neq 0$ lauten die beiden weiteren komplexen Lösungen

$$x_2 = \frac{1}{2}(-1 + i\sqrt{3}) \cdot x_1; \quad x_3 = \frac{1}{2}(-1 - i\sqrt{3}) \cdot x_1.$$

1.2. $x^3 + rx^2 + sx = 0$ ($t = 0$):
Durch Ausklammern erhält man

$$x^3 + r x^2 + s x = x \cdot (x^2 + r x + s) = 0.$$

Neben der reellen Lösung $x_1 = 0$ sind die Wurzeln der quadratischen Gleichung $x^2 + r x + s = 0$ (s. quadratische Gleichung) weitere Lösungen. Falls man die obige Gleichung durch x dividiert, wird die Lösung $x = 0$ häufig übersehen.

1.3. Abspaltung eines Linearfaktors bei einer bekannten Lösung:
Falls eine Lösung x_1 bekannt ist, gilt die Zerlegung

$$x^3 + r x^2 + s x + t = (x - x_1) \cdot (x^2 + \beta x + \gamma) = 0.$$

Die weiteren Lösungen erhält man aus $x^2 + \beta x + \gamma = 0$ (s. qadratische Gleichung). Dieses Polynom erhält man durch Polynomdivision (s. Polynomdivision, s. Horner - Schema).

2. Cardanische Formeln:
Durch die Substitution $x = y - \frac{r}{3}$, also $y = x + \frac{r}{3}$ geht die Normalform über in die *reduzierte kubische Gleichung*

$$y^3 + py + q = 0 \quad \text{mit } p = s - \frac{r^3}{3} \text{ und } q = \frac{2r^3}{27} - \frac{rs}{3} + t.$$

Mit der Zerlegung $y = u + v$ erhält man aus dieser reduzierten Gleichung

$$(u+v)^3 + p(u+v) + q = 0;$$

$$u^3 + 3u^2v + 3uv^2 + v^3 + pu + pv + q = 0;$$

$$u^3 + v^3 + q + (u+v)(\underbrace{3uv + p}_{= 0 \text{ (Ziel!)}}) = 0.$$

Mit $3uv + p = 0$ erhält man $u^3 + v^3 = -q; \; uv = -\frac{p}{3}$.
Hieraus folgt

$$(u^3+v^3)^2 = u^6 + 2u^3v^3 + v^6 = q^2; \quad u^3v^3 = -\left(\frac{p}{3}\right)^3;$$

$$(u^3-v^3)^2 = u^6 - 2u^3v^3 + v^6;$$

$$(u^3+v^3)^2 - (u^3-v^3)^2 = 4u^3v^3 = q^2 - (u^3-v^3)^2;$$

$$(u^3-v^3)^2 = q^2 + 4\left(\frac{p}{3}\right)^3;$$

$$u^3 - v^3 = \pm\sqrt{q^2 + 4\left(\frac{p}{3}\right)^3}; \quad u^3 + v^3 = -q.$$

Subtraktion und Addition dieser beiden Gleichungen liefert

$$u^3 = -\frac{q}{2} \pm \sqrt{\left(\frac{q}{2}\right)^2 + \left(\frac{p}{3}\right)^3}; \quad v^3 = -\frac{q}{2} \mp \sqrt{\left(\frac{q}{2}\right)^2 + \left(\frac{p}{3}\right)^3}.$$

Mit der 3. Einheitswurzel $\frac{1}{2}(-1 \pm i\sqrt{3})$ erhält man die Lösungen dieser Gleichungen

$$u_1 = \sqrt[3]{-\frac{q}{2} + \sqrt{\left(\frac{q}{2}\right)^2 + \left(\frac{p}{3}\right)^3}}; \quad u_{2,3} = \frac{1}{2}(-1 \pm i\sqrt{3}) \cdot u_1;$$

$$v_1 = \sqrt[3]{-\frac{q}{2} - \sqrt{\left(\frac{q}{2}\right)^2 + \left(\frac{p}{3}\right)^3}}; \quad v_{2,3} = \frac{1}{2}(-1 \mp i\sqrt{3}) \cdot v_1.$$

Hieraus erhält man die *Cardanische Formeln* für die Lösungen

$$y_i = u_i + v_i \quad \text{für } i = 1, 2, 3.$$

kubische Resolvente s. Gleichung, 4.4.2.

kubische Splines s. Interpolation, 5.

Kugel (Sphäre):

1. Kugel in einem metrischen Raum:
Es sei M ein metrischer Raum mit der Metrik d (s. metrischer Raum). Die Menge aller Punkte $x \in M$ mit

$$d(x, m) = r$$

heißt *Kugel* mit dem *Radius* r um den *Mittelpunkt* m.

2. Kugel im $\mathbb{R}^3$:
Die *Kugel* im $\mathbb{R}^3$ ist eine Fläche, deren Punkte von einem festen Punkt M, dem *Kugelmittelpunkt*, konstanten Abstand r haben. Sie ist eine nichtentartete Fläche zweiter Ordnung (s. Flächen zweiter Ordnung, 3.1.). Die Kugelfläche ist eine Rotationsfläche, die durch Drehung eines Kreises um einen Durchmesser entsteht. Jede Ebene, welche die Kugel schneidet, schneidet sie in einem Kreis (s. sphärische Trigonometrie, 1.). Die Menge aller Punkte auf oder innerhalb der Kugel heißt *Kugelkörper*. Er ist konvex (s. konvex, 5.). Manchmal bezeichnet man den Kugelkörper einfach mit Kugel und die Kugelfläche als *Kugeloberfläche*.
Jede Gerade, welche die Kugel in den Punkten A und B schneidet, heißt *Sekante*, die Strecke AB nennt man *Sehne*.

Oberflächeninhalt der Kugel: $O = 4\pi r^2$ (s. Integralrechnung, 2.4.3.);

Volumen des Kugelkörpers: $V = \frac{4\pi r^3}{3} = \frac{1}{3} r O$

(s. Integralrechnung, 2.4.1., 4.4.1.).

Koodinatengleichung:
Der Koordinatenursprung O sei der Mittelpunkt und $P(x, y, z)$ ein beliebiger Punkt auf der Kugelfläche. Dann gilt für den Betrag des Verbindungsvektors (s. Vektor im V^n, 2.3., 2.4.)

$$|\overrightarrow{MP}| = r; \quad \overrightarrow{MP} \cdot \overrightarrow{MP} = r^2.$$

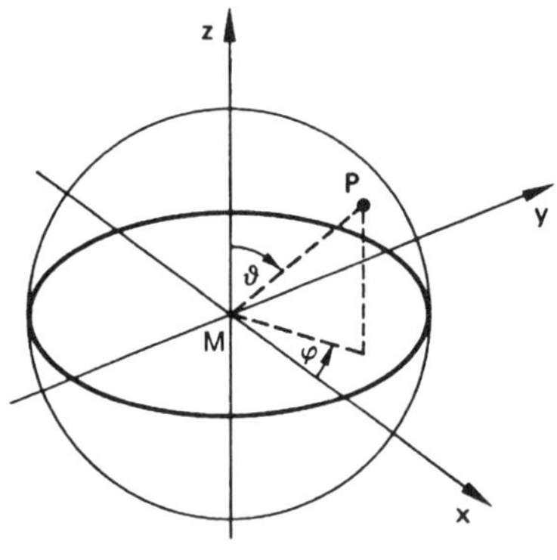

Dies ergibt in kartesischen Koordinaten die Kugelgleichung

$$x^2 + y^2 + z^2 = r^2.$$

Für die Kugel mit dem Mittelpunkt $M(x_0, y_0, z_0)$ lautet die Gleichung in kartesischen Koordinaten

$$(x - x_0)^2 + (y - y_0)^2 + (z - z_0)^2 = r^2.$$

Parameterdarstellung in Kugelkoordinaten:
Mit dem Kugelmittelpunkt M als Koordinatenursprung O lautet in Kugelkoordinaten $(\rho, \varphi, \vartheta)$ die Kugelgleichung $\rho(\varphi, \vartheta) = r$ (s. obige Zeichnung). Umrechnung ergibt die Parameterdarstellung für die Kugel mit dem Mittelpunkt $M(x_0, y_0, z_0)$

$$x = x_0 + r \sin\vartheta \cos\varphi ; \quad y = y_0 + r \sin\vartheta \sin\varphi ;$$

$$z = z_0 + r \cos\vartheta ; \quad 0 \leq \varphi \leq 2\pi ; \quad 0 \leq \vartheta \leq \pi .$$

Entfernungs- und Winkelmessung auf der Kugel s. sphärische Trigonometrie.

3. Kugel (Sphäre) im $\mathbb{R}^n$:
Die Menge aller Punkte des n-dimensionalen Punktraums $\mathbb{R}^n$ mit

$$\sum_{i=1}^{n} (x_i - m_i)^2 = r^2$$

heißt (n − 1)-*dimensionale Kugel* (*Sphäre*) mit dem *Radius* r und dem Mittelpunkt $M(m_1, m_2, \ldots, m_n)$. Meistens spricht man nur für $r = 1$ und $M = O$ von einer Sphäre.

Kugelableitung s. chordale Ableitung.

Kugelabschnitt (Kugelkappe, Kalotte, Kugelsegment):

Jede Ebene, welche die Kugelfläche schneidet, zerlegt sie in zwei *Kugelkappen* oder *Kalotten*, den Kugelkörper in zwei *Kugelabschnitte* oder *Kugelsegmente*. h sei die Dicke und ρ der Grundkreisradius des Kugelabschnitts. Dann gilt

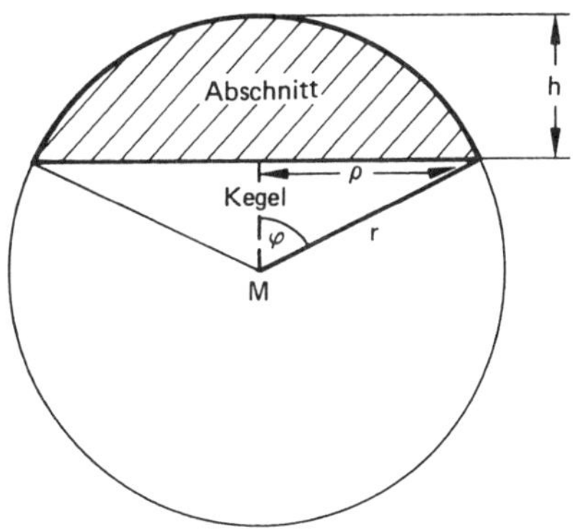

$$\rho = \sqrt{h(2r - h)} .$$

Kappeninhalt: $F = 2\pi r h = \pi(\rho^2 + h^2)$;

Volumen des Kugelsegments:

$$V = \frac{\pi h}{6}(3\rho^2 + h^2) = \frac{\pi h^2}{3}(3r - h);$$

Oberflächeninhalt des Kugelsegments:

$$O = \pi(h^2 + 2\rho^2).$$

Der Schwerpunkt des Kugelsegments liegt auf der Symmetrieachse. Er besitzt vom Kugelmittelpunkt M den Abstand

$$z_S = \frac{3}{4} \cdot \frac{(2r - h)^2}{3r - h} .$$

Kugelabstand s. chordaler Abstand.

Kugelausschnitt (Kugelsektor):

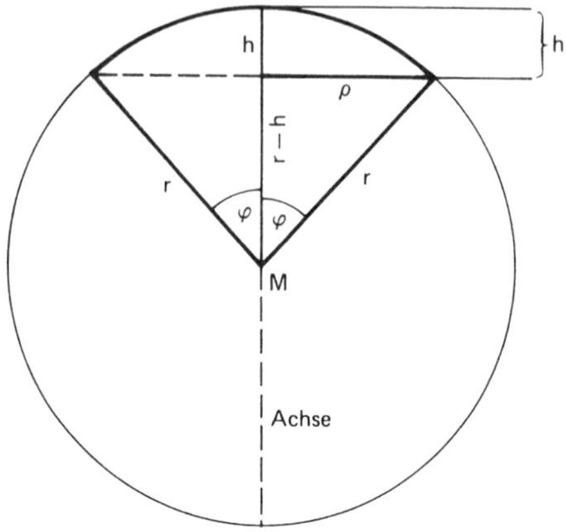

Die Vereinigung des Kugelabschnitts (s. Kugelabschnitt) und des Kegelkörpers, dessen Grundfläche die Schnittfläche des Kugelabschnitts und Spitze der Kugelmittelpunkt M ist, heißt *Kugelausschnitt.*
Mit den Bezeichnungen der nebenstehenden Skizze gilt

$$\rho = \sqrt{h(2r-h)};$$

Volumen: $V = \frac{2}{3}\pi r^2 h;$

Oberfläche: $O = \pi r(2h+\rho).$

Der *Schwerpunkt* S des Kugelsektors liegt auf der Symmetrie-Achse mit dem Abstand vom Kugelmittelpunkt

$$z_S = \frac{3}{8}(2r-h).$$

Kugeldreieck s. sphärische Trigonometrie, 3.

Kugelflächenfunktion s. Kugelfunktion.

Kugelfunktion, räumliche:

Eine Funktion $K_\nu(x,y,z)$ heißt *Kugelfunktion* vom Grade $\nu \in \mathbb{R}$, wenn gilt:

a) $K_\nu(x,y,z)$ ist eine Potentialfunktion, d.h. sie erfüllt die Laplacesche Differentialgleichung

$$\frac{\partial^2 K_\nu(x,y,z)}{\partial x^2} + \frac{\partial^2 K_\nu(x,y,z)}{\partial y^2} + \frac{\partial^2 K_\nu(x,y,z)}{\partial z^2} = 0.$$

b) $K_\nu(x,y,z)$ ist homogen vom Grad $\nu \in \mathbb{R}$, d.h. es gilt

$$K_\nu(\lambda x, \lambda y, \lambda z) = \lambda^\nu \cdot K_\nu(x,y,z) \quad \text{für alle } \lambda > 0$$

(s. homogen, 3.).

Mit den Kugelkoordinaten r, φ, ϑ (s. Kugelkoordinaten) heißt die auf der Einheitskugel ($\rho = 1$) definierte Funktion

$$k_\nu(\varphi,\vartheta) = \frac{1}{\rho^\nu}\cdot K_\nu(x,y,z)$$

die der räumlichen Kugelfunktion $K_\nu(x,y,z)$ zugeordnete *Kugelflächenfunktion.* Die zu der natürlichen Zahl $\nu = n$ gehörende Kugelflächenfunktion heißt *Laplacesche Kugelfunktion.* Ihre Differentialgleichung lautet

$$\frac{1}{\sin\vartheta}\cdot\frac{\partial}{\partial\vartheta}\left(\sin\vartheta\cdot\frac{\partial k_n(\varphi,\vartheta)}{\partial\vartheta}\right) + \frac{1}{\sin^2\vartheta}\cdot\frac{\partial^2 k_n(\varphi,\vartheta)}{\partial\varphi^2} + n(n+1)\,k_n(\varphi,\vartheta) = 0.$$

Für zwei Laplacesche Kugelfunktionen $k_n(\varphi, \vartheta)$, $k_m(\varphi, \vartheta)$ wird mit dem Flächenelement auf der Einheitskugel $dF = \sin\vartheta \, d\varphi \, d\vartheta$ durch

$$\int_0^\pi \left(\int_0^{2\pi} k_n(\varphi, \vartheta) \, k_m(\varphi, \vartheta) \, d\varphi \right) \sin\vartheta \, d\vartheta$$

ein (verallgemeinertes) Skalarprodukt definiert. Dabei gilt

$$\int_0^\pi \left(\int_0^{2\pi} k_n(\varphi, \vartheta) \, k_m(\varphi, \vartheta) \, d\varphi \right) \sin\vartheta \, d\vartheta = 0 \quad \text{für } n \neq m \, .$$

Damit sind die Laplaceschen Kugelfunktionen verschiedener Ordnung orthogonal (s. Orthogonal- und Orthonormalsystem, 4.).

Kugelkappe s. Kugelabschnitt.

Kugelkeil s. sphärische Trigonometrie, 2.

Kugelkoordinaten (sphärische Koordinaten): Zur Darstellung von Punkten innerhalb oder auf einer Kugel eignen sich *Kugelkoordinaten*. Es handelt sich um krummlinige Koordinaten (s. Koordinatensystem, 2.2.). Ausgangspunkt ist ein kartesisches Koordinatensystem mit:

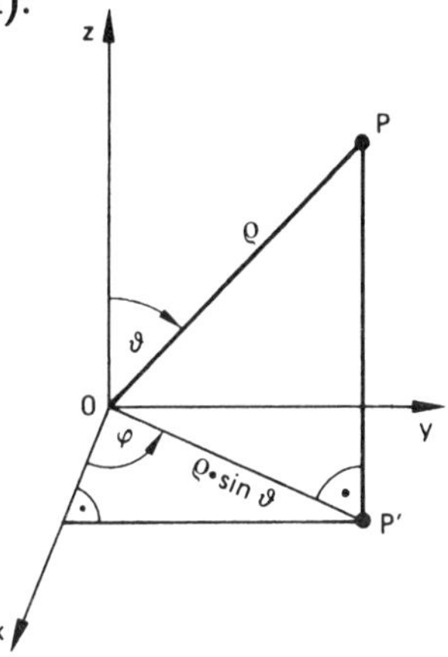

P: beliebiger Punkt im $\mathbb{R}^3$;
P': Projektion von P auf die x-y-Ebene;
ρ: $\rho = \overline{OP}$ = Abstand des Punktes P von O;
φ: *Breitenkoordinaten*: Winkel zwischen der positiven x-Achse und OP; $0 \leq \varphi \leq 2\pi$;
ϑ: *Längenkoordinaten*: Winkel zwischen der positiven z-Achse und OP; $0 \leq \vartheta \leq \pi$.

Für den Koordinatenursprung O ist $\rho = 0$; φ und ϑ sind hier unbestimmt.

Koordinatenflächen:
ρ = const. ergibt Kugeln um den Koordinatenursprung O;
φ = const. ergibt Halbebenen;
ϑ = const. ergibt Kegel mit der z-Achse als Kegelachse.

Umrechnung in kartesische Koordinaten: Aus

$$x = \rho \sin\vartheta \cos\varphi; \quad y = \rho \sin\vartheta \sin\varphi; \quad z = \rho \cos\vartheta$$

erhält man

$$\rho = \sqrt{x^2 + y^2 + z^2}; \quad \cos\vartheta = \frac{z}{\rho} = \frac{z}{\sqrt{x^2 + y^2 + z^2}};$$

$$\cos\varphi = \frac{x}{\sqrt{x^2 + y^2}}; \quad \sin\varphi = \frac{y}{\sqrt{x^2 + y^2}}; \quad \tan\varphi = \frac{y}{x} \, .$$

Volumenelement bei Kugelkoordinaten:
Bei der Integration erhält man zur Umrechnung von kartesischen Koordinaten in Kugelkoordinaten die Funktionaldeterminante

$$\frac{\partial(x, y, z)}{\partial(\rho, \vartheta, \varphi)} = \rho^2 \sin\vartheta \quad \text{mit dem Volumenelement}$$

$$dx\,dy\,dz = \rho^2 \sin\vartheta\, d\rho\, d\vartheta\, d\varphi \qquad \text{(s. Integralrechnung, 3.3.2.).}$$

Oberflächenelement (Flächenelement) bei Kugelkoordinaten:
Bei der Berechnung von Oberflächenintegralen lautet das Oberflächenelement

$$dO = \rho^2 \sin\vartheta\, d\vartheta\, d\varphi \quad \text{(s. Oberflächenintegral, s. Flächeninhalt, 2.).}$$

Bogenelement bei Kugelkoordinaten:
Bei der Berechnung von Kurvenintegralen (Kurvenlängen) gilt für das Bogenelement ds die Darstellung

$$ds^2 = d\rho^2 + \rho^2 d\vartheta^2 + \rho^2 \sin^2\vartheta\, d\varphi^2$$

(s. Kurvenintegral, 2.1., s. Bogenlänge, 2.).

Kugelkoordinaten, verallgemeinerte:
Zur Darstellung eines von dem Ellipsoid (s. Ellipsoid)

$$\frac{x^2}{a^2} + \frac{y^2}{b^2} + \frac{z^2}{c^2} = 1 \quad \text{mit } a, b, c > 0 \text{ (konstant)}$$

begrenzten Körpers K eignen sich die *verallgemeinerten Kugelkoordinaten*:

$$x = a\rho \sin\vartheta \cos\varphi\,; \quad y = b\rho \sin\vartheta \sin\varphi\,; \quad z = c\rho \cos\vartheta\,;$$

$$0 \le \rho \le 1\,; \; 0 \le \varphi \le 2\pi\,; \; 0 \le \vartheta \le \pi\,; \; a, b, c > 0.$$

Bei der Integration erhält man zur Umrechnung von kartesischen Koordinaten in verallgemeinerte Kugenkoordinaten die Funktionaldeterminante

$$\frac{\partial(x, y, z)}{\partial(\rho, \vartheta, \varphi)} = abc\,\rho^2 \sin\vartheta \quad \text{mit dem Volumenelement}$$

$$dx\,dy\,dz = abc\,\rho^2 \sin\vartheta\, d\rho\, d\vartheta\, d\varphi.$$

$a = b = c = r$ ergibt die Kugelkoordinaten für die Kugel mit dem Radius r.

Kugelschicht (Kugelzone):
Zwei parallele Ebenen schneiden eine Kugel vom Radius r. Dann heißt der zwischen den beiden Ebenen liegende Körper *Kugelschicht*, der zugehörige Teil der Kugeloberfläche *Kugelzone* (s. nachfolgende Zeichnung). Mit der Höhe h der Kugelschicht, den Radien ρ_1 und ρ_2 des Deck- und Grundkreises der Kugelschicht sowie der Höhe h_1 der Kugelkappe gilt

$$\rho_1^2 = h_1 \cdot (2r - h_1)\,; \qquad \rho_2^2 = (h + h_1) \cdot (2r - h - h_1)\,.$$

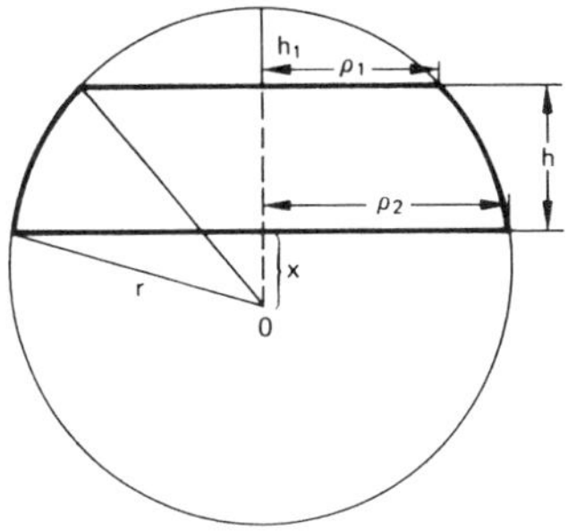

Volumen: $V = \frac{\pi h}{6}(3\rho_1^2 + 3\rho_2^2 + h^2)$;

Mantelflächeninhalt: $F = 2\pi r h$;

Oberflächeninhalt: $O = \pi(2rh + \rho_1^2 + \rho_2^2)$;

Kugelradius: $r^2 = \rho_2^2 + \frac{(\rho_2^2 - \rho_1^2 - h^2)^2}{4h^2}$;

Höhe der Kugelschicht:

$$h = \sqrt{r^2 - \rho_1^2} - \sqrt{r^2 - \rho_2^2} \quad \text{für } \rho_1 < \rho_2 .$$

Kugelsegment s. Kugelabschnitt.

Kugelzone s. Kugelschicht.

Kugelzweieck s. sphärische Trigonometrie, 2.

Kummer, Ernst Eduard (1810 – 1893) wirkte in Breslau und Berlin. Von ihm stammen fundamentale Arbeiten aus den Gebieten der Analysis, Algebra und Geometrie.

Kummersche Differentialgleichung s. Kummersche Reihe.

Kummersche Reihe:
Die unendliche Reihe

$$K(x) = 1 + \sum_{n=1}^{\infty} \frac{a \cdot (a+1) \cdot \ldots \cdot (a+n-1)}{b \cdot (b+1) \cdot \ldots \cdot (b+n-1)} \cdot \frac{x^n}{n!}$$

mit $a, b \in \mathbb{R}$, $b \neq 0, -1, -2, \ldots$ heißt *Kummersche Reihe*. Sie konvergiert für alle $x \in \mathbb{R}$. Sie ist Lösung der *Kummerschen* (*konfluenten hypergeometrischen*) Differentialgleichung

$$x y''(x) + (b - x) y'(x) - a y(x) = 0.$$

Kummersches Kriterium:
Eine unendliche Reihe (s. Reihe) $\sum_{n=1}^{\infty} a_n$ mit positiven Gliedern ist konvergent, wenn für irgendeine Folge $(b_n)_{n=1,2,\ldots}$ positiver Zahlen gilt

$$b_n - \frac{a_{n+1}}{a_n} \cdot b_{n+1} \geq c > 0 \text{ (c konstant) für alle } n \geq n_0 \text{ (s. Reihe, 4.).}$$

künstliche Variable s. lineare Programmierung, 2.1.4.

Kurswinkel s. sphärische Trigonometrie, 5.2.2.

Kurve:
Eine *Kurve* $\mathfrak{C}$ im $\mathbb{R}^2$ oder $\mathbb{R}^3$ ist eine zusammenhängende Punktmenge, bei der es zu jedem Punkt P aus $\mathfrak{C}$ eine Umgebung U gibt, so daß die in U liegenden Punkte von $\mathfrak{C}$ als Kurvenstück dargestellt werden können.

1. Kurve in der Ebene $\mathbb{R}^2$:

1.1. Grundbegriffe:

Eine *ebenes Kurvenstück* oder ein *Weg* $\mathfrak{C}$ im $\mathbb{R}^2$ kann aufgefaßt werden als stetige Abbildung eines Intervalls $[t_1; t_2] \subset \mathbb{R}$ in den $\mathbb{R}^2$. Für ein Kurvenstück (Bogenstück) $\mathfrak{C}$ gibt es eventuell mehrere Darstellungsmöglichkeiten:

Explizite Darstellung:

$$y = y(x) = f(x) \text{ für } a \le x \le b \text{ (s. Funktion von reellen Variablen, 1.).}$$

Implizite Darstellung:

$$F(x, y) = 0$$

stellt die Schnittkurve der durch $z = F(x, y)$ definierten Fläche mit der x-y-Ebene dar (s. implizite Funktion, 1.).

Parameterdarstellung:

$$x = \varphi(t); \quad y = \psi(t) \quad \text{für } t_1 \le t \le t_2 .$$

$[t_1; t_2]$ heißt *Parametermenge* des Kurvenstücks. Für $x(t_1) = x(t_2)$ und $y(t_1) = y(t_2)$ nennt man die Kurve *geschlossen*. Aus der expliziten Darstellung erhält man mit dem Parameter x die Parameterdarstellung

$$x = x; \quad y = f(x); \quad a \le x \le b .$$

Jeder Punkt P auf der Kurve $\mathfrak{C}$ kann dargestellt werden durch den Ortsvektor

$$\overrightarrow{OP} = \vec{k}(t) = \begin{pmatrix} x(t) \\ y(t) \end{pmatrix} = \begin{pmatrix} \varphi(t) \\ \psi(t) \end{pmatrix} \quad \text{bzw.} \quad \overrightarrow{OP} = \vec{k}(x) = \begin{pmatrix} x \\ f(x) \end{pmatrix}$$

(Vektordarstellung).

Tangentenvektor und glatte Kurve:

Falls die Funktionen $x(t), y(t)$ nach t differenzierbar sind mit

$$\dot{x}(t) = \frac{dx(t)}{dt} = \frac{d\varphi(t)}{dt} = \varphi'(t); \quad \dot{y}(t) = \frac{dy(t)}{dt} = \frac{d\psi(t)}{dt} = \psi'(t),$$

setzt man

$$\vec{k}_t(t) = \frac{d\vec{k}(t)}{dt} = \begin{pmatrix} \dot{x}(t) \\ \dot{y}(t) \end{pmatrix} = \begin{pmatrix} \varphi'(t) \\ \psi'(t) \end{pmatrix} \quad \text{bzw.} \quad \vec{k}_x(x) = \frac{d\vec{k}(x)}{dx} = \begin{pmatrix} 1 \\ f'(x) \end{pmatrix}.$$

Wenn dieser Vektor existiert und vom Nullvektor $\vec{0}$ verschieden ist, stellt er einen Richtungsvektor der Tangente an die Kurve im Punkt P dar. Dann heißt der entsprechende Punkt ein *regulärer Punkt* der Kurve. Eine Kurve, die nur reguläre Punkte besitzt, nennt man *glatt*.

1.2. Bogenelement und Bogenlänge einer ebenen Kurve:

Mit $g(x, y) \equiv 1$ ergibt das Kurvenintegral 1. Art die Bogenlänge

$$s = \int_{\mathfrak{C}} ds = \int_{t_1}^{t_2} \sqrt{\dot{x}^2(t) + \dot{y}^2(t)}\, dt = \int_a^b \sqrt{1 + f'^2(x)}\, dx .$$

Dabei ist $ds = \sqrt{\dot{x}^2(t) + \dot{y}^2(t)}\,dt$ bzw. $ds = \sqrt{1 + f'^2(x)}\,dx$ das Bogenelement (s. Kurvenintegral, 1.1., s. Bogenlänge, 1.).

2. Kurve im Raum $\mathbb{R}^3$:

2.1. Grundbegriffe:

Eine räumliches Kurvenstück $\mathfrak{C}$ im $\mathbb{R}^3$ ist eine stetige Abbildung eines Intervalls $[t_1; t_2] \subset \mathbb{R}$ in den $\mathbb{R}^3$. Für $\mathfrak{C}$ gibt es mehrere Darstellungsmöglichkeiten.

Parameterdarstellung:

$$x = \varphi(t); \quad y = \psi(t); \quad z = \chi(t) \quad \text{für } t_1 \le t \le t_2$$

(Beispiel s. Schraubenlinie). Damit kann jeder Punkt P auf dem Kurvenstück $\mathfrak{C}$ beschrieben werden durch den Ortsvektor

$$\overrightarrow{OP} = \vec{k}(t) = \begin{pmatrix} \varphi(t) \\ \psi(t) \\ \chi(t) \end{pmatrix} \quad \text{für } t \in [t_1; t_2] \quad \text{(Vektordarstellung).}$$

$\chi(t) \equiv 0$ ergibt eine ebene Kurve. Im Falle $\varphi(t_1) = \varphi(t_2)$; $\chi(t_1) = \chi(t_2)$; $\psi(t_1) = \psi(t_2)$ heißt die Kurve *geschlossen.*

Implizite Darstellung:

Eine Raumkurve $\mathfrak{C}$ kann auch als Schnittlinie zweier Flächen angegeben werden durch zwei unabhängige Gleichungen

$$f(x, y, z) = 0; \quad g(x, y, z) = 0; \quad a \le x \le b \quad (x = \text{Parameter})$$

(s. implizite Funktion, 3.). Dabei seien die Funktionen f und g nach y und z stetig differenzierbar. Wenn die Funktionaldeterminante

$$\begin{vmatrix} f_y(x, y, z) & f_z(x, y, z) \\ g_y(x, y, z) & g_z(x, y, z) \end{vmatrix} = f_y(x, y, z)\, g_z(x, y, z) - g_y(x, y, z)\, f_z(x, y, z)$$

an einer Stelle (x_0, y_0, z_0) nicht verschwindet, existieren in einer Umgebung von dieser Stelle die Auflösungsfunktionen $y = \psi(x)$; $z = \chi(x)$. Mit dem Parameter x erhält man hiermit die spezielle Parameterdarstellung

$$x = x; \quad y = \psi(x); \quad z = \chi(x)$$

mit

$$\overrightarrow{OP} = \vec{k}(x) = \begin{pmatrix} x \\ y(x) \\ z(x) \end{pmatrix} = \begin{pmatrix} x \\ \psi(x) \\ \chi(x) \end{pmatrix} \quad (x = \text{Parameter}).$$

2.2. Tangentenvektor und glatte Kurve:

Falls die Funktionen $x(t), y(t)$ und $z(t)$ nach t differenzierbar sind mit

$$\dot{x}(t) = \frac{dx(t)}{dt} = \frac{d\varphi(t)}{dt} = \varphi'(t); \quad \dot{y}(t) = \frac{dy(t)}{dt} = \frac{d\psi(t)}{dt} = \psi'(t);$$

$$\dot{z}(t) = \frac{dz(t)}{dt} = \frac{d\chi(t)}{dt} = \chi'(t),$$

setzt man

$$\vec{k}_t(t) = \frac{d\vec{k}(t)}{dt} = \begin{pmatrix} \dot{x}(t) \\ \dot{y}(t) \\ \dot{z}(t) \end{pmatrix} = \begin{pmatrix} \varphi'(t) \\ \psi'(t) \\ \chi'(t) \end{pmatrix}.$$

Für die implizite Darstellung erhält man aus

$$f(x, \psi(x), \chi(x)) \equiv 0; \quad g(x, \psi(x), \chi(x)) \equiv 0$$

durch Differentiation nach x mit Hilfe der Kettenregel für die Ableitungsfunktionen das lineare Gleichungssystem

$$f_x(x,y,z) + f_y(x,y,z)\cdot\psi'(x) + f_z(x,y,z)\cdot\chi'(x) = 0$$
$$g_x(x,y,z) + g_y(x,y,z)\cdot\psi'(x) + g_z(x,y,z)\cdot\chi'(x) = 0.$$

Mit Hilfe der Cramerschen Regel (s. lineares Gleichungssystem, 7.) erhält man hieraus die Ableitungen

$$\frac{dy}{dx} = \psi'(x) = \frac{\begin{vmatrix} f_z & f_x \\ g_z & g_x \end{vmatrix}}{\begin{vmatrix} f_y & f_z \\ g_y & g_z \end{vmatrix}}; \quad \frac{dz}{dx} = \chi'(x) = \frac{\begin{vmatrix} f_x & f_y \\ g_x & g_y \end{vmatrix}}{\begin{vmatrix} f_y & f_z \\ g_y & g_z \end{vmatrix}}$$

und den Tangentenvektor

$$\vec{k}'(x) = \frac{d\vec{k}(x)}{dx} = \begin{pmatrix} 1 \\ \psi'(x) \\ \chi'(x) \end{pmatrix}.$$

Wenn der Ableitungsvektor an einer Stelle existiert und vom Nullvektor $\vec{0}$ verschieden ist, heißt der Kurvenpunkt *regulär*, andernfalls *singulär*. In einem regulären Kurvenpunkt ist der Ableitungsvektor ein Richtungsvektor der Tangente an die Kurve. Eine Kurve heißt *glatt*, wenn alle Punkte regulär und die Ableitungsfunktionen stetig sind.

Parameterdarstellung der Tangente durch den Punkt P:
Der Punkt P sei durch den Parameterwert t_0 bzw. x_0 festgelegt mit

$$\overrightarrow{OP}_0 = \vec{k}(t_0) = \begin{pmatrix} x(t_0) \\ y(t_0) \\ z(t_0) \end{pmatrix} \quad \text{bzw.} \quad \overrightarrow{OP}_0 = \begin{pmatrix} x_0 \\ y(x_0) \\ z(x_0) \end{pmatrix}.$$

Dann lautet die Parameterdarstellung der Tangente an die Stelle P_0 (s. Bild in 2.7.)

$$\overrightarrow{OX} = \begin{pmatrix} x \\ y \\ z \end{pmatrix} = \begin{pmatrix} x(t_0) \\ y(t_0) \\ z(t_0) \end{pmatrix} + \lambda \begin{pmatrix} \dot{x}(t_0) \\ \dot{y}(t_0) \\ \dot{z}(t_0) \end{pmatrix}; \ \lambda \in \mathbb{R} \quad \text{bei der Parameterdarstellung;}$$

$$\overrightarrow{OX} = \begin{pmatrix} x \\ y \\ z \end{pmatrix} = \begin{pmatrix} x_0 \\ y(x_0) \\ z(x_0) \end{pmatrix} + \lambda \begin{pmatrix} 1 \\ y'(x_0) \\ z'(x_0) \end{pmatrix}; \ \lambda \in \mathbb{R} \text{ bei der impliziten Darstellung.}$$

2.3. Bogenelement und Bogenlänge:
Setzt man im Kurvenintegral (s. Kurvenintegral, 2.1.) den Integranden identisch gleich Eins, so erhält man die Bogenlänge

$$s = \int_{\mathfrak{C}} ds = \begin{cases} \int_{t_1}^{t_2} \sqrt{\dot{x}^2(t) + \dot{y}^2(t) + \dot{z}^2(t)}\, dt; \\ \int_a^b \sqrt{1 + \psi'^2(x) + \chi'^2(x)}\, dx. \end{cases}$$

Dabei gilt die erste Formel bei Parameterdarstellungen, die zweite für implizite Darstellungen.

2.4. Normalenebene:
Es sei $Q(x, y, z)$ ein beliebiger Punkt auf der sogenannten *Normalenebene* N, die auf der Kurventangente an der Stelle $P_0(x_0, y_0, z_0)$ senkrecht steht (s. Bild in 2.7.). Dann gilt

$$\overrightarrow{P_0 Q} \perp \vec{k}_t(t_0).$$

Bei der Parameterdarstellung $x = x(t);\ y = y(t);\ z = z(t)$ erhält man aus

$$\begin{pmatrix} x - x(t_0) \\ y - y(t_0) \\ z - z(t_0) \end{pmatrix} \cdot \begin{pmatrix} \dot{x}(t_0) \\ \dot{y}(t_0) \\ \dot{z}(t_0) \end{pmatrix} = 0 \quad \text{(inneres Produkt)}$$

die Koordinatengleichung der Normalenebene durch den Punkt P_0

$$\dot{x}(t_0) \cdot (x - x(t_0)) + \dot{y}(t_0) \cdot (y - y(t_0)) + \dot{z}(t_0) \cdot (z - z(t_0)) = 0.$$

Bei der impliziten Kurvendarstellung $f(x, y, z) = 0;\ g(x, y, z) = 0$ erhält man die Koordinatengleichung der Normalebene aus

$$\begin{vmatrix} x - x_0 & f_x(x_0, y_0, z_0) & g_x(x_0, y_0, z_0) \\ y - y_0 & f_y(x_0, y_0, z_0) & g_y(x_0, y_0, z_0) \\ z - z_0 & f_z(x_0, y_0, z_0) & g_z(x_0, y_0, z_0) \end{vmatrix} = 0$$

mit $x_0 = x(t_0)$, $y_0 = y(t_0)$, $z_0 = z(t_0)$ (s. Spatprodukt, s. Determinante).

2.5. Schmiegebene:
Falls drei Kurvenpunkte P_1, P_2, P_3 nicht auf einer Geraden liegen, geht durch sie genau eine Ebene. Läßt man alle drei Punkte (unabhängig) gegen P_0 konvergieren, so existiert eine Grenzebene, die sog. *Schmiegebene* S, falls die Ableitungsvektoren

$$\vec{k}_t(t) = \frac{d\vec{k}(t)}{dt} = \begin{pmatrix} \dot{x}(t) \\ \dot{y}(t) \\ \dot{z}(t) \end{pmatrix}; \quad \vec{k}_{tt}(t) = \frac{d^2\vec{k}(t)}{dt^2} = \begin{pmatrix} \ddot{x}(t) \\ \ddot{y}(t) \\ \ddot{z}(t) \end{pmatrix}$$

an der entsprechenden Stelle t_0 existieren und linear unabhängig sind. Von diesen beiden Vektoren wird die Schmiegebene S aufgespannt (s. Bild in 2.7.). Die Gleichung der Schmiegebene durch den Punkt mit dem Parameterwert t_0 besitzt die Parameterdarstellung

$$\begin{pmatrix} x \\ y \\ z \end{pmatrix} = \begin{pmatrix} x(t_0) \\ y(t_0) \\ z(t_0) \end{pmatrix} + \lambda \cdot \begin{pmatrix} \dot{x}(t_0) \\ \dot{y}(t_0) \\ \dot{z}(t_0) \end{pmatrix} + \mu \cdot \begin{pmatrix} \ddot{x}(t_0) \\ \ddot{y}(t_0) \\ \ddot{z}(t_0) \end{pmatrix}; \quad \lambda, \mu \in \mathbb{R}$$

und die Koordinatengleichung (s. Spatprodukt, s. Determinante)

$$\begin{vmatrix} x - x(t_0) & \dot{x}(t_0) & \ddot{x}(t_0) \\ y - y(t_0) & \dot{y}(t_0) & \dot{y}(t_0) \\ z - z(t_0) & \dot{z}(t_0) & \ddot{z}(t_0) \end{vmatrix} = 0.$$

2.6. Hauptnormale und Krümmung:
Die Punkte der Raumkurve werden in Abhängigkeit vom Parameter s der Bogenlänge durch $\vec{k}(s)$ dargestellt. Der aus

$$\left.\frac{d^2 \vec{k}(s)}{ds^2}\right|_{s = s_0} = \vec{k}_{ss}(s_0)$$

gebildete Einheitsvektor $\vec{n}(s_0) = \dfrac{\vec{k}_{ss}(s_0)}{|\vec{k}_{ss}(s_0)|}$ heißt *Hauptnormalenvektor* der Kurve im Punkt P_0.
In Abhängigkeit vom Ausgangsparameter t besitzt er die Darstellung

$$\vec{n}(t) = \frac{\vec{k}_t(t) \times [\vec{k}_t(t) \times \vec{k}_{tt}(t)]}{|\vec{k}_t(t)| \cdot |\vec{k}_t(t) \times \vec{k}_{tt}(t)|}$$

$$= \frac{|\vec{k}_t(t)|^2 \cdot \vec{k}_{tt}(t) - [\vec{k}_t(t) \cdot \vec{k}_{tt}(t)] \cdot \vec{k}_t(t)}{|\vec{k}_t(t)| \cdot \sqrt{|\vec{k}_t(t)|^2 \cdot |\vec{k}_{tt}(t)|^2 - [\vec{k}_t(t) \cdot \vec{k}_{tt}(t)]^2}}.$$

Er liegt in der Schmiegebene S und steht senkrecht auf dem Tangentenvektor $\vec{k}_t(t)$ (s. Bild in 2.7.).

2.7. Binormalenvektor und rektifizierende Ebene:
Das Kreuzprodukt des Tangentenvektors mit dem Hauptnormalenvektor

$$\vec{b}(t) = \vec{k}_t(t) \times \vec{n}(t)$$

heißt *Binormalenvektor.* Er liegt in der Normalebene und spannt mit dem Tangentenvektor die *rektifizierende Ebene* R auf.
N = Normalebene;
S = Schmiegebene;
R = rektifizierende Ebene.

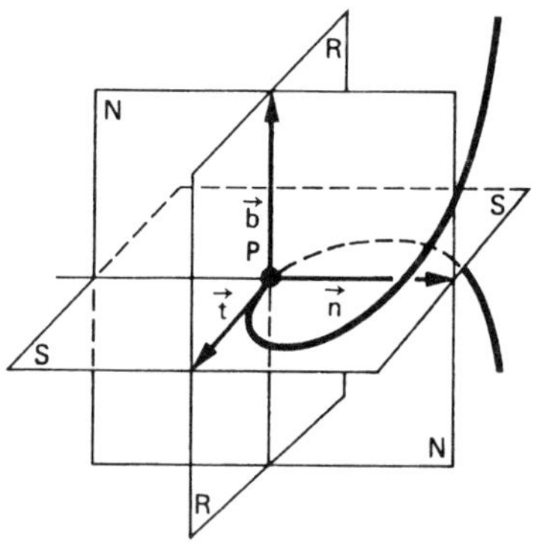

2.8. Torsion (Windung):
Der Binormalenvektor $\vec{b}(s)$ werde in Abhängigkeit des Parameters s der Bogenlänge dargestellt. Die Änderung dieses Vektors beschreibt die Änderung der Schmiegebene. $\Delta\gamma$ sei der Winkel zwischen $\vec{b}(s + \Delta s)$ und $\vec{b}(s)$.
Im Falle der Existenz heißt der Grenzwert $\lim\limits_{\Delta s \to 0} \dfrac{\Delta\gamma}{\Delta s} = \tau(s)$ die *Torsion*

oder *Windung* der Kurve im Punkt P. Sie ist ein Maß dafür, wie stark sich die Kurve in einer Umgebung des Punktes P aus der Schmiegebene herauswindet. In Abhängigkeit vom Ausgangsparameter t erhält man die Darstellung

$$\tau(t) = \frac{\begin{vmatrix} \dot{x} & \ddot{x} & \dddot{x} \\ \dot{y} & \ddot{y} & \dddot{y} \\ \dot{z} & \ddot{z} & \dddot{z} \end{vmatrix}}{(\dot{y}\ddot{z}-\dot{z}\ddot{y})^2+(\dot{z}\ddot{x}-\dot{x}\ddot{z})^2+(\dot{x}\ddot{y}-\dot{y}\ddot{x})^2} \qquad (\,\dot{}\ \text{Ableitung nach t}).$$

2.9. Frenetsche Formeln:

Für die von der Bogenlänge s abhängenden Einheitsvektoren des sog. *begleitenden Dreibeins* (s. 2.3., 2.6., 2.7.) $\vec{t}(s)$ (Tangenteneinheitsvektor); $\vec{n}(s)$ (Hauptnormaleneinheitsvektor); $\vec{b}(s)$ (Binormaleneinheitsvektor) gelten die *Frenetschen Formeln:*

$$\frac{d\vec{t}(s)}{ds} = \kappa(s)\cdot\vec{n}(s)$$

$$\frac{d\vec{n}(s)}{ds} = -\kappa(s)\cdot\vec{t}(s) + \tau(s)\cdot\vec{b}(s)$$

$$\frac{d\vec{b}(s)}{ds} = -\tau(s)\cdot\vec{n}(s)$$

$\kappa(s)$ = Krümmung (s. Krümmung, 2.), $\tau(s)$ = Torsion (s. 2.8.).

3. Kurve im $\mathbb{R}^n$:

Im $\mathbb{R}^n$ wird ein Kurvenstück $\mathbb{C}$ dargestellt durch eine Parameterdarstellung

$$x_i = x_i(t) \quad \text{mit} \quad t_1 \le t \le t_2 \quad \text{für } i = 1, 2, \ldots, n.$$

Im Falle $x_i(t_1) = x_i(t_2)$ für $i = 1, 2, \ldots, n$ heißt die Kurve *geschlossen.* Die Begriffe Stetigkeit, Tangentenvektor und Glattheit können unmittelbar aus 2.1. und 2.2. auf mehrere Komponenten übertragen werden.

Kurvendiskussion:

Zur Skizzierung des Graphen einer reellen Funktion f(x) werden in der *Kurvendiskussion* typische Eigenschaften von f untersucht. Diese sollen kurz zusammengestellt werden. Ausführliche Untersuchungen sind bei der Behandlung der einzelnen Begriffe zu finden.

1. Definitionsbereich:

Der *Definitionsbereich* D besteht aus allen x, für die f(x) erklärt ist (s. Definitionsbereich).

2. Symmetrie:

Achsensymmetrie:

f ist *symmetrisch* zur vertikalen Achse $x = x_S$, wenn mit $x_s - z \in D$ auch $x_s + z \in D$ ist, und gilt $f(x_s - z) = f(x_s + z)$. Im Falle $f(-x) = f(x)$ ist die y-Achse Symmetrie-Achse. Dann nennt man f *gerade* (s. Symmetrie, 2.1.).

Punktsymmetrie:
$f(x)$ ist *symmetrisch* zum Punkt $P(x_S, y_S)$, wenn für alle $x_S - z$ auch $x_S + z$ zu D gehört und gilt $f(x_S - z) - y_S = -[f(x_S + z) - y_S]$. Im Falle $x_S = y_S = 0$ ist der Koordinatenursprung O Symmetriepunkt. Dann nennt man f *ungerade* mit $f(-x) = -f(x)$ (s. Symmetrie, 2.2.).

3. Periodizität:
Die Funktion $f(x)$ mit $D = \mathbb{R}$ besitzt die *Periode* T, wenn für alle x gilt $f(x+T) = f(x)$. Dann gilt $f(x) = f(x+kT)$ für alle ganzen Zahlen k.

4. Nullstellen:
Eine Stelle $x_N \in D$ mit $f(x_N) = 0$ heißt *Nullstelle* von f (s. Nullstelle). Dann schneidet bzw. berührt der Graph von f die x-Achse an der Stelle x_N (s. Nullstellenbestimmung).

5. Monotoniebereich:
Die Funktion f heißt in $[a;b]$ *monoton wachsend* bzw. *fallend*, wenn für alle $x_1, x_2 \in [a;b]$ mit $x_1 < x_2$ gilt $f(x_1) \leq f(x_2)$ bzw. $f(x_1) \geq f(x_2)$. Ist für alle $x_1 < x_2$ $f(x_1) < f(x_2)$ bzw. $f(x_1) > f(x_2)$, so heißt f *streng monoton wachsend* bzw. *streng monoton fallend.* Falls für $x \in [a;b]$ gilt $f'(x) > 0$ bzw. < 0, so ist die Funktion f in $[a;b]$ *f streng monoton wachsend* bzw. *streng monoton fallend* (s. monoton wachsend (fallend), 1.).

6. Krümmungsverhalten:
Falls für $x \in (a;b)$ gilt $f''(x) > 0$ bzw. < 0, ist f in $(a;b)$ *von oben streng konvex* (*nach oben gewölbt*) mit positiver Krümmung bzw. *von oben streng konkav* (*nach unten gewölbt*) mit negativer Krümmung (s. Krümmung, 1., s. konkav, s. konvex, 2.).

7. Extremum:
Im Falle der Existenz ist ein *absolutes Extremum* das Maximum bzw. Minimum von f über D. Relative Extrema sind Maxima bzw. Minima im lokalen Bereich (s. Extremum). Hinreichende Bedingung für ein relatives Extremum: Mit geradem n sei

$$f'(x_E) = f''(x_E) = \ldots = f^{(n-1)}(x_E) = 0 \quad \text{und} \quad f^{(n)}(x_E) \neq 0.$$

Dann besitzt f an der Stelle x_E ein relatives Extremum.

$f^{(n)}(x_E) < 0 \Rightarrow$ relatives Maximum; $f^{(n)}(x_E) > 0 \Rightarrow$ relatives Minimum.

8. Wendepunkt:
In einem *Wendepunkt* $P(x_W, f(x_W))$ einer Funktion f findet ein Übergang von einem streng konvexen in einen streng konkaven Bereich statt oder umgekehrt. Dort ändert sich das Krümmungsverhalten, also das Vorzeichen der Krümmung. Hinreichende Bedingung für einen Wendepunkt:

$$f''(x_W) = \ldots = f^{(n-1)}(x_W) = 0 \quad \text{und} \quad f^{(n)}(x_W) \neq 0$$

mit ungeradem n. Falls auch noch $f'(x_W) = 0$ ist, nennt man den Punkt *Waagepunkt* (*Wendepunkt mit waagrechter Tangente* oder *Sattelpunkt*).

9. Asymptoten und Unendlichkeitsstellen:
Die Gerade $y = mx + b$ heißt *Asymptote* der Funktion $f(x)$, wenn gilt

$$\lim_{x\to\infty} [f(x) - (mx+b)] = 0 \quad \text{bzw.} \quad \lim_{x\to-\infty} [f(x) - (mx+b)] = 0.$$

Falls die Funktion f an der Stelle x_0 nicht definiert ist, aber einer der uneigentlichen Grenzwerte

$$\lim_{x\to x_0+} f(x) = \pm\infty; \quad \lim_{x\to x_0-} f(x) = \pm\infty$$

existiert, ist x_0 *Unendlichkeitsstelle* mit einer *vertikalen Asymptote* (s. Asymptote, s. Pol).

10. Wertebereich:
Der *Wertebereich* $W = \{y \mid y = f(x) \text{ für ein } x \in D\}$ besteht aus allen möglichen Funktionswerten.

Beispiel (Kurvenschar):

$f_t(x) = (\ln x - 2t) \cdot \ln x$ mit einem Parameter $t \in \mathbb{R}$.

Definitionsbereich: $D = \{x \mid x > 0\}$; Symmetrie: keine.

Nullstellen: $f_t(x) = 0$; $x_1 = 1$; $x_2 = e^{2t}$; $N_1(1,0)$; $N_2(e^{2t},0)$.

Ableitungen:

$$f_t'(x) = \tfrac{1}{x} \cdot \ln x + (\ln x - 2t) \cdot \tfrac{1}{x} = \tfrac{2}{x} \cdot (\ln x - t);$$

$$f_t''(x) = -\frac{2}{x^2} \cdot (\ln x - t) + \tfrac{2}{x} \cdot \tfrac{1}{x} = \frac{2}{x^2} \cdot (t + 1 - \ln x);$$

$$f_t'''(x) = -\frac{4}{x^3} \cdot (t + 1 - \ln x) - \frac{2}{x^2} \cdot \tfrac{1}{x} = -\frac{4}{x^3} \cdot (t + \tfrac{3}{2} - \ln x).$$

Extremwerte:

$f_t'(x) = 0$; $\ln x - t = 0$; $x = e^t$;

$f_t''(e^t) = \frac{2}{e^{2t}} \cdot (t + 1 - t) = \frac{2}{e^{2t}} > 0$;

relatives Minimum in $P_{min}(e^t, -t^2)$ = abslolutes Minimum.

Wendepunkte:

$f_t''(x) = 0$; $\ln x = t + 1$; $x = e^{t+1}$;

$f_t'''(e^{t+1}) \neq 0 \Rightarrow W(e^{t+1}, 1 - t^2)$ ist Wendepunkt.

Wertebereich: $W = [-t^2; +\infty)$;

Asymptoten:

$$\lim_{x\to+\infty} f_t(x) = +\infty; \quad \lim_{x\to 0+} f(x) = (-\infty) \cdot (-\infty) = +\infty;$$

die (positive) y-Achse ist Asymptote.

Für t = 0,5 soll der Graph von f skizziert werden.

Nullstellen: $N_1(1,0)$; $N_2(e,0)$.

Extremwert: relatives = absolutes Minimum in $P_{\min.}\left(\sqrt{e}, -\frac{1}{4}\right)$.

Wendepunkt: $W\left(e^{3/2}, \frac{3}{4}\right)$.

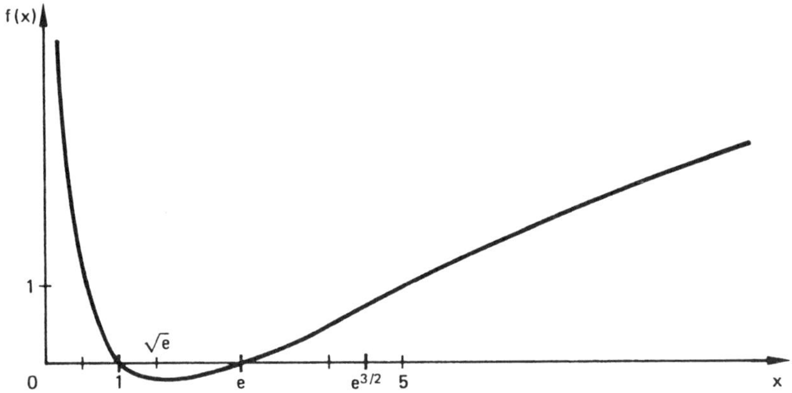

Kurvenintegral, reelles:

Das *Kurvenintegral 1. Art* über eine Skalarfunktion im $\mathbb{R}^2$ bzw. $\mathbb{R}^3$ ist eine Verallgemeinerung des bestimmten Integrals (s. Integralrechnung, 1.1.), bei dem die Integration nicht über die x-Achse, sondern über eine ebene oder räumliche Kurve $\mathfrak{C}$ erfolgt.

1. Kurvenintegral in der Ebene:

1.1. Kurvenintegral einer Skalarfunktion (Kurvenintegral erster Art):

Gegeben ist ein ebenes, stückweise glattes Kurvenstück $\mathfrak{C}$ mit dem Anfangspunkt A und dem Endpunkt B (s. Kurve, 1.). Auf $\mathfrak{C}$ sei die Funktion $g(x, y)$ beschränkt. Auf der Kurve $\mathfrak{C}$ werden beliebige benachbarte Punkte $A = P_0, P_1, \ldots, P_n = B$ gewählt. Dadurch entsteht eine Zerlegung der Kurve in n Teilstücke. Es sei Δs_i die (näherungsweise) Länge des Bogenstücks mit den Endpunkten P_{i-1} und P_i (s. Bogenlänge). Aus jedem Bogenstück wählt man eine beliebige Stelle (ξ_i, η_i) aus für $i = 1, 2, \ldots, n$. Dann erhält man die Zerlegungssumme

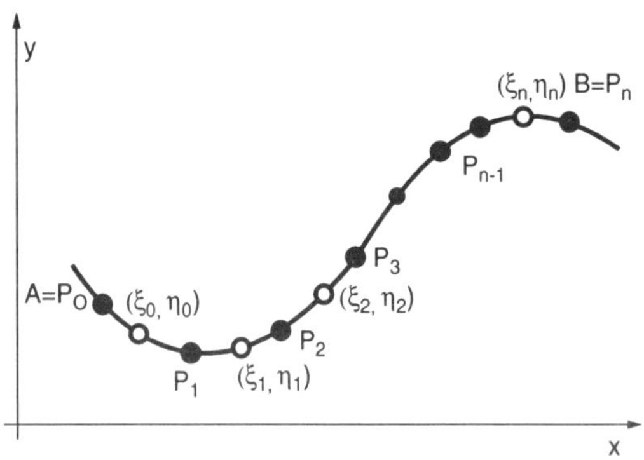

$$Z_n = \sum_{i=1}^{n} g(\xi_i, \eta_i)\, \Delta s_i .$$

Es sei $\Delta(Z_n) = \max\{\Delta s_1, \Delta s_2, \ldots, \Delta s_n\}$. Falls der Grenzwert

$$\lim_{\substack{n\to\infty \\ \Delta(Z_n)\to 0}} \sum_{i=1}^{n} g(\xi_i, \eta_i)\,\Delta s_i = \int_{\mathfrak{C}} g\,ds$$

existiert, unabhängig von der Zerlegung und der Wahl der Zwischenpunkte, heißt der Grenzwert das *Kurvenintegral* (erster Art) der Skalarfunktion $g(x, y)$ über den Weg $\mathfrak{C}$. Es existiert z. B., wenn $\mathfrak{C}$ stückweise glatt (s. glatt, 1.) und $g(x, y)$ auf $\mathfrak{C}$ stetig ist. Man nennt ds das *Bogenelement*. Das Kurvenintegral erster Art hängt nicht von der Durchlaufrichtung der Kurve $\mathfrak{C}$ ab. Bei der umgekehrten Durchlaufrichtung von B nach A (dafür schreibt man $-\mathfrak{C}$) erhält man den gleichen Wert. Es gilt also

$$\int_{-\mathfrak{C}} g\,ds = \int_{\mathfrak{C}} g\,ds.$$

Kurvenintegral bei expliziter Kurvendarstellung:
Bei der expliziten Kurvendarstellung $y = y(x) = f(x)$ für $a \le x \le b$ erhält man mit dem Bogenelement

$$ds = \sqrt{dx^2 + dy^2} = \sqrt{1 + \frac{dy^2}{dx^2}} \cdot dx = \sqrt{1 + [y'(x)]^2} \cdot dx\,;$$

$$y'(x) = \frac{dy(x)}{dx} = f'(x)\,;$$

$$\int_{\mathfrak{C}} g\,ds = \int_a^b g(x, y(x)) \cdot \sqrt{1 + [y'(x)]^2}\,dx = \int_a^b g(x, f(x)) \cdot \sqrt{1 + [f'(x)]^2}\,dx.$$

Kurvenintegral bei einer Parameterdarstellung:
Bei der Parameterdarstellung

$$x = x(t) = \varphi(t)\,;\; y = y(t) = \psi(t) \quad \text{für} \quad t_1 \le t \le t_2$$

(s. Kurve, 1.1.) lautet das Bogenelement

$$ds = \sqrt{dx^2 + dy^2} = \sqrt{\frac{dx^2}{dt^2} + \frac{dy^2}{dt^2}}\,dt = \sqrt{\dot{x}^2(t) + \dot{y}^2(t)}\,dt.$$

Damit erhält man

$$\int_{\mathfrak{C}} g\,ds = \int_{t_1}^{t_2} g(x(t), y(t)) \cdot \sqrt{\dot{x}^2(t) + \dot{y}^2(t)}\,dt$$

$$= \int_{t_1}^{t_2} g(\varphi(t), \psi(t)) \cdot \sqrt{\varphi'^2(t) + \psi'^2(t)}\,dt.$$

Kurvenintegral bei Polarkoordinaten:
Falls die Kurve $\mathfrak{C}$ in Polarkoordinaten durch $\rho = \rho(\varphi)$, $\varphi_1 \le \varphi \le \varphi_2$ dargestellt ist, erhält man aus $x = \rho(\varphi) \cdot \cos\varphi$; $y = \rho(\varphi) \cdot \sin\varphi$

$$\int_{\mathfrak{C}} g\,ds = \int_{\varphi_1}^{\varphi_2} g(\varphi, \rho(\varphi)) \cdot \sqrt{\rho^2(\varphi) + \left(\frac{d\rho(\varphi)}{d\varphi}\right)^2}\,d\varphi.$$

Kurvenintegral bei einer impliziten Darstellung:
Die Kurve sei implizit durch $F(x,y)=0$ gegeben mit $F_y(x,y)\neq 0$ (s. implizite Funktion, 1.). Mit

$$\frac{dy}{dx}=-\frac{F_x(x,y)}{F_y(x,y)}$$

$$ds^2=dx^2+dy^2=\left[1+\left(\frac{dy}{dx}\right)\right]^2\cdot dx^2=\left[1+\frac{F_x^2(x,y)}{F_y^2(x,y)}\right]\cdot dx^2$$

erhält man

$$\int_{\mathfrak{C}} g\,ds=\int_a^b g(x,y)\cdot\sqrt{1+\frac{F_x^2(x,y)}{F_y^2(x,y)}}\,dx\,.$$

Bei geschlossenen Kurven bezeichnet man das Kurvenintegral mit $\oint_{\mathfrak{C}} f\,ds$.

Anwendungen:
Bogenlänge: Mit $g(x,y)\equiv 1$ erhält man die Länge der Kurve $\mathfrak{C}$, also die Bogenlänge (s. Bogenlänge, 1.).
Schwerpunkt einer Kurve $\mathfrak{C}$ s. Schwerpunkt, 6.

1.2. Kurvenintegral eines ebenen Vektorfeldes (Kurvenintegral 2. Art):

1.2.1. Kurvenintegral eines beliebigen ebenen Vektorfeldes:
An jeder Stelle (x,y) der ebenen Kurve $\mathfrak{C}$ mit dem Anfangspunkt A und dem Endpunkt B sei eine zweidimensionale Vektorfunktion

$$\vec{v}(x,y)=\begin{pmatrix}v_1(x,y)\\ v_2(x,y)\end{pmatrix},$$

also ein Vektorfeld, z. B. eine Kraft, definiert. Die Parameterfunktionen seien differenzierbar mit dem Tangentenvektor an die Kurve

$$\vec{k}_t(t)=\begin{pmatrix}\dot{x}(t)\\ \dot{y}(t)\end{pmatrix}=\begin{pmatrix}\varphi'(t)\\ \psi'(t)\end{pmatrix}\quad \text{bzw.}\quad \vec{k}_x(x)=\begin{pmatrix}1\\ f'(x)\end{pmatrix}$$

(s. Kurve, 1.1.). Damit setzt man

$$\vec{n}(t)=\begin{cases}\dfrac{\vec{k}_t(t)}{|\vec{k}_t(t)|} & \text{für } \vec{k}_t(t)\neq\vec{0};\\[2ex] \vec{0} & \text{für } \vec{k}_t(t)=\vec{0}.\end{cases}$$

Für $\vec{k}_t(t)\neq\vec{0}$ ist $\vec{n}(t)$ ein Tangenteneinheitsvektor. Mit der Zerlegung aus 1.1. und dem Skalarprodukt der beiden Vektoren existiere für $\Delta(Z_n)=\max\{\Delta s_1,\Delta s_2,\dots,\Delta s_n\}\to 0$ der Grenzwert

$$\lim_{\substack{n\to\infty\\ \Delta(Z_n)\to 0}}\sum_{i=1}^{n}\vec{v}(\xi_i,\eta_i)\cdot\vec{n}(t)\,\Delta s_i=\int_{\mathfrak{C}}\vec{v}\cdot\vec{n}\,ds,$$

unabhängig von der Zerlegung von $\mathfrak{C}$ und der Wahl der Zwischenpunkte.

Dann heißt der Grenzwert das *Kurvenintegral zweiter Art.* Im Gegensatz zum Kurvenintegral erster Art hängt das Kurvenintegral zweiter Art von der Durchlaufrichtung der Kurve $\mathfrak{C}$ ab. Bei der Integration von B nach A $(-\mathfrak{C})$ ändert sich das Vorzeichen mit

$$\int_{-\mathfrak{C}} \vec{v}\cdot\vec{n}\,ds = -\int_{\mathfrak{C}} \vec{v}\cdot\vec{n}\,ds.$$

Bei der Parameterdarstellung

$$x = x(t) = \varphi(t); \quad y = y(t) = \psi(t) \quad \text{für } t_1 \le t \le t_2$$

erhält man aus $ds = \sqrt{\dot{x}^2(t) + \dot{y}^2(t)}\cdot dt$ die Darstellung

$$\begin{aligned}
\int_{\mathfrak{C}} \vec{v}\cdot\vec{n}\,ds &= \int_{t_1}^{t_2} \left[v_1(x(t),y(t))\cdot\dot{x}(t) + v_2(x(t),y(t))\cdot\dot{y}(t)\right]dt \\
&= \int_{t_1}^{t_2} v_1(x(t),y(t))\cdot\dot{x}(t)\,dt + \int_{t_1}^{t_2} v_2(x(t),y(t))\cdot\dot{y}(t)\,dt \\
&= \int_{t_1}^{t_2} v_1(\varphi(t),\psi(t))\cdot\varphi'(t)\,dt + \int_{t_1}^{t_2} v_2(\varphi(t),\psi(t))\cdot\psi'(t)\,dt \\
&= \int_{\mathfrak{C}} [v_1(x,y)\,dx + v_2(x,y)\,dy] = \int_{\mathfrak{C}} v_1(x,y)\,dx + \int_{\mathfrak{C}} v_2(x,y)\,dy.
\end{aligned}$$

Die einzelnen Integrale werden nach 1.1. berechnet.

1.2.2. Kurvenintegral eines ebenen Gradientenfeldes:
Das stetige Vektorfeld $\vec{v}$ sei ein Gradientenfeld, also der Gradient eines Skalarfeldes (Skalarfunktion) $U(x,y)$ mit

$$\vec{v}(x,y) = \begin{pmatrix} v_1(x,y) \\ v_2(x,y) \end{pmatrix} = \begin{pmatrix} U_x(x,y) \\ U_y(x,y) \end{pmatrix} = \operatorname{grad} U(x,y)$$

(s. Gradient, 1.) Dann ist das Kurvenintegral wegunabhängig mit

$$\int_{\mathfrak{C}} [v_1(x,y)\,dx + v_2(x,y)\,dy] = U(x_2,y_2) - U(x_1,y_1).$$

Dabei sind (x_1,y_1) die Koordinaten des Anfangs- und (x_2,y_2) die des Endpunktes von $\mathfrak{C}$. Aus $(x_1,y_1) = (x_2,y_2)$ folgt hieraus, daß das Kurvenintegral eines Gradientenfeldes über jede geschlossene Kurve verschwindet.

1.2.3. Bedingungen für ein ebenes Gradientenfeld:
Das Vektorfeld

$$\vec{v}(x,y) = \begin{pmatrix} v_1(x,y) \\ v_2(x,y) \end{pmatrix}$$

sei stetig differenzierbar. Es kann höchstens dann ein Gradientenfeld sein mit

$$v_1(x,y) = U_x(x,y) \quad \text{und} \quad v_2(x,y) = U_y(x,y),$$

wenn nach dem Satz von Schwarz die gemischten Ableitungen U_{xy} und U_{yx} übereinstimmen. Damit erhält man die *Integrabilitätsbedingung*

$$\frac{\partial v_1(x,y)}{\partial y} = \frac{\partial v_2(x,y)}{\partial x}.$$

Falls umgekehrt ein stetig differenzierbares Vektorfeld diese Integrabilitätsbedingung in einem zusammenhängenden Gebiet $G \subset \mathbb{R}^2$ erfüllt, ist das stetige Vektorfeld in G ein Gradientenfeld. Dann ist

$$dU(x,y) = v_1(x,y)\,dx + v_2(x,y)\,dy$$

das totale Differential einer Funktion $U(x,y)$ mit

$$U_x(x,y) = v_1(x,y) \quad \text{und} \quad U_y(x,y) = v_2(x,y)$$

(s. totales Differential, 1.). Alle zugehörigen Stammfunktionen $U(x,y)$ unterscheiden sich höchstens um eine additive Konstante C. Mit einer beliebigen Stammfunktion erhält man für jede in G verlaufende Kurve $\mathfrak{C}$

$$\int_{\mathfrak{C}} [v_1(x,y)\,dx + v_2(x,y)\,dy] = U(x_2,y_2) - U(x_1,y_1).$$

Mit achsenparallelen Integrationswegen erhält man

$$\begin{aligned} U(x,y) &= \int_{x_0}^{x} v_1(u,y_0)\,du + \int_{y_0}^{y} v_2(x,v)\,dv + C \\ &= \int_{y_0}^{y} v_1(x_0,v)\,dv + \int_{x_0}^{x} v_2(u,y)\,du + C. \end{aligned}$$

1.2.4. Anwendungen:

a) Flächenberechnung:

Der Bereich B werde von der geschlossenen Kurve $\mathfrak{C}$ berandet. Dann erhält man den Flächeninhalt $F(B)$ in der Form

$$F(B) = \oint_{\mathfrak{C}} [x\,dy - y\,dx],$$

falls beim Durchlaufen von $\mathfrak{C}$ der Bereich B links von der Kurve liegt. Ist der Bereich B beim Durchlaufen rechts von $\mathfrak{C}$, so erhält man den negativen Flächeninhalt.

b) Arbeit einer Kraft:

Längs der Kurve $\mathfrak{C}$ wirke die vektorielle Kraft

$$\vec{K}(x,y) = \begin{pmatrix} P(x,y) \\ Q(x,y) \end{pmatrix}.$$

Ein Massenpunkt mit der Masse $m = 1$ werde unter dem Einfluß dieser Kraft längs der Kurve $\mathfrak{C}$ bewegt. Dann wird dadurch die Arbeit

$$A = \int_{\mathfrak{C}} [P(x,y)\,dx + Q(x,y)\,dy]$$

geleistet.

2. Kurvenintegral über eine räumliche Kurve:

2.1. Kurvenintegral eines räumlichen Skalarfeldes (Kurvenintegral 1. Art): Es sei $g(x,y,z)$ ein *Skalarfeld* (stetige Funktion), das auf der räumlichen Kurve $\mathfrak{C}$ beschränkt ist (s. Kurve, 2.). A sei der Anfangs- und B der Endpunkt von $\mathfrak{C}$. Die Kurve wird analog zu 1.1. in n Teilstücke zerlegt mit den (näherungsweisen) Bogenlängen Δs_i. Aus jedem Bogenstück wird eine beliebige Stelle (ξ_i, η_i, ζ_i) ausgewählt. Dann erhält man die Zerlegungssumme

$$Z_n = \sum_{i=1}^{n} g(\xi_i, \eta_i, \zeta_i)\, \Delta s_i .$$

Es sei $\Delta(Z_n) = \max\{\Delta s_1, \Delta s_2, \ldots, \Delta s_n\}$. Falls für $\Delta(Z_n) \to 0$ der Grenzwert

$$\lim_{\substack{n\to\infty \\ \Delta(Z_n)\to 0}} \sum_{i=1}^{n} g(\xi_i, \eta_i, \zeta_i)\, \Delta s_i = \int_{\mathfrak{C}} g\, ds$$

existiert, unabhängig von der Zerlegung und der Wahl der Zwischenpunkte, heißt dieser Grenzwert das *Kurvenintegral* (erster Art) des Skalarfeldes $g(x,y,z)$ über $\mathfrak{C}$. Das Kurvenintegral erster Art ist von der Durchlaufrichtung von $\mathfrak{C}$ unabhängig mit

$$\int_{-\mathfrak{C}} g\, ds = \int_{\mathfrak{C}} g\, ds .$$

Kurvenintegral bei einer Parameterdarstellung:
Falls die Kurve durch die Parameterdarstellung

$$x = \varphi(t); \quad y = \psi(t); \quad z = \chi(t) \quad \text{für } t_1 \leq t \leq t_2$$

gegeben ist (s. Kurve, 2.), erhält man

$$ds^2 = dx^2 + dy^2 + dz^2 = \left(\frac{dx^2}{dt^2} + \frac{dy^2}{dt^2} + \frac{dz^2}{dt^2}\right)\cdot dt^2;$$

$$\int_{\mathfrak{C}} g\, ds = \int_{t_1}^{t_2} g\big(x(t), y(t), z(t)\big)\cdot \sqrt{\dot{x}^2(t) + \dot{y}^2(t) + \dot{z}^2(t)}\, dt.$$

Kurvenintegral bei impliziter Kurvendarstellung:
Die Raumkurve $\mathfrak{C}$ sei als Schnittlinie zweier Flächen gegeben durch

$$F(x,y,z) = 0; \quad G(x,y,z) = 0 \quad \text{für } a \leq x \leq b$$

(s. Kurve, 2., s. implizite Funktion, 3.). Auflösung ergibt mit dem Parameter x die Parameterdarstellung $x = x;\ y = \psi(x);\ z = \chi(x)$ mit

$$\frac{dy}{dx} = \psi'(x) = \frac{\begin{vmatrix} F_z & F_x \\ G_z & G_x \end{vmatrix}}{\begin{vmatrix} F_y & F_z \\ G_y & G_z \end{vmatrix}}; \quad \frac{dz}{dx} = \chi'(x) = \frac{\begin{vmatrix} F_x & F_y \\ G_x & G_y \end{vmatrix}}{\begin{vmatrix} F_y & F_z \\ G_y & G_z \end{vmatrix}}$$

(s. Kurve, 2.2.). Dann gilt für das Bogenelement ds

$$ds^2 = dx^2 + dy^2 + dz^2 = [1 + \psi'^2(x) + \chi'^2(x)]\cdot dx^2 .$$

Hieraus erhält man

$$\int_{\mathfrak{C}} g\,ds = \int_a^b g(x,\psi(x),\chi(x))\cdot\sqrt{1+\psi'^2(x)+\chi'^2(x)}\,dx.$$

Anwendungen:

Bogenlänge:

Mit $g(x,y,z)\equiv 1$ erhält man die Bogenlänge des Kurvenstücks $s=\int_{\mathfrak{C}} ds$ (s. Bogenlänge, 2.).

Schwerpunkt s. Schwerpunkt, 6.

2.2. Kurvenintegral eines räumlichen Vektorfeldes (Kurvenintegral 2. Art):

2.2.1. Kurvenintegral eines beliebigen stetigen räumlichen Vektorfeldes:

Es sei

$$\vec{v}(x,y,z)=\begin{pmatrix} v_1(x,y,z)\\ v_2(x,y,z)\\ v_3(x,y,z)\end{pmatrix}$$

ein stetiges Vektorfeld, das auf dem Kurvenstück $\mathfrak{C}$ definiert ist. Die Parameterfunktionen seien differenzierbar mit

$$\vec{k}_t(t)=\frac{d\vec{k}(t)}{dt}=\begin{pmatrix}\varphi'(t)\\ \psi'(t)\\ \chi'(t)\end{pmatrix} \quad \text{bzw.} \quad \vec{k}_x(x)=\frac{d\vec{k}(x)}{dx}=\begin{pmatrix}1\\ \psi'(x)\\ \chi'(x)\end{pmatrix}$$

(s. Kurve, 2.1.). Damit setzt man

$$\vec{n}(t) = \begin{cases} \dfrac{\vec{k}_t(t)}{|\vec{k}_t(t)|} & \text{für } \vec{k}_t(t)\neq\vec{0};\\ \vec{0} & \text{für } \vec{k}_t(t)=\vec{0}\end{cases}$$

bzw.

$$\vec{n}(x) = \frac{1}{\sqrt{1+\psi'^2(x)+\varphi'^2(x)}}\cdot\begin{pmatrix}1\\ \psi'(x)\\ \chi'(x)\end{pmatrix}.$$

Mit der Zerlegung aus 2.1. und dem Skalarprodukt der beiden Vektoren existiere der Grenzwert

$$\lim_{\substack{n\to\infty\\ \Delta(Z_n)\to 0}} \sum_{i=1}^{n} \vec{v}(\xi_i,\eta_i,\zeta_i)\cdot\vec{n}(t)\,\Delta s_i = \int_{\mathfrak{C}} \vec{v}\cdot\vec{n}\,ds,$$

unabhängig von der Zerlegung und der Wahl der Zwischenpunkte. Dann heißt dieser Grenzwert das *Kurvenintegral des Vektorfeldes* $\vec{v}$ über $\mathfrak{C}$ (*Kurvenintegral zweiter Art*). Falls man die Durchlaufrichtung ändert, wechselt das Kurvenintegral zweiter Art das Vorzeichen mit

$$\int_{-\mathfrak{C}} \vec{v}\cdot\vec{n}\,ds = -\int_{\mathfrak{C}} \vec{v}\cdot\vec{n}\,ds.$$

Bei der Parameterdarstellung

$$x=x(t)=\varphi(t);\quad y=y(t)=\psi(t);\quad z=z(t)=\chi(t)\quad \text{für } t_1\le t\le t_2$$

erhält man die Formel

$$\int_{\mathfrak{C}} \vec{v}\cdot\vec{n}\,ds$$

$$= \int_{t_1}^{t_2} [v_1(x,y,z)\cdot\dot{x}(t) + v_2(x,y,z)\cdot\dot{y}(t) + v_3(x,y,z)\cdot\dot{z}(t)]\,dt$$

$$= \int_{\mathfrak{C}} [v_1(x,y,z)\,dx + v_2(x,y,z)\,dy + v_3(x,y,z)\,dz]$$

$$= \int_{\mathfrak{C}} v_1(x,y,z)\,dx + \int_{\mathfrak{C}} v_2(x,y,z)\,dy + \int_{\mathfrak{C}} v_3(x,y,z)\,dz.$$

2.2.2. Kurvenintegral eines räumlichen Gradientenfeldes:
Das stetige Vektorfeld $\vec{v}$ sei ein Gradientenfeld, also der Gradient eines Skalarfeldes (Skalarfunktion) $U(x,y,z)$ mit

$$\vec{v}(x,y,z) = \operatorname{grad} U(x,y,z) = \begin{pmatrix} U_x(x,y,z) \\ U_y(x,y,z) \\ U_z(x,y,z) \end{pmatrix}$$

(s. Gradient, 1.). Dann ist das Kurvenintegral wegunabhängig mit

$$\int_{\mathfrak{C}} [v_1(x,y,z)\,dx + v_2(x,y,z)\,dy + v_3(x,y,z)\,dz]$$

$$= U(x_2,y_2,z_2) - U(x_1,y_1,z_1),$$

wobei (x_1,y_1,z_1) und (x_2,y_2,z_2) die Koordinaten des Anfangs- und des Endpunktes der Kurve $\mathfrak{C}$ sind. Setzt man hier noch

$$\varphi(x,y,z) = -U(x,y,z),$$

so erhält man das *Potential* $\varphi(x,y,z)$ des Vektorfeldes

$$\vec{v} = -\operatorname{grad}\varphi(x,y,z).$$

2.2.3. Bedingungen für ein Gradientenfeld:
Das Vektorfeld

$$\vec{v}(x,y,z) = \begin{pmatrix} v_1(x,y,z) \\ v_2(x,y,z) \\ v_3(x,y,z) \end{pmatrix}$$

sei stetig differenzierbar. Es kann höchstens dann ein Gradientenfeld sein mit

$$v_1(x,y,z) = U_x(x,y,z); \quad v_2(x,y,z) = U_y(x,y,z);$$

$$v_3(x,y,z) = U_z(x,y,z),$$

wenn nach dem Satz von Schwarz die gemischten Ableitungen von der Ableitungsreihenfolge unabhängig sind. Damit erhält man die Integrabilitätsbedingungen:

$$\frac{\partial v_2}{\partial z} = \frac{\partial v_3}{\partial y}; \quad \frac{\partial v_3}{\partial x} = \frac{\partial v_1}{\partial z}; \quad \frac{\partial v_1}{\partial y} = \frac{\partial v_2}{\partial x}.$$

Falls umgekehrt ein stetig differenzierbares Vektorfeld diese Integrabilitätsbedingungen in einem offenen zusammenhängenden Gebiet $G \subset \mathbb{R}^3$ erfüllt, ist das stetige Vektorfeld ein Gradientenfeld. Dann ist

$$dU(x,y,z) = v_1(x,y,z)\,dx + v_2(x,y,z)\,dy + v_3(x,y,z)\,dz$$

das totale Differential einer Funktion $U(x,y,z)$ mit

$$\frac{\partial U}{\partial x} = v_1\,; \quad \frac{\partial U}{\partial y} = v_2\,; \quad \frac{\partial U}{\partial z} = v_3$$

(s. totates Differential, 2.). Alle zugehörigen Skalarfunktionen $U(x,y,z)$ unterscheiden sich um eine additive Konstante C. Mit einer beliebigen derartigen Stammfunktion erhält man für jede in G verlaufende Kurve $\mathfrak{C}$

$$\int_{\mathfrak{C}} [v_1(x,y,z)\,dx + v_2(x,y,z)\,dy + v_3(x,y,z)\,dz]$$
$$= U(x_2,y_2,z_2) - U(x_1,y_1,z_1)\,.$$

Dabei sind (x_1,y_1,z_1) und (x_2,y_2,z_2) die Koordinaten des Anfangs- und Endpunktes der Kurve, über die integriert wird. Das Kurvenintegral verschwindet über jede geschlossene Kurve. Mit achsenparallelen Strecken als Integrationswege erhält man

$$U(x,y,z) = \int_{x_0}^{x} v_1(\xi,y_0,z_0)\,d\xi + \int_{y_0}^{y} v_2(x,\eta,z_0)\,d\eta + \int_{z_0}^{z} v_3(x,y,\zeta)\,d\zeta + C$$

bzw. fünf weitere Formeln mit den entsprechenden Kanten des durch (x,y,z) und (x_1,y_1,z_1) aufgespannten achsenparallelen Quaders.

2.2.4. Anwendung:

a) Arbeit einer Kraft:

Längs der Kurve $\mathfrak{C}$ wirke die vektorielle Kraft $\vec{K}(x,y,z) = \begin{pmatrix} P(x,y,z) \\ Q(x,y,z) \\ R(x,y,z) \end{pmatrix}$.

Ein Massenpunkt mit der Masse $m = 1$ werde unter dem Einfluß dieser Kraft längs der Kurve $\mathfrak{C}$ bewegt. Dann wird dadurch die Arbeit

$$A = \int_{\mathfrak{C}} [P(x,y,z)\,dx + Q(x,y,z)\,dy + R(x,y,z)\,dz]$$

geleistet.

b) Zirkulation eines Vektorfeldes längs einer geschlossenen Kurve $\mathfrak{C}$:

Im Falle der Existenz heißt

$$\Gamma = \oint_{\mathfrak{C}} \vec{v} \cdot \vec{n}\,ds = \oint_{\mathfrak{C}} [v_1(x,y,z)\,dx + v_2(x,y,z)\,dy + v_3(x,y,z)\,dz]$$

die *Zirkulation* des Vektorfeldes $\vec{v}$ längs der geschlossenen Kurve $\mathfrak{C}$.

Kurvenintegral, komplexes s. komplexes Kurvenintegral.

Kurvennetz s. Netz.

Kurvenschar:

1. Ebene Kurvenschar:
Eine ebene Kurvenschar kann gegeben sein durch eine

Parameterdarstellung: $x = x(t, c); \quad y = y(t, c)$.
Für jeden *Scharparameter* $c \in [c_1; c_2]$ wird in Abhängigkeit vom Parameter $t \in [t_1; t_2]$ ein Kurvenstück $\mathfrak{C}(c)$ definiert (s. Kurve, 1.1.).

Die Schar kann aber auch gegeben sein durch die

implizite Darstellung: $F(x, y, c) = 0$.
Dabei ist die implizite Funktion für alle (x, y) aus einem Bereich $B \subset \mathbb{R}^2$ und alle *Scharparameter* c aus einem Intervall definiert (s. Kurve, 1.1.). Ebene Kurvenscharen sind Lösungen gewöhnlicher Differentialgleichungen 1. Ordnung (s. gewöhnliche Differentialgleichung, 2.).

2. Räumliche Kurvenschar:
Eine räumliche Kurvenschar besitzt die

Parameterdarstellung: $x = x(t, c); \quad y = y(t, c); \quad z = z(t, c)$.
Für jeden *Scharparameter* $c \in [c_1; c_2]$ wird in Abhängigkeit vom Parameter $t \in [t_1; t_2]$ ein räumliches Kurvenstück $\mathfrak{C}(c)$ definiert (s. Kurve, 2.1.).

Sie kann aber auch gegeben sein durch die

implizite Darstellung: $F(x, y, c) = 0; \quad G(x, y, c) = 0$
(s. Kurve, 2.1., 2.2.). Dabei ist c der Scharparameter.

Kurven zweiter Ordnung:

Im $\mathbb{R}^2$ beschreiben die Punkte $P(x, y)$, deren kartesischen Koordinaten eine Gleichung zweiten Grades

$$a_{11}x^2 + 2a_{12}xy + a_{22}y^2 + 2a_{01}x + 2a_{02} + a_{00} = 0$$

erfüllen, eine *Kurve zweiter Ordnung*. Dabei sind die Koeffizienten a_{ij} vorgegebene reelle Zahlen. Von den Koeffizienten a_{11}, a_{12}, a_{22} dürfen dabei nicht alle drei gleichzeitig verschwinden. Mit

$$\vec{x}^{\,T} = (x, y); \quad A = \begin{pmatrix} a_{11} & a_{12} \\ a_{12} & a_{22} \end{pmatrix} = A^T; \quad \vec{a}^{\,T} = (a_{01}, a_{02})$$

kann die Gleichung dargestellt werden in der Matrizenform

$$\vec{x}^{\,T} A \vec{x} + 2\vec{a}^{\,T}\vec{x} + a_{00} = 0.$$

Dabei ist die Matrix A symmetrisch. Mit

$$\vec{\tilde{x}}^{\,T} = (1, x, y); \quad \tilde{A} = \begin{pmatrix} a_{00} & a_{01} & a_{02} \\ a_{01} & a_{11} & a_{12} \\ a_{02} & a_{12} & a_{22} \end{pmatrix}$$

erhält man die Darstellung $\vec{\tilde{x}}^{\,T} \tilde{A}\, \vec{\tilde{x}} = 0$ (s. Quadrik).

Kurven mit $\det(\tilde{A}) \neq 0$ bzw. $\det(A) \neq 0$ sind *nichtentartet*, die mit $\det(\tilde{A}) = 0$ bzw. $\det(A) = 0$ *entartet*. Zwei Kurven sind gleich, wenn sie durch eine Bewegung ineinander übergeführt werden können (s. affine Abbildung, 2.2.). Daher ist es sinnvoll, die obige Gleichung durch Hauptachsentransformationen und Translationen auf einfachere äquivalente Formen zu bringen.

Hauptachsentransformation:
Durch Hauptachsentransformation kann immer erreicht werden, daß in dem neuen (gedrehten) Koordinatensystem der Faktor des gemischten Produkts verschwindet (s. quadratische Form, 2., s. Eigenwertproblem, 3.5.). Wegen der Symmetrie der Matrix A sind ihre Eigenwerte λ_1, λ_2 reell. Falls die beiden Eigenwerte verschieden sind, sind die zugehörigen Eigenvektoren orthogonal. Diese können normiert werden. Bei doppelten Eigenwerten gibt es zwei orthonormale Eigenvektoren zum gleichen Eigenwert. Die gedrehten Achsen werden in Richtung der Eigenvektoren gelegt. Dann geht die allgemeine Gleichung 2. Grades über in die spezielle Gleichung

$$\lambda_1 \hat{x}^2 + \lambda_2 \hat{y}^2 + 2\,\hat{a}_{01}\,\hat{x} + 2\,\hat{a}_{02}\,\hat{y} + \hat{a}_{00} = 0.$$

Translation:
Im Falle $\lambda_i \neq 0$ kann durch eine Translation das zugehörige lineare Glied beseitigt werden. So erhält man z. B. für $\lambda_1 \neq 0$

$$\lambda_1 \hat{x}^2 + 2\,\hat{a}_{01}\,\hat{x} = \lambda_1\left(\hat{x}^2 + \frac{2\,\hat{a}_{01}}{\lambda_1}\,\hat{x}\right) = \lambda_1\left(\hat{x} + \frac{\hat{a}_{01}}{\lambda_1}\right)^2 - \frac{\hat{a}_{01}^2}{\lambda_1}.$$

Durch $x^* = \hat{x} + \frac{\hat{a}_{01}}{\lambda_1}$ kann die Gleichung so transformiert werden, daß der Koeffizient von x^* verschwindet. Analoges gilt für $\lambda_2 \neq 0$. Für $\lambda_i = 0$ ist eine solche Vereinfachung nicht möglich. $\lambda = 0$ ist nur dann Eigenwert, wenn die Matrix A singulär ist, also bei entarteten Flächen.

Diskussion der Kurven zweiter Ordnung:
Der Einfachheit halber sollen die Variablen in den transformierten Gleichungen wieder mit x und y bezeichnet werden.

Nichtentartete Kurven:
Im Falle $\det(A) \neq 0$ ist die Kurve nichtentartet. Beide Eigenwerte der Matrix A sind dann von Null verschieden. Durch eventuelle Umbenennung der Variablen erhält man folgende Typen:

$\frac{x^2}{a^2} + \frac{y^2}{b^2} = 1$	**Ellipse** (für a = b **Kugel**)	(s. Ellipse);
$\frac{x^2}{a^2} - \frac{y^2}{b^2} = 1$	**Hyperbel**	(s. Hyperbel);
$\frac{x^2}{a^2} + \frac{y^2}{b^2} = -1$	**nullteilige Kurve** ohne reelle Lösung;	

$\frac{x^2}{a^2} + \frac{y^2}{b^2} = 0$	**Nullpunkt**;	
$y^2 = 2px, \; p \neq 0$	**Hyperbel**	(s. Hyperbel).

Entartete Kurven:

$\frac{x^2}{a^2} = 1$	**parallele Geraden**: $x = \pm a$;
$\frac{x^2}{a^2} = -1$	**keine reelle Lösung**;
$\frac{x^2}{a^2} = 0$	**Doppelgerade**: $x = 0$.

Die Kurven zweiter Ordnung sind *Kegelschnitte* (s. Kegelschnitt). Im Abschnitt Kegelschnitt wird in 3. eine Darstellung in Abhängigkeit von der numerischen Exzentrizität ε angegeben.

Kürzen s. Brüche.

kürzeste Entfernung s. geodätische Linie.

Kürzungsregel:
aus $c \cdot x = c \cdot y$ mit $c \neq 0$ folgt durch Kürzen $x = y$.

Kutta, Wilhelm (1867 – 1944) wirkte nach einem Studienaufenthalt in Cambridge an den Technischen Hochschulen München, Jena, Aachen und Stuttgart. Seine Arbeiten über angewandte Mathematik und Strömungslehre setze er in seinen Mathematikvorlesungen für Ingenieure ein. Berühmt wurde er durch das zusammen mit Carl Runge entwickelte Verfahren zur numerischen Lösung von gewöhnlichen Differentialgleichungen (s. Runge-Kutta-Verfahren, s. gewöhnliche Differentialgleichung, 7.1.4.).

Kybernetik:
Die Wissenschaft der Informationsverarbeitung heißt *Kybernetik*.

L

$l^{(2)}$:

Mit $l^{(2)}$ bezeichnet man den Hilbertschen Folgenraum. Er besteht aus allen Folgen reeller Zahlen $\mathbf{a} = (a_n)_{n \in \mathbb{N}}$ mit $\sum_{n=1}^{\infty} a_n^2 < \infty$.
Daraus folgt

$$\sum_{n=1}^{\infty} (\lambda \cdot a_n)^2 = \lambda^2 \cdot \sum_{n=1}^{\infty} a_n^2 < \infty \text{ für jede Konstante } \lambda \in \mathbb{R}.$$

Mit $\mathbf{a} = (a_n)_{n \in \mathbb{N}}$ ist für jedes $\lambda \in \mathbb{R}$ auch $\lambda \cdot \mathbf{a} = (\lambda \cdot a_n)_{n \in \mathbb{N}}$ in $l^{(2)}$.
Wegen der Schwarzschen Ungleichung

$$\sqrt{\sum_{n=1}^{\infty} |a_n + b_n|^2} \leq \sqrt{\sum_{n=1}^{\infty} |a_n|^2} + \sqrt{\sum_{n=1}^{\infty} |b_n|^2}$$

(s. Schwarzsche Ungleichung, 5.) ist mit $\mathbf{a} = (a_n)_{n \in \mathbb{N}}$ und $\mathbf{b} = (b_n)_{n \in \mathbb{N}}$ auch deren Summe $\mathbf{a} + \mathbf{b} = (a_n + b_n)_{n \in \mathbb{N}}$ in $l^{(2)}$ enthalten. Damit ist $l^{(2)}$ ein Vektorraum (linearer Raum). Nach der Schwarzschen Ungleichung (s. Schwarzsche Ungleichung, 1.) gilt dabei

$$\left| \sum_{n=1}^{\infty} a_n b_n \right|^2 \leq \sum_{n=1}^{\infty} a_n^2 \cdot \sum_{n=1}^{\infty} b_n^2 .$$

Damit existiert für zwei Folgen $\mathbf{a}, \mathbf{b} \in l^{(2)}$ das innere Produkt

$$< \mathbf{a}, \mathbf{b} > \; = \sum_{n=1}^{\infty} a_n b_n .$$

Es erfüllt alle Eigenschaften des inneren Produkts. Somit ist $l^{(2)}$ ein Euklidischer Vektorraum (s. Vektorraum, 3.). Aus dem inneren Produkt erhält man die Norm

$$\| \mathbf{a} \| = \sqrt{\sum_{n=1}^{\infty} a_n^2} .$$

Das Nullelement $\mathbf{0} = (0)$ ist die Folge, deren Glieder alle gleich Null sind.

$L^2[a;b]$:

Mit $L^2[a;b]$ wird der Hilbertraum der in $[a;b]$ quadratisch integrierbaren Funktionen bezeichnet (s. quadratisch integrierbar, s. Hilbertraum).

Lagerhaltungstheorie:

Die *Lagerhaltungstheorie* ist der Teil der Operationsforschung (s. Operationsforschung), in dem die Bestellungen, Lagerungen sowie Auslieferungen auf Effektivität hin untersucht werden.

Lagrange, Joseph Louis (1736 – 1813) wirkte in Turin, Berlin und Paris. Nach ihm sind die Lagrangesche Restglieddarstellung in der Taylorschen Formel (s. Taylor - Entwicklung, 1.2.) sowie die Methode zur Bestimmung von Extrema unter Nebenbedingungen (s. Extremum unter Nebenbedingungen, 1.2., 2.2.) benannt.

Lagrange - Funktion s. Extremum unter Nebenbedingungen, 1.2., 2.2.

Lagrange - Interpolation s. Integralrechnung, 1.10.2.1., s. Interpolation, 3.

Lagrangesche Identität s. gewöhnliche Differentialgleichung, 5.5.1.

Lagrangesche Methode s. Extremum unter Nebenbedingungen, 1.2., 2.2.

Lagrangescher Multiplikator s. Extremum unter Nebenbedingungen, 1.2., 2.2.

Lagrangesches Restglied s. Taylor - Entwicklung, 1.2.

Laguerre, Edmund (1834 – 1886) wirkte in Paris. Von ihm stammen wesentliche Beiträge zur Geometrie, Algebra und Analysis. Nach ihm benannt sind die Laguerreschen Polynome als Lösungen der Laguerreschen Differentialgleichung (s. Laguerresche Differentialgleichung und Laguerresche Polynome, s. gewöhnliche Differentialgleichung, 3.3.3.).

Laguerresche Differentialgleichung und Laguerresche Polynome: Die lineare Differentialgleichung 2. Ordnung

$$x\,y''(x) + (1 - x)\,y'(x) + n\,y(x) \qquad \text{für } n = 0, 1, 2, \ldots$$

heißt *Laguerresche Differentialgleichung* (s. gewöhnliche Differentialgleichung, 3.3.3.). Mit dem Potenzreihenansatz $y(x) = \sum_{k=0}^{\infty} c_k x^k$, $c_k \in \mathbb{R}$ erhält man durch Einsetzen in die Differentialgleichung

$$c_{k+1} = -\frac{n-k}{(k+1)^2} \cdot c_k \qquad \text{für } k = 0, 1, 2, \ldots .$$

Hieraus folgt $c_k = 0$ für alle $k > n$. Da nur c_0 beliebig vorgegeben werden kann, erhält man mit dem Potenzreihenansatz nur eine der beiden Lösungen für das Fundamentalsystem. $c_0 = 1$ ergibt

$$c_k = (-1)^k \cdot \frac{n \cdot (n-1) \cdot \ldots \cdot (n-k+1)}{(k!)^2} = \frac{(-1)^k}{k!} \cdot \binom{n}{k}$$

für $k = 0, 1, \ldots, n$. Das sogenannte *Laguerresche Polynom* vom Grade n

$$L_n(x) = 1 + \sum_{k=1}^{n} (-1)^k \cdot \frac{n \cdot (n-1) \cdot \ldots \cdot (n-k+1)}{(k!)^2} \cdot x^k = \sum_{k=0}^{n} \frac{(-1)^k}{k!} \cdot \binom{n}{k} x^k$$

ist Lösung der Differentialgleichung. Dabei gilt

$$L_n(x) = \frac{e^x}{n!} \cdot \frac{d^n}{dx^n}(x^n e^{-x}).$$

Für $0 \le k \le n$ erhält man mit dieser Darstellung durch k-malige partielle Integration

$$\int_0^\infty e^{-x} x^k L_n(x)\, dx = \frac{1}{n!} \int_0^\infty x^k \frac{d^n}{dx^n}(x^n e^{-x})\, dx$$

$$= (-1)^k \frac{k!}{n!} \int_0^\infty \frac{d^{n-k}}{dx^{n-k}}(x^n e^{-x})\, dx = (-1)^k \frac{k!}{n!} \cdot \frac{d^{n-k-1}}{dx^{n-k-1}}(x^n e^{-x}) \Bigg|_0^\infty = 0.$$

Es gilt

$$\int_0^\infty e^{-x} L_n(x) L_m(x)\, dx = \begin{cases} 0 & \text{für } n \ne m; \\ 1 & \text{für } n = m. \end{cases}$$

Daher bilden die Laguerreschen Polynome in $[0;\infty)$ bezüglich der Gewichtsfunktion e^{-x} ein verallgemeinertes Orthonormalsystem (s. Orthogonal- und Orthonormalsystem, 4.). Es gilt die Rekursionsgleichung

$$L_{n+1}(x) - (2n+1-x) L_n(x) + n^2 L_{n-1}(x) \quad \text{für } n = 1, 2, \ldots \quad \text{mit}$$
$$L_0(x) \equiv 1; \quad L_1(x) = 1 - x; \quad L_2(x) = 1 - 2x + \frac{x^2}{2}.$$

Die *Laguerrschen Funktionen*

$$Z_n(x) = e^{-\frac{x}{2}} L_n(x) \qquad \text{für } n = 0, 1, 2, \ldots$$

bilden in $[0;\infty)$ ein *Orthonormalsystem* mit

$$\int_0^\infty Z_n(x) Z_m(x)\, dx = \begin{cases} 0 & \text{für } n \ne m; \\ 1 & \text{für } n = m. \end{cases}$$

Als zweite (unabhängige) Lösung erhält man mit Hilfe der Reduktionsmethode von d'Alembert (s. gewöhnliche Differentialgleichung, 3.1.)

$$y_2(x) = L_n(x) \cdot \ln x + \sum_{k=1}^{n} \frac{(-1)^k}{k!} \binom{n}{k} (b_{n-k} - b_n - 2 b_k) x^k$$
$$+ \frac{(-1)^n}{n!} \sum_{k=1}^{\infty} \frac{(k-1)!}{[(n+1) \cdot (n+2) \cdot \ldots \cdot (n+k)]^2} x^{n+k}$$

mit $b_0 = 0$; $b_k = 1 + \frac{1}{2} + \ldots + \frac{1}{k}$ für $k \ge 1$.

Landau, Edmund (1877 – 1938) wirkte in Göttingen. Von ihm stammen grundlegende Arbeiten zur Zahlen- und Funktionentheorie. Nach ihm benannt sind die Ordnungssymbole O(h) und o(h) (s. Größenordnung von Funktionen, 2.).

Landausche Ordnungssymbole s. Größenordnung von Funktionen, 2.

Länge einer Kurve s. Bogenlänge.

Länge einer Strecke s. Längeneinheit und Längenmaßzahl.

Länge eines Vektors:

Die Länge eines Vektors $\overrightarrow{PQ}$ im V^n ist als Länge der Strecke $\overline{PQ}$ gleich dem Betrag des Vektors (s. Vektor im V^n, 1.2.4., 2.3.).

Länge, geographische:

Die *geographische Länge* λ eines Punktes auf der Erdoberfläche ist der Winkel, den sein Meridian mit dem Nullmeridian bildet mit

$$-180^\circ \leq \lambda \leq 180^\circ \qquad \text{(s. sphärische Trigonometrie, 5.1).}$$

Längeneinheit und Längenmaßzahl:

Als *Längeneinheit* e kann die Länge jeder beliebigen Strecke gewählt werden (s. Strecke). Die Länge $|AB| = \overline{AB}$ der Strecke AB wird als Produkt $|AB| = a \cdot e$ dargestellt. Dabei heißt a die *Längenmaßzahl* bezüglich der Längeneinheit e oder die *Länge.* Im internationalen Einheitssystem wird als Längeneinheit das *Meter*, abgekürzt 1m, benutzt. Dabei ist das Urmeter in Paris. Durch die folgenden verbalen vor dem Meter benutzten Vorsätze, die auch als Kurzzeichen vor m benutzt werden, erhält man Einheiten, die sich um den Faktor F vom Meter unterscheiden:

Bezeichnung	Kurzzeichen	Faktor F	Bezeichnung	Kurzzeichen	Faktor
Dekameter	dam	10	*Dezimeter*	dm	10^{-1}
Hektometer	hm	10^2	*Zentimeter*	cm	10^{-2}
Kilometer	km	10^3	*Millimeter*	mm	10^{-3}
Megameter	Mm	10^6	*Makrometer*	μm	10^{-6}
Gigameter	Gm	10^9	*Nanometer*	nm	10^{-9}
Terameter	Tm	10^{12}	*Pikometer*	pm	10^{-12}

In der Astronomie wird als Längeneinheit das *Lichtjahr*, abgekürzt l. y. (light year) benutzt. Dabei ist 1 l. y. = $9{,}4605 \cdot 10^{15}$ m. Weitere Längeneinheiten sind: eine *geographische Meile* = 7 421,5 m; eine *Seemeile* = 1 852 m.

Längenkoordinaten s. Kugelkoordinaten.

Längenkreis:

Jeder durch den Nord- und Südpol einer Kugel gehende Großkreis (s. Großkreis) heißt *Längenkreis* (s. sphärische Trigonometrie, 5.1).

Längenmaßzahl s. Längeneinheit und Längenmaßzahl.

längentreue Abbildung s. Isometrie.

Laplace, Pierre Simon (1749 – 1827) lehrte an der Militär-Akademie in Paris. Für kurze Zeit war er auch Innenminister. Von ihm stammen grundlegende Arbeiten zu den Gebieten der Wahrscheinlichkeitsrechnung, der Differential- und Differenzengleichungen. Nach ihm benannt sind der Entwicklungssatz für Determinanten (s. Determinante, 3.), die Laplace-Transformation (s. Laplace-Transformation) und die Laplace-Wahrscheinlichkeit bei gleichwahrscheinlichen Versuchsausgängen.

Laplace-Operator:

1. Laplace-Operator eines skalaren Feldes:
Die skalare Funktion $U(x_1, x_2, \ldots, x_n)$ besitze stetige partielle Ableitungen zweiter Ordnung (s. Funktion von reellen Variablen, 2.4., 3.4.). Dann heißt der durch

$$\Delta_n U(x_1, x_2, \ldots, x_n) = \sum_{k=1}^{n} \frac{\partial^2 U(x_1, x_2, \ldots, x_n)}{\partial x_k^2}$$

definierte Operator Δ_n *Laplace-Operator.* Dabei gilt

$$\Delta_n U(x_1, x_2, \ldots, x_n) = \operatorname{div} \operatorname{grad} U$$

(s. Divergenz eines Vektorfeldes, s. Gradient).

Darstellung in Zylinderkoordinaten für $n = 3$:

Das Skalarfeld $U(\rho, \varphi, z)$ sei in Zylinderkoordinaten (s. Zylinderkoordinaten) gegeben. Dann gilt

$$\Delta_3 U(\rho, \varphi, z) = \frac{1}{\rho} \cdot \frac{\partial}{\partial \rho}\left(\rho \cdot \frac{\partial U}{\partial \rho}\right) + \frac{1}{\rho^2} \cdot \frac{\partial^2 U}{\partial \varphi^2} + \frac{\partial^2 U}{\partial z^2}.$$

Darstellung in Kugelkoordinaten für $n = 3$:

Das Skalarfeld $U(\varphi, \vartheta, \rho)$ sei in Kugelkoordinaten (s. Kugelkoordinaten) gegeben. Dann gilt

$$\Delta_3 U(\varphi, \vartheta, \rho) = \frac{\partial^2 U}{\partial \rho^2} + \frac{2}{\rho} \cdot \frac{\partial U}{\partial \rho} + \frac{1}{\rho^2 \cdot \sin \vartheta} \cdot \frac{\partial^2 U}{\partial \varphi^2} + \frac{1}{\rho^2} \cdot \frac{\partial^2 U}{\partial \vartheta^2} + \frac{\cot \vartheta}{\rho^2} \cdot \frac{\partial U}{\partial \vartheta}.$$

2. Laplace-Operator eines Vektorfeldes:

Gegeben sei das Vektorfeld $\vec{v}(x, y, z) = \begin{pmatrix} v_1(x, y, z) \\ v_2(x, y, z) \\ v_3(x, y, z) \end{pmatrix}$.

Dann heißt der Vektor

$$\Delta \vec{v}(x, y, z) = \begin{pmatrix} \Delta v_1(x, y, z) \\ \Delta v_2(x, y, z) \\ \Delta v_3(x, y, z) \end{pmatrix} = \begin{pmatrix} \dfrac{\partial^2 v_1}{\partial x^2} + \dfrac{\partial^2 v_1}{\partial y^2} + \dfrac{\partial^2 v_1}{\partial z^2} \\ \dfrac{\partial^2 v_2}{\partial x^2} + \dfrac{\partial^2 v_2}{\partial y^2} + \dfrac{\partial^2 v_2}{\partial z^2} \\ \dfrac{\partial^2 v_3}{\partial x^2} + \dfrac{\partial^2 v_3}{\partial y^2} + \dfrac{\partial^2 v_3}{\partial z^2} \end{pmatrix}$$

der *Laplace-Operator* des Vektorfeldes $\vec{v}$. Allgemein gilt

$$\Delta \vec{v} = \operatorname{grad} \operatorname{div} \vec{v} - \operatorname{rot} \operatorname{rot} \vec{v}$$

(s. Gradient, s. Divergenz eines Vektorfeldes, s. Rotation).

Laplacesche Differentialgleichung:

Die Differentialgleichung

$$\Delta_n U(x_1, x_2, \ldots, x_n) = \sum_{k=1}^{n} \frac{\partial^2 U(x_1, x_2, \ldots, x_n)}{\partial x_k^2} = 0$$

heißt *Laplacesche Differentialgleichung.* Dabei ist Δ_n der Laplace-Operator (s. Laplace - Operator, 1., s. Potentialfunktion).

Laplacesche Entwicklungssätze s. Determinante, 3.

Laplacesche Kugelfunktion s. Kugelfunktion.

Laplace - Transformation:

Die Laplace - Transformation ist eine komplexwertige Integral - Transformation von speziellen, für $x \geq 0$ definierten, reellen Funktionen. Sie besitzt typische Eigenschaften, die bei der Lösung vieler Probleme benutzt werden können, z. B. bei der Lösung inhomogener linearer Differentialgleichungen mit konstanten Koeffizienten (s. gewöhnliche Differentialgleichung, 4.) oder Systemen von linearen Differentialgleichungen mit konstanten Koeffizienten (s. System von gewöhnlichen Differentialgleichungen, 3.). Durch die Laplace - Transformation gehen diese Differentialgleichungen in gewöhnliche Gleichungen bzw. lineare Gleichungssysteme über. Allerdings besteht das Problem in der Rücktransformation.

Gegeben ist eine auf $[0;\infty)$ definierte reelle Funktion $f(x)$. Mit der komplexen Variablen $s = \alpha + i\beta \in \mathbb{C}$ heißt im Falle der Existenz

$$L(s) = L_f(s) = \mathcal{L}\{f(x)\}(s) = \int_0^\infty e^{-sx} f(x)\,dx$$

die *Laplace - Transformierte* oder *Laplace - Transformation* der Funktion $f(x)$. In der Literatur wird die unabhängige Variable x oft mit t (Zeit) bezeichnet. Der Grund dafür liegt in der Anwendung auf zeitabhängige Prozesse. Mit der Darstellung für komplexe Zahlen

$$s = \alpha(s) + i\beta(s) \quad \text{mit } \alpha(s) = \text{Realteil}, \quad \beta(s) = \text{Imaginärteil},$$

$$\alpha(s), \beta(s) \in \mathbb{R},\ i = \text{imaginäre Einheit mit } i^2 = -1$$

erhält man mit Hilfe der Eulerschen Formel (s. komplexe Funktion, 7.)

$$\begin{aligned} e^{-sx} &= e^{-(\alpha(s) + i\beta(s))x} = e^{-\alpha(s)x} \cdot e^{-i\beta(s)x} \\ &= e^{-\alpha(s)x} \cdot (\cos(\beta(s)x) - i\sin(\beta(s)x); \end{aligned}$$

$$|e^{-sx}| = e^{-\alpha(s)x}.$$

Damit gilt $|\mathcal{L}\{f(x)\}(s)| \leq \int_0^\infty e^{-\alpha(s)x} |f(x)|\,dx$.

Falls es eine Konstante γ gibt mit $|f(x)| \leq e^{\gamma x}$ für alle $x > 0$, konvergiert die Laplace - Transformierte $L(s)$ absolut für jede komplexe Zahl s mit dem Realteil $\text{Re}(s) > \gamma$.

Allgemein existiert ein Konvergenzstreifen $K = \{ s \in \mathbb{C} \mid \mathrm{Re}(s) \geq \gamma \}$ mit festem $\gamma \in \mathbb{R}$, in dem das Laplace-Integral $L_f(s)$ absolut konvergiert.

Eindeutigkeitssatz:
Stimmen für zwei stetige Funktionen f(x) und g(x) die Laplace-Transformierten überein, dann gilt f = g.
Eigenschaften:

$$\mathcal{L}\{f(ax)\}(s) = \frac{1}{a}\mathcal{L}\{f(x)\}\left(\frac{s}{a}\right) \quad \text{für } a > 0 \qquad \text{(Ähnlichkeitssatz);}$$

$$\mathcal{L}\{f(x-b)\}(s) = e^{-bs}\mathcal{L}\{f(x)\}(s) \quad \text{für } b \in \mathbb{R} \qquad \text{(Verschiebungssatz);}$$

$$\mathcal{L}\{c_1 f_1(x) + c_2 f_2(x)\}(s) = c_1 \mathcal{L}\{f_1(x)\}(s) + c_2 \mathcal{L}\{f_2(x)\}(s),$$

für beliebige $c_1, c_2 \in \mathbb{R}$ (Linearität);

für die Faltung $(f * g)(x) = \int_0^x f(x-u)\, g(u)\, du$ gilt

$$\mathcal{L}\{(f * g)(x)\}(s) = \mathcal{L}\{f(x)\}(s) \cdot \mathcal{L}\{g(x)\}(s) \qquad \text{(Faltungssatz);}$$

$$\mathcal{L}\{e^{-ax} f(x)\}(s) = \mathcal{L}\{f(x)\}(s+a) \quad \text{für } a \in \mathbb{R} \qquad \text{(Dämpfungssatz);}$$

$$\mathcal{L}\{x^n f(x)\}(s) = (-1)^n \frac{d^n}{ds^n} \mathcal{L}\{f(x)\}(s) \quad \text{für jedes } n \in \mathbb{N}$$

(Multiplikationssatz);

$$\mathcal{L}\left\{\int_0^x f(u)\, du\right\}(s) = \frac{1}{s}\mathcal{L}\{f(x)\}(s) \qquad \text{(Integrationssatz);}$$

$$\mathcal{L}\{f'(x)\}(s) = s\,\mathcal{L}\{f(x)\}(s) - f(0+);$$

$$\mathcal{L}\{f''(x)\}(s) = s^2\,\mathcal{L}\{f(x)\}(s) - s f(0+) - f'(0+);$$

$$\begin{aligned}\mathcal{L}\{f^{(n)}(x)\}(s) &= s^n \mathcal{L}\{f(x)\}(s) - s^{n-1} f(0+) - s^{n-2} f'(0+) - \ldots \\ &\quad - s f^{(n-2)}(0+) - f^{(n-1)}(0+) \\ &= s^n \mathcal{L}\{f(x)\}(s) - \sum_{k=1}^{n} s^{n-k} f^{(k-1)}(0+),\end{aligned}$$

dabei sind $f^{(j)}(0+) = \lim_{x \to 0+} f^{(j)}(x)$ die rechtsseitigen Grenzwerte der Ableitungen.

$$\mathcal{L}\left\{\frac{1}{x} f(x)\right\}(s) = \int_s^\infty \mathcal{L}\{f(x)\}(u)\, du \qquad \text{(Divisionssatz).}$$

Beispiel:

$$\mathcal{L}\{1\}(s) = \int_0^\infty e^{-sx}\, dx = \frac{1}{s}.$$

Mit dem Multiplikationssatz erhält man hieraus für jedes $n \in \mathbb{N}$

$$\mathcal{L}\{x^n\}(s) = \mathcal{L}\{x^n \cdot 1\}(s) = (-1)^n \frac{d^n}{ds^n}\left(\frac{1}{s}\right) = \frac{n!}{s^{n+1}}.$$

Mit dem Dämpfungssatz erhält man allgemein

$$\mathcal{L}\{e^{-ax} x^n\}(s) = \frac{n!}{(s+a)^{n+1}} \quad \text{für jedes } a \in \mathbb{R}.$$

Umkehrformel:

Die Laplace-Transformierte $L(s) = \mathcal{L}\{f(x)\}(s)$ existiere für alle $s \in \mathbb{C}$ mit dem Realteil $x = \mathrm{Re}(s) > \gamma$. Dann gilt in jedem x-Intervall, in dem die Funktion f(x) stetig ist, die Umkehrformel

$$f(x) = \frac{1}{2\pi i} \lim_{R\to\infty} \int_{u-iR}^{u+iR} L(s)\, e^{sx}\, ds \qquad \text{für alle } u > \gamma.$$

Spezielle Rücktransformationen:

$L(s) = \mathcal{L}\{f(x)\}(s)$	$f(x)$
$\frac{1}{s}$	1
$\frac{1}{s-a}$	e^{ax}
$\frac{s}{(s-a)\cdot(s-b)}$	$\frac{b e^{bx} - a e^{ax}}{b-a}$
$\frac{1}{s^2}$	x
$\frac{1}{s^n}$	$\frac{1}{(n-1)!} x^{n-1}$
$\frac{1}{(s-a)^2}$	$x e^{ax}$
$\frac{s}{(s-a)^2}$	$(1+ax)\, e^{ax}$
$\frac{a}{s^2+a^2}$	$\sin ax$
$\frac{s}{s^2+a^2}$	$\cos ax$
$\frac{a}{s^2-a^2}$	$\sinh ax$
$\frac{s}{s^2-a^2}$	$\cosh ax$
$\frac{1}{(s-a)^3}$	$\frac{1}{2} x^2 e^{ax}$
$\frac{s}{(s-a)^3}$	$\left(x + \frac{1}{2} a x^2\right) e^{ax}$
$\frac{s^2}{(s-a)^3}$	$\left(1 + 2ax + \frac{1}{2} a^2 x^2\right) e^{ax}$
$\frac{1}{p(s)}$ (p(s) s. u.)	$\sum_{k=1}^{n} \frac{1}{p'(a_k)} e^{a_k x}$
$\frac{1}{s\,p(s)}$ p(s) s. u.)	$\frac{1}{p(0)} + \sum_{k=1}^{n} \frac{1}{a_k\, p'(a_k)} e^{a_k x}$
$\frac{g(s)}{p(s)}$	$\sum_{k=1}^{n} \frac{g(a_k)}{p'(a_k)} e^{a_k x}$

$p(s) = (s-a_1)\cdot \ldots \cdot (s-a_n)$, alle a_k verschieden.

Lösung einer linearen Differentialgleichung mit konstanten Koeffizienten mit der Laplace-Transformation s. gewöhnliche Differentialgleichung, 4.3.

Beispiel:
Gesucht ist die Lösung der linearen Differentialgleichung 2. Ordnung mit konstanten Koeffizienten

$$y''(x) - 3y'(x) + 2y(x) = q(x)$$

mit vorgegebenen Anfangswerten $y(0)$ und $y'(0)$.

Mit der Laplace-Transformierten $Y(s) = \mathcal{L}\{y(x)\}(s)$ von der Lösungsfunktion $y(x)$ erhält man aus den Eigenschaften der Laplace-Transformierten

$$s^2 Y(s) - s\,y(0) - y'(0) - 3[s\,Y(s) - y(0)] + 2Y(s) = \mathcal{L}\{q(x)\}(s);$$

$$Y(s)[s^2 - 3s + 2] = \mathcal{L}\{q(x)\}(s) + (s-3)\,y(0) + y'(0);$$

$$Y(s) = \frac{\mathcal{L}\{q(x)\}(s) + (s-3)\,y(0) + y'(0)}{(s-1)\cdot(s-2)}$$

$$= \frac{(s-3)\,y(0) + y'(0)}{(s-1)\cdot(s-2)} + \frac{\mathcal{L}\{q(x)\}(s)}{(s-1)\cdot(s-2)}.$$

Lösung der homogenen Gleichung: Für $q(x) \equiv 0$ gilt $\mathcal{L}\{q(x)\}(s) \equiv 0$. Dann erhält man mit der Partialbruchzerlegung

$$Y(s) = \frac{(s-3)\,y(0) + y'(0)}{(s-1)\cdot(s-2)} = \frac{2y(0) - y'(0)}{s-1} + \frac{y'(0) - y(0)}{s-2}$$

aus der Tabelle der Laplace-Transformationen die Lösung

$$y_{\text{hom.}}(x) = [2y(0) - y'(0)]\,e^x + [y'(0) - y(0)]\,e^{2x}.$$

Lösung der inhomogenen Gleichung: Die allgemeine Lösung der inhomogenen Gleichung erhält man durch Addition der Rücktransformierten von

$$\frac{\mathcal{L}\{q(x)\}(s)}{(s-1)\cdot(s-2)} \quad \text{zu } y_{\text{hom.}}(x).$$

Spezialfall: $q(x) = x$; $\mathcal{L}\{q(x)\}(s) = \frac{1}{s^2}$. Partialbruchzerlegung ergibt

$$\frac{\mathcal{L}\{x\}(s)}{(s-1)\cdot(s-2)} = \frac{1}{s^2\cdot(s-1)\cdot(s-2)} = \frac{3}{4}\cdot\frac{1}{s} + \frac{1}{2}\cdot\frac{1}{s^2} - \frac{1}{s-1} + \frac{1}{4}\cdot\frac{1}{s-2}.$$

Damit erhält man die partikuläre Lösung

$$y_{\text{part.}}(x) = \frac{3}{4} + \frac{x}{2} - e^x + \frac{1}{4}e^{2x}.$$

Somit lautet die Lösung der inhomogenen Gleichung mit der rechten Seite $q(x) = x$ mit $y_{\text{allg.}}(0) = y(0)$; $y'_{\text{allg.}}(0) = y'(0)$

$$\begin{aligned} y_{\text{allg.}}(x) &= y_{\text{hom.}}(x) + y_{\text{part.}}(x) \\ &= [2y(0) - y'(0) + 1]\,e^x + [y'(0) - y(0) + \tfrac{1}{4}]\,e^{2x}. \end{aligned}$$

Die **allgemeine lineare Differentialgleichung mit konstanten Koeffizienten**

$$y^{(n)}(x) + a_{n-1} y^{(n-1)}(x) + \ldots + a_1 y'(x) + a_0 y(x) = q(x)$$

geht durch die Laplace-Transformation über in

$$Y(s) = \frac{\mathcal{L}\{q(x)\}(s) + Q_{n-1}(s)}{s^n + a_{n-1} s^{n-1} + \ldots + a_1 s + a_0} = \frac{\mathcal{L}\{q(x)\}(s) + Q_{n-1}(s)}{P_n(s)} .$$

Dabei ist $P_n(s)$ das charakteristische Polynom und $Q_{n-1}(s)$ ein Polynom vom Grad $n-1$, das durch die Anfangswerte $y(0), y'(0), \ldots, y^{(n-1)}(0)$ bestimmt ist.

Lösung der homogenen Gleichung:
Die Laplace-Transformierte der homogenen Gleichung ist

$$Y_{\text{hom.}}(s) = \frac{Q_{n-1}(s)}{P_n(s)} .$$

Die allgemeine Lösung erhält man mit Hilfe der Partialbruchzerlegung. Bei komplexen Wurzeln ist sowohl der Real- als auch der Imaginärteil Lösung. Die allgemeine Linearkombination dieser Lösungen ergibt die allgemeine Lösung (s. gewöhnliche Differentialgleichung, 4.1.).

Bestimmung einer partikulären Lösung der inhomogenen Gleichung:
Eine partikuläre Lösung der inhomogenen Gleichung erhält man durch Rücktransformation von

$$Y_{\text{part.}}(s) = \frac{\mathcal{L}\{q(x)\}(s)}{P_n(s)} .$$

Falls $q(x)$ ein Polynom ist oder eine bei den gewöhnlichen Differentialgleichungen, 4.2.2. angegebene Form hat, kann man ebenfalls die Partialbruchzerlegung durchführen. Dabei können Partialbrüche, die bereits bei der homogenen Lösung benutzt wurden, unberücksichtigt bleiben. Damit erhält man die dort angegebenen speziellen Lösungsansätze.
Falls Anfangswerte an der Stelle $a \neq 0$ vorgegeben sind, wird die Verschiebung $f(x+a) = g(x)$ vorgenommen. Aus der Lösungsfunktion $g(x)$ erhält man dann die Rücktransformation $f(x) = g(x-a)$.

System linearer Differentialgleichungen mit konstanten Koeffizienten:
Gesucht sind die Lösungen des Systems

$$\begin{aligned}
y_1'(x) + a_{11} y_1(x) + a_{12} y_2(x) + \ldots + a_{1n} y_n(x) &= r_1(x) \\
y_2'(x) + a_{21} y_1(x) + a_{22} y_2(x) + \ldots + a_{2n} y_n(x) &= r_2(x) \\
\ldots\ldots\ldots\ldots\ldots\ldots\ldots\ldots\ldots\ldots\ldots\ldots& \\
y_n'(x) + a_{n1} y_1(x) + a_{n2} y_2(x) + \ldots + a_{nn} y_n(x) &= r_n(x).
\end{aligned}$$

Dabei sind a_{ij} Konstanten und $r_k(x)$ vorgegebene Funktionen (s. System von gewöhnlichen Differentialgleichungen, 3.).
$y_i(x)$ seien die Lösungen mit vorgegebenen Anfangswerten $y_i(0)$ sowie den Laplace-Transformierten $\mathcal{L}\{y_i(x)\}(s) = Y_i(s)$ für $i = 1, 2, \ldots, n$. Die

Funktionen $r_i(x)$ sollen die Laplace-Transformierten $\mathcal{L}\{r_i(x)\}(s) = R_i(s)$ besitzen. Dann geht das System über in

$$\begin{array}{l} (s+a_{11})Y_1(s) + \quad a_{12}Y_2(s) + \ldots + \quad a_{1n}Y_n(s) = R_1(s) + y_1(0) \\ \quad a_{21}Y_1(s) + (s+a_{22})Y_2(s) + \ldots + \quad a_{2n}Y_n(s) = R_2(s) + y_2(0) \\ \ldots\ldots\ldots\ldots\ldots\ldots\ldots\ldots\ldots\ldots\ldots\ldots \\ \quad a_{n1}Y_1(s) + \quad a_{n2}Y_2(s) + \ldots + (s+a_{nn})Y_n(s) = R_n(s) + y_n(0). \end{array}$$

Dadurch entsteht ein lineares Gleichungssystem für die Laplace-Transformierten der n Lösungsfunktionen. Diese müssen anschließend zurücktransformiert werden. Falls für die Funktion $y_i(x)$ der Anfangswert $y_i(a_i)$ an der Stelle $a_i \neq 0$ vorgegeben ist, transformiert man $y_i(x + a_i) = g_i(x)$.

Laplace-Transformierte s. Laplace-Transformation.

Laufzeit s. Rentenrechnung, 2.

Laurent, Pierre (1813 – 1854) war Offizier, zuletzt Bataillonschef in Paris. Von ihm stammt die Entwicklung einer in einem Kreisring holomorphen Funktion (s. komplexe Funktion, 10.).

Laurent-Reihe s. komplexe Funktion, 10.

Lebesgue, Henri Léon (1875 – 1941) wirkte in Rennes, Poitiers und Paris. Er ist einer der Mitbegründer der modernen Theorie der reellen Funktionen. Nach ihm benannt sind das Lebesgue-Maß (s. Lebesguesches Maß, s. Lebesgue-meßbare Funktion) und das Lebesguesche Integral (s. Lebesguesches Integral).

Lebesgue-meßbar:
Eine auf einer Menge $D \subset \mathbb{R}$ definierte Funktion f heißt *Lebesgue-meßbar* oder *meßbar im Lebesgueschen Sinne*, wenn die Menge D und für beliebiges $a \in \mathbb{R}$ die Mengen $D \cap \{x \mid f(x) > a\}$ Lebesgue-meßbare Mengen sind (s. Lebesguesches Maß).

Lebesguesches Integral (L-Integral):
Es sei f(x) eine auf dem abgeschlossenen Intervall $[a;b]$ beschränkte und Lebesgue-meßbare Funktion mit $c \leq f(x) \leq d$ für alle $x \in [a;b]$ (s. Lebesguesches Maß). Im Gegensatz zum Riemannschen Integral (s. Integralrechnung, 1.1.) wird die Zerlegung auf der y-Achse vorgenommen mit

$$c = y_0 < y_1 < y_2 < \ldots < y_n = d.$$

η_i sei eine beliebige Zwischenstelle mit $y_{i-1} \leq \eta_i \leq y_i$ für $i = 1, 2, \ldots, n$. Dann ist die Menge

$$M_i = \{x \mid x \in [a;b],\ y_{i-1} \leq f(x) \leq y_i\}$$

Lebesgue-meßbar. Sie besitze das Lebesguesche Maß $m(M_i)$. Es sei

$$\Delta y_i = y_i - y_{i-1}; \quad \Delta_n = \max\{\Delta y_1, \Delta y_2, \ldots, \Delta y_n\}.$$

Falls der Grenzwert der *Lebesgueschen Summen*

$$\lim_{n\to\infty,\ \Delta_n\to 0} \sum_{i=1}^{n} \eta_i \cdot m(M_i) = \int_a^b f(x)\,dx$$

existiert, unabhängig von der Zerlegungsfolge und der Wahl der Zwischenstellen η_i, heißt dieser Grenzwert das *Lebesgue-Integral* oder *L-Integral.* Dann nennt man f in $[a;b]$ *integrierbar im Lebesgueschen Sinne.*

Beispiel: Im Intervall $[a;b]$ ist die Dirichletsche Funktion f definiert durch

$$f(x) = \begin{cases} 0, & \text{falls } x \text{ rational ist;} \\ 1, & \text{falls } x \text{ irrational ist.} \end{cases}$$

Sie ist im Riemannschen Sinne nicht integrierbar (s. Integralrechnung, 1.1.). Da die Menge der rationalen Zahlen aus $[a;b]$ abzählbar ist, besitzt sie das Lebesgue-Maß 0. Somit existiert das Lebesguesche Integral mit

$$\int_a^b f(x)\,dx = b - a.$$

Jede in $[a;b]$ im Riemannschen Sinne integrierbare Funktion ist dort auch im Lebesgueschen Sinne integrierbar und beide Integrale stimmen überein. Die Erweiterung auf nach oben nicht beschränkte Funktionen f geschieht dadurch, daß f als Grenzwert der monotonen Folge abgeschnittener Funktionen $f_n(x) = \min(f(x), n)$ dargestellt wird mit

$$\int_a^b f(x)\,dx = \lim_{n\to\infty} \int_a^b f_n(x)\,dx.$$

Eine weder nach unten noch nach oben beschränkte Funktion zerlegt man in den positiven und negativen Teil

$$f_+(x) = \max(f(x), 0); \quad f_-(x) = \max(-f(x), 0) \quad \text{mit}$$

$$f(x) = f_+(x) - f_-(x); \quad \int_a^b f(x)\,dx = \int_a^b f_+(x)\,dx - \int_a^b f_-(x)\,dx.$$

Lebesguesches Maß (L-Maß):

Das *Lebesguesche Maß* μ in $\mathbb{R}$ geht von der Länge

$$m([a;b]) = m((a;b)) = b - a$$

abgeschlossener bzw. offener Intervalle aus.

1. Äußeres Maß:

Das *äußere Lebesguesche* Maß einer beschränkten Menge $M \subset \mathbb{R}$ ist definiert durch

$$\mu^*(M) = \inf \sum_{k=1}^{\infty} m(J_k), \quad m(J_k) = \text{Länge des Intervalls},$$

wobei das Infimum über alle Intervallfolgen $J_1, J_2, \ldots$ mit $M \subset \bigcup_{k=1}^{\infty} J_k$ gebildet wird.

2. Inneres Maß:
Das *innere Lebesguesche* Maß einer beschränkten Menge $M \subset \mathbb{R}$ ist definiert durch

$$\mu_*(M) = \sup m(A),$$

wobei das Supremum über alle abgeschlossenen Mengen $A \subset M$ gebildet wird.

3. Lebesguesches Maß:
Falls für eine beschränkte Menge $M \subset \mathbb{R}$ das äußere mit dem inneren Maß übereinstimmt, heißt M *L-meßbar.* Der gemeinsame Wert

$$\mu_*(M) = \mu^*(M) = \mu(M)$$

heißt das *Lebesguesche Maß* der Menge M. Für L-meßbare Mengen gilt

(L1) $\mu(A) \geq 0$; $\mu(\emptyset) = 0$ (Nichtnegativität);

(L2) $\mu(A \cup B) = \mu(A) + \mu(B)$ für $A \cap B = \emptyset$ (Additivität);

(L3) $\mu(\bigcup_{i=1}^{\infty} A_i) = \sum_{i=1}^{\infty} \mu(A_i)$ für paarweise disjunkte L-meßbare Mengen (sigma-Additivität).

Lebesguesche Summe

s. Lebesguesches Integral.

leere Menge:

Die Menge $\emptyset$, die kein Element enthält, heißt *leere Menge* (s. Menge, 1.).

Legendre, Adrien Marie (1752 – 1833) wirkte in Paris. Er benutzte die nach ihm benannten Legendreschen Polynome zur Approximation quadratisch intergrierbarer Funktionen (s. Legendresche Differentialgleichung und Legendresche Polynome, s. quadratisch integrierbar).

Legendresche Differentialgleichung und Legendresche Polynome:

Die lineare Differentialgleichung 2. Ordnung

$$(x^2 - 1)\, y''(x) + 2x\, y'(x) - n(n+1)\, y(x) = 0 ; |x| \leq 1; n = 0, 1, \ldots$$

ist eine spezielle *Legendresche Differentialgleichung* (s. gewöhnliche Differentialgleichung, 3.3.1.). Gleichwertig dazu ist die Differentialgleichung

$$[(x^2 - 1)\, y'(x)]' - n(n+1)\, y(x) = 0.$$

Mit dem Potenzreihenansatz $y(x) = \sum_{k=0}^{\infty} c_k x^k$ mit $c_k \in \mathbb{R}$ erhält man aus der Differentialgleichung

$$c_{k+2} = \frac{k \cdot (k+1) - n \cdot (n+1)}{(k+1) \cdot (k+2)} \cdot c_k \quad \text{für } k = 0, 1, 2, \ldots .$$

Für $k = n$ folgt hieraus $c_{n+2} = 0$, also $c_{n+2\nu} = 0$ für $\nu = 1, 2, \ldots$. Durch die Vorgabe von c_0 sind $c_2, c_4, c_6, \ldots$ (gerade Indizes) festgelegt, c_1 bestimmt $c_3, c_5, c_7, \dots$ (ungerade Indizes). Dabei gilt

$$c_{2k} = -\frac{n(n+1)}{2k}\left(1-\frac{n(n+1)}{2\cdot 3}\right)\left(1-\frac{n(n+1)}{4\cdot 5}\right)\cdot\ldots\cdot\left(1-\frac{n(n+1)}{(2k-2)(2k+1)}\right)\cdot c_0$$

für $k = 1, 2, \dots, n$;

$$c_{2k+1} = \frac{1}{2k+1}\left(1-\frac{n(n+1)}{1\cdot 2}\right)\left(1-\frac{n(n+1)}{3\cdot 4}\right)\cdot\ldots\cdot\left(1-\frac{n(n+1)}{(2k-1)\,2k}\right)\cdot c_1$$

für $k = 1, 2, \dots, n$.

Mit $c_0 = c_1 = 1$ erhält man das Fundamentalsystem

$$y_1(x) = 1 + \sum_{k=1}^{\infty} c_{2k} x^{2k}; \quad y_2(x) = x + \sum_{k=1}^{\infty} c_{2k+1} x^{2k+1}.$$

Bei geradem n ist $y_1(x)$ ein Polynom vom Grad n, bei ungeradem n ist $y_2(x)$ ein Polynom vom Grad n.

Legendresche Polynome:
Durch Multiplikation mit einem geeigneten Faktor kann das endliche Lösungspolynom übergeführt werden in die Form

$$L_n(x) = \sum_{k=0}^{\left[\frac{n}{2}\right]} \frac{(-1)^k (2n-2k)!}{2^n k!\,(n-k)!\,(n-2k)!}\cdot x^{n-2k} \quad \text{für } n = 0, 1, 2, \dots .$$

Dabei ist $\left[\frac{n}{2}\right]$ die größte natürliche Zahl, die kleiner oder gleich $\frac{n}{2}$ ist. $L_n(x)$ heißt *Legendresches Polynom* n-ten Grades. Allgemein gilt

$$L_n(x) = \frac{1}{2^n n!}\cdot\frac{d^n}{dx^n}(x^2-1)^n \quad \text{für } n = 0, 1, 2, \dots .$$

Dabei gilt die Rekursionsgleichung

$$(n+1)\,L_{n+1}(x) = (2n+1)\,x\,L_n(x) - n\,L_{n-1}(x) \quad \text{für} \quad n = 1, 2, \dots$$

mit

$$L_0(x) \equiv 1; \quad L_1(x) = x.$$

Weitere Polynome sind:

$$L_2(x) = \tfrac{1}{2}(3x^2-1); \qquad L_3(x) = \tfrac{1}{2}(5x^3-3x);$$

$$L_4(x) = \tfrac{1}{8}(35x^4-30x^2+3); \quad L_5(x) = \tfrac{1}{2}(63x^5-70x^3+17x).$$

Wegen

$$\int_{-1}^{1} L_n(x)\,L_m(x)\,dx = \begin{cases} 0 & \text{für } m \neq n; \\ \dfrac{2}{2n+1} & \text{für } m = n \end{cases}$$

bilden die Legendre-Polynome ein Orthogonalsystem in $[-1;1]$ (s. Orthogonal- und Orthonormalsystem, 3., s. Approximationspolynome, 5.2.1.).

Legendresche Funktionen:

Die Funktionen $Z_n(x) = \sqrt{\frac{2n+1}{2}}\cdot L_n(x)$ für $n = 0, 1, 2, \dots$

heißen *Legendresche Funktionen.* Sie bilden in $[-1;1]$ ein Orthonormalsystem mit

$$\int_{-1}^{1} Z_n(x)\,Z_m(x)\,dx = \begin{cases} 0 & \text{für } n \neq m; \\ 1 & \text{für } n = m. \end{cases}$$

Sie sind daher zur Polynomapproximation quadratisch integrierbarer Funktionen geeignet (s. Approximationspolynome, 5.2.1).
Mit dem Reduktionsverfahren von d'Alembert (s. gewöhnliche Differentialgleichung, 3.1.) erhält man für die zweite Lösung $y_2(x)$ den Ansatz

$$y_2(x) = L_n(x)\cdot z(x);$$

$$\frac{z''(x)}{z'(x)} = -\frac{2L_n'(x)}{L_n(x)} - \frac{2x}{x-1};$$

$$z'(x) = \frac{1}{(x^2-1)\cdot L_n^2(x)}; \quad z(x) = \int \frac{dx}{(x^2-1)\cdot L_n^2(x)}.$$

Daraus erhält man als zweite, von $L_n(x)$ unabhängige Lösung

$$Q_n(x) = L_n(x)\cdot \int \frac{dx}{(x^2-1)\,L_n^2(x)} \quad \text{mit} \quad Q_0 = \frac{1}{2}\ln\frac{x-1}{x+1}.$$

Leibniz, Gottfried Wilhelm (1646 – 1716) studierte in Leipzig Philosophie und Recht. Er eignete sich als Autodidakt hervorragende Kenntnisse in Mathematik an und beschäftigte sich vorwiegend mit unendlichen Reihen. Nach ihm benannt sind die Leibnizsche Regel für alternierende Reihen (s. Reihe, 5.) und die Leibnizsche Reihe (s. Leibnizsche Reihe).

Leibnizsche Regel:
Es sei $(a_n)_{n\in\mathbb{N}}$ eine monoton fallende Folge mit $\lim\limits_{n\to\infty} a_n = 0$. Dann ist die alternierende Reihe

$$a_1 - a_2 + a_3 - a_4 + \ldots = \sum_{k=1}^{\infty} (-1)^{k-1} a_k$$

konvergent. Die Reihe kann dabei auch nur bedingt konvergent sein (s. Reihe, 5.).

Leibnizsche Reihe:
Die nur bedingt konvergente Reihe (s. Reihe, 2.)

$$\frac{\pi}{4} = 1 - \frac{1}{3} + \frac{1}{5} - \frac{1}{7} + \frac{1}{9} - + \ldots = \sum_{k=1}^{\infty} \frac{(-1)^{k-1}}{2k-1}$$

heißt *Leibnizsche Reihe* (s. Arcustangens). Sie ist nicht absolut konvergent (s. harmonische Reihe).

Leitkreis:
Die Menge aller Punkte, die von einem Kreis mit dem Mittelpunkt M und dem Radius $r = 2a$ und einem Punkt F innerhalb (außerhalb) des Kreises

gleich weit entfernt sind, ist eine Ellipse oder Hyperbel (s. Ellipse, 4., s. Hyperbel). Dieser Kreis heißt *Leitkreis.* a ist die große Halbachse, M und F sind die Brennpunkte.

Leitlinie s. Kegelschnitt, 3., 4., s. Ellipse, 4., s. Hyperbel, 9., s. Parabel, 1.

Leitkurve s. Kegel, 1., 2.1.

Lemniskate:

Die *Lemniskate* ist eine Cassinische Kurve mit $a = e$ (s. Cassinische Kurve).
Es gilt also:

$$\overline{F_1F_2} = 2a; \quad \overline{PF_1} \cdot \overline{PF_2} = a^2.$$

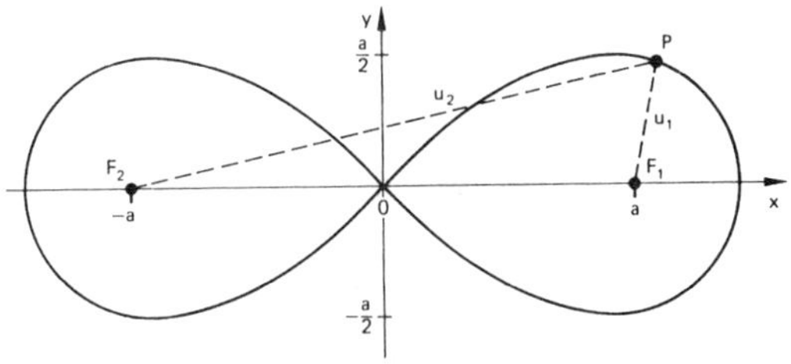

Das Produkt der Abstände eines Kurvenpunktes P von den Punkten F_1 und F_2 dieser Ebene ist also konstant gleich a^2.

Gleichung in kartesischen Korodinaten:

$$(x^2 + y^2)^2 - 2a^2(x^2 - y^2) = 0; \; a > 0;$$

Gleichung in Polarkoordinaten:

$$\rho(\varphi) = a \cdot \sqrt{2\cos 2\varphi}; \quad -\tfrac{\pi}{4} \leq \varphi \leq \tfrac{\pi}{4}; \quad \tfrac{3\pi}{4} \leq \varphi \leq \tfrac{5\pi}{4};$$

Parameterdarstellung:

$$x = a \cdot \cos\varphi \cdot \sqrt{2\cos 2\varphi}; \quad y = a \cdot \sin\varphi \cdot \sqrt{2\cos 2\varphi}.$$

Der Koordinatenursprung O ist ein Doppelpunkt mit den Tangenten $y = \pm x$ und zugleich Wendepunkt.

Scheitelpunkte: $S(\pm\sqrt{2}\,a, 0)$; Extremwerte: $E(\pm\frac{a}{2}\sqrt{3}, \pm\frac{a}{2})$;

Flächeninhalt jeder einzelnen Schleife: $F = a^2$.

letztes Element einer geordneten Menge s. Ende einer geordneten Menge.

lexikographische Anordnung:

Es seien $(x_1, x_2, \ldots, x_n)$ Vektoren, deren Elemente aus einer durch $<$ geordneten Menge stammen. Dabei heißt $(x_1, x_2, \ldots, x_n)$ *lexikographisch kleiner* als $(y_1, y_2, \ldots, y_n)$, wenn für das kleinste i mit $x_i \neq y_i$ gilt $x_i < y_i$. Falls die einzelnen Komponenten Buchstaben eines Alphabets sind, ist die alphabetische Anordnung eine lexikographische Anordnung.

L'Hospital, Guillaume François Antoine de (1661 – 1704) stammte aus dem Hochadel. Nach kurzem Dienst in der Armee zog er sich wegen seines geschwächten Augenlichts ins Privatleben zurück. Dabei beschäftigte er sich mit der von Leibniz begründeten Infinitesimalrechnung, worüber er ein Buch veröffentlichte. Nach ihm benannt ist die L'Hospitalsche Regel zur Bestimmung von Grenzwerten bei unbestimmten Ausdrücken (s. unbestimmter Ausdruck).

L'Hospitalsche Regel s. unbestimmter Ausdruck.

Lichtjahr:
Ein *Lichtjahr*, abgekürzt l. y. (light year), beträgt $9{,}4605 \cdot 10^{15}$ m (Meter) (s. Längeneinheit und Längenmaßzahl).

lim (Limes) s. Grenzwert, s. Limes inferior, Limes superior.

Limes inferior, Limes superior:
Der kleinste Häufungspunkt einer Zahlenfolge $(a_n)_{n \in \mathbb{N}}$ unter Einbeziehung von $\pm\infty$ (s. Häufungspunkt, 2.) heißt *Limes inferior* der Folge. Man bezeichnet ihn mit $\underline{\lim}_{n\to\infty} a_n$.

Der größte Häufungspunkt einer Zahlenfolge $(a_n)_{n \in \mathbb{N}}$ unter Einbeziehung von $\pm\infty$ (s. Häufungspunkt, 2.) heißt *Limes superior* der Folge. Man bezeichnet ihn mit $\overline{\lim}_{n\to\infty} a_n$.

Beispiele:

$a_n = (-1)^n$ für $n = 1, 2, 3, \ldots$; $\underline{\lim}_{n\to\infty} a_n = -1$; $\overline{\lim}_{n\to\infty} a_n = +1$.

$a_n = 2^n$; $\underline{\lim}_{n\to\infty} a_n = \overline{\lim}_{n\to\infty} a_n = +\infty$;

$a_n = (-1)^n 2^n$; $\underline{\lim}_{n\to\infty} a_n = -\infty$; $\overline{\lim}_{n\to\infty} a_n = +\infty$.

Konvergenzkriterium: Eine Folge besitzt genau dann den Grenzwert

$$\lim_{n\to\infty} a_n = a, \quad \text{wenn gilt} \quad \underline{\lim}_{n\to\infty} a_n = \overline{\lim}_{n\to\infty} a_n = a.$$

Lindelöf, Ernst Leonhard (1870 – 1946) wirkte in Helsingfors. Er leistete wichtige Beiträge zur Funktionentheorie und zur Theorie der gewöhnlichen Differentialgleichungen. Von ihm und Picard stammen Existenz- und Eindeutigkeitssätze bei gewöhnlichen Differentialgleichungen (s. gewöhnliche Differentialgleichung, 1., 2.1., s. System von gewöhnlichen Differentialgleichungen, 1.).

Lindelöf, Eindeutigkeitssatz von Picard-Lindelöf s. gewöhnliche Differentialgleichung, 1., 2.1., s. System von gewöhnlichen Differentialgleichungen, 1.

Lineal:

Ein *Lineal* ist ein Hilfsmittel zum Zeichnen von Geraden (s. Konstruktion mit Zirkel und Lineal).

linear abhängig s. linear unabhängig.

lineare Abbildung (linearer Operator, lineare Transformation):

1. Grundbegriffe:

Eine eindeutige Abbildung φ eines reellen Vektorraumes V (linearer Raum) in den reellen Vektorraum V′ heißt *linear*, wenn für alle $\mathbf{u}, \mathbf{v} \in V$ und alle reellen λ gilt

(L1) $\varphi(\mathbf{u}+\mathbf{v}) = \varphi(\mathbf{u}) + \varphi(\mathbf{v})$ (Additivität);

(L2) $\varphi(\lambda \mathbf{u}) = \lambda \varphi(\mathbf{u})$ (Homogenität)

(s. Vektorraum, 1.). Aus (L1) und (L2) folgt

$$\varphi\left(\sum_{i=1}^{m} \lambda_i \mathbf{v}_i\right) = \sum_{i=1}^{m} \lambda_i \varphi(\mathbf{v}_i)$$

für beliebige $\mathbf{v}_1, \mathbf{v}_2, \ldots, \mathbf{v}_m \in V$ und $\lambda_1, \lambda_2, \ldots, \lambda_m \in \mathbb{R}$ (Linearität).
Im Falle $V' = V$ heißt die lineare Abbildung φ *lineare Transformation* oder *linearer Operator* in V.

Beispiele:
1. Die durch $\varphi(f) = f'$ definierte Abbildung der in $(a; b)$ beliebig oft differenzierbaren Funktionen f ist ein linearer Operator.
2. Die durch $\varphi(\mathbf{v}) = c\,\mathbf{v}$ mit einer Konstanten c definierte Abbildung ist linear.
3. Die durch $\varphi(\mathbf{v}) = c\,\mathbf{v} + \mathbf{w}'$ mit $c \in \mathbb{R}$ und festen Element $\mathbf{w}' \in V'$ mit $\mathbf{w}' \neq \mathbf{0}$ (Nullelement) ist nicht linear wegen

$$\varphi(\mathbf{u}+\mathbf{v}) = c\,\mathbf{u} + c\,\mathbf{v} + \mathbf{w}'; \ \varphi(\mathbf{u}) + \varphi(\mathbf{v}) = c\,\mathbf{u} + c\,\mathbf{v} + 2\mathbf{w}' \neq \varphi(\mathbf{u}+\mathbf{v}).$$

Das lineare Bild eines Untervektorraumes von V ist wieder ein Untervektorraum von V′ (s. Vektorraum, 2.). Somit ist der Bildraum

$$\varphi(V) = \{\mathbf{v}' \in V \mid \mathbf{v}' = \varphi(\mathbf{v}), \mathbf{v} \in V\}$$

ein Untervektorraum von V′. Falls die Dimension von V endlich ist, heißt die Dimension des Bildraumes $\varphi(V)$ der *Rang* der linearen Abbildung φ, er wird mit $\operatorname{Rang}(\varphi)$ bezeichnet, also

$$\operatorname{Rang}(\varphi) = \dim \varphi(V).$$

Es sei $\mathbf{0}'$ das Nullelement in V′. Dann bilden alle $\mathbf{u} \in V$ mit $\varphi(\mathbf{u}) = \mathbf{0}'$ einen Untervektorraum. Man nennt ihn den *Kern* von φ und bezeichnet ihn mit $\operatorname{Kern}(\varphi)$, also

$$\operatorname{Kern}(\varphi) = \{\mathbf{u} \in V \mid \varphi(\mathbf{u}) = \mathbf{0}'\}.$$

Die Dimension des Kerns von φ heißt der *Defekt* der linearen Abbildung φ. Er wird mit Defekt (φ) bezeichnet, also

$$\text{Defekt}(\varphi) = \dim \text{Kern}(\varphi).$$

Das Element $\mathbf{v} \in V$ besitze das Bild $\varphi(\mathbf{v}) = \mathbf{v}'$. Dann gilt

$$\varphi(\mathbf{v} + \mathbf{u}) = \varphi(\mathbf{v}) + \varphi(\mathbf{u}) = \mathbf{v}' + \mathbf{0}' = \mathbf{v}' \quad \text{für alle } \mathbf{u} \in \text{Kern}(\varphi).$$

Zwei Elemente $\mathbf{v}$ und $\mathbf{w}$ besitzen genau dann das gleiche Bild bzgl. φ, wenn gilt $\mathbf{v} - \mathbf{w} \in \text{Kern}(\varphi)$.

Falls die Dimension von V endlich ist, gilt allgemein

$$\text{Rang}(\varphi) + \text{Defekt}(\varphi) = \dim V.$$

Eine lineare Abbildung φ: $V \to V'$ ist genau dann eineindeutig (umkehrbar eindeutig), wenn aus $\varphi(\mathbf{v}) = \varphi(\mathbf{w})$ folgt $\mathbf{v} = \mathbf{w}$. Dies ist dann der Fall, wenn der Kern (φ) aus dem Nullvektor $\mathbf{0}$ besteht, also für $\text{Kern}(\varphi) = \{\mathbf{0}\}$.

Eine umkehrbar eindeutige lineare Transformation (linearer Operator) von V in sich heißt *regulär*. Nichtreguläre Operatoren nennt man *singulär*.

2. Darstellung linearer Abbildungen durch Matrizen:

2.1. Darstellung einer linearen Abbildung durch eine Abbildungsmatrix A:
Der Vektorraum V besitze die Dimension n und V′ die Dimension m. Dann ist die lineare Abbidung φ: $V \to V'$ bereits eindeutig bestimmt durch die Bilder einer Basis in V.
$\{\mathbf{v}_1, \mathbf{v}_2, \ldots, \mathbf{v}_n\}$ sei eine Basis in V und $\{\mathbf{w}_1, \mathbf{w}_2, \ldots, \mathbf{w}_m\}$ eine in V′. Für jeden Basisvektor $\mathbf{v}_k \in V$ gibt es wegen $\varphi(\mathbf{v}_k) \in V'$ eine eindeutige Darstellung

$$\varphi(\mathbf{v}_k) = \sum_{i=1}^{m} a_{ik} \mathbf{w}_i \quad \text{mit } a_{ik} \in \mathbb{R} \quad \text{für } k = 1, 2, \ldots, n.$$

Alle Koordinaten dieser Basistransformation werden zu einer m × n - Matrix A, der *Abbildungsmatrix* A, zusammengefaßt mit

$$A = \begin{pmatrix} a_{11} & a_{12} & \cdots & a_{1n} \\ a_{21} & a_{22} & \cdots & a_{2n} \\ \vdots & \vdots & \vdots & \vdots \\ a_{m1} & a_{m2} & \cdots & a_{mn} \end{pmatrix}.$$

In der k-ten Spalte der Matrix A stehen die Koordinaten des Bildvektors $\varphi(\mathbf{v}_k)$ bezüglich der Basis $\{\mathbf{w}_1, \mathbf{w}_2, \ldots, \mathbf{w}_m\}$. Der Vektor $\mathbf{v} \in V$ besitze bezüglich der Basis $\{\mathbf{v}_1, \mathbf{v}_2, \ldots, \mathbf{v}_n\}$ die Komponenten $x_1, x_2, \ldots, x_n$, d. h.

$$\mathbf{v} = \sum_{k=1}^{n} x_k \mathbf{v}_k = \begin{pmatrix} x_1 \\ x_2 \\ \vdots \\ x_n \end{pmatrix} = \vec{x} \quad \text{(Spaltenvektor der Koordinaten).}$$

Dann gilt für den Bildvektor $\mathbf{w} = \varphi(\mathbf{v}) \in V'$ wegen der Linearität von φ

$$\mathbf{w} = \varphi(\mathbf{v}) = \varphi\left(\sum_{k=1}^{n} x_k \mathbf{v_k}\right) = \sum_{k=1}^{n} x_k \varphi(\mathbf{v_k}) = \sum_{k=1}^{n} x_k \sum_{i=1}^{m} a_{ik} \mathbf{w_i}$$
$$= \sum_{i=1}^{m} \left(\sum_{k=1}^{n} a_{ik} x_k \right) \mathbf{w_i} = \sum_{i=1}^{m} y_i \mathbf{w_i} .$$

Wegen der Eindeutigkeit der Koordinatenzerlegung folgt hieraus

$$y_i = \sum_{k=1}^{n} a_{ik} x_k \quad \text{für } i = 1, 2, \ldots, m, \text{ also}$$

$$\vec{x} = \begin{pmatrix} x_1 \\ x_2 \\ \vdots \\ x_n \end{pmatrix}; \ \varphi(\vec{x}) = \vec{y} = \begin{pmatrix} y_1 \\ y_2 \\ \vdots \\ y_m \end{pmatrix} = \begin{pmatrix} a_{11} & a_{12} & \cdots & a_{1n} \\ a_{21} & a_{22} & \cdots & a_{2n} \\ \vdots & \vdots & \vdots & \vdots \\ a_{m1} & a_{m2} & \cdots & a_{mn} \end{pmatrix} \cdot \begin{pmatrix} x_1 \\ x_2 \\ \vdots \\ x_n \end{pmatrix} = A\vec{x}.$$

Die Koordinaten des Bildvektors erhält man also durch Multiplikation der Abbildungsmatrix A mit dem Spaltenvektor der Koordinaten des Urbildvektors. Dabei stimmt der Rang der linearen Abbildung φ mit dem Rang der Matrix A überein, also Rang(φ) = Rang(A) (s. Matrix, 3.). Umgekehrt entspricht jeder $m \times n$ - Matrix A eine lineare Abbildung φ von V in V′ bezüglich zweier Basen. Dadurch erhält man eine eineindeutige Zuordnung zwischen den linearen Abbildungen und den Matrizen.

2.2. Zusammengesetzte lineare Abbildungen:
Gegeben sind die endlichdimensionalen Vektorräume V, V′ und V″ mit den Basen

$$\{\mathbf{v_1}, \mathbf{v_2}, \ldots, \mathbf{v_n}\}, \ \{\mathbf{w_1}, \mathbf{w_2}, \ldots, \mathbf{w_m}\}, \ \{\mathbf{u_1}, \mathbf{u_2}, \ldots, \mathbf{u_r}\}.$$

Zwei lineare Abbildungen φ_1 und φ_2 mit den zugehörigen Matrizen A und B seien gegeben durch

$$V \xrightarrow[A]{\varphi_1} V' \xrightarrow[B]{\varphi_2} V''.$$

Dabei ist A eine $m \times n$ - Matrix und B eine $r \times m$ - Matrix. Dann wird durch

$$(\varphi_2 \circ \varphi_1)(\mathbf{v}) = \varphi_2(\varphi_1(\mathbf{v})) = \mathbf{v}'' \in V''$$

die zusammengesetzte lineare Abbildung $\varphi_2 \circ \varphi_1$ von V in V″ definiert. Ihr entspricht die Produktmatrix $B \cdot A$, also $\varphi_2 \circ \varphi_1 \Leftrightarrow B \cdot A$. Wie bei Matrizen gilt für lineare Abbildungen das Assoziativgesetz

$$(\varphi_3 \circ \varphi_2) \circ \varphi_1 = \varphi_3 \circ (\varphi_2 \circ \varphi_1).$$

2.3. Matrix der Umkehrabbildung:
Damit zu einer linearen Abbildung $\mathbf{v}' = \varphi(\mathbf{v})$ die Umkehrabbildung

$$\mathbf{v} = \varphi^{-1}(\mathbf{v}') \quad \Leftrightarrow \quad \mathbf{v}' = \varphi(\mathbf{v})$$

existiert, muß φ eine eineindeutige lineare Abbildung von V auf V′ sein. Dies ist genau dann der Fall, wenn beide Vektorräume V und V′ die gleiche Dimension besitzen ($n = m$) und der Kern(φ) nur aus dem Nullvektor **0** besteht. Dann ist die quadratische Abbildungsmatrix A regulär. Sie besitzt also den vollen Rang. Mit den Basisvektoren

$$\{\mathbf{v}_1, \mathbf{v}_2, \ldots, \mathbf{v}_n\} \quad \text{und} \quad \{\mathbf{w}_1, \mathbf{w}_2, \ldots, \mathbf{w}_n\}$$

erhält man die Spaltenvektoren der Koordinaten der Elemente $\mathbf{v}$ aus denen von $\mathbf{v}'$ nach

$$\vec{x} = A^{-1}\vec{y}.$$

Die Matrix der Umkehrabbildung φ^{-1}: $V' \to V$ bezüglich der angegebenen Basen ist damit die inverse Matrix A^{-1}.

2.4. Darstellung von linearen Transformationen (Operatoren) durch Matrizen (Koordinatentransformationen):

Bei einer linearen Transformation (linearer Operator) handelt es sich um eine Abbildung von V in V. Sie heißt *regulär*, falls sie umkehrbar eindeutig ist, andernfalls nennt man sie *singulär.*

2.4.1 Lineare Transformationen bei verschiedenen Basen:

Gegeben sei die Basis $\{\mathbf{v}_1, \mathbf{v}_2, \ldots, \mathbf{v}_n\}$, bezüglich derer die Elemente $\mathbf{v} \in V$ dargestellt werden, und die Basis $\{\mathbf{v}_1^*, \mathbf{v}_2^*, \ldots, \mathbf{v}_n^*\}$ für die Bildvektoren $\varphi(\mathbf{v})$ mit

$$\mathbf{v} = \sum_{k=1}^{n} x_k \mathbf{v}_k; \quad \varphi(\mathbf{v}_k) = \sum_{i=1}^{n} t_{ik} \mathbf{v}_i^* \quad \text{für } k = 1, 2, \ldots, n.$$

Damit erhält man nach 2.1. mit

$$\varphi(\mathbf{v}) = \sum_{i=1}^{n} x_i^* \mathbf{v}_i^*$$

die quadratische Transformationsmatrix T

$$T = \begin{pmatrix} t_{11} & t_{12} & \cdots & t_{1n} \\ t_{21} & t_{22} & \cdots & t_{2n} \\ \vdots & \vdots & \vdots & \vdots \\ t_{n1} & t_{n2} & \cdots & t_{nn} \end{pmatrix}; \quad \begin{pmatrix} x_1 \\ x_2 \\ \vdots \\ x_n \end{pmatrix} = T \cdot \begin{pmatrix} x_1^* \\ x_2^* \\ \vdots \\ x_n^* \end{pmatrix}.$$

2.4.2. Orthogonale Transformation (lineare Transformation bei verschiedenen orthonormalen Basen):

Im Euklidischen Vektorraum V (s. Vektorraum, 3.) seien

$$\{\mathbf{v}_1, \mathbf{v}_2, \ldots, \mathbf{v}_n\} \quad \text{und} \quad \{\mathbf{v}_1^*, \mathbf{v}_2^*, \ldots, \mathbf{v}_n^*\}$$

orthonormale Basen aus 2.4.1. mit dem inneren Produkt

$$< \mathbf{v}_j, \mathbf{v}_k > \; = \; < \mathbf{v}_j^*, \mathbf{v}_k^* > \; = \begin{cases} 1 & \text{für } j = k; \\ 0 & \text{für } j \neq k. \end{cases}$$

Hiermit folgt aus 2.4.1

$$< \mathbf{v}_j^*, \mathbf{v}_k^* > \; = \; < \sum_{i=1}^{n} t_{ij} \mathbf{v}_i, \sum_{i=1}^{n} t_{ik} \mathbf{v}_i >$$

$$= \sum_{i=1}^{n} t_{ij} t_{ik} = \begin{cases} 1 & \text{für } j = k; \\ 0 & \text{für } j \neq k. \end{cases}$$

Die Spaltenvektoren der Transformationsmatrix T bilden damit selbst ein Orthonormalsystem. Damit gilt

$$T \cdot T^t = T^t \cdot T = E \quad (T^t = \text{transponierte Matrix, } E = \text{Einheitsmatrix}).$$

T ist also eine *orthogonale Matrix* (s. orthogonale Matrix).

2.4.3. Koordinatentransformationen:
Im n-dimensionalen Vektorraum V seien

$$\{\mathbf{v}_1, \mathbf{v}_2, \ldots, \mathbf{v}_n\} \quad \text{und} \quad \{\mathbf{v}_1^*, \mathbf{v}_2^*, \ldots, \mathbf{v}_n^*\}$$

zwei verschiedene Basen. Dann kann jedes Element als Linearkombination bezüglich jeder Basis dargestellt werden durch

$$\mathbf{v} = \sum_{i=1}^{n} x_i \mathbf{v}_i = \sum_{k=1}^{n} x_k^* \mathbf{v}_k^* .$$

Aus $\mathbf{v}_k^* = \sum_{i=1}^{n} t_{ik} \mathbf{v}_i$ für $k = 1, 2, \ldots, n$ erhält man

$$\mathbf{v} = \sum_{k=1}^{n} x_k^* \sum_{i=1}^{n} t_{ik} \mathbf{v}_i = \sum_{i=1}^{n} \left(\sum_{k=1}^{n} t_{ik} x_k^* \right) \mathbf{v}_i = \sum_{i=1}^{n} x_i \mathbf{v}_i .$$

Die quadratische Transformationsmatrix $T = (t_{ik})$ ist regulär mit

$$\begin{pmatrix} x_1 \\ x_2 \\ \vdots \\ x_n \end{pmatrix} = T \cdot \begin{pmatrix} x_1^* \\ x_2^* \\ \vdots \\ x_n^* \end{pmatrix}; \quad \begin{pmatrix} x_1^* \\ x_2^* \\ \vdots \\ x_n^* \end{pmatrix} = T^{-1} \cdot \begin{pmatrix} x_1 \\ x_2 \\ \vdots \\ x_n \end{pmatrix}.$$

Falls beide Basen ein Orthonormalsystem bilden, ist die Matrix T *orthogonal* (s. orthogonale Matrix) mit

$$T^t \cdot T = E; \; T^{-1} = T^t \quad (T^t = \text{transponierte Matrix, } E = \text{Einheitsmatrix}).$$

2.5. Lineare Abbildungen von V in V′ bzgl. verschiedener Basenpaare:
Es sei φ eine lineare Abbildung des n-dimensionalen Vektorraums V in den m-dimensionalen Vektorraum V′.
Bezüglich der Basen $\{\mathbf{v}_1, \mathbf{v}_2, \ldots, \mathbf{v}_n\}$ und $\{\mathbf{w}_1, \mathbf{w}_2, \ldots, \mathbf{w}_m\}$ werde die Abbildung durch die $m \times n$-Matrix A beschrieben mit

$$\varphi(\mathbf{v}_k) = \sum_{i=1}^{m} a_{ik} \mathbf{w}_i \qquad \text{für } k = 1, 2, \ldots, n.$$

Bezüglich der beiden Basen $\{\hat{\mathbf{v}}_1, \hat{\mathbf{v}}_2, \ldots, \hat{\mathbf{v}}_n\}$ und $\{\hat{\mathbf{w}}_1, \hat{\mathbf{w}}_2, \ldots, \hat{\mathbf{w}}_m\}$ besitze die Abbildung die $m \times n$-Matrix B mit

$$\varphi(\hat{\mathbf{v}}_k) = \sum_{i=1}^{m} b_{ik} \hat{\mathbf{w}}_i \qquad \text{für } k = 1, 2, \ldots, n.$$

Der Übergang von der Basis $\{\mathbf{v}_1, \mathbf{v}_2, \ldots, \mathbf{v}_n\}$ zur Basis $\{\hat{\mathbf{v}}_1, \hat{\mathbf{v}}_2, \ldots, \hat{\mathbf{v}}_n\}$ werde durch die n-reihige reguläre Matrix S, der Übergang von der Basis $\{\mathbf{w}_1, \mathbf{w}_2, \ldots, \mathbf{w}_m\}$ zur Basis $\{\hat{\mathbf{w}}_1, \hat{\mathbf{w}}_2, \ldots, \hat{\mathbf{w}}_m\}$ durch die m-reihige reguläre Matrix T beschrieben. Aus

$$\{\hat{\mathbf{v}}_1, \ldots, \hat{\mathbf{v}}_n\} \xrightarrow{S^{-1}} \{\mathbf{v}_1, \ldots, \mathbf{v}_n\} \xrightarrow{A} \{\mathbf{w}_1, \ldots, \mathbf{w}_m\} \xrightarrow{T} \{\hat{\mathbf{w}}_1, \ldots, \hat{\mathbf{w}}_m\}$$

erhält man den Übergang

$$\{\hat{v}_1, \ldots, \hat{v}_n\} \xrightarrow{B} \{\hat{w}_1, \ldots, \hat{w}_m\}$$

mit

$$B = T A S^{-1}\,; \quad A = T^{-1} B S\,.$$

Die beiden Abbildungsmatrizen A und B sind also *äquivalent* (s. äquivalent, 4.).

2.6. Lineare Abbildungen von V in V′ beim Basiswechsel:
Bezüglich der gleichen Basis $\{v_1, v_2, \ldots, v_n\}$ sei die lineare Abbildung φ durch die Matrix A gegeben (s. 2.4.1. mit $v_k^* = v_k$ für $k = 1, 2, \ldots, n$). Gesucht ist die Matrix B, welche die gleiche lineare Abbildung φ bezüglich der Basis $\{\hat{v}_1, \hat{v}_2, \ldots, \hat{v}_n\}$ beschreibt. Mit 2.4.3. erhält man

$$\{v_1^*, \ldots, v_n^*\} \xrightarrow{T^{-1}} \{v_1, \ldots, v_n\} \xrightarrow{A} \{v_1, \ldots, v_n\} \xrightarrow{T} \{v_1^*, \ldots, v_n^*\},$$

also $B = T A T^{-1}$; $A = T^{-1} B T$. Die beiden Transformationsmatrizen sind also *ähnlich.*

lineare Abhängigkeit s. linear unabhängig.

lineare Abschreibung s. Abschreibung, 1.

lineare Differenzengleichung:

Eine Differenzengleichung der Form

$$y_{k+n} + a_{n-1}(k)\, y_{k+n-1} + \ldots + a_1(k)\, y_{k+1} + a_0(k)\, y_k = b_k$$

mit vorgegebenen Funktionen $a_i(k)$ und reellen Zahlen b_k für $k = 1, 2, \ldots$ und festem n heißt *lineare Differenzengleichung n-ter Ordnung* (s. Differenzengleichung, 2.).

lineare Exzentrizität s. Ellipse, 1., s. Hyperbel, 1., s. Parabel, 1.

lineare Form:

Ein homogenes Polynom $\sum_{k=1}^{n} a_k x_k$ mit $a_k \in \mathbb{R}$ in n Variablen (s. homogenes Polynom) vom Grad 1 nennt man eine *lineare Form* (s. Form, s. homogen, 11.).

lineare Funktion:

Die Funktion $f(x) = mx + b$ mit $m, b \in \mathbb{R}$, $m \neq 0$ heißt *lineare Funktion.* Es handelt sich um ein Polynom ersten Grades (s. Polynom, 1.). Der Graph stellt eine Gerade im $\mathbb{R}^2$ dar (s. Gerade, 1.).

lineare gewöhnliche Differentialgleichung:

Eine gewöhnliche Differentialgleichung der Form

$$y^{(n)}(x) + a_{n-1}(x)\,y^{(n-1)}(x) + \ldots + a_1(x)\,y'(x) + a_0(x)\,y(x) = q(x)$$

mit vorgegebenen Funktionen $a_i(x)$ und $q(x)$ heißt *lineare Differentialgleichung n-ter Ordnung* für die Funktion $y(x)$ (s. gewöhnliche Differentialgleichung, 2.1.3., 3.).

lineare Gleichungen (Gleichungen ersten Grades):

1. Lineare Gleichung in n Variablen (Unbekannten):
Eine Gleichung, in der alle Gleichungsvariablen nur in der ersten Potenz vorkommen, und nicht miteinander multipliziert werden dürfen, nennt man *lineare Gleichung* (*Gleichung ersten Grades*). Bei n Unbekannten (Variablen) $x_1, x_2, \ldots, x_n$ besitzt sie die Form

$$a_1 x_1 + a_2 x_2 + \ldots + a_n x_n = b$$

mit vorgegebenen *Koeffizienten* $a_i \in \mathbb{R}$ und der *rechten Seite* $b \in \mathbb{R}$. Alle n-Tupel $(x_1, x_2, \ldots, x_n) \in \mathbb{R}^n$, welche diese Gleichung erfüllen, heißen *Lösungen* der linearen Gleichung (s lineares Gleichungssystem).

2. Lineare Gleichung mit einer Variablen (Unbekannten):
Zur Bestimmung aller Lösungen der linearen Gleichung $ax = b$ benötigt man die Fallunterscheidungen:
1. Fall: $a \neq 0$. Es gibt genau eine Lösung $x = \frac{b}{a}$, also die Lösungsmenge $L = \{b/a\}$.
2. Fall: $a = 0$ und $b \neq 0$. Dann gibt es keine Lösung. Denn gäbe es eine Lösung x, so würde daraus der Widerspruch $0 = b \neq 0$ folgen; also $L = \emptyset$.
3. Fall: $a = b = 0$. Dann ist jedes $x \in \mathbb{R}$ Lösung mit $L = \mathbb{R}$.

3. Eine lineare Gleichung mit zwei Variablen (Unbekannten):
In der linearen Gleichung $ax + by = c$ mit $a, b, c \in \mathbb{R}$ dürfen a und b nicht beide gleichzeitig verschwinden. Sie stellt die Gleichung einer Geraden im $\mathbb{R}^2$ dar (s. Gerade, 1.2.). Alle Punkte auf der Geraden bilden die Lösungsmenge.

4. Zwei lineare Gleichungen mit zwei Variablen (Unbekannten):
Gesucht sind alle Paare $(x, y) \in \mathbb{R}^2$, die gleichzeitig die beiden linearen Gleichungen (s. lineares Gleichungssystem mit $n = m = 2$)

$$(1)\quad a_1 x + b_1 y = c_1\,; \quad (2)\quad a_2 x + b_2 y = c_2$$

mit $a_1, b_1, a_2, b_2, c_1, c_2 \in \mathbb{R}$ erfüllen.

4.1. Lösungsmöglichkeiten:
<u>1. Fall:</u> $D = a_1 b_2 - a_2 b_1 \neq 0$. Die erste Gleichung wird mit b_2 (a_2) und die zweite mit $-b_1$ ($-a_2$) multipliziert und die multiplizierten Gleichungen addiert. Dann erhält man die eindeutige Lösung

$$x = \frac{b_2 c_1 - b_1 c_2}{D}; \quad y = \frac{a_1 c_2 - a_2 c_1}{D} \quad \text{mit} \quad D = a_1 b_2 - a_2 b_1 \neq 0.$$

2. Fall: Es gebe ein $\lambda \in \mathbb{R}$, so daß die linke Seite einer Gleichung das λ-Fache der anderen linken Seite ist, aber diese Beziehung für die rechten Seiten nicht erfüllt ist. Dann erhält man einen Widerspruch, aus dem hervorgeht, daß keine Lösung existiert.

3. Fall: Eine der beiden Gleichungen ist ein Vielfaches der anderen. Dann sind die Gleichungen linear abhängig (äquivalent). Damit sind alle Lösungen der einen Gleichung auch Lösungen der anderen. Es gibt unendlich viele Lösungen, also alle Stellen (x, y), die auf dieser Geraden liegen.

4.2. Spezielle elementare Lösungsmethoden:
Zwei Gleichungen mit zwei Variablen können mit einer der nachfolgenden Methoden gelöst werden bzw. es kann damit festgestellt werden, falls keine Lösung existiert.

4.2.1. Einsetzungsmethode (Eliminationsmethode):
Eine der beiden Gleichungen wird nach einer Variablen aufgelöst, so daß auf der anderen Seite ein von dieser Variablen unabhängiger Term steht. Durch Einsetzen dieses Terms in die andere Gleichung wird diese Variable dort *eliminiert*, so daß eine Gleichung mit nur einer Variablen entsteht (s. 2.). Falls man dadurch einen Widerspruch erhält, gibt es keine Lösung. Andernfalls setzt man die damit erhaltenen Lösungen in den Eliminationsterm ein und erhält damit die Lösung(en) für die zweite Unbekannte.

Beispiele:
(1) $2x + y = 4$; (2) $3x + 2y = 7$. Aus (1) folgt $y = 4 - 2x$.
Einsetzen in (2) ergibt $3x + 8 - 4x = 7$; $x = 1$; $y = 2$ ist die einzige Lösung.

(1) $-2x + 4y = 6$; (2) $3x - 6y = 5$.
(1) $\Rightarrow x = 2y - 3$; eingesetzt in (2) ergibt $6y - 9 - 6y = 5$, also den Widerspruch $-9 = 5$. Daher gibt es keine Lösung.

(1) $2x - 8y = 8$; (2) $-3x + 12y = -12$.
(1) $\Rightarrow x = 4y + 4$; eingesetzt in (2) ergibt $-12 = -12$. Da diese Gleichung für jedes beliebige $y = \lambda$ lösbar ist, lautet die Lösungsmenge:
$y = \lambda$, $x = 4\lambda + 4$. Die zweite Gleichung ist das $(-1{,}5)$-fache der ersten.

4.2.2. Gleichsetzungsmethode:
Beide Gleichungen werden nach derselben Gleichungsvariablen aufgelöst. Gleichsetzen der beiden Terme, welche diese Variable nicht enthalten, ergibt eine Gleichung für die andere Variable (s. 2.). Falls Lösungen existieren, erhält man durch Einsetzen dieser Lösungen in einen der beiden Terme die Lösungen für die andere Variable.

Beispiel:
(1) $2x - y = 1$; (2) $4x + 2y = 22$.

Auflösung der beiden Gleichungen nach y ergibt $y = 2x - 1$; $y = 11 - 2x$.
Durch Gleichsetzen erhält man $2x - 1 = 11 - 2x$. Lösung: $x = 3$; $y = 5$.

4.2.3. Additions- bzw. Subtraktionsmethode:
Bei der *Additionsmethode* (*Subtraktionsmethode*) erhält man die Elimination einer Variablen dadurch, daß die Gleichungen mit geeigneten Konstanten so durchmultipliziert werden, daß durch Addition (Subtraktion) eine Variable wegfällt. Beispiel:

$$\left.\begin{array}{rcll} 2x - 6y &=& -12 & | \cdot 3 \\ -3x + 9y &=& 8 & | \cdot 2 \end{array}\right\} +$$

$$0 \quad = -20 \quad \text{Widerspruch; keine Lösung.}$$

lineare Hülle:
Es sei $M \subset V$ eine Teilmenge eines linearen Raumes V (s. Vektorraum). Dann heißt die Menge aller Linearkombinationen $\sum_{k=1}^{n} \lambda_k \mathbf{u}_k$ mit $\mathbf{u}_k \in M$ und $\lambda_k \in \mathbb{R}$ bei reellen Vektorräumen bzw. $\lambda_k \in \mathbb{C}$ bei komplexen Vektorräumen mit beliebigem $n \in \mathbb{N}$ die *lineare Hülle* von M (s. Vektorraum, 2.).

lineare Integralgleichung s. Integralgleichung, lineare.

lineare Interpolation s. Interpolation.

lineare Kongruenz:
Gegeben sind die ganzen Zahlen a, b und $m > 0$. Die *lineare Kongruenz* (s. Kongruenz von ganzen Zahlen)

$$a\,x \equiv b \pmod{m}$$

ist im Bereich der ganzen Zahlen genau dann modulo m eindeutig lösbar, wenn a und m teilerfremd sind. Falls d der größte gemeinsame Teiler von a und m ist (s. größter gemeinsamer Teiler), so ist die lineare Kongruenz genau dann lösbar, wenn d auch Teiler von b ist (s. Teilbarkeit). Dann besteht die Lösungsmenge aus d Restklassen modulo m (s. Restklasse).

lineare Nebenbedingung s. lineare Optimierung, 1., 2.1.2.

lineare Optimierung (Programmierung):
Bei der *linearen Optimierung* (*Programmierung*) wird das Maximum oder Minimum einer *linearen Zielfunktion*

$$z(\vec{x}) = c_1 x_1 + c_2 x_2 + \ldots + c_n x_n$$

gesucht unter Nebenbedingungen, die in Form von linearen Gleichungen oder linearen Ungleichungen gegeben sind. Da solche Probleme bei zwei Variablen in der Zahlenebene anschaulich dargestellt und graphisch sehr einfach gelöst werden können, soll zuerst dieser Fall behandelt werden.

1. Lineare Optimierung bei zwei Variablen:
Gesucht ist das Maximum bzw. Minimum der linearen Zielfunktion

$$z(x_1, x_2) = c_1 x_1 + c_2 x_2 \quad \text{mit } c_1, c_2 \in \mathbb{R}$$

unter bestimmten Nebenbedingungen (Restriktionen). Als Nebenbedingungen sind Ungleichungen der folgenden Arten möglich:

$$1.)\quad a_1 x_1 + a_2 x_2 \geq b_1; \quad 2.)\quad a_1 x_1 + a_2 x_2 \leq b_1.$$

Dabei sollen von den Koeffizienten a_1 und a_2 nicht beide gleichzeitig verschwinden. Die Lösungsmenge einer solchen Ungleichung ist eine Halbebene, die durch die Gerade g: $a_1 x_1 + a_2 x_2 = b_1$ begrenzt wird. Durch Multiplikation mit -1 kann die Ungleichung der Form 1.) auf die Form 2.) gebracht werden mit

$$-a_1 x_1 - a_2 x_2 \leq -b_1.$$

Daher kann man sich allgemein auf Ungleichungen der Form 2.) beschränken. Falls die Nebenbedingung eine Gleichung $a_1 x_1 + a_2 x_2 = b_1$ ist, kann hieraus eine Variable durch die andere eliminiert werden. Dann handelt es sich um ein Optimierungsproblem einer einzigen Variablen. Daher kann der Fall einer Gleichung als Nebenbedingung hier unberücksichtigt bleiben. Bei vielen Problemen dürfen die Variablen x_1 und x_2 nichtnegativ sein. Die Restriktionen seien allgemein gegeben als

lineares Ungleichungssystem:

$$(U)\quad \begin{array}{l} a_{11} x_1 + a_{12} x_2 \leq b_1 \\ a_{21} x_1 + a_{22} x_2 \leq b_2 \\ \cdots\cdots\cdots\cdots\cdots\cdots \\ a_{m1} x_1 + a_{m2} x_2 \leq b_m \\ x_1 \geq 0;\ x_2 \geq 0 \qquad \text{(Nichtnegativbedingung).} \end{array}$$

Dieses Ungleichungssystem kann in Matrizenschreibweise dargestellt werden in der Form

$$A\vec{x} \leq \vec{b};\ \vec{x} \geq \vec{0} \text{ mit } A = \begin{pmatrix} a_{11} & a_{12} \\ a_{21} & a_{22} \\ \vdots & \vdots \\ a_{m1} & a_{m2} \end{pmatrix};\ \vec{b} = \begin{pmatrix} b_1 \\ b_2 \\ \vdots \\ b_m \end{pmatrix};\ \vec{x} = \begin{pmatrix} x_1 \\ x_2 \end{pmatrix}.$$

Die Vektorungleichungen sind dabei komponentenweise zu verstehen. Bei manchen Optimierungsproblemen sind die Nichtnegativbedingungen nicht verlangt.

Zulässiger Bereich:
Die Lösungsmenge $Z \subset \mathbb{R}^2$ des linearen Ungleichungssystems (U) heißt *zulässiger Bereich*. Der zulässige Bereich Z ist *konvex*, d.h. mit zwei Vektoren $\vec{x}_1, \vec{x}_2 \in Z$ gehört auch jede konvexe Linearkombination

$$\vec{x} = \lambda_1 \vec{x}_1 + \lambda_2 \vec{x}_2 \quad \text{mit} \quad \lambda_1, \lambda_2 \geq 0 \text{ und } \lambda_1 + \lambda_2 = 1$$

zu Z. Mit zwei Punkten P_1 und P_2 liegt damit die gesamte Verbindungsstrecke $\overline{P_1P_2}$ in Z. Der zulässige Bereich Z kann beschränkt oder auch unbeschränkt sein.

Eckpunkt:

Eckpunkte (s. Ecke) von Z können folgendermaßen bestimmt werden: Aus den m Ungleichungen werden zwei ausgewählt und deren Gleichungen gelöst. Falls eine Lösung x_1, x_2 existiert und diese Lösung die übrigen $m-2$ Ungleichungen erfüllt, ist der Punkt $P(x_1, x_2)$ ein Eckpunkt von Z. Falls Z beschränkt ist, ist Z ein r-Eck mit den Eckpunkten $P_1, P_2, \ldots, P_r$. Mit den Ortsvektoren $\overrightarrow{OP_i}$ zu den Eckpunkten P_i kann dann jeder Vektor $\vec{x}$ aus Z als konvexe Linearkombination dieser Ortsvektoren (s. konvex, 4.) dargestellt werden mit

$$Z = \left\{ \vec{x} = \sum_{i=1}^{r} \lambda_i \overrightarrow{OP_i} \mid \lambda_i \geq 0 \text{ mit } \sum_{i=1}^{r} \lambda_i = 1 \right\}.$$

Niveaulinie:

Eine Gerade g: $c_1 x_1 + c_2 x_2 = c$, auf der die Zielfunktion z konstant $(= c)$ ist, ist eine *Niveaulinie.* Das Maximum bzw. Minimum kann graphisch dadurch bestimmt werden, daß eine beliebige Niveaulinie möglichst weit parallel verschoben wird. Falls der zulässige Bereich Z in Richtung wachsender (fallender) c-Werte nicht beschränkt ist, existiert kein Maximum (Minimum). Ist der zulässige Bereich $Z \neq \emptyset$ beschränkt, so nimmt die Zielfunktion ihr Maximum (Minimum) in mindestens einem Eckpunkt von Z an. Sind zwei benachbarte Eckpunkte optimal, so ist auch jeder Punkt auf der Verbindungsstrecke dieser beiden Punkte optimal.

Beispiel:

$2x_1 + x_2 \leq 200$

$2x_1 + 3x_2 \leq 300$

$x_2 \leq 80$; $x_3 \leq 90$; $x_1 \geq 0$; $x_2 \geq 0$;

$z = 4x_1 + 3x_2 \rightarrow \max.$

Der zulässige Bereich Z sowie die Niveaulinie $z = 120$ sind in der nebenstehenden Abbildung skizziert. Durch Parallelverschiebung dieser Niveaulinie nach oben erhält man die Lösung im Punkt $P_4(75, 50)$ mit $z_{max} = 450$.

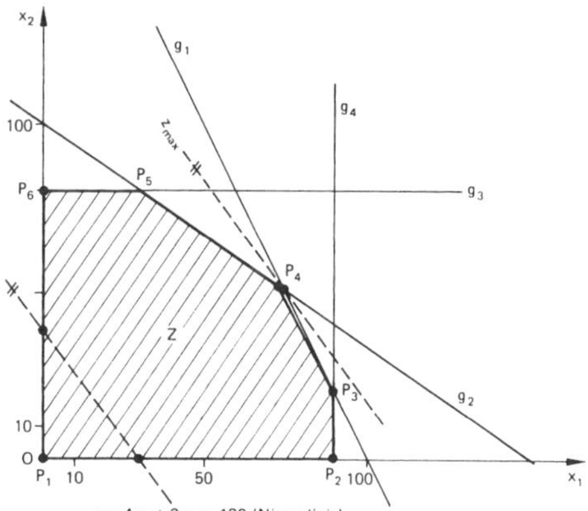

$z = 4x_1 + 3x_2 = 120$ (Niveaulinie)

2. Lineare Optimierung bei n Variablen:

2.1. Grundlagen:

2.1.1. Lineare Zielfunktion:

Gesucht ist das Maximum bzw. Minimum der linearen Zielfunktion

$$z = c_1 x_1 + c_2 x_2 + \cdots + c_n x_n \quad \text{mit} \quad c_i \in \mathbb{R} \quad \text{für } i = 1, 2, \ldots, n$$

unter bestimmten Nebenbedingungen (Restriktionen).

Die Minimierung von $z = c_1 x_1 + c_2 x_2 + \cdots + c_n x_n$ ist äquivalent zur Maximierung von $\tilde{z} = -c_1 x_1 - c_2 x_2 - \cdots - c_n x_n$, wobei offensichtlich gilt:

$z_{min} = -\tilde{z}_{max}$.

Daher kann man sich allgemein auf die Bestimmung des Maximums beschränken.

2.1.2. Lineare Nebenbedingungen:
Als Nebenbedingungen (Restriktionen) sind mehrere lineare Ungleichungen oder Gleichungen der folgenden Art möglich:

1.) $a_1 x_1 + a_2 x_2 + \ldots + a_n x_n \geq b$
2.) $a_1 x_1 + a_2 x_2 + \ldots + a_n x_n \leq b$
3.) $a_1 x_1 + a_2 x_2 + \ldots + a_n x_n = b$.

Durch Multiplikation mit -1 kann die Ungleichung der Form 1.) auf die Form 2.) gebracht werden:

$$-a_1 x_1 - a_2 x_2 - \ldots - a_n x_n \leq -b.$$

Damit kann man sich allgemein auf Nebenbedingungen der Form 2.) und 3.) beschränken.

2.1.3. Nichtnegativbedingung:
Bei vielen Problemstellungen ist die Nichtnegativbedingung $x_i \geq 0$ für alle i verlangt. Falls für eine oder mehrere Variablen x_j die Nichtnegativbedingung fehlt, kann durch Einführung neuer Variablen mit der Substitution $x_j = w_j - z_j$, $w_j \geq 0$, $z_j \geq 0$ die freie Variable x_j durch die Variablen w_j und z_j ersetzt werden. Dadurch wird die Anzahl der Variablen allerdings vergrößert.

2.1.4. Schlupfvariable (künstliche Variable):
Durch Einführung einer zusätzlichen *Schlupfvariablen* (*künstlichen Variablen*) x_{n+i} kann die Ungleichung

$$a_{i1} x_1 + a_{i2} x_2 + \cdots + a_{in} x_n \leq b_i$$

ersetzt werden durch die äquivalente Gleichung

$$a_{i1} x_1 + \cdots + a_{in} x_n + x_{n+i} = b_i \text{ mit } x_{n+i} \geq 0 \qquad \text{für } i = 1, 2, \ldots, m.$$

Dabei kann immer $b_i \geq 0$ erreicht werden (andernfalls wird die Gleichung mit -1 durchmultipliziert). Einschließlich der Schlupfvariablen wird die Anzahl der Variablen mit s bezeichnet.

2.1.5. Standardform der linearen Optimierung (LO):
Mit den in 2.1.1. bis 2.1.4. beschriebenen Methoden kann jedes Problem der linearen Optimierung dargestellt werden in der *Standardform*:

$$z = c_1 x_1 + \cdots + c_s x_s \rightarrow \max;$$

$$a_{i1} x_1 + a_{i2} x_2 + \cdots + a_{is} x_s = b_i \quad \text{mit } b_i \geq 0 \text{ für } i = 1, 2, \ldots, m;$$

$$x_j \geq 0 \text{ für } j = 1, 2, \ldots, s.$$

In Matrizenschreibweise besitzt es die Form

$$z = \vec{c} \cdot \vec{x} \rightarrow \max; \quad A\vec{x} = \vec{b} \text{ mit } \vec{b} \geq \vec{0}; \quad \vec{x} \geq \vec{0}.$$

Die Ungleichungen sind komponentenweise zu verstehen. $\vec{c}$ und $\vec{x}$ sind s-dimensionale Vektoren, $\vec{b}$ ist ein m-dimensionaler Vektor und A eine $m \times s$-Matrix:

$$\vec{c} = \begin{pmatrix} c_1 \\ c_2 \\ \vdots \\ c_s \end{pmatrix}; \quad \vec{x} = \begin{pmatrix} x_1 \\ x_2 \\ \vdots \\ x_s \end{pmatrix}; \quad A = \begin{pmatrix} a_{11} & a_{12} & \cdots & a_{1s} \\ a_{21} & a_{22} & \cdots & a_{2s} \\ \vdots & \vdots & \vdots & \vdots \\ a_{m1} & a_{m2} & \cdots & a_{ms} \end{pmatrix}; \quad \vec{b} = \begin{pmatrix} b_1 \\ b_2 \\ \vdots \\ b_m \end{pmatrix}.$$

2.1.6. Zulässiger Bereich:

Die Lösungsmenge Z des linearen Gleichungssystems

$$A\vec{x} = \vec{b}; \quad \vec{b} \geq \vec{0}; \quad \vec{x} \geq \vec{0}$$

heißt *zulässiger Bereich.* $A\vec{x} = \vec{b}$ ist genau dann lösbar, wenn für den Rang der Matrizen gilt

$$\operatorname{Rg}(A) = \operatorname{Rg}(A, \vec{b})$$

(s. lineares Gleichungssystem, 2.). Ist diese Bedingung nicht erfüllt, so gibt es kein $\vec{x}$, das die Restriktionen erfüllt, und der zulässige Bereich ist die leere Menge $\emptyset$. Im Falle

$$\operatorname{Rg}(A, \vec{b}) = \operatorname{Rg}(A) = r < m$$

tragen $m - r$ der m Gleichungen nicht zur Bestimmung des zulässigen Bereichs bei und können unberücksichtigt bleiben. Daher soll nach Entfernung solcher "überflüssiger" Gleichungen die Bedingung $\operatorname{Rg}(A) = m$ vorausgesetzt werden. Für $m = s$ ist die Lösung von $A\vec{x} = \vec{b}$ eindeutig bestimmt, der zulässige Bereich besteht dann nur aus einem einzigen Punkt, so daß gar kein Optimierungsproblem vorliegt. Dieser Fall soll ausgeschlossen werden. Daher kann ohne Beschränkung der Allgemeinheit

$$\operatorname{Rg}(A) = m \quad \text{mit} \quad 0 < m < s$$

vorausgesetzt werden. Der zulässige Bereich Z ist *konvex.* Mit zwei Vektoren $\vec{x}_1, \vec{x}_2 \in Z$ gehört zu Z auch jede konvexe Linearkombination

$$\vec{x} = \lambda_1 \vec{x}_1 + \lambda_2 \vec{x}_2 \quad \text{mit } \lambda_1, \lambda_2 \geq 0 \text{ und } \lambda_1 + \lambda_2 = 1\,.$$

2.1.7. Kanonische Form der linearen Optimierung (LO):

Ausgangspunkt ist das Optimierungsproblem:

$$z = c_1 x_1 + \cdots + c_n x_n \to \max.$$

Als lineare Restriktionen seien m Ungleichungen, also keine Gleichungen vorgegeben:

$$\begin{aligned} a_{11} x_1 + a_{12} x_2 + \cdots + a_{1n} x_n &\leq b_1 \\ a_{21} x_1 + a_{22} x_2 + \cdots + a_{2n} x_n &\leq b_2 \\ \cdots\cdots\cdots\cdots\cdots\cdots\cdots\cdots\cdots& \\ a_{m1} x_1 + a_{m2} x_2 + \cdots + a_{mn} x_n &\leq b_m\,. \end{aligned}$$

Durch Einführung von m Schlupfvariablen (s. 2.1.4.) und eventuelle Multi-plikation einzelner Gleichungen mit -1 erhält man das lineare Gleichungssystem

$$\begin{array}{l} a_{11}x_1 + a_{12}x_2 + \cdots + a_{1n}x_n + x_{n+1} = b_1 \geq 0 \\ a_{21}x_1 + a_{22}x_2 + \cdots + a_{2n}x_n + x_{n+2} = b_2 \geq 0 \\ \cdots\cdots\cdots\cdots\cdots\cdots\cdots\cdots\cdots\cdots \\ a_{m1}x_1 + a_{m2}x_2 + \cdots + a_{mn}x_n + x_{n+m} = b_m \geq 0 \\ x_1, x_2, \ldots, x_n, x_{n+1}, \ldots, x_{n+m} \geq 0 . \end{array}$$

$x_1, x_2, \ldots, x_n$ heißen *Strukturvariablen*, $x_{n+1}, \ldots, x_{n+m}$ sind die *Schlupfvariablen*. In Matrizenschreibweise lautet das Problem

$$A\vec{x} = \vec{b}; \quad \vec{b} \geq \vec{0}; \quad \vec{x} \geq \vec{0} \quad \text{mit}$$

$$A = \begin{pmatrix} a_{11} & a_{12} & \cdots & a_{1n} & 1 & 0 & \cdots & 0 \\ a_{21} & a_{22} & \cdots & a_{2n} & 0 & 1 & \cdots & 0 \\ \vdots & \vdots & \vdots & \vdots & \vdots & \vdots & \vdots & \vdots \\ a_{m1} & a_{m2} & \cdots & a_{mn} & 0 & 0 & \cdots & 1 \end{pmatrix}; \quad \vec{b} = \begin{pmatrix} b_1 \\ b_2 \\ \vdots \\ b_m \end{pmatrix}; \quad \vec{x} = \begin{pmatrix} x_1 \\ x_2 \\ \vdots \\ x_{n+m} \end{pmatrix};$$

$$z = \vec{c} \cdot \vec{x} \rightarrow \max \quad \text{mit} \quad \vec{c}^{\,T} = (c_1, c_2, \ldots, c_n, \underbrace{0, 0, \ldots, 0}_{\text{m Komponenten}}) .$$

Mit $s = n + m$ ist dies ein Spezialfall der Standardform 2.1.5. In der Matrix A bilden die m letzten Spaltenvektoren die kanonische Basis des Vektorraums V^m (s. kanonische Basis).

Allgemein nennt man eine Standardform aus 2.1.5. *kanonisch*, wenn in der $m \times s$ - Matrix A alle m orthonormalen Einheitsvektoren

$$\vec{e}_1 = \begin{pmatrix} 1 \\ 0 \\ \vdots \\ 0 \end{pmatrix}; \quad \vec{e}_2 = \begin{pmatrix} 0 \\ 1 \\ \vdots \\ 0 \end{pmatrix}; \ldots; \quad \vec{e}_m = \begin{pmatrix} 0 \\ 0 \\ \vdots \\ 1 \end{pmatrix}$$

der kanonischen Basis des Vektorraumes V^m als Spaltenvektoren vorkommen. Falls als Restriktionen nur lineare Ungleichungen auftreten, erhält man mit Hilfe der m Schlupfvariablen stets eine kanonische Standardform.

2.1.8. Basisvariable der Standardform:

Ausgangspunkt ist die Standardform 2.1.5, wobei die Matrix A den vollen Rang m besitze. Eine Menge von m linear unabhängigen Spaltenvektoren von A heißt *Basis* von A, die Spaltenvektoren nennt man *Basisvektoren*; die zugehörigen Komponenten von $\vec{x}$ heißen *Basisvariablen* (BV), die restlichen $n - m$ Komponenten nennt man *Nichtbasisvariablen* (NBV). Da A den vollen Rang hat, gibt es immer Basisvariablen. Ein zulässiger Punkt $\vec{x}$ heißt *zulässige Basislösung* (ZBL), wenn die zu den positiven Komponenten von $\vec{x}$ gehörenden Spaltenvektoren von A linear unabhängig sind. Falls man $A\vec{x} = \vec{b}$ nach m Basisvariablen auflöst und die n Nichtbasisvariablen gleich Null setzt, so erhält man eine *Basislösung*. Sie heißt *zulässige Basislösung*, wenn alle Basivariablen nichtnegativ sind.

2.1.9. Eckpunkt:
Ein zulässiger Punkt $\vec{x} \in Z$ ist *Eckpunkt* von Z, wenn sich $\vec{x}$ nicht als echte konvexe Linearkombination zweier verschiedener Punkte aus Z darstellen läßt. Ist $Z \neq \emptyset$, so besitzt Z mindestens einen Eckpunkt.

Es sei $\vec{x}^T = (x_1, x_2, \ldots, x_s)$ ein zulässiger Punkt mit

$$\vec{x} \geq \vec{0} \quad \text{und} \quad A\vec{x} = \vec{a}_1 x_1 + \vec{a}_2 x_2 + \cdots + \vec{a}_s x_s = \vec{b}.$$

Dabei sind $\vec{a}_1, \vec{a}_2, \ldots, \vec{a}_s$ die Spaltenvektoren von A. Es ist $\vec{x}$ genau dann ein Eckpunkt von Z, wenn die zu positiven Komponenten $x_j > 0$ gehörenden Spaltenvektoren von A linear unabhängig sind. Da der Rang der Matrix A nach Voraussetzung gleich m ist, folgt hieraus unmittelbar die Eigenschaft: Ist $\vec{x} \in Z$ ein Eckpunkt von Z, so hat $\vec{x}$ höchstens m positive Komponenten, die übrigen Komponenten sind wegen der Nichtnegativbedingung gleich Null. Falls bei einem Eckpunkt m Komponenten positiv sind, heißt der Eckpunkt *nichtentartet*. Wenn weniger als m Komponenten positiv sind, nennt man den Eckpunkt *entartet*. Jeder zulässigen Basislösung entspricht genau ein Eckpunkt des zulässigen Bereichs. Umgekehrt entspricht jedem Eckpunkt mindestens eine zulässige Basislösung. Daher besitzt ein zulässiger Bereich nur endlich viele Eckpunkte.

2.1.10. Bestimmung eines optimalen Punktes:
Falls der zulässige Bereich Z beschränkt ist, ist Z die konvexe Hülle seiner Eckpunkte. Das Maximum der Zielfunktion wird dann in mindestens einem Eckpunkt angenommen. Sind $\vec{x}_1, \vec{x}_2, \ldots, \vec{x}_q$ optimale Punkte, so sind auch alle konvexen Linearkombinationen dieser Punkte optimal. Daher kann man sich auf die Untersuchung der Eckpunkte beschränken. Ein mögliches Verfahren wäre, in allen Eckpunkten den Wert der Zielfunktion zu berechnen. Der Eckpunkt (bzw. die Eckpunkte) mit dem maximalen Zielfunktionswert ist dann optimal. Ein solches Verfahren ist jedoch wenig effizient, da die Anzahl der Ecken mit der Anzahl der Variablen und der Anzahl der Nebenbedingungen stark wächst.
Ein sinnvolles Verfahren sollte nur wenige Eckpunkte überprüfen und gezielt den optimalen Eckpunkt suchen. Ein solches Verfahren sollte
- nie von einem Eckpunkt zu einem anderen mit geringerem Zielfunktionswert übergehen,
- ein Abbruchkriterium besitzen, welches die Entscheidung sichert, ob der gegenwärtig überprüfte Eckpunkt optimal ist oder ob weiter gesucht werden soll bzw. das Problem unlösbar ist.

Es gibt verschiedene Verfahren, die Eckpunkte des zulässigen Bereiches in einer sinnvollen Reihenfolge auf Optimalität zu überprüfen. Das bekannteste ist das Simplexverfahren.

3. Simplexverfahren:
Mit dem von George Dantzig entwickelten Simplexalgorithmus kann die Lösung des linearen Optimierungsproblemes gefunden oder festgestellt werden, wenn ein spezielles Programm gar keine Lösung besitzt.

3.1. Aufstellung eines Tableaus:

Ausgangspunkt sei ein Eckpunkt $(x_1, x_2, \ldots, x_s)$ als zulässige Basislösung der Standardform. Wie man erstmals einen solchen Ausgangseckpunkt erhält, wird in 3.4. beschrieben.

$x_{b_1}, x_{b_2}, \ldots, x_{b_m}$ seien Basisvariablen (BV), die restlichen $s-m$ Variablen $x_{n_1}, x_{n_2}, \ldots, x_{n_{s-m}}$ die Nichtbasisvariablen (NBV).

Das Gleichungssystem $A\vec{x} = \vec{b}$ wird zunächst nach Basis- und Nichtbasisvariablen getrennt sortiert durch

$$\underbrace{\sum_{i=1}^{m} \vec{a}_{b_i} x_{b_i}}_{\text{Basisvariablen}} + \underbrace{\sum_{j=1}^{s-m} \vec{a}_{n_j} x_{n_j}}_{\text{Nichtbasisvariablen}} = \vec{b}.$$

Nach der Definition der Basisvariablen sind die Spaltenvektoren $\vec{a}_{b_i}$ für $i = 1, 2, \ldots, m$ linear unabhängig. Daher kann dieses Gleichungssystem nach den m Basisvariablen eindeutig aufgelöst werden in der Form

$$x_{b_i} = d_i - \sum_{j=1}^{s-m} d_{ij} x_{n_j} \quad \text{für } i = 1, 2, \ldots, m.$$

Die Zielfunktion wird durch die Nichtbasisvariablen ausgedrückt:

$$z = \sum_{i=1}^{m} c_{b_i} x_{b_i} + \sum_{j=1}^{s-m} c_{n_j} x_{n_j} = \sum_{i=1}^{m} c_{b_i} \cdot \left(d_i - \sum_{j=1}^{s-m} d_{ij} x_{n_j}\right) + \sum_{j=1}^{s-m} c_{n_j} x_{n_j}$$

$$= \sum_{i=1}^{m} c_{b_i} d_i - \sum_{j=1}^{s-m} \left(\sum_{i=1}^{m} c_{b_i} d_{ij} - c_{n_j}\right) x_{n_j} = \bar{c}_0 - \sum_{j=1}^{r-m} \bar{c}_{n_j} x_{n_j}.$$

Dabei gilt

$$\bar{c}_0 = \sum_{i=1}^{m} c_{b_i} d_i \; ; \quad \bar{c}_{n_j} = \sum_{i=1}^{m} c_{b_i} d_{ij} - \bar{c}_{n_j} \quad \text{für } j = 1, 2, \ldots, s-m.$$

Simplextableau:

		NBV					r. S.
		x_{n_1}	$\cdots$	x_{n_k}	$\cdots$	$x_{n_{s-m}}$	
BV	x_{b_1}	d_{11}	$\cdots$	d_{1k}	$\cdots$	$d_{1,s-m}$	d_1
	$\vdots$	$\cdots$	$\cdots$	$\cdots$	$\cdots$	$\cdots$	$\vdots$
	x_{b_r}	d_{r1}	$\cdots$	$\boxed{d_{rk}}$	$\cdots$	$d_{r,s-m}$	d_r ← Pivotzeile
	$\vdots$	$\vdots$	$\vdots$	$\vdots$	$\vdots$	$\vdots$	$\vdots$
	x_{b_m}	d_{m1}	$\cdots$	d_{mk}	$\cdots$	$d_{m,s-m}$	d_m
z		$\bar{c}_{n_1}$	$\cdots$	$\bar{c}_{n_k}$	$\cdots$	$\bar{c}_{n_{s-m}}$	$\bar{c}_0$

↑ Pivotspalte (Spalte x_{n_k})

Ein solches Simplextableau sei bereits angefertigt (Ausgangstableau s. 3.4.). Die Koeffizienten $\bar{c}_{n_j}$ der Nichtbasisvariablen heißen *Formkoeffizienten*. Die Koeffizienten und rechten Seiten des linearen Gleichungssystems sind in dem obigen Simplextableau eingetragen. In der letzten Zeile stehen die Koeffizienten der Zielfunktion bezüglich der Nichtbasisvariablen.

3.2. Überprüfung auf Optimalität:

1. Fall: Alle Formkoeffizienten sind positiv, also $\bar{c}_{n_j} > 0$ für alle j.
Falls alle Formkoeffizienten positiv sind, würde durch Einbeziehung einer Nichtbasisvariablen die Zielfunktion kleiner. Somit ist das Optimum gefunden. Sämtliche Nichtbasisvariablen müssen Null gesetzt werden. Es gibt nur den einzigen Lösungspunkt

$$x_{b_1} = d_1;\ x_{b_2} = d_2;\ \ldots;\ x_{b_m} = d_m;\ x_{n_1} = x_{n_2} = \ldots = x_{n_{s-m}} = 0$$

mit $z_{max} = \bar{c}_0$.

2. Fall: Alle Formkoeffizienten sind nichtnegativ, also $\bar{c}_{n_j} \geq 0$, aber einige davon gleich Null.
Falls einige Formkoeffizienten gleich Null und die restlichen positiv sind, ändert sich die Zielfunktion nicht, wenn die zugehörigen Nichtbasisvariablen in die Basis einbezogen werden. In diesem Fall gibt es mehrere optimale Lösungen. Einen Lösungseckpunkt erhält wie im Fall 1 als

$$x_{b_1} = d_1;\ x_{b_2} = d_2;\ldots;\ x_{b_m} = d_m;\ x_{n_1} = x_{n_2} = \ldots = x_{n_{s-m}} = 0$$

mit $z_{max} = \bar{c}_0$.

Damit ist das Problem gelöst. Falls man an weiteren Lösungspunkten interessiert ist, sollte ein Basisaustausch nach 3.3. vorgenommen werden.

3. Fall: Mindestens ein Formkoeffizient ist negativ.

a) Gibt es ein $\bar{c}_{n_k} < 0$ mit $d_{ik} \leq 0$ für $i = 1, 2, \ldots, m$, so ist die Zielfunktion auf Z unbeschränkt. Dann gibt es keine Lösung (Abbruch).
b) Für jedes $\bar{c}_{n_j} < 0$ gebe es mindestens ein i mit $d_{ij} > 0$. Dann ist der Eckpunkt nicht optimal. Das Verfahren wird nach 3.3. fortgesetzt mit der Suche eines neuen Eckpunktes mit größerem Zielfunktionswert.

3.3. Konstruktion eines neuen Eckpunktes (Basisaustauschverfahren):

Es liege der Fall 3 b) aus 3.2. vor. Dann muß ein neuer Eckpunkt gesucht werden. Für einen neuen Eckpunkt muß eine Nichtbasisvariable zu einer Basisvariablen gemacht werden und umgekehrt.

1. Schritt: Wahl der Pivotspalte k:

Der kleinste Wert $\bar{c}_{n_j}$ bestimmt die *Pivotspalte* k mit

$$\bar{c}_{n_k} = \min\{\bar{c}_{n_1}, \bar{c}_{n_2}, \ldots, \bar{c}_{n_{s-m}}\} < 0.$$

2. Schritt: Wahl der Pivotzeile r:

Für alle positiven Spaltenwerte $d_{ik} > 0$ werden die Quotienten $\frac{d_i}{d_{ik}}$ gebildet. Der kleinste Wert liefert die Pivotzeile r mit

$$\frac{d_r}{d_{rk}} = \min_i \left\{ \frac{d_i}{d_{ik}} \text{ mit } d_{ik} > 0 \right\}.$$

Dann lautet das *Pivotelement* $p = d_{rk}$.

3. Schritt: Basisaustausch:

Die Basisvariable x_{b_r} wird durch die Nichtbasisvariable x_{n_k} ausgetauscht. Dazu wird nach dem Muster des alten Tableaus ein neues angelegt. Die Koeffizienten des neuen Tableaus werden mit $\sim$ versehen.

Neues Simplextableau:

		NBV					r. S.	
		x_{n_1}	$\cdots$	x_{b_r}	$\cdots$	$x_{n_{s-m}}$		
	x_{b_1}	$\tilde{d}_{11}$	$\cdots$	$\tilde{d}_{1k}$	$\cdots$	$\tilde{d}_{1,s-m}$	$\tilde{d}_1$	
	$\vdots$	$\cdots$	$\cdots$	$\cdots$	$\cdots$	$\vdots$	$\vdots$	
BV	x_{n_k}	$\tilde{d}_{r1}$	$\cdots$	$\boxed{\tilde{d}_{rk}}$	$\cdots$	$\tilde{d}_{r,s-m}$	$\tilde{d}_r$	← Pivotzeile
	$\vdots$	$\vdots$		$\vdots$	$\vdots$	$\vdots$	$\vdots$	
	x_{b_m}	$\tilde{d}_{m1}$	$\cdots$	$\tilde{d}_{mk}$	$\cdots$	$\tilde{d}_{m,s-m}$	$\tilde{d}_m$	
z		$\tilde{\bar{c}}_{n_1}$	$\cdots$	$\tilde{\bar{c}}_{n_k}$	$\cdots$	$\tilde{\bar{c}}_{n_{s-m}}$	$\tilde{\bar{c}}_0$	
				↑ Pivotspalte				

Man berechnet sie folgendermaßen:

Pivotelement: $\tilde{d}_{rk} = \dfrac{1}{d_{rk}}$;

Pivotzeile: $\tilde{d}_{rj} = \dfrac{d_{rj}}{d_{rk}}$ für $j \neq k$; $\tilde{d}_r = \dfrac{d_r}{d_{rk}}$;

Pivotspalte: $\tilde{d}_{ik} = -\dfrac{d_{ik}}{d_{rk}}$ für $i \neq r$;

sonstige Elemente (Rechteckregel):

$$\tilde{d}_{ij} = d_{ij} - \frac{d_{ik} d_{rj}}{d_{rk}} \text{ für } i \neq r \text{ und } j \neq k\,; \quad \tilde{d}_i = d_i - \frac{d_{ik}}{d_{rk}} \cdot d_r \text{ für } i \neq r\,;$$

$$\tilde{\bar{c}}_0 = \bar{c}_0 - \bar{c}_k \cdot \frac{d_r}{d_{rk}}\,; \qquad \tilde{\bar{c}}_j = \begin{cases} \bar{c}_j - \bar{c}_k \cdot \dfrac{d_{rj}}{d_{rk}} & \text{für } j \neq s_r\,; \\ -\ \bar{c}_k \cdot \dfrac{1}{d_{rk}} & \text{für } j = s_r\,. \end{cases}$$

Bei nichtdegenerierten Aufgaben wird durch jeden Simplexschritt eine zulässige Basisvariable mit größerem Zielfunktionswert konstruiert. Das Simplexverfahren führt nach endlich vielen Schritten zur optimalen Lösung oder zu der Aussage, daß die Aufgabe nicht lösbar ist.

3.4. Bestimmung eines Ausgangseckpunktes:

3.4.1. Ausgangseckpunkt aus einer kanonischen Form 2.1.7.:

Eine kanonische Form liegt definitionsgemäß dann vor, wenn in der Matrix A alle m orthonormalen Einheitsvektoren $\vec{e}_1, \vec{e}_2, \ldots, \vec{e}_m$ als Spaltenvektoren vorkommen. Dann können die zu diesen Spalten gehörenden Variablen als Basisvariablen und die restlichen s − m Variablen als Nichtbasisvariablen gewählt werden. Dafür wird ein erstes Simplextableau angefertigt. Falls nur Ungleichungen der Form

$$\begin{aligned} a_{11}x_1 + a_{12}x_2 + \cdots + a_{1n}x_n &\le b_1 \\ a_{21}x_1 + a_{22}x_2 + \cdots + a_{2n}x_n &\le b_2 \\ \cdots\cdots\cdots\cdots\cdots\cdots\cdots\cdots\cdots& \\ a_{m1}x_1 + a_{m2}x_2 + \cdots + a_{mn}x_n &\le b_m \end{aligned}$$

mit $b_k \ge 0$ für alle k vorliegen, können die m Schlupfvariablen als Basisvariable und die restlichen s − m Variablen als Nichtbasisvariable gewählt werden. Dann lautet das Ausgangstableau

		NBV					r. S.
		x_1	$\cdots$	x_k	$\cdots$	x_n	
	x_{n+1}	a_{11}	$\cdots$	a_{1k}	$\cdots$	a_{1n}	b_1
	$\vdots$	$\cdots$	$\cdots$	$\cdots$	$\cdots$	$\vdots$	$\vdots$
BV	x_{n+2}	a_{r1}	$\cdots$	a_{rk}	$\cdots$	a_{rn}	b_r
	$\vdots$	$\vdots$		$\vdots$	$\vdots$	$\vdots$	$\vdots$
	x_{n+m}	a_{m1}	$\cdots$	a_{mk}	$\cdots$	a_{mn}	b_m
z		$-c_1$	$\cdots$	$-c_k$	$\cdots$	$-c_n$	0

3.4.2. Ausgangseckpunkt für die Standardform aus 2.1.5.:

Für dieses Programm werden zunächst Schlupfvariablen eingeführt. Damit erhält man das Hilfsprogramm in zulässiger kanonischer Form:

$$\begin{aligned} a_{11}x_1 + a_{12}x_2 + \cdots + a_{1s}x_s + x_{s+1} &= b_1 \ge 0 \\ a_{21}x_1 + a_{22}x_2 + \cdots + a_{2s}x_s + x_{s+2} &= b_2 \ge 0 \\ \cdots\cdots\cdots\cdots\cdots\cdots\cdots\cdots\cdots\cdots\cdots& \\ a_{m1}x_1 + a_{m2}x_2 + \cdots + a_{ms}x_s + x_{s+m} &= b_m \ge 0 \\ x_1, x_2, \ldots, x_s, x_{s+1}, \ldots, x_{s+m} &\ge 0 \end{aligned}$$

mit der Zielfunktion:

$$x_{s+1} + x_{s+2} + \ldots + x_{s+m} \to \min, \text{ d.h.}$$

$$v(x_{s+1}, \ldots, x_{s+m}) = -x_{s+1} - x_{s+2} - \ldots - x_{s+m} \to \max.$$

Mit den Basisvariablen $x_{s+1}, x_{s+2}, \dots, x_{s+m}$ erhält man das Anfangstableau:

		NBV					r. S.
		x_1	$\cdots$	x_k	$\cdots$	x_s	
	x_{s+1}	a_{11}	$\cdots$	a_{1k}	$\cdots$	a_{1s}	b_1
	$\vdots$	$\cdots$	$\cdots$	$\cdots$	$\cdots$	$\vdots$	$\vdots$
BV	x_{s+r}	a_{r1}	$\cdots$	a_{rk}	$\cdots$	a_{rs}	b_r
	$\vdots$	$\vdots$	$\cdots$	$\vdots$	$\cdots$	$\vdots$	$\vdots$
	x_{s+m}	a_{m1}	$\cdots$	a_{mk}	$\cdots$	a_{ms}	b_m
z		$-\sum_{i=1}^{m} a_{i1}$	$\cdots$	$-\sum_{i=1}^{m} a_{ik}$	$\cdots$	$-\sum_{i=1}^{m} a_{im}$	$-\sum_{i=1}^{m} b_i$

Hieraus kann mit dem Simplexalgorithmus die Lösung des Hilfsprogramms bestimmt werden. Immer wenn eine der künstlichen Variablen x_{s+1}, $x_{s+2}, \dots, x_{s+m}$ verschwindet, darf die entsprechende Spalte weggelassen werden. Die Anzahl der künstlichen Variablen kann eventuell verringert werden. Es werden nur so viele benötigt, bis im Hilfsprogramm eine zulässige kanonische Darstellung entsteht.

Lösungsmöglichkeiten:

1. Fall: Die Zielfunktion $v(x_{s+1}, \dots, x_{s+m})$ ist im Endtableau nicht gleich Null. Dann besitzt das Ausgangsproblem keinen zulässigen Eckpunkt. Es ist also nicht lösbar (Abbruch).

2. Fall: Die Zielfunktion $v(x_{s+1}, \dots, x_{s+m})$ nehme im Endtableau den Wert Null an.

a) Unter den Basisvariablen des Endtableaus befindet sich keine der künstchen Variablen. Dann ist diese Basislösung ein zulässiger Eckpunkt des Ausgangsproblems. Die Zielfunktion des Ausgangsproblems muß dann noch als Funktion der Nichtbasisvariablen umgerechnet werden.

b) Unter den Basisvariablen befindet sich noch mindestens eine künstliche Variable. Dann wird das folgende Verfahren so lange angewandt, bis der 3. Fall a) aus 3.2. hergestellt ist.
Sind alle Koeffizienten in der Zeile der künstlichen Basisvariablen gleich Null, so wird diese Zeile gestrichen. Andernfalls wird mit irgendeinem von 0 verschiedenen Koeffizienten dieser Zeile als Pivotelement der Basisaustausch nach 3.3. durchgeführt. Die Spalte, in der die nicht künstliche Variable nach diesem Schritt steht, wird anschließend gestrichen.

Beispiel:
Gegeben sei das lineare Optimierungsproblem:

$$z = 2x_1 + x_2 + 3x_3 + x_4 \rightarrow \max;$$

$$\begin{aligned} 2x_1 + 4x_2 + x_4 &\le 20 \\ x_1 + x_2 + 5x_3 + x_4 &\le 30 \\ x_2 + x_3 + x_4 &\le 10 \end{aligned}$$

$$x_1 \ge 0;\ x_2 \ge 0;\ x_3 \ge 0;\ x_4 \ge 0.$$

Mit den Schlupfvariablen x_5, x_6 und x_7 als Basisvariablen und den Nichtbasisvariablen x_1, x_2, x_3, x_4 erhält man das Ausgangstableau

	x_1	x_2	x_3	x_4	r. S.		
x_5	2	4	0	1	20		1. Simplexschritt:
x_6	1	1	$\boxed{5}$	1	30	←	Tausche x_3 gegen x_6.
x_7	0	1	1	1	10		
	-2	-1	-3	-1	0		

	x_1	x_2	x_6	x_4	r. S.		
							2. Simplexschritt:
x_5	$\boxed{2}$	4	0	1	20	←	Tausche x_1 gegen x_5.
x_3	$\frac{1}{5}$	$\frac{1}{5}$	$\frac{1}{5}$	$\frac{1}{5}$	6		
x_7	$-\frac{1}{5}$	$\frac{4}{5}$	$-\frac{1}{5}$	$\frac{4}{5}$	4		
	$-\frac{7}{5}$	$-\frac{2}{5}$	$\frac{3}{5}$	$-\frac{2}{5}$	18		

	x_5	x_2	x_6	x_4	r. S.
x_1	$\frac{1}{2}$	2	0	$\frac{1}{2}$	10
x_3	$-\frac{1}{10}$	$-\frac{1}{5}$	$\frac{1}{5}$	$\frac{1}{10}$	4
x_7	$\frac{1}{10}$	$\frac{6}{5}$	$-\frac{1}{5}$	$\frac{9}{10}$	6
	$\frac{7}{10}$	$\frac{12}{5}$	$\frac{3}{5}$	$\frac{3}{10}$	32

Alle Formkoeffizienten sind positiv.
Der optimale Punkt lautet $\vec{x}^T = (10, 0, 4, 0, 0, 0, 6)$ mit $z_{max} = 32$. Die Werte der Schlupfvariablen $x_5 = x_6 = 0$, $x_7 = 6$ geben an, daß für den gefundenen optimalen Punkt die ersten beiden Restriktionen ausgeschöpft werden und in der dritten Restriktion 6 Einheiten nicht genutzt werden.

Beispiel:

$$z = 6x_1 + 3x_2 \rightarrow \max.$$

$$\begin{aligned} 9x_1 + 3x_2 + x_3 \qquad\qquad &= 27 \\ 2x_1 + x_2 \qquad + x_4 \qquad &= 7 \\ 2x_1 + 2x_2 \qquad\qquad + x_5 &= 12, \end{aligned} \qquad x_j \ge 0,\ j = 1, 2, \ldots, 5.$$

	x_1	x_2	r. S.
x_3	$\boxed{9}$	3	27
x_4	2	1	7
x_5	2	2	12
	-6	-3	0

	x_3	x_2	r. S.
x_1	$\frac{1}{9}$	$\frac{1}{3}$	3
x_4	$-\frac{2}{9}$	$\boxed{\frac{1}{3}}$	1
x_5	$-\frac{2}{9}$	$\frac{4}{3}$	6
	$\frac{2}{3}$	-1	18

	x_3	x_4	r. S.
x_1	$\frac{1}{3}$	-1	2
x_2	$-\frac{2}{3}$	3	3
x_5	$\boxed{\frac{2}{3}}$	-4	2
	0	3	21

	x_5	x_4	r. S.
x_1	$-\frac{1}{2}$	1	1
x_2	1	-1	5
x_3	$\frac{3}{2}$	-6	3
	0	3	21

In diesem Beispiel sind $(2,3,0,0,2)$ und $(1,5,3,0,0)$ optimale Punkte (und damit alle konvexen Linearkombinationen dieser beiden Punkte) mit dem Zielfunktionswert von $z_{max} = 21$.

4. Duale lineare Optimierung:
Ausgangsproblem sei das
Maximierungsproblem (A)

$$\begin{aligned} a_{11}x_1 + a_{12}x_2 + \cdots + a_{1n}x_n &\le b_1 \\ a_{21}x_1 + a_{22}x_2 + \cdots + a_{2n}x_n &\le b_2 \\ \cdots\cdots\cdots\cdots\cdots\cdots\cdots\cdots \\ a_{m1}x_1 + a_{m2}x_2 + \cdots + a_{mn}x_n &\le b_m \end{aligned}$$

$$x_j \ge 0 \quad \text{für } j = 1, 2, \ldots, n;$$

$$z = c_1 x_1 + c_2 x_2 + \cdots + c_n x_n \rightarrow \max.$$

In Matrizenschreibweise:

$$A\vec{x} \le \vec{b}; \quad \vec{x} \ge \vec{0}; \quad z = \vec{c} \cdot \vec{x} \rightarrow \max \quad \text{mit} \quad \vec{c}^T = (c_1, c_2, \ldots, c_n).$$

Das *duale* Problem zum Ausgangsproblem ist das
Minimierungsproblem (D)

$$\begin{aligned} a_{11}y_1 + a_{21}y_2 + \cdots + a_{m1}y_m &\ge c_1 \\ a_{12}y_1 + a_{22}y_2 + \cdots + a_{m2}y_m &\ge c_2 \\ \cdots\cdots\cdots\cdots\cdots\cdots\cdots\cdots \\ a_{1n}y_1 + a_{2n}y_2 + \cdots + a_{mn}y_m &\ge c_m \end{aligned}$$

$$y_i \ge 0 \quad \text{für } i = 1, 2, \ldots, m;$$

$$\hat{z} = b_1 y_1 + b_2 y_2 + \cdots + b_m y_m \rightarrow \min.$$

In Matrizenschreibweise:

$$A^T\vec{y} \ge \vec{c} \quad (A^T = \text{transponierte Matrix}); \quad \vec{y} \ge \vec{0}; \quad \hat{z} = \vec{b} \cdot \vec{y} \rightarrow \min.$$

In beiden Programmen werden Schlupfvariablen eingeführt durch

$$\sum_{j=1}^{n} a_{ij} x_j + x_{n+i} = b_i \qquad \text{für } i = 1, 2, \ldots, m \tag{1}$$

$$\sum_{i=1}^{m} a_{ij} y_i - y_{m+j} = c_j \qquad \text{für } j = 1, 2, \ldots, n \tag{2}$$

$$x_k \ge 0, \; y_k \ge 0 \qquad \text{für } k = 1, 2, \ldots, m + n.$$

Multiplikation von (1) mit y_j und von (2) mit $-x_i$ und Addition über alle i und j ergibt

$$\underbrace{\sum_{i=1}^{m}\sum_{j=1}^{n} a_{ij} x_j y_i - \sum_{i=1}^{m}\sum_{j=1}^{n} a_{ij} y_i x_j}_{=0} + \sum_{i=1}^{m} x_{n+i} y_i + \sum_{j=1}^{n} y_{m+j} x_j$$

$$= \sum_{i=1}^{m} b_i y_i - \sum_{j=1}^{n} c_j x_j = \hat{z} - z.$$

Wegen $x_k, y_k \geq 0$ folgt hieraus $\hat{z} - z \geq 0$, also $z_{max} \leq \hat{z}_{min}$.

Dualitätssatz:

Falls eines der beiden dualen Probleme eine optimale Lösung besitzt, hat auch das andere eine optimale Lösung und es gilt $z_{max} = \hat{z}_{min}$.

Eigenschaften dualer Probleme:

1. Ist $\vec{x}$ ein zulässiger Vektor von (A) und $\vec{y}$ ein zulässiger Vektor des dazu dualen Problems (D), so gilt

   $$\vec{c} \cdot \vec{x} \leq \vec{b} \cdot \vec{y}\ .$$

2. $\vec{x}^*$ und $\vec{y}^*$ seien zulässige Vektoren von (A) bzw. (D) mit

   $$\vec{c} \cdot \vec{x}^* = \vec{b} \cdot \vec{y}^*.$$

   Dann ist $\vec{x}^*$ eine Lösung von (A) und $\vec{y}^*$ eine Lösung von (D).

3. Entweder sind beide Probleme lösbar oder keines. Falls beide Probleme lösbar sind, stimmen die optimalen Werte der Zielfunktionen überein. Das Maximum des Optimierungsproblems (A) ist gleich dem Minimum des dazu dualen Problems (D).

4. Die Schlupfvariablen des einen Programms sind die Strukturvariablen des anderen Programms und umgekehrt. Daher kann aus dem Endtableau eines Programms die Lösung für das andere Programm abgelesen werden.

Beispiel aus Abschnitt 3.4.2:

Maximierungsproblem (A)	**Minimierungsproblem (D)**
$z = 2x_1 + x_2 + 3x_3 + x_4 \rightarrow \max$	$20y_1 + 30y_2 + 10y_3 \rightarrow \min$
$2x_1 + 4x_2 + x_4 \leq 20$	$2y_1 + y_2 \geq 2$
$x_1 + x_2 + 5x_3 + x_4 \leq 30$	$4y_1 + y_2 + y_3 \geq 1$
$x_2 + x_3 + x_4 \leq 10$	$5y_2 + y_3 \geq 3$
$x_1, x_2, x_3, x_4 \geq 0$	$y_1 + y_2 + y_3 \geq 1$
	$y_1, y_2, y_3 \geq 0$

Das Maximierungsproblem (A) besitzt das Endtableau

	x_5	x_2	x_6	x_4	r. S.
x_1	$\frac{1}{2}$	2	0	$\frac{1}{2}$	10
x_3	$-\frac{1}{10}$	$-\frac{1}{5}$	$\frac{1}{5}$	$\frac{1}{10}$	4
x_7	$\frac{1}{10}$	$\frac{6}{5}$	$-\frac{1}{5}$	$\frac{9}{10}$	6
	$\frac{7}{10}$	$\frac{12}{5}$	$\frac{3}{5}$	$\frac{3}{10}$	32

Die Lösung lautet:

$x_1 = 10$	Basisvariable;	Strukturvariable	$\Leftrightarrow y_4$
$x_2 = 0$	Nichtbasisvariable;	Strukturvariable	$\Leftrightarrow y_5$
$x_3 = 4$	Basisvariable;	Strukturvariable	$\Leftrightarrow y_6$
$x_4 = 0$	Nichtbasisvariable;	Strukturvariable	$\Leftrightarrow y_7$
$x_5 = 0$	Nichtbasisvariable;	Schlupfvariable $= x_{4+1}$	$\Leftrightarrow y_1$
$x_6 = 0$	Nichtbasisvariable;	Schlupfvariable $= x_{4+2}$	$\Leftrightarrow y_2$
$x_7 = 6$	Basisvariable;	Schlupfvariable $= x_{4+3}$	$\Leftrightarrow y_3$

Die Nichtbasisvariablen (Basisvariablen) des Maximierungsproblems (A) sind die Basisvariablen (Nichtbasisvariablen) des dualen Systems (D). Damit erhält man mit der letzten Zeile aus dem obigen Endtableau für das duale Programm (D) die Lösung

$$y_1 = \frac{7}{10};\ y_2 = \frac{3}{5};\ y_3 = 0;\ y_4 = 0;\ y_5 = \frac{12}{5};\ y_6 = 0;\ y_7 = \frac{3}{10}$$

mit

$$\hat{z} = 20 \cdot \frac{7}{10} + 30 \cdot \frac{3}{5} = 32.$$

Probe:

$$\begin{aligned} 2y_1 + y_2 + \quad\ \ - y_4 &= 2 \\ 4y_1 + y_2 + y_3 - y_5 &= 1 \\ 5y_2 + y_3 - y_6 &= 3 \\ y_1 + y_2 + y_3 - y_7 &= 1\,. \end{aligned}$$

lineare Programmierung s. lineare Optimierung.

lineare Randbedingung s. gewöhnliche Differentialgleichung, 5.

lineare Randwertaufgabe s. gewöhnliche Differentialgleichung, 5.

lineare Relation:

Eine Relation R in M heißt *linear*, falls für alle $a, b \in M$ entweder $a R b$ oder $b R a$ gilt (s. Relation, 2.).

linearer normierter Raum:

Eine Menge M heißt *linearer normierter Raum*, wenn M ein Vektorraum ist (s. Vektorraum) und in ihm eine Norm $\| x \|$ erklärt ist (s. Norm, s. Vektorraum, 5.).

linearer Operator:

Ein *linearer Operator* (*lineare Transformation*) T ist eine lineare Abbildung eines Vektorraumes (linearen Raumes) V in sich (s. Vektorraum, s. lineare Abbildung). Ein linearer Operator T in einem normierten Vektorraum V (s. linearer normierter Raum) heißt *beschränkt*, wenn es eine Konstante $K > 0$ gibt mit $\| T\mathbf{v} \| \leq K \cdot \| \mathbf{v} \|$ für alle $\mathbf{v} \in V$. Die kleinste Konstante K mit dieser Eigenschaft heißt die *Norm* des Operators T. Die Bedingung $\| T\mathbf{v} \| \leq K \cdot \| \mathbf{v} \|$ für alle $\mathbf{v} \in V$ ist gleichwertig mit der Stetigkeit des Operators. Ein Operator T heißt *stetig*, wenn aus

$$\lim_{n\to\infty} \mathbf{v}_n = \mathbf{v} \quad \text{folgt} \quad \lim_{n\to\infty} T\mathbf{v}_n = T\mathbf{v}.$$

linearer Raum s. Vektorraum.

lineares Differentialgleichungssystem:

Ein Differentialgleichungssystem der Form

$$\vec{y}\,'(x) = A(x) \cdot \vec{y}(x) + \vec{r}(x)$$

heißt *linear* (s. System von gewöhnlichen Differentialgleichungen, 2.).

lineares Eingabeln s. Nullstellenbestimmung, 3.

lineares Funktional s. Linearform.

lineares Gleichungssystem:

1. Darstellung eines linearen Gleichungssystems:

Ein System von m linearen Gleichungen (s. lineare Gleichungen, 1.)

$$\begin{array}{l} a_{11}x_1 + a_{12}x_2 + \ldots + a_{1n}x_n = b_1 \\ a_{21}x_1 + a_{22}x_2 + \ldots + a_{2n}x_n = b_2 \\ \cdots\cdots\cdots\cdots\cdots\cdots\cdots\cdots \\ a_{m1}x_1 + a_{m2}x_2 + \ldots + a_{mn}x_n = b_m \end{array}$$

mit vorgegebenen reellen *Koeffizienten* a_{ij} und *rechten Seiten* (Absolutgliedern) b_i heißt ein *lineares Gleichungssystem* für die n *Unbekannten* (*Unbestimmten*) $x_1, x_2, \ldots, x_n$. Die Werte für die Variablen $x_1, x_2, \ldots, x_n$, die alle m Gleichungen erfüllen, nennt man *Lösungen* des linearen Gleichungssystems. Ein lineares Gleichungssystem heißt *homogen*, falls sämtliche rechte Seiten verschwinden, also für $b_i = 0$ für $i = 1, 2, \ldots, n$. Dann ist $x_1 = x_2 = \ldots = x_n = 0$ Lösung. Andernfalls nennt man das System *inhomogen*.

Darstellung in Matrizenschreibweise:

Das Gleichungssystem kann in Matrizenschreibweise dargestellt werden:

$$\begin{pmatrix} a_{11} & a_{12} & \cdots & a_{1n} \\ a_{21} & a_{22} & \cdots & a_{2n} \\ \vdots & \vdots & \vdots & \vdots \\ a_{m1} & a_{m2} & \cdots & a_{mn} \end{pmatrix} \cdot \begin{pmatrix} x_1 \\ x_2 \\ \vdots \\ x_n \end{pmatrix} = \begin{pmatrix} b_1 \\ b_2 \\ \vdots \\ b_m \end{pmatrix} = \vec{b}; \quad A\vec{x} = \vec{b}.$$

Dabei ist A die $m \times n$-reihige *Koeffizientenmatrix*, $\vec{x}$ der n-dimensionale Spaltenvektor mit den n Unbekannten und $\vec{b}$ der m-dimensionale Spaltenvektor der rechten Seite. Die i-te Komponente in dieser Vektorgleichung stellt die i-te Gleichung dar für $i = 1, 2, \ldots, m$.

Darstellung als Linearkombination der Spaltenvektoren der Matrix A:
Mit den Spaltenvektoren der Koeffizientenmatrix A läßt sich das Gleichungssystem darstellen als Vektorgleichung

$$x_1 \cdot \begin{pmatrix} a_{11} \\ a_{21} \\ \vdots \\ a_{m1} \end{pmatrix} + x_2 \cdot \begin{pmatrix} a_{12} \\ a_{22} \\ \vdots \\ a_{m2} \end{pmatrix} + \ldots + x_n \cdot \begin{pmatrix} a_{1n} \\ a_{2n} \\ \vdots \\ a_{mn} \end{pmatrix} = \begin{pmatrix} b_1 \\ b_2 \\ \vdots \\ b_m \end{pmatrix} = \vec{b},$$

also $\quad x_1 \cdot \vec{a}_1 + x_2 \cdot \vec{a}_2 + \ldots + x_n \cdot \vec{a}_n = \vec{b}$.

2. Lösbarkeitskriterium:
Genau dann gibt es mindestens eine Lösung, wenn der Vektor $\vec{b}$ der rechten Seite Linearkombination der n Spaltenvektoren $\vec{a}_k$ der Koeffizientenmatrix A ist (s. Linearkombination, 1.). Eine solche Darstellung als Linearkombination ist nur dann möglich, wenn die Koeffizientenmatrix A und die durch die rechten Seiten erweiterte Matrix

$$\left(A, \vec{b}\right) = \begin{pmatrix} a_{11} & \cdots & a_{1n} & b_1 \\ a_{21} & \cdots & a_{2n} & b_2 \\ \vdots & \cdots & \vdots & \vdots \\ a_{m1} & \cdots & a_{mn} & b_m \end{pmatrix}$$

den gleichen Rang besitzen (s. Matrix, 3.), also für

$$\text{Rg}(A) = \text{Rg}(A, \vec{b}).$$

3. Lösung des homogenen Systems:

a) Das homogene System

$$A\vec{x} = \vec{0}$$

besitzt stets den Nullvektor $\vec{x} = \vec{0}$ als Lösung ($x_1 = x_2 = \ldots = x_n = 0$). Man nennt diese Lösung die *triviale Lösung.*

b) $\vec{x}$ und $\vec{y}$ seien Lösungen des homogenen Systems. Wegen $A(\lambda_1 \vec{x} + \lambda_2 \vec{y}) = \lambda_1 A\vec{x} + \lambda_2 A\vec{y} = \vec{0}$ ist jede Linearkombination

$$\lambda_1 \vec{x} + \lambda_2 \vec{y} \quad \text{mit} \quad \lambda_1, \lambda_2 \in \mathbb{R}$$

ebenfalls Lösung des homogenen Systems. Die Lösungen des homogenen Systems bilden einen Untervektorraum des Euklidischen Vektorraums V^n der Dimension $d = n - r$ (s. Vektorraum, 2.). Dabei ist $r = \text{Rg}(A)$ der Rang der Matrix A (s. Matrix, 3.). Dann gibt es d linear unabhängige Lösungsvektoren $\vec{x}_1, \vec{x}_2, \ldots, \vec{x}_d$ des homogenen Systems. Die allgemeine Lösung des homogenen Systems lautet dann

$$\vec{x}_{hom} = \lambda_1 \vec{x}_2 + \lambda_2 \vec{x}_1 + \ldots + \lambda_d \vec{x}_d \quad \text{mit} \quad \lambda_k \in \mathbb{R} \quad \text{für } k = 1, 2, \ldots, d.$$

4. Lösungen des inhomogenen Systems:
Sind $\vec{x}$ und $\vec{y}$ Lösungen des inhomogenen Systems

$$A\vec{x} = \vec{b} \neq \vec{0},$$

dann ist jede Linearkombination

$$\lambda_1 \vec{x} + \lambda_2 \vec{y} \quad \text{mit} \quad \lambda_1 + \lambda_2 = 1 \quad \text{wegen}$$

$$A(\lambda_1 \vec{x} + \lambda_2 \vec{y}) = \lambda_1 A\vec{x} + \lambda_2 A\vec{y} = (\lambda_1 + \lambda_2)\vec{b} = \vec{b}$$

ebenfalls Lösung des inhomogenen Systems. Die Differenz $\vec{x} - \vec{y}$ ist wegen $A(\vec{x} - \vec{y}) = A\vec{x} - A\vec{y} = \vec{b} - \vec{b} = \vec{0}$ Lösung des homogenen Systems. Falls das inhomogene System lösbar ist, erhält man seine Lösungsmenge, indem zur allgemeinen Lösung des homogenen Systems eine spezielle (partikuläre) Lösung $\vec{x}_{part}$ des homogenen Systems addiert wird, also

$$\vec{x}_{inhom} = \vec{x}_{hom} + \vec{x}_{part}.$$

5. Gaußscher Algorithmus (Lösungsalgorithmus):
Zwei lineare Gleichungssysteme heißen *äquivalent*, wenn die Lösungsmengen beider Gleichungssysteme übereinstimmen. Oft erhält man durch Umformung eines linearen Gleichungssystems ein äquivalentes System, dessen Lösungen einfacher angegeben werden können.

Zulässige Umformungen eines Gleichungssystems:
Durch Anwendung einer oder mehrerer der nachfolgenden Operationen erhält man äquivalente lineare Gleichungssysteme:

1. Weglassen einer Gleichung, in der sämtliche Koeffizienten und die rechte Seite gleich Null sind.
2. Vertauschen zweier Gleichungen.
3. Vertauschen zweier Unbekannter einschließlich der dazugehörigen Koeffizienten in sämtlichen Gleichungen.
4. Multiplikation einer Gleichung mit einer reellen Zahl $c \neq 0$.
5. Addition eines Vielfachen einer Gleichung (einer mit einer reellen Zahl multiplizierten Gleichung) zu einer anderen Gleichung.

Im **Ausgangstableau** für den Gaußschen Algorithmus steht unter den n Variablen $x_1, x_2, \ldots, x_n$ auf der linken Seite die Matrix A. Auf der rechten Seite des Tableaus steht der Vektor $\vec{b}$.

$$\begin{array}{c|c} \quad x_1 \quad x_2 \quad \cdots \quad x_k \quad \cdots \quad x_n & \text{rechte Seite} \\ \hline A = \begin{pmatrix} a_{11} & a_{12} & \cdots & a_{1k} & \cdots & a_{1n} \\ \cdots & \cdots & \cdots & \cdots & \cdots & \cdots \\ a_{i1} & a_{i2} & \cdots & a_{ik} & \cdots & a_{in} \\ \cdots & \cdots & \cdots & \cdots & \cdots & \cdots \\ a_{m1} & a_{m2} & \cdots & a_{mk} & \cdots & a_{mn} \end{pmatrix} & \begin{pmatrix} b_1 \\ \vdots \\ b_i \\ \vdots \\ b_m \end{pmatrix} = \vec{b}. \end{array}$$

Dadurch entsteht die erweiterte Matrix $(A, \vec{b})$. Durch wiederholte Anwendung der oben angegebenen zulässigen Umformungen erhält man als äquivalentes Gleichungssystem (mit den gleichen Lösungen) das **Endtableau**

x_1^*	x_2^*	x_3^*	x_4^*	$\cdots$	x_r^*	x_{r+1}^*	x_{r+2}^*	$\cdots$	x_n^*	r. Seite	
1	0	0	0	$\cdots$	0	$a_{1,r+1}^*$	$a_{1,r+2}^*$	$\cdots$	$a_{1,n}^*$	b_1^*	r
0	1	0	0	$\cdots$	0	$a_{2,r+1}^*$	$a_{2,r+2}^*$	$\cdots$	$a_{2,n}^*$	b_2^*	
0	0	1	0	$\cdots$	0	$a_{3,r+1}^*$	$a_{3,r+2}^*$	$\cdots$	$a_{3,n}^*$	b_r^*	
$\cdots$	$\cdots$	$\cdots$	$\cdots$	$\cdots$	$\cdots$	$\cdots$	$\cdots$	$\cdots$	$\cdots$	$\cdots$	
0	0	0	0	$\cdots$	1	$a_{r,r+1}^*$	$a_{r,r+2}^*$	$\cdots$	$a_{r,n}^*$	b_r^*	
0	0	0	0	$\cdots$	0	0	0	$\cdots$	0	b_{r+1}^*	m − r
0	0	0	0	$\cdots$	0	0	0	$\cdots$	0	b_{r+2}^*	
$\cdots$	$\cdots$	$\cdots$	$\cdots$	$\cdots$	$\cdots$	$\cdots$	$\cdots$	$\cdots$	$\cdots$	$\cdots$	
0	0	0	0	$\cdots$	0	0	0	$\cdots$	0	b_m^*	

Lösungskriterium

a) Falls von den rechten Seiten $b_{r+1}^*, b_{r+2}^*, \ldots, b_m^*$ der letzten $m-r$ Gleichungen nicht alle gleich Null sind, ist das Gleichungssystem nicht lösbar.

b) Im Falle $b_{r+1}^* = b_{r+2}^* = \ldots = b_m^* = 0$ ist das Gleichungssystem lösbar. Dabei gilt:
Für $r = n$ gibt es genau eine Lösung, nämlich

$$x_1^* = b_1^*;\; x_2^* = b_2^*;\ldots;x_n^* = b_n^*.$$

Für $r < n$ gibt es unendlich viele Lösungen. Für die $n-r$ Unbekannten $x_{r+1}^*, x_{r+2}^*, x_n^*$ können beliebige Werte vorgegeben werden, z. B.

$$x_{r+1}^* = \lambda_{r+1};\; x_{r+2}^* = \lambda_{r+2};\ldots;\; x_n^* = \lambda_n \quad \text{mit} \quad \lambda_j \in \mathbb{R}.$$

Dann erhält man die Werte für die restlichen r Unbekannten aus den ersten r Gleichungen in der Form

$$x_1^* = b_1^* - \sum_{j=r+1}^{n} \lambda_j a_{1j}^*$$

$$x_2^* = b_2^* - \sum_{j=r+1}^{n} \lambda_j a_{2j}^*$$

$$\cdots\cdots\cdots\cdots$$

$$x_r^* = b_r^* - \sum_{j=r+1}^{n} \lambda_j a_{rj}^* .$$

Die Lösungen können auch in Vektorschreibweise angegeben werden:

$$\begin{pmatrix} x_1^* \\ \vdots \\ x_r^* \\ x_{r+1}^* \\ \vdots \\ x_n^* \end{pmatrix} = \begin{pmatrix} b_1^* \\ \vdots \\ b_r^* \\ 0 \\ \vdots \\ 0 \end{pmatrix} - \lambda_{r+1} \begin{pmatrix} a_{1,r+1}^* \\ \vdots \\ a_{r,r+1}^* \\ -1 \\ \vdots \\ 0 \end{pmatrix} - \cdots - \lambda_n \begin{pmatrix} a_{1n}^* \\ \vdots \\ a_{rn}^* \\ 0 \\ \vdots \\ -1 \end{pmatrix}.$$

Damit ein lineares Gleichungssystem genau eine Lösung besitzt ($r = n$), muß das lineare Gleichungssystem aus mindestens n Gleichungen bestehen. Falls weniger Gleichungen als Unbekannte vorliegen, gibt es entweder keine oder unendlich viele Lösungen.

Abbruchkriterium

Falls bei der Durchführung des Gaußschen Algorithmus eine Zeile entsteht, in der auf der linken Seite lauter Nullen stehen, die rechte Seite jedoch von Null verschieden ist, kann die Rechnung wegen dieses Widerspruchs abgebrochen werden. Das lineare Gleichungssystem besitzt dann keine Lösung. Eine solche Situation kann manchmal ohne große Rechnung erkannt werden. Der Algorithmus kann aber auch schon früher beendet werden und zwar bei einem Endtableau der Form

$\hat{x}_1$	$\hat{x}_2$	$\hat{x}_3$	$\hat{x}_4$	$\cdots$	$\hat{x}_r$	$\hat{x}_{r+1}$	$\hat{x}_{r+2}$	$\cdots$	$\hat{x}_n$	r. Seite	
$\hat{a}_{11}$	$\hat{a}_{12}$	$\hat{a}_{13}$	$\hat{a}_{14}$	$\cdots$	$\hat{a}_{1r}$	$\hat{a}_{1,r+1}$	$\hat{a}_{1,r+2}$	$\cdots$	$\hat{a}_{1n}$	$\hat{b}_1$	r
0	$\hat{a}_{22}$	$\hat{a}_{23}$	$\hat{a}_{24}$	$\cdots$	$\hat{a}_{2r}$	$\hat{a}_{2,r+1}$	$\hat{a}_{2,r+2}$	$\cdots$	$\hat{a}_{2n}$	$\hat{b}_2$	
0	0	$\hat{a}_{33}$	$\hat{a}_{34}$	$\cdots$	$\hat{a}_{3r}$	$\hat{a}_{3,r+1}$	$\hat{a}_{3,r+2}$	$\cdots$	$\hat{a}_{3,n}$	$\hat{b}_3$	
...	...	...	...	...	...	...	...	...	...	...	
0	0	0	0	$\cdots$	$\hat{a}_{rr}$	$\hat{a}_{r,r+1}$	$\hat{a}_{r,r+2}$	$\cdots$	$\hat{a}_{rn}$	$\hat{b}_r$	
0	0	0	0	$\cdots$	0	0	0	$\cdots$	0	$\hat{b}_{r+1}$	m − r
0	0	0	0	$\cdots$	0	0	0	$\cdots$	0	$\hat{b}_{r+2}$	
...	...	...	...	...	...	...	...	...	...	...	
0	0	0	0	$\cdots$	0	0	0	$\cdots$	0	$\hat{b}_m$	

Links oben entsteht eine r-reihige obere Diagonalmatrix. Die Diagonalelemente $\hat{a}_{ii}$ müssen alle von Null verschieden sein für $i = 1, 2, \ldots, r$. Das oben angegebene Entscheidungskriterium ändert sich nicht. Nur für

$$\hat{b}_{r+1} = \hat{b}_{r+2} = \ldots = \hat{b}_m = 0$$

ist das Gleichungssystem lösbar. Aus

$$\hat{x}_{r+1} = \lambda_{r+1}; \ \hat{x}_{r+2} = \lambda_{r+2}; \ldots; \ \hat{x}_n = \lambda_n \quad \text{mit } \lambda_j \in \mathbb{R}$$

können die restlichen r Unbekannten aus den ersten r Gleichungen bestimmt werden. $\hat{x}_r$ erhält man aus der r-ten Gleichung, $\hat{x}_{r-1}$ aus der $(r-1)$-ten bis schließlich $\hat{x}_1$ aus der ersten Gleichung. Allerdings ist die Rechnung etwas mühsam, da bei jedem Schritt meistens alle bisher berechneten Werte benötigt werden.

6. Lösung mit Hilfe der Inversen:

Falls das lineare Gleichungssystem aus n Gleichungen für n Unbekannte besteht und in $A\vec{x} = \vec{b}$ die quadratische Matrix A nichtsingulär ist, erhält man den eindeutig bestimmten Lösungsvektor mit Hilfe der inversen

Matrix A^{-1} (s. Matrix, 4.) als $\vec{x} = A^{-1}\vec{b}$.

Zur Bestimmung der Inversen muß der Gaußsche Algorithmus gleichzeitig auf n verschiedene rechte Seiten angewandt werden. Daher ist diese Lösungsmethode nur dann sinnvoll, wenn entweder die Inverse bereits bekannt ist, oder wenn sehr viele lineare Gleichungssysteme mit der gleichen Koeffizientenmatrix A und verschiedenen rechten Seiten zu lösen sind.

7. Lösung mit Hilfe der Cramerschen Regel:
Wie bei der Benutzung der inversen Matrix aus 6. muß auch hier die Matrix A quadratisch und nichtsingulär sein. Mit den Spaltenvektoren $\vec{a}_i$ der Matrix A und dem Vektor $\vec{b}$ der rechten Seiten gilt nach 1.

$$x_1 \vec{a}_1 + x_2 \vec{a}_2 + \ldots + x_n \vec{a}_n = \vec{b}.$$

Für festes k mit $1 \leq k \leq n$ wird in der Matrix A die k-te Spalte durch den Vektor $\vec{b} = \sum_{i=1}^{n} x_i \vec{a}_i$ ersetzt. Dann erhält man wegen der obigen Darstellung die Determinante (s. Determinante)

$$\left| \vec{a}_1 \ldots \vec{a}_{k-1} \; \vec{b} \; \vec{a}_{k+1} \ldots \vec{a}_n \right| = \left| \vec{a}_1 \ldots \vec{a}_{k-1} \; \sum_{i=1}^{n} x_i \vec{a}_i \; \vec{a}_{k+1} \ldots \vec{a}_n \right|.$$

Von der k-ten Spalte wird die Linearkombination $\sum_{i \neq k} x_i \vec{a}_i$ der übrigen Spalten subtrahiert. Dadurch ändert sich der Wert der Determinante nicht. Mit den Rechenregeln für Determinanten erhält man

$$\left| \vec{a}_1 \ldots \vec{a}_{k-1} \; \vec{b} \; \vec{a}_{k+1} \ldots \vec{a}_n \right| = \left| \vec{a}_1 \ldots \vec{a}_{k-1} \; x_k \cdot \vec{a}_k \; \vec{a}_{k+1} \ldots \vec{a}_n \right| = x_k \cdot \det(A).$$

Die Matrix

$$A_k = \begin{pmatrix} a_{11} & \cdots & b_1 & \cdots & a_{1n} \\ a_{21} & \cdots & b_2 & \cdots & a_{2n} \\ \vdots & \vdots & \vdots & \vdots & \vdots \\ a_{n1} & \cdots & b_n & \cdots & a_{nn} \end{pmatrix}$$
$$\uparrow$$
k-te Spalte

gehe aus der Matrix A dadurch hervor, daß ihre k-te Spalte durch den Vektor $\vec{b}$ der rechten Seiten ersetzt werde. Dann lautet die Lösung des inhomogenen Gleichungssystems

$$x_k = \frac{\det(A_k)}{\det(A)} \quad \text{für } k = 1, 2, \ldots, n.$$

8. Lösung mit Hilfe von verallgemeinerten Inversen s. verallgemeinerte Inverse.

lineares Polynom:
Ein Polynom $P_1(x) = a_0 + a_1 x$ mit $a_1 \neq 0$ heißt *linear* (s. Polynom, 1.).

lineares Randwertproblem
s. gewöhnliche Differentialgleichung, 5.

lineares Ungleichungssystem s. lineare Optimierung, 1., 2.1.2.

lineare Transformation:
Unter einer *linearen Transformation* versteht man eine lineare Abbildung eines Vektorraums V in sich (s. linearer Operator).

Lineare Transformation in der komplexen Zahlenebene:
In der komplexen Zahlenebene (s. komplexe Zahlen) ist eine *lineare Transformation* gegeben durch

$$w(z) = \frac{az+b}{cz+d} \quad \text{mit } a, b, c, d \in \mathbb{C}, \quad ad - bc \neq 0$$

(s. konforme Abbildung).

lineare Ungleichung:
Eine Ungleichung der Art

$$a_1 x_1 + a_2 x_2 + \ldots + a_n x_n \leq b \quad \text{bzw.} \quad \geq b$$

mit vorgegebenen reellen Zahlen $a_i, b \in \mathbb{R}$ heißt *lineare Ungleichung* in den Unbekannten (Variablen) $x_1, x_2, \ldots, x_n$ (s. lineare Optimierung, 1., 2.1.2.).

lineare Zielfunktion s. lineare Optimierung, 1., 2.1.1.

Linearfaktor s. Fundamentalsatz der Algebra.

Linearform (lineares Funktional):
Es sei V ein Vektorraum über dem Körper K der reellen oder komplexen Zahlen (s. Vektorraum). Eine Abbildung T von V in K heißt *Linearform* oder *lineares Funktional*, wenn gilt

(L1) $T(\mathbf{u}+\mathbf{v}) = T(\mathbf{u}) + T(\mathbf{v})$ für alle $\mathbf{u}, \mathbf{v} \in V$ (Additivität);

(L2) $T(\lambda \cdot \mathbf{u}) = \lambda \cdot T(\mathbf{u})$ für alle $\mathbf{u} \in V$ und $\lambda \in K$ (Homogenität).

linear homogen s. homogen, 3.

Linearkombination:

1. Linearkombination von Vektoren im V^n:
Es seien $\vec{a}_1, \vec{a}_2, \ldots, \vec{a}_m$ Vektoren der Dimension n (s. Vektor im V^n, 1.2.6., 2.6., 3.). Dann heißt der Vektor

$$\vec{b} = \sum_{i=1}^{m} \lambda_i \vec{a}_i \quad \text{mit } \lambda_i \in \mathbb{R}$$

Linearkombination der Vektoren $\vec{a}_1, \vec{a}_2, \ldots, \vec{a}_m$. Im Falle $\lambda_i \geq 0$ für alle i und $\sum_{i=1}^{m} \lambda_i = 1$ nennt man die Linearkombination *konvex*.

Die Vektoren $\vec{a}_1, \vec{a}_2, \ldots, \vec{a}_m$ heißen *linear unabhängig*, wenn die Vektorgleichung $\sum_{i=1}^{m} \lambda_i \vec{a}_i = \vec{0}$ nur die triviale Lösung $\lambda_1 = \lambda_2 = \ldots = \lambda_m = 0$ besitzt, andernfalls heißen sie *linear abhängig* (s. linear unabhängig, 4.).

2. Linearkombination beliebiger Vektoren:
Es sei V ein Vektorraum über dem Körper K der reellen oder komplexen Zahlen (s. Vektorraum, 1.). $\mathbf{v}_1, \mathbf{v}_2, \ldots, \mathbf{v}_n$ seien beliebige Vektoren aus V und $\lambda_1, \lambda_2, \ldots, \lambda_n$ beliebige Zahlen aus K. Dann heißt

$$\mathbf{v} = \sum_{i=1}^{n} \lambda_i \mathbf{v}_i$$

Linearkombination der Vektoren $\mathbf{v}_1, \mathbf{v}_2, \ldots, \mathbf{v}_n$. Im Falle $\lambda_i \geq 0$ für alle i und $\sum_{i=1}^{n} \lambda_i = 1$ heißt die Linearkombination *konvex*.
Falls die Vektorgleichung $\sum_{i=1}^{n} \lambda_i \mathbf{v}_i = \mathbf{0}$ (Nullvektor) nur die triviale Lösung $\lambda_1 = \lambda_2 = \ldots = \lambda_n = 0$ besitzt, heißen die n Vektoren *linear unabhängig*, andernfalls nennt man sie *linear abhängig.*

linear unabhängig (abhängig):

1. linear unabhängige (abhängige) Funktionen:
Die Funktionen $\varphi_1(x), \varphi_2(x), \ldots, \varphi_n(x)$ heißen im Intervall $[a;b]$ *linear unabhängig*, wenn die Gleichung

$$\sum_{k=1}^{n} c_k \varphi_k(x) \equiv 0 \quad \text{für alle } x \in [a;b]$$

nur die triviale Lösung $c_1 = c_2 = \ldots = c_n = 0$ besitzt. Falls es Lösungen $c_1, c_2, \ldots, c_n$ gibt, die nicht alle verschwinden, nennt man die n Funktionen *linear abhängig.*

2. Linear unabhängige (abhängige) Funktionsvektoren:
Die m Funktionssvektoren

$$\vec{y}_k(x) = \begin{pmatrix} y_{1k}(x) \\ y_{2k}(x) \\ \vdots \\ y_{nk}(x) \end{pmatrix} \quad \text{für } k = 1, 2, \ldots, m$$

heißen im Intervall $[a;b]$ *linear unabhängig*, wenn die Vektorgleichung

$$\sum_{k=1}^{m} c_k \vec{y}_k(x) \equiv \vec{0} \text{ (Nullvektor) in } [a;b]$$

nur die triviale Lösung $c_1 = c_2 = \ldots = c_m = 0$ besitzt. Andernfalls heißen die Vektorfunktionen *linear abhängig.*

3. Linear unabhängige (abhängige) Punkte im $\mathbb{R}^n$:
Die m Punkte $P_1, P_2, \ldots, P_m \in \mathbb{R}^n$ heißen *linear unabhängig* (*linear abhängig*), wenn mit dem Koordinatenursprung O die m Ortsvektoren $\overrightarrow{OP}_i$ für $i = 1, 2, \ldots, n$ linear unabhängig (abhängig) sind (s. 4.).

4. Linear unabhängige (abhängige) Vektoren im V^n:
Die m Vektoren $\vec{a}_1, \vec{a}_2, \ldots, \vec{a}_m$ im V^n heißen *linear unabhängig*, wenn die Vektorgleichung

$\sum_{i=1}^{m} \lambda_i \vec{a}_i = \vec{0}$ nur die triviale Lösung $\lambda_1 = \lambda_2 = \ldots = \lambda_m = 0$ besitzt

(s. Linearkombination, 1.). Andernfalls heißen sie *linear abhängig.* m Vektoren sind genau dann linear abhängig, wenn mindestens einer davon als Linearkombination der übrigen darstellbar ist. Mehr als n Vektoren mit n Komponenten sind stets linear abhängig (s. Gramsche Determinante).

5. Linear unabhängige (abhängige) Vektoren eines beliebigen Vektorraumes V s. Linearkombination, 2., s. Gramsche Determinante.

Linie s. Kurve.

Liniendichte s. Masse und Massendichte, 3.

Linienelement:

Unter einem *Linienelement* versteht man ein Tripel (x, y, p), bei dem p die Steigung einer durch den *Trägerpunkt* (x, y) gehenden Geraden ist. Im Falle $p = y'(x)$ ist das Linienelement gleich dem Tangentialelement (s. Linienelement einer gewöhnlichen Differentialgleichung 1. Ordnung).

Linienelement einer gewöhnlichen Differentialgleichung 1. Ordnung:

Ein Linienelement (x, y, y'), das die Differentialgleichung $F(x, y, y') = 0$ erfüllt, heißt *Linienelement* der Differentialgleichung $F(x, y, y') = 0$.
Im Falle

$$\frac{\partial}{\partial y'} F(x, y, y') = 0$$

heißt das Linienelement *regulär*, andernfalls *singulär.*

Linienintegral s. Kurvenintegral.

linker Nullteiler s. Nullteiler.

Linksideal s. Ideal.

Linksschraube s. Schraube.

linksseitig differenzierbar s. linksseitige Ableitung.

linksseitige Ableitung:

Im Falle der Existenz heißt

$$f_l'(x_0) = \lim_{\Delta x \to 0-} \frac{f(x_0 + \Delta x) - f(x_0)}{\Delta x} = \lim_{\substack{\Delta x \to 0 \\ \Delta x < 0}} \frac{f(x_0 + \Delta x) - f(x_0)}{\Delta x}$$

die *linksseitige Ableitung* von f an der Stelle x_0. Falls $f_l'(x_0)$ existiert, nennt man f an der Stelle x_0 *linksseitig differenzierbar* (s. Funktion von reellen Variablen, 1.4.)

linksseitiger Grenzwert:
Die Funktion f besitzt an der Stelle x_0 den *linksseitigen Grenzwert* $f(x_0-)$, wenn gilt: Für jede beliebige Folge (x_n) mit $x_n \in D$, $x_n < x_0$ für alle n und

$$\lim_{n\to\infty} x_n = x_0 \quad \text{gilt} \quad \lim_{n\to\infty} f(x_n) = f(x_0-).$$

Dafür schreibt man auch

$$\lim_{x\to x_0-} f(x) = \lim_{h\to 0-} f(x_0+h) = f(x_0-)$$

(s. Funktion von reellen Variablen, 1.2.).

linksseitiges Einselement s. Einselement einer algebraischen Struktur.

linksseitig stetig:
Falls die Funktion f(x) an der Stelle x_0 definiert ist und dort den linksseitigen Grenzwert $f(x_0-)$ besitzt mit $f(x_0-) = f(x_0)$ (s. linksseitiger Grenzwert), heißt f an der Stelle x_0 *linksseitig stetig.*

Linkssystem s. Orientierung eines Vektorraums, s. Koordinatensystem, 2.1.2., s. Spatprodukt.

L-Integral s. Lebesguesches Integral.

Liouville, Josef (1809 – 1882) wirkte in Paris. Er beschäftigte sich mit der Differentialgeometrie und mit Funktionenklassen, die Lösungen des nach ihm benannten Sturm-Liouvilleschen Rand- und Eigenwertproblems sind (s. gewöhnliche Differentialgleichung, 6.2.).

Liouvillesche Zahl:
Eine irrationale Zahl ξ (s. reelle Zahlen, 5.) heißt eine *Liouvillesche Zahl,* wenn zu jeder natürlichen Zahl n eine rationale Zahl $\frac{a_n}{b_n}$ mit $b_n > 1$ existiert (s. reelle Zahlen, 4.), so daß gilt

$$\left| \xi - \frac{a_n}{b_n} \right| < \frac{1}{b_n^n}.$$

Eine Liouvillesche Zahl ist transzendent (s. transzendent, 2.). Für jedes $n > 2$ gibt es für die obige Ungleichung nur endlich viele ganzzahlige Lösungen a_n, b_n.

Lipschitz, Rudolf (1832 – 1903) wirkte in Bonn. Von ihm stammen bedeutende Arbeiten zur Theorie der unendlichen Reihen, zu gewöhnlichen und partiellen Differentialgleichungen und zur Mathematischen Physik.

Nach ihm benannt sind die *Lipschitz-Bedingung* und die *Lipschitz-Konstante* (s. Lipschitz-Bedingung).

Lipschitz-Bedingung:

1. Lipschitz-Bedingung einer gewöhnlichen Differentialgleichung
s. gewöhnliche Differentialgleichung 1., 2.1., s. System von gewöhnlichen Differentialgleichungen.

2. Lipschitz-Bedingung einer reellen Funktion:
Die Funktion g(x) erfüllt im abgeschlossenen Intervall [a;b] eine *Lipschitz-Bedingung*, wenn es eine *Lipschitz-Konstante* L mit $0 < L < 1$ gibt, so daß gilt

$$|g(x_1) - g(x_2)| \leq L \cdot |x_1 - x_2| \quad \text{für alle } x_1, x_2 \in [a;b].$$

Falls die Funktion g(x) stetig differenzierbar ist mit $|g'(x)| \leq L < 1$ in [a;b], erhält man nach dem Mittelwertsatz der Differentialrechnung

$$g(x_1) - g(x_2) = g'(\xi) \cdot (x_1 - x_2) \qquad \xi = \text{Zwischenstelle};$$

$$|g(x_1) - g(x_2)| \leq L \cdot |x_1 - x_2|.$$

Lipschitz-Konstante s. Lipschitz-Bedingung.

Liter:

Ein *Liter*, im Zeichen 1 l, ist ein Kubikdezimeter oder 1 000 Kubikzentimeter, also $1\,\text{l} = 1\,\text{dm}^3 = 1\,000\,\text{cm}^3$ (s. Rauminhalt).

L-Maß s. Lebesgue-Maß.

L-meßbar s. Lebesgue-Maß.

Logarithmen ist der Plural von Logarithmus (s. Logarithmus).

Logarithmensystem:

Unter einem *Logarithmensystem* versteht man die Menge der Logarithmen zur gleichen Basis a, also $\log_a b$ für $b > 0$. Für $a = 2$ erhält man die dualen Logarithmen mit $\log_2 b = \text{ld}\, b$, für $a = e$ erhält man die natürlichen Logarithmen $\log_e b = \ln e$ und $a = 10$ ergibt die dekadischen (Briggschen) Logarithmen $\log_{10} b = \lg b$ (s. Logarithmus).

Logarithmieren:

Unter *Logarithmieren* versteht man den Übergang von einer Funktion $f(x) > 0$ zum Logarithmus $\log_a f(x)$ (s. Logarithmus). Diese Methode kann zur Lösung der Gleichung $c^x = d$ mit $x \cdot \ln c = \ln d$ oder zur Differentiation der Funktion $u(x)^{v(x)}$ benutzt werden (s. logarithmische Ableitung).

logarithmische Ableitung:

Im Falle der Existenz heißt die Ableitung

$$\frac{d \ln |f(x)|}{dx} = \frac{f'(x)}{f(x)} \quad \text{für} \quad f(x) \neq 0$$

die *logarithmische Ableitung* der Funktion f (s. Logarithmusfunktion).

logarithmische Differentiation:

Eine Funktion vom Typ

$$f(x) = u(x)^{v(x)} \quad \text{mit} \quad u(x) > 0$$

kann durch Logarithmieren differenziert werden. Aus

$$\ln\left(u(x)^{v(x)}\right) = v(x) \cdot \ln u(x)$$

erhält man

$$\left(u(x)^{v(x)}\right)' = u(x)^{v(x)} \cdot \left[v'(x) \cdot \ln u(x) + v(x) \cdot \frac{u'(x)}{u(x)}\right]$$

(s. Funktion von reellen Variablen, 1.4.).

logarithmische Gleichung:

Eine transzendente Gleichung (s. transzendent, 4.), in der eine Gleichungsvariable im Argument eines Logarithmus vorkommt, heißt *logarithmisch.* Beispiel: $x^2 + 5 \lg x - 2^x = 0$.

logarithmisches Papier:

Ein mathematisches Papier, in dem auf einer bzw. beiden senkrechten Achsen ein logarithmischer Maßstab aufgetragen wird, heißt *logarithmisches Papier.*

Halblogarithmisches Papier: Beim *halblogarithmischen Papier* wird auf einer Achse $f(u) = k \cdot \log_a u$ mit $k, a > 0$, $a \neq 1$ aufgetragen, auf der anderen $g(v) = v$. Die Exponentialfunktionen $u = c \cdot b^{dv}$ mit Konstanten c und d werden hier als Geraden dargestellt.

Doppeltlogarithmisches Papier: Beim *doppeltlogarithmischen Papier* wird auf den Achsen $f(u) = k \cdot \log_a u$ und $g(v) = \log_a v$ mit $k, a > 0$, $a \neq 1$ abgetragen. In diesem Papier werden die Potenzfunktionen $c\, u^{bm} \cdot v^{dn}$ als Geraden dargestellt.

logarithmische Spirale s. Spirale, 3.

Logarithmus (plural: Logarithmen):

Für $a > 0$ und $a \neq 1$ ist die Exponentialfunktion $y = a^x$ (s. Exponentialfunktion) streng monoton. Für jedes $a > 0$ mit $a \neq 1$ ist die Gleichung

$$a^x = b$$

eindeutig lösbar. Die Lösung x heißt *Logarithmus* von b zur *Basis* a. Man bezeichnet sie mit (s. Logarithmusfunktion)

$$x = \log_a b \iff a^x = b \quad \text{(sprich: Logarithmus von b zur Basis a).}$$

b heißt der zum Logarithmus x (bei der Basis a) gehörende *Numerus*. Für den Logarithmus zu einer beliebigen Basis $a > 0$ mit $a \neq 1$ gilt für alle $u, v > 0$

$$\log_a a = 1; \qquad \log_a 1 = 0;$$

$$\log_a (u \cdot v) = \log_a u + \log_a v; \qquad \log_a\left(\tfrac{u}{v}\right) = \log_a u - \log_a v;$$

$$\log_a (u^w) = w \cdot \log_a u \quad \text{für jedes } w \in \mathbb{R}.$$

Umrechnungsformel für Logarithmen zu verschiedenen Basen:
Für beliebige Basen a und h gilt für alle $u > 0$

$$\log_h u = \underbrace{\frac{1}{\log_a h}}_{\text{konstanter Faktor}} \cdot \log_a u\,.$$

Beim Übergang von einer Basis zu einer anderen müssen alle Logarithmen mit dem gleichen Faktor multipliziert werden.

Dekadischer (Briggscher) Logarithmus oder Zehnerlogarithmus:
Für $a = 10$ erhält man den *dekadischen* oder *Briggschen Logarithmus*. Man bezeichnet ihn mit

$$z = \lg x = \log_{10} x \iff x = 10^z$$

(s. dekadischer Logarithmus).

Dualer Logarithmus (logarithmus dualis):
Mit der Basis $a = 2$ erhält man den *dualen Logarithmus* oder den *logarithmus dualis*

$$z = \operatorname{ld} x = \log_2 x \iff x = 2^z.$$

Natürlicher Logarithmus (logarithmus naturalis):
$a = e$ (Eulersche Zahl) ergibt den *natürlichen Logarithmus* oder den *logarithmus naturalis*

$$z = \ln x = \log_e x \iff x = e^z \quad \text{(s. natürlicher Logarithmus).}$$

Logarithmusfunktion:

Zur Exponentialfunktion mit der Basis $a > 0$ mit $a \neq 1$ (s. Exponentialfunktion) erhält man als Umkehrfunktion den *Logarithmus zur Basis a*

$$y = \log_a x \iff a^y = x\,.$$

Die Logarithmusfunktion erhält man durch Spiegelung der Exponentialfunktion $f(x) = a^x$ an der ersten Winkelhalbierenden. Ihr Definitionsbereich ist $D = \{x \mid x > 0\}$. Sie ist stetig. Für $a > 1$ ist der Logarithmus streng monoton wachsend mit $\log_a x < 0$ für $0 < x < 1$ und

$$\lim_{x \to 0+} \log_a x = -\infty; \qquad \lim_{x \to \infty} \log_a x = +\infty.$$

Die negative y-Achse ist Asymptote.

Für $0 < a < 1$ ist der Logarithmus streng monoton fallend mit

$$\log_a x < 0 \text{ für } x > 1 \text{ und } \lim_{x \to 0+} \log_a x = +\infty; \quad \lim_{x \to \infty} \log_a x = -\infty.$$

Die positive y-Achse ist Asymptote.

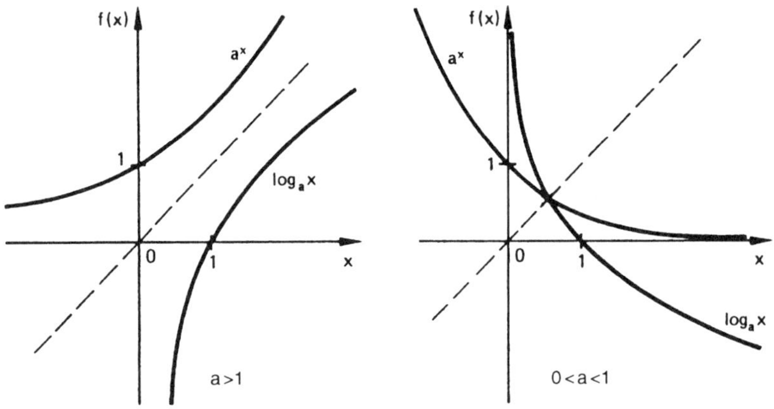

Allgemein gilt

$$\log_a (a^x) = x; \quad a^{\log_a x} = x; \quad \ln(e^x) = x; \quad e^{\ln x} = x.$$

Aus der Umrechnungsformel für Logarithmen zu verschiedenen Basen (s. Logarithmus) erhält man die Darstellung

$$\log_a x = \frac{1}{\ln a} \cdot \ln x.$$

Ableitungen:

$$(\ln x)' = \frac{1}{x} \text{ für } x > 0; \quad (\ln |x|)' = \frac{1}{x} \text{ für } x \neq 0;$$

$$(\log_a x)' = \frac{1}{\ln a} \cdot \frac{1}{x} \text{ für } x > 0; \quad (\log_a |x|)' = \frac{1}{\ln a} \cdot \frac{1}{x} \text{ für } x \neq 0;$$

$$(\ln |f(x)|)' = \frac{f'(x)}{f(x)} \quad \text{für} \quad f(x) \neq 0.$$

Taylor-Entwicklung des natürlichen Logarithmus:

$$\ln x = (x-1) - \frac{(x-1)^2}{2} + \frac{(x-1)^3}{3} - + \dots$$
$$+ (-1)^n \frac{(x-1)^{n+1}}{(1+\theta(x-1))^{n+1}} \cdot \frac{1}{n+1} \qquad \text{mit } 0 < \theta < 1.$$

Für $0 < x \leq 2$ gilt

$$\ln x = (x-1) - \frac{(x-1)^2}{2} + \frac{(x-1)^3}{3} - + \ldots = \sum_{k=1}^{\infty} \frac{(-1)^{k+1}}{k}(x-1)^k.$$

Für jedes x mit $0 < x < 2$ ist diese Reihe absolut konvergent. An der Stelle $x = 2$ ist die Reihe

$$\ln 2 = 1 - \frac{1}{2} + \frac{1}{3} - \frac{1}{4} + \frac{1}{5} - + \ldots = \sum_{k=1}^{\infty} \frac{(-1)^{k+1}}{k}$$

als alternierende Leibnizsche Reihe (s. Reihe, 5.) nur bedingt konvergent. Die Reihe der Beträge ist die harmonische Reihe, die nicht konvergiert (s. harmonische Reihe). Daher ist die Reihe für $\ln 2$ nur bedingt konvergent.

Für $x > 0$ gilt: $\ln x = \int_1^x \frac{du}{u}$.

Logik s. Aussagenlogik.

logische Operationen:

Logische Operationen sind (s. unter den in Klammern angegebenen Begriffen): $\neg$ (Negation), $\wedge$ (und, logisches), $\vee$ (oder, logisches), $\Rightarrow$ (folgt, logisch), $\Leftrightarrow$ (äquivalent). Reihenfolge der Ausführung der Operationen s. Klammerregeln, 3.

lokal:

Unter einer *lokalen* Aussage versteht man eine Aussage, die nur in einer Umgebung der betrachteten Stelle richtig ist. So sind z. B. lokale Extrema nur in einer Umgebung dieser Stelle extremal.

lokaler Diskretisierungsfehler s. gewöhnliche Differentialgleichung, 7.

lokaler Quadraturfehler s. gewöhnliche Differentialgleichung, 7.

lokaler Steigungsfehler s. gewöhnliche Differentialgleichung, 7.

lokales Extremum s. Extremum.

Lösung:

Unter einer *Lösung* einer Aussageform versteht man ein Element, für welches die Aussageform eine wahre Aussage ist (s. Aussageform).

Lösungsmenge (Erfüllungsmenge):

Die *Lösungsmenge* oder *Erfüllungsmenge* einer Aussageform (s. Aussageform) ist die Teilmenge der gegebenen Grundmenge (s. Grundmenge), für deren Elemente die Aussage wahr ist.

Lot (Lotgerade, Lotfußpunkt):

Eine Gerade l, die durch einen Punkt Q geht und senkrecht auf einer Ebene E oder anderen Geraden g steht, heißt *Lotgerade*. Der Schnittpunkt Q'

der Lotgeraden l mit der Ebene E (Geraden g) heißt *Lotfußpunkt.* Die Strecke $\overline{QQ'}$ heißt *Lot*, ihre Länge ist der Abstand des Punktes Q von E bzw. g. Diejenige Gerade l, die gleichzeitig auf zwei *windschiefen Geraden* (Geraden im $\mathbb{R}^3$, die nicht parallel sind und sich nicht schneiden) senkrecht steht, heißt ebenfalls *Lotgerade. Abstände* werden auf den Lotgeraden gemessen.

1. Lot von einem Punkt der Ebene auf eine Gerade der Ebene:
Der Punkt $Q(x_0, y_0)$ und die Gerade g seien im $\mathbb{R}^2$. Die Gerade g besitze die Koordinatengleichung

$$ax + by + c = 0.$$

Dann ist $\vec{n}^T = (a, b)$ ein Vektor senkrecht auf g. Die Lotgerade l durch Q_0 besitzt dann die Koordinatengleichung

$$b(x - x_0) - a(y - y_0) = 0.$$

Abstand des Punktes Q von der Geraden g s. Abstand, 2.

2. Lot von einem Punkt auf eine räumliche Gerade g:
Die räumliche Gerade g besitze die Parameterdarstellung

$$\overrightarrow{OX} = \vec{a} + \lambda \vec{b}; \ \vec{b} \neq \vec{0}, \ \lambda \in \mathbb{R}$$

(s. Gerade, 2.1.). Den zum Lotfußpunkt Q' gehörenden Parameterwert λ_0 erhält man aus

$$\overrightarrow{OQ}' = \vec{a} + \lambda_0 \vec{b}.$$

Der Lotvektor

$$\overrightarrow{QQ}' = \overrightarrow{OQ}' - \overrightarrow{OQ} = \vec{a} + \lambda_0 \vec{b} - \overrightarrow{OQ}$$

steht senkrecht auf dem Richtungsvektor $\vec{b}$ der Geraden g. Daher verschwindet das innere Produkt

$$0 = \overrightarrow{QQ}' \cdot \vec{b} = (\vec{a} + \lambda_0 \vec{b} - \overrightarrow{OQ}) \cdot \vec{b} = \vec{a} \cdot \vec{b} + \lambda_0 \cdot |\vec{b}|^2 - \overrightarrow{OQ} \cdot \vec{b}, \text{ also}$$

$$\lambda_0 = \frac{\left(\overrightarrow{OQ} - \vec{a}\right) \cdot \vec{b}}{|\vec{b}|^2}; \quad \text{Lotfußpunkt:} \quad \overrightarrow{OQ}' = \vec{a} + \lambda_0 \vec{b}.$$

Abstand des Punktes Q von der Geraden g s. Abstand, 3.

3. Lot auf eine Ebene:
Falls die Ebene E durch die Parameterdarstellung

$$\overrightarrow{OX} = \vec{a} + \lambda \vec{b} + \mu \vec{c}$$

gegeben ist (s. Ebene, 2.1.), stellt das Kreuzprodukt (s. Kreuzprodukt)

$$\vec{w} = \vec{b} \times \vec{c}$$

den Richtungsvektor der Lotgaraden l dar. Die Lotgerade l durch den

Punkt Q besitzt die Parameterdarstellung

$$\overrightarrow{OX} = \overrightarrow{OQ} + \rho \cdot (\vec{b} \times \vec{c}), \rho \in \mathbb{R}.$$

Falls die Ebene durch die Koordinatengleichung

$$ax + by + cz + d = 0$$

gegeben ist (s. Ebene, 2.2.) ist $\vec{w}^T = (a, b, c)$ ein Normalenvektor auf der Ebene E, also ein Richtungsvektor von l.

Abstand des Punktes Q von der Ebene E s. Abstand, 1.

4. Lotgerade zweier windschiefer Geraden:
Aus den Richtungsvektoren $\vec{b}_1$ und $\vec{b}_2$ zweier windschiefer Geraden erhält man den Richtungsvektor der Lotgeraden l als Kreuzprodukt $\vec{b}_1 \times \vec{b}_2$. Der Teil der Lotgeraden, der zwischen den beiden windschiefen Geraden liegt, heißt *Lot*. Abstand zweier windschiefer Geraden s. Abstand, 7.

Loxodrome:
Eine Kurve auf einer Kugel (Erdoberfläche), die alle Meridiane unter dem gleichen Kurswinkel α schneidet, heißt *Loxodrome* (s. sphärische Trigonometrie, 5.3).

Lücke s. rationale Funktion.

M

m s. Meter.

Mächtigkeit s. Kardinalzahl.

MacLaurin, Colin (1698 – 1746) lehrte als Schottischer Pfarrerssohn in Aberdeen und Edinburgh. Nach ihm benannt ist die MacLaurinsche Reihe.

MacLaurinsche Reihe:
Die *MacLaurinsche Reihe*

$$T(x) = f(0) + \frac{f'(0)}{1!} \cdot x + \frac{f''(0)}{2!} \cdot x^2 + \ldots + \frac{f^{(n)}(0)}{n!} \cdot x^n + \ldots$$

$$= \sum_{k=0}^{\infty} \frac{f^{(k)}(0)}{k!} \cdot x^k$$

ist die Taylorsche Reihe an der Entwicklungsstelle $x_0 = 0$ (s. Taylor-Entwicklung, 1.3.).

magisches Quadrat:

Ein *magisches Quadrat* ist eine quadratische n-reihige Matrix mit folgenden Eigenschaften:

1. Ihre Elemente sind voneinander verschiedene natürliche Zahlen.
2. Die Summen aller Zeilen, Spalten und Diagonalen stimmen überein.

Im allgemeinen sind die Elemente der Matrix Anfangsteile von arithmetischen Zahlenfolgen (s. arithmetische Zahlenfolge), z. B. $1, 2, 3, \ldots, n^2 - 1$. Auf dem Stich "Melancholia" von A. Dürer ist das folgende Beispiel abgebildet:

16	3	2	13
5	10	11	8
9	6	7	12
4	15	14	1

Majorante (Minorante):

Es sei $0 \leq a_n \leq b_n$ für alle n. In den unendlichen Reihen $\sum_{n=1}^{\infty} a_n \leq \sum_{n=1}^{\infty} b_n$ heißt dann $\sum_{n=1}^{\infty} b_n$ *Majorante* von $\sum_{n=1}^{\infty} a_n$ und $\sum_{n=1}^{\infty} a_n$ *Minorante* von $\sum_{n=1}^{\infty} b_n$

(s. Majorantenkriterium, s. Minorantenkriterium, s. Reihe, 4.)

Majorantenkriterium:

1. Majorantenkriterium für Reihen:

Es sei $\sum_{n=1}^{\infty} c_n$ eine konvergente Reihe mit nichtnegativen Gliedern und es gelte $|a_n| \leq c_n$ für alle $n \geq m$ (m fest). Dann ist die Reihe $\sum_{n=1}^{\infty} a_n$ absolut konvergent (s. Reihe, 4., s. Majorante).

2. Majorantenkriterium von Weierstraß für Funktionenreihen:

Die Funktionen $f_n(x)$ seien in $[a; b]$ beschränkt durch $|f_n(x)| \leq a_n$ für $n = 1, 2, \ldots$. Die Reihe $\sum_{n=1}^{\infty} a_n < \infty$ sei konvergent. Dann ist die Funktionenreihe $\sum_{n=1}^{\infty} f_n(x)$ in $[a; b]$ absolut konvergent mit

$$\sum_{n=1}^{\infty} |f_n(x)| \leq \sum_{n=1}^{\infty} a_n \quad \text{(s. Funktionenreihe).}$$

Makrometer:

Ein *Makrometer*, im Zeichen $1\,\mu m$, sind 10^{-6} Meter, also $10^6\,\mu m = 1\,m$ (s. Längeneinheit und Längenmaßzahl).

Mannigfaltigkeit:

Eine *Mannigfaltigkeit* ist eine Punktmenge, deren Punkte umkehrbar eindeutig auf n-Tupel $(x_1, x_2, \ldots, x_n)$ reeller Zahlen abgebildet werden können. Beispiele von Mannigfaltigkeiten sind Kurven und Flächen.

Mantel s. Kegel, 2.1., s. Prisma, s. Pyramide, s. Zylinder.

Mantelfläche eines Rotationskörpers s. Rotationsfläche und Rotationskörper, 2.

Mantisse s. dekadischer Logarithmus.

Marktpreis:

Es sei N(p) die vom Preis p (je Mengeneinheit) abhängige, streng monoton fallende, stetige Nachfragefunktion (s. Nachfragefunktion) und A(p) eine streng monoton wachsende, stetige Angebotsfunktion (s. Angebotsfunktion). Durch das Wechselspiel von Angebot und Nachfrage stellt sich auf dem Markt ein Gleichgewichtspreis, der *Marktpreis* p_M ein. Beim Marktpreis gleichen sich Angebot und Nachfrage aus mit $A(p_M) = N(p_M)$.

Maß:

Der *Maßbegriff* ist eine Verallgemeinerung des elementargeometrischen Inhaltsbegriffs (s. Inhalt). Eine auf einem System $\mathfrak{R}$ von Teilmengen einer Grundmenge Ω definierte reellwertige Mengenfunktion μ heißt *Maß*, wenn für alle A, B, $A_i \in \mathfrak{R}$ folgende Eigenschaften gelten:

(M1) $\mu(A) \geq 0$ (Nichtnegativität);

(M2) $\mu(A \cup B) = \mu(A) + \mu(B)$ für $A \cap B = \emptyset$ (Additivität);

(M3) $\mu(\emptyset) = 0$;

(M4) $\mu(\bigcup_{i=1}^{\infty} A_i) = \sum_{i=1}^{\infty} \mu(A_i)$ für $A_i \cap A_j = \emptyset$ mit $i \neq j$ (σ-Additivität).

Jede Menge aus $\mathfrak{R}$ heißt μ-*meßbar*.

Falls die nichtnegative Mengenfunktion μ nur die Eigenschaften (M1), (M2) und (M3) erfüllt, heißt μ *Inhalt* oder *endlich additives Maß*. Die Bedingung (M4) ist nur für einen *Mengenkörper* $\mathfrak{R}$ sinnvoll (s. Mengenring). Den Mengenkörper nennt man auch *Borelkörper*.

Maß, äußeres s. Lebesguesches Maß.

Maß, Diracsches s. Diracsches Maß.

Masse und Massendichte:

1. Masse und Massendichte eines Körpers:

Ein Körper K besitze das Volumen V und die Masse m. Dann heißt der Quotient m/V die *mittlere Massendichte*. Es sei P(x, y, z) ein beliebiger Punkt in einem Körper K. Für jedes $n \in \mathbb{N}$ sei der Punkt P im Körper K_n mit der Masse Δm_n und dem Volumen ΔV_n enthalten. Die Volumina seien alle positiv und konvergieren für $n \to \infty$ gegen 0. Im Falle der Existenz heißt der Grenzwert

$$\rho(x,y,z) = \lim_{\substack{n\to\infty \\ \Delta V_n\to 0}} \frac{\Delta m_n}{\Delta V_n} = \lim_{\Delta V\to 0} \frac{\Delta m}{\Delta V}$$

die *Massendichte* oder *Dichte der Massenbelegung* des Körpers K im Punkt P. Aus der Massendichte erhält man die Gesamtmasse als Raumintegral

$$M(K) = \iiint_K \rho(x,y,z)\,dV$$

(s. Integralrechnung, 3.). Bei homogenen Körpern ist die Massendichte konstant, also $\rho(x,y,z) \equiv \rho$. Dann lautet die Masse

$$M(K) = \rho \cdot V \quad (V = \text{Volumen}).$$

2. Masse und Flächendichte eines ebenen Flächenstücks:

Es sei $P(x,y)$ ein Punkt eines ebenen Flächenstücks $\mathfrak{F}$ (s. Fläche, 1.). Für jedes $n \in \mathbb{N}$ sei P im Flächenstück $\mathfrak{F}_n$ mit der Masse Δm_n und dem Flächeninhalt $\Delta F_n > 0$ enthalten (s. Integralrechnung, 2.1). Im Falle der Existenz heißt der Grenzwert

$$\rho(x,y,z) = \lim_{\substack{n\to\infty \\ \Delta F_n\to 0}} \frac{\Delta m_n}{\Delta F_n} = \lim_{\Delta F\to 0} \frac{\Delta m}{\Delta F}$$

die *Flächendichte* oder *Dichte der Flächenbelegung* im Punkt P. Aus der Flächendichte erhält man die gesamte Masse des Flächenstücks als Flächenintegral

$$M(\mathfrak{F}) = \iint_{\mathfrak{F}} \rho(x,y)\,dF \quad \text{(s. Integralrechnung, 2.1.).}$$

3. Masse und Flächendichte eines räumlichen Flächenstücks:

Es sei $P(x,y,z)$ ein Punkt eines räumlichen Flächenstücks $\mathfrak{F}$ (s. Fläche, 2.). Für jedes $n \in \mathbb{N}$ sei P im Flächenstück $\mathfrak{F}_n$ mit der Masse Δm_n und der Oberfläche $\Delta O_n > 0$ enthalten (s. Oberflächenintegral, 1.). Im Falle der Existenz heißt der Grenzwert

$$\rho(x,y,z) = \lim_{\substack{n\to\infty \\ \Delta O_n\to 0}} \frac{\Delta m_n}{\Delta O_n} = \lim_{\Delta O\to 0} \frac{\Delta m}{\Delta O}$$

die *Flächendichte* oder *Dichte der Flächenbelegung* im Punkt P. Aus der Flächendichte erhält man die gesamte Masse des Flächenstücks als Oberflächenintegral

$$M(\mathfrak{F}) = \iint_{\mathfrak{F}} \rho(x,y)\,dO \quad \text{(s. Oberflächenintegral, 1.).}$$

4. Masse und Liniendichte eines räumlichen (ebenen) Kurvenstücks:

$P(x,y,z)$ sei ein Punkt eines räumlichen Kurvenstücks $\mathfrak{C}$. Für jedes $n \in \mathbb{N}$ sei P im Bogenstück s_n mit der Masse Δm_n und der Bogenlänge $\Delta s_n > 0$ enthalten (s. Kurvenintegral, 2.1.). Im Falle der Existenz heißt

$$\rho(x,y,z) = \lim_{\substack{n\to\infty \\ \Delta s_n\to 0}} \frac{\Delta m_n}{\Delta s_n} = \lim_{\Delta s\to 0} \frac{\Delta m}{\Delta s}$$

die *Liniendichte* oder *Dichte der mit Masse belegten Kurve* im Punkt P. Mit der Liniendichte erhält man die gesamte Masse des Kurvenstücks als Kurvenintegral

$$M(\mathfrak{C}) = \int_{\mathfrak{C}} \rho(x, y, z)\, ds \quad \text{(s. Kurvenintegral, 2.1.).}$$

Massenbelegung s. Masse und Massendichte.

Massenmittelpunkt:

Der Schwerpunkt von Massenpunkten heißt auch *Massenmittelpunkt* (s. Schwerpunkt, 1.).

Massenpunkt (materieller Punkt):

Unter einem *Massenpunkt* oder *materiellen Punkt* versteht man ein Modell eines Körpers, dessen Ausdehnung bei der Behandlung mechanischer Aufgaben vernachlässigt werden kann. Die gesamte Masse stellt man sich in einem Punkt konzentriert vor.

maßkonvergent:

Auf der Menge $M \subset \mathbb{R}$ sei (f_n) für $n = 1, 2, \ldots$ eine Folge von Funktionen, die bezüglich des Lebesgueschen Maßes μ fast überall, also bis auf eine Menge vom Maße Null, endlich sind (s. Lebesguesches Maß). Die Funktion f sei fast überall endlich und Lebesgue-meßbar (s. Lebesgue-meßbar). Falls für das Lebesgue-Maß μ für jedes $\varepsilon > 0$ gilt

$$\lim_{n \to \infty} \mu\big(M \cap \{x \mid |f_n(x) - f(x)| \geq \varepsilon\}\big) = 0,$$

heißt die Folge (f_n) auf M *maßkonvergent* gegen f bezüglich des Lebesgueschen Maßes μ.

Maßstab:

Durch den *Maßstab* wird festgelegt, wie viele Einheiten im Original einer Einheit auf dem Bild entsprechen (s. Längeneinheit und Längenmaßzahl).

Maßzahl s. Längeneinheit und Längenmaßzahl, s. Rauminhalt.

Math. s. Mathematik.

Mathematik:

Der Begriff *Mathematik* kommt aus dem Griechischen ($\mu\alpha\theta\grave{\eta}\mu\alpha\tau\iota\kappa\alpha$) und bedeutet Wissenschaft. Früher verstand man darunter die Wissenschaft von den Raum- und Zahlengrößen. Als Abkürzung verwendet man *Math.*

mathematische Geräte:

Mathematische Geräte sind vor allem mechanische Geräte, die zur Lösung geometrischer oder mathematischer Probleme benutzt werden.

mathematische Logik s. Aussagenlogik.

mathematische Statistik:

Unter dem Begriff *mathematische Statistik* versteht man die Statistik, welche auf der Wahrscheinlichkeitsrechnung aufgebaut ist.

mathematische Tafel:

Eine *mathematische* Tafel ist eine Zusammenstellung von mathematischen Konstanten und Werten von nicht elementar berechenbaren Funktionen.

Matrix (plural: Matrizen):

1. Grundbegriffe:

Das rechteckige Zahlenschema

$$A = \begin{pmatrix} a_{11} & a_{12} & \cdots & a_{1j} & \cdots & a_{1n} \\ a_{21} & a_{22} & \cdots & a_{2j} & \cdots & a_{2n} \\ \vdots & \vdots & & \vdots & & \vdots \\ a_{i1} & a_{i2} & \cdots & a_{ij} & \cdots & a_{in} \\ \vdots & \vdots & & \vdots & & \vdots \\ a_{m1} & a_{m2} & \cdots & a_{mj} & \cdots & a_{mn} \end{pmatrix} \leftarrow \text{i-te Zeile}$$

$$\uparrow \text{ j-te Spalte}$$

$$= \left(a_{ij}\ ;\ i = 1, 2, \ldots, m\ ;\ j = 1, 2, \ldots, n\right)$$

heißt eine *Matrix* mit m Zeilen und n Spalten. Man nennt sie auch eine *m × n - Matrix.* Die einzelnen Zahlen $a_{ij} \in \mathbb{R}$ sind die *Elemente* der Matrix. Das Element a_{ij} steht zugleich in der i - ten Zeile und j - ten Spalte. Dabei ist i der *Zeilen-* und j der *Spaltenindex.* Um anzugeben, daß A eine m × n - Matrix ist, bezeichnet man die Matrix auch mit $A_{m \times n}$. Für m = 1 ist A ein Zeilenvektor mit n Komponenten, für n = 1 ein Spaltenvektor mit m Komponenten (s. Vektor im V^n). m = n = 1 ergibt eine reelle Zahl.
In der m × n - Matrix A sei $\vec{a}_i$ der Vektor der i - ten Zeile mit

$$\vec{a}_i^T = (a_{i1}, a_{i2}, \ldots, a_{in}) \quad \text{für} \quad i = 1, 2, \ldots, m$$

und $\vec{b}_j$ der Vektor der j - ten Spalte mit

$$\vec{b}_j = (a_{1j}, a_{2j}, \ldots, a_{mj})^T \quad \text{für} \quad j = 1, 2, \ldots, n.$$

Damit kann die Matrix A dargestellt werden als Zusammenfassung der m Zeilen- bzw. n Spaltenvektoren

$$A = \begin{pmatrix} \vec{a}_1^T \\ \vec{a}_2^T \\ \vdots \\ \vec{a}_m^T \end{pmatrix} = \left(\vec{b}_1, \vec{b}_2, \ldots, \vec{b}_n\right).$$

Vergleich zweier Matrizen:
Es seien $A = (a_{ij})$ und $B = (b_{ij})$ Matrizen mit übereinstimmender Zeilenanzahl m und gleicher Spaltenanzahl n, also gleichartige Matrizen. Matrizen vom gleichen Typ werden miteinander elementweise verglichen. Es ist

$A = B$ (A *gleich* B) $\Leftrightarrow a_{ij} = b_{ij}$ für alle $i = 1, \ldots, m;\ j = 1, \ldots, n;$

$A < B$ (A *kleiner* B) $\Leftrightarrow a_{ij} < b_{ij}$ für alle $i = 1, \ldots, m;\ j = 1, \ldots, n;$

$A \leq B$ (A *kleiner gleich* B) $\Leftrightarrow a_{ij} \leq b_{ij}$ für alle $i = 1, \ldots, m;\ j = 1, \ldots, n;$

$A \neq B$ (A *ungleich* B) $\Leftrightarrow a_{ij} \neq b_{ij}$ für mindestens ein Paar (i, j).

Transponierte Matrix:
Die Matrix A^T, die aus A dadurch hervorgeht, daß die Zeilen von A der Reihe nach als Spalten von A^T geschrieben werden (dann gehen Spalten in Zeilen über), heißt die zu A *transponierte Matrix*, also

$$A = \begin{pmatrix} a_{11} & a_{12} & \cdots & a_{1n} \\ a_{21} & a_{22} & \cdots & a_{2n} \\ \vdots & \vdots & \vdots & \vdots \\ a_{m1} & a_{m2} & \cdots & a_{mn} \end{pmatrix}; \quad A^T = \begin{pmatrix} a_{11} & a_{21} & \cdots & a_{m1} \\ a_{12} & a_{22} & \cdots & a_{m2} \\ \vdots & \vdots & \vdots & \vdots \\ a_{1n} & a_{2n} & \cdots & a_{mn} \end{pmatrix}.$$

Quadratische Matrix:
Eine $n \times n$ - Matrix (Anzahl der Zeilen = Anzahl der Spalten) heißt n-reihige *quadratische* Matrix.

Symmetrische Matrix:
Falls für eine quadratische Matrix A die Beziehung $A^T = A$ gilt, heißt A *symmetrisch*. Bei einer symmetrischen Matrix gilt also für alle Paare (i, j) $a_{ij} = a_{ji}$.

Einheitsmatrix:
Die n - reihige quadratische Matrix

$$E = \begin{pmatrix} 1 & 0 & \cdots & 0 \\ 0 & 1 & \cdots & 0 \\ \vdots & \vdots & \vdots & \vdots \\ 0 & 0 & \cdots & 1 \end{pmatrix} \text{ mit } e_{ij} = \begin{cases} 1 & \text{für } i = j; \\ 0 & \text{für } i \neq j \end{cases}$$

heißt n - reihige *Einheitsmatrix*. In der Einheitsmatrix sind alle Elemente e_{ii} der Hauptdiagonalen $(i = j)$ gleich Eins, während alle übrigen Elemente verschwinden.

Nullmatrix:
Die $m \times n$ - *Nullmatrix* O ist die Matrix, bei der sämtliche Elemente verschwinden:

$$O = \begin{pmatrix} 0 & 0 & \cdots & 0 \\ 0 & 0 & \cdots & 0 \\ \vdots & \vdots & \vdots & \vdots \\ 0 & 0 & \cdots & 0 \end{pmatrix}.$$

Diagonalmatrix:
Die n-reihige quadratische Matrix

$$D = \begin{pmatrix} d_1 & 0 & \cdots & 0 \\ 0 & d_2 & \cdots & 0 \\ \vdots & \vdots & \vdots & \vdots \\ 0 & 0 & \cdots & d_n \end{pmatrix} \quad \text{mit} \quad d_{ij} = \begin{cases} d_i & \text{für } i = j; \\ 0 & \text{für } i \neq j \end{cases}$$

heißt n-reihige *Diagonalmatrix*. In einer Diagonalmatrix dürfen die Elemente $d_{ii} = d_i$ der Hauptdiagonalen beliebig sein, während alle Elemente außerhalb der Hauptdiagonalen verschwinden.

Dreiecksmatrix:

$$D_1 = \begin{pmatrix} a_{11} & a_{12} & a_{13} & a_{14} & \cdots & a_{1n} \\ 0 & a_{22} & a_{23} & a_{24} & \cdots & a_{2n} \\ 0 & 0 & a_{33} & a_{34} & \cdots & a_{3n} \\ 0 & 0 & 0 & a_{44} & \cdots & a_{4n} \\ \vdots & \vdots & \vdots & \vdots & \vdots & \vdots \\ 0 & 0 & 0 & \cdots & 0 & a_{nn} \end{pmatrix}; \quad D_2 = \begin{pmatrix} a_{11} & 0 & 0 & 0 & \cdots & 0 \\ a_{21} & a_{22} & 0 & 0 & \cdots & 0 \\ a_{31} & a_{32} & a_{33} & 0 & \cdots & 0 \\ a_{41} & a_{42} & a_{43} & a_{44} & \cdots & 0 \\ \vdots & \vdots & \vdots & \vdots & \vdots & \vdots \\ a_{n1} & a_{n2} & a_{n3} & a_{n4} & \cdots & a_{nn} \end{pmatrix}$$

heißen *obere* bzw. *untere Dreiecksmatrix*.

2. Das Rechnen mit Matrizen:

2.1. Multiplikation einer Matrix mit einer Zahl (einem Skalar) λ:

Eine Matrix A wird mit einem Skalar (Zahl) $\lambda \in \mathbb{R}$ multipliziert, indem jedes Element a_{ij} mit λ multipliziert wird, also

$$\lambda \cdot A = \lambda A = \begin{pmatrix} \lambda a_{11} & \lambda a_{12} & \cdots & \lambda a_{1n} \\ \lambda a_{21} & \lambda a_{22} & \cdots & \lambda a_{2n} \\ \vdots & \vdots & \vdots & \vdots \\ \lambda a_{m1} & \lambda a_{m2} & \cdots & \lambda a_{mn} \end{pmatrix}.$$

2.2. Addition (Subtraktion) zweier Matrizen:

Zwei gleichartige $m \times n$-Matrizen $A = (a_{ij})$ und $B = (b_{ij})$ werden addiert (subtrahiert), indem die an den gleichen Stellen stehenden Elemente der beiden Matrizen addiert (subtrahiert) werden, also

$$A \pm B = \begin{pmatrix} a_{11} \pm b_{11} & a_{12} \pm b_{12} & \cdots & a_{1n} \pm b_{1n} \\ a_{21} \pm b_{21} & a_{22} \pm b_{22} & \cdots & a_{2n} \pm b_{2n} \\ \vdots & \vdots & \vdots & \vdots \\ a_{m1} \pm b_{m1} & a_{m2} \pm b_{m2} & \cdots & a_{mn} \pm b_{mn} \end{pmatrix}.$$

2.3. Multiplikation zweier Matrizen:

Es sei A eine $m \times n$ – Matrix und B eine $n \times r$-Matrix. Die Anzahl der Spalten von A muß mit der Anzahl der Zeilen von B übereinstimmen:

$$A = \begin{pmatrix} a_{11} & a_{12} & \cdots & a_{1n} \\ a_{21} & a_{22} & \cdots & a_{2n} \\ \vdots & \vdots & \vdots & \vdots \\ a_{m1} & a_{m2} & \cdots & a_{mn} \end{pmatrix}; \quad B = \begin{pmatrix} b_{11} & b_{12} & \cdots & b_{1r} \\ b_{21} & b_{22} & \cdots & b_{2r} \\ \vdots & \vdots & \vdots & \vdots \\ b_{n1} & b_{n2} & \cdots & b_{nr} \end{pmatrix}.$$

Dann ist das Produkt $C = A \cdot B = A\,B = (c_{ik})$ eine $m \times r$-Matrix mit den Elementen

$$c_{ik} = \sum_{j=1}^{n} a_{ij}\, b_{jk} = \vec{a}_i^{\,T} \cdot \vec{b}_k = \text{i-te Zeile von A mal k-te Spalte von B}$$

$$\text{für } i = 1, 2, \ldots, m \text{ und } k = 1, 2, \ldots, r,$$

also

$$A \cdot B = A\,B = \begin{pmatrix} \sum_{j=1}^{n} a_{1j}\, b_{j1} & \sum_{j=1}^{n} a_{1j}\, b_{j2} & \cdots & \sum_{j=1}^{n} a_{1j}\, b_{jr} \\ \sum_{j=1}^{n} a_{2j}\, b_{j1} & \sum_{j=1}^{n} a_{2j}\, b_{j2} & \cdots & \sum_{j=1}^{n} a_{2j}\, b_{jr} \\ \vdots & \vdots & \vdots & \vdots \\ \sum_{j=1}^{n} a_{mj}\, b_{j1} & \sum_{j=1}^{n} a_{mj}\, b_{j2} & \cdots & \sum_{j=1}^{n} a_{mj}\, b_{jr} \end{pmatrix}$$

$$= \begin{pmatrix} \vec{a}_1^{\,T} \cdot \vec{b}_1 & \vec{a}_1^{\,T} \cdot \vec{b}_2 & \cdots & \vec{a}_1^{\,T} \cdot \vec{b}_r \\ \vec{a}_2^{\,T} \cdot \vec{b}_1 & \vec{a}_2^{\,T} \cdot \vec{b}_2 & \cdots & \vec{a}_2^{\,T} \cdot \vec{b}_r \\ \vdots & \vdots & \vdots & \vdots \\ \vec{a}_m^{\,T} \cdot \vec{b}_1 & \vec{a}_m^{\,T} \cdot \vec{b}_2 & \cdots & \vec{a}_m^{\,T} \cdot \vec{b}_r \end{pmatrix}.$$

Praktische Berechnung des Matrizenprodukts:
Das Matrizenprodukt läßt sich sehr einfach berechnen in dem sogenannten *Falkschen Schema*:

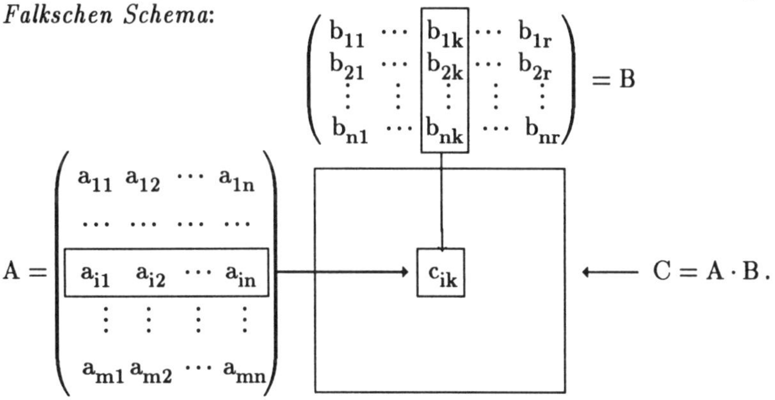

Quadrat einer Matrix:
Das Quadrat $A^2 = A \cdot A$ einer Matrix A existiert genau dann, wenn A eine quadratische Matrix ist.

m-te Potenz einer quadratischen Matrix:
Für eine quadratische Matrix A ist die m-te Potenz erklärt durch

$$A^m = \underbrace{A \cdot A \cdot \ldots \cdot A}_{\text{m Faktoren}} = A \cdot A^{m-1} = A^{m-1} \cdot A \quad \text{für } m = 1, 2, \ldots\,.$$

Dabei setzt man $A^0 = E$ (Einheitsmatrix).

Nilpotente Matrix:
Die quadratische Matrix A heißt *nilpotent*, wenn es eine natürliche Zahl m gibt mit $A^m = 0$ (Nullmatrix). Dann gilt $A^k = 0$ für alle $k \geq m$.

Orthogonale Matrix:
Die quadratische Matrix A heißt *orthogonal*, wenn mit der transponierten Matrix A^T gilt $A \cdot A^T = E$. Orthogonale Matrizen treten bei speziellen linearen Abbildungen und Koordinatentransformationen bei Orthonormalbasen auf (s. lineare Abbildung, 2.4.2., 2.4.3., s. Koordinatentransformation, 1.2., 2.2., 3.).

Eigenschaften der Matrizenoperationen:
Die in den nachfolgenden Formeln angegebenen Matrizen sollen so strukturiert sein, daß die entsprechenden Operationen durchführbar sind. Dann gelten die Eigenschaften:

$A + B = B + A$ (Kommutativgesetz der Addition);

$A + O = O + A = A$ (O = neutrales Element der Addition);

$(A + B) + C = A + (B + C)$ (Assoziativgesetz der Addition);

$A \cdot B \neq B \cdot A$ (Multiplikation ist im allgemeinen nichtkommutativ);

$A \cdot O = O \cdot A = O$;

$A \cdot E = E \cdot A = A$ (E = neutrales Element der Multiplikation);

$(A \cdot B) \cdot C = A \cdot (B \cdot C)$ (Assoziativgesetz der Multiplikation);

$A \cdot (B + C) = A \cdot B + A \cdot C$ (Distributivgesetz);

$(A + B) \cdot C = A \cdot C + B \cdot C$ (Distributivgesetz);

$(\lambda + \mu) \cdot A = \lambda \cdot A + \mu \cdot A$ (Distributivgesetz);

$\lambda \cdot (A + B) = \lambda \cdot A + \lambda \cdot B$ (Distributivgesetz);

$(A^T)^T = A$; $(A + B)^T = A^T + B^T$;

$(A \cdot B)^T = B^T \cdot A^T$ (Reihenfolge vertauschen!);

speziell: $(\vec{a}^T \cdot A)^T = A^T \cdot \vec{a}$; $(A \cdot \vec{b})^T = \vec{b}^T \cdot A^T$.

Da bei der Multiplikation zweier Matrizen im allgemeinen das Kommutativgesetz nicht gilt, dürfen die Rechenregeln für reelle Zahlen nicht unmittelbar auf Matrizen übertragen werden. So gelten z. B. bei nichtkommutativen quadratischen Matrizen die binomischen Formel nicht wegen

$$(A + B)^2 = A^2 + AB + BA + B^2 .$$

Nur für kommutative Matrizen mit AB = B A ist

$$(A + B)^2 = A^2 + 2\,AB + B^2 .$$

3. Rang einer Matrix:

Es sei A eine m × n - Matrix.

a) Die maximale Anzahl linear unabhängiger Zeilenvektoren der Matrix A heißt der *Zeilenrang* von A. Er wird mit Z (A) bezeichnet (s. linear unabhängig, 4.).

b) Die maximale Anzahl linear unabhängiger Spaltenvektoren der Matrix A nennt man den *Spaltenrang* von A. Er wird mit S (A) bezeichnet.

In der speziellen oberen Dreiecksmatrix

$$A^* = \left(\begin{array}{cccc|cc} 1 & a_{12}^* & \cdots & a_{1r}^* & \cdots & a_{1n}^* \\ 0 & 1 & \cdots & a_{2r}^* & \cdots & a_{2n}^* \\ \cdots & \cdots & \cdots & \cdots & \cdots & \cdots \\ 0 & 0 & \cdots & 1 & \cdots & a_{rn}^* \\ \hline 0 & 0 & \cdots & 0 & \cdots & 0 \\ \vdots & \vdots & \vdots & \vdots & & \vdots \\ 0 & 0 & 0 & 0 & \cdots & 0 \end{array}\right); \quad a_{ij} = \begin{cases} 0 & \text{für } i > j; \\ 1 & \text{für } i = j = 1, \ldots, r; \\ 0 & \text{für } i > r \text{ und alle } j \end{cases}$$

ist r gleichzeitig der Zeilen- und der Spaltenrang, also $Z(A^*) = S(A^*) = r$. Dabei sind die ersten r Zeilen- bzw. Spaltenvektoren jeweils linear unabhängig.

Zulässige rangerhaltende Operationen:

Der Zeilen- und Spaltenrang einer m × n-Matrix A bleibt unverändert, wenn eine oder mehrere der nachfolgenden rangerhaltenden Operationen durchgeführt werden:

1) Vertauschen zweier Zeilen der Matrix A.

2) Vertauschen zweier Spalten der Matrix A.

3) Multiplikation einer Zeile oder Spalte mit einer Konstanten $\lambda \neq 0$.

4) Addition eines Vielfachen einer Zeile bzw. Spalte zu einer anderen Zeile bzw. Spalte der Matrix.

Diese Operationen können jeweils durch rechts- bzw. linksseitige Multiplikation mit einer geeigneten Matrix durchgeführt werden.

Beispiel:

$$A = \begin{pmatrix} a_{11} & a_{12} & a_{13} \\ a_{21} & a_{22} & a_{23} \end{pmatrix}.$$

Vertauschen der beiden Zeilen:

$$\begin{pmatrix} 0 & 1 \\ 1 & 0 \end{pmatrix} \begin{pmatrix} a_{11} & a_{12} & a_{13} \\ a_{21} & a_{22} & a_{23} \end{pmatrix} = \begin{pmatrix} a_{21} & a_{22} & a_{23} \\ a_{11} & a_{12} & a_{13} \end{pmatrix};$$

Vertauschen zweier Spalten:

$$\begin{pmatrix} a_{11} & a_{12} & a_{13} \\ a_{21} & a_{22} & a_{23} \end{pmatrix} \begin{pmatrix} 0 & 0 & 1 \\ 0 & 1 & 0 \\ 1 & 0 & 0 \end{pmatrix} = \begin{pmatrix} a_{13} & a_{12} & a_{11} \\ a_{23} & a_{22} & a_{21} \end{pmatrix};$$

Multiplikation einer Zeile mit λ:

$$\begin{pmatrix} 1 & 0 \\ 0 & \lambda \end{pmatrix} \begin{pmatrix} a_{11} & a_{12} & a_{13} \\ a_{21} & a_{22} & a_{23} \end{pmatrix} = \begin{pmatrix} a_{11} & a_{12} & a_{13} \\ \lambda a_{21} & \lambda a_{22} & \lambda a_{23} \end{pmatrix};$$

Multiplikation einer Spalte mit λ:

$$\begin{pmatrix} a_{11} & a_{12} & a_{13} \\ a_{21} & a_{22} & a_{23} \end{pmatrix} \begin{pmatrix} 1 & 0 & 0 \\ 0 & \lambda & 0 \\ 0 & 0 & 1 \end{pmatrix} = \begin{pmatrix} a_{11} & \lambda a_{12} & a_{13} \\ a_{21} & \lambda a_{22} & a_{23} \end{pmatrix};$$

Addition eines Vielfachen einer Zeile zu einer anderen:

$$\begin{pmatrix} 1 & \lambda \\ 0 & 1 \end{pmatrix} \begin{pmatrix} a_{11} & a_{12} & a_{13} \\ a_{21} & a_{22} & a_{23} \end{pmatrix} = \begin{pmatrix} a_{11} + \lambda a_{21} & a_{12} + \lambda a_{22} & a_{13} + \lambda a_{23} \\ a_{21} & a_{22} & a_{23} \end{pmatrix};$$

Addition eines Vielfachen einer Spalte zu einer anderen:

$$\begin{pmatrix} a_{11} & a_{12} & a_{13} \\ a_{21} & a_{22} & a_{23} \end{pmatrix} \begin{pmatrix} 1 & 0 & 0 \\ 0 & 1 & 0 \\ 0 & \lambda & 1 \end{pmatrix} = \begin{pmatrix} a_{11} & a_{12} + \lambda a_{13} & a_{13} \\ a_{21} & a_{22} + \lambda a_{23} & a_{23} \end{pmatrix}.$$

Praktische Berechnung des Ranges:
Jede beliebige von der Nullmatrix O verschiedene $m \times n$-Matrix A läßt sich mit Hilfe von zulässigen rangerhaltenden Zeilenoperationen und eventueller Vertauschung von Spalten überführen in eine Matrix A^* der oben angegebenen Form (spezielle obere Dreiecksmatrix). Durch Produktbildung aller links- bzw. rechtsseitigen Multiplikationsmatrizen, welche die jeweiligen rangerhaltenden Zeilen- bzw. Spaltenumformungen darstellen, erhält man die Darstellung

$$PAR = A^*.$$

Dabei ist P eine quadratische $m \times m$ - Matrix mit dem Zeilen- und Spaltenrang m. Falls die ersten r Spaltenvektoren von A linear unabhängig sind, benötigt man keine Spaltenvertauschungen. In diesem Fall ist R die n-reihige Einheitsmatrix E. Die Matrizen A und A^* besitzen jeweils den gleichen Zeilen- und Spaltenrang r. Weil in der Matrix A^* der Spaltenrang gleich dem Zeilenrang ist, stimmen bei jeder Matrix A Zeilen- und Spaltenrang überein. Diesen gemeinsamen Wert r nennt man den *Rang* der Matrix A. Er wird mit Rg(A) bezeichnet, also

$$\mathrm{Rg}(A) = Z(A) = S(A) = r.$$

Singuläre und reguläre quadratische Matrizen:
Eine quadratische n-reihige Matrix A heißt *singulär*, falls ihr Rang kleiner

als n ist, also für $\mathrm{Rg}(A) < n$. Sie heißt *regulär* oder *nichtsingulär*, wenn sie den vollen Rang n besitzt, also für

$$\mathrm{Rg}(A) = n.$$

Kanonische Form einer Matrix:
Mit Hilfe von rangerhaltenden Spaltenoperationen kann die obige Dreiecksmatrix A^* übergeführt werden in die *äquivalente kanonische Form*

$$C = \begin{pmatrix} E_r & O \\ O & O \end{pmatrix}.$$

Dabei ist C wie A eine $m \times n$ - Matrix, E_r die r - reihige Einheitsmatrix, die restlichen Matrizen O sind Nullmatrizen vom entsprechenden Typ. Das Produkt von R und den (rechtsseitigen) Multiplikationsmatrizen, welche die entsprechenden rangerhaltenden Spaltenoperationen beschreiben, ergibt eine reguläre $n \times n$ - Matrix Q. Damit erhält man die *kanonische Form*

$$PAQ = \begin{pmatrix} E_r & O \\ O & O \end{pmatrix}.$$

Dabei ist P eine reguläre $m \times m$ - Matrix und Q eine reguläre $n \times n$ - Matrix. Jede Matrix A vom Rang r ist damit äquivalent (s. äquivalent, 4.) zu der *kanonischen Matrix*

$$C = \begin{pmatrix} E_r & O \\ O & O \end{pmatrix}. \text{ Hieraus folgt } \quad A = P^{-1}\begin{pmatrix} E_r & O \\ O & O \end{pmatrix}Q^{-1}.$$

4. Inverse Matrix (Kehrmatrix):
Es sei A eine quadratische nichtsinguläre Matrix, also eine Matrix mit vollem Rang n. Dann existiert die eindeutig bestimmte *Inverse* A^{-1} mit

$$A^{-1}A = AA^{-1} = E \quad (E = n\text{-reihige Einheitsmatrix}).$$

Mit A besitzt auch die Transponierte A^T eine Inverse und es gilt

$$(A^T)^{-1} = (A^{-1})^T .$$

$(A^T)^{-1}$ heißt die zu A *kontragrediente* Matrix.

Sind A und B nichtsinguläre n - reihige Matrizen, so gilt

$$(A \cdot B)^{-1} = B^{-1} \cdot A^{-1} \qquad \text{(Reihenfolge vertauschen!).}$$

Allgemein gilt $(A^{-1})^{-1} = A$.

Bei einer orthogonalen, nichtsingulären Matrix (s. orthogonal, 1.) erhält man aus $A^TA = E$ die Inverse $A^{-1} = A^T$ (transponierte Matrix).

4.1. Berechnung mit Hilfe des Gaußschen Algorithmus:
Der Ansatz $X = A^{-1}$ führt mit $A \cdot X = E$ auf lineare Gleichungssysteme mit der gleichen Koeffizientenmatrix A und verschiedenen rechten Seiten. Mit Hilfe des Gaußschen Algorithmus (s. lineares Gleichungssystem, 5.) erhält man die Lösung über das

Ausgangstableau:

$$A = \begin{pmatrix} a_{11} & a_{12} & \cdots & a_{1n} \\ a_{21} & a_{22} & \cdots & a_{2n} \\ a_{31} & a_{32} & \cdots & a_{3n} \\ \vdots & \vdots & \vdots & \vdots \\ a_{n1} & a_{n2} & \cdots & a_{nn} \end{pmatrix} \left| \begin{pmatrix} 1 & 0 & 0 & \cdots & 0 \\ 0 & 1 & 0 & \cdots & 0 \\ 0 & 0 & 1 & \cdots & 0 \\ \vdots & \vdots & \vdots & \vdots & \vdots \\ 0 & 0 & 0 & \cdots & 1 \end{pmatrix} \right. = E$$

....

Endtableau:

$$E = \begin{pmatrix} 1 & 0 & 0 & \cdots & 0 \\ 0 & 1 & 0 & \cdots & 0 \\ 0 & 0 & 1 & \cdots & 0 \\ \vdots & \vdots & \vdots & \vdots & \vdots \\ 0 & 0 & 0 & \cdots & 1 \end{pmatrix} \left| \begin{pmatrix} x_{11} & x_{12} & x_{13} & \cdots & x_{1n} \\ x_{21} & x_{22} & x_{23} & \cdots & x_{2n} \\ x_{31} & x_{32} & x_{33} & \cdots & x_{3n} \\ \vdots & \vdots & \vdots & \vdots & \vdots \\ x_{n1} & x_{n2} & x_{n3} & \cdots & x_{nn} \end{pmatrix} \right. = A^{-1}$$

4.2. Berechnung mit Hilfe von Determinanten:
Es gilt

$$A^{-1} = \frac{1}{\det(A)} \cdot \begin{pmatrix} A_{11} & A_{21} & \cdots & A_{n1} \\ A_{12} & A_{22} & \cdots & A_{n2} \\ \vdots & \vdots & \vdots & \vdots \\ A_{1n} & A_{2n} & \cdots & A_{nn} \end{pmatrix}.$$

Dabei ist A_{ik} die zum Element a_{ik} gehörende Adjunkte von A (s. Determinante, 3.). Dabei ist die Transponierung zu beachten!

5. Matrixgleichung:
Gegeben sind die Matrizen A und B. Gesucht ist eine Matrix X mit $A \cdot X = B$. Dabei sei A eine $m \times n$ - Matrix und B eine $m \times q$ - Matrix. Dann muß X eine $n \times q$ - Matrix sein. Die Matrizengleichung kann mit Hilfe des Gaußschen Algorithmus gelöst werden (s. lineares Gleichungssystem, 5.). Im Ausgangstableau steht auf der linken Seite die Matrix A, auf der rechten Seite die Matrix B.

6. Matrixfunktion:
Es sei A eine quadratische Matrix. Manche reellen Funktionen $f(x)$ lassen sich formal auf quadratische Matrizen übertragen, so daß durch $f(A)$ eine Matrix definiert ist.

6.1. Ganzrationale Funktion:
Gegeben ist das Polynom vom Grad n

$$P_n(x) = a_0 + a_1 x + a_2 x^2 + \ldots + a_n x^n = \sum_{k=0}^{n} a_k x^k$$

mit $a_0, a_1, \ldots, a_n \in \mathbb{R}$, $a_n \neq 0$. Ersetzt man hier x formal durch die quadratische Matrix A, so erhält man mit den Potenzen A^k mit $A^0 = E$ (Einheitsmatrix) das Matrixpolynom

$$P_n(A) = a_0 E + a_1 A + a_2 A^2 + \ldots + a_n A^n = \sum_{k=0}^{n} a_k A^k.$$

6.2. Potenzreihe:
Mit reellen *Koeffizienten* $a_k \in \mathbb{R}$ heißt

$$f(A) = a_0 E + a_1 A + a_2 A^2 + a_3 A^3 + \ldots = \sum_{k=0}^{\infty} a_k A^k$$

eine *Potenzreihe* der Matrix A. Die Konvergenz von Matrizen ist elementenweise zu verstehen. Mit Hilfe der Norm der Matrix A

$$\| A \| = \max_{1 \leq i,j \leq n} | a_{ij} |$$

(s. Matrixnorm) kann folgende Konvergenzaussage gemacht werden:
Die reelle Potenzreihe

$$f(x) = \sum_{k=0}^{\infty} a_k x^k$$

besitze den Konvergenzradius r (s. Potenzreihe, 1.). Dann konvergiert die Potenzreihe f(A) für jede quadratische Matrix A mit $\| A \| < r$.

Beispiel: Die Exponentialreihe

$$e^A = E + A + \frac{A^2}{2!} + \frac{A^3}{3!} + \ldots = \sum_{k=0}^{\infty} \frac{A^k}{k!}$$

konvergiert für jede quadratische Matrix A. Falls die Matrix A nilpotent ist mit $A^m = 0$, bricht wegen $A^k = 0$ für alle $k \geq m$ die Potenzreihe ab mit

$$\sum_{k=0}^{\infty} a_k A^k = \sum_{k=0}^{m-1} a_k A^k .$$

Matrixdarstellung einer linearen Abbildung s. lineare Abbildung, 2.

Matrixfunktion s. Matrix, 6.

Matrixgleichung s. Matrix, 5.

Matrixnorm:

Es seien A, B, C, ... gleichartige Matrizen mit reellen Elementen (s. Matrix, 1.).

1. Allgemeine Norm von quadratischen Matrizen:
Hier werden beliebige reelle Matrizen vom gleichen Typ $m \times n$ betrachtet. Jede reelle Funktion $\| A \| = f(a_{ij}, 1 \leq i \leq n, 1 \leq j \leq m)$ heißt *allgemeine Matrixnorm*, wenn sie folgende Eigenschaften erfüllt:

(N1) $\| A \| \geq 0$ für jede Matrix $A \neq 0$; $\| A \| = 0$ ist genau dann der Fall, wenn $A = O$ die Nullmatrix ist. (Nichtnegativität);

(N2) $\| \lambda \cdot A \| = | \lambda | \cdot \| A \|$ für jeden Skalar $\lambda \in \mathbb{R}$;

(N3) $\| A + B \| \leq \| A \| + \| B \|$ für beliebige Matrizen A, B (Dreiecksungleichung).

Beispiel: $\| A \| = \max_{i,j} | a_{ij} |$.

2. Multiplikative Norm bei quadratischen Matrizen:
Bei dieser Norm müssen alle Matrizen quadratisch und vom gleichen Typ sein. M(A) heißt *multiplikative* Norm, falls für alle n-reihigen quadratischen Matrizen gilt

(M1) $M(A) \geq 0; \quad M(A) = 0 \Leftrightarrow A = O$ (Nullmatrix);

(M2) $M(\lambda \cdot A) = |\lambda| \cdot M(A)$ für jeden Skalar $\lambda \in \mathbb{R}$;

(M3) $M(A + B) \leq M(A) + M(B)$ für beliebige Matrizen A, B;

(M4) $M(A \cdot B) \leq M(A) \cdot M(B)$ für beliebige Matrizen A, B.

Jede multiplikative Norm ist auch eine allgemeine Norm. Mit der Einheitsmatrix $A = E$ folgt aus (M4) für jede beliebige Matrix B

$$M(B) = M(E \cdot B) \leq M(E) \cdot M(B).$$

Deswegen muß $M(E) \geq 1$ sein.

3. Höldersche Matrixnorm bei beliebigen Matrizen:
Für beliebige $m \times n$-Matrizen ist die *Höldersche Matrixnorm* definiert durch

$$|A|_p = \left(\sum_{k=1}^{m} \sum_{j=1}^{n} |a_{kj}|^p \right)^{\frac{1}{p}} \quad \text{für } 1 \leq p < \infty.$$

$|A|_p$ ist eine allgemeine Norm. Im Falle quadratischer Matrizen ist $|A|_p$ für $1 \leq p \leq 2$ eine multiplikative Norm. Für $n = 1$ erhält man eine Norm für Vektoren.

4. Passende Matrixnorm:
Die Matrixnorm $\|A\|$ heißt zur Norm $\|\vec{x}\|$ eines Vektors $\vec{x}$ *passend*, wenn für beliebige quadratische Matrizen A und beliebige Vektoren $\vec{x}$, für die $A\vec{x}$ berechenbar ist, gilt

$$\|A\vec{x}\| \leq \|A\| \cdot \|\vec{x}\| \quad \text{(s. Norm eines Vektors).}$$

5. Norm einer unendlichen Matrix s. beschränkt, 4.

Matrixspiel s. Spiel, 2.1.

Matrizen ist der Plural von Matrix (s. Matrix).

max s. Maximum.

Maxima ist der Plural von Maximum (s. Maximum).

maximales Element:
In einer halbgeordneten Menge H (s. halbgeordnete Menge) heißt ein Element $a \in H$ *maximales Element*, wenn es kein von a verschiedenes Element $b \in H$ gibt mit $a \preceq b$.

Maximum (größtes Element):
In einer halbgeordneten Menge H (s. halbgeordnete Menge) heißt das Element $a \in H$ *Maximum* oder *größtes Element*, wenn für alle Elemente $b \in H$ gilt $b \preceq a$. Man bezeichnet es mit $a = \max\{x \mid x \in H\}$. In einer halbgeordneten Menge ist das Maximum auch maximales Element (s. maximales Element). Die Umkehrung gilt jedoch nur für total geordnete Mengen (s. total geordnet).

Megameter:
Ein *Megameter*, im Zeichen 1 Mm, sind 10^6 Meter, also $1\,\text{Mm} = 10^6\,\text{m}$ (s. Längeneinheit und Längenmaßzahl).

mehrfache Nullstelle s. Nullstelle, 1., s. Polynom, 1.

mehrfacher Punkt (p-facher Punkt):
Falls ein Punkt P gleichzeitig zu p verschiedenen Kurven einer Kurvenschar gehört, heißt P ein *mehrfacher Punkt*, genauer ein *p-facher Punkt* (s. Kurvenschar, s. Knotenpunkt). Für $p = 2$ heißt der Punkt *Doppelpunkt* (s. Doppelpunkt).

mehrfaches Integral s. Integralrechnung, 2.2., 3.2., 4.

Mehrschrittverfahren s. gewöhnliche Differentialgleichung, 7.2.

Meile:
Eine *geographische Meile* beträgt 7 421,5 m, eine *Seemeile* 1 852 m (s. Längeneinheit und Längenmaßzahl).

Melancholia s. magisches Quadrat.

Menge:

1. Grundbegriffe:
Der Mengenbegriff geht auf *G. Cantor* zurück. Nach ihm ist eine *Menge* eine Zusammenfassung von bestimmten wohlunterscheidbaren Objekten zu einem Ganzen. Mengen werden im allgemeinen mit großen lateinischen Buchstaben bezeichnet, z. B. $A, B, C, D, \ldots, X, Y, Z, A_1, A_2, A_3, \ldots$. Die Objekte heißen auch *Elemente* der Menge. Elemente bezeichnet man mit kleinen lateinischen Buchstaben, z. B. mit $a, b, c, \ldots, x, y, z, a_1, a_2, \ldots$. Falls das Element x in der Menge A enthalten ist, schreibt man

$x \in A$ (lies: x ist Element von A oder x ist in A enthalten).

Ist x in der Menge A nicht enthalten, so schreibt man

$x \notin A$ (lies: x ist nicht Element von A oder x ist in A nicht enthalten).

Die *Grundmenge* Ω enthält alle betrachteten Elemente.

Die Menge $\emptyset$, die kein Element enthält, heißt *leere Menge* oder *Nullmenge.*

A heißt *Teilmenge* von B (im Zeichen $A \subset B$ oder $B \supset A$), wenn jedes Element von A auch in B enthalten ist. Im Falle $A \subset B$ und $A \neq B$ heißt A *echte* Teilmenge von B. Die Teilmengenrelation $\subset$ heißt auch *Inklusion.* Im Falle $A \subset B$ nennt man B *Obermenge* von A und A *Untermenge* von B.

Zwei Mengen A und B heißen *gleich* oder *identisch* (im Zeichen $A = B$), wenn sie die gleichen Elemente besitzen. Dabei gilt

$$A = B \quad \Leftrightarrow \quad (A \subset B \text{ und } B \subset A).$$

Die Anzahl der Elemente, die in A enthalten sind, werden mit $|A|$ bezeichnet.

Die Menge aller Teilmengen einer Menge A heißt die *Potenzmenge* von A. Sie wird mit $\mathfrak{P}(A)$ bezeichnet, also

$$\mathfrak{P}(A) = \{ B \mid B \subset A \}.$$

einschließlich der leeren Menge $\emptyset$ und der Menge A selbst gibt es insgesamt $2^{|A|}$ verschiedene Teilmengen von A. Damit gilt

$$|\mathfrak{P}(A)| = 2^{|A|}.$$

2. Mengenoperationen:
Das *Komplement* oder die *Komplementärmenge* $\overline{A}$ der Menge A (bezüglich der Grundmenge Ω) besteht aus denjenigen Elementen, welche nicht zu A, jedoch zu Ω gehören, also

$$\overline{A} = \{ x \mid x \in \Omega \text{ und } x \notin A \}.$$

Manchmal bezeichnet man das Komplement auch mit $\complement A$ oder $\complement_\Omega A$.

Der *Durchschnitt* oder die *Schnittmenge* $A \cap B = A\,B$ der beiden Mengen A und B besteht aus denjenigen Elementen, die sowohl in A als auch in B, also in beiden Mengen liegen:

$$A \cap B = A\,B = \{x \mid x \in A \text{ und } x \in B\}.$$

Zwei Mengen A und B heißen *disjunkt* oder *elementfremd*, wenn gilt

$$A \cap B = \emptyset.$$

Der Durchschnitt der Mengen $A_1, A_2, \ldots, A_n$

$$\bigcap_{i=1}^{n} A_i = \{x \mid x \in A_i \text{ für } i = 1, 2, \ldots n\}$$

besteht aus denjenigen Elementen, die in allen A_i liegen. Analog ist

$$\bigcap_{i=1}^{\infty} A_i = \{x \mid x \in A_i \text{ für } i = 1, 2, \ldots\}$$

der Durchschnitt von abzählbar unendlich vielen Mengen. Er besteht aus den Elementen, die in allen A_i liegen.

Die *Vereinigung* oder *Vereinigungsmenge* $A \cup B$ besteht aus denjenigen Elementen, die zu A oder zu B oder zu beiden Mengen gehören. $A \cup B$ besteht aus den Elementen, die in mindestens einer der beiden Mengen A, B enthalten sind:

$$A \cup B = \{x \mid x \in A \text{ oder } x \in B\}.$$

Die Vereinigung der Mengen $A_1, A_2, \ldots, A_n$

$$\bigcup_{i=1}^{n} A_i = \{x \mid x \in A_1 \text{ oder } x \in A_2 \ldots \text{ oder } x \in A_n\}$$

besteht aus den Elementen, die in mindestens einer der Mengen A_i enthalten sind. Entsprechend ist

$$\bigcup_{i=1}^{\infty} A_i = \{x \mid x \in A_i \text{ für } i = 1, 2, \ldots\}$$

die Vereinigung von abzählbar unendlich vielen Mengen.

Die *Differenzmenge* $A \setminus B$ von A und B besteht aus denjenigen Elementen, die zu A, aber nicht zu B gehören, also

$$A \setminus B = A \cap \overline{B} = A\,\overline{B} = \{x \mid x \in A \text{ und } x \notin B\}.$$

In sogenannten *Venn-Diagrammen* können Mengen sowie mit Hilfe von Mengenoperationen gewonnene Mengen anschaulich dargestellt werden, z. B.

$A = \{1, 2, 3, 4, 5, 6, 7\}$

$B = \{6, 7, 8, 9, 10\}$

$C = \{11\}$

$D = \emptyset.$

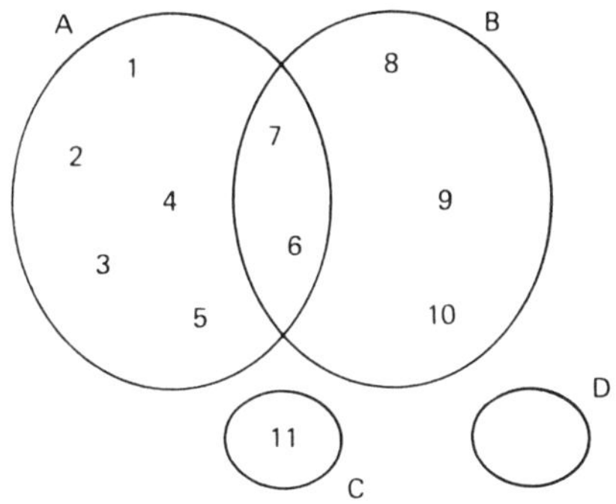

A = Kreisscheibe

B = Kreisscheibe

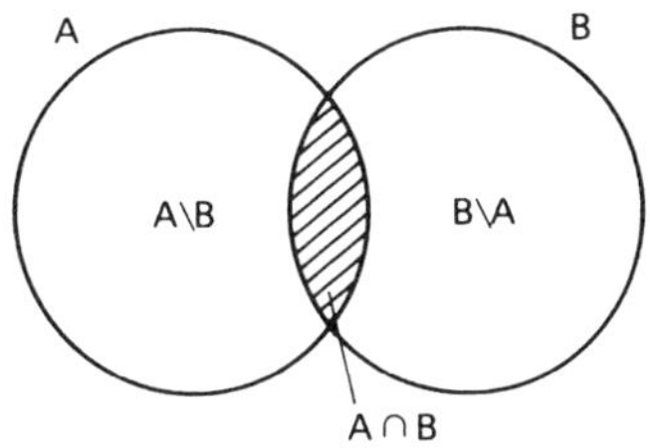

Eigenschaften: Für beliebige Mengen gilt:

$$A \cup \emptyset = A; \quad A \cap \emptyset = \emptyset;$$

$$A \cup \Omega = \Omega; \quad A \cap \Omega = A;$$

$$A \cup \overline{A} = \Omega; \quad A \cap \overline{A} = \emptyset; \quad \overline{\overline{A}} = A; \quad \overline{\Omega} = \emptyset; \quad \overline{\emptyset} = \Omega;$$

$$A \cup B = B \cup A; \quad A \cap B = B \cap A \qquad \text{(Kommutativgesetze)};$$

$$\left.\begin{array}{l}(A \cup B) \cup C = A \cup (B \cup C) \\ (A \cap B) \cap C = A \cap (B \cap C\end{array}\right\} \qquad \text{(Assoziativgesetze)};$$

$$A \cap (B \cup C) = AB \cup AC \qquad \text{(Distributivgesetz)};$$

$$\overline{A \cup B} = \overline{A} \cap \overline{B}; \quad \overline{A \cap B} = \overline{A} \cup \overline{B} \qquad \text{(de Morgansche Regeln)};$$

aus $A \subset B$ folgt $A \cap B = A$ und $A \cup B = B$.

Mengenfunktion:

Eine auf einem System $\mathfrak{K}$ von Teilmengen einer Grundmenge Ω definierte Funktion φ, die jedem $A \in \mathfrak{K}$ eine reelle oder komplexe Zahl $\varphi(A)$ zuordnet, heißt *Mengenfunktion*. φ heißt *additiv*, wenn für zwei disjunkte Mengen $A, B \in \mathfrak{K}$ mit $A \cup B \in \mathfrak{K}$ gilt

$$\varphi(A \cup B) = \varphi(A) + \varphi(B) \quad \text{für } A \cap B = \emptyset \qquad \text{(Additivität)}.$$

Oft wird vorausgesetzt, daß $\mathfrak{K}$ ein Mengenkörper ist (s. Mengenring).

Mengenkörper s. Mengenring.

Mengenlehre:

Die Mengenlehre wurde in ihrer allgemeinen Form von Cantor begründet (s. Menge). Alle mathematischen Begriffe können auf mengentheoretische Begriffe zurückgeführt werden. Daher ist die Mengenlehre das fundamentale Gebiet der Mathematik.

Mengenpotenz s. direktes Produkt, 2.

Mengenprodukt s. direktes Produkt.

Mengenring (Mengenkörper):

Ein Mengensystem $\mathfrak{K}$ (s. Mengensystem) heißt *Mengenring*, wenn es mit jeweils zwei Mengen A und B auch deren Vereinigung $A \cup B$ und Durchschnitt $A \cap B$ enthält. Ein Mengensystem, das mit je zwei Elementen A und B auch ihre Differenz $A \setminus B = A \cap \overline{B}$ enthält, heißt *Mengenkörper.* Falls der Mengenring (Mengenkörper) mit abzählbar unendlich vielen Mengen auch deren Vereinigung enthält, nennt man ihn einen sigma-Ring (σ-Ring) oder einen sigma-Körper (σ-Körper). Ein Mengenkörper $\mathfrak{K}$, der die gesamte Grundmenge Ω enthält, heißt *Boolesche Algebra* oder *σ-Algebra.*

Mengensystem:

Es sei $\mathfrak{P}(M)$ die Potenzmenge von M, also die Menge aller Teilmengen von M (s. Potenzmenge). Dann heißt jede Teilmenge $\mathfrak{M} \subset \mathfrak{P}(M)$ ein *Mengensystem* über M.

Meridian (Längenkreis):

1. Meridian auf der (Erd-) Kugel:
Der *Meridian* (*Längenkreis*) durch einen Punkt auf der Kugeloberfläche ist ein Großkreis, der durch diesen Punkt, den Süd- und den Nordpol geht. Man erhält ihn als Schnittkreis der durch diesen Punkt und den Mittelpunkt M gehenden vertikalen Ebene mit der Kugel (s. sphärische Trigonometrie, 5.1., s. Kugelkoordinaten).

2. Meridian auf der Himmelskugel s. astronomisches Koordinatensystem.

meromorph:

Eine Funktion f(z) heißt in einem Gebiet G *meromorph*, wenn sie mit Ausnahme von Polstellen, die in G keinen Häufungspunkt besitzen dürfen, holomorph ist (s. Pol, 2., s. holomorph).

meßbar s. Maß.

Meter:

Das *Meter*, bezeichnet mit 1 m, ist die übliche Längeneinheit. Das Urmeter befindet sich in Paris (s. Längeneinheit und Längenmaßzahl).

Methode der kleinsten Quadrate s. Kleinste - Quadrate - Methode.

Metrik s. metrischer Raum.

metrische Abbildung:

Eine *metrische Abbildung* ist eine affine Abbildung, bei der alle Längen, Winkelbeträge und Inhalte erhalten bleiben (s. affine Abbildung, 2.2.).

metrischer Raum:

Eine Menge M heißt *metrischer Raum*, wenn jedem Paar $x, y \in M$ eine nichtnegative reelle Zahl, die sogenannte *Metrik* (*Entfernung*, *Abstand*) $d(x, y)$ zugeordnet wird, so daß für alle $x, y, z \in M$ gilt:

(M1) $d(x,x) = 0$;

(M2) $d(x,y) > 0$ für alle $x \neq y$ (Nichtnegativität);

(M3) $d(x,y) = d(y,x)$ (Symmetrie);

(M4) $d(x,y) \leq d(x,z) + d(z,y)$ für alle x, y, z (Dreiecksungleichung).

Die Elemente eines metrischen Raumes M nennt man *Punkte* von M.

Beispiele einer Metrik:

a) Der Abstand zweier Punkte $P(x_1, \ldots, x_n)$ und $Q(y_1, \ldots, y_n)$ im $\mathbb{R}^n$:

$$d(P, Q) = |PQ| = \overline{PQ} = \sqrt{\sum_{i=1}^{n} (x_i - y_i)^2}.$$

b) In einem normierten Vektorraum mit der Norm $\|\mathbf{u}\|$ (s. Vektorraum, 5.) wird durch $d(\mathbf{u}, \mathbf{v}) = \|\mathbf{u} - \mathbf{v}\|$ eine Metrik definiert.

Mit Hilfe einer Metrik können z. B. Grenzwerte von Zahlenfolgen, die über den Betrag eingeführt werden, formal auf Elemente eines metrischen Raumes übertragen werden: Eine Folge $(x_n)_{n=1,2,\ldots}$ von Punkten eines metrischen Raumes M konvergiert gegen den Punkt $x \in M$, wenn zu jedem $\varepsilon > 0$ ein Index n_0 existiert, so daß für alle $n \geq n_0$ gilt $d(x_n, x) < \varepsilon$.

Dafür schreibt man $\lim\limits_{n \to \infty} x_n = x$.

Ein metrischer Raum M heißt *vollständig*, wenn jede Cauchy-Folge aus M gegen einen Punkt aus M konvergiert (s. Cauchy-Folge).

Militärperspektive:

Die *Militärperspektive* ist keine Perspektive wie der Name vermuten läßt, sondern eine spezielle schiefe Axonometrie (s. Axonometrie, s. Projektion, 1., 2.). Die zur Bildtafel parallelen Figuren des Grundrisses werden in wahrer Größe gezeichnet, die darauf senkrecht stehenden Strecken in wahrer Länge. Die z-Achse verläuft horizontal. Da die Bilder der drei Maßeinheiten auf den Achsen gleich sind, handelt es sich um eine *isometrische* Axonometrie.

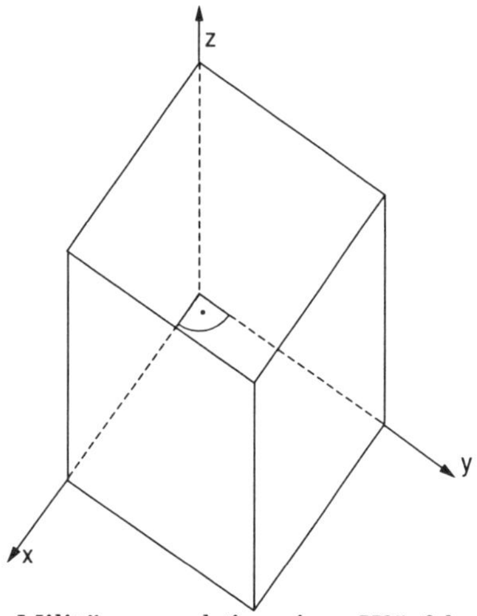

Militärperspektive eines Würfels

Milliarde:

Die Zehnerpotenz 10^9 nennt man *Milliarde* (s. Zehnerpotenzen).

Milliliter:

Für einen *Milliliter*, im Zeichen 1 ml, gilt 1 000 ml = 1 Liter (s. Rauminhalt).

Millimeter:

Ein *Millimeter*, im Zeichen 1 mm, sind 10^{-3} Meter, also 1 000 mm = 1 m (s. Längeneinheit und Längenmaßzahl).

Million:
Die Zehnerpotenz 10^6 nennt man *Million* (s. Zehnerpotenzen).

min s. Minimum.

Minimalabweichung s. Approximation.

minimales Element:
In einer halbgeordneten Menge H (s. halbgeordnete Menge) heißt ein Element $a \in H$ *minimales Element*, wenn es kein von a verschiedenes Element $b \in H$ gibt mit $b \preceq a$.

Minimalfläche:
Unter allen räumlichen Flächen mit der gleichen Randkurve (Berandung) heißt diejenige mit der kleinsten Oberfläche *Minimalfläche* (s. Fläche, 2.).

Minimum (kleinstes Element):
In einer halbgeordneten Menge H (s. halbgeordnete Menge) heißt $a \in H$ *Minimum* oder *kleinstes Element*, wenn für alle Elemente $b \in H$ gilt $a \preceq b$. Man bezeichnet es mit $b = \min\{x \mid x \in H\}$. In einer halbgeordneten Menge ist das Minimum auch minimales Element (s. minimales Element). Die Umkehrung gilt jedoch nur für total geordnete Mengen (s. total geordnet).

Minkowski, Hermann (1864 – 1909) wirkte in Zürich und Göttingen. Seine Forschungsschwerpunkte waren Zahlentheorie, Geometrie und Elektrodynamik. Nach ihm benannt ist die Minkowskische Ungleichung.

Minkowskische Ungleichung:

1. Minkowskische Ungleichung für Integrale:
Für eine natürliche Zahl $p \geq 1$ seien die Funktionen $|f(x)|^p$ und $|g(x)|^p$ im Intervall $[a;b]$ integrierbar. Dann ist dort $|f(x)+g(x)|^p$ integrierbar, und es gilt die *Minkowskische Ungleichung*

$$\left[\int_a^b |f(x)+g(x)|^p\,dx\right]^{\frac{1}{p}} \leq \left[\int_a^b |f(x)|^p\,dx\right]^{\frac{1}{p}} + \left[\int_a^b |g(x)|^p\,dx\right]^{\frac{1}{p}}.$$

2. Minkowskische Ungleichung für Reihen:
Für eine natürliche Zahl $p \geq 1$ seien die Reihen

$$\sum_{n=1}^{\infty} |a_n|^p \quad \text{und} \quad \sum_{n=1}^{\infty} |b_n|^p$$

mit reellen oder komplexen Gliedern a_n und b_n konvergent. Dann ist auch $\sum_{n=1}^{\infty} |a_n+b_n|^p$ konvergent und es gilt die *Minkowskische Ungleichung*

$$\left[\sum_{n=1}^{\infty} |a_n+b_n|^p\right]^{\frac{1}{p}} \leq \left[\sum_{n=1}^{\infty} |a_n|^p\right]^{\frac{1}{p}} + \left[\sum_{n=1}^{\infty} |b_n|^p\right]^{\frac{1}{p}}.$$

$p = 2$ ergibt als Spezialfall die Schwarzsche Ungleichung (s. Schwarzsche Ungleichung, 5).

Minor s. Unterdeterminante.

Minorante s. Majorante.

Minorantenkriterium:

Es sei $\sum_{n=1}^{\infty} d_n = \infty$ (bestimmt divergent) mit $d_n \geq 0$ für alle n. Ferner gelte $a_n \geq d_n$ für alle $n \geq n_0$ (n_0 fest). Dann ist auch $\sum_{n=1}^{\infty} a_n = \infty$ bestimmt divergent (s. Reihe, 4.).

Minuend:

Bei der Subtraktion $a - b$ heißt b *Minuend* (s. Subtraktion).

Minuszeichen:

Bei der Subtraktion $a - b$ nennt man $-$ das *Minuszeichen* (s. Subtraktion).

Minute (Winkelmaß):

Im Gradmaß sind 60 Minuten (Bezeichnung $'$) ein Grad (Bezeichnung $^{\circ}$), also $60' = 1^{\circ}$ (s. Winkel, 1.1.).

mittelbare Funktion s. zusammengesetzte Funktion.

Mittellinie:

Im Dreieck heißt die Verbindungsstrecke der Mittelpunkte zweier Seiten *Mittellinie*, im Trapez ist die Mittellinie die Verbindungsstrecke der Mittelpunkte zweier nicht benachbarter Seiten.

Mittellot (Mittelsenkrechte):

1. Mittellot (Halbieren) einer Strecke:
Das *Mittellot l* einer Strecke AB steht senkrecht auf AB und geht durch die Mitte der Strecke (s. Mittelpunkt, 2.). Die Verbindungsstrecke der Schnittpunkte zweier Kreise um die Endpunkte A und B der Strecke mit dem gleichen Radius $r > |AB|/2$ ($=$ halbe Länge der Strecke) ergibt das Mittellot.

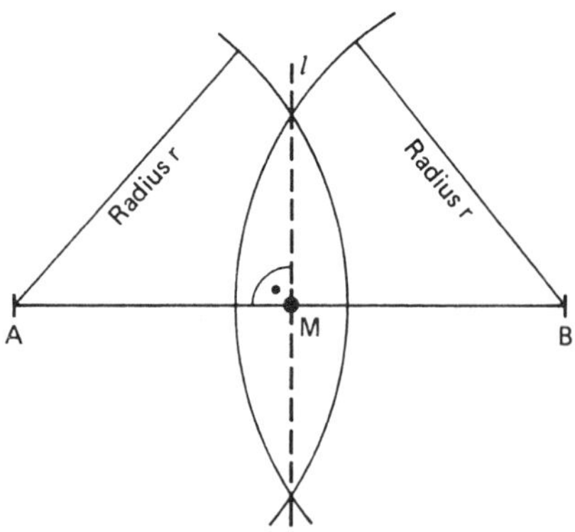

2. Mittellot eines Dreiecks s. Dreieck, 1.1.

Mittelpunkt:

1. Mittelpunkt einer Kugel s. Kugel.

2. Mittelpunkt einer Strecke:
Der *Mittelpunkt* M einer Strecke ist der Punkt, der von den beiden Endpunkten der Strecke den gleichen Abstand hat (s. Mittellot, 1.).

3. Mittelpunkt eines Bereichs:
Ein Punkt M eines ebenen oder räumlichen Bereichs B heißt *Mittelpunkt*, wenn M der Mittelpunkt aller durch ihn gehenden Sehnen von B ist (s. Sehne).

4. Mittelpunkt eines Kreises s. Kreis, 1.

Mittelpunktswinkel s. Kreis, 1.

Mittelsenkrechte s. Mittellot.

Mittelwerte (Vergleich der Mittelwerte):

Falls die n reellen Zahlen $a_1, a_2, \ldots, a_n$ positiv sind, gilt allgemein für das

arithmetische Mittel $\bar{a} = \frac{1}{n} \sum_{i=1}^{n} a_i$,

das geometrische Mittel $\bar{a}_g = \sqrt[n]{a_1 \cdot a_2 \cdot \ldots \cdot a_n}$

und das harmonische Mittel $\bar{a}_h = \dfrac{n}{\sum\limits_{i=1}^{n} \frac{1}{a_i}} = \dfrac{1}{\frac{1}{n}\sum\limits_{i=1}^{n} \frac{1}{a_i}}$

$$\bar{a} \leq \bar{a}_g \leq \bar{a}_h .$$

Dabei gilt das Gleichheitszeichen nur, wenn sämtliche n Werte a_i übereinstimmen (s. arithmetisches Mittel, s. geometrisches Mittel, s. harmonisches Mittel).

Mittelwertsatz:

1. Mittelwertsatz der Differentialrechnung:

1.1. Mittelwertsatz bei Funktionen einer Variablen:

1.1.1. (Gewöhnlicher) Mittelwertsatz:
Die Funktion f sei im Intervall [a;b] stetig und in (a;b) differenzierbar. Dann gibt es mindestens eine Zwischenstelle $\xi \in (a;b)$ mit

$$\tan\alpha = \frac{f(b) - f(a)}{b - a} = f'(\xi).$$

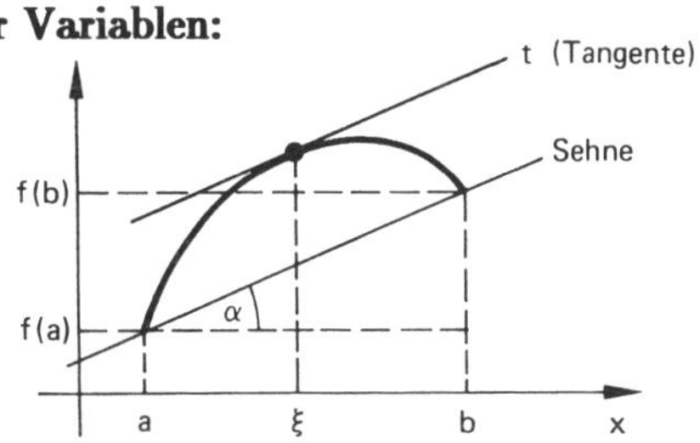

Die Tangente an der Stelle ξ ist parallel zur Sekante durch die beiden Punkte $P_1(a, f(a))$ und $P_2(b, f(b))$. Im Falle $f(a) = f(b)$ gibt es mindestens eine Zwischenstelle $\xi \in (a;b)$ mit $f'(\xi) = 0$, also mit horizontaler Tangente. Dies ist der Satz von *Rolle* (s. Rollescher Mittelwertsatz).

1.1.2. Verallgemeinerter Mittelwertsatz:
Die Funktionen f und g seien im Intervall $[a;b]$ stetig und in $(a;b)$ differenzierbar. Ferner sei $g'(x) \neq 0$ für alle $x \in (a;b)$. Dann gibt es mindestens eine Zwischenstelle $\xi \in (a;b)$ mit

$$\frac{f(b)-f(a)}{g(b)-g(a)} = \frac{f'(\xi)}{g'(\xi)}.$$

1.2. Mittelwertsatz bei Funktionen von mehreren Variablen:
Die Funktion $f(x_1, x_2, \ldots, x_n)$ sei an der Stelle $(x_1^{(0)}, x_2^{(0)}, \ldots, x_n^{(0)})$ total differenzierbar (s. Funktion von reellen Variablen, 2.5., 3.5.). Alle Stellen

$$(x_1^{(0)} + \lambda h_1, x_2^{(0)} + \lambda h_2, \ldots, x_n^{(0)} + \lambda h_n) \quad \text{mit } 0 \leq \lambda \leq 1,$$

also alle Punkte der Verbindungsstrecke zwischen

$$(x_1^{(0)}, x_2^{(0)}, \ldots, x_n^{(0)}) \quad \text{und} \quad (x_1^{(0)} + h_1, x_2^{(0)} + h_2, \ldots, x_n^{(0)} + h_n)$$

sollen zum Definitionsbereich D von f gehören. Dann gibt es mindestens ein ϑ mit $0 < \vartheta < 1$, so daß gilt

$$f(x_1^{(0)} + h_1, x_2^{(0)} + h_2, \ldots, x_n^{(0)} + h_n) - f(x_1^{(0)}, x_2^{(0)}, \ldots, x_n^{(0)})$$
$$= \sum_{i=1}^{n} f_{x_i}(x_1^{(0)} + \vartheta h_1, x_2^{(0)} + \vartheta h_2, \ldots, x_n^{(0)} + \vartheta h_n) \cdot h_i.$$

2. Mittelwertsatz der Integralrechnung:

2.1. (Gewöhnlicher) Mittelwertsatz:
Die Funktion f sei in $[a;b]$ integrierbar mit $m \leq f(x) \leq M$ für $x \in [a;b]$. Dann gibt es eine Zahl μ mit $m \leq \mu \leq M$, so daß gilt

$$\int_a^b f(x)\,dx = \mu \cdot (b-a).$$

Falls f in $[a;b]$ stetig ist, gibt es eine Stelle ξ mit $a \leq \xi \leq b$, so daß gilt

$$\int_a^b f(x)\,dx = f(\xi) \cdot (b-a) \quad \text{(s. Integralrechnung, 1.1.).}$$

2.2. Verallgemeinerter Mittelwertsatz:
Die Funktionen f und g seien in $[a;b]$ integrierbar mit $m \leq g(x) \leq M$ für alle $x \in [a;b]$. Entweder sei $f(x) \geq 0$ oder $f(x) \leq 0$ in $[a;b]$. Dann gibt es eine Zahl μ mit $m \leq \mu \leq M$, so daß gilt

$$\int_a^b g(x) f(x)\,dx = \mu \cdot \int_a^b f(x)\,dx.$$

Falls die Funktion g in $[a;b]$ stetig ist, gibt es eine Stelle ξ mit $a < \xi < b$, so daß gilt

$$\int_a^b g(x) f(x)\,dx = g(\xi) \cdot \int_a^b f(x)\,dx.$$

2.3. Mittelwertsatz bei Flächenintegralen:
$f(x,y)$ sei im Gebiet G mit dem Flächeninhalt $F(G)$ stetig und integrierbar. Dann gibt es mindestens eine Stelle $(\xi,\eta) \in G$ mit

$$\iint_G f(x,y)\,dF = f(\xi,\eta)\cdot F(G) \qquad \text{(s. Integralrechnung, 2.2.).}$$

2.4. Mittelwertsatz bei Volumenintegralen:
$f(x,y,z)$ sei im Körper K mit dem Volumen $V(K)$ stetig und integrierbar. Dann gibt es mindestens eine Stelle $(\xi,\eta,\zeta) \in K$ mit

$$\iiint_K f(x,y,z)\,dV = f(\xi,\eta,\zeta)\cdot V(K) \qquad \text{(s. Integralrechnung, 3.1.).}$$

mittlere Krümmung:
Das arithmetische Mittel $H = \frac{1}{2}(K_1 + K_2)$ der beiden Hauptkrümmungen K_1 und K_2 in einem Flächenpunkt P heißt *mittlere Krümmung* der Fläche im Punkt P (s. Krümmung, 3.).

mittlere Proportionale:
x heißt *mittlere Proportionale* von a und b, wenn gilt $a:x = x:b$ (s. Proportion).

mittlere Quelldichte s. Quelldichte.

mittlerer quadratischer Fehler (Fehlerintegral):
Eine im Intervall $[a;b]$ quadratisch integrierbare Funktion $f(x)$ werde durch Funktionen einer Folge $f_n(x)$ approximiert (s. quadratisch integrierbar, s. Approximationspolynome, 5.). Dann heißt das Integral

$$\int_a^b [f(x) - f_n(x)]^2\,dx$$

der *mittlere quadratische Fehler* oder das *Fehlerintegral* bei der Approximation der Funktion f durch f_n.

Mm s. Megameter.

Möbius, August Ferdinand (1790 – 1868) wirkte in Leipzig. Von ihm stammen grundlegende Arbeiten zur Geometrie und theoretischen Mechanik. Nach ihm benannt ist das Möbiussche Band (s. Möbiussches Band).

Möbiussches Band:
Von einem Rechteck werden zwei gegenüberliegende Seiten so miteinander verbunden, daß jeder Eckpunkt mit dem diagonal gegenüberliegenden Eckpunkt zusammenfällt. Dann heißt die so entstehende Fläche ein *Möbiussches Band.* Diese einseitige Fläche ist nicht orientierbar, weil man auf der Fläche bei einer Rückkehr zum Ausgangspunkt die entgegengesetzte Orientierung erhält.

Modell
s. formales System.

Modul:

1. Modul als kommutative Gruppe:
Eine additiv geschriebene abelsche Gruppe (s. abelsche Gruppe) nennt man *Modul.*

2. Modul über einem Ring (R-Modul):
Es sei R ein Ring (s. Ring) und M ein Modul (s. Modul). M heißt ein *R-Modul*, wenn neben der kommutativen Addition + im Modul M zwischen den Elementen $\lambda \in R$ und $a \in M$ eine äußere Verknüpfung $\lambda \cdot a \in M$ definiert ist, so daß für alle $\lambda, \mu \in R$ und $a, b \in M$ gilt

$$\lambda \cdot (a+b) = \lambda \cdot a + \lambda \cdot b\,;\ (\lambda + \mu) \cdot a = \lambda \cdot a + \mu \cdot a\,;\ (\lambda \cdot \mu) \cdot a = \lambda \cdot (\mu \cdot a).$$

Besitzt der Ring R ein Einselement e mit $e \cdot a = a$ für alle $a \in M$, so heißt der R-Modul *unitär.* Ein unitärer K-Modul über einem Körper K ist ein Vektorraum.

modulo
s. Kongruenz von Zahlen, s. Äquivalenzklasse.

Moivre, Abraham de
(1667 – 1754) studierte in Saumur und Paris Philosophie und Physik. 1688 emigrierte er nach England. Nach ihm benannt sind der Moivresche Grenzwertsatz in der Statistik sowie die Moivresche Formel bei komplexen Zahlen (s. Moivresche Formel).

Moivresche Formel:
Für jede komplexe Zahl z gilt die Polarkoordinatendarstellung (s. komplexe Zahlen, 2.) $z = |z| \cdot (\cos\varphi + i\sin\varphi)$. Mit Hilfe der Eulerschen Formel (s. komplexe Funktion, 8.)

$$z_1 = |z_1| \cdot e^{i\varphi_1} = |z_1| \cdot (\cos\varphi_1 + i\sin\varphi_1)$$
$$z_2 = |z_2| \cdot e^{i\varphi_2} = |z_2| \cdot (\cos\varphi_2 + i\sin\varphi_2)$$

erhält man

$$z_1 \cdot z_2 = |z_1| \cdot |z_2| \cdot e^{i(\varphi_1 + \varphi_2)} = |z_1| \cdot |z_2| \cdot [\cos(\varphi_1 + \varphi_2) + i\sin(\varphi_1 + \varphi_2)];$$
$$\frac{z_1}{z_2} = \frac{|z_1|}{|z_2|} \cdot e^{i(\varphi_1 - \varphi_2)} = \frac{|z_1|}{|z_2|} \cdot [\cos(\varphi_1 - \varphi_2) + i\sin(\varphi_1 - \varphi_2)] \quad \text{für} \quad z_2 \neq 0.$$

Damit gilt für jede natürliche Zahl n die nach *Moivre* benannte Formel

$$z^n = |z|^n \cdot (\cos n\varphi + i\sin n\varphi)\,;$$
$$z^{-n} = \frac{1}{z^n} = \frac{1}{|z|^n \cdot (\cos n\varphi + i\sin n\varphi)} = \frac{\cos(-n\varphi) + i\sin(-n\varphi)}{|z|^n} = \frac{\cos n\varphi - i\sin n\varphi}{|z|^n}.$$

Für n = 0 gilt definitionsgemäß $z^0 = 1$.

Mollweidesche Formeln s. Dreieck, 1.8.

Moment 1. Ordnung s. Schwerpunkt.

monoton:

Eine Zahlenfolge oder Funktion nennt man *monoton*, wenn sie entweder monoton fallend oder monoton wachsend ist (s. monoton fallend, s. monoton wachsend).

monotone Abbildung s. ordnungstreue Abbildung.

monoton fallend:

1. Monoton fallende (nichtwachsende) Funktion:

Die reelle Funktion $f(x)$ heißt im Bereich $A \subset D$ *monoton fallend* (*nichtwachsend*), falls für alle $x_1, x_2 \in A$ mit $x_1 < x_2$ gilt $f(x_1) \geq f(x_2)$ (s. Funktion von reellen Variablen, 1.). Sie heißt in A streng *monoton fallend*, wenn gilt $f(x_1) > f(x_2)$ für alle $x_1, x_2 \in A$ mit $x_1 < x_2$.

Die Funktion f sei im offenen Intervall $(a;b)$ differenzierbar. Dann gilt
f ist in $(a;b)$ monoton fallend $\Leftrightarrow$ $f'(x) \leq 0$ für alle $x \in (a;b)$;
f ist in $(a;b)$ streng monoton fallend $\Leftrightarrow$ $f'(x) < 0$ für alle $x \in (a;b)$.

2. Monoton fallende (nichtwachsende) Zahlenfolge:

Die Zahlenfolge $(a_n)_{n \in \mathbb{N}}$ heißt *monoton fallend* oder *monoton nichtwachsend*, wenn für alle n gilt $a_{n+1} \leq a_n$. Sie heißt streng *monoton fallend*, falls gilt $a_{n+1} < a_n$ für alle n gilt (s. Zahlenfolge, 2.).

monoton wachsend:

1. Monoton wachsende (nichtfallende) Funktion:

Die reelle Funktion $f(x)$ heißt im Bereich $A \subset D$ *monoton wachsend* (*nichtfallend*), falls für alle $x_1, x_2 \in A$ mit $x_1 < x_2$ gilt $f(x_1) \leq f(x_2)$ (s. Funktion von reellen Variablen, 1.). Sie heißt in A streng *monoton wachsend*, wenn gilt $f(x_1) < f(x_2)$ für alle $x_1, x_2 \in A$ mit $x_1 < x_2$.

Die Funktion f sei im offenen Intervall $(a;b)$ differenzierbar. Dann gilt
f ist in $(a;b)$ monoton wachsend $\Leftrightarrow$ $f'(x) \geq 0$ für alle $x \in (a;b)$;
f ist in $(a;b)$ streng monoton wachsend $\Leftrightarrow$ $f'(x) > 0$ für alle $x \in (a;b)$.

2. Monoton wachsende (nichtfallende) Zahlenfolge:

Die Zahlenfolge $(a_n)_{n \in \mathbb{N}}$ heißt *monoton wachsend* oder *monoton nichtfallend*, wenn gilt $a_n \leq a_{n+1}$ für alle n. Sie heißt streng *monoton wachsend*, falls gilt $a_n < a_{n+1}$ für alle n (s. Zahlenfolge, 2.).

Monte-Carlo-Methode:

Unter einer *Monte-Carlo-Methode* versteht man die Simulation, durch die reale Vorgänge mit Hilfe von Zufallsexperimenten nachgespielt werden. Meistens benutzt man dazu Pseudozufallszahlen. Dadurch können mit Hilfe statistischer Methoden mathematisch komplizierte Probleme näherungsweise gelöst werden, z. B. Flächen- oder Volumenberechnungen.

Moore - Penrose - Inverse

s. verallgemeinerte Inverse, 1.

Morgan, Augustus de

(1806 – 1871) wurde in Indien geboren und wirkte in London. Nach ihm benannt sind die de Morganschen Regeln für die Mengenoperationen (s. de Morgansche Regeln).

de Morgansche Regeln:

Bezüglich der Vereinigungs- ($\cup$), der Durchschnitts- ($\cap$) und Komplementbildung ($^{-}$) gelten die nach Augustus de Morgan benannten Regeln

$$\overline{A \cup B} = \overline{A} \cap \overline{B}; \quad \overline{A \cap B} = \overline{A} \cup \overline{B} \quad \text{(s. Menge, 2.).}$$

Morphismus:

Es seien A und B zwei mit einer Struktur versehene Mengen (s. Struktur). Eine Abbildung von A in B heißt *Morphismus*, wenn sie diese Struktur erhält. Ein Morphismus für algebraische Strukturen (s. algebraische Struktur) heißt *Homomorphismus* (s. Homomorphismus). Ein Morphismus für eine topologische Struktur nennt man *stetige Abbildung*. Ein Morphismus für eine Ordnungsstruktur (s. Ordnungsstruktur) heißt *Ordnungshomomorphismus* oder *isotone* bzw. *ordnungstreue Abbildung*.

multilineare Abbildung:

Eine Abbildung $f(x_1, x_2, \ldots, x_n)$ heißt *multilinear*, wenn sie bezüglich jeder der n Variablen linear ist (s. lineare Abbildung).

Multilinearform:

Ein Polynom $f(x_1, x_2, \ldots, x_n)$ in n Variablen (s. Polynom, 3.) heißt *Multilinearform*, wenn es bezüglich jeder der n Variablen eine Linearform ist (s. Linearform). Für $n = 2$ nennt man sie *Bilinearform* (s. Tensor).

Multiplikation:

Die Multiplikation geht aus der Addition gleicher Summanden hervor.

1. Multiplikation zweier Zahlen:

Die Multiplikation $a \cdot b = ab$ zweier natürlicher Zahlen a, $b \in \mathbb{N}$ (s. reelle Zahlen, 1.) ist eine Verknüpfung, die den beiden Faktoren a und b als *Produkt* eine eindeutig bestimmte Zahl $c = a \cdot b \in \mathbb{N}$ zuordnet. Sie kann rekursiv durch die Addition (s. Addition) definiert werden durch

$$a \cdot 1 = a; \quad a \cdot (n+1) = a \cdot n + a.$$

Diese Addition kann unmittelbar auf ganze Zahlen übertragen werden.
Für rationale Zahlen erhält man

$$\frac{a_1}{b_1} \cdot \frac{a_2}{b_2} = \frac{a_1 \cdot a_2}{b_1 \cdot b_2}.$$

Sind a und b beliebige reelle Zahlen, so gibt es zwei Folgen (a_n) und (b_n) von rationalen Zahlen mit $a = \lim\limits_{n \to \infty} a_n$; $b = \lim\limits_{n \to \infty} b_n$ mit $a_n, b_n \in \mathbb{Q}$.
Dann setzt man

$$a \cdot b = \lim_{n \to \infty} (a_n \cdot b_n).$$

Multiplikation von Positionszahlen:
Unter Berücksichtigung des Vorzeichens kann man sich auf die Multiplikation zweier positiver Positionszahlen beschränken (s. Zahlensystem, 2.). In den Darstellungen zur Basis g

$$a = a_m g^m + a_{m-1} g^{m-1} + \ldots + a_0 g^0 + a_{-1} g^{-1} + a_{-2} g^{-2} + \ldots$$

$$b = b_n g^n + b_{n-1} g^{n-1} + \ldots + b_0 g^0 + b_{-1} g^{-1} + b_{-2} g^{-2} + \ldots$$

sollen jeweils nur endlich viele Summanden (nach dem Komma) auftreten. Zur Durchführung der Multiplikation werden die Distributivgesetze angewandt. Dabei wird einer der beiden Faktoren der Reihe nach unter Beachtung des g-Übertrags mit den einzelnen Summanden des anderen multipliziert. Beginnend mit dem letzten Summanden werden die einzelnen Teilprodukte so untereinander geschrieben, daß das nachfolgende Teilprodukt stets um eine Stelle nach links verschoben wird. Anschließend werden die Teilprodukte aufaddiert (s. Addition). Falls in den Faktoren a und b nach dem Komma r_1 bzw. r_2 Stellen vorkommen, besitzt das Produkt $c = a \cdot b$ nach dem Komma $r_1 + r_2$ Stellen.
Beispiele s. Dezimalzahl, s. Dualzahl.

Produkt zweier komplexer Zahlen:
Für die beiden komplexen Zahlen $z_1 = a_1 + i\,b_1$ und $z_2 = a_2 + i\,b_2$ ist die Multiplikation (das Produkt) definiert durch (s. komplexe Zahlen, 1.)

$$z_1 \cdot z_2 = (a_1 + i\,b_1) \cdot (a_2 + i\,b_2) = a_1 a_2 - b_1 b_2 + i\,(a_1 b_2 + a_2 b_1).$$

Eigenschaften der Multiplikation:
Die Multiplikation ist allgemein *kommutativ*, es gilt also

$$a \cdot b = b \cdot a; \quad z_1 \cdot z_2 = z_2 \cdot z_1.$$

Ferner gelten die *Distributivgesetze*

$$a \cdot (b + c) = a \cdot b + a \cdot c; \quad (a + b) \cdot c = a \cdot c + b \cdot c.$$

2. Multiplikation einer Matrix mit einem Skalar s. Matrix, 2.

3. Multiplikation zweier Matrizen s. Matrix, 2.

4. Multiplikation zweier Polynome s. Polynom, 1.

5. Multiplikation zweier Potenzreihen s. Potenzreihe, 1.

6. Multiplikation zweier Reihen s. Doppelreihe.

7. Multiplikation einer Funktion mit einer Zahl:
Falls alle Funktionswerte $f(x_1, x_2, \ldots, x_n)$ einer Funktion f mit einer reellen Zahl c multipliziert werden, entsteht die Funktion $h = c \cdot f$ mit den Funktionswerten $h(x_1, x_2, \ldots, x_n) = c \cdot f(x_1, x_2, \ldots, x_n)$. Die Funktion h besitzt den gleichen Definitionsbereich wie die Funktion f.

8. Multiplikation zweier Funktionen:
Gegeben sind zwei Funktionen f und g von n Variablen mit den Funktionswerten $f(x_1, \ldots, x_n)$, $g(x_1, \ldots, x_n)$ und den Definitionsbereichen D_f bzw. D_g. Dann wird durch $h(x_1, \ldots, x_n) = f(x_1, \ldots, x_n) \cdot g(x_1, \ldots, x_n)$ die *Multiplikation* der beiden Funktionen definiert. $h = f \cdot g$ heißt die *Produktfunktion.* Sie besitzt den Definitionsbereich $D_h = D_f \cap D_g$.

Multiplikationssatz s. Laplace-Transformation.

Multiplikator von Lagrange s. Extremum unter Nebenbedingungen, 1.2., 2.2.

Multiplizität:
Die Vielfachheit einer Nullstelle wird auch *Multiplizität* genannt (s. Nullstelle).

Muschelkurve s. Konchoide.

N

$\mathbb{N} = \{1, 2, 3, \ldots\}$ ist die Menge der *natürlichen Zahlen* (s. natürliche Zahlen, 1.). Es ist $\mathbb{N}_0 = \{0, 1, 2, 3, \ldots\} = \mathbb{N} \cup \{0\}$.

Nabel (Nabelpunkt):
Ein Punkt P einer Fläche $\mathfrak{F}$, in dem die beiden Hauptkrümmungen K_1 und K_2 übereinstimmen und von Null verschieden sind, heißt *Nabel* oder *Nabelpunkt* (s. Kümmung, 3.).

Nabla-Operator (Nabla-Vektor):
Der *Nabla-Operator* im $\mathbb{R}^n$ ist ein symbolischer Differentialoperator. Mit Hilfe der orthonormalen Vektoren $\vec{e}_i$ im $\mathbb{R}^n$ kann er formal dargestellt werden durch

$$\nabla = \frac{\partial}{\partial x_1} \cdot \vec{e}_1 + \frac{\partial}{\partial x_2} \cdot \vec{e}_2 + \ldots + \frac{\partial}{\partial x_n} \cdot \vec{e}_n .$$

Wendet man diesen Operator auf die Skalarfunktion $f(x_1, x_2, \ldots, x_n)$ an, so erhält man den Gradienten von f (s. Gradient), also

$$\nabla f(x_1, x_2, \ldots, x_n) = \operatorname{grad} f(x_1, x_2, \ldots, x_n) = \begin{pmatrix} f_{x_1}(x_1, x_2, \ldots, x_n) \\ f_{x_2}(x_1, x_2, \ldots, x_n) \\ \vdots \\ f_{x_n}(x_1, x_2, \ldots, x_n) \end{pmatrix}.$$

Im $\mathbb{R}^3$ läßt sich die Divergenz des Vektorfeldes $\vec{v}(x, y, z) = \begin{pmatrix} v_1(x, y, z) \\ v_2(x, y, z) \\ v_3(x, y, z) \end{pmatrix}$ formal als inneres Produkt von ∇ und $\vec{v}$ darstellen durch

$$\operatorname{div} \vec{v} = \frac{\partial v_1(x, y, z)}{\partial x} + \frac{\partial v_2(x, y, z)}{\partial y} + \frac{\partial v_3(x, y, z)}{\partial z} = \nabla \cdot \vec{v}(x, y, z)$$

(s. Divergenz). Das äußere Produkt von ∇ und $\vec{v}(x, y, z)$ ergibt die Rotation

$\operatorname{rot} \vec{v} = \nabla \times \vec{v}(x, y, z)$ (s. Rotation, s. Vektor im V^n, 2.8.).

Nachbar:

In einer halbgeordneten Menge H mit der Ordnungsrelation $\preceq$ (s. halbgeordnete Menge) heißt a mit $a \neq b$ *unterer Nachbar* des Elementes $b \in H$, wenn $a \preceq b$ gilt und kein anderes Element c existiert mit $a \preceq c \preceq b$. Dann heißt b *oberer Nachbar* von a. Man nennt a und b *benachbarte Elemente.*

Nachfolger:

In einer geordneten Menge M mit der Ordnungsrelation $\preceq$ (s. geordnete Menge) heißt b *Nachfolger* von a, wenn $a \preceq b$ gilt und kein Element c existiert mit $a \preceq c \preceq b$. In einer wohlgeordneten Menge (s. wohlgeordnete Menge) besitzt jedes Element einen Nachfolger. In der Menge $\mathbb{N}$ der natürlichen Zahlen wird der Nachfolger von n mit $n' = n + 1$ bezeichnet.

Nachfragefunktion:

Es sei N(p) die vom Preis p (je ME) abhängige von den Käufern nachgefragte Menge einer Ware. Dann heißt die Funktion N(p) *Nachfragefunktion.* Die Funktion N(p) ist im allgemeinen streng monoton fallend und stetig (s. Angebotsfunktion, s. Marktpreis).

nachschüssig:

Eine am Ende einer Zinsperiode erfolgte Zahlung heißt *nachschüssig* (s. Zinseszinsrechnung, 3., 4.).

Nadir s. astronomisches Koordinatensystem.

Näherungsformel und Näherungsfunktion:

Falls zur näherungsweisen Berechnung von Funktionswerten eine Formel unter Angabe der erreichten Genauigkeit benutzt wird, heißt diese Formel

Näherungsformel. Benutzt man zur näherungsweisen Berechnung eine elementare Funktion, so nennt man sie *Näherungsfunktion.* Beispiele dafür sind Taylor-Polynome (s. Taylor-Entwicklung, 1.1.).

Näherungswert:

Unter einem *Näherungswert* für die Lösung eines bestimmten Problems versteht man einen Wert, dessen Abweichung vom unbekannten Lösungswert eine vorgegebene Schranke nicht überschreitet. Numerische Verfahren liefern im allgemeinen nur Näherungswerte.

Nanometer:

Ein *Nanometer*, im Zeichen 1nm, beträgt 10^{-9} Meter, also $10^9\,\text{nm} = 1\,\text{m}$ (s. Längeneinheit und Längenmaßzahl).

naturalis s. natürlicher Logarithmus.

natürlicher Logarithmus (logarithmus naturalis):

Der Logarithmus zur Basis e (e = Eulersche Zahl) heißt *natürlicher Logarithmus* oder *logarithmus naturalis*:

$$y = \ln x = \log_e x \quad \Leftrightarrow \quad x = e^y$$

(s. Logarithmus). $y = \ln x$ ist die Umkehrfunktion der Exponentialfunktion $y = e^x$ (s. Exponentialfunktion, 2.).

natürlicher Parameter s. Parameter, natürlicher

natürliche Zahlen:

Die Menge der *natürlichen Zahlen* $\mathbb{N} = \{1, 2, 3, 4, 5, 6, 7, 8, 9, 10, \ldots\}$ ist eine geordnete Menge mit der Ordnungsrelation $\leq$. Eine axiomatische Definition der Menge der natürlichen Zahlen stammt von Peano (s. reelle Zahlen, 1.). Die Addition kann in der Menge $\mathbb{N}_0 = \{0, 1, 2, \ldots\}$ wegen der Axiome von Peano induktiv definiert werden durch

$$n + 0 = n; \quad (n + m)' = n' + m'.$$

Dabei ist $k' = k + 1$ der Nachfolger von k.
Die Multiplikation ist erklärt durch $n \cdot 0 = 0;\ n \cdot m' = n \cdot m + n$.

n-Bein:

n linear unabhängige Vektoren des n-dimensionalen affinen Raumes A_n, die alle an einem festen Punkt angeheftet sind, nennt man *n-Bein* (s. affiner Raum, s. Vektor im V^n, 3.).

n-dimensionaler reeller Punktraum $\mathbb{R}^n$:

Das n-fache direkte Produkt von $\mathbb{R}$ (s. direktes Produkt, 2.)

$$\underbrace{\mathbb{R} \times \mathbb{R} \times \ldots \times \mathbb{R}}_{\text{n-mal}} = \mathbb{R}^n = \{(x_1, x_2, \ldots, x_n) \mid x_i \in \mathbb{R} \text{ für } i = 1, 2, \ldots, n\}$$

heißt *n-dimensionaler reeller Punktraum.* Jedes Element $P = (x_1, \ldots, x_n)$ von $\mathbb{R}^n$ ist ein n-Tupel reeller Zahlen. Manchmal schreibt man dafür auch $P(x_1, x_2, \ldots, x_n)$. Die Zahlen $x_1, x_2, \ldots, x_n$ sind die *Koordinaten* von P. Zwei Punkte sind gleich, wenn ihre Koordinaten jeweils übereinstimmen. Für $n = 2$ erhält man Punkte in der Ebene $\mathbb{R}^2$, für $n = 3$ solche im dreidimensionalen Raum $\mathbb{R}^3$. Für $P(x_1, x_2, \ldots, x_n)$ und $Q(y_1, y_2, \ldots, y_n)$ wird durch die reelle Zahl

$$d(P, Q) = \sqrt{(x_1 - y_1)^2 + (x_2 - y_2)^2 + \ldots + (x_n - y_n)^2}$$

ein *Euklidischer Abstand* erklärt. Dabei gilt für beliebige Punkte P, Q, R

(E1) $d(P, Q) \geq 0$ (Nichtnegativität);

(E2) $d(P, Q) = 0$ genau dann, wenn $P = Q$ ist;

(E3) $d(Q, P) = d(P, Q)$ (Symmetrie);

(E4) $d(P, Q) \leq d(P, R) + d(R, Q)$ (Dreiecksungleichung).

Der Euklidische Abstand ist also eine Metrik (s. Metrik). Somit ist der $\mathbb{R}^n$ ein metrischer Raum (s. metrischer Raum, s. Euklidischer Raum).
Unter einer *ε-Umgebung* $U_\varepsilon(P_0)$ des Punktes P_0 versteht man die Menge aller Punkte $P \in \mathbb{R}^n$ mit $d(P, P_0) < \varepsilon$. Für $n = 1$ erhält man ein offenes Intervall, für $n = 2$ das Innere eines Kreises mit dem Radius ε, für $n = 3$ das Innere einer Kugel mit dem Radius ε. Ein Punkt P ist *innerer Punkt* der Punktmenge $M \subset \mathbb{R}^n$, wenn ein $\varepsilon > 0$ existiert mit $U_\varepsilon(P) \subset M$. Falls jeder Punkt von M gleichzeitig innerer Punkt von M ist, heißt M eine *offene Menge.* Die Vereinigung beliebig vieler und der Durchschnitt endlich vieler offener Mengen ist wieder eine offene Menge. Das Komplement einer offenen Menge ist eine *abgeschlossene Menge.* Die Vereinigung endlich vieler und der Durchschnitt beliebig vieler abgeschlossener Mengen ist wieder eine abgeschlossene Menge. Im $\mathbb{R}^1$ sind halboffene Intervalle (s. Intervall, 1.) weder offen noch abgeschlossen.
Für jedes n ist $\mathbb{R}^n$ ein topologischer Raum (s. topologischer Raum).

Nebenachse s. Ellipse, 1.

Nebenbedingung:

Eine Nebenbedingung ist eine einschränkende Voraussetzung für eine oder mehrere Variablen (s. Extremum unter Nebenbedingungen, 1.2., 2.2., s. lineare Optimierung, 1., 2.1.2.).

Nebendiagonale:

In einer quadratischen Matrix $(a_{ik}, 1 \leq i, k \leq n)$ heißt die durch die Zahlen $a_{1n}, a_{2(n-1)}, \ldots, a_{n1}$ des quadratischen Schemas von rechts oben nach links unten gehende Diagonale die *Nebendiagonale.* Man sagt auch: Die Zahlen $a_{1n}, a_{2(n-1)}, \ldots, a_{n1}$ bilden die Nebendiagonale. Die andere Diagonale ist die Hauptdiagonale (s. Matrix, 1., s. Hauptdiagonale.).

Nebenkreis s. Kleinkreis, s. Ellipse, 2.3.

Nebenscheitel s. Ellipse, 2.

Nebenwinkel (Außenwinkel):

Zwei Winkel (s. Winkel) heißen *Nebenwinkel* oder *Außenwinkel*, wenn sie den gleichen Scheitel und einen gemeinsamen Schenkel haben und die nicht gemeinsamen Schenkel in die entgegengesetzten Richtungen einer Geraden fallen.

n-Eck s. Vieleck.

Negation:

Unter der *Negation* einer Aussage A (nicht A oder non A) versteht man diejenige Aussage, die genau dann wahr ist, wenn A falsch ist. Sie wird symbolisch mit Hilfe des *Junktors* (*Funktors*) $\neg$ durch $\neg A$ ausgedrückt.

negativ:

Jede reelle Zahl a mit $a < 0$ heißt *negativ* (s. reelle Zahlen).

negativ (semi-) definit s. definite und semidefinite symmetrische Matrix.

Negator:

Das für die Negation (s. Negation) $\neg A$ (nicht A) benutzte Symbol (Junktor) $\neg$ heißt *Negator*.

Neigungswinkel (Schnittwinkel):

1. Neigungswinkel (Schnittwinkel) zwischen zwei Ebenen:

Der *Neigungswinkel* γ zwischen zwei Ebenen E_1 und E_2 ist der Winkel, den zwei in einem Punkt der Schnittgeraden s auf den beiden Ebenen errichteten Lote miteinander bilden (s. Lotgerade, 1.). Die beiden Ebenen werden mit einer Ebene geschnitten, die senkrecht auf der Schnittgeraden s der beiden Ebenen steht. Dann ist der Winkel γ zwischen den beiden Schnittgeraden dieser drei Ebenen der Neigungswinkel.

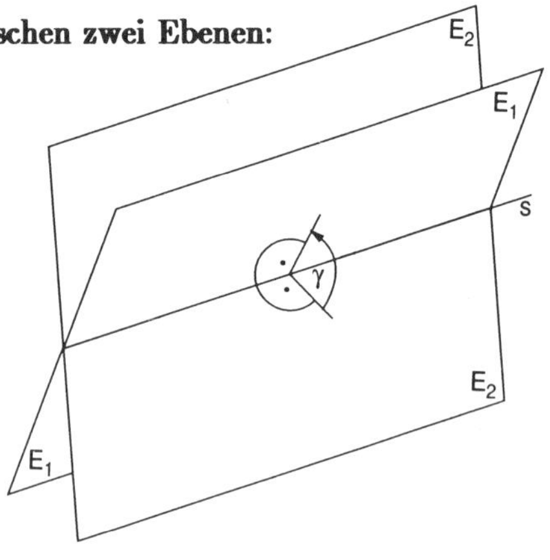

2. Neigungswinkel (Schnittwinkel) einer Geraden gegen eine Ebene:

Der *Neigungswinkel* γ einer Geraden g gegen eine Ebene E ist der Winkel, den die Gerade g mit ihrer senkrechten Projektion g' auf die Ebene E bildet (s. Projektion). Es ist der Nebenwinkel des von der Geraden g und dem von einem Geradenpunkt auf E gefällten Lotes gebildeten Winkels (s. Lotgerade, 3.).

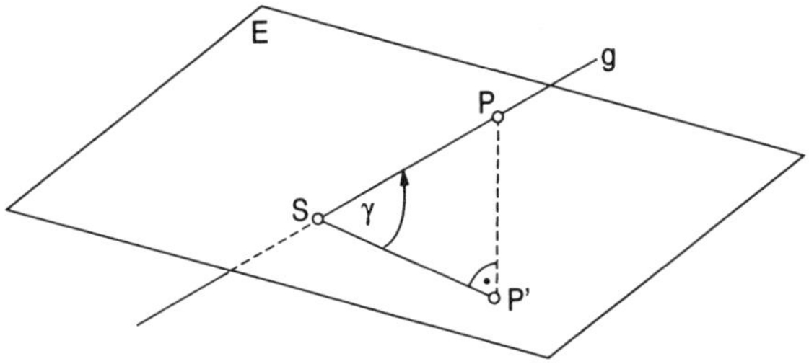

Neil, William (1637 – 1670) hat die Rektifizierbarkeit der Neilschen Parabel $y^2 = a x^3$, $a > 0$ festgestellt. Damit wurde von ihm das Aristotelische Dogma von der Unvergleichbarkeit des Geradlinigen mit Krummlinigem widerlegt.

Neilsche (semikubische) Parabel:

Die in kartesischen Koordinaten durch die Gleichung

$$y^2 = a x^3 \quad \text{mit } a > 0$$

dargestellte Kurve dritter Ordnung heißt *Neilsche Parabel.*

Krümmung: $\kappa(x) = \dfrac{6a}{\sqrt{x}\cdot(4+9a^2x)^{3/2}}$;

Bogenlänge: $\widehat{OP}(x) = \dfrac{(4+9a^2x)^{3/2}-8}{27a^2}$.

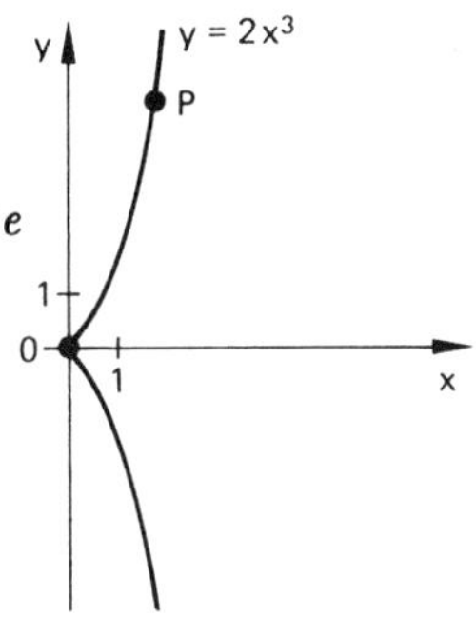

Nenner:

Im Bruch $\frac{a}{b}$ heißt $b \neq 0$ der *Nenner* (s. Brüche).

Netz:

Zwei einparametrige Kurvenscharen bilden in einem Gebiet G einer Fläche $\mathcal{F}$ ein *Netz* (*Kurvennetz* oder *Flächennetz*), wenn G so in ein Gebiet der Ebene abgebildet werden kann, daß die beiden Kurvenscharen in zwei Büschel von parallelen Geraden übergehen (s. Fläche, 2.3.).

Neunerprobe:

Eine natürliche Zahl $n = \sum_{i=0}^{m} a_i \cdot 10^i$ (dekadische Darstellung) ist genau dann durch 9 teilbar, wenn ihre (dekadische) Quersumme $\sum_{i=0}^{m} a_i$ durch 9 teilbar ist (s. Quersumme).

neutrales Element:

In einer algebraischen Struktur A sei die binäre Verknüpfung ∘ definiert (s. Verknüpfung, s. algebraisch, 6.). Dann heißt ein Element e *neutrales Ele-*

ment oder *Einselement*, wenn für alle $a \in A$ gilt $a \circ e = e \circ a = a$ (s. Einselement einer algebraischen Struktur). Ein neutrales Element bezüglich der Multiplikation wird auch als *Einheits-* oder *Einselement*, ein neutrales Element bezüglich der Addition als *Nullelement* bezeichnet.

Newton, Sir Isaac (1643 – 1727) studierte in Cambridge und war später Präsident der Royal Society. Nach ihm benannt ist das Newtonsche Verfahren zur näherungsweisen Bestimmung von Nullstellen (s. Nullstellenbestimmung, 5.) sowie die Newtonsche Interpolation, (s. Interpolation, 4.). Ferner stammen von ihm die Newtonschen Gesetze der Himmelsmechanik.

Newton-Cotessche Formeln s. Integralrechnung, 1.10.2.2., 1.10.2.2.5.

Newtonsche Interpolation s. Interpolation, 4.

Newtonsche Reihe:
Eine unendliche Reihe (s. Reihe, 2.) des Typs

$$f(x) = b_1 + \sum_{k=2}^{\infty} b_k \cdot (x - x_1) \cdot \ldots \cdot (x - x_{k-1}) \quad \text{mit} \quad b_k, x_k \in \mathbb{R}$$

heißt *Newtonsche Reihe.* Im Falle $x_k = k$ kann sie auf die Normalform

$$f(x) = \sum_{k=0}^{\infty} (-1)^k \cdot a_k \cdot \binom{x-1}{k} \quad \text{mit } a_k \in \mathbb{R}$$

gebracht werden. Solche Reihen spielen bei der Lösung von Interpolationsproblemen eine wichtige Rolle (s. Interpolation, 4.).

Newtonsches Verfahren s. Nullstellenbestimmung, 5.

n-fach zusammenhängend:
Ein ebenes, berandetes Gebiet G (s. Gebiet) heißt *n-fach zusammenhängend*, wenn sein Rand aus n disjunkten, kompakten, zusammenhängenden Punktmengen besteht (s. disjunkt, s. kompakt, s. zusammenhängend). Im Falle $n = 1$ nennt man das Gebiet *einfach zusammenhängend.*

nicht A s. Negation.

nichtarchimedische Geometrie:
Unter der *nichtarchimedischen Geometrie* versteht man die Geometrie, in der das Archimedische Axiom nicht gilt (s. Archimedisches Axiom).

Nichtbasisvariable s. lineare Optimierung, 2.1.8.

nichtentartet s. Fläche zweiter Ordnung, 3.1., s. Quadrik, s. quadratische Form.

nichteuklidische Geometrie:
Eine Geometrie, deren Axiome sich von denen der Euklidischen Geometrie unterscheiden, bezeichnet man als *nichteuklidische Geometrie* (s. Euklidische Geometrie). Manchmal versteht man darunter diejenige Geometrie, in der das Parallelenaxiom nicht gilt (s. Parallelenaxiom).

nichtfallend s. monoton wachsend.

nichthebbare Unstetigkeitsstelle s. Unstetigkeitsstelle, 1.

nichtkommutativer Körper s. Schiefkörper.

nichtlineares Gleichungssystem s. Gleichungssystem.

Nichtnegativbedingung s. lineare Optimierung, 1., 2.1.3.

nichtregulär s. singulär

nichtsingulär s. regulär, s. singulär.

nichtwachsend s. monoton fallend.

Nikomedes (um 180 v. u. Z.) war ein griechischer Geometer. Von ihm stammt die Konchoide (s. Konchoide), zu deren Konstruktion er ein Gerät entwickelte.

nilpotent:
Ein Element a eines Ringes (s. Ring) heißt *nilpotent*, wenn eine Potenz von a verschwindet, also für $a^m = 0$ mit einer natürlichen Zahl m. Dann gilt $a^k = 0$ für alle $k \geq m$.

nilpotente Matrix:
Die quadratische Matrix A ist *nilpotent*, wenn es eine natürliche Zahl m gibt mit $A^m = O$ (Nullmatrix). Dann gilt $A^k = O$ für alle $k \geq m$.

nirgends dicht s. dichte Menge.

Niveaulinie (Höhenlinie):
Eine Fläche sei durch $z = f(x, y)$ gegeben. Für jede Konstante $c \in \mathbb{R}$ heißt die Menge aller Paare (x, y) mit $f(x, y) = c$ *Niveaulinie* oder *Höhenlinie* (s. Funktion von reellen Variablen, 2.1.).

nm s. Nanometer.

Noether, Emmy (1882 – 1935) war die Tochter von Max Noether. In Göttingen erhielt sie 1922 eine a. o. Professur. Nach ihrer Emigration in die USA im Jahre 1933 erhielt sie in Bryn Mawr eine Gastprofessur. Von ihr stammen bedeutende Arbeiten zu verschiedenen Gebieten der Algebra.

Noether, Max (1844 – 1921) war der Vater von Emmy Noether. Er wirkte in Heidelberg und Erlangen, wo er 1888 eine Professur erhielt. Von ihm stammen bedeutende Beiträge zur Eliminationstheorie und zur Theorie der algebraischen Funktionen.

Nomographie:

Unter *Nomographie* versteht man eine Darstellung funktionaler Beziehungen zwischen mehreren Variablen mit zeichnerischen Mitteln.

non A s. Negation.

Nordpunkt s. astronomisches Koordinatensystem.

Norm einer Matrix s. Matrixnorm.

Norm einer unendlichen Matrix s. beschränkt, 4.

Norm eines linearen Operators s. linearer Operator.

Norm eines Vektors (Vektornorm):

In einem reellen bzw. komplexen Vektorraum V heißt die für jedes Element $\mathbf{v} \in V$ definierte reellwertige Funktion $\|\mathbf{v}\|$ eine *Norm*, wenn für alle Elemente $\mathbf{u}, \mathbf{v} \in V$ gilt (s. Vektorraum, 5.):

(N1) $\|\mathbf{v}\| \geq 0; \quad \|\mathbf{v}\| = \mathbf{0} \Leftrightarrow \mathbf{v} = \mathbf{0}$ (Nichtnegativität);

(N2) $\|\lambda \cdot \mathbf{v}\| = |\lambda| \cdot \|\mathbf{v}\|$ für jedes $\lambda \in \mathbb{C}$ bzw. $\lambda \in \mathbb{R}$ (Homogenität);

(N3) $\|\mathbf{u} + \mathbf{v}\| \leq \|\mathbf{u}\| + \|\mathbf{v}\|$ (Dreiecksungleichung).

Falls in (N1) nur $\|\mathbf{v}\| \geq 0$ gefordert wird und ein $\mathbf{v} \neq \mathbf{0}$ existiert mit $\|\mathbf{v}\| = 0$, ist $\|\ \|$ eine *Halbnorm* (s. Halbnorm, s. Matrixnorm).

Abstand zweier Elemente: Durch $d(\mathbf{u}, \mathbf{v}) = \|\mathbf{u} - \mathbf{v}\|$ wird ein Abstand, also eine Metrik zwischen den Elementen **u** und **v** eingeführt. Eine Norm ist also gleichzeitig eine Metrik (s. metrischer Raum).

Ist $< \mathbf{u}, \mathbf{v} >$ das Skalarprodukt in einem Euklidischen oder unitären Vektorraum (s. Vektorraum, 3., 4.), so erhält man mit

$$\|\mathbf{v}\| = \sqrt{< \mathbf{v}, \mathbf{v} >}$$

die *Norm* (*Betrag* oder *Länge*) des Vektors **u**.

Normaldeterminante s. Determinante, 9.

Normale (Normalenvektor):

1. Normale einer ebenen Kurve:

Die Normale einer ebenen Kurve in einem Punkt $P_0(x_0, y_0)$ ist die durch P_0 gehende Gerade, die auf der Tangente durch P_0 senkrecht steht.

Die differenzierbare Funktion $y = f(x)$ hat an der Stelle x_0 die Tangente

$$y_{\text{Tang.}}(x) = f(x_0) + f'(x_0) \cdot (x - x_0).$$

Für die Steigung $m_{\text{Norm.}}(x_0)$ der Normalen an der Stelle x_0 gilt

$$m_{\text{norm.}}(x_0) \cdot f'(x_0) = -1.$$

Damit lautet die Gleichung der Normalen an der Stelle x_0

$$y_{\text{Norm}}(x) = f(x_0) - \frac{1}{f'(x_0)} \cdot (x - x_0).$$

2. Normale einer Fläche:
In einem Punkt P der Fläche $\mathcal{F}$ des dreidimensionalen Raumes $\mathbb{R}^3$ heißt die durch P gehende, auf der Tangentialebene an der Stelle P senkrecht stehende Gerade *Normale* (s. Fläche, 2.2.).

3. Normale einer räumlichen Kurve s. Kurve, 2.4., 2.6.

Normalebene s. Kurve, 2.4.

Normalenvektor s. Normale.

normaler Raum:
Ein topologischer Raum T (s. topologischer Raum) heißt *ein normaler Raum*, wenn T ein Hausdorffscher Raum ist (s. Hausdorffscher Raum) und das folgende Trennungsaxiom erfüllt: Zu je zwei abgeschlossenen disjunkten Teilmengen A und B von T (s. abgeschlossen) gibt es disjunkte Umgebungen U und V von A und B (s. Umgebung).

Normalform:
Als Normalform bezeichnet man in verschiedenen mathematischen Theorien Ausdrücke, die in einer bestimmten Form dargestellt sind. Die Lösungsmethode bearbeitet dann nur Ausdrücke dieser Normalform. Allgemeine Ausdrücke müssen zuerst auf diese Normalform gebracht werden, bevor sie mit dem angegebenen Verfahren gelöst werden können.

Normalform, Hessesche s. Gerade, 1.3., s. Ebene, 2.3.

Normalkrümmung s. Krümmung, 3.

Normalparabel s. quadratische Funktion.

Normalprojektion s. Projektion, 2.

Normalriß s. Projektion, 2.

Normalteiler:
Eine Untergruppe N einer Gruppe G (s. Gruppe) heißt *Normalteiler*, wenn für jedes $b \in N$ und jedes $a \in G$ gilt $a \circ b \circ a^{-1} \in N$. Dann gilt für jedes

$a \in G$ und jedes $b \in N$ das Kommutativgesetz $a \circ b = b \circ a$.

normierter Raum:

Ein linearer normierter Raum wird oft als *normierter Raum* bezeichnet (s. linearer normierter Raum, s. Vektorraum, 5.).

normiertes Element:

Ein Element $\mathbf{v}$ eines normierten Raumes (s. linearer normierter Raum) mit $\|\mathbf{v}\| = 1$ heißt *normiert.*

normiertes Polynom:

Ein Polynom

$$P_n(x) = x^n + a_{n-1}x^{n-1} + \ldots + a_1 x + a_0 \quad \text{mit } a_k \in \mathbb{R}$$

(s. Polynom, 1.), dessen höchster Koeffizient a_n gleich Eins ist, heißt *normiert.*

notwendig:

A ist eine *notwendige Bedingung* für B bedeutet: Wenn A nicht richtig ist, dann ist auch B nicht richtig. Die Richtigkeit von A ist also notwendig für die Richtigkeit von B.

notwendig und hinreichend:

A ist eine *notwendige und hinreichende Bedingung* für B, wenn A und B nur gleichzeitig richtig sein können.

n-Tupel:

Gegeben seien n Mengen $A_1, A_2, \ldots, A_n$. Dann nennt man $(a_1, a_2, \ldots, a_n)$ mit $a_i \in A_i$ für $i = 1, 2, \ldots, n$ ein (geordnetes) *n-Tupel* (s. direktes Produkt, 2.). Dabei muß die Reihenfolge beachtet werden. Das Element a_i heißt die *i-te Koordinate.* Zwei n-Tupel sind gleich, wenn jeweils ihre Koordinaten übereinstimmen. Im Falle $n = 2$ spricht man von *geordneten Paaren* (s. geordnetes Paar), für $n = 3$ von *Tripeln*, für $n = 4$ von *Quadrupeln* und für $n = 5$ von *Quintupeln.* Die Elemente $(x_1, x_2, \ldots, x_n)$ mit $x_i \in \mathbb{R}$ des n-dimensionalen reellen Punktraumes $\mathbb{R}^n$ sind also n-Tupel (s. n-dimensionaler reeller Punktraum).

Null:

In der Menge $\mathbb{R}$ der reellen Zahlen (s. reelle Zahlen) heißt das neutrale Element der Addition 0 mit $a + 0 = a$ und $0 \cdot a = 0$ für alle $a \in \mathbb{R}$ die Zahl *Null* oder *Nullelement.* Auf dem Zahlenstrahl fällt sie mit dem Koordinatenursprung O zusammen.

Nullabbildung:

Die lineare Abbildung φ des Vektorraums V in den Vektorraum V′, die jedes Element $\mathbf{v} \in V$ auf das Nullelement $\mathbf{0}' \in V'$ abbildet mit $\varphi(\mathbf{v}) = \mathbf{0}'$ für alle $\mathbf{v} \in V$, heißt *Nullabbildung* (s. lineare Abbildung).

Nullelement einer algebraischen Struktur:

In einer Menge M mit einer algebraischen Struktur als additive Verknüpfung heißt das neutrale Element 0 der Addition mit $a + 0 = a$ für alle a das *Nullelement* (s. neutrales Element). Ein Element 0 mit $0 \cdot a = 0$ für alle a heißt *Nullelement bezüglich der Multiplikation* oder *multiplikatives Nullelement.*

Nullfolge:

Eine Zahlenfolge $(a_n)_{n \in \mathbb{N}}$, die gegen 0 konvergiert, heißt *Nullfolge* (s. Zahlenfolge, 3.).

Nullfunktion:

Die Funktion f mit $f(x_1, x_2, \ldots, x_n) \equiv 0$ für alle $(x_1, x_2, \ldots, x_n) \in D \subset \mathbb{R}^n$ heißt *Nullfunktion* (s. Funktion von reellen Variablen, 3.1.).

Nullideal:

Das *Nullideal* ist ein Ideal (s. Ideal), das nur aus dem Nullelement 0 des Ringes besteht.

Nullmatrix:

Die $m \times n$-*Nullmatrix* O ist eine Matrix, bei der alle Elemente verschwinden (s. Matrix, 1.), also

$$O = \begin{pmatrix} 0 & 0 & \cdots & 0 \\ 0 & 0 & \cdots & 0 \\ \vdots & \vdots & \vdots & \vdots \\ 0 & 0 & \cdots & 0 \end{pmatrix}$$

Nullmenge (leere Menge):

Die Menge $\emptyset$, die kein Element enthält, heißt *Nullmenge* oder *leere Menge* (s. Menge, 1.).

Nullmenge bezüglich eines Maßes:

Eine Menge N vom Maß Null, also mit $\mu(N) = 0$, heißt *Nullmenge* bezüglich des Maßes μ (s. Maß).

Nullpunkt:

In einem geradlinigen Koordinatensystem heißt der Schnittpunkt O der Koordinatenachsen der *Nullpunkt.* Seine Koordinaten sind gleich Null (s. Koordinatensystem, 1.1., 2.1.).

Nullring:

Der nur aus dem Nullelement 0 bestehende Ring $R = \{0\}$ (s. Ring) heißt *Nullring.*

Nullstelle:

1. Nullstelle einer Funktion einer reellen Variablen:
Die Stelle x_N heißt *Nullstelle* der Funktion $y = f(x)$, wenn $f(x_N) = 0$ gilt. x_N heißt *r-fache Nullstelle* von $f(x)$, wenn gilt

$$f(x_N) = f'(x_N) = f''(x_N) = \ldots = f^{(r-1)}(x_N) = 0\,; \quad f^{(r)}(x_N) \neq 0\,.$$

Dann lautet die Taylorentwicklung von f an der Stelle x_N

$$T_n(x) = \frac{f^{(r)}(x_N)}{r!} \cdot (x - x_N)^r + \frac{f^{(r+1)}(x_N)}{(r+1)!} \cdot (x - x_N)^{r+1} + \ldots$$

(s. Taylor-Entwicklung, 1.3.). Für $r = 1$ nennt man x_N *einfache Nullstelle.* Beliebige Gleichungen in einer Variablen lassen sich auf die Standard-Gleichung $f(x) = 0$ zurückführen (s. Gleichung, 2.). Falls $f(x) = 0$ nicht elementar lösbar ist, benutzt man numerische Methoden (s. Nullstellenbestimmung).

2. Nullstelle einer Funktion von mehreren reellen Variablen:
$(x_1^{(0)}, x_2^{(0)}, \ldots, x_n^{(0)})$ heißt Nullstelle der Funktion $f(x_1, x_2, \ldots, x_n)$, wenn gilt

$$f(x_1^{(0)}, x_2^{(0)}, \ldots, x_n^{(0)}) = 0.$$

3. Nullstelle eines Polynoms s. Polynom, 1., 2.

Nullstellenbestimmung (numerische):

Zur Bestimmung einer Nullstelle x_N mit $f(x_N) = 0$ (s. Nullstelle, 1.) sei die Gleichung $f(x) = 0$ nicht elementar nach x auflösbar. Dann benutzt man zur Lösung numerische Verfahren.

1. Intervallhalbierungsmethode (Bisektionsverfahren):
Die Funktion $f(x)$ sei stetig. Ausgangspunkt sind zwei Stellen a_1 und b_1 mit $a_1 < b_1$, an denen die Funktion f verschiedene Vorzeichen besitzt, also mit

$$f(a_1) \cdot f(b_1) < 0.$$

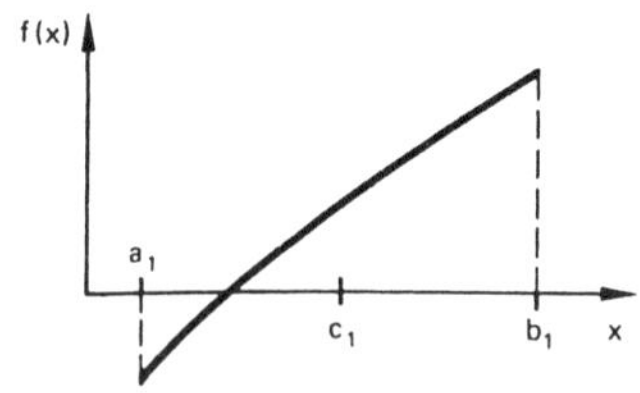

Wegen der Stetigkeit von f liegt die Nullstelle zwischen a_1 und b_1 (s. Zwischenwertsatz). Zunächst berechnet man das arithmetische Mittel

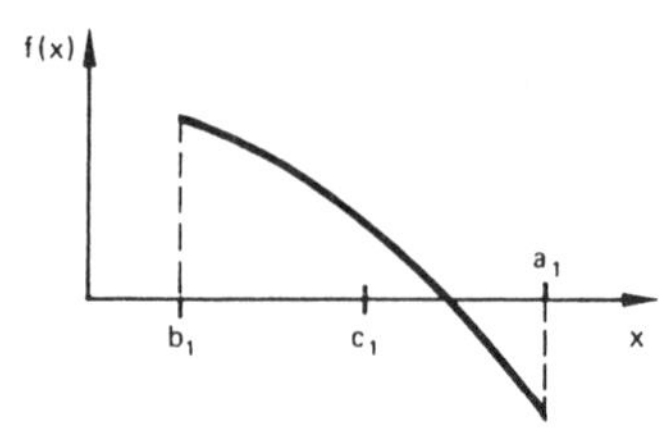

$$c_1 = \frac{a_1 + b_1}{2} \quad \text{mit} \quad a_1 < c_1 < b_1.$$

Im Falle $f(c_1) = 0$ ist das Problem gelöst. Andernfalls liegt die Nullstelle zwischen a_1 und c_1 oder zwischen c_1 und b_1. Dabei ist das neue Intervall nur noch halb so lang wie das Ausgangsintervall. Auf dieses Intervall wird die Halbierungsmethode wiederum angewandt, usw.
Allgemein geht man für $n = 1, 2, \ldots$ folgendermaßen vor:

Man berechne $c_n = \frac{a_n + b_n}{2}$.

1. Fall: $f(c_n) = 0 \quad \Rightarrow \quad c_n$ ist Nullstelle (Verfahren ist beendet);

2. Fall: $f(c_n) \cdot f(b_n) < 0 \quad \Rightarrow$ man setze $a_{n+1} = c_n$ und $b_{n+1} = b_n$;

3. Fall: $f(c_n) \cdot f(b_n) > 0 \quad \Rightarrow$ man setze $a_{n+1} = a_n$ und $b_{n+1} = c_n$.

Für jedes n liegt dann (außer im Fall 1) die Nullstelle zwischen a_n und b_n. Falls die Nullstelle auf m Stellen genau berechnet werden soll, wird das Verfahren so lange durchgeführt, bis es abbricht oder erstmals die Bedingung

$$b_n - a_n = \frac{b_1 - a_1}{2^{n-1}} < \frac{5}{10^{m+1}}$$

erfüllt ist. Diese Ungleichung kann durch Logarithmieren nach n aufgelöst werden mit

$$n > \frac{\log\left(\frac{b_1 - a_1}{5} \cdot 10^{m+1}\right)}{\log 2} + 1.$$

2. Iterationsverfahren zur Bestimmung eines Fixpunktes:
Zur Bestimmung der Lösungen von $f(x) = 0$ kann das Iterationsverfahren zur Bestimmung eines Fixpunktes (s. Fixpunktsatz, 1.) auf

$$x = x - \rho(x) \cdot f(x) = g(x)$$

mit einer geeigneten Funktion $\rho(x) \neq 0$ in $[a; b]$ benutzt werden. $\rho(x) \equiv 1$ ergibt $x = x - f(x) = g(x)$.

3. Regula falsi (lineares Eingabeln, Sekantennäherungsverfahren):
Mit diesem Verfahren können wie bei der Intervallhalbierungsmethode beliebig gute Näherungswerte für Lösungen von Gleichungen $f(x) = 0$ mit stetigen Funktionen f gewonnen werden. Als neue Stellen werden die Schnittpunkte der Sekanten mit der x-Achse benutzt. a_1 und b_1 seien zwei Stellen mit $a_1 < b_1$, an denen die Funktionswerte $f(a_1)$ und $f(b_1)$ verschiedene Vorzeichen besitzen, also mit $f(a_1) \cdot f(b_1) < 0$. Die Sekantengerade durch die beiden Stellen $P(a_1, f(a_1))$ und $P(b_1, f(b_1))$ besitzt die Gleichung

$$y = f(a_1) + \frac{f(b_1) - f(a_1)}{b_1 - a_1} \cdot (x - a_1).$$

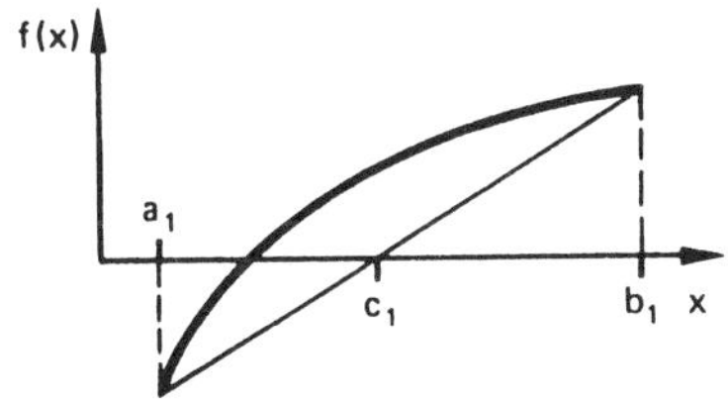

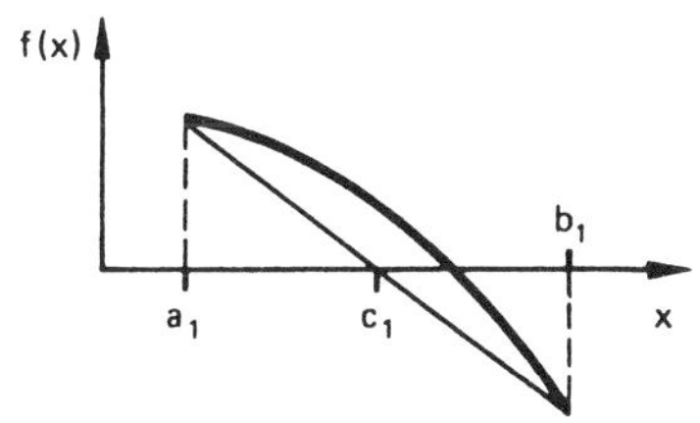

Sie schneidet die x-Achse an der Stelle

$$c_1 = a_1 - f(a_1) \cdot \frac{b_1 - a_1}{f(b_1) - f(a_1)} .$$

Analog zur Intervallhalbierungsmethode berechnet man rekursiv

$$c_n = a_n - f(a_n) \cdot \frac{b_n - a_n}{f(b_n) - f(a_n)} \quad \text{für } n = 1, 2, \ldots .$$

1. Fall: $f(c_n) = 0 \Rightarrow c_n$ ist Nullstelle (Verfahren ist beendet);
2. Fall: $f(c_n) \cdot f(b_n) < 0 \Rightarrow$ man setze $a_{n+1} = c_n$ und $b_{n+1} = b_n$;
3. Fall: $f(c_n) \cdot f(b_n) > 0 \Rightarrow$ man setze $a_{n+1} = a_n$ und $b_{n+1} = c_n$.

Außer im 1. Fall liegt die Nullstelle zwischen a_n und b_n. Falls die Nullstelle auf m Stellen genau berechnet werden soll, wird das Verfahren so lange durchgeführt, bis es abbricht oder erstmals $b_n - a_n \leq \frac{5}{10^{m+1}}$ erreicht wird. Dann sind a_n und b_n die gesuchten Näherungswerte.

4. Quadratisches Eingabeln:
Beim *quadratischen Eingabeln* wird durch drei Näherungswerte für die Nullstelle x_N ein Interpolationspolynom 2. Ordnung (Parabel) gelegt. Als verbesserten Näherungswert erhält man die Nullstelle dieses Polynoms im entsprechenden Bereich. Dieses Verfahren konvergiert im allgemeinen wesentlich schneller als beim linearen Eingabeln.

5. Newton-Verfahren:
Beim *Newton-Verfahren* muß der Startwert x_0 nahe genug bei der Nullstelle x_N liegen. Daher empfiehlt es sich, zunächst einen Näherungswert nach einem der obigen Verfahren zu bestimmen.

5.1. Verfahren bei einfachen Nullstellen:
Vorausetzung: Die Funktion f sei in der Umgebung der Nullstelle x_N stetig differenzierbar mit $f(x_N) = 0$ und $f'(x_N) \neq 0$. Dann ist x_N einfache Nullstelle (s. Nullstelle, 1.). x_0 sei eine Näherung für die Nullstelle. Die Funktion f wird durch die Tangente an der Stelle $(x_0, f(x_0))$ ersetzt:

$$y = f(x_0) + f'(x_0) \cdot (x - x_0) .$$

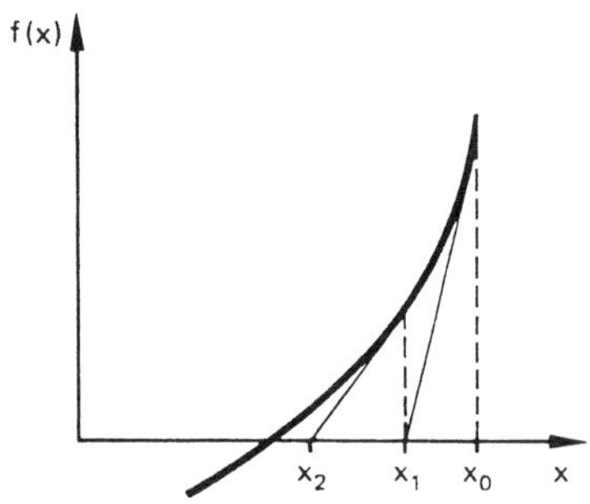

Ihr Schnittpunkt mit der x-Achse

$$x_1 = x_0 - \frac{f(x_0)}{f'(x_0)}$$

wird als neuer Näherungswert benutzt. Allgemein bestimmt man rekursiv

$$x_{n+1} = x_n - \frac{f(x_n)}{f'(x_n)} \quad \text{für } n = 0, 1, 2, \ldots .$$

Nach dem Banachschen Fixpunktsatz (s. Fixpunktsatz, 1.) liefert

$$x = g(x) = x - \frac{f(x)}{f'(x)}$$

ein Startintervall mit der Bedingung

$$|g'(x)| = \left| \frac{f(x) \cdot f''(x)}{[f'(x)]^2} \right| \le L < 1 .$$

Dann konvergiert die Folge $(x_n)_{n=1,2,\ldots}$ gegen die gesuchte Lösung x_N mit $f(x_N) = 0$. Das Verfahren konvergiert quadratisch.
Hinreichende Bedingungen für die Konvergenz:
f sei im Intervall $[a;b]$ definiert und besitze folgende Eigenschaften:

$f'(x)$ existiere in $(a;b)$ und habe dort keine Nullstelle.

$f''(x)$ existiere in $(a;b)$ und sei dort stetig.

Ferner sei einer der folgenden Fälle erfüllt:

I) $f(a) < 0 < f(b)$ und $f''(x) \ge 0$ in $(a;b)$ (f konvex);

II) $f(a) > 0 > f(b)$ und $f''(x) \ge 0$ in $(a;b)$ (f konvex);

III) $f(a) < 0 < f(b)$ und $f''(x) \le 0$ in $(a;b)$ (f konkav);

IV) $f(a) > 0 > f(b)$ und $f''(x) \le 0$ in $(a;b)$ (f konkav).

Dann gilt:

1.) Im Intervall $(a;b)$ gibt es genau eine Nullstelle x_N mit $f(x_N) = 0$.

2.) Die Folge $x_{n+1} = x_n - \frac{f(x_n)}{f'(x_n)}$ für $n = 1, 2, \ldots$ mit $x_0 = a$ in den Fällen II und III bzw. $x_0 = b$ in den Fällen I und IV konvergiert monoton gegen die Nullstelle x_N. Im konvexen Fall startet man also an der Stelle mit dem positiven Funktionswert, im konkaven Fall an der Stelle mit dem negativen Funktionswert.

3.) Für alle $n \in \mathbb{N}$ gilt dabei die Fehlerabschätzung

$$|x_n - x_N| \le \begin{cases} \dfrac{|f(x_n)|}{|f'(a)|} & \text{für die Fälle I und IV;} \\ \dfrac{|f(x_n)|}{|f'(b)|} & \text{für die Fälle II und III.} \end{cases}$$

5.2. Verfahren bei mehrfachen Nullstellen:
Die Funktion $f(x)$ sei r-mal stetig differenzierbar mit

$$f(x_N) = f'(x_N) = \ldots = f^{(r-1)}(x_N) = 0; \quad f^{(r)}(x_N) \neq 0 .$$

Dann ist x_N eine r-fache Nullstelle. Falls man mit x_0 nahe genug bei der Nullstelle startet, konvergiert die Folge

$$x_{n+1} = x_n - r \cdot \frac{f(x_n)}{f'(x_n)} \quad \text{für} \quad n = 0, 1, 2, \ldots$$

gegen die Nullstelle x_N. Das Verfahren konvergiert mindestens von der Ordnung 2 (s. Ordnung).

Nullsummenspiel s. Spiel, 1.

Nullteiler:
Falls es zu einem Element $a \neq 0$ eines Ringes R (s. Ring) ein Element $b \neq 0$ aus R gibt mit $a \cdot b = 0$, heißt a *linker* und b *rechter Nullteiler.* In kommutativen Ringen sind beide Begriffe identisch. Dann nennt man a und b *Nullteiler.* Bei der Multiplikation von Matrizen gibt es Nullteiler, also Matrizen $A \neq O$ und $B \neq O$ mit $A \cdot B = O$ (s. Matrix, 2.).

Nullteiliger Zylinder s. Zylinder zweiter Ordnung.

Nullvektor:
Der n-dimensionale Vektor $\vec{0}^{\,T} = (0, 0, \ldots, 0)$, dessen Komponenten alle gleich Null sind, heißt *Nullvektor* (s. Vektor im V^n, 3.). In einem beliebigen Vektorraum V heißt das Element $\mathbf{0}$ mit $\mathbf{v} + \mathbf{0} = \mathbf{v}$ für alle $\mathbf{v} \in V$ *Nullvektor* (s. Vektorraum).

Numerik s. numerisches Rechnen.

numerische Differentiation s. Differentiation, numerische.

numerische Exzentrizität s. Kegelschnitt, 3., 4., s. Ellipse, 1., s. Hyperbel, 1., s. Parabel, 4.

numerische Integration s. Integralrechnung, 1.10.

numerische Lösung einer Gleichung s. Nullstellenbestimmung.

numerische Lösung einer Differentialgleichung s. gewöhnliche Differentialgleichung, 7.

numerisches Rechnen (Numerik):
Numerisches Rechnen oder *Numerik* ist das Rechnen mit Zahlen im Unterschied zum Rechnen mit Symbolen.

numerisches Verfahren:
Falls ein Problem nicht direkt gelöst werden kann, benutzt man *numerische Verfahren.* Meistens handelt es sich dabei um Näherungsverfahren (Iterationsverfahren).

Numerus s. dekadischer Logarithmus.

O

o, O:
o und O sind die *Landauschen Ordnungssymbole* (s. Größenordnung von Funktionen, 2.).

Obelisk:
Ein *Obelisk* ist ein Körper (Polyeder), dessen Grund- und Deckfläche in zwei parallelen Ebenen liegende n-Ecke sind. Die Anzahl n der Ecken muß für beide Flächen gleich sein. Die beiden n-Ecke müssen jedoch nicht ähnlich sein wie beim Pyramidenstumpf und Keilstumpf. Es handelt sich also um ein spezielles Prismoid (s. Prismoid). Die Seitenflächen sind Trapeze. Das Volumen lautet

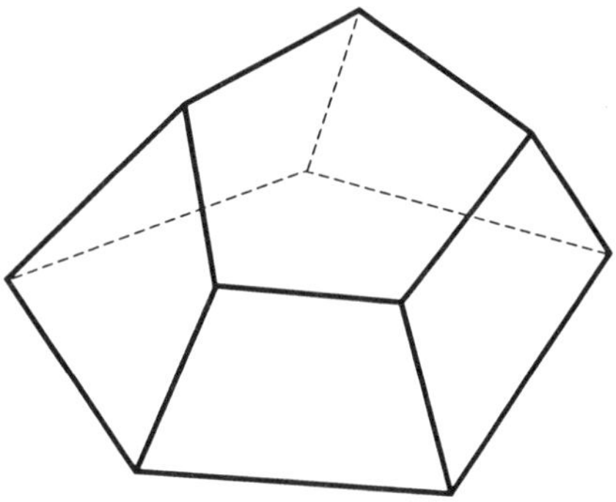

$$V = \frac{h}{6}(G_u + 4\,G_m + G_o);$$

h $=$ Höhe (Abstand der Grund- von der Deckfläche);

G_u = Inhalt der unteren Grundfläche; G_o = Inhalt der oberen Deckfläche;

G_m = Inhalt des Mittelschnittes (= Schnitt in der Höhe $\frac{h}{2}$).

obere Grenze s. Grenze, obere.

oberer Nachbar s. Nachbar.

obere Schranke s. Schranke, obere.

oberes Integral:
Bei der Berechnung des bestimmten Integrals nennt man die Obersumme

$$O_n = \sum_{i=1}^{n} M_i(x_i - x_{i-1}) = \sum_{i=1}^{n} M_i\,\Delta x_i \quad \text{mit} \quad M_i = \sup_{x \in I_i} f(x)$$

oberes Integral (s. Integralrechnung, 1.1.).

Oberfläche:
In der Stereometrie bezeichnet man die Menge der Randpunkte (s. Randpunkt) von Körpern als *Oberfläche* (s. Fläche, s. Flächeninhalt, 2., s. Oberflächenintegral, s. Rotationsfläche und Rotationskörper, 3.).

Oberflächenelement s. Flächenelement, 2., s. Fläche, 2.4., s. Oberflächenintegral.

Oberflächenintegral:

1. Oberflächenintegral eines Skalarfeldes (Oberflächenintegral 1. Art):
Eine räumliche Fläche $\mathfrak{F}$ sei gegeben durch die Parameterdarstellung

$$x = \varphi(u, v); \quad y = \psi(u, v); \quad z = \chi(u, v) \text{ mit } (u, v) \in B$$

(s. Fläche, 2.1.). Für jede feste Stelle $(u, v) \in B$ sollen die Tangentialvektoren $\vec{k}_u$ und $\vec{k}_v$ existieren. Dann ist der Inhalt der von den Koordinatenlinien u, u + du, v, v + dv aufgespannten Fläche für kleine du, dv > 0 ungefähr gleich dem Inhalt des von den Tangentenvektoren $du \cdot \vec{k}_u$, $dv \cdot \vec{k}_v$ aufgespannten Rechtecks. Dieser Inhalt kann mit Hilfe des Kreuzprodukts berechnet werden (s. Vektor im V^n, 2.8.). Damit lautet das Oberflächenelement

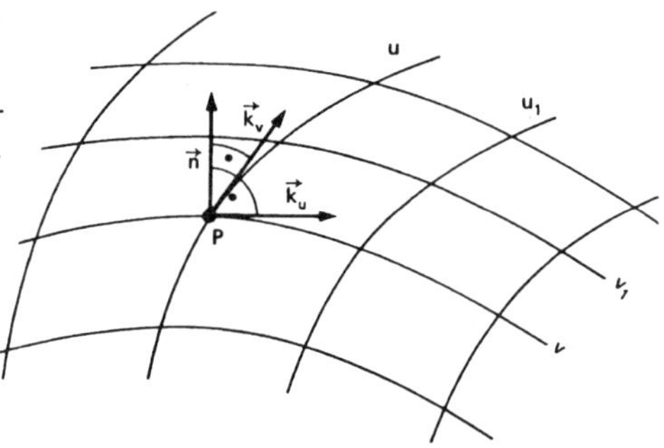

$$dO = |\vec{k}_u \times \vec{k}_v| \, du \, dv = \sqrt{EG - F^2} \, du \, dv$$

mit

$$E = x_u^2 + y_u^2 + z_u^2; \quad F = x_u x_v + y_u y_v + z_u z_v; \quad G = x_v^2 + y_v^2 + z_v^2$$

(s. Fläche, 2.4.). Es sei g(x, y, z) eine auf $\mathfrak{F}$ beschränkte Funktion (Skalarfeld). Dann heißt im Falle der Existenz

$$\iint_{\mathfrak{F}} g \, dO = \iint_B g(\varphi(u, v), \psi(u, v), \chi(u, v)) \cdot \sqrt{EG - F^2} \, du \, dv$$

das *Oberflächenintegral* von g über $\mathfrak{F}$ (s. Integralrechnung, 2.1.).

Bei der expliziten Flächendarstellung z = f(x, y) für $(x, y) \in B$ gilt

$$\iint_{\mathfrak{F}} g \, dO = \iint_B g(x, y, f(x, y)) \cdot \sqrt{1 + f_x^2(x, y) + f_y^2(x, y)} \, dx \, dy.$$

Bei der impliziten Flächendarstellung F(x, y, z) = 0 erhält man

$$\iint_{\mathfrak{F}} g \, dO = \iint_B g(x, y, z) \cdot \sqrt{F_x^2(x, y, z) + F_y^2(x, y, z) + F_z^2(x, y, z)} \, dx \, dy \, dz.$$

Inhalt der Oberfläche:
Mit $g(x, y, z) \equiv 1$ erhält man mit diesen Formeln unmittelbar den Inhalt der Oberfläche

$$\mathfrak{F}(B) = \iint_{\mathfrak{F}} dO = \iint_B \sqrt{EG - F^2} \, du \, dv.$$

2. Oberflächenintegral eines Vektorfeldes (Oberflächenintegral 2. Art):

Orientierung einer Fläche:

Es sei $\mathfrak{F} = \mathfrak{F}(B)$ ein räumliches Flächenstück, das von der Raumkurve $\mathfrak{C}$ begrenzt wird (s. Kurve, 2.). Wie in 1. sollen an jeder Stelle die Tangentialvektoren $\vec{k}_u$ und $\vec{k}_v$ existieren. Falls diese Vektoren linear unabhängig sind, ist $\vec{k}_u \times \vec{k}_v$ ein Normalenvektor. Es sei $\vec{n}$ ein Normaleneinheitsvektor, der senkrecht auf der Fläche steht. Die Orientierung wird so festgelegt, daß $\vec{n}$ von der Berandungskurve des Flächenelements in math. positiver Richtung, also gegen den Uhrzeigerdrehsinn durchlaufen wird. Allgemein setzt man

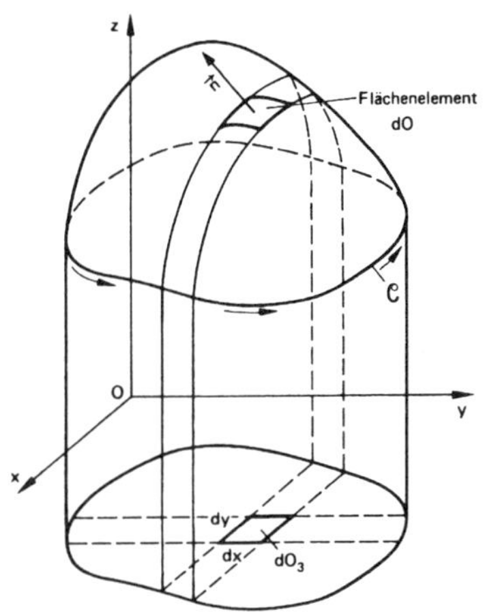

$$\vec{n} = \begin{cases} \dfrac{\vec{k}_u \times \vec{k}_v}{|\vec{k}_u \times \vec{k}_v|}, & \text{falls } \vec{k}_u \times \vec{k}_v \neq \vec{0}; \\ \vec{0}, & \text{falls } \vec{k}_u \times \vec{k}_v = \vec{0}. \end{cases}$$

Damit wird dem Flächenelement dO (s. 1.) der Vektor

$$d\vec{O} = \vec{n}\, dO = \begin{pmatrix} dO_1 \\ dO_2 \\ dO_3 \end{pmatrix}$$

zugeordnet.

$$\vec{v}(x, y, z) = \begin{pmatrix} v_1(x,y,z) \\ v_2(x,y,z) \\ v_3(x,y,z) \end{pmatrix}$$

sei ein beschränktes Vektorfeld auf $\mathfrak{F}$. Dann heißt im Falle der Existenz

$$\iint_{\mathfrak{F}} \vec{v} \cdot \vec{n}\, dO = \iint_{\mathfrak{F}} [v_1(x,y,z)\, dO_1 + v_2(x,y,z)\, dO_2 + v_3(x,y,z)\, dO_3]$$

das *Oberflächenintegral* des Vektorfeldes $\vec{v}$ über $\mathfrak{F}$. Dabei sind die einzelnen Integrale wie in 1. zu berechnen.

Falls die Fläche als Parameterdarstellung gegeben ist (s. 1.), erhält man aus $dO = |\vec{k}_u \times \vec{k}_v|\, du\, dv$

$$\iint_{\mathfrak{F}} \vec{v} \cdot \vec{n}\, dO = \iint_{B} \vec{v}(x(u,v), y(u,v), z(u,v)) \cdot (\vec{k}_u \times \vec{k}_v)\, du\, dv$$

$$= \iint_{B} \big[v_1 \cdot (y_u z_v - y_v z_u) + v_2 \cdot (z_u x_v - x_u z_v) + v_3 \cdot (x_u y_v - x_v y_u)\big] du\, dv.$$

Bei der expliziten Flächendarstellung $z = f(x, y)$ erhält man die Darstellung

$$\iint\limits_{\mathfrak{F}} \vec{v}(x,y,z) \cdot \vec{n}\, dO$$

$$= \iint\limits_{B} [-v_1(x,y,z) \cdot f_x(x,y) - v_2(x,y,z) \cdot f_y(x,y) + v_3(x,y,z)]\, dx\, dy.$$

Dabei muß $z = f(x,y)$ gesetzt werden.

Vektorfluß durch eine Fläche:
Das Flächenintegral

$$\iint\limits_{\mathfrak{F}} \vec{v} \cdot \vec{n}\, dO$$

heißt *Fluß* des Vektorfeldes $\vec{v}(x,y,z)$ durch die Fläche $\mathfrak{F}$.

3. Anwendungen des Oberflächenintegrals eines Vektorfeldes:
3.1. Mittlere Quelldichte und Divergenz:
Ein Körper K mit dem Volumen V werde von einer geschlossenen Fläche $\mathfrak{F}$ begrenzt. Das räumliche Vektorfeld $\vec{v}$ sei auf $\mathfrak{F}$ definiert. Dann heißt im Falle der Existenz

$$\frac{1}{V} \oiint\limits_{\mathfrak{F}} \vec{v} \cdot \vec{n}\, dO$$

die *mittlere Quelldichte* des Vektorfeldes $\vec{v}$ im Körper K.

Im Falle der Existenz heißt der Skalar (Volumenableitung)

$$\operatorname{div} \vec{v} = \lim_{V \to 0} \frac{1}{V} \oiint\limits_{\mathfrak{F}} \vec{v} \cdot \vec{n}\, dO$$

die *Divergenz* odert *lokale Quelldichte* des Vektorfeldes $\vec{v}$ an der entsprechenden Stelle. Wenn in jedem Punkt gilt $\operatorname{div} \vec{v} = 0$ (s. Divergenz), heißt das Vektorfeld *quellenfrei*.

3.2. Rotation einer Vektorfeldes:
Durch die geschlossene Fläche $\mathfrak{F}$ werde ein Körper K mit dem Volumen V begrenzt. Das Vektorfeld $\vec{v}$ sei auf $\mathfrak{F}$ definiert. Dann heißt im Falle der Existenz der Vektor (Volumenableitung)

$$\operatorname{rot} \vec{v} = -\lim_{V \to 0} \frac{1}{V} \oiint\limits_{\mathfrak{F}} \vec{v} \times \vec{n}\, dO$$

die *Rotation* des Vektorfeldes an der entsprechenden Stelle. Das Feld nennt man *wirbelfrei*, falls $\operatorname{rot} \vec{v} = \vec{0}$ ist (s. Rotation).

4. Integralsätze:
4.1. Gaußscher Integralsatz:
Der räumliche Bereich K sei von der geschlossenen, stückweise glatten Fläche $\mathfrak{F}$ begrenzt. Das Vektorfeld

$$\vec{v}(x,y,z) = \begin{pmatrix} v_1(x,y,z) \\ v_2(x,y,z) \\ v_3(x,y,z) \end{pmatrix}$$

sei in $K \cup \mathfrak{F}$ stetig differenzierbar. Dann gilt

$$\iiint_K \operatorname{div} \vec{v}\, dV = \oint\!\!\oint_{\mathfrak{F}} \vec{v}^T \cdot d\vec{O} = \oint\!\!\oint_{\mathfrak{F}} \vec{v}^T \cdot \vec{n}\, dO .$$

Das Raumintegral über die Divergenz ist also gleich dem Vektorfluß durch die geschlossene Fläche (s. Integralrechnung, 3.1.).

4.2. Stokesscher Integralsatz:
Es sei $\mathfrak{F}$ ein einfach zusammenhängendes Flächenstück, das von der Kurve $\mathfrak{C}$ begrenzt wird. Die Orientierung sei wie bei den Oberflächenintegralen beschrieben vorgenommen (s. 2.). Dann gilt für jedes stetig differenzierbare Vektorfeld $\vec{v}$

$$\iint_{\mathfrak{F}} (\operatorname{rot} \vec{v}) \cdot \vec{n}\, dO = \int_{\mathfrak{C}} \vec{v} \cdot \vec{n}\, ds .$$

Das Oberflächenintegral des Vektorfeldes der Rotation über die Fläche $\mathfrak{F}$ ist gleich dem Kurvenintegral des Skalars $\vec{v} \cdot \vec{n}$ über die Begrenzungskurve $\mathfrak{C}$.

Obermenge:
Eine Menge B heißt *Obermenge* der Menge A, wenn A Teilmenge von B ist, also für $A \subset B$ (s. Menge, 1.).

Obersumme s. Integralrechnung, 1.1., 2.1., 3.1.

oder (logisches):
$A \vee B$ (sprich: A oder B) ist wahr, wenn A oder B oder beide wahr sind. Dabei heißt $\vee$ *Junktor* oder *Funktor*. $\vee$ nennt man auch *Disjunktion.*

offene Abbildung:
Eine Abbildung eines topologischen Raumes T in einen topologischen Raum T′ heißt *offen*, wenn die Bildmenge jeder in T offenen Menge in T′ wieder offen ist (s. topologischer Raum).

offene Menge:
1. Eine *offene Menge* eines topologischen Raumes T (s. topologischer Raum) ist eine Teilmenge von T, die mit jedem Punkt gleichzeitig eine Umgebung dieses Punktes enthält (s. Umgebung).
2. Es sei $\mathfrak{T}$ ein System von Teilmengen einer Menge T, welches die Axiome der topologischen Struktur erfüllt (s. topologischer Raum). Die Elemente (Mengen) dieses Teilmengensystems heißen *offene Mengen.*

Das Komplement einer offenen Menge ist abgeschlossen.

Beispiele für offene Mengen:
Im n-dimensionalen reellen Punktraum $\mathbb{R}^n$ (s. n-dimensionaler reeller Punktraum $\mathbb{R}^n$) sei $C(c_1, c_2, \ldots, c_n)$ ein fester Punkt. Dann ist die Menge

aller Punkte $P(x_1, x_2, \ldots, x_n)$ mit

$$d(P, C) = \sqrt{(x_1 - c_1)^2 + (x_2 - c_2)^2 + \ldots + (x_n - c_n)^2} < r$$

eine offene Menge und mit $\leq r$ eine abgeschlossene Menge. Im $\mathbb{R}^1$ sind die offenen Intervalle $(a;b)$; $(-\infty;\ b)$; $(a;\ +\infty)$ offene Mengen (s. Intervall), im $\mathbb{R}^2$ ist das Innere eines Kreises $(x - x_0)^2 + (y - y_0)^2 < r^2$ offen und im $\mathbb{R}^3$ das Innere einer Kugel $(x - x_0)^2 + (y - y_0)^2 + (z - z_0)^2 < r^2$ offen.

offener Kern s. innerer Punkt.

Oktaeder (Achtflach, Achtflächner):

Ein *Oktaeder* (*Achtflach* oder *Achtflächner*) ist ein Polyeder, das von acht Dreiecken begrenzt wird und bei dem in jedem Eckpunkt vier Kanten zusammenstoßen. Meistens bezeichnet man nur das regelmäßige Achtflach als Oktaeder (s. Polyeder, 2.).

Oktalzahl s. Zahlensystem, 2.

Operation s. Verknüpfung, s. Grundrechenarten.

Operation Research (Operationsforschung):

Unter *Operation Research* oder *Operationsforschung* versteht man die mit mathematischen Methoden arbeitende Unternehmensforschung. Wesentliche Bereiche sind Optimierungsprobleme, vor allem die lineare Programmierung (s. lineare Optimierung).

Operationsforschung s. Operation Research.

Operator (Transformation):

Es seien X und Y abstrakte Räume. Eine Abbildung T (s. Abbildung) einer Teilmenge $D \subset X$ in den Raum (Menge) Y nennt man auch *Operator* oder *Transformation.* Falls x in y abgebildet wird, schreibt man $y = Tx$ bzw. $y = T(x)$. Die Begriffe Abbildung, Funktion, Operator und Transformation sind ihrer Definition nach identisch. Der Begriff Operator wird meistens dann verwendet, wenn die Räume X und Y Funktionenräume oder Euklidische bzw. unitäre Vektorräume sind (s. Vektorraum, 3., 4.). Ist Y eine Teilmenge der reellen oder komplexen Zahlen, so nennt man die Abbildung ein *Funktional* (s. Funktional).

Operator, adjungierter linearer s. adjungiert, 5.

Operator, linearer s. linearer Operator.

Operator, selbstadjungierter linearer s. selbstadjungiert, 2.

optimaler Punkt s. lineare Optimierung, 2.1.10.

Optimierung:

Unter dem Begriff *Optimierung* versteht man die Untersuchung mathematischer Verfahren zur Bestimmung des Maximums oder Minimums einer Funktion mehrerer Variabler. Oft sind noch Nebenbedingungen in Form von Restriktionen für die Variablen verlangt (s. Extremum unter Nebenbedingungen, s. lineare Optimierung).

Optimierung, lineare s. lineare Optimierung.

Ordinalzahl (Ordnungszahl):

Die *Ordinalzahl* ist der Ordnungstypus einer wohlgeordneten Menge (s. wohlgeordnet). Während die Kardinalzahl (s. Kardinalzahl) nur die Anzahl der Elemente einer Menge erfaßt, benutzt man die Ordinalzahl zur elementweisen Durchnumerierung einer Menge, in der eine Ordnungsstruktur vorhanden ist. Zum Vergleich der Ordnungszahl benutzt man eineindeutige Abbildungen, die ordnungserhaltend sind. Eine solche Abbildung heißt *ähnlich.* Die Ähnlichkeit von Mengen ist eine Äquivalenzrelation (s. Äquivalenzrelation). Jedes Element einer ähnlichen Klasse heißt *Ordnungstypus.* Geordnete Mengen vom gleichen Ordnungstypus sind gleichmächtig. Falls man die natürlichen Zahlen mengentheoretisch definiert durch $1 = \{\emptyset\}$; $2 = 1 \cup \{1\}$; $3 = 2 \cup \{2\}$; ..., sind die natürlichen Zahlen Ordnungszahlen.

Ordinate:

In einem Koordinatensystem (x, y) im $\mathbb{R}^2$ heißt x die *Abszisse* und y *Ordinate* (s. Koordinatensystem, 1.1.1.).

Ordinatenachse:

Die Achse, auf der in einem ebenen Koordinatensystem im $\mathbb{R}^2$ die Ordinate y (s. Ordinate) abgetragen wird, heißt *Ordinatenachse* (s. Koordinatensystem, 1.1.1.).

Ordnung s. Ableitung, s. Differenzengleichung, 1., s. gewöhnliche Differentialgleichung, s. geordnete Menge.

Ordnung einer Gruppe:

Die *Ordnung* einer endlichen Gruppe (s. Gruppe) ist die Anzahl der Elemente der Gruppe. Einer unendlichen Gruppe wird die *Ordnung unendlich* zugewiesen.

Ordnung einer holomorphen Funktion:

Die Funktion $f(z)$ sei in einer Umgebung von z_0 holomorph (s. holomorph) und besitze die Potenzreihenentwicklung

$$f(z) = c_0 + \sum_{k=r}^{\infty} c_k (z - z_0)^k \quad \text{mit} \quad c_k \in \mathbb{C},\ c_r \neq 0.$$

Dann nennt man die Stelle z_0 eine *Stelle r-ter Ordnung* von f.

Ordnung einer Hyperfläche s. Hyperfläche.

Ordnung einer reellen Funktion:
Eine reelle Funktion $f(x)$ sei in einer Umgebung der Stelle x_0 stetig. Falls in dieser Umgebung eine Funktion $g(x)$ existiert mit

$$f(x) = (x - x_0)^r \cdot g(x) \quad \text{und} \quad \lim_{x \to x_0} g(x) = g(x_0) \neq 0,$$

heißt die Funktion $f(x)$ an der Stelle x_0 *von der Ordnung* r.

Ordnung eines Gruppenelements:
Die Ordnung n einer von dem Element a erzeugten zyklischen Gruppe (a) heißt auch *Ordnung des Gruppenelements* a (s. zyklische Gruppe). Falls die zyklische Gruppe (a) von endlicher Ordnung n ist, so ist n die kleinste natürliche Zahl mit $a^n = e$ (Einselement).

Ordnung einer Polstelle s. Pol.

Ordnungsaxiome s. Ordnungsrelation.

Ordnungshomomorphismus s. ordnungstreue Abbildung.

Ordnungsisomorphismus s. ordnungstreue Abbildung.

Ordnungslinie s. Zweitafelprojektion.

Ordnungsrelation (Anordnungsrelation):
Eine zweistellige Relation (s. Relation) $\preceq$ in einer Menge M heißt *Ordnungsrelation*, wenn für beliebige $x, y, z \in M$ die *Ordnungsaxiome* gelten:

(O1) $x \preceq x$ für alle $x \in M$ (reflexiv);

(O2) aus $x \preceq y$ und $y \preceq x$ folgt $x = y$ (antisymmetrisch);

(O3) aus $x \preceq y$ und $y \preceq z$ folgt $x \preceq z$ (transitiv).

Ordnungsstruktur:
Man sagt: Eine Menge ist mit einer *Ordnungsstruktur* versehen, wenn in ihr eine Ordnungsrelation existiert (s. Ordnungsrelation, s. Ordinalzahl).

Ordnungssymbole von Landau s. Größenordnung von Funktionen, 2.

ordnungstreue Abbildung (Ordnungshomomorphismus oder Ordnungsisomorphismus):
Es seien H_1 und H_2 halbgeordnete Mengen (s. halbgeordnete Menge) mit den jeweiligen Halbordnungen $\preceq_1$ bzw. $\preceq_2$. Eine Abbildung f von H_1 in H_2 heißt *ordnungstreu* (*isoton* oder *monoton*), wenn aus

$$x \preceq_1 y \text{ folgt } f(x) \preceq_2 f(y).$$

Die ordnungstreue Abbildung nennt man auch *Ordnungshomomorphismus* oder *Ordnungsisomorphismus.*

Ordnungszahl s. Ordinalzahl.

orientierter Winkel s. Winkel, 1.3.

Orientierung:

Eine *Orientierung* erhält man durch Auszeichnung einer der beiden Richtungen einer Geraden, eines Drehsinns von zwei möglichen Drehsinnen in der Ebene, einer von zwei Seiten einer Fläche oder einer von zwei Klassen affiner oder kartesischer Koordinatensysteme.

Orientierung eines Vektorraumes:

Es seien $\{\mathbf{v}_1, \mathbf{v}_2, \ldots, \mathbf{v}_n\}$ und $\{\mathbf{w}_1, \mathbf{w}_2, \ldots, \mathbf{w}_n\}$ zwei Basen eines n-dimensionalen Vektorraums mit

$$\mathbf{w}_k = \sum_{i=1}^{n} a_{ik} \mathbf{v}_i \qquad \text{für } k = 1, 2, \ldots, n;$$

$A = (a_{ik}, \ 1 \leq i, k \leq n)$; $\det(A) \neq 0$ (s. Vektorraum, 1., s. lineare Abbildung, 2., s. Determinante). Im Falle $\det(A) > 0$ heißen beide Basen *gleichorientiert*, für $\det(A) < 0$ nennt man sie *verschieden* (*entgegengesetzt*) *orientiert*. Damit können sämtliche Basen des Vektorraums V in zwei Klassen eingeteilt werden, wobei alle Basen derselben Klasse gleichorientiert sind. Üblicherweise wird eine der beiden Basisklassen ausgezeichnet. Dann nennt man die Basen dieser ausgezeichneten Klasse *Rechtssysteme*, die Basen der anderen Klassen heißen *Linkssysteme* (s. Spatprodukt).

orthodrome Entfernung:

Die *orthodrome Entfernung* zweier Punkte auf der Kugel (Erdoberfläche) wird als kürzeste Entfernung auf Großkreisbogen gemessen (s. sphärische Trigonometrie, 5.2.).

orthogonal (senkrecht):

In der Geometrie steht der Begriff *orthogonal* für senkrecht (s. senkrecht).

orthogonale Koordinatentransformation s. Koordinatentransformation, 1.2., 2.2., 3.

orthogonale Matrix:

Die quadratische Matrix A heißt *orthogonal*, wenn mit der transponierten Matrix A^T gilt $A \cdot A^T = E$ (Einheitsmatrix) (s. Matrix, 2.). Orthogonale Matrizen treten bei orthogonalen Transformationen, also bei Transformationen bei verschiedenen orthonormalen Basen auf (s. affine Abbildung, 2.1., 2.2., s. lineare Abbildung, 2.4.2., 2.4.3., s. Koordinatentransformation, 1.2., 2.2., 3.). Die Zeilen- bzw. Spaltenvektoren einer orthogonalen

Matrix bilden jeweils ein Orthonormalsystem (s. Orthogonal- und Orthonormalsystem). Für die Determinante (s. Determinante) einer orthogonalen Matrix gilt

$$1 = \det(E) = \det(A) \cdot \det(A^T) = [\det(A)]^2, \quad \text{also} \quad \det(A) = \pm 1 .$$

Die Inverse einer orthogonalen Matrix A lautet $A^{-1} = A^T$.

orthogonale Projektion:

Eine *orthogonale Projektion* ist eine Parallelprojektion, deren Projektionsstrahlen orthogonal auf der Projektionsebene (Projektionsgeraden) sind (s. Lot, s. Projektion, 2.).

orthogonale Trajektorie s. Trajektorie.

orthogonale Transformation:

Eine Transformation (s. lineare Abbildung, 2.4.2)

$$\begin{pmatrix} y_1 \\ y_2 \\ \vdots \\ y_n \end{pmatrix} = \begin{pmatrix} a_{11} & a_{12} & \cdots & a_{1n} \\ a_{21} & a_{22} & \cdots & a_{2n} \\ \vdots & \vdots & \vdots & \vdots \\ a_{n1} & a_{n2} & \cdots & a_{nn} \end{pmatrix} \cdot \begin{pmatrix} x_1 \\ x_2 \\ \vdots \\ x_n \end{pmatrix} = A \cdot \begin{pmatrix} x_1 \\ x_2 \\ \vdots \\ x_n \end{pmatrix}$$

heißt *orthogonal*, wenn die Matrix A orthogonal ist, also mit $A \cdot A^T = E$ (s. orthogonale Matrix, s. Koordinatentransformation, 1.2., 2.2., 3.).

orthogonale Vektoren:

Die beiden Vektoren $\mathbf{u}, \mathbf{v}$ eines Euklidischen oder unitären Vektorraums V heißen *orthogonal* (senkrecht), im Zeichen $\mathbf{u} \perp \mathbf{v}$, wenn das Skalarprodukt verschwindet, also für $< \mathbf{u}, \mathbf{v} > = 0$ (s. Vektorraum, 3., 4.).

orthogonale Vektoren im V^n:

Zwei n-dimensionale Vektoren $\vec{a}$ und $\vec{b}$ sind *orthogonal*, wenn das Skalarprodukt $\vec{a} \cdot \vec{b}$ verschwindet. Dafür schreibt man auch $\vec{a} \perp \vec{b}$ (s. Skalarprodukt, 1., s. Vektorraum im V^n, 1.2.5., 2.4., 3.).

Orthogonalisierungsverfahren nach E. Schmidt:

Es sei $\{\mathbf{b}_1, \mathbf{b}_2, \ldots, \mathbf{b}_n, \ldots\}$ eine Menge linear unabhängiger Vektoren des Euklidischen Vektorraums V mit dem inneren Produkt $< \mathbf{u}, \mathbf{v} >$ (s. Vektorraum, 3.). Dann sind die Vektoren

$$\mathbf{v}_1 = \mathbf{b}_1 ; \quad \mathbf{v}_k = \mathbf{b}_k - \sum_{i=1}^{k-1} \frac{< \mathbf{b}_i, \mathbf{v}_i >}{< \mathbf{v}_i, \mathbf{v}_i >} \cdot \mathbf{v}_i \qquad \text{für } k = 2, 3, \ldots$$

paarweise orthogonal. Damit bilden die normierten Vektoren

$$\left\{ \frac{\mathbf{v}_1}{\|\mathbf{v}_1\|}, \frac{\mathbf{v}_2}{\|\mathbf{v}_2\|}, \ldots, \frac{\mathbf{v}_n}{\|\mathbf{v}_n\|}, \ldots \right\}$$

ein Orthonormalsystem (s. Orthogonal- und Orthonormalsystem).

Spezialfall: $V = V^n$:
Die r Vektoren $\vec{b}_1, \vec{b}_2, \dots, \vec{b}_r$ der Dimension n mit $n \geq r$ seien linear unabhängig. Mit dem Skalarprodukt und dem Betrag erhält man das Orthogonalsystem

$$\vec{v}_1 = \vec{b}_1; \quad \vec{v}_k = \vec{b}_k - \sum_{i=1}^{k-1} \frac{\vec{b}_i \cdot \vec{v}_i}{|\vec{v}_i|^2} \cdot \vec{v}_i \qquad \text{für } k = 2, 3, \dots, r.$$

Damit ist $\left\{ \frac{\vec{v}_1}{|\vec{v}_1|}, \frac{\vec{v}_2}{|\vec{v}_2|}, \dots, \frac{\vec{v}_r}{|\vec{v}_r|} \right\}$ ein Orthonormalsystem.

Orthogonalreihe:

Eine unendliche Funktionenreihe (s. Funktionenreihe)

$$\sum_{k=1}^{\infty} a_k \varphi_k(x) \quad \text{mit } a_k \in \mathbb{R}$$

heißt *Orthogonalreihe* im Intervall $[a; b]$, wenn die Funktionen $\varphi_k(x)$ für $k = 1, 2, \dots$ in $[a; b]$ bezüglich der quadratischen Integration (s. quadratisch integrierbar) ein Orthogonalsystem bilden, wenn also gilt

$$\int_a^b \varphi_i(x)\, \varphi_j(x)\, dx = 0 \quad \text{für } i \neq j$$

(s. Orthogonal- und Orthonormalsystem, 3.).

Orthogonal- und Orthonormalsystem:

1. Orthogonal- und Orthonormalsystem im Vektorraum V^n:
Im Vektorraum V^n heißt die Menge $\{\vec{b}_1, \vec{b}_2, \dots, \vec{b}_n\}$ linear unabhängiger Vektoren ein *Orthogonalsystem*, falls diese Vektoren paarweise aufeinander senkrecht stehen, also für

$$\vec{b}_j \perp \vec{b}_k \quad \Leftrightarrow \quad \vec{b}_j \cdot \vec{b}_k = 0 \quad \text{für} \quad j \neq k.$$

Falls die orthogonalen Vektoren alle den Betrag Eins besitzen, nennt man das System ein *Orthonormalsystem* oder eine *Orthonormalbasis*. Dann gilt für das innere Produkt

$$\vec{b}_j \cdot \vec{b}_k = \begin{cases} 1 & \text{für } j = k; \\ 0 & \text{für } j \neq k. \end{cases}$$

Für jeden Vektor $\vec{a}$ erhält man bei einem Orthonormalsystem aus

$$\vec{a} = \alpha_1 \vec{b}_1 + \alpha_2 \vec{b}_2 + \dots + \alpha_n \vec{b}_n = \sum_{j=1}^{n} \alpha_j \vec{b}_j$$

mit Hilfe des Skalarprodukts

$$\vec{a} \cdot \vec{b}_k = (\alpha_1 \vec{b}_1 + \alpha_2 \vec{b}_2 + \dots + \alpha_n \vec{b}_n) \cdot \vec{b}_k = \alpha_k \cdot \vec{b}_k \cdot \vec{b}_k = \alpha_k$$

die Komponenten

$$\alpha_k = \vec{a} \cdot \vec{b}_k \qquad \text{für } k = 1, 2, \dots, n.$$

Die n Vektoren $\vec{e}_1 = \begin{pmatrix} 1 \\ 0 \\ \vdots \\ 0 \end{pmatrix}$; $\vec{e}_2 = \begin{pmatrix} 0 \\ 1 \\ \vdots \\ 0 \end{pmatrix}$; ... ; $\vec{e}_n = \begin{pmatrix} 0 \\ 0 \\ \vdots \\ 1 \end{pmatrix}$

bilden ein Orthonormalsystem (kanonische Basis) mit der Darstellung

$$\vec{a} = a_1 \vec{e}_1 + a_2 \vec{e}_2 + \ldots + a_n \vec{e}_n .$$

2. Orthonormalsystem in Euklidischen Vektorräumen s. Vektorraum, 3.

3. Orthogonal- und Orthonormalsystem von quadratisch integrierbaren Funktionen (s. quadratisch integrierbar):
Das System der reellen Funktionen $\varphi_k(x)$, $k \in M$ nennt man ein *Orthogonalsystem* der in $[a;b]$ quadratisch integrierbaren Funktionen, wenn für alle Paare $i, j \in M$ mit $i \neq j$ gilt

$$\int_a^b \varphi_i(x) \varphi_j(x) \, dx = 0 .$$

Im Falle

$$\int_a^b \varphi_i(x) \varphi_j(x) \, dx = \begin{cases} 0 & \text{für } i \neq j; \\ 1 & \text{für } i = j \end{cases}$$

ist das Funktionensystem ein *Orthonormalsystem.* Aus jedem Orthogonalsystem mit

$$\int_a^b \varphi_k^2(x) \, dx = q_k^2 > 0 \quad \text{für alle } k$$

erhält man mit $\varphi_k^*(x) = \dfrac{\varphi_k(x)}{q_k}$ ein Orthonormalsystem.

4. Verallgemeinertes Orthogonal- und Orthonormalsystem bezüglich einer Gewichtsfunktion (Belegungsfunktion):
Es sei $\psi_k(x)$, $k \in M$ ein System reeller Funktionen. $w(x)$ sei in $(a;b)$ eine nichtnegative *Gewichts-* oder *Belegungsfunktion*, so daß die Funktionen $\sqrt{w(x)} \cdot \psi_k(x)$ für $k \in M$ in $(a;b)$ quadratisch integrierbar sind (s. quadratisch integrierbar). Dann existiert das innere Produkt

$$< \psi_i, \psi_j >_w = \int_a^b w(x) \psi_i(x) \psi_j(x) \, dx \quad \text{für alle } i, j \in \mathbb{R} .$$

Im Falle $< \psi_i, \psi_j >_w = 0$ für $i \neq j$ und $< \psi_k, \psi_k >_w > 0$ für alle k heißt das Funktionensystem in $(a;b)$ ein *verallgemeinertes Orthogonalsystem* bezüglich der *Gewichtsfunktion* w. Für

$$\int_a^b w(x) \psi_i(x) \psi_j(x) \, dx = \begin{cases} 0 & \text{für } i \neq j; \\ 1 & \text{für } i = j \end{cases}$$

nennt man das Funktionensystem ein *verallgemeinertes Orthonormalsystem* bezüglich der Gewichtsfunktion $w(x)$.

Dann bilden die Funktionen $\psi_k^*(x) = \sqrt{w(x)} \cdot \psi_k(x)$ ein *Orthonormalsystem.*

Orthogonalsystem von Polynomen:

Es sei

$$p_n(x) = \sum_{k=0}^{n} a_{kn} x^k \quad \text{mit} \quad a_{kn} \in \mathbb{R},\ a_{nn} \neq 0 \ \text{für } n = 0, 1, 2, \ldots$$

eine Folge reeller Polynome vom Grad n. Ferner sei $w(x)$ in $(a;b)$ eine nichtnegative Gewichts- oder Belegungsfunktion, so daß die Funktionen

$$\sqrt{w(x)} \cdot p_n(x) \quad \text{für} \quad n = 0, 1, 2, \ldots$$

in $[a;b]$ quadratisch integrierbar sind mit $0 < \int_a^b w(x)\, p_n^2(x) < \infty$ für alle n (s. quadratisch integrierbar). Dann existiert das Skalarprodukt

$$< p_n, p_m >_w = \int_a^b w(x)\, p_n(x)\, p_m(x)\, dx.$$

Im Falle $< p_n, p_m >_w = 0$ für $n \neq m$ bilden die Polynome $p_n(x)$ ein *verallgemeinertes Orthogonalsystem* in $(a;b)$ bezüglich der Gewichtsfunktion $w(x)$. Mit Hilfe des Orthogonalisierungsverfahrens nach E. Schmidt (s. Orthogonalisierungsverfahren nach E. Schmidt) erhält man hieraus ein *verallgemeinertes Orthonormalsystem.*

Spezielle Orthogonalsysteme von Polynomen:

Die **Legendreschen Polynome** $L_n(x)$ vom Grade n für $n = 0, 1, 2, \ldots$ bilden ein Orthogonalsystem in $(-1;1)$ (s. Legendresche Differentialgleichung und Legendresche Polynome).

Die **Tschebyschewschen Polynome** $T_n(x)$ für $n = 0, 1, 2, \ldots$ bilden bezüglich der Belegungsfunktion

$$w(x) = \frac{1}{\sqrt{1 - x^2}}$$

in $(-1;1)$ ein Orthogonalsystem (s. Tschebyschewsche Differentialgleichung und Tschebyschewsche Polynome).

Die **Laguerreschen Polynome** $L_n(x)$ vom Grade n für $n = 0, 1, 2, \ldots$ sind bezüglich der Gewichtsfunktion

$$w(x) = e^{-x}$$

in $[0;\infty)$ ein Orthonormalsystem (s. Laguerresche Differentialgleichung und Laguerresche Polynome).

Die **Hermiteschen Polynome** $L_n(x)$ vom Grade n für $n = 0, 1, 2, \ldots$ stellen bezüglich der Gewichtsfunktion

$$w(x) = e^{-\frac{x^2}{2}}$$

in $(-\infty;\infty)$ ein Orthogonalsystem dar (s. Hermitesche Differentialgleichung und Hermitesche Polynome).

orthonormale Vektoren:

1. Orthonormale Vektoren (Elemente) eines Euklidischen oder unitären Vektorraums V:
Die beiden Vektoren $\mathbf{u}, \mathbf{v} \in V$ heißen *orthonormal*, wenn sie orthogonal sind und beide die Norm 1 besitzen, also für

$$< \mathbf{u}, \mathbf{v} > = 0; \quad \|\mathbf{u}\|^2 = < \mathbf{u}, \mathbf{u} > = 1; \quad \|\mathbf{v}\|^2 = < \mathbf{v}, \mathbf{v} > = 1$$

(s. Vektorraum, 3., 4., 5.).

2. Orthonormale Vektoren im V^n:
Zwei n-dimensionale Vektoren $\vec{a}$ und $\vec{b}$ heißen *orthonormal*, wenn sie aufeinander senkrecht stehen und beide den Betrag 1 besitzen, also für

$$\vec{a} \cdot \vec{b} = 0 \quad \text{und} \quad a_1^2 + a_2^2 + \ldots + a_n^2 = b_1^2 + b_2^2 + \ldots + b_n^2 = 1$$

(s. Vektor im V^n, 3.).

Ortsvektor:

Es sei $P(x_1, x_2, \ldots, x_n)$ ein beliebiger Punkt und $O = O(0, 0, \ldots, 0)$ der Koordinatenurspung im $\mathbb{R}^n$. Dann heißt der Verbindungsvektor $\vec{OP}$ *Ortsvektor* (s. Vektor im V^n, 1., 2., 3., s. affiner Raum).

Output (Ausgabe):

Die Übertragung von Informationen von einem Rechner zu einem externen Gerät oder einem externen Speicher nennt man *Output* oder *Ausgabe.*

Oval s. Eikurve.

P

Paar s. geordnetes Paar, s. n-Tupel.

paarweise disjunkt:

Die Mengen $A_i, i \in I$ heißen *paarweise disjunkt*, wenn alle Paare A_i, A_j mit $i, j \in I$, $i \neq j$ disjunkt sind, also $A_i \cap A_j = \emptyset$ für $i \neq j$ (s. disjunkt).

p-adische Zahl s. Zahlensystem, 2.

Papierstreifenkonstruktion s. Ellipse, 2.4.

Pappos von Alexandria (um 320 v.u.Z.) veröffentlichte in den *Collectiones* Übersichten sowie Kommentare zu verschollenen mathematischen Werken. Nach ihm ist der Satz von Pappos benannt.

Pappos, Satz von:

Auf zwei Geraden g_1 und g_2 seien jeweils drei Punkte A_1, B_1 und C_1 sowie A_2, B_2 und C_2 gegeben, die vom Schnittpunkt der beiden Geraden verschieden sind. Dann liegen die Schnittpunkte der kreuzweisen Verbindungsstrecken:

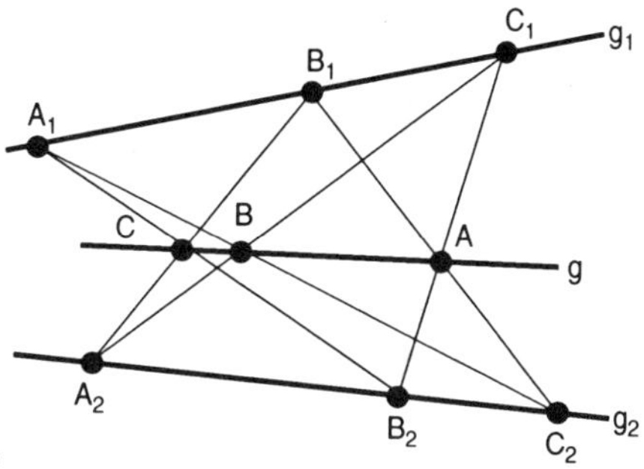

$A = B_1C_2 \cap B_2C_1$, $B = A_1C_2 \cap A_2C_1$;

$C = A_1B_2 \cap A_2B_1$ auf einer Geraden g.

Parabel:

Die Parabel ist als Kegelschnitt (s. Kegelschnitt) eine spezielle Kurve zweiter Ordnung (s. Kurven zweiter Ordnung). Weshalb die Parabel von den alten Griechen diesen Namen erhalten hat, ist bei Kegelschnitt, 3. erläutert.

1. Eigenschaften einer Parabel:

Die Parabel ist der geometrische Ort aller Punkte einer Ebene, die von einem festen Punkt F, dem *Brennpunkt*, und einer festen Geraden, der *Leitlinie* l, dieser Ebene den gleichen Abstand besitzen, also mit

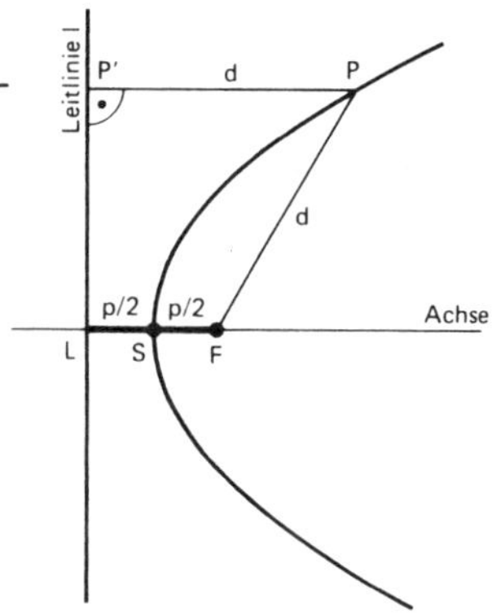

$$d = \overline{PF} = \overline{PP'}.$$

Für den *Scheitelpunkt* S (Punkt mit der größten Krümmung) gilt

$$\overline{LS} = \overline{SF} = \frac{p}{2}.$$

Der Scheitelpunkt S liegt in der Mitte zwischen der Leitlinie l und dem Brennpunkt F. Die (Symmetrie-) *Achse* der Parabel geht durch die Punkte L und F und steht senkrecht auf der Leitlinie l.

2. Parabelkonstruktionen:

2.1. Konstruktion mit Hilfe von Kreisen:

Gegeben ist die Leitlinie l und der nicht auf l liegende Brennpunkt F. Eine Parallele zu l im Abstand d mit $d > \overline{LF}/2$ und ein Kreisbogen um F mit dem Radius d schneiden sich in den beiden Parabelpunkten P_1 und P_2, die symmetrisch zur Achse liegen.

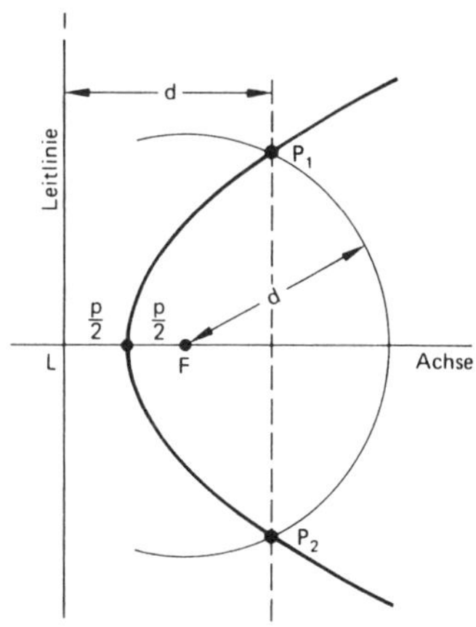

2.2. Fadenkonstruktion:

Ein Dreieck gleite - wie nebenstehend skizziert - entlang einer Linie l, der Leitlinie. Ein Faden mit der Kathetenlänge $\overline{CA}$ werde mit den Enden in A und F befestigt. Mit einem Stift wird der Faden an der Kathete AC gestrafft. Dann ergibt der Stift einen Parabelpunkt P. Falls das Dreieck entlang der Leitlinie l gleitet, beschreibt der Stift ein Parabelstück.

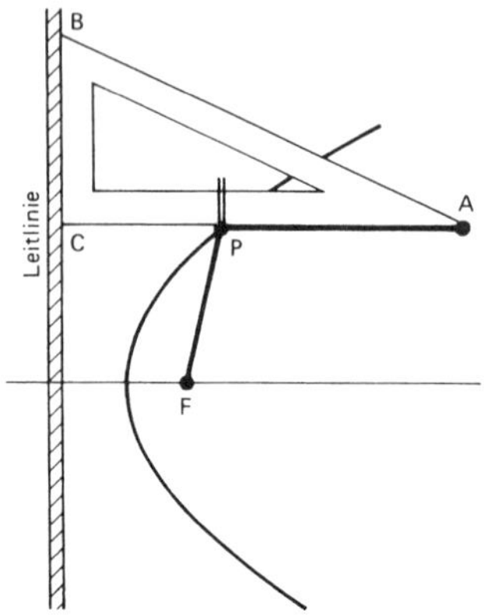

3. Koordinatengleichungen:

3.1. x - Achse als Parabelachse:

Der Scheitel S liege im Koordinatenursprung O. Dann gilt für die kartesischen Koordinaten x, y eines beliebigen Punktes P (x, y) auf der Parabel

$$\left(x+\frac{p}{2}\right)^2 = y^2 + \left(x-\frac{p}{2}\right)^2.$$

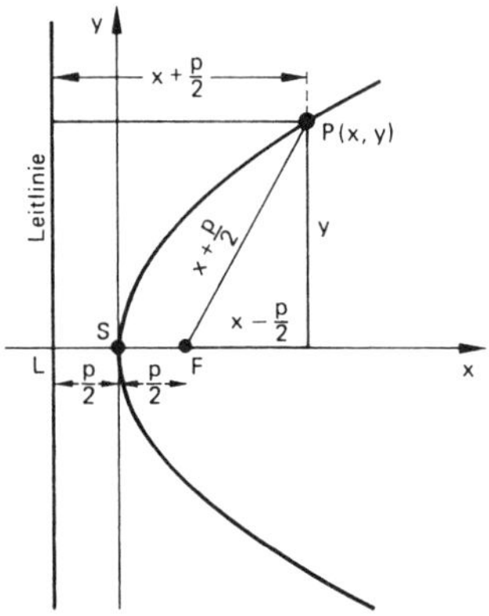

Hieraus erhält man die Scheitelgleichung der nach rechts geöffneten Parabel

$$y^2 = 2px, \quad p > 0.$$

p = Abstand des Brennpunktes F von der Leitlinie l.

Falls der Scheitelpunkt $S(x_0, y_0)$ die Koordinaten x_0 und y_0 hat (Parallelverschiebung), lautet die Gleichung der nach rechts geöffneten Parabel, deren Achse parallel zu x - Achse ist,

$$(y-y_0)^2 = 2p(x-x_0).$$

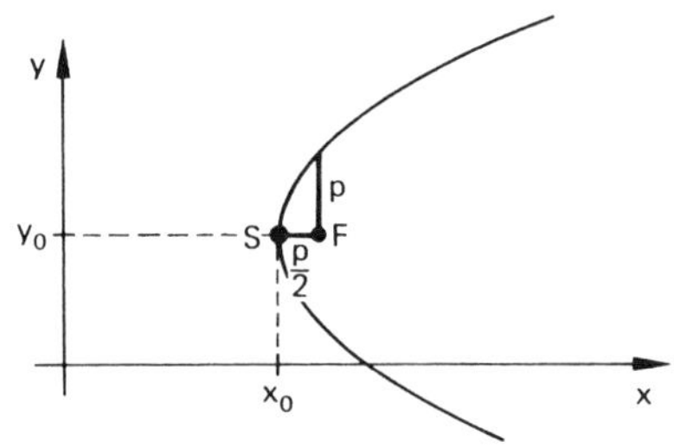

3.2. y - Achse als Parabelachse:

Falls die Parabelachse parallel zur y - Achse ist, erhält man die Gleichung der nach oben geöffneten Parabel mit dem Scheitelpunkt $S(x_0, y_0)$ durch Vertauschung der kartesischen Koordinaten, d. h. Spiegelung an der ersten Winkelhalbierenden aus 3.1 als

$$(x-x_0)^2 = 2p(y-y_0).$$

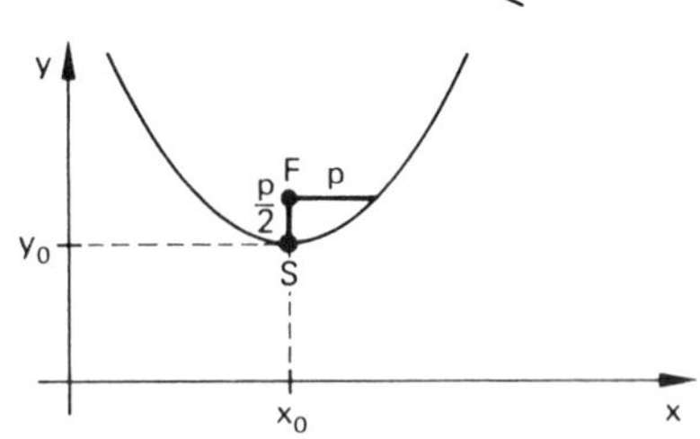

Weitere Koordinatengleichungen erhält man durch Drehungen und Parallelverschiebungen (s. Koordinatentransformation, 1.3., s. Kurven zweiter Ordnung).

4. Darstellung in Polarkoordinaten:
Falls man O = F (Brennpunkt) als Pol und die x-Achse als Polarachse wählt, erhält man die Darstellung

$$\rho = \rho(\varphi) = \frac{p}{1-\cos\varphi} = \frac{p}{1-\varepsilon\cos\varphi}$$

mit der *numerischen Exzentrität* $\varepsilon = 1$ (s. Kegelschnitt, 4.2.). Wenn die Parabel an der Leitlinie l gespiegelt wird mit der neuen Koordinatengleichung $y^2 = -2px$ und O = F sowie als Polachse die (nicht gespiegelte) x-Achse gewählt wird, erhält man die Darstellung

$$\rho = \rho(\varphi) = \frac{p}{1+\cos\varphi} = \frac{p}{1+\varepsilon\cos\varphi} \quad \text{mit } \varepsilon = 1.$$

5. Tangente und Normale:
Gesucht ist die Tangente im Parabelpunkt $P_1(x_1, y_1)$ mit $y_1 = +\sqrt{2px_1}$.

5.1. Tangenten- und Normalenkonstruktion:
L_1 sei der Fußpunkt des Lotes von P_1 auf die Leitlinie l. Dann ist die Tangente t_1 durch P_1 das Mittellot auf der Strecke L_1F. Die Tangente schneidet die x-Achse an der Stelle $x = -x_1$. Die Normale durch P_1 ist parallel zu L_1F. Die Tangente t_2 im anderen Endpunkt $P_2(x_2, y_2)$ der durch den Brennpunkt F gehenden Parabelsehne P_1P_2 steht auf t_1 senkrecht und schneidet t_1 auf der Leitlinie. Allgemein schneiden sich aufeinander senkrecht stehende Tangenten auf der Leitlinie.

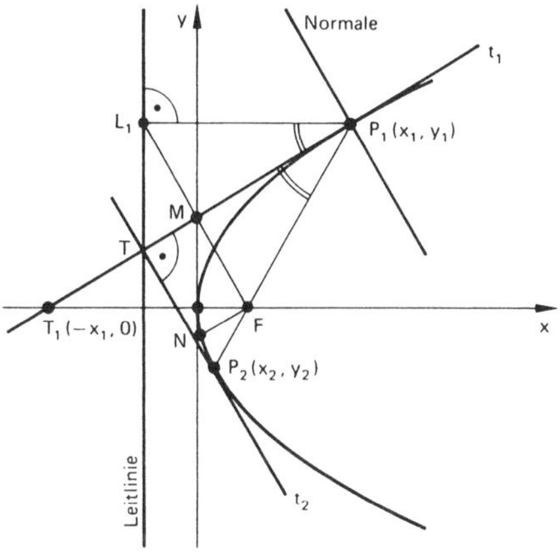

Für die Parabel mit der Scheitelgleichung $y^2 = 2px$ erhält man für den Punkt $P_1(x_1, y_1)$ die Tangentengleichung

$$y_1 y = p(x + x_1).$$

Normalengleichung durch $P_1(x_1, y_1)$:

$$y_1(x - x_1) + p(y - y_1) = 0.$$

Parabelbogen:
Die Länge des Parabelbogens $\overset{\frown}{OP}(x, y)$ zwischen dem Koordinatenursprung O und der Stelle P(x, y) mit y = 2px lautet

$$L_{\overset{\frown}{OP}} = \frac{p}{2}\cdot\left[\sqrt{\frac{2x}{p}\left(1+\frac{2x}{p}\right)} + \ln\left(\sqrt{\frac{2x}{p}} + \sqrt{1+\frac{2x}{p}}\right)\right].$$

Parabel, Neilsche s. Neilsche Parabel.

Parabel n-ten Grades (n-ter Ordnung):

Die Potenzfunktion $f(x) = x^n$ mit $n \in \mathbb{N}$ heißt *Parabel n-ten Grades* oder *n-ter Ordnung* (s. Potenzfunktion).

Parabelsegment:

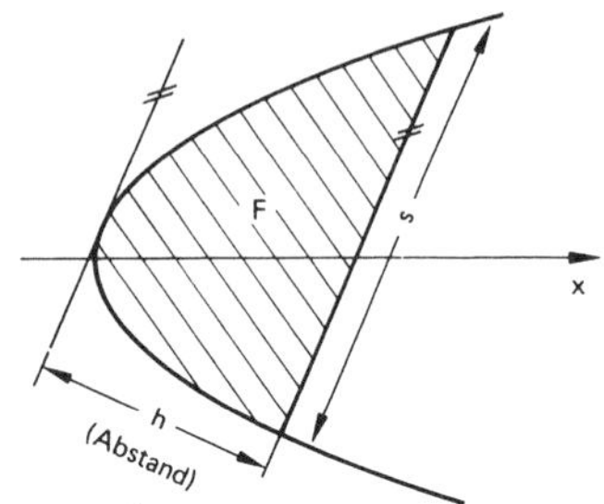

Ein ebenes Flächenstück, das von einem Parabelbogen und einer Sehne begrenzt wird, heißt *Parabelsegment* (s. Parabel). Der Flächeninhalt des Parabelsegments lautet (Bezeichnungen s. nebenstehende Skizze)

$$F = \frac{2}{3} s h .$$

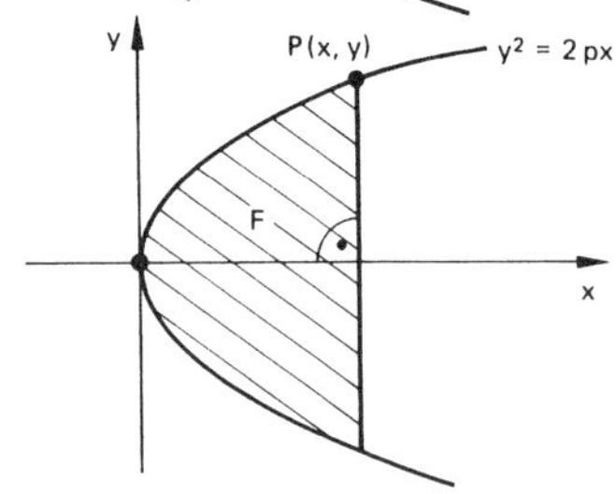

Spezialfall: Eine vertikale Sehne ergibt

$$F = \frac{4}{3} x y = \frac{2 y^2}{3 p} .$$

parabolischer Flächenpunkt:

Ein Flächenpunkt, in dem eine der beiden Hauptkrümmungen verschwindet, heißt *parabolischer Flächenpunkt.* Dann ist die Gaußsche Krümmung als Produkt der beiden Hauptkrümmungen gleich Null (s. Krümmung, 3.).

parabolischer Zylinder s. Zylinder zweiter Ordnung.

Paraboloid:

Paraboloide sind spezielle nichtentartete Flächen zweiter Ordnung (s. Flächen zweiter Ordnung, 3.1.).

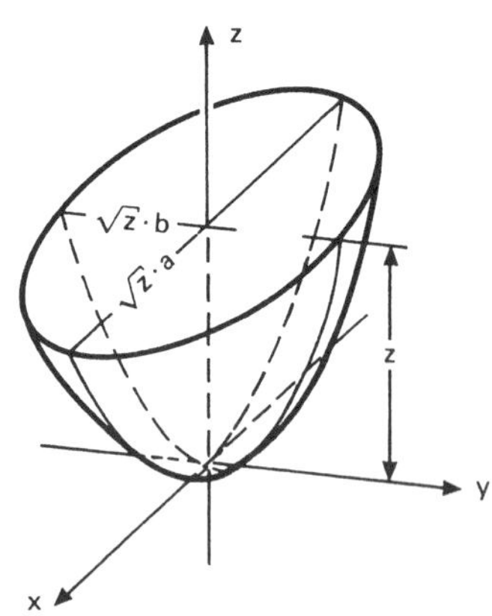

1. Elliptisches Paraboloid:

Nach einer Drehung, Parallelverschiebung und eventueller Umbenennung der Achsen erhält man in kartesischen Koordinaten die Normalform:

$$z = \frac{x^2}{a^2} + \frac{y^2}{b^2} \quad \text{mit } a, b > 0 .$$

Parameterdarstellung:

$$x = a t \cos\varphi ; \quad y = b t \sin\varphi ; \quad z = t^2 ;$$

$$t \geq 0 ; \quad 0 \leq \varphi \leq 2\pi .$$

Für $a = b$ erhält man ein Rotationsparaboloid mit der z-Achse als Rotationsachse (s. Rotationsfläche und Rotationskörper).

Schnitt parallel zur x-y-Ebene ($z = z_0 > 0$): Ellipse;
Schnitt parallel zur x-z-Ebene ($y = y_0$): Parabel;
Schnitt parallel zur y-z-Ebene ($x = x_0$): Parabel.

Das Volumen des von dem elliptischen Paraboloid, der Ebene $z = z_0$ und der x-y-Ebene gebildeten Körpers lautet

$$V = \frac{1}{2}\pi a b z_0 .$$

2. Hyperbolisches Paraboloid:
Nach Drehung, Parallelverschiebung und eventueller Umbenennung der Achsen erhält man in kartesischen Koordinaten die Normalform:

$$z = \frac{x^2}{a^2} - \frac{y^2}{b^2} \quad \text{mit } a, b > 0 .$$

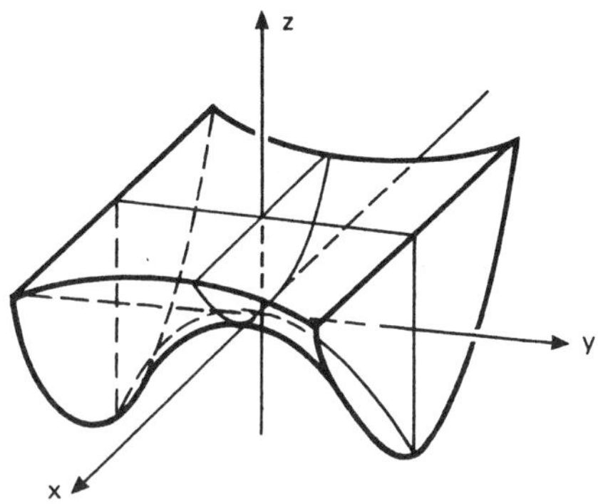

Das hyperbolische Paraboloid ist eine Sattelfläche. Der Koordinatenursprung O ist ein Sattelpunkt.

Schnitt parallel zur x-y-Ebene ($z = z_0 \neq 0$): Hyperbel;
Schnitt durch die x-y-Ebene ($z = 0$): zwei Geraden;
Schnitt parallel zur x-z-Ebene ($y = y_0$): Parabel;
Schnitt parallel zur y-z-Ebene ($x = x_0$): Parabel.

Die Gleichung

$$z = \frac{x^2}{a^2} - \frac{y^2}{b^2} = \left(\frac{x}{a} + \frac{y}{b}\right) \cdot \left(\frac{x}{a} - \frac{y}{b}\right)$$

ist gleichwertig mit

$$(1) \quad \frac{x}{a} + \frac{y}{b} = u ; \quad u \cdot \left(\frac{x}{a} - \frac{y}{b}\right) = z ; \qquad (2) \quad \frac{x}{a} - \frac{y}{b} = v ; \quad v \cdot \left(\frac{x}{a} + \frac{y}{b}\right) = z ,$$

$u, v \in \mathbb{R}$ beliebig. Für beliebige Werte u und v stellen diese beiden Gleichungen jeweils zwei Ebenen im $\mathbb{R}^3$ dar. Die Koordinaten der Schnittgeraden (1) und (2) erfüllen die Koordinatengleichung des hyperbolischen Paraboloids. Sie bilden die *Erzeugenden* der Fläche. Somit handelt es sich um eine durch Geraden erzeugte *Regelfläche* (s. Regelfläche).

parallel:

1. Parallele Geraden:
Zwei Geraden g und h (s. Gerade) heißen *parallel*, im Zeichen $g \parallel h$, wenn $g = h$ ist oder beide Geraden in einer Ebene E liegen und keinen gemeinsamen Punkt besitzen.

2. Parallele Ebenen:
Zwei Ebenen E_1 und E_2 (s. Ebene) heißen *parallel*, im Zeichen $E_1 \parallel E_2$, wenn entweder $E_1 = E_2$ gilt oder beide Ebenen keine gemeinsamen Punkte besitzen.

Parallelenaxiom (Parallelenpostulat) von Euklid:

Das fünfte Postulat (Axiom) in Euklids "Elementen" lautet: Zu jeder Geraden g und jedem nicht auf g liegenden Punkt P gibt es genau eine Gerade h, die in der durch g und P aufgespannten Ebene E liegt und zu g parallel ist, also g nicht schneidet.

Parallelepiped (Parallelepipedon, Parallelflach oder Spat):

Ein *Parallelepiped* (*Parallelepipedon, Parallelflach* oder *Spat*) ist ein Prisma (s. Prisma), dessen Grund- und Deckfläche parallelkongruente Parallelogramme sind (s. Spatprodukt). Die vier Raumdiagonalen schneiden sich in einem Punkt und halbieren sich dort.

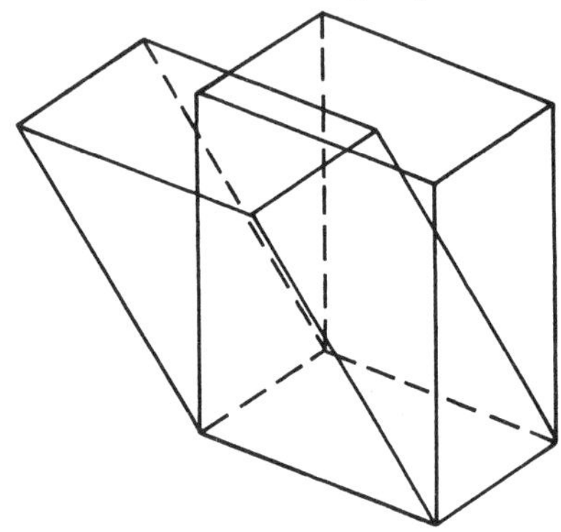

Parallelflach s. Parallelepiped.

Parallelkoordinaten s. Koordinatensystem, 1.1., 2.1., 3.

Parallelogramm:

Ein Parallelogramm ist ein ebenes Viereck ABCD (s. Viereck), bei dem jeweils die beiden gegenüberliegenden Seiten parallel und damit gleich lang sind. Die Höhe ist $h_a = b \sin\alpha$.

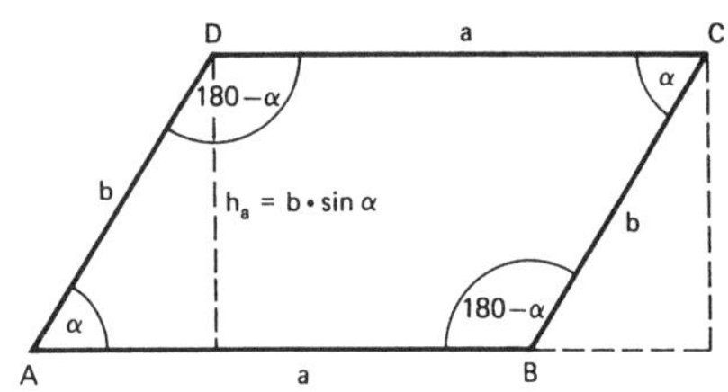

Flächeninhalt:

$$F = a h_a = a b \sin\alpha;$$

Umfang: $U = 2a + 2b$.

Die Seitenvektoren sind die Verbindungsvektoren

$$\vec{a} = \begin{pmatrix} a_1 \\ a_2 \\ a_3 \end{pmatrix} = \overrightarrow{AB}; \quad \vec{b} = \begin{pmatrix} b_1 \\ b_2 \\ b_3 \end{pmatrix} = \overrightarrow{AD}.$$

Der Flächeninhalt kann mit Hilfe des Kreuzprodukts dieser beiden Vektoren berechnet werden als

$$F = |\vec{a} \times \vec{b}| = |\vec{a}| \cdot |\vec{b}| \cdot |\sin\alpha| \quad (\alpha = \text{ Winkel zwischen } \vec{a} \text{ und } \vec{b})$$

mit

$$\vec{a} \times \vec{b} = \begin{pmatrix} a_1 \\ a_2 \\ a_3 \end{pmatrix} \times \begin{pmatrix} b_1 \\ b_2 \\ b_3 \end{pmatrix} = \begin{vmatrix} \vec{e}_1 & a_1 & b_1 \\ \vec{e}_2 & a_2 & b_2 \\ \vec{e}_3 & a_3 & b_3 \end{vmatrix} = \begin{pmatrix} a_2 b_3 - a_3 b_2 \\ a_3 b_1 - a_1 b_3 \\ a_1 b_2 - a_2 b_1 \end{pmatrix}$$

(s. Vektor im V^n, 2.8.), also

$$F = \sqrt{(a_2 b_3 - a_3 b_2)^2 + (a_3 b_1 - a_1 b_3)^2 + (a_1 b_2 - a_2 b_1)^2}.$$

Für die Längen der Diagonalen

$$d_1 = \overline{BD}; \quad d_2 = \overline{AC}$$

gilt

$$d_{1,2} = \sqrt{a^2 + b^2 \mp 2a \cdot \sqrt{b^2 - h_a^2}}.$$

Ein Parallelogramm mit vier kongruenten Seiten heißt *Raute* (s. Raute), eine Raute mit lauter rechten Winkeln ist ein *Quadrat* (s. Quadrat).

Parallelogramm der Kräfte s. Vektor im V^n, 1.2.2.

Parallelogrammgleichung (Parallelogrammsatz):
In einem Parallelogramm ist die Summe der Quadrate der vier Seitenlängen gleich der Summe der Quadrate der Längen der beiden Diagonalen. Falls die beiden Seiten a und b durch die Vektoren $\vec{a}$ und $\vec{b}$ dargestellt werden (s. Parallelogramm), können die Diagonalen durch $\vec{a} + \vec{b}$ bzw. durch $\vec{a} - \vec{b}$ dargestellt werden. Dann lautet die Parallelogrammgleichung

$$|\vec{a} + \vec{b}|^2 + |\vec{a} - \vec{b}|^2 = 2\left(|\vec{a}|^2 + |\vec{b}|^2\right).$$

Diese Gleichung gilt nicht nur für den Betrag von Vektoren, sondern auch für die Norm, die aus einem inneren Produkt abgeleitet wird. In einem Euklidischen oder unitären Vektorraum V (s. Vektorraum, 3., 4.) mit dem inneren Produkt $< \mathbf{u}, \mathbf{v} >$ wird durch

$$\|\mathbf{v}\| = \sqrt{< \mathbf{v}, \mathbf{v} >}$$

eine Norm (s. Norm) definiert. Dann gilt die *Parallelogrammgleichung*

$$\|\mathbf{u} + \mathbf{v}\|^2 + \|\mathbf{u} - \mathbf{v}\|^2 = 2\left[\|\mathbf{u}\|^2 + \|\mathbf{v}\|^2\right] \quad \text{für beliebige } \mathbf{u}, \mathbf{v} \in V.$$

Falls eine Norm allgemein die Parallelogrammgleichung erfüllt, kann aus ihr ein inneres Produkt hergeleitet werden (s. Vektorraum, 5.).

Parallelogrammsatz s. Parallelogrammgleichung.

Parallelprojektion s. Projektion, 2.

Parallelprojektion eines Kreises s. Ellipse, 6.

Parallelschaltung:
In einer *Parallelschaltung* erhält jedes der n Übertragungsglieder das gleiche Eingangssignal, während sich die Ausgangssignale additiv überlagern.

Parallelverschiebung s. affine Abbildung, 2.3.

Parameter:
Für Veränderliche wird manchmal die Bezeichnung *Parameter* benutzt, insbesondere wenn auf eine spezielle Darstellung hingewiesen werden soll (s. Parameterdarstellung).

parameterabhängiges Integral (Parameterintegral):
Im Falle der Existenz heißt

$$H(\alpha) = \int_a^b f(x, \alpha)\, dx \quad \text{mit } \alpha \in \mathbb{R}$$

ein *parameterabhängiges Integral* oder *Parameterintegral* (s. Integralrechnung, 1.11.).

Parameterdarstellung:
Parameterdarstellung einer Kurve s. Kurve, 1.1., 2.1.; Parameterdarstellung einer Fläche s. Fläche, 1., 2.1.; Parameterdarstellung einer Kurve in der komplexen Zahlenebene s. komplexes Kurvenintegral.

Parameterintegral s. parameterabhängiges Integral.

Parameter, natürlicher:
Falls bei einer Parameterdarstellung einer Kurve (s. Kurve) als Parameter das Bogenmaß s gewählt wird, heißt s *natürlicher Parameter* (s. Bogenlänge, s. Kurve, 2.).

Parseval, Marc-Antoine de chênes (1755 – 1836) wirkte in Paris. Von ihm stammt die Parsevalsche Gleichung (s. Parsevalsche Gleichung).

Parsevalsche Gleichung:
Es sei $\{\mathbf{v_k},\ k = 1, 2, \ldots\}$ ein vollständiges Orthonormalsystem eines Hilbertraumes H (s. vollständiges Orthonormalsystem, s. Hilbertraum). Dann gilt für alle $\mathbf{v}$, $\mathbf{u} \in H$ die *Parsevalsche Gleichung*

$$\sum_{k=1}^{\infty} \langle \mathbf{u}, \mathbf{v_k} \rangle \cdot \langle \mathbf{u}, \mathbf{v_k} \rangle = \langle \mathbf{u}, \mathbf{v} \rangle .$$

Parsevalsche Gleichung für eine Fourier-Transformierte s. Fourier-Transformation.

Parsevalsche Gleichung für trigonometrische Polynome s. Fourier-Reihe und Fourier-Entwicklung, 1.

Partialbruchzerlegung:
Unter der *Partialbruchzerlegung* versteht man die Zerlegung einer echt gebrochenrationalen Funktion in eine Summe von Brüchen. Diese Brüche heißen *Partialbrüche*. Mit ihrer Hilfe können gebrochenrationale Funktionen integriert werden.

Es sei $f(x) = \frac{Q_m(x)}{P_n(x)}$ mit m (Zählergrad) < n (Nennergrad) eine echt gebrochenrationale Funktion, wobei beide Polynome keine gemeinsamen Nullstellen besitzen sollen (s. rationale Funktion, 3.). Im Falle $m \geq n$ wird über die Polynomdivision der ganzrationale Anteil vorher abgespalten (s. Polynomdivision). Der höchste Koeffizient des Nennerpolynoms $P_n(x)$ sei gleich Eins, was durch Kürzen immer erreicht werden kann. Für das Nennerpolynom gibt es die eindeutige Faktorisierung (s. Polynom, 1.)

$$P_n(x) = (x-x_1)^{k_1} \cdot \ldots \cdot (x-x_r)^{k_r} \cdot (x^2+p_1x+q_1)^{s_1} \cdot \ldots \cdot (x^2+p_lx+q_l)^{s_l}$$

mit $k_1 + k_2 + \ldots + k_r + 2(s_1 + s_2 + \ldots + s_l) = n$. Dabei sind x_i die reellen Nullstellen mit den jeweiligen Vielfachheiten k_i für $i = 1, 2, \ldots, r$. Die restlichen quadratischen Faktoren ergeben konjugiert komplexe Paare von Nullstellen mit den Vielfachheiten $s_1, s_2, \ldots, s_l$. Aus dieser Darstellung erhält man mit eindeutig bestimmten Konstanten die Partialbruchzerlegung

$$\begin{aligned}
f(x) &= \frac{Q_m(x)}{P_n(x)} \\
&= \frac{a_{11}}{x-x_1} + \frac{a_{12}}{(x-x_1)^2} + \ldots + \frac{a_{1k_1}}{(x-x_1)^{k_1}} \\
&+ \frac{a_{21}}{x-x_2} + \frac{a_{22}}{(x-x_2)^2} + \ldots + \frac{a_{2k_2}}{(x-x_2)^{k_2}} \\
&+ \ldots\ldots\ldots\ldots\ldots\ldots \\
&+ \frac{a_{r1}}{x-x_r} + \frac{a_{r2}}{(x-x_r)^2} + \ldots + \frac{a_{rk_r}}{(x-x_r)^{k_r}} \\
&+ \frac{b_{11}+c_{11}x}{x^2+p_1x+q_1} + \frac{b_{12}+c_{12}x}{(x^2+p_1x+q_1)^2} + \ldots + \frac{b_{1s_1}+c_{1s_1}x}{(x^2+p_1x+q_1)^{s_1}} \\
&+ \frac{b_{21}+c_{21}x}{x^2+p_2x+q_2} + \frac{b_{22}+c_{22}x}{(x^2+p_2x+q_2)^2} + \ldots + \frac{b_{2s_2}+c_{2s_2}x}{(x^2+p_2x+q_2)^{s_2}} \\
&+ \ldots\ldots\ldots\ldots\ldots\ldots\ldots\ldots\ldots\ldots\ldots\ldots \\
&+ \frac{b_{l1}+c_{l1}x}{x^2+p_lx+q_l} + \frac{b_{l2}+c_{l2}x}{(x^2+p_lx+q_l)^2} + \ldots + \frac{b_{ls_l}+c_{ls_l}x}{(x^2+p_lx+q_l)^{s_l}} .
\end{aligned}$$

Praktische Durchführung der Partialbruchzerlegung:

1. Im Falle $n \geq m$ wird durch Polynomdivision mit Rest der ganzrationale Anteil abgespalten (s. rationale Funktion, s. Polynomdivision).
2. Der Koeffizient der höchsten Potenz im Nennerpolynom des echt gebrochenrationalen Rests wird durch Kürzen auf Eins gebracht.
3. Man bestimme die Nullstellen des Nennerpolynoms mit den jeweiligen Vielfachheiten und bringe es auf die oben angegebene Form.
4. Man bestimme die Koeffizienten der Partialbrüche nach einer der nachfolgenden drei Methoden.

1. Methode: Koeffizientenvergleich.
Die obige Bestimmungsgleichung wird mit dem Hauptnenner durchmultipliziert und ausquadriert. Dann müssen die Koeffizienten auf beiden Seiten übereinstimmen. Koeffizientenvergleich liefert die gesuchten Koeffizienten.

Beispiel:

$$f(x) = \frac{5x^2 - 17x + 9}{(x-1)\cdot(x-2)^2} = \frac{a}{x-1} + \frac{b}{x-2} + \frac{c}{(x-2)^2} \quad |\cdot(x-1)\cdot(x-2)^2$$

$$\begin{aligned} 5x^2 - 17x + 9 &= a(x-2)^2 + b(x-1)\cdot(x-2) + c(x-1) \\ &= a(x^2 - 4x + 4) + b(x^2 - 3x + 2) + c(x-1) \\ &= (a+b)x^2 - (4a + 3b + c)x + 4a + 2b - c\,. \end{aligned}$$

Koeffizient von x^2: (1) $a + b = 5$;

Koeffizient von x: (2) $4a + 3b - c = 17$;

absolutes Glied: (3) $4a + 2b - c = 9$;

$(2) - (3) \Rightarrow b = 8$; $(1) \Rightarrow a = -3$; $(3) \Rightarrow c = -5$.

$$\frac{5x^2 - 17x + 9}{(x-1)\cdot(x-2)^2} = -\frac{3}{x-1} + \frac{8}{x-2} - \frac{5}{(x-2)^2}\,.$$

2. Methode: Einsetzungsmethode (Einsetzen spezieller Werte für x).
Falls die Bestimmungsgleichung k unbekannte Koeffizienten enthält, setzt man für x der Reihe nach k verschiedene (geeignete) Werte ein. Dadurch entsteht ein lineares Gleichungssystem für die Koeffizienten.

Beispiel:

$$f(x) = \frac{7x^2 - x + 29}{(x-1)\cdot(x^2 + x + 5)}\,; \qquad x^2 + x + 5 \text{ hat keine reellen Nullstellen;}$$

$$\frac{7x^2 - x + 29}{(x-1)\cdot(x^2 + x + 5)} = \frac{a}{x-1} + \frac{bx + c}{x^2 + x + 5}\,;$$

$$\begin{aligned} x = 0 &\Rightarrow -\tfrac{29}{5} = -a + \tfrac{c}{5} &&\Rightarrow 5a - c = 29; \\ x = -1 &\Rightarrow -\tfrac{37}{10} = -\tfrac{a}{2} + \frac{-b + c}{5} &&\Rightarrow 5a + 2b - 2c = 37; \\ x = 2 &\Rightarrow 5 = a + \frac{2b + c}{11} &&\Rightarrow 11a + 2b + c = 55. \end{aligned}$$

Lösung: $a = 5$; $b = 2$; $c = -4$.

$$\frac{7x^2 - x + 29}{(x-1)\cdot(x^2 + x + 5)} = \frac{5}{x-1} + \frac{2x - 4}{x^2 + x + 5}\,.$$

3. Methode: Grenzwertmethode.
Mit diesem Verfahren können zunächst der Reihe nach die r Koeffizienten $a_{1k_1}, a_{2k_2}, \ldots, a_{rk_r}$ bestimmt werden. Dazu wird die Bestimmungsgleichung jeweils mit der höchsten Potenz $(x-x_i)^{k_i}$ durchmultipliziert. Auf der rechten Seite steht dann isoliert der Summand a_{ik_i}, während alle übrigen Summanden den Faktor $(x-x_i)$ besitzen. Es entsteht also eine Gleichung der Form

$$(x-x_i)^{k_i} \cdot f(x) = a_{ik_i} + (x-x_i) \cdot w(x).$$

Hieraus erhält man durch Grenzwertbildung

$$a_{ik_i} = \lim_{x \to x_i} [(x-x_i)^{k_i} \cdot f(x)] \quad \text{für } i = 1, 2, \ldots, r.$$

Falls das Polynom $P_n(x)$ nur einfache reelle Nullstellen besitzt, können mit dieser Methode alle Koeffizienten direkt bestimmt werden.

Beispiel:

$$f(x) = \frac{10x^2 - 17x + 4}{x \cdot (x-1) \cdot (x-2)} = \frac{a}{x} + \frac{b}{x-1} + \frac{c}{x-2};$$

$$a = \lim_{x \to 0} [x \cdot f(x)] = \lim_{x \to 0} \frac{10x^2 - 17x + 4}{(x-1) \cdot (x-2)} = 2;$$

$$b = \lim_{x \to 1} [(x-1) \cdot f(x)] = \lim_{x \to 1} \frac{10x^2 - 17x + 4}{x \cdot (x-2)} = 3;$$

$$c = \lim_{x \to 2} [(x-2) \cdot f(x)] = \lim_{x \to 2} \frac{10x^2 - 17x + 4}{x \cdot (x-1)} = 5.$$

$$\frac{10x^2 - 17x + 4}{x \cdot (x-1) \cdot (x-2)} = \frac{2}{x} + \frac{3}{x-1} + \frac{5}{x-2}.$$

Integrale für die Partialbruchzerlegung s. Integralrechnung 1.7.1.3.

Partialprodukt s. Produkt, 4.

Partialsumme s. Reihe, 1.

partiell differenzierbar (partielle Differenzierbarkeit):

Die Funktion $f(x_1, x_2, \ldots, x_n)$ heißt an der Stelle $(x_1^{(0)}, x_2^{(0)}, \ldots, x_n^{(0)})$ *partiell differenzierbar*, falls an dieser Stelle alle n partiellen Ableitungen existieren (s. Funktion von reellen Variablen, 2.4., 3.4.).

partielle Ableitung s. Funktion von reellen Variablen, 3.4.

partielle Änderungsrate (Wachstumsrate):

1. Partielle Änderungsrate einer Funktion zweier Variabler:
Die Funktion $z = f(x, y)$ sei nach beiden Variablen (partiell) differenzierbar. Dann heißen für $f(x, y) \neq 0$

$$r_{f,x}(x,y) = \frac{f_x(x,y)}{f(x,y)} = \frac{\partial \ln|f(x,y)|}{\partial x}\ ; \ r_{f,y}(x,y) = \frac{f_y(x,y)}{f(x,y)} = \frac{\partial \ln|f(x,y)|}{\partial y}$$

partielle Änderungsrate oder *partielle Wachstumsrate* der Funktion f bezüglich x bzw. y. Falls jeweils eine der beiden Variablen konstant gehalten und nur die andere geändert wird, gelten für die relativen Zuwächse der abhängigen Variablen $z = f(x,y)$ für kleine Δx, Δy die Näherungen

$$\frac{\Delta z}{z} = \frac{f(x+\Delta x, y) - f(x,y)}{f(x,y)} \approx r_{f,x}(x,y) \cdot \Delta x \qquad \text{(y bleibt konstant);}$$

$$\frac{\Delta z}{z} = \frac{f(x, y+\Delta y) - f(x,y)}{f(x,y)} \approx r_{f,y}(x,y) \cdot \Delta y \qquad \text{(x bleibt konstant)}$$

(s. Änderungsrate).

2. Partielle Änderungsraten einer Funktion von n Variablen:
Die Funktion $z = f(x_1, x_2, \ldots, x_n)$ soll partielle Ableitungen 1. Ordnung nach allen n Variablen besitzen. Dann heißt für $f(x_1, x_2, \ldots, x_n) \neq 0$

$$r_{f,x_i}(x_1, x_2, \ldots, x_n) = \frac{f_{x_i}(x_1, x_2, \ldots, x_n)}{f(x_1, x_2, \ldots, x_n)} = \frac{\partial \ln|f(x_1, x_2, \ldots, x_n)|}{\partial x_i}$$

partielle Änderungsrate oder *partielle Wachstumsrate* der Funktion f bezüglich x_i für $i = 1, 2, \ldots, n$. Hält man bis auf die Variable x_i alle übrigen konstant, so erhält man für kleine Δx_i die Näherungen

$$\frac{\Delta z}{z} = \frac{\Delta f}{f} \approx r_{f,x_i}(x_1, x_2, \ldots, x_n) \cdot \Delta x_i \quad \text{für } i = 1, 2, \ldots, n$$

(s. Änderungsrate).

partielle Differentialgleichung:

Eine *partielle Differentialgleichung* ist eine Gleichung, in der neben mehreren unabhängigen Variablen davon abhängige Funktionen (Variablen) sowie partielle Ableitungen dieser Funktionen nach den unabhängigen Variablen auftreten.

partielle Differenzengleichung:

Eine *partielle Differenzengleichung* ist eine Differenzengleichung mit mehreren Veränderlichen (s. Differenzengleichung).

partielle Differenzierbarkeit s. Funktion von reellen Variablen, 2.4., 3.4..

partielle Elastizität:

1. Partielle Elastizitäten einer Funktion von zwei Variablen:
Die Funktion $z = f(x,y)$ sei nach beiden Variablen (partiell) differenzierbar. Dann heißt für $f(x,y) \neq 0$

$$\varepsilon_{f,x}(x,y) = x \cdot \frac{f_x(x,y)}{f(x,y)} \quad \text{bzw.} \quad \varepsilon_{f,y}(x,y) = y \cdot \frac{f_y(x,y)}{f(x,y)}$$

die *partielle Elastizität* der Funktion f bezüglich x bzw. y. Falls eine der beiden Variablen konstant gehalten und nur die andere geändert wird, gilt für das Verhältnis der relativen Zuwächse der abhängigen Variablen $z = f(x,y)$ und der unabhängigen Variablen x bzw. y für kleine Δx, Δy

$$\frac{\Delta z}{z} : \frac{\Delta x}{x} = \frac{\Delta f}{f} : \frac{\Delta x}{x} \approx \varepsilon_{f,x}(x,y) \quad \text{(falls y konstant bleibt);}$$

$$\frac{\Delta z}{z} : \frac{\Delta y}{y} = \frac{\Delta f}{f} : \frac{\Delta y}{y} \approx \varepsilon_{f,y}(x,y) \quad \text{(falls x konstant bleibt)}$$

(s. Elastizität). Im Grenzwert Δx, $\Delta y \to 0$ gilt das Gleichheitszeichen.

2. Partielle Elastizitäten einer Funktion von n Variablen:
Die Funktion $z = f(x_1, x_2, \ldots, x_n)$ solle partielle Ableitungen 1. Ordnung nach allen n Variablen besitzen. Dann heißt für $f(x_1, x_2, \ldots, x_n) \neq 0$

$$\varepsilon_{f,x_i}(x_1, x_2, \ldots, x_n) = x_i \cdot \frac{f_{x_i}(x_1, x_2, \ldots, x_n)}{f(x_1, x_2, \ldots, x_n)} = x_i \cdot \frac{\partial \ln |f(x_1, x_2, \ldots, x_n)|}{\partial x_i}$$

die *partielle Elastizität* der Funktion f bezüglich x_i für $i = 1, 2, \ldots, n$. Hält man bis auf die Variable x_i alle übrigen konstant, so erhält man für kleine Änderungen Δx_i dieser Variablen die Näherung

$$\frac{\Delta z}{z} : \frac{\Delta x_i}{x_i} = \frac{\Delta f}{f} : \frac{\Delta x_i}{x_i} \approx \varepsilon_{f,x_i}(x_1, x_2, \ldots, x_n) \quad \text{für } i = 1, 2, \ldots, n$$

(s. Elastizität). Im Grenzwert $\Delta x_i \to 0$ gilt das Gleichheitszeichen.

partielle Integration:

Aus der Produktregel für die Differentiation

$$(f(x) \cdot g(x))' = f'(x) \cdot g(x) + f(x) \cdot g'(x)$$

erhält man die Regel für die *partielle Integration*

$$\int f(x) \cdot g'(x)\,dx = f(x) \cdot g(x) - \int f'(x) \cdot g(x)\,dx$$

(s. Integralrechnung, 1.6.3.).

partieller Differentialquotient s. partielle Ableitung.

partiell geordnete Menge s. halbgeordnete Menge.

partikuläre Lösung einer gewöhnlichen Differentialgleichung:

Eine Funktion $y = \varphi(x)$, welche die Differentialgleichung

$$F(x, y(x), y'(x), y''(x), \ldots, y^{(n)}(x)) = 0$$

für alle x aus einem Intervall $[a;b]$ erfüllt, heißt *partikuläre Lösung* der Differentialgleichung (s. gewöhnliche Differentialgleichung, 1.).

Partition s. Komposition.

Pascal, Blaise (1623 – 1662) wuchs seit 1626 mutterlos unter der Obhut seines mathematisch interessierten Vaters **Étienne Pascal** (1588 – 1648) als Wunderkind heran. Er beschäftigte sich mit der Geometrie und der Wahrscheinlichkeitsrechnung (s. Pascalscher Satz, s. Pascalsches Dreieck).

Pascalscher Satz:
Die Schnittpunkte der Gegenseiten eines einem Kegelschnitt (s. Kegelschnitt) eingeschriebenen Sechsecks liegen auf einer Geraden.

Pascalsche Schnecke s. zyklische Kurven, 2.

Pascalsches Dreieck s. Binomialkoeffizient, 1.

Pasch, Moritz (1843 – 1930) wirkte in Gießen. Von ihm stammen grundlegende Arbeiten zur Geometrie und Arithmetik (s. Geometrie, 2.1.).

passende Matrixnorm s. Matrixnorm, 4.

p-Diskriminante s. gewöhnliche Differentialgleichung, 3.4.

Peano, Guiseppe (1858 – 1932) wirkte in Turin. Er beschäftigte sich mit den Grundlagen der Mathematik. Dabei entwickelte er das *Peanosche Axiomensystem* für die Menge der natürlichen Zahlen (s. reelle Zahlen, 1.). In der Theorie der gewöhnlichen Differentialgleichungen gab er Existenzsätze für Lösungen an (s. gewöhnliche Differentialgleichung, 1., 2.1., s. System von gewöhnlichen Differentialgleichungen, 1.).

Peano, Existenzsatz von Peano s. gewöhnliche Differentialgleichung, 1., 2.1, s. System von gewöhnlichen Differentialgleichungen, 1.

Peanosches Axiomensystem für natürliche Zahlen s. reelle Zahlen, 1., s. vollständige Induktion.

Pell, John (1610 – 1685) wirkte nach dem Studium in Oxford in Amsterdam, Breda, Cromwell und ab 1661 in der Royal Society in England. Er beschäftigte sich mit der Auflösung algebraischer Gleichungen. Nach ihm benannt ist die Pellsche Gleichung (s. Pellsche Gleichung).

Pellsche Gleichung:
Die Diophantische Gleichung (s. Diophantische Gleichung)

$$x^2 - d \cdot y^2 = k \quad \text{mit ganzzahligem } d$$

heißt für $k = 1$ oder $k = 4$ *Pellsche Gleichung*.

Penrose-Moore-Inverse s. verallgemeinerte Inverse, 1.

perfekte Menge:

Eine Teilmenge A eines topologischen Raumes T (s. topologischer Raum) heißt *perfekt*, wenn A abgeschlossen ist (s. abgeschlossene Menge eines topologischen Raumes) und jeder Punkt von A Häufungspunkt von A ist (s. Häufungspunkt, 3.).

perfekte Zahl s. vollkommene Zahl.

Periode s. periodische Funktion.

periodische Funktion:

Die Funktion f(x) heißt *periodisch* mit der *Periode* T, wenn für alle $x \in D$ auch $x + T \in D$ ist mit

$$f(x+T) = f(x).$$

periodische Gruppe:

Eine Gruppe G heißt *periodisch*, wenn jedes Element $a \in G$ eine endliche Ordnung besitzt (s. Gruppe, s. zyklische Gruppe).

periodischer Dezimalbruch:

Ein Dezimalbruch heißt periodisch, wenn sich derselbe Block von Ziffern nacheinander beliebig oft wiederholt, z. B.

$$1{,}241\overline{6831} = 1{,}241\,6831\,6831\,6831\,6831\,6831\ldots\ .$$

Jeder periodische Dezimalbruch läßt sich als rationale Zahl $\frac{a}{b}$ darstellen (s. reelle Zahlen, 3., s. Brüche).

Peripherie s. Kreis, 1.

Peripheriewinkel s. Kreis, 1.

Permutation (Zyklus):

1. Permutation vom Grad n:

Eine *Permutation vom Grad* n ist eine eineindeutige Abbildung einer Menge von n Elementen $M = \{a_1, a_2, \ldots. a_n\}$ auf sich. Gilt bei der Permutation $a_i \to a_{\nu_i}$ für $i = 1, 2, \ldots, n$, so schreibt man dafür

$$P = \begin{pmatrix} a_1 & a_2 & \ldots & a_n \\ a_{\nu_1} & a_{\nu_2} & \ldots & a_{\nu_n} \end{pmatrix}.$$

Durch die Zuordnung $a_k \Leftrightarrow k$ kann jede Permutation dargestellt werden in der Form

$$P = \begin{pmatrix} 1 & 2 & \ldots & n \\ \nu_1 & \nu_2 & \ldots & \nu_n \end{pmatrix}.$$

Dabei ist $\nu_1, \nu_2, \ldots, \nu_n$ eine beliebige Anordnung von $1, 2, \ldots, n$. Die spezielle Permutation

$$P = \begin{pmatrix} 1 & 2 & \dots & n-1 & n \\ 2 & 3 & \dots & n & 1 \end{pmatrix}$$

heißt *n-gliedriger Zyklus.* Jede Permutation kann eindeutig in elementfremde Zyklen zerlegt werden.
Gerade Permutation s. Inversion.

2. Anzahl der Permutationen von n verschiedenen Elementen:
Für n verschiedene Elemente gibt es n! verschiedene Permutationen (s. Fakultät).

3. Anzahl der Permutationen bei gleichen Elementen:
Von n Elementen seien jeweils $n_1, n_2, \dots, n_r$ gleich mit $n_1 + \dots + n_r = n$. Dann gibt es insgesamt

$$\frac{n_1!}{n_1! \cdot n_2! \cdot \dots \cdot n_r!}$$

verschiedene Permutationen (Anordnungen).

Permutationsgruppe:

Eine *Permutationsgruppe* ist eine Gruppe, deren Elemente Permutationen sind (s. Permutation). Falls die Menge, deren Elemente permutiert werden, n Elemente enthält, bezeichnet man die volle Permutationsgruppe als *symmetrische Gruppe* S_n. Die geraden Permutationen bilden eine Untergruppe der symmetrischen Gruppe.

Perspektive s. Projektion, 1.

Pfaff, Johann Friedrich (1765 – 1825) promovierte bei Gauß in Helmstedt und wirkte seit 1800 in Halle. Dort arbeitete er später über das nach ihm benannte Pfaffsche Problem (s. Pfaffsche Differentialform, s. Pfaffsches Problem).

Pfaffsche Differentialform:

Die lineare Differentialform

$$\sum_{i=1}^{n} f_i(x_1, x_2, \dots, x_n)\, dx_i$$

mit vorgegebenen Funktionen $f_i(x_1, x_2, \dots, x_n)$ heißt *Pfaffsche Differentialform.*

Pfaffsches Problem:

Das Pfaffsche Problem besteht in der Lösung der Pfaffschen Differentialform $\sum_{i=1}^{n} f_i(x_1, x_2, \dots, x_n)\, dx_i = 0$ (s. Pfaffsche Differentialform).

Pfeil:
Mit *Pfeil* wird manchmal ein freier Vektor bezeichnet (s. Vektor im V^n, 1., 2., 3.).

p - Gruppe:
Eine periodische Gruppe (s. periodische Gruppe) heißt *p - Gruppe*, wenn die Ordnungen sämtlicher Elemente der Gruppe Potenzen einer festen Primzahl p sind.

Phase s. Polarkoordinaten.

Phasenverschiebung s. Sinusfunktion.

π (pi):
Ein Kreis mit dem Radius r besitzt den Umfang $U = 2\pi r$ und den Flächeninhalt πr^2. Dabei ist die Kreiszahl $\pi = 3{,}14159265535\ldots$ irrational (s. reelle Zahlen, 5.). Mit Hilfe eines ein- und umbeschriebenen $6 \cdot 2^4$ - Ecks erhielt Archimedes die Näherung $3\frac{10}{71} < \pi < 3\frac{10}{70}$. Vieta führte dieses Verfahren bis zum $6 \cdot 2^{16}$ - Eck fort und bestimmte so π auf neun Dezimalen.

Reihendarstellungen für π:

$$\frac{\pi}{4} = 1 - \frac{1}{3} + \frac{1}{5} - \frac{1}{7} + \frac{1}{9} - + \ldots = \sum_{n=1}^{\infty} (-1)^{n-1} \frac{1}{2n-1} = \arctan 1$$

(nicht absolut konvergente Leibniz - Reihe, s. Arcustangens);

$$\frac{\pi^2}{6} = 1 + \frac{1}{2^2} + \frac{1}{3^2} + \frac{1}{4^2} + \frac{1}{5^2} + \ldots = \sum_{n=1}^{\infty} \frac{1}{n^2};$$

$$\frac{\pi^2}{8} = 1 + \frac{1}{3^2} + \frac{1}{5^2} + \frac{1}{7^2} + \ldots = \sum_{n=1}^{\infty} \frac{1}{(2n-1)^2};$$

$$\frac{\pi^4}{90} = 1 + \frac{1}{2^4} + \frac{1}{3^4} + \frac{1}{4^4} + \ldots = \sum_{n=1}^{\infty} \frac{1}{n^4}.$$

Darstellung der Zahl π durch konvergente unendliche Produkte:

$$\sqrt{\pi} = \lim_{n\to\infty} \frac{1}{\sqrt{n}} \cdot \frac{2 \cdot 4 \cdot \ldots \cdot 2n}{1 \cdot 3 \cdot \ldots \cdot (2n-1)} \qquad \text{(s. Wallissche Formel);}$$

$$\frac{\pi}{2} = \frac{2}{1} \cdot \frac{2}{3} \cdot \frac{4}{3} \cdot \frac{4}{5} \cdot \frac{6}{5} \cdot \frac{6}{7} \cdot \frac{8}{7} \cdot \ldots \cdot \frac{2n}{(2n-1)\cdot(2n+1)} \cdot \ldots \qquad \text{(s. Wallissches Produkt).}$$

Picard, Émile (1856 – 1941) wirkte in Toulouse und Paris. Bekannt wurde er durch die Existenz- und Eindeutigkeitssätze bei gewöhnlichen Differentialgleichungen, die er zusammen mit Lindelöf entwickelt hat (s. gewöhnliche Differentialgleichung, 1., 2.1., s. System von gewöhnlichen Differentialgleichungen).

Picard - Lindelöf, Eindeutigkeitssatz von s. gewöhnliche Differentialgleichung, 1., 2.1., s. System von gewöhnlichen Differentialgleichungen, 1.

Picardscher Satz:

Jede nicht konstante, ganze, transzendente komplexe Funktion (s. ganze Funktion, s. transzendent, 1.) nimmt jeden (endlichen) Wert mit Ausnahme von höchstens einem an.

Pikometer:

Ein *Pikometer*, im Zeichen 1 pm, sind 10^{-12} Meter, also $10^{12}\,\mathrm{pm} = 1\,\mathrm{m}$ (s. Längeneinheit und Längenmaßzahl).

Pivotelement, Pivotspalte, Pivotzeile s. lineare Optimierung, 3.3.

planar (komplanar):

Punkte, Geraden oder geometrische Gebilde, die alle in der gleichen Ebene liegen, heißen *planar* oder *komplanar.*

planares Trägheitsmoment s. Trägheitsmoment.

Planimeter:

Ein *Planimeter* ist ein Instrument zur Bestimmung des Inhalts ebener Flächenstücke, deren Berandungen geschlossene Kurven sind.

Planimetrie:

Unter *Planimetrie* versteht man die elementare Geometrie der Ebene.

Platon (427? – 348? v. u. Z.) stammte aus einer der vornehmsten Familien Athens. Auf seiner ersten sizilianischen Reise (388 – 387) wurde er von der Entdeckung des Irrationalen tief beeindruckt. Dadurch wurde seine Philosophie stark von mathematischen Gesichtspunkten geprägt. In Kenntnis der noch vorhandenen Unvollkommenheit forderte er eine strenge Systematik. Dabei stellte er Definitionen und Axiome auf und untersuchte die direkte und indirekte Schlußweise.

Platonischer Körper:

Ein *Platonischer Körper* ist ein regelmäßiges Polyeder (s. Polyeder, 2.).

plus (Pluszeichen):

Bei der Addition $a + b$ sagt man a *plus* b. Man nennt $+$ das *Pluszeichen.*

pm s. Pikometer.

Pohlke, Karl Wilhelm (1810 – 1876) wirkte als Landschaftsmaler und Privatlehrer bis 1845 in Paris, danach an verschiedenen Berliner Schulen, u. a. an der Bauakademie. Berühmt wurde er durch seine Untersuchungen zur Axonometrie (s. Axonometrie).

Pohlke, Satz von s. Axonometrie.

Poisson, Siméon Denis (1781 – 1840) wirkte in Paris. Von ihm stammen bedeutende Arbeiten zur Potentialtheorie, zur Theorie der partiellen Differentialgleichungen und zu den Gebieten der Mechanik und Wahrscheinlichkeitsrechnung.

Poissonsche Differentialgleichung:
Die partielle Differentialgleichung

$$\Delta z = \sum_{k=1}^{n} \frac{\partial^2 z(x_1, x_2, \ldots, x_n)}{\partial x_k^2} = g(x_1, x_2, \ldots, x_n)$$

mit einer vorgegebenen Funktion $g(x_1, x_2, \ldots, x_n)$ heißt *Poissonsche Differentialgleichung* für die zu bestimmende Funktion $z(x_1, x_2, \ldots, x_n)$.

Pol (Polstelle):

1. Pol einer Funktion einer reellen Variablen:
Es sei f(x) eine rationale Funktion, also darstellbar durch $f(x) = \frac{Q_r(x)}{P_n(x)}$.
Die Stelle x_p heißt *Pol* oder *Polstelle m-ter Ordnung* der Funktion f mit $m \in \mathbb{N}$, falls eine Darstellung

$$f(x) = \frac{u(x)}{(x - x_p)^m} \quad \text{existiert mit}$$

$$\text{a)} \lim_{x \to x_p -} u(x) = c_l \neq 0 \quad \text{oder} \quad \text{b)} \lim_{x \to x_p +} u(x) = c_r \neq 0 .$$

Daraus folgt (s. Funktion von reellen Variablen, 1.2.)

für b) m beliebig: $\lim_{x \to x_p +} f(x) = \begin{cases} +\infty & \text{für } c_r > 0; \\ -\infty & \text{für } c_r < 0; \end{cases}$

für a):

m gerade: $\lim_{x \to x_p -} f(x) = \begin{cases} +\infty & \text{für } c_l > 0; \\ -\infty & \text{für } c_l < 0; \end{cases}$

m ungerade $\lim_{x \to x_p -} f(x) = \begin{cases} -\infty & \text{für } c_l > 0; \\ +\infty & \text{für } c_l < 0. \end{cases}$

Die Funktion f besitzt an der Polstelle x_p eine vertikale Asymptote (s. Asymptote). Bei einem Pol gerader Ordnung haben die Funktionswerte rechts und links von der Polstelle das gleiche Vorzeichen wie $u(x_p)$, bei ungerader Ordnung wechselt f an der Polstelle das Vorzeichen.

2. Pol einer holomorphen Funktion:
Die Laurent-Reihe einer holomorphen Funktion f(z) (s. holomorph) besitze die Darstellung

$$f(z) = \sum_{k=0}^{\infty} c_k \cdot (z - z_0)^k + \frac{c_{-1}}{(z - z_0)} + \frac{c_{-2}}{(z - z_0)^2} + \ldots + \frac{c_{-m}}{(z - z_0)^m}$$

mit $c_{-m} \neq 0$. Dann heißt die singuläre Stelle z_0 ein *Pol der Ordnung* m (s. komplexe Funktion, 11.).

3. Pol bei Polarkoordinaten s. Polarkoordinaten.

Polare s. Kreistangente und Kreispolare.

polares Trägheitsmoment s. Trägheitsmoment.

Polargleichung eines Kegelschnitts s. Kegelschnitt, 4.

Polarkoordinaten:

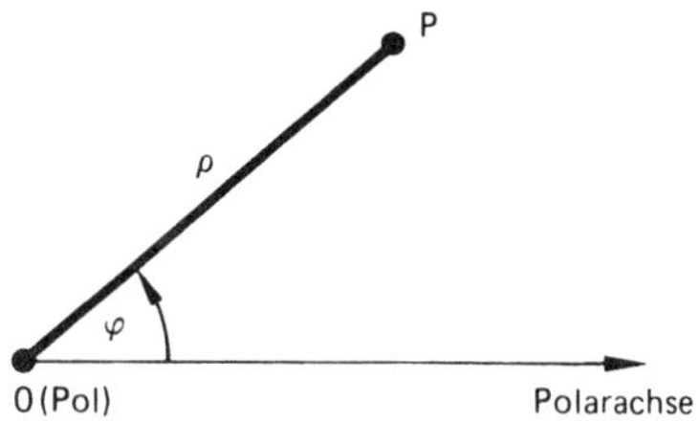

Polarkoordinaten sind krummlinige Koordinaten in der Ebene (s. Koordinatensystem, 1.2.). Jedem von einem *Pol* O ausgehenden Strahl wird der Winkel φ zugeordnet, den dieser Strahl mit der fest gewählten *Polarachse* bildet. Dabei wird der Winkel φ in math. positiver Richtung (gegen den Uhrzeigerdrehsinn) gemessen. Der *Polarwinkel* (die *Phase*) φ ist bis auf ganzzahlige Vielfache von 2π bestimmt. Neben dem Winkel φ muß zur Angabe eines Punktes P noch dessen Abstand $\rho = \overline{OP}$ vom Pol O bekannt sein. Der Abstand ρ heißt der *Radius* (manchmal wird der Radius auch mit r bezeichnet). Die Kurvenscharen sind also Halbgeraden durch den Pol O (φ konst.) und konzentrische Kreise mit O (ρ konst.) als Mittelpunkt. ρ und φ heißen *Polarkoordinaten.*

Umrechnung von Polarkoordinaten in kartesische Koordinaten:

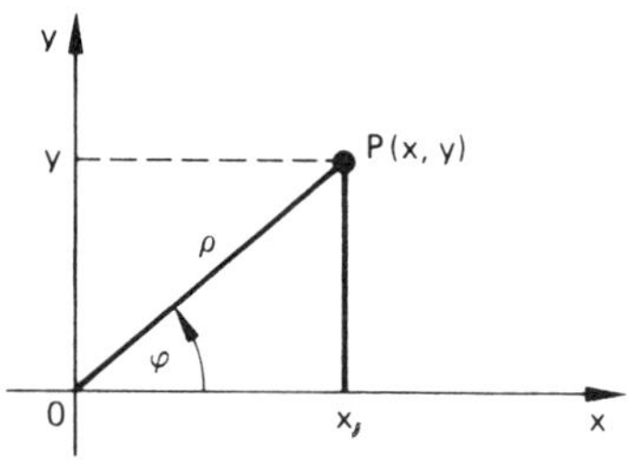

Der Pol O sei der Koordinatenursprung und die Polarachse die positive x-Achse des kartesischen Koordinatensystems. Dann gelten die Umrechnungsformeln:

$$x = \rho \cdot \cos\varphi;\ y = \rho \cdot \sin\varphi;\ \rho = \sqrt{x^2 + y^2};$$

$$\cos\varphi = \frac{x}{\sqrt{x^2 + y^2}};\quad \sin\varphi = \frac{y}{\sqrt{x^2 + y^2}}.$$

Polarkoordinaten zur Funktionsdarstellung:

Eine Funktion (Kurve) sei gegeben durch $\rho = \rho(\varphi)$, d.h der Radius ρ sei durch das Argument φ eindeutig bestimmt. In kartesischen Koordinaten erhält man daraus die Parameterdarstellung (s. Parameterdarstellung)

$$x = \rho(\varphi) \cdot \cos\varphi;\quad y = \rho(\varphi) \cdot \sin\varphi;\quad \varphi = \text{Parameter}.$$

Durch diese Parameterdarstellung (Elimination von φ) seien eine oder mehrere explizite Funktionen $y = f(x)$ definiert. Dann erhält man aus den bei der Parameterdarstellung angegebenen Ableitungen im Falle der Existenz die Ableitungen der expliziten Funktion

$$y' = f'(x) = \frac{dy}{dx} = \frac{\frac{dy}{d\varphi}}{\frac{dx}{d\varphi}} = \frac{\dot\rho(\varphi)\sin\varphi + \rho(\varphi)\cos\varphi}{\dot\rho(\varphi)\cos\varphi - \rho(\varphi)\sin\varphi};$$

$$y'' = f''(x) = \frac{d^2y}{dx^2} = \frac{\rho^2(\varphi) + 2\dot\rho^2(\varphi) - \rho(\varphi)\ddot\rho(\varphi)}{[\dot\rho(\varphi)\cos\varphi - \rho(\varphi)\sin\varphi]^3}$$

$$\text{mit} \quad \dot\rho(\varphi) = \frac{d\rho(\varphi)}{d\varphi}; \quad \ddot\rho(\varphi) = \frac{d^2\rho(\varphi)}{d\varphi^2} \quad \text{(Ableitungen nach } \varphi\text{)}.$$

Bogenelement in Polarkoordinaten:
Für das Bogenelement ds gilt (s. Kurvenintegral, 1.1.)

$$ds^2 = d\rho^2 + \rho^2 d\varphi^2, \quad \text{also} \quad ds = \sqrt{\rho^2(\varphi) + \dot\rho^2(\varphi)}\, d\varphi$$

Flächenelement in Polarkoordinaten:
Bei der Umrechnung von kartesischen Koordinaten in Polarkoordinaten erhält man zur Berechnung von Doppelintegralen die Funktionaldeterminante (s. Integralrechnung, 2.3.1.)

$$\frac{\partial(x, y)}{\partial(\rho, \varphi)} = \rho \quad \text{mit dem ebenen Flächenelement} \quad dx\,dy = \rho\, d\rho\, d\varphi.$$

Polarkoordinaten, verallgemeinerte:

Zur Darstellung der Flächenpunkte der Ellipse $\frac{x^2}{a^2} + \frac{y^2}{b^2} = 1$, $a, b > 0$ eignen sich die *verallgemeinerten Polarkoordinaten*

$$x = a\rho\cos\varphi; \quad y = b\rho\sin\varphi \quad \text{mit} \quad 0 \le \varphi \le 2\pi, \quad 0 \le \rho \le 1$$

(a und b sind fest). $a = b = 1$ ergibt die Polarkoordinaten für den Einheitskreis.

Flächenelement:
Bei der Integration benötigt man zur Umrechnung von kartesischen Koordinaten in verallgemeinerte Polarkoordinaten die Funktionaldeterminante

$$\frac{\partial(x, y)}{\partial(\rho, \varphi)} = \begin{vmatrix} a\cos\varphi & b\sin\varphi \\ -a\rho\sin\varphi & b\rho\cos\varphi \end{vmatrix} = ab\rho \quad \text{mit} \quad dx\,dy = ab\rho\, d\rho\, d\varphi$$

(s. Integralrechnung, 2.3.1.).

Polarwinkel s. Polarkoordinaten.

Polstelle s. Pol.

polyadische Darstellung von reellen Zahlen s. Zahlensystem, 2.

Polyeder (Vielflach):

1. Allgemeines Polyeder:
Die konvexe Hülle (s. konvexe Hülle) von endlich vielen Punkten des $\mathbb{R}^3$ heißt ein *konvexes Polyeder.* Die Vereinigungsmenge von endlich vielen

konvexen Polyedern nennt man *Polyeder* oder *Polyederkörper.* Die Menge der Randpunkte eines Polyeders heißt *Oberfläche des Polyeders* oder *Vielflach.* Ein *Polyeder* wird von Ebenenteilen begrenzt. Schnittlinien von Ebenenteilen, die zum Polyeder gehören, sind die *Kanten.* In den *Ecken* schneiden sich entsprechende Kanten.

Eulerscher Polyedersatz für konvexe Polyeder:
Es sei e die Anzahl der Ecken, f die Anzahl der Flächen und k die Anzahl der Kanten eines konvexen Polyeders. Dann gilt $e + f - k = 2$.

2. Regelmäßiges Polyeder (Platonischer Körper):
Ein *regelmäßiges Polyeder* (s. regelmäßig, 3.) oder *Platonischer Körper* besitzt als Seitenflächen kongruente regelmäßige Vielecke mit der Kantenlänge a. In jedem Eckpunkt schneidet sich die gleiche Anzahl von Seitenflächen. Jedes regelmäßige Polyeder besitzt genau eine Umkugel (s. Umkugel), auf der sämtliche Ecken liegen, und genau eine Inkugel (s. Inkugel), die alle Begrenzungsflächen von innen berührt. Es gibt genau 5 regelmäßige Polyeder mit der Kantenlänge a.

Regelmäßige Polyeder mit der Kantenlänge a:

Bezeichnung	Begrenzung	Kanten	Ecken	Volumen	Oberfläche	Radius der Umkugel
Tetraeder	4 gleichseit. Dreiecke	6	4	$\frac{\sqrt{2}}{12}a^3$	$\sqrt{3}\,a^2$	$\frac{\sqrt{6}}{4}a$
Würfel	6 Quadrate	12	8	a^3	$6\,a^2$	$\frac{\sqrt{3}}{2}a$
Oktaeder	8 gleichseit. Dreiecke	12	6	$\frac{\sqrt{2}}{3}a^3$	$2\sqrt{3}\,a^2$	$\frac{\sqrt{2}}{2}a$
Dodekaeder	12 regelm. Fünfecke	30	20	$\frac{15+7\sqrt{5}}{4}a^3$	$\sqrt{45(5+2\sqrt{5})}\,a^2$	$\frac{\sqrt{3}+\sqrt{15}}{4}a$
Ikosaeder	20 gleichseit. Dreiecke	30	12	$\frac{5(3+\sqrt{5})}{12}a^3$	$5\sqrt{3}\,a^2$	$\frac{\sqrt{2(5+\sqrt{5})}}{4}a$

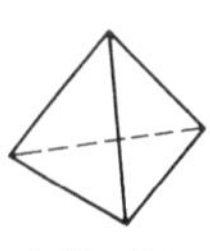
regelmaßiger Tetraeder

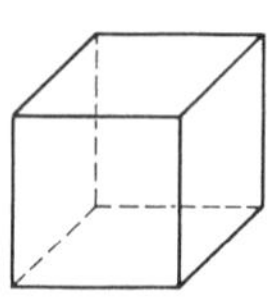
Würfel

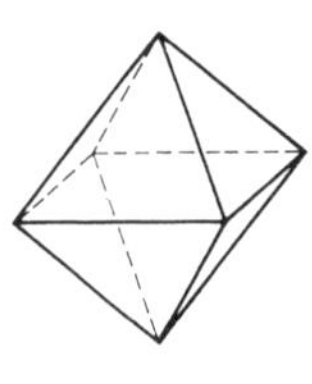
Oktaeder

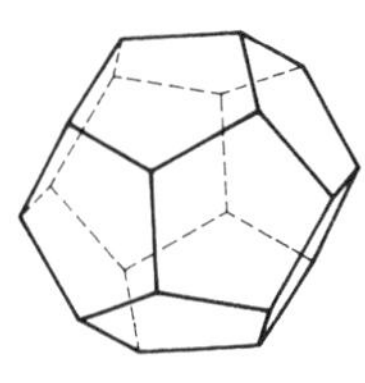
Dodekaeder

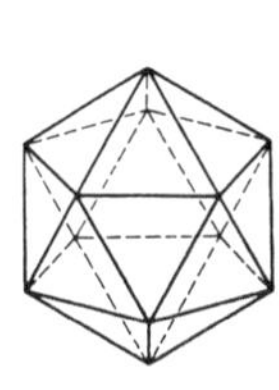
Ikosaeder

3. Spezielle Polyeder:
Spezielle Polyeder sind (s. dort): Keil, Keilstumpf, Obelisk, Parallelepiped, Prisma, Prismoid, Pyramide, Pyramidenstumpf, Quader, Würfel.

polyedrischer Bereich:
Ein nichtleerer Durchschnitt endlich vieler Halbräume des $\mathbb{R}^n$ als Lösungsmenge der linearen Ungleichungen

$$a_{i1}x_1 + a_{i2}x_2 + \cdots + a_{in}x_n \leq b_i \quad \text{für } i = 1, 2, \ldots, n$$

heißt *polyedrischer Bereich* (s. lineare Optimierung, 2.1.9.). Die Hyperebenen

$$a_{i1}x_1 + a_{i2}x_2 + \cdots + a_{in}x_n = b_i \quad \text{für } i = 1, 2, \ldots, n$$

sind die Randebenen des polyedrischen Bereichs. Ein beschränkter polyedrischer Bereich heißt *Polyeder* (s. Polyeder für n = 3). Jedes Polyeder besitzt endlich viele *Ecken* $\vec{x}_1, \vec{x}_2, \ldots, \vec{x}_r$ und ist als konvexe Hülle

$$\left\{ \vec{x} \,\middle|\, \vec{x} = \sum_{i=1}^{r} \lambda_i \vec{x}_i \text{ mit } \lambda_i \geq 0 \text{ und } \sum_{i=1}^{r} \lambda_i = 1 \right\}$$

dieser Ecken darstellbar.

Polygon (Polygonzug, Streckenzug):
Gegeben sind n Punkte $P_1, P_2, \ldots, P_n$ im $\mathbb{R}^3$. Dann heißt die Menge der Verbindungsstrecken

$$P_1P_2, P_2P_3, \ldots, P_{n-1}P_n$$

ein *Polygon* (*Polygonzug* oder *Streckenzug*). Im Falle $P_n = P_1$ nennt man das Polygon *geschlossen*. Es heißt *eben*, wenn alle n Punkte P_k in einer Ebene E liegen. Ein Polygon heißt *einfach*, wenn jeder innere Punkt einer Strecke $P_k P_{k+1}$ zu genau einer Strecke und jeder Randpunkt P_j zu genau zwei Strecken gehört. Dann heißen die Punkte P_j die *Ecken* des Polygons.

Polynom:

1. Polynom einer reellen Variablen:
Eine ganze rationale Funktion der Form

$$P_n(x) = a_0 + a_1x + a_2x^2 + \ldots + a_nx^n = \sum_{k=0}^{n} a_k x^k$$

mit $a_0, a_1, \ldots, a_n \in \mathbb{R}$, $a_n \neq 0$ heißt *Polynom n-ten Grades* der reellen Variablen (Unbestimmten) x. Die Zahlen a_k nennt man *Koeffizienten.* Die einzelnen Summanden $a_k x^k$ heißen *Glieder* des Polynoms. a_0 heißt das *absolute Glied* und $a_n \neq 0$ der *höchste Koeffizient.* Ein Polynom vom Grad 0, 1, 2, 3, 4 nennt man *konstant, linear, quadratisch, kubisch, biquadratisch.* Ein Polynom vom Grad n kann auch als Polynom vom formalen Grad $m > n$ aufgefaßt werden, falls Glieder $a_i x^i$ mit dem Koeffizienten $a_i = 0$ für $i > n$ hinzugefügt werden.

Reduzibles (zerlegbares) Polynom:
Ein Polynom $P_n(x)$ vom Grad $n \geq 2$ heißt *reduzibel* oder *zerlegbar*, wenn es sich als Produkt von Polynomen niedrigeren Grades, die von Konstanten verschieden sind, darstellen läßt, andernfalls heißt es *irreduzibel* oder *unzerlegbar*.

Gleichheit zweier Polynome:
Zwei Polynome sind *gleich*, wenn ihre Koeffizienten jeweils übereinstimmen. Insbesondere müssen dann beide Polynome den gleichen Grad haben.

Multiplikation eines Polynoms mit einer Konstanten:
Multiplikation des Polynoms $f(x) = \sum_{k=0}^{n} a_k x^k$ vom Grad n mit der Konstanten $c \neq 0$ ergibt das Polynom $c \cdot f(x) = \sum_{k=0}^{n} c\, a_k x^k$ vom Grad n.

Addition (Subtraktion) von Polynomen:
Die Addition (Subtraktion) der Polynome $f(x) = \sum a_k x^k$; $g(x) = \sum b_k x^k$ vom jeweiligen formalen Grad n liefert wieder ein Polynom $\sum (a_k \pm b_k) x^k$ vom formalen Grad n.

Multiplikation zweier Polynome:
Es seien $f(x) = \sum_{k=0}^{n} a_k x^k$ und $g(x) = \sum_{k=0}^{m} b_k x^k$ Polynome vom Grad n bzw. m. Dann ist das Produkt $p(x) = f(x) \cdot g(x)$ ein Polynom $p(x)$ vom Grad $n + m$. Dabei gilt

$$p(x) = a_0 b_0 + (a_0 b_1 + a_1 b_0)\, x + (a_0 b_2 + a_1 b_1 + a_2 b_0)\, x^2 + \ldots + a_n b_m x^{n+m} .$$

Der Koeffizient von x^j des Produktpolynoms lautet

$$\sum_{i=0}^{j} a_i b_{j-i} \quad \text{für } j = 0, 1, \ldots, n + m.$$

Faktorzerlegung:
Ein reelles Polynom besitzt höchstens n reelle Nullstellen. Nullstellen können auch komplex sein. x_1 heißt *k-fache Nullstelle* von $P_n(x)$, wenn $P_n(x)$ ohne Rest durch $(x - x_1)^k$ teilbar ist, jedoch durch $(x - x_1)^{k+1}$ nur mit Rest teilbar ist (s. Polynomdivision mit Rest). An einer k-fachen Nullstelle verschwinden alle Ableitungen von $P_n(x)$ bis zur Ordnung $k - 1$ (s. Nullstelle, 1.). Es seien $x_1, x_2, \ldots, x_r$ sämtliche reellen Nullstellen mit den Vielfachheiten $k_1, k_2, \ldots, k_r$. Dann gibt es eine eindeutige Zerlegung

$$P_n(x) = (x - x_1)^{k_1} \cdot (x - x_2)^{k_2} \cdot \ldots \cdot (x - x_r)^{k_r} \cdot g(x) .$$

Dabei ist $g(x)$ ein Polynom vom Grade $n - \sum_{i=1}^{r} k_i$. Es besitzt $n - \sum_{i=1}^{r} k_i$ komplexe Nullstellen, wobei mehrfache Nullstellen auch mehrfach gezählt werden. Die komplexen Nullstellen treten bei reellen Polynomen als konjugiert komplexe Paare auf (s. komplexe Zahlen). Mit

$$z_j = a + i\,b \quad \text{ist auch} \quad \bar{z}_j = a - i\,b$$

Nullstelle. Damit gilt

$$(x - z_j) \cdot (x - \bar{z}_j) = (x - a - i\,b) \cdot (x - a + i\,b) = x^2 + p_j\,x + q_j = 0$$

mit $p_j = -2a$; $q_j = a^2 + b^2$. Die Koeffizienten p_1, q_1 sind dabei reell.

Falls das komplexe Nullstellenpaar $z_j = a + i\,b$; $\bar{z}_j = a - i\,b$ die Vielfachheit s_j besitzt, erhält man in der Zerlegung den Faktor

$$(x^2 + p_j x + q_j)^{s_j}.$$

Falls es l konjugiert komplexe Paare von Nullstellen gibt mit den Vielfachheiten $s_1, s_2, \ldots, s_l$, kann das Polynom dargestellt werden in der Form

$$P_n(x) = a_n \cdot (x - x_1)^{k_1} \cdot \ldots \cdot (x - x_r)^{k_r} \cdot (x^2 + p_1 x + q_1)^{s_1} \cdot \ldots \cdot (x^2 + p_l x + q_l)^{s_l}$$

mit $n = k_1 + k_2 + \ldots + k_r + 2\,(s_1 + s_2 + \ldots + s_l)$.

Diese Zerlegung heißt *Faktorisierung* des reellen Polynoms.

Spezielle Polynome s. Approximationspolynome.

2. Polynom einer komplexen Variablen:
Mit beliebigen komplexen Zahlen $c_k \in \mathbb{C}$ für $k = 0, 1, 2, \ldots, n$, $c_n \neq 0$ heißt

$$P_n(z) = c_0 + c_1\,z + c_2\,z^2 + \ldots + c_n\,z^n = \sum_{k=0}^{n} c_k\,z^k$$

ein Polynom vom Grad n der komplexen Variablen z. Nach dem Fundamentalsatz der Algebra gibt es n nicht notwendig verschiedene komplexe Wurzeln mit der Zerlegung

$$P_n(z) = c_n \cdot (z - z_1) \cdot (z - z_2) \cdot \ldots \cdot (z - z_n)$$

(s. Fundamentalsatz der Algebra).
Das Polynom ist stetig und differenzierbar mit

$$P_n'(z) = \sum_{k=1}^{n} k\,c_k\,z^{k-1}$$

(s. komplexe Funktion, 2., 3.).

3. Polynom in mehreren reellen Veränderlichen (Unbestimmten):
Eine Funktion der Form

$$P(x_1, x_2, \ldots, x_n) = \sum a_{k_1 k_2 \ldots k_n} \cdot x_1^{k_1} \cdot x_2^{k_2} \cdot \ldots \cdot x_n^{k_n}$$

mit Konstanten $a_{k_1 k_2 \ldots k_n} \in \mathbb{R}$ und den n reellen Variablen $x_1, x_2, \ldots, x_n$ heißt ein *Polynom* von n reellen Variablen. $\sum_{i=1}^{n} k_i$ nennt man den *Grad des Gliedes* $a_{k_1 k_2 \ldots k_n} \cdot x_1^{k_1} \cdot x_2^{k_2} \cdot \ldots \cdot x_n^{k_n}$. Der größte auftretende Grad heißt der *Grad* des Polynoms.

Polynomansatz s. Koeffizientenvergleich.

Polynomdivision (mit Rest):

In der rationalen Funktion

$$\frac{P_m(x)}{Q_n(x)} = \frac{\text{Zählerpolynom vom Grad m}}{\text{Nennerpolynom vom Grad n}}$$

(s. rationale Funktion, s. Polynom, 1.) sei der Zählergrad m größer oder gleich dem Nennergrad n, also $m \geq n$. Dann gibt es eine eindeutig bestimmte Darstellung

$$\frac{P_m(x)}{Q_n(x)} = G_{m-n}(x) + \frac{R(x)}{Q_n(x)}.$$

Dabei ist $G_{m-n}(x)$ ein Polynom vom Grad $m-n$ und $R(x)$ ein Polynom, dessen Grad kleiner als n ist.

$G_{m-n}(x)$ und $R(x)$ erhält man durch die Polynomdivision, die an zwei Beispielen vorgeführt werden soll.

$$\begin{array}{l}
(2x^5 - 3x^4 + 2x^3 + x^2 - 5x + 2) : (x^3 + 2x^2 + 5x + 1) = 2x^2 - 7x + 6 \\
\;\; 2x^5 + 4x^4 + 10x^3 + 2x^2 \\
\hline
\qquad \left.\begin{array}{l} -7x^4 - 8x^3 - x^2 - 5x \\ -7x^4 - 14x^3 - 35x^2 - 7x \end{array}\right\} - \\
\hline
\qquad\qquad \left.\begin{array}{l} 6x^3 + 34x^2 + 2x + 2 \\ 6x^3 + 12x^2 + 30x + 6 \end{array}\right\} - \\
\hline
\qquad\qquad\qquad 22x^2 - 28x - 4 = R(x) \quad (\text{Rest}).
\end{array}$$

Damit gilt

$$\frac{2x^5 - 3x^4 + 2x^3 + x^2 - 5x + 2}{x^3 + 2x^2 + 5x + 1} = \underbrace{2x^2 - 7x + 6}_{= G_2(x)} + \frac{22x^2 - 28x - 4}{x^3 + 2x^2 + 5x + 1}.$$

Das Polynom

$$2x^3 - 6x^2 + 9x - 5$$

besitzt die Nullstelle $x_1 = 1$. Die Abspaltung des Faktors $(x-1)$ erfolgt mit Hilfe der Polynomdivision, die in diesem Fall ohne Rest aufgeht:

$$\begin{array}{l}
-\left\{\begin{array}{l} (2x^3 - 6x^2 + 9x - 5) \; : \; (x-1) \; = \; 2x^2 - 4x + 5 \\ \;\; 2x^3 - 2x^2 \end{array}\right. \\
\hline
\qquad \left.\begin{array}{l} -4x^2 + 9x \\ -4x^2 + 4x \end{array}\right\} - \\
\hline
\qquad\qquad \left.\begin{array}{l} 5x - 5 \\ 5x - 5 \end{array}\right\} - \\
\hline
\qquad\qquad\qquad 0 \; = \; \text{Rest}.
\end{array}$$

Damit gilt $2x^3 - 6x^2 + 9x - 5 = (x-1) \cdot (2x^2 - 4x + 5)$.

Die quadratische Gleichung $2x^2 - 4x + 5 = 0$ besitzt keine reellen Nullstellen.

Praktische Durchführung der Polynomdivision s. Horner - Schema.

Polynomialkoeffizient:

Für jede natürliche Zahl n und alle r - Tupel $(k_1, k_2, \ldots, k_r)$ aus nichtnegativen ganzen Zahlen mit $k_1 + k_2 + \ldots + k_r = n$ heißt

$$\binom{n}{k_1, k_2, \ldots, k_r} = \frac{n!}{k_1! \cdot k_2! \cdot \ldots \cdot k_r!} \quad \text{mit } k_1 + k_2 + \ldots + k_r = n$$

Polynomialkoeffizient n über $(k_1, k_2, \ldots, k_r)$.

Der Binomialkoeffizient $\binom{n}{k}$ für $k \leq n \in \mathbb{N}$ (s. Binomialkoeffizient) kann mit $k_1 = k$ und $k_2 = n - k$ als Polynomialkoeffizient dargestellt werden durch

$$\binom{n}{k} = \binom{n}{k, n-k}.$$

Aus dem polynomischen Satz (s. polynomischer Satz) folgt mit $a_i = 1$ für $i = 1, 2, \ldots, r$

$$\sum_{k_1 + k_2 + \ldots + k_r = n} \binom{n}{k_1, k_2, \ldots, k_r} = r^n.$$

polynomischer Satz:

Für jedes r - Tupel $(a_1, a_2, \ldots, a_r)$ von Null verschiedener reeller Zahlen und jede natürliche Zahl n gilt

$$(a_1 + a_2 + \ldots + a_r)^n = \sum_{k_1 + k_2 + \ldots + k_r = n} \binom{n}{k_1, k_2, \ldots, k_r} \cdot a_1^{k_1} \cdot a_2^{k_2} \cdot \ldots \cdot a_r^{k_r}.$$

Dabei ist über alle r -Tupel $(k_1, k_2, \ldots, k_r)$ aus nichtnegativen ganzen Zahlen mit der Summe n zu summieren.

Population:

Unter einer *Population* versteht man eine endliche Menge von natürlichen Elementen, z. B. Tieren oder Pflanzen, deren Zusammensetzung sich im Laufe der Zeit ändert.

Positionssystem s. Zahlensystem, 2.

positiv:

Eine reelle Zahl (s. reelle Zahl) a mit $a > 0$ heißt *positiv.* Ein reelle Matrix (Vektor) nennt man *positiv,* wenn alle Elemente (Komponenten) positiv sind.

positiv (semi-) definit s. definite und semidefinite symmetrische Matrix.

positiver linearer Operator:

Ein linearer Operator T eines Euklidischen oder unitären Vektorraumes V heißt *positiv*, wenn für alle $\mathbf{v} \in V$ gilt

$$<T\mathbf{v}, \mathbf{v}> \geq 0 \quad \text{(s. Vektorraum, 3., 4., s. linearer Operator).}$$

Postulat:

Euklid ging in seinen "Elementen" von Definitionen (s. Definition), Axiomen (s. Axiom) und *Postulaten* aus. Durch die Definitionen werden geometrische Begriffe anschaulich erläutert. Axiome bedeuten Existenzaussagen von geometrischen Größen und *Postulate* Forderungen von Konstruktionsmöglichkeiten. Manchmal werden auch Axiome als Postulate bezeichnet. Postulate sind Axiome der modernen Mathematik.

Potential eines Vektorfeldes:

Für ein stetiges Vektorfeld gelte

$$\vec{v} = \begin{pmatrix} v_1(x,y,z) \\ v_2(x,y,z) \\ v_3(x,y,z) \end{pmatrix} = -\operatorname{grad} U(x,y,z) = -\begin{pmatrix} U_x(x,y,z) \\ U_y(x,y,z) \\ U_z(x,y,z) \end{pmatrix}$$

(s. Vektorfeld, s. Gradient). Dann heißt das Skalarfeld (die Skalarfunktion) $\varphi(x,y,z) = -U(x,y,z)$ das *Potential* des Vektorfeldes $\vec{v}$. Das Kurvenintegral von $\vec{v}$ über eine Kurve $\mathfrak{C}$ ist dann wegunabhängig (s. Kurvenintegral, 2.2.2., 2.2.3.).

Potentialfunktion:

Die Funktion $U(x_1, x_2, \dots, x_n)$ besitze in einem Gebiet $G \subset \mathbb{R}^n$ stetige partielle Ableitungen zweiter Ordnung und erfülle die *Laplacesche Differentialgleichung*

$$\Delta_n U(x_1, x_2, \dots, x_n) = \sum_{k=1}^{n} \frac{\partial^2 U(x_1, x_2, \dots, x_n)}{\partial x_k^2} = 0$$

(s. Laplacesche Differentialgleichung). Dann heißt U eine *Potentialfunktion* oder *harmonische Funktion*.

Potentialgleichung:

Die partielle Differentialgleichung (s. partielle Differentialgleichung)

$$\Delta_n U(x_1, x_2, \dots, x_n) = \sum_{k=1}^{n} \frac{\partial^2 U(x_1, x_2, \dots, x_n)}{\partial x_k^2} = g(x_1, x_2, \dots, x_n)$$

mit einer vorgegebenen Funktion $g(x_1, x_2, \dots, x_n)$ heißt *Potentialgleichung* für die gesuchte Funktion $U(x_1, x_2, \dots, x_n)$ (s. Potentialfunktion).

Potentialtheorie:

Die Theorie der Potentialgleichungen (s. Potentialgleichung) nennt man *Potentialtheorie.*

Potenz:

Der Begriff *Potenz* kommt von *potentia* (lateinisch: Macht).

1. Potenz einer reellen Zahl:

Es sei a eine reelle und n eine natürliche Zahl. Dann ist die *n-te Potenz* definiert durch

$$a^n = \underbrace{a \cdot a \cdot \ldots \cdot a}_{\text{n Faktoren}} \quad \text{(lies "a hoch n")} .$$

Für $n = 2$ ist a^2 eine *Quadratzahl,* $n = 3$ ergibt die *Kubikzahl* a^3.
Nur für $|a| < 1$ ist $(a^n)_{n \in \mathbb{N}}$ eine Nullfolge.
Für $a \neq 0$ setzt man

$$a^0 = 1 \quad \text{und} \quad a^{-n} = \frac{1}{a^n} \quad \text{für jedes } n \in \mathbb{N}.$$

$n = 1$ ergibt die *reziproke Zahl* $a^{-1} = \frac{1}{a}$ für $a \neq 0$.

Für $a > 0$ ist die *n-te Wurzel* erklärt durch

$$a^{\frac{1}{n}} = \sqrt[n]{a} = b \quad \Leftrightarrow \quad b^n = a .$$

Damit setzt man

$$a^{\frac{m}{n}} = \left(a^{\frac{1}{n}}\right)^m = (\sqrt[n]{a})^m = \sqrt[n]{a^m} \; ; \quad a^{-\frac{m}{n}} = \frac{1}{a^{\frac{m}{n}}} .$$

Mit diesen Wurzeloperationen ist für jedes $a > 0$ die Funktion a^x für alle rationalen Exponenten $x \in \mathbb{Q}$ definiert.
Jede irrationale Zahl $x \notin \mathbb{Q}$ läßt sich als Grenzwert einer Folge rationaler Zahlen darstellen. Es gibt eine Folge $(x_n)_{n=1,2,\ldots}$ mit $x_n \in \mathbb{Q}$ und

$$\lim_{n \to \infty} x_n = x.$$

Dann bilden die Funktionswerte $a_n = a^{x_n}$ für $n = 1, 2, \ldots$ eine Folge reeller Zahlen, welche konvergiert. Ihren Grenzwert bezeichnet man mit a^x, also

$$a^x = \lim_{n \to \infty} a^{x_n} \quad \text{mit} \quad x_n \in \mathbb{Q} \quad \text{und} \quad \lim_{n \to \infty} x_n = x; \quad x \notin \mathbb{Q}.$$

Damit ist die Potenz a^x für jedes reelle x erklärt. a heißt die *Basis* und x der *Exponent* von a^x.

Potenzgesetze: Allgemein gelten die Potenzgesetze:

$$a^x \cdot b^x = (a \cdot b)^x ; \quad a^x \cdot a^y = a^{x+y} ; \quad (a^x)^y = a^{x \cdot y} \quad \text{für } a, b > 0 ;$$

$$\frac{a^x}{a^y} = a^{x-y} ; \quad \frac{a^x}{b^x} = \left(\frac{a}{b}\right)^x ; \quad \frac{a^{s \cdot x}}{a^{s \cdot y}} = \frac{a^x}{a^y} \quad \text{für } a, b > 0 ; x, y, s \in \mathbb{R}, s \neq 0$$

(Kürzen und Erweitern des Exponenten).

2. Potenz einer komplexen Zahl:
Auch bei komplexen Zahlen ist die n-te Potenz das n-fache Produkt. Die Potenzgesetze aus 1. bleiben erhalten.
Für jede komplexe Zahl z mit der Polarkoordinatendarstellung

$$z = |z| \cdot (\cos\varphi + i \sin\varphi)$$

(s. komplexe Zahlen, 8.) gilt bezüglich der n-ten Potenz die Formel von Moivre

$$z^n = |z|^n \cdot e^{i n \varphi} = |z|^n \cdot (\cos n\varphi + i \sin n\varphi).$$

3. Potenz einer quadratischen Matrix:
A sei eine quadratische Matrix. Dann ist die *n-te Potenz* von A erklärt durch

$$A^n = \underbrace{A \cdot A \cdot \ldots \cdot A}_{\text{n Faktoren}} \quad \text{(sprich "A hoch n").}$$

Praktische Berechnung von A^n s. Eigenwerte und Eigenvektoren, 5.

4. Potenz eines Gruppenelements:
Es sei a ein Element einer Gruppe G mit der Verknüpfung $\circ$ (s. Gruppe). Dann heißt das Element

$$a^n = \underbrace{a \circ a \circ \ldots \circ a}_{\text{n Faktoren}} \quad \text{(sprich: a hoch n)}$$ die *n-te Potenz* von a.

Potenzfunktion (reelle):

Für eine feste reelle Zahl $\alpha \in \mathbb{R}$ heißt die Funktion

$$f(x) = x^\alpha$$

Potenzfunktion. Der (maximale) Definitionsbereich hängt vom Exponenten α ab. Für $x > 0$ gilt die Darstellung

$$x^\alpha = (e^{\ln x})^\alpha = e^{\alpha \ln x}.$$

Ableitung: $\quad (x^\alpha)' = \alpha x^{\alpha - 1} \quad$ für $\alpha \in \mathbb{R}$.

Integral: $$\int x^\alpha dx = \begin{cases} \dfrac{x^{\alpha+1}}{\alpha+1} + C & \text{für } \alpha \neq -1; \\ \ln|x| + C & \text{für } \alpha = -1;\ x \neq 0. \end{cases}$$

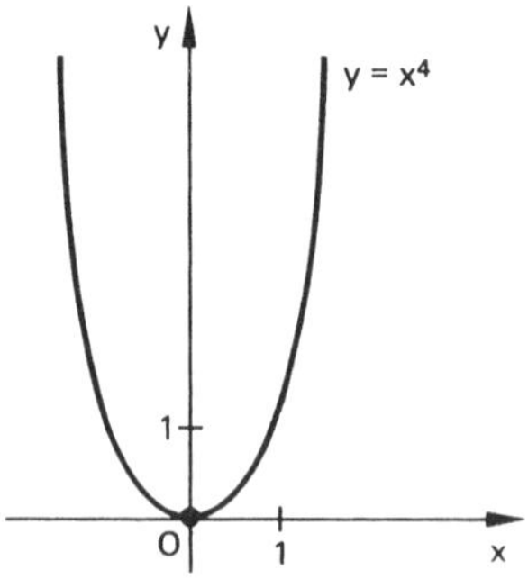

Mit $\alpha = n \in \mathbb{N}_0$ ist $f(x) = x^n$ eine ganzrationale Funktion (s. rationale Funktion, 2.). Für $n \geq 2$ heißt das Bild von $f(x) = x^n$ in einem kartesischen Koordinatensystem *Parabel n-ter Ordnung.* Alle Parabeln gehen durch den Koordinatenursprung O und den Punkt P(1,1). Für gerade Exponenten $n = 2\nu$ ist die Potenzfunktion wegen $(-x)^{2\nu} = x^{2\nu}$ gerade. Dann ist die y-Achse Symmetrie-Achse. Im Koordinatenursprung O liegt ein Minimum. Für ungerades

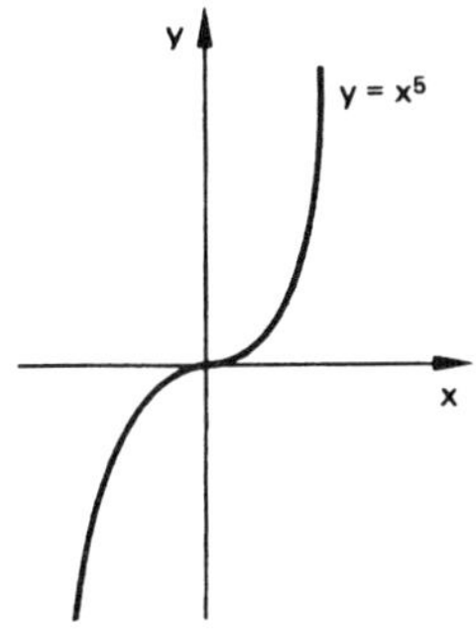

$n = 2\nu + 1$ ist wegen $(-x)^{2\nu+1} = -x^{2\nu+1}$ die Funktion ungerade. Damit liegt eine Punkt-Symmetrie zu O vor. Für $n \geq 3$ ist O ein Waagepunkt (Wendepunkt mit horizontaler Tangente). Für $n = 2$ handelt es sich um die gewöhnliche *Parabel*, $n = 1$ ergibt eine Gerade. Für $n = 0$ ist die Funktion x^0 zunächst nur für $x \neq 0$ definiert mit $x^0 = 1$. Die Stelle 0 ist jedoch eine hebbare Unstetigkeitsstelle mit $0^0 = 1$ (s. Unstetigkeitsstelle, 1.).

Für positive ganzzahlige Exponenten ist die Potenzfunktion $f(x) = \frac{1}{x^n}$ eine spezielle gebrochenrationale Funktion. Sie ist an der Stelle 0 nicht definiert. Dort liegt eine *Polstelle* (s. Pol, 1.). Ihre Bilder heißen *Hyperbeln* mit zwei Hyperbelästen. Für gerades n ist die Funktion gerade, für ungerades n ungerade. Sämtliche Hyperbeln gehen durch den Punkt P (1,1).

Potenzgesetze s. Potenz, 1.

Potenzieren:

Unter *Potenzieren* versteht man die Durchführung der Rechenoperation der Bildung von Potenzen (s. Potenz).

Potenzmenge:

Die Menge aller Teilmengen einer Menge M (s. Menge, 1.) heißt die *Potenzmenge* von M. Sie wird mit $\mathfrak{P}(M)$ bezeichnet, also

$$\mathfrak{P}(M) = \{ A \mid A \subset M \}.$$

Die Menge M enthalte $|M|$ verschiedene Elemente. Einschließlich der leeren Menge $\emptyset$ und der Menge M selbst gibt es dann $2^{|M|}$ verschiedene Teilmengen von A.

Potenznichtrest s. Potenzrest.

Potenzreihe:

1. Reelle Potenzreihe:

Mit reellen *Koeffizienten* $a_k \in \mathbb{R}$ für $k = 0, 1, 2, \ldots$ und variablem $x \in \mathbb{R}$ heißt die Funktion

$$f(x) = a_0 + a_1 (x - x_0) + a_2 (x - x_0)^2 + \ldots = \sum_{k=0}^{\infty} a_k (x - x_0)^k$$

eine *Potenzreihe* der reellen Variablen x. Dabei ist der sogenannte *Mittelpunkt* x_0 eine fest vorgegebene Zahl. Für jeden Wert $x \in \mathbb{R}$ erhält man eine unendliche Reihe (s. Reihe), die konvergent oder divergent sein kann. Taylor-Reihen (s. Taylor-Entwicklung, 1.3.) sind spezielle Potenzreihen. Im Falle $\sum_{k=0}^{\infty} |a_k| \cdot |x - x_0|^k < \infty$ ist die Reihe an der Stelle x *absolut konver-*

gent. Für $x_0 = 0$ erhält man die spezielle Potenzreihe $f(x) = \sum_{k=0}^{\infty} a_k x^k$.

Konvergenzradius und Konvergenzintervall:
Zu jeder Potenzreihe gibt es ein r, den sogenannten *Konvergenzradius*, mit $0 \leq r \leq \infty$ mit folgender Eigenschaft:

für alle x mit $|x - x_0| < r$ ist die Reihe absolut konvergent;

für alle x mit $|x - x_0| > r$ ist die Reihe absolut divergent;

für $|x - x_0| = r$ kann die Reihe konvergent oder auch divergent sein.

$$K = (x_0 - r\,;\, x_0 + r) = \{x \mid x_0 - r < x < x_0 + r\}$$

heißt das *Konvergenzintervall.*

Im Falle der absoluten Konvergenz ist die Reihe selbst konvergent. Jede beliebige Umordnung ergibt dann denselben Reihenwert.
Aus dem Quotienten- bzw. Wurzelkriterium (s. Reihe, 4.) erhält man den

Konvergenzkriterien:
Falls einer der nachfolgenden Grenzwerte existiert, lautet der Konvergenzradius

$$r = \lim_{n\to\infty} \left|\frac{a_n}{a_{n+1}}\right| \qquad \text{bzw.} \qquad r = \frac{1}{\lim\limits_{n\to\infty} \sqrt[n]{|a_n|}}.$$

Falls diese Grenzwerte nicht existieren, kann der größte Häufungspunkt, der Limes superior (s. Limes superior) benutzt werden mit

$$r = \overline{\lim_{n\to\infty}} \left|\frac{a_n}{a_{n+1}}\right| \qquad \text{bzw.} \qquad r = \frac{1}{\overline{\lim\limits_{n\to\infty}} \sqrt[n]{|a_n|}}.$$

Im Falle $r = \infty$ ist der Konvergenzbereich ganz $\mathbb{R}$. Für $r = 0$ ist die Reihe nur für $x = x_0$ konvergent.

Beispiele:

1. $e^x = 1 + x + \frac{x^2}{2!} + \frac{x^3}{3!} + \ldots = \sum_{k=0}^{\infty} \frac{x^k}{k!}$ (Exponentialreihe);

$$r = \lim_{n\to\infty} \left|\frac{a_n}{a_{n+1}}\right| = \lim_{n\to\infty} \frac{\frac{1}{n!}}{\frac{1}{(n+1)!}} = \lim_{n\to\infty} (n+1) = \infty.$$

Damit ist die Reihe absolut konvergent für jedes $x \in \mathbb{R}$.

2. $\sum_{k=0}^{\infty} k! \cdot (x - x_0)^k$; $\quad r = \lim_{n\to\infty} \left|\frac{a_n}{a_{n+1}}\right| = \lim_{n\to\infty} \frac{1}{n+1} = 0.$

Die Reihe konvergiert nur für $x = x_0$.

Stetigkeit einer Potenzreihe:
Eine durch eine Potenzreihe dargestellte Funktion f(x) ist im Konvergenzintervall stetig.

Abelscher Grenzwertsatz:
Die Potenzreihe $f(x)=\sum_{k=0}^{\infty} a_k (x-x_0)^k$ besitze den endlichen Konvergenzradius r und sei auch noch an der Stelle x_0+r bzw. x_0-r konvergent. Dann ist f(x) an der Stelle x_0-r rechtsseitig bzw. an der Stelle x_0+r linksseitig stetig und es gilt

$$f(x_0-r) = \lim_{x\to x_0-r+0} f(x) = \sum_{k=0}^{\infty} a_k(-r)^k$$

bzw.

$$f(x_0+r) = \lim_{x\to x_0+r-0} f(x) = \sum_{k=0}^{\infty} a_k r^k .$$

Differenzierbarkeit einer Potenzreihe:
Eine Potenzreihe darf im Konvergenzintervall gliedweise differenziert werden. Die so entstehenden Potenzreihen besitzen den gleichen Konvergenzradius wie die Ausgangsreihen. Die Reihen

$$f'(x) = a_1 + 2a_2(x-x_0) + 3a_3(x-x_0)^2 + \ldots = \sum_{k=1}^{\infty} k a_k (x-x_0)^{k-1};$$

$$f^{(m)}(x) = m \sum_{k=0}^{\infty} \binom{k+m}{m} a_{m+k}(x-x_0)^k$$

(m – te Ableitung) für $m=1,2,\ldots$ sind alle absolut konvergent für $|x-x_0|<r$. Jede Potenzreihe ist im Konvergenzintervall beliebig oft (gliedweise) differenzierbar.

Integrierbarkeit einer Potenzreihe:
Eine Potenreihe darf im Konvergenzintervall gliedweise integriert werden. Dabei besitzt die integrierte Potenzreihe den gleichen Konvergenzradius, also

$$\int f(x)\,dx = a_0(x-x_0) + \frac{a_1}{2}(x-x_0)^2 + \frac{a_2}{3}(x-x_0)^3 + \frac{a_3}{4}(x-x_0)^4 + \ldots + C$$
$$= \sum_{k=0}^{\infty} \frac{a_k}{k+1}(x-x_0)^{k+1} + C \quad \text{mit} \quad C \in \mathbb{R}.$$

Identitätssatz (Eindeutigkeitssatz) für Potenzreihen:
Die beiden Potenzreihen

$$\sum_{k=0}^{\infty} a_k(x-x_0)^k \quad \text{und} \quad \sum_{k=0}^{\infty} b_k(x-x_0)^k$$

seien für $|x-x_0|<r$ absolut konvergent und besitzen in unendlich vielen verschiedenen, sich in x_0 häufenden Punkten den gleichen Funktionswert. Dann sind die Potenzreihen identisch, d. h. $a_k = b_k$ für $k = 0,1,2,\ldots$.

Das Rechnen mit Potenzreihen:
Die Potenzreihen

$$f(x) = \sum_{k=0}^{\infty} a_k(x-x_0)^k \quad \text{und} \quad g(x) = \sum_{k=0}^{\infty} b_k(x-x_0)^k$$

sollen die Konvergenzradien r_1 bzw. r_2 besitzen. Dann besitzt die Potenzreihe

$$c \cdot f(x) = \sum_{k=0}^{\infty} c\,a_k (x - x_0)^k \quad \text{für jede Konstante } c \neq 0$$

den Konvergenzradius r_1. Für $|x - x_0| < \min\{r_1, r_2\}$ konvergieren die Potenzreihen

$$f(x) \pm g(x) = \sum_{k=0}^{\infty} (a_k \pm b_k) \cdot (x - x_0)^k \qquad \text{(Summe und Differenz);}$$

$$f(x) \cdot g(x) = \Big(\sum_{k=0}^{\infty} a_k (x - x_0)^k\Big) \cdot \Big(\sum_{j=0}^{\infty} b_j (x - x_0)^j\Big)$$

$$= \sum_{n=0}^{\infty} \Big(\sum_{i=0}^{n} a_i b_{n-i}\Big)(x - x_0)^n \qquad \text{(Produkt).}$$

Im Falle $b_0 \neq 0$ kann der Quotient

$$\frac{f(x)}{g(x)} = \frac{\sum\limits_{k=0}^{\infty} a_k (x - x_0)^k}{\sum\limits_{k=0}^{\infty} b_k (x - x_0)^k} = \sum_{k=0}^{\infty} c_k (x - x_0)^k$$

in einer Umgebung von $x = x_0$ in eine Potenzreihe entwickelt werden. Aus diesem Ansatz folgt

$$\sum_{k=0}^{\infty} a_k (x - x_0)^k = \Big(\sum_{k=0}^{\infty} b_k (x - x_0)^k\Big) \cdot \Big(\sum_{i=0}^{\infty} c_i (x - x_0)^i\Big)$$

$$= \sum_{k=0}^{\infty} \Big(\sum_{i=0}^{k} c_i b_{k-i}\Big)(x - x_0)^k.$$

Hieraus erhält man durch Koeffizientenvergleich die gesuchten Koeffizienten $c_0, c_1, c_2, \ldots$.

2. Komplexe Potenzreihe:
Eine komplexe Potenzreihe ist eine unendliche Reihe der Form

$$\sum_{n=0}^{\infty} c_n (z - z_0)^n$$

mit komplexen Koeffizienten $c_n \in \mathbb{C}$ und der komplexen Variablen z. Sie konvergiert für alle z mit $|z - z_0| < r$, wobei der Konvergenzradius r wie in 1. berechnet wird. Der Konvergenzbereich ist in der komplexen Zahlenebene das Innere eines *Konvergenzkreises* mit dem Mittelpunkt z_0 und dem Konvergenzradius r (s. komplexe Funktion, 4.).

3. Potenzreihe einer quadratischen Matrix s. Matrix, 6.2.

Potenzreihenentwicklung s. Entwicklung in eine Potenzreihe.

Potenzreihenmethode (Potenzreihenansatz):

Bei der *Potenzreihenmethode* wird für die Lösung einer linearen Differentialgleichung (s. gewöhnliche Differentialgleichung, 3.) zunächst ein Potenzreihenansatz mit unbekannten Koeffizienten gemacht. Die Koeffizienten werden aus der Differentialgleichung und den Anfangsbedingungen sukzessiv bestimmt.

Potenzrest:
Es sei m eine natürliche Zahl und a eine zu m teilerfremde ganze Zahl (s. teilerfremd). Falls die Kongruenzgleichung

$$x^n \equiv a \pmod{m} \quad \text{für } n \in \mathbb{N}$$

(s. Kongruenz von ganzen Zahlen) lösbar ist, heißt a ein n-ter *Potenzrest modulo* m, sonst ein n-ter *Nichtpotenzrest modulo* m. Im Falle $n = 2$ heißt a *quadratischer* (*Nicht-*) *Rest.*

Potenzsumme:
Eine Funktion der Form $S_k = x_1^k + x_2^k + \ldots + x_n^k$, k ganz, $k \geq 0$ heißt *Potenzsumme.*

Preissenkung, Gesamtumsatz bei stetiger Preissenkung s. Integralrechnung, 1.9.3.

prim:
Teilerfremde Zahlen (s. Teilbarkeit) heißen auch *prim.*

Primfaktorzerlegung:
Jede natürliche Zahl $n > 1$ kann bis auf die Reihenfolge eindeutig als Faktorzerlegung

$$m = p_1^{k_1} \cdot p_2^{k_2} \cdot \ldots \cdot p_r^{k_r}$$

von Primzahlen $p_1, p_2, \ldots, p_r$ mit den Vielfachheiten $k_1, k_2, \ldots, k_r$ dargestellt werden (s. Primzahl, s. Teilbarkeit).

Primideal:
Ein Ideal I in einem kommutativen Ring (s. Ideal, s. Ring) heißt *Primideal,* wenn aus $a \cdot b \in I$ und $a \notin I$ folgt $b \in I$.

Primzahl:
Eine ganze Zahl $p \neq 1$ heißt *Primzahl,* wenn p nur die (trivialen) Teiler ± 1 und $\pm p$, also keine echten Teiler besitzt (s. Teilbarkeit). Eine Primzahl der Gestalt $p = 2^{2^n} + 1$ nennt man *Fermatsche* oder *Gaußsche Primzahl* (s. Fermatsche Primzahl). Diese Bedingung ist notwendig, aber nicht hinreichend für eine Primzahl. Euler hat gezeigt, daß die unendliche Reihe der Reziproken aller Primzahlen divergiert, also

$$\sum_{p \text{ Primzahl}} \frac{1}{p} = \infty \quad \text{(s. Reihe, 3.).}$$

Weil $\sum_{n=1}^{\infty} \frac{1}{n^2}$ konvergiert, müssen die Primzahlen dichter liegen als die Quadratzahlen.

Verfahren zur Bestimmung von Primzahlen s. Sieb des Eratosthenes.

Primzahlsatz:

Für jede natürliche Zahl $n > 0$ bezeichne $\pi(n)$ die Anzahl aller Primzahlen p mit $p \leq n$ (s. Primzahl). Dann gilt

$$\lim_{n \to \infty} \frac{\pi(n) \cdot \ln n}{n} = 1,$$

d. h. die Funktion $\pi(n)$ ist asymptotisch gleich $\frac{n}{\ln n}$.

Der Beweis dieses bereits von Gauß vermuteten Gesetzes gelang 1896 Hadamard.

Primzahlzwillinge:

Zwei Primzahlen (s. Primzahl) p und q mit $q - p = 2$ heißen *Primzahlzwillinge*. Beispiele: $p = 3$; $q = 5$ und $p = 11$; $q = 13$.

Prisma:

Ein n-seitiges *Prisma* ist ein ebenflächiger Körper (Polyeder), der von zwei parallelkongruenten n-Ecken (s. Vieleck) als Grund- und Deckfläche und von Parallelogrammen als Seitenflächen begrenzt wird. Die Verbindungslinien einander zugeordneter Ecken sind parallel und gleich lang. Die *Kanten* der Seitenflächen heißen *Mantellinien.*

1. Schiefes Prisma:

Falls die Mantellinien nicht senkrecht auf der Grundfläche stehen, heißt das Prisma *schief.* Die Höhe h ist der Abstand der Grund- von der Deckfläche.

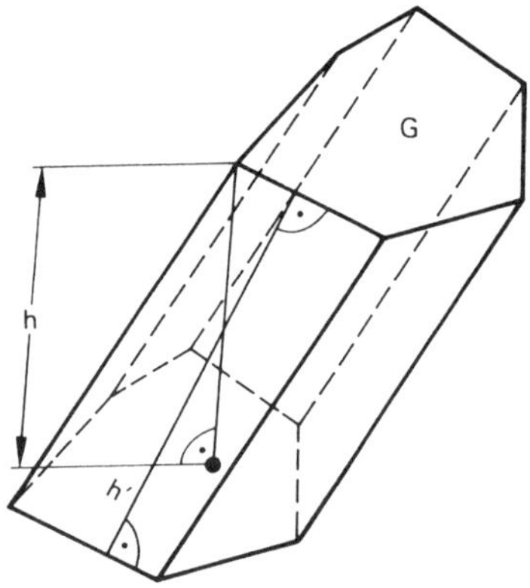

Volumen: $V = G\,h$;

Mantelflächeninhalt: $M = U\,h'$;

Oberflächeninhalt: $O = M + 2G$;

G = Inhalt der Grundfläche;
U = Umfang der Grundfläche;
h' = Höhe der Seitenparallelogramme.

Der Schwerpunkt liegt in der Mitte der Verbindungsstrecke der Schwerpunkte der Grund- und Deckfläche.

Ein **Parallelepiped** ist ein spezielles Prisma (s. Parallelepiped).

2. Gerades Prisma:

Bei einem *geraden* Prisma stehen die Mantellinien senkrecht auf der Grund- und Deckfläche. Die n Seitenflächen sind Rechtecke, deren Höhe $h' = h$ mit der Höhe des Prismas übereinstimmt. Mit den Bezeichnungen aus 1. gilt

Volumen: $V = G\,h$;

Mantelflächeninhalt: $M = U\,h$;

Oberflächeninhalt: $O = 2G + U\,h$.

Der Schwerpunkt ist senkrecht über dem Schwerpunkt der Grundfläche in der Höhe $\frac{h}{2}$.

Ein **Quader** (s. Quader) ist ein spezielles gerades Prisma.

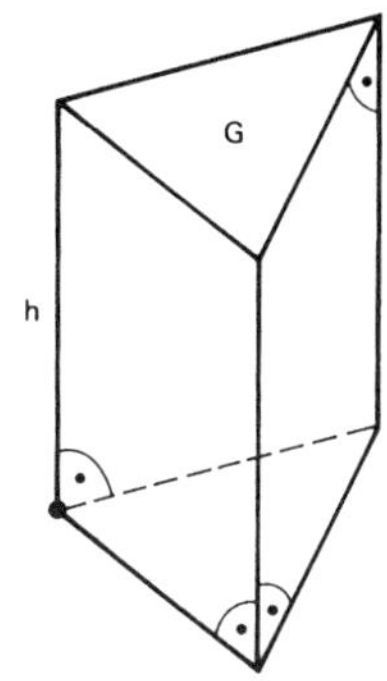

3. Regelmäßiges Prisma:
Ein *regelmäßiges Prisma* ist ein gerades Prisma (s. 2.), dessen Grund- und Deckfläche jeweils ein regelmäßiges n-Eck ist (s. Vieleck, 4.).

Prismoid (Prismatoid):

Ein *Prismoid* oder *Prismatoid* ist ein Polyeder, bei dem die Grund- und Deckfläche beliebige in parallelen Ebenen liegende Vielecke sind. Dabei können die Anzahl der Ecken in der Grund- und Deckfläche verschieden sein. Seitenflächen dürfen dabei nur Dreiecke oder Trapeze sein. Das Volumen lautet:

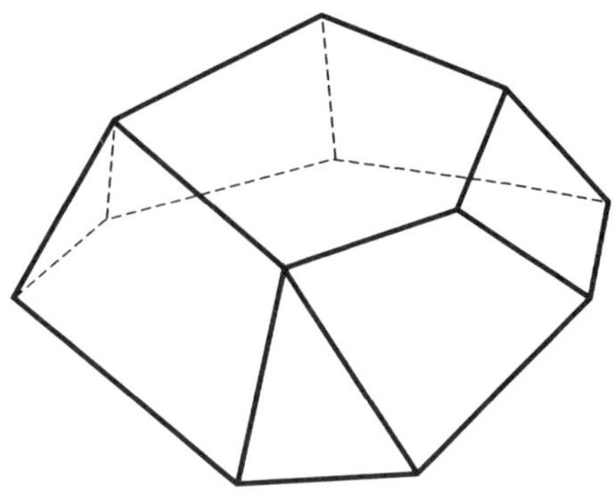

$$V = \frac{h}{6}(G_u + 4G_m + G_o);$$

h = Höhe (Abstand Grund- und Deckfläche);
G_u = Inhalt der Grundfläche;
G_o = Inhalt der Deckfläche;
G_m = Inhalt des Mittelschnittes (Schnitt in der Höhe $\frac{h}{2}$).

Spezielle Prismoide sind (s. dort): Keil, Keilstumpf, Obelisk, Prisma, Pyramide, Pyramidenstumpf.

Probe:

Eine Rechenkontrolle zur Überprüfung auf Richtigkeit eines berechneten Ergebnisses nennt man *Probe.*

Produkt:

1. Produkt zweier Zahlen:
Für zwei beliebige reelle bzw. komplexe Zahlen ist über die Multiplikation das *Produkt* erklärt durch

$$c = a \cdot b; \quad z_1 \cdot z_2 = (a_1 + i\,b_1) \cdot (a_2 + i\,b_2) = (a_1 a_2 - b_1 b_2) + i\,(a_1 b_2 + a_2 b_1)$$

(s. Multiplikation, 1.). Dabei nennt man a und b bzw. z_1 und z_2 *Faktoren.*

2. Produkt zweier reeller Funktionen:
Gegeben sind zwei reelle Funktionen f und g von n Variablen mit den Funktionswerten $f(x_1, x_2, \dots, x_n)$, $g(x_1, x_2, \dots, x_n)$ und den Definitionsbereichen D_f bzw. D_g. Dann wird durch

$$h(x_1, \dots, x_n) = f(x_1, \dots, x_n) \cdot g(x_1, \dots, x_n) \quad \text{für } (x_1, \dots, x_n) \in D_f \cap D_g$$

das *Produkt* $h = f \cdot g$ der beiden Funktionen definiert mit dem Definitionsbereich $D_h = D_f \cap D_g$ (s. Multiplikation, 8.).

3. Produkt mehrerer Zahlen:
Für jede natürliche Zahl $n \in \mathbb{N}$ heißt

$$a_1 \cdot a_2 \cdot a_3 \cdot \ldots \cdot a_{n-1} \cdot a_n = \prod_{k=1}^{n} a_k$$

das *Produkt der* Zahlen $a_1, a_2, \dots, a_n$ (s. Produktzeichen). Dabei gilt im Falle $a_k = a$ für alle k

$$\prod_{k=1}^{n} a = \underbrace{a \cdot a \cdot \ldots \cdot a}_{\text{n Faktoren}} = a^n \quad \text{(n-te Potenz).}$$

Eigenschaften:

$$a \cdot b = b \cdot a \qquad \text{(Kommutativgesetz);}$$

$$(a \cdot b) \cdot c = a \cdot (b \cdot c) \qquad \text{(Assoziativgesetz);}$$

$$a \cdot (b + c) = a \cdot b + a \cdot c \qquad \text{(Distributivgesetz);}$$

$$\prod_{k=1}^{n} (a_k \cdot b_k) = \prod_{k=1}^{n} a_k \cdot \prod_{k=1}^{n} b_k; \quad \prod_{k=1}^{n} \frac{a_k}{b_k} = \frac{\prod_{k=1}^{n} a_k}{\prod_{k=1}^{n} b_k} \quad \text{für } b_k \neq 0;$$

$$\prod_{k=1}^{n} c \cdot a_k = c^n \cdot \prod_{k=1}^{n} a_k \quad \text{für jede Konstante } c;$$

$$\prod_{k=1}^{m} a_k \cdot \prod_{k=m+1}^{n} a_k = \prod_{k=1}^{n} a_k \qquad \text{für } m < n.$$

4. Unendliches Produkt:

4.1. Definition eines unendlichen Produkts:
Ein formal gebildetes Produkt mit unendlich vielen reellen Faktoren u_k

$$\prod_{k=1}^{\infty} u_k = u_1 \cdot u_2 \cdot \ldots \cdot u_k \cdot \ldots$$

heißt ein *unendliches Produkt.* Das unendliche Produkt kann als Folge der Partialprodukte (Teilprodukte)

$$p_n = u_1 \cdot u_2 \cdot \ldots \cdot u_n = \prod_{k=1}^{n} u_k \quad \text{für} \quad n = 1, 2, \ldots$$

aufgefaßt werden.

4.2. Konvergenz eines unendlichen Produkts:
Falls nur ein einziger Faktor verschwindet, sind sämtliche Glieder p_n von einer Stelle n an immer gleich 0. Um diesen trivialen Fall sowie das Auf-

treten von unbestimmten Ausdrücken der Gestalt "$0 \cdot \infty$" auszuschließen, wird der Konvergenzbegriff eines unendlichen Produkts etwas anders definiert als bei konvergenten Zahlenfolgen.

Ein unendliches Produkt $\prod_{k=1}^{\infty} u_k$ heißt *konvergent* (im engeren Sinne), wenn folgende Bedingungen erfüllt sind:

a) Es gibt ein m mit $u_k \neq 0$ für alle $k > m$, d. h. von der Stelle m an verschwindet kein Faktor.

b) Die Folge der von der Stelle m an beginnenden Teilprodukte

$$p_n^{(m)} = u_{m+1} u_{m+2} \cdot \ldots \cdot u_n \qquad \text{für } n = m+1, m+2, \ldots$$

konvergiert für $n \to \infty$ gegen einen von Null verschiedenen (endlichen) Grenzwert $U^{(m)}$, also

$$\lim_{n \to \infty} p_n^{(m)} = U^{(m)} \neq 0.$$

Dann heißt die von m unabhängige Zahl $U = u_1 \cdot u_2 \cdot \ldots \cdot u_m \cdot U^{(m)}$ der *Grenzwert* (*Wert*) des unendlichen Produkts.

Im Falle

$$\lim_{n \to \infty} p_n^{(m)} = \begin{cases} 0; \\ +\infty; \\ -\infty \end{cases}$$

nennt man das unendliche Produkt *bestimmt divergent.* Ein unendliches Produkt, das weder konvergent noch bestimmt divergent ist, heißt *unbestimmt divergent.*

Eigenschaften:

1. Ein unendliches Produkt hat genau dann den Wert 0, wenn mindestens einer seiner Faktoren verschwindet.

2. Notwendig, aber nicht hinreichend für die Konvergenz ist $\lim_{n \to \infty} u_n = 1$.

   Diese Eigenschaft folgt aus $u_n = \dfrac{p_n^{(m)}}{p_{n-1}^{(m)}} \to 1$ für $n \to \infty$.

   Hieraus folgt $\lim_{m \to \infty} U^{(m)} = 1$.

3. Das unendliche Produkt $\prod_{k=1}^{\infty} u_k$ konvergiert genau dann, wenn die Restprodukte $\prod_{k=n_0}^{\infty} u_k$ für jedes $n_0 \geq 1$ konvergieren.

4. Ein unendliches Produkt $\prod_{k=1}^{\infty} u_k$ mit lauter positiven Faktoren ist genau dann konvergent, wenn die unendliche Reihe $\sum_{k=1}^{\infty} \ln u_k$ konvergiert. Dann gilt

$$\prod_{k=1}^{\infty} u_k = e^{\sum_{k=1}^{\infty} \ln u_k}.$$

Mit der Darstellung

$$\prod_{k=1}^{\infty} u_k = \prod_{k=1}^{\infty} (1 + a_k) \quad \text{mit} \quad u_k = 1 + a_k \text{ für alle k}$$

lautet die notwendige Bedingung für die Konvergenz: $\lim\limits_{k \to \infty} a_k = 0$.

Konvergenzkriterien:

1. Das unendliche Produkt $\prod\limits_{k=1}^{\infty} (1 + a_k)$ ist genau dann konvergent, wenn zu jedem $\varepsilon > 0$ ein Index n_0 existiert mit

$$\left| \prod_{k=n_0+1}^{n_0+n} (1 + a_k) - 1 \right| < \varepsilon \quad \text{für alle } n \geq 1.$$

2. Für das unendliche Produkt $\prod\limits_{k=1}^{\infty} (1 + a_k)$ gelte von einem Index n_0 an $a_k \geq 0$ für alle $n \geq n_0$ oder $a_k \leq 0$ für alle $n \geq n_0$. Dann ist das unendliche Produkt genau dann konvergent, wenn die Reihe $\sum\limits_{k=1}^{\infty} a_k$ konvergiert.

3. Das unendliche Produkt $\prod\limits_{k=1}^{\infty} (1 + a_k)$ mit beliebigen Gliedern a_k ist konvergent, falls die beiden Reihen

$$\sum_{k=1}^{\infty} a_k \quad \text{und} \quad \sum_{k=1}^{\infty} a_k^2 \quad \text{konvergieren (hinreichende Bedingung).}$$

4.3. Absolute Konvergenz:

Das unendliche Produkt $\prod\limits_{k=1}^{\infty} (1 + a_k)$ heißt *absolut konvergent*, falls das Produkt

$$\prod_{k=1}^{\infty} (1 + |a_k|)$$

konvergiert. Bei einem absolut konvergenten Produkt darf die Reihenfolge der Produktbildung beliebig geändert werden. Alle so entstehenden Produkte sind wieder konvergent und besitzen den gleichen Wert.

Das unendliche Produkt $\prod\limits_{k=1}^{\infty} (1 + a_k)$ ist genau dann absolut konvergent, wenn die Reihe $\sum\limits_{k=1}^{\infty} a_k$ absolut konvergiert, also für $\sum\limits_{k=1}^{\infty} |a_k| < \infty$.

4.4. Beispiele für konvergente unendliche Produkte:

$$\sqrt{\pi} = \lim_{n \to \infty} \frac{1}{\sqrt{n}} \cdot \frac{2}{1} \cdot \frac{4}{3} \cdot \frac{6}{5} \cdot \ldots \cdot \frac{2n}{2n-1} \qquad \text{(s. Wallissche Formel);}$$

$$\frac{2}{1} \cdot \frac{2}{3} \cdot \frac{4}{3} \cdot \frac{4}{5} \cdot \frac{6}{5} \cdot \frac{6}{7} \cdot \frac{8}{7} \cdot \ldots \cdot \frac{2n}{(2n-1) \cdot (2n+1)} \cdot \ldots = \frac{\pi}{2} \quad \text{(s. Wallissches Produkt).}$$

Produktintegration s. partielle Integration.

Produktmenge s. direktes Produkt.

Produktraum, topologischer:

Es seien T und S zwei topologische Räume (s. topologischer Raum). $T \times S$ sei das direkte Produkt von T und S (s. direktes Produkt, 1.), also die Menge der geordneten Paare (t, s) mit $t \in T$ und $s \in S$. Ist U eine Umgebung von u aus T und V eine von v aus S, so erhält man mit dem direkten Produkt $U \times V$ eine Umgebung von (u, v) aus $T \times S$. Die Topologie, die durch das System aller Produktmengen $U \times V$, wobei U und V Umgebungen in S bzw. T sind, erzeugt wird, heißt die *Produkttopologie*. Mit dieser Topologie versehen nennt man $T \times S$ das *topologische Produkt* von T und S. Entsprechend wird das topologische Produkt von endlich vielen topologischen Räumen definiert.

Produktregel für die Differentiation:

Für differenzierbare Funktionen f und g gilt die *Produktregel*

$$(f(x) \cdot g(x))' = f'(x) \cdot g(x) + f(x) \cdot g'(x).$$

Produkttopologie s. Produktraum, topologischer.

Produkt von Mengen s. direktes Produkt.

Produktzeichen:

Mit dem *Produktzeichen* $\prod$ können Produkte von endlich oder abzählbar unendlich vielen Zahlen abgekürzt dargestellt werden durch

$$\prod_{k=m}^{n} a_k = a_m \cdot a_{m+1} \cdot \ldots \cdot a_n \quad \text{für} \quad m \leq n;$$

$$\prod_{k=m}^{\infty} a_k = \lim_{n \to \infty} \prod_{k=m}^{n} a_k = a_m \cdot a_{m+1} \cdot \ldots \qquad \text{(s. Produkt, 3., 4.).}$$

Produkt zweier Reihen s. Doppelreihe.

Produzentenrente:

Es sei $A(p)$ eine integrierbare, monoton fallende, stetige Angebotsfunktion, p_M sei der Marktpreis mit $A(p_M) = N(p_M)$ ($N(p)$ = Nachfragefunktion) und p_u die untere Preisgrenze (s. Angebotsfunktion, s. Nachfragefunktion, s. Marktpreis). Falls der Preis p je Mengeneinheit durch ein Preisdiktat der Abnehmer stetig von p_u bis zum Marktpreis p_M erhöht wird, lautet der Grenzumsatz

$$U = p_M \cdot A(p_M) - \int_{p_u}^{p_M} A(p)\,dp.$$

Falls sofort der Marktpreis p_M als Preis festgesetzt wird, beträgt der Umsatz $p_M \cdot A(p_M)$. Dabei heißt $P = \int_{p_u}^{p_M} A(p)\,dp$ die *Produzentenrente*. Wenn die Produzenten gleich den Marktpreis p_M festsetzen können, erzielen sie gegenüber der von den Abnehmern diktierten stetigen Preiserhöhung von p_u bis zum Marktpreis p_M als Mehreinnahmen die Produzentenrente P.

Programm:
Unter einem *Programm* versteht man eine eindeutige Anweisung in einer Form, in der ein mathematisches Problem von einer Rechenanlage bearbeitet werden kann.

Programmiersprache:
Eine *Programmiersprache* ist eine problem- oder maschinenorientierte synthetische Sprache, mit deren Hilfe der Rechenanlage formulierte Instruktionen zur Beschreibung und Durchführung von Algorithmen oder anderer Verfahren übermittelt werden (s. Sprache).

Programmierung:
Unter *Programmierung* versteht man die Bearbeitung eines Problems, so daß es durch einen Computer gelöst werden kann.

Programmierung eines Digitalrechners:
Unter *Programmierung* eines Digitalrechners versteht man mit Hilfe von Programmiersprachen (s. Programmiersprache) formulierte Instruktionen an den Rechner, die anschließend vom Rechner in ein Maschinenprogramm übersetzt und danach ausgeführt werden.

Programmierung, lineare s. lineare Optimierung.

Projektion:
In der darstellenden Geometrie versteht man unter einer *Projektion* eine Abbildung von Punkten des projektiven Raumes (s. projektive Geometrie) auf eine *Bildebene* (*Projektionsebene*, *Zeichenebene* oder *Rißebene*) Π mit Hilfe von Geraden eines Geradenbüschels. Das Bild heißt auch *Riß*. Der Träger (Schnittpunkt) Z des Geradenbüschels nennt man *Zentrum*. Das Zentrum darf nicht in der Bildebene Π liegen. Das Bild P′ eines Punktes P ist der Durchstoßpunkt der durch Z und P gehenden *Projektionsgeraden* mit der Bildebene Π. Alle Punkte einer Projektionsgeraden besitzen das gleiche Bild.

1. Zentralprojektion (Perspektive):
Falls das Projektionszentrum Z ein eigentlicher Punkt des Raumes ist, heißt die Projektion *Zentralprojektion* oder *Perspektive*. Die Bilder aller Punkte einer Ebene V, die durch Z parallel zu Π verläuft, liegen auf der uneigentlichen Geraden dieser Ebene, die mit der uneigentlichen Geraden von Π zusammenfällt. Das Bild einer Geraden g durch Z ist ihr Durchstoßpunkt G mit der Bildebene Π (s. nachfolgende Zeichnung). Für alle Punkte einer Geraden g_1, die nicht durch Z geht, bilden die Projektionsgeraden eine Ebene, welche die Bildebene Π in der Projektionsgeraden g_1' von g schneidet. Diese Bildgerade ist bestimmt durch den Durchstoßpunkt G_1 von g_1 mit der Bildebene Π und den Durchstoßpunkt F einer durch Z

gehenden, zu g_1 parallelen Geraden mit Π. F ist das Bild des uneigentlichen Punktes aller zu g_1 parallelen Geraden. Die Bilder dieser parallelen Geraden schneiden sich in diesem sogenannten *Fluchtpunkt* F. Die durch die Punkte Z, F, G_1 bestimmte Ebene E, die weder mit V noch mit Π zusammenfallen darf, bleibt erhalten, wenn die Punkte F und G_1 zwar den gleichen Abstand, jedoch eine andere Lage auf g_1' besitzen. Damit entsteht die gleiche Ebene E auch durch zwei andere Geraden g_i und ZF_i. Daher liegt der Fluchtpunkt jeder in dieser Ebene E liegenden Geraden auf g_1'. Damit ist g_1' der geometrische Ort der Fluchtpunkte aller in E liegenden Geraden. Man nennt sie *Fluchtgerade* oder *Fluchtlinie* der Ebene E. Parallele Ebenen besitzen die gleiche Fluchtlinie.

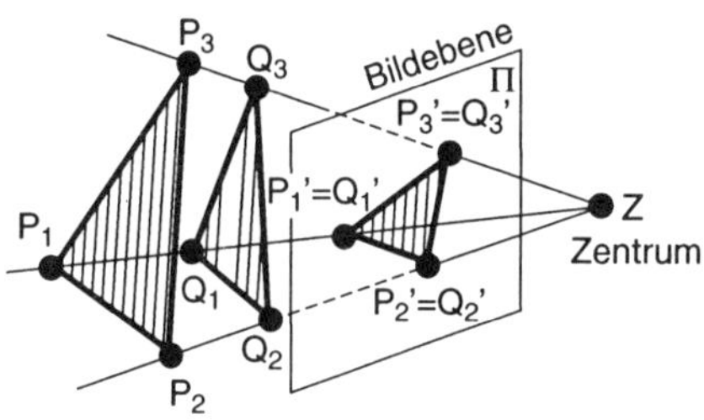

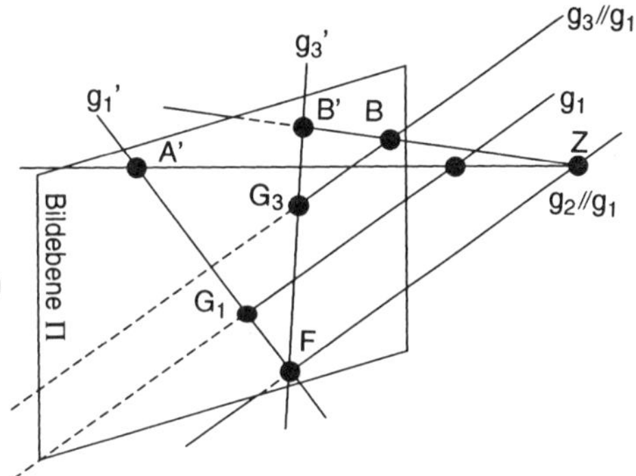

Zentralperspektive (Perspektive):

Das Auge eines Beobachters werde im Projektionszentrum Z angenommen. Dann liefert die Zentralprojektion als Nachahmung des natürlichen Sehvorgangs im allgemeinen anschauliche Bilder. Z nennt man *Augenpunkt*, die Zentralprojektion heißt *Zentralperspektive* oder *Perspektive*, die Projektionsstrahlen nennt man auch *Sehstrahlen*. Durch die *Augenhöhe* des Beobachters wird eine *Standebene* Σ senkrecht zur Bildtafel Π festgelegt, welche diese in der *Standlinie* s schneidet. Die Bilder der Geraden, die senkrecht auf der Standlinie s stehen, sind ebenfalls senkrecht auf s. Die Ebene parallel zu Σ durch den Augenpunkt Z schneidet die Bildebene Π im *Horizont* h. Die Schnittgerade h ist parallel zu s. Der Lotfußpunkt H von Z auf Π heißt *Distanz-* oder *Hauptpunkt*, die Länge $d = \overline{ZH}$ *Distanz*. Der Hauptpunkt H ist der Fluchtpunkt aller zu Σ parallelen Geraden. Falls das Projektionszentrum Z oberhalb bzw. unterhalb des projizierten Gegenstands liegt, heißt die Perspektive *Vogelperspektive* bzw. *Froschperspektive*.

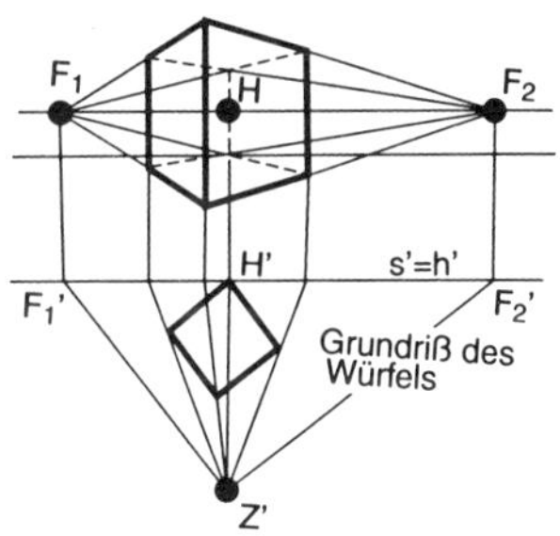

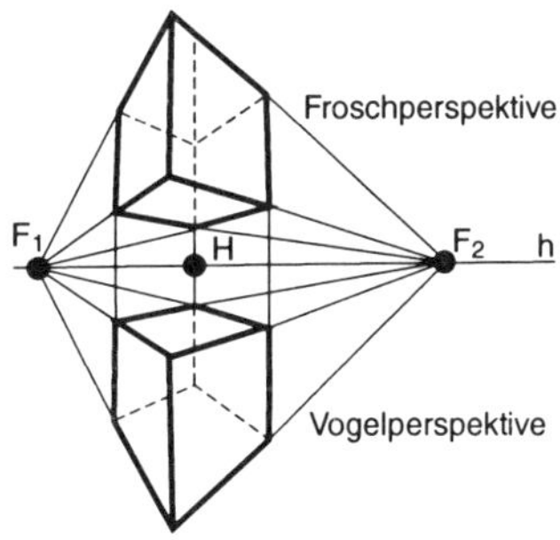

2. Parallelprojektion:

Falls das Projektionszentrum Z ein uneigentlicher Punkt ist, sind alle Projektionsstrahlen parallel. Daher nennt man die Projektion *Parallelprojektion.* Wenn die Projektionsstrahlen senkrecht auf der Bildtafel Π stehen, heißt die Projektion *orthogonal* (*senkrecht*) oder *Normalprojektion*, sonst nennt man sie *schief.* Durch eine schiefe Parallelprojektion entsteht ein sogenanntes *Schrägbild.* Die Parallelprojektion ist eine affine Abbildung (s. affine Abbildung). Bilder paralleler Geraden sind wieder parallel. Winkel können bei der Abbildung verzerrt werden (s. Eintafelprojektion, s. Zweitafelprojektion, s. Dreitafelprojektion).

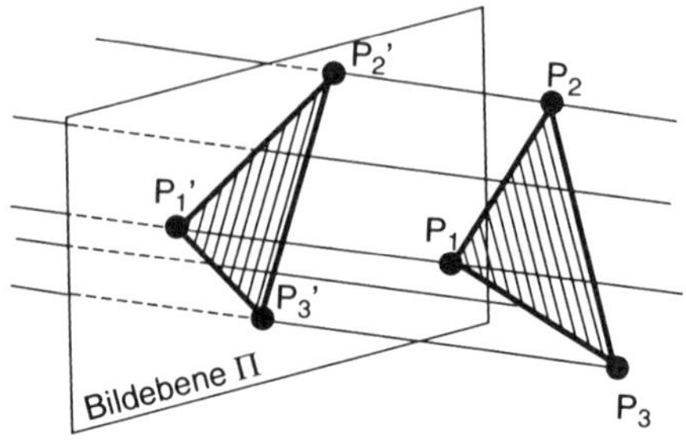

Projektion auf einen Unterraum:

Es sei U ein Unterraum des Hilbertraumes H (s. Hilbertraum). Dann kann jedes Element $\mathbf{v} \in H$ eindeutig dargestellt werden in der Form $\mathbf{v} = \mathbf{g} + \mathbf{h}$ mit $\mathbf{g} \in U$ und $< \mathbf{g}, \mathbf{h} > = 0$. Man nennt **g** die *Projektion* des Vektors **v** auf den Unterraum U (s. Vektorraum, 2., 3.).

Projektion eines Vektors auf einen anderen Vektor:

Es seien $\vec{a}$ und $\vec{b}$ nichtparallele zwei- bzw. dreidimensionale Vektoren, die miteinander den Winkel φ einschließen. Dann stellt der Vektor

$$\vec{b}_{\vec{a}} = |\vec{b}| \cdot \cos\varphi \cdot \frac{\vec{a}}{|\vec{a}|} = (\vec{a} \cdot \vec{b}) \cdot \frac{\vec{a}}{|\vec{a}|^2}$$

die Projektion des Vektors $\vec{b}$ auf den Vektor $\vec{a}$ dar (s. Vektor im V^n, 2.5.). Die Vektoren $\vec{b}_{\vec{a}}$ und $\vec{a}$ sind parallel.

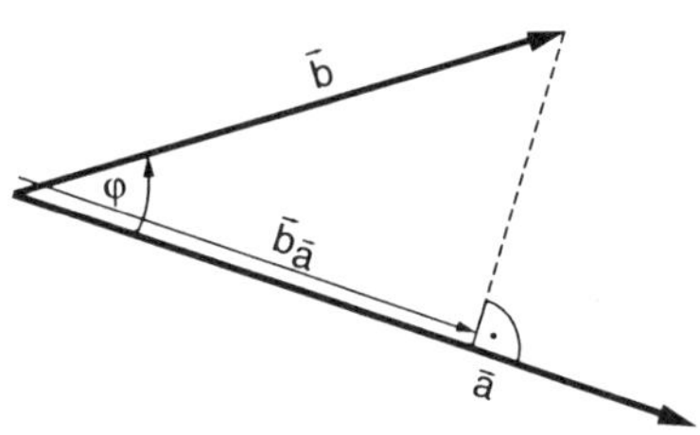

Projektionsachse s. Zweitafelprojektion.

Projektionszentrum s. Projektion, 1.

projektive Abbildung:

Eine projektive Abbildung ist eine Abbildung projektiver Gebilde aufeinander (s. projektive Geometrie), bei der Inzidenzen und Doppelverhältnisse erhalten bleiben (s. Inzidenz, s. Doppelverhältnis, 2.). Bei einer *Kollineation* werden jeweils Punkte in Punkte, Geraden in Geraden und Ebenen in Ebenen abgebildet. Bei einer *Korrelation* gehen duale Gebilde ineinander über, bei einer projektiven Ebene z. B. Punkte in Geraden und umgekehrt, im projektiven Raum Punkte in Ebenen und umgekehrt.

projektive Ebene s. projektive Geometrie, 2.

projektive Gebilde s. projektive Geometrie.

projektive Geometrie:

1. Reelle projektive Ebene $P(\mathbb{R}^2)$:
In der Euklidischen Geometrie der Ebene $\mathbb{R}^2$ geht durch zwei verschiedene Punkte eine Gerade, zwei veschiedene parallele Geraden schneiden sich jedoch nicht in einem Punkt. Um zu erreichen, daß zwei verschiedene Geraden stets einen Schnittpunkt besitzen, auch wenn sie parallel sind, führt man *uneigentliche* (*unendlich ferne*) Punkte ein. Ein uneigentlicher Punkt kann anschaulich als Menge paralleler Geraden interpretiert werden. Dann gilt: Zwei verschiedene Geraden schneiden sich stets in einem Punkt.

Homogene kartesische Koordinaten:
Es seien x_1 und x_2 die kartesischen Koordinaten eines Punktes $P(x_1, x_2)$ im $\mathbb{R}^2$. Durch

$$y_1 = \frac{x_1}{y_3}, \quad y_2 = \frac{x_2}{y_3}$$

werden für den Punkt P drei *homogene kartesische Koordinaten* y_1, y_2, y_3 definiert, wobei alle homogenen Koordinaten $(\lambda y_1, \lambda y_2, \lambda y_3)$, $\lambda \in \mathbb{R}$ mit $\lambda \neq 0$ den gleichen Punkt beschreiben. Manchmal werden die homogenen Koordinaten auch wieder mit x_1, x_2, x_3 bezeichnet.

Projektiver Punkt:
Ein *projektiver Punkt* in der reellen Ebene ist die Menge

$$[(y_1, y_2, y_3)] = \{(\lambda y_1, \lambda y_2, \lambda y_3) \mid \lambda \in \mathbb{R}, \lambda \neq 0\},$$

wobei y_1, y_2 und y_3 nicht alle gleichzeitig verschwinden dürfen. Die Menge aller projektiven Punkte heißt *projektive reelle Ebene*. Sie wird mit $P(\mathbb{R}^2)$ bezeichnet. Durch $y_3 \equiv 0$ werden *uneigentliche* (*unendlich ferne*) Punkte beschrieben.

Projektive Gerade:
Im $\mathbb{R}^2$ lautet die Gleichung einer Geraden g:

$$a x_1 + b x_2 + c = 0 \quad \text{mit} \quad a, b, c \in \mathbb{R}; \quad a, b \text{ nicht beide gleich Null.}$$

Die Geradengleichung nimmt in homogenen Koordinaten die Form

$$a y_1 + b y_2 + c y_3 = 0$$

an. $y_3 = 0$ ist die Gleichung einer *uneigentlichen* (*unendlich fernen*) Geraden. Zwei projektive Geraden

$$a_1 y_1 + b_1 y_2 + c_1 y_3 = 0; \quad a_2 y_1 + b_2 y_2 + c_2 y_3 = 0$$

sind genau dann voneinander verschieden, wenn die Matrix $\begin{pmatrix} a_1 & b_1 & c_1 \\ a_2 & b_2 & c_2 \end{pmatrix}$ den Rang 2 besitzt, wenn also nicht eine der beiden Gleichungen aus der anderen durch Multiplikation mit einer Konstanten hervorgeht. In der Koordinatendarstellung der projektiven Geraden können zwei homogene Koordinaten beliebig (λ und μ) gewählt werden. Damit erhält man für eine projektive Gerade die Parameterdarstellung

$$[(y_1, y_2, y_3)] = \{\lambda(u_1, u_2, u_3) + \mu(v_1, v_2, v_3) \mid \lambda, \mu \in \mathbb{R}\}.$$

Dabei sind die dreidimensionalen Vektoren (u_1, u_2, u_3) und (v_1, v_2, v_3) aus dem V^3 linear unabhängig (s. Linearkombination, 1.).

Beispiel: Den beiden nicht parallelen Geraden

$$g_1:\ 2x_1 - x_2 - 1 = 0 \quad \text{und} \quad g_2:\ x_1 + 2x_2 - 8 = 0$$

entsprechen in homogenen Koordinaten die Gleichungen

$$2y_1 - y_2 - y_3 = 0;\quad y_1 + 2y_2 - 8y_3 = 0.$$

Dieses lineare Gleichungssystem für y_1, y_2 und y_3 besitzt die Lösungen: $y_3 = \lambda$ (beliebig); $y_1 = 2\lambda$; $y_2 = 3\lambda$. Damit erhält man für den Schnittpunkt P die homogenen Koordinaten $[(2, 3, 1)]$.

Beispiel: Den parallelen Geraden

$$g_1: 4x_1 - 2x_2 + 5 = 0 \quad \text{und} \quad g_2:\ -6x_1 + 3x_2 + 4 = 0$$

entsprechen in homogenen Koordinaten die Gleichungen

$$4y_1 - 2y_2 + 5y_3 = 0;\quad -6y_1 + 3y_2 + 4y_3 = 0.$$

Die Lösungen lauten: $y_3 = 0$; $y_1 = \lambda$ (beliebig); $y_2 = 2\lambda$. Damit erhält man für den Schnittpunkt P die homogenen Koordinaten $[(1, 2, 0)]$. Die beiden Geraden schneiden sich in einem unendlich fernen Punkt.

Allgemein gilt das *Dualitätsprinzip*
(i) Durch zwei verschiedene projektive Punkte geht genau eine projektive Gerade.
(ii) Zwei verschiedene projektive Geraden schneiden sich in genau einem projektiven Punkt $P = [(y_1, y_2, y_3)]$. Im Falle $y_3 = 0$ ist der Schnittpunkt ein uneigentlicher (unendlich ferner) Punkt.

2. Dreidimensionaler reeller projektiver Raum $P(\mathbb{R}^3)$:
Analog zu parallelen Geraden in der Ebene $\mathbb{R}^2$ besitzen im $\mathbb{R}^3$ zwei verschiedene parallele Ebenen keine Schnittgerade. Wie in 1. führt man auch hier homogene Koordinaten ein.

Homogene kartesische Koordinaten:
x_1, x_2, x_3 seien die kartesischen Koordinaten eines Punktes P. Durch

$$y_1 = \frac{x_1}{y_4},\quad y_2 = \frac{x_2}{y_4},\quad y_3 = \frac{x_3}{y_4}$$

werden *homogene kartesische Koordinaten* y_1, y_2, y_3, y_4 eingeführt.

Projektiver Punkt:
Ein *projektiver Punkt* im reellen dreidimensionalen Raum ist die Menge

$$[(y_1, y_2, y_3, y_4)] = \{(\lambda y_1, \lambda y_2, \lambda y_3, \lambda y_4) \mid \lambda \in \mathbb{R},\ \lambda \neq 0\},$$

wobei y_1, y_2, y_3 und y_4 nicht alle gleichzeitig verschwinden dürfen. Die Menge aller projektiven Punkte heißt *dreidimensionaler reeller projektiver Raum*. Er wird mit $P(\mathbb{R}^3)$ bezeichnet. Durch $y_4 \equiv 0$ werden *uneigentliche* (*unendlich ferne*) *Punkte* beschrieben.

Projektive Geraden:
Es seien (u_1, u_2, u_3, u_4) und (v_1, v_2, v_3, v_4) zwei linear unabhängige Vektoren aus dem $\mathbb{R}^4$ (s. Linearkombination, 1.). Dann ist die Menge der projektiven Punkte, deren homogene Koordinaten sich mit beliebigen Parametern λ und μ als Linearkombination

$$[(y_1, y_2, y_3, y_4)] = \{\lambda (u_1, u_2, u_3, u_4) + \mu (v_1, v_2, v_3, v_4) \mid \lambda, \mu \in \mathbb{R}\}$$

darstellen lassen, eine *projektive Gerade*.

Projektive Ebene:
Die Menge aller projektiver Punkte, deren homogenen Koordinaten die Gleichung

$$a y_1 + b y_2 + c y_3 + d y_4 = 0; \quad a, b, c, d \in \mathbb{R} \text{ mit } a^2 + b^2 + c^2 + d^2 > 0$$

erfüllen, stellt eine *projektive Ebene* dar. Dabei ist $y_4 \equiv 0$ die Gleichung einer *uneigentlichen* (*unendlich fernen*) Ebene. Setzt man in dieser homogenen Gleichung drei homogene Koordinaten $\lambda_1, \lambda_2, \lambda_3$ beliebig, so kann die projektive Ebene als Linearkombination

$$[(y_1, y_2, y_3, y_4)] = \{\lambda_1(u_1, u_2, u_3, u_4) + \lambda_2(v_1, v_2, v_3, v_4) + \lambda_3(w_1, w_2, w_3, w_4)\}$$

dargestellt werden. Dabei sind die drei Vektoren aus dem V^4 linear unabhängig. $y_4 \equiv 0$ stellt eine *uneigentliche* (*unendlich ferne*) projektive Ebene dar. Im projektiven Raum schneiden sich zwei projektive Ebenen stets in einer projektiven Geraden. Im Falle $y_4 \equiv 0$ ist die Schnittgerade eine uneigentliche (unendlich ferne) Gerade.

3. n-dimensionaler reeller projektiver Raum:
Ein Punkt P im $\mathbb{R}^n$ besitze die kartesischen Koordinaten $x_1, x_2, \ldots, x_n$. Durch

$$y_1 = \frac{x_1}{y_{n+1}},\ y_2 = \frac{x_2}{y_{n+1}},\ \ldots,\ y_n = \frac{x_n}{y_{n+1}}$$

werden homogene kartesische Koordinaten $y_1, y_2, \ldots, y_{n+1}$ eingeführt. Unter einem n-dimensionalen reellen projektiven Raum versteht man die Punkte P mit den homogenen kartesischen Koordinaten

$$[(y_1, y_2, \ldots, y_n, y_{n+1})] = \{(\lambda y_1, \lambda y_2, \ldots, \lambda y_n, \lambda y_{n+1}) \mid \lambda \in \mathbb{R}, \lambda \neq 0\},$$

wobei $y_1, y_2, \ldots, y_{n+1}$ nicht alle gleichzeitig verschwinden dürfen. Er wird mit $P(\mathbb{R}^n)$ bezeichnet. Punkte mit $y_{n+1} \equiv 0$ nennt man *uneigentliche* (*unendlich ferne*) Punkte.
Gegeben seien $m+1$ linear unabhängige Zeilenvektoren $\vec{b}_i$ mit $n+1$ Komponenten für $i = 1, 2, \ldots, m+1$. Die Menge aller projektiver Punkte, deren

homogene Koordinaten sich als Linearkombination

$$[(y_1, y_2, \ldots, y_n, y_{n+1})] = \sum_{k=1}^{m+1} \lambda_k \vec{b}_k \text{ mit } \lambda_k \in \mathbb{R}$$

darstellen lassen, heißt ein *m-dimensionaler projektiver Teilraum* von $P(\mathbb{R}^n)$. Für $m = 1$ handelt es sich um eine *projektive Gerade*, $m = n - 1$ ergibt eine *projektive Hyperebene.*
Eine lineare Abbildung φ des projektiven Raumes $P(\mathbb{R}^n)$ in sich selbst nennt man *Kollineation* (s. Kollineation).

projektive Gerade s. projektive Geometrie, 1., 2.

projektiver Punkt s. projektive Geometrie.

projektiver Raum s. projektive Geometrie.

Proportion (proportional):

Der Quotient $\frac{a}{b} = a:b$ (sprich: "a zu b") der reellen Zahlen a und b heißt ihr *Verhältnis.* Es heißt *rational* bzw. *irrational*, falls es eine rationale bzw. irrationale Zahl darstellt (s. reelle Zahlen, 3., 5.). Eine Gleichung der Form

$$a:b = c:d \quad \Leftrightarrow \quad \frac{a}{b} = \frac{c}{d} \quad \Leftrightarrow \quad a \cdot d = b \cdot c$$

nennt man eine *Proportion.* a und d sind die *äußeren*, b und c die *inneren Glieder.* Bei einer Proportion ist das Produkt der inneren gleich dem Produkt der äußeren Glieder. Falls von den vier Größen drei bekannt sind und die vierte gesucht ist, spricht man von einem *Dreisatz*, z. B.

$$a:b = c:x.$$

Aus $\frac{a}{b} = \frac{c}{x}$ erhält man die Lösung $x = \frac{c \cdot b}{a}$.

Eine Gleichung der Form

$$a_1 : b_1 = a_2 : b_2 = \ldots = a_n : b_n \quad \Leftrightarrow \quad \frac{a_1}{b_1} = \frac{a_2}{b_2} = \ldots = \frac{a_n}{b_n} = \lambda$$

heißt eine *fortlaufende Proportion.* Dafür schreibt man auch

$$a_1 : a_2 : \ldots : a_n = b_1 : b_2 : \ldots : b_n .$$

λ heißt der *Proportionalitätsfaktor* mit $a_k = \lambda \cdot b_k$ für $k = 1, 2, \ldots, n$.
Gilt für zwei Folgen $(a_n)_{n \in \mathbb{N}}$ und $(b_n)_{n \in \mathbb{N}}$

$$\frac{a_1}{b_1} = \frac{a_2}{b_2} = \ldots = \frac{a_n}{b_n} = \ldots = \lambda,$$

so heißen die Folgen *proportional* mit $a_n = \lambda \cdot b_n$ für alle $n \in \mathbb{N}$.

Proportionalitätsfaktor s. Proportion.

Prozentrechnung (pro centum, lateinisch: von Hundert):

Änderungen zweier Größen lassen sich besser miteinander vergleichen, indem sie auf die gleiche Grundzahl 100 bezogen werden (Prozentrechnung).

Δa und Δb seien die (tatsächlichen) Änderungen zweier Größen a und b. Die prozentualen Änderungen der jeweiligen Größen seien p_a und p_b. Mit Hilfe der Proportionen (s. Proportion)

$$p_a : \Delta a = 100 : a; \quad p_b : \Delta b = 100 : b$$

erhält man die Lösungen $p_a = 100 \cdot \frac{\Delta a}{a}$; $p_b = 100 \cdot \frac{\Delta b}{b}$. Dabei sind $\frac{\Delta a}{a}$ und $\frac{\Delta b}{b}$ die relativen Änderungen.

Pseudo-Inverse s. verallgemeinerte Inverse.

Pseudosphäre s. Traktrix.

Ptolemaios, Klaudios von Alexandria (100 – 178) beschäftigte sich mit der Astronomie und Geometrie. Nach ihm benannt ist der Satz des Ptolemaios (s. Ptolemaios, Satz des).

Ptolemaios, Satz des:

Im Sehnenviereck ist das Produkt der Längen der Diagonalen gleich der Summe der beiden Produkte der Längen der gegenüberliegenden Seiten (s. Sehnenviereck).

Punkt:

In der Elementargeometrie im $\mathbb{R}^3$ gehören die Begriffe *Punkt*, *Gerade* und *Ebene* zu den grundlegenden Elementen. Sie können nur axiomatisch definiert werden. In der modernen Mathematik ist der *Punkt* ein Grundbegriff in der Definition von abstrakten Räumen, z. B. ein Element eines metrischen, Euklidischen oder topologischen Raumes (s. metrischer Raum, s. Vektorraum, s. topologischer Raum).

Punktfolge:

Eine (eindeutige) Abbildung einer Menge natürlicher Zahlen auf eine gegebene Punktmenge heißt *Punktfolge*. Falls die Menge $\mathbb{N}$ aller natürlicher Zahlen auf eine Menge reeller Zahlen abgebildet wird, nennt man die Punktfolge *Zahlenfolge* (s. Zahlenfolge).

Punkthaufen (Punktmenge):

Unter einem *Punkthaufen* oder einer *Punktmenge* versteht man eine endliche Menge von Punkten (s. Punkt).

punktierte Zahlenebene (Zahlenkugel):

Falls in der komplexen Zahlenebene (s. komplexe Zahlenebene) ein Punkt weggelassen wird, erhält man eine *punktierte Ebene*. Läßt man in der Riemannschen Zahlenkugel (s. Riemannsche Zahlenkugel) einen Punkt weg, so entsteht die *punktierte Riemannsche Zahlenkugel*. Die komplexe Zahlenebene entspricht der im Nordpol punktierten Riemannschen Zahlenkugel.

Punktmenge s. Punkthaufen.

Punktrechnung:

Unter *Punktrechnung* versteht man die Grundrechenarten der Multiplikation und Division. Beim Weglassen von Klammern gilt die Regel "Punktrechnung geht vor Strichrechnung" (s. Strichrechnung).

Beispiel: $a:b + c + d \cdot e$ steht für $(a:b) + c + (d \cdot e)$.

Punktspiegelung s. Spiegelung, 1.2., 2.2.

punktsymmetrisch s. symmetrisch, 2.2.

Pyramide:

1. Allgemeine Pyramide:

Eine Pyramide ist ein konvexes Polyeder (s. Polyeder), das begrenzt wird von einem beliebigen ebenen n-Eck (s. Vieleck) als Grundfläche und von n Dreiecken (Seitenflächen), die von je einer Seite der Grundfläche ausgehen und alle in einem Punkt S, der *Spitze* der Pyramide, zusammenstoßen. Je zwei benachbarte Seitendreiecke schneiden sich in einer *Kante.* Eine Pyramide ist ein spezieller Kegel (s. Kegel), wobei die ebene Leitkurve ein Vieleck ist.

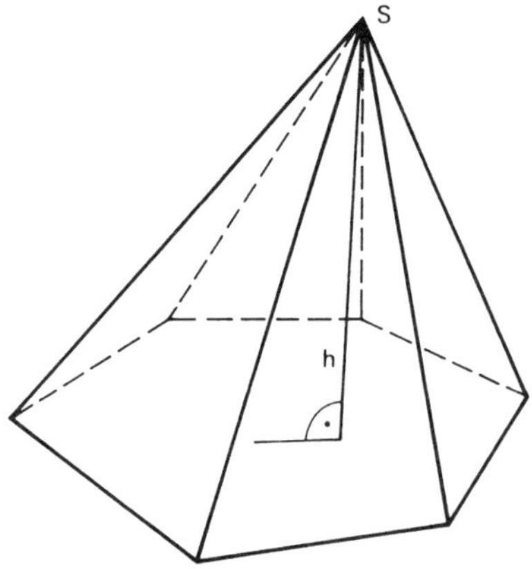

Der Abstand h der Pyramidenspitze S von der Grundebene ist die *Höhe* der Pyramide. Mit dem Inhalt G der Grundfläche und der Höhe h erhält man das Volumen:

$$V = \frac{1}{3} G h .$$

Der Mantel besteht aus n Dreiecken.

2. Regelmäßige Pyramide:

Eine Pyramide heißt *regelmäßig*, wenn die Grundfläche ein regelmäßiges n-Eck ist (s. Vieleck, 4.) und die Spitze S senkrecht über dem Mittelpunkt der Grundfläche liegt (gerade Pyramide). Die Seitenlänge des n-Ecks sei s_n und ρ der Radius des Inkreises. Dann besitzt jedes Manteldreieck die Höhe

$$\sqrt{h^2 + \rho^2} .$$

Damit lautet der Inhalt der Mantelfläche

$$M = \frac{n \cdot s_n \cdot \sqrt{h^2 + \rho^2}}{2} .$$

Pyramidenstumpf:

1. Allgemeiner Pyramidenstumpf:

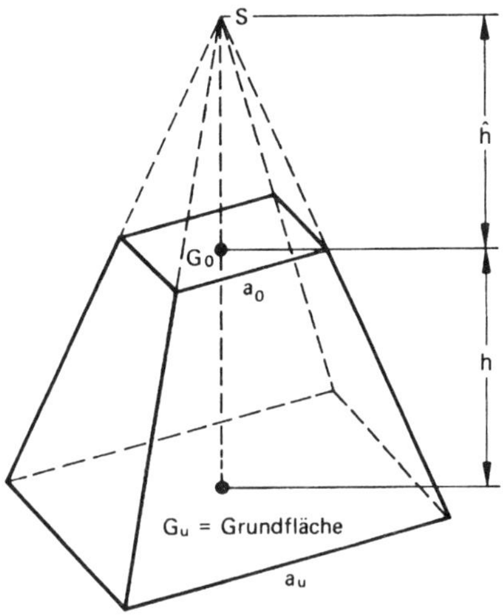

Eine Pyramide (s. Pyramide) werde mit einer zur Grundfläche parallelen Ebene E geschnitten. Der zwischen der Schnittebene E und der Pyramidenspitze S gelegene Teil ist wieder eine Pyramide. Der zwischen der Schnitt- und Grundfläche liegende Teil der Pyramide heißt *Pyramidenstumpf*. Die ebene Schnittfläche ist die *Deckfläche* mit dem Flächeninhalt G_o, die Grundfläche der Ausgangspyramide die *Grundfläche* des Pyramidenstumpfes mit dem Inhalt G_u. Grund- und Deckflächen sind parallele n-Ecke mit parallelen Seiten. Die n Seitenflächen sind Trapeze.

h sei die Höhe des Pyramidenstumpfes, also der Abstand der Deck- von der Grundfläche und $\hat{h}$ die Höhe der Restpyramide. Bezüglich der Kanten, entsprechender Seiten der Deck- und Grundfläche sowie der Höhen der Gesamt- und Restpyramide gelten die Strahlensätze (s. Strahlensätze). Damit erhält man das Volumen des Pyramidenstumpfes als

$$V = \frac{h}{3} \cdot \left[G_u + G_o + \sqrt{G_u \cdot G_o} \right] = \frac{h \cdot G_u}{3} \cdot \left[1 + \frac{a_o}{a_u} + \left(\frac{a_o}{a_u} \right)^2 \right]$$

$$= \frac{h \cdot G_o}{3} \cdot \left[1 + \frac{h + \hat{h}}{\hat{h}} + \left(\frac{h + \hat{h}}{\hat{h}} \right)^2 \right].$$

Pythagoras von Samos (580? – 520? v. u. Z.) war der Gründer einer aristokratisch eingestellten politisch religiösen Gemeinschaft. Er wirkte auch in Unteritalien. Dabei beschäftigte er sich mit mathematischen Problemen. Nach ihm benannt ist der Satz von Pythagoras (s. Pythagoreischer Lehrsatz).

Pythagoreische Gleichung s. Pythagoreisches Zahlentripel.

Pythagoreischer Lehrsatz (Satz des Pythagoras):

In einem rechtwinkligen Dreieck ist die Summe der Quadrate der Längen der beiden Katheten gleich dem Quadrat der Länge der Hypothenuse (s. Dreieck, 2.6.).

Pythagoreisches Zahlentripel:

Die ganzzahligen positiven Lösungen (x, y, z) der *Pythagoreischen Gleichung*

$$x^2 + y^2 = z^2$$

(s. Diophantische Gleichung) heißen *Pythagoreische Zahlentripel*. Sie sind gegeben durch

$$x = r \cdot (n^2 - m^2); \quad y = 2rnm; \quad z = r\ (n^2 + m^2)$$

mit ganzen Zahlen m, n, r.

Beispiel: $x = 3$; $y = 4$; $z = 5$ (erhält man mit $r = 1$, $n = 2$, $m = 1$).

Q

$\mathbb{Q} = \{ \frac{a}{b} |$ a, b ganzzahlig mit $b \neq 0\}$ ist die Menge der *rationalen Zahlen* (s. reelle Zahlen, 2., s. Brüche).

Quader (Rechtkant):

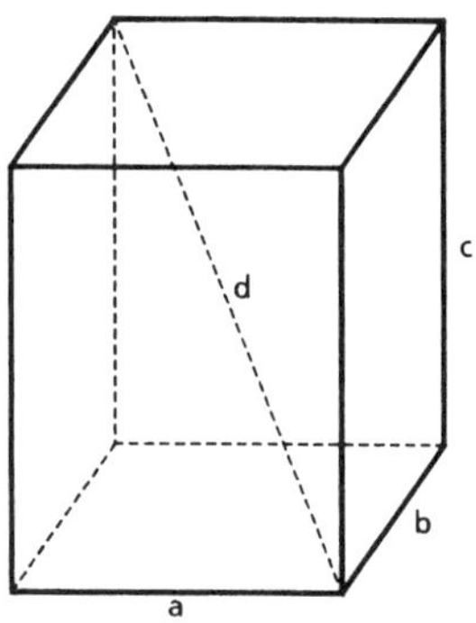

Ein *Quader* ist ein gerades Parallelepiped (s. Parallelepiped) mit Rechtecken als Grund- und Deckfläche. Es wird von sechs Rechtecken begrenzt. Mit den Kantenlängen a, b, c erhält man:

Volumen: $V = abc$;

Oberflächeninhalt: $O = 2(ab + ac + bc)$;

Raumdiagonale: $d = \sqrt{a^2 + b^2 + c^2}$.

Quadrant s. Koordinatensystem, 1.1.1.

Quadrat:

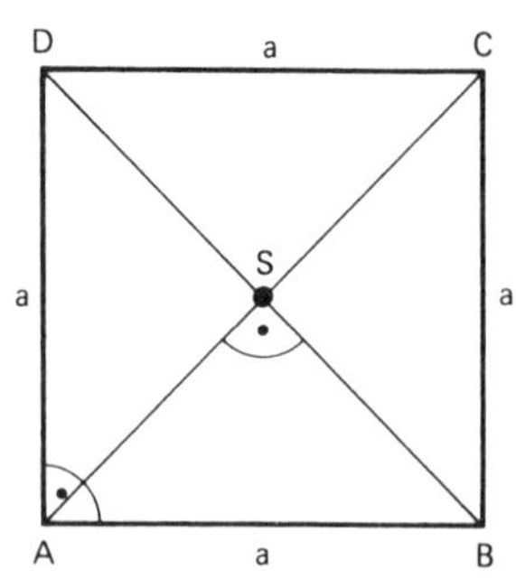

Ein ebenes Viereck ABCD, dessen Seiten und Innenwinkel kongruent sind, heißt *Quadrat*. Es ist also ein Rechteck mit gleichlangen Seiten (s. Rechteck). Die Diagonalen stehen aufeinander senkrecht und schneiden sich im Mittelpunkt M. Ein Quadrat ist ein regelmäßiges Viereck (s. Vieleck, 4.). Mit der Seitenlänge a gilt

Länge der Diagonalen: $d = a\sqrt{2}$;

Flächeninhalt: $F = a^2$; Umfang: $U = 4a$.

Quadrat... s. Flächeninhalt.

quadratintegrierbar s. quadratisch integrierbar.

quadratische Ergänzung:

Die Umformung

$$x^2 + px + q = \left(x + \frac{p}{2}\right)^2 + q - \frac{p^2}{4}$$

nennt man *quadratische Ergänzung.* Man benutzt sie zur Lösung quadratischer Gleichungen bzw. Ungleichungen (s. quadratische (Un-) Gleichung).

quadratische Form:

1. Darstellung einer quadratischen Form:

Eine reelle Funktion in n (reellen) Veränderlichen $x_1, x_2, \dots, x_n$ der Gestalt

$$Q(x_1, x_2, \dots, x_n) = \sum_{j,k=1}^{n} a_{jk} x_j x_k \quad \text{mit } a_{jk} \in \mathbb{R},\ a_{jk} = a_{kj}$$

heißt eine *quadratische Form.* Mit der durch

$$A = \begin{pmatrix} a_{11} & a_{12} & \cdots & a_{1n} \\ a_{12} & a_{22} & \cdots & a_{2n} \\ \vdots & \vdots & \vdots & \vdots \\ a_{1n} & a_{2n} & \cdots & a_{nn} \end{pmatrix}; \quad \vec{x} = \begin{pmatrix} x_1 \\ x_2 \\ \vdots \\ x_n \end{pmatrix}$$

definierten symmetrischen *Formmatrix* A und dem Vektor $\vec{x}$ kann die quadratische Form dargestellt werden als Produkt

$$Q(x_1, x_2, \dots, x_n) = \vec{x}^T A \vec{x} \quad \text{mit } A^T = A \text{ (symmetrisch).}$$

Dabei gilt $Q(0, 0, \dots, 0) = \vec{0}^T A \vec{0} = 0.$

Falls die Matrix A singulär ist, nennt man die quadratische Form *entartet,* andernfalls *nichtentartet.*

Beispiel: $Q(x_1, x_2) = 4x_1^2 + 6x_1x_2 - 2x_2^2 = (x_1, x_2)\begin{pmatrix} 4 & 3 \\ 3 & -2 \end{pmatrix}\begin{pmatrix} x_1 \\ x_2 \end{pmatrix}.$

Mit $\vec{y}^T = (y_1, y_2, \dots, y_n)$; $\vec{x} = B\vec{y}$ (B quadratisch) geht die quadratische Form über in

$$\vec{x}^T A \vec{x} = \vec{y}^T B^T A B \vec{y} = \vec{y}^T C \vec{y} \quad \text{mit } C = B^T A B$$

(s. definite und semidefinite quadratische Form).

2. Hauptachsentransformation einer quadratischen Form:

Die symmetrische Matrix A sei nichtsingulär. Sie besitze die reellen Eigenwerte $\lambda_1, \lambda_2, \dots, \lambda_n$. X sei die orthogonale Matrix, deren Spaltenvektoren die orthonormalen Eigenvektoren von A sind (s. Eigenwertproblem, 3.5.). Mit der Transformation (linearen Abbildung)

$$\vec{x} = X\vec{y} \quad \Leftrightarrow \quad \vec{y} = X^{-1}\vec{x} = X^T\vec{x}$$

geht wegen $X^T A X = \Lambda$ (Diagonalmatrix der Eigenwerte) die quadratische Form über in

$$Q = \vec{x}^T A \vec{x} = (X\vec{y})^T A X \vec{y} = \vec{y}^T X^T A X \vec{y} = \vec{y}^T \Lambda \vec{y} = \sum_{i=1}^{n} \lambda_i y_i^2 .$$

3. Extremwerte einer quadratischen Form:

Die quadratische Form $Q(x_1, x_2, \ldots, x_n) = \vec{x}^T A \vec{x}$ ist nach allen Variablen partiell differenzierbar. Der Gradient der Funktion $Q(x_1, x_2, \ldots, x_n)$ besitzt die Darstellung

$$\operatorname{grad} Q(x_1, x_2, \ldots, x_n) = \operatorname{grad}(\vec{x}^T A \vec{x}) = \begin{pmatrix} \frac{\partial Q}{\partial x_1} \\ \frac{\partial Q}{\partial x_2} \\ \vdots \\ \frac{\partial Q}{\partial x_n} \end{pmatrix} = 2A\vec{x} .$$

Damit erhält man die notwendige Bedingung für ein relatives Extremum:

$$A\vec{x} = \vec{0}.$$

Allgemein gilt:

a) Eine notwendige Bedingung für ein relatives Extremum der quadratischen Form $Q = \vec{x}^T A \vec{x}$ mit $A^T = A$ ist $A\vec{x} = \vec{0}$.

b) Bei einer echt definiten symmetrischen Matrix A besitzt die quadratische Form an der Stelle $\vec{x} = \vec{0}$ ein lokales (relatives) Extremum, welches gleichzeitig das einzige globale Extremum ist. Bei einer positiv definiten Matrix handelt es sich dabei um ein Minimum, bei einer negativ definiten um ein Maximum (s. definite und semidefinite symmetrische Matrix).

c) Bei einer semidefiniten symmetrischen Matrix A besitzt die quadratische Form an der Stelle $\vec{x} = \vec{0}$ ein lokales (relatives) Extremum. Daneben gibt es noch beliebig viele weitere lokale Extrema. Bei einer positiv (negativ) semidefiniten Matrix handelt es sich dabei um lokale Minima, (Maxima), die gleichzeitig globale Minima (Maxima) sind.

4. Hauptachsentransformation durch die Bestimmung von Extremwerten der quadratischen Form unter Nebenbedingungen:

Es sei A eine symmetrische $n \times n$-Matrix. Mit der zugehörigen quadratischen Form werden der Reihe nach folgende Maximalaufgaben mit Nebenbedingungen gelöst:

1. $\vec{x}^T A \vec{x} \to \max.$ unter der Nebenbedingung $\vec{x} \cdot \vec{x} = 1$;

   Lösung $\vec{x}_1$ mit $\lambda_1 = \vec{x}_1^T A \vec{x}_1$.

2. Für $k = 2, \ldots, n$ löse man $\vec{x}^T A \vec{x} \to \max.$ unter den Nebenbedingungen $\vec{x} \cdot \vec{x} = 1$; $\vec{x} \cdot \vec{x}_j = 0$ für $j = 1, \ldots, k-1$.

   Die Lösung sei $\vec{x}_k$ mit $\lambda_k = \vec{x}_k^T A \vec{x}_k$ für $k = 2, \ldots, n$.

Dann sind $\lambda_1, \lambda_2, \ldots, \lambda_n$ die Eigenwerte von A mit

$$\lambda_1 \geq \lambda_2 \geq \ldots \geq \lambda_n$$

und die Vektoren $\vec{x}_1$, $\vec{x}_2, \ldots, \vec{x}_n$ bilden ein Orthonormalsystem zugehöriger Eigenvektoren (s. Orthogonal- und Orthonormalsystem, s. Eigenwertproblem, 3.). Praktische Berechnung: Unter den Lösungen von

$$A\vec{x}_1 = \lambda_1 \vec{x}_1 \quad \text{unter der Nebenbedingung} \quad \vec{x}_1 \cdot \vec{x}_1 = 1 \quad \text{und}$$

$$A\vec{x}_k = \lambda_k \vec{x}_k \quad \text{mit } \vec{x}_k \cdot \vec{x}_k = 1\,; \quad \vec{x}_k \cdot \vec{x}_j = 0 \quad \text{für } j = 1, 2, \ldots, k-1$$

für $k = 2, 3, \ldots, n$ müssen der Reihe nach diejenigen ausgewählt werden, für welche die quadratische Form $\vec{x}^T A \vec{x}$ jeweils maximal wird.

quadratische Funktion:

Ein reelles Polynom zweiten Grades $P_2(x) = ax^2 + bx + c$ mit $a, b, c \in \mathbb{R}$, $a \neq 0$ heißt *quadratische* Funktion (s. Polynom, 1.). Ihr Graph ist eine *Parabel* (s. Parabel), deren Achse parallel zur y-Achse ist. Für $a > 0$ ist sie nach oben, für $a < 0$ nach unten geöffnet.
Quadratische Ergänzung ergibt

$$ax^2 + bx + c = a \cdot \left(x^2 + \tfrac{b}{a}x + \tfrac{c}{a}\right)$$
$$= a \cdot \left[\left(x + \frac{b}{2a}\right)^2 + \frac{c}{a} - \frac{b^2}{4a^2}\right] = a \cdot \left[\left(x + \frac{b}{2a}\right)^2 - \frac{b^2 - 4ac}{4a^2}\right].$$

Daraus erhält man den *Scheitelpunkt* $S\left(-\frac{b}{2a}, c - \frac{b^2}{4a}\right)$.

Nullstellen:

1. Fall: $b^2 - 4ac < 0$: keine (reelle) Nullstelle;

2. Fall: $b^2 - 4ac = 0$: doppelte Nullstelle $x_{1,2} = -\frac{b}{2a}$ (Scheitelstelle);

3. Fall: $b^2 - 4ac > 0$: zwei verschiedene reelle Nullstellen

$$x_{1,2} = \frac{-b \pm \sqrt{b^2 - 4ac}}{2a}.$$

Falls die Parabel die beiden, evtl. übereinstimmenden, reellen Nullstellen x_1 und x_2 besitzt, gilt die Darstellung

$$P_2(x) = a(x - x_1)(x - x_2).$$

Für $a = 1$, $b = c = 0$ erhält man die Potenzfunktion $f(x) = x^2$ (s. Potenzfunktion). Ihr Bild heißt *Normalparabel* (s. Parabel). Die allgemeine Parabel erhält man aus der Normalparabel durch Parallelverschiebung zum entsprechenden Scheitelpunkt. Für $a > 0$ ist sie nach oben, für $a < 0$ nach unten geöffnet. Im Fall $|a| \neq 1$ wird ihr Bild gegenüber der Normalparabel für $|a| > 1$ gestreckt und für $|a| < 1$ gestaucht.

quadratische Gleichung (vgl. quadratische Funktion):
Gesucht sind die Lösungen der quadratischen Gleichungen

$$ax^2 + bx + c = 0 \quad \text{mit} \quad a, b, c \in \mathbb{R},\ a \neq 0.$$

Division durch a und anschließende quadratische Ergänzung ergibt

$$x^2 + \tfrac{b}{a}x = -\tfrac{c}{a};$$

$$x^2 + 2\frac{b}{2a}x + \frac{b^2}{4a^2} = -\tfrac{c}{a} + \frac{b^2}{4a^2};$$

$$\left(x + \frac{b}{2a}\right)^2 = -\tfrac{c}{a} + \frac{b^2}{4a^2} = \frac{b^2 - 4ac}{4a^2}.$$

Für die Lösungsmöglichkeiten sind folgende Fallunterscheidungen für die *Diskriminante* $b^2 - 4ac$ notwendig:

1. Fall: $b^2 - 4ac = 0$; $x_1 = x_2 = -\frac{b}{2a}$ (eine reelle Doppellösung);

2. Fall: $b^2 - 4ac > 0$: $x_{1,2} = \frac{1}{2a}\left(-b \pm \sqrt{b^2 - 4ac}\right)$ (2 reelle Lösungen);

3. Fall: $b^2 - 4ac < 0$: $z_{1,2} = \frac{1}{2a}\left(-b \pm i\sqrt{4ac - b^2}\right)$
(keine reelle, sondern zwei konjugiert komplexe Lösungen).

quadratische Matrix:
Eine Matrix A heißt *quadratisch*, wenn die Anzahl ihrer Zeilen mit der Anzahl ihrer Spalten übereinstimmt (s. Matrix, 1.).

quadratische Parabel (Normalparabel):
Die spezielle Potenzfunktion $f(x) = x^2$ heißt *quadratische Parabel* oder *Normalparabel* (s. quadratische Funktion).

quadratischer (Nicht-) Rest s. Potenzrest.

quadratisches Eingabeln s. Nullstellenbestimmung, 4.

quadratisches Mittel, Approximation im quadratischen Mittel s. Approximationspolynome, 5.

quadratisches Mittel, Konvergenz im quadratischen Mittel s. quadratisch integrierbar.

quadratisches Polynom s. quadratische Funktion.

quadratische Ungleichung:
Eine beliebige quadratische Ungleichung kann nach Division durch den Koeffizienten von x^2 immer auf eine der folgenden Standardformen gebracht werden:

a) $\mathbf{x^2+px+q \leq 0}$:
Quadratische Ergänzung ergibt die äquivalenten Ungleichungen:

$$x^2+2\frac{p}{2}x+\frac{p^2}{4} \leq -q+\frac{p^2}{4}=\frac{p^2-4q}{4};$$
$$(x+\frac{p}{2})^2 \leq \frac{p^2-4q}{4}.$$

1. Fall: $p^2-4q<0$ (rechte Seite negativ) $\Rightarrow$ keine Lösung.

2. Fall: $p^2-4q \geq 0$:

$$|x+\frac{p}{2}| \leq \frac{\sqrt{p^2-4q}}{2};$$

Lösungsintervall: $L=\left[-\frac{p}{2}-\frac{\sqrt{p^2-4q}}{2}\,;\,-\frac{p}{2}+\frac{\sqrt{p^2-4q}}{2}\right]$.

b) $\mathbf{x^2+px+q \geq 0}$
Quadratische Ergänzung ergibt die gleichwertigen Ungleichungen:

$$x^2+2\frac{p}{2}x+\frac{p^2}{4} \geq -q+\frac{p^2}{4}=\frac{p^2-4q}{4};$$
$$(x+\frac{p}{2})^2 \geq \frac{p^2-4q}{4}.$$

1. Fall: $p^2-4q \leq 0$. Dann ist jedes $x \in \mathbb{R}$ Lösung, also $L=\mathbb{R}$.

2. Fall: $p^2-4q>0$:

$$|x+\frac{p}{2}| \geq \frac{\sqrt{p^2-4q}}{2};$$

Lösung: $L=\left(-\infty\,;-\frac{p}{2}-\frac{\sqrt{p^2-4q}}{2}\right] \cup \left[-\frac{p}{2}+\frac{\sqrt{p^2-4q}}{2}\,;\infty\right)$.

quadratisch integrierbar (quadratintegrierbar, quadratisch summierbar):

Eine Funktion $f(x)$ heißt im Intervall $[a;b]$ *quadratisch integrierbar* (*quadratintegrierbar* oder *quadratisch summierbar*), falls $f^2(x)$ dort im Riemannschen Sinne integrierbar ist, also für

$$\int_a^b f^2(x)\,dx<\infty.$$

Der Raum der in $[a;b]$ quadratisch integrierbaren Funktionen bezeichnet man mit $L^2[a;b]$. Wegen

$$\int_a^b[\lambda\cdot f(x)]^2\,dx=\lambda^2\cdot\int_a^b f^2(x)\,dx<\infty \quad \text{für } \lambda\in\mathbb{R};$$

$$\sqrt{\int_a^b[f(x)+g(x)]^2\,dx} \leq \sqrt{\int_a^b f^2(x)\,dx}+\sqrt{\int_a^b g^2(x)\,dx}$$

(s. Schwarzsche Ungleichung, 5.) ist $L^2[a;b]$ ein Vektorraum, also ein linearer Raum (s. Vektorraum). Nach der Schwarzschen Ungleichung (s. Schwarzsche Ungleichung, 1.) gilt für beliebige Funktionen $f,\ g \in L^2[a;b]$

$$\left|\int_a^b f(x)\,g(x)\,dx\right| \leq \sqrt{\int_a^b f^2(x)\,dx} \cdot \sqrt{\int_a^b g^2(x)\,dx}\,.$$

Damit existiert für alle $f, g \in L^2[a;b]$ das innere Produkt

$$< f, g > \; = \int_a^b f(x)\,g(x)\,dx\,.$$

Es erfüllt alle Eigenschaften des inneren Produkts. Daher ist $L^2[a;b]$ ein Euklidischer Vektorraum (s. Vektorraum, 3.). Die Norm lautet

$$\| f \| = \sqrt{\int_a^b f^2(x)\,dx}\,.$$

Die durch $\lim_{n\to\infty} \| f_n - f \| = 0$ definierte Konvergenz heißt *Konvergenz im quadratischen Mittel.*

quadratisch summierbar s. quadratisch integrierbar.

Quadratsumme (Summe der Abweichungsquadrate):

Die Summe der Abweichungsquadrate

$$\sum_{i=1}^{n} (a_i - \bar{a})^2$$

der Zahlen a_i von ihrem arithmetischen Mittel $\bar{a} = \frac{1}{n} \sum_{i=1}^{n} a_i$ nennt man auch *Quadratsumme* (s. arithmetisches Mittel).

Quadratur:

Die Berechnung des Flächeninhalts ebener Flächen nennt man auch *Quadratur* (s. Integralrechnung, 1., 2.).

Quadratur des Kreises (Zirkels):

Unter der *Quadratur des Kreises* (*Zirkels*) versteht man das folgende, nicht lösbare Problem: Zu einem Kreis mit dem Radius $r = 1$ soll nur mit Zirkel und Lineal ein Quadrat mit der Seitenlänge x konstruiert werden, welches den gleichen Flächeninhalt wie der Kreis besitzt, also mit

$$x^2 = \pi$$

(s. Konstruierbarkeit mit Zirkel und Lineal). Dieses Problem ist nicht lösbar, weil π transzendent ist (s. transzendent, 3., s. Galoissche Theorie).

Quadraturfehler s. gewöhnliche Differentialgleichung, 7.

Quadratwurzel:

Die für jede nichtnegative reelle Zahl a durch $b^2 = a$ erklärte Zahl $b = \sqrt{a}$ heißt *Quadratwurzel* von a. Man nennt sie häufig einfach *Wurzel* (s. Wurzel, 1.).

Quadratwurzelberechnung:
Falls die Quadratwurzel $\sqrt{a}$ irrational ist, wie z. B. $\sqrt{2}$, wird zur Wurzelberechnung ein Näherungsverfahren benutzt. Dabei wird eine Genauigkeit vorgegeben. Eine Berechnungsmethode ist die Intervallhalbierungsmethode (s. Intervallhalbierungsmethode).

Quadratzahl:
Die zweite Potenz k^2 der ganzen Zahl k heißt *Quadratzahl* (s. Potenz, 1.).

quadrierbar s. Flächeninhalt, 1.

Quadrik (Hyperfläche 2. Ordnung):
Die Menge aller Punkte $P(x_1, x_2, \ldots, x_n)$, für deren kartesische Koordinaten die quadratische, symmetrische Form

$$\sum_{i,k=0}^{n} a_{ik} x_i x_k = 0 \quad \text{mit} \quad a_{ik} = a_{ki} \quad \text{für alle } i, k \text{ und } x_0 \equiv 1$$

verschwindet, heißt eine $(n-1)$-*dimensionale Quadrik.* Sie heißt *entartet* (*ausgeartet*), wenn die Determinante der Matrix $A = (a_{ik}, 1 \leq i, k \leq n)$ verschwindet, andernfalls nennt man sie *nichtentartet.* Für $n = 2$ erhält man Kurven zweiter Ordnung (s. Kurven zweiter Ordnung). $n = 3$ ergibt Flächen zweiter Ordnung (s. Flächen zweiter Ordnung).

Quadrilliarde:
Die Zehnerpotenz 10^{27} heißt *Quadrilliarde* (s. Zehnerpotenzen).

Quadrillion:
Die Zehnerpotenz 10^{24} heißt *Quadrillion* (s. Zehnerpotenzen).

Quadrupel:
Ein 4-Tupel (a_1, a_2, a_3, a_4) mit $n = 4$ Komponenten heißt *Quadrupel* (s. n-Tupel).

Quantor.
Allzeichen $\wedge$ bzw. $\forall$ und Existenzzeichen $\vee$ bzw. $\exists$ heißen *Quantoren* (s. Allzeichen, s. Existenzzeichen).

Quartik s. Hyperfläche.

quasigeordnet:
Eine Menge M mit einer reflexiven und transitiven Relation R (s. Relation, 2.) heißt *quasigeordnet.* Man spricht dann von einer *Quasiordnung.* Durch die Identifizierung der Elemente a und b, für die gleichzeitig $a R b$ und $b R a$ gilt, erhält man eine halbgeordnete Menge (s. halbgeordnete Menge).

quasimetrischer Raum:
Eine Menge Q heißt *quasimetrischer Raum*, wenn zwischen je zwei Elementen $x, y \in Q$ ein Quasiabstand $q(x, y)$ definiert ist mit

(Q1) $q(x, y) \geq 0$ für alle $x, y \in Q$;

(Q2) $q(x, x) = 0$ für jedes $x \in Q$;

(Q3) $q(x, z) \leq q(x, y) + q(y, z)$ für alle $x, y, z \in Q$ (Dreiecksungleichung).

Jeder metrische Raum (s. metrischer Raum) ist auch quasimetrisch, aber nicht umgekehrt. Bei einer Quasimetrik kann $q(x, y) = 0$ für $x \neq y$ sein.

Beispiel: Im $\mathbb{R}^n$ ist zwischen $P(x_1, x_2, \ldots, x_n)$ und $Q(y_1, y_2, \ldots, y_n)$ durch

$$q(P, Q) = |x_1 - y_1|$$

eine Quasimetrik, aber keine Metrik definiert. Aus $q(P, Q) = 0$ folgt für $n \geq 2$ nicht unbedingt $P = Q$.

Quasiordnung s. quasigeordnet.

Quaternärzahl s. Zahlensystem, 2.

Quelldichte, lokale mittlere s. Divergenz, s. Oberflächenintegral, 3.1.

quellenfreies Vektorfeld:
Ein Vektorfeld $\vec{v}(x, y, z)$ heißt *quellenfrei*, wenn in jedem Punkt die Divergenz verschwindet, also für $\operatorname{div} \vec{v} = 0$ (s. Oberflächenintegral, 3.1.).

Querschnitt:
Jeder ebene Schnitt eines Rotationskörpers, der senkrecht auf der Rotationsachse steht (Schnitt mit einer Ebene senkrecht zur Achse), heißt *Querschnitt* (s. Rotationsfläche und Rotationskörper).

Querschnittsfläche s. Cavalierisches Prinzip, s. Volumenberechnung, 4.

Quersumme:
Die (dekadische) *Quersumme* einer natürlichen Zahl $n = \sum_{i=0}^{m} a_i \cdot 10^i$ ist die Summe ihrer Ziffern $\sum_{i=0}^{m} a_i$ (s. Neunerprobe).

Quinärzahl s. Zahlensystem, 2.

Quintilliarde:
Die Zehnerpotenz 10^{33} heißt *Quintilliarde* (s. Zehnerpotenzen).

Quintillion:
Die Zehnerpotenz 10^{30} heißt *Quintillion* (s. Zehnerpotenzen).

Quintupel:

Ein 5-Tupel $(a_1, a_2, a_3, a_4, a_5)$ mit $n = 5$ Komponenten heißt *Quintupel* (s. n-Tupel).

Quotient:

Ein *Quotient* ist das Resultat der Division, die als Umkehrung der Multiplikation eingeführt werden kann.

1. Quotient zweier reeller Zahlen:
Durch die Division (s. Division, 2.) wird den beiden reellen Zahlen $a, b \in \mathbb{R}$ mit $b \neq 0$ der *Quotient* $c = \frac{a}{b} \in \mathbb{R}$ mit $a = b \cdot c$ zugeordnet. Die Quotientenbildung nennt man *Division.*

2. Quotient zweier komplexer Zahlen:
Durch die Division (s. Division, 3.) wird jedem Paar komplexer Zahlen $z_1 = a_1 + i\,b_1$, $z_2 = a_2 + i\,b_2 \neq 0$ der *Quotient*

$$z = \frac{z_1}{z_2} = \frac{a_1 + i\,b_1}{a_2 + i\,b_2} = \frac{(a_1 + i\,b_1)\cdot(a_2 - i\,b_2)}{(a_2 + i\,b_2)\cdot(a_2 - i\,b_2)} = \frac{(a_1 a_2 + b_1 b_2) + i\,(b_1 a_2 - a_1 b_2)}{a_2^2 + b_2^2}$$

zugeordnet mit $z_1 = z \cdot z_2$ (s. komplexe Zahlen, 1.).

3. Quotient zweier reeller Funktionen:
Gegeben sind zwei reelle Funktionen f und g von n Variablen mit den Funktionswerten $f(x_1, x_2, \ldots, x_n)$, $g(x_1, x_2, \ldots, x_n)$ und den Definitionsbereichen D_f bzw. D_g. Dann wird durch

$$h(x_1, x_2, \ldots, x_n) = \frac{f(x_1, x_2, \ldots, x_n)}{g(x_1, x_2, \ldots, x_n)} \quad \text{für} \quad g(x_1, x_2, \ldots, x_n) \neq 0$$

der *Quotient* $h = \frac{f}{g}$ der beiden Funktionen f und g definiert. Der Definitionsbereich von h ist

$$D_h = D_f \cap D_g \setminus \{ (x_1, x_2, \ldots, x_n) \mid g(x_1, x_2, \ldots, x_n) = 0 \}.$$

4. Quotient zweier Potenzreihen s. Potenzreihe, 1.

Quotientenkörper:

Es sei I ein Integritätsbereich, also ein kommutativer nullteilerfreier Ring (s. Ring, s. Nullteiler). Dann besteht der *Quotientenkörper* von I aus allen formalen Quotienten $\frac{a}{b}$ mit $a, b \in I$ und $b \neq 0$. Dabei git

$$\frac{a}{b} = \frac{a'}{b'} \quad \Leftrightarrow \quad a \cdot b' = a' \cdot b.$$

Mit den Quotienten wird wie mit Brüchen gerechnet (s. Brüche):

$$\frac{a}{b} + \frac{c}{d} = \frac{a \cdot d + c \cdot b}{b \cdot d}; \quad \frac{a}{b} \cdot \frac{c}{d} = \frac{a \cdot c}{b \cdot d}; \quad \frac{a}{b} : \frac{c}{d} = \frac{a \cdot d}{b \cdot c} \quad \text{für } b, c, d \neq 0.$$

Quotientenkriterium s. Reihe, 4.

Quotientenmenge s. Äquivalenzklasse.

Quotientenregel:
Bei differenzierbaren Funktionen u(x) und v(x) mit $v(x) \neq 0$ gilt für die Differentiation die *Quotientenregel*

$$\left(\frac{u(x)}{v(x)}\right)' = \frac{v(x) \cdot u'(x) - u(x) \cdot v'(x)}{v^2(x)} \qquad \text{für } v(x) \neq 0$$

(s. Funktion von reellen Variablen, 1.4.).

R

ℝ ist die Menge der *reellen Zahlen* (s. reelle Zahlen, 6.).

$\mathbb{R}^n$ ist der n-dimensionale reelle Punktraum (s. n-dimensionaler reeller Punktraum).

Raabe-Kriterium:
Bei einer unendlichen Reihe $\sum_{n=1}^{\infty} a_n$ mit $a_n \geq 0$ für alle n gelte mit $\alpha > 0$

$$\frac{a_{n+1}}{a_n} \leq 1 - \frac{\alpha}{n} \qquad \text{bzw.} \qquad \frac{a_{n+1}}{a_n} \geq 1 - \frac{\alpha}{n} \qquad \text{für alle } n \geq n_0 .$$

Dann ist die Reihe konvergent bzw. divergent (s. Reihe, 4.).

rad s. Winkel, 1.2.

Radikand:
In der n-ten Wurzel $\sqrt[n]{a}$ heißt a der *Radikand* (s. Wurzel, 1.).

Radius eines Kreises (einer Kugel):
Der konstante Abstand $r = \overline{PM}$ aller Punkte P eines Kreises oder einer Kugel vom Mittelpunkt M heißt *Radius* (s. Kreis, 1., s. Kugel, 1., 2., 3.).

Radizieren:
Unter *Radizieren* versteht man Wurzelziehen (s. Wurzel).

Rand(menge) s. Randpunkt.

Randbedingung s. gewöhnliche Differentialgleichung, 5.

Randpunkt (Rand):
Ein Punkt x eines topologischen Raumes T (s. topologischer Raum) heißt *Randpunkt* einer Teilmenge $A \subset T$, wenn in jeder Umgebung von x (s.

Umgebung) sowohl Punkte aus A als auch Punkte des Komplements von A liegen. Die Menge aller Randpunkte von A heißt der *Rand* von A.

Randwertaufgabe s. Randwertproblem.

Randwertproblem:
Beim *Randwertproblem* einer gewöhnlichen Differentialgleichung ist in einem ganzen Intervall $[a;b]$ eine Lösung $\varphi(x)$ gesucht, die zusammen mit den Ableitungen bis zur Ordnung $n-1$ an den beiden Randpunkten a und b bestimmte Bedingungen erfüllt (s. gewöhnliche Differentialgleichung, 1., 5.).

Randwertproblem, lineares s. gewöhnliche Differentialgleichung, 5.

Rang einer linearen Abbildung s. lineare Abbildung, 1.

Rang einer Matrix:
Die maximale Anzahl linear unabhängiger Zeilenvektoren einer Matrix A heißt *Zeilenrang* von A, die maximale Anzahl linear unabhängiger Spaltenvektoren *Spaltenrang*. Allgemein ist der Zeilen- gleich dem Spaltenrang. Der gemeinsame Wert $\mathrm{Rg}(A)$ heißt der *Rang* der Matrix A (s. Matrix, 3.).

Rang eines Vektorraums:
Die Dimension eines Vektorraums (s. Vektorraum, 1.) wird auch als *Rang* des Vektorraums bezeichnet.

Rangfaktorisierung s. kanonische Form einer Matrix.

Ratentilgung:
Bei einer *Ratentilgung* wird eine Schuldsumme S in N gleichen Tilgungsraten $T = \frac{S}{N}$ zurückgezahlt. N ist dabei die Laufzeit. Zusätzlich zur Tilgung T müssen jeweils die anfallenden Zinsen gezahlt werden (s. Zinseszinsrechnung). Z_n seien die in der n-ten Periode anfallenden Zinsen. Dann gilt

$$Z_n = S \cdot \left(1 - \frac{n-1}{N}\right) \cdot \frac{p}{100} \quad \text{für } n = 1, 2, \dots, N.$$

Die Gesamtsumme aller anfallender Zinsen beträgt $Z = S \cdot \frac{p}{100} \cdot \frac{N+1}{2}$.

rationale reelle Funktion:
Eine reelle Funktion, die sich als Quotient zweier Polynome darstellen läßt, heißt *rationale Funktion*.

1. Allgemeine rationale Funktion:
Der Quotient zweier Polynome (s. Polynom, 1.)

$$f(x) = \frac{P_n(x)}{Q_m(x)} = \frac{a_n x^n + a_{n-1} x^{n-1} + \ldots + a_1 x + a_0}{b_m x^m + b_{m-1} x^{m-1} + \ldots + b_1 x + b_0}$$

ist eine allgemeine *rationale Funktion*. Sie ist an den Nullstellen des Nenners nicht definiert. Falls Zähler- und Nennerpolynom keine gemeinsamen Nullstellen besitzen, sagt man, die rationale Funktion sei in einer *Normalform* dargestellt. Falls beide Polynome $P_n(x)$ und $Q_m(x)$ gemeinsam nur die Nullstellen $x_1, x_2, \ldots, x_r$ mit den Vielfachheiten $k_1, k_2, \ldots, k_r$ mit $\sum_{i=1}^{r} k_i = k$ besitzen und sonst keine gemeinsamen Nullstellen haben, gilt

$$f(x) = \frac{P_n(x)}{Q_m(x)} = \frac{(x-x_1)^{k_1} \cdot (x-x_2)^{k_2} \cdot \ldots \cdot (x-x_r)^{k_r} \cdot p_{n-k}(x)}{(x-x_1)^{k_1} \cdot (x-x_2)^{k_2} \cdot \ldots \cdot (x-x_r)^{k_r} \cdot q_{m-k}(x)}.$$

Außerhalb der Stellen x_i für $i = 1, 2, \ldots, r$ gilt dann $f(x) = \frac{p_{n-k}(x)}{q_{m-k}(x)}$.
Durch Erweiterung des Definitionsbereichs mit

$$f^*(x_i) = \lim_{x \to x_i} f(x) = \frac{p_{n-k}(x_i)}{q_{m-k}(x_i)} \quad \text{für } i = 1, 2, \ldots, r$$

(s. Unstetigkeitsstelle, 1.) entsteht eine Funktion $f^*(x)$, die auch an den gemeinsamen Nullstellen x_i definiert ist und außerhalb dieser Nullstellen mit $f(x)$ übereinstimmt. Damit sind x_i hebbare Unstetigkeitsstellen.

2. Ganzrationale Funktion:
Eine rationale Funktion der Form

$$P_n(x) = a_0 + a_1 x + a_2 x^2 + \ldots + a_n x^n = \sum_{k=0}^{n} a_k x^k$$

mit allgemeinen *Koeffizienten* $a_0, a_1, \ldots, a_n \in \mathbb{R}$, $a_n \neq 0$ heißt *ganzrational*. Dabei handelt es sich um ein Polynom vom Grad n (s. Polynom, 1.). Der Definitionsbereich von $P_n(x)$ ist $\mathbb{R}$. Die Funktion ist beliebig oft differenzierbar und intergrierbar mit

$$P_n'(x) = a_1 + 2a_2 x + 3a_3 x^2 + \ldots + n a_n x^{n-1} = \sum_{k=1}^{n} k a_k x^{k-1};$$

$$P_n''(x) = 2a_2 + 6a_3 x + \ldots + n(n-1) a_n x^{n-2} = \sum_{k=2}^{n} k(k-1) a_k x^{k-2};$$

$$P_n^{(r)}(x) \equiv \sum_{k=r}^{n} r! \cdot \binom{r}{k} \cdot a_k \cdot x^{k-r} \quad \text{für } r = 1, 2, \ldots, n;$$

$$P_n^{(k)}(x) \equiv 0 \quad \text{für alle } k > n.$$

Integration (Stammfunktion):

$$\int P_n(x)\,dx = a_0 x + \frac{a_1}{2} x^2 + \frac{a_2}{3} x^3 + \ldots + \frac{a_n}{(n+1)} x^{n+1} + C$$
$$= \sum_{k=0}^{n} \frac{a_k}{k+1} x^{k+1} + C.$$

3. Gebrochenrationale Funktion:
Wenn sich durch eventuelles Kürzen der Quotient

$$f(x) = \frac{P_m(x)}{Q_n(x)} = \frac{\text{Zählerpolynom vom Grad m}}{\text{Nennerpolynom vom Grad n}} \quad \text{für } Q_n(x) \neq 0$$

nicht als Polynom darstellen läßt, heißt f(x) *gebrochenrationale* Funktion. Falls der Grad m des Zählerpolynoms kleiner als der Grad n des Nennerpolynoms ist, also für $m < n$, nennt man f(x) *echt gebrochenrational*, im Falle $m \geq n$ heißt f(x) *unecht gebrochenrational.*
Im Falle $m \geq n$ gibt es eine eindeutig bestimmte Darstellung

$$f(x) = \frac{P_m(x)}{Q_n(x)} = G_{m-n}(x) + \frac{R(x)}{Q_n(x)}.$$

Dabei ist $G_{m-n}(x)$ ein Polynom vom Grad $m - n$ und R(x) ein Polynom, dessen Grad kleiner als n ist. Die Polynome $G_{m-n}(x)$ und R(x) können mit Hilfe der Polynomdivision bestimmt werden (s. Polynomdivision). Die Differentiation geschieht mit Hilfe der Quotientenregel (s. Quotientenregel)

$$f'(x) = \frac{d}{dx}\left(\frac{P_m(x)}{Q_n(x)}\right) = \frac{Q_n(x) \cdot P_m'(x) - P_m(x) \cdot Q_n'(x)}{[Q_n(x)]^2} \quad \text{für } Q_n(x) \neq 0.$$

Zur Integration benutzt man die Darstellung (s. o.)

$$f(x) = \frac{P_m(x)}{Q_n(x)} = G_{m-n}(x) + \frac{R(x)}{Q_n(x)}.$$

Die ganzrationale Funktion $G_{m-n}(x)$ kann elementar integriert werden (s. 2.). Die echt gebrochenrationale Funktion $\frac{R(x)}{Q_n(x)}$ wird mit Hilfe der Partialbruchzerlegung integriert (s. Integralrechnung, 1.7.1.3.).

rationale komplexe Funktion:

Der Quotient zweier komplexer Polynome (s. Polynom, 2.)

$$f(z) = \frac{P_n(z)}{Q_m(z)} = \frac{c_n z^n + c_{n-1} z^{n-1} + \ldots + c_1 z + c_0}{b_m z^m + b_{m-1} z^{m-1} + \ldots + b_1 z + b_0} \quad \text{mit } c_k, b_k \in \mathbb{C}$$

heißt *rationale Funktion* der komplexen Variablen z. Sie ist in der komplexen Zahlenebene mit Ausnahme der Pole holomorph (s. Pol, 2., s. holomorph).

rationale Kurve:

Eine Kurve $\mathfrak{C}$ heißt *rational*, wenn die Parameterfunktionen x(t), y(t) und z(t) der Parameterdarstellung rationale Funktionen in t sind (s. rationale Funktion, s. Kurve, 1., 2.).

rationale Zahl:

Ein Bruch $\frac{a}{b}$, a, b ganz mit $b \neq 0$ oder ein periodischer Dezimalbruch heißt *rationale* Zahl. Falls es keine Darstellung $\frac{a}{b} = c$ mit ganzzahligem c gibt, nennt man die rationale Zahl *gebrochenrational.* Für $|a| < |b|$ heißt sie *echt gebrochenrational.* Zwei rationale Zahlen $\frac{a_1}{b_1}$ und $\frac{a_2}{b_2}$ nennt man *äquivalent*, wenn gilt $a_1 \cdot b_2 = a_2 \cdot b_1$. Damit kann eine rationale Zahl auch als Klasse äquivalenter rationaler Zahlen definiert werden.

Grundrechenoperationen bei rationalen Zahlen s. Brüche.

Die Menge der rationalen Zahlen ist abzählbar unendlich (Beweis s. Diagonalverfahren, 1.).

Rationalmachen eines Nenners s. Wurzel, 1., s. komplexe Zahlen, 1.

Raum:
Eine Menge M nennt man *Raum*, wenn in ihr eine besondere Struktur definiert ist. Beispiel: Der Raum $L^2[a;b]$ der in $[a;b]$ quadratisch integrierbaren Funktionen (s. quadratisch integrierbar).
Spezielle Räume (s. dort): Banachraum, Hausdorffscher Raum, Hilbertraum, metrischer Raum, topologischer Raum, Vektorraum.

Raumeinheit s. Rauminhalt.

Rauminhalt (Volumen):
Ein formales Produkt $r \cdot e^3$ aus einer festen Zahl r und einer festen *Raumeinheit* e^3 heißt *Rauminhalt* oder *Volumen.* Die Zahl r heißt *Maßzahl* des Rauminhalts bezüglich der verwendeten Raumeinheit. Dabei ist $r \geq 0$. Kongruente Körper besitzen den gleichen Rauminhalt. Der Rauminhalt der Raumeinheit ist $1 \cdot e^3$. Falls zwei Körper mit den Rauminhalten r_1 und r_2 keine gemeinsamen inneren Punkte besitzen (s. innerer Punkt), so besitzt die Vereinigung der beiden Körper als Rauminhalt die Summe $(r_1 + r_2)e^3$.
Als Raumeinheit wählt man meist den *Einheitswürfel* mit einer Einheitsstrecke e. Mit der Einheitstrecke e = 1 m (Meter) erhält man als Einheit 1 *Kubikmeter*, bezeichnet mit 1 m^3. Davon abgeleitete Raumeinheiten sind:

Kubikkilometer km^3: $1\ km^3 = (1\,000\ m)^3 = 10^9 m^3$;

Kubikdezimeter dm^3: $1\ dm^3 = 10^{-3} m^3$;

Kubikzentimeter cm^3: $1\ cm^3 = 10^{-6} m^3$;

Kubikmillimeter mm^3: $1\ mm^3 = 10^{-9} m^3$.

In der Praxis benutzt man als Rauminhalt häufig das *Liter* l mit $1\,l = 1\,dm^3$; es wird eingeteilt in 100 *Zentiliter* cl mit 100 cl = 1 l und 1 000 *Milliliter* ml mit 1 000 ml = 1 l. Es gilt also $1\,ml = 1\,cm^3$.
Bei der Schiffahrt wird zur Vermessung des Schiffsraumes die *Registertonne* RT benutzt mit $1\ RT = 2{,}83 m^3$.

Praktische Berechnung des Rauminhalts s. Integralrechnung, 2.4.1., 3.

Raumintegral s. Integralrechnung, 3.1.

Raumkurve s. Kurve, 2.

Raute s. Rhombus.

Re(z) s. Realteil

Realteil:

In der komplexen Zahl $z = a + i\,b$ mit a, $b \in \mathbb{R}$, $i^2 = -1$ heißt a der *Realteil* (s. komplexe Zahlen, 1.). Dafür schreibt man auch $a = \operatorname{Re}(z) = R(z)$.

Rechenanlage (Computer, Rechenautomat):

Unter einer *Rechenanlage* (*Computer* oder *Rechenautomat*) versteht man ein Gerät oder eine Gerätegruppe zur Durchführung umfangreicher Aufgaben der Datenverarbeitung. Dabei wird großer Wert auf eine hohe Arbeitsgeschwindigkeit gelegt. Eine Rechenanlage hat einen elektronischen Aufbau und führt Algorithmen mit Hilfe eingespeicherter Programme durch. Bezüglich der Funktionsweise gibt es zwei Arten von Rechnern:

Analogrechner sind Rechenmaschinen, die mit kontinuierlich veränderlichen Größen (Funktionen) arbeiten. Zur Darstellung mathematischer Zusammenhänge werden physikalische Größen benutzt, die nach den gleichen Gesetzen ablaufen.

Digitale Rechenanlagen arbeiten auf der Grundlage numerischer Verfahren, die im wesentlichen die vier Grundrechenarten benutzen. Sie arbeiten *digital*, also mit Ziffern. Dazu werden die Zahlen maschinenintern im Dualsystem (s. Dualsystem) dargestellt, was technisch mit Hilfe von Impulsfolgen geschieht. Die Daten werden in sogenannten *Speichern* zum Zwecke der Verarbeitung gespeichert (aufbewahrt). Die *Zentraleinheit* eines digitalen Rechners enthält einen *internen Speicher*, den *Hauptspeicher*. Meistens handelt es sich dabei um einen *Kernspeicher*, der aus Halbleitern besteht. Dadurch besitzt der Kernspeicher eine sehr kurze Zugriffszeit. Daneben gibt es als *externe Speicher* Platten- und Magnetspeicher.

Rechner:

Unter einem *Rechner* versteht man den Kern einer Rechenanlage (s. Rechenanlage), der die rechnerische Ausführung und die Programmabläufe durchführt.

Rechteck:

Ein Viereck ABCD, dessen vier Innenwinkel alle rechtwinklig sind, heißt *Rechteck*. Es ist ein spezielles Parallelogramm mit vier rechten Winkeln (s. Parallelogramm). Die Diagonalen sind gleich lang und halbieren sich im Mittelpunkt M. Mit den Seitenlängen a und b gilt:

Länge der Diagonalen: $d = \sqrt{a^2 + b^2}$;

Flächeninhalt: $F = a\,b$;

Umfang: $U = 2a + 2b$.

$a = b$ ergibt ein Quadrat (s. Quadrat).

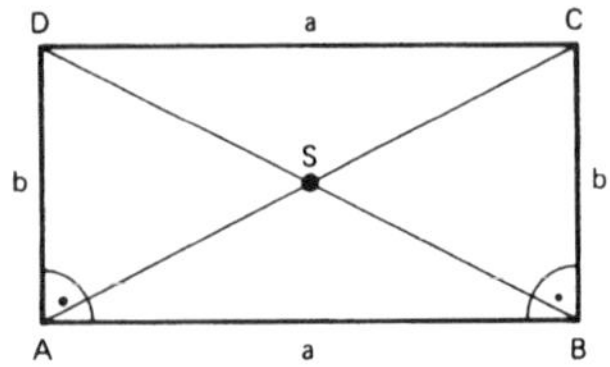

rechter Nullteiler s. Nullteiler.

rechter Winkel:
Ein Winkel mit dem Winkelmaß $\varphi = 90°$ bzw. dem Bogenmaß $\frac{\pi}{2}$ (Hälfte des gestreckten Winkels) heißt *rechter Winkel* (s. Winkel, 1.1.).

rechte Seite s. lineare Gleichungen, 1.

Rechtkant s. Quader.

Rechtsideal s. Ideal.

Rechtsschraube s. Schraubenlinie.

rechtsseitige Ableitung (rechtsseitig differenzierbar):
Im Falle der Existenz heißt

$$f_r'(x_0) = \lim_{\Delta x \to 0+} \frac{f(x_0 + \Delta x) - f(x_0)}{\Delta x} = \lim_{\substack{\Delta x \to 0 \\ \Delta x > 0}} \frac{f(x_0 + \Delta x) - f(x_0)}{\Delta x}$$

die *rechtsseitige Ableitung* von f an der Stelle x_0. f heißt dann an der Stelle x_0 *rechtsseitig differenzierbar* (s. Funktion von reellen Variablen, 1.4.).

rechtsseitiger Grenzwert:
Die Funktion f besitzt an der Stelle x_0 den rechtsseitigen Grenzwert $f(x_0+)$, wenn folgende Bedingung erfüllt ist: Für jede beliebige Folge $(x_n)_{n \in \mathbb{N}}$ mit $x_n \in D$, $x_n > x_0$ für alle n und $\lim_{n \to \infty} x_n = x_0$ gilt

$$\lim_{n \to \infty} f(x_n) = f(x_0+).$$

Dafür schreibt man $\lim_{x \to x_0+} f(x) = \lim_{h \to 0+} f(x_0 + h) = f(x_0+)$

(s. Funktion von reellen Variablen, 1.2.).

rechtsseitiges Einselement s. Einselement einer algebraischen Struktur.

rechtsseitig stetig:
Falls die Funktion $f(x)$ an der Stelle x_0 definiert ist und dort den rechtsseitigen Grenzwert $f(x_0+)$ besitzt (s. rechtsseitiger Grenzwert) mit $f(x_0+) = f(x_0)$, heißt f an der Stelle x_0 *rechtsseitig stetig.*

Rechtssystem s. Orientierung eines Vektorraums, s. Koordinatensystem, 2.1.2., s. Spatprodukt.

rechtwinkliges Dreieck:
Ein Dreieck, in dem ein Winkel ein rechter ($= 90°$) ist, heißt *rechtwinklig* (s. Dreieck, 2.). Im allgemeinen wählt man $\gamma = 90°$.

rechtwinkliges Koordinatensystem:
Falls die Koordinatenachsen aufeinander senkrecht stehen, heißt das Koordinatensystem *rechtwinklig* (s. Koordinatensystem, 1.1.2., 2.2.2., 3.).

Reduktionsmethode von d'Alembert s. gewöhnliche Differentialgleichung, 3., s. System von gewöhnlichen Differentialgleichungen, 2.3.

reduzibel s. zerlegbare Zahl, s. Polynom, 1.

reduzibles Erzeugendensystem s. Erzeugendensystem einer Gruppe.

reduzierte Form s. Cardanische Formel, s. kubische Resolvente.

reelle (reellwertige) Funktion:
Eine Funktion (s. Abbildung) von reellen Variablen, deren Werte reelle Zahlen sind, heißt *reelle (reellwertige) Funktion* (s. Funktion von reellen Variablen).

reelle Zahlen:

1. Natürliche Zahlen:
Grundlage aller Zahlensysteme sind die *natürlichen Zahlen* $1, 2, 3, 4, 5, \dots$, die zum Zählen benutzt werden. Die Menge der natürlichen Zahlen bezeichnet man mit $\mathbb{N} = \{1, 2, 3, 4, 5, 6, 7, 8, 9, 10, \dots\}$. Die natürlichen Zahlen können auf dem sogenannten *Zahlenstrahl* anschaulich dargestellt werden, wobei die zugeordneten Punkte äquidistant sind, also jeweils den gleichen Abstand voneinander haben.

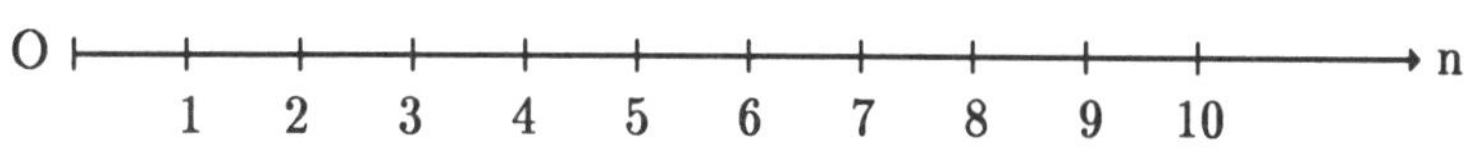

Die Menge $\mathbb{N}$ der natürlichen Zahlen besitzt folgende Eigenschaften, die auch zur axiomatischen Definition nach *Peano* benutzt werden können:
1. 1 ist eine natürliche Zahl.
2. Jede natürliche Zahl $n \in \mathbb{N}$ besitzt genau einen Nachfolger $n' = n + 1$.
3. Es gibt keine natürliche Zahl mit dem Nachfolger 1.
4. Eine Menge M von natürlichen Zahlen besitze die Eigenschaften: $1 \in M$; mit $r \in M$ gilt auch für den Nachfolger $r' = r + 1 \in M$. Dann ist $M = \mathbb{N}$, d. h. in M sind sämtliche natürlichen Zahlen enthalten (s. vollständige Induktion).

Im Bereich der natürlichen Zahlen können die Grundrechenarten der *Addition* $+$ und der *Multiplikation* $\cdot$ uneingeschränkt durchgeführt werden, wobei das Ergebnis wieder eine natürliche Zahl ist, also

$$n, m \in \mathbb{N} \quad \Rightarrow \quad n + m \quad \text{und} \quad n \cdot m \in \mathbb{N}$$

(s. Addition, 1., s. Multiplikation, 1.). Daher nennt man die Menge $\mathbb{N}$ abgeschlossen gegenüber den Rechenoperationen der Addition und der Multiplikation. Die Subtraktion $-$ ist in $\mathbb{N}$ nicht uneingeschränkt durchführbar. Wird zur Menge der natürlichen Zahlen noch die Zahl 0 dazugenommen, so bezeichnet man diese Menge mit

$$\mathbb{N}_0 = \{0, 1, 2, 3, 4, 5, 6, 7, 8, 9, 10, \ldots\} = \mathbb{N} \cup \{0\}.$$

Manchmal wird auch $\mathbb{N}_0$ als Menge der natürlichen Zahlen bezeichnet.

2. Ganze Zahlen:
Damit die Subtraktion uneingeschränkt durchführbar ist, muß die Menge der natürlichen Zahlen erweitert werden. Hinzugenommen werden die Zahl 0 (*Null*) und die *negativen Zahlen* $-1, -2, -3, \ldots$. Dadurch erhält man die Menge der *ganzen Zahlen* auf der Zahlengeraden, wobei die Zahl 0 dem Koordinatenursprung O zugeordnet wird:

$$\mathbb{Z} = \{\ldots, -3, -2, -1, 0, 1, 2, 3, 4, \ldots\}.$$

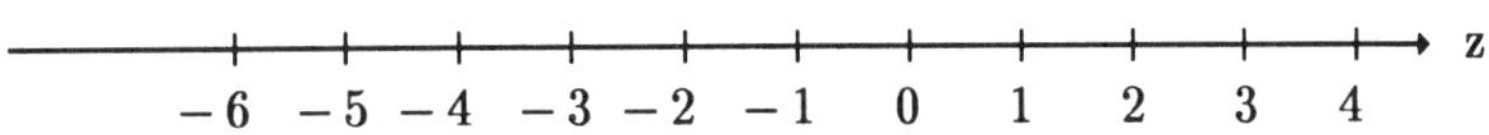

Die Menge der ganzen Zahlen besitzt folgende Eigenschaften:
1. Jede ganze Zahl z besitzt genau einen Nachfolger $z' = z + 1$.
2. Jede ganze Zahl z besitzt genau einen Vorgänger $z'' = z - 1$.
3. Die Elemente von $\mathbb{Z}$ sind der Größe nach geordnet (s. Ungleichung, s. geordnete Menge). In $\mathbb{Z}$ gibt es kein größtes und kein kleinstes Element.

Im Bereich der ganzen Zahlen sind die Rechenoperationen der Addition $+$, der Subtraktion $-$ und der Multiplikation $\cdot$ uneingeschränkt durchführbar. Aus z_1, $z_2 \in \mathbb{Z}$ folgt $z_1 + z_2$, $z_1 - z_2$ und $z_1 \cdot z_2 \in \mathbb{Z}$. Die Division : ist in $\mathbb{Z}$ nicht uneingeschränkt durchführbar.

3. Rationale Zahlen (Brüche):
Zur Durchführung der Division (s. Division, 2.) muß die Menge der ganzen Zahlen $\mathbb{Z}$ erweitert werden zur Menge der *rationalen Zahlen* (Brüche)

$$\mathbb{Q} = \left\{ \frac{a}{b} \mid a, b \in \mathbb{Z} \ \text{mit} \ b \neq 0 \right\}.$$

Im Bruch $\frac{a}{b}$ ist a der *Zähler* und $b \neq 0$ der *Nenner* (s. Brüche). Die Rechenoperationen lauten:

Gleichheit: $\frac{a_1}{b_1} = \frac{a_2}{b_2} \quad \Leftrightarrow \quad a_1 \cdot b_2 = a_2 \cdot b_1$ für $b_1, b_2 \neq 0$;

Addition *gleichnamiger* Brüche: $\frac{a_1}{b} + \frac{a_2}{b} = \frac{a_1 + a_2}{b}$ für $b \neq 0$;

Addition beliebiger Brüche:

$$\frac{a_1}{b_1}+\frac{a_2}{b_2}=\frac{a_1 \cdot b_2}{b_1 \cdot b_2}+\frac{a_2 \cdot b_1}{b_1 \cdot b_2}=\frac{a_1 \cdot b_2 + a_2 \cdot b_1}{b_1 \cdot b_2} \quad \text{für } b_1, b_2 \neq 0;$$

Multiplikation beliebiger Brüche: $\frac{a_1}{b_1} \cdot \frac{a_2}{b_2} = \frac{a_1 \cdot a_2}{b_1 \cdot b_2}$ für $b_1, b_2 \neq 0$;

Division beliebiger Brüche: $\frac{a_1}{b_1} : \frac{a_2}{b_2} = \frac{a_1}{b_1} \cdot \frac{b_2}{a_2} = \frac{a_1 \cdot b_2}{b_1 \cdot a_2}$ für $b_1, b_2, a_2 \neq 0$.

Durch $z = \frac{z}{1}$ für $z \in \mathbb{Z}$ wird die Menge der ganzen Zahlen $\mathbb{Z}$ in $\mathbb{Q}$ eingebettet. Daher nennt man die ganzen Zahlen auch *ganzrationale* Zahlen.
Die Menge $\mathbb{Q}$ der rationalen Zahlen ist abzählbar unendlich (Beweis s. Diagonalverfahren, 1.)

4. Irrationale Zahlen:
Auf dem Zahlenstrahl gibt es viele Zahlen, die nicht rational sind, z. B. $x = \sqrt{2}$ als positive Lösung der algebraischen Gleichung $x^2 = 2$ (s. Beweis, 2.) oder jede unendliche nichtperiodische Dezimalzahl. Solche Zahlen heißen *irrational.* Jede irrationale Zahl läßt sich als Grenzwert (s. Zahlenfolge, 3.) einer Folge rationaler Zahlen darstellen, z. B. über eine Intervallschachtelung (s. Intervallschachtelung) oder Dezimalbruchentwicklung (s. Dezimalbruchentwicklung). Falls eine irrationale Zahl Lösung (Wurzel) einer algebraischen Gleichung

$$a_0 + a_1 \xi + a_2 \xi^2 + \ldots + a_n \xi^n = 0 \quad \text{mit ganzzahligem } a_i \in \mathbb{Z}$$

ist, handelt es sich um eine *algebraische Zahl* (s. algebraisch, 7.). Ein Beispiel dafür ist die n-te Wurzel $\sqrt[n]{p}$ aus einer Primzahl p. Falls die irrationale Zahl nicht algebraisch ist, nennt man sie *transzendent* (s. transzendent, 3.), z. B. die Eulersche Zahl e und die Kreiszahl π.

5. Reelle Zahlen:
Die Menge aller Zahlen auf dem Zahlenstrahl, also alle rationalen Zahlen und irrationalen Zahlen als Grenzwerte von Folgen rationaler Zahlen, nennt man die Menge der *reellen Zahlen* und bezeichnet sie mit $\mathbb{R}$. Ferner setzt man

$$\mathbb{R}_+ = \{x \mid x \in \mathbb{R} \text{ mit } x \geq 0\}; \qquad \mathbb{R}_- = \{x \mid x \in \mathbb{R} \text{ mit } x \leq 0\}.$$

Allgemein gilt

$$\mathbb{N} \subset \mathbb{Z} \subset \mathbb{Q} \subset \mathbb{R}.$$

Eigenschaften beim Rechnen mit reellen Zahlen:

Für beliebige reelle Zahlen a, b, c gelten die Gesetze

$a + b = b + a; \quad a \cdot b = b \cdot a$ (Kommutativgesetze);

$(a + b) + c = a + (b + c); \quad (a \cdot b) \cdot c = a \cdot (b \cdot c)$ (Assoziativgesetze);

$a \cdot (b + c) = a \cdot b + a \cdot c; \quad (a + b) \cdot c = a \cdot c + b \cdot c$ (Distributivgesetze);

$a + 0 = 0 + a = a$ (0 = neutrales Element der Addition);

$a \cdot 1 = 1 \cdot a = a$ (1 = neutrales Element der Multiplikation);

$-(a) = -a; \quad -(-a) = a;$

$a + (-a) = 0$ (− a = inverses Element der Addition);

$-(a+b) = -a-b; \quad -(a-b) = -a+b;$

$(-a) \cdot b = a \cdot (-b) = -a \cdot b; \quad (-a) \cdot (-b) = ab;$

$$a^{-1} \cdot a = \frac{1}{a} \cdot a = 1 \text{ für } a \neq 0;$$

$a^{-1} = \frac{1}{a}$ ist das *inverse Element* der Multiplikation.

Aus $a \cdot b > 0$ folgt entweder $a > 0$ und $b > 0$ oder $a < 0$ und $b < 0$.
$a \cdot b < 0$ ist genau dann erfüllt, wenn $a > 0$ und $b < 0$ oder $a < 0$ und $b > 0$ ist (a und b besitzen verschiedene Vorzeichen).
Weitere Eigenschaften: s. Potenz, 1., s. binomische Formeln, s. binomischer Lehrsatz.

Eine reelle Zahl kann auch durch eine **Intervallschachtelung** oder als **Dedekindscher Schnitt** dargestellt werden (s. Intervallschachtelung, s. Dedekindscher Schnitt). Die Menge der reellen Zahlen ist überabzählbar unendlich (Beweis s. Diagonalverfahren, 2.). Ihre Mächtigkeit heißt Mächtigkeit des Kontinuums (s. Kardinalzahl).

reflexiv:

Eine zweistellige Relation R in M heißt *reflexiv*, wenn für alle $a \in M$ gilt $a R a$ (s. Relation, 2.).

Regelfläche (geradlinige Fläche):

Eine Fläche heißt *Regelfläche* oder *geradlinige Fläche*, wenn durch jeden ihrer Punkte mindestens eine Gerade geht, die ganz in der Fläche liegt. Eine Regelfläche kann durch Bewegung einer Geraden im Raum erzeugt werden. Die Geraden nennt man die *Erzeugenden* der Fläche. Beispiele: s. Kegelfläche, s. Zylinderfläche, s. Hyperboloid, 1., s. Paraboloid, 2. Falls sich die Regelfläche in eine Ebene abwickeln läßt, nennt man sie *abwickelbar* (s. abwickelbare Fläche).

regelmäßig:

1. **Regelmäßige Pyramide** s. Pyramide, 2.

2. **Regelmäßiger Kettenbruch** s. Kettenbruch.

3. **Regelmäßiges Polyeder:**
Ein Polyeder (s. Polyeder) heißt *regelmäßig*, wenn es von regelmäßigen, kongruenten Vielecken (s. Vieleck, 4.) begrenzt wird und in jedem Eckpunkt die gleiche Anzahl von Vielecken zusammentrifft (s. Polyeder, 2.).

4. Regelmäßiges Prisma s. Prisma, 3.

5. Regelmäßiges konvexes Vieleck s. Vieleck, 4.

Registertonne

Eine *Registertonne*, bezeichnet mit 1 RT, sind 2,83 Kubikmeter (s. Rauminhalt).

Regressionsfunktion s. Ausgleichsfunktion.

Regressionsgerade s. Ausgleichsgerade.

Regressionsrechnung s. Ausgleichsrechnung.

regula falsi s. Nullstellenbestimmung, 3.

regulär (nichtsingulär):

Eine Größe, die *regulär* ist, nennt man auch *nichtsingulär*.

1. Reguläre Fläche:
Eine Fläche heißt *regulär*, wenn sie nur reguläre Punkte besitzt (s. 5.).

2. Reguläre Funktion s. holomorph.

3. Reguläre Kurve:
Eine *reguläre Kurve* ist eine Kurve, die nur reguläre Punkte besitzt (s. 6.).

4. Reguläre Matrix:
Eine quadratische n-reihige Matrix A heißt *regulär* (*nichtsingulär*), wenn sie den vollen Rang n besitzt, also für $\operatorname{Rg}(A) = n$. A ist genau dann regulär, wenn die Determinante von A nicht verschwindet, also für $\det(A) \neq 0$ (s. Matrix, 3., s. Determinante).

5. Regulärer Flächenpunkt:
Eine räumliche Fläche $\mathfrak{F}$ (s. Fläche, 2.) sei durch die Parameterdarstellung

$$x = \varphi(u, v); \quad y = \psi(u, v); \quad z = \chi(u, v) \qquad \text{mit } (u, v) \in B \subset \mathbb{R}^2$$

gegeben. Der durch die Parameterwerte (u, v) bestimmte Flächenpunkt P heißt *regulärer Flächenpunkt*, wenn an der Stelle (u, v) die partiellen Ableitungen der Funktionen $\varphi(u, v)$, $\psi(u, v)$ und $\chi(u, v)$ stetig sind, und die beiden Tangentenvektoren

$$\vec{k}_u^T = (\varphi_u(u, v), \psi_u(u, v), \chi_u(u, v)); \; \vec{k}_v^T = (\varphi_v(u, v), \psi_v(u, v), \chi_v(u, v))$$

linear unabhängig sind (s. Fläche, 2.2.).

6. Regulärer Kurvenpunkt:
Der durch den Parameterwert t bestimmte Punkt P(t) mit dem Ortsvektor

$$\overrightarrow{OP} = \vec{k}(t) = \begin{pmatrix} x(t) \\ y(t) \\ z(t) \end{pmatrix} = \begin{pmatrix} \varphi(t) \\ \psi(t) \\ \chi(t) \end{pmatrix}$$

einer räumlichen Kurve $\mathfrak{C}$ heißt *regulär*, wenn der Tangentenvektor

$$\vec{k}_t(t) = \frac{d\vec{k}_t(t)}{dt} = \begin{pmatrix} \dot{x}(t) \\ \dot{y}(t) \\ \dot{z}(t) \end{pmatrix} = \begin{pmatrix} \varphi'(t) \\ \psi'(t) \\ \chi'(t) \end{pmatrix}$$

stetig und vom Nullvektor $\vec{0}$ verschieden ist (s. Kurve, 1.1., 2.1.).

7. Regulärer Punkt eines linearen Operators s. Resolvente eines linearen Operators.

8. Regulärer Raum:
Ein topologischer Raum T (s. topologischer Raum) heißt *regulär*, wenn T ein Hausdorffscher Raum ist (s. Hausdorffscher Raum) und das Trennungsaxiom erfüllt: Zu jedem Punkt $x \in T$ und jeder x nicht enthaltenden Teilmenge $A \subset T$ gibt es eine Umgebung U von x und eine Umgebung V von A, so daß U und V disjunkt sind, also mit $U \cap V = \emptyset$ (s. Umgebung).

9. Reguläre Transformation (regulärer Operator) s. lineare Abbildung, 2.4.

10. Reguläres Integral einer Differentialgleichung:
Ein Integral (Lösung) der Differentialgleichung $F(x, y, y') = 0$, deren Lösungspunkte nur zu regulären Linienelementen gehören, heißt *reguläres Integral* (s. Linienelement einer gewöhnlichen Differentialgleichung).

11. Reguläres Linienelement einer Differentialgleichung s. Linienelement einer gewöhnlichen Differentialgleichung.

Reihe, unendliche:

1. Definition einer (unendlichen) Reihe:
Es sei $(a_k)_{k=1,2,3,\dots}$ eine Zahlenfolge. Durch schrittweise Addition der ersten n Glieder dieser Ausgangsfolge erhält man eine Folge $(s_n)_{n \in \mathbb{N}}$ von *Teil-* oder *Partialsummen* mit den Gliedern

$$s_n = a_1 + a_2 + \dots + a_n = \sum_{k=1}^{n} a_k \quad \text{für jedes } n \in \mathbb{N}.$$

Die Folge der Partialsummen wird symbolisch dargestellt durch

$$\sum_{k=1}^{\infty} a_k = a_1 + a_2 + a_3 + \dots + a_n + \dots \quad .$$

2. Konvergente Reihe:
Die (unendliche) Reihe heißt *konvergent*, wenn die Folge der Partialsummen (s_n) konvergiert. Dann setzt man

$$s = \lim_{n\to\infty} s_n = \lim_{n\to\infty} \sum_{k=1}^{n} a_k = \sum_{k=1}^{\infty} a_k .$$

Im Falle der Konvergenz nennt man die Reihe $\sum_{k=1}^{\infty} a_k$ *konvergent* und den Grenzwert s die *Summe* der unendlichen Reihe. Aus der Definition der Konvergenz einer Folge erhält man die Bedingung für die Konvergenz der

Reihe in der Form: Zu jedem $\varepsilon > 0$ gibt es einen Index $n_0 = n_0(\varepsilon)$ mit

$$|s_n - s| = \left| \sum_{k=n+1}^{\infty} a_k \right| < \varepsilon \quad \text{für alle } n \geq n_0 .$$

Bei konvergenten Reihen müssen also die *Reihenreste* $r_n = \sum_{k=n+1}^{\infty} a_k$ für $n = 1, 2, \ldots$ eine Nullfolge bilden.

Entfernt man in einer konvergenten Reihe die ersten m Glieder, so ist mit einer der beiden Reihen auch die andere konvergent.

Eigenschaften konvergenter Reihen:

1. Mit $\sum_{k=1}^{\infty} a_k$ ist für jede Konstante c auch die Reihe $\sum_{k=1}^{\infty} c \cdot a_k$ konvergent und es gilt

$$\sum_{k=1}^{\infty} c \cdot a_k = c \cdot \sum_{k=1}^{\infty} a_k \qquad \text{(gliedweise Multiplikation).}$$

2. Mit $\sum_{k=1}^{\infty} a_k$ und $\sum_{k=1}^{\infty} b_k$ konvergieren auch die Reihen $\sum_{k=1}^{\infty} (a_k \pm b_k)$ mit

$$\sum_{k=1}^{\infty} (a_k \pm b_k) = \sum_{k=1}^{\infty} a_k \pm \sum_{k=1}^{\infty} b_k \qquad \text{(gliedweise Addition, Subtraktion).}$$

Cauchysches Konvergenzkriterium für Reihen:

Aus dem Cauchyschen Konvergenzkriterium für Zahlenfolgen (s. Zahlenfolge, 3.) erhält man unmittelbar die notwendige und hinreichende Bedingung für die Konvergenz:

Die Reihe $\sum_{k=1}^{\infty} a_k$ ist genau dann konvergent, wenn zu jedem $\varepsilon > 0$ ein $n_0 \in \mathbb{N}$ existiert, so daß für alle $m > 0$ gilt:

$$|a_{n_0+1} + a_{n_0+2} + \ldots + a_{n_0+m}| < \varepsilon .$$

Hieraus erhält man die notwendige Bedingung für die Konvergenz der Reihe, daß die Folge $(a_n)_{n=1,2,\ldots}$ eine Nullfolge ist, also $\lim_{n\to\infty} a_n = 0$.

Diese notwendige Bedingung ist nicht hinreichend, wie das Beispiel der harmonischen Reihe zeigt (s. harmonische Reihe).

Abelsches Konvergenzkriterium:

Die unendliche Reihe $\sum_{k=1}^{\infty} a_k$ sei konvergent. Ferner sei $(b_n)_{n\in\mathbb{N}}$ eine monoton wachsende und beschränkte Zahlenfolge (s. Zahlenfolge, 2.). Dann ist auch die Reihe der Produkte $\sum_{k=1}^{\infty} a_k \cdot b_k$ konvergent.

Unbedingt und bedingt konvergente Reihe:

Die Reihe $\sum_{k=1}^{\infty} a_k$ heißt *unbedingt konvergent*, wenn jede durch Umordnung daraus hervorgehende Reihe $\sum_{k=1}^{\infty} b_k$ ebenfalls konvergent ist, andernfalls heißt sie nur *bedingt konvergent.* Beispiel einer nur bedingt konvergenten Reihe s. 5.

Absolut konvergente Reihe:

Die Reihe $\sum_{k=1}^{\infty} a_k$ heißt *absolut konvergent*, wenn $\sum_{k=1}^{\infty} |a_k| < \infty$ ist, wenn also die Reihe der Beträge konvergiert. Eine konvergente Reihe, die nicht absolut konvergiert, ist nur bedingt konvergent. Wegen

$$|a_{n_0+1} + a_{n_0+2} + a_{n_0+3} + \dots| \leq |a_{n_0+1}| + |a_{n_0+2}| + |a_{n_0+3}| + \dots$$

ist eine absolut konvergente Reihe auch konvergent und es gilt

$$\left|\sum_{k=1}^{\infty} a_k\right| \leq \sum_{k=1}^{\infty} |a_k| \qquad \text{(verallgemeinerte Dreiecksungleichung).}$$

Sie besitzt bei jeder beliebigen Summationsreihenfolge die gleiche Summe s.

Die Reihe $\sum_{k=1}^{\infty} (-1)^k$ besitzt die Partialsummen $s_n = \begin{cases} -1 & \text{für ungerades n;} \\ 0 & \text{für gerades n.} \end{cases}$

Da die Folge (s_n) nicht konvergiert, ist die unendliche Reihe nicht konvergent. Faßt man in der Summe der Reihe nach jeweils zwei Summanden paarweise zusammen, so entsteht eine konvergente Reihe mit der Summe

$$(-1+1) + (-1+1) + (-1+1) + \dots = 0.$$

Falls die paarweise Zusammenfassung erst vom zweiten Glied an vorgenommen wird, erhält man eine Reihe mit der Summe $s = -1$:

$$-1 + (1-1) + (1-1) + (1-1) + \dots = -1.$$

Werden jeweils zwei positive und ein negativer Summand zusammengefaßt, so entsteht eine Reihe, deren Summanden alle gleich 1 sind. Diese Reihe ist bestimmt divergent mit $s = +\infty$ (s. 3.). Durch Zusammenfassung von jeweils zwei negativen und einem positiven Summanden entsteht eine Reihe, die bestimmt divergent ist gegen $-\infty$ (s. 3.).

3. Divergente Reihe:

Falls die Folge $(s_n)_{n \in \mathbb{N}}$ der Partialsummen keinen Grenzwert besitzt, nennt man die Reihe *divergent*. Im Falle

$$\lim_{n\to\infty} s_n = +\infty \qquad \text{oder} \qquad \lim_{n\to\infty} s_n = -\infty$$

heißt die Reihe *bestimmt divergent* (s. Zahlenfolge, 4.). Eine divergente Reihe, die nicht bestimmt divergent ist, heißt *unbestimmt divergent.*

4. Konvergenz- und Divergenzkriterien:

Bei Reihen mit nichtnegativen Gliedern ist die Folge der Partialsummen $s_n = \sum_{k=1}^{n} a_k$ monoton wachsend. Die Reihe ist genau dann konvergent, wenn die Folge der Partialsummen beschränkt ist.

Zur Herleitung von Konvergenzkriterien werden die beiden Vergleichskriterien für Reihen mit nichtnegativen Gliedern benutzt (s. Vergleichskriterien für Reihen).

Majorantenkriterium:

Es sei $\sum_{k=1}^{\infty} c_k$ eine konvergente Reihe mit nichtnegativen Gliedern und es gelte $|a_k| \leq \lambda \cdot c_k$ für alle $k \geq m$ (m fest) mit einer Konstanten $\lambda > 0$. Dann ist die Reihe $\sum_{k=1}^{\infty} a_k$ absolut konvergent. Der Beweis folgt aus dem Vergleichskriterium 1. Art (s. Vergleichskriterien für Reihen, 1.).

Minorantenkriterium:

Es sei $\sum_{k=1}^{\infty} d_k = \infty$ (bestimmt divergent) mit nichtnegativen Gliedern und es gelte $a_k \geq \lambda \cdot d_k$ für alle $k \geq m$ (m fest) mit einer Konstanten $\lambda > 0$. Dann gilt auch $\sum_{k=1}^{\infty} a_k = \infty$ (s. Vergleichkriterien für Reihen, 1.).

Quotientenkriterium:

Für die Folge $(a_n)_{n=1,2,\ldots}$ gebe es eine Konstante q mit

$$\left|\frac{a_{n+1}}{a_n}\right| \leq q < 1 \quad \text{für alle } n \geq n_0 .$$

Dann ist die Reihe $\sum_{k=1}^{\infty} a_k$ absolut konvergent.

Hier genügt die Bedingung $\left|\frac{a_{n+1}}{a_n}\right| < 1$ für alle n nicht. Sie wäre auch bei der harmonischen Reihe erfüllt (s. harmonische Reihe), die nicht konvergiert.

Im Falle $\left|\frac{a_{n+1}}{a_n}\right| \geq 1$ für alle $n \geq n_0$ gilt $\sum_{n=1}^{\infty} |a_n| = +\infty$.

Falls der Grenzwert $\lim\limits_{n\to\infty} \left|\frac{a_{n+1}}{a_n}\right|$ existiert, gilt

$$\lim_{n\to\infty} \left|\frac{a_{n+1}}{a_n}\right| < 1 \quad \Rightarrow \quad \text{die Reihe ist absolut konvergent;}$$

$$\lim_{n\to\infty} \left|\frac{a_{n+1}}{a_n}\right| > 1 \quad \Rightarrow \quad \text{die Reihe ist absolut divergent.}$$

Wenn der Grenzwert $\lim\limits_{n\to\infty} \left|\frac{a_{n+1}}{a_n}\right|$ nicht existiert, kann der größte Häufungspunkt, also der Limes superior (s. Limes superior) benutzt werden:

$$\overline{\lim_{n\to\infty}} \left|\frac{a_{n+1}}{a_n}\right| < 1 \quad \Rightarrow \quad \text{die Reihe ist absolut konvergent;}$$

$$\overline{\lim_{n\to\infty}} \left|\frac{a_{n+1}}{a_n}\right| > 1 \quad \Rightarrow \quad \text{die Reihe ist absolut divergent}$$

(s. Vergleichkriterien für Reihen, 1.).

Wurzelkriterium:
Es sei $(a_n)_{n \in \mathbb{N}}$ eine Folge und q eine Konstante mit

a) $\sqrt[n]{|a_n|} \leq q < 1$ für alle $n \geq n_0$.

Dann ist $\sum_{k=1}^{\infty} a_k$ absolut konvergent.

b) Im Falle $\sqrt[n]{|a_n|} \geq 1$ für alle $n \geq n_0$ gilt $\sum_{k=1}^{\infty} |a_k| = +\infty$.

In a) genügt die Bedingung $\sqrt[n]{|a_n|} < 1$ nicht.

Wenn der Grenzwert $\lim\limits_{x \to \infty} \sqrt[n]{|a_n|}$ existiert, gilt

$$\lim_{n \to \infty} \sqrt[n]{|a_n|} < 1 \quad \Rightarrow \quad \text{die Reihe ist absolut konvergent;}$$

$$\lim_{n \to \infty} \sqrt[n]{|a_n|} \geq 1 \quad \Rightarrow \quad \text{die Reihe ist absolut divergent.}$$

Falls dieser Grenzwert nicht existiert, kann der Limes superior, also der größte Häufungspunkt (s. Limes superior) benutzt werden mit

$$\overline{\lim_{n \to \infty}} \sqrt[n]{|a_n|} < 1 \quad \Rightarrow \quad \text{die Reihe ist absolut konvergent;}$$

$$\overline{\lim_{n \to \infty}} \sqrt[n]{|a_n|} > 1 \quad \Rightarrow \quad \text{die Reihe ist absolut divergent.}$$

Konvergenzkriterium nach Raabe:
Alle Reihenglieder a_n seien positiv. Mit einer Konstanten $\alpha > 0$ gelte

$$\frac{a_{n+1}}{a_n} \leq 1 - \frac{\alpha}{n} \quad \text{bzw.} \quad \frac{a_{n+1}}{a_n} \geq 1 - \frac{\alpha}{n} \quad \text{für alle } n \geq n_0.$$

Dann ist die Reihe konvergent bzw. divergent.

Konvergenzkriterium nach Kummer:

Eine unendliche Reihe $\sum_{k=1}^{\infty} a_k$ mit positiven Gliedern ist konvergent, wenn für irgendeine Folge $(b_n)_{n=1,2,\ldots}$ positiver Zahlen für alle $n \geq n_0$ gilt

$$b_n - \frac{a_{n+1}}{a_n} \cdot b_{n+1} \geq c > 0 \quad (c \text{ konstant }).$$

Integralkriterium:
Für die Glieder einer Reihe $\sum_{k=1}^{\infty} a_k$ gelte von einem festen Index n_0 an:

$$a_k = f(k) \geq 0 \quad \text{für alle } k \geq n_0,$$

wobei f(x) eine für $x \geq n_0$ definierte, monoton fallende, nichtnegative, integrierbare Funktion ist. Dann ist die Reihe genau dann konvergent, wenn für ein $c \geq n_0$ das uneigentliche Integral

$$\int_c^{\infty} f(x)\,dx < \infty \quad \text{existiert} \qquad \text{(s. Integralrechnung, 1.8.).}$$

5. Alternierende Reihe (Leibnizsche Regel):
Von G. W. Leibniz stammt folgende Regel: Es sei $(a_n)_{n \in \mathbb{N}}$ eine monoton fallende Folge mit $\lim\limits_{n \to \infty} a_n = 0$. Dann ist die alternierende Reihe

$$a_1 - a_2 + a_3 - a_4 + \ldots \;=\; \sum_{k=1}^{\infty} (-1)^{k-1} a_k \quad \text{konvergent.}$$

Die Reihe muß nicht absolut konvergent sein.

Die Reihe $\sum\limits_{k=1}^{\infty} (-1)^{k-1} \frac{1}{k} = \ln 2$ ist als Taylor-Reihe von $\ln x$ an der Entwicklungsstelle $x_0 = 2$ nur bedingt konvergent (s. Logarithmusfunktion). Die Betragsreihe $\sum\limits_{k=1}^{\infty} \frac{1}{k} = \infty$ ist die divergente harmonische Reihe.

Daß man eine nur bedingt konvergente Reihe nicht beliebig umordnen darf, zeigt das folgende Beispiel.

Beispiel für eine Umordnung einer nur bedingt konvergenten Reihe:

Für $\ln 2 = x$ erhält man aus der obigen Reihe

$$x = 1 - \mathbf{\tfrac{1}{2}} + \tfrac{1}{3} - \mathbf{\tfrac{1}{4}} + \tfrac{1}{5} - \mathbf{\tfrac{1}{6}} + \tfrac{1}{7} - \mathbf{\tfrac{1}{8}} + \tfrac{1}{9} - \mathbf{\tfrac{1}{10}} + \tfrac{1}{11} - \mathbf{\tfrac{1}{12}} + \tfrac{1}{13} - \mathbf{\tfrac{1}{14}} + \tfrac{1}{15} - + \ldots$$

$$\frac{x}{2} = \mathbf{\tfrac{1}{2}} - \tfrac{1}{4} + \mathbf{\tfrac{1}{6}} - \tfrac{1}{8} + \mathbf{\tfrac{1}{10}} - \tfrac{1}{12} + \mathbf{\tfrac{1}{14}} - \tfrac{1}{16} + \mathbf{\tfrac{1}{18}} - \tfrac{1}{20} + \mathbf{\tfrac{1}{22}} - \tfrac{1}{24} + \mathbf{\tfrac{1}{26}} - \tfrac{1}{28} + - \ldots$$

Die Summation dieser beiden Reihen soll folgendermaßen durchgeführt werden: Zuerst werden die Glieder paarweise addiert, die sich gegenseitig wegheben (fett markierte). Danach werden die übriggebliebenen Glieder beider Reihen addiert. Ausgehend von 1 wird zu jedem übriggebliebenen negativen Glied der unteren Reihe der gleichnamige negative Bruch aus der oberen Reihe addiert, beginnend mit $-\frac{1}{4} - \frac{1}{4} = -\frac{1}{2}$. Danach wählt man das erste Restglied aus der oberen Reihe, nämlich $\frac{1}{3}$, danach $-\frac{1}{8} - \frac{1}{8} = -\frac{1}{4}$, dann $+\frac{1}{5}$ aus der oberen Reihe usw. Damit erhält man die Summe

$$x + \frac{x}{2} = \frac{3}{2}x = 1 - \frac{1}{2} + \frac{1}{3} - \frac{1}{4} + \frac{1}{5} - \frac{1}{6} + \frac{1}{7} - \frac{1}{8} + \frac{1}{9} - \frac{1}{10} + - \ldots = x.$$

Daraus folgt $\frac{3}{2}x = x$. Weil $x = \ln 2$ von Null verschieden ist, würde daraus $\frac{3}{2} = 1$, also $2 = 3$ folgen. Wegen diesem Widerspruch muß bei der benutzten Addition eine unzulässige Operation durchgeführt worden sein. Diese besteht darin, daß bei der Summation die Reihen umgeordnet wurden, also eine andere Summationsreihenfolge benutzt wurde. Weil die Reihe nicht absolut konvergiert, erhält man dadurch jedoch einen anderen Summenwert.

6. Spezielle Reihen:
Die **geometrische Reihe** (s. geometrische Reihe)

$$1 + q + q^2 + q^3 + q^4 + q^5 + \ldots \;=\; \sum_{k=1}^{\infty} q^k = \frac{1}{1-q}$$

ist für $|q| < 1$ absolut konvergent, für $q > 1$ bestimmt divergent gegen $+\infty$ und für $q \leq -1$ unbestimmt divergent.

$$1+\frac{1}{1!}+\frac{1}{2!}+\frac{1}{3!}+\frac{1}{4!}+\frac{1}{5!}+\ldots=\sum_{k=0}^{\infty}\frac{1}{k!}=\mathrm{e}\ \text{(Eulersche Zahl)}$$

(s. Exponentialfunktion, 2.);

$$1-\frac{1}{2}+\frac{1}{3}-\frac{1}{4}+\frac{1}{5}-\frac{1}{6}+\ldots=\sum_{k=1}^{\infty}\frac{(-1)^{k-1}}{k}=\ln 2$$

ist nur bedingt konvergent (s. Logarithmus, Taylor-Entwicklung des natürlichen Logarithmus, s. 5.);

$$1-\frac{1}{3}+\frac{1}{5}-\frac{1}{7}+\frac{1}{9}-\ldots+=\sum_{k=1}^{\infty}\frac{(-1)^{k-1}}{(2k-1)}=\frac{\pi}{4}=\arctan 1$$

ist nur bedingt konvergent (alternierende Reihe, s. Arcustangens);

$$1+\frac{1}{2^{\alpha}}+\frac{1}{3^{\alpha}}+\frac{1}{4^{\alpha}}+\ldots=\sum_{k=1}^{\infty}\frac{1}{k^{\alpha}}$$ mit konstantem $\alpha\in\mathbb{R}$ ist

$$\begin{cases}\text{für } \alpha>1 \text{ konvergent;}\\ \text{für } \alpha\le 1 \text{ divergent;}\end{cases}$$

$$1+\frac{1}{2^2}+\frac{1}{3^2}+\frac{1}{4^2}+\frac{1}{5^2}+\ldots=\sum_{k=1}^{\infty}\frac{1}{k^2}=\frac{\pi^2}{6};$$

$$1-\frac{1}{2^2}+\frac{1}{3^2}-\frac{1}{4^2}+\ldots=\sum_{k=1}^{\infty}\frac{(-1)^{k-1}}{k^2}=\frac{\pi^2}{12}\quad\text{(absolut konvergent);}$$

$$1+\frac{1}{3^2}+\frac{1}{5^2}+\frac{1}{7^2}+\ldots=\sum_{k=1}^{\infty}\frac{1}{(2k-1)^2}=\frac{\pi^2}{8};$$

$$1+\frac{1}{2^4}+\frac{1}{3^4}+\frac{1}{4^4}+\ldots=\sum_{k=1}^{\infty}\frac{1}{k^4}=\frac{\pi^4}{90};$$

$$\frac{1}{1\cdot 2}+\frac{1}{2\cdot 3}+\frac{1}{3\cdot 4}+\frac{1}{4\cdot 5}+\ldots=\sum_{k=1}^{\infty}\frac{1}{k\cdot(k+1)}=1;$$

$$\frac{1}{1\cdot 3}+\frac{1}{3\cdot 5}+\frac{1}{5\cdot 7}+\frac{1}{7\cdot 9}+\ldots=\sum_{k=1}^{\infty}\frac{1}{(2k-1)\cdot(2k+1)}=\frac{1}{2};$$

$$\frac{1}{1\cdot 2\cdot 3}+\frac{1}{2\cdot 3\cdot 4}+\frac{1}{3\cdot 4\cdot 5}+\ldots=\sum_{k=1}^{\infty}\frac{1}{k\cdot(k+1)\cdot(k+2)}=\frac{1}{4}.$$

7. Doppelreihe s. Doppelreihe.

8. Produkt zweier Reihen s. Doppelreihe.

9. Reihen von komplexen Zahlen s. komplexe Zahlen, 3.

Reihenentwicklung s. Taylor-Entwicklung.

Reihenrest s. Reihe, 2.

Reihenschaltung (Serienschaltung):
In einer *Reihen-* bzw. *Serienschaltung* sind die Übertragungseinheiten so zusammengeschaltet, daß das Ausgangssignal einer Einheit gleichzeitig Eingangssignal der nachfolgenden Einheit ist.

Reihenvergleich s. Vergleichskriterien für Reihen.

rektifizierbar (Rektifikation, Streckung):
Ein Kurvenstück $\mathfrak{C}$ heißt *rektifizierbar*, wenn seine Bogenlänge s berechenbar ist. Man spricht dann von der *Rektifikation* oder *Streckung* des Kurvenstücks (s. Bogenlänge).

rektifizierende Ebene s. Kurve, 2.7.

Rekursionsformel:
Falls von irgend einem Index n an die Berechnung des Funktionswertes $f(n)$ mit Hilfe bereits berechneter Funktionswerte $f(n-1), f(n-2), \ldots$ erfolgt, spricht man von einer *Rekursionsformel*.

rekursiv definierte Zahlenfolge:
Mit Hilfe einer Abbildungsvorschrift f erhält man in

$$a_{n+1} = f(a_n) \text{ für } n = 1, 2, \ldots \text{ mit einem vorgegebenem Wert } a_1$$

eine *rekursiv definierte Zahlenfolge* $(a_n)_{n \in \mathbb{N}}$, wenn jedes durch diese Abbildungsvorschrift berechnete Folgenglied im Definitionsbereich von f liegt. Falls man zeigen kann (evtl. mit Hilfe der vollständigen Induktion), daß diese Zahlenfolge monoton und beschränkt ist (s. Zahlenfolge, 2.), so ist die Zahlenfolge konvergent (s. Zahlenfolge, 3.). Wenn die Funktion $f(x)$ stetig ist, erhält man den Grenzwert $a = \lim_{n \to \infty} a_n$ durch Lösen der Gleichung $a = f(a)$, also $f(a) - a = 0$.
Ohne weitere Untersuchung auf Konvergenz genügt es nicht, einfach nur diese Gleichung zu lösen. Dazu das Beispiel:

$$a_{n+1} = 2 - a_n \text{ für } n = 1, 2, \ldots \quad \text{mit } a_1 = 0.$$

Als Lösung würde man hier $a = 2 - a$, also $a = 1$ erhalten. Die Folge konvergiert jedoch nicht, da es sich um die alternierende Folge $0, 2, 0, 2, 0, \ldots$ handelt. Nur für $a_1 = 1$ konvergiert die konstante Folge gegen 1.

Beispiel: $a_{n+1} = \sqrt{8a_n + 20}$ mit $a_1 = 1$.

Mit dem Prinzip der vollständigen Induktion (s. vollständige Induktion) kann gezeigt werden, daß (a_n) monoton wachsend ist, und daß $a_n \leq 20$ für alle n gilt. Damit ist die Folge konvergent. Weil die Wurzelfunktion stetig ist, erhält man für den Grenzwert a die Bedingung $a = \sqrt{8a + 20}$. Quadrieren ergibt $a^2 = 8a + 20$; $\hat{a}_{1,2} = 4 \pm 6$. Der Wert $a = -2$ scheidet wegen $a_n > 0$ für alle n aus. Somit ist $a = 10$ der Grenzwert der Folge.

Mit dem Startwert $a_1 = 10$ erhält man die konstante Folge $a_n \equiv 10$ für alle n, die ebenfalls gegen 10 konvergiert. Jeder Startwert $a_1 > 10$ ergibt eine monoton fallende Folge, die ebenfalls gegen $a = 10$ konvergiert.

Relation:

1. Zweistellige (binäre) Relation zwischen Elementen zweier verschiedener Mengen:
Unter einer *zweistelligen (binären) Relation* R zwischen Elementen x_1 einer Menge M_1 und Elementen x_2 einer Menge M_2 versteht man eine Beziehung, die zwischen Elementen x_1 und x_2 besteht. Falls die Beziehung R zwischen $x_1 \in M_1$ und $x_2 \in M_2$ besteht, sagt man: x_1 steht zu x_2 in der Relation R und schreibt dafür $x_1 R x_2$. Alle Paare von Elementen, die in der Relation R stehen, können als geordnete Paare des direkten Produkts $M_1 \times M_2$ (s. direktes Produkt, 1.) interpretiert werden mit

$$R = \{(x_1, x_2) \mid x_1 R x_2\} \subset M_1 \times M_2 .$$

Die beiden Mengen M_1 und M_2 seien endlich mit

$$M_1 = \{a_1, a_2, \dots a_m\}; \quad M_2 = \{b_1, b_2, \dots b_n\}.$$

Falls die Relation R zwischen a_i und b_j besteht, also $a_i R b_j$ gilt, setzt man $r_{ij} = 1$, sonst $r_{ij} = 0$ für $i = 1, 2, \dots, m$; $j = 1, 2, \dots, n$. Damit erhält man die sogenannte $m \times n$-reihige *Relationsmatrix* (r_{ij}) mit den Elementen 1 oder 0. Aus dieser Matrix kann über die Einsen abgelesen werden, welche Elemente in der Relation R stehen.

2. Zweistellige (binäre) Relation in einer Menge:
In 1. sei $M_1 = M_2 = M$. Dann heißt R eine *Relation in der Menge* M mit $R = \{(a, b) \mid a R b\} \subset M \times M$.

Die Relation R heißt

reflexiv, falls $a R a$ für jedes $a \in M$ gilt;
irreflexiv, falls $a R a$ für kein $a \in M$ gilt;
symmetrisch, falls aus $a R b$ auch $b R a$ folgt;
antisymmetrisch oder *identitiv*, falls aus $a R b$ und $b R a$ folgt $a = b$;
asymmetrisch, falls aus $a R b$ nie $b R a$ folgt;
transitiv, wenn aus $a R b$ und $b R c$ stets $a R c$ folgt;
linear, falls für alle a, $b \in M$ entweder $a R b$ oder $b R a$ gilt;
konnex, falls für alle a, $b \in M$ entweder $a R b$ oder $b R a$ oder $a = b$ gilt.

3. n-stellige (n-äre) Relation:
Eine *n-stellige* oder *n-äre* Relation ist eine Beziehung, die zwischen Elementen der Mengen $M_1, M_2, \dots, M_n$ besteht oder nicht besteht. Man schreibt $R(a_1, a_2, \dots, a_n)$, falls die Beziehung zwischen $a_1 \in M_1$, $a_2 \in M_2$, $\dots, a_n \in M_n$ besteht. Alle Elemente, die bezüglich R in Relation stehen, können als Teilmenge des direkten Produkts $M_1 \times M_2 \times \dots \times M_2$ dargestellt

werden (s. direktes Produkt, 2.). Als *einstellige Relationen* in $M_1 = M$ können Teilmengen von M interpretiert werden.

Relationsmatrix s. Relation, 1.

relative Änderung:
Eine Größe $a \neq 0$ ändere sich um den Wert Δa auf $a + \Delta a$. Dann heißt $\frac{\Delta a}{a}$ die *relative Änderung* und $100 \cdot \frac{\Delta a}{a}$ die *prozentuale Änderung* von a (s. Prozentrechnung).

relativer Fehler s. Fehler, 1.

relatives Extremum s. Extremum.

Rentenrechnung (Rente):
Unter einer *Rente* versteht man laufende Zahlungen, die in regelmäßigen Zeitabständen (periodisch) - meistens in gleicher Höhe - wiederkehren.

1. Einzahlungen der Rentenbeträge auf ein Konto:
Hier können die laufenden Kontostände nach den bei der Zinseszinsrechnung angegebenen Formeln bestimmt werden (s. Zinseszinsrechnung, 3., 4.).

2. Rentenzahlungen aus einem Kapital:
Ein Kapital K_0 werde jährlich mit p% verzinst. Daraus werde m - mal unterjährig der gleiche Rentenbetrag r gezahlt. Dann beträgt das Restkapital nach n Jahren (s. Zinseszinsrechnung, 1., 4.)

bei vorschüssiger Rentenzahlung (Zahlungen jeweils zum Jahresbeginn):

$$R_n = K_0 q^n - r \cdot \left[m + \frac{(m+1)\,p}{200}\right] \cdot \frac{q^n - 1}{q - 1} \quad \text{für} \quad n = 1, 2, 3, \ldots ;$$

bei nachschüssiger Rentenzahlung (Zahlungen jeweils am Jahresende):

$$R_n^* = K_0 q^n - r \cdot \left[m + \frac{(m-1)\,p}{200}\right] \cdot \frac{q^n - 1}{q - 1} \quad \text{für} \quad n = 1, 2, 3, \ldots$$

mit $q = 1 + \frac{p}{100}$.

Ewige Rente:
Aus $R_1 = K_0$ bzw. $R_1^* = K_0$ erhält man die ewige unterjährige Rente

vorschüssig: $$r_{\text{ewig}} = \frac{K_0\, p}{m + \frac{(m+1)\,p}{200}};$$

nachschüssig: $$r_{\text{ewig}}^* = \frac{K_0\, p}{m + \frac{(m-1)\,p}{200}}.$$

Laufzeit der Rente:
Im Falle $r < r_{ewig}$ bzw. $r < r^*_{ewig}$ wird das Kapital im Laufe der Zeit aufgebraucht. Die Laufzeit n erhält man als Lösung von $R_n = 0$ bzw. $R^*_n = 0$. Hier müssen zuerst die Glieder mit q^n zusammengefaßt werden. Logarithmieren ergibt eine Gleichung für n. Der ganzzahlige Anteil liefert die Anzahl der Jahre, in denen die volle Rente gezahlt werden kann. Dann bleibt noch ein Rest für ein Teiljahr übrig, das gesondert untersucht werden muß.

Residuensatz s. komplexe Funktion, 12.

Residuum s. komplexe Funktion, 12.

Resolvente s. Gleichung, 4.4.2.

Resolvente eines linearen Operators:
Es sei T ein linearer Operator, der einen normierten linearen Raum V in sich abbildet (s. lineare Abbildung, 2.4., s. Vektorraum, 5.) und I der identische Operator mit $I\mathbf{v} = \mathbf{v}$ für alle $\mathbf{v} \in V$. Für die komplexe Zahl $\lambda \in \mathbb{C}$ besitze der Operator $T_\lambda = T - \lambda I$ eine überall definierte, beschränkte Inverse $R_\lambda = (T - \lambda I)^{-1}$ (s. inverse Abbildung). Dann heißt R_λ *Resolvente* und λ *regulärer* Punkt von T. Die Menge $\rho(T)$ aller regulären Punkte nennt man *Resolventenmenge* von T. Jeder nicht reguläre Punkt λ von T heißt *singulär*. Die Menge $\sigma(T)$ aller singulärer Punkte nennt man das *Spektrum* des Operators T.
Der lineare Operator T werde durch die quadratische Matrix A dargestellt (s. lineare Abbildung, 2.). Dann heißt im Falle der Existenz die inverse Matrix $A_\lambda = (A - \lambda E)^{-1}$ (E = Einheitsmatrix) *Resolvente* von A. Das Spektrum von A besteht aus allen Eigenwerten der Martix A (s. Eigenwertproblem, 3.).

Resolvente, Greensche s. gewöhnliche Differentialgleichung, 6.1.

Resolvente, kubische s. Gleichung, 4.4.2.

Rest bei der Division s. Division mit Rest, s. Polynomdivision.

Rest einer geordneten Menge s. Ende einer geordneten Menge.

Restglied s. Taylor-Entwicklung, 1.2., s. Interpolation, 2., 3., 4.

Restklasse s. Kongruenz von ganzen Zahlen, s. Äquivalenzklasse.

Restprodukt s. Produkt, 4.2.

reziproke Matrix:
Die Inverse A^{-1} einer regulären quadratischen Matrix A mit $A \cdot A^{-1} = E$ (Einheitsmatrix) heißt auch *reziproke Matrix* von A (s. Matrix, 4.).

reziproke Radien s. Inversion, 2.

reziproker Wert (reziproke Zahl, Kehrwert):
Für jede reelle Zahl $a \neq 0$ heißt $a^{-1} = \frac{1}{a}$ der zu a *reziproke Wert* oder *Kehrwert* von a.

Rhomboid:
Ein Parallelogramm, das kein Rhombus ist, heißt *Rhomboid* (s. Parallelogramm, s. Rhombus).

Rhombus (Raute):
Ein *Rhombus* oder eine *Raute* ABCD ist ein Parallelogramm (s. Parallelogramm), dessen vier Seiten alle die gleiche Länge a besitzen. Die Diagonalen halbieren sich im Mittelpunkt M, sie halbieren die Winkel und stehen aufeinander senkrecht. Die beiden gegenüberliegenden Innenwinkel sind jeweils gleich groß. Zwei benachbarte Innenwinkel ergänzen sich zu 180°. Beide Höhen sind gleich $h = a \cdot \sin \alpha$. Für die Längen der Diagonalen gilt (s. Parallelogrammgleichung)

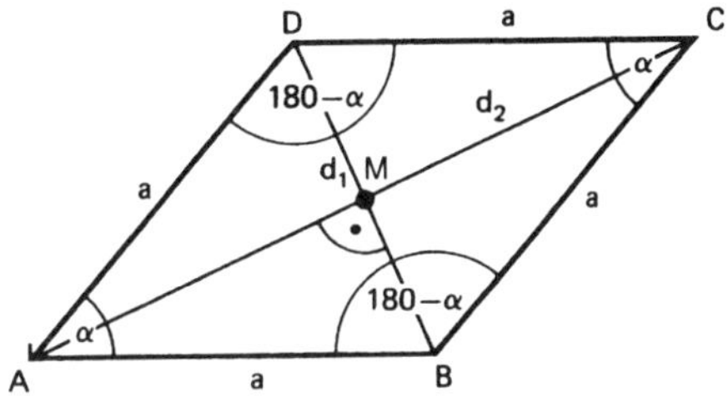

$$d_1 = 2a \sin\frac{\alpha}{2}, \quad d_2 = 2a \cos\frac{\alpha}{2} \quad \text{mit} \quad d_1^2 + d_2^2 = 4a^2.$$

Flächeninhalt: $F = a^2 \sin \alpha = \dfrac{d_1 d_2}{2}$; Umfang: $U = 4a$.

Riccati, Jacopo Francesco (1676 – 1754) wurde als Grafensohn am Jesuitenkollegium in Brescia erzogen und studierte in Padua. Danach lebte er als wohlhabender Privatmann, wobei er alle Berufungen auf einen Lehrstuhl ablehnte. Er beschäftigte sich mit der Theorie der gewöhnlichen Differentialgleichungen. Nach ihm benannt ist die Riccatische Differentialgleichung (s. Riccatische Differentialgleichung).

Riccatische Differentialgleichung:
Die lineare gewöhnliche Differentialgleichung 2. Ordnung

$$y'(x) + p(x)\,y(x) + r(x)\,y^2(x) = 0$$

heißt *Riccatische Differentialgleichung.* Falls eine partikuläre Lösung $y_1(x)$ bekannt ist, erhält man mit der Substitution $y(x) = y_1(x) + \dfrac{1}{z(x)}$ durch Einsetzen in die Riccatische Differentialgleichung für $z(x)$ eine lineare Differentialgleichung (s. gewöhnliche Differentialgleichung, 2.1.5.).

Richtung:
Die *Richtung* einer durch $y = f(x)$ gegebenen, differenzierbaren Funktion f an der Stelle x_0 ist die Ableitung (Differentialquotient) $f'(x_0)$ (s. Ableitung einer Funktion einer reellen Variablen).

Zwei nicht verschwindende Vektoren $\vec{a}$, $\vec{b} \in V^n$ besitzen die *gleiche Richtung*, wenn es einen Skalar $\lambda > 0$ gibt mit $\vec{a} = \lambda \cdot \vec{b}$.

Richtungsableitung:

Die Funktion $f(x_1, x_2, \ldots, x_n)$ besitze stetige partielle Ableitungen (es genügt bereits die totale Differenzierbarkeit). Dann existiert die Richtungsableitung in Richtung des Einheitsvektors $\vec{e}^T = (e_1, e_2, \ldots, e_n)$ mit $|\vec{e}| = 1$. Sie besitzt die Darstellung

$$\frac{\partial f(x_1, x_2, \ldots, x_n)}{\partial \vec{e}} = \sum_{i=1}^{n} f_{x_i}(x_1, x_2, \ldots, x_n) \cdot e_i \quad \text{mit} \quad \sum_{i=1}^{n} e_i^2 = 1$$

(s. Funktion von reellen Variablen, 2.6., 3.6.).
Mit dem Gradienten $\operatorname{grad} f(x_1, x_2, \ldots, x_n)$ (s. Gradient) erhält man die Richtungsableitung als Skalarprodukt

$$\frac{\partial f(x_1, x_2, \ldots, x_n)}{\partial \vec{e}} = \operatorname{grad} f(x_1, x_2, \ldots, x_n) \cdot \vec{e}.$$

Die Richtungsableitung in Richtung eines beliebigen Vektors $\vec{b} \neq \vec{0}$ erhält man über die Normierung mit $\vec{e} = \dfrac{\vec{b}}{|\vec{b}|}$.

Richtungsfeld einer gewöhnlichen Differentialgleichung 1. Ordnung:

Die Gesamtheit der Linienelemente $(x, y(x), y'(x))$ der Differentialgleichung $F(x, y, y') = 0$ heißt *Richtungsfeld* (s. Linienelement einer gewöhnlichen Differentialgleichung 1. Ordnung, s. gewöhnliche Differentialgleichung, 2.1.).

Richtungskosinusse s. Richtungswinkel.

Richtungsvektor einer Geraden:

Die in der Parameterdarstellung

$$\overrightarrow{OX} = \vec{a} + \lambda \cdot \vec{b}; \; \vec{b} \neq \vec{0}, \; \lambda \in \mathbb{R}$$

dargestellte Gerade besitzt den *Richtungsvektor* $\vec{b}$ (s. Gerade, 1.1., 2.1.).

Richtungswinkel (Richtungskosinusse):

Es sei $\vec{b}^T = (b_1, b_2, b_3)$ der Richtungsvektor einer Geraden (s. Gerade, 2.1.). Parallelverschiebung der Geraden durch den Koordinatenursprung O ergibt die *Richtungswinkel*, welche die Gerade mit den Koordinatenachsen einschließt. Mit den Skalarprodukten (s. Skalarprodukt)

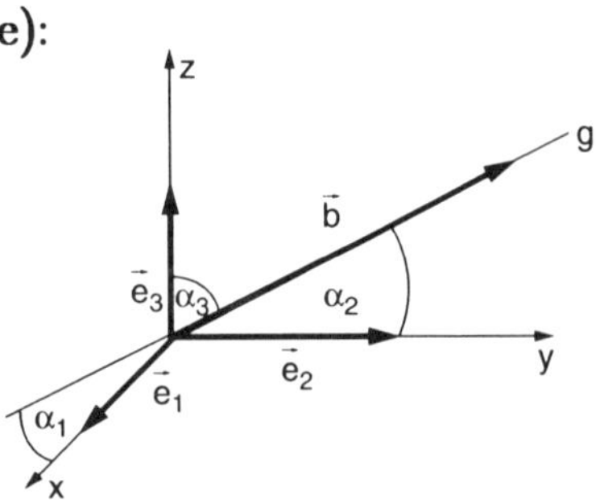

$$b_1 = \vec{b} \cdot \vec{e}_1 = |\vec{b}| \cdot \cos\alpha_1 ; \quad b_2 = \vec{b} \cdot \vec{e}_2 = |\vec{b}| \cdot \cos\alpha_2 ;$$

$$b_3 = \vec{b} \cdot \vec{e}_3 = |\vec{b}| \cdot \cos\alpha_3$$

erhält man mit dem Betrag $|\vec{b}| = \sqrt{b_1^2 + b_2^2 + b_3^2}$ die *Richtungskosinusse* der Geraden als

$$\cos\alpha_1 = \frac{b_1}{|\vec{b}|}; \quad \cos\alpha_2 = \frac{b_2}{|\vec{b}|}; \quad \cos\alpha_3 = \frac{b_3}{|\vec{b}|} \quad \text{mit } |\vec{b}| = \sqrt{b_1^2 + b_2^2 + b_3^2} .$$

Hieraus folgt

$$\cos^2\alpha_1 + \cos^2\alpha_2 + \cos^2\alpha_3 = 1 .$$

Riemann, Bernhard (1826 – 1866) studierte zuerst Philologie und Theologie, bis er sich ganz der Mathematik widmete. In Göttingen schrieb er bahnbrechende Arbeiten über die Gebiete der Geometrie, Funktionentheorie und Integrationstheorie. Nach ihm benannt sind das Riemannsche Integral, welches in der Praxis meistens als "das Integral" bezeichnet wird (s. Integralrechnung), die Riemannsche Zahlenkugel (s. Riemannsche Zahlenkugel) sowie die Riemannsche Zetafunktion (s. Zetafunktion).

Riemannsches Integral s. Integralrechnung.

Riemannsche Zahlenkugel:

Die *Riemannsche Zahlenkugel* K ist eine Kugel vom Durchmesser 1, welche die komplexe (Gaußsche) Zahlenebene E (s. komplexe Zahlenebene) im Koordinatenursprung $z = 0$ berührt. Dieser Berührungspunkt ist der *Südpol* S, der diametrale Gegenpunkt N der *Nordpol* der Kugel. Die komplexen Zahlen $z \in E$ werden durch die stereographische Projektion (s. stereographische Projektion) eineindeutig auf die Punkte der Kugel K abgebildet. Dazu wird jeder Punkt z von E mit dem Nordpol von K verbunden (s. stereographische Projektion). Der Schnittpunkt z^* dieser Verbindungsstrecke mit der Kugel K ist das Bild von z. Die Bilder aller Punkte z mit dem gleichen Argument φ liegen auf einem durch N und S gehenden Großkreis auf der Kugel. Dem Nord-

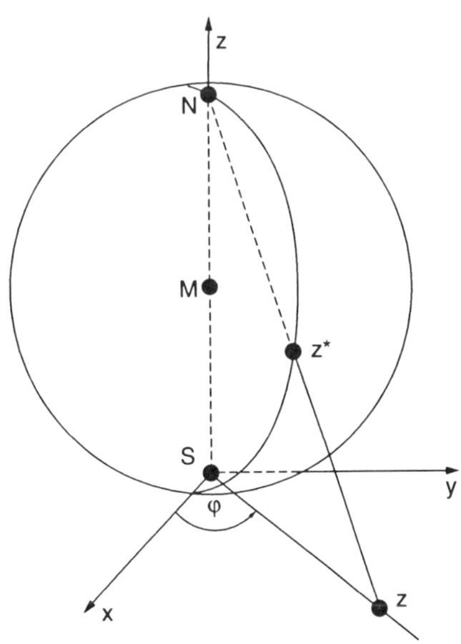

pol entspricht keine komplexe Zahl. Nimmt man in der komplexen Zahlenebene E den Punkt ∞ hinzu (s. unendlich ferner Punkt), so entspricht dem Nordpol das Bild dieses unendlich fernen Punktes. Die durch ∞ ergänzte komplexe Zahlenebene heißt *abgeschlossene* oder *vollständige* Zahlenebene. Läßt man den Nordpol weg, so erhält man die *punktierte Riemannsche Zahlenkugel.* Ihr entspricht die komplexe Zahlenebene ohne den unendlich fernen Punkt. Der Euklidische (gewöhnliche) Abstand der Bilder zweier komplexer Zahlen auf der Riemannnschen Zahlenebene ist der *chordale Abstand* der komplexen Zahlen. Damit kann ein Konvergenzbegriff eingeführt werden (s. chordaler Abstand, s. chordal konvergent).

Riemannsche Zetafunktion s. Zetafunktion.

Ring:

In einer Menge R gebe es zwei binäre Operationen, die *Addition* $+$ und die *Multiplikation* $\cdot$. Bezüglich der Addition sei R eine abelsche Gruppe (s. abelsche Gruppe) und bezüglich der Multiplikation eine Halbgruppe. Beide Operationen seien durch die *Distributivgesetze* $a\cdot(b+c) = a\cdot b + a\cdot c$ und $(a + b)\cdot c = a\cdot c + b\cdot c$ verknüpft. Dann heißt R ein *Ring.* In einem Ring gelten also für beliebige Elemente $a, b, c \in R$ folgende Eigenschaften:

(R1) $a+b=b+a$ (kommutatives Gesetz der Addition);

(R2) $(a+b)+c=a+(b+c)$ (assoziatives Gesetz der Addition);

(R3) zu je zwei Elementen $a, b \in R$ gibt es genau ein Element $x \in R$ mit

$a+x=b$ (Umkehrung der Addition);

(R4) $(a\cdot b)\cdot c=a\cdot(b\cdot c)$ (assoziatives Gesetz der Multiplikation);

(R5) $a\cdot(b+c)=a\cdot b+a\cdot c$; $(a+b)\cdot c=a\cdot c+b\cdot c$ (distributive Gesetze).

Hieraus folgt die Existenz genau eines Elements $0 \in R$ mit

$$a+0=a \quad \text{für alle } a \in R.$$

Man nennt 0 das *Nullelement* oder das *neutrale Element* der Addition. Im Falle $a=0$ sagt man auch "a verschwindet". Durch $a+b=0$ wird das *entgegengesetzte* Element $b = -a$ definiert.
Falls auch die Multiplikation $\cdot$ kommutativ ist mit $a\cdot b=b\cdot a$ für alle $a, b \in R$, heißt R ein *kommutativer* Ring.

Ring, Boolescher s. Boolescher Ring.

Riß(tafel) s. Projektion.

Rißachse s. Zweitafelprojektion.

R-Modul s. Modul, 2.

Robinson s. Amoroso - Robinson - Beziehung.

Rolle, Michel (1652 – 1719) wirkte in Paris. Nach ihm benannt ist der Satz von Rolle (s. Rollescher Mittelwertsatz).

Rollescher Mittelwertsatz (Satz von Rolle):
Die Funktion f(x) sei im Intervall [a; b] stetig mit f(a) = f(b) = 0 und im Innern (a; b) stetig differenzierbar. Dann gibt es mindestens eine Zwischenstelle $\xi \in (a;b)$ mit $f'(\xi) = 0$, also mit horizontaler Tangente. Dieser Satz ist ein Spezialfall des Mittelwertsatzes der Differentialrechnung (s. Mittelwertsatz, 1.1.1).

Rollkurve s. zyklische Kurven.

römisches Zahlensystem s. Zahlensystem, 1.2.

rot s. Rotation.

Rotation:
Durch die geschlossene Fläche $\mathcal{F} \in \mathbb{R}^3$ werde ein Körper K mit dem Volumen V begrenzt. $\vec{v}(x, y, z)$ sei ein Vektorfeld. Dann heißt der Vektor

$$\operatorname{rot} \vec{v} = - \lim_{V \to 0} \frac{1}{V} \oiint_{\mathcal{F}} \vec{v} \times \vec{n} \, dO$$

die *Rotation* des Vektorfeldes (s. Oberflächenintegral, 3.2.). Ein Vektorfeld $\vec{v}$ mit $\operatorname{rot} \vec{v} = \vec{0}$ nennt man *wirbelfrei.*

Allgemein gelten folgende Eigenschaften:

$\operatorname{rot} \vec{c} = \vec{0}$ für jeden konstanten Vektor $\vec{c}$;

$\operatorname{rot}(c \cdot \vec{v}) = c \cdot \operatorname{div} \vec{v}$ für jede Konstante $c \in \mathbb{R}$ (s. Divergenz);

$\operatorname{rot}(\vec{v}_1 + \vec{v}_2) = \operatorname{rot} \vec{v}_1 + \operatorname{rot} \vec{v}_2$ (Additivität);

$\operatorname{rot}(U(x, y, z) \cdot \vec{v}) = U(x, y, z) \cdot \operatorname{rot} \vec{v} + \vec{v} \cdot \operatorname{grad} U(x, y, z)$

(s. Gradient) für jede Skalarfunktion U.

Darstellung in kartesische Koordinaten:

$$\operatorname{rot} \vec{v} = \begin{vmatrix} \vec{e}_1 & \vec{e}_2 & \vec{e}_3 \\ \frac{\partial}{\partial x} & \frac{\partial}{\partial y} & \frac{\partial}{\partial z} \\ v_1 & v_2 & v_3 \end{vmatrix} = \begin{pmatrix} \frac{\partial v_3(x, y, z)}{\partial y} - \frac{\partial v_2(x, y, z)}{\partial z} \\ \frac{\partial v_1(x, y, z)}{\partial z} - \frac{\partial v_3(x, y, z)}{\partial x} \\ \frac{\partial v_2(x, y, z)}{\partial x} - \frac{\partial v_1(x, y, z)}{\partial y} \end{pmatrix}.$$

Die Determinante wird formal nach der ersten Zeile entwickelt. Die Ableitungsoperatoren werden dabei auf die ihnen zugeordneten Funktionen angewandt (s. Nabla - Operator, s. Determinante).

Darstellung in Zylinderkoordinaten (s. Vektorfeld, 2., s. Zylinderkoordinaten):

$$\vec{v}(\rho,\varphi,z) = v_\rho(\rho,\varphi,z)\cdot\vec{e}_\rho + v_\varphi(\rho,\varphi,z)\cdot\vec{e}_\varphi + v_z(\rho,\varphi,z)\cdot\vec{e}_z;$$

$$\operatorname{rot}\vec{v} = \left(\frac{1}{\rho}\cdot\frac{\partial v_z}{\partial\varphi} - \frac{\partial v_\varphi}{\partial z}\right)\cdot\vec{e}_\rho + \left(\frac{\partial v_\rho}{\partial z} - \frac{\partial v_z}{\partial\rho}\right)\cdot\vec{e}_\varphi + \left(\frac{1}{\rho}\cdot\frac{\partial(\rho\cdot v_\varphi)}{\partial\rho} - \frac{1}{\rho}\cdot\frac{\partial v_\rho}{\partial\varphi}\right)\cdot\vec{e}_z.$$

Darstellung in Kugelkoordinaten (s. Kugelkoordinaten, s. Vektorfeld, 3.):

$$\vec{v}(\varphi,\vartheta,\rho) = v_\varphi(\varphi,\vartheta,\rho)\cdot\vec{e}_\varphi + v_\vartheta(\varphi,\vartheta,\rho)\cdot\vec{e}_\vartheta + v_\rho(\varphi,\vartheta,\rho)\cdot\vec{e}_\rho;$$

$$\operatorname{rot}\vec{v} = \frac{1}{\rho}\cdot\left(\frac{\partial(\rho\cdot v_\vartheta)}{\partial\rho} - \frac{\partial v_\rho}{\partial\vartheta}\right)\cdot\vec{e}_\varphi + \frac{1}{\rho}\cdot\left(\frac{1}{\sin\vartheta}\cdot\frac{\partial v_\rho}{\partial\varphi} - \frac{\partial(\rho\cdot v_\varphi)}{\partial\rho}\right)\cdot\vec{e}_\vartheta + \frac{1}{\rho\sin\vartheta}\cdot\left(\frac{\partial(v_\varphi\cdot\sin\vartheta)}{\partial\vartheta} - \frac{\partial v_\vartheta}{\partial\varphi}\right)\cdot\vec{e}_\rho.$$

Rotationsfläche und Rotationskörper:

Es sei $y = f(x) \geq 0$ eine nichtnegative stetige Funktion zwischen $x = a$ und $x = b$. Durch Rotation dieses Kurvenstücks $\mathfrak{C}$ zwischen a und b um die x-Achse (*Rotationsachse*) erhält man eine *Rotationsfläche* (*Drehfläche*) im $\mathbb{R}^3$. Falls f negative Werte annimmt, wird die Betragsfunktion $|f(x)|$ gewählt. Der von den Ebenen $x \equiv a$ und $x \equiv b$ und der Rotationsfläche gebildete Körper K heißt *Rotationskörper.*

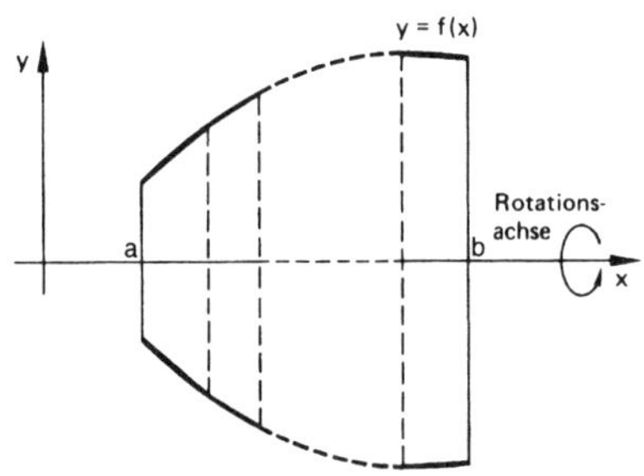

1. Volumen des Rotationskörpers:

Der Rotationskörper besitzt das Volumen

$$V_x = \pi\int_a^b y^2(x)\,dx = \pi\int_a^b f^2(x)\,dx.$$

Bei der Parameterdarstellung

$$x = \varphi(t);\quad y = \psi(t)\quad \text{für}\quad t_1 \leq t \leq t_2$$

berechnet man das Volumen bei der Rotation um die x-Achse durch

$$V_x = \pi\cdot\int_{t_1}^{t_2}\psi^2(t)\cdot|\varphi'(t)|\,dt.$$

Bei Polarkoordinaten $\rho = \rho(\varphi)$ mit $\dfrac{d\rho(\varphi)}{d\varphi} = \dot\rho(\varphi)$ gilt

$$V_x = \pi\cdot\int_{\varphi_1}^{\varphi_2}\rho^2(\varphi)\cdot\sin^2\varphi\cdot|\dot\rho(\varphi)\cdot\cos\varphi - \rho(\varphi)\cdot\sin\varphi|\,d\varphi.$$

Beispiel (gerader Kreiskegel):
Ein Kreiskegel besitze den Radius r des Grundkreises und die Höhe h. Er kann erzeugt werden durch Rotation des Geradenstücks

$$y = f(x) = \frac{r}{h} \cdot x \quad \text{für} \quad 0 \leq x \leq h.$$

Für das Volumen erhält man

$$V = \frac{\pi r^2}{h^2} \cdot \int_0^h x^2 \, dx = \frac{\pi r^2}{h^2} \cdot \frac{h^3}{3} = \frac{1}{3} \pi r^2 h.$$

Schwerpunkt des Rotationskörpers:
Die Koordinaten des Schwerpunktes $P(x_S, y_S, z_S)$ des homogenen Rotationskörpers K lauten

$$x_S = \frac{\int_a^b x\, y^2(x)\, dx}{\int_a^b y^2 \, dx} = \frac{\int_a^b x\, f^2(x)\, dx}{\int_a^b f^2(x)\, dx}\,; \quad y_S = z_S = 0 \text{ (Symmetrie)}.$$

Erste Guldinsche Regel:
Die y-Koordinate $\hat{y}_S$ des Schwerpunktes der von der Kurve $|f(x)|$ und der x-Achse zwischen $x = a$ und $x = b$ erzeugten (homogenen) Fläche lautet mit dem Flächeninhalt F

$$\hat{y}_S = \frac{\int_a^b \int_0^{|f(x)|} y \, dy \, dx}{\int_a^b |f(x)| \, dx} = \frac{\frac{1}{2} \int_a^b f^2(x)\, dx}{\int_a^b |f(x)|\, dx} = \frac{\frac{1}{2} \int_a^b y^2 \, dx}{\int_a^b |y| \, dx} = \frac{1}{2F} \int_a^b f^2(x)\, dx$$

(s. Integralrechnung, 2.). Damit geht die Formel für das Volumen über in

$$V_x = \pi \cdot \int_a^b f^2(x)\, dx = F \cdot 2\pi \hat{y}_S \qquad \text{(1. Guldinsche Regel).}$$

Die 1. Guldinsche Regel besagt: Das Volumen V des Rotationskörpers K ist gleich dem Produkt des Flächeninhalts F der auf einer Seite von der Drehachse liegenden erzeugenden Fläche und der Länge des Weges, den der Schwerpunkt dieser homogenen Fläche bei einer Umdrehung zurücklegt.

2. Inhalt der Mantelfläche des Rotationskörpers:
Zur Berechnung der Mantelfläche des Rotationskörpers wird das Intervall [a ; b] zerlegt durch

$$a = x_0 < x_1 < \ldots < x_n = b.$$

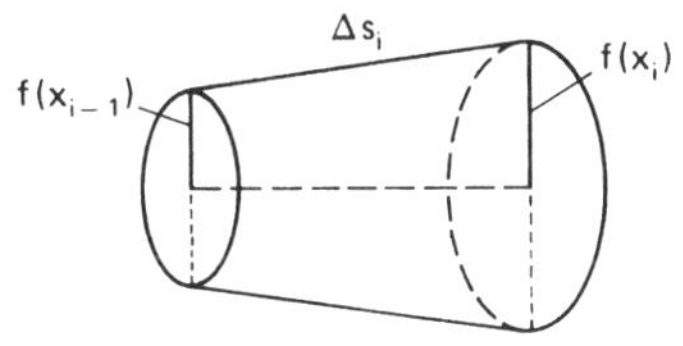

Die Bogenstücke werden durch die Sehnenstücke approximiert mit

$$\Delta s_i = \sqrt{\Delta x_i^2 + \Delta y_i^2} = \sqrt{1 + \left(\frac{\Delta y_i}{\Delta x_i}\right)^2} \cdot \Delta x_i \text{ für } i = 1, 2, \ldots, m.$$

Dadurch entstehen Kegelstümpfe mit den Radien $|f(x_{i-1})|$ und $|f(x_i)|$ und den Inhalten der Mantelflächen

$$M_i = \pi \cdot (\,|f(x_{i-1})| + |f(x_i)|\,) \cdot \sqrt{1 + \left(\frac{\Delta y_i}{\Delta x_i}\right)^2} \cdot \Delta x_i\,.$$

Mit $\Delta(Z_n) = \max(\Delta x_1, \Delta x_2, \ldots, \Delta x_n)$ erhält man den Inhalt M der Mantelfläche als Grenzwert

$$M_x = \lim_{\substack{n \to \infty \\ \Delta(Z_n) \to 0}} \sum_{i=1}^{n} \pi \cdot (|f(x_{i-1})| + |f(x_i)|) \cdot \sqrt{1 + \left(\frac{\Delta y_i}{\Delta x_i}\right)^2} \cdot \Delta x_i$$

$$= 2\pi \cdot \int_a^b f(x) \cdot \sqrt{1 + f'^2(x)}\, dx\,.$$

Beispiel (gerader Kreiskegel):
Für einen Kreiskegel mit dem Radius r und der Höhe h erhält man aus

$$y = f(x) = \frac{r}{h} \cdot x \quad \text{für } 0 \le x \le h$$

$$M = 2\pi \frac{r}{h} \cdot \int_0^h x \cdot \sqrt{1 + \frac{r^2}{h^2}}\, dx = 2\pi \cdot \frac{r}{h^2} \cdot \sqrt{r^2 + h^2} \cdot \frac{h^2}{2} = \pi r \cdot \sqrt{r^2 + h^2}\,.$$

Für die Parameterdarstellung $x = \varphi(t)$; $y = \psi(t)$ mit $t_1 \le t \le t_2$ gilt

$$M_x = 2\pi \cdot \int_{t_1}^{t_2} |\psi(t)| \cdot \sqrt{\varphi'^2(t) + \psi'^2(t)}\, dt\,.$$

Bei Polarkoordinaten $\rho = \rho(\varphi)$ mit $\frac{d\rho(\varphi)}{d\varphi} = \dot{\rho}(\varphi)$ erhält man

$$M_x = 2\pi \cdot \int_{\varphi_1}^{\varphi_2} \rho(\varphi) \cdot |\sin\varphi| \cdot \sqrt{\rho^2(\varphi) + \dot{\rho}^2(\varphi)}\, d\varphi\,.$$

Zweite Guldinsche Regel:
Das durch $y = |f(x)|$ für $a \le x \le b$ beschriebene Kurvenstück $\mathfrak{C}$ besitzt die Länge s und die y-Koordinate des Schwerpunkts $\hat{y}_s$ mit

$$s = \int_a^b \sqrt{1 + f'^2(x)}\, dx\,; \quad \hat{y}_s = \frac{\int_a^b |f(x)| \cdot \sqrt{1 + f'^2(x)}\, dx}{\int_a^b \sqrt{1 + f'^2(x)}\, dx}$$

(s. Bogenlänge, 1., s. Schwerpunkt, 6.). Damit kann der Inhalt der Mantelfläche dargestellt werden in der Form

$$M = 2\pi \cdot \hat{y}_S \cdot l \qquad \text{(2. Guldinsche Regel).}$$

Der Inhalt M der Mantelfläche eines Rotationskörpers ist gleich dem Produkt aus der Länge l des auf einer Seite der Drehachse liegenden Kurvenstücks $\mathfrak{C}$ und der Länge des Weges, den der Schwerpunkt $\hat{y}_s$ des erzeugenden Kurvenstücks bei einer Drehung zurücklegt.

3. Inhalt der Oberfläche:
Durch Hinzufügen der beiden Kreisscheiben mit den Radien $|f(a)|$ und $|f(b)|$ zur Mantelfläche erhält man die *Oberfläche* des Rotationskörpers. Der Inhalt der Oberfläche beträgt

$$O = 2\pi \cdot \int_a^b f(x) \cdot \sqrt{1 + f'^2(x)}\, dx + \pi \cdot [f^2(a) + f^2(b)].$$

RT s. Registertonne

Runden und Rundungsfehler:

Unter dem Begriff *Runden* versteht man die Angabe eines Näherungswertes für eine im Dezimalsystem dargestellte Zahl nach einer Regel, aus der die Fehlergrenze aus der letzten angegebenen Ziffer abgelesen werden kann. Falls eine Zahl im Dezimalsystem unendlich viele Ziffern besitzt, besagt die Angabe von endlich vielen Stellen mit drei nachfolgenden Punkten, daß die angegebenen Ziffern so auch in der unendlichen Folge stehen. Die angegebenen Ziffern heißen *gültige Ziffern.* In $\pi = 3{,}14159265\ldots$ sind alle angegebenen Ziffern gültig. Über die der letzten angegebenen Ziffer nachfolgenden Ziffern wird bei dieser Darstellung keine Aussage gemacht. Weil die Zahl π irrational ist, bricht die Dezimalbruchentwicklung nicht ab. Daher ist $\pi > 3{,}14159265$. Beim Abbruch könnte in $\pi \approx 3{,}14159265$ der Fehler bis zu einer Einheit der letzten angegebenen Stelle betragen (s. Fehler), also $3{,}14159265 < \pi < 3{,}14159266$.
Der maximale Fehler kann halbiert werden, d. h. er beträgt höchstens 5 Einheiten in der nachfolgenden Ziffer, wenn folgende übliche *Rundungsregel* eingehalten wird:

a) Wenn auf die letzte anzugebende Ziffer eine der Zahlen 1, 2, 3, 4 folgt, wird sie *abgerundet*, d. h. sie bleibt unverändert.
b) Falls auf die letzte anzugebende Ziffer eine der Zahlen 6, 7, 8, 9 folgt, wird sie *aufgerundet*, also um Eins erhöht.
c) Auf die letzte anzugebende Ziffer folge eine 5 und weitere Ziffern, die nicht alle gleich 0 sind. Dann wird *aufgerundet.*
d) Auf die letzte anzugebende Ziffer folge eine 5 und danach lauter Nullen. Dann wird *aufgerundet*, falls die letzte Ziffer dadurch gerade wird, andernfalls wird *abgerundet.*

Beispiele: $0{,}13471\ldots \to 0{,}1347 \to 0{,}135$; $0{,}64500 \to 0{,}64$; $4{,}4550 \to 4{,}46$.

Beispiel: Aus der obigen Darstellung für π erhält man die Näherungswerte

$\pi \approx 3{,}14$; $\pi \approx 3{,}142$; $\pi \approx 3{,}1416$; $\pi \approx 3{,}14159$; $\pi \approx 3{,}141593$; $\pi \approx 3{,}1415927$.

Dabei beträgt der maximale Fehler höchstens 5 Einheiten in der nachfolgenden Stelle.

$\pi \approx 3{,}141593$ bedeutet $\pi = 3{,}141593 \pm 5 \cdot 10^{-7}$, also
$3{,}141593 - 5 \cdot 10^{-7} < \pi < 3{,}141593 + 5 \cdot 10^{-7}$;
$3{,}1415925 < \pi < 3{,}1415935$.

Bei einer Aufrundung sind nicht mehr alle angegebenen Ziffern *gültig.* Weil jedoch ihre Fehlergrenze bekannt ist, nennt man die gerundeten Ziffern *zuverlässig.* Falls die Zahl 1998,7 auf 1999 gerundet wird, sind alle in 1999 angegebenen Ziffern *wesentlich.* Bei einer Rundung von 1889 auf 1900 sind die beiden angegebenen Nullen keine *wesentlichen Ziffern.*

Runge, Carl (1856 – 1927) wirkte in Berlin, Hannover und Göttingen. Von ihm stammen grundlegende Arbeiten zur numerischen Lösung mathematischer Probleme (s. Runge-Kutta-Verfahren) sowie zur Funktionen- und Approximationstheorie.

Runge-Kutta-Verfahren:
Runge-Kutta-Verfahren sind spezielle Verfahren zur numerischen Lösung der gewöhnlichen Differentialgleichung $y' = f(x, y)$ (s. gewöhnliche Differentialgleichung, 7.1.4.).

R(z) bzw. **Re(z):**
Es sei $z = x + iy$ eine komplexe Zahl (s. komplexe Zahlen, 1.). Mit

$$R(z) = Re(z) = x \in \mathbb{R}$$

bezeichnet man den *Realteil* von z.

S

Sarrus, Pierre Frédéric (1798 – 1861) wirkte in Straßbourg. Er beschäftigte sich hauptsächlich mit dem numerischen Lösen von Gleichungen in mehreren Variablen sowie mit der Berechnung von mehrfachen Integralen. Nach ihm benannt ist die Regel zur Berechnung dreireihiger Determinanten (s. Determinante, 7.).

Sarrussche Regel s. Determinante, 7.

Satteldach s. Keil, 1.

Sattelfläche s. Paraboloid, 2.

Sattelpunkt:
Ein hyperbolischer Punkt einer räumlichen Fläche, also ein Punkt, in dem die beiden Hauptkrümmungen K_1 und K_2 verschiedene Vorzeichen haben, heißt auch *Sattelpunkt* (s. Krümmung, 3., s. Fläche, 2.5.).

Hinreichende Bedingung bei einer Funktion einer Variablen:
$f(x)$ sei an der Stelle x_S n-mal differenzierbar. Dabei gelte

$$f'(x_S) = f''(x_S) = \ldots = f^{(n-1)}(x_S) = 0 \quad \text{und} \quad f^{(n)}(x_S) \neq 0$$

mit ungeradem n. Dann liegt an der Stelle x_S ein Sattelpunkt von f (s. Extremum, 1.). Dieser Sattelpunkt heißt auch *Waagepunkt.*

Hinreichende Bedingung bei einer Funktion von zwei Variablen:
$f(x, y)$ besitze in einer Umgebung U von (x_S, y_S) bzw. im ganzen Definitionsbereich D stetige partielle Ableitungen erster und zweiter Ordnung mit

$$f_x(x_S, y_S) = 0; \quad f_y(x_S, y_S) = 0;$$

$$\Delta(x_S, y_S) = f_{xx}(x_S, y_S) \cdot f_{yy}(x_S, y_S) - f_{xy}^2(x_S, y_S) < 0.$$

Dann befindet sich an der Stelle (x_S, y_S) ein Sattelpunkt von f (s. Extremum, 2.).

3. Hinreichende Bedingung bei einer Funktion von n Variablen:
Falls die Hessematrix an der Stelle $(x_1^{(0)}, x_2^{(0)}, \ldots, x_n^{(0)})$ indefinit ist, besitzt f an dieser Stelle einen Sattelpunkt (s. Extremum, 3.).

4. Gleichgewichtspunkt s. Spiel, 2.2., 2.3.

Satz:
In der mathematischen Theorie werden in einem *Satz* aus Axiomen und bereits bekannten Eigenschaften weitere Eigenschaften hergeleitet.

Scharparameter s. Kurvenschar.

Schattenkonstruktion:
Unter einer *Schattenkonstruktion* versteht man die Bestimmung der Schattenbilder, die entstehen, wenn ein Körper von einer Lichtquelle beleuchtet wird. Falls die Lichtquelle vom Körper einen endlichen (kleinen) Abstand hat, erfolgt sie durch Zentralprojektion, sonst durch Parallelprojektion (s. Projektion, 1., 2.). Auf nicht beleuchteten Körperteilen entstehen *Eigenschatten*, auf Projektionsebenen *Schlagschatten.*

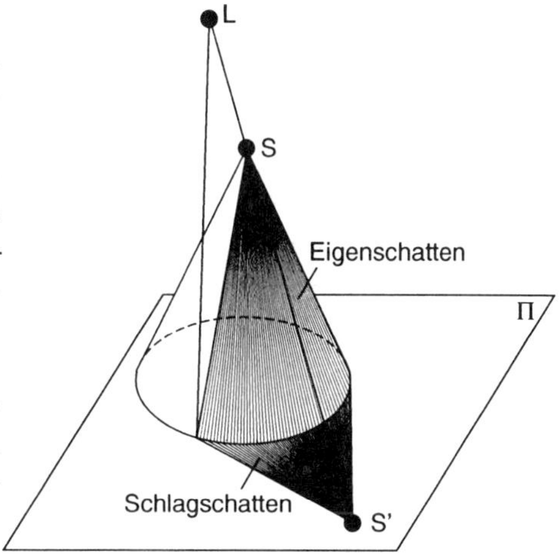

Schaubild s. Graph.

Schauder, Julius Pawel (1899 – 1943) wirkte in Lwów. Seine Arbeitsgebiete waren Analysis, Anwendung der Topologie zur Lösung von Differentialgleichungen sowie die Variationsrechnung. Nach ihm benannt ist der Schauder - Tychonowsche Fixpunksatz (s. Fixpunktsatz, 3.).

Schauder - Tychonowscher Fixpunktsatz s. Fixpunktsatz, 3.

Scheitel(punkt):

1. Scheitel eines Winkels s. Winkel, 1.

2. Scheitel(punkt) einer ebenen Kurve:
Ein Punkt einer ebenen Kurve, in dem die Krümmung extremal ist, heißt *Scheitelpunkt* (s. Krümmung, 1.). In einem Scheitelpunkt verschwindet die Ableitung der Krümmung κ nach der Bogenlänge s, also $\frac{d\kappa}{ds} = 0$.

3. Scheitelpunkt eines Kegelschnittes s. Kegelschnitt, 3., s. Ellipse, 1., s. Hyperbel, 1., s. Parabel, 1.

Scheitelpunkt einer Parabel s. quadratische Funktion.

Scheitelwinkel:
Zwei Winkel (s. Winkel) mit gemeinsamem Scheitel heißen *Scheitelwinkel*, wenn deren Schenkel zwei verschiedene Geraden bilden.

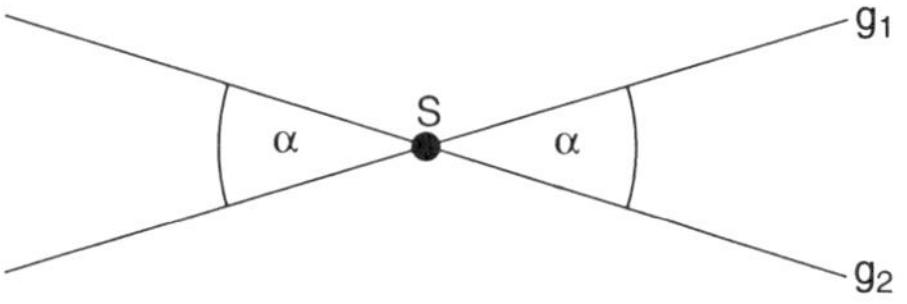

Schenkel eines gleichschenkligen Dreiecks s. Dreieck, 3.

Schenkel eines Trapezes s. Trapez.

Schenkel eines Winkels s. Winkel, 1.

schiefe Parallelprojektion:
Eine Parallelprojektion, bei der die Projektionsstrahlen nicht senkrecht zur Bildtafel Π stehen, heißt *schief* (s. Projektion, 2.).

schiefer Kreiskegel s. Kegel, 2.2.1.

schiefer Zylinder s. Zylinder, 2.1.

schiefes Prisma s. Prisma, 1.

Schiefkörper (nichtkommutativer Körper):
Ein Ring S (s. Ring), in dem die von 0 verschiedenen Elemente bezüglich der Multiplikation eine Gruppe bilden, heißt *Schiefkörper* oder *nichtkommutativer Körper*. Der Schiefkörper S besitzt ein Einselement e, das vom Nullelement 0 verschieden ist. Die Gleichungen $a \cdot x = b$ und $y \cdot a = b$ haben

für beliebige a und b aus S mit $a \neq 0$ in S eindeutige Lösungen $x = a^{-1} \cdot b$ und $y = b \cdot a^{-1}$. In S ist die Addition +, Multiplikation · und Division : möglich. Die Multiplikation muß nicht kommutativ sein. Zu jedem Element $a \neq 0$ gibt es ein inverses Element $a^{-1} \in S$. Falls S kommutativ ist, ist S ein Körper.

schiefsymmetrische Matrix:

Eine quadratische Matrix A mit $a_{ik} = -a_{ki}$ für alle i, k heißt *schiefsymmetrisch*. Mit der transponierten Matrix A^T gilt damit $A = -A^T$.

schiefwinkliges Dreieck:

Ein Dreieck, das nicht rechtwinklig ist (s. Dreieck, 1.), heißt *schiefwinklig.* Ein schiefwinkliges Dreieck ist entweder stumpfwinklig (ein Winkel ist größer als 90°) oder spitzwinklig (alle drei Winkel sind kleiner als 90°).

schiefwinkliges Koordinatensystem s. Koordinatensystem, 1.1.1., 2.1.1., 3.

Schlagschatten s. Schattenkonstruktion.

schleifender Schnitt:

Bei Schnittpunkten zweier Geraden, die einen sehr kleinen Winkel miteinander bilden, spricht man von einem *schleifenden Schnitt.* In einem solchen Fall ist der Schnittpunkt in einer Zeichnung nicht deutlich erkennbar. Dadurch können Konstruktionsungenauigkeiten entstehen.

Schleppkurve s. Traktrix.

schlichte (univalente, einwertige) Funktion:

Eine Funktion f heißt in A *schlicht* (*univalent* oder *einwertig*), wenn sie in A jeden Wert höchstens einmal annimmt.

Schlupfvariable s. lineare Optimierung, 2.1.4.

Schluß:

In der mathematischen Logik versteht man unter einem *Schluß* den Übergang von gewissen Aussagen bzw. Ausdrücken zu weiteren Aussagen bzw. weiteren Ausdrücken.

Schluß von n auf n + 1 s. vollständige Induktion.

Schmidt, Erhard (1876 – 1959) wirkte in Berlin. Von ihm stammen grundlegende Arbeiten zur Theorie der Integralgleichungen, zur Potentialtheorie, Funktionentheorie, Topologie, Zahlentheorie, Maßtheorie und Theorie der partiellen Differentialgleichungen. Nach ihm benannt ist das

Schmidtsche Orthogonalisierungsverfahren (s. Orthogonalisierungsverfahren nach E. Schmidt).

Schmidtsches Orthogonalisierungsverfahren s. Orthogonalisierungsverfahren nach E. Schmidt.

Schmiegebene:

Die vom Tangenten- und Hauptnormalenvektor in einem Punkt P einer räumlichen Kurve aufgespannte Ebene heißt *Schmiegebene* (s. Kurve, 2.5.).

Schmiegkreis (Krümmungskreis) s. Krümmung, 1., 2.

Schnecke, Pascalsche s. zyklische Kurven, 2.

Schnitt:

Unter einem *Schnitt* versteht man die Bestimmung der gemeinsamen Punkte zweier geometrischer Gebilde.

Schnittgerade:

Falls zwei verschiedene Ebenen E_1 und E_2 (s. Ebene) nicht parallel sind, bilden die gemeinsamen Punkte der beiden Ebenen eine Gerade. Diese Gerade heißt *Schnittgerade.*

Schnittmenge s. Menge, 2.

Schnittpunkt:

Ein gemeinsamer Punkt mehrerer Geraden (Ebenen) heißt *Schnittpunkt.*

Schnittwinkel (Neigungswinkel):

1. Schnittwinkel zweier sich schneidender Geraden s. Winkel, 2.

2. Schnittwinkel zweier Ebenen s. Neigungswinkel, 1.

3. Schnittwinkel einer Geraden mit einer Ebene s. Neigungswinkel, 2.

Schrägbild:

Ein *Schrägbild* entsteht bei einer schiefen Parallelprojektion, bei der die Projektionsstrahlen nicht senkrecht auf der ebenen Bildtafel stehen (s. Projektion, 2.).

Schranke, obere bzw untere:

1. Obere bzw. untere Schranke einer Teilmenge einer halbgeordneten Menge:

Es sei $A \subset H$ eine Teilmenge einer durch $\preceq$ halbgeordneten Menge H (s. halbgeordnete Menge). Ein Element $s \in H$ heißt *obere* bzw. *untere Schranke* von A, wenn für alle $a \in A$ gilt $a \preceq s$ bzw. $s \preceq a$.

2. Obere bzw. untere Schranke einer Menge $A \subset \mathbb{R}$:
Es sei $A \subset \mathbb{R}$ eine nichtleere Menge reeller Zahlen. Für eine reelle Zahl s_o gelte $a \leq s_o$ für alle $a \in A$. Dann heißt s_o *obere Schranke* von A. Falls für alle $a \in A$ gilt $s_u \leq a$, heißt s_u *untere Schranke* von A.

3. Obere bzw. untere Schranke einer Funktion:
Falls für alle $x \in D$ gilt $f(x) \geq a$ bzw. $f(x) \leq b$, heißt a *untere* bzw. b *obere Schranke* von f in D.

4. Obere bzw. untere Schranke einer Zahlenfolge:
c_2 heißt eine *obere Schranke* der Zahlenfolge $(a_n)_{n=1,2...}$, wenn für alle n gilt $a_n \leq c_2$. Im Falle $c_1 \leq a_n$ für alle n heißt c_1 *untere Schranke.*

Einer nach oben (unten) nicht beschränkten Zahlenfolge (a_n) wird die obere Schranke $+\infty$ (untere Schranke $-\infty$) zugeordnet (s. Infimum, s. Supremum).

Schraubenfläche, zylindrische:

Eine *Schraubenfläche* ist eine Fläche, die aus allen Punkten der Strahlen besteht, die von der Achse eines Zylinders senkrecht ausgehen und auf einer Schraubenlinie, dem Mantel der Fläche, enden (s. Schraubenlinie).

Schraubenlinie, zylindrische:

Ein Stab der Länge r drehe sich in einem kartesischen Koordinatensystem gleichmäßig um die z-Achse und bewege sich dabei gleichmäßig in z-Richtung. Dann beschreibt das Ende des Stabes eine *zylindrische Schraubenlinie* mit der Parameterdarstellung:

$$x = r\cos t; \quad y = r\sin t; \quad z = bt;$$

$$r > 0; \quad b \neq 0; \quad t \geq 0.$$

$b > 0$ ergibt eine *Rechts-*, $b < 0$ eine *Linksschraube.* Allgemein gilt

$$x^2 + y^2 = r^2.$$

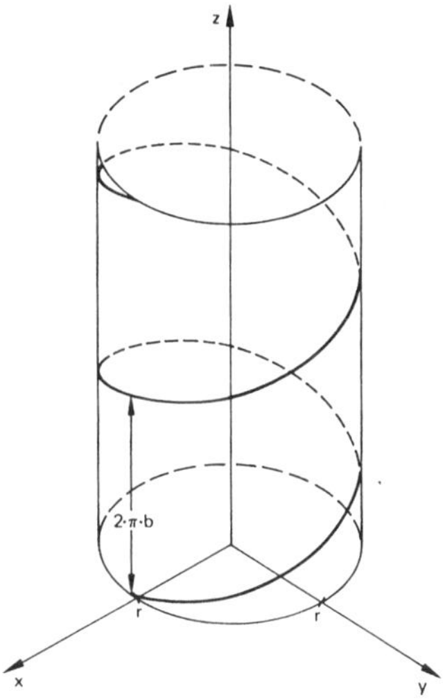

Der Wert $2\pi b$ heißt *Ganghöhe* der Schraubenlinie. Jede Tangente an die Schraubenlinie (s. Kurve, 2.2.) schließt mit der x-y-Ebene den konstanten Neigungswinkel $\varphi = \arctan\frac{b}{r}$ ein.

Krümmung: $\kappa = \frac{r}{r^2+b^2}$ (konstant); Torsion: $\tau = \frac{b}{r^2+b^2}$ (konstant);

Bogenlänge zwischen 0 und t: $s(t) = t\cdot\sqrt{r^2+b^2}$.

schrittweise Annäherung s. Iterationsverfahren.

schwache Konvergenz:

Eine Folge $(\mathbf{v_n})_{n=1,2,\ldots}$ von Elementen eines Hilbertraums H (s. Hilbertraum) heißt *schwach konvergent* gegen ein Element $\mathbf{v} \in H$, wenn mit dem inneren Produkt für jedes Element $\mathbf{u} \in H$ gilt

$$\lim_{n\to\infty} < \mathbf{v_n}, \mathbf{u} > \; = \; < \mathbf{v}, \mathbf{u} > .$$

Die durch $\lim\limits_{n\to\infty} \| \mathbf{v_n} - \mathbf{v} \| = 0$ definierte gewöhnliche Konvergenz $\lim\limits_{n\to\infty} \mathbf{v_n} = \mathbf{v}$ nennt man auch *starke Konvergenz*. Die starke Konvergenz zieht die schwache nach sich, aber nicht umgekehrt.

schwach vollständig:

Ein Euklidischer oder unitärer Raum U (s. Vektorraum, 3., 4.) heißt *schwach vollständig*, wenn jede Cauchy-Folge $< \mathbf{v_n}, \mathbf{u} >, n = 1, 2, \ldots,$ für alle $\mathbf{u} \in U$ schwach gegen $< \mathbf{v}, \mathbf{u} >$ konvergiert (s. schwache Konvergenz).

Schwartz, Laurent (1915 –) wirkte in Paris. Von ihm wurde die *Distributionstheorie* entwickelt (s. Distribution).

Schwarz, Hermann Amandus (1843 – 1921) wirkte in Halle, Göttingen und Berlin. Er beschäftigte sich mit der Funktionen- und Differentialgeometrie. Nach ihm benannt sind der Satz von Schwarz (s. Schwarz, Satz von) und die Schwarzsche Ungleichung (s. Schwarzsche Ungleichung).

Schwarz, Satz von:

1. Gemischte Ableitungen bei einer Funktion von zwei Variablen:

Die Funktion $f(x, y)$ besitze stetige partielle Ableitungen $f_x(x, y)$ und $f_y(x, y)$. Falls eine der gemischten partiellen Ableitungen 2. Ordnung $f_{xy}(x, y)$, $f_{yx}(x, y)$ existiert und stetig ist, so existiert auch die andere und beide sind gleich, d. h.

$$f_{xy}(x, y) = f_{yx}(x, y) \qquad \text{(s. Funktion von reellen Variablen, 2.4.).}$$

2. Gemischte Ableitungen einer Funktion von n Variablen:

Die Funktion $f(x_1, \ldots, x_n)$ besitze die stetigen partiellen Ableitungen f_{x_i} und f_{x_j} für $i \neq j$. Falls eine der gemischten partiellen Ableitungen

$$f_{x_i x_j}(x_1, x_2, \ldots, x_n) \quad \text{bzw.} \quad f_{x_j x_i}(x_1, x_2, \ldots, x_n)$$

existiert und stetig ist, existiert auch die andere und beide sind gleich, d. h.

$$f_{x_i x_j}(x_1, x_2, \ldots, x_n) = f_{x_j x_i}(x_1, x_2, \ldots, x_n)$$

für $i = 1, 2, \ldots, n$; $j = 1, 2, \ldots, n$ (s. Funktion von reellen Variablen, 3.4.).

Schwarzscher Satz s. Schwarz, Satz von.

Schwarzsche Ungleichung (Cauchy-Schwarzsche oder Bunjakowskische Ungleichung):

1. Schwarzsche Ungleichung für endlich viele reelle Zahlen:
Für beliebige reelle Zahlen a_i und b_i gilt

$$\left(\sum_{i=1}^{n} a_i \cdot b_i\right)^2 \leq \left(\sum_{i=1}^{n} |a_i| \cdot |b_i|\right)^2 \leq \sum_{i=1}^{n} a_i^2 \cdot \sum_{i=1}^{n} b_i^2 .$$

Diese Ungleichung ist äquivalent zur Ungleichung für Beträge von Vektoren

$$|\vec{a} \cdot \vec{b}| \leq |\vec{a}| \cdot |\vec{b}|$$

(s. Betrag, 3., s. Skalarprodukt, s. Vektor im V^n, 3.). Beweis dieser Ungleichung s. Vektorraum, 3.

2. Schwarzsche Ungleichung für Reihen l^2:

Es sei $\sum_{n=1}^{\infty} a_n^2 < \infty$ und $\sum_{n=1}^{\infty} b_n^2 < \infty$, d. h. die Folgen $\mathbf{a} = (a_n)$ und $\mathbf{b} = (b_n)$ seien im l^2 (s. l^2). Dann ist die Reihe der Produkte $a_n \cdot b_n$ absolut konvergent mit

$$\left(\sum_{n=1}^{\infty} a_n \cdot b_n\right)^2 \leq \left(\sum_{n=1}^{\infty} |a_n| \cdot |b_n|\right)^2 \leq \sum_{n=1}^{\infty} a_n^2 \cdot \sum_{n=1}^{\infty} b_n^2 .$$

3. Schwarzsche Ungleichung für quadratisch integrierbare Funktionen:
Falls die Funktionen f(x) und g(x) in [a; b] quadratisch integrierbar sind (s. quadratisch integrierbar), ist dort das Produkt $f(x) \cdot g(x)$ integrierbar, und es gilt

$$\left|\int_a^b f(x) \cdot g(x)\,dx\right| \leq \int_a^b |f(x)| \cdot |g(x)|\,dx \leq \sqrt{\int_a^b f^2(x)\,dx} \cdot \sqrt{\int_a^b g^2(x)\,dx} .$$

4. Schwarzsche Ungleichung in Euklidischen oder unitären Vektorräumen:
In einem Euklidischen Vektorraum mit dem Skalarprodukt $<\mathbf{u}, \mathbf{v}>$ und der Norm $\|\mathbf{v}\| = \sqrt{<\mathbf{v}, \mathbf{v}>}$ gilt für beliebige Elemente $\mathbf{u}, \mathbf{v} \in V$

$$|<\mathbf{u}, \mathbf{v}>| \leq \|\mathbf{u}\| \cdot \|\mathbf{v}\|$$

(s. Vektorraum, 3.).

5. Folgerungen aus der Schwarzschen Ungleichung in Euklidischen oder unitären Vektorräumen:
Aus den Eigenschaften des Skalarprodukts folgt zusammen mit 4.

$$\begin{aligned}\|\mathbf{u} + \mathbf{v}\|^2 &= <\mathbf{u}+\mathbf{v}, \mathbf{u}+\mathbf{v}> \\ &= <\mathbf{u}, \mathbf{u}> + <\mathbf{u}, \mathbf{v}> + <\mathbf{v}, \mathbf{u}> + <\mathbf{v}, \mathbf{v}> \\ &\leq \|\mathbf{u}\|^2 + 2\,\|\mathbf{u}\| \cdot \|\mathbf{v}\| + \|\mathbf{v}\|^2 = (\|\mathbf{u}\| + \|\mathbf{v}\|)^2.\end{aligned}$$

Wurzelziehen ergibt die Dreiecksungleichung

$$\|\mathbf{u}+\mathbf{v}\| \leq \|\mathbf{u}\| + \|\mathbf{v}\| .$$

Hieraus erhält man die speziellen Ungleichungen von Schwarz:

a) $\sqrt{\sum_{n=1}^{\infty} |a_n + b_n|^2} \leq \sqrt{\sum_{n=1}^{\infty} (|a_n| + |b_n|)^2} \leq \sqrt{\sum_{n=1}^{\infty} |a_n|^2} + \sqrt{\sum_{n=1}^{\infty} |b_n|^2}$.

b) $\sqrt{\int_a^b [f(x) + g(x)]^2 dx} \leq \sqrt{\int_a^b f^2(x) dx} + \sqrt{\int_a^b g^2(x) dx}$.

Schwerpunkt (Massenmittelpunkt oder Moment 1. Ordnung):

1. Schwerpunkt von n Massenpunkten:
Im $\mathbb{R}^3$ seien n Massenpunkte $P_i(x_i, y_i, z_i)$ mit den Massen m_i gegeben für $i = 1, 2, \ldots, n$. Die Gesamtmasse beträgt

$$M = m_1 + m_2 + \ldots + m_n = \sum_{i=1}^{n} m_i .$$

Dann heißt der Punkt $S(x_S, y_S, z_S)$ mit den kartesischen Koordinaten

$$x_S = \frac{1}{M} \sum_{i=1}^{n} m_i x_i ; \quad y_S = \frac{1}{M} \sum_{i=1}^{n} m_i y_i ; \quad z_S = \frac{1}{M} \sum_{i=1}^{n} m_i z_i$$

der *Schwerpunkt* (*Massenmittelpunkt*, *Moment 1. Ordnung*) des Systems.

2. Schwerpunkt eines Körpers:
Gegeben ist ein Körper $K \subset \mathbb{R}^3$, der mit Masse belegt ist. Die Massendichte (Volumenbelegung) sei $\rho(x, y, z)$ und die Gesamtmasse

$$M = \iiint_K \rho(x, y, z)\, dx\, dy\, dz$$

(s. Masse und Massendichte, 1.). Mit Hilfe von Dreifachintegralen erhält man die kartesischen Koordinaten des Schwerpunktes

$$x_S = \frac{1}{M} \iiint_K x\, \rho(x, y, z)\, dx\, dy\, dz ; \quad y_S = \frac{1}{M} \iiint_K y\, \rho(x, y, z)\, dx\, dy\, dz ;$$

$$z_S = \frac{1}{M} \iiint_K z\, \rho(x, y, z)\, dx\, dy\, dz$$ (s. Integralrechnung, 3.).

Schwerpunkt eines homogenen Körpers: Oft spricht man vom Schwerpunkt eines Körpers ohne Angabe der Dichte. In einem solchen Fall wird stillschweigend vorausgesetzt, daß der Körper *homogen*, die Dichte also konstant ist. Mit $\rho(x, y, z) \equiv \rho$ (konstant) erhält man mit dem Volumen

$$V = \iiint_K dx\, dy\, dz$$

die Koordinaten des Schwerpunktes des homogenen Körpers

$$x_S = \frac{1}{V} \iiint_K x\, dx\, dy\, dz ; \quad y_S = \frac{1}{V} \iiint_K y\, dx\, dy\, dz ; \quad z_S = \frac{1}{V} \iiint_K z\, dx\, dy\, dz .$$

Falls der homogene Körper eine Symmetrie-Ebene oder eine Symmetrie-Achse besitzt, liegt auf ihr der Schwerpunkt.

Schwerpunkt eines Rotationskörpers s. Rotationsfläche und Rotationskörper, 1.

3. Schwerpunkt eines ebenen Flächenstücks:
Im ebenen Bereich $B \subset \mathbb{R}^2$ sei die Masse mit der Flächendichte $\rho(x, y)$ verteilt mit der Gesamtmasse (s. Masse und Massendichte, 2.)

$$M = \iint_B \rho(x, y)\, dx\, dy .$$

Die Koordinaten des Schwerpunktes $P(x_S, y_S)$ erhält man als

$$x_S = \frac{1}{M} \iint_B x\, \rho(x, y)\, dx\, dy ; \quad y_S = \frac{1}{M} \iint_B y\, \rho(x, y)\, dx\, dy .$$

Bei konstanter Flächendichte ist $\rho(x, y) \equiv \rho$ zu setzen. Dann erhält man mit dem Flächeninhalt F die Koordinaten des Schwerpunktes des homogenen Flächenstücks:

$$x_S = \frac{1}{F} \iint_B x\, dx\, dy ; \quad y_S = \frac{1}{F} \iint_B y\, dx\, dy \quad \text{(s. Integralrechnung, 2.).}$$

Schwerpunkt eines Dreiecks s. Dreieck, 1.

4. Schwerpunkt eines räumlichen Flächenstücks:
Ein räumliches Flächenstück $\mathcal{F}$ besitze die Flächendichte $\rho(x, y, z)$ und die Masse

$$M = \iint_{\mathcal{F}} \rho(x, y, z)\, dO$$

(s. Masse und Massendichte, 3.). Die Koordinaten des Schwerpunktes erhält man als Oberflächenintegrale

$$x_S = \frac{1}{M} \iint_{\mathcal{F}} x\, \rho(x, y, z)\, dO ; \quad y_S = \frac{1}{M} \iint_{\mathcal{F}} y\, \rho(x, y, z)\, dO ;$$

$$z_S = \frac{1}{M} \iint_{\mathcal{F}} z\, \rho(x, y, z)\, dO \qquad \text{(s. Oberflächenintegral, 1.).}$$

5. Schwerpunkt einer homogenen Rotationsfläche s. Rotationsfläche und Rotationskörper, 2.

6. Schwerpunkt eines räumlichen (ebenen) Kurvenstücks:
Ein räumliches (oder ebenes) stückweise glattes Kurvenstück $\mathfrak{C}$ besitze die Bogenlänge s, die Liniendichte $\rho(x, y, z)$ und die Masse

$$M = \int_{\mathfrak{C}} \rho(x, y, z)\, ds$$

(s. Masse und Massendichte, 4.). Die kartesischen Koordinaten des Schwerpunktes lauten:

$$x_S = \frac{1}{M} \int_{\mathfrak{C}} x\, \rho(x, y, z)\, ds ; \quad y_S = \frac{1}{M} \int_{\mathfrak{C}} y\, \rho(x, y, z)\, ds ;$$

$$z_S = \frac{1}{M} \int_{\mathfrak{C}} y\, \rho(x, y, z)\, ds .$$

Falls die Kurve homogen ist, erhält man mit $\rho(x, y, z) \equiv \rho$ (konstant) mit der Bogenlänge $l = \int_{\mathfrak{C}} ds$ die Koordinaten des Schwerpunktes des homogenen Kurvenstücks

$$x_S = \frac{1}{l}\int_{\mathfrak{C}} x\,ds;\quad y_S = \frac{1}{l}\int_{\mathfrak{C}} y\,ds;\quad z_S = \frac{1}{l}\int_{\mathfrak{C}} y\,ds.$$

Es handelt sich um Kurvenintegrale 1. Art (s. Kurvenintegral, 1.1., 2.1.).

Schwingungsdauer s. Sinus.

Sechseck, regelmäßiges:

Bei einem regelmäßigen Sechseck $A_1A_2A_3A_4A_5A_6$ sind die Seitenlängen s_6 gleich dem Radius r des Umkreises. Die von den Seiten und dem Umkreismittelpunkt M gebildeten Dreiecke sind gleichseitig. Alle Innenwinkel (Eckenwinkel) des Sechsecks haben die Größe $\alpha = 120°$. Die Dreiecke $A_1A_3A_5$ und $A_2A_4A_6$ sind gleichseitig mit der Seitenlänge $r \cdot \sqrt{3}$.
Der Inkreisradius beträgt $\rho = \frac{\sqrt{3}}{2} \cdot r$.

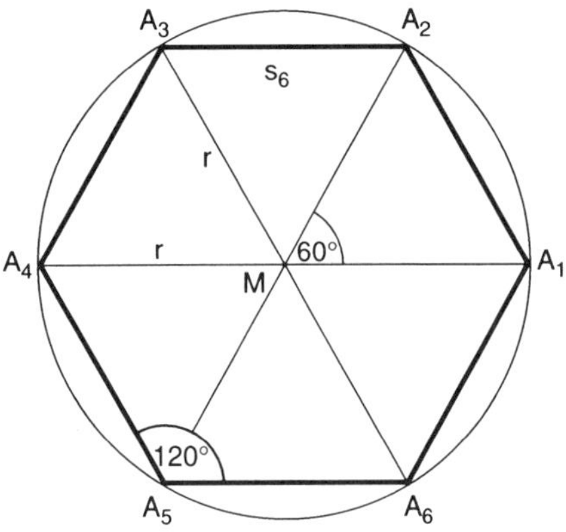

Sechsflach s. Hexaeder.

Seemeile:

Eine *Seemeile* beträgt 1 852 m (s. Längeneinheit und Längenmaßzahl).

Segment:

Eine zusammenhängende ebene Fläche werde durch eine Gerade zerlegt. Dann heißt jeder durch die Teilung entstehende zusammenhängende Flächenteil *Segment* der Fläche. So zerlegt z. B. eine Sehne eine Kreisfläche in zwei Kreissegmente.
Jeder zusammenhängende Teil eines Körpers, der entsteht, wenn der Körper durch eine Ebene zerlegt wird, heißt *Segment*.

Sehne:

Eine Strecke, die zwei Punkte einer Kurve $\mathfrak{C}$ bzw. einer Fläche $\mathfrak{F}$ verbindet, heißt *Sehne* (s. Kreis, 1., s. Kugel, 2.).

Sehnensatz s. Sekantensatz.

Sehnentangentenwinkel:

Ein Winkel, dessen Schenkel eine Sehne und die Kreistangente durch einen der Sehnenendpunkte sind, heißt *Sehnentangentenwinkel* (s. Kreis).

Sehnen-Trapezformel s. Integralrechnung, 1.10.2.2.1.

Sehnenvieleck (Kreisvieleck):

Eine konvexes Vieleck (s. Vieleck, 3.), dessen Seiten Sehnen eines Kreises sind (s. Sehne eines Kreises), heißt *Sehnenvieleck.*

Sehnenviereck (Kreisviereck):

Ein konvexes ebenes Viereck ABCD, dessen Seiten Sehnen eines Kreises sind, heißt *Sehnenviereck.* Die vier Eckpunkte liegen also auf einem Kreis, dem Umkreis des Sehnenvierecks.

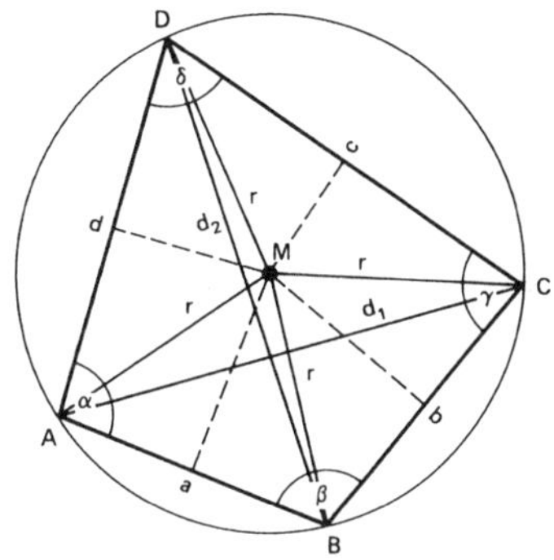

Bedingung: $\alpha + \gamma = \beta + \delta = 180^\circ$.

Ein Viereck besitzt also nur dann einen Umkreis, wenn die Summe der gegenüberliegenden Winkel jeweils 180° ist.
Längen der Diagonalen:

$$d_1 = \overline{AC} = \sqrt{\frac{(ac+bd)(bc+ad)}{ab+cd}}; \quad d_2 = \overline{BD} = \sqrt{\frac{(ac+bd)(ab+cd)}{bc+ad}}.$$

Diagonalenbeziehung: Es gilt

$$d_1 d_2 = ac + bd \quad \textbf{(Satz des Ptolemaios)}.$$

Im Sehnenviereck ist das Produkt der Längen der Diagonalen gleich der Summe der beiden Produkte der gegenüberliegenden Seitenlängen.

Der Flächeninhalt des Sehnenvierecks lautet

$$F = \sqrt{(s-a)(s-b)(s-c)(s-d)} \quad \text{mit} \quad s = \frac{a+b+c+d}{2}.$$

Sehstrahl s. Projektion, 1.

Seilkurve s. Kettenlinie.

Seite eines Vielecks s. Vieleck, 2.

Seitenfläche s. Prisma, s. Pyramide, 1.

Seitenhalbierende s. Dreieck, 1.1.

Sekante s. Kreis, 1., s. Kugel, 2.

Sekantennäherungsverfahren s. Nullstellenbestimmung, 3.

Sekantensatz (Sehnensatz):

Zwei Sekanten eines Kreises sollen sich im Punkt S schneiden. P_1 und P_2 bzw. Q_1 und Q_2 seien die Schnittpunkte der Sehnen mit dem Kreis (s. nachfolgende Skizze). Dann gilt für das Produkt der Strecken:

$$|SP_1| \cdot |SP_2| = |SQ_1| \cdot |SQ_2|.$$

Falls der Schnittpunkt S innerhalb des Kreises liegt, nennt man den Satz auch *Sehnensatz.*

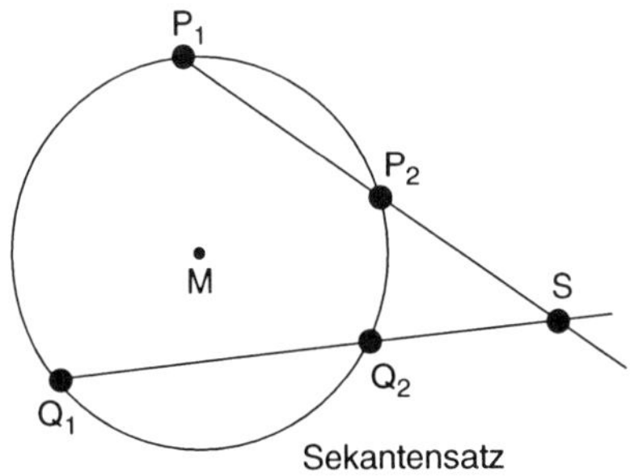

Sekantensatz

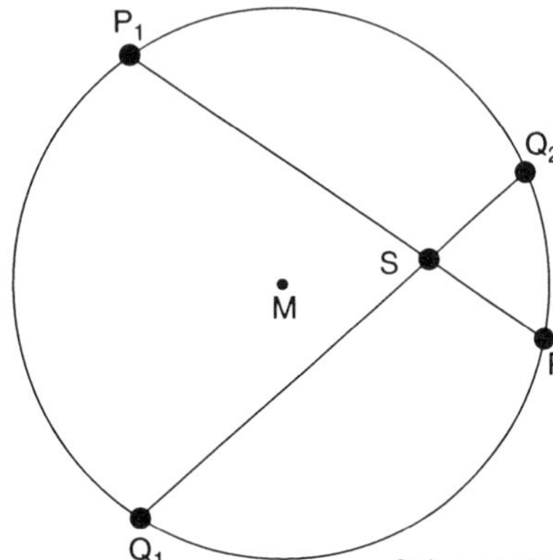

Sehnensatz

Sekantentangentensatz:

Von einem Punkt S außerhalb eines Kreises wird eine Sekante und eine Tangente an einen Kreis gelegt. Mit den Sekantenschnittpunkten P_1 und P_2 sowie dem Tangentenberührungspunkt Q gilt

$$|SP_1| \cdot |SP_2| = |SQ|^2 .$$

Diese Formel erhält man aus dem Sekantensatz für $Q_1 \to Q_2$ ($= Q$).

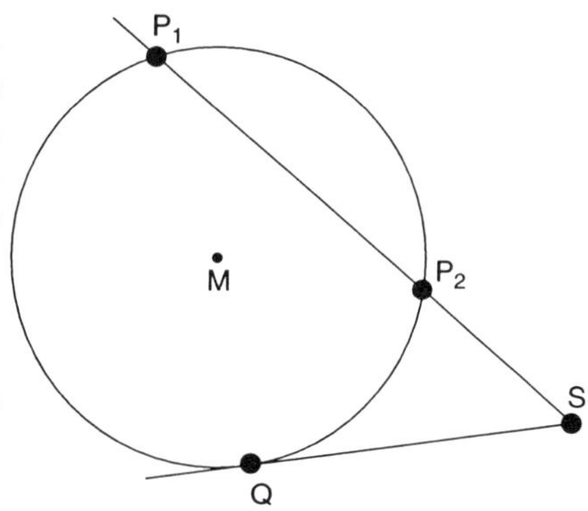

Sektor:

Jeder zusammenhängende Teil einer ebenen Fläche, der aus ihr durch zwei Strahlen ausgeschnitten wird, deren gemeinsamer Anfangspunkt im Innern der Fläche liegt, heißt *Sektor* der Fläche.
Jeder zusammenhängende Teil eines Körpers, der aus ihm von einem Kegel ausgeschnitten wird, dessen Spitze innerhalb des Körpers liegt, heißt *Sektor* des Körpers.

Sektorformel s. Flächeninhalt, 1.4.

Sekunde:

Im Gradmaß eines Winkels sind 60 *Sekunden* (Bezeichnung$''$) eine Minute (Bezeichnung$'$) und 60 Minuten ein Grad (s. Winkel, 1.).

selbstadjungiert:

1. Selbstadjungierter Differentialoperator s. gewöhnliche Differentialgleichung, 5.5.2.

2. Selbstadjungierter linearer Operator:
In einem Euklidischen oder unitären Vektorraum V (s. Vektorraum, 3., 4.) mit dem Skalarprodukt $<\mathbf{u},\mathbf{v}>$ heißt der lineare Operator T (s. lineare Abbildung, 1., s. linearer Operator) *selbstadjungiert*, falls T mit dem adjungierten Operator T^* übereinstimmt, also für $T = T^*$ (s. adjungiert, 5.). Dies ist genau dann der Fall, wenn für alle $\mathbf{u}$, $\mathbf{v} \in V$ gilt

$$<T\mathbf{u},\mathbf{v}> = <\mathbf{u},T\mathbf{v}>.$$

3. Selbstadjungiertes Randwertproblem s. gewöhnliche Differentialgleichung, 5.5.

semantisch (Semantik):
Begriffe, welche Beziehungen zwischen sprachlichen und nichtsprachlichen Elementen betreffen, heißen *semantisch.* Die Untersuchung semantischer Begriffe nennt man *Semantik.*

semidefinit s. definite und semidefinite quadratische Form.

semikonnex s. konnex.

semikubische Parabel s. Neilsche Parabel.

senkrecht (orthogonal):
Zwei Geraden (s. Gerade) g und h heißen zueinander *senkrecht* oder *orthogonal*, im Zeichen $g \perp h$, wenn sie miteinander einen rechten Winkel bilden (s. rechter Winkel). Zwei n-dimensionale Vektoren $\vec{a}, \vec{b} \in V^n$ stehen aufeinander *senkrecht* (sind *orthogonal*), wenn das innere Produkt $\vec{a} \cdot \vec{b}$ verschwindet (s. Vektor im V^n, 1.2.5., 2.4., 3.).
Eine Gerade g steht *senkrecht* auf einer Ebene E (s. Ebene), wenn g auf allen in der Ebene E liegenden Geraden senkrecht steht.
Zwei Ebenen stehen aufeinander senkrecht, wenn alle Geraden aus der einen Ebene auf allen Geraden der anderen Ebene senkrecht stehen. Dies ist genau dann der Fall, wenn jeweils zwei zur Schnittgerade senkrechte Geraden aus den beiden Ebenen aufeinander senkrecht stehen.

senkrechte Projektion (Normalprojektion):
Eine Parallelprojektion, bei der die Projektionsstrahlen senkrecht zur Bildtafel Π stehen, heißt *senkrechte Projektion* oder *Normalprojektion* (s. Projektion, 2.).

separabler topologischer Raum:
Ein topologischer Raum T (s. topologischer Raum) heißt *separabel*, wenn es in ihm eine dichte, abzählbar unendliche Teilmenge gibt (s. dicht, s. abzählbar unendlich).

separierter Raum s. Hausdorffscher Raum.

Serienschaltung s. Reihenschaltung.

Sextilliarde:
Die Zehnerpotenz 10^{39} heißt *Sextilliarde* (s. Zehnerpotenzen).

Sextillion:
Die Zehnerpotenz 10^{36} heißt *Sextillion* (s. Zehnerpotenzen).

Shannon, Claude Elwood (1916 –) ist als amerikanischer Mathematiker der Begründer der Theorie der Nachrichtenübertragung. Nach ihm ist die Shannonsche Formel benannt (s. Information).

Shannonsche Formel s. Information.

Sieb des Eratosthenes:
Das Sieb des Eratosthenes ist eine Methode zur Bestimmung aller Primzahlen. In der Reihe der natürlichen Zahlen $1, 2, \ldots, N$ werden alle Vielfachen der (bereits bekannten) Primzahlen $p \leq \sqrt{N}$ und die 1 gestrichen. Dann bleiben alle Primzahlen p mit $\sqrt{N} < p \leq N$ übrig.

sigma-abzählbar (σ-abzählbar, total- oder volladditiv):
Eine auf einem Mengensystem $\mathfrak{M}$ definierte Mengenfunktion φ heißt *sigma-additiv* (*σ-additiv*) oder *abzählbar* oder *total*- bzw. *volladditiv*, falls für beliebige paarweise disjunkte Mengen $A_i \in \mathfrak{M}$ gilt

$$\varphi\left(\bigcup_{i=1}^{\infty} A_i\right) = \sum_{i=1}^{\infty} \varphi(A_i) \qquad \text{für } A_i \cap A_j = \emptyset \text{ für } i \neq j \qquad \text{(s. Maß).}$$

Sigma-Algebra (σ-Algebra) s. Boolescher Mengenkörper.

Sigma-Körper (σ-Körper) s. Sigmasystem.

Sigma-Ring (σ-Ring) s. Boolescher Mengenkörper.

Sigmasystem (σ-System, σ-Körper):
Ein System $\mathfrak{M}$ von Mengen, das mit abzählbar vielen Mengen auch deren Vereinigung enthält (s. Menge, 2.) heißt *σ-System* oder *σ-Körper*.

Signal:
Ein *Signal* ist ein Zustand in einem System, der eine Information beinhaltet und damit in der Lage ist, einem Empfänger Informationen zu übermitteln (s. Information).

Signum s. Vorzeichen.

Simplex:
Es seien $P_1, P_2, \ldots, P_r$ unabhängige Punkte des $\mathbb{R}^n$, d.h. die Ortsvektoren

$\overrightarrow{OP}_i$ für $i = 1, 2, \ldots, r$ seien linear unabhängig (s. linear unabhängig, 3.). Dann heißt die Menge aller Punkte P mit den konvexen Linearkombinationen

$$\overrightarrow{OP} = \sum_{k=1}^{r} \lambda_k \cdot \overrightarrow{OP}_k \quad \text{mit } \lambda_k \geq 0 \text{ für alle k und } \sum_{k=1}^{r} \lambda_k = 1$$

r-dimensionales (Euklidisches) Simplex.

Simplextableau s. lineare Optimierung, 3.

Simplexverfahren s. lineare Optimierung, 3.

Simpson, Thomas (1710 – 1761) war zuerst Weber, dann Schullehrer. Nach dem Selbststudium der Mathematik erhielt er 1743 eine Professur an der Militärschule in Woolwich. Er beschäftigte sich mit der Anwendung numerischer Methoden zur Lösung mathematischer Probleme. Nach ihm benannt ist die Simpsonsche Regel (s. Simpsonsche Regel).

Simpsonsche Regel (Keplersche Faßregel):
Zur Bestimmung einer Näherungsformel für das Integral $\int_a^b f(x)\,dx$ wird das Intervall $[a; b]$ in eine gerade Anzahl N von Teilintervallen der Länge $h = \frac{b-a}{N}$ zerlegt. Mit $x_k = x_0 + kh$ für $k = 0, 1, 2, \ldots, N$ erhält man nach Simpson die Näherungsformel

$$\int_a^b f(x)\,dx \approx \frac{h}{3}\,[(f(x_0) + 4f(x_1) + 2f(x_2) + 4f(x_3) + \ldots + 4f(x_{N-1}) + f(x_N)]$$

(s. Integralrechnung, 1.10.2.2.2., s. gewöhnliche Differentialgleichung, 7.1.4.).

sin s. Sinus.

singulär (nichtregulär):
Eine Größe, die *singulär* ist, nennt man allgemein auch *nichtregulär.*

1. Singuläre Lösung einer Differentialgleichung s. gewöhnliche Differentialgleichung, 2.4.

2. Singuläre Stelle einer Differentialgleichung s. gewöhnliche Differentialgleichung, 2.1.8.

3. Singuläre Matrix:
Eine quadratische n-reihige Matrix A heißt *singulär* oder *nichtregulär*, wenn sie nicht den vollen Rang n besitzt, also für $\mathrm{Rg}(A) < n$ (s. Matrix, 3.). Die quadratische Matrix A ist genau dann singulär, wenn ihre Determinante verschwindet (s. Determinante).

4. Singulärer Flächenpunkt:
Eine räumliche Fläche $\mathcal{F}$ (s. Fläche, 2.) sei durch die Parameterdarstellung

$$x = \varphi(u, v); \quad y = \psi(u, v); \quad z = \chi(u, v) \quad \text{mit } (u, v) \in B \subset \mathbb{R}^2$$

gegeben. Der durch die Parameterwerte (u, v) bestimmte Flächenpunkt P heißt *singulärer* Flächenpunkt, wenn an der Stelle (u, v) die partiellen Ableitungen der Funktionen $\varphi(u,v)$, $\psi(u,v)$ und $\chi(u,v)$ entweder nicht existieren oder die beiden Ableitungsvektoren

$$\vec{k}_u^T = (\varphi_u(u,v), \psi_u(u,v), \chi_u(u,v)); \ \vec{k}_v^T = (\varphi_v(u,v), \psi_v(u,v), \chi_v(u,v))$$

linear abhängig sind (s. Fläche, 2.2.). Dies ist der Fall, wenn beide Vektoren parallel sind oder mindestens einer gleich dem Nullvektor ist.

5. Singulärer Kurvenpunkt:
Der durch den Parameterwert t bestimmte Punkt P(t) mit dem Ortsvektor

$$\overrightarrow{OP} = \vec{k}(t) = \begin{pmatrix} x(t) \\ y(t) \\ z(t) \end{pmatrix} = \begin{pmatrix} \varphi(t) \\ \psi(t) \\ \chi(t) \end{pmatrix}$$

einer räumlichen Kurve $\mathfrak{C}$ heißt *singulär*, wenn der Ableitungsvektor

$$\vec{k}_t(t) = \frac{d\vec{k}_t(t)}{dt} = \begin{pmatrix} \dot{x}(t) \\ \dot{y}(t) \\ \dot{z}(t) \end{pmatrix} = \begin{pmatrix} \varphi'(t) \\ \psi'(t) \\ \chi'(t) \end{pmatrix}$$

nicht existiert oder gleich dem Nullvektor ist (s. Kurve, 1.1., 2.1.).

6. Singulärer Punkt (singuläre Stelle) einer komplexen Funktion s. komplexe Funktion, 11.

7. Singuläre lineare Transformation (Operator) s. lineare Abbildung, 2.4.

8. Singulärer Punkt eines linearen Operators s. Resolvente eines linearen Operators.

9. Singuläres Linienelement einer Differentialgleichung s. Linienelement einer gewöhnlichen Differentialgleichung 1. Ordnung.

Singularität s. komplexe Funktion, 11.

Sinus (Sinusfunktion):

Die trigonometrische Funktion $f(x) = \sin x$ (Sinus x) als Funktion des Bogenmaßes $x \in \mathbb{R}$ (s. trigonometrische Funktionen, 1.) ist eine ungerade transzendente Funktion mit der Periode 2π. Sie besitzt die Amplitude 1.

Ableitung: $(\sin x)' = \cos x$; Integral: $\int \sin x \, dx = -\cos x + C$.

Die Taylorreihe

$$\sin x = x - \frac{x^3}{3!} + \frac{x^5}{5!} - \frac{x^7}{7!} + \ldots - \ldots = \sum_{n=1}^{\infty} (-1)^{n-1} \frac{x^{(2n-1)}}{(2n-1)!}$$

ist für jedes $x \in \mathbb{R}$ absolut konvergent.

Allgemeine Sinusfunktion:

$$f(x) = a \cdot \sin(bx + c) \quad \text{mit } a, b, c \in \mathbb{R}, \ a \neq 0, \ b \neq 0$$

heißt *allgemeine Sinusfunktion.* Die *Amplitude* $|a|$ ist der maximale und $-|a|$ der minimale Funktionswert. c heißt *Phasenverschiebung.* Die Funktion schwankt periodisch zwischen a und $-a$.

Nullstellen: $x_k = -\frac{c}{b} + \frac{k\pi}{b}$ für $k = 0, \pm 1, \pm 2, \ldots$;

Periode: $\frac{2\pi}{|b|}$.

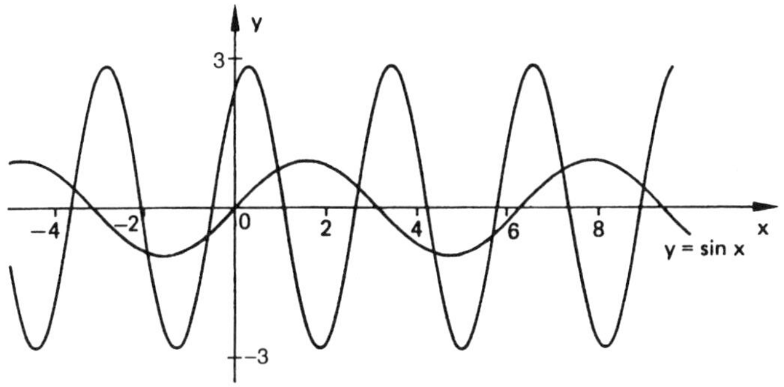

Graph der Funktion $f(x) = 3 \cdot \sin(2x + 1)$.

Bei Schwingungsvorgängen ist die unabhängige Variable meistens die Zeit t. Dann benutzt man die Darstellung

$$f(t) = A \cdot \sin(\omega t + \varphi).$$

Dabei heißt φ die *Phasenverschiebung,* die Periode $T = \frac{2\pi}{\omega}$ nennt man die *Schwingungsdauer* und $\nu = \frac{1}{T} = \frac{\omega}{2\pi}$ die *Frequenz,* d.h. die Anzahl der Schwingungen in 2π Zeiteinheiten.

Anwendungen s. Fourier-Integral, s. Fourier-Reihe und Fourier-Entwicklung, s. Fourier-Transformation.

sinus hyperbolicus s. Hyperbelfunktionen.

Sinussatz:
In einem beliebigen Dreieck verhalten sich die Längen zweier Seiten wie die Sinuswerte der gegenüberliegenden Winkel:

$$\sin\alpha : \sin\beta : \sin\gamma = a : b : c \qquad \text{(s. Dreieck, 1.4.).}$$

Skalar:
Eine Größe, die durch einen einzigen Zahlenwert charakterisiert werden kann, heißt *Skalar.* Beispiele: Temperatur, Arbeit, Masse, Energie. Im allgemeinen sind Skalare $\lambda, \mu, \ldots$ reelle oder komplexe Zahlen.

skalare Multiplikation s. Matrix, 2.1., s. Vektorraum, 1., s. Vektor im V^n, 1.2.3., 2.2., 3.

skalares Feld:

Jeder Stelle $(x, y, z) \in G \subset \mathbb{R}^3$ werde eine skalare Größe $U(x, y, z) \in \mathbb{R}$, also eine reelle Zahl, zugeordnet. Dann heißt $U(x, y, z)$ ein *skalares Feld.* Beispiele für skalare Felder sind Temperatur und Massendichte.

Skalarprodukt (skalares oder inneres Produkt) von Vektoren:

1. Skalarprodukt zweier n-dimensionaler Vektoren im V^n:

Das *Skalarprodukt* (*skalares* oder *inneres Produkt*) zweier n-dimensionaler Vektoren $\vec{a}$ und $\vec{b}$ ist definiert durch

$$\vec{a} \cdot \vec{b} = \begin{pmatrix} a_1 \\ a_2 \\ \vdots \\ a_n \end{pmatrix} \cdot \begin{pmatrix} b_1 \\ b_2 \\ \vdots \\ b_n \end{pmatrix} = \sum_{i=1}^{n} a_i \cdot b_i = \vec{b} \cdot \vec{a} \qquad \text{(kommutatives Gesetz).}$$

Falls ein Skalarprodukt im Zusammenhang mit dem Produkt von Matrizen verwendet wird, muß die Darstellung $\vec{a} \cdot \vec{b} = \vec{a}^T \vec{b}$ ($\vec{a}^T$ = transponierter Zeilenvektor) benutzt werden (s. Matrix, 2.3.). Mit dem Betrag (s. Betrag, 3.) und dem von den Vektoren eingeschlossenen Winkel φ gilt

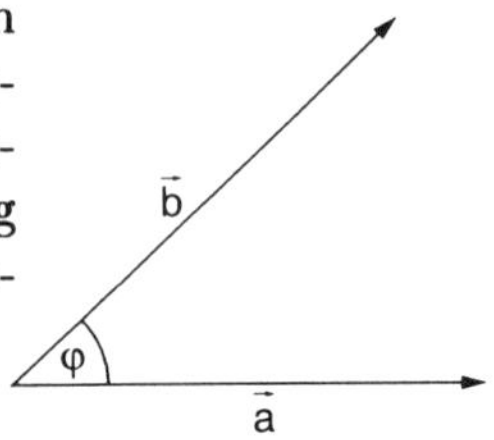

$$\vec{a} \cdot \vec{b} = |\vec{a}| \cdot |\vec{b}| \cdot \cos\varphi .$$

Das Skalarprodukt verschwindet nur dann, wenn die beiden Vektoren aufeinander senkrecht stehen (s. Vektor im V^n, 1.2.5., 2.4., 3.). Das Assoziativgesetz ist nicht erfüllt. Im allgemeinen ist $(\vec{a} \cdot \vec{b}) \cdot \vec{c} \neq \vec{a} \cdot (\vec{b} \cdot \vec{c})$, weil der Vektor auf der linken Seite in Richtung des Vektors $\vec{c}$, der auf der rechten Seite in Richtung $\vec{a}$ weist.

2. Skalarprodukt zweier abstrakter Vektoren s. Vektorraum, 3., 4.

Software:

Als *Software* bezeichnet man alle Programme, die zu einer Rechenanlage gehören und getestet sind (s. Hardware).

Spalte (Spaltenvektor) einer Matrix:

Die senkrechten Reihen einer Matrix (s. Matrix) heißen *Spalten* oder *Spaltenvektoren* der Matrix (s. Matrix, 1.).

Spaltenindex:

Im Element a_{ij} einer Matrix A heißt i der *Spaltenindex* (s. Matrix, 1.).

Spaltenmatrix:

Eine $m \times 1$ Matrix mit nur einer Spalte heißt *Spaltenmatrix* oder *Spaltenvektor* (s. Spaltenvektor).

Spaltenrang:
Die maximale Anzahl linear unabhängiger Spaltenvektoren einer Matrix A heißt *Spaltenrang* von A. Er stimmt überein mit dem Rang von A (s. Rang).

Spaltensumme s. Doppelreihe (Doppelsumme).

Spaltenvektor:
Ein Vektor im V^n, dessen Komponenten in einer Spalte dargestellt werden, heißt *Spaltenvektor* (s. Vektor im V^n, s. Spalte einer Matrix).

Spat s. Parallelepiped, s. Spatprodukt.

Spatprodukt:
Drei nicht komplanare Vektoren $\vec{a}$, $\vec{b}$, $\vec{c}$ bilden die Kanten eines Spats oder Parallelepipeds (s. Parallelepiped, s. komplanar). Das Volumen ist gleich dem Produkt der Grundfläche F mit der Höhe h, also

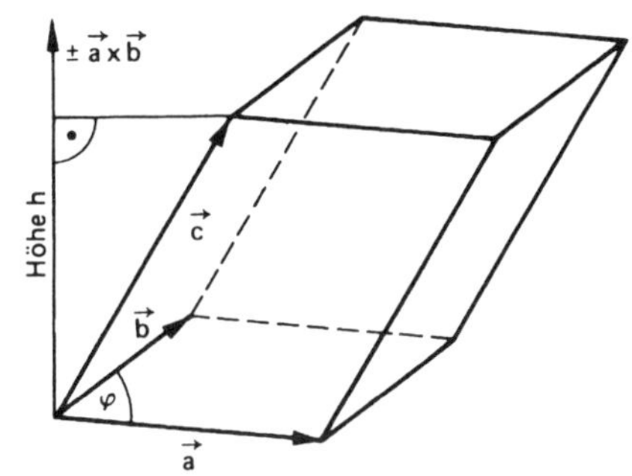

$$F = |\vec{a} \times \vec{b}| = |\vec{a}| \cdot |\vec{b}| \cdot \sin\varphi .$$

Weil das Kreuzprodukt $\vec{a} \times \vec{b}$ auf der Grundfläche senkrecht steht, ist die Spathöhe h gleich der Länge der Projektion des Vektors $\vec{c}$ auf $\vec{a} \times \vec{b}$ (s. Projektion eines Vektors), also

$$h = \frac{|(\vec{a} \times \vec{b}) \cdot \vec{c}|}{|\vec{a} \times \vec{b}|} .$$

Damit lautet das Spatvolumen $V = |(\vec{a} \times \vec{b}) \cdot \vec{c}|$.

Der vorzeichenbehaftete Skalar $(\vec{a} \times \vec{b}) \cdot \vec{c}$ heißt *Spatprodukt.* Man bezeichnet es mit

$$(\vec{a}, \vec{b}, \vec{c}) = (\vec{a} \times \vec{b}) \cdot \vec{c}.$$

Dabei gilt

$$\begin{aligned}(\vec{a}, \vec{b}, \vec{c}) &= (\vec{a} \times \vec{b}) \cdot \vec{c} \\ &= c_1(a_2 b_3 - a_3 b_2) - c_2(a_1 b_3 - a_3 b_1) + c_3(a_1 b_2 - a_2 b_1).\end{aligned}$$

Dieser vorzeichenbehaftete Zahlenwert stellt die Entwicklung der nachfolgenden Determinante nach der dritten Spalte dar (s. Determinante, 3.):

$$(\vec{a}, \vec{b}, \vec{c}) = (\vec{a} \times \vec{b}) \cdot \vec{c} = \begin{vmatrix} a_1 & b_1 & c_1 \\ a_2 & b_2 & c_2 \\ a_3 & b_3 & c_3 \end{vmatrix} .$$

Falls das Spatprodukt positiv ist, sind die drei Vektoren in dieser Reihenfolge positiv orientiert, d. h. sie bilden ein Rechtssystem, andernfalls sind sie negativ orientiert und bilden ein Linkssystem (s. Orientierung eines Vektorraums, s. Koordinatensystem, 2.1.2.). Drei Vektoren $\vec{a}, \vec{b}, \vec{c}$ sind genau dann komplanar, wenn ihr Spatprodukt $(\vec{a}, \vec{b}, \vec{c})$ verschwindet.
Eine zyklische Vertauschung der drei Vektoren ändert das Spatprodukt nicht, es gilt also

$$(\vec{a}, \vec{b}, \vec{c}) = (\vec{b}, \vec{c}, \vec{a}) = (\vec{c}, \vec{a}, \vec{b}).$$

Falls zwei Vektoren miteinander vertauscht werden, ändert das Spatprodukt nur das Vorzeichen (bei gleichem Betrag), es gilt also

$$(\vec{b}, \vec{a}, \vec{c}) = -(\vec{a}, \vec{b}, \vec{c}) = -(\vec{b}, \vec{c}, \vec{a}) = -(\vec{c}, \vec{a}, \vec{b}).$$

Speicher s. Rechenanlage, digitale.

Speicherkapazität:
Die Anzahl der Speicherplätze eines Speichers einer Rechenanlage (s. Rechenanlage, digitale) heißt *Speicherkapazität*. Die Speicherkapazität wird in *bits* gemessen (s. bit).

Speicherplatz:
Die kleinste adressierbare Einheit eines Speichers heißt *Speicherplatz* (s. Rechenanlage, digitale).

Spektrum s. Resolvente eines linearen Operators.

spezielle Lösung s. gewöhnliche Differentialgleichung, 1.

Sphäre s. Hyperkugel, s. Kugel, 3.

sphärische Astronomie:
Die *sphärische Astronomie* beschäftigt sich mit den Erscheinungen an der Himmelssphäre.

sphärische Koordinaten s. Kugelkoordinaten.

sphärischer Exzeß s. sphärische Trigonometrie, 4.

sphärischer Kreis:
Ein Kreis auf einer Kugel heißt *sphärischer Kreis* (s. sphärische Trigonometrie, 4.).

sphärisches Dreieck s. sphärische Trigonometrie, 3.

sphärische Trigonometrie:

Die *sphärische Trigonometrie* beschäftigt sich mit der Untersuchung von sphärischen Dreiecken auf einer Kugel, die durch drei Großkreise bestimmt sind.

1. Groß- und Kleinkreis auf der Kugel:

Gegeben ist eine Kugel mit dem Radius R und dem Mittelpunkt M (s. Kugel). Falls eine Ebene die Kugel schneidet, ist die Schnittkurve ein Kreis. Wenn die Schnittebene durch den Kugelmittelpunkt M geht, heißt der Schnittkreis ein *Großkreis*. Er besitzt den Radius $r = R$. Jeder andere Schnittkreis heißt *Kleinkreis* oder *Nebenkreis* mit einem Radius $r < R$.

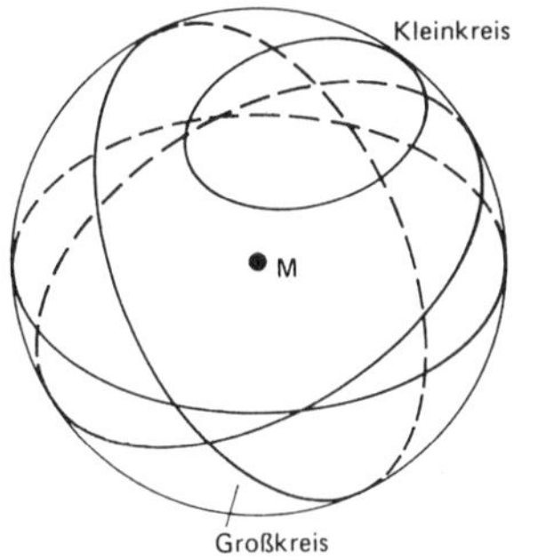

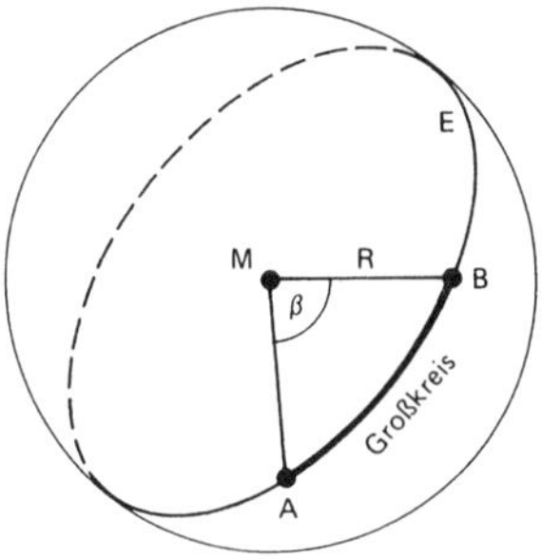

Durch zwei verschiedene Punkte A und B auf der Kugeloberfläche geht genau ein Großkreis. Es ist der Schnittkreis der Kugel mit der durch die Punkte A, B und M aufgespannten Ebene. Zwischen zwei Punkten A und B ist die Länge des Großkreisbogens die kürzeste Entfernung. Daher werden Entfernungen auf der Kugeloberfläche längs Großkreisbögen gemessen (s. 5.2., s. geodätische Linie).

Länge des Großkreisbogens: $\overset{\frown}{AB} = R\,\beta = \pi\, R \frac{\beta}{180}$.

2. Kugelzweieck (Kugelkeil):

Falls sich zwei Großkreise schneiden, schneiden sie sich in zwei Gegenpunkten P und P′, den diametralen Endpunkten eines Kugeldurchmessers. Zwei sich schneidende Großkreise zerlegen die Kugeloberfläche in vier *Kugelzweiecke* oder *Kugelkeile*, von denen jeweils die beiden gegenüberliegenden flächengleich sind.

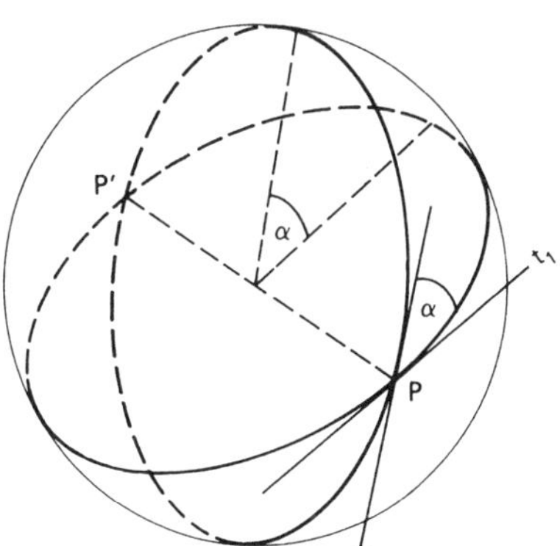

Oberflächeninhalt des Kugelzweiecks:

$$F = 2\pi\, R^2 \frac{\alpha}{180} \quad (\alpha \text{ in Grad}).$$

Volumen des von zwei Großkreisen ausgeschnittenen Körpers:

$$V = \frac{2}{3}\pi\, R^3 \frac{\alpha}{180} \quad (\alpha \text{ in Grad}).$$

3. Kugeldreieck (sphärisches Dreieck):

Drei Punkte A, B und C sollen nicht auf einem Großkreis liegen und keine zwei von ihnen diametral sein. Dann zerlegen die durch je zwei der drei Punkte gehenden Großkreise die Kugeloberfläche in acht *Kugeldreiecke*. Eines ist z. B. das Dreieck ABC. Die Winkel zwischen den Tangenten an die Großkreise seien α, β und γ, die Längen der gegenüberliegenden Großkreisbogen seien a, b, c.

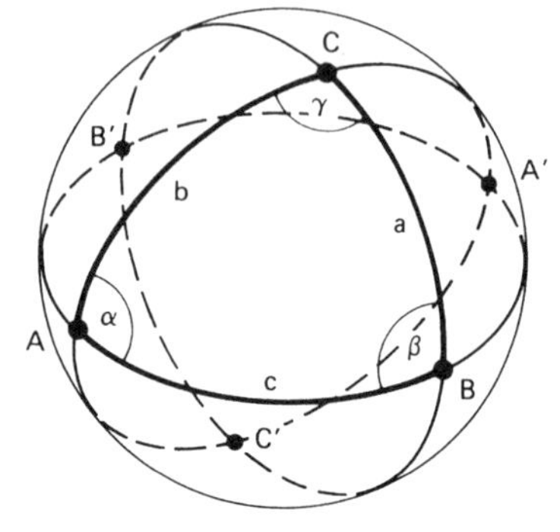

4. Eulersches Dreieck:

Ein *Eulersches Dreieck* ist ein Kugeldreieck mit folgenden Eigenschaften:

a) Jeder der drei Winkel α, β, γ ist kleiner als 180°.
b) Die Bogenlängen der drei Seiten sind jeweils kleiner als π R.

Zu jedem Eulerschen Dreieck gibt es eine Halbkugel, auf der das Dreieck liegt.

Eigenschaften Eulerscher Dreiecke auf der Einheitskugel:

Voraussetzungen: $R = 1$; $a, b, c < \pi$, also $\alpha, \beta, \gamma < 180^\circ$. Dann gilt:

1. Die Summe der Längen zweier Seiten ist größer als die Länge der dritten Seite. Der Betrag der Differenz der Längen zweier Seiten ist kleiner als die Länge der dritten Seite (Dreiecksungleichung).

2. Die Summe zweier Winkel ist kleiner als die Summe des dritten Winkels und 180°.

3. Für die Winkelsumme gilt $180^\circ < \alpha + \beta + \gamma < 540^\circ$.

4. Für die Summe der Seitenlängen gilt $a + b + c < 2\pi$.

5. Der längeren von zwei Seiten liegt der größere Winkel gegenüber.

6. Der Inhalt eines Eulerschen Kugeldreiecks auf der Kugel mit dem Radius R ist $F = \pi R^2 \frac{\varepsilon}{180}$ (ε im Gradmaß).

   Dabei ist $\varepsilon = \alpha + \beta + \gamma - 180$ (in Grad) der *sphärische Exzeß*.

5. Entfernungberechnung auf der Kugel (Erdoberfläche):

5.1. Grundbegriffe:

Der Kugelradius sei R; der mittlere Erdradius beträgt $R = 6\,371{,}221$ km.

Meridian (Längenkreis):

Der *Meridian* oder *Längenkreis* durch einen Punkt auf der Kugel ist ein vertikaler Großkreis durch diesen Punkt. Er geht durch den Nordpol N und den Südpol S (s. Kugelkoordinaten).

Breitenkreis:
Der *Breitenkreis* durch einen Punkt auf der Kugel ist ein horizontaler Kleinkreis. Der Mittelpunkt des Breitenkreises liegt auf der durch N und S gehenden Achse. Nur für Punkte auf dem Äquator ist der Breitenkreis ein Großkreis (s. Kugelkoordinaten).

Geographische Koordinaten:
Geographische Länge:
Die *geographische Länge* λ (in Grad) eines Punktes P ist der Winkel, den sein Meridian mit dem Nullmeridian bildet. Dabei gilt $-180^\circ \leq \lambda \leq 180^\circ$.
$\lambda = \lambda_0$ ist ein Meridian der Länge λ_0.

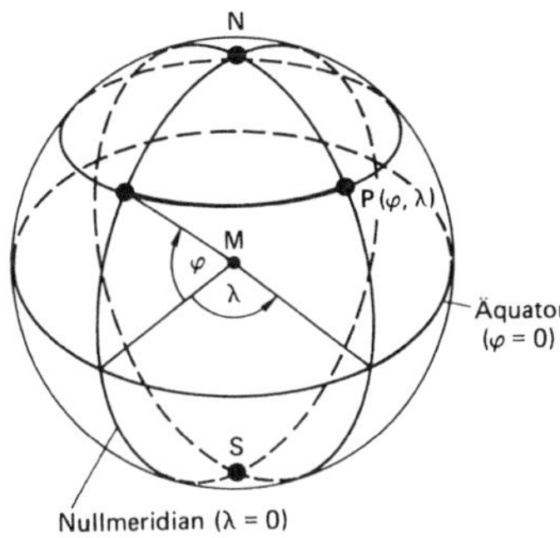

Geographische Breite:
Die *geographische Breite* φ (in Grad) eines Punktes P auf der Kugel ist der Winkel zwischen der Äquatorebene und der Strecke PM (Verbindungsstrecke mit dem Mittelpunkt). Dabei ist $-90^\circ \leq \varphi \leq 90^\circ$. Für $\varphi = \varphi_0$ erhält man einen Breitenkreis mit dem Radius $\rho_0 = R\cos\varphi_0$.

λ und φ heißen *geographische Koordinaten.*

Erdumfang $\approx 40\,000$ km;
Länge eines Bogengrades auf einem Großkreis der Erde $\approx 111{,}2$ km;
Länge eines Bogengrades auf dem Äquator der Erde $\approx 111{,}32$ km;
Länge einer Bogenminute (60 Minuten sind 1 Grad) auf einem Großkreis der Erde = 1 Seemeile $\approx 1\,852$ m.

5.2. Kürzeste Entfernung zweier Punkte - orthodrome Entfernung:
Kürzeste Entfernungen zwischen zwei Punkten auf der Kugel werden auf Großkreisbögen (geodätischen Linien) gemessen (s. geodätische Linie).

5.2.1. Punkte auf dem gleichen Meridian bzw. auf dem Äquator:
Falls zwei Punkte P_1 und P_2 auf dem gleichen Meridian bzw. auf dem Äquator liegen, lautet die Entfernung

$$d = 2\pi R \frac{|\varphi_1 - \varphi_2|}{360}, \quad \varphi_1, \varphi_2 = \text{geographische Breiten der Punkte.}$$

5.2.2. Allgemeiner Fall:
Gegeben seien allgemeine Punkte $P_1(\varphi_1, \lambda_1)$ und $P_2(\varphi_2, \lambda_2)$ mit $\Delta\lambda = |\lambda_1 - \lambda_2| \neq 0$. Der Fall $\lambda_1 = \lambda_2$ ist in 5.2.1 behandelt. Der Großkreisbogen e werde in Grad gemessen. Dann gilt

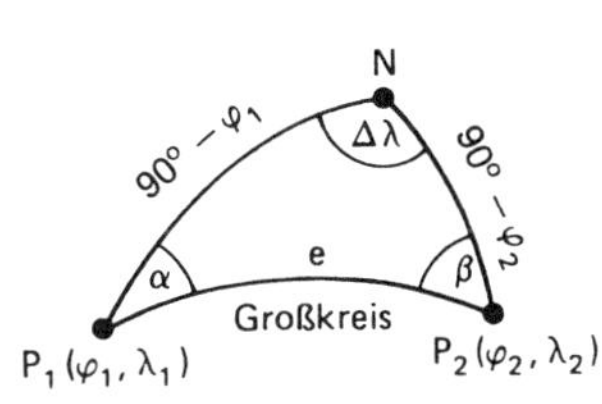

$$\cos e = \sin\varphi_1 \sin\varphi_2 + \cos\varphi_1 \cos\varphi_2 \cos\Delta\lambda.$$

Hiermit erhält man die Entfernung $d = 2\pi R \frac{e}{360}$, e in Grad.

Die *Kurswinkel* α und β in den Punkten P_1 und P_2 erhält man aus

$$\sin\alpha = \frac{\sin\Delta\lambda\cos\varphi_2}{\sin e}; \quad \sin\beta = \frac{\sin\Delta\lambda\cos\varphi_1}{\sin e}, \quad \text{e s. o.}$$

5.3. Loxodrome:

Eine Kurve auf der Kugel, die alle Meridiane unter dem gleichen Kurswinkel α schneidet, heißt *Loxodrome.* Ein Breitenkreis ist eine Loxodrome für den Kurswinkel $\alpha = 90^\circ$, $\alpha = 0$ ergibt einen Meridian als Loxodrome.

Eine Loxodrome mit dem Kurswinkel α erfüllt die Differentialgleichungen

$$\frac{d\lambda}{d\varphi} = \frac{\tan\alpha}{\cos\varphi}; \quad \frac{ds}{d\varphi} = \frac{R}{\cos\alpha} \quad \text{für } \alpha \neq \frac{\pi}{2}; \quad s = \text{Bogenlänge.}$$

5.3.1. Loxodrome zwischen $P_1(\varphi_1, \lambda_1)$ und $P_2(\varphi_2, \lambda_2)$ mit $\varphi_1 \neq \varphi_2$; $\alpha \neq \frac{\pi}{2}$:

$$\lambda_2 - \lambda_1 = \tan\alpha \cdot \left[\ln\tan\left(\frac{\varphi_2}{2} + \frac{\pi}{4}\right) - \ln\tan\left(\frac{\varphi_1}{2} + \frac{\pi}{4}\right)\right].$$

Loxodrome Entfernung:

$$l = \frac{R}{|\cos\alpha|} \cdot |\varphi_1 - \varphi_2|; \quad \text{alle Winkel im Bogenmaß } (\alpha \text{ s.o.}).$$

5.3.2. Loxodrome zwischen $P_1(\varphi_0, \lambda_1)$ und $P_2(\varphi_0, \lambda_2)$; $\alpha = \frac{\pi}{2}$:

Die Loxodrome ist der Breitenkreis: $\varphi = \varphi_0$.

Loxodrome Entfernung auf dem Breitenkreis:

$$l = R \cdot |\cos\varphi_0| \cdot |\lambda_2 - \lambda_1|, \quad \text{Winkel im Bogenmaß.}$$

Spiegelung (vgl. Symmetrie):

Spiegelungen sind spezielle Kongruenzabbildungen (s. affine Abbildung, 2.2.), bei denen ein Punkt, alle Punkte einer Geraden oder einer Ebene Fixpunkte sind.

1. Spiegelung im $\mathbb{R}^2$:

1.1. Spiegelung an einer Geraden:

Von einem Punkt $P \in \mathbb{R}^2$ werde auf eine Gerade $g \in \mathbb{R}^2$ das Lot gefällt (s. Lot) und der so erhaltene Abstand über die Gerade hinaus verdoppelt. Dann ist der so erhaltene Endpunkt dieser Strecke P′ das *Spiegelbild* von P bezüglich der Geraden g. Die Gerade g heißt *Spiegelachse* oder *Symmetrieachse.*

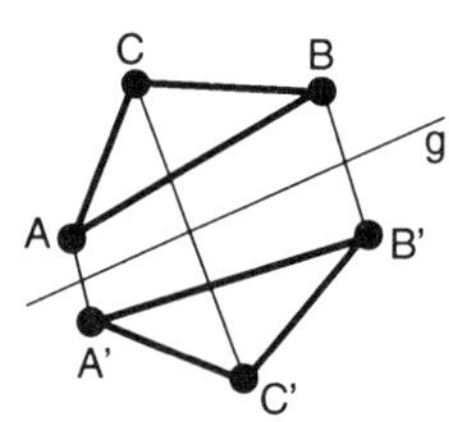

1.2. Spiegelung an einem Punkt:

Der Punkt $P \in \mathbb{R}^2$ werde mit dem Punkt S verbunden. Die Verbindungsstrecke PS werde über den Punkt S hinaus verdoppelt. Dann ist der Endpunkt P′ dieser Strecke das *Spiegelbild* von P bezüglich des Punktes S. Der Punkt S heißt *Zentralpunkt* oder *Symmetriezentrum.*

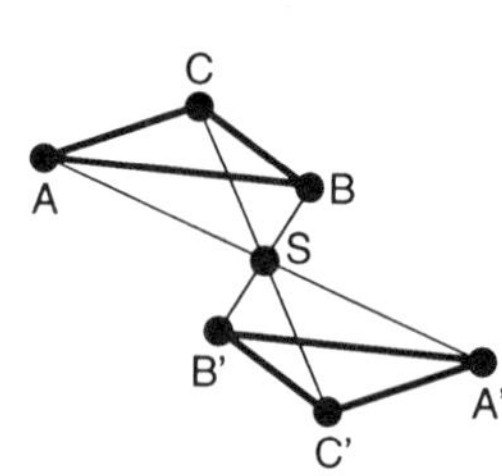

2. Spiegelungen im $\mathbb{R}^3$:

2.1. Spiegelung an einer Geraden:
Diese Spiegelung wird wie in 1.1. durchgeführt.

2.2. Spiegelung an einem Punkt: Diese Spiegelung erhält man wie in 1.2.

2.3. Spiegelung an einer Ebene:
Von einem Punkt $P \in \mathbb{R}^3$ werde auf eine Ebene $E \in \mathbb{R}^3$ das Lot gefällt und der so erhaltene Abstand auf der Lotgeraden über die Ebene hinaus verdoppelt. Dann ist der Endpunkt dieser Strecke P′ das *Spiegelbild* von P bezüglich der Ebene E.

3. Spiegelung am Kreis s. Inversion, 2.

Spiel (s. Spieltheorie):

1. Allgemeines n - Personen - Spiel:
Bei einem n - Personen - Spiel (s. Spieltheorie) gibt es für jeden der n Spieler verschiedene Strategien (Entscheidungsmöglichkeiten). Dabei ist eine *Strategie* σ_k für den Spieler k ein vollständiger Verhaltensplan, der für jede mögliche Situation, in die der Spieler im Laufe einer Partie des Spieles gelangen kann, sein Verhalten (Entscheidung) eindeutig festlegt. Σ_k sei die Menge der möglichen Strategien des k - ten Spielers für $k = 1, 2, \ldots, n$. Falls jeder Spieler aus der Menge seiner Strategien eine auswählen kann, unabhängig von den Entscheidungen der übrigen Mitspieler, besteht die Menge der Entscheidungen aller n Spieler aus dem direkten Produkt $\Sigma = \Sigma_1 \times \Sigma_2 \times \ldots \times \Sigma_n$ (s. direktes Produkt, 2.). Falls der Spieler k die Strategie $\sigma_k \in \Sigma_k$ wählt für $k = 1, 2, \ldots, n$, lautet die Gesamtstrategie $(\sigma_1, \sigma_2, \ldots, \sigma_n) \in \Sigma$. Die Auszahlung (Gewinn) an den k - ten Spieler betrage dann $A_k(\sigma_1, \sigma_2, \ldots, \sigma_n)$. Im Falle

$$\sum_{k=1}^{n} A_k(\sigma_1, \sigma_2, \ldots, \sigma_n) = c \text{ (konstant) für alle } (\sigma_1, \sigma_2, \ldots, \sigma_n) \in \Sigma$$

heißt das Spiel ein *Konstantsummenspiel*. Für $c = 0$ handelt es sich um ein *Nullsummenspiel*.

2. Matrix - Spiel (endliches 2 - Personen - Nullsummenspiel):

2.1. Allgemeine Definition eines Matrixspiels:
Ein *Matrixspiel* Γ ist gegeben durch zwei endliche Strategien - Mengen für die beiden Spieler

$$\Sigma_1 = \{\sigma_1^{(1)}, \sigma_1^{(2)}, \ldots, \sigma_1^{(m)}\}; \quad \Sigma_2 = \{\sigma_2^{(1)}, \sigma_2^{(2)}, \ldots, \sigma_2^{(n)}\}$$

und eine auf $\Sigma_1 \times \Sigma_2$ definierte Auszahlungsfunktion f. Falls Spieler 1 die Strategie $\sigma_1^{(i)}$ und Spieler 2 die Strategie $\sigma_2^{(j)}$ wählt, muß Spieler 2 an Spieler 1 den Betrag $f(\sigma_1^{(i)}, \sigma_2^{(j)}) = a_{ij}$ bezahlen für $i = 1, 2, \ldots, m$ und $j = 1, 2, \ldots, n$ (Nullsummenspiel). Die Auszahlungsfunktion kann durch eine $m \times n$ - Matrix A dargestellt werden:

$$\begin{array}{c|c} & \sigma_2^{(1)} \quad \sigma_2^{(2)} \quad \dots \quad \sigma_2^{(n)} \\ \hline \begin{array}{c} \sigma_1^{(1)} \\ \sigma_1^{(2)} \\ \vdots \\ \sigma_1^{(m)} \end{array} & \begin{pmatrix} a_{11} & a_{12} & \dots & a_{1n} \\ a_{21} & a_{22} & \dots & a_{2n} \\ \vdots & \vdots & \vdots & \vdots \\ a_{m1} & a_{m2} & \dots & a_{mn} \end{pmatrix} = A\,. \end{array}$$

Wenn Spieler 1 diejenige Strategie $\sigma_1^{(i_0)}$ wählt, in der das Zeilenminimum maximal ist, also mit

$$\nu_1 = \max_{1 \le i \le m} \min_{1 \le j \le n} a_{ij}\,,$$

erhält er mindestens diesen Auszahlungsbetrag. Wenn sich Spieler 2 für diejenige Strategie $\sigma_2^{(j_0)}$ entscheidet, in der das Spaltenmaximum von A minimal ist, kann er sicher sein, daß er höchstens diesen Betrag an Spieler 1 zahlen muß, also den Betrag

$$\nu_2 = \min_{1 \le j \le m} \max_{1 \le i \le m} a_{ij}\,.$$

Dabei gilt allgemein $\nu_1 \le \nu_2$.

2.2. Gleichgewichtspunkt:
Falls ein Strategienpaar $(\sigma_1^{(i_0)}, \sigma_2^{(j_0)})$ existiert mit

$$\max_{1 \le i \le m} \min_{1 \le j \le n} a_{ij} = \min_{1 \le j \le n} \max_{1 \le i \le m} a_{ij} = a_{i_0 j_0} = f(\sigma_1^{(i_0)}, \sigma_2^{(j_0)})\,,$$

heißt es *Gleichgewichtspunkt* oder *Sattelpunkt.* Dann gilt für alle Strategien

$$a_{ij_0} \le a_{i_0 j_0} \le a_{i_0 j}\,.$$

Das Element $a_{i_0 j_0}$ ist dann Maximum einer Spalte und zugleich Minimum einer Zeile. Wenn ein Spieler immer die Strategie des Gleichgewichtspunktes wählt, ist für den anderen Spieler ein Abweichen von dieser Gleichgewichtsstrategie höchstens mit einem Nachteil verbunden. Damit ist das Spiel gelöst, weil sinnvollerweise dann jeder der beiden Spieler die Gleichgewichtsstrategie wählt, so daß ein Spielen überflüssig wird. In einem solchen Fall heißt

$$\nu = f(\sigma_1^{(i_0)}, \sigma_2^{(j_0)}) = a_{i_0 j_0} = \nu_1 = \nu_2$$

der *Wert* des Spiels. Im Falle $\nu = 0$ nennt man das Spiel *fair.*

2.3. Die gemischte Erweiterung eines Matrixspiels:
Im Falle $\nu_1 < \nu_2$ (s. 2.1.) besitzt das Matrixspiel keinen Gleichgewichtspunkt. Spieler I wähle die Strategie $\sigma_1^{(i)}$ mit Wahrscheinlichkeit x_i aus, Spieler II entscheide sich für $\sigma_2^{(j)}$ mit Wahrscheinlichkeit y_j. Die gemischten Strategien sind dann die Wahrscheinlichkeitsvektoren

$$\vec{x}^T = (x_1, x_2, \ldots, x_m) \quad \text{mit} \quad x_i \geq 0 \text{ und } \sum_{i=1}^{m} x_i = 1;$$

$$\vec{y}^T = (y_1, y_2, \ldots, y_n) \quad \text{mit} \quad y_j \geq 0 \text{ und } \sum_{j=1}^{n} y_j = 1.$$

Falls Spieler I die gemischte Strategie $\vec{x}$ und Spieler II $\vec{y}$ wählt, beträgt die Gewinnerwartung (mittlere Auszahlung) für Spieler I

$$E(\vec{x}, \vec{y}) = \sum_{i=1}^{m} \sum_{j=1}^{n} a_{ij} x_i y_j = \vec{x}^T A \vec{y}.$$

In der gemischten Erweiterung wird anstelle der festen Auszahlung die Gewinnerwartung $E(\vec{x}, \vec{y})$ für Spieler I benutzt. Es gibt mindestens ein Paar optimaler Strategien $\vec{x}^*$, $\vec{y}^*$ (*Gleichgewichts*- oder *Sattelpunkt*) mit

$$\max_{\vec{x}} \min_{\vec{y}} \vec{x}^T A \vec{y} = \min_{\vec{y}} \max_{\vec{x}} \vec{x}^T A \vec{y} = \vec{x}^{*T} A \vec{y}^* = E(\vec{x}^*, \vec{y}^*) = \nu.$$

Dabei gilt für alle gemischten Strategien $\vec{x}$, $\vec{y}$

$$E(\vec{x}, \vec{y}^*) \leq E(\vec{x}^*, \vec{y}^*) \leq E(\vec{x}^*, \vec{y}).$$

ν heißt der Wert des Spiels. Falls ein Spieler immer seine optimale gemischte Strategie wählt, bringt dem anderen Spieler ein Abweichen von seiner optimalen gemischten Strategie höchstens eine kleinere Gewinnerwartung. Im Falle $\nu = 0$ nennt man das Spiel *fair*.

Falls die Matrix A den Gleichgewichtspunkt$(\sigma_1^{(i_0)}, \sigma_2^{(j_0)})$ besitzt (s. 2.2.), liefern die Einpunktverteilungen $x_{i_0} = 1$, $y_{j_0} = 1$ optimale gemischte Strategien.

Spieltheorie:

Neben den reinen Glücksspielen (z. B. Roulette, Würfeln), die mit wahrscheinlichkeitstheoretischen Methoden behandelt werden können, gibt es Spiele, bei denen die einzelnen Spieler durch Wahl geeigneter Strategien auf den Spielverlauf Einfluß nehmen können (z. B. Schach und Nim). Die Spieltheorie beschäftigt sich mit solchen Spielen. Eine der Hauptaufgaben ist es, für einen (oder mehrere) Spieler eine optimale Strategie zu bestimmen, die, unabhängig vom Spielverhalten der übrigen Spieler, bei einem Einzelspiel oder auf Dauer zu einem Mindestgewinn führt (s. Spiel, 2.2., 2.3.). Die Begriffe können so verallgemeinert werden, daß damit auch Probleme des Wirtschaftslebens optimiert werden können. Falls an einem Spiel (Wirtschaftsprozeß) n Personen teilnehmen, spricht man von einem *n - Personen - Spiel*. Ein Verlust eines Spielers wird als negativer Gewinn gedeutet. Wenn die Summe der Gewinne aller Mitspieler gleich Null ist, heißt das Spiel ein *Nullsummenspiel*. Bei einem Spiel können manche Mitspieler auch in einer *Koalition* zusammengehen, um so für alle zusammen einen Mindestgewinn zu garantieren.

Spinnlinie s. Spirale, 4.

Spirale:

Eine *Spirale* ist eine ebene Kurve (s. Kurve, 1.), die in Polarkoordinaten eine Darstellung $\rho = f(\varphi)$ besitzt. Dabei ist f eine eindeutige Funktion.

1. Archimedische Spirale:

Für eine *Archimedische Spirale* gilt

$$\rho(\varphi) = a \cdot \varphi;\ a > 0;\ \varphi \text{ Bogenmmaß.}$$

1. Zweig: $0 \le \varphi < \infty$;
2. Zweig: $-\infty < \varphi \le 0$.

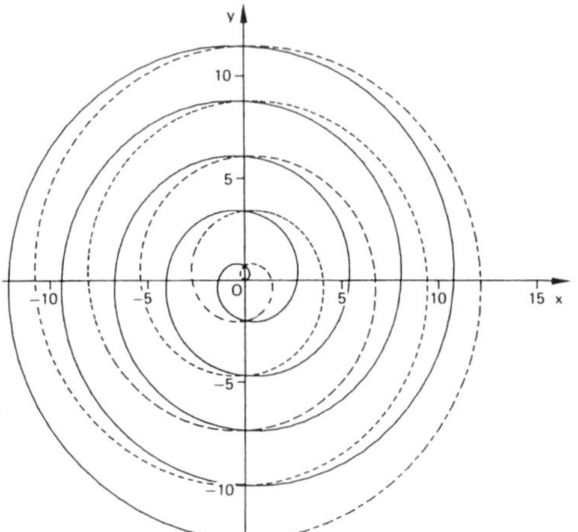

Archimedische Spirale (a = 3/7)
1. Zweig (durchgezogen) für $\varphi \geqslant 0$
2. Zweig (gestrichelt) für $\varphi < 0$

Sie wird durch einen Punkt beschrieben, der sich vom Koordinatenursprung O aus mit konstanter Geschwindigkeit v auf einem Stab bewegt, welcher sich dabei selbst mit konstanter Winkelgeschwindigkeit ω um O dreht. Dann ist $a = \frac{v}{\omega}$.

Punkte auf demselben Strahl von O aus besitzen voneinander den Abstand

$$d = 2\pi a = 2\pi \frac{v}{\omega}.$$

Die Bogenlänge zwischen O und dem Punkt $\rho(\varphi)$ beträgt

$$s = \frac{a}{2} \cdot \left[\varphi \cdot \sqrt{1 + \varphi^2} + \operatorname{arsinh} \varphi\right].$$

Der Flächeninhalt eines Sektors zwischen zwei Strahlen (φ_1 und φ_2) durch O beträgt

$$F = \frac{a^2}{6}(\varphi_2^3 - \varphi_1^3).$$

2. Hyperbolische Spirale:

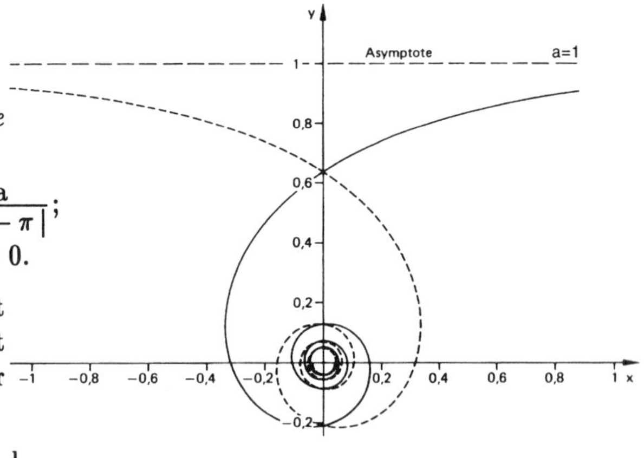

Eine *hyperbolische Spirale* besitzt die Gleichung

$$\rho(\varphi) = \frac{a}{\varphi} \text{ und } \rho(\varphi) = \frac{a}{|\varphi - \pi|};$$

$$a > 0;\ -\infty < \varphi < \infty;\ \varphi \neq 0.$$

Die Gerade $y = a$ ist Asymptote. Der Pol O ist asymptotischer Punkt (für $\varphi \to \infty$ und $\varphi \to -\infty$).

Bogenlänge zwischen φ_1 und φ_2:

$$s = a \cdot \left(\operatorname{arsinh} \varphi_2 - \operatorname{arsinh} \varphi_1 + \frac{\sqrt{1 + \varphi_1^2}}{\varphi_1} - \frac{\sqrt{1 + \varphi_2^2}}{\varphi_2}\right) \text{ für } \varphi_1 \le \varphi_2.$$

Flächeninhalt eines Sektors zwischen φ_1 und φ_2: $F = \frac{a^2}{2} \cdot \left(\frac{1}{\varphi_1} - \frac{1}{\varphi_2}\right)$.

3. Logarithmische Spirale:

Eine *logarithmische Spirale* besitzt die Gleichung

$$\rho(\varphi) = a \cdot e^{b\varphi};$$

$$a, b > 0; \quad -\infty < \varphi < \infty.$$

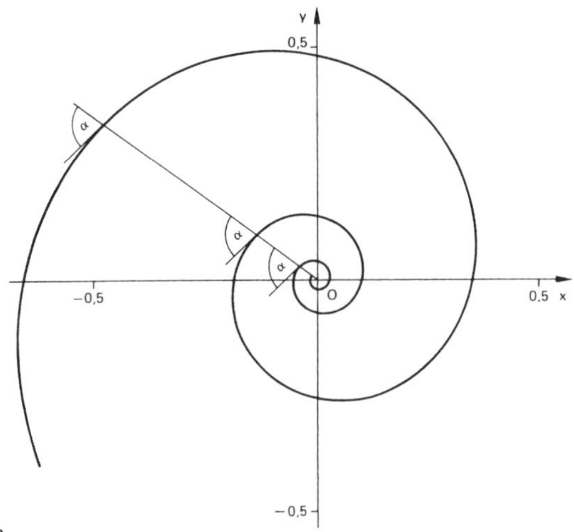

$b = 0$ ergibt einen Kreis mit dem Radius a. Jede Gerade durch O schneidet die Kurve unter dem konstanten Winkel $\alpha = \operatorname{arccot} b$. O ist ein asymptotischer Punkt (Strudelpunkt) für $\varphi \to -\infty$.

Länge eines Bogens zwischen $\rho_1 = \rho(\varphi_1)$ und $\rho_2 = \rho(\varphi_2)$:

$$s = \frac{\sqrt{1+b^2}}{b} \cdot (\rho_2 - \rho_1) = \frac{\rho_2 - \rho_1}{\cos\alpha}.$$

Flächeninhalt eines Sektors zwischen φ_1 und φ_2:

$$F = \frac{\rho_2^2 - \rho_1^2}{4b} = \frac{a^2 \cdot (e^{2b\varphi_2} - e^{2b\varphi_1})}{4b}.$$

4. Klothoide (Spinnlinie, Cornussche Spirale):

In jedem Punkt P der *Klothoide* ist der Kehrwert des Krümmungsradius $\frac{1}{r}$ proportional zur Länge des Kurvenbogens $s = \overset{\frown}{OP}$, also

$$\frac{1}{r} = \frac{1}{a^2} \cdot s, \quad \text{d.h.} \quad s \cdot r = a^2.$$

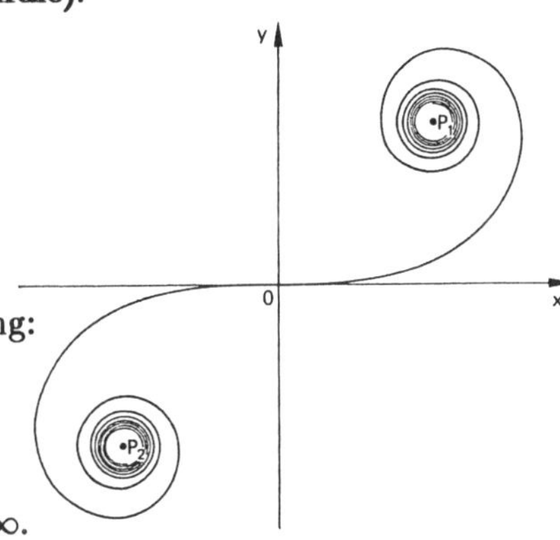

$t = \frac{s}{a\sqrt{\pi}}$ ergibt die Parameterdarstellung:

$$x = a\sqrt{\pi} \int_0^t \cos\frac{\pi u^2}{2} du;$$

$$y = a\sqrt{\pi} \int_0^t \sin\frac{\pi u^2}{2} du; \quad -\infty < t < \infty.$$

Die Kurve ist punktsymmetrisch zum Koordinantenursprung O.

Asymptotische Punkte: $P_1\left(\frac{a\sqrt{\pi}}{2}, \frac{a\sqrt{\pi}}{2}\right)$; $P_2\left(-\frac{a\sqrt{\pi}}{2}, -\frac{a\sqrt{\pi}}{2}\right)$.

Spitze:

1. Spitze einer ebenen Kurve:

Die Funktion $y = f(x)$ sei an der Stelle x_0 stetig. Die rechts- und linksseitige Ableitung an der Stelle x_0 sollen existieren und voneinander verschieden sein. Dann besitzt die Kurve an der Stelle x_0 eine *Spitze* (s. Funktion von reellen Variablen, 1.4.).

2. Spitze eines gleichschenkligen Dreiecks s. Dreieck, 3.

3. Spitze eines Körpers s. Kegel, 1., s. Pyramide, 1.

spitzer Winkel:

Ein Winkel, der kleiner als ein rechter Winkel ist (s. rechter Winkel), heißt *spitzer Winkel.* Für das Gradmaß φ eines spitzen Winkels gilt

$$0^\circ < \varphi < 90^\circ \quad \text{(s. Winkel, 1.1).}$$

spitzwinkliges Dreieck:

Ein Dreieck, bei dem alle drei Winkel spitz (kleiner als 90°) sind, heißt *spitzwinklig.*

Spline s. Interpolation, 5.

Sprache:

In der mathematischen Logik ist eine *Sprache* die Grundlage für den Aufbau einer formalisierten Theorie und zur Angabe von Algorithmen. Zu einer Sprache gehört ein *Alphabet*, also eine Menge von Grundzeichen, und eine *Syntax*, d. h. eine Menge von Grundzeichen und eine Menge von Vorschriften zur Konstruktion von Ausdrücken.

Sprungstelle (Sprunghöhe):

Die Stelle x_0 heißt *Sprungstelle* der Funktion f(x), falls die beiden einseitigen Grenzwerte

$$f(x_0+) = \lim_{x \to x_0+} f(x) \quad \text{und} \quad f(x_0-) = \lim_{x \to x_0-} f(x)$$

existieren und voneinander verschieden sind (s. Funktion von reellen Variablen, 1.2.). Dann heißt $|f(x_0+) - f(x_0-)|$ die *Sprunghöhe.*

Spur einer Matrix:

Es sei A eine n-reihige quadratische Matrix. Dann heißt die Summe der Elemente der Hauptdiagonalen $\mathrm{Sp}(A) = \sum_{i=1}^{n} a_{ii}$ die *Spur* der Matrix A. Sind $\lambda_1, \lambda_2, \ldots, \lambda_n$ die Eigenwerte der Matrix A, so gilt $\mathrm{Sp}(A) = \sum_{k=1}^{n} \lambda_k$ (s. Eigenwertproblem, 3.2.).

Stammfunktion einer Funktion einer reellen Variablen:

Jede differenzierbare reelle Funktion F(x) mit $F'(x) = f(x)$ heißt *Stammfunktion* von f. Zwei verschiedene Stammfunktionen $F_1(x)$ und $F_2(x)$ zur gleichen Funktion f(x) unterscheiden sich höchstens um eine additive Konstante C, also $F_1(x) = F_2(x) + C$ mit $C \in \mathbb{R}$ (s. Integralrechnung, 1.3.).

Stammfunktion einer komplexen Funktion:

Jede differenzierbare komplexe Funktion $F(z)$ mit $F'(z)=f(z)$ heißt *Stammfunktion* von $f(z)$ (s. komplexe Funktion, 3.). Zwei verschiedene Stammfunktionen $F_1(z)$ und $F_2(z)$ zur gleichen Funktion $f(z)$ unterscheiden sich höchstens um eine additive Konstante c, also

$$F_1(z)=F_2(z)+c \quad \text{mit} \quad c\in\mathbb{C}.$$

Bestimmung einer Stammfunktion s. komplexes Kurvenintegral.

Stammfunktion einer Funktion von mehreren reellen Variablen

s. totales Differential, 1., 2.

Standardform s. lineare Optimierung, 2.1.5.

starke Konvergenz:

Eine Folge $\{\mathbf{v_n}, n=1,2,\ldots\}$ von Elementen eines normierten Vektorraums V (s. Vektorraum, 5.) heißt *stark konvergent* gegen ein Element $\mathbf{v}\in V$, wenn bezüglich der Norm gilt

$$\lim_{n\to\infty} \| \mathbf{v_n} - \mathbf{v} \| = 0$$

(s. schwache Konvergenz).

stationäre Stelle (stationärer Punkt):

Jede Stelle $(x_1, x_2, \ldots, x_n)$ mit den partiellen Ableitungen

$$f_{x_i}(x_1, x_2, \ldots, x_n)=0 \quad \text{für} \quad i=1,2,\ldots,n$$

heißt *stationäre Stelle* der Funktion $f(x_1, x_2, \ldots, x_n)$. Unter den stationären Stellen befinden sich die relativen Extrema sowie Sattelpunkte (s. Extremum, 2., 3., s. Sattelpunkt).

Statistik:

Die *Statistik* beschäftigt sich mit der Zusammenstellung und übersichtlichen Darstellung von Daten. Daraus werden aussagefähige Kennzahlen berechnet. Die *mathematische Statistik* benutzt Ergebnisse der Wahrscheinlichkeitsrechnung, um aus einer Teilerhebung Aussagen über größere Grundgesamtheiten zu machen.

Stauchung s. affine Abbildung, 2.1.

Steigung (Anstieg):

Die Funktion $f(x)$ besitze an der Stelle x_0 die Ableitung $f'(x_0)$. Dieser Wert ist die Steigung der Tangente an der Stelle x_0. Er heißt auch *Steigung* oder *Anstieg* der Funktion f an der Stelle x_0 (s. Funktion von reellen Variablen, 1.4.). Die Gerade $y=mx+b$ besitzt die konstante Steigung m.

Steigung höherer Ordnung s. Interpolation, 4.

Steigungsfehler s. gewöhnliche Differentialgleichung, 7.1.1.

Steiner, Jakob (1796 – 1863) wirkte in Berlin. Er beschäftigte sich mit der synthetischen Geometrie, insbesondere mit geometrischen Konstruktionen. Nach ihm benannt ist der Steinersche Verschiebungssatz für Trägheitsmomente (s. Trägheitsmoment, 5.).

Steinerscher Verschiebungssatz s. Trägheitsmoment, 5.

Stellenwertsystem s. Zahlensystem, 2.

stereographische Projektion:

Eine Kugel K werde im Südpol S von einer Ebene E berührt. Ein beliebiger Punkt P der Ebene werde mit dem diametralen Gegenpunkt von S, dem Nordpol N, geradlinig verbunden. Der Schnittpunkt P′ dieses Geradenstücks mit der Kugel ist das Bild des Punktes P. Dadurch entsteht eine eineindeutige Abbildung der Ebene E auf die im Nordpol N punktierte Kugel, also auf alle Kugelpunkte mit Ausnahme des Nordpols. Die Abbildung heißt *stereographische Projektion.* Es ist eine eineindeutige winkeltreue (konforme) Abbildung (s. konforme Abbildung) der Kugelfläche auf die Ebene E. Kreise und Geraden der Ebene E werden dabei auf Kreise auf der Kugel abgebildet. Falls man eine Gerade in E als Kreis durch den unendlich fernen Punkt auffaßt, gehen bei der stereographischen Projektion Kreise in Kreise über. Die Riemannsche Zahlenkugel (s. Riemannsche Zahlenkugel) ist die stereographische Projektion der komplexen Zahlenebene. Hier ist der Nordpol das Bild des unendlich fernen Punktes (s. unendlich ferner Punkt.)

Stereometrie:

Das Teilgebiet der Euklidischen Geometrie, in dem geometrische Figuren untersucht werden, die nicht in einer Ebene liegen, nennt man *Stereometrie.* Beispiele dafür sind Körper und räumliche Flächen.

Stern s. Knotenpunkt.

Sternkurve s. zyklische Kurven, 3.

stetig:

1. Stetige Abbildung eines metrischen Raumes:

Es seien M und M′ metrische Räume mit den Metriken d bzw. d′. Eine Abbildung f von M in M′ heißt im Punkt $x_0 \in M$ stetig, wenn es zu jedem $\varepsilon > 0$ ein $\delta > 0$ gibt, so daß für alle $x \in M$ mit

$$d(x, x_0) < \delta \quad \text{gilt} \quad d'(f(x), f(x_0)) < \varepsilon .$$

2. Stetige Abbildung eines topologischen Raumes (topologische Stetigkeit): Eine Abbildung f eines topologischen Raumes T in einen topologischen Raum T′ (s. topologischer Raum) heißt *stetig* in einem Punkt $x_0 \in T$, wenn es zu jeder Umgebung U′ (s. Umgebung) des Bildpunktes $y_0 = f(x_0)$ eine Umgebung U von x_0 in T gibt mit $f(U) \subset U'$, d.h. $f(x) \in U'$ für alle $x \in U$. Die Abbildung f heißt (global) *stetig*, wenn f an jeder Stelle $x \in T$ stetig ist. f ist genau dann stetig, wenn alle Urbilder von offenen Mengen $O' \subset T'$ offene Mengen in T sind bzw. wenn alle Urbilder abgeschlossener Mengen aus T′ auch in T abgeschlossen sind.

3. Stetige Differenzierbarkeit s. Differenzierbarkeit, stetige.

4. Stetige komplexe Funktion s. komplexe Funktion, 2.

5. Stetige Preissenkung s. Integralrechnung, 1.9.3.

6. Stetige reelle Funktion s. Funktion von reellen Variablen, 1.3., 2.3.

7. Stetiger linearer Operator s. linearer Operator.

8. Stetige Teilung s. goldener Schnitt.

9. Stetige Verzinsung s. Zinseszinsrechnung, 5.

Stieltjes, Thomas Jean

Stieltjes, Thomas Jean (1856 – 1894) wirkte in Leiden und Toulouse. Von ihm stammt der nach ihm benannte Integralbegriff (s. Stieltjes-Integral), der eine wichtige Rolle in der modernen Mathematik spielt, vor allem in der Funktionalanalysis und Wahrscheinlichkeitsrechnung.

Stieltjes-Integral:

f(x) und g(x) seien im Intervall [a; b] definierte, endliche reelle Funktionen. Durch

$$x_0 = a < x_1 < x_2 < \ldots < x_n = b$$

werde das Intervall [a; b] in n Teilintervalle zerlegt. ξ_k sei ein beliebiger Punkt aus dem Intervall $I_k = [x_{k-1}; x_k]$ für $k = 1, 2, \ldots, n$. Dann heißt

$$Z_n = \sum_{k=1}^{n} f(\xi_k) \cdot [g(x_k) - g(x_{k-1})]$$

eine *Stieltjes-Summe*. Es sei $\Delta_n = \max\limits_{1 \le k \le n} (x_k - x_{k-1})$ die maximale Länge der Teilintervalle. Falls der Grenzwert

$$\lim_{\substack{n \to \infty \\ \Delta_n \to 0}} \sum_{k=1}^{n} f(\xi_k) \cdot [g(x_k) - g(x_{k-1})] = \int_a^b f(x)\, dg(x)$$

unabhängig von der Wahl der Zwischenstellen ξ_k existiert, heißt er das *Stieltjes-Integral* der Funktion f bezüglich der Funktion g in [a; b]. Mit $g(x) = x$ erhält man als Spezialfall des Stieltjes-Integrals das Riemannsche Integral (s. Integralrechnung, 1.1.).

Stirling, James (1692 – 1770) stammte aus dem schottischen Adel. Als Anhänger der Stuarts mußte er 1714 sein Land verlassen. Bis 1725 wirkte er in Venedig. Später war er im schottischen Bergwerkwesen tätig. Er beschäftigte sich mit der Newtonschen Interpolationstheorie und mit Reihenentwicklungen. Nach ihm benannt ist die Stirlingsche Formel (s. Stirlingsche Formel).

Stirlingsche Formel:
Für die Gammafunktion $\Gamma(x)$ (s. Gammafunkion) gilt

$$\Gamma(x+1) \approx \sqrt{2\pi x} \cdot x^x \cdot e^{-x} \quad \text{für große } x;$$

$$n! = \Gamma(n+1) \approx \sqrt{2\pi n} \cdot n^n \cdot e^{-n} \quad \text{für große } n \in \mathbb{N}.$$

Stokes, Sir George Gabriel (1819 – 1903) wirkte in Cambridge. Er beschäftigte sich mit der Bewegung zäher Flüssigkeiten (Stokessche Gesetze) und der Vektoranalysis. Der Stokessche Integralsatz (s. Oberflächenintegral, 4.2) ist nach ihm benannt. Ferner war er der Begründer der modernen Geodäsie.

Stokesscher Integralsatz s. Oberflächenintegral, 4.2.

Störgliedansatz s. gewöhnliche Differentialgleichung, 4.2.2.

Strahl s. Halbgerade.

Strahlensätze:
Strahlensätze sind Aussagen über Proportionen (s. Proportion), die man durch Schnitte eines Geradenbüschels mit parallelen Geraden erhält. Zwei sich im Punkt A schneidende Geraden werden von drei parallelen Geraden geschnitten. Dann entstehen die ähnlichen Dreiecke

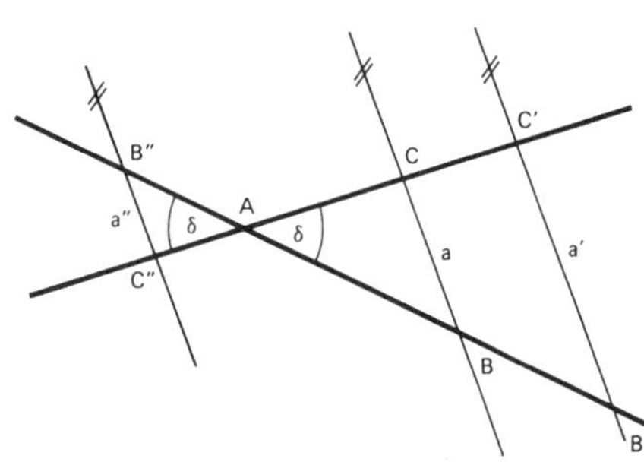

ABC; AB′C′ und AB″C″,

in denen sich die Längen entsprechender Seiten gleich verhalten (s. Dreieck, 1.3.). Hieraus erhält man:

1. Die Längen zwischen den Parallelen liegender Abschnitte auf einem Strahl verhalten sich wie Längen der entsprechenden Abschnitte auf dem anderen Strahl.

2. Die Längen zwischen den Strahlen liegender Parallelabschnitte verhalten sich wie die Längen der vom Scheitelpunkt A aus gemessenen Abschnitte auf den Strahlen.

Damit gilt z. B.

1. $\overline{AC} : \overline{AC'} = \overline{AB} : \overline{AB'}$; $\overline{AC} : \overline{CC'} = \overline{AB} : \overline{BB'}$;

   $\overline{AC} : \overline{AC''} = \overline{AB} : \overline{AB''}$;

2. $\overline{BC} : \overline{B'C'} = \overline{AC} : \overline{AC'} = \overline{AB} : \overline{AB'}$.

Strategie s. Spiel, 1.

Strecke:

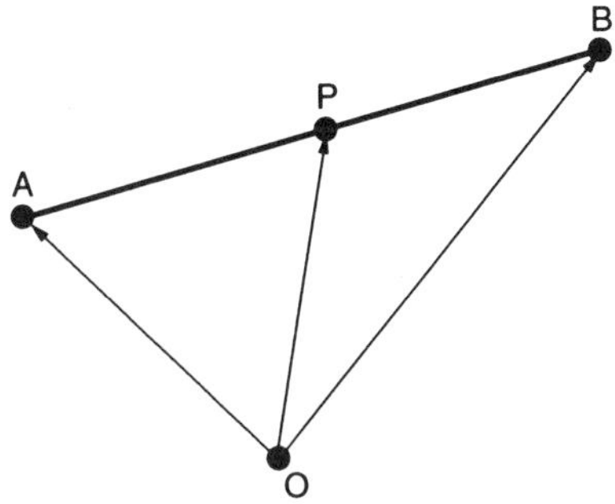

Es seien A und B zwei verschiedene Punkte des Raumes. Die *Strecke* AB besteht aus allen Punkten, die auf der durch A und B gehenden Geraden zwischen A und B liegen. Alle Punkte P auf der Verbindungsstrecke erhält man als Ortsvektoren

$$\overrightarrow{OP} = \overrightarrow{OA} + \lambda \cdot \overrightarrow{AB} \quad \text{mit } 0 \le \lambda \le 1$$
$$= \mu \cdot \overrightarrow{OA} + (1-\mu) \cdot \overrightarrow{OB} \quad \text{mit } 0 \le \mu \le 1.$$

Es handelt sich um konvexe Linearkombinationen der Ortsvektoren zu den Endpunkten A und B. Mit $\overline{AB}$ oder $|AB|$ bezeichnet man die Länge der Strecke AB (s. Längeneinheit und Längenmaßzahl).

Streckenhalbierung s. Mittellot, s. Streckenteilung.

Streckenteilung in zwei Teile s. Teilungsverhältnis.

Streckenteilung, Teilung einer Strecke in n gleiche Teile:

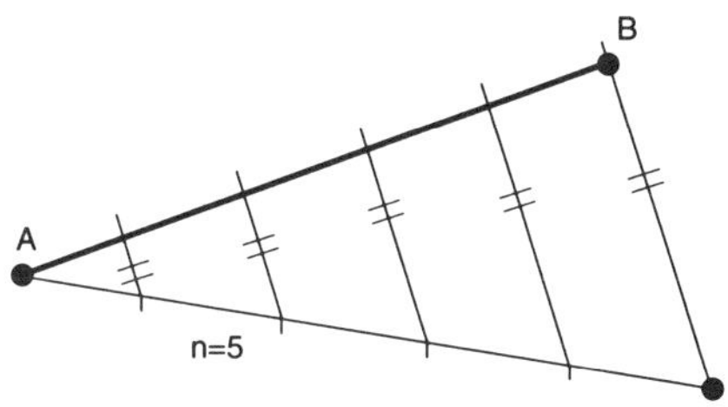

Über die Strahlensätze (s. Strahlensätze) kann eine Strecke mit Zirkel und Lineal in n gleich lange Teile geteilt werden. Dazu legt man durch einen Randpunkt der Strecke eine Gerade, welche nicht parallel zur Strecke ist. Darauf trägt man vom Randpunkt aus n gleich lange Strekken ab. Das Ende dieser Stücke wird mit dem anderen Randpunkt der Strecke verbunden. Parallelen durch die übrigen markierten Punkte liefern als Schnittpunkte mit dem Streckenstück die gesuchten Teilungspunkte.

Streckenzug s. Polygonzug.

Streckung s. affine Abbildung, 2.1., s. rektifizierbar.

streng monoton s. monoton fallend, s. monoton wachsend.

Strichrechnung:

Das Rechnen mit + (Addition) und − (Subtraktion) heißt *Strichrechnung.* Beim Weglassen von Klammern gilt die Regel "Punktrechnung geht vor Strichrechnung" (s. Punktrechnung).

Strophoide:

Für die *Strophoide* gibt es folgende Darstellungen:

Koordinatengleichung: $(a-x)\,y^2 = (a+x)\,x^2$ mit $a > 0$;

Parameterdarstellung: $x = \dfrac{a(t^2-1)}{t^2+1}$; $y = \dfrac{a\,t\,(t^2-1)}{t^2+1}$; $-\infty < t < \infty$;

Polarkoordinaten: $\rho(\varphi) = -\dfrac{a\cos 2\varphi}{\cos\varphi}$ (erhält man mit $t = \tan\varphi$).

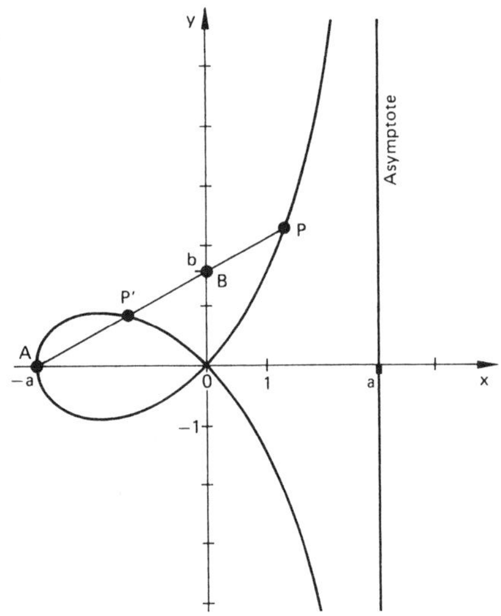

Der Koordinatenursprung O ist Doppelpunkt mit den Tangenten $y = \pm x$.

Scheitelpunkt: $A(-a, 0)$;

Asymptote: $x = a$ (vertikal);

Symmetrie-Achse: x-Achse;

Flächeninhalt der geschlossenen Schleife:

$$F_1 = 2a^2 - \frac{\pi a^2}{2};$$

Flächeninhalt zwischen der Kurve und der Asymptoten:

$$F_2 = 2a^2 + \frac{\pi a^2}{2}.$$

Geometrische Konstruktion:
Ein beliebiger Punkt $B(0, b)$ auf der y-Achse wird mit dem Scheitelpunkt $A(-a, 0)$ verbunden. Dann liegen die beiden Punkte P und P′ mit

$$\overline{AP'} = \overline{BP} = \overline{OB} = b$$

auf der Strophoide.

Strudelpunkt:

Ein Punkt P heißt *Strudelpunkt* einer Kurvenschar (s. Kurvenschar), wenn jede durch P gehende Gerade jede Scharkurve in jeder Umgebung von P (s. Umgebung) unendlich oft schneidet. Bei der logarithmischen Spirale $\rho = a \cdot e^{b\varphi}$ ist der Koordinatenursprung O ein Strudelpunkt (s. Spirale, 3.).

Struktur:

Man sagt: Eine Menge M ist mit einer *Struktur* versehen, wenn in ihr eine oder mehrere Relationen oder Verknüpfungen definiert sind bzw. wenn in M spezielle Mengen ausgezeichnet sind.

Struktur, algebraische s. algebraisch, 6.

Struktur, topologische s. topologischer Raum.

Strukturvariable s. lineare Optimierung, 2.1.7.

stückweise glatt s. glatt.

stückweise stetig:
Eine Funktion f(x) heißt in [a;b] *stückweise stetig*, wenn f dort bis auf höchstens endlich viele Stellen stetig ist.

Stufenwinkel s. Winkelpaare.

stumpfer Winkel:
Ein Winkel, der größer als ein rechter und kleiner als ein gestreckter Winkel ist, heißt *stumpfer Winkel* (s. Winkel, 1.1.). Für das Gradmaß φ eines stumpfen Winkels gilt

$$90^\circ < \varphi < 180^\circ.$$

stumpfwinkliges Dreieck:
Ein Dreieck, bei dem ein Winkel größer als 90° ist, heißt *stupfwinklig* (s. Dreieck, 1.). Im allgemeinen wählt man γ als stumpfen Winkel.

Stundenwinkel eines Sterns s. Äquatorialsystem.

Sturm, Charles (1803 – 1858) wirkte in Paris als Professor für Analysis und Mechanik. Nach ihm und Liouville sind ein Differentialgleichungstyp sowie ein zugehöriges Randwertproblem benannt (s. gewöhnliche Differentialgleichung, 5.5.4., 6.2.).

Sturm - Liouvillesche Differentialgleichung s. gewöhnliche Differentialgleichung, 5.5.4.

Sturm - Liouvillesches Randwertproblem s. gewöhnliche Differentialgleichung, 6.2.

Stützstelle s. Interpolation.

subadditive Abbildung (Funktion):
Eine Abbildung f heißt auf D *subadditiv*, wenn für beliebige $x, y \in D$ mit $x + y \in D$ gilt

$$f(x+y) \leq f(x) + f(y).$$

Substitution:

Eine in einer Formel auftretende Variable werde immer durch den gleichen Term ersetzt. Dann nennt man dieses Ersetzungsverfahren *Substitution.*

Substitutionsregel bei der Integration:

Die Funktion f(u) besitze die Stammfunktion F(u). Ferner sei $u = g(x)$ eine stetig differenzierbare Funktion, wobei die zusammengesetzte Funktion f(g(x)) existiere. Dann gilt

$$\int f(g(x))\, g'(x)\, dx = \left[\int f(u)\, du\right]_{u = g(x)} = F(g(x)) + C.$$

Bei der Integration durch Substitution wird entweder die Funktion g(x) durch die neue Variable u substituiert oder die Variable u durch g(x). Aus $u = g(x)$ folgt dann

$$du = g'(x)\, dx.$$

Substitutionsregel bei bestimmten Integralen: Es gilt

$$\int_a^b f(g(x))\, g'(x)\, dx = \int_{g(a)}^{g(b)} f(u)\, du = F(g(b)) - F(g(a))$$

(s. Integralrechnung, 1.6.2).

Subtangente:

Die Tangente (s. Tangente) t an eine ebene Kurve im Punkt P schneide die x-Achse an der Stelle T. P′ sei der Fußpunkt des Lotes von P auf die x-Achse (s. Lot, 1.). Dann heißt die Verbindungsstrecke P′T die zum Punkt P gehörende *Subtangente* der Kurve.

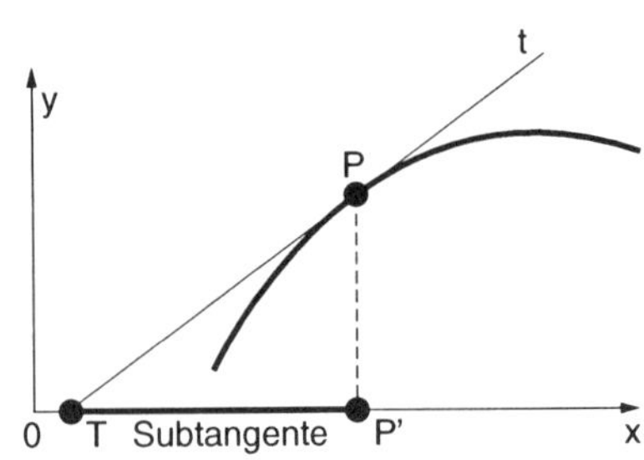

Subtrahend s. Subtraktion.

Subtraktion:

Die *Subtraktion* ist die Umkehrung der Addition in einer Menge M (s. Addition). Zu gegebenen Elementen a, $b \in M$ ist ein Element $x \in M$ gesucht mit $a + x = b$. Falls ein solches Element existiert, nennt man es die *Differenz* von b und a und bezeichnet es mit $x = b - a$ (b minus a). Dabei heißt b *Minuend* und a *Subtrahend.* Für $a > 0$ folgt aus $a + x = b$ die Bedingung $x < b$, für $a < 0$ erhält man $x > b$. Für $a = b$ erhält man als Ergebnis die Zahl $x = a - a = 0$. Für $b < a$ erhält man eine negative Zahl.
Die Subtraktion mehrerer Zahlen kann wegen

$$a - b_1 - b_2 - \ldots - b_n = a - (b_1 + b_2 + \ldots + b_n)$$

auf die Subtraktion einer Summe zurückgeführt werden.

Subtraktion von Positionszahlen:
Bei der Subtraktion von Positionszahlen mit der Grundzahl g (s. Zahlensystem, 2.) kann wegen der Eigenschaft $a - b = -(b - a)$ immer erreicht werden, daß unter Beachtung des Vorzeichens die kleinere von der größeren Zahl subtrahiert wird. Damit sei in $c = a - b$ immer $b \leq a$ vorausgesetzt. Wie bei der Addition (s. Addition, 1.) werden die beiden Positionszahlen so untereinander geschrieben, daß jeweils die beiden Ziffern mit der gleichen Potenz g^i der Grundzahl g direkt untereinander stehen. Damit sind Differenzen der Art $a_i \cdot g^i - b_i \cdot g^i = (a_i - b_i) \cdot g^i$ zu bilden. Falls die Stellenzahl von b kleiner als die von a ist, sind die entsprechenden Ziffern gleich Null zu setzen. Im Falle $b_i \leq a_i$ sind die gewöhnlichen Differenzen $c_i = a_i - b_i$ zu bilden. Für $b_i > a_i$ wird die vorangehende Ziffer b_{i+1} um 1 erhöht. Anstelle von a_i benutzt man dann $g + a_i$, so daß wegen $b_i < g$ die Subtraktion durchführbar wird. Beispiele s. Dezimalzahl, s. Dualzahl.

Subtraktionsmethode s. lineare Gleichungen, 4.2.3.

Südpunkt s. astronomisches Koordinatensystem.

sukzessive Approximation s. Iterationsverfahren.

Summand:
Bei der Addition $a + b$ heißen a und b *Summanden* (s. Addition, s. Summe).

Summationsgrenze s. Summenzeichen.

Summationsindex s. Summenzeichen.

Summationssatz s. Z-Transformation.

Summe:
In einer Menge M sei eine Addition + erklärt. Dann nennt man

$$a_1 + a_2 + \ldots + a_n$$

die *Summe* der Elemente $a_1, a_2, \ldots, a_n$ (s. Summenzeichen).

Summenformeln, spezielle (s. Reihe):
Für alle natürlichen Zahlen n und m gelten folgende *Summenformeln*:

$$1 + 2 + 3 + \ldots + n = \sum_{k=1}^{n} k = \frac{n(n+1)}{2};$$

$$2 + 4 + 6 + \ldots + 2n = \sum_{k=1}^{n} 2k = n(n+1);$$

$$1 + 3 + 5 + \ldots + (2n-1) = \sum_{k=1}^{n} (2k-1) = n^2;$$

$$m + (m+1) + \ldots + (m+n) = \sum_{k=0}^{n} (m+k) = \frac{(n+1)\cdot(n+2m)}{2};$$

$$1^2 + 2^2 + 3^2 + \ldots + n^2 = \sum_{k=1}^{n} k^2 = \frac{n\cdot(n+1)\cdot(2n+1)}{6};$$

$$1^2 + 3^2 + 5^2 + \ldots + (2n-1)^2 = \sum_{k=1}^{n} (2k-1)^2 = \frac{n\cdot(4n^2-1)}{3};$$

$$2^2 + 4^2 + 6^2 + \ldots + (2n)^2 = \sum_{k=1}^{n} (2k)^2 = \frac{2n\cdot(n+1)\cdot(2n+1)}{3};$$

$$1^3 + 2^3 + 3^3 + \ldots + n^3 = \sum_{k=1}^{n} k^3 = \frac{n^2\cdot(n+1)^2}{4};$$

$$1^4 + 2^4 + 3^4 + \ldots + n^4 = \sum_{k=1}^{n} k^4 = \frac{n\cdot(n+1)\cdot(2n+1)\cdot(3n^2+3n-1)}{30};$$

$$1\cdot 2 + 2\cdot 3 + 3\cdot 4 + \ldots + (n-1)\cdot n = \sum_{k=1}^{n-1} k(k+1) = \frac{n\cdot(n^2-1)}{3};$$

$$1\cdot 2\cdot 3 + 2\cdot 3\cdot 4 + \ldots + (n-2)\cdot(n-1)\cdot n = \sum_{k=1}^{n-2} k(k+1)(k+2) = \frac{n\cdot(n-2)\cdot(n^2-1)}{4}.$$

Geschlossene Formeln für solche Summen können allgemein mit Hilfe der Theorie der homogenen Differenzengleichungen bestimmt werden (s. Differenzengleichung, 3.1.). Dort ist ein Hinweis zu finden, wie man allgemein für

$$1^r + 2^r + 3^r + \ldots + n^r = \sum_{k=1}^{n} k^r \quad \text{mit } r \in \mathbb{N}$$

eine geschlossene Formel erhält. Für $r = 3$ wird dort die Berechnung als Beispiel durchgeführt. Bei "arithmetischen Folgen und Reihen höherer Ordnung" wird für jedes r eine geschlossene Formel für die Summe angegeben.

Summenregel der Differentiation:

Die Ableitungsregel $(f(x) \pm g(x))' = f'(x) \pm g'(x)$ heißt auch *Summenregel* (s. Funktion von reellen Variablen, 1.4.).

Summenzeichen:

Zur vereinfachten Darstellung einer Summe von mehreren Elementen dient das *Summenzeichen* $\sum$. Dabei gilt

$$\sum_{k=m}^{n} a_k = a_m + a_{m+1} + \ldots + a_n.$$

k ist der *Summationsindex*, m die *untere* und n die *obere Summationsgrenze.* Falls alle Summanden gleich a sind, wird $(n - m + 1)$-mal die Zahl a addiert. Bei gleichen Summanden gilt

$$\sum_{k=m}^{n} a = \underbrace{a + a + \ldots + a}_{n-m+1 \text{ Summanden}} = (n - m + 1) \cdot a .$$

Aus den Rechenregeln für reelle Zahlen erhält man die Eigenschaften

$$\sum_{k=m}^{n} c \cdot a_k = c \cdot \sum_{k=m}^{n} a_k \text{ für jedes } c \in \mathbb{R}; \quad \sum_{k=m}^{n} (a_k \pm b_k) = \sum_{k=m}^{n} a_k \pm \sum_{k=m}^{n} b_k .$$

Im Falle der Existenz des Grenzwertes erhält man in

$$\lim_{n\to\infty} \sum_{k=m}^{n} a_k = \sum_{k=m}^{\infty} a_k$$

eine *unendliche Reihe* (s. Reihe).

Für *Doppelsummen* (s. Doppelsumme) gilt

$$\sum_{i=1}^{m} \Big(\sum_{j=1}^{n} a_{ij} \Big) = \sum_{j=1}^{n} \Big(\sum_{i=1}^{m} a_{ij} \Big).$$

summierbar s. integrierbar.

sup s. Supremum.

Supplementwinkel:

Jeder Winkel, der einen gegebenen Winkel mit der Größe $\varphi < 180^\circ$ zu einem gestreckten Winkel (180°) ergänzt, heißt *Supplementwinkel.*

Supremum:

Im Falle der Existenz heißt die kleinste obere Schranke einer halbgeordneten Menge A das *Supremum* von A. Man bezeichnet es sup A (s. Schranke, obere bzw. untere).

surjektiv (Surjektion):

Eine Abbildung f von X auf Y heißt *surjektiv* oder eine *Surjektion*, wenn es zu jedem $y \in Y$ mindestens ein $x \in X$ gibt mit $y = f(x)$ (s. Abbildung).

Symbol s. Zeichen.

symmetrisch (Symmetrie):

1. Symmetrische Bilinearform s. Bilinearform.

2. Symmetrische Figur:

2.1. Achsensymmetrische (axialsymmetrische) Figur:

Eine ebene oder räumliche Figur heißt *achsensymmetrisch* oder *axialsymmetrisch* zur *Achse* (Geraden) g, wenn die Figur durch Spiegelung an dieser Geraden g auf sich selbst abgebildet wird. Die Achse, an der gespiegelt wird, heißt *Symmetrieachse* (s. Spiegelung, 1.1., 2.1.).

2.2. Punktsymmetrische (zentralsymmetrische) Figur:
Eine ebene oder räumliche Figur heißt *punktsymmetrisch* oder *zentralsymmetrisch* zum Punkt (*Symmetriezentrum*) P, wenn die Figur durch Spiegelung an diesem Punkt P auf sich selbst abgebildet wird (s. Spiegelung 1.2., 2.2.).

2.3. Ebenensymmetrische räumliche Figur:
Eine räumliche Figur heißt *symmetrisch zur Ebene E*, wenn die Figur durch Spiegelung an der *Symmetrieebene* E auf sich selbst abgebildet wird (s. Spiegelung, 2.3.).

2.4. Symmetrischer Keil s. Keil, 2.

3. Symmetrische Differenz:
Es seien A und B Teilmengen der Grundmenge Ω. Die Menge der Elemente, die in genau einer der beiden Mengen A und B, also entweder in A oder in B, aber nicht im Durchschnitt $A \cap B$ liegen, heißt die *symmetrische Differenz* von A und B. Man bezeichnet sie mit $A \Delta B$. Mit dem Komplement gilt die Darstellung (s. Menge, 1., 2.)

$$A \Delta B = (A \cap \overline{B}) \cup (B \cap \overline{A}) = A\overline{B} \cup B\overline{A} .$$

4. Symmetrische Funktion:
Ein Funktion f von n Variablen $x_1, x_2, \ldots, x_n$ heißt *symmetrisch*, wenn sie bei jeder Permutation (Vertauschung) der Variablen in sich übergeht.

Beispiel: $f(x_1, x_2, x_3) = a\,x_1 x_2 x_3 + b\,e^{x_1 + x_2 + x_3}$ mit $a, b \in \mathbb{R}$.

5. Symmetrische Gruppe s. Permutationsgruppe.

6. Symmetrische Matrix:
Die quadratische n-reihige Matrix A mit den Elementen a_{ij}, $1 \leq i, j \leq n$, heißt *symmetrisch*, wenn für alle i, j gilt $a_{ij} = a_{ji}$. Dann stimmt die transponierte Matrix A^T mit A überein. Eine symmetrische Matrix geht durch Spiegelung an der Hauptdiagonalen in sich selbst über. Eigenschaften symmetrischer reeller Matrizen s. Eigenwertproblem, 3.4., 3.5.

7. Symmetrische Relation:
Eine zweistellige Relation R in M heißt *symmetrisch*, wenn aus $a R b$ auch $b R a$ folgt (s. Relation, 2.).

8. Symmetrischer Operator:
Ein auf einem Euklidischen oder unitären Vektorraum (s. Vektorraum, 3., 4.) definierter linearer Operator T (s. lineare Abbildung, 1.) heißt *symmetrisch*, wenn er selbstadjungiert ist, wenn also für alle $\mathbf{u}, \mathbf{v} \in V$ gilt

$$< T\mathbf{u}, \mathbf{v} > = < \mathbf{u}, T\mathbf{v} > .$$

Symmetrieachse s. symmetrisch, 2.1., s. Spiegelung, 1.1., 2.1.

Symmetrieebene s. symmetrisch, 2.3., s. Spiegelung, 2.3.

Symmetriepunkt s. symmetrisch, 2.2., s. Spiegelung, 1.2., 2.2.

Symmetriezentrum s. symmetrisch, 1.2., s. Spiegelung, 1.2., 2.2.

Syntax s. Sprache.

System:

Eine Zusammensetzung mehrerer kleiner Einheiten nennt man *System*. Beispiele: Gleichungssystem, System gewöhnlicher Differentialgleichungen, System unabhängiger oder orthogonaler Vektoren.

System von gewöhnlichen Differentialgleichungen:

1. System expliziter gewöhnlicher Differentialgleichungen 1. Ordnung:
Die n gewöhnlichen Differentialgleichungen

$$\begin{aligned} y_1'(x) &= f_1(x, y_1, y_2, \dots, y_n) \\ y_2'(x) &= f_2(x, y_1, y_2, \dots, y_n) \\ &\dots\dots\dots\dots \\ y_n'(x) &= f_n(x, y_1, y_2, \dots, y_n) \end{aligned}$$

nennt man ein *System* von n expliziten gewöhnlichen Differentialgleichungen. Dabei sind die Funktionen $f_1, f_2, \dots, f_n$ in einem Gebiet $G \subset \mathbb{R}^{n+1}$ definiert. Gesucht sind die Lösungsfunktionen $y_1(x), y_2(x), \dots, y_n(x)$.
Mit den Vektoren

$$\vec{y}(x) = \begin{pmatrix} y_1(x) \\ y_2(x) \\ \vdots \\ y_n(x) \end{pmatrix}; \quad \vec{y}\,'(x) = \begin{pmatrix} y_1'(x) \\ y_2'(x) \\ \vdots \\ y_n'(x) \end{pmatrix}; \quad \int \vec{y}(x)\,dx = \begin{pmatrix} \int y_1(x)\,dx \\ \int y_2(x)\,dx \\ \vdots \\ \int y_n(x)\,dx \end{pmatrix}$$

kann das System dargestellt werden in der Vektorform

$$\vec{y}\,'(x) = \vec{f}(x, \vec{y}(x)) = \begin{pmatrix} f_1(x, \vec{y}(x)) \\ f_2(x, \vec{y}(x)) \\ \vdots \\ f_n(x, \vec{y}(x)) \end{pmatrix}.$$

Dabei gilt $f_i(x, \vec{y}(x)) = f_i(x, y_1, y_2, \dots, y_n)$ für $i = 1, 2, \dots, n$.
Die Komponenten sind Vektorfunktionen.

Existenzsatz von Peano:
Die Funktionen $f_k(x, y_1, y_2, \dots, y_n)$ seien in einem Bereich $B \subset \mathbb{R}^{n+1}$ stetig für $k = 1, 2, \dots, n$. Dann besitzt das System für beliebige Werte, für die $(x_0, c_1, \dots, c_n) \in B$ gilt, mindestens eine Lösung $((y_1(x), y_2(x), \dots, y_n(x))$ mit $y_1(x_0) = c_1$; $y_2(x_0) = c_2$; $\dots$; $y_n(x_0) = c_n$, die sich bis zum Rand von B fortsetzen läßt.

Existenz- und Eindeutigkeitssatz von Picard-Lindelöf:
Die Funktionen $f_k(x, y_1, y_2, \ldots, y_n)$ seien im $(n+1)$-dimensionalen Bereich

$$B = \left\{(x, y_1, y_2, \ldots, y_n) \,\Big|\, |x - x_0| \leq a; \sqrt{\sum_{i=1}^{n} (y_i - \hat{y}_i)^2} \leq b\right\}$$

stetig und beschränkt mit

$$\sqrt{\sum_{k=1}^{n} f_k^2(x, y_1, y_2, \ldots, y_n)} \leq M \text{ auf ganz B.}$$

Ferner sei in B die Lipschitz-Bedingung erfüllt:

$$\sqrt{\sum_{k=1}^{n} \left(f_k(x, y_1, y_2, \ldots, y_n) - f_k(x, \hat{y}_1, \hat{y}_2, \ldots, \hat{y}_n)\right)^2} \leq L \cdot \sqrt{\sum_{i=1}^{n} (y_i - \hat{y}_i)^2}$$

mit einer nur von B abhängigen Lipschitz-Konstanten L. Falls von allen Funktionen $f_1, f_2, \ldots, f_n$ die partiellen Ableitungen nach $y_1, y_2, \ldots, y_n$ existieren und in B beschränkt sind, ist dort die Lipschitz-Bedingung erfüllt. Dann gibt es für beliebige $(x_0, c_1, c_2, \ldots, c_n) \in B$ genau eine Lösung $\vec{y}(x)$ mit $\vec{y}^{\,T}(x_0) = (c_1 \ldots, c_n)^T = \vec{c}$, also mit den Komponenten $y_1(x_0) = c_1$; $y_2(x_0) = c_2$; … ; $y_n(x_0) = c_n$. Ihr Existenzbereich ist mindestens das Intervall $(x_0 - \alpha; x_0 + \alpha)$ mit $\alpha = \min(a, \frac{b}{M}, \frac{1}{L})$. Es sei $\vec{y}_1(x)$ eine beliebige in $(x_0 - \alpha;\, x_0 + \alpha)$ stetige Vektorfunktion mit

$$\vec{y}_1^{\,T}(x_0) = \vec{c}^{\,T} = (c_1, c_2, \ldots, c_n).$$

Dann konvergieren die Vektorfunktionen

$$\vec{y}_n(x) = \vec{c} + \int_{x_0}^{x} \vec{f}(u, \vec{y}_{n-1}(u))\,du \qquad \text{für} \quad n = 2, 3, \ldots$$

in jedem abgeschlossenen Teilintervall von $(x_0 - \alpha;\ x_0 + \alpha)$ gleichmäßig gegen die Lösung $\vec{y}(x)$. Das bedeutet: zu jedem $\varepsilon > 0$ gibt es ein n_0, so daß gilt

$$|\vec{y}_n(x) - \vec{y}(x)| < \varepsilon \text{ für alle } n \geq n_0 \text{ und alle } x \in B.$$

2. Lineares Differentialgleichungssystem 1. Ordnung:
Das System

$$y_1'(x) = a_{11}(x) \cdot y_1(x) + a_{12}(x) \cdot y_2(x) + \ldots + a_{1n}(x) \cdot y_n(x) + r_1(x)$$
$$y_2'(x) = a_{21}(x) \cdot y_1(x) + a_{22}(x) \cdot y_2(x) + \ldots + a_{2n}(x) \cdot y_n(x) + r_2(x)$$
$$\cdots\cdots\cdots\cdots\cdots\cdots\cdots\cdots\cdots\cdots\cdots\cdots$$
$$y_n'(x) = a_{n1}(x) \cdot y_1(x) + a_{n2}(x) \cdot y_2(x) + \ldots + a_{nn}(x) \cdot y_n(x) + r_n(x)$$

mit vorgegebenen Funktionen $a_{ik}(x)$, $r_i(x)$, die in $[a; b]$ stetig sind, heißt ein *System linearer Differentialgleichungen.* Das System kann in Matrizenform geschrieben werden als

$$\vec{y}\,'(x) = A(x) \cdot \vec{y}(x) + \vec{r}(x).$$

Dabei sind die Spaltenvektoren $\vec{y}(x)$ und $\vec{r}(x)$ sowie die Matrix $A(x)$ folgendermaßen definiert:

$$\vec{y}(x) = \begin{pmatrix} y_1(x) \\ y_2(x) \\ \vdots \\ y_n(x) \end{pmatrix}; \vec{r}(x) = \begin{pmatrix} r_1(x) \\ r_2(x) \\ \vdots \\ r_n(x) \end{pmatrix}; A(x) = \begin{pmatrix} a_{11}(x) & a_{12}(x) & \cdots & a_{1n}(x) \\ a_{21}(x) & a_{22}(x) & \cdots & a_{2n}(x) \\ \vdots & \vdots & \vdots & \vdots \\ a_{n1}(x) & a_{n2}(x) & \cdots & a_{nn}(x) \end{pmatrix}.$$

Wegen der vorausgesetzten Stetigkeit aller Koeffizientenfunktionen $a_{ik}(x)$ besitzt die Vektorfunktion

$$A(x) \cdot \vec{y}(x) + \vec{r}(x)$$

stetige partielle Ableitungen nach $y_1, y_2, \ldots, y_n$. Somit ist die Lipschitz-Bedingung erfüllt. Dann gibt es für jedes $x \in [a;b]$ genau ein Lösungssystem $y_i(x)$ mit $y_i(x_0) = \hat{y}_i$ (konstant) für $i = 1, 2, \ldots, n$. In Vektorschreibweise:

$$\vec{y}(x) = \begin{pmatrix} y_1(x) \\ y_2(x) \\ \vdots \\ y_n(x) \end{pmatrix} \quad \text{mit} \quad \vec{y}(x_0) = \begin{pmatrix} \hat{y}_1 \\ \hat{y}_2 \\ \vdots \\ \hat{y}_n \end{pmatrix}.$$

2.1. Homogenes lineares System:

Das homogene System lautet mit $r_i(x) \equiv 0$ für alle i

$$\vec{y}\,'(x) = A(x) \cdot \vec{y}(x).$$

1. Jedes homogene lineare System besitzt stets ein Fundamentalsystem von n linear unabhängigen Lösungsvektoren

   $$\vec{y}_k(x) = \begin{pmatrix} y_{1k}(x) \\ y_{2k}(x) \\ \vdots \\ y_{nk}(x) \end{pmatrix} \quad \text{für } k = 1, 2, \ldots, n.$$

   Das bedeutet: $\sum\limits_{k=1}^{n} c_k \cdot \vec{y}_k(x) \equiv \vec{0}$ in $(a;b) \Leftrightarrow c_1 = c_2 = \ldots = c_n = 0$.

2. Jeder Lösungsvektor $\vec{y}_{hom.}(x)$ des homogenen Systems läßt sich als Linearkombination der Lösungen eines Fundamentalsystems darstellen:

   $$\vec{y}_{hom.}(x) = \sum_{k=1}^{n} c_k \cdot \vec{y}_k(x) \quad \text{mit } c_k \in \mathbb{R} \quad \text{für } k = 1, 2, \ldots, n.$$

3. n Lösungsvektoren des homogenen Systems sind genau dann linear abhängig, wenn ihre *Wronskische Determinante*

   $$W(x) = \det(\vec{y}_1(x), \vec{y}_2(x), \ldots, \vec{y}_n(x))$$

   an einer Stelle $x_1 \in (a;b)$ verschwindet. Dann verschwindet die Wronskische Determinante im ganzen Intervall $(a;b)$.
   Die Matrix $(\vec{y}_1(x), \vec{y}_2(x), \ldots, \vec{y}_n(x))$ heißt *Wronskische Matrix.*

4. Sämtliche Wronskischen Determinanten W(x) erfüllen die gewöhnliche Differentialgleichung

   $$W'(x) = \Big(\sum_{i=1}^{n} a_{ii}(x)\Big) \cdot W(x) = Sp(A(x)) \cdot W(x)$$

mit den Lösungen

$$W(x) = W(x_0) \cdot e^{\int\limits_{x_0}^{x} \sum\limits_{i=1}^{n} a_{ii}(u)\,du} = W(x_0) \cdot e^{\int\limits_{x_0}^{x} \mathrm{Sp}(A(u)) \cdot W(u)\,du}.$$

Dabei ist $\mathrm{Sp}(A(x))$ die Spur der Matrix $A(x)$, also die Summe der Elemente der Hauptdiagonalen.

2.2. Inhomogenes lineares System:
Die allgemeine Lösung $\vec{y}_{\text{inhom.}}(x)$ des inhomogenen Systems

$$\vec{y}\,'(x) = A(x) \cdot \vec{y}(x) + \vec{r}(x) \quad \text{mit} \quad \vec{r}(x) \not\equiv \vec{0} \text{ (Nullvektor)}$$

erhält man durch Addition einer partikulären (speziellen) Lösung $\vec{y}_{\text{part.}}(x)$ des inhomogenen Systems zur allgemeinen Lösung $\vec{y}_{\text{hom.}}(x)$ des homogenen Systems, also

$$\vec{y}_{\text{inhom.}}(x) = \vec{y}_{\text{hom.}}(x) + \vec{y}_{\text{part.}}(x).$$

Variation der Konstanten:
Es sei $\vec{y}_1(x), \vec{y}_2(x), \ldots, \vec{y}_n(x)$ ein Fundamentalsystem des homogenen Systems. Mit dem Ansatz

$$\sum_{k=1}^{n} c_k(x) \cdot \vec{y}_k(x)$$

erhält man die allgemeine Lösung des homogenen Systems in der Form

$$\vec{y}_{\text{inhom.}}(x) = \underbrace{\left(\vec{y}_1(x), \ldots, \vec{y}_n(x)\right)}_{\text{Wronskische Matrix}} \cdot \left(\vec{c} + \int\limits_{x_0}^{x} \underbrace{\left(\vec{y}_1(u), \ldots, \vec{y}_n(u)\right)^{-1}}_{\text{inverse Wronskische Matrix}} \cdot \vec{r}(u)\,du\right)$$

mit einem konstanten Vektor $\vec{c}$.

2.3. Reduktionsverfahren von d'Alembert:
Es sei $\vec{y}_1(x) = \left(y_{11}(x),\ y_{21}(x), \ldots, y_{n1}(x)\right)^T$ eine bekannte Lösung des homogenen Systems mit $y_{11}(x) \neq 0$ für jedes $x \in (a; b)$. Mit dem Ansatz

$$\vec{y}(x) = v(x) \cdot \vec{y}_1(x) + \vec{z}(x)$$

wird das homogene System für $\vec{y}_1(x)$ übergeführt in ein solches für

$$\vec{z}(x) = \left(0, z_2(x), z_3(x), \ldots, z_n(x)\right)^T,$$

also in ein homogenes lineares System für $n-1$ Funktionen.

3. Lineares Differentialgleichungssystem mit konstanten Koeffizienten:
Falls sämtliche Funktionen $a_{ij}(x) \equiv a_{ij}$ konstant sind, erhält man das System mit konstanten Koeffizienten in der Form

$$\begin{aligned}
y_1'(x) &= a_{11} \cdot y_1(x) + a_{12} \cdot y_2(x) + \ldots + a_{1n} \cdot y_n(x) + r_1(x) \\
y_2'(x) &= a_{21} \cdot y_1(x) + a_{22} \cdot y_2(x) + \ldots + a_{2n} \cdot y_n(x) + r_2(x) \\
&\cdots\cdots\cdots\cdots\cdots\cdots\cdots\cdots\cdots\cdots \\
y_n'(x) &= a_{n1} \cdot y_1(x) + a_{n2} \cdot y_2(x) + \ldots + a_{nn} \cdot y_n(x) + r_n(x).
\end{aligned}$$

In Matrizenschreibweise lautet das lineare System

$$\vec{y}\,'(x) = A \cdot \vec{y}(x) + \vec{r}(x).$$

Dabei ist $A = (a_{ij}, i, j = 1, 2, \ldots, n)$ eine quadratische n-reihige Matrix.

3.1. Homogenes System:

Das homogene System $\vec{y}\,'(x) = A \cdot \vec{y}(x)$ besitzt zu den Anfangsbedingungen $y_i(x_0) = \hat{y}_i$ für $i = 1, 2, \ldots, n$ stets die Lösung

$$\vec{y}(x) = \vec{\hat{y}} \cdot e^{(x - x_0) \cdot A}.$$

Dabei ist $e^{(x - x_0) \cdot A}$ die konvergente Matrixexponentialreihe

$$e^{(x - x_0) \cdot A} = \sum_{k=0}^{\infty} \frac{(x - x_0)^k \cdot A^k}{k!},$$

A^k = k-te Potenz von A mit $A^0 = E$ (s. Matrix, 6.2.).

Die Spaltenvektoren von $e^{(x - x_0) \cdot A}$ bilden ein Fundamentalsystem. Falls die Matrix A nilpotent ist mit $A^m = 0$ (Nullmatrix), gilt $A^k = 0$ für alle $k \geq m$. Dann lautet die Lösung

$$e^{(x - x_0) \cdot A} = \sum_{k=0}^{m-1} \frac{(x - x_0)^k \cdot A^k}{k!} \quad \text{mit } A^m = 0.$$

Exponentialansatz:

Mit einem n-dimensionalen konstanten Vektor $\vec{c} = (c_1, c_2, \ldots, c_n)^T$ wird der Ansatz

$$\vec{y}(x) = \vec{c} \cdot e^{\lambda x} \quad \text{mit } \lambda \in \mathbb{R}$$

gemacht. Hieraus folgt $\vec{y}\,'(x) = \lambda \cdot \vec{c} \cdot e^{\lambda x}$. Mit Hilfe der Differentialgleichung erhält man mit der Einheitsmatrix E die Gleichung

$$(A - \lambda E) \cdot \vec{c} \cdot e^{\lambda x} = \vec{0} \quad \text{(Eigenwertproblem).}$$

Jede Lösung λ ist Eigenwert der Matrix A. Für λ muß die *charakteristische Gleichung* erfüllt sein:

$$\det(A - \lambda E) = \begin{vmatrix} a_{11} - \lambda & a_{12} & \cdots & a_{1n} \\ a_{21} & a_{22} - \lambda & \cdots & a_{2n} \\ \vdots & \vdots & \vdots & \vdots \\ a_{n1} & a_{n2} & \cdots & a_{nn} - \lambda \end{vmatrix} = 0$$

(s. charakteristische Gleichung, s. Determinante). $\lambda_1, \lambda_2, \ldots, \lambda_r$ seien die reellen Nullstellen mit den Vielfachheiten $k_1, k_2, \ldots, k_r$ (s. Polynom, 1.).

$$z_m = a_m + i\,b_m \quad \text{und} \quad \bar{z}_m = a_m - i\,b_m$$

für $m = 1, 2, \ldots, l$ seien die konjugiert komplexen Paare der komplexen Nullstellen mit den Vielfachheiten $s_1, s_2, \ldots, s_l$. Dabei gilt

$$k_1 + k_2 + \ldots + k_r + 2(s_1 + s_2 + \ldots + s_l) = n.$$

Dann lautet die allgemeine Lösung der homogenen Gleichung

$$\vec{y}_{hom.}(x) = \sum_{\rho=1}^{r} \vec{P}_{k_\rho}(x)\, e^{\lambda_\rho x}$$

$$+ \sum_{m=1}^{l} \vec{Q}_{s_m}(x)\, e^{a_m x} \cos b_m x + \sum_{m=1}^{l} \vec{R}_{s_m}(x)\, e^{a_m x} \sin b_m x .$$

Dabei sind $\vec{P}_{k_\rho}(x)$, $\vec{Q}_{s_m}(x)$ und $\vec{R}_{s_m}(x)$ n-dimensionale Vektoren, deren Komponenten Polynome in x vom Grad k_ρ bzw. s_m sind.

Eine partikuläre Lösung $\vec{y}_{part.}(x)$ des inhomogenen Systems kann mit Hilfe der Variation der Konstanten aus 2.2. gewonnen werden. Dann lautet die allgemeine Lösung der inhomogenen Gleichung

$$\vec{y}_{inhom.}(x) = \vec{y}_{hom.}(x) + \vec{y}_{part.}(x) .$$

4. Explizite Differentialgleichung n-ter Ordnung als lineares Differentialgleichungssystem 1. Ordnung:
In der allgemeinen expliziten Differentialgleichung n-ter Ordnung

$$y^{(n)}(x) = f(x, y(x), y'(x), y''(x), \ldots, y^{(n-1)}(x))$$

(s. gewöhnliche Differentialgleichung, 1.) wird folgende Substitution durchgeführt:

$$y_0(x) = y(x); \quad y_1(x) = y'(x) = y_0'(x); \quad y_2(x) = y''(x) = y_1'(x);$$

$$\ldots; \; y_{n-1}(x) = y^{(n-1)}(x) = y_{n-2}'(x).$$

Damit geht die explizite Differentialgleichung über in das System

$$\vec{y}'(x) = \begin{pmatrix} y_0'(x) \\ y_1'(x) \\ \vdots \\ y_{n-1}'(x) \end{pmatrix} = \begin{pmatrix} y_1(x) \\ y_2(x) \\ \vdots \\ y_{n-1}(x) \\ f(x, y_0, y_1, \ldots, y_{n-1}) \end{pmatrix} = \vec{f}(x, \vec{y}(x)) .$$

Falls für die explizite gewöhnliche Differentialgleichung die Lipschitz-Bedingung erfüllt ist (s. gewöhnliche Differentialgleichung, 1.), ist auch die Lipschitz-Bedingung für das System erfüllt.

T

Tangens (tan, Tangensfunktion):

Die trigonometrische Funktion

$$\tan x = \frac{\sin x}{\cos x} \quad \text{(Tangens x)}$$

als Funktion des Bogenmaßes $x \in \mathbb{R}$ (s. trigonometrische Funktionen, 1.) ist mit Ausnahme der Nullstellen des Nenners definiert. Damit lautet der Definitionsbereich $D = \{x \in \mathbb{R} \mid x \neq \frac{\pi}{2} + k\pi \text{ für jedes } k \in \mathbb{Z}\}$. Die Stellen $\frac{\pi}{2} + k\pi$ sind Polstellen mit vertikaler Asymptote. Die Funktion ist ungerade und besitzt die Periode π, also

$$\tan(-x) = -\tan x; \quad \tan(x+\pi) = \tan x \quad \text{für jedes } x \in D.$$

Nullstellen: $0;\ \pm\pi;\ \pm 2\pi;\ \pm 3\pi;\ \ldots;$

Ableitung: $(\tan x)' = \dfrac{1}{\cos^2 x} = 1 + \tan^2 x;$

Integral: $\int \tan x\,dx = \ln|\cos x| + C \quad \text{für } x \neq \frac{\pi}{2} + k\pi \text{ für } k \in \mathbb{Z};$

Taylorreihe:

$$\tan x = x + \frac{1}{3}x^3 + \frac{2}{15}x^5 + \frac{17}{315}x^7 + \frac{62}{2835}x^9 + \ldots \quad \text{für } |x| < \frac{\pi}{2}.$$

tangens hyperbolicus s. Hyperbelfunktionen.

Tangenssatz s. Dreieck, 1.6.

Tangente:

Eine *Tangente* ist eine Gerade, die eine Kurve oder Fläche in einem Punkt berührt.

1. Tangente an den Graphen einer Funktion f(x):

Falls die Funktion $y = f(x)$ an der Stelle x_0 differenzierbar ist, lautet die Gleichung der Tangente an f an der Stelle x_0

$$T(x) = f(x_0) + f'(x_0)\cdot(x - x_0) \quad \text{(s. Funktion von reellen Variablen, 1.4.).}$$

2. Tangente an eine räumliche (ebene) Kurve $\mathfrak{C}$:

Eine räumliche Kurve $\mathfrak{C}$ sei durch die Parameterdarstellung

$$x = \varphi(t);\quad y = \psi(t);\quad z = \chi(t) \quad \text{für } t_1 \leq t \leq t_2$$

gegeben (s. Kurve, 2.1.). Für $\chi(t) \equiv 0$ erhält man eine ebene Kurve. In einem durch t_0 bestimmten regulären Kurvenpunkt (s. regulär, 6.) ist

$$\begin{pmatrix} x \\ y \\ z \end{pmatrix} = \begin{pmatrix} \varphi(t_0) \\ \psi(t_0) \\ \chi(t_0) \end{pmatrix} + \lambda \cdot \begin{pmatrix} \varphi'(t_0) \\ \psi'(t_0) \\ \chi'(t_0) \end{pmatrix}, \ \lambda \in \mathbb{R}$$

eine Parameterdarstellung der Tangente an die Kurve (s. Gerade, 2.1.).

3. Tangente an eine Fläche:
Jede in der Tangentialebene einer Fläche $\mathcal{F}$ durch den Berührungspunkt gehende Gerade heißt *Tangente* an die Fläche (s. Fläche, 2.2., s. Tangentialebene, s. Funktion von reellen Variablen, 2.6.).

Tangentenfläche s. Torse.

Tangentenviereck:

Ein konvexes ebenes Viereck ABCD, dessen Seiten einen Kreis berühren, heißt *Tangentenviereck*. Der Berührungskreis ist der Inkreis (s. Inkreis, 2.).

Bedingung: $a + c = b + d$.

Ein Viereck besitzt also nur dann einen Inkreis, wenn die Summe der Längen zweier gegenüberliegender Seiten gleich der Summe der Längen der beiden anderen Seiten ist.

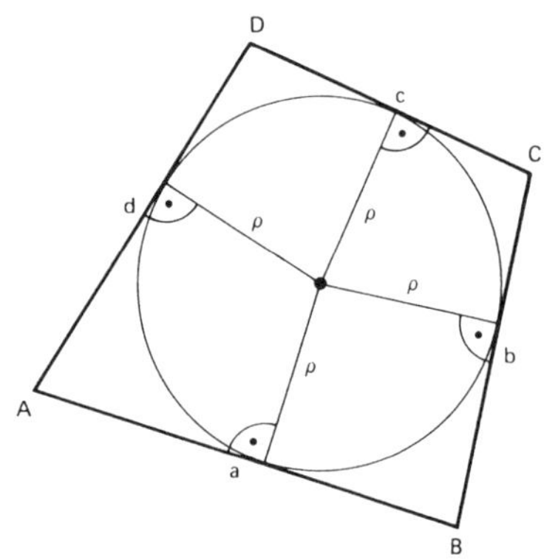

Tangentialebene:

Im Falle der Existenz heißt die Ebene, welche eine Fläche $\mathcal{F}$ in einem Flächenpunkt P berührt, *Tangentialebene.*

1. Tangentialebene bei einer expliziten Darstellung:
Die Fläche $\mathcal{F}$ sei explizit gegeben durch $z = f(x, y)$. Falls die partiellen Ableitungen $f_x(x, y)$ und $f_y(x, y)$ in einer Umgebung von (x_0, y_0) stetig sind, besitzt die Fläche $z = f(x, y)$ an dieser Stelle die Tangentialebene

$$T(x, y) = f(x_0, y_0) + f_x(x_0, y_0) \cdot (x - x_0) + f_y(x_0, y_0) \cdot (y - y_0)$$

(s. Funktion von reellen Variablen, 2.5.).

2. Tangentialebene bei einer Parameterdarstellung:
Die Fläche $\mathcal{F}$ sei durch die Parameterdarstellung

$$\vec{k} = \vec{k}(u, v) = \begin{pmatrix} \varphi(u, v) \\ \psi(u, v) \\ \chi(u, v) \end{pmatrix} \quad \text{mit } (u, v) \in B \subset \mathbb{R}^2$$

gegeben. Falls die Ableitungsvektoren

$$\vec{k}_u(u_0, v_0) = \begin{pmatrix} \varphi_u(u_0, v_0) \\ \psi_u(u_0, v_0) \\ \chi_u(u_0, v_0) \end{pmatrix}; \quad \vec{k}_v(u_0, v_0) = \begin{pmatrix} \varphi_v(u_0, v_0) \\ \psi_v(u_0, v_0) \\ \chi_v(u_0, v_0) \end{pmatrix}$$

linear unabhängig sind, spannen sie die Tangentialebene in dem durch die Parameterwerte (u_0, v_0) bestimmten Flächenpunkt P auf (s. Fläche, 2.2.).

Tangentialelement s. Linienelement, s. gewöhnliche Differentialgleichung, 2.1.

Tausend:

Die Zehnerpotenz $10^3 = 1\,000$ heißt *Tausend* (s. Zehnerpotenzen).

Tautologie:

Eine Aussage, die stets wahr ist, nennt man *Tautologie.*

Taylor, Brook (1685 – 1731) studierte in Cambridge und war später Sekretär der Royal Society. Nach ihm benannt sind die Taylorsche Formel und die Taylorsche Reihe (s. Taylor - Entwicklung).

Taylor - Entwicklung:

1. Taylor - Entwicklung einer Funktion f(x) einer reellen Variablen:

1.1. Taylor - Polynom:

Die Funktion f sei an der Stelle x_0 n - mal differenzierbar. Dann heißt das Polynom n - ten Grades

$$T_n(x) = f(x_0) + \frac{f'(x_0)}{1!} \cdot (x - x_0) + \ldots + \frac{f^{(n)}(x_0)}{n!} \cdot (x - x_0)^n$$

$$= \sum_{k=0}^{n} \frac{f^{(k)}(x_0)}{k!} \cdot (x - x_0)^k \quad \text{mit} \quad f^{(0)}(x_0) = f(x_0)\,;\ 0! = 1$$

das *Taylor - Polynom* n - ten Grades der Funktion f an der Stelle x_0.
Dabei gilt

$$T^{(k)}(x_0) = f^{(k)}(x_0) \quad \text{für } k = 0, 1, \ldots, n \quad \text{mit} \quad f^{(0)}(x_0) = f(x_0).$$

Die ersten n Ableitungen des Taylor - Polynoms $T_n(x)$ an der Stelle x_0 stimmen mit den entsprechenden Ableitungen der Funktion f(x) überein. Für $x_0 = 0$ erhält man das *MacLaurinsche Polynom*

$$T_n(x) = f(0) + \frac{f'(0)}{1!} \cdot x + \frac{f''(0)}{2!} \cdot x^2 + \ldots + \frac{f^{(n)}(0)}{n!} \cdot x^n.$$

1.2. Taylor - Formel (Taylor - Satz):

In der Darstellung

$$f(x) = T_n(x) + R_n(x)$$

heißt $R_n(x)$ das *Restglied*. Es stellt den Fehler dar, der bei der Approximation $f(x) \approx T_n(x)$ gemacht wird.

Restgliedabschätzung:
Die Funktion $f(x)$ besitze die stetige $(n+1)$-te Ableitung $f^{(n+1)}(x)$.

Restglieddarstellung nach Lagrange:
Zu jedem $x \in [a;b]$ gibt es eine Zwischenstelle η zwischen x_0 und x mit

$$R_n(x) = \frac{f^{(n+1)}(\eta)}{(n+1)!} \cdot (x - x_0)^{n+1}.$$

Die Zwischenstelle η kann dargestellt werden in der Form

$$\eta = x_0 + \vartheta \cdot (x - x_0) \quad \text{mit} \quad 0 < \vartheta < 1.$$

Falls $f^{(n+1)}(x)$ stetig ist, erhält man die *Restgliedabschätzung*:

$$|R_n(x)| \leq \frac{|x - x_0|^{n+1}}{(n+1)!} \cdot \max_{0 \leq \vartheta \leq 1} \left| f^{(n+1)}\left(x_0 + \vartheta \cdot (x - x_0)\right) \right|.$$

Restglieddarstellung nach Cauchy:
Zu jedem $x \in [a;b]$ gibt es eine Zwischenstelle

$$\hat{\eta} = x_0 + \hat{\vartheta} \cdot (x - x_0), \quad 0 < \hat{\vartheta} < 1 \quad \text{mit}$$

$$R_n(x) = \frac{f^{(n+1)}(x_0 + \hat{\vartheta} \cdot (x - x_0))}{n!} \cdot (x - x_0)^{n+1} \cdot (1 - \hat{\vartheta})^n.$$

1.3. Taylor-Reihe:
Die Funktion $f(x)$ sei im Intervall $[a;b]$ beliebig oft differenzierbar. In der Taylorschen Formel

$$f(x) = \sum_{k=0}^{n} \frac{f^{(k)}(x_0)}{k!} \cdot (x - x_0)^k + R_n(x)$$

gelte $\lim\limits_{n \to \infty} R_n(x) = 0$.
Dann konvergiert die Folge $T_n(x)$ der Taylor-Polynome gegen $f(x)$, also

$$f(x) = \lim_{n \to \infty} \sum_{k=0}^{n} \frac{f^{(k)}(x_0)}{k!} \cdot (x - x_0)^k = \sum_{k=0}^{\infty} \frac{f^{(k)}(x_0)}{k!} \cdot (x - x_0)^k.$$

Diese Reihe heißt *Taylor-Reihe* oder *Taylor-Entwicklung* von f an der Stelle x_0. Die Taylor-Reihe mit der Entwicklungsstelle $x_0 = 0$

$$f(x) = \sum_{k=0}^{\infty} \frac{f^{(k)}(0)}{k!} \cdot x^k$$

heißt *MacLaurinsche Reihe* oder *MacLaurinsche Entwicklung von f.*
Falls mit einer Konstanten c für alle $n \in \mathbb{N}$ gilt

$$\sup_{0 < \vartheta < 1} \left| f^{(n+1)}(x_0 + \vartheta \cdot (x - x_0)) \right| \leq c,$$

konvergiert das Restglied $R_n(x)$ gegen 0. Dann existiert die Taylorreihe.

1.4. Anwendung des Taylor - Polynoms s. Integralrechnung, 1.10.1.

2. Taylor - Entwicklung einer Funktion f(x, y) von zwei reellen Variablen: Die Funktion $f(x,y)$ besitze in einer Umgebung U von (x_0, y_0) stetige partielle Ableitungen bis zur $(n+1)$ - ten Ordnung. Die Konstanten h und k seien so gewählt, daß die gesamte Verbindungsstrecke von (x_0, y_0) bis (x_0+h, y_0+k) in dieser Umgebung U liegt. Dann ist jede Stelle (x, y) mit

$$x = x_0 + t\,h;\quad y = y_0 + t\,k \qquad \text{für } 0 \le t \le 1$$

in U enthalten. Man setzt

$$\varphi(t) = f(x_0 + t\,h, y_0 + t\,k) \quad \text{(h und k fest).}$$

Die Taylorsche Formel für die Funktion $\varphi(t)$ der einzigen Variablen t an der Stelle $t_0 = 0$ lautet nach 1.2.

$$\varphi(t) = \varphi(0) + \frac{t}{1!}\cdot\varphi'(0) + \frac{t^2}{2!}\cdot\varphi''(0) + \ldots + \frac{t^n}{n!}\cdot\varphi^{(n)}(0) + R_n(t)$$

mit dem Restglied

$$R_n(t) = \frac{t^{n+1}}{(n+1)!}\cdot\varphi^{(n+1)}(\vartheta t), \qquad 0 < \vartheta < 1.$$

Die *Differentialoperatoren* D^k sind definiert durch

$$D^1 f(x_0, y_0) = \left(h\frac{\partial}{\partial x} + k\frac{\partial}{\partial y}\right) f(x,y)\Big|_{(x,y)=(x_0,y_0)}$$

$$= f_x(x_0,y_0)\cdot h + f_y(x_0,y_0)\cdot k = \varphi'(0);$$

$$D^2 f(x_0, y_0) = \left(h\frac{\partial}{\partial x} + k\frac{\partial}{\partial y}\right)^2 f(x,y)\Big|_{(x,y)=(x_0,y_0)}$$

$$= \left(h^2\frac{\partial^2}{\partial x^2} + 2hk\frac{\partial^2}{\partial x\,\partial y} + k^2\frac{\partial^2}{\partial y^2}\right) f(x,y)\Big|_{(x,y)=(x_0,y_0)} = \varphi''(0).$$

Allgemein setzt man mit Hilfe der Binomialentwicklung

$$D^k = \left(h\frac{\partial}{\partial x} + k\frac{\partial}{\partial y}\right)^k = \sum_{i=0}^{n}\binom{k}{i}\cdot(x-x_0)^i\cdot(y-y_0)^{k-i}\cdot\frac{\partial^k}{\partial x^i\,\partial y^{k-i}}$$

für $k = 1, 2, \ldots$.

Mit diesen Operatoren erhält man

$$D^k f(x_0, y_0) = \left(h\frac{\partial}{\partial x} + k\frac{\partial}{\partial y}\right)^k f(x_0,y_0) = \varphi^{(k)}(0),\ k = 1, 2, \ldots, n.$$

Damit lautet das *Taylor - Polynom* n - ten Grades

$$T_n(x,y) = f(x_0,y_0) + \sum_{k=1}^{n}\frac{1}{k!}\left((x-x_0)\frac{\partial}{\partial x} + (y-y_0)\frac{\partial}{\partial y}\right)^k f(x,y)\Big|_{(x_0,y_0)}$$

und die *Taylor - Entwicklung*

$$f(x,y) = T_n(x,y) + R_n(x,y)$$

mit dem Restglied

$$R_n(x,y) = \\ = \frac{1}{(n+1)!}\cdot\left((x-x_0)\frac{\partial}{\partial x}+(y-y_0)\frac{\partial}{\partial y}\right)^{n+1} f(x_0+\vartheta\cdot(x-x_0),y_0+\vartheta\cdot(y-y_0))$$

für ein ϑ mit $0<\vartheta<1$.

Für $n=2$ lautet das Taylor - Polynom zweiten Grades:

$$T_2(x,y) = f(x_0,y_0)+f_x(x_0,y_0)\cdot(x-x_0)+f_y(x_0,y_0)\cdot(y-y_0) \\ +\frac{1}{2}\cdot[f_{xx}(x_0,y_0)\cdot(x-x_0)^2+2f_{xy}(x_0,y_0)\cdot(x-x_0)\cdot(y-y_0) \\ +f_{yy}(x_0,y_0)\cdot(y-y_0)^2].$$

Das Restglied besitzt die Darstellung

$$R_2(x,y) = \frac{1}{6}\cdot[f_{xxx}(\xi,\eta)\cdot(x-x_0)^3 + 3f_{xxy}(\xi,\eta)\cdot(x-x_0)^2\cdot(y-y_0) \\ +3f_{xyy}(\xi,\eta)\cdot(x-x_0)\cdot(y-y_0)^2+f_{yyy}(\xi,\eta)\cdot(y-y_0)^3].$$

Dabei ist (ξ,η) eine Stelle zwischen (x_0,y_0) und (x,y).

3. Taylor - Entwicklung einer Funktion von n reellen Variablen:
Die Funktion $f(x_1,x_2,\dots,x_n)$ besitze in einer Umgebung U der festen Stelle $(x_1^{(0)},x_2^{(0)},\dots,x_n^{(0)})$ stetige partielle Ableitungen bis zur Ordnung $n+1$. Die Konstanten h_i für $i=1,2,\dots,n$ seien so gewählt, daß die gesamte Verbindungsstrecke von $(x_1^{(0)},\dots,x_n^{(0)})$ bis $(x_1^{(0)}+h_1,\dots,x_n^{(0)}+h_n)$ in dieser Umgebung U liegt. Dann ist jede Stelle $(x_1^{(0)}+t\,h_1,\dots,x_n^{(0)}+t\,h_n)$ mit $0\le t\le 1$ in U enthalten. Wie in 2. setzt man

$$\varphi(t) = f(x_1^{(0)}+t\,h_1,x_2^{(0)}+t\,h_2,\dots,x_n^{(0)}+t\,h_n).$$

Mit den Differentialoperatoren

$$\left(\sum_{i=1}^{n} h_i\frac{\partial}{\partial x_i}\right)^k f(x_1^{(0)},x_2^{(0)},\dots,x_n^{(0)}) = \varphi^{(k)}(0) \qquad \text{für } k=1,\dots,n+1$$

und der Taylor - Entwicklung der Funktion $\varphi(t)$ an der Stelle $t_0=0$ erhält man analog zu 2. das *Taylor - Polynom* n - ten Grades:

$$T_n(x_1,\dots,x_n) = f(x_1^{(0)},\dots,x_n^{(0)}) + \left(\sum_{i=1}^{n}(x_i-x_i^{(0)})\cdot\frac{\partial}{\partial x_i}\right)^k f(x_1^{(0)},\dots,x_n^{(0)})$$

und die *Taylor - Entwicklung*:

$$f(x_1,x_2,\dots,x_n) = T_n(x_1,x_2,\dots,x_n)+R_n(x_1,x_2,\dots,x_n).$$

Es existiert ein ϑ mit $0<\vartheta<1$, so daß für das Restglied gilt

$$R_n(x_1,\dots,x_n) \\ = \frac{1}{(n+1)!}\left(\sum_{i=1}^{n}(x_i-x_i^{(0)})\frac{\partial}{\partial x_i}\right)^{n+1} f(x_1^{(0)}+\vartheta(x_1-x_1^{(0)}),\dots,x_n^{(0)}+\vartheta(x_n-x_1^{(0)})).$$

Da es nach dem Satz von Schwarz bei der Bildung der partiellen Ableitungen nicht auf die Ableitungsreihenfolge ankommt, stimmen alle partiellen Ableitungen mit verschiedenen Ableitungsreihenfolgen überein. Mit dem polynomischen Lehrsatz (s. polynomischer Lehrsatz) erhält man damit die Darstellung

$$\left(\sum_{i=1}^{n}(x_i - x_i^{(0)})\frac{\partial}{\partial x_i}\right)^k = \sum_{k_1+k_2+\ldots+k_n=k}\binom{k}{k_1, k_2, \ldots, k_n}\prod_{i=1}^{n}\left((x_i - x_i^{(0)})\frac{\partial}{\partial x_i}\right)^{k_i}.$$

4. Taylor - Reihe einer komplexen Funktion s. komplexe Funktion, 6.

Teilbarkeit (teilbar):

Die *Teilbarkeit* ist eine Relation in der Menge $\mathbb{Z}$ der ganzen Zahlen. Sie trifft auf das geordnete Paar (a, b) genau dann zu, wenn es eine ganze Zahl c gibt mit $b = a \cdot c$. Die Zahlen a und c heißen *Teiler* von b und b ein *Vielfaches* von a und von c. Dafür schreibt man $a \mid b$ (lies: a *teilt* b oder a ist *Teiler* von b). Jede ganze Zahl $b \neq 0$ besitzt die *trivialen Teiler* ± 1 und $\pm b$. Alle davon verschiedenen Teiler heißen *echte* oder *eigentliche Teiler*. Eine natürliche Zahl $p \geq 2$, welche nur die trivialen Teiler besitzt, heißt *Primzahl*. Für die Teilbarkeit gilt:

(1) aus $a \mid b$ und $b \mid c$ folgt $a \mid c$;

(2) aus $a \mid b$ folgt $a \mid c \cdot b$ für jedes $c \in \mathbb{Z}$;

(3) aus $a \mid b$ folgt $c \cdot a \mid c \cdot b$ und umgekehrt für jedes $c \neq 0$;

(4) aus $a_1 \mid b_1$ und $a_2 \mid b_2$ folgt $a_1 \cdot a_2 \mid b_1 \cdot b_2$;

(5) aus $a \mid b_1$ und $a \mid b_2$ folgt $a \mid (b_1 \pm b_2)$;

(6) aus $a \mid b$ und $b \mid a$ folgt $b = \pm a$ und umgekehrt.

Die Teileraussage $a \mid b$ bleibt richtig, wenn man a durch $-a$ bzw. b durch $-b$ ersetzt. Daher kann man sich auf die Teilbarkeit im Bereich der natürlichen Zahlen $\mathbb{N}$ beschränken. Jede natürliche Zahl $n > 1$ besitzt mindestens einen *Primteiler* p_1 mit $n = p_1 \cdot m$. So fortfahrend kann gezeigt werden, daß jede natürliche Zahl $n > 1$ bis auf die Reihenfolge eindeutig als Produkt von Primzahlen dargestellt werden kann. Dies ist der

Fundamentalsatz der elementaren Zahlentheorie:
Für jede natürliche Zahl n gibt es eine Produktdarstellung

$$n = p_1^{k_1} \cdot p_2^{k_2} \cdot \ldots \cdot p_r^{k_r} \quad \text{(Primzahlzerlegung).}$$

Dabei sind die p_i paarweise verschiedene Primzahlen und k_i positive natürliche Zahlen.

Ist a gleichzeitig Teiler der Zahlen $b_1, b_2, \ldots, b_n$, so heißt a *gemeinsamer Teiler* dieser Zahlen. Zwei natürliche Zahlen n und $m \in \mathbb{N}$ heißen *teilerfremd* oder *prim*, wenn ihr größter gemeinsamer Teiler gleich 1 ist (s. größter gemeinsamer Teiler, s. Division, s. Teilersumme).

Teilbruch s. Kettenbruch.

Teiler s. Teilbarkeit.

teilerfremd s. Teilbarkeit, s. größter gemeinsamer Teiler.

Teilersumme:
Die *Teilersumme* $\sigma(n) = \sum_{d|n} d$ einer natürlichen Zahl n ist definiert als Summe aller natürlicher Teiler von n (einschließlich der trivialen Teiler 1 und n). Für eine Primzahlpotenz $n = p^m$ gilt

$$\sigma(p^m) = 1 + p + p^2 + \ldots + p^{m-1} + p^m = \frac{p^{m+1} - 1}{p - 1}.$$

Aus der Primzahlzerlegung $n = p_1^{k_1} \cdot p_2^{k_2} \cdot \ldots \cdot p_r^{k_r}$ erhält man damit

$$\sigma(n) = \prod_{i=1}^{r} \frac{p_i^{r_i+1} - 1}{p_i - 1} = \prod_{i=1}^{r} \sigma(p_i^{k_i}).$$

Für teilerfremde n_1 und n_2 folgt hieraus $\sigma(n_1 \cdot n_2) = \sigma(n_1) \cdot \sigma(n_2)$ (s. befreundete Zahlen).

Teilfolge:
Es sei $(a_n)_{n=1,2,3,\ldots}$ eine Zahlenfolge und $k_1, k_2, k_3, \ldots, k_n, \ldots$ eine streng monoton wachsende Folge natürlicher Zahlen (s. Zahlenfolge, 2.). Dann nennt man $(k_n)_{n=1,2,\ldots}$ eine *Teilfolge* der natürlichen Zahlen und $(a_{k_n})_{n=1,2,3,\ldots}$ eine *Teilfolge* von (a_n). Die Folge (a_n) konvergiert genau dann gegen a, wenn jede Teilfolge gegen a konvergiert.

Teilmenge:
Aus $x \in A$ folge $x \in B$. Dann nennt man A *Teilmenge* von B, im Zeichen $A \subset B$ (s. Menge, 1.).

Teilprodukt s. Produkt, 4.

Teilraum (Unterraum):
Eine Teilmenge der Punkte eines Raumes M, die selbst alle Axiome des Raumes erfüllen, heißt *Teilraum* oder *Unterraum* von M. So ist z. B. jede Teilmenge eines metrischen Raumes (s. metrischer Raum) wieder ein metrischer Raum. Eine Teilmenge eines Vektorraums V ist nur dann ein Teilraum, wenn er abgeschlossen ist gegenüber den Operationen der Addition und der Multiplikation mit Skalaren λ. Topologischer Teilraum s. induzierte Topologie.

Teilsumme s. Reihe, 1.

Teilungsverhältnis:

Es seien A und B zwei verschiedene Punkte und g die durch A und B bestimmte Gerade. Der Punkt C liege auf g. Falls C zwischen A und B liegt, teilt der Punkt C die Strecke AB im Verhältnis $\overline{AC}:\overline{CB} = \lambda$. Das *Teilungsverhältnis* λ ist eine positive reelle Zahl, falls C echt zwischen A und B liegt. Bei der Halbierung der Strecke ist $\lambda = 1$, im Falle $C = A$ ist $\lambda = 0$. Wenn sich der Teilungspunkt C dem Punkt B von innen nähert, wird das Teilungsverhältnis λ immer größer mit

$$\lim_{C \to B} \frac{\overline{AC}}{\overline{CB}} = +\infty \text{ (Näherung von innen).}$$

Wenn C zwischen A und B liegt, sind die beiden kollinearen Verbindungsvektoren $\overrightarrow{AC}$ und $\overrightarrow{CB}$ gleichgerichtet mit

$$\overrightarrow{AC} = \lambda \cdot \overrightarrow{CB} \; ; \; \lambda = \frac{|\overrightarrow{AC}|}{|\overrightarrow{CB}|}.$$

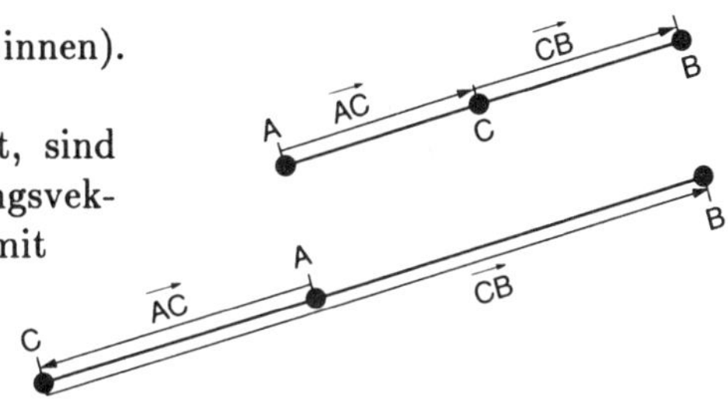

Liegt der Geradenpunkt C außerhalb der Strecke AB, so sind die Vektoren $\overrightarrow{AC}$ und $\overrightarrow{CB}$ zwar kollinear, jedoch entgegengesetzt gerichtet. Dann ist in

$$\overrightarrow{AC} = \lambda \cdot \overrightarrow{CB} \quad \text{der Skalar } \lambda \text{ negativ mit } \lambda = -\frac{|\overrightarrow{AC}|}{|\overrightarrow{CB}|}.$$

Auch in diesem Fall ist λ das (vorzeichenbehaftete) *Teilungsverhältnis.*

teilweise geordnet s. halbgeordnete Menge.

Tensor (Multilinearform):

Gegeben sind r Vektorräume V_i über dem Körper K ($K = \mathbb{R}$ oder $K = \mathbb{C}$) für $i = 1, 2, \ldots, r$. Jedem r-Tupel $(\mathbf{v}_1, \mathbf{v}_2, \ldots, \mathbf{v}_r) \in V_1 \times V_2 \times \ldots \times V_r$ des direkten Produkts (s. direktes Produkt, 2.) werde durch die Abbildung f ein Skalar $f(\mathbf{v}_1, \mathbf{v}_2, \ldots, \mathbf{v}_r) \in K$ zugeordnet, so daß f in jedem der r Argumente linear ist. Dann heißt f *Tensor r-ter Stufe.* f ist also eine *Multilinearform* (s. Multilinearform).

Terameter:

Ein *Terameter*, bezeichnet mit 1 Tm, sind 10^{12} Meter (s. Längeneinheit und Längenmaßzahl).

Term:

Unter einem *Term* versteht man eine Zeichenreihe, in der Variablen und Rechenoperationen vorkommen.

Terminal:

Unter einem *Terminal* versteht man ein an eine Rechenanlage angeschlossenes Gerät zur Eingabe, Ausgabe oder Übertragung von Daten.

Ternärzahl s. Zahlensystem, 2.

Testen:

Unter *Testen* eines Programms für eine Rechenanlage versteht man das methodische Aufsuchen und Korrigieren von Fehlern, die bei der Erstellung des Programmes entstanden sind. Dazu werden meist einfache Beispiele mit eingebauten Kontrollmöglichkeiten durchgerechnet. Mit Hilfe spezieller Programme können auch einzelne Baugruppen einer Rechenanlage auf ihre Funktionsfähigkeit getestet werden.

Tetraeder (Vierflach):

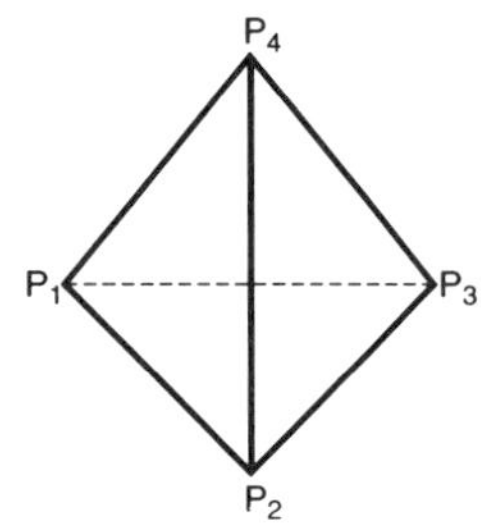

Ein *Tetraeder* oder *Vierflach* ist ein regelmäßiges Polyeder mit vier Ecken (s. Polyeder, 2.). Mit den Ortsvektoren $\overrightarrow{OP_i}$ zu den Eckpunkten P_i für $i = 1, 2, 3, 4$ besitzen die Punkte X des Tetraederkörpers als Ortsvektoren die konvexen Linearkombinationen

$$\overrightarrow{OX} = \sum_{i=1}^{4} \lambda_i \cdot \overrightarrow{OP_i} \quad \text{mit } 0 \leq \lambda_i \leq 1 \text{ für alle i und } \sum_{i=1}^{4} \lambda_i = 1.$$

Falls ein $\lambda_i = 0$ ist, liegt der Punkt X auf einer Seitenfläche, welche den Eckpunkt P_i nicht enthält. Sind zwei der λ_i gleich Null, dann liegt X auf einer Kante, welche die beiden Punkte P_i nicht enthält. Bei drei verschwindenden λ_i erhält man den Eckpunkt mit dem restlichen Index. Das Volumen des Tetraederkörpers ist der sechste Teil des Volumens des von drei Kantenvektoren aufgespannten Spats (s. Spatprodukt), also

$$V = \frac{1}{6} \cdot \left| (\overrightarrow{P_1P_2} \times \overrightarrow{P_1P_3}) \cdot \overrightarrow{P_1P_4} \right| = \frac{1}{6} \cdot |(\overrightarrow{P_1P_2}, \overrightarrow{P_1P_3}, \overrightarrow{P_1P_4})|$$

$$= \pm \frac{1}{6} \cdot \begin{vmatrix} 1 & x_1 & y_1 & z_1 \\ 1 & x_2 & y_2 & z_2 \\ 1 & x_3 & y_3 & z_3 \\ 1 & x_4 & y_4 & z_4 \end{vmatrix}.$$

Dabei sind x_i, y_i, z_i die Koordinaten des Punktes P_i für $i = 1, 2, 3, 4$.

Thales von Milet (624? – 546? v. u. Z) war ein jonischer Philosoph. Aus Ägypten brachte er fundierte Kenntnisse auf dem Gebiet der Geometrie mit. Nach ihm benannt ist der Thaleskreis (s. Thaleskreis).

Thaleskreis:

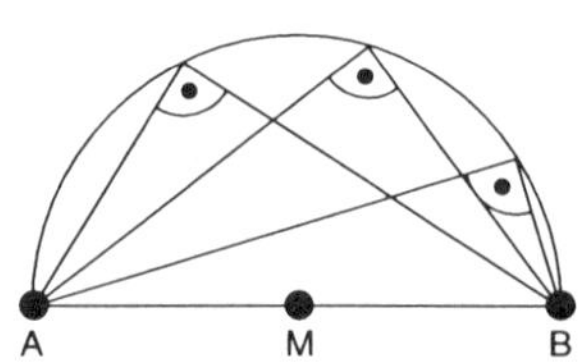

Der geometrische Ort der Scheitel aller rechten Winkel, deren Schenkel durch zwei feste Punkte A und B gehen, ist ein Kreis über der Strecke AB, der *Thaleskreis*. Daher ist der Umfangwinkel im Halbkreis ein rechter Winkel (s. Dreieck, 2.3.).

Theodolit:
Ein *Theodolit* ist ein Instrument zur Winkelmessung.

Theorie:

1. Theorie in den Grundlagen der Mathematik:
In den Grundlagen der Mathematik bezeichnet man mit dem Begriff *Theorie* den Formalismus, in dem Begriffe allgemein festgelegt werden.

2. Theorie in der inhaltlichen Mathematik:
In der inhaltlichen Mathematik versteht man unter *Theorie* einen abgegrenzten Teilbereich, z. B. Funktionentheorie, Zahlentheorie, Maßtheorie.

Tiefpunkt:
Ein Minimum (s. Extremum) bezeichnet man auch als *Tiefpunkt.*

Tm s. Terameter.

Topologie (griechisch topos: Ort, Stelle, Raum):
Die *Topologie* ist die Lehre von der topologischen Struktur der Räume (s. topologischer Raum).

topologische Abbildung s. Homöomorphismus.

topologischer Raum:
Eine Menge T heißt *topologischer Raum*, wenn auf T eine *topologische Struktur* oder *Topologie* erklärt ist. Das bedeutet: In T existiert ein System $\mathfrak{T}$ von Teilmengen von T mit folgenden Eigenschaften (Axiomen):

(T1) Die Vereinigung beliebig vieler Mengen aus $\mathfrak{T}$ ist wieder in $\mathfrak{T}$.

(T2) Der Durchschnitt endlich vieler Mengen aus $\mathfrak{T}$ ist wieder in $\mathfrak{T}$.

(T3) Es gilt $T \in \mathfrak{T}$ und $\emptyset \in \mathfrak{T}$.

Die Mengen aus $\mathfrak{T}$ heißen *offene Mengen* bezüglich der topologischen Struktur. Die Komplemente der offenen Mengen nennt man *abgeschlossene Mengen* (s. abgeschlossen, 3.). Für einen beliebigen Punkt $x_0 \in T$ heißen die Mengen $U(x_0) \in \mathfrak{T}$, welche x_0 enthalten, *Umgebungen* von x_0.

Beispiele:

1. In der Menge $\mathbb{R}$ der reellen Zahlen erhält man eine topologische Struktur, indem man als offene Mengen die leere Menge, die offenen Intervalle $(a;b)$ (s. Intervall) und beliebige Vereinigungen davon wählt.

2. Im $\mathbb{R}^n$ ist für $\varepsilon > 0$ das Innere der Kugel um einen festen Punkt

$$\{(x_1, x_2, \ldots, x_n) \mid \sum_{i=1}^{n} (x_i - \hat{x}_i)^2 < \varepsilon^2\}$$

als ε-Umgebung der Stelle $(\hat{x}_1, \hat{x}_2, \ldots, \hat{x}_n)$ eine offene Menge. Beliebige Vereinigungen solcher Mengen ergeben wieder offene *Mengen.*

Punktmengen mit $\sum_{i=1}^{n}(x_i - \hat{x}_i)^2 \leq \varepsilon^2$ und Durchschnitte endlich vieler solcher Mengen sind abgeschlossen.

3. In einem metrischen Raum M mit der Metrik d (s. metrischer Raum) erhält man für jedes Element $x_0 \in M$ offene Mengen als ε-Umgebungen

$$\{x \in M \mid d(x, x_0) < \varepsilon\}.$$

topologisches Produkt s. Produktraum, topologischer.

topologische Stetigkeit s. stetig, 2.

topologische Struktur s. topologischer Raum.

Torse (Tangentenfläche):
Eine Fläche, die sich aus Tangentengeraden an eine Raumkurve erzeugen läßt, heißt *Torse* oder *Tangentenfläche.* Es handelt sich um eine abwickelbare Regelfläche (s. Kurve, 2., s. abwickelbare Fläche, s. Regelfläche).

Torsion s. Kurve, 2.8.

Torus (Kreisring oder Wulst):
Die durch die Rotation des in der x-z-Ebene liegenden Kreises

$$(x - R)^2 + z^2 = r^2 \quad \text{mit} \quad 0 < r < R$$

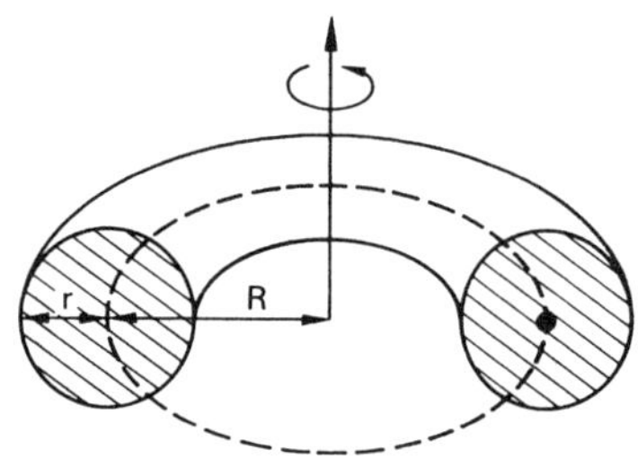

um die z-Achse entstehende Rotationsfläche heißt *Torus* (*Kreisring* oder *Wulst*). Manchmal bezeichnet man auch den von der Torusfläche eingeschlossenen Körper als Torus. Mit Hilfe der Guldinschen Regeln (s. Rotationsfläche und Rotationskörper) erhält man die Größen

$$\text{Volumen: } V = 2\pi^2 R r^2; \qquad \text{Oberfläche (Mantel): } O = 4\pi^2 R r.$$

total additiv s. sigma-additiv.

total differenzierbar s. Funktion von reellen Variablen, 2.5., 3.5.

totale Differentialgleichung s. gewöhnliche Differentialgleichung, 2.1.6.

totales (vollständiges) Differential:

1. Totales (vollständiges) Differential einer Funktion zweier Variablen:
Falls die Funktion f(x, y) total differenzierbar ist (s. Funktion von reellen Variablen, 2.5.) heißt

$$dz = df(x, y) = f_x(x, y)\,dx + f_y(x, y)\,dy$$

totales oder *vollständiges Differential* der Funktion f an der Stelle (x, y). df(x, y) stellt den Zuwachs auf der Tangentialebene beim Übergang von (x, y) zur benachbarten Stelle (x + dx, y + dy) dar. Für kleine dx, dy gilt dann für die tatsächliche Funktionsänderung die Näherung

$$\Delta z = \Delta f = f(x + dx, y + dy) - f(x, y) \approx dz = df(x, y).$$

Anwendung in der Fehlerrechnung: Falls $|\Delta x|$ und $|\Delta y|$ die maximalen absoluten Meßfehler von x und y sind, kann der maximale absolute Fehler $|\Delta z|$ der abhängigen Variablen $z = f(x, y)$ mit Hilfe des totalen Differentials näherungsweise abgeschätzt werden durch

$$|\Delta z| \approx |dz| \leq |f_x(x, y)| \cdot |\Delta x| + |f_y(x, y)| \cdot |\Delta y|$$

(s. Fehler, 2.).

In

$$P(x, y)\,dx + Q(x, y)\,dy$$

sei die Funktion P(x, y) stetig nach y und Q(x, y) stetig nach x differenzierbar. Dann stellt dieser Ausdruck genau dann ein totales Differential dar, wenn nach dem Satz von Schwarz die Integrabilitätsbedingung

$$P_y(x, y) = Q_x(x, y)$$

erfüllt ist. Sämtliche Stammfunktionen davon erhält man mit Hilfe von wegunabhängigen Kurvenintegralen (s. Kurvenintegral, 1.2.2., 1.2.3.).

2. Totales (vollständiges) Differential einer Funktion von n Variablen: Falls die Funktion $f(x_1, x_2, \ldots, x_n)$ total differenzierbar ist (s. Funktion von reellen Variablen, 3.5.), heißt

$$dz = df(x_1, x_2, \ldots, x_n) = \sum_{i=1}^{n} f_{x_i}(x_1, x_2, \ldots, x_n)\,dx_i$$

totales oder *vollständiges* Differential von f. Für kleine $|dx_i|$ gilt die Näherung

$$\Delta z = \Delta f = f(x_1 + dx_1, x_2 + dx_2, \ldots, x_n + dx_n) - f(x_1, x_2, \ldots, x_n) \approx dz.$$

Anwendung in der Fehlerrechnung: Falls alle n unabhängigen Variablen x_i gemessen werden, wobei $|\Delta x_i|$ die jeweiligen maximalen absoluten Meßfehler sind, kann der maximale absolute Fehler $|\Delta z|$ der abhängigen Variablen $z = f(x_1, x_2, \ldots, x_n)$ mit Hilfe des totalen Differentials näherungsweise abgeschätzt werden durch

$$|\Delta z| \approx |dz| \leq \sum_{i=1}^{n} |f_{x_i}(x_1, x_2, \ldots, x_n)| \cdot |\Delta x_i|$$

(s. Fehler, 2.).

Integrabilitätsbedingung: Die Funktionen $P_i(x_1, x_2, \ldots, x_n)$ seien nach allen Variablen stetig partiell differenzierbar. Dabei gelte

$$\frac{\partial}{\partial x_j} P_i(x_1, x_2, \ldots, x_n) = \frac{\partial}{\partial x_i} P_j(x_1, x_2, \ldots, x_n) \text{ für alle } i, j.$$

Dann ist nach dem Satz von Schwarz

$$\sum_{i=1}^{n} P_i(x_1, x_2, \ldots, x_n)\, dx_i$$

ein totales Differential. Für n = 3 gelte in

$$P(x, y, z)\, dx + Q(x, y, z)\, dy + R(x, y, z)\, dz$$

$$Q_z = R_y; \quad R_x = P_z; \quad P_y = Q_x,$$

wobei die angegebenen partiellen Ableitungen stetig sind. Dann stellt dieser Ausdruck das totale Differential einer Funktion F (x, y, z) dar. Mit Hilfe von wegunabhängigen Kurvenintegralen können dann alle "Stammfunktionen" mit diesem Differential bestimmt werden (s. Kurvenintegral, 2.2.3.).

totale Variation s. Variation einer reellen Funktion.

total (vollständig) geordnet:

Eine geordnete Menge (s. geordnete Menge) nennt man auch *total* oder *vollständig geordnet*, falls der Unterschied zur halbgeordneten Menge (s. halbgeordnete Menge) hervorgehoben werden soll.

Trägerpunkt s. Linienelement.

Trägheitsmoment:

1. Trägheitsmomente von n Massenpunkten:

Der Massenpunkt $P_i(x_i, y_i, z_i)$ mit der Masse m_i besitze von einer festen Geraden g bzw. einer festen Ebene E bzw. einem festen Punkt P den Abstand r_i für $i = 1, 2, \ldots, n$. Dann heißt

$$T = \sum_{i=1}^{n} m_i r_i^2$$

das *axiale* bzw. *planare* bzw. *polare Trägheitsmoment* des Massensystems bezüglich der Geraden g bzw. der Ebene E bzw. des Punktes P.

2. Trägheitsmomente eines Körpers:

Gegeben ist ein Körper $K \subset \mathbb{R}^3$ mit der Massendichte $\rho(x, y, z)$ (s. Masse und Massendichte, 1.). Der Punkt $P(x, y, z) \in K$ besitze von einer festen Geraden g bzw. einer festen Ebene E bzw. einem festen Punkt P den Abstand r (x, y, z). Dann heißt

$$T = \iiint_K r^2(x, y, z)\, \rho(x, y, z)\, dx\, dy\, dz$$

das *axiale* bzw. *planare* bzw. *polare Trägheitsmoment* des Körpers bezüglich der Geraden g bzw. der Ebene E bzw. des Punktes P (s. Integralrechnung, 3.). Bei homogenen Körpern setzt man $\rho(x, y, z) \equiv \rho$ (konstant).

Spezielle axiale Trägheitsmomente:

bezüglich der x-Achse: $T_x = \iiint\limits_K (y^2 + z^2)\,\rho(x,y,z)\,dx\,dy\,dz$;

bezüglich der y-Achse: $T_y = \iiint\limits_K (x^2 + z^2)\,\rho(x,y,z)\,dx\,dy\,dz$;

bezüglich der z-Achse: $T_z = \iiint\limits_K (x^2 + y^2)\,\rho(x,y,z)\,dx\,dy\,dz$.

Spezielle planare Trägheitsmomente:

bezüglich der x-y-Ebene: $T_{x,y} = \iiint\limits_K z^2\,\rho(x,y,z)\,dx\,dy\,dz$;

bezüglich der x-z-Ebene: $T_{x,z} = \iiint\limits_K y^2\,\rho(x,y,z)\,dx\,dy\,dz$;

bezüglich der y-z-Ebene: $T_{y,z} = \iiint\limits_K x^2\,\rho(x,y,z)\,dx\,dy\,dz$.

Polares Trägheitsmoment bezüglich des Koordinatenursprungs O:

$$T_O = \iiint\limits_K (x^2 + y^2 + z^2)\,\rho(x,y,z)\,dx\,dy\,dz.$$

3. Trägheitsmomente eines räumlichen Flächenstücks:

Es sei $\mathcal{F}$ ein räumliches Flächenstück mit der Flächendichte $\rho(x,y,z)$ (s. Masse und Massendichte, 3.). Der Punkt $P(x,y,z) \in \mathcal{F}$ besitze von einer festen Geraden g bzw. einer festen Ebene E bzw. einem festen Punkt P den Abstand $r(x,y,z)$. Dann heißt das Oberflächenintegral

$$T = \iint\limits_{\mathcal{F}} r^2(x,y,z)\,\rho(x,y,z)\,dO$$

das *axiale* bzw. *planare* bzw. *polare Trägheitsmoment* des Flächenstücks $\mathcal{F}$ bezüglich der Geraden g bzw. der Ebene E bzw. des Punktes P (s. Oberflächenintegral, 1.).

4. Trägheitsmomente eines räumlichen (ebenen) Kurvenstücks:

Es sei $\mathfrak{C}$ ein räumliches (ebenes), stückweise glattes Kurvenstück mit der Liniendichte $\rho(x,y,z)$ (s. Masse und Massendichte, 4.) und dem Bogenelement ds. $P(x,y,z) \in \mathfrak{C}$ besitze von einer festen Geraden g bzw. einer festen Ebene E bzw. einem festen Punkt P den Abstand $r(x,y,z)$. Dann heißt das Kurvenintegral erster Art

$$T = \int\limits_{\mathfrak{C}} r^2(x,y,z)\,\rho(x,y,z)\,ds$$

das *axiale* bzw. *planare* bzw. *polare Trägheitsmoment* des Kurvenstücks $\mathfrak{C}$ bezüglich der Geraden g bzw. der Ebene E bzw. des Punktes P (s. Kurvenintegral, 1.1., 2.1.).

5. Steinerscher Verschiebungssatz:

Es sei M die Masse eines Körpers. Ferner seien T_g und T_{g_S} die Trägheitsmomente bezüglich der parallelen Achsen g und g_S. Die Achse g_S gehe durch den Schwerpunkt S und besitze von der Achse g den Abstand d.

Dann gilt für die axialen Momente

$$T_g = T_{g_S} + d^2 M.$$

Bezüglich aller parallelen Geraden ist das axiale Trägheitsmoment für diejenige Gerade am kleinsten, die durch den Schwerpunkt S geht ($d = 0$). Für die polaren Trägheitsmomente bezüglich eines beliebigen Punktes P und des Schwerpunktes S gilt entsprechend

$$T_P = T_S + \overline{SP}^{\,2} M.$$

Dabei ist $\overline{SP}$ der Abstand des Punktes P vom Schwerpunkt.

Trajektorie:

Ein Gebiet G einer Fläche (s. Fläche) werde einfach und lückenlos von einer Schar von Flächenkurven überdeckt. Eine Kurve, die jede Kurve der Schar genau einmal schneidet, heißt *Trajektorie.* Man nennt sie *orthogonale Trajektorie*, wenn sie alle Kurven senkrecht, also mit dem konstanten Schnittwinkel $\varphi = 90^\circ$ schneidet.

Traktrix (Schleppkurve, Pseudosphäre):

Die *Traktrix* oder *Schleppkurve* ist eine ebene Kurve, deren Tangente in jedem Punkt P bis zum Schnitt mit einer festen Geraden, der Leitlinie, eine konstante Länge a hat. In der nebenstehenden Skizze ist die x-Achse die Leitlinie mit $a = 5$. Die Funktion $y = f(x)$ der Traktrix erfüllt die Differentialgleichung

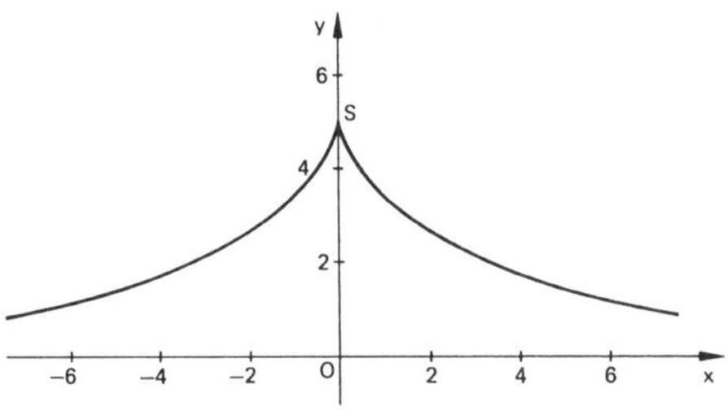

$$\frac{dy}{dx} = \pm \frac{y}{\sqrt{a^2 - y^2}} \quad \text{mit der Lösung}$$

$$\pm x = a \cdot \operatorname{arcosh}\frac{a}{y} - \sqrt{a^2 - y^2} = a \cdot \ln\frac{a + \sqrt{a^2 - y^2}}{y} - \sqrt{a^2 - y^2}\,, \; 0 < y \leq a.$$

Die durch Rotation der Traktrix um ihre Leitlinie (x-Achse) erhaltene Fläche (s. Rotationsfläche) heißt *Pseudosphäre.* Es ist eine Drehfläche mit einer negativen konstanten Gaußschen Krümmung (s. Krümmung, 3.).

transfinit:

Eine Menge (s. Menge) bzw. ihre Kardinalzahl (s. Kardinalzahl) heißt *transfinit*, wenn sie nicht endlich ist.

Transformation s. Variablentransformation.

Transformation (Operator):

Eine Abbildung einer Menge X in bzw. auf die Menge Y nennt man auch *Transformation* oder *Operator* (s. Operator).

Transformationsgleichungen s. Variablentransformation.

Transformationsgruppe:
Eine Gruppe, deren Elemente Transformationen, also Abbildungen eines Raumes oder einer Menge in sich sind, heißt *Transformationsgruppe.* Unter der Verknüpfung zweier Transformationen versteht man die Hintereinanderausführung.

Transformationsmatrix s. Koordinatentransformation.

transitive Relation:
Eine zweistellige Relation R in M heißt *transitiv*, wenn aus a R b und b R c folgt a R c (s. Relation, 2.).

Translation s. affine Abbildung, 2.3.

transponierte Matrix:
Die Matrix A^T, die aus A dadurch hervorgeht, daß die Zeilen von A der Reihe nach als Spalten von A^T geschrieben werden (dann werden aus den Spalten Zeilen), heißt die zu A *transponierte Matrix*, also

$$A = \begin{pmatrix} a_{11} & a_{12} & \cdots & a_{1n} \\ a_{21} & a_{22} & \cdots & a_{2n} \\ \vdots & \vdots & \vdots & \vdots \\ a_{m1} & a_{m2} & \cdots & a_{mn} \end{pmatrix}; \quad A^T = \begin{pmatrix} a_{11} & a_{21} & \cdots & a_{m1} \\ a_{12} & a_{22} & \cdots & a_{m2} \\ \vdots & \vdots & \vdots & \vdots \\ a_{1n} & a_{2n} & \cdots & a_{mn} \end{pmatrix}$$

(s. Matrix, 1., s. lineare Abbildung, 2.4.2.).

transponierter linearer Operator s. adjungiert, 5.

transzendent:
Eine Größe, die nicht algebraisch ist, heißt *transzendent* (s. algebraisch).

1. Transzendente Funktion:
Eine Funktion f(x), die nicht algebraisch ist (s. algebraisch, 2.), heißt *transzendent.* Transzendente Funktionen sind z. B. die Exponentialfunktion und die trigonometrischen Funktionen sowie ihre Umkehrfunktionen.

2. Transzendente Gleichung:
Eine Gleichung, die nicht algebraisch ist (s. algebraisch, 3.), heißt *transzendent.* Beispiele für transzendente Gleichungen sind Exponentialgleichungen oder logarithmische Gleichungen.

3. Transzendente Zahl:
Eine reelle Zahl ξ, die nicht algebraisch, also nicht Lösung einer algebraischen Gleichung

$$a_0 + a_1 x + a_2 x^2 + \ldots + a_n x^n = 0, \quad a_i \text{ ganzzahlig mit } a_n \neq 0,\ n \geq 1$$

ist, heißt *transzendent* (s. algebraisch, 7.). Beispiele für transzendente Zahlen sind die Eulersche Zahl e und die Kreiskonstante π.

Trapez:

Ein ebenes Viereck ABCD (s. Viereck), bei dem zwei Seiten (die *Grundseite* a und die *Deckseite* c) parallel sind, heißt *Trapez*. Allgemein gilt

$$\alpha + \delta = \beta + \gamma = 180^\circ.$$

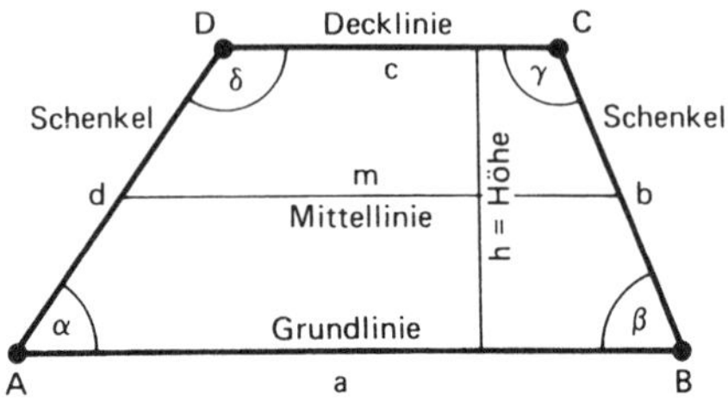

Die beiden nichtparallelen Seiten heißen *Schenkel*, die Verbindungsstrecke der Mittelpunkte der Schenkel ist die *Mittellinie* mit der Länge

$$m = \frac{a+c}{2}.$$

Die *Höhe* h des Trapezes ist der Abstand der parallelen Seiten. Falls die beiden Schenkel gleich lang sind ($b = d$ und $\alpha = \beta$), heißt das Trapez *gleichschenklig*.

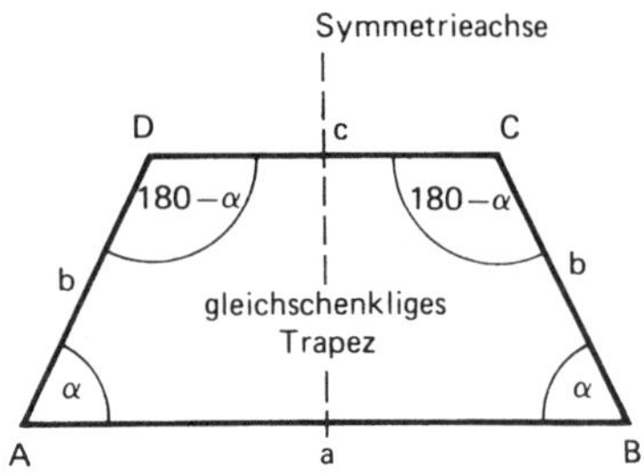

Flächeninhalt des Trapezes: $F = m\,h = \frac{a+c}{2} \cdot h\,;$

Umfang: $U = a + b + c + d\,.$

Der Schwerpunkt S liegt auf der Verbindungsstrecke der Mitten der Grund- und Deckgeraden mit dem Abstand

$$y_S = \frac{h}{3} \cdot \frac{a+2c}{a+c}$$

von der Grundseite.

Trapezformel s. Integralrechnung, 1.10.2.2.1.

trennbar:

Eine Funktion mehrerer Variabler heißt *trennbar*, wenn sie in Bestandteile zerlegbar ist, welche nur bestimmte Variablen enthalten.

Trennung der Veränderlichen (Variablen):

Falls die gewöhnliche Differentialgleichung $y' = \frac{dy}{dx} = u(x) \cdot v(y)$ durch die Integration

$$\int \frac{dy}{v(y)} dy = \int u(x)\, dx$$

gelöst werden kann, spricht man von *Trennung der Veränderlichen* (s. gewöhnliche Differentialgleichung, 2.1.1.).

Trennungsaxiom s. Hausdorffscher Raum, s. regulär, 8.

Treppenfunktion:
Eine in einem Intervall $[a;b]$ definierte Funktion $f(x)$ heißt *Treppenfunktion*, wenn das Intervall $[a;b]$ durch Punkte

$$a = x_0 < x_1 < x_2 < \dots < x_{n-1} < x_n = b$$

in endlich viele Teilintervalle zerlegt werden kann, so daß die Funktion f in jedem offenen Teilintervall $(x_{k-1}; x_k)$ konstant ist für $k = 1, 2, \dots, n$.

Trialzahl s. Zahlensystem, 2.

Trigonometrie (griechisch: Dreiwinkelmessung):
Die *ebene Trigonometrie* beschäftigt sich mit der Berechnung von Größen in Dreiecken (s. Dreieck) mit Hilfe der Winkelfunktionen Sinus, Kosinus, Tangens und Kotangens (s. trigonometrische Funktionen). Die *sphärische Trigonometrie* untersucht Dreiecke auf der Kugel (s. sphärische Trigonometrie).

trigonometrische Approximation s. Fourier-Reihen und Fourier-Entwicklung.

trigonometrische Funktionen (Kreis- oder Winkelfunktionen):

1. Triginometrische Funktionen auf dem Einheitskreis:

Auf dem Einheitskreis mit dem Radius $r = 1$ wird jedem Zentriwinkel der Größe φ (gemessen in Grad) auf dem zugehörigen Kreisbogen das *Bogenmaß* $x = x(\varphi)$ zugeordnet durch

$$x = \frac{\pi}{180} \cdot \varphi$$

(s. Winkel, 1.). Ein negatives Bogenmaß x gehört zu einem negativen Winkel, der im Uhrzeigerlaufsinn (mathematisch negative Umlaufrichtung) gemessen wird. Das Bogenmaß $x > 2\pi$ gehört zu einem Winkel mit $\varphi > 360°$.

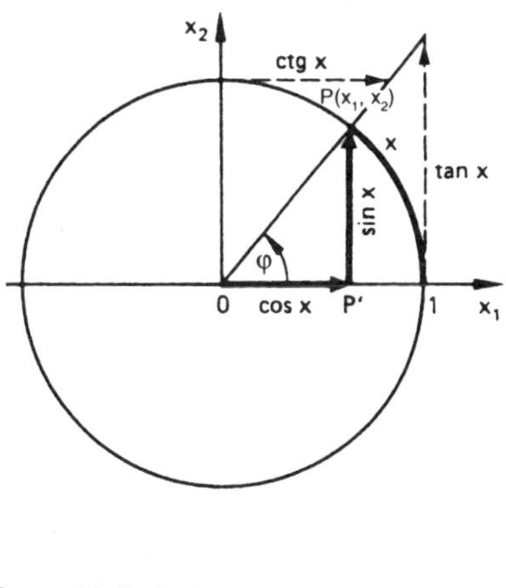

$P(x_1, x_2)$ sei ein beliebiger Punkt auf dem Einheitskreis mit dem zugehörigen Winkel φ und dem Bogenmaß x. Damit erhält man die trigonometrischen Funktionen:

Sinus: $\sin\varphi = \sin x = x_2$; $D = \mathbb{R}$;

Kosinus: $\cos\varphi = \cos x = x_1$; $D = \mathbb{R}$;

Tangens: $\tan\varphi = \tan x = \frac{\sin x}{\cos x}$ für $x \neq \frac{\pi}{2} + k\pi$ für jedes $k \in \mathbb{Z}$

($\frac{\pi}{2} + k\pi$ sind Polstellen mit vertikaler Asymptote);

Kotangens: $\cot\varphi = \cot x = \frac{\cos x}{\sin x}$ für $x \neq k\pi$ für jedes $k \in \mathbb{Z}$

($k\pi$ sind Polstellen mit vertikaler Asymptote).

Vorzeichen der Winkelfunktionen:

Quadrant	sin	cos	tan	cot
I	+	+	+	+
II	+	−	−	−
III	−	−	+	+
IV	−	+	−	−

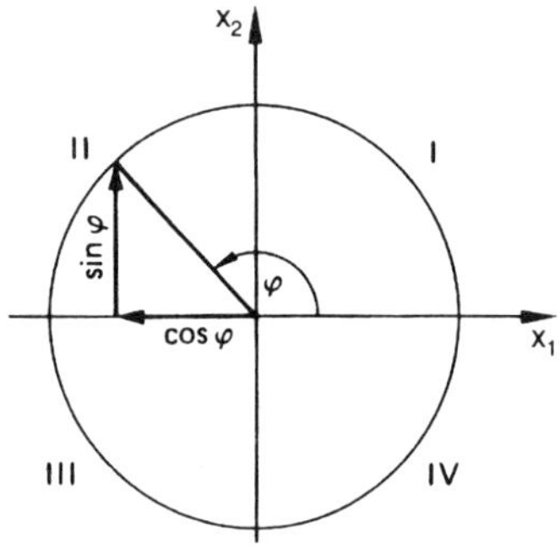

Spezielle Werte:

Gradmaß φ	0°	30°	45°	60°	90°
Bogenmaß x	0	$\frac{\pi}{6}$	$\frac{\pi}{4}$	$\frac{\pi}{3}$	$\frac{\pi}{2}$
sin	0	$\frac{1}{2}$	$\frac{\sqrt{2}}{2}$	$\frac{\sqrt{3}}{2}$	1
cos	1	$\frac{\sqrt{3}}{2}$	$\frac{\sqrt{2}}{2}$	$\frac{1}{2}$	0
tan	0	$\frac{\sqrt{3}}{3}$	1	$\sqrt{3}$	–
cot	–	$\sqrt{3}$	1	$\frac{\sqrt{3}}{3}$	0

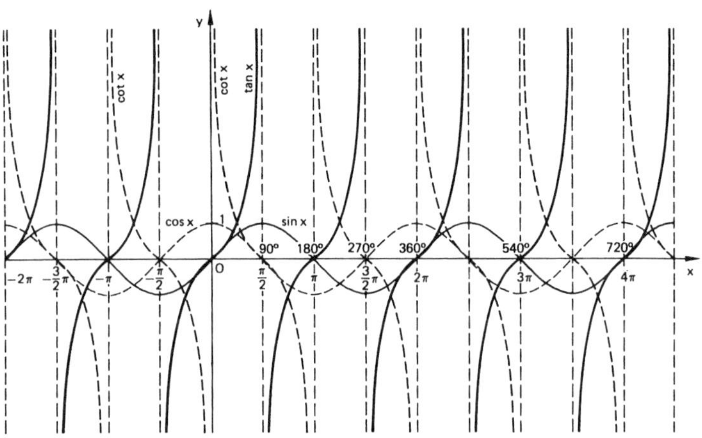

Periodizität:

$\sin(x + 2\pi) = \sin x$; $\cos(x + 2\pi) = \cos x$ (Periode 2π);

$\tan(x + \pi) = \tan x$; $\cot(x + \pi) = \cot x$ (Periode π).

Symmetrie:

$\cos(-x) = \cos x$ (gerade Funktion);

$\sin(-x) = -\sin x$; $\tan(-x) = -\tan x$; $\cot(-x) = -\cot x$ (ungerade Funktionen).

Umrechnungsformeln:

$\sin x = \cos(x - \frac{\pi}{2})$; $\cos x = \sin(x + \frac{\pi}{2})$ für alle $x \in \mathbb{R}$;

$\sin^2 x + \cos^2 x = 1$ (nach dem Satz des Pythagoras);

$\tan x \cdot \cot x = 1$; $1 + \tan^2 x = \frac{1}{\cos^2 x}$; $1 + \cot^2 x = \frac{1}{\sin^2 x}$.

Ableitungen:

$(\sin x)' = \cos x$; $(\cos x)' = -\sin x$;

$(\tan x)' = \frac{1}{\cos^2 x} = 1 + \tan^2 x$; $(\cot x)' = -\frac{1}{\sin^2 x} = -(1 + \cot^2 x)$.

2. Trigonometrische Funktionen im rechtwinkligen Dreieck: Für Winkelgrößen α zwischen $0°$ und $90°$ erhält man aus den Strahlensätzen (s. Strahlensätze) die äquivalente Darstellung:

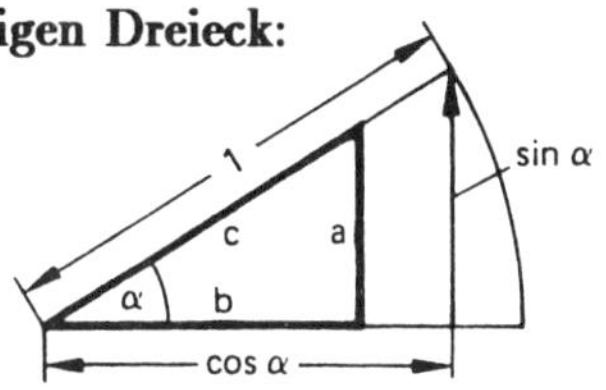

$$\sin\alpha = \frac{a}{c} = \frac{\text{Gegenkathete}}{\text{Hypothenuse}}; \quad \cos\alpha = \frac{b}{c} = \frac{\text{Ankathete}}{\text{Hypothenuse}};$$

$$\tan\alpha = \frac{a}{b} = \frac{\text{Gegenkathete}}{\text{Ankathete}}; \quad \cot\alpha = \frac{b}{a} = \frac{\text{Ankathete}}{\text{Gegenkathete}}.$$

3. Eigenschaften:

Mit der Moivreschen Formel (s. Moivresche Formel) erhält man

$$\cos\varphi + i\sin\varphi = e^{i\varphi};$$

$$(\cos\varphi + i\sin\varphi)^n = e^{in\varphi} = \cos n\varphi + i\sin n\varphi;$$

$$\cos n\varphi + i\sin n\varphi = \sum_{k=0}^{n} i^k \cdot \binom{n}{k} \cdot \cos^{n-k} x \cdot \sin^k x$$

für jede natürliche Zahl n.

Vergleich von Real- und Imaginärteil ergibt die Formeln für die

Winkelvielfache:

$$\cos nx = \cos^n x - \binom{n}{2} \cdot \cos^{n-2} x \cdot \sin^2 x + \binom{n}{4} \cdot \cos^{n-4} x \cdot \sin^4 x - + \ldots$$

$$\sin nx = \binom{n}{1} \cdot \cos^{n-1} x \cdot \sin x - \binom{n}{3} \cdot \cos^{n-3} x \cdot \sin^3 x - + \ldots .$$

Die Reihen brechen wegen $\binom{n}{k} = 0$ für $k > n$ ab.

Für $n = 2, 3, 4$ erhält man speziell

$$\sin 2x = 2 \sin x \cdot \cos x ; \qquad \cos 2x = \cos^2 x - \sin^2 x ;$$

$$\sin 3x = 3 \sin x - 4 \sin^3 x ; \qquad \cos 3x = 4 \cos^3 x - 3 \cos x ;$$

$$\sin 4x = 8 \cos^3 x \cdot \sin x - 4 \cos x \cdot \sin x ; \quad \cos 4x = 8 \cos^4 x - 8 \cos^2 x + 1.$$

Additionstheoreme:
Aus der Eulerschen Formel (s. Eulersche Formel)

$$e^{i\alpha} = \cos \alpha + i \sin \alpha ; \quad e^{i\beta} = \cos \beta + i \sin \beta$$

erhält man

$$\begin{aligned}\cos(\alpha+\beta) + i \sin(\alpha+\beta) &= e^{i(\alpha+\beta)} = e^{i\alpha} \cdot e^{i\beta} \\ &= (\cos\alpha + i \sin\alpha) \cdot (\cos\beta + i \sin\beta) ; \\ \cos(\alpha-\beta) + i \sin(\alpha-\beta) &= e^{i(\alpha-\beta)} = e^{i\alpha} \cdot e^{-i\beta} \\ &= (\cos\alpha + i \sin\alpha) \cdot (\cos\beta - i \sin\beta) .\end{aligned}$$

Ausmultiplikation und Vergeich von Realteil und Imaginärteil ergibt

$$\begin{aligned}\sin(\alpha+\beta) &= \sin\alpha \cdot \cos\beta + \cos\alpha \cdot \sin\beta ; \\ \sin(\alpha-\beta) &= \sin\alpha \cdot \cos\beta - \cos\alpha \cdot \sin\beta ; \\ \cos(\alpha+\beta) &= \cos\alpha \cdot \cos\beta - \sin\alpha \cdot \sin\beta ; \\ \cos(\alpha-\beta) &= \cos\alpha \cdot \cos\beta + \sin\alpha \cdot \sin\beta .\end{aligned}$$

Ferner gilt

$$\tan(\alpha+\beta) = \frac{\tan\alpha + \tan\beta}{1 - \tan\alpha \cdot \tan\beta} ; \quad \tan(\alpha-\beta) = \frac{\tan\alpha - \tan\beta}{1 + \tan\alpha \cdot \tan\beta} ;$$

$$\cot(\alpha+\beta) = \frac{\cot\alpha \cdot \cot\beta - 1}{\cot\alpha + \cot\beta} ; \quad \cot(\alpha-\beta) = \frac{\cot\alpha \cdot \cot\beta + 1}{\cot\alpha - \cot\beta} .$$

Umkehrfunktionen der trigonometrischen Funktionen s. Arcus- oder zyklometrische Funktionen, s. Arcussinus, s. Arcuskosinus, s. Arcustangens, s. Arcuskotangens.

trigonometrische Reihe

s. Fourier-Reihe und Fourier-Entwicklung, 3.

trigonometrisches Polynom:

Für jede natürliche Zahl n heißt die endliche Summe

$$T_n(x) = A + \sum_{k=1}^{n} (\alpha_k \cos kx + \beta_k \sin kx) \quad \text{mit} \quad \alpha_k, \beta_k \in \mathbb{R}$$

ein *trigonometrisches Polynom.* $T_n(x)$ besitzt die Periode 2π. Es gilt die Parsevalsche Gleichung

$$\int_{-\pi}^{\pi} T_n^2(x)\,dx = A^2 + \sum_{k=1}^{n} (\alpha_k^2 + \beta_k^2)$$

(s. Fourier - Reihe und Fourier - Entwicklung, 1.).

Trilliarde:

Die Zehnerpotenz 10^{21} heißt *Trilliarde* (s. Zehnerpotenzen).

Trillion:

Die Zehnerpotenz 10^{18} heißt *Trillion* (s. Zehnerpotenzen).

Tripel:

Ein 3 - Tupel (a_1, a_2, a_3) nennt man *Tripel* (s. n - Tupel).

Trisektion s. Dreiteilung eines Winkels.

triviale Lösung:

Das homogene lineare Gleichungssystem

$$A \cdot \vec{x} = \vec{0}$$

besitzt den Nullvektor $\vec{x} = \vec{0}$ als Lösung $(x_1 = x_2 = \ldots = x_n = 0)$. Diese Lösung nennt man *triviale Lösung* (s. lineares Gleichungssystem, 3.). Eine lineare homogene Differentialgleichung besitzt stets $y(x) \equiv 0$ als Lösung. Auch diese Lösung heißt *triviale Lösung* (s. gewöhnliche Differentialgleichung, 3.1.).

Trochoide s. zyklische Kurven, 1.

Tschebyschew, Pafnuti Levowitsch (1821 – 1894) wirkte in Moskau und Petersburg. Er veröffentlichte richtungsweisende Arbeiten zur Zahlentheorie, Wahrscheinlichkeitstheorie, Interpolations- und Approximationstheorie. Die nach ihm benannte Tschebyschewsche Ungleichung spielt in der mathematischen Statistik eine zentrale Rolle. Ferner sind nach ihm die Tschebyschewsche Differentialgleichung und spezielle Polynome als Lösungen dieser Differentialgleichung benannt (s. Tschebyschewsche Differentialgleichung und Tschebyschew - Polynome). Weiter ist nach ihm die Tschebyschewsche Ungleichung benannt (s. Tschebyschewsche Ungleichung).

Tschebyschewsche Differentialgleichung und Tschebyschew - Polynome:

Die lineare Differentialgleichung 2. Ordnung

$$(1 - x^2)\,y''(x) - x\,y'(x) + n^2\,y(x) \quad \text{für } |x| \leq 1;\ n = 0, 1, 2, \ldots$$

ist eine spezielle *Tschebyschewsche Differentialgleichung* mit $\lambda = n^2$ (s. gewöhnliche Differentialgleichung, 3.3.2.). Mit dem Potenzreihenansatz

$$y(x) = \sum_{k=0}^{\infty} c_k x^k \text{ mit } c_k \in \mathbb{R}$$

erhält man durch Einsetzen die Rekursionsgleichung

$$c_{k+2} = \frac{k^2 - n^2}{(k+1)\cdot(k+2)} \cdot c_k \quad \text{für } k = 0, 1, 2, \ldots \; .$$

Für $k = n$ folgt hieraus: $0 = c_{n+2} = c_{n+4} = c_{n+6} = \ldots$. Durch die Vorgabe von c_0 sind $c_2, c_4, c_6, \ldots$ (gerade Indizes) festgelegt; c_1 bestimmt $c_3, c_5, c_7, \ldots$ (ungerade Indizes). Mit zwei Konstanten c_0 und c_1 erhält man die allgemeine Lösung

$$y(x) = c_0 \cdot \left(1 - \frac{n^2}{2} x^2 - \sum_{k=2}^{\infty} \frac{n^2 [2^2 - n^2][4^2 - n^2] \cdots [(2k-2)^2 - n^2]}{(2k)!} \cdot x^{2k}\right)$$

$$+ c_1 \cdot \left(x + \sum_{k=1}^{\infty} \frac{[1^2 - n^2][3^2 - n^2] \cdots [(2k-1)^2 - n^2]}{(2k+1)!} \cdot x^{2k+1}\right).$$

Damit ist

$$y_1(x) = 1 - \frac{n^2}{2} x^2 - \sum_{k=2}^{\infty} \frac{n^2 \cdot [2^2 - n^2] \cdot [4^2 - n^2] \cdot \ldots \cdot [(2k-2)^2 - n^2]}{(2k)!} \cdot x^{2k},$$

$$y_2(x) = x + \sum_{k=1}^{\infty} \frac{[1^2 - n^2] \cdot [3^2 - n^2] \cdot \ldots \cdot [(2k-1)^2 - n^2]}{(2k+1)!} \cdot x^{2k+1}$$

ein Fundamentalsystem von Lösungen.

Bei geradem n bricht $y_1(x)$ ab zu einem Polynom vom Grade 2n:

$$y_1(x) = 1 - \frac{n^2}{2} x^2 - \sum_{k=2}^{\frac{n}{2}} \frac{n^2 \cdot [2^2 - n^2] \cdot [4^2 - n^2] \cdot \ldots \cdot [(2k-2)^2 - n^2]}{(2k)!} \cdot x^{2k} .$$

Bei ungeradem n erhält man

$$y_2(x) = x + \sum_{k=1}^{\frac{n-1}{2}} \frac{[1^2 - n^2] \cdot [3^2 - n^2] \cdot \ldots \cdot [(2k-1)^2 - n^2]}{(2k+1)!} \cdot x^{2k+1} .$$

Tschebyschewsche Polynome erster Art:
Für jedes $n = 0, 1, \ldots$ heißt (s. Arcuskosinus und Kosinus)

$$T_n(x) = \cos(n \cdot \arccos x)$$

$$= x^n - \binom{n}{2} \cdot x^{n-2} \cdot (1 - x^2) + \binom{n}{4} \cdot x^{n-4} \cdot (1 - x^2)^2 - + \ldots$$

$$= \sum_{k=0}^{\left[\frac{n}{2}\right]} (-1)^k \cdot \binom{n}{2k} \cdot x^{n-2k} \cdot (1 - x^2)^k = \frac{n}{2} \sum_{k=0}^{\left[\frac{n}{2}\right]} (-1)^k \frac{(n-k-1)!}{k! \cdot (n-2k)!} \cdot (2x)^{n-2k}$$

Tschebyschewsches Polynom erster Art vom Grad n. Dabei ist $\left[\frac{n}{2}\right]$ die größte natürliche Zahl, die kleiner oder gleich $\frac{n}{2}$ ist. Mit dem obigen Fundamentalsystem gilt:

$$\text{n gerade} \quad \Rightarrow \quad T_n(x) = (-1)^{\frac{n}{2}} \cdot y_1(x);$$

$$\text{n ungerade} \quad \Rightarrow \quad T_n(x) = \frac{(-1)^{\frac{n-1}{2}}}{n} \cdot y_2(x).$$

Allgemein gilt die Rekursionsformel:

$$T_{n+1}(x) = 2x\,T_n(x) - T_{n-1}(x) \qquad \text{für } n = 1, 2, \ldots$$

$$\text{mit } T_0(x) \equiv 1; \; T_1(x) = x.$$

Weitere Polynome lauten:

$$T_2(x) = 2x^2 - 1; \quad T_3(x) = 4x^3 - 3x; \quad T_4(x) = 8x^4 - 8x^2 + 1.$$

Der höchste Koeffizient von x^n ist 2^{n-1} und es gilt

$$|T_n(x)| \leq 1 \quad \text{für } |x| \leq 1.$$

Allgemein gilt

$$T_n(x) = \frac{(-1)^n \sqrt{1-x^2}}{1 \cdot 3 \cdot \ldots \cdot (2n-1)} \cdot \frac{d^n}{dx^n}\left((1-x^2)^{n-\frac{1}{2}}\right) \quad \text{für } n = 0, 1, 2, \ldots .$$

$$\int_{-1}^{1} \frac{T_m(x)\,T_n(x)}{\sqrt{1-x^2}}\,dx = \int_0^{\pi} \cos(mu)\sin(nu)\,du = \begin{cases} 0 & \text{für } m \neq n; \\ \frac{\pi}{2} & \text{für } m = n \neq 0; \\ \pi & \text{für } m = n = 0. \end{cases}$$

Bezüglich der Gewichtsfunktion $w(x) = \frac{1}{\sqrt{1-x^2}}$ bilden die Polynome $T_n(x)$ in $(-1; +1)$ ein Orthogonalsystem (s. Orthogonal- und Orthonormalsystem, 4., s. Approximationspolynome, 6.3.).

Tschebyschewsches Polynom zweiter Art:
Mit dem *Tschebyschewschen Polynom zweiter Art*

$$T_n^*(x) = \frac{\sin\left((n+1)\arccos x\right)}{\sqrt{1-x^2}}$$

$$= \binom{n+1}{2} \cdot x^n - \binom{n+1}{3} \cdot x^{n-2} \cdot (1-x^2) + \binom{n+1}{5} \cdot x^{n-4} \cdot (1-x^2)^2 - + \ldots$$

$$= \sum_{k=0}^{[n-1]} (-1)^k \cdot \binom{n+1}{k+2} \cdot x^{n-2k} \cdot (1-x^2)^k$$

$$= \sum_{k=0}^{\left[\frac{n}{2}\right]} (-1)^k \cdot \frac{(n-k)!}{k! \cdot (n-2k)!} \cdot (2x)^{n-2k}$$

erhält man eine zweite, von $T_n(x)$ linear unabhängige Lösung

$$U_n(x) = \sqrt{1-x^2} \cdot T_{n-1}^*(x).$$

$T_n^*(x)$ erfüllt die Differentialgleichung

$$(1-x^2)\,w''(x) - 3x\,w'(x) + n(n+2)\,w(x) = 0.$$

Dabei gilt die Rekursionsgleichung

$$T^*_{n+1}(x) = 2x\,T^*_n(x) - T^*_{n-1}(x) \quad \text{für } n = 1,2,\ldots$$

mit $T^*_0(x) \equiv 1$; $T^*_1(x) = 2x$.

Allgemein gilt für $n = 0,1,2,\ldots$

$$\sqrt{1-x^2}\cdot T^*_n(x) = \frac{(-1)^n(n+1)}{1\cdot 3\cdot\ldots\cdot(2n+1)}\cdot\frac{d^n}{dx^n}\left((1-x^2)^{n+\frac{1}{2}}\right).$$

Tschebyschewsche Ungleichung:
Es seien a_k, b_k nichtnegative reelle Zahlen für $k = 1,2,\ldots,n$ und $r > 0$. Falls $(a_j - a_k)\cdot(b_j - b_k) \geq 0$ bzw. ≤ 0 ist für alle $j,k \leq n$, gilt

$$\left(\frac{1}{n}\sum_{k=1}^{n} a_k^r\right)^{\frac{1}{r}}\cdot\left(\frac{1}{n}\sum_{k=1}^{n} b_k^r\right)^{\frac{1}{r}} \leq \left(\frac{1}{n}\sum_{k=1}^{n}(a_k b_k)^r\right)^{\frac{1}{r}} \text{ bzw. } \geq \left(\frac{1}{n}\sum_{k=1}^{n}(a_k b_k)^r\right)^{\frac{1}{r}}.$$

Nur für $a_1 = a_2 = \ldots = a_n$ oder $b_1 = b_2 = \ldots = b_n$ gilt das Gleichheitszeichen. Falls (a_k) eine monoton wachsende und (b_k) eine monoton fallende Folge nichtnegativer Zahlen ist, erhält man mit $r = 1$

$$\sum_{k=1}^{n} a_k b_k \leq \frac{1}{n}\sum_{k=1}^{n} a_k \cdot \sum_{k=1}^{n} b_k .$$

Dabei gilt nur für $a_1 = a_2 = \ldots = a_n$ oder $b_1 = b_2 = \ldots = b_n$ das Gleichheitszeichen.

Tupel s. n-Tupel.

Tychonow s. Fixpunktsatz, 2.

U

überabzählbar:
Eine unendliche Menge, die nicht abzählbar ist, heißt *überabzählbar* (s. abzählbar, s. unendliche Menge). Beispiele für überabzählbare Mengen sind Intervalle.

überall dicht s. dicht.

Überdeckung:
Ein System $\{D_i, i \in I\}$ von Teilmengen einer Menge T mit der Indexmenge I heißt *Überdeckung* der Menge $A \subset M$, wenn A in der Vereinigungsmenge des Systems enthalten ist, also für

$$A \subset \bigcup_{i\in I} D_i .$$

In einem topologischen Raum T (s. topologischer Raum) nennt man die Überdeckung $\{D_i, i \in I\}$ von A *offen* (*abgeschlossen*), wenn alle Mengen D_i in T offen (abgeschlossen) sind (s. offene Menge, s. abgeschlossen, 3.).

Überdeckungssatz von Heine-Borel:

Es sei A eine beschränkte, abgeschlossene Menge des $\mathbb{R}^n$ (s. abgeschlossen, 4., s. beschränkt, 3.). Jedem Punkt $(x_1, x_2, \ldots, x_n) \in A$ sei eine offene Umgebung $U(x_1, x_2, \ldots, x_n)$ dieses Punktes zugeordnet (s. Umgebung). Dann gibt es endlich viele Punkte in A, so daß die Umgebungen dieser Punkte eine Überdeckung von A bilden (s. Überdeckung).

überschlagenes Vieleck s. Vieleck, 1.

überstumpfer Winkel:

Ein Winkel mit dem Winkelmaß $180° < \varphi < 360°$ heißt *überstumpf* (s. Winkel, 1.1.).

Übertrag s. Addition, 1., s. Multiplikation, 1., s. Subtraktion.

Umfang eines Vielecks s. Vieleck, 2.

Umfangwinkel s. Kreis, 1.

umfassen:

Man sagt: Die Menge B *umfaßt* die Menge A, wenn A Teilmenge von B ist, also für $A \subset B$ (s. Menge, 2.).

Umgebung:

In einem topologischen Raum T (s. topologischer Raum) heißt eine Teilmenge $U \subset T$ eine *Umgebung* des Punktes $x \in T$, wenn U eine x enthaltende offene Menge O aus T enthält (s. offene Menge). Die Teilmenge $U \subset T$ heißt Umgebung der Menge $A \subset T$, wenn eine offene Menge $O \subset T$ existiert mit $A \subset O \subset U$, wenn also die Menge U eine offene Menge enthält, die A umfaßt.

Im $\mathbb{R}^n$ können offene Umgebungen einer Stelle $(x_1^{(0)}, x_2^{(0)}, \ldots, x_n^{(0)})$ definiert werden durch

a) $$U_\delta = \left\{(x_1, x_2, \ldots, x_n) \,\middle|\, \sqrt{\sum_{i=1}^{n} \left(x_i - x_i^{(0)}\right)^2} < \delta\right\}, \ \delta > 0;$$

b) $$U_{\delta'} = \left\{(x_1, x_2, \ldots, x_n) \,\middle|\, |(x_i - x_i^{(0)})| < \delta' \ \text{ für } i = 1, 2, \ldots, n\right\}, \delta' > 0.$$

Für $n = 1$ handelt es sich sowohl in a) als auch in b) um das gleiche offene Intervall $(x - \delta; x + \delta)$. Für $n = 2$ ist in a) die Umgebung U_δ das Innere eines Kreises mit dem Radius δ, in b) das Innere eines Quadrates mit der Seitenlänge $2\delta'$. Für $n = 3$ handelt es sich um das Innere einer Kugel mit dem Radius δ bzw. eines Würfels mit der Seitenlänge $2\delta'$.

Umkehrabbildung (inverse Abbildung):

Es sei f eine eineindeutige Abbildung von X auf Y, also eine surjektive Abbildung. Dann heißt die durch

$$x = f^{-1}(y) \quad \Leftrightarrow \quad y = f(x)$$

definierte Abbildung f^{-1} von Y auf X die *Umkehrabbildung* oder die *Inverse* von f. Sie bildet Y auf X ab (s. Abbildung, 1.).

Umkehrabbildung einer Bereichsabbildung s. Abbildung, 2.3., 3.

Umkehrfunktion (inverse Funktion):

Die reelle Funktion f sei in der Urbildmenge A von $B \subset W$ streng monoton. Dann existiert die *Umkehrfunktion* oder *inverse Funktion*

$$f^{-1}: B \longrightarrow A.$$

Sie ist definiert durch

$$y = f^{-1}(x) \quad \Leftrightarrow \quad x = f(y).$$

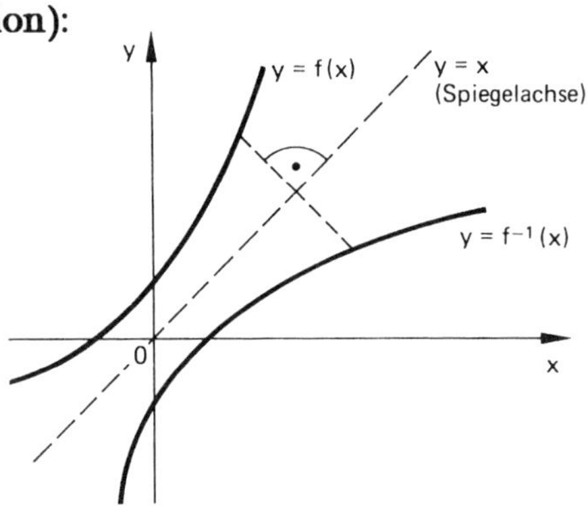

Man erhält die Umkehrfunktion $y = f^{-1}(x)$ aus $y = f(x)$ durch Vertauschung der beiden Variablen x und y und anschließender Auflösung nach y. Der Graph $y = f^{-1}(x)$ entsteht durch Spiegelung des Graphen von $y = f(x)$ an der ersten Winkelhalbierenden $y = x$ (s. Spiegelung, 1.1.).

Ableitungen der Umkehrfunktion:

$$f^{-1\prime}(x) = \frac{d}{dx} f^{-1}(x) = \frac{dy}{dx} = \frac{1}{\frac{dx}{dy}} = \frac{1}{f'(f^{-1}(x))};$$

$$f^{-1\prime\prime}(x) = \frac{d^2}{dx^2} f^{-1}(x) = -\frac{f''(f^{-1}(x))}{[f'(f^{-1}(x))]^2};$$

$$f^{-1\prime\prime\prime}(x) = \frac{d^3}{dx^3} f^{-1}(x) = \frac{3 \cdot [f''(f^{-1}(x))]^2 - f'(f^{-1}(x)) \cdot f'''(f^{-1}(x))}{[f'(f^{-1}(x))]^5}.$$

Umkreis eines ebenen Vielecks:

Falls bei einem konvexen ebenen Vieleck ein Kreis existiert, der durch alle Eckpunkte des Vielecks geht, heißt dieser Kreis *Umkreis* (s. Vieleck, 4.).

1. Umkreis eines Dreiecks:

Die drei Mittellote (s. Mittellot) eines Dreiecks schneiden sich in einem Punkt M (s. Dreieck, 1.). Dieser Punkt besitzt von den drei Ecken des Dreiecks den gleichen Abstand r. Der Kreis mit dem Mittelpunkt M und dem Radius r ist der Umkreis des Dreiecks. Er besitzt den Radius

$$r = \frac{abc}{4\sqrt{s(s-a)(s-b)(s-c)}} \quad \text{mit} \quad s = \frac{a+b+c}{2}.$$

Der Mittelpunkt M des Umkreises liegt bei einem spitzwinkligen Dreieck innerhalb, bei einem stumpfwinkligen außerhalb, bei einem rechtwinkligen auf der Hypothenuse des Dreiecks.

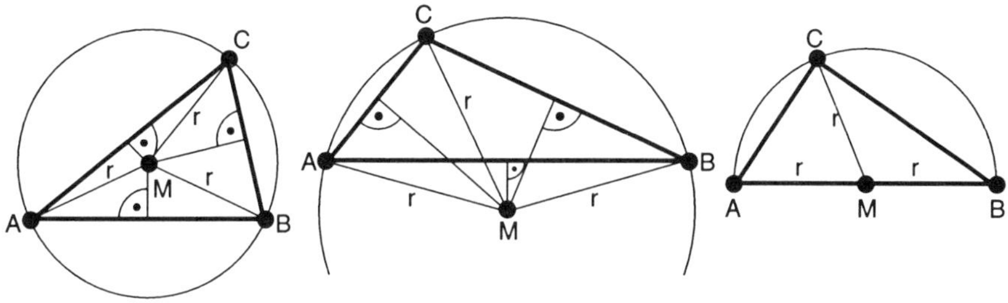

2. Umkreis eines ebenen Vierecks:
Ein ebenes Viereck besitzt nur dann einen Umkreis, wenn die Summe der gegenüberliegenden Winkel jeweils 180° ist. Dann handelt es sich um ein Sehnenviereck (s. Sehnenviereck).

3. Umkreis eines regelmäßigen n-Ecks:
Jedes konvexe regelmäßige n-Eck besitzt einen Umkreis mit dem Radius

$$r = \frac{s_n}{2\sin\frac{\alpha_n}{2}}; \quad s_n = \text{Seitenlänge}; \quad \alpha_n = \text{Innenwinkel (s. Vieleck, 4.)}.$$

Umkugel eines konvexen Körpers:
Unter allen Kugeln im $\mathbb{R}^3$, die einen konvexen Körper K (s. konvex, 6.) enthalten, gibt es eine Kugel mit minimalem Radius r. Diese Kugel heißt *Umkugel*, ihr Radius r *Umkugelradius* von K. Bei regelmäßigen Polyedern ist die Umkugel eindeutig bestimmt (s. Polyeder, 2.).

Umkugelradius s. Umkugel eines konvexen Körpers.

Umordnung s. Doppelfolge.

Umordnungssatz s. Doppelreihe.

unabhängige Variable (Abszisse, Argument):
Bei einer Abbildung (Funktion) $y = f(x)$ heißt x die *unabhängige Variable* oder *Abszisse* bzw. *Argument.* Bei einer Funktion $f(x_1, x_2, \ldots, x_n)$ nennt man $x_1, x_2, \ldots, x_n$ die *unabhängigen Variablen.*

unabhängig, linear s. linear unabhängig.

unbedingt konvergente Reihe:

Die Reihe $\sum_{n=1}^{\infty} a_n$ heißt *unbedingt konvergent*, wenn jede durch Umordnung daraus hervorgehende Reihe $\sum_{n=1}^{\infty} b_n$ ebenfalls konvergent ist. Eine absolut konvergente Reihe ist auch unbedingt konvergent (s. Reihe, 2.).

unbegrenzte Menge:

Eine nichtleere (unendliche) geordnete Menge (s. geordnete Menge) heißt *unbegrenzt*, wenn sie weder ein erstes noch ein letztes Element besitzt (s. Anfang, s. Ende einer geordneten Menge).

Unbekannte s. Polynom, 3., s. Gleichung, s. lineares Gleichungssystem.

unbestimmt divergent:

1. Unbestimmt divergente Reihe:
Eine divergente unendliche Reihe, die nicht bestimmt (gegen $+\infty$ oder $-\infty$) divergent ist, heißt *unbestimmt divergent* (s. Reihe, 3.).

2. Unbestimmt divergente Zahlenfolge:
Eine divergente Zahlenfolge, die nicht bestimmt (gegen $+\infty$ oder $-\infty$) divergiert, heißt *unbestimmt divergent* (s. Zahlenfolge, 4.).

3. Unbestimmt divergentes Produkt s. Produkt, 4.2.

Unbestimmte s. Unbekannte.

unbestimmter Ausdruck:

1. Unbestimmte Ausdrücke der Form "$\frac{0}{0}$" oder "$\frac{\infty}{\infty}$":
Falls in einem Quotienten $\frac{u(x)}{v(x)}$ zweier reeller Funktionen durch Einsetzen eines Wertes x_0 oder durch die Grenzwertbildung $x \to \pm\infty$ (dafür schreibt man auch $x_0 = \pm\infty$) Ausdrücke der Form "$\frac{0}{0}$" oder "$\frac{\infty}{\infty}$" entstehen, spricht man von einem *unbestimmten Ausdruck.* x_0 kann dabei nicht zum Definitionsbereich der Funktion $\frac{u(x)}{v(x)}$ gehören.

Die Regel von de l'Hospital:
Allgemein seien $u(x)$ und $v(x)$ zwei Funktionen mit

$$u(x_0) = u'(x_0) = u''(x_0) = \ldots = u^{(n-1)}(x_0) = 0 \quad (\text{bzw.} = \pm\infty);$$
$$v(x_0) = v'(x_0) = v''(x_0) = \ldots = v^{(n-1)}(x_0) = 0 \quad (\text{bzw.} = \pm\infty).$$

Falls der Grenzwert mit den n - ten Ableitungen

$$\lim_{x \to x_0} \frac{u^{(n)}(x)}{v^{(n)}(x)} = \frac{u^{(n)}(x_0)}{v^{(n)}(x_0)} \text{ existiert, gilt}$$

$$\lim_{x\to x_0}\frac{u(x)}{v(x)}=\lim_{x\to x_0}\frac{u'(x)}{v'(x)}=\ldots=\lim_{x\to x_0}\frac{u^{(n)}(x)}{v^{(n)}(x)}=\frac{u^{(n)}(x_0)}{v^{(n)}(x_0)}.$$

Im Falle der Existenz des Grenzwertes kann die Funktion $f(x)=\frac{u(x)}{v(x)}$ durch diesen Grenzwert an der Stelle x_0 stetig fortgesetzt werden. Aus

$$\frac{d}{dx}u(\tfrac{1}{x})=u'(\tfrac{1}{x})\cdot(-\tfrac{1}{x^2})$$

folgt, daß diese Regel auch für den Grenzwert $x\to\pm\infty$ gilt ($x_0=\infty$). Auch für einseitige Grenzwerte kann man diese Regel anwenden (s. nachfolgende Beispiele b) und f)).

Beispiele:

a) $f(x)=\frac{x^2-4x+3}{x^2-3x+2}$; $f(1)=\text{"}\frac{0}{0}\text{"}$; $f(\infty)=\text{"}\frac{\infty}{\infty}\text{"}$;

$$\lim_{x\to 1}f(x)=\lim_{x\to 1}\frac{2x-4}{2x-3}=2;\quad \lim_{x\to\infty}f(x)=\lim_{x\to\infty}\frac{2x-4}{2x-3}=\lim_{x\to\infty}\frac{2}{2}=1.$$

b) $f(x)=\frac{a^x-b^x}{x}$, $a,b>0$; $f(0)=\text{"}\frac{0}{0}\text{"}$;

$$\lim_{x\to 0+}f(x)=\lim_{x\to 0+}\frac{a^x\cdot\ln a-b^x\cdot\ln b}{1}=\ln a-\ln b=\ln\frac{a}{b}.$$

c) $f(x)=\frac{x-\sin x}{x^3}$; $f(0)=\text{"}\frac{0}{0}\text{"}$;

$$\lim_{x\to 0}\frac{x-\sin x}{x^3}=\lim_{x\to 0}\frac{1-\cos x}{3x^2}\left(=\text{"}\frac{0}{0}\text{"}\right)=\lim_{x\to 0}\frac{\sin x}{6x}\left(=\text{"}\frac{0}{0}\text{"}\right)$$
$$=\lim_{x\to 0}\frac{\cos x}{6}=\frac{1}{6}.$$

d) $f(x)=\frac{x^n}{e^x}$; $f(\infty)=\text{"}\frac{\infty}{\infty}\text{"}$;

$$\lim_{x\to\infty}\frac{x^n}{e^x}=\lim_{x\to\infty}\frac{n\cdot x^{n-1}}{e^x}=\ldots=\lim_{x\to\infty}\frac{n!}{e^x}=0 \text{ für jedes } n\in\mathbb{N}.$$

e) $f(x)=\frac{\ln x}{x}$; $f(\infty)=\text{"}\frac{\infty}{\infty}\text{"}$; $\lim_{x\to\infty}\frac{\ln x}{x}=\lim_{x\to\infty}\frac{\frac{1}{x}}{1}=0$.

f) $f(x)=x\cdot\ln x=\frac{\ln x}{\frac{1}{x}}$; $f(0+)=\lim_{x\to 0+}f(x)=\text{"}\frac{-\infty}{\infty}\text{"}$;

$$\lim_{x\to 0+}\frac{\ln x}{\frac{1}{x}}=\lim_{x\to 0+}\frac{\frac{1}{x}}{-\frac{1}{x^2}}=\lim_{x\to 0+}(-x)=0.$$

2. Unbestimmte Ausdrücke der Form "$0\cdot(\pm\infty)$":

Es sei $\lim_{x\to x_0}u(x)=0$ und $\lim_{x\to x_0}v(x)=\pm\infty$. Das Produkt $u(x)\cdot v(x)$ läßt sich als Quotient schreiben:

$$u(x)\cdot v(x)=\frac{u(x)}{\frac{1}{v(x)}} \quad \text{mit} \quad u(x_0)\cdot v(x_0)=\frac{u(x_0)}{\frac{1}{v(x_0)}}=\text{"}\frac{0}{0}\text{"}$$

bzw.

$$u(x)\cdot v(x)=\frac{v(x)}{\frac{1}{u(x)}} \quad \text{mit} \quad u(x_0)\cdot v(x_0)=\frac{v(x_0)}{\frac{1}{u(x_0)}}=\text{"}\frac{\pm\infty}{\pm\infty}\text{"}.$$

Damit können derartige unbestimmte Ausdrücke auf solche aus 1. zurückgeführt werden.

Beispiel: $f(x)=(e^x-1)\cdot\frac{1}{\sqrt{x}}$; $f(0+)=\text{" }0\cdot\infty\text{ "}$;

$f(x)=\frac{e^x-1}{\sqrt{x}}$; $f(0+)=\text{"}\frac{0}{0}\text{"}$; $\lim\limits_{x\to 0+} f(x)=\lim\limits_{x\to 0+}\frac{e^x\cdot 2\cdot\sqrt{x}}{1}=0.$

3. Unbestimmte Ausdrücke der Form "$\infty-\infty$":
Es sei $f(x)=u(x)-v(x)$ mit $u(x_0)=v(x_0)=\infty$.

Zur Bestimmung des Grenzwertes benutzt man die Umformung

$$f(x)=v(x)\cdot\left[\frac{u(x)}{v(x)}-1\right] \quad \text{mit} \quad \frac{u(x_0)}{v(x_0)}=\text{"}\frac{\infty}{\infty}\text{"}.$$

a) Im Falle $\lim\limits_{x\to x_0}\left[\frac{u(x)}{v(x)}-1\right]=c\neq 0$ gilt $\lim\limits_{x\to x_0} f(x)=\pm\infty$.

b) Für $\lim\limits_{x\to x_0}\left[\frac{u(x)}{v(x)}-1\right]=0$ entsteht ein unbestimmter Ausdruck aus 2.

Beispiel: $f(x)=\frac{1}{x}-\frac{1}{e^x-1}$; $f(0)=\text{"}\infty-\infty\text{"}$;

$$f(x)=\frac{e^x-1-x}{x\cdot(e^x-1)}; \quad f(0)=\text{"}\frac{0}{0}\text{"};$$

$$\lim_{x\to 0} f(x)=\lim_{x\to 0}\frac{e^x-1}{x\cdot e^x+e^x-1}\left(=\text{"}\frac{0}{0}\text{"}\right)=\lim_{x\to 0}\frac{e^x}{e^x+x\cdot e^x+e^x}=\frac{1}{2}.$$

4. Unbestimmte Ausdrücke der Form "$0^0; 1^\infty; \infty^0$":
Mit der allgemein gültigen Darstellung

$$u(x)^{v(x)}=e^{\ln\left((u(x)^{v(x)}\right)}=e^{v(x)\cdot\ln u(x)}$$

erhält man wegen der Stetigkeit der Exponentialfunktion im Falle der Existenz den Grenzwert

$$\lim_{x\to x_0} u(x)^{v(x)}=e^{\lim\limits_{x\to x_0} v(x)\cdot\ln u(x)}.$$

Damit werden die unbestimmten Ausdrücke auf solche in 2. zurückgeführt.

Beispiele:

a) $f(x) = x^x$; $f(0+) = "0^0"$; $f(x) = e^{x \cdot \ln x}$; $g(x) = \ln(f(x)) = x \cdot \ln x$.
Nach 1. Beispiel f) gilt $\lim_{x \to 0+} x \cdot \ln x = 0$. Daraus folgt

$$\lim_{x \to 0+} f(x) = e^0 = 1.$$

b) $f(x) = (1 + x)^{\frac{1}{x}}$; $f(0+) = "1^\infty"$;

$$g(x) = \ln(f(x)) = \tfrac{1}{x} \cdot \ln(1 + x); \quad g(0+) = "\infty \cdot 0";$$

$$g(x) = \frac{\ln(1 + x)}{x}; \qquad \lim_{x \to 0+} g(x) = \lim_{x \to 0+} \frac{\frac{1}{1+x}}{1} = 1;$$

$$\lim_{x \to 0+} f(x) = e^1 = e;$$

$$f(\infty) = "\infty^0"; \; g(\infty) = "\frac{\infty}{\infty}"; \; \lim_{x \to \infty} g(x) = \lim_{x \to \infty} \frac{\frac{1}{1+x}}{1} = 0;$$

$$\lim_{x \to \infty} f(x) = e^0 = 1.$$

Nicht alle Grenzwerte können mit Hilfe der Regel von de l'Hospital bestimmt werden. Es handelt sich um eine hinreichende, aber nicht notwendige Bedingung. Wegen

$$\left|\frac{\sin x}{x}\right| \le \frac{1}{|x|} \quad \text{gilt z. B.}$$

$$\lim_{x \to -\infty} \frac{\sin x}{x} = \lim_{x \to +\infty} \frac{\sin x}{x} = 0.$$

Dieser Grenzwert kann mit der Regel von de l'Hospital nicht bestimmt werden.

unbestimmtes Integral einer komplexen Funktion s. komplexes Kurvenintegral.

unbestimmtes Integral einer reellen Funktion:
Die Menge aller Stammfunktionen von $f(x)$ heißt *unbestimmtes Integral* von $f(x)$. Es wird mit $\int f(x)\,dx$ bezeichnet. Mit einer beliebigen Stammfunktion $F(x)$ von $f(x)$ gilt

$$\int f(x)\,dx = F(x) + C \quad \text{für } C \in \mathbb{R}$$ (s. Integralrechnung, 1.3.).

Unbestimmtheitsstelle s. Funktion von reellen Variablen, 1.2.

und (logisches):
$A \wedge B$ (sprich: A und B) ist wahr, falls A und B wahr sind. Man nennt $\wedge$ auch *Konjunktion* (s. wahr).

unecht gebrochenrationale Funktion s. rationale Funktion, 3.

uneigentliche Elemente:
Uneigentliche Elemente sind die unendlich fernen Elemente der projektiven Geometrie, also uneigentliche Punkte, uneigentliche Geraden und uneigentliche Ebenen (s. projektive Geometrie).

uneigentlicher Filter s. Filter.

uneigentlicher Grenzwert s. Zahlenfolge, 4., s. Funktion von reellen Variablen, 1.2.

uneigentliches Integral s. Integralrechnung, 1.8.

unendlich (∞) bei reellen Zahlen:
In der Menge $\mathbb{R}$ der reellen Zahlen führt man $+\infty$ und $-\infty$ ein. Falls die Glieder einer Zahlenfolge (a_n) beliebig groß (klein) werden, sagt man, die Folge sei bestimmt divergent gegen $+\infty$, im Zeichen $\lim\limits_{n\to\infty} a_n = +\infty$ bzw. $-\infty$ (s. Zahlenfolge, 4.).
Entsprechend wird die Menge aller reellen Zahlen x mit $x \geq a$ symbolisch durch das unbeschränkte Intervall $[a; \infty)$ dargestellt (s. Intervall).

unendliche beschränkte Matrix s. beschränkt, 4.

unendliche Determinante s. Determinante, 9.

unendliche Menge:
Eine nichtleere Menge, für welche die Anzahl der Elemente größer als jede natürliche Zahl ist, heißt *unendliche Menge.* Dedekind benutzte dafür die folgende Definition: Eine Menge M ist genau dann unendlich, wenn es eine echte Teilmenge $M' \subset M$ (s. echte Teilmenge) gibt, zu der M äquivalent ist, also mit $M' \sim M$ (s. äquivalent, 4.). Mengen, die nicht unendlich sind, nennt man *endlich.*

unendliche Reihe s. Reihe.

unendliches Produkt s. Produkt, 4.

unendlich ferne Elemente s. uneigentliche Elemente.

unendlich ferner Punkt (∞) in der komplexen Zahlenebene:
Die Menge der Folgen komplexer Zahlen, die in der komplexen Zahlenebene keinen endlichen Häufungspunkt besitzt (s. Häufungspunkt), heißt *unendlich ferner Punkt* (s. Riemannsche Zahlenkugel).

Unendlichkeitsstelle s. Pol.

ungerade Funktion:
Eine Funktion f(x) heißt *ungerade,* wenn mit jedem x auch $-x$ zum Definitionsbereich D von f gehört mit $f(-x) = -f(x)$.

Dann ist der Graph von f punktsymmetrisch zum Koordinatenursprung O (s. symmetrisch, 2.2., s. Spiegelung, 1.2.). Die Potenzfunktion $f(x) = x^n$ ist für jeden ungeraden Exponenten n ungerade (s. Potenzfunktion).

ungerade Zahl:

Eine ganze Zahl heißt *ungerade*, wenn sie nicht durch 2 teilbar ist (s. Teilbarkeit).

Ungleichung:

Falls man zwei Terme T_1 und T_2 durch eines der Zeichen $<$ (kleiner), $\leq$ (kleiner gleich), $>$ (größer), $\geq$ (größer gleich) oder $\neq$ (ungleich) verbindet, entsteht eine sogenannte *Ungleichung.*

1. Ungleichung bei einer Variablen:

Ungleichungen sind Aussagen oder Formeln, bei denen die Relationen $\neq$ (ungleich), $<$ (kleiner), $\leq$ (kleiner gleich), $>$ (größer) oder $\geq$ (größer gleich) benutzt werden. Zum Lösen solcher Ungleichungen können folgende Eigenschaften benutzt werden:

$$\begin{array}{llll} \text{Aus } a \leq b & \text{folgt} & a + c \leq b + c & \text{für alle } c \in \mathbb{R}\,; \\ & & ac \leq bc & \text{für alle } c > 0\,; \\ & & ac \geq bc & \text{für alle } c \leq 0\,; \\ \text{aus } a \geq b & \text{folgt} & a + c \geq b + c & \text{für alle } c \in \mathbb{R}\,; \\ & & ac \geq bc & \text{für alle } c > 0\,; \\ & & ac \leq bc & \text{für alle } c \leq 0\,; \end{array}$$

aus $a > 0$ und $b > 0$ bzw. $a < 0$ und $b < 0$ folgt $ab > 0$;
aus $a < 0$ und $b > 0$ bzw. $a > 0$ und $b < 0$ folgt $ab < 0$.

Beispiel: Gesucht ist die Lösungsmenge von $\frac{10x+2}{2x-1} \geq 4$; $x \neq \frac{1}{2}$.

Für die Multiplikation der Ungleichung mit $2x - 1$ (Beseitigung des Nenners) werden Fallunterscheidungen benötigt:

1. Fall: $2x - 1 > 0$, also $x > \frac{1}{2}$:

$$\begin{array}{rll} \frac{10x+2}{2x-1} & \geq 4 & |\cdot(2x-1) > 0 \\ 10x+2 & \geq 4(2x-1) = 8x-4 & |-8x-2 \\ 2x & \geq -6 & |:2 \\ x & \geq -3 \quad \Rightarrow L_1 = \{x \,|\, x > \tfrac{1}{2}\} = (\tfrac{1}{2}; \infty) & \text{(s. Intervall)}. \end{array}$$

2. Fall: $2x - 1 < 0$, also $x < \frac{1}{2}$:

$$\begin{array}{rll} \frac{10x+2}{2x-1} & \geq 4 & |\cdot(2x-1) < 0 \\ 10x+2 & \leq 4(2x-1) = 8x-4 & |-8x-2 \\ 2x & \leq -6 & |:2 \end{array}$$

$$x \leq -3 \quad \Rightarrow \quad L_2 = \{x \mid x \leq -3\} = (-\infty; -3] \text{ (s. Intervall).}$$

Lösungsmenge $L = L_1 \cup L_2 = (-\infty; -3] \cup (\frac{1}{2}; \infty)$.

2. Lineare Ungleichung und lineares Ungleichungssystem s. lineare Ungleichung, s. lineares Ungleichungssystem.

3. Spezielle Ungleichungen für reelle Zahlen: Allgemein gilt:

$$a^2 \geq 0; \quad |a| \geq 0 \quad \text{(s. Betrag)} \quad \text{für jede reelle Zahl a.}$$

$$a^2 \leq b \quad \Leftrightarrow \quad |a| \leq \sqrt{b} \qquad \text{für jedes a und } b \geq 0.$$

Bernoullische Ungleichung:
Für jede reelle Zahl $x \geq -1$ und jede natürliche Zahl n gilt

$$(1 + x)^n \geq 1 + n x.$$

Dreiecksungleichung:
Für beliebige reelle bzw. komplexe Zahlen gilt:

$$|a + b| \leq |a| + |b|;$$

$$|a_1 + a_2 + \ldots + a_n| \leq |a_1| + |a_2| + \ldots + |a_n|.$$

Schwarzsche Ungleichung:
Für beliebige reelle Zahlen a_i und b_i gilt

$$(a_1 b_1 + a_2 b_2 + \ldots + a_n b_n)^2 \leq (a_1^2 + a_2^2 + \ldots + a_n^2) \cdot (b_1^2 + b_2^2 + \ldots + b_n^2),$$

also

$$\Big(\sum_{i=1}^{n} a_i \cdot b_i\Big)^2 \leq \Big(\sum_{i=1}^{n} |a_i| \cdot |b_i|\Big)^2 \leq \sum_{i=1}^{n} a_i^2 \cdot \sum_{i=1}^{n} b_i^2$$

(s. Schwarzsche Ungleichung). Mit $b_i = \frac{1}{n}$ für alle i erhält man hieraus

$$\left|\frac{1}{n}(a_1 + a_2 + \ldots + a_n)\right| \leq \sqrt{\frac{1}{n}(a_1^2 + a_2^2 + \ldots + a_n^2)}.$$

Minkowskische Ungleichung für Reihen:
Für eine natürliche Zahl $p \geq 1$ seien die Reihen

$$\sum_{n=1}^{\infty} |a_n|^p \quad \text{und} \quad \sum_{n=1}^{\infty} |b_n|^p$$

konvergent. Dann ist auch $\sum_{n=1}^{\infty} |a_n + b_n|^p$ konvergent und es gilt die *Minkowskische Ungleichung*

$$\left[\sum_{n=1}^{\infty} |a_n + b_n|^p\right]^{\frac{1}{p}} \leq \left[\sum_{n=1}^{\infty} |a_n|^p\right]^{\frac{1}{p}} + \left[\sum_{n=1}^{\infty} |b_n|^p\right]^{\frac{1}{p}}.$$

$p = 2$ ergibt als Spezialfall die spezielle Schwarzsche Ungleichung:
Für beliebige reelle Zahlen a_i und b_i gilt

$$\sqrt{\sum_{i=1}^{n} (a_i + b_i)^2} \leq \sqrt{\sum_{i=1}^{n} (|a_i| + |b_i|)^2} \leq \sqrt{\sum_{i=1}^{n} a_i^2} + \sqrt{\sum_{i=1}^{n} b_i^2}.$$

Tschebyschewsche Ungleichung:
Es seien a_k, b_k nichtnegative reelle Zahlen für $k = 1, 2, \ldots, n$ und $r > 0$. Falls $(a_j - a_k) \cdot (b_j - b_k) \geq 0$ bzw. ≤ 0 ist für alle $j, k \leq n$, gilt

$$\left(\frac{1}{n}\sum_{k=1}^{n} a_k^r\right)^{\frac{1}{r}} \cdot \left(\frac{1}{n}\sum_{k=1}^{n} b_k^r\right)^{\frac{1}{r}} \leq \left(\frac{1}{n}\sum_{k=1}^{n} (a_k \cdot b_k)^r\right)^{\frac{1}{r}} \text{ bzw. } \geq \left(\frac{1}{n}\sum_{k=1}^{n} (a_k \cdot b_k)^r\right)^{\frac{1}{r}}.$$

Nur für $a_1 = \ldots = a_n$ oder $b_1 = \ldots = b_n$ gilt das Gleichheitszeichen.

Falls (a_k) eine monoton wachsende und (b_k) eine monoton fallende Folge nichtnegativer Zahlen ist, erhält man mit $r = 1$

$$\sum_{k=1}^{n} a_k \cdot b_k \leq \frac{1}{n}\sum_{k=1}^{n} a_k \cdot \sum_{k=1}^{n} b_k .$$

Nur für $a_1 = \ldots = a_n$ oder $b_1 = \ldots = b_n$ gilt das Gleichheitszeichen.

Ungleichung für Mittelwerte:
Für beliebige positive reelle Zahlen $a_i > 0$ gilt für die angegebenen Mittelwerte die Ungleichung

$$\underbrace{\frac{n}{\sum\limits_{i=1}^{n} \frac{1}{a_i}}}_{\text{harmonisches Mittel}} \leq \underbrace{\sqrt[n]{a_1 \cdot a_2 \cdot \ldots \cdot a_n}}_{\text{geometrisches Mittel}} \leq \underbrace{\frac{1}{n}(a_1 + a_2 + \ldots + a_n)}_{\text{arithmetisches Mittel}} .$$

Nur für $a_1 = a_2 = \ldots = a_n$ gilt das Gleichheitszeichen.

Höldersche Ungleichung:
Es seien p und q natürliche Zahlen mit $\frac{1}{p} + \frac{1}{q} = 1$. Dann gilt für beliebige reelle oder komplexe Zahlen a_k und b_k

$$\left|\sum_{k=1}^{n} a_k \cdot b_k\right| \leq \sum_{k=1}^{n} |a_k| \cdot |b_k| \leq \left(\sum_{k=1}^{n} |a_k|^p\right)^{\frac{1}{p}} \cdot \left(\sum_{k=1}^{n} |b_k|^q\right)^{\frac{1}{q}} .$$

Für $p = q = 2$ erhält man die Schwarzsche Ungleichung.

4. Ungleichungen für Integrale:
Im Falle der Existenz der nachfolgenden Integrale gilt

$$\left|\int_a^b f(x)\,dx\right| \leq \int_a^b |f(x)|\,dx.$$

Schwarzsche Ungleichung:
f und g seien in $[a;b]$ quadratisch integrierbar (s. quadratisch integrierbar). Dann gilt

$$\left|\int_a^b f(x) \cdot g(x)\,dx\right| \leq \int_a^b |f(x)| \cdot |g(x)|\,dx \leq \sqrt{\int_a^b f^2(x)\,dx} \cdot \sqrt{\int_a^b g^2(x)\,dx} .$$

Minkowskische Ungleichung:
Für eine natürliche Zahl $p \geq 1$ seien die Funktionen $|f(x)|^p$ und $|g(x)|^p$ im Intervall $[a;b]$ integrierbar. Dann gilt

$$\left[\int_a^b |f(x)+g(x)|^p dx\right]^{\frac{1}{p}} \leq \left[\int_a^b |f(x)|^p dx\right]^{\frac{1}{p}} + \left[\int_a^b |g(x)|^p dx\right]^{\frac{1}{p}}.$$

$p = 2$ ergibt als Spezialfall für quadratisch integrierbare Funktionen die **Schwarzsche Ungleichung:**

$$\sqrt{\int_a^b [f(x)+g(x)]^2 dx} \leq \sqrt{\int_a^b f^2(x)\,dx} + \sqrt{\int_a^b g^2(x)\,dx}\,.$$

Höldersche Ungleichung:
Es seien p und q natürliche Zahlen mit $\frac{1}{p}+\frac{1}{q}=1$. Falls $|f(x)|^p$ und $|g(x)|^q$ in $[a;b]$ integrierbar sind, gilt die Ungleichung

$$\left|\int_a^b f(x)\cdot g(x)\,dx\right| \leq \int_a^b |f(x)|\cdot|g(x)|\,dx \leq \left(\int_a^b |f(x)|^p dx\right)^{\frac{1}{p}} \cdot \left(\int_a^b |g(x)|^q dx\right)^{\frac{1}{q}}$$

5. Jensensche Ungleichung:
Die Funktion f(x) sei im Intervall $[a;b]$ konvex (s. konvex, 2.). Dann gilt für alle $x_k \in [a;b]$, $k = 1, 2, \ldots, n$

$$\sum_{k=1}^{n} f(x_k) \geq n\cdot f\left(\frac{1}{n}\sum_{k=1}^{n} x_k\right).$$

Falls die Funktion f(x) in $[a;b]$ konkav ist (s. konkav), gilt

$$\sum_{k=1}^{n} f(x_k) \leq n\cdot f\left(\frac{1}{n}\sum_{k=1}^{n} x_k\right).$$

Ungleichungssystem:
Eine Menge von Ungleichungen für dieselben Variablen heißt *Ungleichungssystem.*

Ungleichungssystem, lineares s. lineare Optimierung, 1., 2.1.2.

unitäre Matrix:
Eine quadratische nichtsinguläre Matrix C mit komplexen Elementen heißt *unitär*, falls gilt $\overline{C}^T = C^{-1}$. Dabei ist $\overline{C}$ die Matrix mit den konjugiert komplexen Elementen.

unitärer linearer Operator:
Ein beschränkter linearer Operator U (s. linearer Operator), der einen Hilbertraum H (s. Hilbertraum) in sich selbst abbildet, heißt *unitär*, wenn für alle $\mathbf{u}, \mathbf{v} \in H$ für das innere Produkt gilt

$$< U\mathbf{u}, U\mathbf{v} > \; = \; < \mathbf{u}, \mathbf{v} >.$$

Mit dem adjungierten Operator U^* (s. adjungiert, 5.) folgt hieraus

$< U\mathbf{u}, U\mathbf{v} > \; = \; < \mathbf{u}, U^* U\mathbf{v} > \; = \; < \mathbf{u}, \mathbf{v} >$ für alle $\mathbf{u}, \mathbf{v} \in V$, also

$U^*U = U\,U^* = I$ (identische Abbildung).

Ein unitärer Operator besitzt die Norm $\|U\| = 1$ (s. linearer Operator). Bei der Transformation durch U bleiben das Skalarprodukt und die Norm des Vektorraums invariant. Jeder Eigenwert λ eines unitären Operators besitzt den Betrag $|\lambda| = 1$ (s. Eigenwertproblem, 1.).

unitärer R-Modul s. Modul, 2.

unitärer Vektorraum:

Ein mit einem komplexen Skalarprodukt versehener komplexer Vektorraum heißt *unitärer Vektorraum* (s. Vektorraum, 4.).

univalente Funktion s. schlichte Funktion.

Unstetigkeitsstelle:

Jede Stelle, an der die Funktion $f(x_1, x_2, \ldots, x_n)$ nicht stetig ist, heißt *Unstetigkeitsstelle* von f.

1. Unstetigkeitsstelle 1. Art einer Funktion einer einzigen Variablen:
f hat an der Stelle x_0 eine *Unstetigkeitsstelle 1. Art*, wenn an dieser Stelle der rechtsseitige Grenzwert $f(x_0+)$ und der linksseitige Grenzwert $f(x_0-)$ existieren, die Funktion f aber an der Stelle x_0 entweder nicht definiert oder dort nicht stetig ist (s. Funktion von reellen Variablen, 1.2.). Im Falle $f(x_0+) = f(x_0-)$ spricht man von einer *hebbaren Unstetigkeitsstelle*. Dann wird durch $f(x_0) = f(x_0+)$ die Funktion an der Stelle x_0 stetig fortgesetzt. Falls die einseitigen Grenzwerte nicht übereinstimmen, heißt die Unstetigkeitsstelle *nichthebbar*.

2. Unstetigkeitsstelle 2. Art einer Funktion einer einzigen Variablen:
Die Stelle x_0 ist eine *Unstetigkeitsstelle 2. Art* von f, falls an dieser Stelle der rechtsseitige oder der linksseitige Grenzwert $f(x_0+)$ bzw. $f(x_0-)$ nicht existiert. Die Funktion

$$f(x) = \begin{cases} \sin\frac{1}{x} & \text{für } x \neq 0; \\ 0 & \text{für } x = 0 \end{cases}$$

besitzt an der Stelle $x_0 = 0$ eine Unstetigkeitsstelle 2. Art, weil an der Stelle $x_0 = 0$ weder der rechts- noch der linksseitige Grenzwert existiert.

Unterdeterminante (Minor):

Die Determinante $|\hat{A}|$ heißt *Unterdeterminante* oder *Minor* der Determinante $|A|$, wenn die Matrix $\hat{A}$ aus der Matrix A durch Streichen gewisser Zeilen und Spalten hervorgeht (s. Determinante).

untere Grenze s. Grenze, obere bzw. untere.

unterer Nachbar s. Nachbar.

untere Schranke s. Schranke, obere bzw. untere.

unteres Integral:

Bei der Berechnung des bestimmten Integrals nennt man die Untersumme

$$U_n = \sum_{i=1}^{n} m_i \cdot (x_i - x_{i-1}) = \sum_{i=1}^{n} m_i \cdot \Delta x_i \quad \text{mit} \quad m_i = \inf_{x \in I_i} f(x)$$

auch *unteres Integral* (s. Integralrechnung, 1.1., 2.1., 3.1.).

Untergruppe:

Es sei G eine Gruppe bezüglich der Verknüpfung $\circ$ (s. Gruppe). Eine Teilmenge $U \subset G$ heißt *Untergruppe* von G, wenn U bezüglich der gleichen Operation $\circ$ selbst eine Gruppe ist, also alle Gruppenaxiome erfüllt. U ist bereits dann eine Untergruppe, wenn mit $a, b \in U$ auch $a \circ b^{-1} \in U$ ist.

Unterkörper:

Eine Teilmenge U eines algebraischen Körpers (s. Körper, 1) heißt *Unterkörper*, wenn U bezüglich der gleichen Operationen selbst ein Körper ist.

Untermenge:

Eine Menge A heißt *Untermenge* der Menge B, wenn A Teilmenge von B ist, also für $A \subset B$. Dann ist B *Obermenge* von A (s. Menge, 1.).

Unterraum s. Teilraum.

Untersumme s. Integralrechnung, 1.1., 2.1., 3.1.

Untervektorraum s. Vektorraum, 2.

unzerlegbar (irreduzibel):

Eine ganze Zahl $z \in \mathbb{Z}$ heißt *unzerlegbar* oder *irreduzibel*, wenn z nur die trivialen Teiler ± 1, $\pm z$ besitzt (s. Teilbarkeit). Andernfalls nennt man z *zerlegbar* oder *reduzibel*.

unzerlegbares Polynom s. Polynom, 1.

Urbild:

Bei einer Abbildung $y = f(x)$ heißt x *Urbild* von y (s. Abbildung).

Urelement (Individuum):

Ein Element einer Menge (s. Menge) heißt *Urelement* oder *Individuum*, wenn das Element nicht selbst eine Menge ist.

Ursprung s. Koordinatensystem.

V

Vandermonde, Alexandre Théophile (1735 – 1796) studierte zuerst Musik und mit 35 Jahren Mathematik. Er wirkte in Paris. Dabei untersuchte er Wurzelfunktionen der algebraischen Gleichung n-ten Grades, deren Werte bei Vertauschung gewisser Wurzeln unverändert bleiben, sowie die Auflösung linearer Gleichungssysteme mit Hilfe von Determinanten. Nach ihm benannt ist die Vandermondesche Determinante (s. Vandermondesche Determinante).

Vandermondesche Determinante:

Die Determinante

$$\Delta = \begin{vmatrix} 1 & a_1 & a_1^2 & \cdots & a_1^{n-1} \\ 1 & a_2 & a_2^2 & \cdots & a_2^{n-1} \\ \vdots & \vdots & \vdots & \vdots & \vdots \\ 1 & a_n & a_n^2 & \cdots & a_n^{n-1} \end{vmatrix}$$

mit $a_k \in \mathbb{R}$ für $k = 1, 2, \ldots, n$ heißt *Vandermondesche Determinante* (s. Determinante). Es gilt die Darstellung (s. Interpolation, 1.)

$$\begin{aligned} \Delta &= \prod_{1 \leq j < i \leq n} (a_i - a_j) = \prod_{i=2}^{n} \prod_{j=1}^{i-1} (a_i - a_j) \\ &= (a_n - a_{n-1}) \cdot (a_n - a_{n-2}) \cdot (a_n - a_{n-3}) \cdot \ldots \cdot (a_n - a_1) \\ &\quad \cdot (a_{n-1} - a_{n-2}) \cdot (a_{n-1} - a_{n-3}) \cdot \ldots \cdot (a_{n-1} - a_1) \\ &\quad \cdot \ldots\ldots\ldots\ldots\ldots\ldots\ldots\ldots\ldots\ldots \\ &\quad \cdot (a_2 - a_1) . \end{aligned}$$

Variable (Veränderliche):

Eine *Variable* ist eine Bezeichnung (Zeichen) für ein beliebiges Element aus einer vorgegebenen Menge. Im allgemeinen bezeichnet man Variablen mit lateinischen Buchstaben.

Variablentransformation:

Falls man für eine einfachere Darstellung oder zum Zwecke einer einfacheren Berechnung von einem Variablensystem $\{x, y, z, \ldots\}$ zu einem anderen Variablensystem $\{u, v, w, \ldots\}$ übergeht, spricht man von einer *Variablentransformation.* Die Gleichungen zwischen $x, y, z, \ldots$ und den transformierten Variablen $u, v, w, \ldots$ nennt man *Transformationsgleichungen* (s. Koordinatentransformation, s. Integralrechnung, 2.3., 3.3., 4.).

Variation der Konstanten s. gewöhnliche Differentialgleichung, 3.2., s. System von gewöhnlichen Differentialgleichungen, 2.2.

Variation einer reellen Funktion:

Die reelle Funktion $f(x)$ sei im abgeschlossenen Intervall $I = [a; b]$ endlich. Die obere Grenze der Summen $\sum_i [f(b_i) - f(a_i)]$ über alle endlichen Systeme in I enthaltener Intervalle $[a_i; b_i]$ mit $a_i < b_i$, die paarweise keine inneren Punkte gemeinsam haben, heißt die *obere Variation* von f über I. Die obere Grenze der Summen $\sum_i |f(b_i) - f(a_i)|$ heißt die *absolute* oder *totale Variation* von f über $[a; b]$. Falls die absolute Variation endlich ist, nennt man die Funktion f von *beschränkter Variation* in $[a; b]$.

Variationsrechnung:

Aufgabe der *Variationsrechnung* ist die Bestimmung von Extremalwerten bzw. stationären Werten von Funktionalen (s. Funktional), also von Funktionen, deren Werte im Gegensatz zu gewöhnlichen Funktionen vom gesamten Verlauf einer oder mehrerer Funktionen abhängen.

Variation von Elementen:

Unter einer *Variation von n verschiedenen Elementen zur k-ten Klasse* oder *der Ordnung k* versteht man eine Zusammenstellung von k dieser Elemente in einer bestimmten Reihenfolge (s. Kombination).

1. Variationen ohne Wiederholung:

Falls jedes Element in der Variation höchstens einmal vorkommen darf (ohne Wiederholung), gibt es insgesamt $n \cdot (n-1) \cdot (n-2) \cdot \ldots \cdot (n-k+1)$ verschiedene Variationen zur k-ten Klasse.

2. Variationen mit Wiederholung:

Falls jedes Element beliebig oft vorkommen darf (mit Wiederholung), gibt es insgesamt n^k verschiedene Variationen zur k-ten Klasse.

Vektor:

Die Elemente eines Vektorraums V heißen *Vektoren* (s. Vektorraum, s. Vektor im V^n).

Vektoranalysis:

In der *Vektoranalysis* werden Vektoren, deren Komponenten Funktionen sind, mit Hilfe der Differential- und Integralrechnung untersucht.

Vektordarstellung s. Kurve, 2.1., 2.2., s. Fläche, 2.1.

Vektorfeld:

Jedem Punkt $P \in G \subset \mathbb{R}^3$ werde ein Vektor $\vec{v}$ zugeordnet. Dadurch entsteht ein *Vektorfeld* bzw. *Feldlinien* (Beispiel: Kraftfeld).

1. Vektorfeld in kartesischen Koordinaten:
In kartesischen Koordinaten besitzt ein Vektorfeld die Darstellung

$$\vec{v}(x, y, z) = \begin{pmatrix} v_1(x, y, z) \\ v_2(x, y, z) \\ v_3(x, y, z) \end{pmatrix}.$$

Dabei sind $v_i(x, y, z)$ für $i = 1, 2, 3$ auf G definierte Funktionen.
Ist $U(x, y, z)$ ein differenzierbares Skalarfeld (differenzierbare Funktion), dann ist der Gradient

$$\operatorname{grad} U(x, y, z) = \begin{pmatrix} U_x(x, y, z) \\ U_y(x, y, z) \\ U_z(x, y, z) \end{pmatrix} = \nabla U$$

ein Vektorfeld, der *Gradient des Skalarfeldes* U (s. Gradient). ∇ ist der sogenannte *Nabla-Operator* (s. Nabla-Operator).

2. Vektorfeld in Zylinderkoordinaten:
Ein Punkt $P(\rho, \varphi, z)$ besitze die Zylinderkoordinaten ρ, φ, z (s. Zylinderkoordinaten) mit

$$x = \rho \cdot \cos\varphi; \quad y = \rho \cdot \sin\varphi; \quad z = z.$$

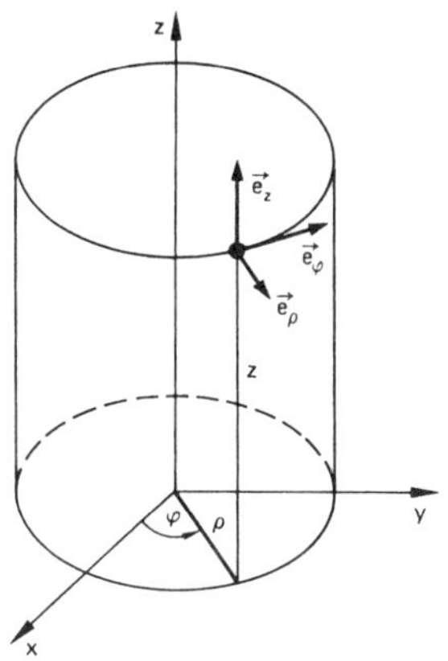

Diesem Punkt werden drei orthogonale Einheitsvektoren $\vec{e}_\rho$, $\vec{e}_\varphi$, $\vec{e}_z$ zugeordnet. Dabei ist $\vec{e}_\rho$ ein horizontaler Vektor in der Ebene φ und z konstant, $\vec{e}_\varphi$ ein Tangentenvektor an den Kreis ρ und z konstant und $\vec{e}_z$ ein vertikaler Vektor parallel zur z-Achse. Diese Vektoren ändern sich von Punkt zu Punkt. Der Vektor $\vec{v}(\rho, \varphi, z)$ wird als Linearkombination von $\vec{e}_\rho$, $\vec{e}_\varphi$, $\vec{e}_z$ dargestellt in der Form

$$\vec{v}(\rho, \varphi, z) = v_\rho(\rho, \varphi, z) \cdot \vec{e}_\rho + v_\varphi(\rho, \varphi, z) \cdot \vec{e}_\varphi + v_z(\rho, \varphi, z) \cdot \vec{e}_z.$$

Dabei sind v_ρ, v_φ und v_z die Komponenten und keine partiellen Ableitungen. Es gelten folgende Umrechnungsformeln:

$$v_\rho = v_1 \cdot \cos\varphi + v_2 \cdot \sin\varphi; \quad v_\varphi = -v_1 \cdot \sin\varphi + v_2 \cdot \cos\varphi; \quad v_z = v_3;$$

$$v_1(x, y, z) = v_\rho \cdot \cos\varphi - v_\varphi \cdot \sin\varphi; \quad v_2(x, y, z) = v_\rho \cdot \sin\varphi + v_\varphi \cdot \cos\varphi;$$

$$v_3(x, y, z) = v_z.$$

3. Vektorfeld in Kugelkoordinaten:
Ein Punkt $P(\varphi, \vartheta, \rho)$ besitze die Kugelkoordinaten φ, ϑ, ρ (s. Kugelkoordinaten) mit

$$x = \rho \cdot \sin\vartheta \cdot \cos\varphi; \quad y = \rho \cdot \sin\vartheta \cdot \sin\varphi; \quad z = \rho \cdot \cos\vartheta;$$

$$0 \le \varphi \le 2\pi; \quad 0 \le \vartheta \le \pi.$$

Die drei Tangenteneinheitsvektoren $\vec{e}_\varphi$, $\vec{e}_\vartheta$, $\vec{e}_\rho$ an die Koordinatenlinien im Punkte P stehen aufeinander senkrecht und ändern von Punkt zu Punkt ihre Richtung. Der Vektor $\vec{v}$ wird als Linearkombination von $\vec{e}_\varphi$, $\vec{c}_\vartheta$, $\vec{c}_\rho$ dargestellt durch

$$\vec{v}(\varphi,\vartheta,\rho) = v_\varphi(\varphi,\vartheta,\rho)\cdot\vec{e}_\varphi + v_\vartheta(\varphi,\vartheta,\rho)\cdot\vec{e}_\vartheta + v_\rho(\varphi,\vartheta,\rho)\cdot\vec{e}_\rho$$

mit den Komponenten v_φ, v_ϑ und v_ρ. Es gelten die Umrechnungsformeln:

$$v_\varphi = -\,v_1\cdot\sin\varphi + v_2\cdot\cos\varphi;$$

$$v_\vartheta = v_1\cdot\cos\vartheta\cdot\cos\varphi + v_2\cdot\cos\vartheta\cdot\sin\varphi - v_3\cdot\sin\vartheta;$$

$$v_\rho = v_1\cdot\sin\vartheta\cdot\cos\varphi + v_2\cdot\sin\vartheta\cdot\sin\varphi + v_3\cdot\cos\vartheta;$$

$$v_1 = v_\rho\cdot\sin\vartheta\cdot\cos\varphi - v_\varphi\cdot\sin\varphi + v_\vartheta\cdot\cos\vartheta\cdot\cos\varphi;$$

$$v_2 = v_\rho\cdot\sin\vartheta\cdot\sin\varphi + v_\varphi\cdot\cos\varphi + v_\vartheta\cdot\cos\vartheta\cdot\sin\varphi;$$

$$v_3 = v_\rho\cdot\cos\vartheta - v_\vartheta\cdot\sin\vartheta.$$

Vektorfluß durch eine Fläche:

Das Flächenintegral

$$\iint_{\mathfrak{F}} \vec{v}\cdot\vec{n}\,dO$$

heißt *Fluß* des Vektorfeldes $\vec{v}$ durch die Fläche $\mathfrak{F}$ (s. Vektorfeld, 1., s. Oberflächenintegral, 2.).

Vektorfunktion:

Eine durch

$$\vec{x}(u_1,u_2,\dots,u_m) = \begin{pmatrix} x_1(u_1,u_2,\dots,u_m)\\ x_2(u_1,u_2,\dots,u_m)\\ \vdots \\ x_n(u_1,u_2,\dots,u_m)\end{pmatrix}$$

für jedes $(u_1,u_2,\dots,u_m)\in D\subset\mathbb{R}^m$ definierte Abbildung (s. Abbildung) von D in den Vektorraum V^n (s. Vektor im V^n, 3.) heißt *Vektorfunktion*. Beispiele sind räumliche Kurven (s. Kurve, 2.) und Flächen (s. Fläche, 2.).

Vektor im V^n ($\mathbb{R}^n$):

Im Gegensatz zu einem Skalar ist ein *Vektor* eine gerichtete Größe. Neben dem Betrag (Länge) muß eine Richtung angegeben werden. Beispiele für Vektoren im dreidimensionalen Raum sind: Kraft, Geschwindigkeit, magnetische Feldstärke.

1. Der zweidimensionale Vektorraum V^2 (Vektoren in der Ebene $\mathbb{R}^2$):

1.1. Definition eines Vektors:

Mit zwei reellen Zahlen a_1 und a_2 heißt

$$\vec{a} = \begin{pmatrix} a_1\\ a_2\end{pmatrix}$$ ein (zweidimensionaler) *Spaltenvektor* (*Vektor*)

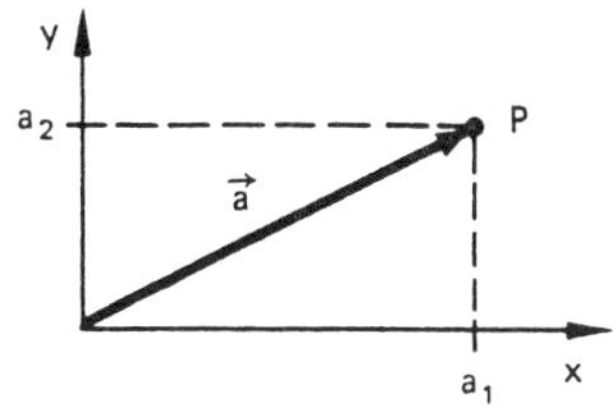

und $\vec{a}^T = (a_1, a_2)$ ein *Zeilenvektor* mit den *Komponenten* $a_1, a_2 \in \mathbb{R}$. Aus einem Spaltenvektor $\vec{a}$ entsteht ein Zeilenvektor $\vec{a}^T$, indem die Spalte zu einer Zeile "transponiert" wird. Daher heißt $\vec{a}^T$ der zu $\vec{a}$ *transponierte* Vektor. Dem Vektor $\vec{a}$ entspricht in der Ebene ein Pfeil, der vom Koordinatenursprung O aus zum Punkt $P(a_1, a_2)$ zeigt.

Ein im Koordinatenursprung O angetragener Vektor heißt *Ortsvektor*. Dafür schreibt man auch $\vec{a} = \overrightarrow{OP}$. Andere Vektoren sind frei verschiebbar. Der Verbindungsvektor vom Punkt $P(p_1, p_2)$ zum Punkt $Q(q_1, q_2)$ mit den angegebenen Koordinaten besitzt die Darstellung

$$\overrightarrow{PQ} = \begin{pmatrix} q_1 - p_1 \\ q_2 - p_2 \end{pmatrix}$$

(Koordinaten des Endpunktes minus Koordinaten des Anfangspunktes).

Der Vektor $\vec{0} = \begin{pmatrix} 0 \\ 0 \end{pmatrix}$ heißt *Nullvektor*.

Die Menge aller Vektoren in der Ebene $\mathbb{R}^2$ bezeichnet man mit V^2.

1.2. Rechenoperationen:

1.2.1. Gleichheit zweier Vektoren:

Zwei Vektoren heißen *gleich*, wenn sie komponentenweise übereinstimmen, also

$$\vec{a} = \begin{pmatrix} a_1 \\ a_2 \end{pmatrix} = \begin{pmatrix} b_1 \\ b_2 \end{pmatrix} = \vec{b} \quad \Leftrightarrow \quad a_1 = b_1 \text{ und } a_2 = b_2 .$$

1.2.2. Addition zweier Vektoren:

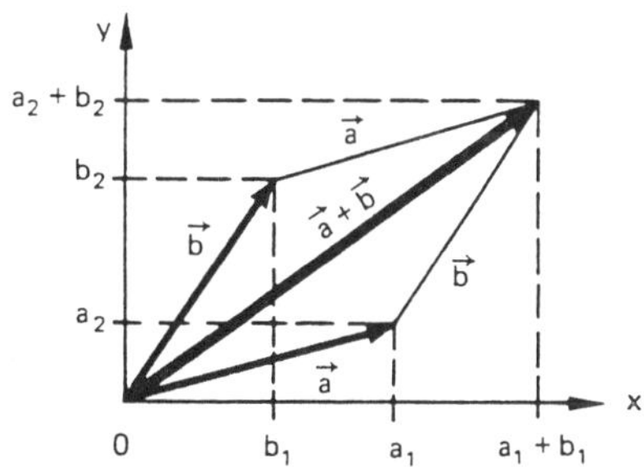

Die *Addition* zweier Vektoren geschieht im "Parallelogramm der Kräfte". Falls beide Vektoren $\vec{a}$ und $\vec{b}$ am Koordinatenursprung O angeheftet sind, ist die Summe $\vec{a} + \vec{b}$ der Diagonalenvektor in dem nebenstehenden Parallelogramm. Verschiebt man den Vektor $\vec{b}$ parallel so, daß er am Endpunkt von $\vec{a}$ beginnt, so zeigt die Summe $\vec{a} + \vec{b}$ vom Anfangspunkt des Vektors $\vec{a}$ zum Endpunkt des verschobenen Vektors $\vec{b}$. Man kann aber auch den Vektor $\vec{a}$ parallel an den Endpunkt $\vec{b}$ verschieben. Damit gilt

$$\vec{c} = \vec{a} + \vec{b} = \begin{pmatrix} a_1 + b_1 \\ a_2 + b_2 \end{pmatrix} \qquad \text{(komponentenweise Addition).}$$

Für die Addition gelten das kommutative und assoziative Gesetz

$$\vec{a} + \vec{b} = \vec{b} + \vec{a}; \quad (\vec{a} + \vec{b}) + \vec{c} = \vec{a} + (\vec{b} + \vec{c}) .$$

1.2.3. Multiplikation eines Vektors mit einem Skalar $\lambda \in \mathbb{R}$ (skalare Multiplikation):

Der Vektor

$$\lambda \vec{a} = \lambda \cdot \vec{a} = \begin{pmatrix} \lambda a_1 \\ \lambda a_2 \end{pmatrix} \text{ mit } \lambda \in \mathbb{R}$$

heißt das *Produkt* des Vektors $\vec{a}$ mit dem *Skalar* $\lambda \in \mathbb{R}$.

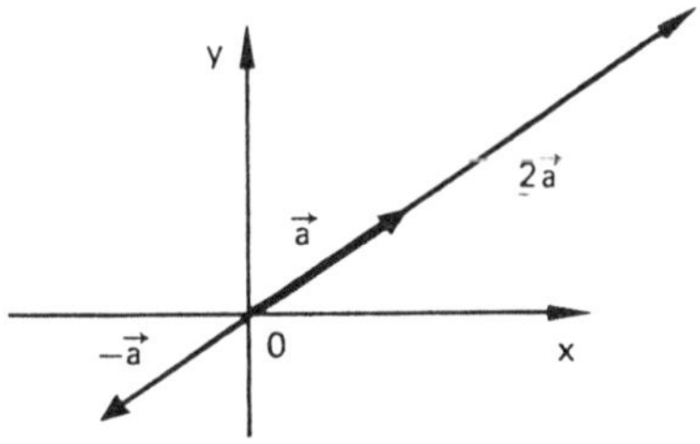

Die **Subtraktion** $\vec{a} - \vec{b}$ kann durch

$$\vec{c} = \vec{a} - \vec{b} = \vec{a} + (-1) \cdot \vec{b}$$

auf die Addition zurückgeführt werden. Den Vektor $\vec{c} = \vec{a} - \vec{b}$ erhält man aus $\vec{a} = \vec{b} + \vec{c}$. Er führt vom Endpunkt von $\vec{b}$ zum Endpunkt von $\vec{a}$.

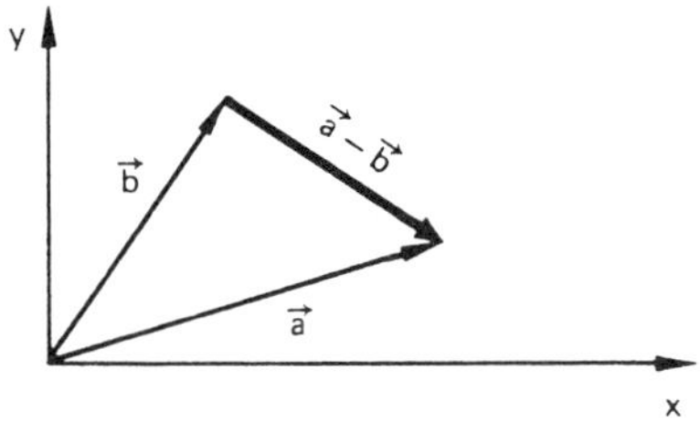

1.2.4. Betrag eines Vektors:

Der *Betrag* $|\vec{a}|$ des Vektors $\vec{a}$ ist die Länge von $\vec{a}$. Nach dem Satz des Pythagoras gilt

$$|\vec{a}| = \sqrt{a_1^2 + a_2^2}\ .$$

Eigenschaften des Betrags: Für alle $\vec{a}$, $\vec{b} \in V^2$ gilt

$$|\vec{a}| \geq 0; \quad |\vec{a}| = 0 \quad \Leftrightarrow \quad \vec{a} = \vec{0} \text{ (Nullvektor)};$$

$$|\lambda \cdot \vec{a}| = |\lambda| \cdot |\vec{a}| \qquad \text{für jedes } \lambda \in \mathbb{R};$$

$$|\vec{a} + \vec{b}| \leq |\vec{a}| + |\vec{b}| \qquad \text{(Dreiecksungleichung).}$$

1.2.5. Skalarprodukt (skalares oder inneres Produkt) zweier Vektoren:

Der Zahlenwert

$$\vec{a} \cdot \vec{b} = \begin{pmatrix} a_1 \\ a_2 \end{pmatrix} \cdot \begin{pmatrix} b_1 \\ b_2 \end{pmatrix} = a_1 b_1 + a_2 b_2 = \vec{b} \cdot \vec{a}$$

heißt das *innere* oder *skalare Produkt* bzw. das *Skalarprodukt* von $\vec{a}$ und $\vec{b}$. Falls das innere Produkt im Zusammenhang mit Matrizenmultiplikationen steht, benutzt man die Darstellung $\vec{a} \cdot \vec{b} = \vec{a}^T \cdot \vec{b}$. Der Betrag eines Vektors kann mit Hilfe des Skalarprodukts dargestellt werden in der Form

$$|\vec{a}| = \sqrt{a_1^2 + a_2^2} = \sqrt{\begin{pmatrix} a_1 \\ a_2 \end{pmatrix} \cdot \begin{pmatrix} a_1 \\ a_2 \end{pmatrix}} = \sqrt{\vec{a} \cdot \vec{a}}\ .$$

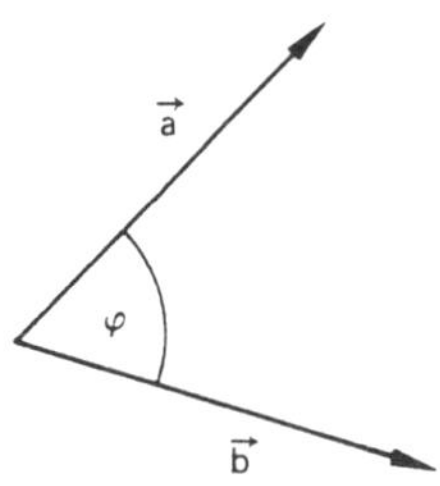

φ sei der von den beiden Vektoren $\vec{a}$ und $\vec{b}$ eingeschlossene Winkel mit $0^\circ \leq \varphi \leq 180^\circ$. Dann gilt allgemein

$$\vec{a} \cdot \vec{b} = |\vec{a}| \cdot |\vec{b}| \cdot \cos \varphi\ .$$

Hieraus kann die Größe des Winkels φ zwischen den beiden Vektoren bestimmt werden durch

$$\cos\varphi = \frac{\vec{a}\cdot\vec{b}}{|\vec{a}|\cdot|\vec{b}|} = \frac{a_1 b_1 + a_2 b_2}{\sqrt{a_1^2+a_2^2}\cdot\sqrt{b_1^2+b_2^2}}.$$

Wegen $|\cos\varphi| \leq 1$ erhält man hieraus die *Schwarzsche Ungleichung*

$$|\vec{a}\cdot\vec{b}| \leq |\vec{a}|\cdot|\vec{b}|\cdot$$

Orthogonale (senkrechte) Vektoren:
Die beiden Vektoren $\vec{a}$ und $\vec{b} \neq \vec{0}$ sind *orthogonal*, d.h. sie stehen aufeinander *senkrecht*, wenn $\varphi = 90^\circ$ ist, also für $\cos\varphi = 0$. Dafür schreibt man $\vec{a} \perp \vec{b}$. Dies ist genau dann der Fall, wenn das Skalarprodukt verschwindet. Damit gilt

$$\vec{a} \perp \vec{b} \quad \Leftrightarrow \quad \vec{a}\cdot\vec{b} = 0.$$

Der Nullvektor $\vec{0}$ ist definitionsgemäß orthogonal zu jedem Vektor $\vec{a}$.

1.2.6. Linearkombination von Vektoren:
Der Vektor

$$\vec{b} = \sum_{i=1}^{m} \lambda_i \vec{a}_i \quad \text{mit } \lambda_i \in \mathbb{R}$$

heißt *Linearkombination* der Vektoren $\vec{a}_1, \vec{a}_2, \ldots, \vec{a}_m$. Im Falle $\lambda_i \geq 0$ für alle i und $\sum_{i=1}^{m} \lambda_i = 1$ nennt man die Linearkombination *konvex*.

Linear unabhängige und linear abhängige Vektoren:
m Vektoren $\vec{a}_1, \vec{a}_2, \ldots, \vec{a}_m$ heißen *linear unabhängig*, wenn die Vektorgleichung

$$\sum_{i=1}^{m} \lambda_i \vec{a}_i = \vec{0}$$

nur die triviale Lösung $\lambda_1 = \lambda_2 = \ldots = \lambda_m = 0$ besitzt. Diese Vektorgleichung ist äquivalent zu zwei Komponentengleichungen.

Falls es eine Darstellung $\sum_{i=1}^{m} \lambda_i \vec{a}_i = \vec{0}$ gibt, in der nicht alle Skalare λ_i verschwinden, nennt man die Vektoren $\vec{a}_1, \vec{a}_2, \ldots, \vec{a}_m$ *linear abhängig*.

Eigenschaften:
1. Zwei parallele (kollineare) Vektoren in der Ebene sind stets linear abhängig.
2. Zwei vom Nullvektor verschiedene Vektoren sind genau dann linear abhängig, wenn sie parallel (kollinear) sind.
3. Der Nullvektor $\vec{0}$ ist mit jedem beliebigen Vektor $\vec{b}$ linear abhängig, da die Vektorgleichung

   $$\lambda_1 \vec{0} + \lambda_2 \vec{b} = \vec{0}$$

   mit $\lambda_1 = \lambda$ (beliebig) und $\lambda_2 = 0$ nichttriviale Lösungen besitzt.

4. Mehr als zwei Vektoren im V^2 sind stets linear abhängig.
5. P_1 und P_2 seien zwei verschiedene Punkte im $\mathbb{R}^2$. Dann ist jede konvexe Linearkombination

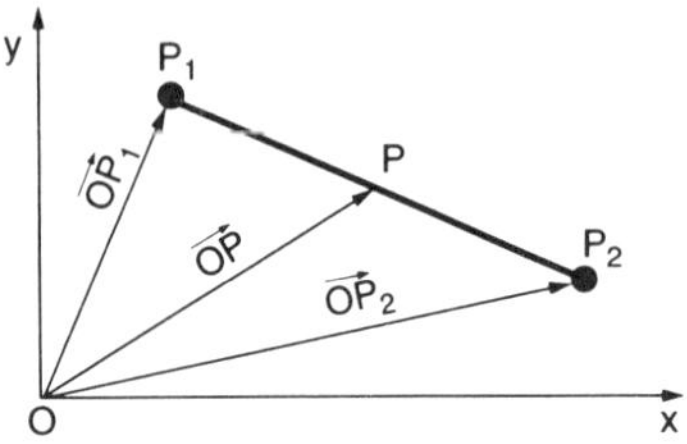

$$\vec{OP} = \lambda \cdot \vec{OP_1} + (1-\lambda) \cdot \vec{OP_2}, \; 0 \leq \lambda \leq 1$$

ein Ortsvektor, der auf der Verbindungsstrecke P_1P_2 endet.
6. P_1, P_2 und P_3 seien drei Punkte, die nicht auf einer Geraden liegen. Dann ist jede konvexe Linearkombination

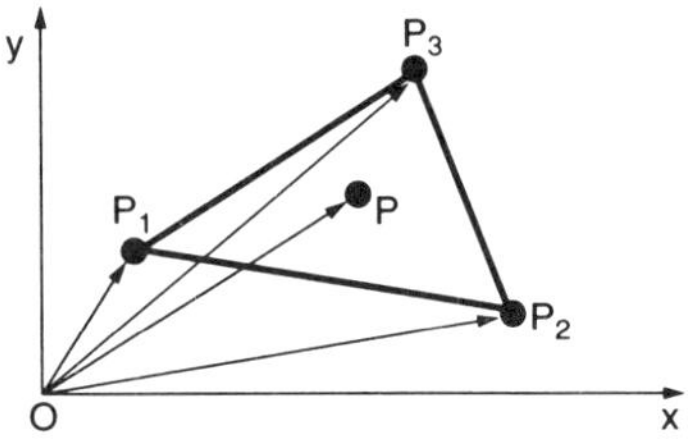

$$\vec{OP} = \lambda_1 \cdot \vec{OP_1} + \lambda_2 \cdot \vec{OP_2} + \lambda_3 \cdot \vec{OP_3}$$

mit $\lambda_i \geq 0$ und $\lambda_1 + \lambda_2 + \lambda_3 = 1$

ein Ortsvektor, der in der von den drei Punkten gebildeten Dreiecksfläche endet.
Falls alle drei Werte λ_i positiv sind, liegt der Punkt P im Innern der Dreiecksfläche. Wenn nur ein Wert λ_i gleich Null ist, liegt der Punkt P auf derjenigen Dreiecksseite, die den Punkt P_i nicht enthält.

Zerlegung eines Vektors:
Falls die beiden Vektoren $\vec{a}$ und $\vec{b}$ linear unabhängig (nicht parallel und von $\vec{0}$ verschieden) sind, kann jeder beliebige Vektor $\vec{c} \neq \vec{0}$ auf genau eine Weise (eindeutig) als Linearkombination von $\vec{a}$ und $\vec{b}$ dargestellt werden. In der Gleichung $\vec{c} = \lambda \cdot \vec{a} + \mu \cdot \vec{b}$ können die beiden Koeffizienten λ und μ durch Gleichsetzen der jeweiligen Komponenten eindeutig bestimmt werden.

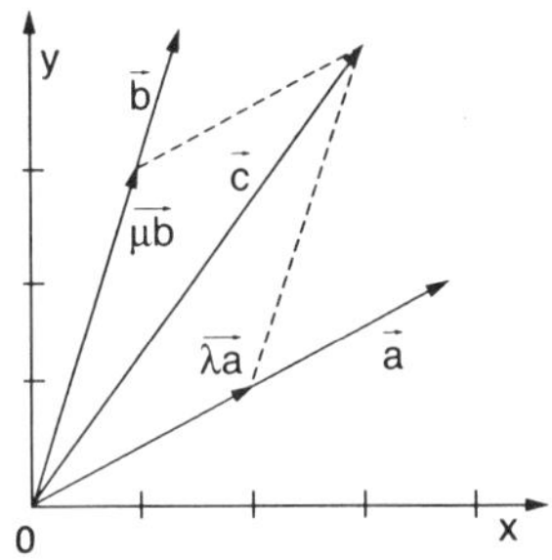

Zwei linear unabhängige Vektoren im V^2 bilden eine sogenannte *Basis.*

1.2.7. Orthogonal- und Orthonormalsystem:

Zwei linear unabhängige Vektoren $\vec{a}$ und $\vec{b}$ bilden ein *Orthogonalsystem*, falls sie aufeinander senkrecht stehen, also für $\vec{a} \perp \vec{b}$. Wenn die beiden orthogonalen Vektoren jeweils den Betrag Eins (Einheitsvektoren) besitzen, nennt man sie ein *Orthonormalsystem* oder eine *Orthonormalbasis.*

Die beiden orthonormalen Einheitsvektoren (auf der x- und y-Achse)

$$\vec{e}_1 = \begin{pmatrix} 1 \\ 0 \end{pmatrix}; \quad \vec{e}_2 = \begin{pmatrix} 0 \\ 1 \end{pmatrix}$$

nennt man *kanonische Basis.* Allgemein gilt $\vec{a} = \begin{pmatrix} a_1 \\ a_2 \end{pmatrix} = a_1 \vec{e}_1 + a_2 \vec{e}_2$.

2. Der dreidimensionale Vektorraum V^3 (Vektoren im Raum $\mathbb{R}^3$):

2.1. Definition eines Vektors:

Verbindet man den Koordinatenursprung O mit dem Punkt $P(a_1, a_2, a_3)$ im dreidimensionalen Raum $\mathbb{R}^3$, so erhält man den *Spalten*- bzw. *Zeilenvektor*

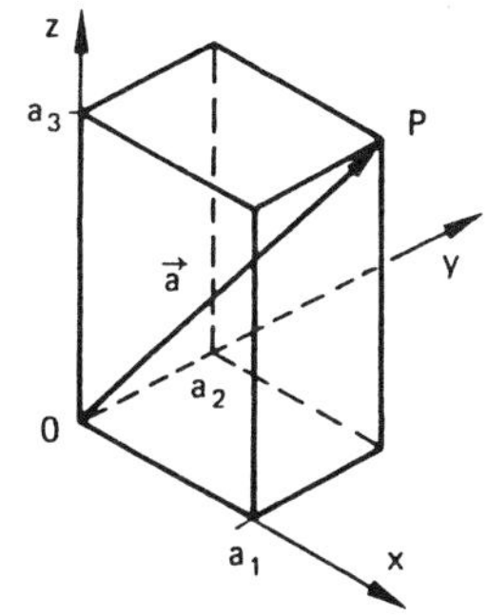

$$\vec{a} = \begin{pmatrix} a_1 \\ a_2 \\ a_3 \end{pmatrix} \quad \text{bzw.} \quad \vec{a}^T = (a_1, a_2, a_3)$$

mit den *Komponenten* a_1, a_2, a_3. Der Vektor

$\vec{0}^{\,T} = (0, 0, 0)$ heißt *Nullvektor.*

Die Menge aller Vektoren im dreidimensionalen Zahlenraum bezeichnet man mit V^3.

2.2. Rechenoperationen:

Zwei Vektoren heißen *gleich*, wenn die jeweiligen Komponenten übereinstimmen, also

$$\begin{pmatrix} a_1 \\ a_2 \\ a_3 \end{pmatrix} = \begin{pmatrix} b_1 \\ b_2 \\ b_3 \end{pmatrix} \Leftrightarrow a_1 = b_1,\ a_2 = b_2,\ a_3 = b_3 .$$

Die *Addition* (*Subtraktion*) zweier Vektoren sowie die *Multiplikation* eines Vektors *mit einem Skalar* ist komponentenweise durchzuführen, also

$$\begin{pmatrix} a_1 \\ a_2 \\ a_3 \end{pmatrix} \pm \begin{pmatrix} b_1 \\ b_2 \\ b_3 \end{pmatrix} = \begin{pmatrix} a_1 \pm b_1 \\ a_2 \pm b_2 \\ a_3 \pm b_3 \end{pmatrix}; \quad \lambda \vec{a} = \lambda \cdot \begin{pmatrix} a_1 \\ a_2 \\ a_3 \end{pmatrix} = \begin{pmatrix} \lambda a_1 \\ \lambda a_2 \\ \lambda a_3 \end{pmatrix}, \ \lambda \in \mathbb{R} .$$

Zwei nichtparallele, vom Nullvektor $\vec{0}$ verschiedene Vektoren $\vec{a}$ und $\vec{b}$ bilden im $\mathbb{R}^3$ zwei Seiten eines Dreiecks. Die dritte Seite kann durch $\vec{c} = \vec{a} + \vec{b}$ dargestellt werden.

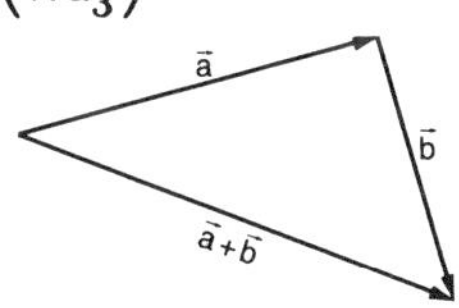

2.3. Betrag (Länge) eines Vektors:

Die Länge des Vektors $\vec{a}$

$$|\vec{a}| = \sqrt{a_1^2 + a_2^2 + a_3^2}$$

heißt der *Betrag* des Vektors $\vec{a}$.

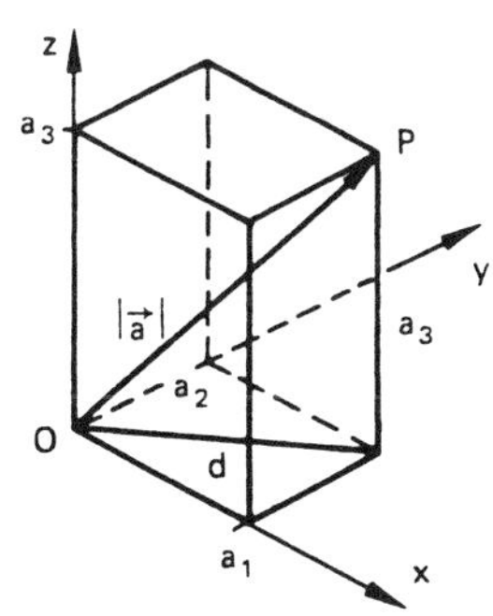

Eigenschaften des Betrags:
Für beliebige Vektoren $\vec{a}$ und $\vec{b}$ gilt

$$|\vec{a}| \geq 0; \quad |\vec{a}| = 0 \quad \Leftrightarrow \quad \vec{a} = \vec{0};$$

$$|\lambda \cdot \vec{a}| = |\lambda| \cdot |\vec{a}| \qquad \text{für jedes } \lambda \in \mathbb{R};$$

$$|\vec{a} + \vec{b}| \leq |\vec{a}| + |\vec{b}| \quad \text{(Dreiecksungleichung).}$$

2.4. Skalarprodukt (inneres Produkt) zweier Vektoren:

Das *Skalarprodukt* oder das *innere* bzw. *skalare Produkt* zweier Vektoren ist erklärt durch

$$\vec{a}\cdot\vec{b} = \begin{pmatrix} a_1 \\ a_2 \\ a_3 \end{pmatrix} \cdot \begin{pmatrix} b_1 \\ b_2 \\ b_3 \end{pmatrix} = a_1 b_1 + a_2 b_2 + a_3 b_3 = \vec{b}\cdot\vec{a} = \vec{a}^T \cdot \vec{b}.$$

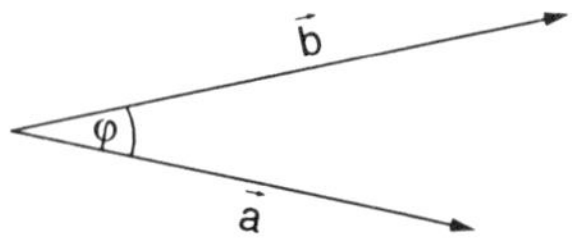

Wie im zweidimensionalen Fall gilt

$$\vec{a}\cdot\vec{b} = |\vec{a}|\cdot|\vec{b}|\cdot\cos\varphi,$$

wobei φ der von den beiden Vektoren $\vec{a}$ und $\vec{b}$ eingeschlossene Winkel ist. Damit erhält man

$$\cos\varphi = \frac{\vec{a}\cdot\vec{b}}{|\vec{a}|\cdot|\vec{b}|} = \frac{a_1 b_1 + a_2 b_2 + a_3 b_3}{\sqrt{a_1^2 + a_2^2 + a_3^2}\cdot\sqrt{b_1^2 + b_2^2 + b_3^2}}.$$

Hieraus ergibt sich die Schwarzsche Ungleichung $|\vec{a}\cdot\vec{b}| \le |\vec{a}|\cdot|\vec{b}|$.
Zwei Vektoren $\vec{a}$ und $\vec{b}$ heißen *orthogonal*, wenn sie aufeinander senkrecht stehen. Dafür schreibt man $\vec{a} \perp \vec{b}$. Dies ist genau dann der Fall, wenn ihr Skalarprodukt verschwindet, also

$$\vec{a} \perp \vec{b} \quad \Leftrightarrow \quad \vec{a}\cdot\vec{b} = 0.$$

Der Nullvektor $\vec{0}^T = (0, 0, 0)$ ist orthogonal zu jedem beliebigen Vektor $\vec{a}$.

2.5. Vektorprojektion:

Der Vektor $\vec{b}$ werde auf den Vektor $\vec{a} \neq \vec{0}$ projiziert. Dann entsteht ein zu $\vec{a}$ kollinearer Vektor $\vec{b}_{\vec{a}}$. Mit einem beliebigen zu $\vec{a}$ orthogonalen Vektor $\vec{a}^{\perp}$ erhält man aus dem Ansatz $\vec{b} = \alpha\cdot\vec{a} + \beta\vec{a}^{\perp}$ durch innere Multiplikation mit dem Vektor $\vec{a}$ wegen $\vec{a}^{\perp}\cdot\vec{a} = 0$

$$\vec{b}\cdot\vec{a} = \alpha\cdot\vec{a}\cdot\vec{a} + \beta\cdot\vec{a}^{\perp}\cdot\vec{a} = \alpha\cdot|\vec{a}|^2, \text{ also } \alpha = \frac{\vec{b}\cdot\vec{a}}{|\vec{a}|^2}.$$

Damit lautet der auf $\vec{a}$ projizierte Vektor

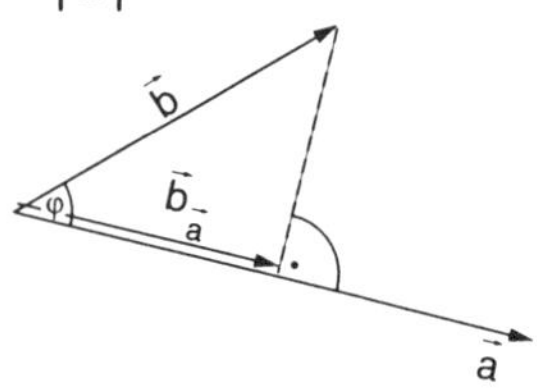

$$\vec{b}_{\vec{a}} = \alpha\cdot\vec{a} = \frac{(\vec{b}\cdot\vec{a})\cdot\vec{a}}{|\vec{a}|^2}$$

$$= \frac{|\vec{b}|\cdot|\vec{a}|\cdot\cos\vec{\varphi}}{|\vec{a}|^2}\cdot\vec{a} = \frac{|\vec{b}|\cdot\cos\varphi}{|\vec{a}|}\cdot\vec{a}.$$

Dabei ist φ der von den beiden Vektoren eingeschlossene Winkel.

2.6. Linearkombination von Vektoren:

Der Vektor

$$\vec{b} = \sum_{i=1}^{m} \lambda_i \vec{a}_i \quad \text{mit } \lambda_i \in \mathbb{R}$$

heißt *Linearkombination* der Vektoren $\vec{a}_1, \vec{a}_2, \ldots, \vec{a}_m$. Im Falle $\lambda_i \ge 0$ für alle i und $\sum_{i=1}^{m} \lambda_i = 1$ nennt man die Linearkombination *konvex*.

Linear unabhängige und linear abhängige Vektoren:
Die Vektoren $\vec{a}_1, \vec{a}_2, \ldots, \vec{a}_m$ heißen *linear unabhängig*, wenn die Vektorgleichung $\sum_{i=1}^{m} \lambda_i \vec{a}_i = \vec{0}$ nur die triviale Lösung $\lambda_1 = \lambda_2 = \ldots = \lambda_m = 0$ besitzt. Diese Vektorgleichung ist äquivalent zu den drei Komponentengleichungen. Falls es eine Darstellung $\sum_{i=1}^{m} \lambda_i \vec{a}_i = \vec{0}$ gibt, in der nicht alle λ_i verschwinden, nennt man die Vektoren $\vec{a}_1, \vec{a}_2, \ldots, \vec{a}_m$ *linear abhängig*. Zur Feststellung linearer Unabhängigkeit oder Abhängigkeit muß ein homogenes System von drei linearen (Komponenten-) Gleichungen für die Unbekannten $\lambda_1, \lambda_2, \ldots, \lambda_m$ gelöst werden (s. lineares Gleichungssystem). Die Koeffizienten sind die entsprechenden Komponenten. Falls das System nur die triviale Lösung $\lambda_1 = \lambda_2 = \ldots = \lambda_m = 0$ besitzt, sind die m Vektoren linear unabhängig, andernfalls linear abhängig.

Eigenschaften:
1. Zwei parallele (kollineare) Vektoren sind stets linear abhängig.
2. Zwei vom Nullvektor $\vec{0}$ verschiedene Vektoren sind genau dann linear abhängig, wenn sie parallel (kollinear) sind.
3. Drei vom Nullvektor verschiedene Vektoren im V^3 sind genau dann linear abhängig, wenn sie in einer Ebene liegen, also komplanar sind. Dies ist genau dann der Fall, wenn ihr Spatprodukt (s. Spatprodukt) verschwindet.
4. m Vektoren sind genau dann linear abhängig, wenn sich mindestens einer dieser Vektoren als Linearkombination der übrigen darstellen läßt.
5 Mehr als drei Vektoren im V^3 sind stets linear abhängig.
6. Die Punkte $P_1, P_2, \ldots, P_r$ sollen ein ebenes konvexes r-Eck im dreidimensionalen Raum $\mathbb{R}^3$ bilden (alle r Punkte liegen in einer Ebene). Dann beschreiben die Punkte P der konvexen Linearkombinationen
$$\overrightarrow{OP} = \sum_{i=1}^{r} \lambda_i \overrightarrow{OP}_i \quad \text{mit } \lambda_i \geq 0 \text{ für alle i und } \sum_{i=1}^{r} \lambda_i = 1$$
die Fläche dieses konvexen r-Ecks (Rand und Inneres). Falls man dabei mindestens ein $\lambda_i = 0$ setzt, erhält man Punkte auf dem Rand (s. Vieleck, 3.).

Zerlegung eines Vektors:
Falls die drei Vektoren $\vec{a}$, $\vec{b}$ und $\vec{c}$ linear unabhängig sind, kann jeder beliebige Vektor $\vec{d}$ eindeutig als Linearkombination dieser drei Vektoren dargestellt werden in der Form
$$\vec{d} = \lambda_1 \vec{a} + \lambda_2 \vec{b} + \lambda_3 \vec{c}.$$
Die Konstanten $\lambda_1, \lambda_2, \lambda_3$ erhält man durch Lösung des zugehörigen linearen inhomogenen Gleichungssystems für $\lambda_1, \lambda_2, \lambda_3$.
Drei beliebige linear unabhängige Vektoren im V^3 nennt man eine *Basis* im V^3. Jeder vom Nullvektor verschiedene Vektor läßt sich dann eindeutig als Linearkombination der drei Vektoren der Basis darstellen.

2.7. Orthogonal- und Orthonormalsystem:
Drei linear unabhängige Vektoren $\vec{a}, \vec{b}$ und $\vec{c}$ bilden ein *Orthogonalsystem*, falls sie paarweise aufeinander senkrecht stehen. Wenn die orthogonalen Vektoren jeweils den Betrag Eins besitzen, bilden sie ein *Orthonormalsystem* oder eine *Orthonormalbasis*.
Die drei Einheitsvektoren

$$\vec{e}_1 = \begin{pmatrix} 1 \\ 0 \\ 0 \end{pmatrix}; \quad \vec{e}_2 = \begin{pmatrix} 0 \\ 1 \\ 0 \end{pmatrix}; \quad \vec{e}_3 = \begin{pmatrix} 0 \\ 0 \\ 1 \end{pmatrix}$$

bilden ein Orthonormalsystem mit

$$\vec{a} = \begin{pmatrix} a_1 \\ a_2 \\ a_3 \end{pmatrix} = a_1 \vec{e}_1 + a_2 \vec{e}_2 + a_3 \vec{e}_3 .$$

$\{\vec{e}_1, \vec{e}_2, \vec{e}_3\}$ heißt *kanonische Basis* im V^3.

2.8. Vektorprodukt (äußeres Produkt, Kreuzprodukt) zweier Vektoren:
Es seien $\vec{a}$ und $\vec{b}$ zwei linear unabhängige Vektoren. Gesucht sind Vektoren $\vec{c}$, die auf $\vec{a}$ und $\vec{b}$ senkrecht stehen. Mit dem inneren Produkt erhält man die Bedingungen

$$\vec{c} \cdot \vec{a} = c_1 a_1 + c_2 a_2 + c_3 a_3 = 0; \quad \vec{c} \cdot \vec{b} = c_1 b_1 + c_2 b_2 + c_3 b_3 = 0,$$

also zwei lineare Gleichungen für die drei Komponenten c_1, c_2, c_3. Dieses Gleichungssystem besitzt unendlich viele Lösungen. Sämtliche Lösungen $\vec{c}$ lassen sich als Vielfache eines Normalenvektors darstellen. Ein auf $\vec{a}$ und $\vec{b}$ senkrecht stehender Vektor kann direkt angegeben werden, nämlich

$$\vec{a} \times \vec{b} = \begin{pmatrix} a_1 \\ a_2 \\ a_3 \end{pmatrix} \times \begin{pmatrix} b_1 \\ b_2 \\ b_3 \end{pmatrix} = \begin{pmatrix} a_2 b_3 - a_3 b_2 \\ a_3 b_1 - a_1 b_3 \\ a_1 b_2 - a_2 b_1 \end{pmatrix}.$$

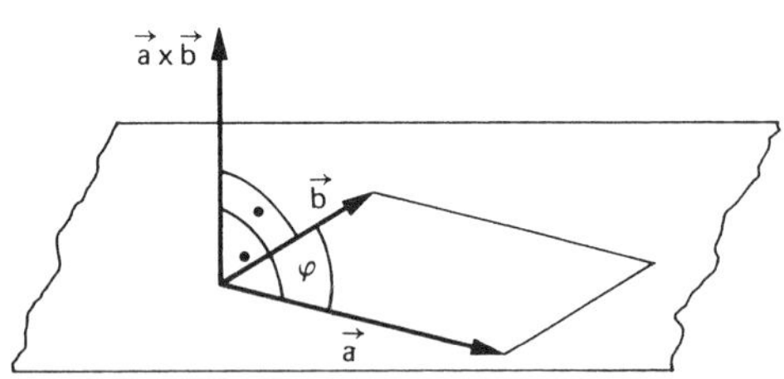

Man nennt ihn das *vektorielle Produkt* oder *Kreuzprodukt* bzw. *äußeres Produkt* der beiden Vektoren $\vec{a}$ und $\vec{b}$. Im Gegensatz zum inneren Produkt (Skalarprodukt) ist das äußere Produkt wieder ein Vektor. Der Vektor $\vec{a} \times \vec{b}$ steht senkrecht auf den Vektoren $\vec{a}$ und $\vec{b}$. Er zeigt in die Richtung, bei der die drei Vektoren $\vec{a}$, $\vec{b}$ und $\vec{a} \times \vec{b}$ ein sogenanntes *Rechtssystem* bilden. $\vec{a} \times \vec{b}$ zeigt in diejenige Richtung, in die sich eine Schraube mit Rechtsgewinde bewegen würde, wenn $\vec{a}$ auf kürzestem Weg nach $\vec{b}$ gedreht wird. Der Betrag

$$|\vec{a} \times \vec{b}| = |\vec{a}| \cdot |\vec{b}| \cdot |\sin\varphi| \quad (\varphi = \text{Winkel zwischen } \vec{a} \text{ und } \vec{b})$$

ist gleich dem Flächeninhalt des von den Vektoren $\vec{a}$ und $\vec{b}$ aufgespannten Parallelogramms.

Darstellung des Kreuzprodukts als Determinante:
Das Kreuzprodukt kann formal als Determinante (s. Determinante) dargestellt werden, die formal nach der ersten Spalte entwickelt wird:

$$\vec{a}\times\vec{b} = \begin{vmatrix} \vec{e}_1 & a_1 & b_1 \\ \vec{e}_2 & a_2 & b_2 \\ \vec{e}_3 & a_3 & b_3 \end{vmatrix} = \vec{e}_1 \begin{vmatrix} a_2 & b_2 \\ a_3 & b_3 \end{vmatrix} - \vec{e}_2 \begin{vmatrix} a_1 & b_1 \\ a_3 & b_3 \end{vmatrix} + \vec{e}_3 \begin{vmatrix} a_1 & b_1 \\ a_2 & b_2 \end{vmatrix}$$

$$= (a_2 b_3 - a_3 b_2)\cdot \vec{e}_1 - (a_1 b_3 - a_3 b_1)\cdot \vec{e}_2 + (a_1 b_2 - a_2 b_1)\cdot \vec{e}_3 .$$

Die beiden Vektoren $\vec{a}$ und $\vec{b}$ seien linear abhängig. Dies ist der Fall, wenn mindestens einer der beiden Vektoren gleich dem Nullvektor $\vec{0}$ ist oder wenn die beiden Vektoren parallel (kollinear) sind. Dann verschwindet das Kreuzprodukt, also $\vec{a}\times\vec{b} = \vec{0}$. Aus $\vec{a}\times\vec{b} = \vec{0}$ folgt umgekehrt die lineare Abhängigkeit von $\vec{a}$ und $\vec{b}$. Ferner gilt für beliebige Vektoren:

$$\vec{b}\times\vec{a} = -\vec{a}\times\vec{b} \qquad \text{(antikommutativ);}$$

$$\vec{a}\times(\vec{b}\times\vec{c}) \neq (\vec{a}\times\vec{b})\times\vec{c} \text{ im allgemeinen} \qquad \text{(nicht assoziativ);}$$

$$\left.\begin{array}{l}(\vec{a}+\vec{b})\times\vec{c} = (\vec{a}\times\vec{c}) + (\vec{b}\times\vec{c}) \\ \vec{a}\times(\vec{b}+\vec{c}) = (\vec{a}\times\vec{b}) + (\vec{a}\times\vec{c})\end{array}\right. \qquad \text{(distributiv);}$$

$$\lambda\cdot(\vec{a}\times\vec{b}) = (\lambda\cdot\vec{a})\times\vec{b} = \vec{a}\times\lambda\cdot\vec{b} \quad \text{für } \lambda\in\mathbb{R}.$$

Für die Vektoren $\vec{e}_1, \vec{e}_2, \vec{e}_3$ der kanonischen Orthonormalbasis gilt

$$\vec{e}_1\times\vec{e}_2 = \vec{e}_3; \quad \vec{e}_2\times\vec{e}_3 = \vec{e}_1; \quad \vec{e}_3\times\vec{e}_1 = \vec{e}_2 .$$

Für das Kreuz- und Skalarprodukt gilt allgemein

$$(\vec{a}\times\vec{b})\cdot(\vec{c}\times\vec{d}) = (\vec{a}\cdot\vec{c})(\vec{b}\cdot\vec{d}) - (\vec{a}\cdot\vec{d})(\vec{b}\cdot\vec{c}).$$

Mit $\vec{c} = \vec{a}$ und $\vec{d} = \vec{b}$ erhält man hieraus

$$|\vec{a}\times\vec{b}|^2 = (\vec{a}\times\vec{b})\cdot(\vec{a}\times\vec{b}) = |\vec{a}|^2\cdot|\vec{b}|^2 - (\vec{a}\cdot\vec{b})^2 .$$

Ferner gilt der **Entwicklungssatz**

$$(\vec{a}\times\vec{b})\times\vec{c} = (\vec{a}\cdot\vec{c})\,\vec{b} - (\vec{b}\cdot\vec{c})\,\vec{a}; \quad \vec{a}\times(\vec{b}\times\vec{c}) = (\vec{a}\cdot\vec{c})\,\vec{b} - (\vec{a}\cdot\vec{b})\,\vec{c}.$$

Hieraus erhält man unmittelbar die **Lagrange Identität:**

$$\vec{a}\times(\vec{b}\times\vec{c}) + \vec{b}\times(\vec{c}\times\vec{a}) + \vec{c}\times(\vec{a}\times\vec{b}) = \vec{0}.$$

3. Vektoren im V^n (n-dimensionale Vektoren im $\mathbb{R}^n$):
Die für $n = 2$ und $n = 3$ gültigen Definitionen und Eigenschaften von Vektoren werden formal auf Vektoren mit mehr als drei Komponenten übertragen. Die Vektoren können jedoch nicht mehr geometrisch veranschaulicht werden. Für das im V^3 definierte Vektorprodukt (Kreuzprodukt) gibt es keine Übertragungsmöglichkeit auf Vektoren mit mehr als 3 Komponenten.

$$\vec{a} = \begin{pmatrix} a_1 \\ a_2 \\ \vdots \\ a_n \end{pmatrix} \quad \text{bzw.} \quad \vec{a}^T = (a_1, a_2, \ldots, a_n)$$

heißt ein *Spalten-* bzw. *Zeilenvektor* mit den n *Komponenten* $a_1, a_2, \dots, a_n$. Dabei ist n die *Dimension* des Vektors.

Der Vektor $\vec{0}^T = (0, 0, \dots, 0)$ heißt *Nullvektor*.

V^n ist die Menge aller Vektoren mit n Komponenten.

Zwei Vektoren der gleichen Dimension n heißen *gleich*, wenn sie komponentenweise übereinstimmen, also

$$\vec{a} = \begin{pmatrix} a_1 \\ a_2 \\ \vdots \\ a_n \end{pmatrix} = \begin{pmatrix} b_1 \\ b_2 \\ \vdots \\ b_n \end{pmatrix} = \vec{b} \quad \Leftrightarrow \quad a_i = b_i \quad \text{für } i = 1, 2, \dots, n.$$

Zwei Vektoren werden komponentenweise *addiert* (*subtrahiert*):

$$\vec{a} \pm \vec{b} = \begin{pmatrix} a_1 \\ a_2 \\ \vdots \\ a_n \end{pmatrix} \pm \begin{pmatrix} b_1 \\ b_2 \\ \vdots \\ b_n \end{pmatrix} = \begin{pmatrix} a_1 \pm b_1 \\ a_2 \pm b_2 \\ \vdots \\ a_n \pm b_n \end{pmatrix}.$$

Vektoren werden mit einem Skalar $\lambda \in \mathbb{R}$ komponentenweise *multipliziert*:

$$\lambda \vec{a} = \lambda \cdot \vec{a} = \lambda \cdot \begin{pmatrix} a_1 \\ a_2 \\ \vdots \\ a_n \end{pmatrix} = \begin{pmatrix} \lambda a_1 \\ \lambda a_2 \\ \vdots \\ \lambda a_n \end{pmatrix}.$$

Der *Betrag* (*Länge*) eines Vektors ist erklärt durch

$$|\vec{a}| = \sqrt{a_1^2 + a_2^2 + \dots + a_n^2} = \sqrt{\sum_{i=1}^{n} a_i^2}.$$

Das *Skalarprodukt* oder das *innere Produkt* der beiden Vektoren $\vec{a}$ und $\vec{b}$ ist definiert durch

$$\vec{a} \cdot \vec{b} = \begin{pmatrix} a_1 \\ a_2 \\ \vdots \\ a_n \end{pmatrix} \cdot \begin{pmatrix} b_1 \\ b_2 \\ \vdots \\ b_n \end{pmatrix} = \sum_{i=1}^{n} a_i \cdot b_i = \vec{b} \cdot \vec{a}.$$

Wenn das innere Produkt im Zusammenhang mit weiteren Matrizenmultiplikationen benutzt wird, benötigt man die Darstellung $\vec{a} \cdot \vec{b} = \vec{a}^T \cdot \vec{b}$. Zwei Vektoren $\vec{a}$ und $\vec{b}$ heißen *orthogonal*, wenn ihr Skalarprodukt verschwindet. Dafür schreibt man $\vec{a} \perp \vec{b}$, also

$$\vec{a} \perp \vec{b} \quad \Leftrightarrow \quad \vec{a} \cdot \vec{b} = 0.$$

Durch

$$\vec{a} \cdot \vec{b} = |\vec{a}| \cdot |\vec{b}| \cdot \cos\varphi$$

können auf abstrakte (formale) Weise Winkel φ zwischen zwei Vektoren definiert werden.

Eigenschaften des Betrages: Für alle $\vec{a}$, $\vec{b} \in V^n$ gilt

$$|\vec{a}| \geq 0; \quad |\vec{a}| = 0 \quad \Leftrightarrow \quad \vec{a} = \vec{0};$$

$$|\lambda \cdot \vec{a}| = |\lambda| \cdot |\vec{a}| \qquad \text{für jedes } \lambda \in \mathbb{R};$$

$$|\vec{a} + \vec{b}| \leq |\vec{a}| + |\vec{b}| \qquad \text{(Dreiecksungleichung).}$$

Beweis der Dreiecksungleichung s. Schwarzsche Ungleichung, 5.
Gleichwertig zur Dreiecksungleichung ist

$$\sqrt{\sum_{i=1}^{n} (a_i + b_i)^2} \leq \sqrt{\sum_{i=1}^{n} a_i^2} + \sqrt{\sum_{i=1}^{n} b_i^2}.$$

Allgemein gilt die **Schwarzsche Ungleichung**

$$|\vec{a} \cdot \vec{b}| \leq |\vec{a}| \cdot |\vec{b}|,$$

Beweis s. Vektorraum, 3. Hieraus folgt unmittelbar

$$\left|\sum_{i=1}^{n} a_i \cdot b_i\right| \leq \sum_{i=1}^{n} |a_i| \cdot |b_i| \leq \sqrt{\sum_{i=1}^{n} a_i^2} \cdot \sqrt{\sum_{i=1}^{n} b_i^2}.$$

Linearkombination und lineare Unabhängigkeit von Vektoren:
Der Vektor

$$\vec{b} = \sum_{i=1}^{m} \lambda_i \vec{a}_i \quad \text{mit } \lambda_i \in \mathbb{R}$$

heißt *Linearkombination* der Vektoren $\vec{a}_1, \vec{a}_2, \dots, \vec{a}_m$. Im Falle $\lambda_i \geq 0$ für alle i und $\sum_{i=1}^{m} \lambda_i = 1$ nennt man die Linearkombination *konvex*. Die Vektoren $\vec{a}_1, \vec{a}_2, \dots, \vec{a}_m$ heißen *linear unabhängig*, wenn die Vektorgleichung

$$\sum_{i=1}^{m} \lambda_i \vec{a}_i = \vec{0}$$

nur die triviale Lösung $\lambda_1 = \lambda_2 = \dots = \lambda_m = 0$ besitzt.

Falls es eine Darstellung $\sum_{i=1}^{m} \lambda_i \vec{a}_i = \vec{0}$ gibt, in der nicht alle λ_i verschwinden, heißen die Vektoren $\vec{a}_1, \vec{a}_2, \dots, \vec{a}_m$ *linear abhängig*.

Vergleicht man in der Vektorgleichung $\sum_{i=1}^{m} \lambda_i \vec{a}_i = \vec{0}$ die n Komponenten, so entsteht für die m Unbekannten $\lambda_1, \lambda_2, \dots, \lambda_m$ ein lineares Gleichungssystem mit n Gleichungen (s. lineares Gleichungssystem).

a) Falls das Gleichungssystem nur die triviale Lösung $\lambda_1 = \dots = \lambda_m = 0$ besitzt, sind die m Vektoren $\vec{a}_1, \vec{a}_2, \dots, \vec{a}_m$ linear unabhängig.
b) Gibt es Lösungen $\lambda_1, \lambda_2, \dots, \lambda_m$, die nicht alle verschwinden, so sind die m Vektoren linear abhängig.
c) m Vektoren sind genau dann linear abhängig, wenn mindestens einer dieser Vektoren als Linearkombination der übrigen darstellbar ist.
d) Vektoren, welche den Nullvektor $\vec{0}$ enthalten, sind stets linear abhängig.

Basis und Koordinaten:

In der Vektormenge $B = \{\vec{b}_1, \vec{b}_2, \dots, \vec{b}_n\}$ seien die n Vektoren linear unabhängig. Dann heißt B eine *Basis* von V^n. Jeder Vektor $\vec{a} \neq \vec{0}$ ist dann eindeutig darstellbar als Linearkombination der Basisvektoren:

$$\vec{a} = \alpha_1 \vec{b}_1 + \alpha_2 \vec{b}_2 + \dots + \alpha_n \vec{b}_n \quad \text{mit } \alpha_i \in \mathbb{R}.$$

Dabei heißt α_i die *i-te Koordinate* des Vektors $\vec{a}$ bezüglich dieser Basis.

Orthogonal- und Orthonormalsystem:

Die Menge $\{\vec{b}_1, \vec{b}_2, \dots, \vec{b}_n\}$ linear unabhängiger Vektoren heißt *Orthogonalsystem*, falls diese Vektoren paarweise aufeinander senkrecht stehen, also für $\vec{b}_j \perp \vec{b}_k \Leftrightarrow \vec{b}_j \cdot \vec{b}_k = 0$ für $j \neq k$. Wenn die orthogonalen Vektoren alle den Betrag Eins besitzen, nennt man das System ein *Orthonormalsystem oder eine Orthonormalbasis.* Dann gilt für die inneren Produkte

$$\vec{b}_j \cdot \vec{b}_k = \begin{cases} 1 & \text{für } j = k; \\ 0 & \text{für } j \neq k. \end{cases}$$

Orthogonalisierungsverfahren nach E. Schmidt:

Es seien $\{\vec{a}_1, \vec{a}_2, \dots, \vec{a}_m\}$ linear unabhängige Vektoren. Dann sind die Vektoren

$$\vec{b}_1 = \vec{a}_1; \; \vec{b}_k = \vec{a}_k - \sum_{i=1}^{k-1} \frac{\vec{a}_i \cdot \vec{b}_i}{\vec{b}_i \cdot \vec{b}_i} \cdot \vec{b}_i \quad \text{für } k = 2, 3, \dots, n$$

linear unabhängig und paarweise orthogonal.

Entwicklung nach einem Orthogonal- bzw. Orthonormalsystem:

Es sei $\{\vec{b}_1, \vec{b}_2, \dots, \vec{b}_n\}$ ein Orthogonalsystem. Dann erhält man aus der Linearkombination

$$\vec{a} = \alpha_1 \vec{b}_1 + \alpha_2 \vec{b}_2 + \dots + \alpha_n \vec{b}_n$$

für jedes k die Koordinaten α_k bezüglich dieser Basis durch Bildung des inneren Produkts

$$\vec{a} \cdot \vec{b}_k = \sum_{i=1}^{n} \alpha_i \cdot (\vec{b}_i \cdot \vec{b}_k) = \alpha_k \cdot (\vec{b}_k \cdot \vec{b}_k) = \alpha_k \cdot |\vec{b}_k|^2, \quad \text{also } \alpha_k = \frac{\vec{a} \cdot \vec{b}_k}{|\vec{b}_k|^2};$$

$$\vec{a} = \sum_{k=1}^{n} \frac{\vec{a} \cdot \vec{b}_k}{|\vec{b}_k|^2} \cdot \vec{b}_k.$$

Wegen $|\vec{b}_k|^2 = 1$ gilt für ein Orthonormalsystem $\vec{a} = \sum_{k=1}^{n} (\vec{a} \cdot \vec{b}_k) \cdot \vec{b}_k$.

$$\text{Die n Vektoren } \vec{e}_1 = \begin{pmatrix} 1 \\ 0 \\ 0 \\ \vdots \\ 0 \end{pmatrix}; \; \vec{e}_2 = \begin{pmatrix} 0 \\ 1 \\ 0 \\ \vdots \\ 0 \end{pmatrix}; \; \dots; \vec{e}_n = \begin{pmatrix} 0 \\ 0 \\ \vdots \\ 0 \\ 1 \end{pmatrix}$$

bilden ein Orthonormalsystem mit der Darstellung

$$\vec{a} = a_1 \vec{e}_1 + a_2 \vec{e}_2 + \dots + a_n \vec{e}_n.$$

Dieses spezielle Orthonormalsystem heißt *kanonische Basis.* Dabei gilt $a_i = \vec{a} \cdot \vec{e}_i$ für $i = 1, 2, \ldots, n$. In $\vec{a}^T = (a_1, a_2, \ldots, a_n)$ sind die Komponenten a_i die Koordinaten bezüglich dieser kanonischen Orthonormalbasis.

4. V^n als Euklidischer Vektorraum:
In V^n sind bezüglich der Vektoraddition und der Multiplikation mit einem Skalar $\lambda \in \mathbb{R}$ alle Axiome eines Vektorraums erfüllt (s. Vektorraum, 1.). Die Dimension ist gleich n. Mit dem Skalarprodukt wird der Vektorraum Euklidisch (s. Vektorraum, 3.).

Vektornorm
s. Norm eines Vektors.

Vektorprodukt
s. Vektor im V^n, 2.8.

Vektorraum (linearer Raum):

Der Begriff Vektorraum kann vom n-dimensionalen Vektorraum V^n auf allgemeine abstrakte Räume verallgemeinert werden. In diesen Räumen muß eine Addition der Elemente und eine Multiplikation der Elemente mit Skalaren $\lambda \in \mathbb{R}$ (reell) bzw. $\lambda \in \mathbb{C}$ (komplex) definiert sein.

1. Allgemeiner reeller Vektorraum (linearer reeller Raum):
Eine Menge V von Elementen (*Vektoren*) heißt *reeller Vektorraum* oder *linearer Raum* über dem Körper $K = \mathbb{R}$, wenn in V eine Addition $\mathbf{u} + \mathbf{v}$ und eine Multiplikation $\lambda \mathbf{v} = \lambda \cdot \mathbf{v}$ mit Skalaren $\lambda \in \mathbb{R}$ erklärt ist, für die gilt:

(V1) Zu zwei beliebigen Elementen $\mathbf{u}, \mathbf{v} \in V$ gibt es ein Element $\mathbf{u} + \mathbf{v} \in V$, die *Summe* von $\mathbf{u}$ und $\mathbf{v}$, mit

$$\mathbf{u} + \mathbf{v} = \mathbf{v} + \mathbf{u} \qquad \text{(Kommutativgesetz).}$$

Für beliebige $\mathbf{u}, \mathbf{v}, \mathbf{w} \in V$ gilt

$$(\mathbf{u} + \mathbf{v}) + \mathbf{w} = \mathbf{u} + (\mathbf{v} + \mathbf{w}) \qquad \text{(Assoziativgesetz).}$$

(V2) Es gibt genau ein *neutrales Element* $\mathbf{0}$, das *Nullelement*, mit

$$\mathbf{v} + \mathbf{0} = \mathbf{v} \quad \text{für alle } \mathbf{v} \in V.$$

(V3) Zu jedem Element $\mathbf{v} \in V$ gibt es ein *inverses Element* $-\mathbf{v}$ mit

$$\mathbf{v} + (-\mathbf{v}) = \mathbf{v} - \mathbf{v} = \mathbf{0}.$$

(V4) Zu jedem Element $\mathbf{v} \in V$ und jedem $\lambda \in \mathbb{R}$ gibt es genau ein Element $\lambda \cdot \mathbf{v} = \lambda \mathbf{v} \in V$. Dabei gilt

$$\lambda(\mu\, \mathbf{v}) = (\lambda \mu)\mathbf{v} \quad \text{für alle } \lambda, \mu \in \mathbb{R} \qquad \text{(Assoziativgesetz);}$$

$$1 \cdot \mathbf{v} = \mathbf{v}; \quad 0 \cdot \mathbf{v} = \mathbf{0}; \quad (-1)\mathbf{v} = -\mathbf{v};$$

$$\lambda(\mathbf{u} + \mathbf{v}) = \lambda \mathbf{v} + \lambda \mathbf{u}; \quad (\lambda + \mu)\mathbf{v} = \lambda \mathbf{v} + \mu \mathbf{v} \qquad \text{(Distributivgesetze).}$$

Durch $\mathbf{u} + \mathbf{w} = \mathbf{v}$ wird die *Subtraktion* $\mathbf{w} = \mathbf{v} - \mathbf{u}$ erklärt.

Beispiele von Vektorräumen:

1) Der Raum V^n der n-dimensionalen Vektoren (s. Vektor im V^n, 3.) ist ein Vektorraum mit $\mathbf{x} = \vec{x}$.

2) Die Menge aller reeller Polynome $P_n(x) = \sum_{k=0}^{n} a_k x^k$ mit $a_k \in \mathbb{R}$ höchstens n-ten Grades ist ein reeller Vektorraum mit den Verknüpfungen

$$\sum_{k=0}^{n} a_k x^k + \sum_{k=0}^{n} b_k x^k = \sum_{k=0}^{n} (a_k + b_k) x^k ;$$

$$\lambda \cdot \sum_{k=0}^{n} a_k x^k = \sum_{k=0}^{n} (\lambda \cdot a_k) x^k \quad \text{für } \lambda \in \mathbb{R}.$$

3) Der Raum $l^{(2)}$ aller Zahlenfolgen $\mathbf{a} = (a_n)_{n \in \mathbb{N}}$ mit $\sum_{n=1}^{\infty} a_n^2 < \infty$ (s. $l^{(2)}$, s. unter l) ist ein reeller Vektorraum.

4) Es sei $C[a;b]$ die Menge der im abgeschlossenen Intervall $[a;b]$ stetigen Funktionen. Mit

$$(f+g)(x) = f(x) + g(x); \quad (\lambda \cdot f)(x) = \lambda \cdot f(x) \quad \text{für jedes } x \in [a;b]$$

ist $C[a;b]$ ein reeller Vektorraum.

5) Es sei $L[a;b]$ die Menge der in $[a;b]$ absolut integrierbaren Funktionen mit

$$\int_a^b |f(x)|\,dx < \infty .$$

Mit den in 4) eingeführten Operationen ist $L[a;b]$ ein Vektorraum.

6) Der Raum $L^2[a;b]$ der in $[a;b]$ quadratisch integrierbaren Funktionen (s. quadratisch integrierbar) ist ein Vektorraum.

Die im V^n eingeführten Begriffe wie Linearkombination, lineare Unabhängigkeit, lineare Abhängigkeit, Basis usw. können formal auf beliebige Vektorräume übertragen werden.

Linearkombination:

Mit $\mathbf{v_i} \in V$ und $\lambda_i \in \mathbb{R}$ heißt

$$\mathbf{v} = \lambda_1 \cdot \mathbf{v_1} + \lambda_2 \cdot \mathbf{v_2} + \ldots + \lambda_m \cdot \mathbf{v_m} = \sum_{i=1}^{m} \lambda_i \mathbf{v_i}$$

eine *Linearkombination* der Vektoren $\mathbf{v_1}, \mathbf{v_2}, \ldots, \mathbf{v_m}$. Falls die Gleichung

$$\lambda_1 \cdot \mathbf{v_1} + \lambda_2 \cdot \mathbf{v_2} + \ldots + \lambda_m \cdot \mathbf{v_m} = \sum_{i=1}^{m} \lambda_i \mathbf{v_i} = \mathbf{0}$$

nur die triviale Lösung $\lambda_1 = \lambda_2 = \ldots = \lambda_m = 0$ besitzt, nennt man die Elemente $\mathbf{v_1}, \mathbf{v_2}, \ldots, \mathbf{v_m}$ *linear unabhängig*, sonst *linear abhängig.* Jede Vektormenge, die den Nullvektor $\mathbf{v} = \mathbf{0}$ enthält, ist linear abhängig.

Dimension (Rang) eines Vektorraums:

Die maximale Anzahl linear unabhängiger Elemente aus V heißt die *Dimension* oder der *Rang* des Vektorraums V.

Basis eines Vektorraums und Koordinaten eines Vektors:
Die Menge $B = \{ \mathbf{v_1}, \mathbf{v_2}, \dots, \mathbf{v_n} \}$ von n Elementen heißt eine *Basis* in V, falls diese Vektoren linear unabhängig sind und jedes beliebige Element $\mathbf{v} \in V$ eindeutig darstellbar ist als Linearkombination dieser Basisvektoren

$$\mathbf{v} = \alpha_1 \cdot \mathbf{v_1} + \alpha_2 \cdot \mathbf{v_2} + \dots + \alpha_n \cdot \mathbf{v_n} = \sum_{i=1}^{n} \alpha_i \mathbf{v_i} \,.$$

Die Zahlen $\alpha_1, \alpha_2, \dots, \alpha_n$ nennt man die *Koordinaten* des Vektors $\mathbf{v}$ bezüglich dieser Basis. Dann besitzt V die endliche Dimension n. Mehr als n Vektoren aus V sind dann linear abhängig.
Eine Menge $B \subset V$ von Vektoren heißt *Basis* von V, wenn jedes Element $\mathbf{v} \in V$ als Linearkombination von Vektoren aus B dargestellt werden kann, aber diese Eigenschaft für keine echte Teilmenge von B gilt. Wenn B abzählbar unendlich ist, heißt die Dimension von V abzählbar unendlich.

Beispiele:
1. Im Vektorraum V der reellen Polynome höchstens n-ten Grades bilden die $n+1$ Funktionen $\{1, x, x^2, \dots, x^n\}$ eine Basis. Die Dimension von V ist $n+1$.
2. Im Vektorraum V aller reellen Polynome beliebigen Grades ist $\{1, x, x^2, \dots, x^n, \dots\}$ eine Basis. Die Dimension ist abzählbar unendlich.

2. Untervektorraum:
Es sei V ein Vektorraum bezüglich der Addition + zweier Elemente aus V und der Multiplikation mit Skalaren $\lambda \in \mathbb{R}$. U sei eine nichtleere Teilmenge von V. Falls U bezüglich der Addition + zweier Elemente aus U und der Multiplikation mit Skalaren $\lambda \in \mathbb{R}$ selbst ein Vektorraum ist, nennt man U einen *Untervektorraum.*

Es seien $\mathbf{v_1}, \mathbf{v_2}, \dots, \mathbf{v_r}$ linear unabhängige Vektoren aus V. Dann ist die Menge der Linearkombinationen

$$U = \{ \mathbf{u} = \sum_{k=1}^{r} \lambda_k \mathbf{v_k} \quad \text{mit } \lambda_k \in \mathbb{R} \text{ für } k = 1, 2, \dots, r \}$$

ein Untervektorraum von V der Dimension r. Er heißt der von den linear unabhängigen Vektoren $\mathbf{v_1}, \mathbf{v_2}, \dots, \mathbf{v_r}$ *erzeugte* oder *aufgespannte Untervektorraum.*
Allgemein sei $S \subset V$ eine nichtleere Untermenge des Vektorraums V. Dann bildet die Menge aller Linearkombinationen von Elementen aus S einen Untervektorraum von V. Man nennt ihn den von S *erzeugten Unterraum* oder die *lineare Hülle* von S und bezeichnet ihn mit L (S). S heißt *Erzeugendensystem* von L (S).

3. Euklidischer reeller Vektorraum:
In allgemeinen reellen Vektorräumen steht zunächst keine Metrik zur Längen- bzw. Winkelmessung zur Verfügung. Eine solche Metrik kann wie im Vektorraum V^n (s. Vektor im V^n, 3.) durch ein Skalarprodukt (inneres Produkt) eingeführt werden.

Skalarprodukt (skalares oder inneres Produkt):
Eine auf allen Paaren $\mathbf{u}, \mathbf{v}$ von Elementen des Vektorraums V definierte reellwertige Funktion

$$f(\mathbf{u}, \mathbf{v}) = \langle \mathbf{u}, \mathbf{v} \rangle \in \mathbb{R}$$

heißt (reelles) *Skalarprodukt* bzw. *skalares* oder *inneres Produkt*, wenn für alle Elemente $\mathbf{u}, \mathbf{v} \in V$ folgende Axiome erfüllt sind:

(1) $\langle \mathbf{u}, \mathbf{v} \rangle = \langle \mathbf{v}, \mathbf{u} \rangle$ (Kommutativität);

(2) $\langle \mathbf{v}, \mathbf{v} \rangle \geq 0; \quad \langle \mathbf{v}, \mathbf{v} \rangle = 0 \Leftrightarrow \mathbf{v} = \mathbf{0}$ (positive Definitheit);

(3) $\langle \lambda \cdot \mathbf{u}, \mathbf{v} \rangle = \langle \mathbf{u}, \lambda \cdot \mathbf{v} \rangle = \lambda \cdot \langle \mathbf{u}, \mathbf{v} \rangle$ für jedes $\lambda \in \mathbb{R}$ (Homogenität);

(4) $\langle \mathbf{u}_1 + \mathbf{u}_2, \mathbf{v} \rangle = \langle \mathbf{u}_1, \mathbf{v} \rangle + \langle \mathbf{u}_2, \mathbf{v} \rangle$;
$\langle \mathbf{u}, \mathbf{v}_1 + \mathbf{v}_2 \rangle = \langle \mathbf{u}, \mathbf{v}_1 \rangle + \langle \mathbf{u}, \mathbf{v}_2 \rangle$ (Distributivgesetze).

Das Skalarprodukt ist in beiden Variablen linear, also eine bilineare Funktion, die symmetrisch ist. Ein mit einem Skalarprodukt versehener Vektorraum heißt *Euklidischer* (reeller) Vektorraum.

Norm (Betrag, Länge) eines Vektors:
In einem Euklidischen Vektorraum wird durch

$$\|\mathbf{v}\| = \sqrt{\langle \mathbf{v}, \mathbf{v} \rangle}$$

die *Norm* oder der *Betrag* bzw. die *Länge* des Vektors $\mathbf{v} \in V$ definiert.

Eigenschaften der Norm: Für alle $\mathbf{u}, \mathbf{v} \in V$ gilt

$$\|\mathbf{v}\| \geq 0; \quad \|\mathbf{v}\| = 0 \Leftrightarrow \mathbf{v} = \mathbf{0};$$

$$\|\lambda \mathbf{v}\| = |\lambda| \cdot \|\mathbf{v}\| \quad \text{für jedes } \lambda \in \mathbb{R};$$

$$\|\mathbf{u} + \mathbf{v}\| \leq \|\mathbf{u}\| + \|\mathbf{v}\| \qquad \text{(Dreiecksungleichung).}$$

Beweis der Dreiecksungleichung s. nachfolgende Seite.

Abstand zweier Elemente: Durch

$$d(\mathbf{u}, \mathbf{v}) = \|\mathbf{u} - \mathbf{v}\| = \sqrt{\langle \mathbf{u} - \mathbf{v}, \mathbf{u} - \mathbf{v} \rangle}$$

wird ein Abstand (eine Metrik) d zwischen den Elementen $\mathbf{u}$ und $\mathbf{v}$ des Euklidischen Vektorraumes eingeführt. Dabei erfüllt d alle Eigenschaften einer Metrik (s. Metrik).

Orthogonale (senkrechte) Elemente:
Im Falle $\langle \mathbf{u}, \mathbf{v} \rangle = 0$ nennt man die beiden Elemente $\mathbf{u}$ und $\mathbf{v}$ *orthogonal* oder aufeinander *senkrecht*. Dafür schreibt man $\mathbf{u} \perp \mathbf{v}$. Der Nullvektor $\mathbf{0}$ steht auf jedem Vektor $\mathbf{v} \in V$ senkrecht wegen

$$\langle \mathbf{0}, \mathbf{v} \rangle = \langle 0 \cdot \mathbf{0}, \mathbf{v} \rangle = 0 \cdot \langle \mathbf{0}, \mathbf{v} \rangle = 0.$$

Winkel zwischen zwei Elementen:
Durch

$$\cos\varphi = \frac{<\mathbf{u},\mathbf{v}>}{\|\mathbf{u}\|\cdot\|\mathbf{v}\|} = \frac{<\mathbf{u},\mathbf{v}>}{\sqrt{<\mathbf{u},\mathbf{u}>}\cdot\sqrt{<\mathbf{v},\mathbf{v}>}} \quad \text{für } \mathbf{u},\mathbf{v} \neq \mathbf{0}$$

wird ein Winkel φ zwischen zwei vom Nullelement $\mathbf{0}$ verschiedenen Vektoren $\mathbf{u}$ und $\mathbf{v}$ eingeführt.

Schwarzsche Ungleichung:
Für beliebige Elemente eines Euklidischen Vektorraums gilt

$$|<\mathbf{u},\mathbf{v}>| \leq \|\mathbf{u}\|\cdot\|\mathbf{v}\|.$$

Beweis: Für beliebiges $\lambda \in \mathbb{R}$ gilt wegen der Axiome für das innere Produkt

$$\begin{aligned} 0 &\leq <\mathbf{u}+\lambda\mathbf{v},\mathbf{u}+\lambda\mathbf{v}> \\ &= <\mathbf{u},\mathbf{u}> + 2\lambda\cdot<\mathbf{u},\mathbf{v}> + \lambda^2\cdot<\mathbf{v},\mathbf{v}>. \end{aligned}$$

Mit $\lambda = -\dfrac{<\mathbf{u},\mathbf{v}>}{<\mathbf{v},\mathbf{v}>}$ erhält man hieraus

$$0 \leq <\mathbf{u},\mathbf{u}> - \frac{(<\mathbf{u},\mathbf{v}>)^2}{<\mathbf{v},\mathbf{v}>};$$

$$(<\mathbf{u},\mathbf{v}>)^2 \leq <\mathbf{u},\mathbf{u}>\cdot<\mathbf{v},\mathbf{v}> = \|\mathbf{u}\|^2\cdot\|\mathbf{v}\|^2;$$

$$|<\mathbf{u},\mathbf{v}>| \leq \|\mathbf{u}\|\cdot\|\mathbf{v}\|.$$

Beweis der Dreiecksungleichung:
Aus den Eigenschaften des Skalarproduktes erhält man mit Hilfe der Schwarzschen Ungleichung

$$\begin{aligned} \|\mathbf{u}+\mathbf{v}\|^2 &= <\mathbf{u}+\mathbf{v},\mathbf{u}+\mathbf{v}> \\ &= <\mathbf{u},\mathbf{u}> + 2<\mathbf{u},\mathbf{v}> + <\mathbf{v},\mathbf{v}> \\ &= \|\mathbf{u}\|^2 + 2<\mathbf{u},\mathbf{v}> + \|\mathbf{v}\|^2 \\ &\leq \|\mathbf{u}\|^2 + 2|<\mathbf{u},\mathbf{v}>| + \|\mathbf{v}\|^2 \\ &\leq \|\mathbf{u}\|^2 + 2\|\mathbf{u}\|\cdot\|\mathbf{v}\| + \|\mathbf{v}\|^2 = (\|\mathbf{u}\| + \|\mathbf{v}\|)^2. \end{aligned}$$

Wurzelziehen ergibt die Behauptung

$$\|\mathbf{u}+\mathbf{v}\| \leq \|\mathbf{u}\| + \|\mathbf{v}\|.$$

Orthonormalsystem:
Es sei V ein Euklidischer Vektorraum mit der Dimension n. Dann heißt $\{\mathbf{u}_1,\mathbf{u}_2,\ldots,\mathbf{u}_n\}$ ein *Orthonormalsystem*, falls diese Vektoren eine Basis bilden (linear unabhängig sind), paarweise aufeinander senkrecht stehen und jeweils die Länge Eins besitzen, also mit

$$<\mathbf{u}_j,\mathbf{u}_k> = \begin{cases} 1 & \text{für } j = k; \\ 0 & \text{für } j \neq k. \end{cases}$$

Für jedes beliebige Element $\mathbf{v} \in V$ gibt es eine eindeutig bestimmte Darstellung

$$\mathbf{v} = \alpha_1 \mathbf{u}_1 + \alpha_2 \mathbf{u}_2 + \ldots + \alpha_n \mathbf{u}_n = \sum_{i=1}^{n} \alpha_i \mathbf{u}_i \,.$$

Wegen der Orthonormalität der Basisvektoren erhält man hieraus

$$< \mathbf{v}, \mathbf{u}_k > \; = \alpha_k \cdot < \mathbf{u}_k, \mathbf{u}_k > \; = \alpha_k \quad \text{für } k = 1, 2, \ldots, n;$$

$$\mathbf{v} = \sum_{i=1}^{n} < \mathbf{v}, \mathbf{u}_i > \cdot \, \mathbf{u}_i \,.$$

Orthogonalisierungsverfahren nach E. Schmidt:
Es sei $\{\mathbf{b}_1, \mathbf{b}_2, \ldots, \mathbf{b}_n\}$ eine beliebige Basis des Euklidischen Vektorraums. Dann sind die Vektoren

$$\mathbf{v}_1 = \mathbf{b}_1; \quad \mathbf{v}_k = \mathbf{b}_k - \sum_{i=1}^{k-1} \frac{< \mathbf{b}_i, \mathbf{v}_i >}{< \mathbf{v}_i, \mathbf{v}_i >} \cdot \mathbf{v}_i \qquad \text{für } k = 2, 3, \ldots, n$$

paarweise orthogonal. Damit ist

$$\left\{ \frac{\mathbf{v}_1}{\|\mathbf{v}_1\|}, \frac{\mathbf{v}_2}{\|\mathbf{v}_2\|}, \ldots, \frac{\mathbf{v}_n}{\|\mathbf{v}_n\|} \right\} \quad \text{ein Orthonormalsystem.}$$

Quadratisch integrierbare Funktionen:
Die Menge $L^2[a;b]$ der in $[a;b]$ quadratisch integrierbaren Funktionen (s. quadratisch integrierbar) mit $\int_a^b f^2(x)\,dx < \infty$ ist ein linearer Vektorraum. Das Skalarprodukt wird definiert durch

$$< f, g > \; = \int_a^b f(x) \cdot g(x)\,dx$$

und die Norm durch

$$\| f \| = \sqrt{\int_a^b f^2(x)\,dx} \,.$$

Die Schwarzsche Ungleichung lautet hier

$$\left| \int_a^b f(x) \cdot g(x)\,dx \right| \leq \int_a^b |f(x)| \cdot |g(x)|\,dx \leq \sqrt{\int_a^b f^2(x)\,dx} \cdot \sqrt{\int_a^b g^2(x)\,dx} \,.$$

Die Dreiecksungleichung

$$\|f + g\| \leq \|f\| + \|g\|$$

ist die *Minskowskische Ungleichung*

$$\sqrt{\int_a^b [f(x) + g(x)]^2\,dx} \;\leq\; \sqrt{\int_a^b f^2(x)\,dx} + \sqrt{\int_a^b g^2(x)\,dx} \,.$$

4. Unitärer komplexer Vektorraum:
Falls in 1. die Multiplikation der Elemente $\mathbf{v} \in V$ mit einer komplexen Zahl λ zugelassen ist und alle dort angegebenen Eigenschaften erfüllt sind, ist V ein *komplexer Vektorraum*, also ein Vektorraum über dem Körper $\mathbb{C}$.

Skalarprodukt in komplexen Vektorräumen:
Eine auf allen Paaren $\mathbf{u}, \mathbf{v}$ von Elementen eines komplexen Vektorraumes V definierte komplexwertige Funktion

$$f(\mathbf{u}, \mathbf{v}) = \langle \mathbf{u}, \mathbf{v} \rangle \in \mathbb{C}$$

heißt (komplexes) *Skalarprodukt*, wenn für alle Elemente $\mathbf{u}, \mathbf{v} \in V$ folgende Axiome erfüllt sind:

(1) $\langle \mathbf{u}, \mathbf{v} \rangle = \overline{\langle \mathbf{v}, \mathbf{u} \rangle}$ (konjugiert komplexe Zahl);

(2) $\langle \mathbf{v}, \mathbf{v} \rangle$ ist reell mit $\langle \mathbf{v}, \mathbf{v} \rangle \geq 0$; $\langle \mathbf{v}, \mathbf{v} \rangle = 0 \Leftrightarrow \mathbf{v} = \mathbf{0}$;

(3) $\langle \lambda \cdot \mathbf{u}, \mathbf{v} \rangle = \lambda \cdot \langle \mathbf{u}, \mathbf{v} \rangle$ für jedes $\lambda \in \mathbb{C}$;

(4) $\langle \mathbf{u}_1 + \mathbf{u}_2, \mathbf{v} \rangle = \langle \mathbf{u}_1, \mathbf{v} \rangle + \langle \mathbf{u}_2, \mathbf{v} \rangle$.

Ein mit einem komplexen Skalarprodukt versehener komplexer Vektorraum heißt *unitärer Vektorraum*. Aus diesen Axiomen folgt

$$\langle \mathbf{u}, \lambda \cdot \mathbf{v} \rangle = \overline{\langle \lambda \cdot \mathbf{v}, \mathbf{u} \rangle} = \overline{\lambda} \cdot \overline{\langle \mathbf{v}, \mathbf{u} \rangle} = \overline{\lambda} \cdot \langle \mathbf{u}, \mathbf{v} \rangle;$$

$$\langle \mathbf{u}, \mathbf{v}_1 + \mathbf{v}_2 \rangle = \overline{\langle \mathbf{v}_1 + \mathbf{v}_2, \mathbf{u} \rangle} = \overline{\langle \mathbf{v}_1, \mathbf{u} \rangle + \langle \mathbf{v}_2, \mathbf{u} \rangle}$$

$$= \overline{\langle \mathbf{v}_1, \mathbf{u} \rangle} + \overline{\langle \mathbf{v}_2, \mathbf{u} \rangle} = \langle \mathbf{u}, \mathbf{v}_1 \rangle + \langle \mathbf{u}, \mathbf{v}_2 \rangle.$$

Das komplexwertige Skalarprodukt ist damit in beiden Variablen additiv. Ein konstanter Faktor $\lambda \in \mathbb{C}$ darf nur aus dem ersten Argument herausgezogen werden. Bezüglich des zweiten Arguments ist der Faktor λ dann durch die konjugiert komplexe Zahl $\overline{\lambda}$ zu ersetzen.

Norm (Betrag, Länge) eines Vektors:
Wie in einem Euklidischen Vektorraum erhält man in einem unitären Vektorraum durch

$$\|\mathbf{v}\| = \sqrt{\langle \mathbf{v}, \mathbf{v} \rangle}$$

die *Norm* (*Betrag* oder *Länge*) eines Vektors $\mathbf{v}$. Dabei gilt für alle $\mathbf{u}, \mathbf{v} \in V$

$\|\mathbf{v}\| \geq 0$; $\|\mathbf{v}\| = 0 \Leftrightarrow \mathbf{v} = \mathbf{0}$;

$\|\lambda \cdot \mathbf{v}\| = |\lambda| \cdot \|\mathbf{v}\|$ für jedes $\lambda \in \mathbb{C}$;

$\|\mathbf{u} + \mathbf{v}\| \leq \|\mathbf{u}\| + \|\mathbf{v}\|$ (Dreiecksungleichung).

Wie bei Euklidischen Vektorräumen gilt auch hier die

Schwarzsche Ungleichung:

$|\langle \mathbf{u}, \mathbf{v} \rangle| \leq \|\mathbf{u}\| \cdot \|\mathbf{v}\|$ für beliebige $\mathbf{u}, \mathbf{v} \in V$.

5. Normierter Vektorraum (normierter linearer Raum):
Ein Vektorraum V über dem Körper $K = \mathbb{R}$ (reell) oder $K = \mathbb{C}$ (komplex) heißt ein *normierter* Vektorraum, wenn jedem Element $\mathbf{v} \in V$ eine nichtnegative reelle Zahl, die sogenannte *Norm* $\|\mathbf{v}\|$, zugeordnet ist mit folgenden

Eigenschaften: Für alle $\mathbf{u}, \mathbf{v} \in V$ gilt

(N1) $\|\mathbf{v}\| \geq 0; \quad \|\mathbf{v}\| = 0 \quad \Leftrightarrow \quad \mathbf{v} = \mathbf{0};$

(N2) $\|\lambda \cdot \mathbf{v}\| = |\lambda| \cdot \|\mathbf{v}\|$ für jedes $\lambda \in \mathbb{R}$ bzw. $\lambda \in \mathbb{C}$;

(N3) $\|\mathbf{u} + \mathbf{v}\| \leq \|\mathbf{u}\| + \|\mathbf{v}\|$ für alle $\mathbf{u}, \mathbf{v} \in V$ (Dreiecksungleichung).

Jeder Euklidische oder unitäre Vektorraum (s. 3., 4.) ist mit der Norm

$$\|\mathbf{v}\| = \sqrt{< \mathbf{v}, \mathbf{v} >}$$

auch ein normierter Raum. Ein normierter Vektorraum ist jedoch nicht unbedingt ein Euklidischer Vektorraum. Falls die Norm aus einem inneren Produkt berechnet wird, gilt für beliebige Elemente $\mathbf{u}, \mathbf{v} \in V$

$$\begin{aligned} \|\mathbf{u}+\mathbf{v}\|^2 + \|\mathbf{u}-\mathbf{v}\|^2 &= < \mathbf{u}+\mathbf{v}, \mathbf{u}+\mathbf{v} > + < \mathbf{u}-\mathbf{v}, \mathbf{u}-\mathbf{v} > \\ &= 2(\|\mathbf{u}\|^2 + \|\mathbf{v}\|^2), \end{aligned}$$

also die sogenannte *Parallelogrammgleichung*

$$\|\mathbf{u}+\mathbf{v}\|^2 + \|\mathbf{u}-\mathbf{v}\|^2 = 2(\|\mathbf{u}\|^2 + \|\mathbf{v}\|^2).$$

Darstellung eines inneren Produkts aus der Parallelogrammgleichung:
Falls in einem normierten Raum die Parallelogrammgleichung erfüllt ist, kann mit Hilfe der Norm ein inneres Produkt definiert werden. Dann ist der Vektorraum Euklidisch bzw. unitär.
In einem normierten linearen Raum über dem Körper $\mathbb{R}$ der reellen Zahlen erhält man aus der Parallelogrammgleichung das reelle innere Produkt

$$< \mathbf{u}, \mathbf{v} > = \frac{1}{4}(\|\mathbf{u}+\mathbf{v}\|^2 - \|\mathbf{u}-\mathbf{v}\|^2),$$

das alle Eigenschaften eines Skalarprodukts erfüllt. Daraus erhält man die ursprüngliche Norm durch $\|\mathbf{v}\| = \sqrt{< \mathbf{v}, \mathbf{v} >}$.

In einem normierten linearen Raum über dem Körper $\mathbb{C}$ der komplexen Zahlen erhält man aus der Parallelogrammgleichung das innere Produkt

$$< \mathbf{u}, \mathbf{v} > = \frac{1}{4}\left(\|\mathbf{u}+\mathbf{v}\|^2 - \|\mathbf{u}-\mathbf{v}\|^2 + i\|\mathbf{u}+i\mathbf{v}\|^2 - i\|\mathbf{u}-i\mathbf{v}\|^2\right)$$

mit

$$\|\mathbf{v}\| = \sqrt{< \mathbf{v}, \mathbf{v} >} .$$

6. Lineare Abbildung und Transformation eines Vektorraums s. lineare Abbildung.

Venn, John

Venn, John (1834 – 1923) wirkte in Cambridge. Er entwickelte eine induktive und methodologische Logik. Nach ihm benannt sind die Venn-Diagramme zur Mengendarstellung (s. Menge, 2.).

Venn-Diagramm:

In einem *Venn-Diagramm* können Mengen und Mengenoperationen schematisch dargestellt werden (s. Menge, 2.).

verallgemeinerte Funktion s. Distribution.

verallgemeinerte Inverse (Pseudo - Inverse):
Eine quadratische Matrix A besitzt genau dann eine (eindeutig bestimmte) Inverse A^{-1} mit $AA^{-1} = E$ (Einheitsmatrix), wenn A nichtsingulär ist (s. Matrix, 4). Dann besitzt das quadratische Gleichungsystem $A\vec{x} = \vec{b}$ die eindeutige Lösung $\vec{x} = A^{-1}\vec{b}$ (s. lineares Gleichungssystem, 6.). Falls im linearen Gleichungssystem $A\vec{x} = \vec{b}$ die Matrix A nicht quadratisch ist oder im quadratischen Fall keine Inverse besitzt, können im Falle der Existenz sämtliche Lösungen mit Hilfe der verallgemeinerten Inversen (Pseudo - Inversen) angegeben werden.

1. Die Moore - Penrose - Inverse:
Es sei A eine beliebige $m \times n$ - Matrix. Dann existiert eine eindeutig bestimmte $n \times m$ - Matrix M mit folgenden Eigenschaften:

(i) $AMA = A$; (iii) AM ist symmetrisch;

(ii) $MAM = M$; (iv) MA ist symmetrisch

(s. symmetrisch, 6.). Dieses Resultat wurde 1955 von Penrose aus Ergebnissen von Moore (1920) abgeleitet. Die Matrix M heißt *Moore - Penrose - Inverse.* Falls A eine nichtsinguläre quadratische Matrix ist, gilt $M = A^{-1}$. Mit der vollen Rangfaktorisierung $A = KL$ (s. kanonische Form einer Matrix) lautet die Moore - Penrose - Inverse

$$M = L^T(K^T A L^T)^{-1} K^T.$$

2. Verallgemeinerte inverse Matrix:
Es sei A eine beliebige $m \times n$ - Matrix. Dann heißt jede Matrix A^- mit

$$AA^-A = A$$

verallgemeinerte Inverse oder *Pseudo - Inverse* von A. Dabei ist A^- eine $n \times m$ - Matrix. Im allgemeinen gibt es zu einer Matrix A mehrere verallgemeinerte inverse Matrizen. Für eine nichtsinguläre quadratische Matrix A ist $A^- = A^{-1}$ die einzige verallgemeinerte Inverse.

2.1. Bestimmung einer verallgemeinerten Inversen aus Zeilenoperationen:
Falls man nur durch Anwendung von zulässigen rangerhaltenden Zeilenoperationen eine Darstellung

$$PA = A^* = \begin{pmatrix} T & R \\ O & O \end{pmatrix}$$

erhält, in der T eine r - reihige, quadratische, obere Dreiecksmatrix mit vollem Rang r ist (s. Matrix, 3.), erhält man in

$$A^- = \begin{pmatrix} T^{-1} & R \\ O & O \end{pmatrix}$$

eine verallgemeinerte Inverse von A.

2.2. Bestimmung einer verallgemeinerten Inversen aus der kanonischen Form:
Aus der kanonischen Form

$$PAQ = C = \begin{pmatrix} E_r & O \\ O & O \end{pmatrix}; \quad A = P^{-1} C Q^{-1}$$

(s. kanonische Form einer Matrix, s. Matrix, 3.), in der E_r die r-reihige Einheitsmatrix mit $r = Rg(A)$ ist, erhält man eine verallgemeinerte Inverse von A in der Form

$$A^- = Q \begin{pmatrix} E_r & X \\ Y & Z \end{pmatrix} P$$

mit beliebigen passenden Matrizen X, Y und Z. Aus $A = P^{-1} C Q^{-1}$ folgt hieraus nämlich

$$\begin{aligned} A A^- A &= P^{-1} C Q^{-1} Q \begin{pmatrix} E_r & X \\ Y & Z \end{pmatrix} P P^{-1} C Q^{-1} \\ &= P^{-1} C \begin{pmatrix} E_r & X \\ Y & Z \end{pmatrix} C Q^{-1} \\ &= P^{-1} \begin{pmatrix} E_r & X \\ O & O \end{pmatrix} \begin{pmatrix} E_r & O \\ O & O \end{pmatrix} Q^{-1} = P^{-1} C Q^{-1} = A. \end{aligned}$$

$X = O$, $Y = O$, $Z = O$ ergibt die spezielle verallgemeinerte Inverse

$$A^- = Q \begin{pmatrix} E_r & O \\ O & O \end{pmatrix} P.$$

2.3. Spezielle verallgemeinerte Inverse:
Die $m \times n$-Matrix A mit dem Rang $r = Rg(A)$ besitze die Darstellung

$$A_{m \times n} = \begin{pmatrix} A_{11} & A_{12} \\ A_{21} & A_{22} \end{pmatrix},$$

wobei A_{11} eine nichtsinguläre quadratische Matrix mit vollem Rang r ist. Dann ist die $m \times n$-Matrix

$$A^-_{n \times m} = \begin{pmatrix} A_{11}^{-1} & O \\ O & O \end{pmatrix}$$

eine verallgemeinerte Inverse von A.

3. Lösung eines linearen Gleichungssystems mit Hilfe der verallgemeinerten Inversen:

3.1. Lösung des inhomogenen Systems:
Es sei $A\vec{x} = \vec{b}$ mit $\vec{b} \neq \vec{0}$ ein inhomogenes lineares Gleichungssystem. Dabei sei A eine $m \times n$-Matrix, für die auch im Falle $m = n$ keine Inverse existiere. Ferner sei die Lösungsbedingung $Rg(A, \vec{b}) = Rg(A) = r$ erfüllt (s. lineares Gleichungssystem, 2.). Dann gelten folgende Eigenschaften:

1. $A\vec{x} = \vec{b}$ mit $\vec{b} \neq \vec{0}$ besitzt genau dann eine Lösung der Form $\vec{x} = G\vec{b}$ (dabei ist G eine n × m - Matrix), wenn $G = A^-$ eine verallgemeinerte Inverse von A ist, also für $AGA = A$. Für jede verallgemeinerte Inverse A^- ist $\vec{x} = A^-\vec{b}$ Lösung.
2. Es sei A^- eine beliebige verallgemeinerte Inverse von A. Dann besitzt das inhomogene Gleichungssystem die Lösungen

$$\vec{x} = A^-\vec{b} + (A^-A - E)\vec{z}.$$

Dabei ist $\vec{z}$ ein beliebiger n - dimensionaler Vektor und E die n-reihige Einheitsmatrix. Umgekehrt läßt sich jede Lösung so darstellen.
3. Alle Lösungen von $A\vec{x} = \vec{b}$ mit $\vec{b} \neq \vec{0}$ können durch $\vec{x} = G\vec{b}$ erzeugt werden, wobei G alle möglichen verallgemeinerten Inversen von A durchläuft.

3.2. Lösung des homogenen Systems:
Das homogene System $A\vec{x} = \vec{0}$ ist immer lösbar. Analog zu 3.1, 2.) gilt: Es sei A^- eine beliebige verallgemeinerte Inverse von A. Dann lassen sich sämtliche Lösungen des homogenen Systems in der Form

$$\vec{x} = (A^-A - E)\vec{z}$$

darstellen, wobei $\vec{z}$ ein beliebiger n - dimensionaler Vektor und E die n - reihige Einheitsmatrix ist.

verallgemeinerte Kugelkoordinaten s. Kugelkoordinaten, verallgemeinerte.

verallgemeinerte Polarkoordinaten s. Polarkoordinaten, verallgemeinerte.

verallgemeinerter Mittelwertsatz s. Mittelwertsatz, 1.1.2., 2.2.

verallgemeinertes Eigenwertproblem s. Eigenwertproblem, 2.

verallgemeinertes Orthogonalsystem s. Orthogonal- und Orthonormalsystem, 4.

Veränderliche s. Variable.

Verband (Dualgruppe):

Eine nichtleere Menge V heißt *ein Verband* oder *Dualgruppe*, wenn in V zwei zweistellige Verknüpfungen ⊓ (Durchschnitt) und ⊔ (Vereinigung) definiert sind (s. Verknüpfung), so daß für beliebige Elemente $a, b, c \in V$ folgende Axiome erfüllt sind:

(V1) $a \sqcap b = b \sqcap a$; $a \sqcup b = b \sqcup a$ (kommutative Gesetze);

(V2) $(a \sqcap b) \sqcap c = a \sqcap (b \sqcap c)$; $(a \sqcup b) \sqcup c = a \sqcup (b \sqcup c)$ (assoziative Gesetze);

(V3) $a \sqcap (a \sqcup b) = a$; $a \sqcup (a \sqcap b) = a$ (Verschmelzungsgesetze).

$\sqcap$ und $\sqcup$ sind zueinander *dual.* Daher rührt der Name *Dualgruppe.* Wegen (V3) sind beide Operationen *idempotent* mit

$$a \sqcap a = a; \quad a \sqcup a = a \quad \text{für alle } a \in V.$$

Jeder Verband kann als halbgeordnete Menge (s. halbgeordnete Menge) dargestellt werden mit der durch $a \preceq b \Leftrightarrow a \sqcap b = a$ definierten Ordnungsrelation $\preceq$ (s. Ordnungsrelation).

Beispiele:
1.) Die Potenzmenge $\mathfrak{P}(M)$ (Menge aller Teilmengen von M) ist mit den Operationen $\sqcap = \cap$ (Mengendurchschnitt) und $\sqcup = \cup$ (Mengenvereinigung) ein Verband.
2.) Die Menge $\mathbb{N}$ der natürlichen Zahlen bilden einen Verband, wenn man als $\sqcap$ die Bildung des größten gemeinsamen Teilers und als $\sqcup$ die Bildung des kleinsten gemeinsamen Vielfachen erklärt.

Verband, Boolescher s. Boolescher Verband.

Verbiegung s. abwickelbare Fläche.

Verbindungsstrecke:
P und Q seien zwei Punkte im $\mathbb{R}^n$. Die *Verbindungsstrecke* PQ besteht aus allen Punkten, die auf der durch P und Q gehenden Geraden zwischen den Punkten P und Q liegen. Für die Ortsvektoren zu den Punkten X auf der Verbindungsstrecke gilt die Darstellung

$$\overrightarrow{OX} = \lambda \cdot \overrightarrow{OP} + (1 - \lambda) \cdot \overrightarrow{OQ} \quad \text{mit } 0 \leq \lambda \leq 1$$

(konvexe Linearkombination).
Mit $|PQ| = \overline{PQ}$ bezeichnet man die Länge der Strecke PQ.

Verdoppelung eines Würfels s. Delisches Problem.

Verein s. halbgeordnete Menge.

Vereinigung (Vereinigungsmenge):
Die Menge $A \cup B = \{x \mid x \in A \text{ oder } x \in B\}$ heißt *Vereinigung* oder *Vereinigungsmenge* von A und B (s. Menge, 2.). Sie besteht aus allen Elementen, die in A oder in B (oder in beiden), also in mindestens einer der beiden Mengen A und B enthalten sind.

Verfahrensfunktion s. gewöhnliche Differentialgleichung, 7.1.2.

Vergleichskriterien:
Als *Vergleichskriterien* für Reihen mit nichtnegativen Gliedern (s. Reihe, 4.) bezeichnet man diejenigen Konvergenz- und Divergenzkriterien, die man durch Reihenvergleich, genauer durch Vergleich der jeweiligen Folgenglieder a_n und b_n erhält.

1. Vergleichskriterium 1. Art:

Es seien $\sum_{n=1}^{\infty} b_n < \infty$ eine konvergente und $\sum_{n=1}^{\infty} c_n = \infty$ eine divergente Reihe mit jeweils nichtnegativen Gliedern. $\sum_{n=1}^{\infty} a_n$ sei eine Reihe mit ebenfalls nichtnegativen Gliedern. Für ein $\alpha > 0$ gelte

$$a_n \leq \alpha \cdot b_n \text{ für alle } n \geq n_0 \quad \Rightarrow \quad \sum_{n=1}^{\infty} a_n < \infty \quad \text{(konvergent);}$$

$$a_n \geq \alpha \cdot c_n \text{ für alle } n \geq n_0 \quad \Rightarrow \quad \sum_{n=1}^{\infty} a_n = \infty \quad \text{(divergent)}$$

(s. Reihe, 4.).

2. Vergleichskriterium 2. Art:

Es sei $\sum_{n=1}^{\infty} b_n < \infty$ eine konvergente und $\sum_{n=1}^{\infty} c_n = \infty$ eine divergente Reihe mit jeweils nichtnegativen Gliedern. Ferner sei $\sum_{n=1}^{\infty} a_n$ eine Reihe mit ebenfalls nichtnegativen Gliedern. Es gelte

$$\frac{a_{n+1}}{a_n} \leq \frac{b_{n+1}}{b_n} \text{ für alle } n \geq n_0 \quad \Rightarrow \quad \sum_{n=1}^{\infty} a_n < \infty \quad \text{(konvergent);}$$

$$\frac{a_{n+1}}{a_n} \geq \frac{c_{n+1}}{c_n} \text{ für alle } n \geq n_0 \quad \Rightarrow \quad \sum_{n=1}^{\infty} a_n = \infty \quad \text{(divergent)}$$

(s. Reihe, 4.).

Verhältnis(gleichung) s. Proportion.

verkettete Abbildung (Funktion) s. zusammengesetzte Abbildung (Funktion).

Verkettung s. zusammengesetzte Funktion.

Verknüpfung:

1. n-stellige Verknüpfung:

Es seien $M_1, M_2, \ldots, M_n$ und M nichtleere Mengen. Eine n-*stellige Verknüpfung* oder *algebraische Operation* φ ist eine Abbildung des direkten Produkts $M_1 \times M_2 \times \ldots \times M_n$ (s. direktes Produkt) in die Menge M. Jedem n-Tupel $(m_1, m_2, \ldots, m_n) \in M_1 \times M_2 \times \ldots \times M_n$ wird eindeutig ein Element

$$\varphi(m_1, m_2, \ldots, m_n) \in M$$

zugeordnet. Im Falle $M_i = M$ für $i = 1, 2, \ldots, n$ nennt man die Verknüpfung *innere Verknüpfung* oder *algebraische Operation.*

2. Binäre (zweistellige) Verknüpfung:

Im Falle $n = 2$ und $M_1 = M_2 = M$ heißt die Verknüpfung aus 1. *binäre* oder *zweistellige* Verknüpfung in M. Jedem geordneten Paar $a, b \in M$ wird ein $c = \varphi(a, b) = a \circ b \in M$ zugeordnet. Dann nennt man M *abgeschlossen* gegenüber der Verknüpfung $\circ$. Die Verknüpfung $\circ$ heißt *kommutativ*, falls für alle $a, b \in M$ gilt $a \circ b = b \circ a$;

assoziativ, falls für alle $a, b, c \in M$ gilt $(a \circ b) \circ c = a \circ (b \circ c)$.

Vermessung s. Geodäsie.

Verschiebung s. affine Abbildung, 2.3.

Verschiebungssatz s. Laplace-Transformation, s. Steinerscher Verschiebungssatz.

verschieden orientiert s. Orientierung eines Vektorraums.

Verschlüsselung s. Kodierung.

Verschmelzungsgesetze s. Verband.

vertauschbar (kommutativ):
Zwei Elemente a, b einer Gruppe (s. Gruppe) heißen *vertauschbar* oder *kommutativ*, wenn gilt $a \circ b = b \circ a$ (kommutatives Gesetz).

Vertauschbarkeit der Differentiation mit der Integration s. Integralrechnung, 1.11.

Vertauschbarkeit der Grenzwertbildung mit der Differentiation bzw. Integration s. Funktionenfolge, s. Funktionenreihe.

Vertauschbarkeit der Integrationsreihenfolge (Satz von Fubini) s. Integralrechnung, 2.2., 3.2., 4.

verwandte Zahlen s. befreundete Zahlen.

Verzinsung s. Zinsrechnung, s. Zinseszinsrechnung.

Vieleck (n-Eck, Polygon):

1. Allgemeines Vieleck:
Gegeben sind n Punkte $A_1, A_2, \ldots, A_n$ im $\mathbb{R}^3$. Dann heißt die Menge der Verbindungsstrecken

$$A_1A_2, A_2A_3, \ldots, A_{n-1}A_n, A_nA_1,$$

also der geschlossene Polygonzug, ein *Vieleck* (*Polygon* oder *n-Eck*). Falls alle n *Eckpunkte* $A_1, A_2, \ldots, A_n$ in einer Ebene liegen, nennt man das Vieleck *eben*, sonst *windschief*. Ein ebenes Vieleck heißt *einfach*, wenn jeweils nur zwei aufeinanderfolgende Strecken einen gemeinsamen Punkt (Ecke) besitzen. Die übrigen ebenen Vielecke nennt man *nicht einfach*. Ein nicht einfaches Vieleck heißt *überschlagen*, wenn zwei nicht aufeinanderfolgende Strecken einen gemeinsamen inneren Schnittpunkt besitzen. Ein nicht einfaches Vieleck heißt *nicht überschlagen*, wenn es nicht überschlagen ist, aber eine Ecke auf einer nicht unmittelbar vorangehenden Strecke liegt.

Ein überschlagenes Vieleck kann in mehrere einfache Vielecke zerlegt werden.

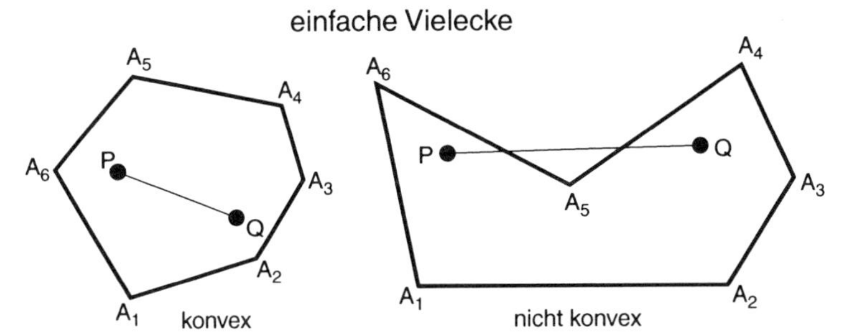

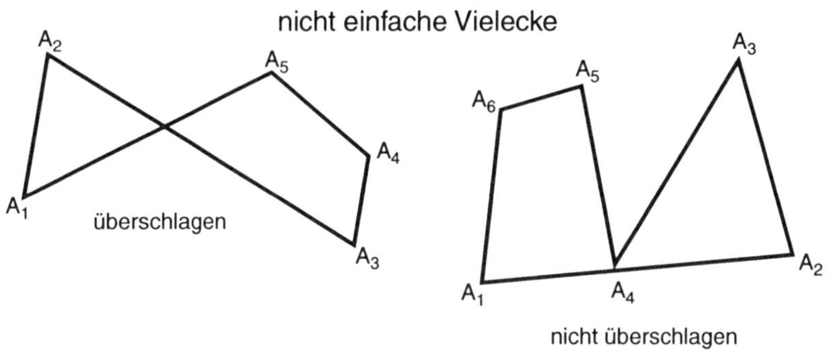

2. Einfaches ebenes Vieleck:
Bei einfachen ebenen Vielecken heißen die Verbindungsstrecken aufeinanderfolgender Eckpunkte die *Seiten* des Vielecks. Das Vieleck teilt die Ebene in zwei Gebiete, die durch die Seiten getrennt werden. Das beschränkte Gebiet innerhalb der Seiten ist das *Innere*, das unbeschränkte außerhalb der Seiten das *Äußere* des Vielecks. Der geschlossene Streckenzug und das Innere des n-Ecks heißt die *Fläche* des n-Ecks. Die Länge des einfachen geschlossenen Streckenzuges nennt man *Umfang* des Vielecks, eine Verbindungsstrecke zweier Eckpunkte, die keine Seite ist, heißt *Diagonale*. Jede der n Ecken kann mit (n − 3) anderen Ecken durch eine Diagonale verbunden werden. Daher gibt es insgesamt $\frac{n \cdot (n-3)}{2}$ verschiedene Diagonalen. Jeder Winkel, dessen Scheitel ein Eckpunkt A_i ist und dessen Strahlen auf den von A_i ausgehenden Seiten liegen, heißt *Innenwinkel* oder *Eckenwinkel* dieser Ecke. Die Größe des bei A_i liegenden Innenwinkels sei α_i.

3. Konvexes einfaches ebenes Vieleck:
Ein ebenes Vieleck heißt *konvex*, wenn mit jeweils zwei Punkten P und Q der Fläche des Vielecks die gesamte Verbindungsstrecke PQ dieser Punkte zur Fläche gehört. Dann besteht die Verbindungsstrecke zweier innerer Punkte nur aus inneren Punkten. Ferner liegen die Diagonalen mit Aus-

nahme der jeweiligen Eckpunkte im Innern des Vielecks. Jeder Innenwinkel (Eckenwinkel) α_i ist bei konvexen Vielecken kleiner als 180°. Jeder der beiden Nebenwinkel (Ergänzung zu 180°) heißt *Außenwinkel.* Falls man einen Punkt M aus dem Innern des Vielecks mit jedem der n Eckpunkte verbindet, erhält man n Dreiecke mit der Winkelsumme $n \cdot 180^\circ$. Wird davon die Summe der Winkel mit dem Scheitel M, also 360° abgezogen, so erhält man die Summe der n Innenwinkel als $(n-2) \cdot 180^\circ$.

4. Regelmäßiges konvexes Vieleck:

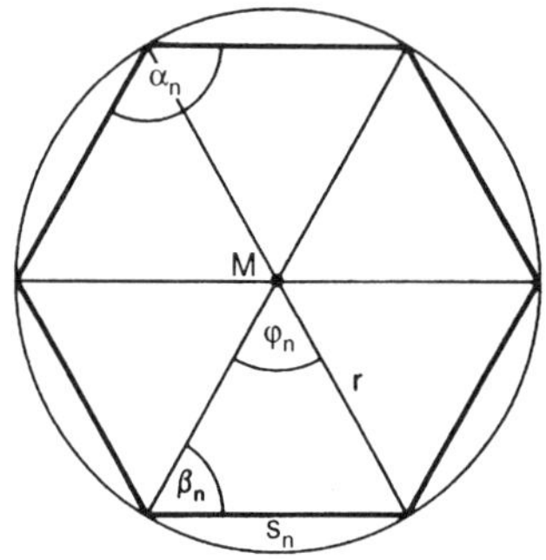

Ein konvexes ebenes einfaches n-Eck heißt *regelmäßig,* wenn seine n Seiten gleich lang sind. Dann sind auch die n Innenwinkel (Eckenwinkel) α_n gleich groß. Die n Eckpunkte liegen auf einem Kreis mit dem Radius r, dem *Umkreis* des Vielecks. Das n-Eck ist durch die konstante Seitenlänge s_n oder den Radius r des Umkreises bestimmt. Verbindet man den Mittelpunkt M des Umkreises mit jedem Eckpunkt, so wird das n-Eck in n kongruente gleichschenklige Dreiecke, die *Bestimmungsdreiecke,* zerlegt, deren Schenkel die Länge r des Umkreises besitzen. Der Basiswinkel β_n dieser Dreiecke ist halb so groß wie der Innenwinkel (Eckenwinkel) α_n des Dreiecks. Der Mittelpunktswinkel φ_n (mit dem Scheitel M) hat die Größe $\varphi_n = \frac{360^\circ}{n}$.

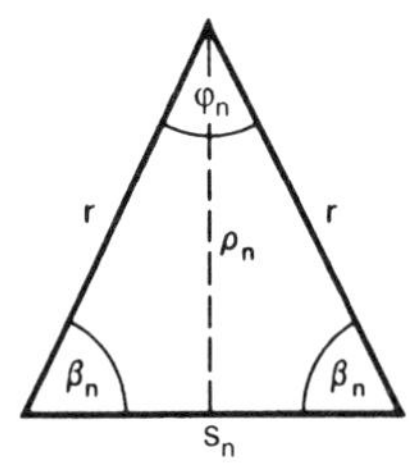

Innenwinkel (Eckenwinkel): $\alpha_n = \dfrac{(n-2) \cdot 180^\circ}{n}$;

Basiswinkel der Dreiecke: $\beta_n = \dfrac{\alpha_n}{2} = \dfrac{(n-2) \cdot 90^\circ}{n}$;

Mittelpunktswinkel (Zentriwinkel) der Dreiecke: $\varphi_n = \dfrac{360^\circ}{n}$;

Seitenlänge: $s_n = 2r \sin\dfrac{\alpha_n}{2}$; Radius des Umkreises: $r = \dfrac{s_n}{2\sin\dfrac{\alpha_n}{2}}$;

Radius des Inkreises: $\rho_n = \sqrt{r^2 - \dfrac{s_n^2}{4}} = r\cos\dfrac{\alpha_n}{2} = \dfrac{s_n}{2}\cot\dfrac{\alpha_n}{2}$;

Flächeninhalt: $F_n = \dfrac{n\, s_n \rho_n}{2} = \dfrac{n\, s_n^2}{4} \cdot \cot\dfrac{\alpha_n}{2} = \dfrac{n\, r^2 \sin\alpha_n}{2} = n\,\rho_n^2 \tan\dfrac{\alpha_n}{2}$.

Rekursionsformeln: $s_n = s_{2n} \cdot \sqrt{4 - \left(\dfrac{s_{2n}}{r}\right)^2}$; $s_{2n} = r \cdot \sqrt{2 - 2 \cdot \sqrt{1 - \left(\dfrac{s_n}{2r}\right)^2}}$;

$$F_n = F_{2n} \cdot \sqrt{1 - \frac{F_{2n}^2}{n^2 r^4}}; \qquad F_{2n} = \frac{n r^2}{\sqrt{2}} \cdot \sqrt{1 - \sqrt{1 - \frac{4F_n^2}{n^2 r^4}}}\ .$$

Anfangswerte:
n = 3 ergibt ein **gleichseitiges Dreieck** (s. Dreieck, 4.) mit der Seitenlänge

$$s_3 = r\sqrt{3}\,;\quad F_3 = \tfrac{4}{3}\,r^2\sqrt{3}\,.$$

n = 4 ergibt ein **Quadrat** (s. Quadrat) mit der Seitenlänge

$$s_4 = r\sqrt{2}\,;\quad F_4 = 2r^2\,;$$

n = 5 liefert

$$s_5 = \tfrac{r}{2}\cdot\sqrt{10-2\cdot\sqrt{5}}\,;\quad F_5 = \frac{5r^2}{8}\cdot\sqrt{10+2\cdot\sqrt{5}} \qquad \text{(s. Fünfeck).}$$

Ein regelmäßiges n-Eck mit einer Primzahl n ist nach Fermat genau dann mit Zirkel und Lineal konstruierbar, wenn n eine Fermatsche Primzahl ist (s. Fermatsche Primzahl), wenn die Primzahl n also darstellbar ist in der Form

$$n = 2^{2^m} + 1 \quad \text{mit} \quad m \in \mathbb{N}_0 = \{0,1,2,\ldots\}.$$

Für eine natürliche Zahl n ist das regelmäßige n-Eck genau dann mit Zirkel und Lineal konstruierbar, wenn gilt $n = 2^m \cdot p_1 \cdot p_2 \cdot \ldots \cdot p_k$, wobei $p_1, p_2, \ldots, p_k$ Fermatsche Primzahlen und m eine beliebige nichtnegative ganze Zahl ist.
Aus der Seitenlänge s_n eines regelmäßigen konvexen n-Ecks läßt sich die Seitenlänge s_{2n} des 2n-Ecks mit dem gleichen Umkreisradius r mit Zirkel und Lineal konstruieren. Dazu müssen nur die entsprechenden Kreisbogen über den Sehnen halbiert werden.

Vielfaches s. Teilbarkeit.

Vielfachheit einer Nullstelle s. Nullstelle.

Vielflach (Vielflächner):

Die Menge der Randpunkte eines Polyeders (s. Polyeder) heißt *Vielflach* oder *Vielflächner*.

Viereck (ebenes):

Ein *Viereck* ist ein geschlossener Streckenzug ABCD, der meist als eben und einfach (nicht überschlagen) vorausgesetzt wird (s. Vieleck, 2.). Manchmal versteht man unter einem Viereck die von dem Polygonzug eingeschlossene Fläche. Im folgenden sollen nur *konvexe ebene Vierecke* untersucht werden. Die Seitenlängen bezeichnet man mit

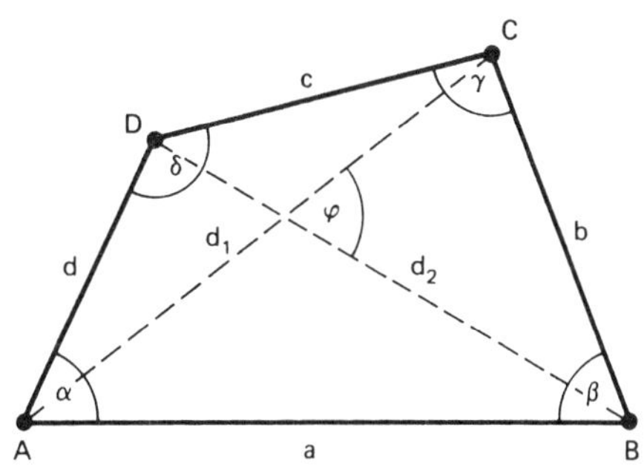

$$|AB| = a;\ |BC| = b;\ |CD| = c;\ |DA| = d.$$

a + b + c + d ist als Länge des Streckenzuges der *Umfang* des Vierecks. Die beiden Diagonalen mit den Längen $d_1 = |AC|$ und $d_2 = |BD|$ zerlegen das Viereck jeweils in zwei Dreiecke.

Winkelsumme: $\alpha + \beta + \gamma + \delta = 360^\circ$;

Flächeninhalt: $F = \frac{1}{2}(a\,d \sin\alpha + b\,c \sin\gamma) = \frac{1}{2}(a\,b \sin\beta + c\,d \sin\delta)$

$= \frac{1}{2} d_1\, d_2 \sin\varphi$ (φ = Winkel zwischen den Diagonalen);

Umfang: $U = a + b + c + d$.

Spezielle Vierecke:
s. Parallelogramm, s. Quadrat, s. Rechteck, s. Rhombus (Raute), s. Sehnenviereck, s. Tangentenviereck, s. Trapez.

Vierfarbenproblem:

Das *Vierfarbenproblem* besteht in der Frage, ob man jede Landkarte mit vier Farben so färben kann, daß benachbarte Länder verschiedene Farben haben. Das Problem ist noch nicht allgemein gelöst.

Vierflach s. Tetraeder.

Vier-Neunzigstel ($\frac{4}{90}$)-Regel s. Integralrechnung, 1.10.2.2.4.

Vieta s. Viète.

Vietascher Wurzelsatz:

Es seien $x_1, x_2, \ldots, x_n$ die n Wurzeln (Lösungen) der Gleichung

$$x^n + a_{n-1}x^{n-1} + a_{n-2}x^{n-2} + \ldots + a_2x^2 + a_1x + a_0 = 0 \quad \text{mit } a_i \in \mathbb{R}.$$

Dabei sind mehrfache Wurzeln entsprechend ihrer Häufigkeit aufgeführt. Die Wurzeln können auch komplex sein. Dann gilt:

$$x_1 + x_2 + x_3 + \ldots + x_n = \sum_{i=1}^{n} x_i = -a_{n-1};$$

$$x_1x_2 + x_1x_3 + \ldots + x_{n-1}x_n = \sum_{i<j}^{n} x_ix_j = a_{n-2};$$

$$x_1x_2x_3 + x_1x_3x_4 + \ldots + x_{n-2}x_{n-1}x_n = \sum_{i<j<k}^{n} x_ix_jx_k = -a_{n-3};$$

....

$$x_1 \cdot x_2 \cdot x_3 \cdot \ldots \cdot x_n = (-1)^n a_0 .$$

Dieser Satz läßt sich aus dem Fundamentalsatz der Algebra herleiten (s. Fundamentalsatz der Algebra).

n = 2: $x^2 + px + q = 0$; $x_1 + x_2 = -p$; $x_1 \cdot x_2 = q$;

n = 3: $x^3 + rx^2 + sx + t = 0$;

$x_1 + x_2 + x_3 = -r$; $x_1x_2 + x_1x_3 + x_2x_3 = s$; $x_1x_2x_3 = -t$.

Viète, Vieta, François (1540 – 1603) war nach dem Jurastudium Advokat, Ratgeber von Heinrich III. und Mitglied des persönlichen Rats von Heinrich IV. Er beschäftigte sich in Paris hauptsächlich mit der Gleichungsauflösung. Als einer der ersten verwendete er Buchstaben an Stelle der bis dahin üblichen Zahlenkoeffizienten. Nach ihm benannt sind die Vietaschen Wurzelsätze (s. Vietascher Wurzelsatz).

volladditiv s. sigma - additiv.

vollhomogene lineare Randwertaufgabe s. gewöhnliche Differentialgleichung, 5.2.1.

vollkommene (perfekte) Zahl:
Eine natürliche Zahl n heißt *vollkommen* oder *perfekt*, wenn die Summe ihrer *Teiler* einschließlich der 1 ohne n gleich n ist. Nach dem Satz von Euklid - Euler ist eine gerade Zahl n genau dann vollkommen, wenn sie von der Form ist:

$$n = 2^k \cdot (2^{k+1} - 1) \quad \text{mit } k \in \mathbb{N}, \text{ wobei } 2^{k+1} - 1 \text{ eine Primzahl ist.}$$

vollständig:
Eine Menge X von Ausdrücken (s. Ausdruck) einer mathematischen Theorie heißt
semantisch (*inhaltlich*) *vollständig*, wenn alle allgemeingültigen Ausdrücke aus X logisch folgen (s. semantisch);
syntaktisch (*klassisch*) *vollständig*, wenn jede Aussage oder ihre Verneinung aus X beweisbar ist (s. Sprache).

vollständig disjunkt s. disjunkt.

vollständige Differenzierbarkeit s. totale Differenzierbarkeit.

vollständige Induktion:
Mit dem *Prinzip der vollständigen Induktion* lassen sich Aussagen (Eigenschaften oder Formeln) A (n) beweisen, die für sämtliche natürlichen Zahlen $n \in \mathbb{N}$ oder für alle natürlichen Zahlen $n \geq m$ (m fest) richtig sind.

1. Schritt: Im *Induktionsanfang* (*Induktionsverankerung*) wird die Richtigkeit der Aussage für $n = m$ direkt gezeigt.

2. Schritt: In der *Induktionsvoraussetzung* wird angenommen, die Aussage sei für eine natürliche Zahl $n_0 \geq m$ richtig. Im *Induktionsschluß* wird unter Benutzung der Induktionsvoraussetzung nachgewiesen, daß die Aussage dann auch für den Nachfolger $n_0 + 1$ richtig ist.

Nach den Axiomen von Peano (s. reelle Zahlen, 1.) ist die Aussage somit für alle $n \geq m$ richtig.

vollständiger metrischer Raum:

Ein metrischer Raum M heißt *vollständig*, wenn jede Cauchy - Folge von Punkten aus M gegen einen Punkt aus M konvergiert (s. metrischer Raum, s. Cauchy - Folge).

vollständiges Differential s. totales Differential.

vollständiges Orthonormalsystem:

Ein Orthonormalsystem $\{\mathbf{u_k},\ k = 1, 2, \ldots\}$ (s. Orthogonal- und Orthonormalsystem) eines Hilbertraumes H (s. Hilbertraum) heißt *vollständig*, wenn es in H keinen Vektor $\mathbf{u}$ gibt, der zu allen $\mathbf{u_k}, k = 1, 2, \ldots$ orthogonal ist. Dann steht in der Besselschen Ungleichung (s. Besselsche Ungleichung) das Gleichheitszeichen, also $\|\mathbf{v}\|^2 = \sum_{k=1}^{\infty} |<\mathbf{v}, \mathbf{u_k}>|^2$. Außerdem ist dann jedes Element $\mathbf{v} \neq \mathbf{0}$ darstellbar in der Form $\mathbf{v} = \sum_{k=1}^{\infty} <\mathbf{v}, \mathbf{u_k}> \cdot \mathbf{v_k}$.

vollständige Zahlenebene s. Gaußsche Zahlenebene.

vollständig geordnet s. total geordnet.

vollstetiger linearer Operator:

Ein linearer Operator (s. linearer Operator) eines Hilbertraumes H (s. Hilbertraum) heißt *vollstetig*, wenn aus jeder unendlichen Folge $\mathbf{v_n} \in H$ mit $\|\mathbf{v_n}\| < C$ (der Norm nach beschränkt) für $n = 1, 2, \ldots$ eine Teilfolge $\mathbf{v_{n_i}}$ ausgewählt werden kann, für die $T\mathbf{v_{n_i}}$ der Norm nach konvergiert.

Vollwinkel:

Die beiden Halbstrahlen g und h sollen den Winkel φ bilden. Falls g und h zusammenfallen, heißt der Winkel *Vollwinkel*. Ihm entspricht das Bogenmaß 2π und das Gradmaß $360°$ (s. Winkel).

Volumen s. Rauminhalt, s. Volumenberechnung.

Volumenberechnung (Volumenintegral):

1. Volumenberechnung zylindrischer Körper durch Doppelintegrale:

Die Funktion $f(x, y) \geq 0$ bilde über dem Bereich $B \subset \mathbb{R}^2$ einen zylindrischen Körper mit der ebenen Grundfläche G und der durch $f(x, y)$ erzeugten Deckfläche. Das Volumen dieses Körpers erhält man als Doppelintegral

$$V = \iint_B f(x, y)\, dF = \iint_B f(x, y)\, dx\, dy \qquad \text{(s. Integralrechnung, 2.4.1.).}$$

2. Berechnung mit Dreifachintegralen:

$K \subset \mathbb{R}^3$ sei ein Körper mit existierendem Volumen. Dann erhält man das Volumen des Körpers K als Dreifachintegral

$$V(K) = \iiint_K dx\, dy\, dz \qquad \text{(s. Integralrechnung, 3.4.1.).}$$

3. Volumenberechnung bei einer Parameterdarstellung:
Die Koordinaten des Körpers K sollen die Parameterdarstellung

$$x = \varphi(u,v,w); \quad y = \psi(u,v,w); \quad z = \chi(u,v,w) \quad \text{mit} \quad (u,v,w) \in B$$

besitzen. Zu jedem Körperpunkt erhält man den Ortsvektor

$$\overrightarrow{OP} = \vec{k}(u,v,w) = \begin{pmatrix} \varphi(u,v,w) \\ \psi(u,v,w) \\ \chi(u,v,w) \end{pmatrix}.$$

Mit den Ableitungsvektoren

$$\vec{k}_u = \begin{pmatrix} \varphi_u(u,v,w) \\ \psi_u(u,v,w) \\ \chi_u(u,v,w) \end{pmatrix}; \quad \vec{k}_v = \begin{pmatrix} \varphi_v(u,v,w) \\ \psi_v(u,v,w) \\ \chi_v(u,v,w) \end{pmatrix}; \quad \vec{k}_w = \begin{pmatrix} \varphi_w(u,v,w) \\ \psi_w(u,v,w) \\ \chi_w(u,v,w) \end{pmatrix}$$

erhält mit dem das Spatprodukt die Funktionaldeterminante

$$(\vec{k}_u, \vec{k}_v, \vec{k}_w) = \det(\vec{k}_u \; \vec{k}_v \; \vec{k}_w) = \frac{\partial(x,y,z)}{\partial(u,v,w)}, \text{ also}$$

$$\frac{\partial(x,y,z)}{\partial(u,v,w)} = \begin{vmatrix} \varphi_u(u,v,w) & \psi_u(u,v,w) & \chi_u(u,v,w) \\ \varphi_v(u,v,w) & \psi_v(u,v,w) & \chi_v(u,v,w) \\ \varphi_w(u,v,w) & \psi_w(u,v,w) & \chi_w(u,v,w) \end{vmatrix}$$

(s. Spatprodukt, s. Funktionaldeterminante).

Hieraus erhält man das Volumenelement

$$dV = |(\vec{k}_u, \vec{k}_v, \vec{k}_w)| \, du\,dv\,dw = \left| \frac{\partial(x,y,z)}{\partial(u,v,w)} \right| du\,dv\,dw.$$

Es ist ungefähr gleich dem Volumen des von den Koordinatenlinien u, $u+du$, v, $v+dv$ und w, $w+dw$ aufgespannten Körpers. Dann erhält man das Volumen des Körpers K als Integral

$$\iiint_K dV = \iiint_B |(\vec{k}_u, \vec{k}_v, \vec{k}_w)| \, du\,dv\,dw = \iiint_B \left| \frac{\partial(x,y,z)}{\partial(u,v,w)} \right| du\,dv\,dw$$

(s. Integralrechnung, 3.3.).

3. Volumen eines Rotationskörpers s. Rotationsfläche und Rotationskörper, 1.

4. Volumenberechnung aus Querschnittsflächen:
Alle zur z-Achse senkrechten Ebenen sollen aus dem Körper K eine Schnittfläche ausschneiden, deren Flächeninhalt $q(z)$ eine für $a \leq z \leq b$ integrierbare Funktion ist. Dann erhält man das Volumen V als

$$V = \int_a^b q(z)\,dz$$

(s. Cavalierisches Prinzip).

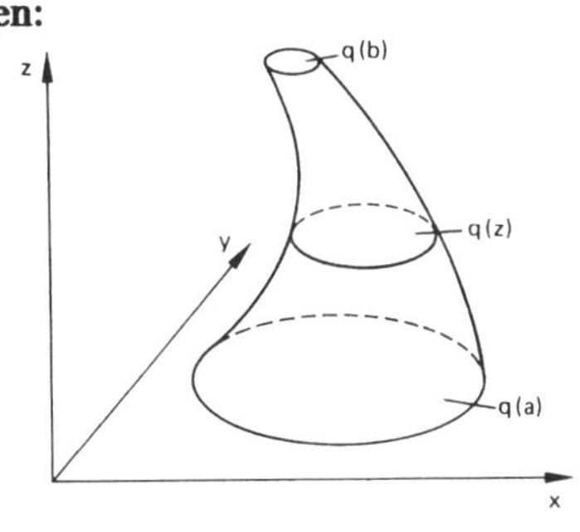

4.1. Volumen eines schiefen Zylinders:
In einem schiefen Zylinder (s. Zylinder, 2.1.) der Höhe h besitze die Grundfläche den Inhalt F. Dann gilt für den Inhalt der horizontalen Querschnittsfläche $q(z) \equiv F$ für $0 \le z \le h$. Hieraus folgt die Formel $V = F \cdot h$ (Grundfläche mal Höhe).

4.2. Volumen eines schiefen Kreiskegels:
Der Radius des Grundkreises eines schiefen Kreiskegels sei r, die vertikale Höhe h (s. Kegel, 2.2.1.). Dann erhält man für den Radius r (z) des Kreises in der Höhe z mit Hilfe des Strahlensatzes

$$\frac{r(z)}{r} = \frac{h-z}{h};$$

$$q(z) = \pi r^2(z) = \pi \cdot \frac{r^2}{h^2} \cdot (h-z)^2;$$

$$V = \int_0^h q(z)\,dz = \pi \cdot \frac{r^2}{h^2} \cdot \int_0^h (h-z)^2\,dz = -\pi \cdot \frac{r^2}{h^2} \cdot \frac{1}{3}(h-z)^3 \Big|_{z=0}^{z=h}$$

$$= \frac{\pi r^2 h}{3} = \frac{1}{3} G h; \quad G = \text{Inhalt der Grundfläche.}$$

Volumenelement:

Das Volumenelement (s. Integralrechnung, 3.4.1.) lautet in Abhängigkeit von der Volumendarstellung:

Volumenelement bei kartesischen Koordinaten:

$$dV = dx\,dy\,dz.$$

Volumenelement bei einer Parameterdarstellung:

$$x = \varphi(u, v, w); \quad y = \psi(u, v, w); \quad z = \chi(u, v, w) \quad \text{für} \quad (u, v, w) \in B$$

$$dV = \left| \frac{\partial(x, y, z)}{\partial(u, v, w)} \right| du\,dv\,dw \quad \text{mit der Funktionaldeterminante}$$

$$\frac{\partial(x, y, z)}{\partial(u, v, w)} = \begin{vmatrix} \varphi_u(u, v, w) & \psi_u(u, v, w) & \chi_u(u, v, w) \\ \varphi_v(u, v, w) & \psi_v(u, v, w) & \chi_v(u, v, w) \\ \varphi_w(u, v, w) & \psi_w(u, v, w) & \chi_w(u, v, w) \end{vmatrix}$$

(s. Funktionaldeterminante, s. Volumenberechnung, 3.).

Volumenelement bei Kugelkoordinaten:

$$x = \rho \cdot \sin\vartheta \cdot \cos\varphi; \quad y = \rho \cdot \sin\vartheta \cdot \sin\varphi; \quad z = \rho \cdot \cos\vartheta;$$

$$dV = \rho^2 \cdot \sin\vartheta\,d\rho\,d\vartheta\,d\varphi.$$

Volumenelement bei verallgemeinerten Kugelkoordinaten:

$$x = a \cdot \rho \cdot \sin\vartheta \cdot \cos\varphi; \quad y = b \cdot \rho \cdot \sin\vartheta \cdot \sin\varphi; \quad z = c \cdot \rho \cdot \cos\vartheta$$

$$(a, b, c > 0 \text{ fest}); \qquad dV = a\,b\,c\,\rho^2 \sin\vartheta\,d\rho\,d\vartheta\,d\varphi.$$

Volumenelement bei Zylinderkoordinaten:

$$x = \rho \cdot \cos\varphi; \quad y = \rho \cdot \sin\varphi; \quad z = z; \qquad dV = \rho \, d\rho \, dz .$$

Vorgänger s. reelle Zahlen, 1., 2.

vorschüssig:
Eine zu Beginn einer Zinsperiode erfolgte Zahlung heißt *vorschüssig* (s. Zinseszinsrechnung, 3., 4.).

Vorzeichen (Signum):
Das *Vorzeichen* oder *Signum* einer reellen Zahl a ist definiert durch

$$\operatorname{sgn} a = \begin{cases} +1 & \text{für } a > 0; \\ 0 & \text{für } a = 0; \\ -1 & \text{für } a < 0. \end{cases}$$

Für $a \neq 0$ gilt dabei $\operatorname{sgn} a = \frac{a}{|a|}$ mit $|a|$ = Betrag von a (s. Betrag, 1.).

W

Waagepunkt:
Ein *Waagepunkt* einer Funktion f(x) ist ein Wendepunkt mit waagrechter Tangente, also ein Sattelpunkt (s. Wendepunkt).

wachsend s. monoton wachsend, s. monoton fallend.

Wachstumsrate s. Änderungsrate.

Wachstumsrate, partielle s. partielle Änderungsrate.

wahr (Wahrheit):
In der Mathematik wird nur der einzige wissenschaftliche *Wahrheitsbegriff*, nämlich der materialistische (realistische oder Aristotelische) verwendet. Danach ist eine Aussage (s. Aussage, s. Aussagenlogik) genau dann *wahr*, wenn sich alle in der Aussage gemachten Sachen tatsächlich in der angegebenen Weise verhalten. Andernfalls ist sie *falsch*. Nach dem *Zweiwertigkeitsprinzip* ist jede Aussage entweder *wahr* oder *falsch*. Es enthält den Satz vom *ausgeschlossenen Dritten* oder *ausgeschlossenen Widerspruch*, der besagt, daß keine Aussage gleichzeitig wahr und falsch sein kann. Halbwahrheiten gibt es somit in der mathematischen Logik nicht.

Wahrheitsfunktion (Wahrheitstafel):

Eine n-stellige *Wahrheitsfunktion* ist eine Abbildung, die jedem n-Tupel von Wahrheitswerten für die Aussagen $(A_1, A_2, \ldots, A_n)$ einen Wahrheitswert zuordnet (s. Wahrheitswert). Es handelt sich also um eine Relation (s. Relation, 3.). Dadurch wird jedes der 2^n n-Tupel, dessen i-te Komponente gleich *w* ist, falls A_i wahr ist, andernfalls gleich *f* ist, einer der beiden Wahrheitswerte *w* oder *f* zugeordnet. Für kleine n kann die Wahrheitsfunktion in Form einer *Wahrheitstafel* dargestellt werden.

Wahrheitstafel für die Negation ¬ (s. Negation):

A	¬A
w	*f*
f	*w*

Wahrheitstafeln für ∧ (und, Konjunktion) sowie ∨ (oder, Disjunktion) (s. oder (logisches), s. und (logisches)):

A	B	A ∧ B	A ∨ B
w	*w*	*w*	*w*
w	*f*	*f*	*w*
f	*w*	*f*	*w*
f	*f*	*f*	*f*

Wahrheitswert:

In der klassischen zweiwertigen Aussagenlogik wird vorausgesetzt, daß jeder Aussage A, B,... entweder der Wahrheitswert *w* (*wahr*) oder *f* (*falsch*) zukommt. Daher zerfällt die Menge aller Aussagen in zwei Klassen, in die Menge der *wahren* und die der *falschen* Aussagen (s. Aussagenlogik).

Wallis, John (1616 – 1703) studierte in Cambridge Philosophie und Theologie, wirkte als Prediger in London und lernte später im Selbststudium Mathematik. Seit 1649 lehrte er in Oxford Mathematik. Dabei beschäftigte er sich besonders mit Kegelschnitten und der Zahlentheorie. Nach ihm benannt sind die Wallissche Formel (s. Wallissche Formel) und das Wallissche Produkt (s. Wallissches Produkt).

Wallissche Formel:

Für jede natürliche Zahl n gilt

$$\frac{2^{2n}\cdot n!}{(2n)!} = \frac{2}{1}\cdot\frac{4}{3}\cdot\frac{6}{5}\cdot\ldots\cdot\frac{2n}{2n-1} = \sqrt{2n+\vartheta_n}\cdot\sqrt{\frac{\pi}{2}} \quad \text{mit } 0 < \vartheta_n < 1 .$$

Hieraus folgt

$$\sqrt{\pi} = \lim_{n\to\infty} \frac{1}{\sqrt{n}}\cdot\frac{2}{1}\cdot\frac{4}{3}\cdot\frac{6}{5}\cdot\ldots\cdot\frac{2n}{2n-1} .$$

Wallissches Produkt:
Das konvergente unendliche Produkt

$$\frac{2}{1}\cdot\frac{2}{3}\cdot\frac{4}{3}\cdot\frac{4}{5}\cdot\frac{6}{5}\cdot\frac{6}{7}\cdot\frac{8}{7}\cdot\frac{8}{9}\cdot\ldots\cdot\frac{2n}{(2n-1)\cdot(2n+1)}\cdot\ldots = \frac{\pi}{2}$$

heißt *Wallissches Produkt.*

Wälzwinkel s. zyklische Kurven, 1.

Wechselwinkel s. Winkelpaare.

Weg s. Kurve.

Wegintegral s. Kurvenintegral.

Wegunabhängigkeit s. Kurvenintegral, 1.2.2., 2.2.2.

Weierstraß, Karl (1815 – 1897) war zunächst Oberschullehrer und ab 1856 in Berlin Hochschullehrer für Mathematik. Er beschäftigte sich mit der Funktionentheorie. Nach ihm benannt sind der Satz von Weierstraß (s. Weierstraß, Satz von), der Weierstraßsche Approximationssatz (s. Weierstraßscher Approximationssatz) sowie der Satz von Bolzano - Weierstraß (s. Bolzano - Weierstraß, Satz von).

Weierstraß, Satz von:
Jede im abgeschlossenen Intervall $[a;b]$ stetige Funktion $f(x)$ nimmt dort sowohl das absolute Minimum als auch das absolute Maximum an. Es gibt also mindestens zwei Stellen x_{min} und x_{max} aus $[a;b]$ mit

$$f(x_{min}) = \min_{a\leq x\leq b} f(x); \quad f(x_{max}) = \max_{a\leq x\leq b} f(x) \qquad \text{(s. Extremum, 1.).}$$

Weierstraßscher Approximationssatz:
Die Funktion $f(x)$ sei im abgeschlossenen Intervall $[a;b]$ stetig. Dann gibt es zu jedem $\varepsilon > 0$ ein Polynom $P(x)$ mit

$$\max_{a\leq x\leq b} |f(x) - P(x)| < \varepsilon .$$

Zu jeder in $[a;b]$ stetigen Funktion existiert also immer eine Folge von Polynomen $P_n(x)$ für $n = 1, 2, \ldots,$ die in $[a;b]$ gleichmäßig gegen $f(x)$ konvergiert (s. gleichmäßige Konvergenz).

Weierstraßsches Majorantenkriterium s. Funktionenreihe.

Wendepunkt:
In einem *Wendepunkt* $P(x_W, f(x_W))$ einer Funktion $f(x)$ findet ein Übergang von einem konvexen zu einem konkaven Bereich statt oder umgekehrt (s. konkav, s. konvex, 2.). Die Krümmung hat dort einen Vorzeichenwechsel (s. Krümmung, 1.). Bei differenzierbaren Funktionen durchsetzt

die Tangente in einem Wendepunkt die Kurve. Die Ableitung $f'(x)$ besitzt an einem Wendepunkt ein relatives Extremum. Falls f zweimal differenzierbar ist, wechselt f'' an der Stelle x_W das Vorzeichen.

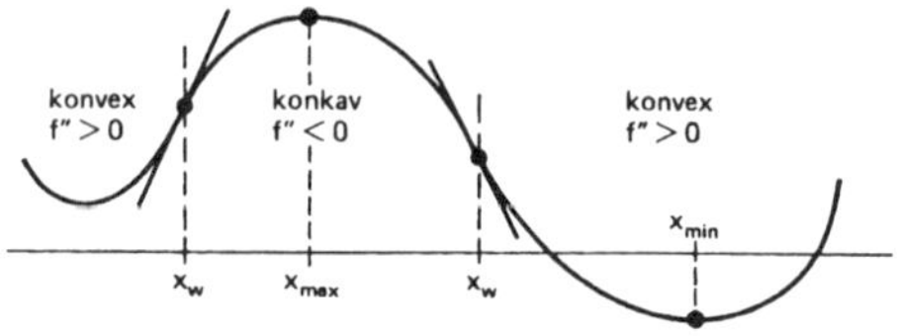

Notwendige Bedingung für einen Wendepunkt:
Die Funktion f sei an der Stelle x_W zweimal stetig differenzierbar. Notwendig dafür, daß f an der Stelle x_W einen Wendepunkt besitzt, ist dann

$$f''(x_W) = 0.$$

Hinreichende Bedingung für einen Wendepunkt:
An der Stelle x_E sei die Funktion n-mal differenzierbar mit

$$f''(x_W) = \ldots = f^{(n-1)}(x_W) = 0 \quad \text{und} \quad f^{(n)}(x_W) \neq 0,$$

wobei n ungerade ist. Dann besitzt f an der Stelle x_W einen Wendepunkt. Ein Wendepunkt mit horizontaler Tangente heißt *Waagepunkt* oder *Sattelpunkt.*

Wendetangente:
Im Falle der Existenz ist eine *Wendetangente* die Tangente an die Kurve in einem Wendepunkt (s. Wendepunkt). Sie durchdringt die Kurve.

Wert eines Matrixspiels s. Spiel, 2.2., 2.3.

Wertebereich (Wertevorrat):
Es sei f eine Abbildung von X in Y. Dann heißt die Menge aller $y \in Y$, zu denen es ein $x \in X$ mit $y = f(x)$ gibt, *Wertebereich* von f (s. Abbildung, s. Funktion von reellen Variablen, 1.).

wesentliche Singularität:
Eine Singularität z_0 einer komplexen Funktion f heißt *wesentlich*, wenn in der Laurent-Reihe $f(z) = \sum_{k=-\infty}^{+\infty} c_k \cdot (z - z_0)^k$ unendlich viele Koeffizienten mit negativem Index ungleich Null sind (s. komplexe Funktion, 11.).

wesentliche Ziffer s. Runden.

Widerspruchsbeweis s. Beweis, 2.

widerspruchsfrei:
Eine Menge von Ausdrücken heißt *widerspruchsfrei*, wenn in dieser Menge ein Ausdruck A und seine Negation $\neg A$ nicht gleichzeitig beweisbar sind (s. Formel, s. Negation, s. Axiom).

windschiefe Geraden:

Zwei Geraden im dreidimensionalen Raum (s. Gerade, 2.), die nicht in einer Ebene liegen, heißen *windschief*. Zwei windschiefe Geraden besitzen keinen Schnittpunkt. Abstand zweier windschiefer Geraden s. Abstand, 7.

windschiefes Vieleck:

Ein Vieleck, dessen Eckpunkte nicht alle in einer Ebene liegen, heißt *windschief* (s. Vieleck, 1.).

Windung s. Kurve, 2.8.

Winkel(messung):

1. Winkel (Elementar-Winkel):

Ein *Winkel* (*Elementar-Winkel*) wird durch einen Punkt S und zwei von S ausgehende Strahlen (Halbgeraden) p und q gebildet. Die beiden Strahlen heißen die *Schenkel*, S der *Scheitelpunkt* (*Scheitel*) des Winkels. Im Falle p = q nennt man den Winkel *Nullwinkel*. Falls p und q entgegengesetzt sind, heißt der Winkel *gestreckter Winkel*.

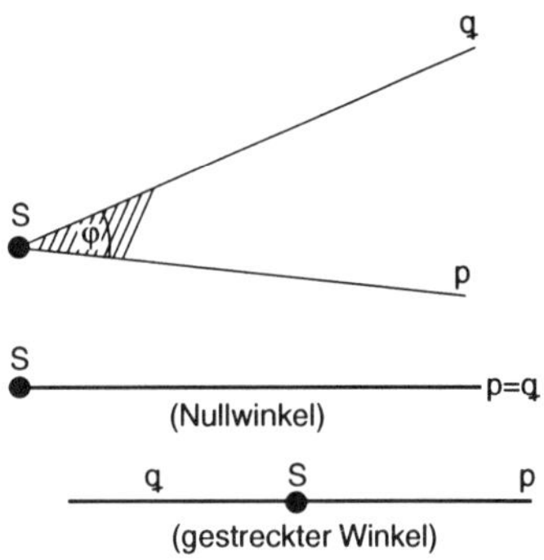

1.1. Winkelmessung im Gradmaß:

Winkel können in Grad ° gemessen werden. Der Nullwinkel besitzt das Winkelmaß 0°, der gestreckte Winkel 180°. Das Maß eines Winkels in Grad sei mit φ, α, β usw. bezeichnet. Damit gilt $0 \leq \varphi \leq 360°$.

Spezielle Winkel:

spitzer Winkel: $0 < \varphi < 90°$; *rechter Winkel*: $\varphi = 90°$;
stumpfer Winkel: $90° < \varphi < 180°$; *gestreckter Winkel*: $\varphi = 180°$;
überstumpfer Winkel: $180° < \varphi < 360°$; *Vollwinkel*: $\varphi = 360°$.

Ein Grad wird in 60 Minuten unterteilt, bezeichnet mit ′, eine Minute in 60 Sekunden, bezeichnet mit ″. Damit gilt

$$1° = 60\,'; \quad 1\,' = 60\,''.$$

1.2. Winkelmessung im Bogenmaß:

Vor allem in der Analysis ist es üblich, das Winkelmaß im *Bogenmaß* anzugeben. Im Einheitskreis mit dem Radius r = 1 wird jedem Zentriwinkel (gemessen im Gradmaß φ) auf dem zugehörigen Kreisbogen das *Bogenmaß* $x = x(\varphi)$ zugeordnet durch

$$x = \frac{\pi}{180} \cdot \varphi.$$

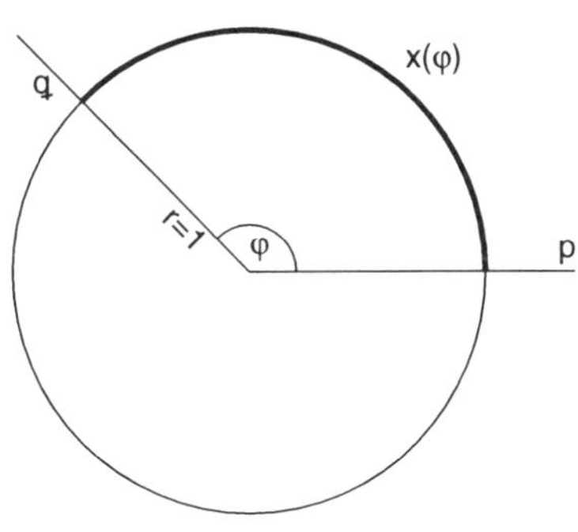

Als Einheit wählt man einen Bogen der Länge 1. Diese Einheit heißt *Radiant*, man schreibt dafür *rad.* 1 rad entspricht ein Winkel von $\frac{180}{\pi} \approx 57^\circ 17' 44{,}8''$. Allgemein erhält man die Zuordnung

$$1^\circ \mathrel{\hat{=}} \frac{1}{\pi}\,\text{rad}.$$

1.3. Orientierte (gerichtete) Winkel:
Auf dem Einheitskreis werde eine positive Richtung entgegen dem Uhrzeigerlaufsinn eingeführt. Dadurch werden die Winkelmaße mit einem Vorzeichen versehen. Die zugehörigen Winkel heißen *orientierte Winkel.* Damit kann das Bogenmaß x jeden beliebigen Wert aus $\mathbb{R}$ annehmen (s. trigonometrische Funktionen).

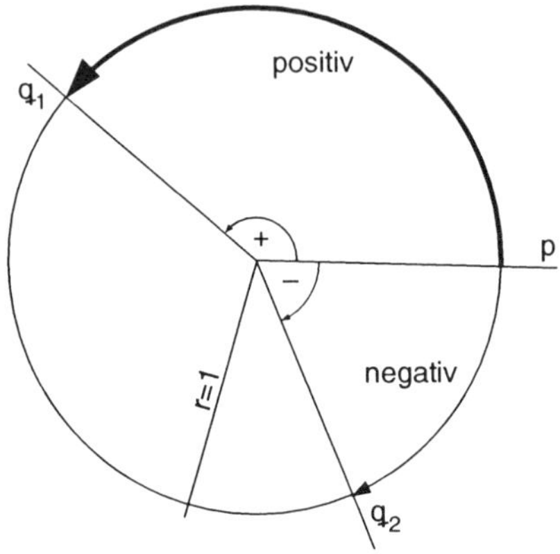

2. Winkel zwischen zwei sich schneidenden Geraden:
Zwei sich schneidende Geraden im $\mathbb{R}^2$ oder $\mathbb{R}^3$ sollen die Richtungsvektoren $\vec{a}$ bzw. $\vec{b}$ besitzen (s. Gerade, 1.1., 2.1.). Dann erhält man den Kosinus des von den beiden Geraden (Vektoren) gebildeten Winkels φ mit Hilfe des inneren Produkts und dem Betrag als

$$\cos\varphi = \frac{\vec{a} \cdot \vec{b}}{|\vec{a}| \cdot |\vec{b}|}$$

(s. Skalarprodukt, 1., s. Vektor im V^n, 1.2.5., 2.4.).

3. Winkel zwischen zwei n-dimensionalen Vektoren:
Es seien $\vec{a}$ und $\vec{b}$ zwei vom Nullvektor $\vec{0}$ verschiedene n-dimensionale Vektoren. Dann gilt für den von den beiden Vektoren eingeschlossenen Winkel mit $0^\circ \leq \varphi \leq 180^\circ$ (mit dem inneren Produkt und dem Betrag)

$$\cos\varphi = \frac{\vec{a} \cdot \vec{b}}{|\vec{a}| \cdot |\vec{b}|}$$

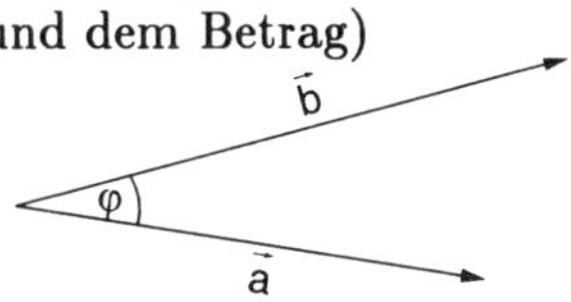

(s. Skalarprodukt, 1., s. Vektor im V^n, 3.).

4. Winkel zwischen zwei Vektoren eines Euklidischen Vektorraums:
u und **v** seien zwei vom Nullvektor **0** verschiedene Vektoren eines Euklidischen Vektorraums V (s. Vektorraum, 3.). Dann erhält man mit dem inneren Produkt und dem Betrag der Vektoren den Kosinus des Winkels φ zwischen den beiden Vektoren als

$$\cos\varphi = \frac{<\mathbf{u}, \mathbf{v}>}{\|\mathbf{u}\| \cdot \|\mathbf{v}\|}\,.$$

Winkelfunktion s. trigonometrische Funktionen.

Winkelhalbierende (Halbierung eines Winkels):

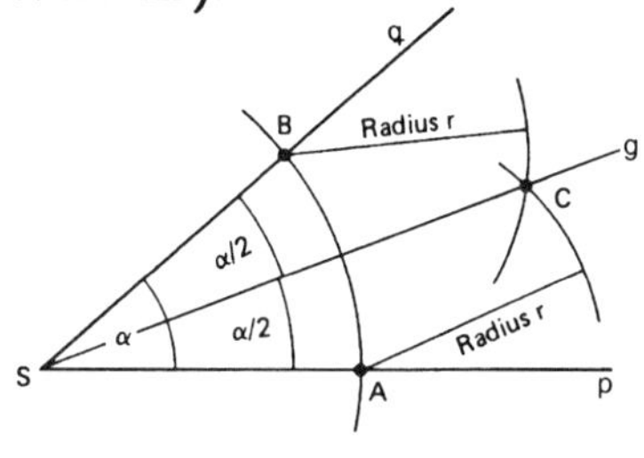

Eine Halbgerade g, die vom Scheitel S aus mit den beiden Strahlen p und q jeweils gleichgroße Winkel bildet, heißt *Winkelhalbierende* des von p und q gebildeten Winkels. Die Winkelhalbierende kann mit Zirkel und Lineal konstruiert werden. Dazu wird von S aus ein Kreis geschlagen. Um die beiden Schnittpunkte A und B dieses Kreises mit den Schenkeln p und q werden Kreise mit dem gleichen Radius r geschlagen, die sich schneiden sollen. Der durch S und den Schnittpunkt C dieser Kreise gehende Strahl ist die Winkelhalbierende.

Winkelhalbierende eines Dreiecks:

Die drei Winkelhalbierenden eines Dreiecks schneiden sich in einem Punkt, dem Mittelpunkt des Inkreises (s. Dreieck, 1., s. Inkreis, 1.).

Winkelmaß s. Winkel, 1.1., 1.2., 1.3.

Winkelmesser (Winkelmeßinstrument):

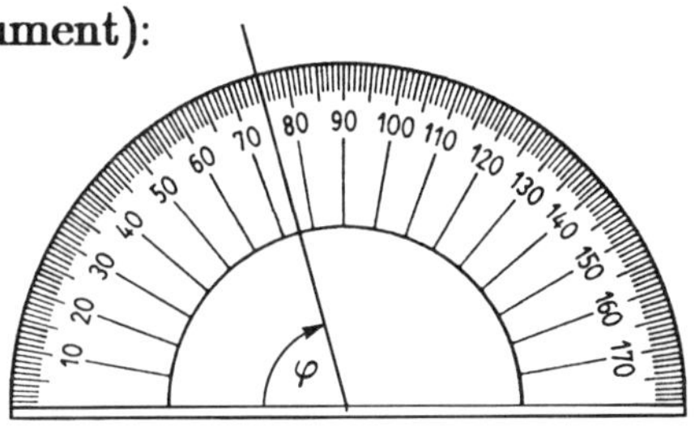

Ein Gerät zur Messung der Größe eines gegebenen Winkels oder zur Konstruktion eines Winkels mit einer vorgegebenen Größe heißt *Winkelmesser.*

Winkelpaare:

Zwei nicht unbedingt parallele Geraden p und q werden von einer dritten Geraden g geschnitten. Dabei sei g weder zu p noch zu q parallel. Falls sich p und q schneiden, gehe g nicht durch den Schnittpunkt von p und q. Damit schneidet g die Geraden p und q in zwei Punkten. So erhält man Winkelpaare mit diesen Schnittpunkten als Scheitelpunkte. Ihre Schenkel liegen auf p und g bzw. auf q und g. Sie werden kurz als g-, p- oder q-Schenkel bezeichnet. Ein Winkelpaar heißt:

Stufenwinkelpaar, wenn ihre p- und q-Schenkel auf derselben Seite von g liegen und ihre g-Schenkel gleichgerichtet sind;

Wechselwinkelpaar, wenn ihre p- und q-Schenkel auf verschiedenen Seiten von g liegen und ihre g-Schenkel entgegengesetzt gerichtet sind;

ein Paar entgegengesetzt liegender Winkel, wenn ihre p- und q-Schenkel auf derselben Seite von g liegen und ihre g-Schenkel entgegengesetzt gerichtet sind.

Falls die geschnittenen Geraden p und q parallel sind, gelten die Sätze:
a) zwei Stufenwinkel eines Paares sind kongruent;
b) zwei Wechselwinkel eines Paares sind kongruent;
c) zwei entgegengesetzt liegende Winkel eines Paares ergänzen sich zu einem gestreckten Winkel.

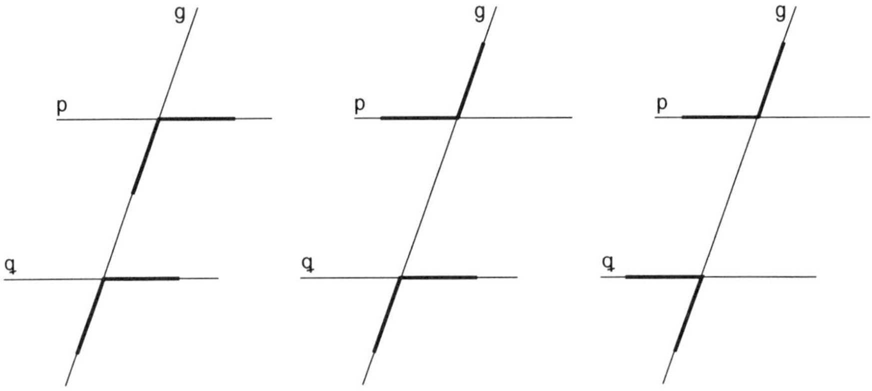

a) Stufenwinkelpaar b) Wechselwinkelpaar c) Paar entgegengesetzter Winkel

Werden umgekehrt zwei Geraden p und q von einer dritten g geschnitten, und gilt eine dieser drei Eigenschaften, so sind die geschnittenen Geraden p und q parallel. Dann sind auch die beiden anderen Eigenschaften erfüllt.

winkeltreu s. konforme Abbildung.

Winkelvielfache s. trigonometrische Funktionen, 3.

wirbelfreies Vektorfeld:

Ein Vektorfeld $\vec{v}$ heißt *wirbelfrei*, falls die Rotation gleich dem Nullvektor ist, also für $\operatorname{rot}\vec{v} = \vec{0}$ (s. Vektorfeld, s. Rotation, s. Oberflächenintegral, 3.2.).

Wirbelpunkt:

Ein Punkt P heißt *Wirbelpunkt* einer Kurvenschar (s. Kurvenschar), wenn es in jeder Umgebung von P geschlossene Scharkurven gibt.

Beispiel: $x^2 + y^2 = c > 0$. Der Koordinatenursprung O ist ein Wirbelpunkt (s. gewöhnliche Differentialgleichung, 2.1.8.).

wohlgeordnete Menge:

Eine geordnete Menge M (s. geordnete Menge) heißt *wohlgeordnet*, wenn jede nichtleere Teilmenge $A \subset M$, also auch M selbst, bezüglich der Ordnung $\preceq$ ein erstes Element besitzt, also ein Element c mit $c \preceq a$ für alle $a \in A$.

Wohlordnungssatz:

Jede Menge M kann wohlgeordnet werden (s. wohlgeordnete Menge).

Wronski (Hoene-Wronsky), Joséf Maria (1778 – 1853) geriet als polnischer Artillerieoffizier 1794 in Gefangenschaft. Nach seiner Freilassung ging er 1798 nach Deutschland und 1810 nach Paris. Von ihm stammen wesentliche Beiträge zur Theorie der Differentialgleichungen. Nach ihm benannt ist die Wronskische Determinante (s. Wronskische Determinante).

Wronskische Determinante:

1. Wronskische Determinante von Funktionen:
Die Funktionen $y_1(x), y_2(x), \ldots, y_n(x)$ seien im offenen Intervall $(a;b)$ $(n-1)$-mal stetig differenzierbar. Dann heißt die Funktion (Determinante)

$$W(x) = \begin{vmatrix} y_1(x) & y_2(x) & \cdots & y_n(x) \\ y_1'(x) & y_2'(x) & \cdots & y_n'(x) \\ \vdots & \vdots & \vdots & \vdots \\ y_1^{(n-1)}(x) & y_2^{(n-1)}(x) & \cdots & y_n^{(n-1)}(x) \end{vmatrix}$$

Wronskische Determinante (s. Determinante). Die Wronskische Determinante ist identisch Null, wenn die n Funktionen in $(a;b)$ linear abhängig sind (s. linear unabhängig, 1.). Sie spielt bei der Lösung linearer Differentialgleichungen n-ter Ordnung eine wichtige Rolle (s. gewöhnliche Differentialgleichung, 3.).

2. Wronskische Determinante von Funktionsvektoren:
Gegeben sind n Funktionsvektoren

$$\vec{y}_k(x) = \begin{pmatrix} y_{1k}(x) \\ y_{2k}(x) \\ \vdots \\ y_{nk}(x) \end{pmatrix} \quad \text{für } k = 1, 2, \ldots, n.$$

Dann heißt die Determinante

$$\det(\vec{y}_1(x)\ \vec{y}_2(x) \ldots \vec{y}_n(x))$$

Wronskische Determinante (s. System von gewöhnlichen Differentialgleichungen, 2.1.).

Wronskische Matrix:

Die Matrix, deren Determinante die Wronskische Determinante ist, heißt *Wronskische Matrix* (s. Wronskische Determinante).

Wulst s. Torus.

Würfel (regelmäßiges Hexaeder):

Ein Würfel ist ein Quader (s. Quader), dessen Kanten alle gleich lang (= a) sind. Die sechs Seiten sind kongruente Quadrate. Ein Würfel ist ein regelmäßiges Polyeder (s. Polyeder, 2.).

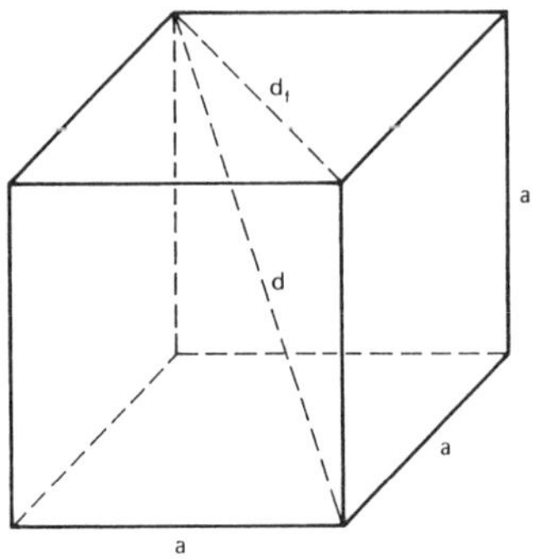

Volumen: $V = a^3$;

Oberflächeninhalt: $O = 6\,a^2$;

Flächendiagonale: $d_f = a \cdot \sqrt{2}$.

Raumdiagonale: $d = a \cdot \sqrt{3}$;

Würfelverdoppelung s. Delisches Problem, s. Konstruierbarkeit mit Zirkel und Lineal.

Wurzel:

1. n-te Wurzel einer reellen Zahl:

Zu jeder positiven reellen Zahl $a > 0$ gibt es eine eindeutig bestimmte positive Zahl $b > 0$ mit $b^n = a$. Diese Zahl b bezeichnet man mit

$$b = a^{\frac{1}{n}} = \sqrt[n]{a} \quad \Leftrightarrow \quad b^n = a,$$

und nennt sie die *n-te Wurzel* von a (s. Potenz, 1.). n heißt *Wurzelexponent* und a *Radikand*. Für $n = 2$ nennt man die Wurzel auch *Quadratwurzel* oder auch einfach *Wurzel*, für $n = 3$ heißt sie *Kubikwurzel*.

Für ungerades n kann die n-te Wurzel auch aus negativen reellen Zahlen $a < 0$ gezogen werden durch

$$\sqrt[n]{a} = -\sqrt[n]{|a|} \quad \text{für } a < 0; \quad \text{Beispiel: } \sqrt[5]{-32} = -\sqrt[5]{32} = -2.$$

Wurzelgesetze:

Für beliebige reelle Zahlen $a, b > 0$ und beliebige natürliche Zahlen m, n, k gelten die Wurzelgesetze:

$$\sqrt[n]{a} \cdot \sqrt[n]{b} = \sqrt[n]{a \cdot b}; \quad \frac{\sqrt[n]{a}}{\sqrt[n]{b}} = \sqrt[n]{\frac{a}{b}}; \quad \sqrt[n]{a^m} = \left(\sqrt[n]{a}\right)^m = a^{\frac{m}{n}};$$

$$\sqrt[m]{a} \cdot \sqrt[n]{a} = a^{\frac{1}{m}} \cdot a^{\frac{1}{n}} = a^{\frac{n+m}{m \cdot n}} = \sqrt[m \cdot n]{a^{m+n}};$$

$$\sqrt[n]{\sqrt[m]{a}} = \sqrt[m]{\sqrt[n]{a}} = \sqrt[m \cdot n]{a}; \quad \sqrt[m \cdot k]{a^k} = \sqrt[m]{a}.$$

Rationalmachen eines Nenners (Beispiele):

$$\frac{1}{\sqrt{a}} = \frac{\sqrt{a}}{\sqrt{a} \cdot \sqrt{a}} = \frac{\sqrt{a}}{a} \qquad \text{(erweitern mit } \sqrt{a}\text{);}$$

$$\frac{1}{\sqrt[n]{a}} = \frac{1}{a^{\frac{1}{n}}} = \frac{a^{1-\frac{1}{n}}}{a^{\frac{1}{n}} \cdot a^{1-\frac{1}{n}}} = \frac{a^{\frac{n-1}{n}}}{a} = \frac{\sqrt[n]{a^{n-1}}}{a} \qquad \text{(erweitern mit } a^{1-\frac{1}{n}}\text{);}$$

$$\frac{\sqrt{a}}{2\sqrt{a}-\sqrt{b}} = \frac{\sqrt{a}\,(2\sqrt{a}+\sqrt{b})}{(2\sqrt{a}-\sqrt{b})\cdot(2\sqrt{a}+\sqrt{b})} = \frac{2a+\sqrt{ab}}{4a-b}$$

2. n-te Wurzel einer komplexen Zahl:
Gegeben ist die komplexe Zahl z. Dann heißt jede komplexe Zahl w mit $w^n = z$ eine *n-te Wurzel* von z. Man schreibt dafür $w = \sqrt[n]{z}$.
Die komplexe Zahl z sei gegeben in der Polarkoordinatendarstellung

$$z = r\cdot(\cos\varphi + i\sin\varphi)$$

(s. komplexe Zahlen, 2.). Alle n Wurzeln erhält man mit dem Ansatz

$$w = \rho\cdot(\cos\psi + i\sin\psi).$$

Dann ergibt sich mit der Moivreschen Formel (s. Moivresche Formel)

$$w^n = \rho^n\cdot(\cos n\psi + i\sin n\psi) = r\cdot(\cos\varphi + i\sin\varphi).$$

Hieraus folgt

$$\rho = \sqrt[n]{r} = r^{\frac{1}{n}}; \quad \cos n\psi = \cos\varphi; \quad \sin n\psi = \sin\varphi.$$

Damit gibt es n verschiedene Lösungen mit

$$\psi_k = \frac{\varphi + 2k\pi}{n} \quad \text{für } k = 0, 1, 2, \ldots, n-1.$$

$w^n = z$ besitzt somit n verschiedene Lösungen

$$w_k = \sqrt[n]{r}\cdot\left[\cos\frac{\varphi+2k\pi}{n} + i\sin\frac{\varphi+2k\pi}{n}\right] \quad \text{für } k = 0, 1, 2, \ldots, n-1.$$

$k = 0$ ergibt den sogenannten *Hauptwert* w_0.
Man erhält auch n verschiedene komplexe Wurzeln, falls z reell ist. Bei positivem z gibt es auch reelle Wurzeln, für $z < 0$ kann es nur bei ungeradem n eine reelle Wurzel geben.

3. Komplexe n-te Einheitswurzel:
Die *Kreisteilungsgleichung* $w^n = 1$ besitzt im Bereich der komplexen Zahlen genau n verschiedene Lösungen. Mit $r = 1$ und $\varphi = 0$ erhält man aus 2. die Einheitswurzeln:

$$w_k = \cos\frac{2k\pi}{n} + i\sin\frac{2k\pi}{n} \quad \text{für } k = 0, 1, 2, \ldots, n-1 \text{ mit } w_0 = 1.$$

Die Punkte w_k der Einheitswurzeln bilden in der komplexen Zahlenebene ein regelmäßiges n-Eck (s. Vieleck, 4.)

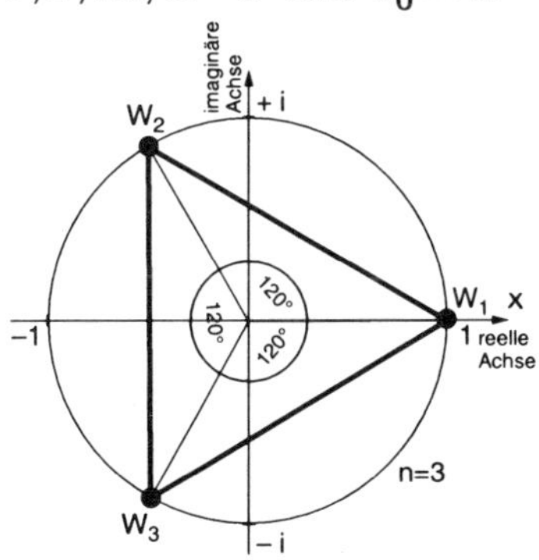

Spezialfälle:

$n = 2$: $w_1 = 1$; $w_2 = -1$;

$n = 3$: $w_1 = 1$; $w_{2,3} = -\frac{1}{2} \pm \frac{\sqrt{3}}{2}i$;

$n = 4$: $w_1 = 1$; $w_2 = i$;
$w_3 = -1$; $w_4 = -i$.

4. Wurzel (Nullstelle) eines Polynoms:
Jede reelle Lösung von

$$P_n(x) = a_0 + a_1 x + a_2 x^2 + \ldots + a_n x^n = 0 \quad \text{mit reellen Koeffizienten } a_i$$

nennt man *Wurzel* (*Nullstelle*) des Polynoms (s. Polynom, 1.).

5. Wurzel einer algebraischen Gleichung:
Es sei

$$x^n + a_{n-1} x^{n-1} + a_{n-2} x^{n-2} + \ldots + a_1 x + a_0 = 0$$

mit $a_i \in \mathbb{R}$, $n \geq 1$ eine algebraische Gleichung (s. algebraisch, 3.). Dann heißt jede Lösung dieser Gleichung *Wurzel* der algebraischen Gleichung (s. Fundamentalsatz der Algebra).

Wurzelexponent:

In der n-ten Wurzel $\sqrt[n]{a}$ heißt n der *Wurzelexponent* (s. Wurzel, 1.).

Wurzelfunktion:

Die *Wurzelfunktion* ist die Umkehrfunktion der Potenzfunktion.
Die Funktion $y = f(x) = \sqrt[n]{x} \Leftrightarrow y^n = x$ ist bei geradem n nur für $x \geq 0$ definiert. Bei ungeradem n ist $f(x) = \sqrt[n]{x}$ auf ganz $\mathbb{R}$ erklärt. Dabei erhält man für negative Werte x

$$\sqrt[n]{x} = -\sqrt[n]{-x} \quad \text{für } x < 0 .$$

Wurzelgesetze s. Wurzel, 1.

Wurzelgleichung:

Eine Gleichung, in der mindestens eine der Gleichungsvariablen im Radikanden einer Wurzel vorkommt, heißt *Wurzelgleichung*. Eine Wurzelgleichung kann eventuell durch mehrfaches Potenzieren in eine algebraische Gleichung umgeformt werden. Dabei ist zu beachten, daß wegen der Wurzelgleichung der Definitionsbereich der algebraischen Gleichung eingeschränkt sein kann. Die algebraische Gleichung kann dann Lösungen besitzen, die keine Lösungen der Wurzelgleichung sind.

Beispiele:

1. $\sqrt{x-5} = 2;\ x \geq 5;$ Quadrieren ergibt $x - 5 = 4;\ x = 9;\ L = \{9\}$.

2. $\sqrt{x-1} + \sqrt{x-4} = 3;\ x \geq 4$

   $\sqrt{x-4} = 3 - \sqrt{x-1}$ ergibt durch Quadrieren

   $x - 4 = 9 - 6 \cdot \sqrt{x-1} + x - 1$

   $6 \cdot \sqrt{x-1} = 12;\ \sqrt{x-1} = 2;\ x - 1 = 4;\ L = \{5\}$.

3. $x - \sqrt{x+7} + 1 = 0$; $x \geq -7$; $x + 1 = \sqrt{x+7}$; Quadrieren ergibt

$x^2 + 2x + 1 = x + 7$; $x^2 + x - 6 = 0$; $x_1 = 2$; $x_2 = -3$;

$x_1 = 2$ ist Lösung der Wurzelgleichung, $x_2 = -3$ jedoch nicht. Damit lautet die Lösungssmenge $L = \{2\}$.

Wurzelkriterium:
Die unendliche Reihe $\sum_{n=1}^{\infty} a_n$ besitze nur nichtnegative Glieder $a_n > 0$. Die Reihe konvergiert, wenn gilt

$$\overline{\lim_{n \to \infty}} \sqrt[n]{|a_n|} < 1$$

(s. limes superior). Sie divergiert, falls $\overline{\lim_{n \to \infty}} \sqrt[n]{|a_n|} > 1$ ist (s. Reihe, 4.).

Wurzelsatz s. Vietascher Wurzelsatz.

Wurzelziehen:
Unter dem Begriff *Wurzelziehen* vesteht man die Bestimmung von Wurzeln (s. Wurzel).

Z

$\mathbb{Z} = \{\ldots, -3, -2, -1, 0, 1, 2, 3, \ldots\}$ ist die Menge der *ganzen Zahlen* (s. reelle Zahlen, 2.).

Zahl:
Der Begriff *Zahl* ist ein grundlegender Begriff der Mathematik. Die Zahlen $0, 1, 2, 3, \ldots$ entstanden, um Gegenstände zu zählen. Dazu wurden die Gegenstände in geeigneter Weise angeordnet und mit einer bekannten Menge verglichen, z. B. mit der Menge der Finger einer oder mehrerer Personen. So entstand das *Zehnersystem* mit den Ziffern $0, 1, 2, \ldots, 9$. Damit war die Menge $\mathbb{N} = \{1, 2, \ldots\}$ der natürlichen Zahlen, erweitert um die Zahl 0, geschaffen. Aus diesem Grund wird die Zahl 0 häufig auch als natürliche Zahl definiert. Mit Hilfe der Arithmetik (Lehre von den Zahlen) erhält man aus der Menge $\mathbb{N}$ der natürlichen Zahlen die Erweiterung zu den Bereichen der ganzen Zahlen $\mathbb{Z}$, der rationalen Zahlen $\mathbb{Q}$, der reellen Zahlen $\mathbb{R}$ und der komplexen Zahlen $\mathbb{C}$. Diese Erweiterungen sind zur Durchführung höherer Rechenarten erforderlich, z. B. zum Potenzieren, Wurzelziehen und Logarithmieren (s. algebraische Zahl, s. ganze Zahl, s. irrationale Zahl, s. Kardinalzahl, s. komplexe Zahlen, s. natürliche Zahl, s. Ordnungszahl, s. rationale Zahl, s. transzendente Zahl, s. Zahlensystem).

Zahlendarstellung s. Zahlensystem.

Zahlenebene s. komplexe Zahlenebene.

Zahlenfolge:

1. Definition einer Zahlenfolge:
Eine *Zahlenfolge* ist eine eindeutige Abbildung f der Menge der natürlichen Zahlen $\mathbb{N}$ auf eine Bildmenge $M \subset \mathbb{R}$. Manchmal wird auch eine Abbildung einer Teilmenge von $\mathbb{N}$ in $\mathbb{R}$ als Zahlenfolge bezeichnet. Hier soll jedoch ganz $\mathbb{N}$ der Definitionsbereich sein. Das Bild $f(n) = a_n \in \mathbb{R}$ nennt man das n-te *Glied* der Zahlenfolge. n ist der *Index* des Folgengliedes a_n. Die Zahlenfolge wird dargestellt durch $(a_n)_{n \in \mathbb{N}}$ oder $(a_n)_{n=1,2,\ldots}$. Oft nennt man eine Zahlenfolge einfach eine *Folge*. Das Bildungsgesetz kann durch einen analytischen Ausdruck gegeben sein, z. B.

$$a_n = \frac{2n^2 - 3n + 7}{5n^2 + 2n + 1} \quad \text{für } n = 1, 2, \ldots$$

oder durch eine *Rekursionsformel*. Falls aus der Rekursionsformel kein geschlossener Ausdruck für a_n abgeleitet werden kann, kann das Folgenglied a_n erst dann berechnet werden, wenn alle vorangehenden a_i für $i < n$ bekannt sind. Beispiel:

$$a_{n+2} = a_{n+1} + a_n \quad \text{(Summe der beiden vorangehenden Glieder).}$$

Diese Zahlenfolge ist erst durch die Vorgabe der beiden Anfangsglieder a_1 und a_2 bestimmt. Für $a_1 = a_2 = 1$ erhält man die *Fibonacci-Zahlen* (s. Fibonacci-Zahlen) 1, 1, 2, 3, 5, 8, 13, 21, 34, 55, 89, 144, 233, ...
Es gibt aber auch Zahlenfolgen, deren Bildungsgesetz weder durch einen analytischen Ausdruck noch durch eine Rekursionsformel angegeben werden kann, z. B. die Folge der Primzahlen

$$a_1 = 2, a_2 = 3, a_3 = 5, a_4 = 7, a_5 = 11, a_6 = 13, a_7 = 17, \ldots .$$

2. Spezielle Zahlenfolgen:
Die Zahlenfolge $(a_n)_{n \in \mathbb{N}}$ heißt

monoton wachsend (nichtfallend),	falls gilt	$a_n \le a_{n+1}$	für alle n;
streng monoton wachsend,	falls gilt	$a_n < a_{n+1}$	für alle n;
monoton fallend (nichtwachsend),	falls gilt	$a_n \ge a_{n+1}$	für alle n;
streng monoton fallend,	falls gilt	$a_n > a_{n+1}$	für alle n;
nach unten beschränkt,	falls gilt	$c_1 \le a_n$	für alle n mit einer *unteren Schranke* $c_1 \in \mathbb{R}$;
nach oben beschränkt,	falls gilt	$a_n \le c_2$	für alle n mit einer *oberen Schranke* $c_2 \in \mathbb{R}$;
beschränkt,	falls gilt	$\lvert a_n \rvert \le c$	für alle n mit einer *Schranke* $c \in \mathbb{R}$.

In der Definition der Monotonie wird auch zugelassen, daß aufeinanderfolgende Glieder übereinstimmen. Bei der strengen Monotonie wird die Gleichheit verschiedener Glieder ausgeschlossen. Eine Folge ist genau dann beschränkt, wenn sie nach unten und nach oben beschränkt ist.

Teilfolge:
Es sei $k_1, k_2, k_3, \ldots, k_n, \ldots$ eine monoton wachsende Folge natürlicher Zahlen. Dann heißt $(k_n)_{n=1,2,\ldots}$ eine *Teilfolge* der natürlichen Zahlen und (a_{k_n}), $n = 1, 2, \ldots$ eine *Teilfolge* von (a_n).

3. Konvergente Zahlenfolge und Häufungspunkt:
Eine Zahlenfolge $(a_n)_{n \in \mathbb{N}}$ heißt *konvergent* gegen den *Grenzwert* $a \in \mathbb{R}$, wenn es zu jeder noch so kleinen Zahl $\varepsilon > 0$ einen (im allgemeinen von ε abhängigen) Index $n_0 = n_0(\varepsilon)$ gibt mit $|a_n - a| < \varepsilon$ für alle $n \geq n_0$. Man sagt dann: *die Folge konvergiert gegen den Grenzwert* a und schreibt dafür

$$\lim_{n \to \infty} a_n = a \quad \text{(lies: limes n gegen unendlich } a_n \text{ ist gleich a).}$$

Dafür schreibt man auch $a_n \to a$ für $n \to \infty$.
Eine gegen den Grenzwert 0 konvergierende Folge heißt *Nullfolge.*

$$|a_n - a| < \varepsilon \text{ ist gleichwertig mit } a - \varepsilon < a_n < a + \varepsilon.$$

Vom Index n_0 an müssen daher alle Folgenglieder a_n im offenen Intervall $(a - \varepsilon; a + \varepsilon)$ liegen. Konvergiert $(a_n)_{n \in \mathbb{N}}$ gegen a, so ist $(a_n - a)_{n \in \mathbb{N}}$ eine Nullfolge und umgekehrt.

Cauchysches Konvergenzkriterium:
Nach *Cauchy* konvergiert eine Zahlenfolge genau dann, wenn zu jedem $\varepsilon > 0$ ein $n_0 \in \mathbb{N}$ existiert, so daß für alle $n_1, n_2 \geq n_0$ gilt

$$|a_{n_1} - a_{n_2}| < \varepsilon.$$

Eine reelle Zahl b heißt *Häufungspunkt* der Zahlenfolge $(a_n)_{n \in \mathbb{N}}$, wenn zu jeder Zahl $\varepsilon > 0$ unendlich viele Folgenglieder im Intervall $(b - \varepsilon; b + \varepsilon)$ liegen. Es muß also unendlich viele Indizes $m \in \mathbb{N}$ geben mit $|a_m - b| < \varepsilon$.

Beispiel: Die Zahlenfolge $a_n = (-1)^n$ für $n = 1, 2, \ldots$ ist nicht konvergent. Sie besitzt die beiden Häufungspunkte -1 und $+1$.

Eigenschaften:
a) Der Grenzwert einer konvergenten Zahlenfolge ist eindeutig bestimmt.
b) Eine Zahlenfolge ist genau dann konvergent, wenn jede Teilfolge gegen den gleichen Grenzwert konvergiert.
c) Jede konvergente Zahlenfolge ist auch beschränkt. Hieraus folgt: eine nicht beschränkte Zahlenfolge kann nicht konvergent sein.
d) Eine gegen a konvergente Zahlenfolge besitzt den einzigen Häufungspunkt a. Falls eine Folge mehr als einen Häufungspunkt hat, kann sie nicht konvergieren.

e) Jede beschränkte Zahlenfolge, die nur einen Häufungspunkt besitzt, konvergiert gegen diesen Häufungspunkt.
f) Jede monotone und beschränkte Zahlenfolge ist konvergent.

Daß in e) die Beschränktheit vorausgesetzt werden muß, zeigt das Beispiel

$$a_n = \begin{cases} 2^n & \text{für gerades } n; \\ \frac{1}{n} & \text{für ungerades } n. \end{cases}$$

Die Folgenglieder mit geraden Indizes werden beliebig groß. Diese Teilfolge ist bestimmt divergent gegen $+\infty$ (s. 4.), während die Teilfolge mit ungeraden Indizes gegen Null konvergiert. Die Folge besitzt zwar den einzigen Häufungspunkt 0, sie ist jedoch nicht konvergent.

Praktische Berechnung von Grenzwerten:
Die Zahlenfolgen $(a_n)_{n \in \mathbb{N}}$ und $(b_n)_{n \in \mathbb{N}}$ seien konvergent mit

$$\lim_{n\to\infty} a_n = a \quad \text{und} \quad \lim_{n\to\infty} b_n = b.$$

Dann sind auch die Folgen

$$(c \cdot a_n) \text{ mit } c \in \mathbb{R};\ (a_n + b_n);\ (a_n - b_n);\ (a_n \cdot b_n);\ \left(\frac{a_n}{b_n}\right) \text{ für } b_n,\ b \neq 0$$

konvergent und es gilt

$$\lim_{n\to\infty} (c \cdot a_n) = c \cdot a = c \cdot \lim_{n\to\infty} a_n \quad \text{für jedes } c \in \mathbb{R};$$

$$\lim_{n\to\infty} (a_n + b_n) = a + b = \lim_{n\to\infty} a_n + \lim_{n\to\infty} b_n;$$

$$\lim_{n\to\infty} (a_n - b_n) = a - b = \lim_{n\to\infty} a_n - \lim_{n\to\infty} b_n;$$

$$\lim_{n\to\infty} (a_n \cdot b_n) = a \cdot b = \lim_{n\to\infty} a_n \cdot \lim_{n\to\infty} b_n;$$

$$\lim_{n\to\infty} \left(\frac{a_n}{b_n}\right) = \frac{a}{b} = \frac{\lim\limits_{n\to\infty} a_n}{\lim\limits_{n\to\infty} b_n} \quad \text{für } b_n,\ b \neq 0.$$

Es sei $f(x)$ eine stetige Funktion, wobei alle Folgenglieder a_n sowie ihr Grenzwert zum Definitionsbereich von f gehören. Dann gilt

$$\lim_{n\to\infty} f(a_n) = f(\lim_{n\to\infty} a_n) = f(a).$$

4. Divergente Zahlenfolge:
Jede nicht konvergente Zahlenfolge heißt *divergent.*

Falls zu jeder noch so großen reellen Zahl $K > 0$ ein (von K abhängiger) Index n_0 existiert, so daß für alle $n \geq n_0$ gilt $a_n > K$, so nennt man die Folge (a_n) *bestimmt divergent* gegen $+\infty$. Dafür schreibt man

$$\lim_{n\to\infty} a_n = +\infty \qquad \text{oder} \qquad a_n \to +\infty \quad \text{für } n \to \infty.$$

Existiert zu jeder noch so kleinen reellen Zahl $U < 0$ ein Index n_0 mit $a_n < U$ für alle $n \geq n_0$, so heißt die Folge (a_n) *bestimmt divergent* gegen $-\infty$. Dafür schreibt man

$$\lim_{n\to\infty} a_n = -\infty \qquad \text{oder} \qquad a_n \to -\infty \text{ für } n \to \infty.$$

$+\infty$ bzw. $-\infty$ heißt *uneigentlicher Grenzwert* der Folge. Eine divergente Folge, die nicht bestimmt divergent ist, heißt *unbestimmt divergent.*

5. Spezielle Grenzwerte:

$$\lim_{n\to\infty} q^n = \begin{cases} +\infty & \text{für } q > 1; \\ 1 & \text{für } q = 1; \\ 0 & \text{für } |q| < 1; \\ \text{unbestimmt divergent für } q \leq -1. \end{cases}$$

$$a_n = \frac{b_0 + b_1 n + b_2 n^2 + \ldots + b_p n^p}{c_0 + c_1 n + c_2 n^2 + \ldots + c_q n^q} = \frac{Z_p(n)}{N_q(n)} = \frac{\text{Zählerpolynom}}{\text{Nennerpolynom}}$$

mit $c_q \neq 0$ (Nennergrad $= q$). Dann gilt

$$\lim_{n\to\infty} a_n = \begin{cases} 0 & \text{für } p < q; \\ \frac{b_p}{c_p} & \text{für } p = q; \\ +\infty & \text{für } p > q \text{ und } \frac{b_p}{c_q} > 0; \\ -\infty & \text{für } p > q \text{ und } \frac{b_p}{c_q} < 0. \end{cases}$$

$$\lim_{n\to\infty} n^\alpha = \begin{cases} +\infty & \text{für } \alpha > 0; \\ 1 & \text{für } \alpha = 0; \\ 0 & \text{für } \alpha < 0. \end{cases} \qquad \lim_{n\to\infty} \frac{1}{n^\alpha} = \begin{cases} +\infty & \text{für } \alpha < 0; \\ 1 & \text{für } \alpha = 0; \\ 0 & \text{für } \alpha > 0. \end{cases}$$

$$\lim_{n\to\infty} \sqrt[n]{q} = 1 \quad \text{für jedes } q > 0; \qquad \lim_{n\to\infty} \sqrt[n]{n^\alpha} = 1 \quad \text{für jedes } \alpha \in \mathbb{R}.$$

$$\lim_{n\to\infty} \frac{c^n}{n!} = 0 \quad \text{für jedes } c \in \mathbb{R}.$$

Zahlengerade:

Eine *Zahlengerade* ist eine Gerade, zwischen deren Punkten und den reellen Zahlen (s. reelle Zahlen) eine eineindeutige Zuordnung besteht. Durch die Angabe eines Nullpunktes O und eines Einheitspunktes E ist die Zahlengerade orientiert. Die durch O und E gehende Halbgerade heißt *positiv*, die andere *negativ*. Durch wiederholtes Abtragen der Einheitsstrecke OE von O aus nach beiden Seiten erhält man die Bilder der ganzen Zahlen. O ist das Bild der Zahl 0, E das Bild von 1. Durch Teilung der Strecken zwischen diesen Punkten mit Hilfe der Strahlensätze erhält man die Bilder der rationalen Zahlen. Diese liegen überall dicht. Durch weitere Teilungen lassen sich zwischen zwei verschiedenen Bildern rationaler Zahlen stets Zwischenpunkte als Bilder weiterer rationaler Zahlen gewinnen. Auf der Zahlengeraden mit den Bildern aller rationalen Zahlen gibt es noch beliebig viele Lücken, also Punkte, die keinen rationalen Zahlen zugeordnet sind. Es sind die Bildpunkte irrationaler Zahlen. In jeder beliebigen Umgebung des Bildpunktes einer irrationalen Zahl liegen beliebig viele Bildpunkte rationaler Zahlen. Daher kann jede irrationale Zahl als Grenzwert einer Folge rationaler Zahlen dargestellt werden.

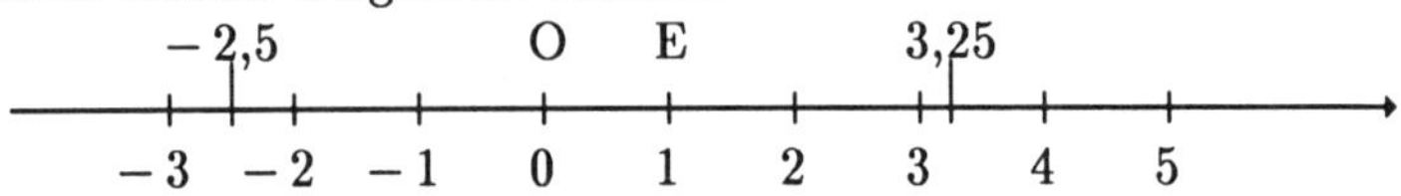

Zahlenkugel, Riemannsche s. Riemannsche Zahlenkugel.

Zahlensystem:

Als *Zahlensystem* bezeichnet man ein System von *Zahlzeichen* oder *Ziffern*, durch die nach bestimmten Regeln alle natürlichen Zahlen eindeutig dargestellt werden können.

1. Allgemeines Additionssystem:

Die einfachste Darstellung erfolgt durch *Zählstriche.* Diese werden hintereinander gesetzt. Der Übersicht halber werden jeweils 5 Striche durch einen Querstrich zu einem *Bündel* zusammengefaßt. Dabei wird jeweils der fünfte Strich durch einen Querstrich dargestellt. Durch Zusammenzählen der Bündel und der überschüssigen Einer erhält man die Zahl. 𝍸 𝍸 𝍸 𝍸 ||| enthält 4 Bündel und 3 Einer. Sie stellt also die Zahl $4\,B + 3\,E$ dar. Dabei steht B für Bündel und E für Einer. Diese Darstellung wird vor allem in der Statistik verwendet. In einem solchen *Additionssystem* werden meist Bündel zu 5 oder 10 Einheiten gebildet. Der Grund hierfür ist wohl die Tatsache, daß häufig die Finger einer oder beider Hände zum Zählen benutzt werden. Der Übersicht halber wird eine bestimmte Anzahl von Bündeln wieder gebündelt, usw. In einem Additionssystem muß für jede neue Bündelung ein neues Zahlzeichen eingeführt werden.

1.1. Das ägyptische Zahlensystem:

Im *ägyptischen Zahlensystem* gibt es bei jeder Bündelung für je 10 Ziffern für jede Zehnerpotenz bis zur Million ($= 10^6$) eine *Hieroglyphe.* Für 1 wurde als Symbol ein senkrechter Strich |, für 10 das Zeichen ∩, für 100 eine *Meßleine*, für 1 000 eine *Lotosblume*, für 10 000 ein *Schiffskolben*, für 100 000 ein *Frosch* und für 1 000 000 der *ägyptische Gott des Luftraumes* benutzt.

1.2. Das römische Zahlensystem:

Als Zahlzeichen werden folgende Symbole benutzt:

M	D	C	L	X	V	I
1 000	500	100	50	10	5	1

Dabei werden diese Zeichen in der Reihenfolge abnehmender Werte geschrieben und ihre Werte addiert mit der Ausnahme des einen Falles, bei dem ein geringerwertiges vor einem höherwertigen Zahlzeichen steht. In diesem Fall wird subtrahiert. Mit dieser Ausnahme bedeutet z. B.

$$\mathrm{LXVIII} = 50 + 10 + 5 + 3 = 68\,; \quad \mathrm{IV} = 5 - 1 = 4\,; \quad \mathrm{IX} = 10 - 1 = 9\,;$$

$$\mathrm{CM} = 1000 - 100 = 900\,; \quad \mathrm{XCIX} = (100 - 10) + (10 - 1) = 99\,;$$

$$\mathrm{MCMLXXVII} = 1000 + (1000 - 100) + 50 + 20 + 5 + 2 = 1977\,;$$

$$\mathrm{MCMXCVIII} = 1000 + (1000 - 100) + (100 - 10) + 5 + 3 = 1998.$$

2. Stellenwert- oder Positionssystem:
Im Gegensatz zum Additionssystem ist bei einem *Stellenwert-* oder *Positionssystem* die Anzahl der benötigten Ziffern gleich der vorgegebenen *Grundzahl* oder *Basis* g. Das *Dezimal-* oder *Zehnersystem* mit der Basis $g = 10$ benutzt die Ziffern $0, 1, 2, 3, 4, 5, 6, 7, 8, 9$. Die auf die größte Ziffer folgende Zahl wird so dargestellt, daß die Einheit nach links in die nächsthöhere Stelle rückt, z. B. $9 + 1 = 10$, $19 + 1 = 20, \ldots, 99 + 1 = 100$.
Diese Ziffern wurden von den Arabern nach Europa gebracht.

Mit Hilfe einer beliebigen natürlichen *Grundzahl* (*Basis*) $g \geq 2$ gibt es für jede ganze Zahl $m \geq 0$ eine eindeutige *g-adische* Darstellung (mit $g^0 = 1$)

$$m = z_n \cdot g^n + z_{n-1} \cdot g^{n-1} + z_{n-2} \cdot g^{n-2} + \ldots + z_1 \cdot g^1 + z_0 \cdot g^0.$$

Dafür schreibt man abkürzend die Ziffernfolge

$$m = z_n z_{n-1} z_{n-2} \cdots z_1 z_0 .$$

Dabei gilt für die einzelnen Ziffern $z_i \in \{0, 1, \ldots, g-1\}$. Führende Nullen werden weggelassen. Im Dezimalsystem $(g = 10)$ bedeutet z. B. die Ziffernfolge 5 289 016

$$5 \cdot 10^6 + 2 \cdot 10^5 + 8 \cdot 10^4 + 9 \cdot 10^3 + 0 \cdot 10^2 + 1 \cdot 10^1 + 6 \cdot 10^0 .$$

In der Ziffernfolge für nichtnegative ganze Zahlen hat jede Stelle rechts von einer gegebenen Stelle den g-ten Teil von deren Stellenwert. Für $k = 1, 2, \ldots$ setzt man $\frac{z_{-k}}{g^k} = z_{-k} \cdot g^{-k}$. Damit kann jede nichtnegative reelle Zahl a dargestellt werden in der Form

$$a = z_n \cdot g^n + z_{n-1} \cdot g^{n-1} + z_{n-2} \cdot g^{n-2} + \ldots + z_1 \cdot g^1 + z_0 \cdot g^0$$
$$+ z_{-1} \cdot g^{-1} + z_{-2} \cdot g^{-2} + z_{-3} \cdot g^{-3} + \ldots .$$

Für diese endliche oder unendliche Summe schreibt man abkürzend

$$a = z_n z_{n-1} \cdots z_1 z_0 , z_{-1} z_{-2} z_{-3} z_{-4} \cdots \qquad \text{mit } z_n \neq 0.$$

Diese Darstellung nennt man *polyadische* oder *g-adische Darstellung*.

Spezielle Darstellungen:

Basis $g = 2$:	*Dual-* oder *Binärsystem*		(s. Dualzahl);
Basis $g = 3$:	*Ternärsystem*	(Ternärzahl, Trialzahl);	
Basis $g = 4$:	*Quaternärsystem*	(Quaternärzahl);	
Basis $g = 5$:	*Quinärsystem*	(Quinärzahl);	
Basis $g = 8$:	*Oktalsystem*	(Oktalzahl);	
Basis $g = 10$:	*Dezimalsystem*	(Dezimalzahl)	(s. Dezimalzahl);
Basis $g = 12$:	*Duodezimalsystem*	(Duodezimalzahl);	
Basis $g = 16$:	*Hexadezimalsystem*	(Hexadezimalzahl)	
	mit den Ziffern $0, 1, 2, 3, \ldots, 9, A, B, C, D, E, F$.		

zahlentheoretische Funktion:
Eine *zahlentheoretische* Funktion ist eine Funktion, deren Definitionsbereich die Menge $\mathbb{N}$ der natürlichen Zahlen ist. Beispiele sind: Die Anzahl $d(n)$ der positiven Teiler von n, die Summe $\sigma(n)$ der positiven Teiler von n (s. Teilersumme) und die Eulersche Funktion $\varphi(n)$ als die Anzahl der zu n teilerfremden natürlichen Zahlen (s. Eulersche Funktion).

Zahlentheorie:
Die *Zahlentheorie* ist ein Teilgebiet der Mathematik, in dem die Eigenschaften natürlicher bzw. ganzer Zahlen untersucht werden. Dabei wird häufig geprüft, ob eine vorgegebene Gleichung ganzzahlige Lösungen besitzt. Ein Beispiel ist die Fermatsche Vermutung, nach der die Gleichung $x^n + y^n = z^n$ mit Ausnahme von trivialen Fällen im Bereich der ganzen Zahlen unlösbar sei. Für $n = 2$ erhält man als Lösungen Pythagoreische Zahlentripel (s. Pythagoreisches Zahlentripel).
In der *elementaren Zahlentheorie* stehen Fragestellungen der Teilbarkeit und somit der Begriff Primzahl im Vordergrund. Die *analytische Zahlentheorie* benutzt Hilfsmittel der reellen Analysis bzw. der komplexen Funktionentheorie (s. Fundamentalsatz der Zahlentheorie).

Zahlentripel s. Pythagoreisches Zahlentripel.

Zähler:
Im Bruch $\frac{a}{b}$ $(b \neq 0)$ heißt a der *Zähler* (s. Brüche).

Zahlkörper:
Eine Menge K von reellen oder komplexen Zahlen mit der Eigenschaft, daß die Operationen Addition, Subtraktion, Multiplikation und Division (außer durch Null) nicht aus der Menge K herausführen, heißt *Zahlkörper*. Spe-

zielle Zahlkörper sind: die Menge $\mathbb{Q}$ der rationalen Zahlen, die Menge $\mathbb{R}$ der reellen Zahlen und die Menge $\mathbb{C}$ der komplexen Zahlen.

Algebraischer Zahlkörper:
Es sei ξ eine algebraische Zahl (s. algebraisch, 7.). Der mit ξ gebildete *endliche algebraische Erweiterungskörper* $Q(\xi)$ besteht aus allen Zahlen, die aus den Elementen der rationalen Zahlen $\mathbb{Q}$ und der algebraischen Zahl ξ durch Anwendung der vier Grundrechenarten $+$, $-$, $\cdot$ und $:$ hervorgehen. Man nennt $K = Q(\xi)$ den durch ξ bestimmten *algebraischen Zahlkörper*. So besteht z. B. $Q(\sqrt{3})$ aus allen Zahlen der Form $a + b \cdot \sqrt{3}$ mit $a, b \in \mathbb{Q}$.

Zahlzeichen s. Zahl, s. Zahlensystem.

Zehneck, regelmäßiges:
Ein regelmäßiges konvexes ebenes Vieleck mit 10 Eckpunkten (s. Vieleck, 4.) heißt *Zehneck*.

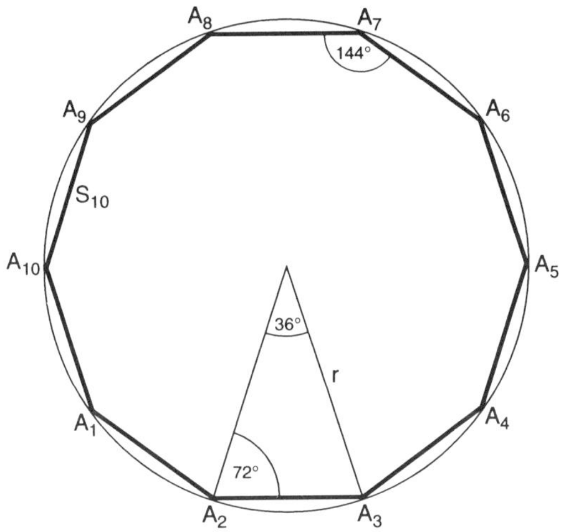

Mittelpunktswinkel: $\varphi_{10} = 36^\circ$; Innenwinkel (Eckenwinkel): $\alpha_{10} = 144^\circ$;

Basiswinkel (Dreieck): $\beta_{10} = 72^\circ$; Seitenlänge: $s_{10} = \frac{r}{2} \cdot (\sqrt{5} - 1)$.

Mit dem Radius r des Umkreises gilt dabei $r : s_{10} = s_{10} : (r - s_{10})$.

s_{10} erhält man als den größeren Abschnitt einer nach dem goldenen Schnitt geteilten Strecke der Länge r (s. goldener Schnitt). Verbindet man jeweils einen Eckpunkt des Zehnecks mit seinem übernächsten, so erhält man ein regelmäßiges Fünfeck (s. Fünfeck).

Zehnerlogarithmus s. dekadischer Logarithmus.

Zehnerpotenzen:

Die Potenzen 10^n für nichtnegative ganzzahlige Exponenten n nennt man *Zehnerpotenzen*. Bezeichnungen für Zehnerpotenzen:

Exponent	10^n	Bezeichnung	Exponent	10^n	Bezeichnung
0	10^0	*Eins*	1	10^1	*Zehn*
2	10^2	*Hundert*	3	10^3	*Tausend*
$1 \cdot 6$	10^6	*Million*	$1 \cdot 6 + 3$	10^9	*Milliarde*
$2 \cdot 6$	10^{12}	*Billion*	$2 \cdot 6 + 3$	10^{15}	*Billiarde*
$3 \cdot 6$	10^{18}	*Trillion*	$3 \cdot 6 + 3$	10^{21}	*Trilliarde*
$4 \cdot 6$	10^{24}	*Quadrillion*	$4 \cdot 6 + 3$	10^{27}	*Quadrilliarde*
$5 \cdot 6$	10^{30}	*Quintillion*	$5 \cdot 6 + 3$	10^{33}	*Quintilliarde*
$6 \cdot 6$	10^{36}	*Sextillion*	$6 \cdot 6 + 3$	10^{39}	*Sextilliarde*

In den USA und den Nachfolgestaaten der UdSSR sind Zahlwörter mit der Endung -illiarde nicht üblich. Dort wird üblicherweise nur die Endung –illion benutzt, und zwar für alle Zehnerpotenzen der Form 10^{3k+3}, z. B. 10^9: Billion, 10^{12}: Trillion, 10^{15}: Quadrillion, 10^{18}: Quintillion usw.

Zehnersystem s. Zahlensystem, 2., s. Dezimalzahl.

Zeichen (Symbol):

Ein *Zeichen* oder *Symbol* ist eine Darstellung eines Elementes aus einer vereinbarten Menge, dem eine bestimmte Bedeutung zukommt. Beispiele: Zeichen für Ziffern zur Darstellung von Zahlen, Buchstaben zur Darstellung variabler Größen, Operationszeichen $+$, $-$, $\cdot$, : sowie Klammern.

Zeichenebene s. Projektion.

Zeile (Zeilenvektor) einer Matrix:

Die waagrechten Reihen einer Matrix (s. Matrix, 1) heißen *Zeilen* oder *Zeilenvektoren* der Matrix.

Zeilenindex:

Im Element a_{ij} einer Matrix heißt i der *Zeilenindex* (s. Matrix, 1.).

Zeilenmatrix:

Eine $1 \times n$ Matrix mit nur einer Zeile heißt *Zeilenmatrix* (*Zeilenvektor*).

Zeilenrang:

Die maximale Anzahl linear unabhängiger Zeilenvektoren einer Matrix A heißt Zeilenrang. Er stimmt überein mit dem Rang von A (s. Matrix, 3.).

Zeilensumme s. Doppelreihe (Doppelsumme).

Zeilenvektor:
Ein Vektor $\vec{a}^T = (a_1, a_2, \ldots, a_n) \in V^n$ heißt *Zeilenvektor* (s. Vektor im V^n, 3.).

Zenit s. astronomisches Koordinatensystem.

Zenti s. Längeneinheit und Längenmaßzahl, s. Rauminhalt, s. Zentiliter.

Zentiliter:
Ein *Zentiliter*, bezeichnet mit cl, ist der hundertste Teil eines Liters, also $100\,\mathrm{cl} = 1\,l$.

Zentimeter:
Für die Längeneinheit *Zentimeter*, bezeichnet mit cm, gilt $100\,\mathrm{cm} = 1\,\mathrm{m}$ (s. Längeneinheit und Längenmaßzahl).

Zentrale:
Die Gerade durch die Mittelpunkte zweier Kreise heißt *Zentrale.*

zentrale Differenz s. Differentiation, 2.

Zentraleinheit s. Rechenanlage, digitale.

Zentralperspektive s. Projektion, 1.

Zentralprojektion s. Projektion, 1.

Zentralpunkt s. Spiegelung, 1.2.

zentralsymmetrisch s. symmetrisch, 2.2.

Zentriwinkel s. Kreis, 1.

Zentrum:
Den Mittelpunkt eines Kreises, einer Kugel, einer Ellipse oder eines Ellipsoids nennt man auch *Zentrum.*

Zergliederung s. Komposition.

zerlegbares Polynom s. Polynom, 1.

zerlegbare (reduzible) Zahl:
Die ganze Zahl $c \neq 0$ heißt *zerlegbar* oder *reduzibel,* wenn es zwei ganze Zahlen a, $b \neq \pm 1$ gibt mit $a \cdot b = c$. Dann besitzt c die echten Teiler a und b (s. Teiler). Andernfalls heißt die Zahl *unzerlegbar* oder *irreduzibel.*

Zerlegung s. Äquivalenzrelation.

Zerlegung einer Menge s. Klasseneinteilung.

Zetafunktion, Riemannsche:

Die *Riemannsche Zetafunktion* $\zeta(z)$ ist eine für $z \neq 1$ holomorphe Funktion (s. holomorph). In der Halbebene mit dem Realteil $\operatorname{Re}(z) > 1$ wird sie dargestellt durch die Reihe

$$\zeta(z) = \sum_{n=1}^{\infty} \frac{1}{n^z},$$

die in jeder Halbebene $\operatorname{Re}(z) > 1 + \varepsilon$ mit $\varepsilon > 0$ gleichmäßig konvergiert. Mit der n-ten Primzahl p_n (der Größe nach geordnet) kann diese Reihe dargestellt werden durch das *Eulersche Produkt*

$$\zeta(z) = \prod_{n=1}^{\infty} \frac{1}{1 - p_n^{-z}}.$$

Mit der komplexwertigen Gamma-Funktion (s. Gamma-Funktion) erhält man mit Hilfe der Substitution $t = ns$ und der Summation die Darstellung

$$\frac{\Gamma(z)}{n^z} = \int_0^{\infty} \frac{t^{z-1}}{n^z} e^{-t}\, dt = \int_0^{\infty} s^{z-1} e^{-ns}\, ds;$$

$$\Gamma(z) \cdot \zeta(z) = \int_0^{\infty} \frac{s^{z-1}}{e^s - 1}\, ds.$$

Zielfunktion, lineare s. lineare Optimierung, 1., 2.1.1.

Ziffer:

Eine *Ziffer* ist allgemein ein Zeichen für eine Zahl, welches in der Zahlendarstellung benutzt wird. Im römischen System benutzt man z. B. I, V, X, C, L, M (s. Zahlensystem, 1.2.). Im dekadischen System (Dezimalsystem) verwendet man die arabischen Ziffern 0, 1, 2, ..., 9 (s. Zahlensystem, 2.).

Zinseszinsrechnung:

Ein Kapital werde jeweils nach einem Jahr mit p% mit Zinseszins verzinst. Verzinsung mit p % bedeutet Multiplikation des Ausgangskapitals mit dem *Aufzinsungsfaktor*

$$q = 1 + \frac{p}{100}.$$

p heißt der *Zinssatz* und $\frac{p}{100}$ der *Zinsfuß* (s. Zinsrechnung).

1. Einmalige Zahlung bei einmaliger Verzinsung:

Ein Kapital der Höhe K_0 wächst bei jährlicher Verzinsung mit Zinseszins nach n Jahren an auf

$$K_n = K_0 \cdot q^n \quad \text{für } n = 1, 2, \dots \text{ (geometrische Folge).}$$

Durch Ausflösung nach der jeweiligen Variablen erhält man hieraus die Werte

Anfangsbetrag: $K_0 = \frac{K_n}{q^n}$; Aufzinsungsfaktor: $q = \sqrt[n]{\frac{K_n}{K_0}}$;

Zinssatz: $p = 100 \cdot \left[\sqrt[n]{\frac{K_n}{K_0}} - 1\right]$;

Anzahl der Jahre (*Laufzeit*): $n = \frac{\lg \frac{K_n}{K_0}}{\lg q}$.

Dabei kann ein Logarithmus zu einer beliebigen Basis gewählt werden.

2. Einmalige Zahlung bei unterjähriger Verzinsung:
Für das Anfangskapital K_0 sollen nicht am Ende eines Jahres p %, sondern nach jeweils $\frac{1}{m}$ Jahren anteilmäßig $\frac{p}{m}$ % Zinsen mit Zinseszins gezahlt werden. p ist der *nominelle* Zinssatz, m eine fest vorgegebene Zahl. m = 2 bedeutet halbjährliche, m = 4 vierteljährliche und m = 12 monatliche Verzinsung. Dann wächst das Kapital in $\frac{k}{m}$ Jahren an auf

$$K_{\frac{k}{m}} = K_0 \cdot \left(1 + \frac{p}{100\,m}\right)^k \quad \text{für } k = 1, 2, \ldots .$$

Der Kapitalstand beträgt nach $n = \frac{n \cdot m}{m}$ Jahren

$$K_n = K_0 \cdot \left(1 + \frac{p}{100\,m}\right)^{m \cdot n} = K_0 \cdot \left[\left(1 + \frac{p}{100\,m}\right)^m\right]^n \quad \text{für } n = 1, 2, \ldots .$$

Zwischen dem nominellen Zinssatz p und dem effektiven Zinssatz $p_{\text{eff.}}$ gilt die Beziehung

$$\left(1 + \frac{p}{100\,m}\right)^m = 1 + \frac{p_{\text{eff.}}}{100} .$$

Grenzwert $m \to \infty$ s. 5.

3. Konstante jährliche wiederholte Einzahlungen:
Bei jährlicher Verzinsung von p % mit Zinseszins werde jährlich der gleiche Betrag E (vorschüssig) bzw. $\hat{E}$ (nachschüssig) eingezahlt. Dann lautet der Kontostand nach n Jahren (nach der Verzinsung):

a) bei jährlicher vorschüssiger Einzahlung (jeweils zum Jahresbeginn):

$$K_n = E \cdot q \cdot \frac{q^n - 1}{q - 1} \quad \text{für } n = 1, 2, \ldots;$$

b) bei jährlicher nachschüssiger Einzahlung (jeweils zum Jahresende):

$$\hat{K}_n = \hat{E} \cdot \frac{q^n - 1}{q - 1} \quad \text{für } n = 1, 2, \ldots .$$

Durch Auflösung dieser Gleichungen erhält man die Größen:

laufende Einzahlungen:

vorschüssig: $E = \frac{(q-1) \cdot K_n}{q \cdot (q^n - 1)}$; nachschüssig: $\hat{E} = \frac{(q-1) \cdot \hat{K}_n}{q^n - 1}$;

Laufzeit:

bei vorschüssigen Zahlungen: $$n = \frac{\lg\left(1 + \frac{(q-1)\cdot K_n}{E\cdot q}\right)}{\lg q};$$

bei nachschüssigen Zahlungen: $$\hat{n} = \frac{\lg\left(1 + \frac{(q-1)\cdot \hat{K}_n}{\hat{E}}\right)}{\lg q}.$$

Dabei kann ein Logarithmus zu einer beliebigen Basis gewählt werden.

Eine geschlossene Auflösung der obigen Formeln nach q ist nicht möglich. Durch die Vorgabe der übrigen Größen kann der zugehörige Aufzinsungsfaktor q nur numerisch bestimmt werden, z. B. mit Hilfe der Intervallhalbierungsmethode (s. Intervallhalbierungsmethode, s. Intervallschachtelung).

4. Unterjährige Einzahlungen bei jährlicher Zinsgutschrift:
Pro Jahr werde m-mal unterjährig der gleiche Betrag u (vorschüssig) bzw. û (nachschüssig) eingezahlt. Die Verzinsung erfolge jeweils am Jahresende anteilmäßig mit dem nominellen Zinssatz p. Dann beträgt der Kontostand nach n Jahren:

a) bei vorschüssigen Einzahlungen zu Beginn eines jeden Teiljahres:

$$K_n = \left[m + \frac{(m+1)p}{200}\right]\cdot u \cdot \frac{q^n - 1}{q-1} \quad \text{für } n = 1, 2, 3, \ldots;$$

b) bei nachschüssigen Einzahlungen am Ende eines jeden Teiljahres:

$$\hat{K}_n = \left[m + \frac{(m-1)p}{200}\right]\cdot \hat{u} \cdot \frac{q^n - 1}{q-1} \quad \text{für } n = 1, 2, 3, \ldots .$$

Anstelle der m-maligen unterjährigen Zahlungen kann auch jährlich nachschüssig ein äquivalenter Jahresbetrag gezahlt werden. Damit diese jährlichen Zahlungen nach n Jahren den gleichen Kontostand ergeben wie die m unterjährigen Zahlungen, sind folgende *konforme* nachschüssige Jahreszahlungen gleichwertig:

a) bei vorschüssiger unterjähriger Zahlung: $$E = \left[m + \frac{(m+1)p}{200}\right]\cdot u;$$

b) bei nachschüssiger unterjähriger Zahlung: $$E = \left[m + \frac{(m-1)p}{200}\right]\cdot \hat{u}.$$

Falls jemand keine unterjährigen Einzahlungen leistet, muß er am Jahresende diesen konformen Betrag als Ausgleich zahlen, damit durch die verspätete Zahlung der Zahlungsplan wiederhergestellt werden kann.

5. Stetige Verzinsung:
Läßt man in der unterjährigen Verzinsung (s. 2.) $m \to \infty$ gehen, so spricht man von einer *stetigen Verzinsung.* Dabei gilt

$$K_n = \lim_{m\to\infty} K_0 \cdot \left(1 + \frac{p}{100\,m}\right)^{n\cdot m} = K_0 \cdot \lim_{m\to\infty}\left(1 + \frac{p}{100\,m}\right)^{n\cdot m}$$

$$= K_0 \cdot \left[\lim_{m\to\infty}\left(1 + \frac{p/100}{m}\right)^{m}\right]^{n} = K_0 \cdot e^{\frac{p}{100}\cdot n}.$$

Bei der stetigen Verzinsung mit dem nominalen Zinsfuß p wächst das Kapital K_0 nach t Jahren an auf

$$K(t) = K_0 \cdot e^{\frac{p}{100}t}, \; t \geq 0 \text{ (t in Jahren)} \quad \text{mit } K(0) = K_0 .$$

Zwischen dem nominellen Zinssatz p und dem effektiven Zinssatz $p_{eff.}$ bei der stetigen Verzinsung besteht die Beziehung

$$1 + \frac{p_{eff.}}{100} = e^{\frac{p}{100}} .$$

Zinsfuß:

Falls für ein Kapital jährlich p% Zinsen gezahlt werden, heißt $\frac{p}{100}$ der *Zinsfuß* (s. Zinsrechnung, s. Zinseszinsrechnung).

Zinsrechnung:

In der *Zinsrechnung* wird die Vergütung für die Nutzung eines Leihobjekts vom Wert K oder eines Kapitals der Höhe K zu einem vereinbarten Prozentsatz p festgelegt. Dabei heißt p der *Zinssatz.* Für $K = 100$ sind pro Jahr p Einheiten an Zinsen zu zahlen. Aus $K : 100 = z : p$ erhält man die Zinsen für das Kapital K als $z = K \cdot \frac{p}{100}$ pro Jahr bzw. $z = i \cdot K \cdot \frac{p}{100}$ für i Jahre. Dabei ist $\frac{p}{100}$ der *Zinsfuß.* Für kleinere Zeiträume wird das Jahr in 12 gleiche Monate zu je 30 mittleren Tagen geteilt, das Jahr also in 360 Tage. Für m Monate betragen die Zinsen $z = K \cdot \frac{m \cdot p}{1200}$ und für t Tage erhält man $z = K \cdot \frac{t \cdot p}{36\,000}$ Zinsen (s. Zinseszinsrechnung).

Zinssatz:

Falls für ein Kapital jährlich p% Zinsen gezahlt werden, heißt p der *Zinssatz* (s. Zinsrechnung, s. Zinseszinsrechnung).

Zirkel:

Unter einem *Zirkel* versteht man ein Gerät, mit dem Kreise (s. Kreis) gezeichnet werden können (s. Konstruierbarkeit mit Zirkel und Lineal).

Zirkulation:

Das Vektorfeld $\vec{v}(x,y,z) = \begin{pmatrix} v_1(x,y,z) \\ v_2(x,y,z) \\ v_3(x,y,z) \end{pmatrix}$ sei auf der geschlossenen Kurve $\mathfrak{C}$ definiert.

Dann heißt im Falle der Existenz das Kurvenintegral

$$\Gamma = \oint_{\mathfrak{C}} \vec{v} \cdot \vec{n}\, ds = \oint_{\mathfrak{C}} [v_1(x,y,z)\,dx + v_2(x,y,z)\,dy + v_3(x,y,z)\,dz]$$

die *Zirkulation* des Vektorfeldes $\vec{v}$ längs der geschlossenen Kurve $\mathfrak{C}$ (s. Kurvenintegral, 2.2.4.).

Zissoide (Efeublattkurve):

Die durch die Gleichung

$$y^2(x) \cdot (a - x) = x^3 \quad \text{mit } a \neq 0$$

definierte Kurve y (x) heißt *Zissoide*. Sie besitzt die Parameterdarstellung:

$$x = \frac{a\,t^2}{1 + t^2}; \quad y = \frac{a\,t^3}{1 + t^2}; \quad -\infty < t < \infty.$$

Darstellung in Polarkoordinaten (mit $t = \tan\varphi$):

$$\rho(\varphi) = a \cdot \sin\varphi \cdot \tan\varphi;$$

Asymptote: $x = a$;

Flächeninhalt zwischen Kurve und der Asymptoten:

$$F = \frac{3}{4}\pi a^2.$$

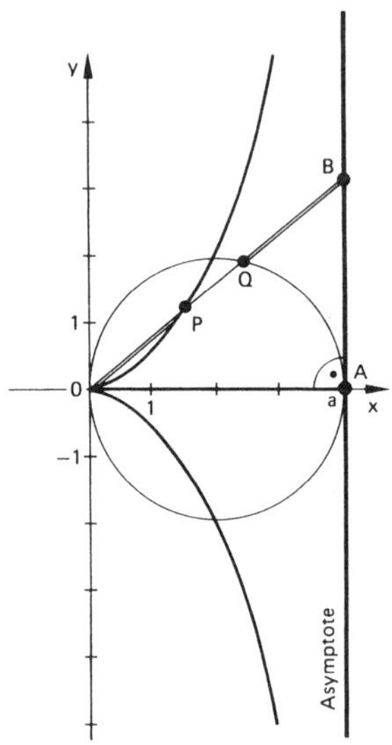

Geometrische Konstruktion:
Gegeben ist ein Kreis mit dem Durchmesser a. Die x-Achse gehe durch den Mittelpunkt des Kreises, die y-Achse berühre den Kreis im Koordinatenursprung O. In A wird das Lot auf die x-Achse gefällt. Ein beliebiger Punkt B auf dem Lot werde mit dem Koordinatenursprung O verbunden. Der Schnittpunkt dieser Verbindungsstrecke mit dem Kreis sei Q. Für den Kurvenpunkt P gilt dann $\overline{OP} = \overline{QB}$.

Z - Transformation:

Die Z-Transformation ist die diskrete Version der Laplace-Transformation. Anstelle einer Funktion werden (komplexe) Zahlenfolgen untersucht. Wegen typischer Eigenschaften ist die Z-Transformation zur Lösung zahlreicher Probleme geeignet, z. B. zur Lösung linearer Differenzengleichungen mit konstanten Koeffizienten (s. Differenzengleichung, 2.) sowie zur Lösung spezieller Probleme der Signalverarbeitung.

Gegeben ist eine komplexwertige Zahlenfolge

$$(f_n) = (f_0, f_1, f_2, \ldots, f_n, \ldots) \quad \text{mit } f_n \in \mathbb{C} \text{ für } n = 0, 1, \ldots .$$

Dieser Zahlenfolge wird die komplexwertige Funktion

$$\mathfrak{Z}(f_n)(z) = F(z) = \sum_{n=0}^{\infty} \frac{f_n}{z^n} \quad \text{mit} \quad z \in \mathbb{C}$$

zugeordnet. Sie heißt die *Z-Transformierte* der Zahlenfolge (f_n). Die Zahlenfolge (f_n) ist *Z-transformierbar*, wenn es reelle Zahlen $K > 0$ und $\gamma \geq 0$ gibt mit

$$|f_n| \le K \cdot e^{n\gamma} \quad \text{für alle } n \ge n_0 .$$

Dann existiert die *Z-Transformierte* für alle z mit $|z| > \gamma$ und ist dort komplex differenzierbar (s. komplexe Funktion, 3.). $\mathcal{Z}(f_n)(z)$ ist durch die Folge (f_n) eindeutig bestimmt und umgekehrt.

Eigenschaften:

$$\mathcal{Z}(c_1 \cdot f_n + c_2 \cdot g_n) = c_1 \cdot \mathcal{Z}(f_n) + c_2 \cdot \mathcal{Z}(g_n) \text{ für } c_1, c_2 \in \mathbb{C} \text{ (Linearität).}$$

Für zwei Folgen (f_n) und (g_n) ist die Faltung $(h_n) = (f * g)_n$ erklärt durch

$$(h_n) = (f * g)_n \quad \text{mit } h_n = \sum_{k=0}^{n} f_k \cdot g_{n-k} \quad \text{für } n = 0, 1, 2, \ldots .$$

Dann gilt

$$\mathcal{Z}((f * g)_n) = \mathcal{Z}(f_n) \cdot \mathcal{Z}(g_n) \qquad \text{(Faltungssatz).}$$

Aus der Folge (f_k), $k = 0, 1, \ldots$ wird die Folge der Partialsummen

$$s_n = \sum_{k=0}^{n} f_k \quad \text{für } n = 0, 1, 2, \ldots \quad \text{gebildet. Dann gilt}$$

$$\mathcal{Z}(s_{n-1})(z) = \mathcal{Z}\left(\sum_{k=0}^{n-1} f_k\right)(z) = \frac{1}{z-1} \cdot \mathcal{Z}(f_n)(z) \quad \text{für } n = 1, 2, \ldots;$$

$$\mathcal{Z}(s_n)(z) = \frac{z}{z-1} \cdot \mathcal{Z}(f_n)(z) \quad \text{für } n = 0, 1, 2, \ldots \quad \text{(Summationssatz);}$$

$$\mathcal{Z}(f_{n+k})(z) = z^k \cdot \mathcal{Z}(f_n)(z) - \sum_{j=0}^{k-1} f_j \cdot z^{k-j} \quad \text{für } k = 1, 2, \ldots ;$$

$$\mathcal{Z}(f_{n-k})(z) = z^{-k} \cdot \mathcal{Z}(f_n)(z) \quad \text{mit } f_{n-k} = 0 \text{ für } n-k < 0$$

(Verschiebungssatz);

$$\mathcal{Z}(\lambda^n \cdot f_n)(z) = \mathcal{Z}(f_n)\left(\frac{z}{\lambda}\right) \quad \text{für jede komplexe Zahl } \lambda \ne 0$$

(Ähnlichkeitssatz);

$$\mathcal{Z}(n \cdot f_n)(z) = -z \cdot \frac{d}{dz} \mathcal{Z}(f_n)(z) \qquad \text{(Multiplikationssatz);}$$

$$\mathcal{Z}\left(\frac{f_n}{n}\right)(z) = \int_z^{\infty} \frac{\mathcal{Z}(f_n)(\xi)}{\xi} d\xi \qquad \text{(Divisionssatz).}$$

Durch

$$\Delta f_n = f_{n+1} - f_n; \quad \Delta^k f_n = \Delta(\Delta^{k-1} f_{n+1} - \Delta^{k-1} f_n)$$

für $n = 0, 1, 2, \ldots$; $k = 1, 2, \ldots$ mit $\Delta^0 f_0 = f_0$ werden sukzessive die Differenzen der Ordnung k erklärt (s. Differenzen).

Dann gilt

$$\mathcal{Z}(\Delta^k f_n)(z) = (z-1)^k \cdot \mathcal{Z}(f_n)(z) - z \cdot \sum_{j=0}^{k-1} (z-1)^{k-j-1} \cdot \Delta^j f_0 .$$

Beispiel (konstante Folge): $\mathcal{Z}(f_n \equiv 1)(z) = \sum_{n=0}^{\infty} \frac{1}{z^n} = \frac{z}{z-1}$.

Allgemein folgt aus dem Multiplikationssatz

$$\mathcal{Z}(n)(z) = \mathcal{Z}(n \cdot 1)(z) = -z \cdot \frac{d}{dz}\frac{z}{z-1} = \frac{z}{(z-1)^2}.$$

Hieraus erhält man

$$\mathcal{Z}(n^2)(z) = \mathcal{Z}(n \cdot n)(z) = -z \cdot \frac{d}{dz}\frac{z}{(z-1)^2} = \frac{z(z+1)}{(z-1)^3}.$$

Allgemein gilt die Rekursionsformel

$$\mathcal{Z}(n^{k+1})(z) = \mathcal{Z}(n \cdot n^k)(z) = -z \cdot \frac{d}{dz}\mathcal{Z}(n^k)(z) \quad \text{für } k = 1, 2, \dots .$$

Rücktransformation:
Die Funktion $\mathcal{Z}(f_n)(z) = F(z)$ sei für $|z| > \gamma$ regulär mit

$$F(z) = \sum_{n=0}^{\infty} \frac{f_n}{z^n}.$$

Dann erhält man die zugehörigen Folgenglieder aus

$$f_n = \frac{1}{2\pi i} \oint_{\mathfrak{C}} F(z) \cdot z^{n-1} dz \quad \text{für } n = 0, 1, 2, \dots$$

(s. komplexes Kurvenintegral). Dabei kann als Integrationsweg $\mathfrak{C}$ ein Kreis $|z| = R$ mit $R > \gamma$ gewählt werden.

Spezielle Z - Transformationen:
In der nachfolgenden Tabelle muß $a^{-k} = 0$ gesetzt werden für $k > 0$.

f_n	$F(z)$
1	$\frac{z}{z-1}$
a^n	$\frac{z}{z-a}$
$f_0 = 0;\ f_n = a^{n-1}$ für $n \geq 1$	$\frac{1}{z-a}$
n	$\frac{z}{(z-1)^2}$
n^2	$\frac{z \cdot (z+1)}{(z-1)^3}$
n^3	$\frac{z \cdot (z^2 + 4z + 1)}{(z-1)^4}$
n^k	$(-1)^k D^k \frac{z}{z-1}$ mit $D = z \cdot \frac{d}{dz}$
$n \cdot a^n$	$\frac{a \cdot z}{(z-a)^2}$
$n \cdot a^{n-1}$	$\frac{z}{(z-a)^2}$
$\binom{n}{k}$	$\frac{z}{(z-1)^{k+1}}$; $k = 0, 1, \dots$ (fest)
$n^2 \cdot a^n$	$\frac{a \cdot z \cdot (z+a)}{(z-a)^3}$

f_n	$F(z)$
$n^3 \cdot a^n$	$\frac{a \cdot z \cdot (z^2 + 4az + a^2)}{(z-a)^4}$
$n^k \cdot a^n$	$(-1)^k D^k \frac{z}{z-a}$ mit $D = z \cdot \frac{d}{dz}$
$n \cdot (n-1)$	$\frac{2z}{(z-1)^3}$
$n \cdot (n-1) \cdot \ldots \cdot (n-k+1)$	$\frac{k! \cdot z}{(z-1)^{k+1}}$
$f_0 = 0, \; f_n = \frac{1}{n}$ für $n \geq 1$	$\ln \frac{1}{z-1}$
$f_0 = 0, f_n = \frac{(-1)^{n-1}}{n}$ für $n \geq 1$	$\ln \frac{z+1}{z}$
$\frac{a^n}{n!}$	$e^{\frac{a}{z}}$

Rücktransformationen bei Partialbruchzerlegungen:
Die Folge $(f_n) = (1, a, a^2, a^3, \ldots)$ mit $a \in \mathbb{C}$ besitzt die Z-Transformierte

$$F(z) = \sum_{n=0}^{\infty} \left(\frac{a}{z}\right)^n = \frac{1}{1-\frac{a}{z}} = \frac{z}{z-a}.$$

Dann besitzt die Folge $(0, 1, a, a^2, a^3, \ldots)$ die Z-Transformierte

$$F(z) = z^{-1} \cdot \frac{z}{z-a} = \frac{1}{z-a}.$$

Durch wiederholte Differentiation nach a und Anwendung des Verschiebungssatzes erhält man:

$F(z)$	$(f_0, f_1, f_2, f_3, f_4, f_5 \ldots)$
$\frac{1}{z-a}$	$(0, 1, a, a^2, a^3, a^4, \ldots)$
$\frac{z}{z-a}$	$(1, a, a^2, a^3, a^4, a^5, \ldots)$
$\frac{1}{(z-a)^2}$	$(0, 0, 1, 2a, 3a^2, 4a^3, 5a^4, \ldots)$
$\frac{z}{(z-a)^2}$	$(0, 1, 2a, 3a^2, 4a^3, 5a^4, \ldots)$
$\frac{z^2}{(z-a)^2}$	$\left(1, 2a, 3a^2, 4a^3, 5a^4, \ldots\right)$
$\frac{1}{(z-a)^3}$	$\left(0, 0, 0, 1, \binom{3}{2}a, \binom{4}{2}a^2, \binom{5}{2}a^3, \binom{6}{2}a^4, \ldots\right)$
$\frac{z}{(z-a)^3}$	$\left(0, 0, 1, \binom{3}{2}a, \binom{4}{2}a^2, \binom{5}{2}a^3, \binom{6}{2}a^4, \ldots\right)$
$\frac{z^2}{(z-a)^3}$	$\left(0, 1, \binom{3}{2}a, \binom{4}{2}a^2, \binom{5}{2}a^3, \binom{6}{2}a^4, \ldots\right)$

F (z)	($f_0, f_1, f_2, f_3, f_4, f_5 \ldots$)
$\frac{z^3}{(z-a)^3}$	$\left(1, \binom{3}{2}a, \binom{4}{2}a^2, \binom{5}{2}a^3, \binom{6}{2}a^4, \ldots\right)$
$\frac{z\cdot(z+1)}{(z-1)^3}$	$(0^2, 1^2, 2^2, 3^2, 4^2, \ldots)$
$\frac{z^3}{(z-a)^3}$	$\left(1, \binom{3}{2}a, \binom{4}{2}a^2, \binom{5}{2}a^3, \binom{6}{2}a^4, \ldots\right)$
$\frac{1}{(z-a)^4}$	$\left(0, 0, 0, 0, 1, \binom{4}{3}a, \binom{5}{3}a^2, \binom{6}{3}a^3, \ldots\right)$
$\frac{z}{(z-a)^4}$	$\left(0, 0, 0, 1, \binom{4}{3}a, \binom{5}{3}a^2, \binom{6}{3}a^3, \ldots\right)$
$\frac{z^2}{(z-a)^4}$	$\left(0, 0, 1, \binom{4}{3}a, \binom{5}{3}a^2, \binom{6}{3}a^3, \ldots\right)$
$\frac{z^3}{(z-a)^4}$	$\left(0, 1, \binom{4}{3}a, \binom{5}{3}a^2, \binom{6}{3}a^3, \ldots\right)$
$\frac{z^4}{(z-a)^4}$	$\left(1, \binom{4}{3}a, \binom{5}{3}a^2, \binom{6}{3}a^3, \ldots\right)$
$\frac{1}{(z-a)^5}$	$\left(0, 0, 0, 0, 0, 1, \binom{5}{4}a, \binom{6}{4}a^2, \binom{7}{4}a^3, \ldots\right)$
$\frac{z}{(z-a)^5}$	$\left(0, 0, 0, 0, 1, \binom{5}{4}a, \binom{6}{4}a^2, \binom{7}{4}a^3, \ldots\right)$
$\frac{z^2}{(z-a)^5}$	$\left(0, 0, 0, 1, \binom{5}{4}a, \binom{6}{4}a^2, \binom{7}{4}a^3, \ldots\right)$
$\frac{z^3}{(z-a)^5}$	$\left(0, 0, 1, \binom{5}{4}a, \binom{6}{4}a^2, \binom{7}{4}a^3, \ldots\right)$
$\frac{z^4}{(z-a)^5}$	$\left(0, 1, \binom{5}{4}a, \binom{6}{4}a^2, \binom{7}{4}a^3, \ldots\right)$
$\frac{z^5}{(z-a)^5}$	$\left(1, \binom{5}{4}a, \binom{6}{4}a^2, \binom{7}{4}a^3, \ldots\right)$
$\frac{1}{(z-a)^6}$	$\left(0, 0, 0, 0, 0, 0, 1, \binom{6}{5}a, \binom{7}{5}a^2, \binom{8}{5}a^3, \binom{9}{5}a^4, \ldots\right)$
$\frac{1}{(z-a)^7}$	$\left(0, 0, 0, 0, 0, 0, 0, 1, \binom{7}{6}a, \binom{8}{6}a^2, \binom{9}{6}a^3, \binom{10}{6}a^4, \ldots\right)$

Für die Folgenglieder der Z-Transformation $\mathcal{Z}(f_n)(z) = \frac{1}{(z-a)^m}$ gilt

$f_k = 0$ für $k = 0, 1, \ldots, m-1$; $f_m = 1$;

$f_{m+j} = \binom{m+j-1}{m-1} \cdot a^j$ für $j = 1, 2, \ldots$.

Lösung einer Differenzengleichung mit konstanten Koeffizienten (Beispiel):
Gesucht ist die Lösung der Differenzengleichung

$$y_{n+1} - 3y_n = 5^n - 4 \quad \text{für} \quad n = 0, 1, \ldots$$

mit vorgegebenem y_0 (s. Differenzengleichung, 2.). Die gesuchte Folge besitze die Z-Transformierte F(z). Dann erhält man aus den angegebenen Eigenschaften

$$\mathcal{Z}(y_{n+1})(z) = z \cdot \mathcal{Z}(y_n)(z) - y_0 \cdot z = z \cdot F(z) - y_0 \cdot z;$$

$$\mathcal{Z}(5^n)(z) = \frac{z}{z-5}; \quad \mathcal{Z}(-4)(z) = -\frac{4z}{z-1};$$

$$z F(z) - y_0 \cdot z - 3 F(z) = \frac{z}{z-5} - \frac{4z}{z-1};$$

$$F(z) \cdot (z-3) = y_0 \cdot z + \frac{z}{z-5} - \frac{4z}{z-1};$$

$$F(z) = y_0 \cdot \frac{z}{z-3} + \frac{z}{(z-3)\cdot(z-5)} - \frac{4z}{(z-3)\cdot(z-1)}.$$

Partialbruchzerlegung ergibt

$$F(z) = y_0 \cdot \frac{z}{z-3} - \frac{15}{2} \cdot \frac{1}{z-3} + \frac{5}{2} \cdot \frac{1}{z-5} + 2 \cdot \frac{1}{z-1}.$$

Aus den Formeln für die Partialbruchzerlegung erhält man die Rücktransformationen

$$y_0 \cdot (1, 3, 3^2, 3^3, 3^4, \ldots) - \frac{15}{2} \cdot (0, 1, 3, 3^2, 3^3, 3^4, \ldots)$$
$$+ \frac{5}{2} \cdot (0, 1, 5, 5^2, 5^3, 5^4, \ldots) + 2 \cdot (0, 1, 1, 1, 1, 1, \ldots).$$

Hieraus erhält man die allgemeine Lösung

$$y_k = y_0 \cdot 3^k - \frac{15}{2} \cdot 3^{k-1} + \frac{5}{2} \cdot 5^{k-1} + 2$$
$$= 3^k \cdot (y_0 - \tfrac{5}{2}) + \tfrac{1}{2} \cdot 5^k + 2 \qquad \text{für } k = 0, 1, 2, \ldots .$$

Arithmetische Folge der Ordnung m:
Für eine arithmetische Folge der Ordnung m verschwinden alle Differenzen der Ordnung m + 1 (s. arithmetische Folge höherer Ordnung). Es gilt also

$$\Delta_n^{m+1} = \Delta^{m+1} a_n = 0 \quad \text{für} \quad n = 1, 2, \ldots .$$

Da die Folge mit a_1 beginnt, muß eine Umbezeichnung vorgenommen werden durch $f_n = a_{n+1}$ für $n = 0, 1, 2, \ldots$.
Nach den angegebenen Regeln gilt

$$0 = \mathcal{Z}(\Delta^{m+1} a_n)(z) = (z-1)^{m+1} \cdot \mathcal{Z}(a_n)(z) - z \cdot \sum_{j=0}^{m} (z-1)^{m-j} \cdot \Delta^j f_0 .$$

Damit lautet die Z-Transformierte der Ausgangsfolge $(f_0, f_1, f_2, \ldots)$

$$\mathcal{Z}(f_n)(z) = \sum_{j=0}^{m} \frac{z \cdot (z-1)^{m-j}}{(z-1)^{m+1}} \cdot \Delta^j a_1 = \sum_{j=0}^{m} \frac{z}{(z-1)^{j+1}} \cdot \Delta^j f_0 .$$

Die Rücktransformation von $\frac{z}{(z-1)^{j+1}}$ ist $\binom{n}{j}$. Damit gilt

$$f_n = \sum_{j=0}^{m} \binom{n}{j} \Delta^j f_0 \quad \text{für } n = 0, 1, \ldots .$$

Aus $a_n = f_{n-1}$ erhält man

$$a_n = a_1 + \binom{n-1}{1}\Delta_1^1 + \binom{n-1}{2}\Delta_1^2 + \ldots + \binom{n-1}{m}\Delta_1^m .$$

Für die Folge der Partialsummen $g_n = \sum_{k=0}^{n} f_k$ erhält man mit Hilfe des Summationssatzes die Z - Transformierte

$$\mathcal{Z}\left(\sum_{k=0}^{n-1} f_k\right)(z) = \frac{\mathcal{Z}(f_n)(z)}{z-1} = \sum_{j=0}^{m} \frac{z}{(z-1)^{j+2}} \cdot \Delta^j f_0 .$$

Damit gilt

$$\sum_{k=0}^{n-1} f_k = \sum_{j=0}^{m} \binom{n}{j+1} \Delta^j f_0 \quad \text{für } n = 0, 1, \ldots ;$$

$s_n = \sum_{i=1}^{n} a_i = \sum_{k=0}^{n-1} f_k$ ergibt unmittelbar

$$s_n = \sum_{j=0}^{m} \binom{n}{j+1} \Delta^j a_1 = \sum_{j=0}^{m} \binom{n}{j+1} \Delta_1^j \qquad \text{für } n = 1, 2, \ldots ;$$

$$s_n = \sum_{i=0}^{n} a_i = \binom{n}{1} a_1 + \binom{n}{2}\Delta_1^1 + \binom{n}{3}\Delta_2^2 + \ldots + \binom{n}{m+1}\Delta_1^m .$$

Z - transformierbar s. Z - Transformation.

Z - Transformierte s. Z - Transformation.

Zufallszahlen s. Monte - Carlo - Methode.

Zugriff:

Die Möglichkeit, Daten aus einem Speicher zu entnehmen oder sie in ihm abzuspeichern, bezeichnet man als *Zugriff* (s. Rechenanlage, digitale).

Zugriffszeit:

Unter der *Zugriffszeit* versteht man die Zeitspanne, die für den Transport einer Information zwischen Rechenwerk und Speicher vom Aufruf bis zur vollständigen Übertragung benötigt wird (s. Rechenanlage, digitale).

zulässige Basislösung s. lineare Optimierung, 2.1.8.

zulässiger Bereich s. lineare Optimierung, 1., 2.1.6.

zulässige Ziffer s. Runden.

zusammengesetzte (mittelbare, verkettete) Abbildung:
Durch $y = f(x)$ sei eine Abbildung f von X in Y definiert und durch $z = g(y)$ eine Abbildung von Y in Z. Dann wird durch

$$z = g(y) = g(f(x)) = (g \circ f)(x) = h(x)$$

eine Abbildung $h = g \circ f$ von X in Z erklärt. Man nennt sie die *zusammengesetzte* oder *verkettete* Abbildung (s. Abbildung, 1.).

zusammengesetzte Bereichsabbildung s. Abbildung, 2.4., 3.

zusammengesetzte (mittelbare, verkettete) Funktion:
Es sei $f(x_1, x_2, \ldots, x_n)$ eine Funktion in n Variablen. Falls die einzelnen Variablen $x_i(t)$ Funktionen derselben Veränderlichen t sind für $i = 1, \ldots, n$, nennt man die Funktion

$$h(t) = f(x_1(t), x_2(t), \ldots, x_n(t))$$

zusammengesetzte Funktion (s. Kettenregel).

zusammenhängend:
Ein topologischer Raum T (s. topologischer Raum) heißt *zusammenhängend*, wenn er nicht darstellbar ist als Vereinigung zweier nichtleerer offener, disjunkter Teilmengen von T (s. disjunkt, s. offen). Eine Teilmenge M eines topologischen Raumes heißt *zusammenhängend*, wenn S als Teilraum zusammenhängend ist (s. Teilraum, s. induzierte Topologie).

Zwanzigflach s. Ikosaeder.

Zweiersystem s. Dualzahl, s. Zahlensystem, 2.

Zweipunktegleichung s. Gerade, 1.2.

zweischaliges Hyperboloid s. Hyperboloid, 2.

zweiseitige Differenzen s. Differentiation, numerische, 2.

zweiseitiges Ideal s. Ideal.

zweistellige Relation s. Relation, 1., 2.

zweistellige Verknüpfung s. Verknüpfung, 2.

Zweitafelprojektion:
Die senkrechten Parallelprojektionen auf zwei aufeinander senkrecht stehende Bildtafeln $\prod_1$ und $\prod_2$ heißt *Zweitafelprojektion* (s. Projektion, 2.). Die *Grundrißebene* (*Grundrißtafel*) $\prod_1$ wird horizontal gewählt, die *Aufrißebene* (*Aufrißtafel*) $\prod_2$ vertikal. Beide schneiden sich in der *Rißachse* (*Projektions-* oder *Bildachse*). Die Bilder (Risse) nennt man *Grundriß* oder *Aufriß*. Klappt man die Aufrißebene $\prod_2$ um 90° um die Rißachse so, daß ihre

obere Halbebene mit der hinteren Halbebene von $\prod_1$ zusammenfällt, so steht für jeden Punkt P die durch den Grundriß P' und den Aufriß P'' gehende *Ordnungslinie* senkrecht zur Rißachse.

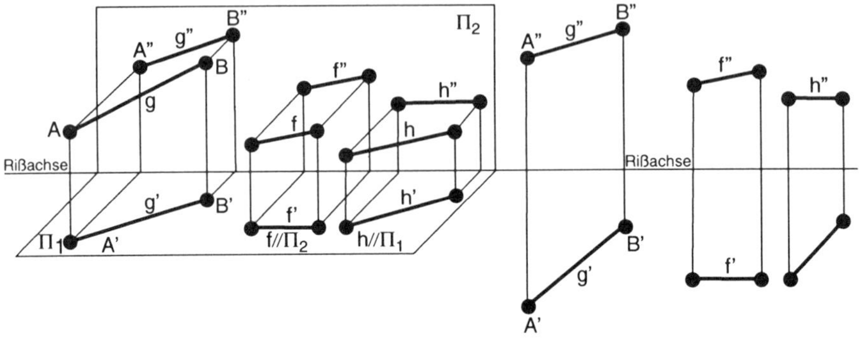

zweitangentiger Knoten s. Knotenpunkt.

Zwischensumme s. Integralrechnung, 1.1., 2.1., 3.1.

Zwischenwertsatz für stetige Funktionen:

Jede in einem abgeschlossenen Intervall $[a;b]$ stetige Funktion f nimmt im Inneren des Intervalls $(a;b)$ jeden Wert zwischen dem Minimum und dem Maximum an. Zu jedem Wert c mit

$$\min_{a \leq x \leq b} f(x) < c < \max_{a \leq x \leq b} f(x)$$

gibt es mindestens eine Stelle $\xi \in (a;b)$ mit $f(\xi) = c$.
Falls die Funktion f in $[a;b]$ stetig ist mit $f(a) < 0$ und $f(b) > 0$ bzw. $f(a) > 0$ und $f(b) < 0$, so besitzt f in $(a;b)$ mindestens eine Nullstelle.

Zwölfersystem s. Duodezimalzahl, s. Zahlensystem, 2.

Zwölfflach s. Dodekaeder.

zyklische Gruppe:

Eine Gruppe, deren Elemente sich alle als Potenz a^n eines *erzeugenden Elementes* a schreiben lassen, heißt *zyklische Gruppe* (s. Gruppe, s. Erzeugendensystem einer Gruppe). Die zyklische Gruppe wird auch mit (a) bezeichnet. Falls a vom Einselement e verschieden ist, lassen sich alle Elemente der zyklischen Gruppe als Potenzen von a darstellen, es gilt also

$$(a) = \{\ldots, a^{-2}, a^{-1}, a^0 = e, a^1 = a, a^2, \ldots\}.$$

Im Falle $a^n = e$ besteht die zyklische Gruppe (a) nur aus n Elementen, also $(a) = \{e, a, a^2, \ldots, a^{n-1}\}$. Dann heißt n die *Ordnung* der Gruppe bzw. des Elementes a (s. Erzeugendensystem einer Gruppe).

zyklische Kurven (Rollkurven, Zykloiden):

Ein Kreis mit dem Radius r rolle auf einer vorgegebenen ebenen Leitkurve ohne zu gleiten. Kurven, die dabei ein mit dem rollenden Kreis fest verbundener Punkt P beschreibt, heißen *zyklische Kurven* oder *Rollkurven.* Dabei kann sich der Punkt P auf, innerhalb oder außerhalb des Kreises befinden.

1. Zykloiden:

Ein Kreis mit dem Radius r rolle auf einer Geraden ohne zu gleiten ab. Ein mit dem Kreis fest verbundener Punkt P besitze vom Kreismittelpunkt den Abstand a. Dann beschreibt dieser Punkt beim Abrollen

a) eine *gewöhnliche Zykloide,* falls $a = r$ ist (P auf dem Kreis);

b) eine *verkürzte Zykloide,* falls $a < r$ ist (P innerhalb des Kreises);

c) eine *verlängerte Zykloide,* falls $a > r$ ist (P außerhalb des Kreises).

Verkürzte oder verlängerte Zykloiden heißen *Trochoiden.*

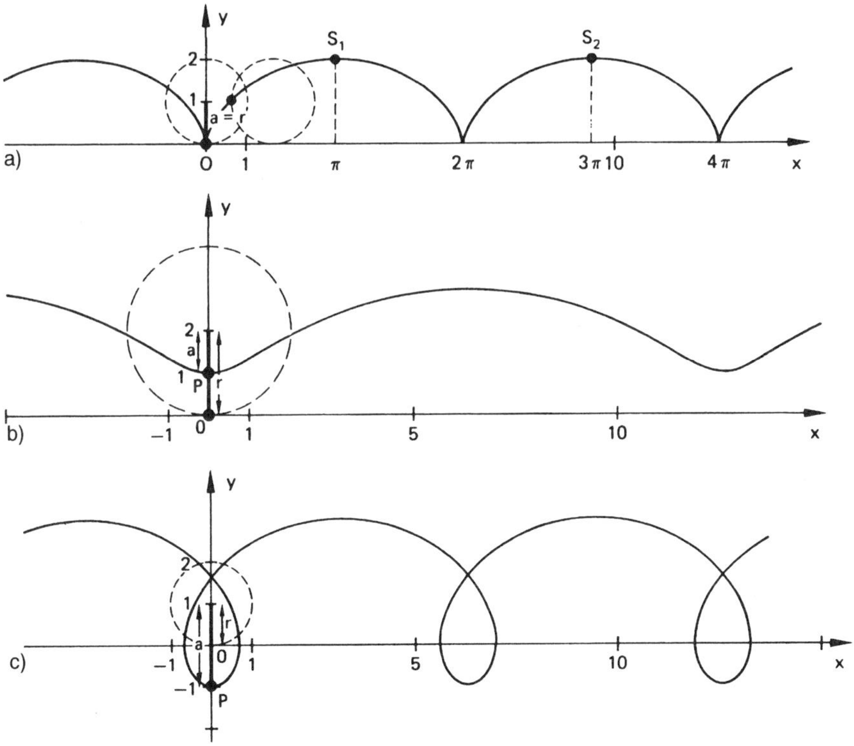

Mit dem Verhältnis $\lambda = \frac{a}{r}$ erhält man für die kartesischen Koordinaten der Punkte einer allgemeinen Zykloide die Parameterdarstellung

$$x = r \cdot t - a \cdot \sin t = r \cdot (t - \lambda \cdot \sin t);$$

$$y = r - a \cdot \cos t = r \cdot (1 - \lambda \cdot \cos t) \text{ mit } \lambda = \frac{a}{r};$$ $t \in \mathbb{R}$ heißt *Wälzwinkel.*

$\lambda < 1$ ergibt die *verkürzte*, $\lambda = 1$ die *gewöhnliche* und $\lambda > 1$ die *gestreckte* Zykloide. Sie besitzt folgende Größen:

Scheitelpunkte (Maxima): $S_k\big((2k-1)\pi r\,,\,(1+\lambda)r\big)\,,\ k \in \mathbb{Z}$;

Minima: $B_k\big(2k\pi r\,,\,(1-\lambda)r\big)\,,\ k \in \mathbb{Z}$;

Inhalt der Fläche unter einem vollen Bogen: $F = \pi r^2(2+\lambda^2)$;

Krümmungsradius: $\rho(t) = \dfrac{r(1+\lambda^2 - 2\lambda\cos t)^{3/2}}{\lambda \cdot |\cos t - \lambda|}$;

Krümmungsradius im Maximum $\rho = \dfrac{r(1+\lambda^2)}{\lambda}$;

Krümmungsradius im Minimum $\rho = \dfrac{r(1-\lambda)^2}{\lambda}$ für $\lambda \neq 1$.

2. Epizykloiden:

Ein Kreis vom Radius r rolle ohne zu gleiten auf der Außenseite eines Kreises mit dem Radius R ab. Ein mit dem rollenden Kreis fest verbundener Punkt P besitze vom Kreismittelpunkt den Abstand a. Die Rollkurve, welche dieser Punkt beschreibt, heißt *Epizykloide.* Man nennt sie eine

a) *gewöhnliche* Epizykloide für $a = r$ (P auf dem Kreis);

b) *verkürzte* Epizykloide für $a < r$ (P innerhalb des Kreises);

c) *verlängerte* Epizykloide für $a > r$ (P außerhalb des Kreises).

Verkürzte oder verlängerte Epizykloiden heißen auch *Epitrochoiden.*

Mit dem Drehwinkel φ erhält man für die kartesischen Koordinaten der Punkte auf der Epizykloide die Parameterdarstellung

$$x = (R+r)\cdot\cos\varphi \;-\; a\cdot\cos\Big(\frac{R+r}{r}\varphi\Big);$$

$$y = (R+r)\cdot\sin\varphi \;-\; a\cdot\sin\Big(\frac{R+r}{r}\varphi\Big);\quad -\infty < \varphi < \infty.$$

Die Gestalt einer Epizykloide hängt vom Verhältnis $m = \frac{R}{r}$ ab.

1. Fall: $\frac{R}{r} = m$ ist ganzzahlig.

Die Zykloide ist eine sich nicht überschneidende geschlossene Kurve, die aus m kongruenten Kurvenbögen besteht. Danach findet eine zyklische Wiederholung statt.

2. Fall: $\frac{R}{r} = \frac{p}{q}$, wobei p und q teilerfremde natürliche Zahlen sind.

Die Kurve besteht aus q kongruenten Teilbögen, die sich schneiden. Dadurch entsteht eine geschlossene, sich überschneidende Kurve mit dem Parameterbereich $0 \leq \varphi \leq 2\pi q$. Danach findet eine zyklische Wiederholung statt.

3. Fall: $\frac{R}{r} = m$ ist irrational.

Es entsteht keine geschlossene Kurve. Die gesamte Kurve besteht aus unendlich vielen, sich überschneidenden Teilbögen.

Der Spezialfall $R = r$ liefert eine **Pascalsche Schnecke.**

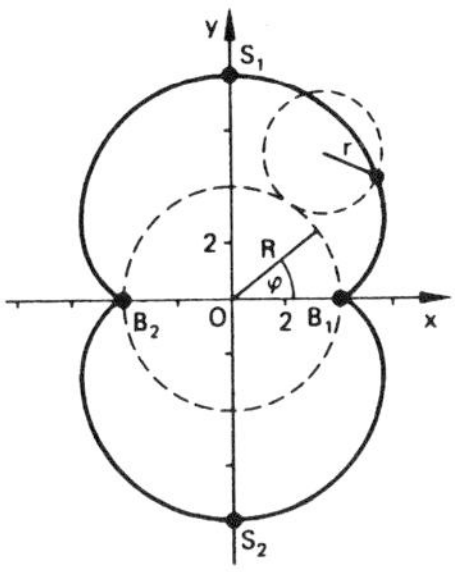

a) R = 4; r = 2

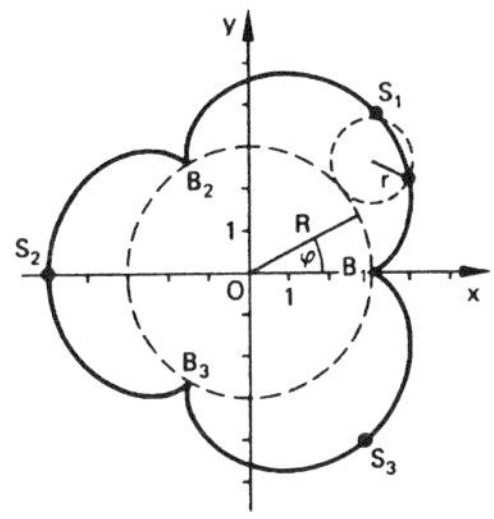

b) R = 3; r = 1

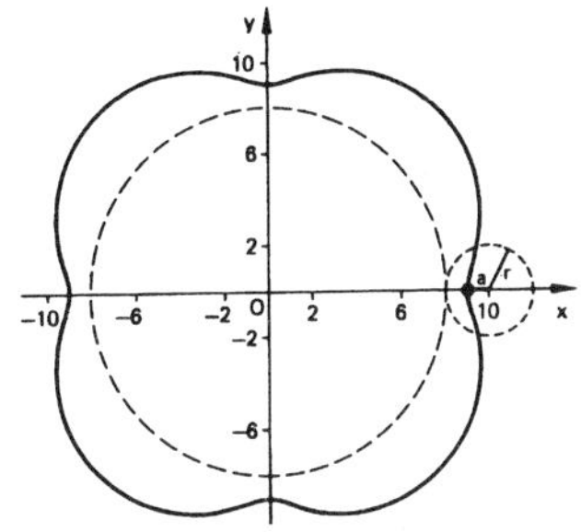

verkürzte Epizykloide
R = 8; r = 2; a = 1

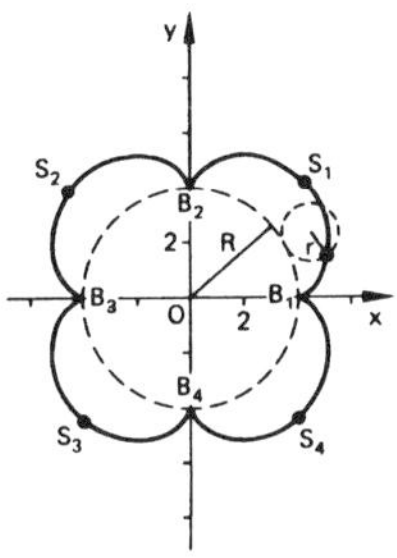

c) R = 4; r = 1

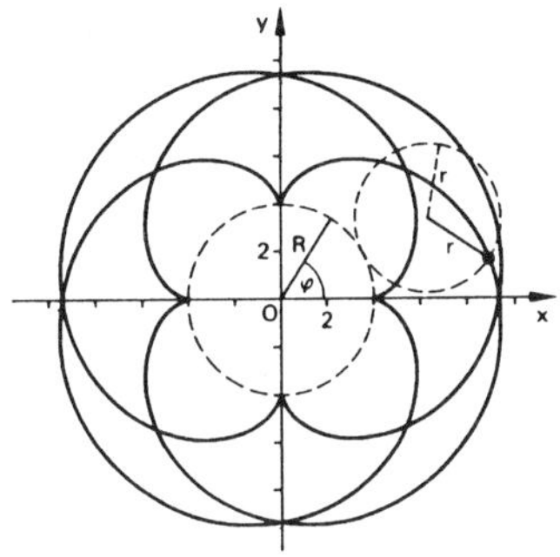

d) R = 4; r = 3

gewöhnliche Epizykloide

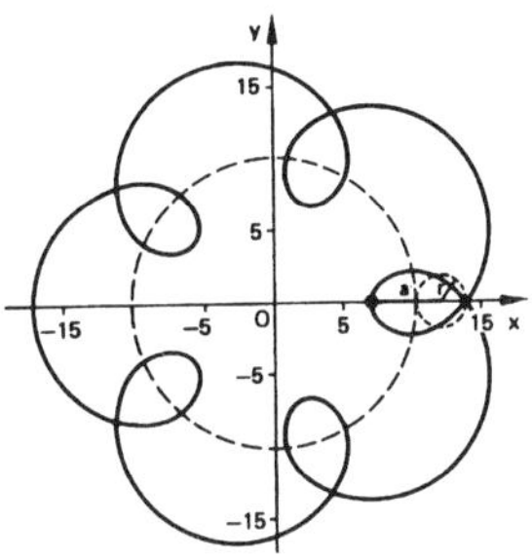

verlängerte Epizykloide
R = 10; r = 2; a = 5

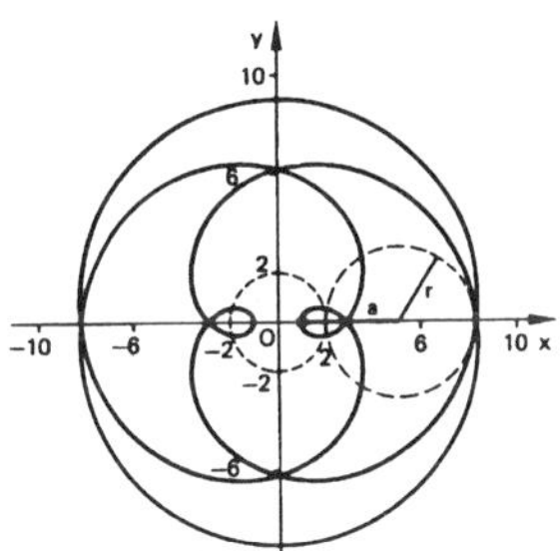

verlängerte Epizykloide
R = 2; r = 3; a = 4

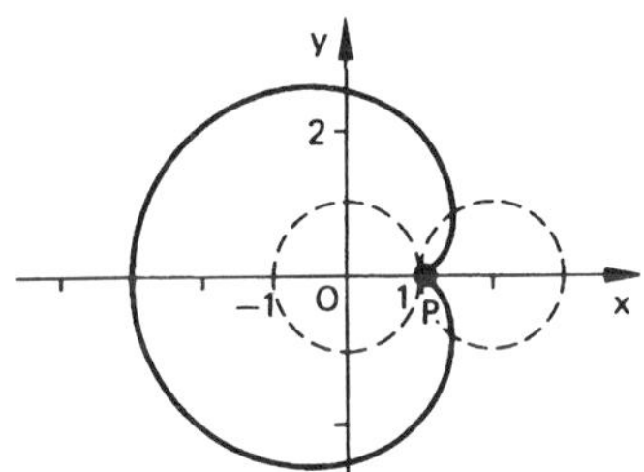

a = r = 1
Pascalsche Schnecke

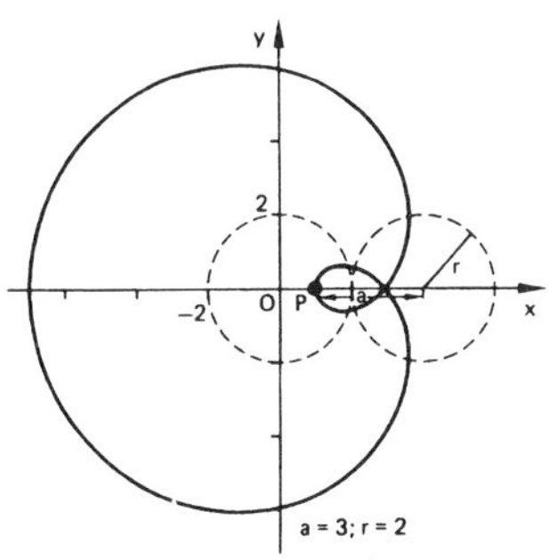

a = 3; r = 2
Pascalsche Schnecke

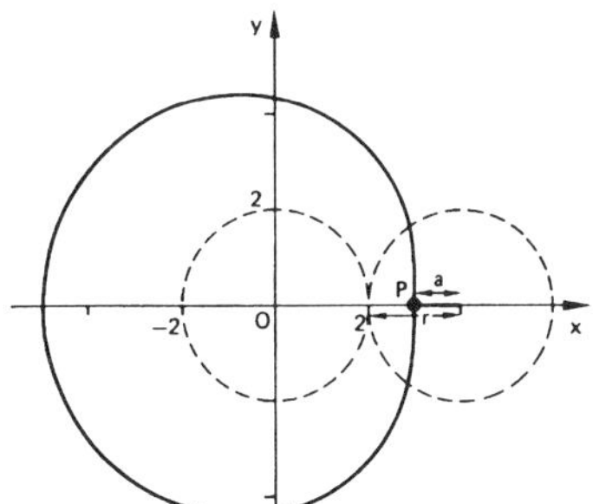

a = 1; r = 2
Pascalsche Schnecke

Kardioide (Herzkurve):
Mit den Werten $R = r = a$ erhält man als spezielle Epizykloide die *Kardioide* oder *Herzkurve* mit der Parameterdarstellung

$$x = a \cdot (2\cos\varphi - \cos 2\varphi);$$

$$y = a \cdot (2\sin\varphi - \sin 2\varphi) \text{ mit } a > 0.$$

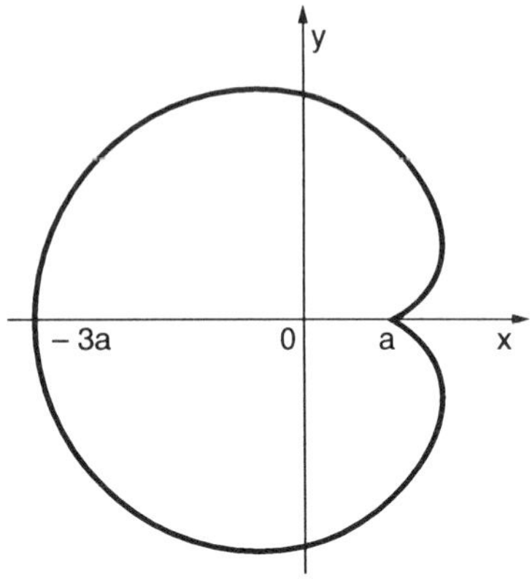

Elimination von φ ergibt mit $a > 0$ die Koordinatengleichung

$$(x^2 + y^2 - a^2)^2 = 4a^2\,[(x-a)^2 + y^2].$$

Der Punkt $P(a, 0)$ ist eine Spitze. Die x-Achse ist Symmetrie-Achse, $S(0, -3a)$ ist ein Scheitelpunkt.

$$\text{Maximum: } P\left(-\frac{a}{2}, \frac{3\sqrt{3}}{2}a\right); \quad \text{Minimum: } P\left(-\frac{a}{2}, -\frac{3\sqrt{3}}{2}a\right);$$

$$\text{Flächeninhalt: } F = 6\pi a^2; \quad \text{Länge der Kurve: } s = 16a.$$

3. Hypozykloiden:
Der Kreis vom Radius r rolle ohne zu gleiten auf der Innenseite eines Kreises mit dem Radius $R > r$ ab. Mit den Bezeichnungen aus 2. erhält man eine

a) *gewöhnliche* Hypozykloide für $a = r$ (P auf dem Kreis);

b) *verkürzte* Hypozykloide für $a < r$ (P innerhalb des Kreises);

c) *verlängerte* Hypozykloide für $a > r$ (P außerhalb des Kreises).

Verkürzte oder verlängerte Hypozykloiden heißen auch *Hypotrochoiden.*

Parameterdarstellung:

$$x = (R-r)\cdot\cos\varphi + a\cdot\cos\left(\frac{R-r}{r}\varphi\right); \quad y = (R-r)\cdot\sin\varphi - a\cdot\sin\left(\frac{R-r}{r}\varphi\right).$$

Für den Verlauf der Kurve ist wie bei den Epizykloiden das Verhältnis $m = \frac{R}{r}$ entscheidend. Nur bei rationalem m entsteht eine geschlossene Kurve. Dabei findet nur bei ganzzahligem m keine Durchdringung statt. Dann besteht die geschlossene Kurve aus m kongruenten Kurvenbögen.

Bei der gewöhnlichen Hypozykloide mit $\frac{R}{r} = m$ (ganzzahlig) und $a = r$ erhält man folgende Größen:

Länge eines Teilbogens: $l_1 = \dfrac{8(R-r)}{m}$;

Inhalt der Fläche zwischen einem Teilbogen und dem Leitkreis:

$$F_1 = \frac{\pi r^2 (3R - 2r)}{R}; \quad \text{Krümmungsradius: } \rho(\varphi) = \frac{4R(R-r)\sin\dfrac{R\varphi}{2r}}{R-2r}.$$

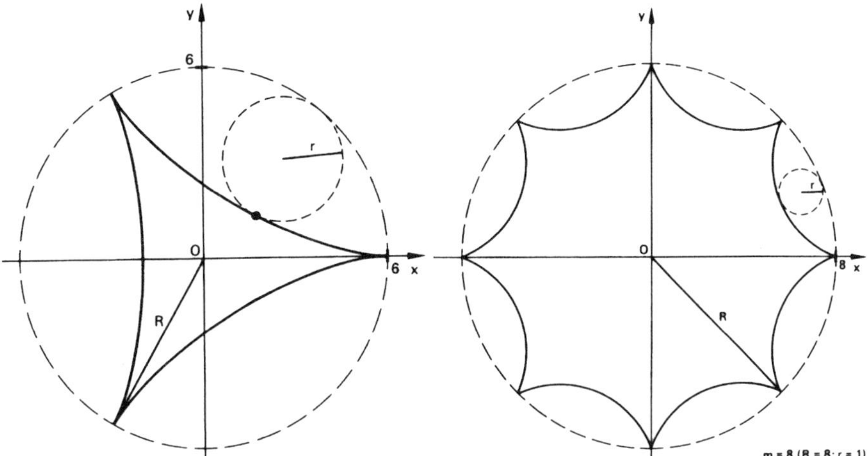

m = 3 (R = 6; r = 2)

m = 8 (R = 8; r = 1)

gewöhnliche Hypozykloiden

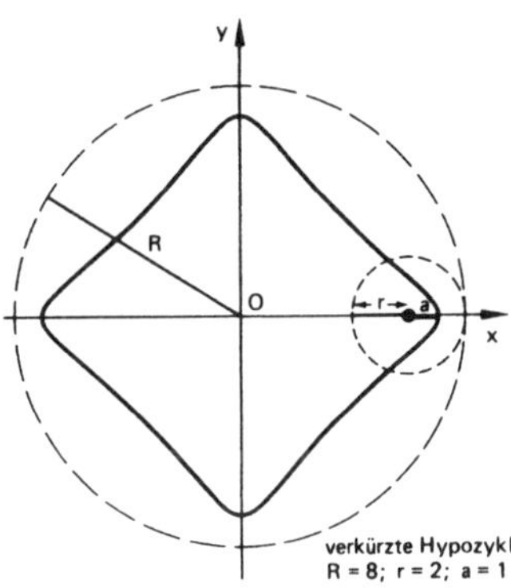

verkürzte Hypozykloide
R = 8; r = 2; a = 1

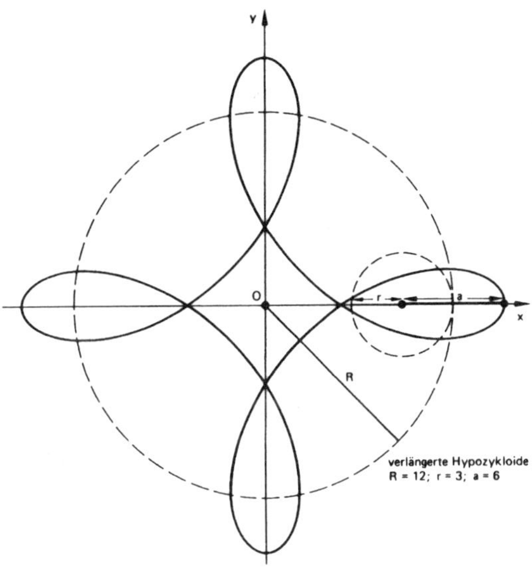

verlängerte Hypozykloide
R = 12; r = 3; a = 6

Eine gewöhnliche Hypozykloide mit $R = 4r$, also mit $m = 4$, ergibt eine

Astroide (Sternkurve):
Sie besitzt die Darstellungen:

Parameterdarstellung: $x = R \cdot \cos^3 \varphi$; $y = R \cdot \sin^3 \varphi$; $0 \leq \varphi \leq 2\pi$.

Gleichung in kartesischen Koordinaten: $x^{\frac{2}{3}} + y^{\frac{2}{3}} = R^{\frac{2}{3}}$.

Die Ellipse $\frac{x^2}{a^2} + \frac{y^2}{b^2} = 1$ mit $b < a$ besitzt die Evolute (s. Evolute)

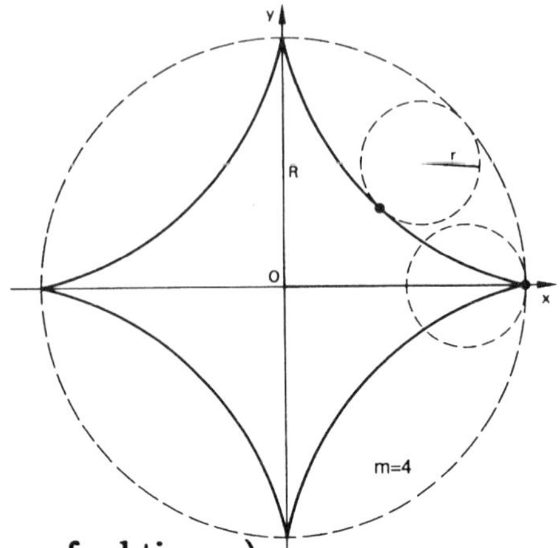

$$\left(\frac{a\,x}{a^2-b^2}\right)^{\frac{2}{3}}+\left(\frac{b\,y}{a^2-b^2}\right)^{\frac{2}{3}}=1.$$

Mit Hilfe der Transformation

$$a\,x=\xi\,;\quad b\,y=\eta$$

geht diese Gleichung über in die Astroidengleichung

$$\xi^{\frac{2}{3}}+\eta^{\frac{2}{3}}=(a^2-b^2)^{\frac{2}{3}}.$$

Zykloide s. zyklische Kurven, 1.

zyklometrische Funktionen (Arcusfunktionen):
Die *zyklometrischen Funktionen* oder *Arcusfunktionen* sind die Umkehrfunktionen der trigonometrischen Funktionen (s. Arcussinus, s. Arcuskosinus, s. Arcustangens, s. Arcuscotangens).
Es gelten die Umrechnungsformeln:

$$\arcsin x+\arccos x=\frac{\pi}{2}\,;\quad \arctan x+\operatorname{arccot} x=\frac{\pi}{2}.$$

Zyklus s. Permutation, 1.

Zylinder(fläche):

1. Zylinderfläche:
Eine Gerade (Erzeugende) werde längs einer räumlichen Kurve (Leitkurve) $\mathfrak{C}$ parallel verschoben. Dann entsteht eine *Zylinderfläche.* Es handelt sich um eine Regelfläche, die durch parallele Geraden erzeugt wird. Die räumliche Kurve $\mathfrak{C}$ sei durch die Parameterdarstellung

$$x=\varphi(t)\,;\quad y=\psi(t)\,;\quad z=\chi(t)\quad \text{für } t_1\le t\le t_2$$

gegeben (s. Kurve, 2.1.). $\vec{b}^{\,T}=(b_1,b_2,b_3)$ sei ein Richtungsvektor der erzeugenden Geraden. Die Zylinderfläche besitzt dann die vektorielle Parameterdarstellung

$$\vec{x}(t,\tau)=\begin{pmatrix}\varphi(t)\\ \psi(t)\\ \chi(t)\end{pmatrix}+\tau\cdot\begin{pmatrix}b_1\\ b_2\\ b_3\end{pmatrix};\quad t_1\le t\le t_2\,;\quad \tau\in\mathbb{R}.$$

Bei vielen Zylinderflächen ist die Leitkurve eine geschlossene Kurve. Eine nicht zu $\vec{b}$ parallele Ebene schneidet die Zylinderfläche allgemein in einer ebenen Kurve. Diese kann ebenfalls als Erzeugende gewählt werden. Daher kann immer von einer ebenen Leitkurve ausgegangen werden. Die Zylinderfläche heißt *gerade*, wenn die Leitkurve in einer Ebene liegt und die erzeugende Gerade auf dieser Ebene senkrecht steht. Oft nennt man eine Zylinderfläche einfach Zylinder.

2. Zylinderkörper:
Ein *Zylinderkörper* ist ein Körper, der von einer Zylinderfläche und zwei parallelen Ebenen begrenzt wird. Dabei dürfen die Begrenzungsebenen nicht parallel zu den erzeugenden Geraden der Zylinderfläche sein. Nach 1. kann man immer von einer ebenen Leitkurve ausgehen.

2.1. Schiefer Zylinder:
Die zwischen den parallelen Begrenzungsebenen liegenden Strecken der Erzeugenden heißen *Mantellinien.* Sie sind gleich lang und bilden den *Mantel.* Die untere von der ebenen Leitkurve umrandete Fläche heißt *Grundfläche*, die obere Begrenzungsfläche ist die *Deckfläche.* Es gilt

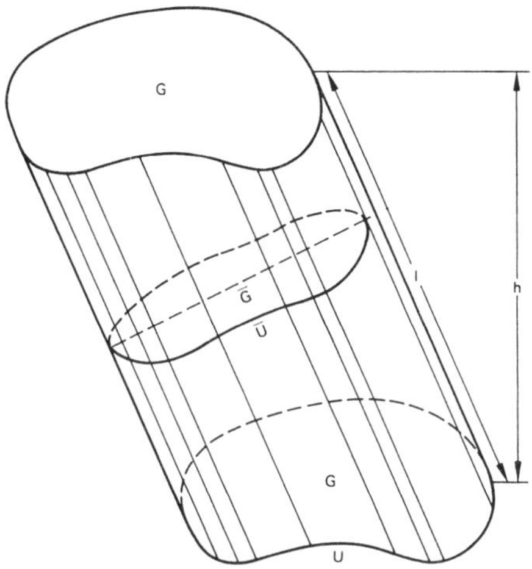

Volumen: $M = G\,h = \overline{G}\,l$;

Mantelflächeninhalt: $M = \overline{U}\,l$;

Oberflächeninhalt: $O = M + 2G$;

h = Höhe des Zylinders;
l = Länge der Mantellinien;
G = Inhalt der Grundfläche; U = Umfang der Grundfläche;
$\overline{G}$ = Inhalt des zu den Mantellinien senkrechten Schnittes;
$\overline{U}$ = Umfang des zu den Mantellinien senkrechten Schnittes.

2.2. Gerader Zylinder:
Bei einem *geraden* Zylinder stehen die Mantellinien senkrecht auf der Grundfläche. Dann ist die Höhe h gleich der Länge l der Mantellinien, also $h = l$. Ferner sind alle Schnitte senkrecht zu den Mantellinien kongruent mit der Grundfläche ($G = \overline{G}$, $U = \overline{U}$).

2.3. Kreiszylinder:
Bei einem *Kreiszylinder* ist die Leitkurve ein Kreis.

2.3.1. Schiefer Kreiszylinder:
Die Leitkurve sei ein Kreis. Falls der Kreiszylinder schief ist, ergeben die ebenen Schnitte senkrecht zu den Mantellinien Ellipsen (s. Ellipse).

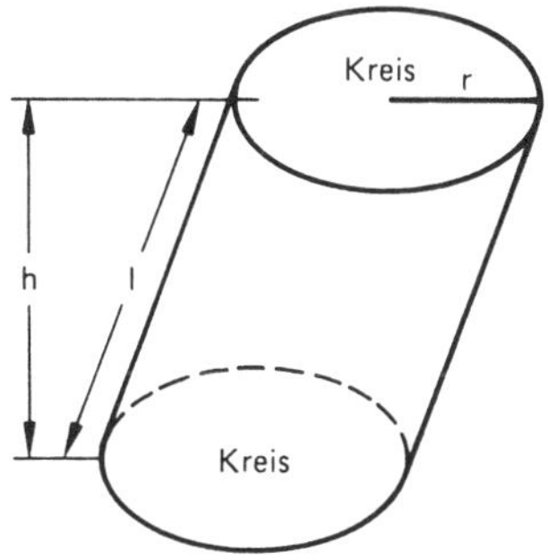

Volumen: $V = \pi r^2 h$;

Mantelflächeninhalt: $M = 2\pi r h$;

Oberflächeninhalt: $O = 2\pi r h + 2\pi r^2$;

r = Radius des Grundkreises;
h = Höhe des Zylinders.

2.3.2. Gerader Kreiszylinder:

Bei einem geraden Kreiszylinder stehen die Mantellinien senkrecht auf dem Grund- und Deckkreis. Er entsteht durch Rotation einer Mantellinie der Länge h um die durch den Kreismittelpunkt gehende vertikale Achse.

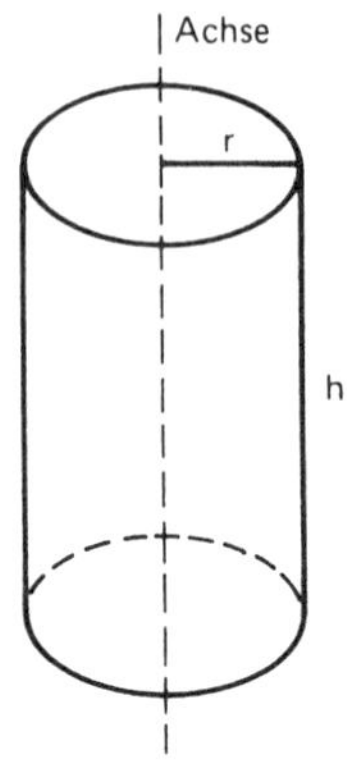

Volumen: $V = \pi r^2 h$;

Mantelflächeninhalt: $M = 2\pi r h$;

Oberflächeninhalt: $O = 2\pi r h + 2\pi r^2$;

r = Radius des Grundkreises;
h = Höhe des Zylinders.

Koordinatengleichung des Zylindermantels (Zylinderfläche):
Der Grundkreis liege in der x-y-Ebene mit dem Mittelpunkt $M(x_0, y_0, 0)$. Dann gilt für jeden Punkt $P(x, y, z)$ auf dem Zylindermantel

$$(x - x_0)^2 + (y - y_0)^2 = r^2 \quad \text{für } 0 \le z \le h.$$

Gleichung in Zylinderkoordinaten:
Mit den Zylinderkoordinaten (ρ, φ, z) (s. Zylinderkoordinaten) lautet mit O = M die Gleichung

$$\rho(\varphi, z) = r \quad \text{für } 0 \le z \le h.$$

2.3.3. Zylinderstumpf (schräg abgeschnittener gerader Kreiszylinder):

Ein gerader Kreiszylinder werde durch eine Ebene geschnitten, wobei die Ebene jede Mantellinie schneide. Dann heißt jeder der beiden Teilkörper ein *Zylinderstumpf.* Die kürzeste Mantellinie besitze die Länge h, die längste die Länge H. Die Deckfläche ist eine Ellipse mit den Halbachsen (s. Ellipse):

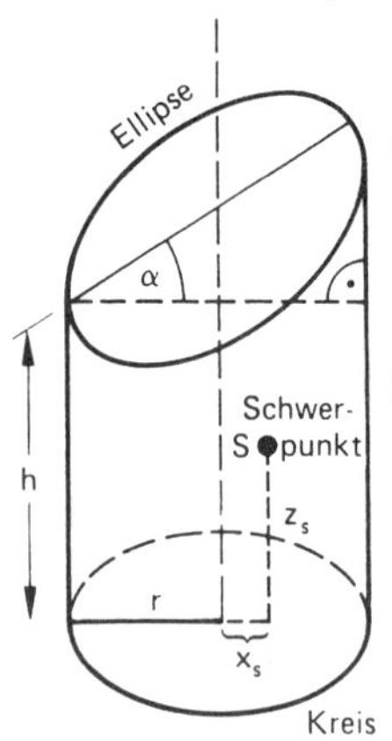

kleine Halbachse: $b = r$;

große Halbachse: $a = \frac{1}{2}\sqrt{4r^2 + (H - h)^2}$;

Volumen: $V = \pi r^2 \frac{h + H}{2}$;

Mantelflächeninhalt: $M = \pi r (h + H)$;

Oberflächeninhalt: $O = \pi r \left(h + H + r + \sqrt{r^2 + \frac{(H - h)^2}{4}}\right)$.

α = Neigungswinkel der Deckfläche gegen die Grundfläche: $\tan\alpha = \frac{H - h}{2r}$.

Der Schwerpunkt S liegt unter der Ellipsenhauptachse (s. Zeichnung) mit

$$x_S = \frac{r^2 \tan\alpha}{2(H + h)}; \quad z_S = \frac{H + h}{4} + \frac{r^2 \tan^2\alpha}{4(H + h)} \quad \text{mit } \tan\alpha = \frac{H - h}{2r}.$$

2.3.4. Zylinderhuf:
Ein gerader Kreiszylinder werde von einer Ebene so geschnitten, daß von ihr entweder die Grund- oder die Deckfläche geschnitten wird. Dann heißt der kleinere Teilkörper ein *Zylinderhuf*. Die Grundfläche des Zylinderhufs ist ein Kreissegment. Es sei a die Länge der Sehne, welche das Kreissegment begrenzt, φ der zum halben Segmentbogen gehörende Zentriwinkel im Bogenmaß, b die Höhe des Kreissegments und h die Höhe des Zylinderhufs. Dann lautet das Volumen des Zylinderhufs

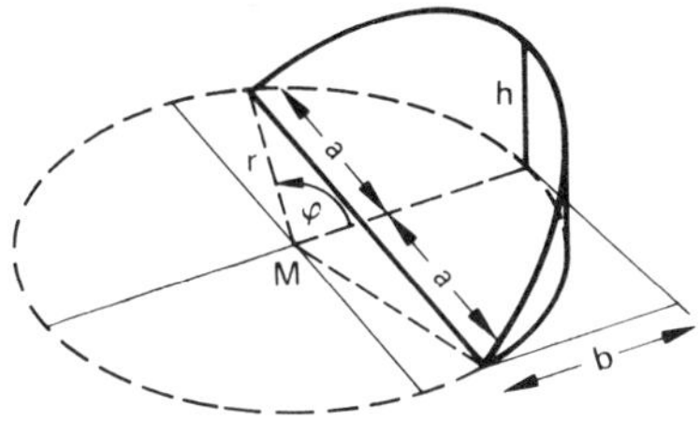

$$V = \frac{h}{3b} \cdot \left[a \cdot (3r^2 - a^2) + 3r^2 \cdot (b - r) \cdot x(\varphi)\right];\ x(\varphi) \text{ im Bogenmaß.}$$

2.3.5. Hohlzylinder:
Die Leitkurve bestehe aus zwei konzentrischen Kreisen mit dem gleichen Mittelpunkt und den Radien r (innerer Kreis) und R (äußerer Kreis) mit $r < R$. Die Mantellinien der Länge h sollen senkrecht auf der Kreisebene stehen. Dadurch entsteht ein Hohlzylinder mit der

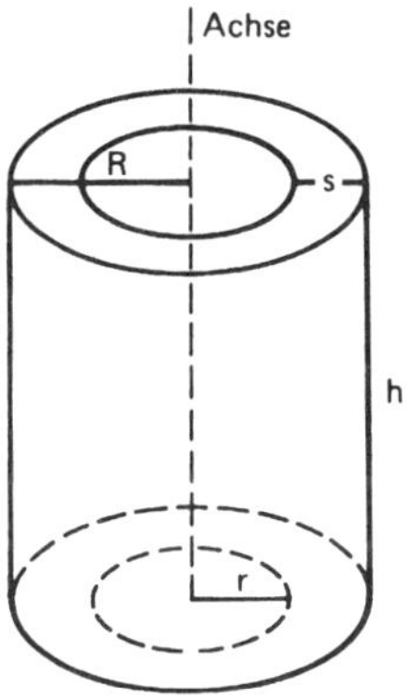

Wandstärke (Dicke): $s = R - r$;

Grundflächeninhalt:

$G = \pi(R^2 - r^2) = \pi s(r + R) = \pi s(2r + s)$;

Volumen: $V = Gh$;

innerer Mantelflächeninhalt: $M_i = 2\pi r h$;

äußerer Mantelflächeninhalt: $M_a = 2\pi R h$;

Oberflächeninhalt:

$O = M_i + M_a + 2G = 2\pi \cdot (r + R) \cdot (R - r + h)$.

3. Spezielle Zylinder sind: elliptischer Zylinder, hyperbolischer Zylinder, parabolischer Zylinder (s. Zylinder zweiter Ordnung).

Zylinderfunktion

s. Besselsche Differentialgleichung und Besselsche Funktionen.

Zylinderhuf

s. Zylinder, 2.3.4.

Zylinderkoordinaten:

Zylinderkoordinaten sind krummlinige Koordinaten im $\mathbb{R}^3$ (s. Koordinatensystem, 2.2). Mit solchen Koordinaten können Punkte beschrieben werden, die auf oder innerhalb von geraden Kreiszylindern liegen, deren Achsen parallel zur z-Achse sind. Zu jedem Punkt P(x, y, z), der nicht auf der z-Achse liegt, gibt es genau einen geraden Kreiszylinder mit der z-Achse als Achse und dem Radius $\rho = \overline{OP'}$, auf dem P liegt. P' ist die Projektion des Punktes P auf die x-y-Ebene und ρ der Abstand des Punktes P von der Zylinderachse.

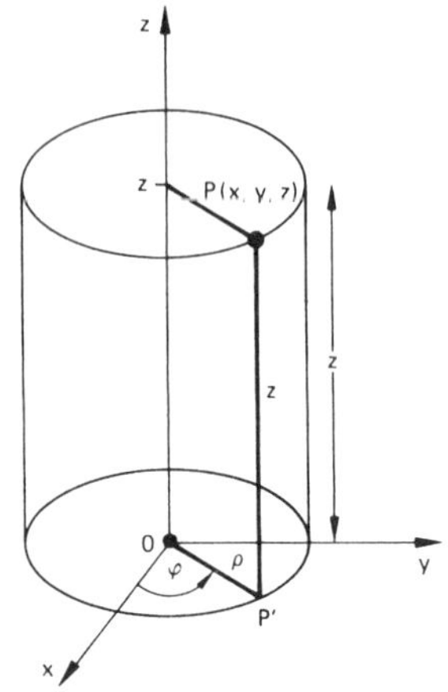

ρ: $\rho = \overline{OP'}$ = Abstand des Punktes von der z-Achse, $\rho \geq 0$;

φ: Winkel zwischen x-Achse und OP'; $0 \leq \varphi \leq 2\pi$;

z: vorzeichenbehafteter Abstand des Punktes P von der x-y-Ebene; $-\infty < z < \infty$.

ρ, φ, z heißen *Zylinderkoordinaten.* Falls der Punkt P nicht auf der z-Achse liegt, sind die Zylinderkoordinaten eindeutig bestimmt. Für Punkte auf der z-Achse ist $\rho = 0$, z ist eindeutig bestimmt, φ ist jedoch beliebig. Für $z \equiv 0$ erhält man Polarkoordinaten (s. Polarkoordinaten).

Koordinatenflächen:

ρ = const.:	Zylinderfläche mit der z-Achse als Zylinderachse;
φ = const.:	Halbebene parallel zur z-Achse;
z = const.:	Ebene parallel zur x-y-Ebene.

Umrechnungsformeln in kartesische Koordinaten:

$$x = \rho \cdot \cos\varphi; \quad y = \rho \cdot \sin\varphi; \quad z = z;$$

$$\rho = \sqrt{x^2 + y^2}; \quad \cos\varphi = \frac{x}{\sqrt{x^2 + y^2}}; \quad \sin\varphi = \frac{y}{\sqrt{x^2 + y^2}}.$$

Volumenelement:
Bei der Berechnung von Volumenintegralen lautet das Volumenelement

$$dV = dx\,dy\,dz = \rho\,d\rho\,d\varphi\,dz.$$

Flächenelement:
Bei der Berechnung von Oberflächenintegralen lautet das Flächenelement

$$dO = \rho\,d\varphi\,dz \quad \text{(s. Flächenelement).}$$

Bogenelement:
Bei der Berechnung von Kurvenintegralen gilt für das Bogenelement ds

$$ds^2 = d\rho^2 + \rho^2\,d\varphi^2 + dz^2 \quad \text{(s. Bogenelement).}$$

Zylinderstumpf s. Zylinder, 2.3.3.

Zylinder zweiter Ordnung:

Eine entartete, nichtzerfallende Fläche zweiter Ordnung ohne Mittelpunkt heißt *Zylinder zweiter Ordnung.* Nach einer Hauptachsentransformation und eventueller Vertauschung der Variablen erhält man eine der folgenden vier Darstellungen (s. Flächen zweiter Ordnung, 3.2.):

(1) $\frac{x^2}{a^2} + \frac{y^2}{b^2} = 1$; z beliebig (*elliptischer Zylinder*);

(2) $\frac{x^2}{a^2} - \frac{y^2}{b^2} = 1$; z beliebig (*hyperbolischer Zylinder*);

(3) $\frac{x^2}{a^2} + \frac{y^2}{b^2} = -1$; keine reelle Lösung (*nullteiliger Zylinder*);

(4) $\frac{y^2}{a^2} = x$; z beliebig (*parabolischer Zylinder*).

Da in diesen Gleichungen jeweis z beliebig ist, sind die Mantellinien des Zylinders parallel zur z-Achse. Die Leitkurve ist eine Ellipse, eine Hyperbel bzw. eine Parabel. Für a = b erhält man in (1) einen geraden Kreiszylinder (s. Zylinder, 2.3.2.).

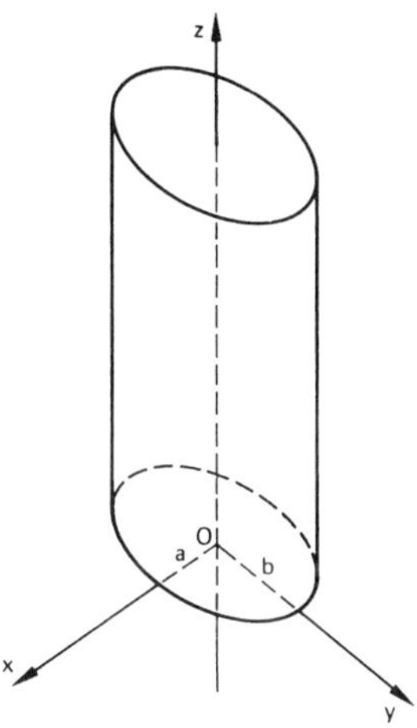

elliptischer Zylinder

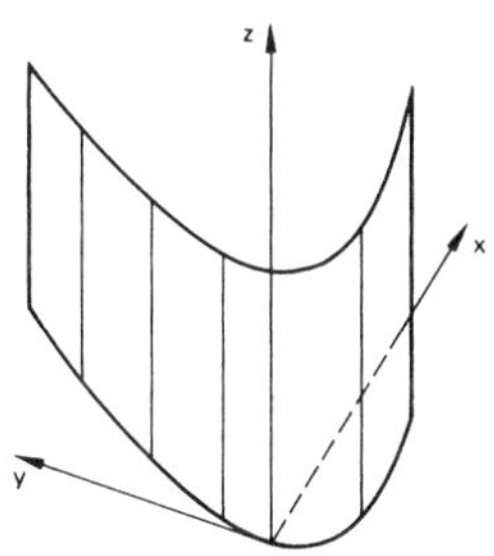

hyperbolischer Zylinder

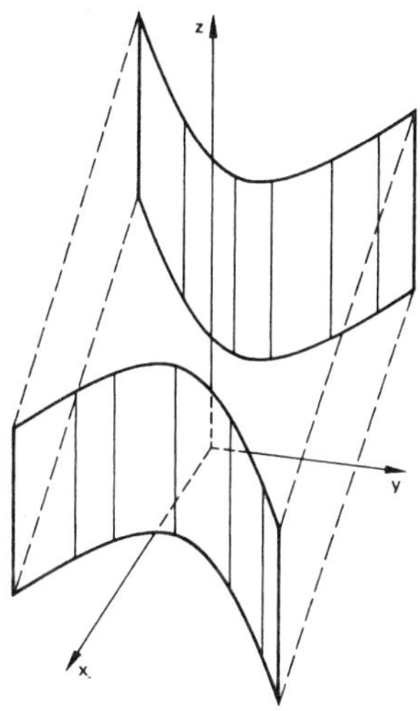

parabolischer Zylinder

zylindrische Schraubenlinie s. Schraubenlinie.